Killing · Killing

Kompendium der Schweißtechnik

Band 1: Verfahren der Schweißtechnik

Herausgeber: Behnisch

2., überarbeitete Auflage

Bibliografische Information Der Deutschen Bibliothek
Die Deutsche Bibliothek verzeichnet diese Publikation in der Deutschen Nationalbiliografie; detaillierte bibliografische Daten sind im Internet über http://dnb.ddb.de abrufbar.

Unter Mitarbeit von
Dipl.-Ing. Helmut Schultz (Abschnitt 8.1)
und
Dipl.-Ing. Karl-Heinz Hesse (Abschnitt 8.2)

Fachbuchreihe Schweißtechnik
Band 128/I

ISBN 3-87155-205-2

Herstellung: J. F. Ziegler KG, Remscheid
Titelgestaltung: M + V Werbeagentur, Willich

Geleitwort zur 2. Auflage

Als der Verlag sich vor genau fünf Jahren zur Herausgabe eines Kompendiums der Schweißtechnik entschloß, tat er dies mit der Feststellung und guten Absicht, die seit vielen Jahren spürbare Literaturlücke mit einem aktuellen, aber auch preisgünstigen Gesamtwerk über Schweißverfahren, Schweißmetallurgie, Werkstoffe und konstruktive Grundlagen zu schließen. Die große Nachfrage nach dem vierbändigen Fundus an umfassendem Wissen und Betriebspraxis hat sich erfreulicherweise in verhältnismäßig kurzer Zeit bestätigt, so daß der Verlag und sein Autorenteam sich um eine Überarbeitung und Ergänzung der vergriffenen Auflage bemühten, die als Neufassung nunmehr in gewohnter Qualität vorgelegt werden kann.

Der Entwicklungsstand der Schweißprozesse, die überschaubare Palette schweißgeeigneter Werkstoffe sowie die gestalterischen Grundsätze zum Bau von Schweißkonstruktionen, wie sie in den fünfziger Jahren dem Studierenden und praktisch tätigen Ingenieur zu Studium und Berufsausübung zur Verfügung standen, rechtfertigten seinerzeit ein ein- bis zweibändiges Fachbuch; fünfzig Jahre später hat allein die immense Zunahme der Werkstoffgruppen und ihre technisch und wirtschaftlich befriedigende Verarbeitung mit einem vielfachen Angebot an Füge- und Trennprozessen die Erweiterung des Buchtextes erforderlich gemacht. Darüber hinaus haben jahrzehntelange Erfahrungen und Bewährungen von vollständig geschweißten Konstruktionen zu neuen Bauweisen und deren Ausführung bis hin zur automatisierten Fertigung geführt.

Auch die Internationalisierung des Regelwerks, der Berechnungsmethoden und der Ausführungsbestimmungen, beispielsweise im konstruktiven Ingenieurbau, Schienenfahrzeug- und Druckgerätebau, verursachten eine thematische Erweiterung und einen didaktischen Aufbau des vorliegenden Studier- und Nachschlagewerks.

Die jetzige Ausgabe wird sowohl dem technisch-wissenschaftlich orientierten als auch dem in der Anwendung tätigen Leserkreis gerecht. Schwerpunktmäßig wollen die logisch gegliederten vier Bände auf die vielfältigen Fragen nach dem „Wie“ eine rasche Antwort in den Wissensbereichen Schweißeignung der metallischen Werkstoffe – Schweißmetallurgie – thermische Füge- und Trennverfahren – schweißgerechte Konstruktion geben. Zur Vertiefung der Materie Schweißtechnik dienen die jedem der einzelnen Bände angeschlossenen Literaturstellen aus Wissenschaft, Betriebspraxis und aktuellem Regelwerk.

Die von der Erstausgabe her bekannten Autoren haben sich auch in dieser Auflage um eine sorgfältige Anpassung und Erweiterung des schweißtechnischen Wissens bemüht. An der Überarbeitung des Bandes 1 von R. Killing hat Dr.-Ing. U. Killing mitgewirkt. Der von der Autorengemeinschaft Probst/Herold in erster Auflage verfaßte Band 2 ist nunmehr allein von Herrn Prof. H. Herold überarbeitet worden; als Nachfolger von Herrn Prof. A. Neumann zeichnet Herr Dipl.-Ing. R. Neuhoff für die sorgfältige Betreuung von Band 4 verantwortlich.

Allen Autoren, die besonders aufgrund ihrer aktiven pädagogischen Tätigkeit um die stetigen Veränderungen und Neuerungen wissen, sei abschließend für ihre Literaturarbeit herzlich gedankt.

Düsseldorf, im Sommer 2002 Verlag und Herausgeber

Vorwort zur 2. Auflage

Die Entscheidung zur Herausgabe eines Kompendiums der Schweißtechnik war richtig und notwendig, die Leser haben dieses Grundlagenwerk so angenommen, daß nun nach fünf Jahren schon die zweite, überarbeitete Auflage erscheint. Der Inhalt wurde aktualisiert, denn bei den Schweißverfahren findet eine stetige Weiterentwicklung statt. So wurden das Plasma-Pulver-Verbindungsschweißen, das MAG-Mehrdrahtschweißen und das Reibrührschweißen, ohne den Umfang dieses Fachbuches wesentlich zu vergrößern, hinzugefügt. Inzwischen neu erschienene DIN EN-Normen wurden aufgenommen und das Bildmaterial, vor allem hinsichtlich der Schweißanlagen, auf den neuesten Stand gebracht. Es wurden ferner die Prozeßnummern nach DIN EN ISO 4063 bzw. ISO 857-1 eingeführt, die zunehmend Bedeutung gewinnen für die Bezeichnung der Prozesse in Zeichnungen, Verfahrensanweisungen und Prüfungszeugnissen. Da die internationale Norm ISO 857-1 bisher nur in Englisch und Französisch vorliegt, erfolgte die Beschreibung der Verfahren weiterhin nach DIN 1910.

Die Verfasser danken allen, die sie bei der Überarbeitung unterstützt haben, vor allem den Fachkollegen Dipl.-Ing. H. Schultz und Dipl.-Ing. K.-H. Hesse, die das Kapitel über die Strahlschweißverfahren überarbeitet haben, sowie Herrn L. Knittel im Lektorat des DVS-Verlages.

Solingen und Langenfeld, im Sommer 2002 — R. Killing und U. Killing

Inhaltsverzeichnis

Geleitwort zur 2. Auflage

Vorwort zur 2. Auflage

1 Einteilung der Schweißverfahren ... 1
1.1 Kurze Geschichte der Schweißtechnik ... 1
1.2 Einordnung in die Fertigungsverfahren ... 2
1.3 Einteilung nach der deutschen Norm DIN 1910 ... 2

2 Gasschweißen ... 5
2.1 Gasschmelzschweißen (Prozeß-Nr. 3) ... 5
2.1.1 Prinzip des Gasschmelzschweißens ... 5
2.1.2 Eigenschaften der Gase ... 5
2.1.2.1 Sauerstoff ... 5
2.1.2.2 Brenngase ... 5
2.1.3 Die Autogenflamme ... 7
2.1.3.1 Brenner und Zubehör ... 7
2.1.3.2 Flammeneinstellung ... 9
2.1.4 Methoden des Gasschmelzschweißens ... 9
2.1.4.1 Nachlinksschweißen ... 10
2.1.4.2 Nachrechtsschweißen ... 10
2.1.5 Zusatzwerkstoffe und Hilfsstoffe ... 10
2.1.6 Anwendung des Gasschweißens ... 11
2.1.7 Fehler beim Gasschweißen ... 11

3 Grundlagen des Lichtbogenschweißens ... 13
3.1 Der Lichtbogen ... 13
3.1.1 Ladungsträger im Lichtbogen ... 13
3.1.2 Lichtbogenkennlinien ... 14
3.1.3 Magnetische Blaswirkung ... 15
3.2 Werkstoffübergang beim Lichtbogenschweißen ... 16
3.2.1 Arten des Werkstoffübergangs ... 16
3.3 Einstellen und Regeln von Schweißprozessen ... 19
3.3.1 Einstellen von Stromstärke und Lichtbogenspannung ... 20
3.3.2 Die Regelung der Lichtbogenlänge ... 20
3.3.2.1 Die äußere Regelung ... 20
3.3.2.2 Die innere Regelung ... 21
3.3.2.3 Vergleich der Regelungsarten ... 22
3.4 Schweißstromquellen ... 22
3.4.1 Stromquellenbauarten ... 22
3.4.1.1 Schweißtransformator ... 23
3.4.1.2 Schweißgleichrichter ... 23
3.4.1.3 Schweißumformer ... 24
3.4.1.4 Elektronische Stromquellen ... 24
3.4.2 Eigenschaften von Stromquellen ... 26
3.4.2.1 Statische Kennlinie ... 26
3.4.2.2 Dynamische Eigenschaften ... 27
3.4.2.3 Kennwerte ... 27

4	**Metallichtbogenschweißen** (Prozeß-Nr. 101)	29
4.1	Lichtbogenhandschweißen (Prozeß-Nr. 111)	29
4.1.1	Prinzip des Verfahrens	29
4.1.2	Stabelektroden	29
4.1.2.1	Wirkung und Zweck von Umhüllungen	30
4.1.2.2	Umhüllungstypen	30
4.1.2.3	Eigenschaften von Stabelektroden	32
4.1.3	Leistungskennwerte	33
4.1.3.1	Strombelastbarkeit	33
4.1.3.2	Ausbringen	34
4.1.3.3	Abschmelzleistung	35
4.1.4	Technik des Schweißens	35
4.1.4.1	Zünden des Lichtbogens	35
4.1.4.2	Heften	35
4.1.4.3	Führen der Elektrode	36
4.1.5	Anwendung des Lichtbogenhandschweißens	36
4.1.6	Fehler beim Lichtbogenhandschweißen	37
4.2	Andere Methoden des Metallichtbogenschweißens	38
4.2.1	Schwerkraft- (Prozeß-Nr. 112) und Federkraft-Lichtbogenschweißen	38
4.2.2	Schweißen mit selbstschützenden Fülldrahtelektroden (Prozeß-Nr. 114)	40
5	**Wolfram-Schutzgasschweißen** (Prozeß-Nr. 14)	41
5.1	WIG-Schweißen (Prozeß-Nr. 141)	41
5.1.1	Prinzip des Verfahrens	41
5.1.2	Ausrüstung zum WIG-Schweißen	42
5.1.2.1	WIG-Schweißgeräte	43
5.1.2.2	Schweißbrenner und Zubehör	43
5.1.2.3	Wolframelektroden	43
5.1.3	Schweißstäbe und Schutzgase	44
5.1.4	Technik des Schweißens	45
5.1.4.1	Einstellen der Anlage	46
5.1.4.2	Zünden des Lichtbogens	46
5.1.4.3	Brennerführung	47
5.1.4.4	Wurzelschutz	47
5.1.5	WIG-Schweißen mit Stromimpulsen	48
5.1.5.1	Einstellgrößen	48
5.1.5.2	Wirkung der Stromimpulse	48
5.1.6	Anwendung des WIG-Schweißens	49
5.1.7	Fehler beim WIG-Schweißen	51
5.2	Plasmaschweißen (Prozeß-Nr. 15)	51
5.2.1	Physikalische Grundlagen	51
5.2.2	Prinzip des Plasmaschweißens	51
5.2.3	Einteilung des Plasmaschweißens	52
5.2.3.1	Einteilung nach der Lichtbogenart	52
5.2.3.2	Einteilung nach der Leistung	53
	– Mikroplasmaschweißen	53
	– Softplasmaschweißen	54
	– Dickblechplasmaschweißen	54
5.2.3.3	Einteilung nach dem Zweck des Schweißens	54
	– Plasmaverbindungsschweißen	54
	– Plasmaauftragschweißen	55
5.2.4	Geräte zum Plasmaschweißen	56

5.2.5 Vergleich mit dem WIG-Schweißen 57
5.2.6 Anwendung des Plasmaschweißens 58
5.2.7 Fehler beim Plasmaschweißen 60

6 **Metall-Schutzgasschweißen** (Prozeß-Nr. 13) 61
6.1 MIG-/MAG-Schweißen 61
6.1.1 Prinzip des Verfahrens 61
6.1.2 Ausrüstung zum MIG-/MAG-Schweißen 61
6.1.2.1 Stromquellen 62
6.1.2.2 Gerätebauarten 62
6.1.2.3 Drahtvorschubgeräte 62
6.1.2.4 Brenner und Schlauchpaket 62
6.1.3 Lichtbogenbetriebsarten 64
6.1.3.1 Kurzlichtbogen 64
6.1.3.2 Sprühlichtbogen 65
6.1.3.3 Langlichtbogen 65
6.1.3.4 Übergangslichtbogen 66
6.1.3.5 Impulslichtbogen 66
6.1.3.6 MAG-Hochleistungsschweißen 66
6.1.3.7 Arbeitsbereiche 67
6.1.4 Zusatzwerkstoffe und Hilfsstoffe 68
6.1.4.1 Drahtelektroden 68
6.1.4.2 Eigenschaften von Schutzgasen 68
6.1.5 Technik des MIG-/MAG-Schweißens 70
6.1.5.1 Einstellen der Anlagen 71
6.1.5.2 Zünden des Lichtbogens 72
6.1.5.3 Brennerführung 72
6.1.6 Anwendung des MIG-/MAG-Schweißens 73
6.1.6.1 Teilmechanisches Schweißen 73
6.1.6.2 Vollmechanisches Schweißen 74
6.1.6.3 MIG-/MAG-Schweißen mit Industrierobotern 74
6.1.7 Fehler beim MIG-/MAG-Schweißen 75

7 **Verdecktes Lichtbogenschweißen** 77
7.1 Unterpulverschweißen (Prozeß-Nr. 12) 77
7.1.1 Prinzip des Verfahrens 77
7.1.2 Aufbau von Anlagen 78
7.1.3 Varianten des Unterpulverschweißens 78
7.1.3.1 Doppeldrahtschweißen (Prozeß-Nr. 123) 79
7.1.3.2 Tandem- (Mehrdraht-) Schweißen (Prozeß-Nr. 123) 80
7.1.3.3 Bandelektrodenschweißen (Prozeß-Nr. 122) 81
7.1.4 Zusatzwerkstoffe und Hilfsstoffe 82
7.1.4.1 Draht- (Band-) Elektroden 82
7.1.4.2 Schweißpulver 83
– Herstellung von Schweißpulvern 83
– Eigenschaften von Schweißpulvern 84
7.1.5 Verfahrensdurchführung 85
7.1.5.1 Einfluß der Schweißparameter 86
7.1.5.2 Einstellparameter 86
7.1.5.3 Badsicherungen 88
7.1.6 Anwendung des Unterpulverschweißens 89
7.1.7 Fehler beim Unterpulverschweißen 91

8	**Strahlschweißen**	93
8.1	Elektronenstrahlschweißen (Prozeß-Nr. 51)	93
8.1.1	Prinzip des Elektronenstrahlschweißens	93
8.1.1.1	Strahlerzeugung	93
8.1.1.2	Umgebungsmedien	95
8.1.2	Wirkung des Elektronenstrahles	95
8.1.2.1	Eindringen in Metalle	95
8.1.2.2	Der Tiefeinbrandeffekt	95
8.1.3	Fugenvorbereitung	96
8.1.4	Schweißeignung einiger Werkstoffe	98
8.1.5	Strahl- und Maschinensteuerungen	99
8.1.6	Elektronenstrahlschweißmaschinen und Vorrichtungen	100
8.1.6.1	Elektronenstrahlgenerator	100
8.1.6.2	Arbeitskammer	101
8.1.6.3	Bewegungseinrichtungen	101
8.1.6.4	Hochspannungsversorgung	102
8.1.6.5	Vakuumpumpen	102
8.1.7	Anwendung des Elektronenstrahlschweißens	103
8.1.8	Wirtschaftlichkeitsbetrachtungen	106
8.2	Laserstrahlschweißen (Prozeß-Nr. 52)	107
8.2.1	Grundlagen des Laserstrahls	107
8.2.2	Laserstrahlerzeugung	107
8.2.3	Lasertypen	109
8.2.3.1	Festkörperlaser	110
8.2.3.2	Gaslaser	112
8.2.3.3	Diodenlaser	114
8.2.4	Wirkung des Laserstrahls	116
8.2.5	Aufbau von Laseranlagen	119
8.2.5.1	Strahlführung und Strahlformung	119
8.2.5.2	Gasversorgung	122
8.2.5.3	Manipulatoren	122
8.2.6	Anwendung des Laserstrahlschweißens	123
8.2.7	Fehler beim Laserstrahlschweißen	125
9	**Widerstandspreßschweißen**	128
9.1	Definition des Widerstandsschweißens (Prozeß-Nr. 2)	128
9.2	Einteilung der Widerstandsschweißverfahren	128
9.3	Grundlagen des Widerstandspreßschweißens	128
9.3.1	Widerstände im Schweißstromkreis	128
9.3.2	Wärmewirkung des Stromes	131
9.3.3	Stromquellen zum Widerstandspreßschweißen	131
9.3.4	Schalten und Steuern von Strömen	132
9.4	Punktschweißen (Prozeß-Nr. 21)	134
9.4.1	Schweißmaschinen	135
9.4.2	Elektroden	135
9.4.3	Verfahrensdurchführung	138
9.4.3.1	Schweißparameter	138
9.4.3.2	Nebenschlußeffekt	139
9.4.3.3	Fensterwirkung	140
9.4.4	Prüfung von Schweißverbindungen	140
9.4.5	Anwendung des Punktschweißens	141
9.5	Buckelschweißen (Prozeß-Nr. 23)	142

9.5.1 Elektroden zum Buckelschweißen ... 142
9.5.2 Buckelformen ... 143
9.5.3 Durchführung des Buckelschweißens ... 144
9.5.4 Anwendung des Buckelschweißens ... 145
9.6 Rollennahtschweißen (Prozeß-Nr. 221) ... 145
9.6.1 Elektroden zum Rollennahtschweißen ... 146
9.6.2 Durchführung des Rollennahtschweißens ... 146
9.6.3 Anwendung des Rollennahtschweißens ... 147
9.7 Widerstandsstumpfschweißen ... 148
9.7.1 Einteilung der Verfahren ... 148
9.7.1.1 Preßstumpfschweißen (Prozeß-Nr. 25) ... 148
9.7.1.2 Abbrennstumpfschweißen (Prozeß-Nr. 24) ... 149
9.7.2 Abgrenzung der Verfahren ... 149
9.7.3 Anwendung des Widerstandsstumpfschweißens ... 149

10 Sonderverfahren ... 151
10.1 Elektroschlackeschweißen (Prozeß-Nr. 72) ... 151
10.1.1 Prinzip des Elektroschlackeschweißens ... 151
10.1.2 Elektroschlacke-Verbindungsschweißen ... 151
10.1.2.1 Verfahrensvarianten ... 151
10.1.2.2 Geräte zum Elektroschlackeschweißen ... 153
10.1.2.3 Drahtelektroden und Schweißpulver ... 153
10.1.3 Elektroschlacke-Auftragschweißen ... 154
10.1.3.1 Verfahren und Geräte ... 154
10.1.3.2 Breitbandschweißen ... 155
10.1.4 Anwendung des Elektroschlackeschweißens ... 155
10.2 Reibschweißen (Prozeß-Nr. 42) ... 157
10.2.1 Prinzip des Verfahrens ... 157
10.2.2 Verfahrensvarianten ... 158
10.2.3 Maschinen und Einrichtungen zum Schweißen ... 158
10.2.4 Anwendung des Reibschweißens ... 159
10.3 Lichtbogenpreßschweißen ... 160
10.3.1 Schweißen mit magnetisch bewegtem Lichtbogen (Prozeß-Nr. 185) ... 160
10.3.1.1 Verfahrensbeschreibung ... 160
10.3.1.2 Anwendung des Verfahrens ... 161
10.3.2 Lichtbogenbolzenschweißen ... 162
10.3.2.1 Schweißen mit Hubzündung (Prozeß-Nr. 783) ... 162
10.3.2.2 Schweißen mit Spitzenzündung (Prozeß-Nr. 786) ... 163
10.3.2.3 Anwendung des Bolzenschweißens ... 163
10.4 Sonstige Verfahren ... 165
10.4.1 Kaltpreßschweißen (Prozeß-Nr. 48) ... 165
10.4.2 Diffusionsschweißen (Prozeß-Nr. 45) ... 166
10.4.3 Aluminothermisches Schweißen (Prozeß-Nr. 71) ... 167

11 Thermisches Schneiden ... 169
11.1 Autogenes Brennschneiden ... 169
11.1.1 Grundlagen des autogenen Brennschneidens ... 169
11.1.2 Das Werkzeug des Brennschneiders ... 170
11.1.3 Manuelles Brennschneiden ... 170
11.1.4 Maschinelles Brennschneiden ... 172
11.1.4.1 Handbrennschneidmaschinen ... 172
11.1.4.2 Kleinbrennschneidmaschinen ... 172

11.1.4.3 Gelenkarmbrennschneidmaschinen ... 173
11.1.4.4 Koordinatenbrennschneidmaschinen ... 174
11.1.4.5 Brennschneiden mit Industrierobotern ... 175
11.1.5 Schnittgüte beim Brennschneiden ... 176
11.1.6 Sonderverfahren des Trennens mit der Flamme ... 177
11.1.6.1 Pulverbrennschneiden ... 177
11.1.6.2 Mineralpulverbrennschneiden ... 178
11.1.6.3 Brennbohren ... 178
11.2 Plasmaschneiden ... 178
11.2.1 Prinzip des Plasmaschneidens ... 179
11.2.2 Plasmabildende Medien ... 179
11.2.3 Einrichtungen zum Plasmaschneiden ... 180
11.2.4 Anwendung des Plasmaschneidens ... 180
11.2.4.1 Plasmaschneiden mit spitzen Elektroden ... 180
11.2.4.2 Plasmaschneiden mit Druckluft ... 181
11.2.4.3 Plasmaschneiden im Wasser oder unter Wasser ... 181
11.2.5 Schnittgüten beim Plasmaschneiden ... 182
11.2.6 Sonderverfahren des Trennens mit dem Lichtbogen ... 182
11.2.6.1 Lichtbogen-Druckluft-Fugen ... 183
11.2.6.2 Lichtbogen-Sauerstoff-Schneiden ... 184
11.3 Laserstrahlschneiden ... 185
11.3.1 Prinzip des Laserstrahlschneidens ... 185
11.3.1.1 Laserstrahl-Brennschneiden ... 186
11.3.1.2 Laserstrahl-Schmelzschneiden ... 186
11.3.1.3 Laserstrahl-Sublimierschneiden ... 187
11.3.2 Schneidgase ... 187
11.3.3 Einrichtungen zum Laserstrahlschneiden ... 187
11.3.3.1 Strahlerzeuger ... 187
11.3.3.2 Strahlführungssysteme ... 188
11.3.3.3 Werkstückträger ... 190
11.3.4 Anwendung des Laserstrahlschneidens ... 190

Literatur ... 193

1 Einteilung der Schweißverfahren

Schweißen ist nach DIN 1910-1 das Vereinigen von Werkstoffen in der Schweißzone unter Anwendung von Wärme und/oder Kraft mit oder ohne Schweißzusatz. Es kann durch Hilfsstoffe, zum Beispiel Schutzgase, Schweißpulver oder Pasten, ermöglicht oder erleichtert werden. Die zum Schweißen notwendige Energie wird von außen zugeführt. Nach dem Zweck des Schweißens wird unterschieden in Verbindungsschweißen und Auftragschweißen, nach dem physikalischen Ablauf des Schweißens in Preßschweißen und Schmelzschweißen.

1.1 Kurze Geschichte der Schweißtechnik

Das älteste Schweißverfahren, das Feuerschweißen, bei dem zwei Metallenden auf Schmiedetemperatur erhitzt und durch Hammerschläge zur Vereinigung gebracht wurden, war in Indien schon 2000 Jahre vor Christi Geburt bekannt [1-1]. Die Verfahren, die heute zum Schweißen angewendet werden, sind aber nicht viel mehr als 100 Jahre alt.

Bereits 1849 wurde in England ein Patent über das Lichtbogenschweißen angemeldet, es kam aber nicht zur Anwendung. Der Russe Benardos begann 1881 als erster damit, den Lichtbogen, der bis dahin meist für Beleuchtungszwecke eingesetzt wurde, zum Schweißen zu nutzen. Zwischen einer Kohleelektrode und dem Werkstück wurde ein Lichtbogen gezündet und Zusatzwerkstoff in Stabform zugegeben. Unter Zuhilfenahme von Badsicherungen aus Kupfer gelang es auch schon, wie Bild 1-1 zeigt, in Zwangslagen zu schweißen [1-2]. Ebenfalls ein Russe, nämlich Slawjanow benutzte seit 1891 einen Metallstab zum Schweißen, der gleichzeitig Lichtbogenträger und Schweißzusatz war. Das Metallichtbogenschweißen war geboren. Nachdem man zuerst mit nackten, nicht umhüllten Elektroden schweißte, begann man bereits früh durch Tauchen der Stäbe in eine Aufschwemmung von Mineralien dünne Überzüge aufzubringen, die das Schweißen erleichterten. Das erste Patent über eine umhüllte Schweißelektrode wurde 1907 dem schwedischen Ingenieur O. Kjellberg erteilt. Später wurden die Umhüllungen durch Pressen aufgebracht. Dies brachte das Verfahren weiter nach vorn. Bild 1-2 zeigt das Lichtbogenhandschweißen um das Jahr 1919 [1-3].

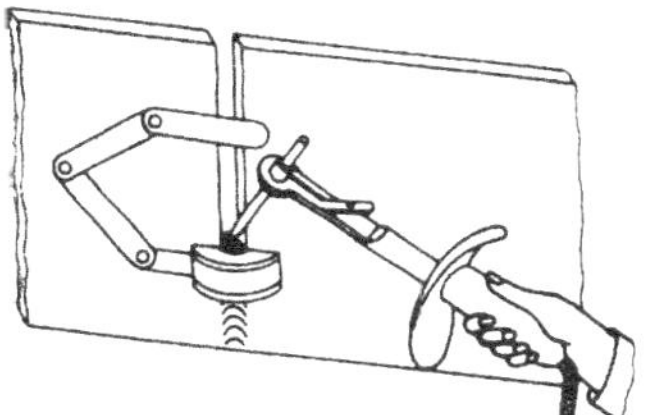

Bild 1-1. Verbindungsschweißen mit Kohleelektrode.

Bild 1-2. Lichtbogenhandschweißen im Jahr 1919 mit einem mobilen Umformer als Stromquelle (Werkbild: ESAB GmbH, Solingen).

Das Widerstandsschweißen geht auf E. Thomson, einem in den USA lebenden Engländer zurück (1886). Als Stromquellen dienten zuerst Batterien, weil ein leistungsfähiges Netz noch nicht zur Verfügung stand [1-4].

Die Einführung des Gasschmelzschweißens ging einher mit der Möglichkeit, Calciumcarbid herstellen zu können (Wilson, 1882) und der Entwicklung des ersten leistungsfähigen Brenners durch Heinrich Dräger (1896). Bis dahin wurde schon Wasserstoff als Brenngas verwendet, allerdings nicht mit sehr großem Erfolg.

Die teil- und vollmechanischen Verfahren, die heute meist angewendet werden, sind alle wesentlich jünger. Sie kamen meist aus den USA nach Europa, und zwar 1934 das Unterpulverschweißen, 1936 das WIG-Schweißen und 1948 das MIG-Schweißen. MAG-Schweißen unter Kohlendioxid wurde 1953 zuerst in der UdSSR angewendet. Das Plasmaschweißen ist erst seit den 60er Jahren in Anwendung und die modernen Strahlverfahren, wie das Elektronenstrahl- und das Laserstrahlschweißen befinden sich heute nach der Entwicklungsphase nun im Stadium der industriellen Einführung. Etwa um das Jahr 1950 begann man damit, Metalle mit dem Elektronenstrahl zu schweißen, und das Laserstrahlschweißen wurde in den 70er Jahren erstmals zum Schweißen eingesetzt [1-5].

1.2 Einordnung in die Fertigungsverfahren

DIN 8580 unterscheidet 6 Hauptgruppen von Fertigungsverfahren, Tabelle 1-1. Einige Schweißverfahren findet man schon in der Gruppe 1 „Urformen", so das Gießschweißen, und in der Gruppe 2 „Umformen" zum Beispiel das Kaltpreßschweißen. Die meisten der heute angewandten Schweißverfahren sind aber den Gruppen 4 „Fügen" und 5 „Beschichten" zuzuordnen.

Tabelle 1-1. Einteilung der Fertigungsverfahren in Hauptgruppen nach DIN 8580.

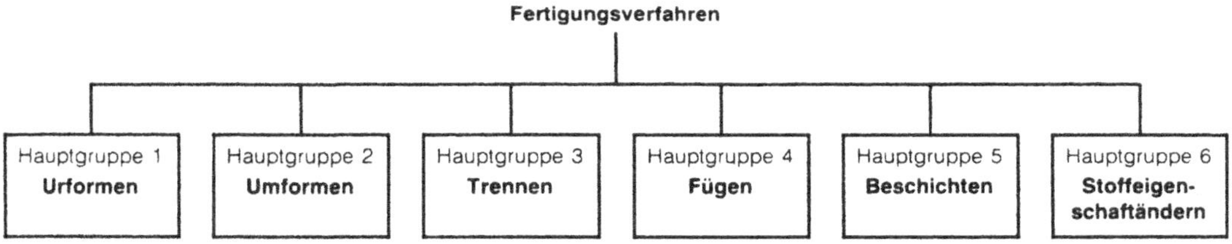

1.3 Einteilung nach der deutschen Norm DIN 1910

DIN 1910 teilt die Schweißverfahren ein nach dem Zweck des Schweißens in Verbindungs- und Auftragschweißen und nach dem physikalischen Ablauf des Schweißens in Preßschweißen und Schmelzschweißen. Die Definition lautet:

Preßschweißen: Schweißen unter Anwendung von Kraft ohne oder mit Schweißzusatz, örtliches Erwärmen (unter Umständen bis zum Schmelzen) ermöglicht oder erleichtert das Schweißen.

Schmelzschweißen: Schweißen bei örtlich begrenztem Schmelzfluß ohne Anwendung von Kraft mit oder ohne Schweißzusatz.

Tabelle 1-2. Einteilung der Schmelzschweißverfahren in Anlehnung an DIN 1910-2.

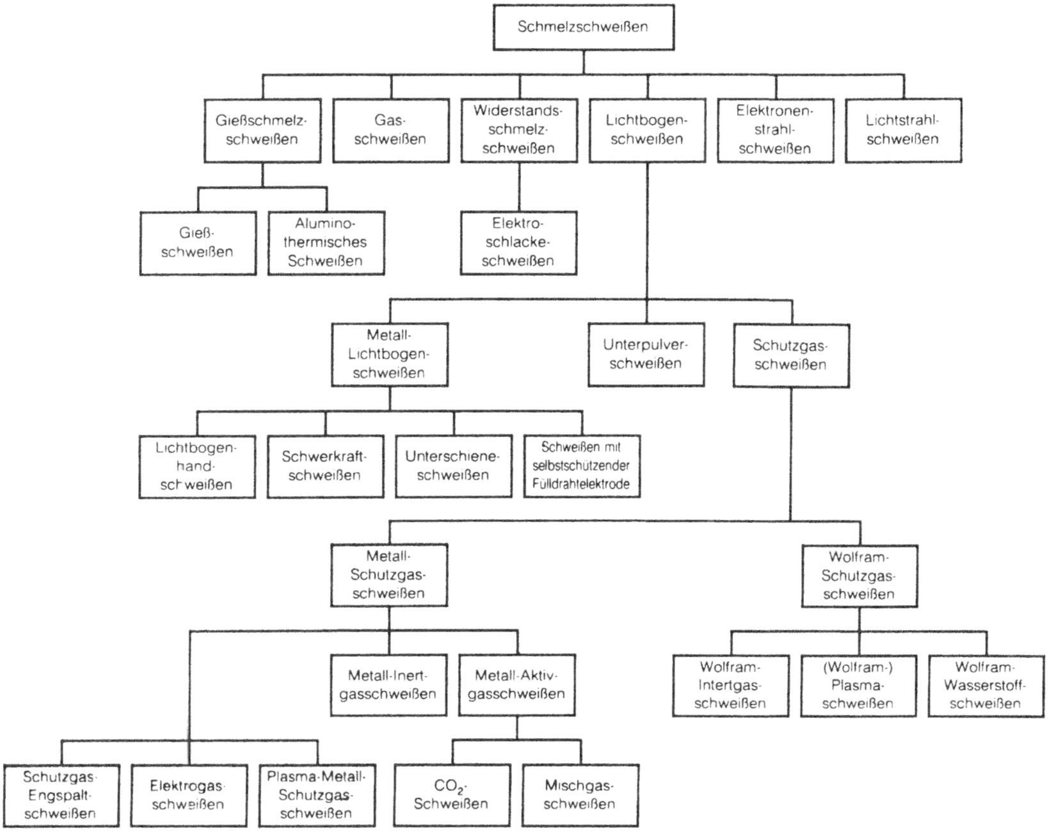

Eine Übersicht über die Schweißverfahren gibt DIN 1910-2. Die Tabellen 1-2 und 1-3 enthalten daraus die wichtigsten Verfahren zum Schweißen von Metallen. Weitere Teile der DIN 1910 behandeln verschiedene Verfahrensgruppen noch ausführlicher, zum Beispiel der Teil 3 die Verfahren zum Schweißen von Kunststoffen, der Teil 4 die Schutzgasschweißverfahren und der Teil 5 die Widerstandsschweißverfahren. Teil 1 bringt eine generelle Einteilung der Verfahren und erklärt den Begriff „Schweißen" ganz allgemein.

Tabelle 1-3. Einteilung der Preßschweißverfahren in Anlehnung an DIN 1910-2.

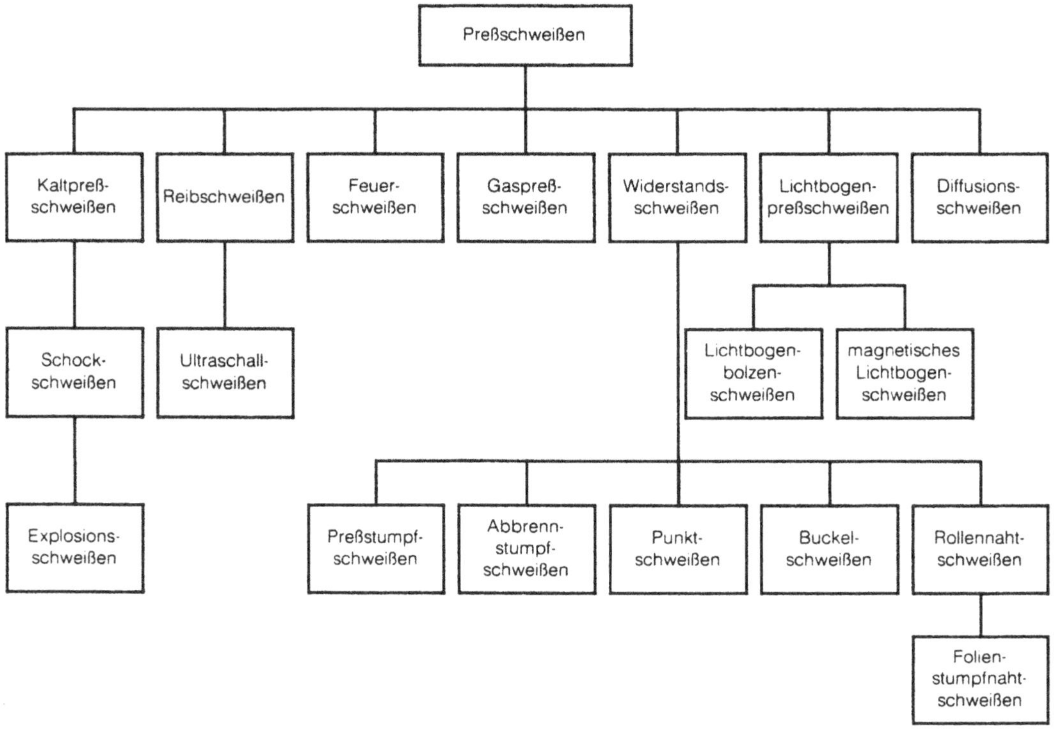

2 Gasschweißen

Das Gasschweißen läßt sich unterteilen in Gaspreßschweißen und Gasschmelzschweißen. Das Gaspreßschweißen gehört zu den Preßschweißverfahren, siehe Tabelle 1-3. Die Gasflamme dient hier nur zum Anwärmen der Stoßflächen, zum Beispiel von Betonstählen. Das Schweißen erfolgt anschließend unter Anwendung von Druck. Das Verfahren gehört eigentlich in das Kapitel 10 „Sonderverfahren“, wird aber in diesem Fachbuch nicht weiterbehandelt. Das Gasschmelzschweißen ist Gegenstand dieses Kapitels. Es wird im allgemeinen Gasschweißen genannt.

2.1 Gasschmelzschweißen (Prozeß-Nr. 3)

Das Gasschmelzschweißen ist eines der ältesten Schmelzschweißverfahren. Es hat seit der Einführung moderner Verfahren, beispielsweise das WIG-Schweißverfahren, viel an Bedeutung verloren.

2.1.1 Prinzip des Gasschmelzschweißens

Beim Gasschweißen, auch Autogenschweißen genannt, dient eine Flamme als Wärmequelle. Zu ihrer Entstehung und Unterhaltung ist ein Brenngas erforderlich sowie Sauerstoff, der die Verbrennung unterstützt. Die Flamme schmilzt den Grundwerkstoff auf, Schweißzusatz wird in Stabform zugegeben. Das Gasschmelzschweißen zeichnet sich aus durch eine universelle Anwendbarkeit und einen geringen Investitionsbedarf.

2.1.2 Eigenschaften der Gase

Wie bereits erwähnt, wird zum Gasschweißen neben einem Brenngas auch Sauerstoff zur Unterstützung der Verbrennung und zur Erhöhung der Flammenleistung benötigt.

2.1.2.1 Sauerstoff

Der zum Schweißen benötigte Sauerstoff wird meist durch Luftzerlegung gewonnen. Der übliche Reinheitsgrad ist 99,5 %. Er wird gasförmig oder flüssig bereitgestellt. Bei geringerem Verbrauch ist es üblich, den Sauerstoff gasförmig in Stahlflaschen mit einem Fassungsvermögen von 40 oder 50 Liter und unter einem Druck von 150 bzw. 200 bar zu beziehen. Die Flaschen hatten bisher einen blauen Farbanstrich. Nach der neuen DIN EN 1089 ist die Kennfarbe in Zukunft weiß. Wenn es mehrere Entnahmestellen im Betrieb gibt, können anstelle von Einzelflaschen auch Flaschenbündel oder Flaschenbatterien eingesetzt werden. Bei größerem Verbrauch, die Grenze liegt etwa zwischen 300 und 1000 m^3/Monat [2-1], kann der Sauerstoff auch tiefkalt, flüssig in Standtanks oder Kaltvergasern gelagert werden, die von Tankwagen befüllt werden.

2.1.2.2 Brenngase

Beim Gasschmelzschweißen wird als Brenngas meist Acetylen (C_2H_2) eingesetzt (Prozeß-Nr. 311). Prinzipiell wären auch andere Kohlenwasserstoffe wie Propan (C_3H_8) (Prozeß-Nr. 312) und Methan (CH_4) dafür geeignet, Acetylen ergibt aber beim Verbrennen mit Sauerstoff von den möglichen Gasen die höchste Flammenleistung. Dies hängt nicht mit einem besonders hohen Heizwert zusammen, sondern mit der großen Verbrennungs- (Zünd-) Geschwindigkeit des Acetylens.

In früheren Zeiten erzeugten die Betriebe das benötigte Acetylen (C_2H_2) selbst in Acetylenentwicklern. Heute ist dies eher die Ausnahme, das Gas wird in Flaschen bezogen. Bild 2-1 zeigt in schematischer Darstellung einen Schubladenentwickler. Calciumcarbid (CaC_2), das durch Reaktion von Kalk und Kohle im Lichtbogenofen gewonnen wird, wird in die Schubladen des Entwicklers eingegeben. Es reagiert dort unter Hinzutritt von Wasser nach der Formel:

$CaC_2 + H_2O = C_2H_2 + Ca(OH)_2$ + Wärme.

Das gebildete Gas verdrängt das Wasser aus dem oberen Teil des Behälters, so daß kein Wasser mehr in die Schubladen gelangen kann, und stoppt damit die weitere Vergasung, bis wieder Gas entnommen wird. Der entstehende Kalkschlamm muß entsorgt werden.

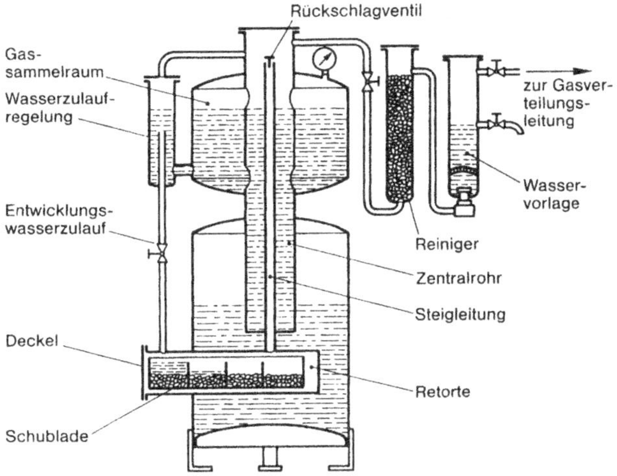

Bild 2-1. Schematische Darstellung eines Schubladenentwicklers.

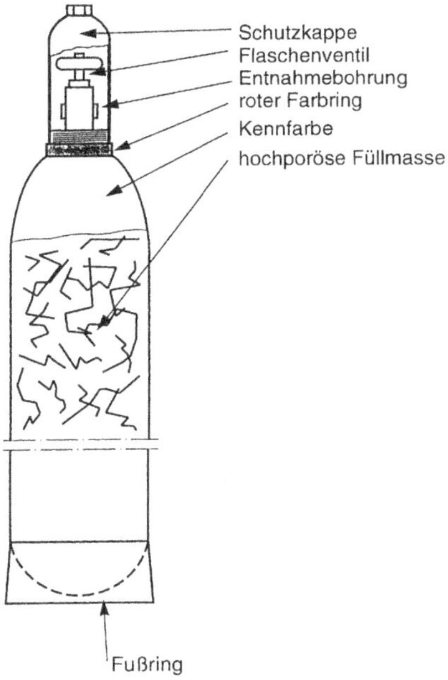

Bild 2-2. Aufbau einer Acetylenflasche.

Heute wird, wie bereits erwähnt, das Acetylen meist von Fachfirmen in Stahlflaschen geliefert. Acetylenflaschen trugen bisher einen gelben Anstrich. Nach der neuen DIN EN-Norm ist die Kennfarbe kastanienbraun. Acetylen neigt dazu, bei Drücken oberhalb von 2,5 bar in seine Bestandteile Kohlenstoff und Wasserstoff zu zerfallen. Damit ist eine Temperaturerhöhung und Volumenvergrößerung verbunden, die zur Explosion führen kann. Es darf deshalb im Entwickler und in Leitungen der Sicherheitsdruck von 1,5 bar nicht überschritten werden. Anders dagegen in den Flaschen. Diese sind mit einer porösen Masse gefüllt, Bild 2-2. In die Hohlräume der porösen Masse wird Aceton eingefüllt. Dieses kann Acetylen lösen, und zwar löst 1 l Aceton bei 1 bar etwa 24 l Acetylen. Weil das Acetylen in der Flasche nicht gasförmig sondern gelöst vorliegt, kann der Druck auf 18, bei hochporösen Massen sogar auf 19 bar gesteigert werden, ohne daß es zum Acetylenzerfall kommt. In einer normalen Flasche mit einem Rauminhalt von 40 l befinden sich 13 l Aceton, so daß hierin bei 18 bar 6,3 kg Acetylen gespeichert werden können [2-2], Tabelle 2-1.

Tabelle 2-1. Gängige Stahlflaschen für Acetylen.

Stahlflaschen für gelöstes Acetylen					
	normale Füllmasse		hochporöse Füllmasse		
Flaschenvolumen (Liter)	20	40	20	40	50
Acetylenfüllmenge (kg)	3,0	6,3	4,0	8,0	10,0
Acetylenfüllmenge (Liter)	~ 3000	~ 6000	~ 4000	~ 8000	~ 10000
Fülldruck bei 15 °C (bar)	18	18	18	19	19
Acetonfüllungen (Liter)	6	13	8	16	20
Entnahmemenge (Liter/Stunde)					
– Stoßbetrieb	1000				
– Dauerbetrieb	500 bis 700				

2.1.3 Die Autogenflamme

Das Brenngas verbrennt unter Einfluß des Sauerstoffs in einer zweistufigen Verbrennung.

2.1.3.1 Brenner und Zubehör

Zum Gasschweißen werden heute fast ausnahmslos Injektorbrenner verwendet, Bild 2-3. Der mit höherem Druck (2,5 bar) eingestellte Sauerstoff saugt das Acetylen (0,5 bar) an. Beide Gase werden

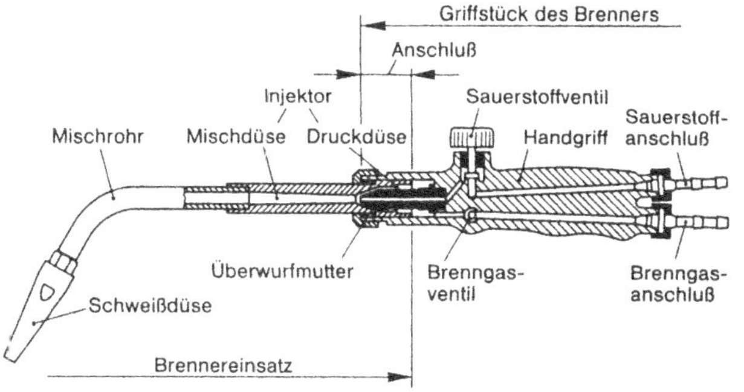

Bild 2-3. Brenner zum Gasschweißen.

im Brenner gemischt, und die Verbrennung findet außerhalb des Brennermundstückes statt. Die höchste Temperatur stellt sich etwa 2 bis 5 mm vor dem leuchtenden Kegel der Flamme an der Brennerspitze ein, Bild 2-4. Wenn Acetylen mit Sauerstoff verbrennt, entsteht hier eine Temperatur von 3200 °C. An dieser Stelle der höchsten Temperatur soll auch das Schweißen stattfinden.

Bild 2-5 zeigt das Gasschweißen bei der Herstellung eines Prüfstückes. Der Brennereinsatz wird mit einer Überwurfmutter an das Griffstück des Brenners angeschraubt. Dadurch ist es möglich, je nach zu schweißender Materialdicke unterschiedlich große Brennereinsätze zu verwenden. Tabelle 2-2 gibt die Größe des Schweißeinsatzes für verschiedene Blechdicken an. Mit steigender Brennergröße nimmt auch die Abschmelzleistung des Verfahrens zu. Mit einer einfachen Formel, Tabelle 2-3, kann aus den Grenzdicken der Brennereinsätze der stündliche Gasverbrauch errechnet werden.

Die Brenner sind über Druckminderer und Schläuche mit den Druckflaschen bzw. mit dem Acetylenentwickler verbunden. Um eventuell mögliche Flammenrückschläge zu vermeiden, muß zwischen den Brenner und die Acetylenquelle (Flache, Entwickler) eine Flammensperre eingeschaltet werden. Dafür wurden früher meist Wasservorlagen verwandt, heute werden dafür aber Troksicherungen eingesetzt.

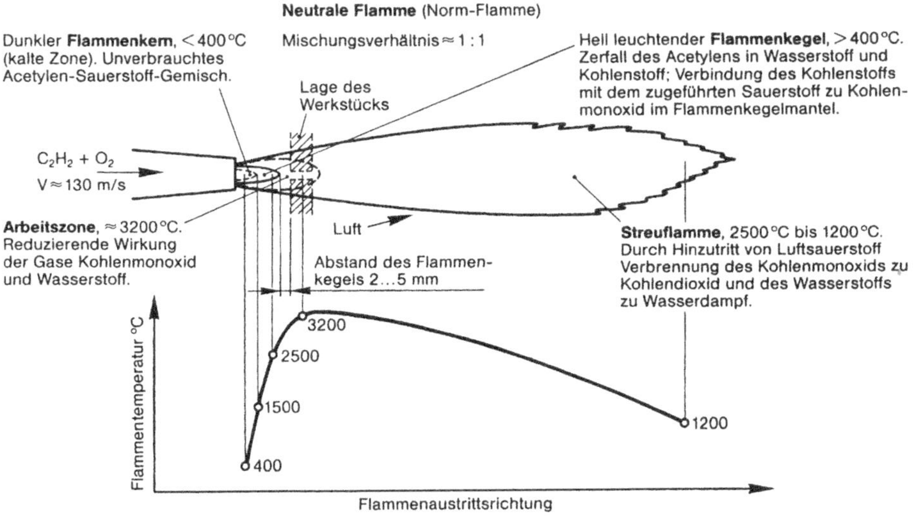

Bild 2-4. Acetylen-Sauerstoff-Flamme.

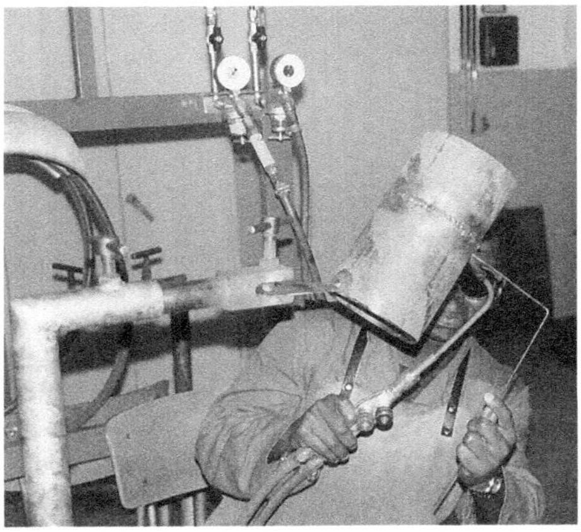

Bild 2-5. Gasschweißer beim Schweißen eines Prüfstücks.

Tabelle 2-2. Betriebswerte für Schweißeinsätze.

Benennung	Nennbereich (Stahlblechdicke in mm)	Größe	Sauerstoff Betriebsüberdruck (bar)	Verbauch l/h im Normalzustand
Schweißeinsatz	0,2 ... 0,5	0		40 ± 5
Schweißeinsatz	0,5 ... 1	1		80 ± 10
Schweißeinsatz	1 ... 2	2		160 ± 15
Schweißeinsatz	2 ... 4	3		315 ± 30
Schweißeinsatz	4 ... 6	4	2,5	500 ± 50
Schweißeinsatz	6 ... 9	5		800 ± 80
Schweißeinsatz	9 ... 14	6		1250 ± 125
Schweißeinsatz	14 ... 20	7		1800 ± 180
Schweißeinsatz	20 ... 30	8		2500 ± 250

In der Praxis hat sich gezeigt, daß vielfach Rohre mit einer Wanddicke von 4,5 mm geschweißt werden. Aus diesem Grund ist zusätzlich ein Schweißeinsatz mit dem Nennbereich 3 bis 5 entwickelt worden und im Handel erhältlich.

2.1.3.2 Flammeneinstellung

Die Flamme kann je nach Brenngas/Sauerstoff-Verhältnis oxidierend (Sauerstoffüberschuß), neutral oder reduzierend (Gasüberschuß) eingestellt werden. Beim Verbindungsschweißen, beim Auftragen von weichen Eisenwerkstoffen und von Chrom-Nickel-Stahl wird die Flamme neutral eingestellt. Mit Sauerstoffüberschuß wird Messing geschweißt, während die reduzierend eingestellte Flamme bei Gußeisen, Aluminium und beim Hartauftragschweißen üblich ist.

Tabelle 2-3. Berechnungsformel des Gasdurchsatzes.

$$\frac{\text{Summe der Grenzwerte des Blechdickenbereichs}}{2} \cdot 100 = \text{Gasmenge (l/h)}$$

für die Brennereinsatzgröße 3 ergibt sich somit zum Beispiel ein Gasdurchsatz von:

$$\frac{2+4}{2} \cdot 100 = 300\ \text{l/h}$$

Auch beim Panzern wird mit Gasüberschuß gearbeitet. Den Grad des Gasüberschusses kann man durch das Verhältnis der Strecken l_2 zu l_1 im Flammenbild ausdrücken, Bild 2-6. Mit zunehmendem Gasüberschuß wird l_2 länger und das Verhältnis l_2/l_1 größer. In dieser ersten Verbrennungsstufe kommt es zunächst durch den zugeführten Sauerstoff nur zu einer unvollständigen Verbrennung. Das Acetylen verbrennt zu Kohlenmonoxid (CO) und Wasserstoff (H_2). Das Kohlenmonoxid wirkt aufkohlend nach der Formel:

$$2\,CO = 2\,C + O_2.$$

In der zweiten Verbrennungsstufe werden dann die entstandenen Verbrennungsprodukte Kohlenmonoxid und Wasserstoff vollständig verbrannt zu Kohlendioxid (CO_2) und Wasserdampf (H_2O). Der dazu benötigte Sauerstoff wird aus der umgebenden Atmosphäre entnommen. Auf diese Weise wird das Schweißgut auch vor Oxidation geschützt.

Je nach Ausströmgeschwindigkeit der Gase kann man noch eine harte und eine weiche Flamme unterscheiden.

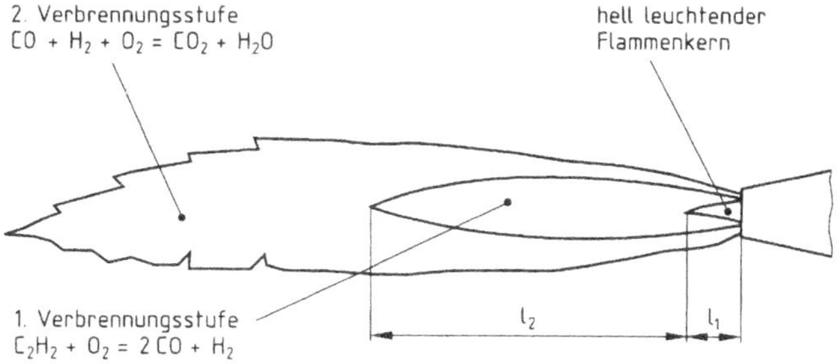

Bild 2-6. Zonen der Acetylen-Sauerstoff-Flamme bei Gasüberschuß.

2.1.4 Methoden des Gasschmelzschweißens

Das Gasschweißen kann in zwei Arbeitstechniken angewandt werden, und zwar von rechts nach links (Nachlinksschweißen) und von links nach rechts (Nachrechtsschweißen). Bei der Nachlinksschweißung läuft der Schweißstab vor der Flamme her, wird nach rechts geschweißt, folgt er ihr, Bild 2-7.

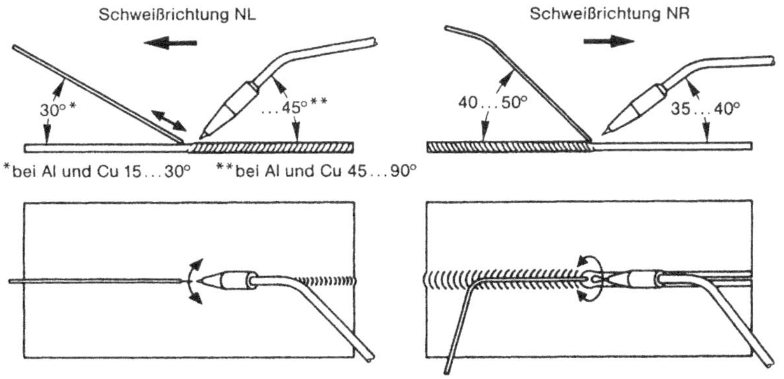

Bild 2-7. Arbeitstechniken beim Gasschmelzschweißen.

2.1.4.1 Nachlinksschweißen

Das Nachlinksschweißen wird beim Verbindungsschweißen an dünnen Blechen (bis 3 mm) angewandt, ferner beim Hartauftragen (Panzern). Hierbei steht der Brenner auch schräger, so daß die Flamme mehr auf den aufzuschweißenden Grundwerkstoff gerichtet ist. Die Aufkohlung durch die reduzierend eingestellte Flamme verhindert beim Panzern einen Härteabfall im Schweißgut und senkt in einer dünnen Zone des Grundwerkstoffes den Schmelzpunkt, so daß es nur hier zu einem flachen Einbrand und damit zu geringer Vermischung kommt.

2.1.4.2 Nachrechtsschweißen

Das Nachrechtsschweißen eignet sich besser für dickere Werkstücke, weil hierbei ein tieferer Einbrand und eine sicherere Durchschweißung erzielt werden. Beim Auftragschweißen zum Beschichten und Plattieren wird im Gegensatz zum Panzern die Nachrechtsschweißung eingesetzt.

2.1.5 Zusatzwerkstoffe und Hilfsstoffe

Schweißstäbe zum Verbindungsschweißen mit der Autogenflamme sind in DIN EN 12536 genormt. Stäbe zum Auftragschweißen sind in DIN 8555 enthalten. DIN EN 12536 unterscheidet für un- und niedriglegierte Stähle sechs Sorten von Schweißzusätzen, Tabelle 2-4. Für nicht genormte Sorten

Tabelle 2-4. Chemische Zusammensetzung der Schweißstäbe nach DIN EN 12536.

Schweißstabklasse Kurzzeichen	Chemische Zusammensetzung in %							
	C	Si	Mn	P	S	Mo	Ni	Cr
O Z	jede andere vereinbarte Zusammensetzung							
O I	0,03 ... 0,12	0,02 ... 0,20	0,35 ... 0,65	0,030	0,025	–	–	–
O II	0,03 ... 0,20	0,05 ... 0,25	0,50 ... 1,20	0,025	0,025	–	–	–
O III	0,05 ... 0,15	0,05 ... 0,25	0,95 ... 1,25	0,020	0,020	–	0,35 ... 0,80	–
O IV	0,08 ... 0,15	0,10 ... 0,25	0,90 ... 1,20	0,020	0,020	0,45 ... 0,65	–	–
O V	0,10 ... 0,15	0,10 ... 0,25	0,80 ... 1,20	0,020	0,020	0,45 ... 0,65	–	0,80 ... 1,20
O VI	0,03 ... 0,10	0,10 ... 0,25	0,40 ... 0,70	0,020	0,020	0,90 ... 1,20	–	2,00 ... 2,20

Einzelwerte in der Tabelle sind Höchstwerte.

gelten Sondervereinbarungen. Sie unterscheiden sich durch ihre chemische Zusammensetzung und die Schweißeigenschaften. Während die Sorten O I und O II mehr oder weniger dünnfließend sind, ergeben die übrigen Sorten ein zähfließendes Schweißgut. Die genormten Durchmesser liegen zwischen 1,6 und 6,3 mm, die Stäbe sind 1 m lang.

Gasschweißstäbe gibt es auch in den meisten der 17 Legierungsgruppen von DIN 8555. Die hierfür verwendeten Stäbe können gewalzt, gegossen, gezogen, gesintert oder gefüllt sein.

Hilfsstoffe sind Flußmittel, die in Form von Pulvern, Pasten oder Flüssigkeiten zwar nicht beim Stahlschweißen, aber beim Schweißen von Aluminium und anderen NE-Metallen zum Auflösen von Oberflächenbelägen zugegeben werden.

2.1.6 Anwendung des Gasschweißens

Im Zeitalter des modernen Schutzgasschweißens hat das Gasschmelzschweißen für das Verbindungs- und Auftragschweißen viel an Bedeutung verloren. Dies hängt sicher auch mit der relativ niedrigen Abschmelzleistung und Wirtschaftlichkeit zusammen sowie mit den geringen Möglichkeiten des Mechanisierens.

Es gibt aber Einsatzgebiete des Panzerns, für die sich das Verfahren wegen der Möglichkeit mit aufkohlender Flamme und geringem Aufmischungsgrad zu arbeiten besonders eignet. Dies ist besonders beim Stellitieren der Fall. Stellitlegierungen (Legierungs-Gruppe 20 – DIN 8555) sind Kobalt-Chrom-Wolfram-Legierungen mit höherem Kohlenstoffgehalt. Sie sind korrosionsbeständig und verschleißfest und werden beispielsweise eingesetzt zum Panzern von Schiebersitzen im Armaturenbau und für Ventilsitze in hochbeanspruchten Verbrennungsmotoren.

Beim Verbindungsschweißen kommt das Gasschmelzschweißen hauptsächlich bei Bördel-, I- und V-Nähten an un- und niedriglegierten Stahlrohren zum Einsatz. Wegen der geringen Abschmelzleistung ist der wirtschaftliche Einsatz aber auf Rohre mit kleinen Außendurchmessern (etwa maximal 150 mm) und geringen Wanddicken (maximal etwa 4,5 mm) beschränkt. In diesem Bereich wird das Verfahren aber gern wegen der guten Schweißbadbeherrschung in Zwangslagen und wegen des geringen Aufwandes an Einrichtungen bei Baustelleneinsätzen gegenüber anderen Schmelzschweißverfahren bevorzugt.

Ein weiteres Anwendungsgebiet für das Gasschmelzschweißen liegt auf dem Sektor des Gußeisenwarmschweißens, wie es bei Reparaturzwecken vorkommt. Dabei werden die Werkstücke auf Rotglut vorgewärmt, mit artgleichen Schweißzusätzen geschweißt und anschließend langsam abgekühlt [2-3].

2.1.7 Fehler beim Gasschweißen

Schweißnahtfehler (Unregelmäßigkeiten) sind beim Gasschweißen meist die Folge ungünstiger Fugenvorbereitung oder falscher Arbeitsweise des Schweißers [2-4]. Am meisten treten ungenügende Durchschweißung, Einbrandkerben, Bindefehler und Poren auf. Ferner können Oxideinschlüsse und Risse vorkommen.

Ungenügende Durchschweißung ist meist die Folge eines zu kleinen Wurzelspaltes. Dieser kann sich auch durch die Schrumpfung beim Schweißen verengen, wenn die Heftstellen nicht kräftig genug ausgeführt wurden. Die Durchschweißung läßt sich anhand der Öse kontrollieren, die sich beim Nachrechtsschweißen im Spalt ausbildet.

Einbrandkerben entstehen, wenn der Schweißzusatz nicht gleichmäßig bis zu den Rändern der Fuge verteilt wird. Meist ist eine falsche Brennerhaltung oder ungenügendes Rühren mit dem Schweißdraht die Ursache.

Bindefehler sind „Kaltstellen“ meist in der Bindezone oder zwischen zwei Schweißlagen, die entstehen, wenn der gewählte Brennereinsatz für die zu schweißende Materialdicke nicht ausreicht oder wenn zu schnell geschweißt wird. Auch beim zu langsamen Schweißen können Bindefehler durch vorlaufendes Schweißgut auftreten.

Poren werden beim Gasschweißen meist durch Kohlenmonoxidbildung im Schweißgut verursacht, wenn das Schweißgut wegen eines relativ hohen Kohlenstoffgehaltes bei gleichzeitig hohem Sauerstoffgehalt unberuhigt wird. Häufig rührt der hohe Kohlenstoffgehalt von einer Aufkohlung durch die Flamme bei inkorrekter Einstellung her.

3 Grundlagen des Lichtbogenschweißens

Der Lichtbogen ist wie der Blitz eine Art der Gasentladung. Während des Schweißens ist er das bewegliche Leiterstück, das den Stromkreis schließt. Zu seinem Zünden und zu seinem Betrieb sind Stromquellen erforderlich, die die zum Schweißen erforderliche hohe Stromstärke und niedrige Spannung liefern.

3.1 Der Lichtbogen

Die Luft ist normalerweise ein schlechter Leiter für den elektrischen Strom. Um den Lichtbogen zu zünden und zu unterhalten, muß sie erst elektrisch leitend gemacht werden. Diesen Vorgang nennt man Ionisation. Hierbei werden die Moleküle der Luft und anderer Gase, die sich im Spalt zwischen Elektrode und Werkstück befinden, zuerst dissoziiert und dann in Elektronen und Ionen zerlegt.

3.1.1 Ladungsträger im Lichtbogen

In der Atmosphäre befinden sich immer einige freie Elektronen, die beispielsweise aus der Höhenstrahlung stammen können. Wenn diese auf ein Elektron treffen, das den Atomkern umkreist, dann kann dieses aus seiner Bahn herausgeschleudert werden, Bild 3-1. Das Elektron hat eine negative Ladung. Diese fehlt nun dem Restatom. Es wird dadurch zu einem positiv geladenen Ion. Die auf diese Weise freigewordenen Elektronen werden durch die anliegende Spannung beschleunigt und treffen ihrerseits wieder auf andere Elektronen, die sie aus dem Verband des Atoms herausschleudern können. Auf diese Weise vervielfältigt sich die Anzahl der Ladungsträger (Elektronen und Ionen) lawinenartig. Man nennt diese Art der Erzeugung von Ladungsträgern Stoßionisation. Eine weitere Art ist die thermische Ionisation. Sie beruht darauf, daß Stoffe, zum Beispiel Metalle, wenn sie auf sehr hohe Temperaturen erhitzt werden, von sich aus Elektronen aussenden. Unterstützt wird dieses durch ein starkes elektrisches Feld (Feldionisation) [3-1].

Die positiven und negativen Ladungsträger werden im Lichtbogen vom gegennamigen Pol angezogen, das heißt, die Elektronen wandern zur Anode (Plus-Pol) und die Ionen zur Katode (Minus-Pol). Auf diese Weise entsteht im Lichtbogen ein ambipolarer Stromfluß in beide Richtungen, Bild 3-2.

Der Lichtbogen wird gezündet durch einen zeitlich begrenzten Kurzschluß oder durch Anlegen von Hochspannungsimpulsen zu Beginn des Schweißens (Zündhilfe).

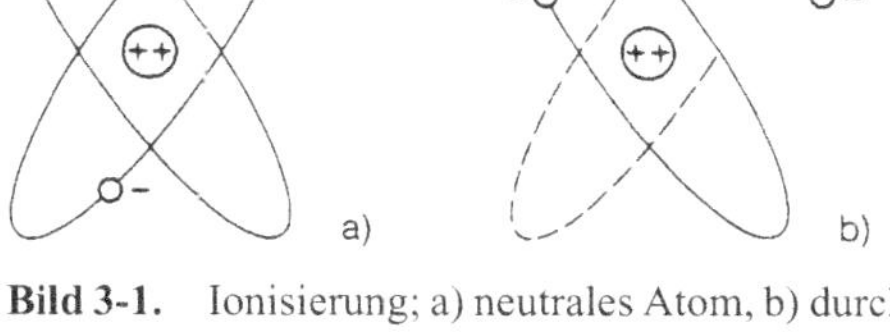

Bild 3-1. Ionisierung; a) neutrales Atom, b) durch Herausschleudern eines Elektrons entstandenes positives Ion.

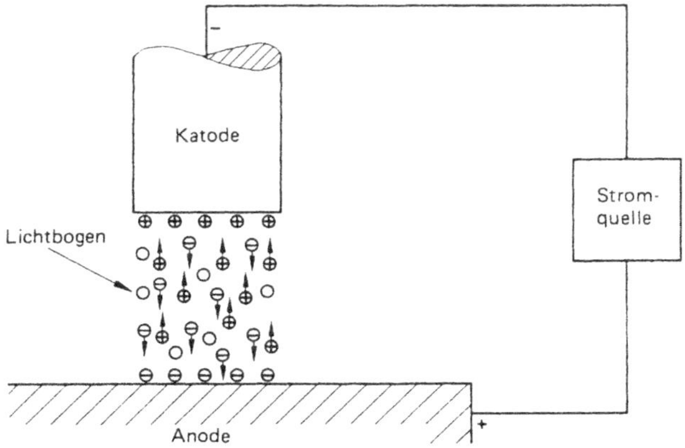

Bild 3-2. Stromfluß im Lichtbogen.

3.1.2 Lichtbogenkennlinien

Der Spannungsabfall im Lichtbogen erfolgt nicht linear, sondern er ist an den Fußpunkten am größten. Diese Fußpunkte des Lichtbogens nennt man Anodenfleck bzw. Katodenfleck, den davor stattfindenden Spannungsabfall Anodenfall bzw. Katodenfall. Dazwischen liegt die Lichtbogensäule, auch Lichtbogenplasma genannt. Hier fällt die Spannung nur leicht ab, Bild 3-3.

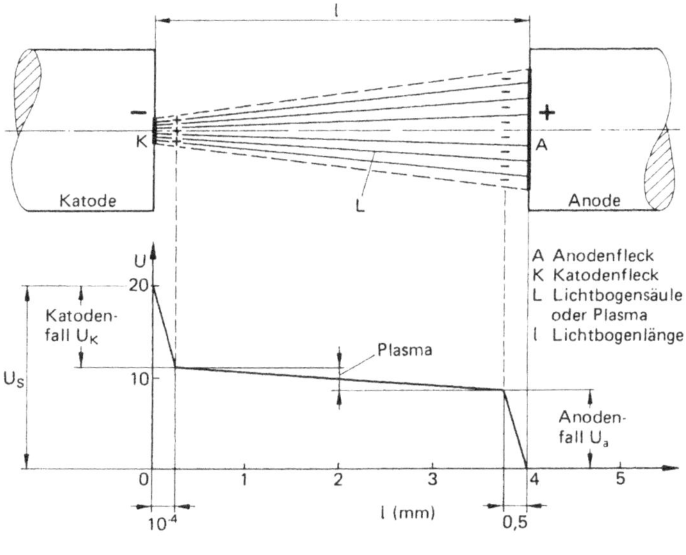

Bild 3-3. Bereiche des Lichtbogens.

Der Verlauf von Stromstärke und Spannung im Lichtbogen wird durch die Kennlinie beschrieben. Im Bereich niedriger Stromstärken, dem Ayrtonschen Bereich, fällt die Spannung mit zunehmendem Strom ab, im Ohmschen Bereich, der gewöhnlich zum Schweißen benutzt wird, steigt die Lichtbogenspannung mit zunehmendem Strom, Bild 3-4. Ein langer Lichtbogen brennt bei gleicher Stromstärke mit höherer Spannung als ein kurzer.

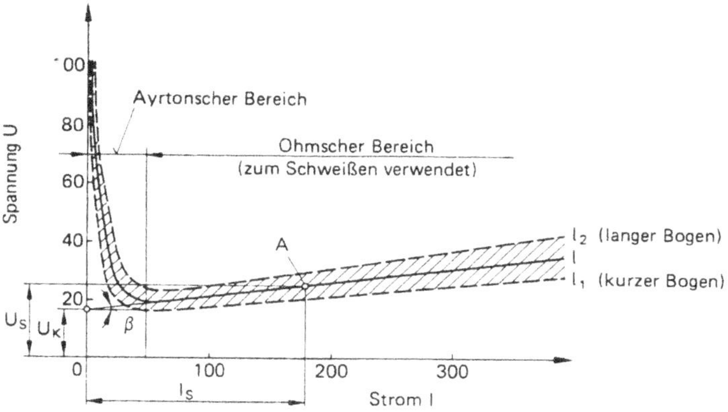

Bild 3-4. Lichtbogenkennlinien.

3.1.3 Magnetische Blaswirkung

Jeder stromdurchflossene Leiter ist von einem Magnetfeld umgeben, also auch der Lichtbogen. Dadurch, daß der Strom von der Elektrode durch den Lichtbogen zum Werkstück übergeht und diese in einem bestimmten Winkel zueinander stehen, wird das Magnetfeld im Bereich des Lichtbogens abgeknickt, und es weitet sich dabei nach einer Seite hin auf, Bild 3-5a. Der Lichtbogen weicht in dieses Gebiet verminderter magnetischer Kraftliniendichte aus, und der Gegenpol übt dadurch eine abstoßende Wirkung auf den Lichtbogen aus. Die durch die Ablenkung verursachte Verlängerung des Lichtbogens verursacht manchmal ein zischendes Geräusch. Daher hat die magnetische Blaswirkung ihren Namen.

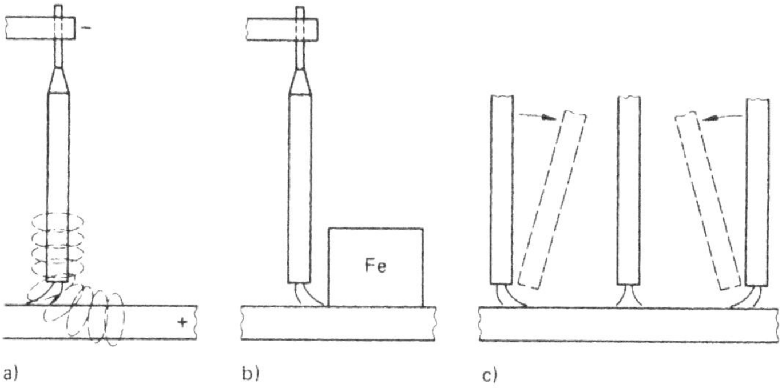

Bild 3-5. Ablenkung des Lichtbogens durch umgebende Magnetfelder.

Eine weitere magnetische Ablenkung beruht darauf, daß die magnetische Leitfähigkeit in Eisen größer ist als in Luft. Große ferromagnetische Eisenmassen ziehen deshalb den Lichtbogen an, Bild 3-5b. Ähnliches passiert auch beim Schweißen am Rand eines ferromagnetischen Bleches, Bild 3-5c, wo der Lichtbogen nach innen gezogen wird.

Durch die Ablenkung des Lichtbogens können Bindefehler entstehen. Der Schweißer muß deshalb den Lichtbogen durch entsprechende Neigung der Elektrode wieder gerade richten. Die abstoßende Wirkung des Gegenpoles auf den Lichtbogen kann in folgenden Fällen auch im positiven Sinne genutzt werden [3-2]:

- Bei hoher Schweißgeschwindigkeit, bei der die Schlacke nicht dicht genug folgt, sollte man vom Gegenpol wegschweißen.
- Bei niedriger Schweißgeschwindigkeit, bei der die Gefahr besteht, daß Schweißgut und Schlacke vorlaufen können, sollte man auf den Gegenpol zuschweißen.
- Die anziehende Wirkung großer Eisenmassen kann bei entsprechender Anordnung des Masseanschlusses durch die abstoßende Wirkung des Gegenpols kompensiert werden.

Die Blaswirkung ist beim Schweißen an Wechselstrom wesentlich geringer als beim Gleichstromschweißen. Unter schwierigen Blaswirkungsbedingungen empfiehlt sich daher die Verwendung von Wechselstrom. Eine gegenseitige Beeinflussung der Lichtbögen durch magnetische Blaswirkung tritt auch beim Mehrdrahtschweißen auf, zum Beispiel beim UP-Tandemschweißen, wenn an beiden Köpfen mit Gleichstrom geschweißt wird. Abhilfe ist möglich durch Vergrößerung des Abstandes zwischen den Elektroden auf mindestens 60 mm und Schweißen mit unterschiedlicher Polarität an beiden Elektroden [3-3]. Am sichersten kann die Blaswirkung aber verhindert werden durch Verwendung von Wechselstrom an beiden Köpfen oder zumindest an den hinteren Köpfen, Bild 3-6.

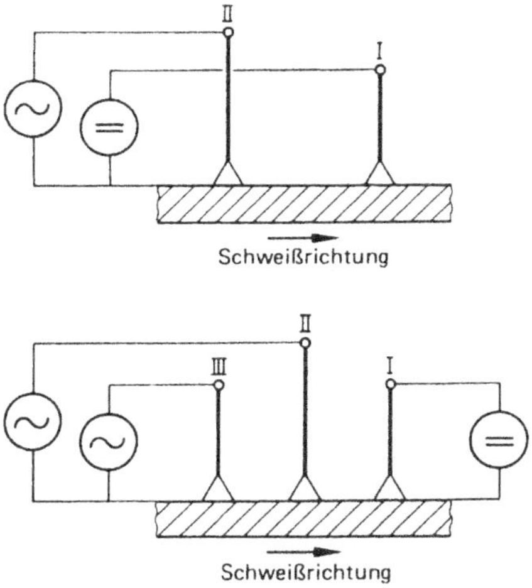

Bild 3-6. Schaltungsanordnungen beim Unterpulver-Mehrdrahtschweißen.

3.2 Werkstoffübergang beim Lichtbogenschweißen

Der Übergang des Schweißzusatzwerkstoffes im Lichtbogen erfolgt tropfenförmig. Auf die Bildung und Loslösung der Tropfen von der Elektrodenspitze haben verschiedene Kräfte Einfluß [3-4].

3.2.1 Arten des Werkstoffübergangs

Der Werkstoffübergang ist unterschiedlich je nach Schweißverfahren und innerhalb eines Verfahrens je nach Umhüllung, Pulver oder Schutzgas und Stromstärke.

Bei Stabelektroden mit sauren oder rutilhaltigen Umhüllungen entstehen die Tropfen durch heftige Gasexplosionen im Innern des flüssigen Elektrodenendes im Hüllenkrater, Bild 3-7. Vieles spricht dafür, daß Kohlenmonoxidbildung dafür verantwortlich ist. Bei basischumhüllten Elektroden erfolgt der Werkstoffübergang grobtropfig, und es bilden sich in gewissen Zeitabständen Kurzschlüsse zwischen Elektrode und Schmelzbad, Bild 3-8. Die Auflösung des Kurzschlusses erfolgt durch die Oberflächenspannung des Schmelzbades, die den Tropfen von der Elektrodenspitze absaugt.

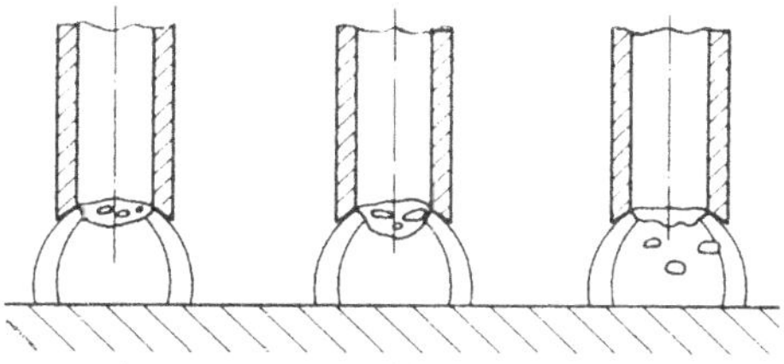

Bild 3-7. Von innen explodierender Tropfen.

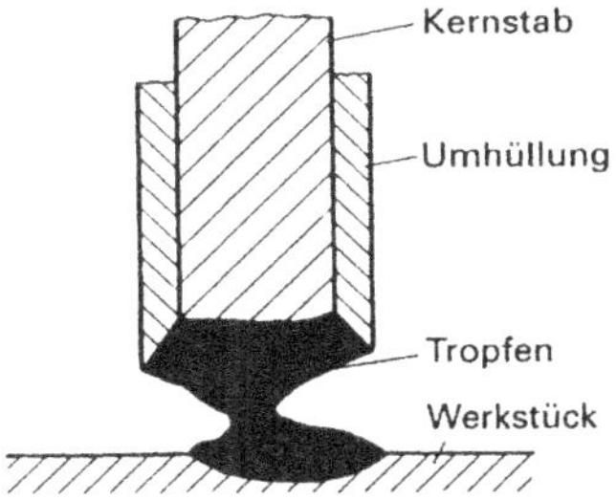

Bild 3-8. Tropfenübergang im Kurzschluß.

Auf ähnliche Weise erfolgt der Werkstoffübergang beim MAG-Kurzlichtbogenschweißen. Die in Bild 3-9 gezeigten Stadien des Kurzschlußzyklus wiederholen sich in regelmäßigen Abständen, so daß der Kurzlichtbogen gekennzeichnet ist durch einen rhythmischen Wechsel zwischen Lichtbogenbrennzeit und Kurzschlußzeit [3-5]. Tropfengröße und Tropfenfrequenz sind werkstoff- und schutzgasabhängig.

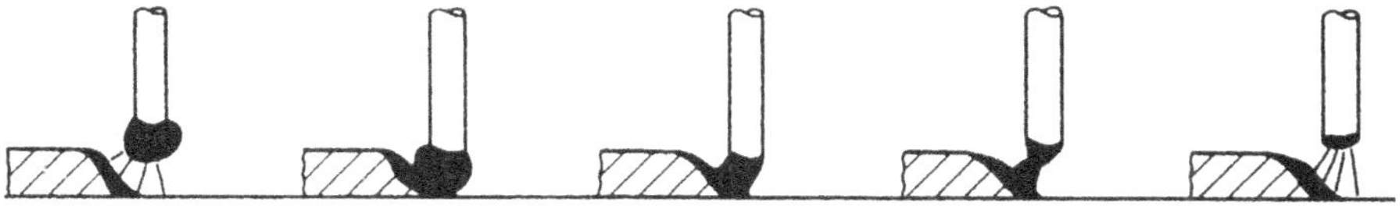

Bild 3-9. Stadien eines Kurzschlußzyklus (schematisch) im Kurzlichtbogen;
a) ein Tropfen bildet sich am Elektrodenende,
b) Beginn des Kurzschlusses mit dem werkstückseitigen Schmelzbad,
c) der flüssige Elektrodenwerkstoff fließt ab,
d) die flüssige Brücke schnürt ein,
e) der Lichtbogen zündet wieder.

Beim Metall-Schutzgasschweißen im oberen Leistungsbereich stellt sich je nach Schutzgas ein Langlichtbogen oder ein Sprühlichtbogen ein. Beim Sprühlichtbogen erfolgt der Werkstoffübergang unter dominierendem Einfluß des Pinch-Effektes, einer elektromagnetischen Kraft, die aus der Lorentz-Kraft herrührt. Die radiale Kraftkomponente des umgebenden Magnetfeldes schnürt den Tropfen dabei bis zur Ablösung ein, Bild 3-10. Ein ausreichend starker Pinch-Effekt stellt sich aus physikalischen Gründen nur bei Inertgasen und hochargonhaltigen Mischgasen ein. Unter Kohlendioxid und hoch-CO_2-haltigen Mischgasen kommt es deshalb zur Ausbildung eines Langlichtbogens, einer grobtropfigen, kurzschlußbehafteten Werkstoffübergangsform, die vornehmlich unter Einfluß der Schwerkraft erfolgt. Die folgenden Bilder machen die Unterschiede im Tropfenübergang zwischen Sprüh- und Langlichtbogen deutlich. Während in Bild 3-11 die Einschnürung des Drahtendes durch den Pinch-Effekt zu erkennen ist, zeigt Bild 3-12 einen grobtropfigen Übergang ohne Einschnürung des Drahtes. Der Lichtbogen erscheint hier eher kurz, weil er in einer Mulde brennt. Die groben Tropfen führen manchmal zu Kurzschlüssen, die sich nach einiger Zeit unter starker Spritzerbildung wieder auflösen.

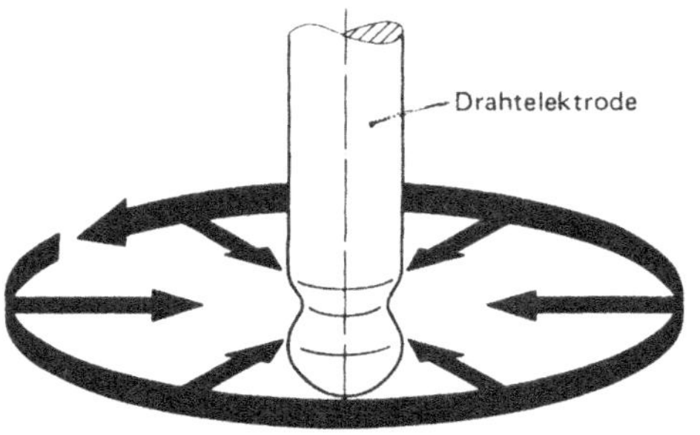

Bild 3-10. Schema der Wirkung des Pinch-Effektes.

Bild 3-11. Standfotos aus einem Hochgeschwindigkeitsfilm vom Sprühlichtbogen.

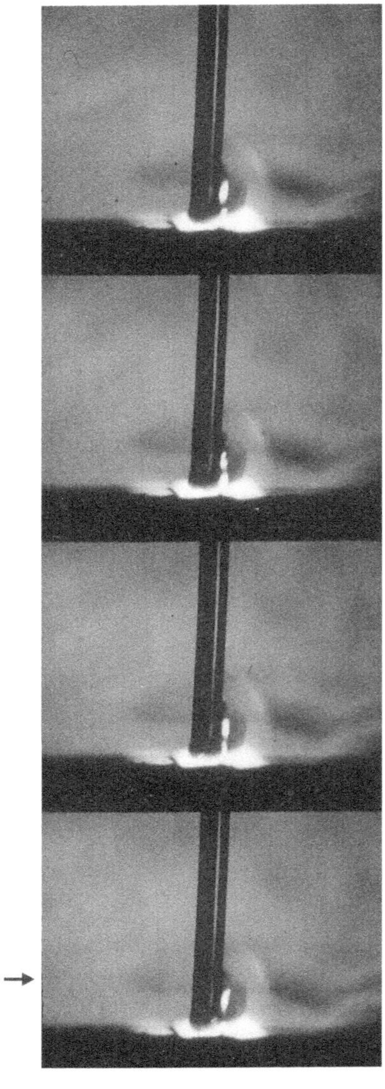

Bild 3-12. Standfotos aus einem Hochgeschwindigkeitsfilm vom Langlichtbogen.

Beim Schweißen mit pulsierendem Strom kommt es bei richtiger Einstellung der Schweißparameter zu einem kurzschlußfreien Werkstoffübergang im Rhythmus der Impulsfrequenz (Impulslichtbogen). Die Tropfengröße wird beeinflußt durch die eingestellten Schweißparameter, vor allem aber durch die Impulsfrequenz.

Die Lage der verschiedenen Lichtbogenarten beim MIG-/MAG-Schweißen im U/I-Diagramm und ihre Anwendung wird noch einmal in Abschnitt 5 eingehend besprochen. Der Werkstoffübergang beim Unterpulverschweißen ähnelt dem von Stabelektroden. Spritzerbildung spielt hier keine Rolle, weil diese von der umgebenden Schlacke aufgefangen wird.

Neben den bisher behandelten Kräften Gasexpansion, Oberflächenspannung, Pinch-Effekt und Erdanziehung können noch andere Kräfte, wie die elektrostatische Kraft, Rückstoßkräfte verdampfenden Materials und die Sogkräfte der Plasmaströmung, die Tropfenbildung und -ablösung fördern, sie aber auch unter Umständen behindern. Diese Kräfte sind aber gegenüber dem Pinch-Effekt von untergeordneter Bedeutung.

3.3 Einstellen und Regeln von Schweißprozessen

Die Kennlinie einer Schweißstromquelle beschreibt den Verlauf der Schweißspannung in Abhängigkeit von der Stromstärke. Es gibt Stromquellen mit fallender Kennlinie und Quellen, deren Kennlinien waagerecht oder leicht fallend verlaufen, Bild 3-13. Je nach Charakteristik der Stromquelle verändert man durch Stellen an der Stromquelle in erster Linie die Stromstärke oder die Schweißspannung [3-6].

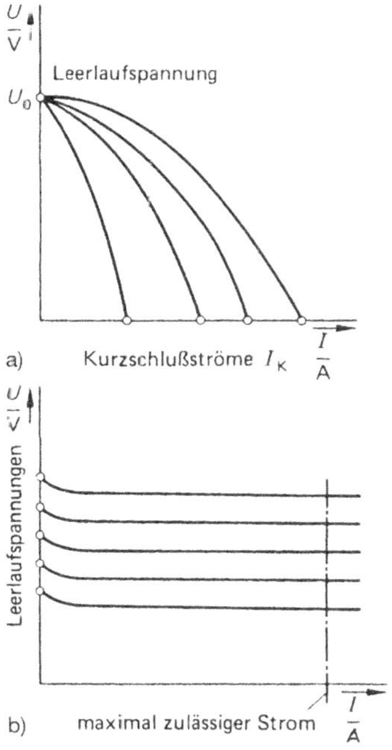

Bild 3-13. Kennlinien von Schweißstromquellen;
a) fallende Charakteristik,
b) Konstantspannungskennlinie.

3.3.1 Einstellen von Stromstärke und Lichtbogenspannung

Bild 3-14 verdeutlicht die Verhältnisse am Beispiel der Grenzfälle, das heißt bei Kennlinien, die im Arbeitsbereich senkrecht abfallen (Konstantstromcharakteristik), und solchen mit absolut waagerechtem Verlauf (Konstantspannungscharakteristik). Ein Arbeitspunkt beim Lichtbogenschweißen ist der Schnittpunkt der eingestellten Quellenkennlinie mit der aktuellen Lichtbogenkennlinie (zum Beispiel A1). Beim Lichtbogenhandschweißen und beim WIG-Schweißen verstellt der Schweißer die Stromstärke durch Wahl einer bestimmten Quellenkennlinie. Die Lichtbogenspannung ergibt sich aus der Lichtbogenlänge, die er einhält. Beim maschinellen Schweißen muß der Bediener dagegen zwei Stellmanipulationen vornehmen. Bei fallender Kennlinie, Bild 3-14 links, verstellt er den Strom durch Wahl einer anderen Kennlinie (Arbeitspunkte A2, A3). Die Spannung steigt dabei etwas mit an. Will er nur die Schweißspannung verändern, dann genügt es, die Lichtbogenlänge durch Verstellen des Drahtvorschubs zu verändern (Arbeitspunkte A1, A2). Durch Verlängern oder Verkürzen des Lichtbogens über die Veränderung der Drahtvorschubgschwindigkeit wird bei Konstantspannungskennlinien, Bild 3-14 rechts, die Stromstärke verstellt (Arbeitspunkte A1, A2). Ist eine Änderung der Schweißspannung erwünscht, dann muß auf eine andere Kennlinie umgeschaltet werden. Dabei verändert sich auch etwas die Stromstärke (Arbeitspunkte A2, A3).

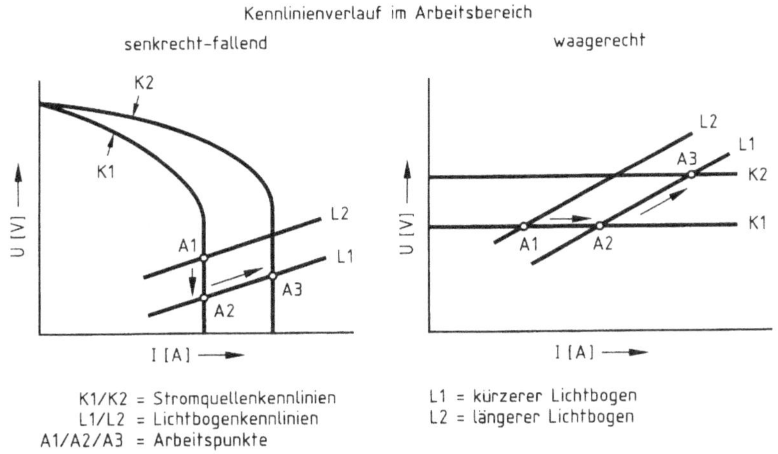

Bild 3-14. Auswirkung der Arbeitspunktverschiebung bei unterschiedlicher Kennlinienform.

3.3.2 Die Regelung der Lichtbogenlänge

Bei mechanisierten Schweißprozessen soll der eingestellte Arbeitspunkt und damit Stromstärke und Lichtbogenspannung in jeder Phase des Schweißablaufes unverändert bleiben. Dies setzt voraus, daß die Lichtbogenlänge konstant bleibt. Durch Unebenheiten des Werkstückes oder am Boden der Schweißfuge, zum Beispiel beim Überschweißen von dickeren Heftstellen, ändert der Lichtbogen aber zwangsläufig seine Länge. Er soll aber möglichst kurzfristig wieder auf seine ursprüngliche Länge zurückgeführt werden. Dies geschieht durch die äußere oder die innere Regelung.

3.3.2.1 Die äußere Regelung

Die äußere Regelung, auch Δu-Regelung genannt, erfordert eine Stromquelle mit fallender Charakteristik. Bild 3-15 erläutert, wie der Regelvorgang abläuft, wenn der Lichtbogen beim Abstieg von einer Stufe (zum Beispiel Heftstelle) verlängert wird. Beim Übergang vom kurzen Lichtbogen (Arbeitspunkt A_I) zum längeren Lichtbogen (Arbeitspunkt A_{II}) steigt die Lichtbogenspannung um

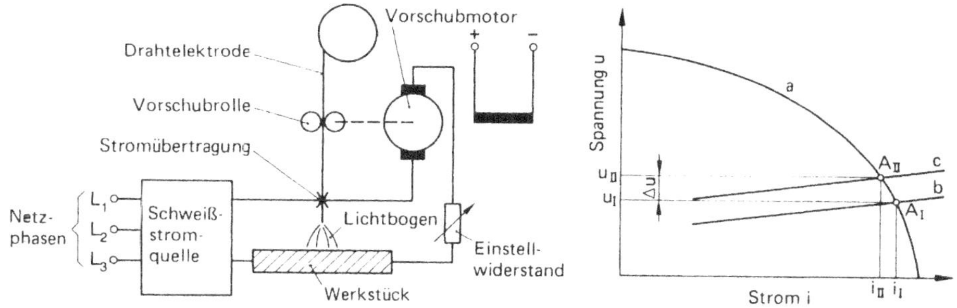

Bild 3-15. Schema der Δu-Regelung.

den Betrag Δu an. Da der Anker des Vorschubmotors mit der Lichtbogenspannung gekoppelt ist, erhöht sich durch die Verlängerung des Lichtbogens auch die Ankerspannung des Motors. Dieser vergrößert dadurch seine Umdrehungsgeschwindigkeit und fördert mehr Draht in den Prozeß, wodurch der Lichtbogen wieder kürzer wird, bis der ursprüngliche Arbeitspunkt erreicht ist. Diese etwas träge Regelung der Lichtbogenlänge reagiert schneller, wenn ein elektronischer Regler einen Soll/Ist-Vergleich der Spannung vornimmt und je nach Erfordernis die Umdrehungsgeschwindigkeit des Vorschubmotors über ein Stellglied anpaßt, Bild 3-16.

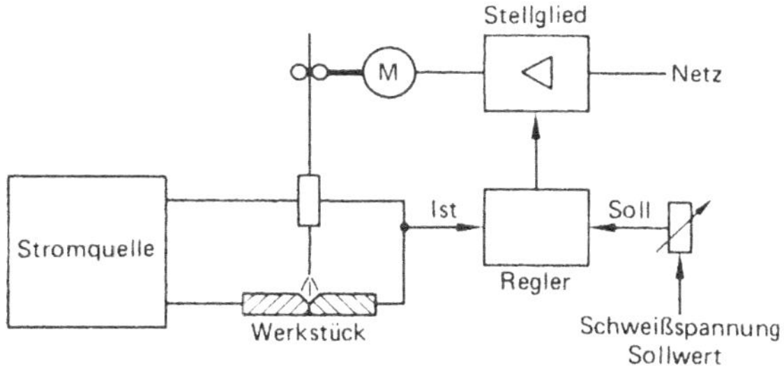

Bild 3-16. Schema einer elektronischen Regelung.

3.3.2.2 Die innere Regelung

Hierzu ist eine Konstantspannungsstromquelle oder eine Stromquelle mit leicht fallender Kennlinie erforderlich. Das Wirkungsschema dieser Regelung zeigt Bild 3-17. Es fällt auf, daß der Vorschubmotor nun unabhängig von der Lichtbogenspannung mit konstanter Vorschubgeschwindigkeit arbeitet. Die Lichtbogenspannung würde sich, wenn Konstantspannungscharakteristik vorliegt, bei einer Verlängerung des Lichtbogens ohnehin nicht ändern. Sie fällt deshalb als Regelgröße aus. Bei einer Verlängerung des Lichtbogens vom Arbeitspunkt A_I nach A_{II} verringert sich aber die Stromstärke um den Betrag Δi. Dies führt zu einem geringeren Abschmelzen der Drahtelektrode und, da der Vorschubmotor mit konstanter Geschwindigkeit weiterfördert, zu einer Verkürzung des Lichtbogens auf seine ursprüngliche Länge.

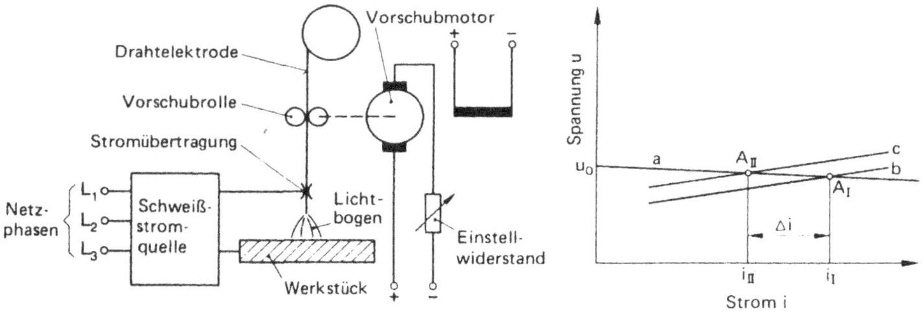

Bild 3-17. Schema der Δi-Regelung.

3.3.2.3 Vergleich der Regelungsarten

Die innere Regelung ist, weil keine sich drehenden Komponenten beschleunigt oder abgebremst werden müssen, schneller als die äußere Regelung. Sie wird deshalb bevorzugt eingesetzt, wo mit dünnen Drahtelektroden geschweißt wird, zum Beispiel beim MIG-/MAG-Verfahren. Dünnere Drahtelektroden werden mit höheren Vorschubraten zugegeben als dickere, deshalb erfordern sie eine schnell reagierende Lichtbogenlängenregelung. Beim Unterpulverschweißen, wo es bei einigen Gerätetypen möglich ist, umschaltbar die innere oder die äußere Regelung anzuwenden, wird die innere Regelung vorzugsweise bei Drahtelektroden mit Durchmessern ≤ 4 mm angewendet.

3.4 Schweißstromquellen

Die Schweißstromquelle wandelt den Netzstrom in die zum Schweißen erforderliche hohe Stromstärke und niedrige Spannung um.

3.4.1 Stromquellenbauarten

Es gibt Schweißstromquellen, die Wechselstrom liefern, und solche, die zum Schweißen Gleichstrom bereitstellen.

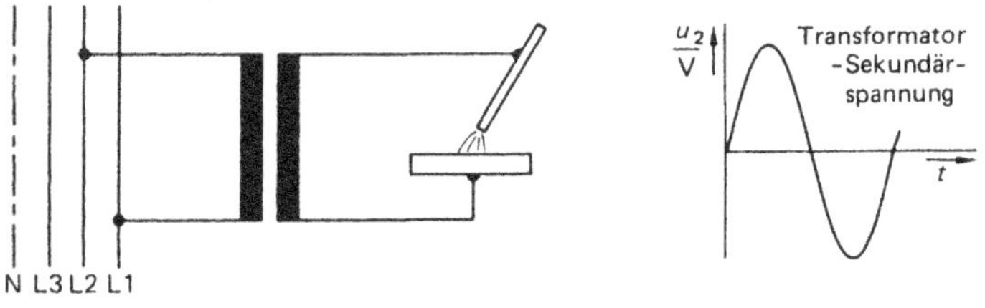

Bild 3-18. Netzanschluß eines Schweißtransformators.

3.4.1.1 Schweißtransformator

Der Schweißtransformator wird üblicherweise einphasig zwischen Phase und Nulleiter oder zweiphasig zwischen zwei Phasen des Netzes angeschlossen, Bild 3-18. Er liefert Wechselstrom zum Schweißen und hat meist eine fallende Kennlinie. Die Einstellung des Stromes kann durch Streukernverstellung, primärseitige oder sekundärseitige Windungsanzapfung oder bei älteren Stromquellen durch Transduktor erfolgen, Bild 3-19.

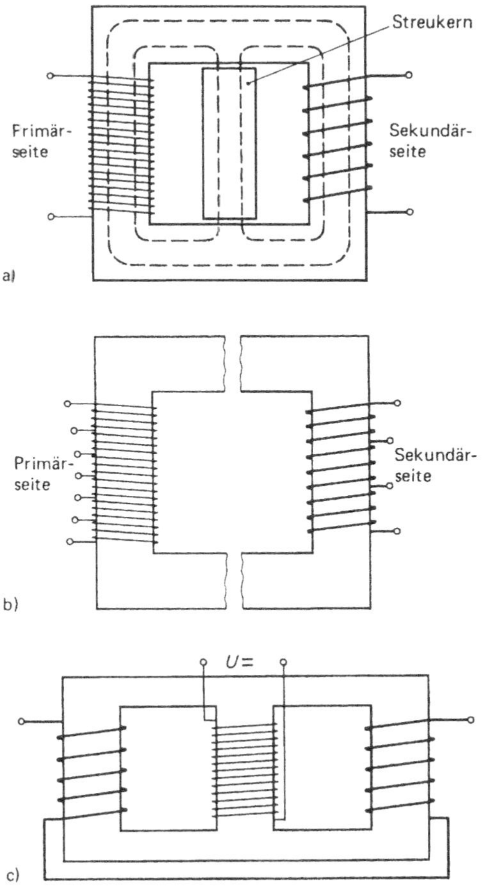

Bild 3-19. Verstellmöglichkeiten von Schweißtransformatoren;
a) durch Streukern,
b) durch Windungsanzapfung, primär/sekundär,
c) durch Transduktor.

3.4.1.2 Schweißgleichrichter

Ein ruhigerer Lichtbogen entsteht beim Schweißen an Gleichstrom. Diesen liefert beispielsweise der Schweißgleichrichter. Er besteht aus einem Transformator mit nachgeschalteten Gleichrichtersätzen. Bild 3-20 zeigt das Schaltbild eines dreiphasig angeschlossenen Transformators mit nachgeordneten Dioden in Sechspuls-Brückenschaltung. Diese Schaltung liefert einen sehr gut geglätteten Gleichstrom. Es gibt aber auch einfachere, einphasig angeschlossene Gleichrichter mit Zweipuls-Brückenschaltung. Diese liefern einen relativ welligen Gleichstrom und sind weniger geeignet zum Schweißen mit basischen Stabelektroden.

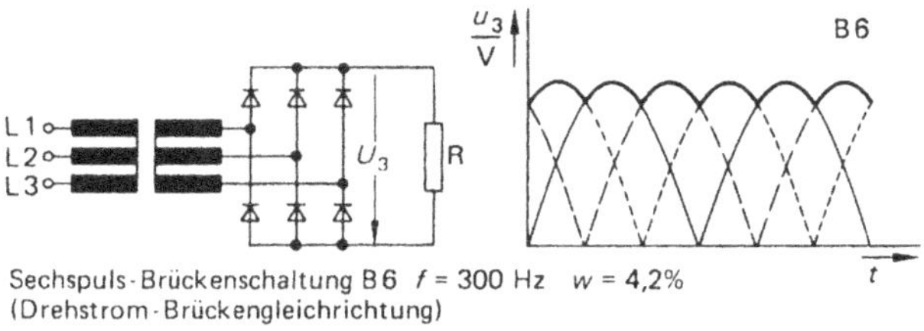

Bild 3-20. Gleichrichterschaltung für Dreiphasenwechselstrom.

Schweißgleichrichter können fallende oder Konstantspannungskennlinien haben. Sie werden eingestellt durch einen Streukern im Transformator, durch einen Transduktor im Wechselstromkreis oder durch primärseitige Windungsanzapfung. Moderne Geräte lassen sich auch stufenlos mit Thyristoren durch Phasenanschnittsteuerung einstellen.

3.4.1.3 Schweißumformer

Eine weitere Stromquelle, die Gleichstrom liefert, ist der Gleichstromumformer. Er besteht aus einem Antriebsmotor (Elektromotor oder Verbrennungsmotor) und einem Generator. Der Wechselstromumformer liefert mittelfrequenten Wechselstrom.

3.4.1.4 Elektronische Stromquellen

Beim Bau moderner Schweißstromquellen werden Thyristoren und Transistoren als schnell reagierende Schalter und Transistoren als steuerbare Widerstände eingesetzt. Bei den Square-Wave-Stromquellen benutzt man Thyristoren oder Transistoren, um die Polarität eines Gleichrichters im Rhythmus der 50-Hertz-Frequenz, oder sogar schneller, umzuschalten. Auf diese Weise entsteht ein künstlicher, rechteckförmiger Wechselstrom mit sehr steilem Nulldurchgang, Bild 3-21. Das durch den steilen Nulldurchgang bedingte schnelle Wiederzünden des Lichtbogens nach dem Polaritätswechsel macht den Schweißprozeß stabiler als dies bei sinusförmigem Wechselstrom der Fall ist. Durch entsprechende Ansteuerung der elektronischen Schalter läßt sich auch das Verhältnis von positiver zu negativer Halbwelle verändern. Beim WIG-Schweißen bringt das Verkürzen der Plus-Halbwelle den Vorteil, bei ausreichender Reinigungswirkung die Strombelastbarkeit der Elektrode zu erhöhen und den Einbrand zu verbessern [3-7].

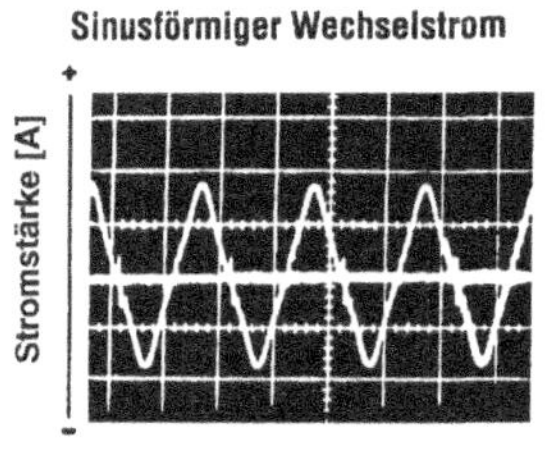

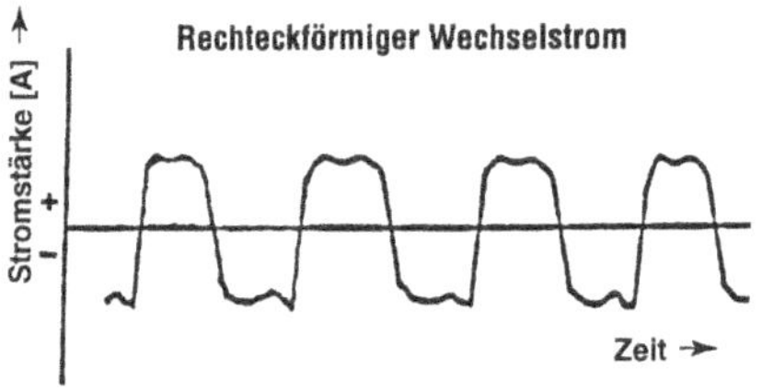

Bild 3-21. Oszillographenschrieb des Stromes beim WIG-Schweißen mit Wechselstrom.

Elektronische Gleichstromquellen kommen als Analogquellen, primärgetaktete, sekundärgetaktete und Hybridtypen vor. Bei allen Stromquellen der neuen Generation werden der ausgehende Schweißstrom oder die Schweißspannung durch ein Kontrollsystem überwacht und konstant gehalten.

Bei der Analogquelle werden steuerbare Widerstände in der Endstufe eines Schweißgleichrichters zum Einstellen und zum Regeln von Schweißstrom oder -spannung verwendet, Bild 3-22. Dieser Stromquellentyp reagiert auf Störungen im Schweißstromkreis sehr schnell, er hat aber einen relativ schlechten Wirkungsgrad. Die Anwendung von Analogstromquellen ist rückläufig.

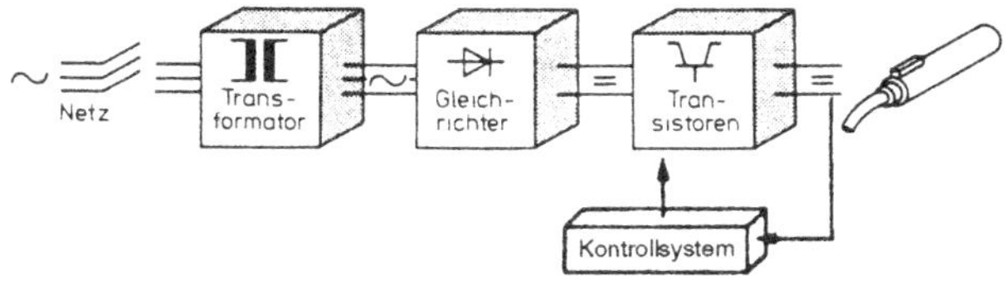

Bild 3-22. Blockdiagramm einer analogen Transistorstromquelle.

Gänzlich anders ist der Aufbau einer primärgetakteten Stromquelle, Bild 3-23. Bei diesen auch Inverter genannten Quellen werden Thyristoren oder Transistoren als Leistungsschalter eingesetzt. Der aus dem Netz kommende Strom wird zuerst gleichgerichtet und dann durch die Schalter zerhackt. Diesen Vorgang nennt man auch Takten. Es erfolgt bei modernen transistorisierten Stromquellen mit einer Frequenz von bis zu 100 kHz [3-8]. Anschließend wird der getaktete Strom transformiert. Da die Masse des erforderlichen Transformators mit steigender Frequenz des zu transformierenden Stromes abnimmt, verringert sich bei primärgetakteten Quellen das Gewicht der Stromquelle erheblich. Der hinter dem Transformator entstehende rechteckförmige Wechselstrom wird abschließend noch gleichgerichtet. Inverterstromquellen zeichnen sich neben dem geringen Gewicht durch einen guten Wirkungsgrad und niedrige Leerlaufverluste aus. Die Ansprechzeit beim Ausregeln von Störungen ist länger als bei Analogquellen.

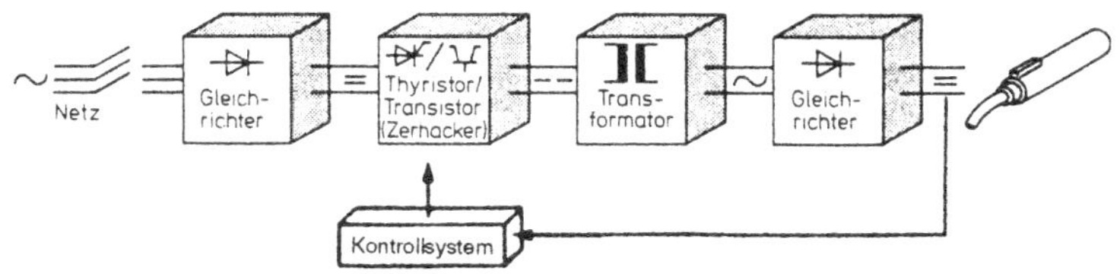

Bild 3-23. Blockdiagramm einer primärgetakteten Stromquelle.

Bei sekundärgetakteten Stromquellen werden Schalttransistoren sekundärseitig nur zum Stellen und Konstanthalten des Stromes eingesetzt, Bild 3-24. Da der sonstige Aufbau konventionell ist, besitzen diese Stromquellen ein normales Gewicht und einen guten Wirkungsgrad. Die Reaktionszeit entspricht der von primärgetakteten Quellen.

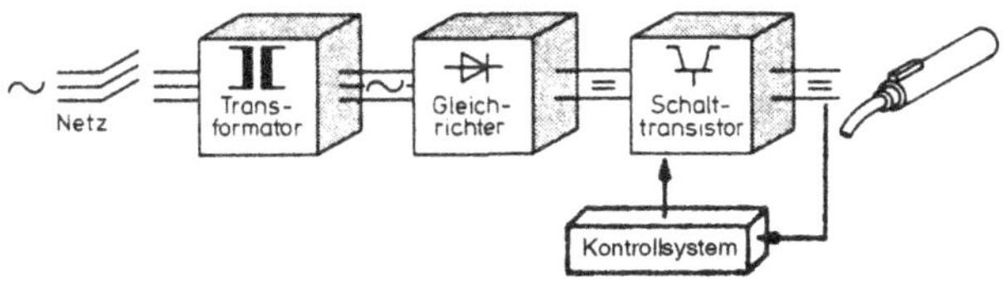

Bild 3-24. Blockdiagramm einer sekundärgetakteten Stromquelle.

Hybridstromquellen verbinden die Vorteile von Analogquellen mit denen der sekundärgetakteten Typen. Die sekundärseitig angebrachten Schalttransistoren dienen zum Stellen des Stromes, Transistoren, die als steuerbare Widerstände geschaltet sind, halten ihn konstant.

Was hat es nun mit dem Takten auf sich? Beim Takten wird der Strom jeweils für kurze Zeit ein- und ausgeschaltet. Bild 3-25 zeigt den Unterschied im Stromverlauf zwischen analogen und getakteten Quellen. Mit der Frequenz des Taktens, oder durch Änderung des Verhältnisses von Ein- und Auszeit, ändert sich die wirksame Stromstärke. Durch entsprechende Ansteuerung der Schalttransistoren kann deshalb die Stromstärke verstellt und auch geregelt werden. Erfolgt die Veränderung der Stromein- und -auszeiten in rhythmischen Abständen, dann läßt sich damit sogar ein impulsförmiger Strom erzeugen, Bild 3-26.

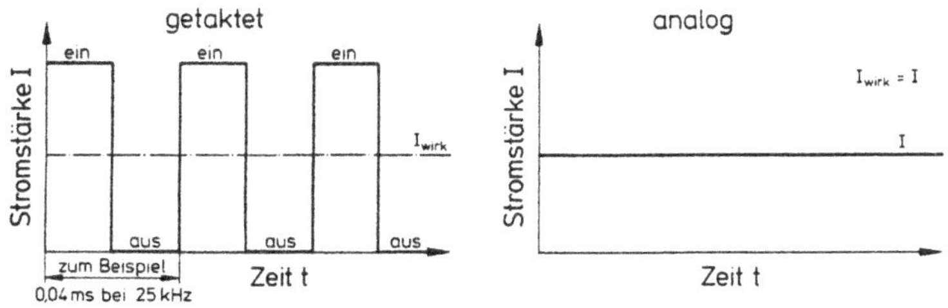

Bild 3-25. Stromverlauf bei getakteter und analoger Stromquelle.

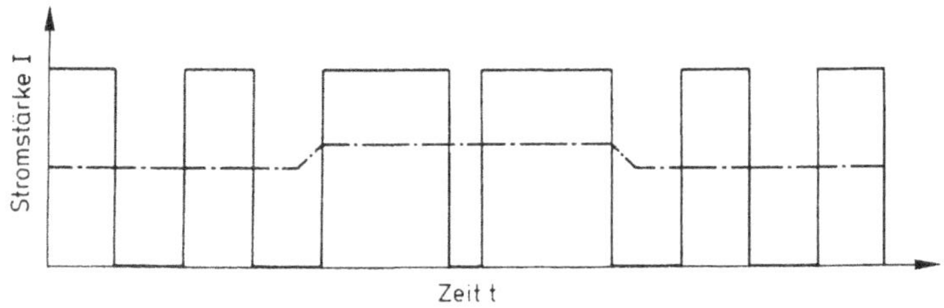

Bild 3-26. Erzeugung eines impulsförmigen Stroms durch unterschiedliche Stromeinzeiten.

3.4.2 Eigenschaften von Stromquellen

3.4.2.1 Statische Kennlinie

In Abschnitt 3.3 wurde bereits gezeigt, daß die statischen Kennlinien von Schweißstromquellen fallend oder waagerecht verlaufen können, siehe auch Bild 3-13. Jede Stromquelle hat nicht nur eine einzelne, sondern eine Schar von Kennlinien, mit denen je nach Charakteristik die Stromstärke oder die Schweißspannung verstellt werden können. Die Wahl der Kennlinie kann in Stufen oder stufenlos durch Einstellen am Gerät erfolgen.

3.4.2.2 Dynamische Eigenschaften

Die Form der Kennlinie hat auch Auswirkung auf die entstehenden Kurzschlußströme. Diese sind um so geringer, je steiler der Kennlinienverlauf ist. Die Quelle wird „weicher“. Eine Begrenzung des Kurzschlußstromes kann bei konventionellen Stromquellen auch durch induktive Widerstände (Drosseln) im Schweißstromkreis vorgenommen werden, eine Glättung der Welligkeit von Gleichstromquellen durch Kondensatoren. Bei modernen Stromquellen erfolgt die Anpassung der Dynamik auf elektronischem Wege.

3.4.2.3 Kennwerte

Einige Kennwerte beschreiben das Leistungsvermögen und die Eigenschaften von Stromquellen. Sie können dem Leistungsschild entnommen werden.

Einstellbereich: Der Einstellbereich gibt an, in welchen Grenzen von Strom und Spannung die Stromquelle verwendet werden kann (zum Beispiel: 60 A/22 V bis 500 A/40 V). Der Einstellbereich wird ermittelt mit Hilfe einer genormten Lichtbogenkennlinie nach DIN EN 60974-1.

Leerlaufspannung: Aus Gründen des Zündens und Wiederzündens sollte die Leerlaufspannung so hoch wie möglich sein. Andererseits dürfen wegen der elektrischen Gefährdung des Schweißers gewisse Höchstwerte nicht überschritten werden. Tabelle 3-1 nennt die höchstzulässigen Leerlaufspannungen für Schweißstromquellen, die europaweit ebenfalls nach DIN EN 60974-1 neu festgelegt wurden und in der Bundesrepublik Deutschland auch in der UVV BGV D1 (früher VBG 15 – Ausgabe 04.90) nachgelesen werden können. Die für Stromquellen zum Plasmaschneiden aus Gründen der Zündsicherheit und der Prozeßstabilität notwendigen hohen Leerlaufspannungen gelten unter der Einschränkung, daß bauartbedingt sichergestellt sein muß, daß der Bedienungsmann nicht mit spannungsführenden Teilen in Berührung kommen und das Wechseln der Elektrode nur im spannungslosen Zustand erfolgen kann.

Tabelle 3-1. Zulässige Leerlaufspannung von Stromquellen.

Einsatzbedingung	Leerlaufspannung Spannungsart	Höchstwerte in V Scheitelwert	Effektivwert
a) erhöhte elektrische Gefährdung	Gleichstrom	113	–
	Wechselstrom	68	48
b) ohne erhöhte elektrische Gefährdung	Gleichstrom	113	–
	Wechselstrom	113	80
c) begrenzter Betrieb ohne erhöhte elektrische Gefährdung	Gleichstrom	113	–
	Wechselstrom	78	55
d) Lichtbogenbrenner maschinell geführt	Gleichstrom	141	–
	Wechselstrom	141	100
e) Plasmaverfahren	Gleichstrom	710	–
	Wechselstrom	710	500
f) unter Wasser mit Personen im Wasser	Gleichstrom	65	–
	Wechselstrom	unzulässig	

Das Zeichen [S] ersetzt die bisherigen Zeichen für
– Wechselstromquellen (42V)
– Schweißgleichrichter [K]
– Gleichstrom-Schweißgeneratoren und Schweißumformer mit der Aufschrift: »Leerlaufspannung ... V Scheitelwert«

Einschaltdauer: Für Stromquellen, die im Handschweißbetrieb eingesetzt werden, gelten Einschaltdauern von 35 und 60 %, im Dauerbetrieb von 100 %: Die Einschaltdauer (ED) bezieht sich nach DIN EN 60974-1 auf eine Spielzeit von 10 Minuten. 60 % ED bedeuten also 6 Minuten

Schweißzeit/4 Minuten Pause. Die Schweißleistung einer Stromquelle nimmt mit zunehmender Einschaltdauer ab, zum Beispiel bei 35 % ED – 500 A/40 V, bei 100 % ED – 300 A/32 V.

Weitere Angaben: Neben den vorher genannten Kennwerten enthält das Leistungsschild noch Angaben über den Leistungsfaktor (cos φ), die Anschlußleistung und erforderliche Absicherung, die Kühl- und Schutzart und die Isolationsklasse.

4 Metallichtbogenschweißen (Prozeß-Nr. 101)

Zur Gruppe der Metallichtbogenschweißverfahren gehört neben dem Lichtbogenhandschweißen noch das Unterschieneschweißen, das Schwerkraft- und das Federkraftlichtbogenschweißen und das Schweißen mit selbstschützenden Fülldrähten. Die Definition des Verfahrens nach DIN 1910-2 sagt:

„Der Lichtbogen brennt zwischen einer abschmelzenden Elektrode und dem Werkstück. Lichtbogen und Schweißbad werden vor dem Zutritt der Atmosphäre nur durch Gase und/oder Schlacken abgeschirmt, die von der Elektrode stammen."

Das Besondere am Metallichtbogenschweißen, das es von anderen Verfahren abgrenzt, ist also der Selbstschutz: Jegliche Schutzwirkung geht von der Elektrode (Umhüllung, Füllung) aus, externer Schutz ist ausgeschlossen.

4.1 Lichtbogenhandschweißen (Prozeß-Nr. 111)

Das Lichtbogenhandschweißen mit Stabelektroden, auch E-Schweißen genannt, ist nach dem Metall-Schutzgasschweißen das am zweitmeisten eingesetzte Schmelzschweißverfahren [4-1].

4.1.1 Prinzip des Verfahrens

Bild 4-1 zeigt das Prinzip des Lichtbogenhandschweißens. Die Stabelektrode, gleichzeitig Lichtbogenträger und Schweißzusatz, ist über den Elektrodenhalter und die Schweißleitung mit einem Pol der Stromquelle verbunden. Der andere Pol ist über die Werkstückleitung und die Werkstückklemme mit dem Werkstück verbunden. Zum Lichtbogenhandschweißen kann Gleich- oder Wechselstrom verwendet werden, jedoch sind nicht alle Elektroden an Wechselstrom schweißbar. Die Stromquellen haben fallende Kennlinien.

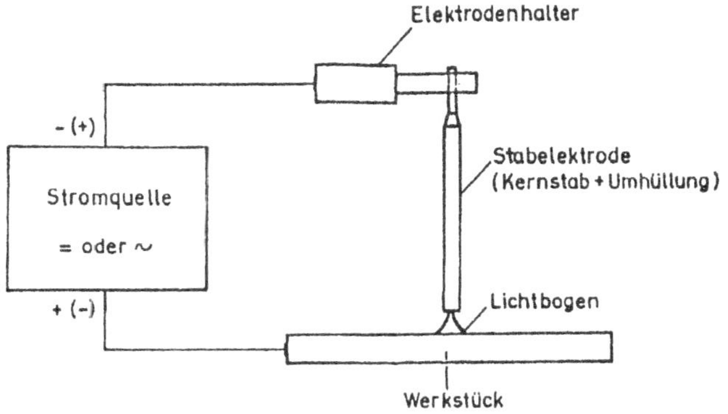

Bild 4-1. Prinzip des Lichtbogenhandschweißens.

4.1.2 Stabelektroden

Heute werden nur noch umhüllte Stabelektroden verwendet, nackte, nichtumhüllte Elektroden gehören der Vergangenheit an. Die Elektroden werden durch Extrudieren auf mechanisch oder hydraulisch betriebenen Pressen umhüllt, Bild 4-2. Als Bindmittel für die Umhüllungskomponenten dient Wasserglas. Nach dem Pressen werden die Elektroden in Trockenöfen getrocknet. Hierbei wird die Feuchtigkeit ausgetrieben, und die Umhüllung bekommt ihre mechanische Festigkeit. Von der Umhüllungsdicke her gesehen, gibt es dünn-, mitteldick- und dickumhüllte Elektroden.

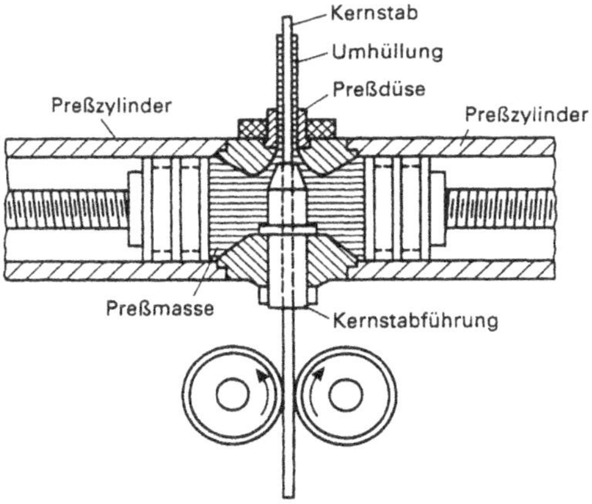

Bild 4-2. Elektrodenpresse mit gegeneinander wirkenden Kolben zur Herstellung von Stabelektroden.

4.1.2.1 Wirkung und Zweck von Umhüllungen

Die Aufgaben der Elektrodenumhüllung gehen aus Tabelle 4-1 hervor. Die wesentlichsten Aufgaben sind, das Zünden und das Schweißen zu erleichtern, das Schweißgut durch Bilden von Schlacke und Schutzgas vor der umgebenden Atmosphäre zu schützen und es metallurgisch zu beeinflussen.

Tabelle 4-1. Aufgaben von Elektrodenumhüllungen.

Leitfähigkeit der Lichtbogenstrecke verbessern: – leichteres Zünden – bessere Schweißeigenschaft
Bilden einer Schlacke: – Beeinflussung der Tropfengröße – Schutz der übergehenden Tropfen und des geschmolzenen Schweißguts vor schädlichen Einflüssen – Formgebung der erstarrenden Raupe – Verhinderung von schnellem Erkalten des Schweißgutes
Bilden eines Schutzgasstromes: – aus organischen Stoffen – aus Karbonaten (zum Beispiel $CaCO_3$)
desoxidierende und eventuell auflegierende Wirkung

4.1.2.2 Umhüllungstypen

Beim Lichtbogenhandschweißen gibt es nach DIN EN 499 vier Umhüllungsgrundtypen, den Zellulosetyp, den sauren Typ, den Rutiltyp und den basischen Typ. Bild 4-3 zeigt die Richtanalysen dieser vier Typen, und Tabelle 4-2 beschreibt die Wirkung der wichtigsten Umhüllungsrohstoffe [4-2]. Der Schlackenverdünner bei sauren und Rutilelektroden ist Quarz. Bei basischen Typen übernimmt diese Aufgabe der Flußspat. Rutil ist für den guten Schlackenabgang und das Wiederzünden über den

Hüllenkrater verantwortlich. Aus dem Kalziumkarbonat (Kalkspat) entsteht bei der Erwärmung nach der Formel

$$CaCO_3 = CaO + CO_2$$

Kohlendioxid und Kalziumoxid. Kalkspat bietet also einen doppelten Schutz durch Schlacke und Schutzgas. Alle Kaliverbindungen sind leicht ionisierbar und fördern deshalb die Lichtbogenstabilität. Neben den Grundtypen gibt es nach DIN EN 499 noch einige Mischtypen, und zwar zwischen dem Zellulosetyp und dem Rutiltyp, dem sauren Typ und dem Rutiltyp und dem Rutiltyp und dem basischen Typ, Tabelle 4-3.

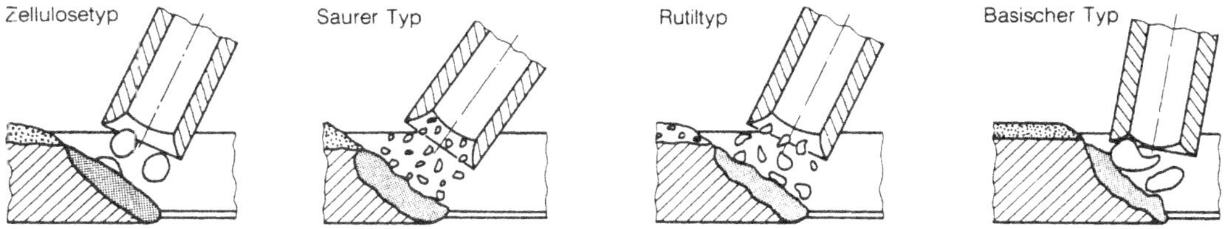

Zellulosetyp			Saurer Typ			Rutiltyp			Basischer Typ		
Zellulose		40	Magnetit	Fe_3O_4	50	Rutil	TiO_2	45	Flußspat	CaF_2	45
Rutil	TiO_2	20	Quarz	SiO_2	20	Magnetit	Fe_3O_4	10	Kalkspat	$CaCO_3$	40
Quarz	SiO_2	25	Kalkspat	$CaCO_3$	10	Quarz	SiO_2	20	Quarz	SiO_2	10
Fe – Mn		15	Fe – Mn		20	Kalkspat	$CaCO_3$	10	Fe – Mn		5
Wasserglas			Wasserglas			Fe – Mn		15	Wasserglas		
						Wasserglas					

Bild 4-3. Richtanalysen der wichtigsten Umhüllungstypen.

Tabelle 4-2. Wirkung von Umhüllungsstoffen.

Umhüllungsrohstoff	Wirkung auf die Schweißeigenschaften
Quarz – SiO_2	erhöht die Strombelastbarkeit, Schlackenverdünner
Rutil – TiO_2	verbessert Schlackenabgang und Nahtzeichnung, gutes Wiederzünden
Magnetit – Fe_3O_4	verfeinert den Tropfenübergang
Kalkspat – $CaCO_3$	setzt die Lichtbogenspannung herab, Schutzgas- und Schlackenbildner
Flußspat – CaF_2	Schlackenverdünner bei basischen Elektroden, verschlechtert die Ionisation
Kalifeldspat – $K_2O \cdot Al_2O_3 \cdot 6\,SiO_2$	leicht ionisierbar, verbessert die Lichtbogenstabilität
Ferro-Mangan/Ferro-Silizium	Desoxidationsmittel
Zellulose	Schutzgasbildner
Kaolin – $Al_2O_3 \cdot 2\,SiO_2 \cdot 2\,H_2O$	Gleitmittel
K- oder Na-Wasserglas – K_2SiO_3 oder Na_2SiO_3	Bindemittel

Tabelle 4-3. Kurzzeichen für den Umhüllungstyp.

Kurzzeichen	Umhüllungstyp
A	sauerumhüllt
B	basischumhüllt
C	zelluloseumhüllt
R	rutilumhüllt
RR	dick rutilumhüllt
RC	rutilzelluloseumhüllt
RA	rutilsauerumhüllt
RB	rutilbasischumhüllt

4.1.2.3 Eigenschaften von Stabelektroden

Die Schweißeigenschaften der Stabelektroden werden durch die Zusammensetzung und die Dicke der Umhüllung beeinflußt. Saure Elektroden (Kurzzeichen A) werden in Deutschland fast nicht mehr eingesetzt, wohl aber rutilsauerumhüllte Mischtypen (RA). Sie besitzen ein dünnflüssiges Schweißgut und eine dünnflüssige Schlacke und gestatten deshalb hohe Schweißgeschwindigkeiten. Allerdings sind sie weniger gut geeignet für das Schweißen in Zwangslagen.

Basischumhüllte Elektroden (Kurzzeichen B) besitzen von allen Typen im Schweißgut die besten Zähigkeitseigenschaften und eine gute Rißsicherheit. Im trockenen Zustand verschweißt sind sie die einzigen Stabelektroden, die ein Schweißgut mit niedrigem Wasserstoffgehalt liefern. Sie sind deshalb auch besonders geeignet für das Schweißen von höherfesten Stählen, die zu wasserstoffinduzierter Rißbildung neigen. Einige der Umhüllungsrohstoffe der basischen Elektrode sind aber hygroskopisch, das heißt, sie binden beim Lagern Feuchtigkeit. Feuchtgewordene basische Elektroden müssen nach den Angaben des Herstellers rückgetrocknet werden. Als Anhalt für das Rücktrocknen kann eine Temperatur von 300 °C und eine Haltezeit von 2 Stunden dienen. Das Schweißgut hat einen niedrigen Sauerstoffgehalt. Der Werkstoffübergang ist deshalb grobtropfig (siehe 3.2.1), das Schweißgut zähfließend und die Raupen sind weniger fein gezeichnet und stärker überwölbt als bei anderen Typen.

Reinbasische Elektroden werden, wegen des hohen Flußspatgehaltes der Umhüllung, beim Gleichstromschweißen im Gegensatz zu den meisten anderen Umhüllungstypen an den Pluspol der Stromquelle angeschlossen, sie sind auch nicht wechselstromschweißbar [4-3]. Es gibt jedoch auch basische Mischtypen, bei denen ein Teil des Flußspats durch Rutil oder Zirkonoxid ersetzt wurde, oder Doppelmantelumhüllungen, wo der Flußspat nur im äußeren Mantel, also weit weg vom Lichtbogen, zugegeben wird. Diese können auch an Wechselstrom verschweißt werden.

Die Umhüllung der Zelluloseelektroden (Kurzzeichen C) besteht zum größten Teil aus organischen Bestandteilen, die im Lichtbogen unter Bildung von Schutzgas verbrennen und kaum Schlacke bilden. Sie sind deshalb besonders geeignet zum Schweißen von Fallnähten (Position PG). Einige Fabrikate von Zelluloseelektroden haben bessere Schweißeigenschaften, wenn sie bei Gleichstrom am Pluspol verschweißt werden. Für ähnliche Schweißaufgaben können auch rutilzelluloseumhüllte Elektroden (Kurzzeichen RC) eingesetzt werden, jedoch haben diese in anderen Positionen, zum Beispiel PA, bessere Schweißeigenschaften und ein besseres Nahtaussehen als Zellulosetypen. In kleineren Betrieben ist die Rutilzelluloseelektrode oft der „Allround-Typ".

Die Rutilelektroden (Kurzzeichen R, RR) zeichnen sich aus durch einen fein- bis mitteltropfigen Werkstoffübergang, eine gute Schlackenentfernbarkeit, eine feingefiederte flache Raupenoberfläche und ein gutes Wiederzündverhalten. Letzteres hängt mit der guten elektrischen Leitfähigkeit der Schlacke im Hüllenkrater zusammen, Bild 4-4. Hierdurch wird es möglich, eine bereits einmal angeschmolzene Elektrode neu zu zünden, ohne den Hüllenkrater vorher entfernen zu müssen [4-4].

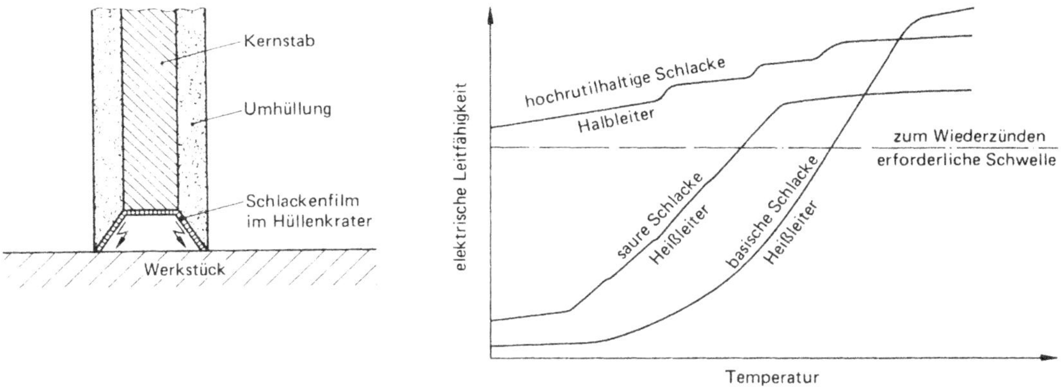

Bild 4-4. Wiederzünden über dem Hüllenkrater.

Die rutilbasische Elektrode (Kurzzeichen RB) stellt in jeder Hinsicht einen Kompromiß zwischen den beiden Grundtypen R und B dar. Sie ist nicht nur für die waagerechte Position geeignet, sondern auch für Schweißungen in Zwangslagen (Positionen PC, PE, PF), und besitzt relativ gute Zähigkeitseigenschaften.

Neben den Normaltypen mit etwa 100 % Ausbringen gibt es auch Hochleistungselektroden, die meist rutil- oder basischumhüllt sind. Diese enthalten in der Umhüllung neben den mineralischen Stoffen noch Eisenpulver und/oder Legierungsstoffe, so daß ihr metallisches Ausbringen auf über 100 % ansteigt.

DIN EN 499 kennzeichnet die Elektroden nicht nur nach dem Umhüllungstyp, sondern im nicht obligatorischen Teil der Bezeichnung werden durch angehängte Kennziffern auch Aussagen gemacht zum Ausbringen, zur Stromart, mit der die Elektrode verschweißt werden kann, und zur Positionsverschweißbarkeit.

4.1.3 Leistungskennwerte

Hierunter fallen Daten, die zur sachgemäßen Anwendung des Verfahrens einzustellen sind, und solche, welche die Wirtschaftlichkeit beeinflussen.

4.1.3.1 Strombelastbarkeit

Die Strombelastbarkeit von Stabelektroden ist abhängig vom Umhüllungstyp, der Umhüllungsdicke, dem Kernstabdurchmesser, der Länge der Elektrode, dem Ausbringen und der elektrischen Leitfähigkeit des Kernstabes. Tabelle 4-4 enthält Richtwerte für Stabelektroden verschiedener Durchmesser mit unlegiertem Kernstab. Elektroden mit nichtrostendem Kernstab vertragen auf Grund des höheren Stoffwiderstandes weniger Strom.

Die untere angegebene Grenze ist erforderlich, um überhaupt ein kontinuierliches Abschmelzen der Elektrode zu gewährleisten. Bei Überschreiten der oberen Grenze wird die Elektrode durch die Widerstandserwärmung des Kernstabes von innen heraus zu stark erhitzt. Dies kann so weit gehen, daß der gegen Ende des Abschmelzens verbleibende Elektrodenrest zu glühen beginnt. Durch zu starke Erwärmung kann die Umhüllung geschädigt werden oder sogar abplatzen. Mit einfachen Faustformeln läßt sich die Strombelastbarkeit von Stabelektroden abschätzen, Tabelle 4-4.

Tabelle 4-4. Abmessungen und Stromstärken von Stabelektroden.

Durchmesser d (mm)	2,0	2,5	3,2	4,0	5,0	6,0
Länge l (mm)	250/300	350	350/450	350/450	450	450
Stromstärke I (A)	40 ... 80	50 ... 100	90 ... 150	120 ... 200	180 ... 270	220 ... 360
Faustregel für Stromstärke (A)	min. 20 × d max. 40 × d		30 × d 50 × d			35 × d 60 × d

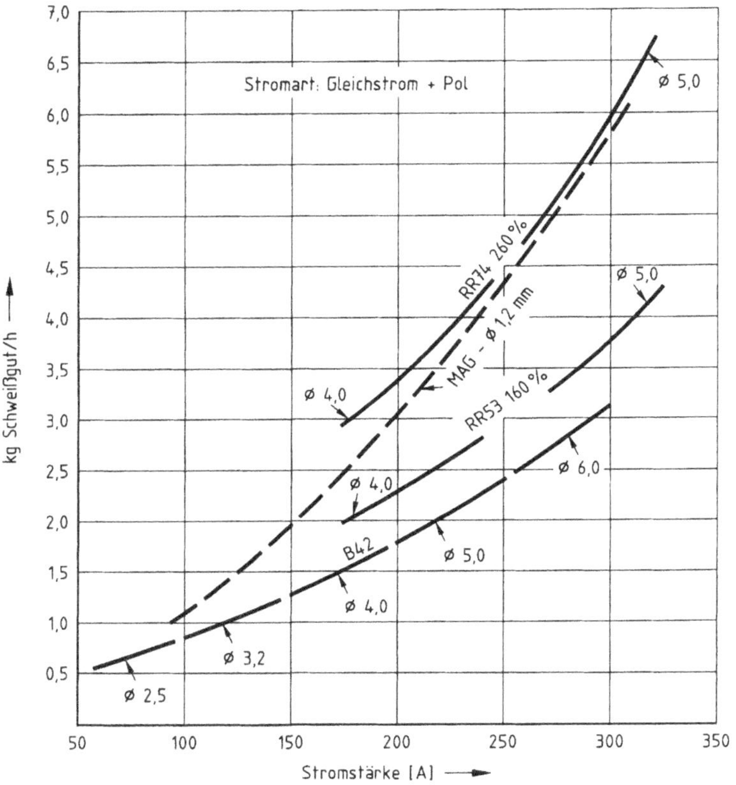

Bild 4-5. Abschmelzleistung verschiedener Elektrodentypen im Vergleich zum MAG-Schweißen (Bezeichnungen nach DIN EN 499).

4.1.3.2 Ausbringen

Unter Ausbringen versteht man das Verhältnis des niedergeschmolzenen Schweißgutes zum abgeschmolzenen Kernstab in Prozent. Es beträgt bei Normalelektroden infolge Abbrand- und Verdampfungsverlusten etwa 95 bis 98 %. Bei Stabelektroden, die Legierungsstoffe oder Eisenpulver in der Umhüllung enthalten, liegt das Ausbringen über 100 %. Üblich sind Hochleistungselektroden mit einem Ausbringen von 130 bis 220 %. Mit zunehmendem Ausbringen steigt auch die Abschmelzleistung und damit die Wirtschaftlichkeit beim Schweißen. Elektroden mit einem Ausbringen von mehr als 160 % haben jedoch durch die zunehmende Verbreitung des MAG-Schweißens an Bedeutung verloren.

4.1.3.3 Abschmelzleistung

Die Abschmelzleistung ist in erster Linie abhängig vom Kernstabdurchmesser, dem Werkstoff des Kernstabes, von der Stromstärke und vom Ausbringen der Elektrode. Bild 4-5 zeigt die Abschmelzleistung verschiedener Elektrodentypen im Vergleich zum MAG-Schweißen. Man sieht, daß in einigen Stromstärkenbereichen die Hochleistungselektrode durchaus an die Abschmelzleistung des MAG-Verfahrens heranreichen oder bei sehr hohem Ausbringen diese sogar übertreffen kann.

4.1.4 Technik des Schweißens

Die Elektrode wird vom Schweißer in den vollisolierten Elektrodenhalter eingespannt. Je nach vorgesehener Stromstärke müssen Elektrodenhalter entsprechender Größen verwendet werden, Bild 4-6. Stabelektrodenhalter sind in DIN EN 60974-11 genormt. Die Stromstärke wird durch Verstellen der Kennlinie an der Schweißstromquelle eingestellt, die Lichtbogenspannung ergibt sich aus der Lichtbogenlänge, die der Schweißer einhält. Dabei gilt, daß die Verlängerung des Lichtbogens eine Erhöhung der Schweißspannung zur Folge hat.

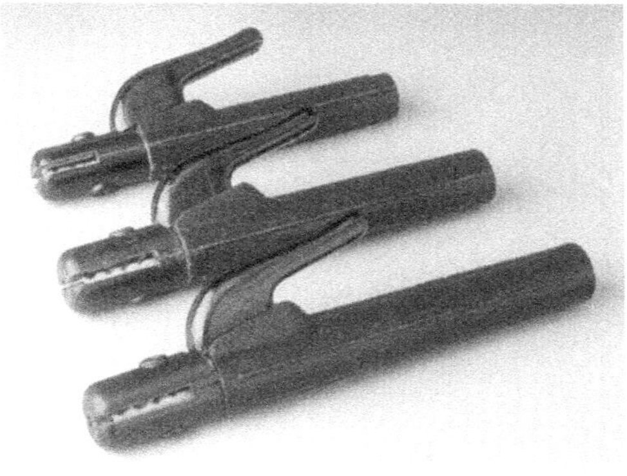

Bild 4-6. Elektrodenhalter verschiedener Größen (Werkbild: ESAB GmbH, Solingen).

4.1.4.1 Zünden des Lichtbogens

Das Zünden des Lichtbogens erfolgt durch Kurzschlußbildung zwischen Elektrode und Werkstück. Danach wird die Elektrode sofort wieder angehoben, und der Lichtbogen brennt. Das Zünden soll niemals außerhalb der Fuge erfolgen, sondern immer an einer Stelle, die danach wieder überschweißt wird. Bei Elektroden, die zur Ansatzporosität neigen, zum Beispiel basische Elektroden, soll das Zünden etwas vor dem eigentlichen Schweißnahtbeginn erfolgen. Die Elektrode wird dann schnell wieder zurückgeführt und beim Überschweißen der Zündstelle werden eventuell dort abgesetzte poröse Schweißtropfen wieder aufgeschmolzen [4-5].

4.1.4.2 Heften

Wenn die Einzelteile des Werkstückes nicht in Spannvorrichtungen zusammengehalten werden, müssen sie meist vor dem Schweißen geheftet werden. Zum Heften eignen sich besonders Elektroden, die über ein gutes Wiederzündverhalten verfügen. Dies sind vor allem Elektroden vom Umhüllungstyp R, RR und RC (siehe 4.1.2.3). Die Heftstellen müssen so dick ausgeführt werden, daß sie beim Schweißen nicht reißen, und sie sollen eine Länge von 10 bis 20 mm besitzen. Dünnbleche werden, um Verzug zu vermeiden, nur punktförmig geheftet.

4.1.4.3 Führen der Elektrode

Die zum Schweißen notwendige Stromstärke richtet sich nach dem Durchmesser und der Länge der Elektrode, dem Umhüllungstyp und der Schweißaufgabe. Die untere Stromgrenze nach Tabelle 4-4 ist einzustellen beim Schweißen von Wurzellagen und beim Schweißen in Zwangslagen. Die obere Grenze gilt für die waagerechte und horizontale Position. Da mit steigender Stromstärke die Abschmelzleistung und damit die Wirtschaftlichkeit zunimmt, sollte man, wenn immer möglich, unter Benutzung von Vorrichtungen in der Wannenlage schweißen.

Die Elektrode wird quer zur Schweißrichtung senkrecht angestellt. Abgesehen von Ausnahmen, zum Beispiel bei starker Blaswirkung und beim Schweißen in Position PF, wird sie schleppend geführt, und zwar bei basischen Elektroden in einem Winkel von etwa 85°, bei den übrigen Typen von etwa 70°. Basische Elektroden müssen mit sehr kurzem Lichtbogen abgeschmolzen werden. Die sichtbare Lichtbogenlänge, daß ist der Abstand zwischen Hüllenkrater und Werkstück, soll vorzugsweise 0,5 mal Kernstabdurchmesser sein [4-6]. Alle anderen Elektrodentypen können mit etwas längerem Lichtbogen abgeschmolzen werden (1 mal Kernstabdurchmesser).

In den Positionen PA, PB, PC, PE, PD und PG wird in Strichraupen geschweißt oder die Elektrode höchstens bei Decklagen etwas gependelt. In Position PF sind dagegen besondere Pendelformen erforderlich, Bild 4-7.

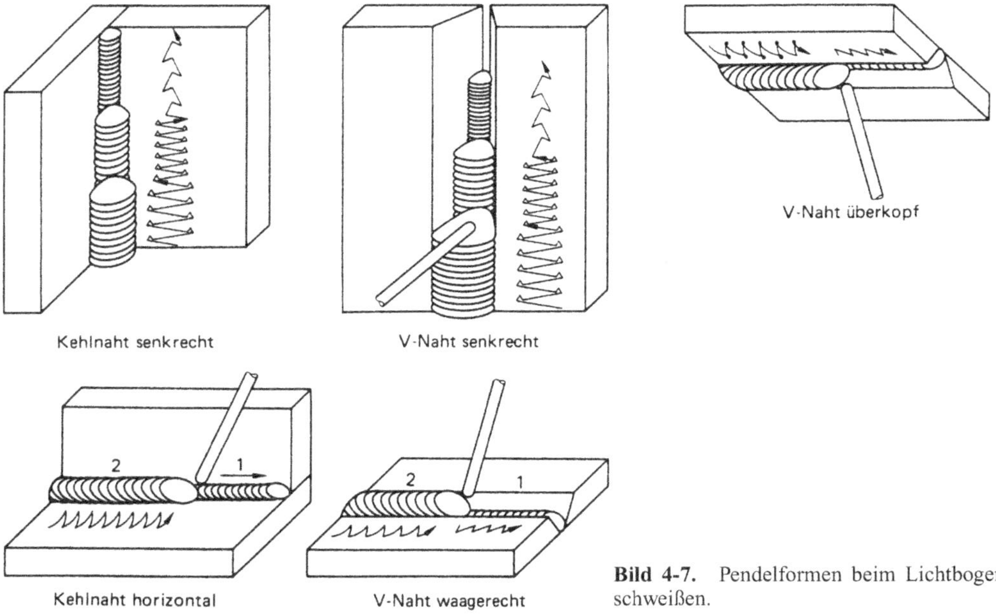

Bild 4-7. Pendelformen beim Lichtbogenhandschweißen.

4.1.5 Anwendung des Lichtbogenhandschweißens

Der Anteil des Lichtbogenhandschweißens an dem Gesamtumfang der Schmelzschweißverfahren betrug in Deutschland im Jahre 1997 noch 11 % [4-1]. Ein Teil der hergestellten Stabelektroden wird sicher in kleineren Werkstätten verschweißt, wo das Schweißen nicht einen so großen Stellenwert hat, daß sich die Anschaffung von Anlagen zum mechanisierten Schweißen lohnt. Aber auch in Großbetrieben wird noch lichtbogenhandgeschweißt. Im Kessel- und Druckbehälterbau, wo zum Beispiel vielfach niedriglegierte oder hochlegierte Stähle verarbeitet werden, sind basische Stabelektroden wegen ihrer ausgezeichneten mechanischen Gütewerte im Einsatz. Bild 4-8 zeigt das Einschweißen von Stutzen in einen Kesselboden. Ferner werden Rohre in Rohrböden mit basischen Stabelektroden eingeschweißt, Bild 4-9. Zwar gibt es für diesen Zweck teil- oder vollmechanische Einschweißgeräte, die meist nach dem WIG-Verfahren arbeiten. Das Einschweißen mit Stabelektroden ist aber besonders fehlerarm und führt zu geringen Nacharbeitsquoten von Leckagen.

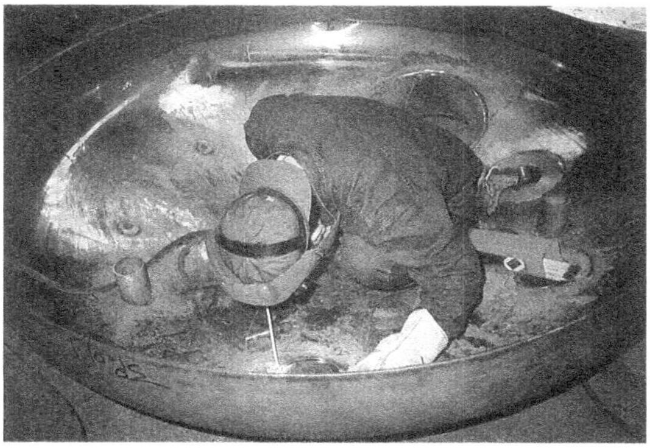

Bild 4-8. Einschweißen von Stutzen in einen Behälterboden.

Bild 4-9. Einschweißen von Rohren in einen Rohrboden (Werkbild: Babcock AG, Oberhausen).

Obwohl in den letzten Jahren auch im Großrohrleitungsbau, zum Beispiel beim Verlegen von Pipelines, das mechanisierte Schutzgasschweißen Einzug gehalten hat, werden hier viele Nähte noch mit Zelluloseelektroden fallnahtgeschweißt (Position PG). Gegenüber dem Schweißen in der Position PF erzielt man dabei eine höhere Schweißgeschwindigkeit und eine sicherere Durchschweißung.

Im Schiffbau werden neben dem UP- und dem MAG-Schweißverfahren auch noch viele Hochleistungselektroden zum Schweißen von Kehlnähten eingesetzt. Sie sind wenig empfindlich gegen Wind- und Witterungseinflüsse und deshalb besonders geeignet zum Schweißen in zugigen Hallen oder im Freien. Aus dem gleichen Grunde werden Stabelektroden auch gern auf Baustellen eingesetzt [4-7].

Stabelektroden finden auch Anwendung zum Auftragschweißen. Durch Legieren über die Umhüllung ist es möglich, Schweißlegierungen herzustellen, die in Form von Massivdrähten gar nicht möglich wären, weil solche Legierungen sich nicht verformen lassen. Eine ähnliche Möglichkeit bietet sonst nur das Fülldrahtschweißen.

4.1.6 Fehler beim Lichtbogenhandschweißen

Die häufigsten Fehler (Unregelmäßigkeiten), die beim Lichtbogenhandschweißen auftreten können, sind Einbrandkerben, Schlackeneinschlüsse, Poren und Endkraterlunker. Andere Fehler, wie nicht durchgeschweißte oder ungenügend erfaßte Wurzeln, sind nicht verfahrenstypisch, sondern mehr vom Können des Schweißers beeinflußt. Ähnlich ist es mit Rissen, die mehr werkstoffspezifisch sind.

Bild 4-10 nennt die Hauptursachen für einige Fehler. Einbrandkerben entstehen an den Nahträndern, wo Grundwerkstoff aufgeschmolzen, aber nicht ausreichend mit Schweißzusatz gefüllt wurde. Einbrandkerben werden begünstigt durch einen scharfen Lichtbogen. Schlackeneinschlüsse bleiben im Schweißgut zurück, wenn Schlacke beim Schweißen vorläuft oder wenn beim Entschlacken vorher geschweißter Raupen Reste auf der Naht zurückbleiben. Poren sind Gaseinschlüsse, die im erstarrten Schweißgut eingefroren wurden. Mechanische Porenbildung kann von Verunreinigungen (Rost, Fett, Farbe) ausgehen bei Nähten, die in Verbindung mit Spalten stehen, zum Beispiel bei Kehlnähten oder Überlappnähten. Metallurgische Porenbildung durch Stickstoff tritt auf, wenn beim Schweißen mit langem Lichtbogen Stickstoff aus der Atmosphäre vom Schweißgut aufgenommen wird. Wasserstoffporosität ist meist die Ursache von feuchten Umhüllungen.

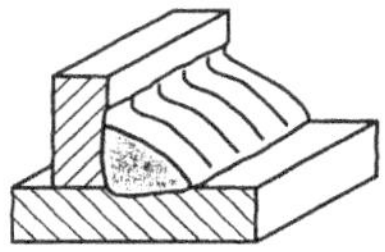

Einbrandkerben

zu große Schweißstromstärke,
zu steile Stabelektrodenhaltung,
zu langer Lichtbogen

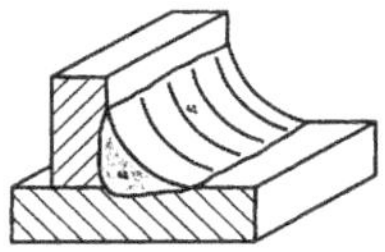

Schlackeneinschlüsse

zu geringe Schweißstromstärke,
zu große Schweißgeschwindigkeit,
Überschweißen von Schlackenresten bei mehrlagigen Schweißnähten

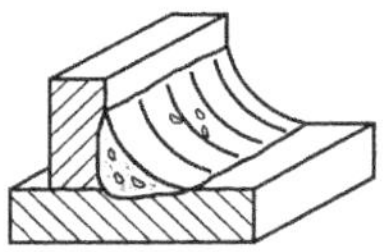

Gaseinschlüsse (Poren)

unsaubere Werkstückoberfläche (Rost, Fett, Beschichtungsstoffe),
zu langer Lichtbogen,
nicht ausreichend trockene basischumhüllte Stabelektroden

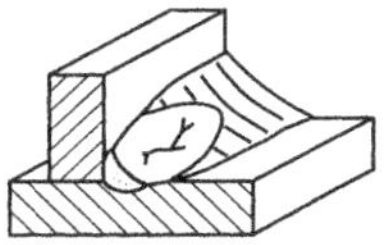

Endkraterrisse

zu schnelles Entfernen der Stabelektrode von der Schmelze,
besonders bei großen Schweißstromstärken
Gefahr von Schrumpfrissen

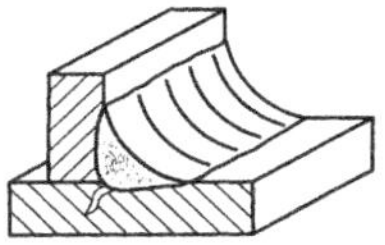

Risse im Schweißnahtübergang

schlecht geeigneter Werkstoff,
zu schnelles Abkühlen nach dem Schweißen (Abschrecken)

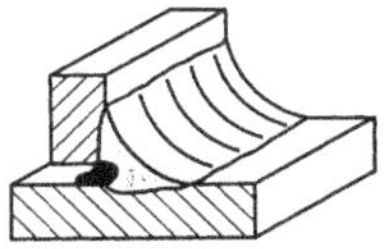

Wurzelfehler

Eindringen von Schlacke in den Wurzelbereich bei zu großem Stirnflächenabstand

Bild 4-10. Schweißnahtfehler (Unregelmäßigkeiten) und ihre möglichen Ursachen – beispielhaft an Kehlnähten dargestellt.

4.2 Andere Methoden des Metallichtbogenschweißens

Hierunter sind einige Verfahren zu nennen, bei denen Stabelektroden mechanisiert abgeschmolzen werden, ferner das Schweißen mit selbstschützenden Fülldrähten. Das Unterschiene-Schweißen, früher auch Elin-Hafergut-Verfahren genannt, wird heute nicht mehr angewendet und deshalb hier auch nicht weiter behandelt.

4.2.1 Schwerkraft- (Prozeß-Nr. 112) und Federkraft-Lichtbogenschweißen

Das Prinzip des Schwerkraftschweißens geht aus Bild 4-11 hervor. Es wäre grundsätzlich zwar nach Umbau der handelsüblichen Stative auch zum Schweißen von Stumpfnähten zu verwenden, wird aber

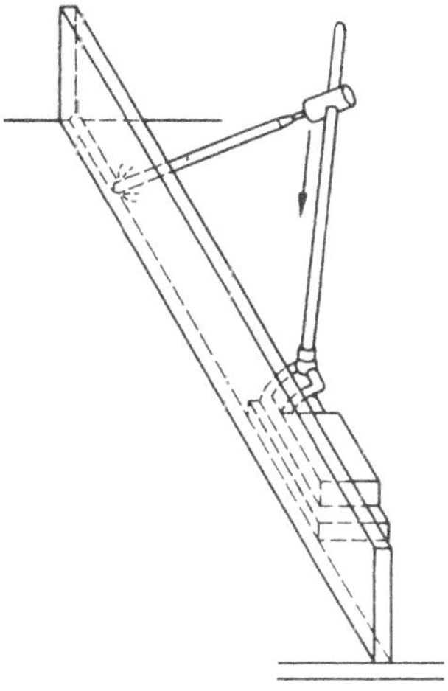

Bild 4-11. Schematische Darstellung des Schwerkraftschweißens (nach Kjellberg-Esab).

in der Praxis nur zum Schweißen von Kehlnähten in Position PB eingesetzt. An einem durch Eigengewicht oder Magneten in der Fuge befestigten Stativ befindet sich eine Führungsstange, an der ein kleiner Fahrwagen entlang gleiten kann. Die allgemein 700 mm langen Hochleistungselektroden sind hieran befestigt und stehen in Kontakt mit dem Werkstück. Nach dem Zünden werden sie durch Abschmelzen kürzer. Mit dem Kürzerwerden der Elektrode gleitet der Fahrwagen, der Schwerkraft folgend, nach unten und führt die Elektrode dabei in Schweißrichtung in der Fuge. Um Blaswirkungseinflüsse soweit wie möglich auszuschließen, wird mit Wechselstrom geschweißt. Nach dem Abschmelzen der Elektrode entfernt der Bediener den Stummel und rückt das Stativ um eine Elektrodenausziehlänge weiter in Schweißrichtung. Nach dem Einspannen einer neuen Elektrode beginnt ein neuer Abschmelzvorgang. Auf diese Weise kann ein Bedienungsmann mit bis zu vier Stativen schweißen. Die Einschaltdauer je Stativ beträgt 80 %. Daraus resultiert eine gute Wirtschaftlichkeit des Verfahrens, die an die des UP-Eindrahtschweißens heranreicht [4-8]. Das Schwerkraftschweißen wird hauptsächlich im Schiffbau zum Schweißen von kürzeren Kehlnähten eingesetzt, während längere Kehlnähte MAG- oder UP-geschweißt werden. Bild 4-12 zeigt den Einsatz in einer japanischen Werft.

Bild 4-12. Einsatz des Schwerkraftschweißens im japanischen Schiffbau.

Beim Federkraftschweißen wird ein ähnliches Stativ verwendet. Die Führung der Elektrode in der Fuge erfolgt aber durch die Kraft einer Spiralfeder. Das Verfahren wird nur zum Schweißen in engen Räumen eingesetzt, wo das Schwerkraftschweißen wegen der größeren Bauhöhe des Stativs Schwierigkeiten bereitet. Da beim Federkraftschweißen nur 450 mm lange Elektroden verwendet werden, ist die Wirtschaftlichkeit geringer.

4.2.2 Schweißen mit selbstschützenden Fülldrahtelektroden (Prozeß-Nr. 114)

Fülldrähte sind röhrchenförmige Zusatzwerkstoffe, die im Innern ihres metallischen Mantels Schutzstoffe, Lichtbogenstabilisierer und Legierungsmetalle mit sich führen. Bild 4-13 zeigt gebräuchliche Formen von Fülldrähten. Einige Fülldrähte besitzen im Kern nur Schlackenbildner, die zum Schutz des Schweißgutes allein nicht ausreichen. Sie werden unter zusätzlicher Zugabe von Schutzgas abgeschmolzen und gehören deshalb zum Metall-Schutzgasschweißen. Bei anderen besteht die Füllung neben Schlackenbildnern auch aus Schutzgasbildnern in Form von Graphit oder Karbonaten sowie aus Metalldampfbildnern (Aluminium, Magnesium). Sie werden ohne externe Schutzgaszugabe verschweißt und gehören deshalb zum Metallichtbogenschweißen.

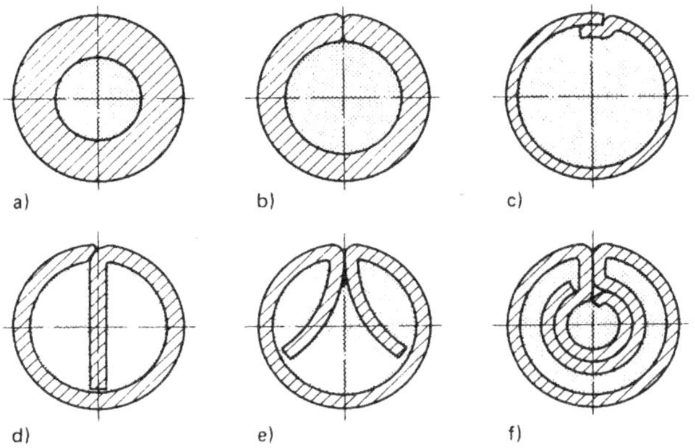

Bild 4-13. Gebräuchliche Formen von Fülldrähten.

Selbstschützende Fülldrähte werden hauptsächlich auf Baustellen eingesetzt, weil sie im Vergleich zum Schutzgasschweißen wesentlich weniger windempfindlich sind [4-9]. Gegenüber dem Lichtbogenhandschweißen besitzen sie den Vorteil, daß der Prozeß mechanisiert werden kann. Weitere Einsatzgebiete für selbstschützende Fülldrahtelektroden gibt es auf dem Gebiet des Auftragschweißens. Hier kann das Schweißgut aus der Füllung heraus legiert werden, so daß Schweißlegierungen aufgebracht werden können, die mit Massivdrähten nicht möglich sind.

5 Wolfram-Schutzgasschweißen (Prozeß-Nr. 14)

Bild 5-1 gibt eine Übersicht über die Schutzgasschweißverfahren. Während auf der rechten Seite die Metall-Schutzgasschweißverfahren stehen, die im nächsten Kapitel behandelt werden, sind links die Wolfram-Schutzgasschweißverfahren eingeordnet. Hierzu zählen das Wolfram-Wasserstoffschweißen (WHG), ein altes Verfahren, das fast nicht mehr angewendet wird, das Wolfram-Inertgas-Schweißverfahren (WIG-Schweißen) und das Wolfram-Plasmaschweißen (WP-Schweißen).

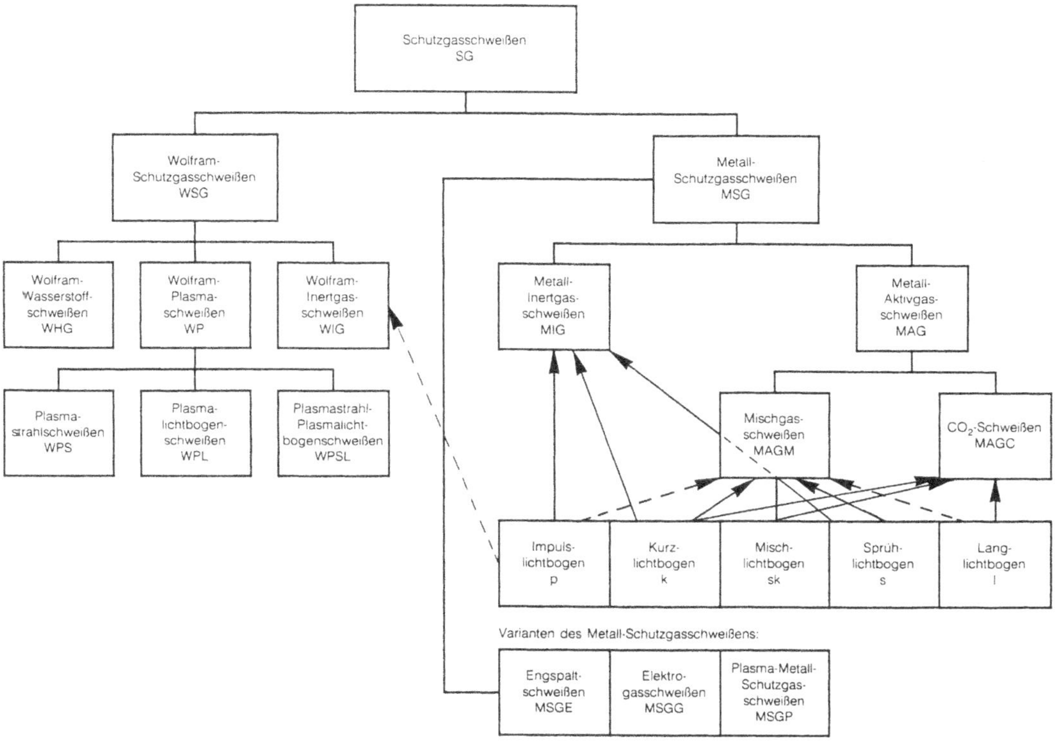

Bild 5-1. Übersicht der Verfahren des Schutzgasschweißens.

5.1 WIG-Schweißen (Prozeß-Nr. 141)

5.1.1 Prinzip des Verfahrens

Das Prinzip des WIG-Schweißens zeigt Bild 5-2. Der Lichtbogen brennt zwischen einer nichtabschmelzenden Elektrode aus Wolfram und dem Werkstück. Konzentrisch um die Wolframelektrode wird zum Schutz des Schmelzbades und der Elektrode inertes Schutzgas (Argon, Helium) zugegeben. Zusatzwerkstoff wird beim manuellen Schweißen in Stabform von Hand, Bild 5-3, beim maschinellen Schweißen in Drahtform durch ein separates Zuführgerät eingebracht.

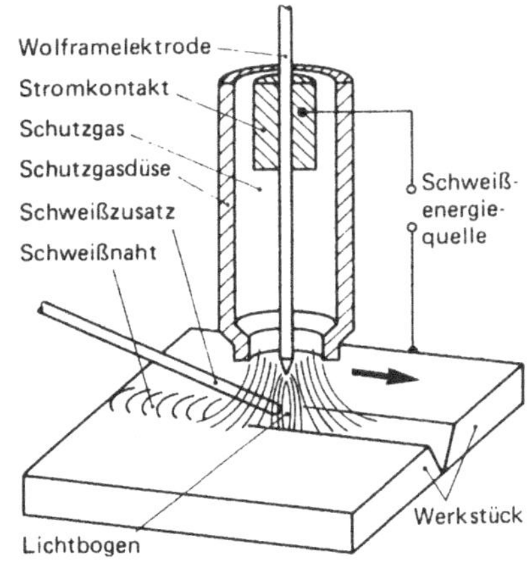

Bild 5-2. Wolfram-Inert-Gas- (WIG-) Schweißen.

Bild 5-3. Manuelles WIG-Schweißen.

5.1.2 Ausrüstung zum WIG-Schweißen

Eine Anlage zum WIG-Schweißen besteht aus den Hauptbauteilen Stromquelle, Steuergerät und Schlauchpaket mit Brenner, Bild 5-4.

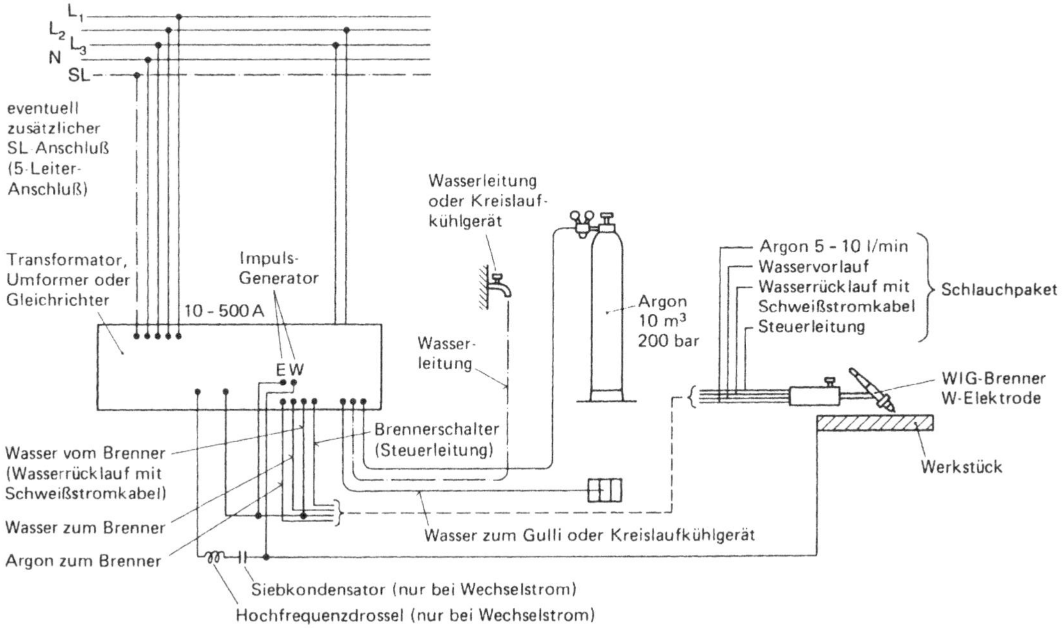

Bild 5-4. Wassergekühlte WIG-Schweißanlage (nach Schütten).

5.1.2.1 WIG-Schweißgeräte

Stromquellen zum WIG-Schweißen haben eine fallende Charakteristik. In der Regel wird mit Gleichstrom geschweißt. Der kältere Minus-Pol liegt dann an der Elektrode und der Plus-Pol am Werkstück. Einige Werkstoffe erfordern die Verwendung von Wechselstrom. Hierauf wird später noch eingegangen. Als Gleichstromquellen kommen hauptsächlich Gleichrichter und Inverter vor. Transformatoren liefern Wechselstrom zum Schweißen, Kombigeräte sind umschaltbar von Gleich- auf Wechselstrom.

Im Steuergerät werden auf Knopfdruck vom Brennerschalter aus die verschiedenen Funktionen geschaltet. Dies sind: Öffnen und Schließen der Schutzgaszufuhr, Betätigen des Stromrelais, Aktivieren der Zündhilfe und Einschalten der Kraterfülleinrichtung.

5.1.2.2 Schweißbrenner und Zubehör

Das Schlauchpaket, Bild 5-5, enthält die Versorgungsleitungen für Strom, Schutzgas und Kühlwasser. Der Brenner besteht aus dem Handgriff und dem Brennerkopf. Letzterer enthält die Spannhülse mit der Wolframelektrode und die Schutzgasdüse. Der Brennerkopf wird nach oben hin durch die Brennerkappe abgeschlossen.

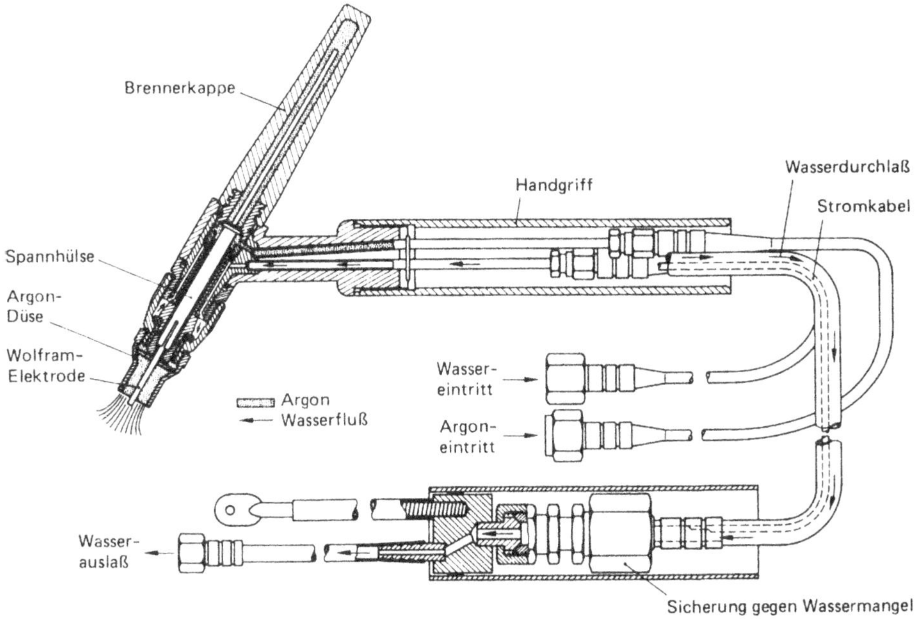

Bild 5-5. Brenner zum WIG-Schweißen.

5.1.2.3 Wolframelektroden

Wolframelektroden werden wegen des hohen Schmelzpunktes von Wolfram pulvermetallurgisch hergestellt. Neben reinen Wolframelektroden gibt es noch solche, die Beimengungen von Thoriumoxid (ThO_2), Zirkonoxid (ZrO_2) oder Lanthanoxid (LaO_2) enthalten. Diese Beimengungen setzen die Elektronenaustrittsarbeit herab, so daß sich die Elektroden beim Schweißen weniger erwärmen.

Dadurch kann entweder eine höhere Strombelastbarkeit oder bei gleicher Stromstärke eine längere Standzeit der Elektroden in Anspruch genommen werden. Tabelle 5-1 enthält die Elektronenaustrittsarbeiten von Wolfram und verschiedenen Oxiden. Bisher wurden wegen der guten Schweißeigenschaften vornehmlich Wolframelektroden mit Zusätzen von Thoriumoxid verwendet. Thorium ist aber ein Alphastrahler und auch Thoriumoxid sendet eine schwache radioaktive Strahlung aus. Da das Thoriumoxid in Wolfram eingeschlossen ist, besteht keine unmittelbare Gefährdung des Schweißers durch die Strahlung. Sie trägt aber zur allgemeinen Strahlenbelastung bei. Kritischer ist schon der beim Anschleifen entstehende Schleifstaub, der unter Umständen eingeatmet werden kann. Thorierte Elektroden dürfen deshalb nur unter Absaugung geschliffen werden. Seit kurzem gibt es nun Wolframelektroden mit Beimengungen von Ceroxid (CeO_2), welche die beschriebenen Nachteile nicht aufweisen. Die Standzeit und die Zündfreudigkeit dieser Elektroden sollen denen von thorierten Elektroden nicht nachstehen [5-1]. Tabelle 5-2 listet die neuerdings in DIN EN 26848 genormten Elektrodensorten auf.

Tabelle 5-1. Elektronenaustrittsarbeit bei Wolfram und verschiedenen Oxiden.

Werkstoff		Elektronen-austrittsarbeit (eV)
Wolfram	W	4,25 ... 5,01
Thoriumoxid	ThO_2	2,0 ... 3,0
Ceroxid	CeO_2	1,8 ... 2,6
Lanthanoxid	La_2O_3	1,7 ... 4,2
Yttriumoxid	Y_2O_3	1,9 ... 3,8

Tabelle 5-2. Genormte Elektroden für das WIG-Schweißen nach DIN EN 26848.

Kurzzeichen	Oxidzusatz Art	Anteil in %	Wolfram[1]) %	Kennfarbe
WP	–	–	99,8	Grün
WT4	ThO_2	0,35 ... 0,55	Rest	Blau
WT10	ThO_2	0,80 ... 1,20	Rest	Gelb
WT20	ThO_2	1,70 ... 2,20	Rest	Rot
WT30	ThO_2	2,80 ... 3,20	Rest	Violett
WT40	ThO_2	3,80 ... 4,20	Rest	Orange
WZ3	ZrO_2	0,15 ... 0,50	Rest	Braun
WZ8	ZrO_2	0,70 ... 0,90	Rest	Weiß
WC20	CeO_2	1,80 ... 2,20	Rest	Grau
WL10	LaO_2	0,90 ... 1,20	Rest	Schwarz

[1]) Maximaler Anteil an Verunreinigungen durch andere Stoffe 0,2%.

5.1.3 Schweißstäbe und Schutzgase

Schweißstäbe und Schweißdrähte zum WIG-Schweißen sind in der Regel artgleich zum Grundwerkstoff. Sie werden aus Walzdrähten durch Kaltziehen hergestellt. Zum Schweißen nichtrostender Stähle reichen die Durchmesser der Stäbe beispielsweise von 1 bis 5 mm. Ihre Länge ist in der Regel 1000 mm.

Schutzgase sind in DIN EN 439 genormt. Diese Norm wird ausführlich in Abschnitt 6 besprochen. Zum WIG-Schweißen werden nur inerte Gase oder inerte Gase mit reduzierenden Beimengungen (zum Beispiel H_2) eingesetzt. Meist wir als Schutzgas Argon verwendet. Es erleichtert im Vergleich zu Helium das Zünden des Lichtbogens und ergibt einen am Rand flachen, in der Mitte fingerförmigen Einbrand. Helium und Argon-Helium-Gemische führen zu einem breiteren, tieferen Einbrand. Zumengungen von einigen Prozent Wasserstoff (< 7 %) haben ähnliche Auswirkungen. Bei gleichem Einbrand kann damit die Schweißgeschwindigkeit erhöht werden. Dies gilt aber nicht für das Schweißen von Aluminiumwerkstoffen, die auf Wasserstoff im Lichtbogenbereich sehr empfindlich durch Porenbildung reagieren. Der Schutzgasvolumenstrom richtet sich beim WIG-Schweißen nach der Dicke der Wolframelektrode und der Größe der Gasdüse. Als Anhaltswert kann eine Durchflußmenge von 8 l/min dienen.

5.1.4 Technik des Schweißens

Die meisten Werkstoffe, wie un- und niedriglegierter Stahl, nichtrostender Stahl, Nickelbasislegierungen und Kupferwerkstoffe werden mit Gleichstrom (Minus-Pol) geschweißt. Manchmal wird auch pulsierender Gleichstrom angewendet, dazu siehe Abschnitt 5.1.5. Bei Aluminium, Magnesium und deren Legierungen sowie bei einigen Bronzen ist Wechselstrom erforderlich. Diese Werkstoffe bilden auf dem Schmelzbad zähe, hochschmelzende Oxidhäute, welche die Badbeobachtung und das Zuführen von Zusatzwerkstoff erschweren. Die Oxidhäute müssen deshalb entfernt werden. Dies geschieht durch elektrisch geladene Teilchen im Lichtbogen. Die Elektronen sind dazu nicht in der Lage, weil sie zwar hochbeschleunigt sind, aber kaum Masse haben. Beim Schweißen am Plus-Pol würden die von der Elektrode zum Werkstück übergehenden Ionen genügend kinetische Energie besitzen, um durch ihr „Bombardement" die Oxidschicht aufzureißen, jedoch wäre die Strombelastbarkeit der Elektrode am heißeren Plus-Pol unbefriedigend. Als Kompromiß bietet sich der Wechselstrom an, Bild 5-6. Während der Plus-Halbwelle erfolgt die Reinigung durch die Ionen, in der Minus-Halbwelle kann die Elektrode wieder abkühlen [5-2]. Tabelle 5-3 zeigt die Strombelastbarkeit thorierter Wolframelektroden an beiden Polen des Gleichstromes und an Wechselstrom. Beim Wechselstromschweißen ohne Filterkondensator wäre eine höhere Belastung der Wolframelektrode möglich, weil die positive Halbwelle durch Gleichrichterwirkung teilweise unterdrückt wird, jedoch verschlechtert sich dann die Reinigungswirkung.

Tabelle 5-3. Belastbarkeit von thorierten Wolframelektroden.

Elektrodendurchmesser mm	Strombelastbarkeit in A Gleichstrom Minus-Pol	Plus-Pol	Wechselstrom*) (mit Filterkondensator)
1,0	10 ... 60	–	10 ... 40
1,6	50 ... 150	10 ... 20	40 ... 90
2,4	100 ... 230	15 ... 25	60 ... 150
3,2	150 ... 300	20 ... 45	100 ... 200
4,0	200 ... 400	35 ... 55	150 ... 250
6,4	450 ... 800	70 ... 120	250 ... 400

*) Ohne Filterkondensator ist eine höhere Belastung möglich.

Moderne elektronische Stromquellen zum WIG-Schweißen erzeugen einen rechteckförmigen, künstlichen Wechselstrom (Square wave), siehe auch Abschnitt 3.4.1.4. Der Lichtbogen ist hierbei ruhiger, weil das Wiederzünden nach dem Nulldurchgang des Stromes schneller erfolgt als bei sinusförmigem Wechselstrom [5-3]. Solche Stromquellen gestatten es auch, die Anteile der Plus- und Minus-Halbwelle durch einen Balanceregler zu verschieben, Bild 5-7. Es hat sich gezeigt, daß für eine ausreichende Reinigung der Badoberfläche ein Plusanteil von 30 % und weniger ausreicht. Bei der kürzeren Zeitdauer der Plus-Halbwelle ist die Strombelastbarkeit der Elektroden größer oder bei gleicher Stromstärke die Standzeit länger.

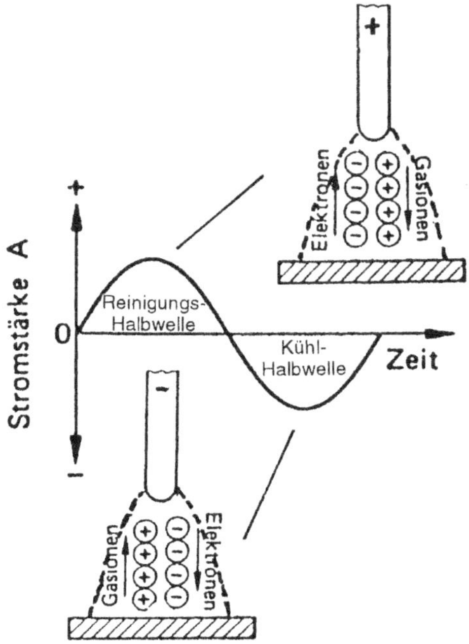

Bild 5-6. Beseitigung der Oxidhaut beim WIG-Schweißen von Aluminium an Wechselstrom in der Plus-Halbwelle.

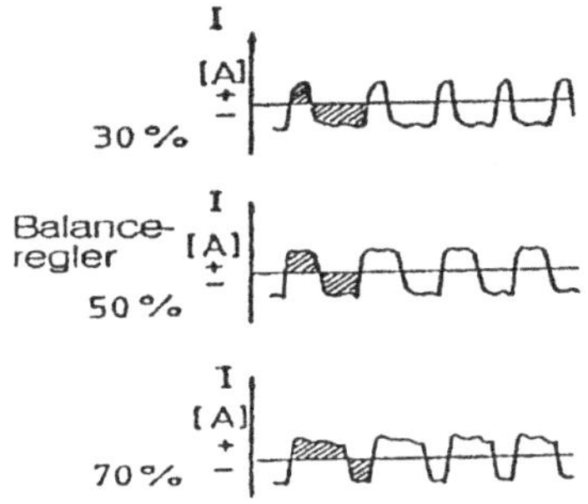

Bild 5-7. Stromverlauf bei unterschiedlichem Anteil der Plus-Halbwelle (Squarewave-Form).

Beim Aluminium kann auch an Gleichstrom mit minusgepolter Wolframelektrode, allerdings mit hochheliumhaltigem Schutzgas, geschweißt werden. Die Beseitigung der Oxidhaut erfolgt dann auf thermischem Wege durch den sehr energiereichen Heliumlichtbogen.

5.1.4.1 Einstellen der Anlage

Die Stromstärke wird an der Stromquelle durch Wahl einer bestimmten Kennlinie eingestellt, die Lichtbogenspannung ergibt sich aus der eingehaltenen Lichtbogenlänge und dem verwendeten Schutzgas. Mit zunehmender Stromstärke nimmt die Einbrandtiefe zu, die Einbrandform ist aber auch abhängig vom Zustand der Elektrodenspitze, Bild 5-8. Eine spitze Elekrode führt zu einem schmalen, tiefen Einbrand, eine stumpfe, wie sie aus Gründen der Strombelastbarkeit beim Wechselstrom üblich ist, zu einem breiten, flachen.

5.1.4.2 Zünden des Lichtbogens

Der Lichtbogen kann durch Berühren der Elektrode mit dem Werkstück oder berührungslos gezündet werden. Beim Berührungszünden kann aber die Elektrodenspitze beschädigt und Wolfram in das Schmelzbad eingebracht werden, siehe Abschnitt 5.1.7. Moderne Geräte besitzen deshalb Zündhilfen. Durch Überlagern einer impulsförmigen hohen Spannung von einigen tausend Volt zündet der Lichtbogen berührungslos, wenn die Elektrode bis auf einige Millimeter an das Werkstück angenähert wird. Eine andere Möglichkeit ist das Lift-Arc-Zünden [5-4]. Hierbei wird die Spitze der Wolframelektrode zwar mit dem Grundwerkstoff in Berührung gebracht, da die Stromstärke aber am Anfang sehr niedrig ist, erfolgt keine Zerstörung der Elektrodenspitze. Erst wenn nach dem Kurzschluß die Elektrode wieder angehoben wird, schaltet die Stromquelle zum Zünden auf eine höhere Spannung und Stromstärke um.

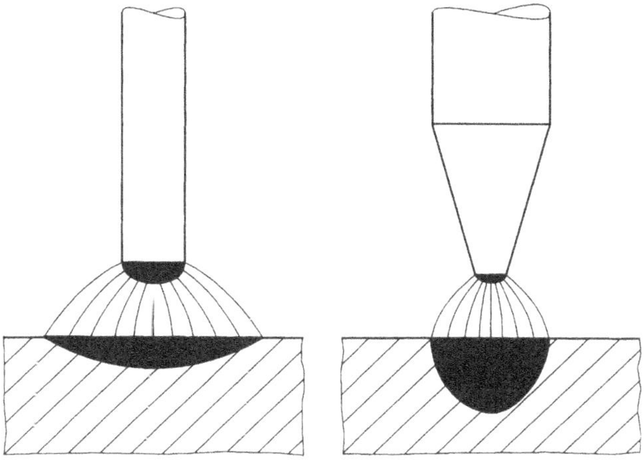

Bild 5-8. Abhängigkeit des Einbrandes beim WIG-Schweißen von der Elektrodenform bei gleichem Schweißstrom.

5.1.4.3 Brennerführung

Das WIG-Schweißen wird nach links ausgeführt, das heißt, der Zusatzstab oder -draht läuft vor dem Brenner her. Dieser ist leicht in Schweißrichtung geneigt, vergleiche Bild 5-3. Der Zusatzstab wird tupfend in das Schmelzbad eingebracht.

5.1.4.4 Wurzelschutz

Wegen der relativ langsamen Schweißgeschwindigkeit nehmen die Wurzelrückseiten beim WIG-Schweißen von nichtrostendem Stahl und Aluminium ein „verbranntes" Aussehen an. Sie müssen deshalb durch zusätzlich zugegebenes Schutzgas vor Oxidation geschützt werden. Dieses Schutzgas kühlt die Schweißnaht auch stärker ab und trägt deshalb zur Formgebung der Wurzelunterseite bei. Die zum Schutz der Wurzelrückseite zugegebenen Gase werden deshalb auch Formiergase genannt. Dafür können grundsätzlich auch die zum Schweißen üblichen Schutzgase verwendet werden. DIN EN 439 enthält aber auch spezielle Formiergase, die neben Argon auch Stickstoff und/oder Wasserstoff enthalten können. Bei Rohren werden, wie Bild 5-9 zeigt, die Enden einfach verschlossen und das Schutzgas eingeleitet. Bei hochkorrosiv beanspruchten Nähten muß die Wurzelrückseite auch aus Korrosionsgründen anlauffarbenfrei sein. Auch dieses wird durch Formiergas erreicht [5-5].

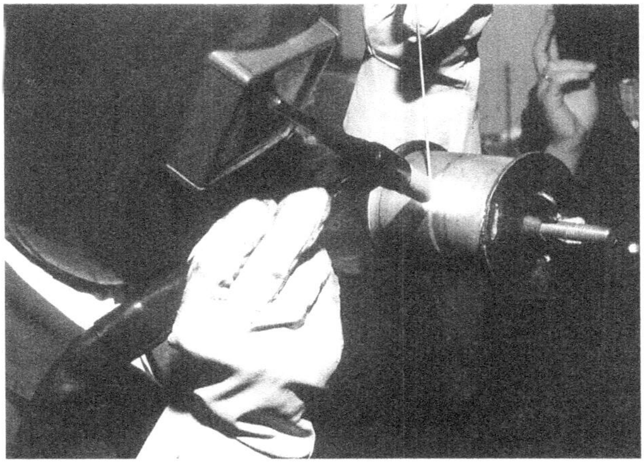

Bild 5-9. Formieren der Wurzelrückseite beim WIG-Schweißen.

5.1.5 WIG-Schweißen mit Stromimpulsen

Moderne WIG-Schweißanlagen, vor allem solche, die für das vollmechanische WIG-Schweißen vorgesehen sind, gestatten auch die Anwendung eines pulsierenden Gleichstromes.

5.1.5.1 Einstellgrößen

Beim WIG-Impulsschweißen wird mit einer Frequenz von einigen Hertz zwischen einem niedrigen Grundstrom und einem höheren Impulsstrom gepulst, Bild 5-10. Auch die Spannung pulsiert im gleichen Rhythmus mit. Der Grundstrom soll so hoch eingestellt werden, daß der Lichtbogen in dieser Phase nicht erlischt. Der Impulsstrom ist für den Einbrand verantwortlich. Im Gegensatz zum MIG-/MAG-Impulslichtbogenschweißen, siehe Abschnitt 6.1.3.5, werden beim WIG-Impulslichtbogenschweißen wesentlich niedrigere Impulsfrequenzen eingestellt. Die Gründe werden im folgenden Abschnitt genannt.

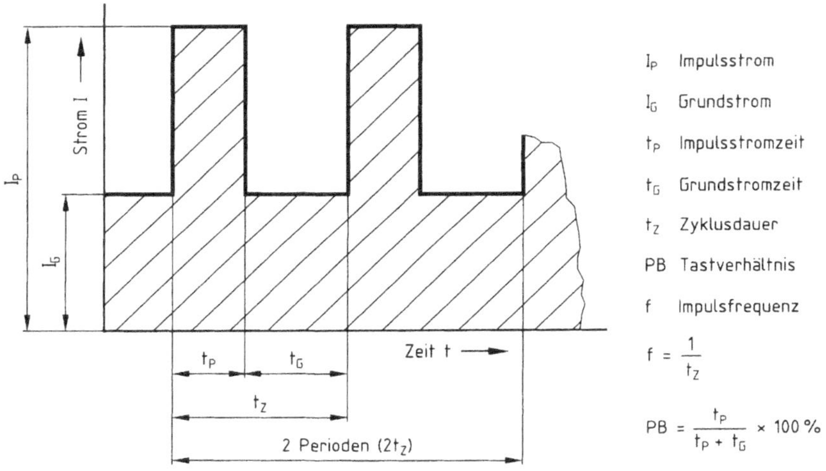

Bild 5-10. Stromverhältnisse beim WIG-Impulslichtbogenschweißen mit rechteckförmiger Stromimpulsierung.

5.1.5.2 Wirkung der Stromimpulse

Bei entsprechender Schweißgeschwindigkeit entsteht die Schweißnaht beim WIG-Impulslichtbogenschweißen aus sich überlappenden einzelnen Schweißpunkten, Bild 5-11. Das Schmelzbad beginnt in der Grundstromphase vom Rande ausgehend bereits zu erstarren, bevor es beim nächsten Impuls wieder größer aufgeschmolzen wird. Es ist deshalb im Durchschnitt kleiner als beim Schweißen mit gleichförmigem Strom und läßt sich damit in Zwangslagen besser beherrschen [5-6]. Mit zunehmender Frequenz nähern sich die Temperaturen des Schmelzbades in der Grund- und Impulsphase immer mehr an. Der vorher beschriebene Effekt tritt deshalb nur bis zu Frequenzen von etwa 5 Hertz auf [5-7]. Höhere Frequenzen können aus einem anderen Grund sinnvoll sein, nämlich zur Stabilisierung des Lichtbogens. Wegen der magnetischen Eigenkompression unter Einfluß der relativ hohen Impulsstromstärke ist ein Impulslichtbogen stabiler als ein mit gleicher Leistung unter gleichförmigem Strom brennender Lichtbogen.

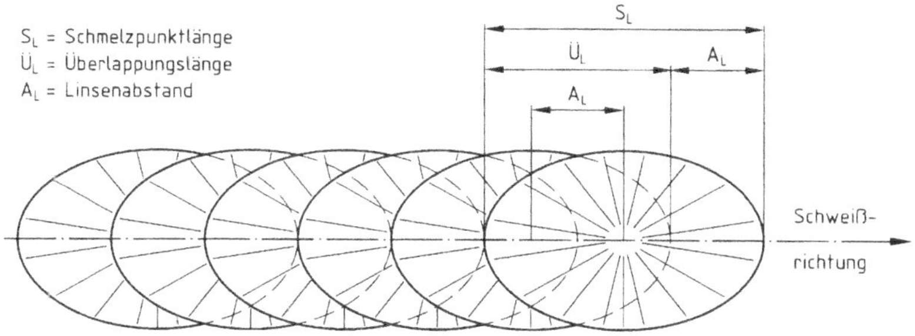

Bild 5-11. Aufbau der Schweißnaht aus einzelnen sich überlappenden Schweißpunkten.

5.1.6 Anwendung des WIG-Schweißens

Das WIG-Schweißverfahren ist sehr universell zum Verbindungs- und Auftragschweißen einsetzbar. Weil die Stromstärke und die Zugabe von Schweißzusatz entkoppelt sind, lassen sich mit ihm beim Auftragschweißen Schichten mit ganz geringem Aufmischungsgrad herstellen. Wird wenig Schweißzusatz zugegeben, dann kann die Aufmischung von Grundwerkstoff aber auch sehr groß sein.

Die Abschmelzleistung des WIG-Schweißverfahrens ist relativ gering, jedoch kann dieser in wirtschaftlicher Hinsicht bestehende Nachteil durch eine geringe Aufmischung unter Umständen wieder ausgeglichen werden, wenn dadurch Schweißlagen eingespart werden können. Trotzdem wird man das Verfahren nicht für großflächige Plattierungen oder Panzerungen einsetzen. Das manuelle WIG-Auftragschweißen eignet sich zum Beispiel für örtliche Reparaturen an Schneidwerkzeugen und Gesenken, ferner für das Panzern von Ventilsitzen und für Plattierungen im Innern kleiner Rohre und Stutzen. Vollmechanische WIG-Auftragschweißungen kommen beispielsweise vor beim Panzern und Plattieren von Dichtflächen im Armaturenbau.

Beim Verbindungsschweißen kann das Verfahren wegen der inerten Lichtbogenatmosphäre für fast alle Werkstoffe eingesetzt werden, auch für sehr reaktionsaktive wie Titan, Tantal und Zirkon. Da wenn nötig relativ geringe Ströme eingestellt werden können und die Zugabe des Schweißzusatzes und die einzustellende Stromstärke entkoppelt sind, eignet sich das WIG-Schweißen auch besonders für das Dünnblechschweißen und für das Schweißen von Wurzellagen. Die untere Grenze der schweißbaren Wanddicken liegt bei Stahl bei etwa 0,3 mm, bei Aluminium und Kupfer bei 0,5 mm [5-8]. Das Verfahren findet Anwendung im Kessel-, Behälter-, Apparate- und Rohrleitungsbau, ferner beim Bau von Geräten für die Luft- und Raumfahrt. Bild 5-12 zeigt die Anwendung des

Bild 5-12. Manuelles WIG-Schweißen im Apparatebau (Werkbild: ESAB GmbH, Solingen).

manuellen WIG-Schweißens im Apparatebau, und in Bild 5-13 ist das manuelle WIG-Schweißen an Rohren aus nichtrostendem Chrom-Nickel-Stahl an einer Chemieanlage zu sehen.

Bild 5-13. Manuelles WIG-Schweißen an Rohren aus Chrom-Nickel-Stahl in der chemischen Industrie (Werkbild: EWM High Tec Welding GmbH, Mündersbach).

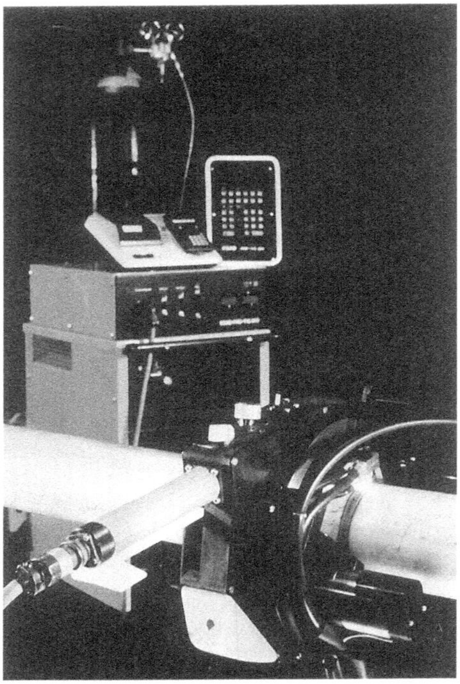

Bild 5-14. WIG-Orbitalschweißen (Werkbild: ESAB GmbH, Solingen).

Beim vollmechanischen WIG-Schweißen kann der Zusatzwerkstoff als Kaltdraht oder als Heißdraht zugegeben werden. Im letzten Fall wird er an einer eigenen Stromquelle durch Widerstandserhitzung bis auf Rotglut vorgewärmt und schmilzt dann im Lichtbogen endgültig auf. Durch das Vorwärmen erhöht sich die Abschmelzleistung beachtlich. Das vollmechanische WIG-Schweißen findet unter anderem Anwendung beim Orbitalschweißen [5-9]. Hierbei läuft der Brenner an einem Spannwerkzeug auf einer Kreisbahn um den zu schweißenden Rohrstoß herum, Bild 5-14. Es kann mit oder ohne Kaltdraht geschweißt werden. Der umlaufende Lichtbogen durchläuft dabei alle Positionen meist etwas vor PA beginnend über PA, PB, PC, PG, PE, PF zurück zum Ausgangspunkt. Zur optimalen Beherrschung des Schweißbades müssen für alle Positionen die Schweißparameter angepaßt werden. Die zum WIG-Orbitalschweißen verwendeten Stromquellen sind deshalb weg- oder zeitabhängig programmierbar, so daß die jeweils passenden Schweißparameter vorgewählt werden können.

5.1.7 Fehler beim WIG-Schweißen

Das WIG-Schweißen ist nicht sehr fehleranfällig. Verfahrensbedingte Fehler (Unregelmäßigkeiten) sind Poren, Wolframeinschlüsse und Oxideinschlüsse. Porenbildung beim Schweißen von Aluminium wird nur durch Wasserstoff verursacht. Da die sich auf der Oberfläche der Grund- und Zusatzwerkstoffe bildenden Oxidhäute hygroskopisch sind, liegen hier die wesentlichsten Potentiale für eine Wasserstoffaufnahme des Schweißgutes. Die Grundwerkstoffoberfläche sollte deshalb vor Beginn des Schweißens durch Schleifen, Schaben oder Bürsten von Oxidschichten befreit werden. Oxidbildung auf den Zusatzstäben kann vermieden werden durch sachgemäße, nicht zu lange Lagerung der Werkstoffe. Beim WIG-Schweißen unlegierter Stähle kann Porenbildung durch Kohlenmonoxidbildung im Schweißgut auftreten, wenn der Grundwerkstoff wenig Silizium enthält. Solche Poren können vermieden werden durch Zugabe von Zusatzwerkstoff mit höherem Siliziumgehalt.

Wolfram löst sich wegen seines hohen Schmelzpunktes nur unvollständig, wenn es beim Schweißen durch Abtropfen von der Elektrode ins Schweißgut gelangt. Es liegt in Form von Fremdkörpern vor, die wegen der größeren Absorption von Röntgenstrahlen in den Durchstrahlungsfilmen als helle Flecken zu erkennen sind. Wolframeinschlüsse entstehen, wenn die Elektrode durch zu hohe Stromstärken überlastet wird oder wenn bei Berührungen zwischen Wolframelektrode und Schmelzbad, zum Beispiel beim Zünden, Teile der Elektrode ins Schmelzbad übergehen.

Oxideinschlüsse im WIG-Schweißgut rühren meist von einer Oxidation des Tropfens an der Zusatzstabspitze her. Diese sollte deshalb beim Schweißen nicht aus der Schutzgasglocke herausgeführt werden. Die tupfende Zugabe des Zusatzstabes muß deshalb besonders gut kontrolliert werden.

5.2 Plasmaschweißen (Prozeß-Nr. 15)

Auch das Plasmaschweißverfahren gehört zum Wolfram-Schutzgasschweißen. Es arbeitet auch mit einer nichtabschmelzenden Wolframelektrode unter inertem Schutzgas. Im Gegensatz zum WIG-Schweißen ist aber der Lichtbogen eingeschnürt.

5.2.1 Physikalische Grundlagen

Physikalisch gesehen ist das hocherhitzte, elektrisch leitfähige Gas eines jeden Lichtbogens ein thermisches Plasma [5-10]. Der Physiker Langmuir bezeichnete so schon im Jahre 1928 den Zustand eines Gases, in dem es hell leuchtet und in großem Maße dissoziiert und ionisiert ist. Es besteht etwa zu gleichen Teilen aus positiv und negativ geladenen Ladungsträgern. Ferner kommen elektrisch neutrale Atome im Grundzustand und auch in einem Zustand, in dem sich die Elektronen von Atomen durch die Energiezufuhr bereits auf Bahnen eines höheren Energieniveaus befinden, vor [5-11]. Durch die Einschnürung des Lichtbogens wird dieser Zustand der Materie, der auch schon als der vierte Aggregatzustand bezeichnet wurde, in viel größerem Maße erreicht als in frei brennenden Lichtbögen. Daher rührt auch der Begriff Plasmaschweißen.

5.2.2 Prinzip des Plasmaschweißens

Das Prinzip des Plasmaschweißverfahrens wird deutlich bei einem Vergleich der Lichtbögen in Bild 5-15. Während der WIG-Lichtbogen sich frei entfalten kann und dabei eine je nach Schutzgas kegelförmige oder glockenförmige Gestalt annimmt, wird er beim Plasmaschweißen durch eine besondere Konstruktion des Brenners eingeschnürt und divergiert nur sehr wenig (etwa 6°). Die Einschnürung erfolgt durch eine wassergekühlte Kupferdüse. Zu dieser mechanischen Einschnürung durch die Einschnürdüse kommt noch eine thermische Einschnürung durch kaltes Schutzgas außerhalb der Düse.

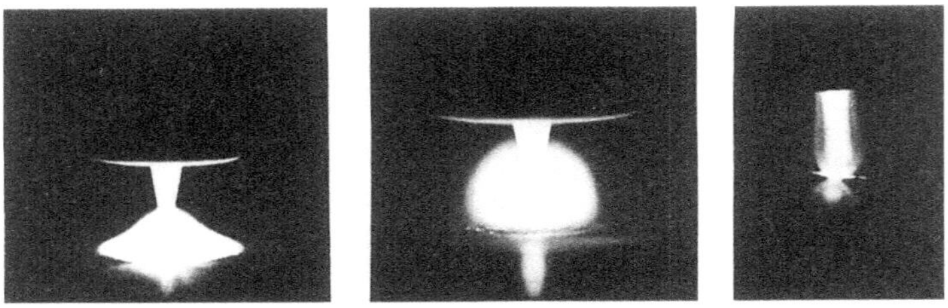

Bild 5-15. Unterschiedliche Lichtbogenformen;
links: WIG-Schweißen mit Argon,
Mitte: WIG-Schweißen mit Helium,
rechts: Plasmaschweißen mit Argon und Argon-Wasserstoff-Gemisch.

5.2.3 Einteilung des Plasmaschweißens

Eine Einteilung der Varianten des Plasmaschweißens ist in mehrfacher Hinsicht möglich.

5.2.3.1 Einteilung nach der Lichtbogenart

Nach DIN 1910-4 wird beim Plasmaschweißen unterschieden zwischen dem Schweißen mit übertragenem Lichtbogen, Bild 5-16B, und dem Schweißen mit nichtübertragenem Lichtbogen, Bild 5-16C. Im ersten Falle liegt die Stromquelle zwischen Wolframelektrode und Werkstück, beim Schweißen mit nichtübertragenem Lichtbogen zwischen Wolframelektrode und wassergekühlter Kupferdüse. Der Lichtbogen brennt dann innerhalb des Brenners, und nur die heißen Gase treten strahlförmig aus. Man nennt diese Variante des Plasmaschweißens deshalb auch Plasmastrahlschweißen. Sie hat für Schweißzwecke wenig Bedeutung. Der nichtübertragene Lichtbogen wird aber eingesetzt zum Plasmaspritzen. Das Schweißen mit übertragenem Lichtbogen nennt man auch Plasmalichtbogenschweißen. Als Plasmagas im inneren Gasstrom – deshalb auch Zentrumsgas genannt – wird das leicht ionisierbare Argon eingesetzt. Außen wird weiträumig Schutzgas zum Schutz der Schweißstelle zugegeben.

Bei manchen Brennertypen gibt es zwischen diesen beiden Gasströmen einen dritten, in dem ein Argon-Wasserstoff- oder ein Argon-Helium-Gemisch zugegeben wird. Diese im Vergleich zu Reinargon schwerer ionisierbaren Gemische mit höherer Wärmeleitfähigkeit sollen sicherstellen, daß die Einschnürung des Plasmalichtbogens auch nach dem Verlassen der Einschnürdüse erhalten bleibt. Sie werden deshalb auch Fokussiergase genannt.

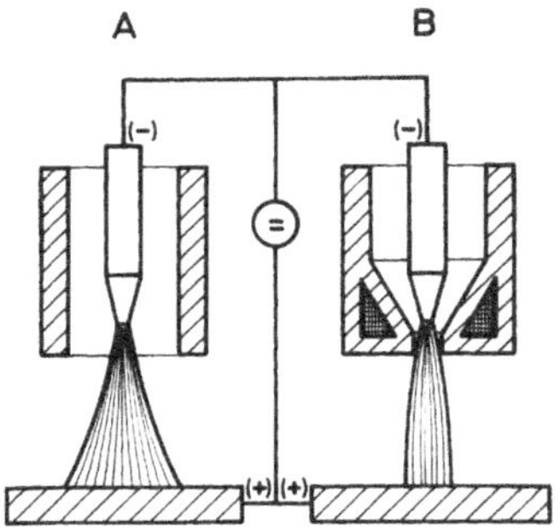

Bild 5-16. Freibrennender (A), eingeschnürter übertragener (B) und eingeschnürter nichtübertragener (C) Lichtbogen.

Es genügt aber auch, diese Gase, die den Lichtbogen am Rand außerdem kühlen, als äußeres Schutzgas zuzugeben (thermische Einschnürung). Bild 5-17 macht deutlich, wie stark der Lichtbogen durch die Düse eingeschnürt wird. Durch diese Einschnürung hat der Plasmalichtbogen eine wesentlich größere Energiedichte als der WIG-Lichtbogen. Dies wirkt sich beim Verbindungsschweißen aus in einem tieferen Einbrand und/oder einer höheren Schweißgeschwindigkeit. Beim Auftragschweißen ist die höhere Abschmelzleistung interessant.

Bild 5-17. Aus der Einschnürdüse austretender Plasmalichtbogen.

5.2.3.2 Einteilung nach der Leistung

Eine Einteilung nach der Leistung kann entsprechend Bild 5-18 vorgenommen werden. Beim Schweißen mit Stromstärken unter 50 Ampere spricht man auch vom Mikroplasmaschweißen, darüber vom Dickblechplasmaschweißen. Letzteres läßt sich noch unterteilen in den Bereich der Durchdrücktechnik und in den der Schlüssellochtechnik. Zwischen dem Mikroplasmaschweißen und dem Dickblechplasmaschweißen läßt sich eine neue Variante, das Softplasmaschweißen, einordnen.

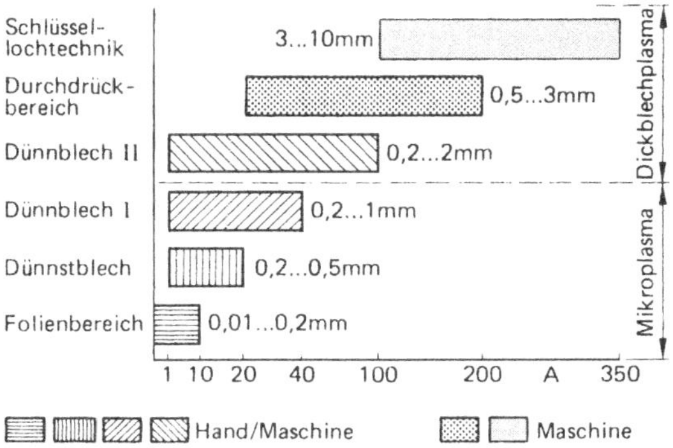

Bild 5-18. Einteilung der Plasmaschweißtechnik.

- **Mikroplasmaschweißen**

Da der Plasmalichtbogen im Gegensatz zum WIG-Lichtbogen auch bei sehr niedrigen Stromstärken noch stabil brennt, kann man ihn auch mit Stromstärken unter 1 Ampere betreiben. Die Ursache für dieses Verhalten des Plasmalichtbogens wird aus Bild 5-19 deutlich. Durch die Form der Lichtbogenkennlinie beim frei brennenden Lichtbogen kommt es bei sehr niedriger Geräteeinstellung nur zu einem schleifenden Schnittpunkt zwischen der Stromquellenkennlinie und der Lichtbogenkennlinie und damit zu großen Spannungsschwankungen. Zwischen der Kennlinie des Plasmalichtbogens und der Quellenkennlinie kommt es dagegen zu einem festen Arbeitspunkt. Das Mikroplasmaschweißen eignet sich deshalb auch zum Verbinden sehr dünner Metalle im Folienbereich bis herunter auf 0,01 mm. Der Bereich endet etwa bei Blechdicken von 1 mm.

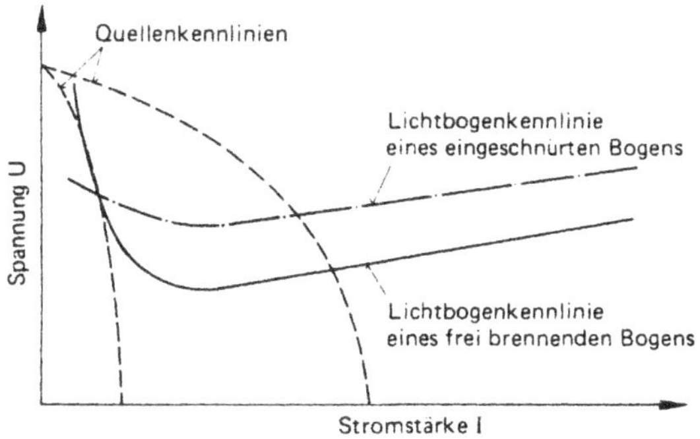

Bild 5-19. Arbeitspunkte bei freibrennenden und eingeschnürten Lichtbögen.

- **Softplasmaschweißen**

Durch Vergrößern der Öffnung der Einschnürdüse und Reduzierung der kinetischen Energie der Plasmagasströmung durch einen geringeren Volumenstrom des Plasmagases entsteht ein Lichtbogen, der in seiner Wirkung etwa zwischen dem WIG-Lichtbogen und dem Plasmalichtbogen liegt. Er bietet eine bessere Badbeherrschung bei mittleren Blechdicken zwischen 1 und 2 mm.

- **Dickblechplasmaschweißen**

Bis zu Blechdicken von etwa 2,5 mm wird bei der Durchdrücktechnik wie beim WIG-Schweißen die Wärme nur von der Oberfläche aus zugeführt. Das Schmelzbad entsteht von oben nach unten und wird durch den Lichtbogendruck etwas nach unten gedrückt, wodurch eine gewisse Wurzelüberhöhung auftritt [5-12]. Diese Art des Schweißens kann wie das Mikroplasma- und das Softplasmaschweißen sowohl manuell als auch vollmechanisch angewandt werden.

Bei der Stichlochtechnik, auch Schlüssellochtechnik genannt, durchstößt der Plasmastrahl den gesamten Werkstoff, wodurch die Energie des Lichtbogens über die gesamte Werkstückdicke übertragen wird. Dies ermöglicht den Tiefschweißeffekt und eine höhere Schweißgeschwindigkeit. Das flüssige Metall wird vom Plasmastrahl zur Seite gedrängt. Hinter der sich ausbildenden Schweißöse fließt es aber wieder zusammen, und es entsteht die Unterraupe. Das Stichlochschweißen kann nur vollmechanisch angewendet werden, weil hierbei eine sehr exakte Einhaltung des Brennerabstandes erforderlich ist.

5.2.3.3 Einteilung nach dem Zweck des Schweißens

Nach dem Zweck des Schweißens kann man das Plasmaschweißen, wie andere Schmelzschweißverfahren auch, einteilen in Plasmaverbindungsschweißen und Plasmaauftragschweißen.

- **Plasmaverbindungsschweißen**

Für das Plasmaverbindungsschweißen werden die in den vorhergehenden Abschnitten besprochenen Varianten des Plasmaschweißens eingesetzt. Sie eignen sich für fast alle schmelzschweißgeeigneten Werkstoffe. Besonders gut geeignet sind austenitische Chrom-Nickel- und Chrom-Nickel-Molybdän-Stähle sowie Nickel und Nickellegierungen. Auch Titan und Zirkon sowie ihre Legierungen sind gut plasmaschweißgeeignet. Zum Schweißen von Aluminium und Aluminiumlegierungen ist wie beim WIG-Schweißen Wechselstrom erforderlich.

Während beim Plasmaverbindungsschweißen stab- oder drahtförmiger Schweißzusatz zugegeben wird, kommt bei einer weiteren Variante, dem Plasma-Pulververbindungsschweißen, ähnlich wie beim Plasma-Pulverauftragschweißen, pulverförmiger Schweißzusatz zur Anwendung. Dieser wird konzentrisch um den eingeschnürten Lichtbogen mit dem Schutzgas zugeführt. Diese Variante eignet sich besonders zum Schweißen mit Industrierobotern.

- **Plasmaauftragschweißen**

Das Plasmaauftragschweißen kann man unterteilen in Plasma-Pulver- und Plasma-Heißdrahtschweißen.

Beim Plasma-Pulverauftragschweißen, Bild 5-20, wird der Schweißzusatz in Form von Metallpulver in einem zusätzlichen Schutzgasstrom zugegeben. Er schmilzt in einem nichtübertragenen Hilfslichtbogen auf, während der übertragene Hauptlichtbogen den Grundwerkstoff anschmilzt. Durch Abstimmung zwischen der Stromstärke und der zugeführten Pulvermenge läßt sich der Aufmischungsgrad in weiten Grenzen beeinflussen. Das Verfahren wird meist zum Panzern mit Cobalt-Chrom-Wolfram- und Nickel-Chrom-Bor-Legierungen eingesetzt.

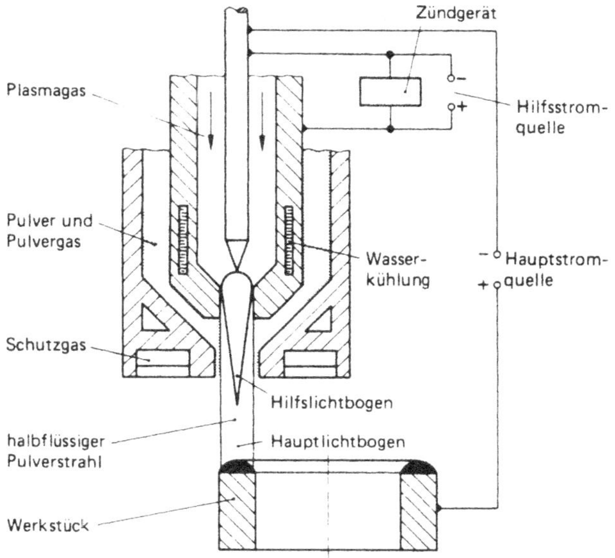

Bild 5-20. Plasma-Pulverauftragschweißen.

Beim Plasma-Heißdrahtschweißen werden zwei Drähte an einer separaten Stromquelle vorgewärmt. Die hocherhitzten Drähte schmelzen im Plasmalichtbogen auf, Bild 5-21, wobei sich eine hohe Abschmelzleistung und ein geringer Aufmischungsgrad ergeben. Durch Pendeln des gesamten Systems lassen sich bis zu 60 mm breite Raupen erzielen. Das Verfahren wurde bisher sowohl zum Plattieren mit Chrom-Nickel-Stahldrähten als auch zum Panzern mit Hartlegierungen eingesetzt.

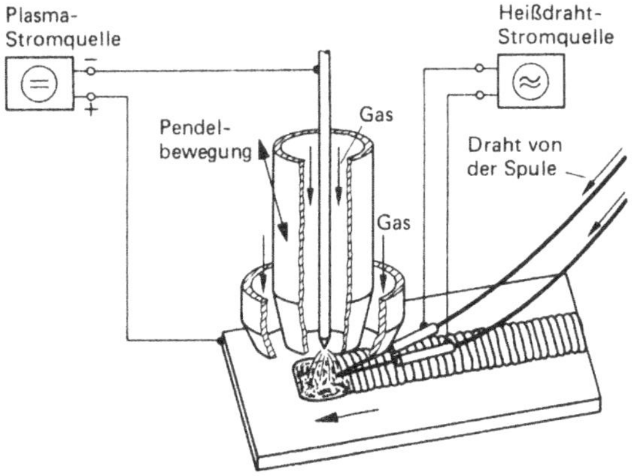

Bild 5-21. Plasma-Auftragschweißen mit Heißdrahtzusatz.

5.2.4 Geräte zum Plasmaschweißen

Anlagen zum Plasmaschweißen bestehen wie WIG-Anlagen aus Stromquelle, Steuergerät und Schlauchpaket mit Brenner. Bild 5-22 zeigt eine Plasmaschweißanlage. Als Stromquellen kommen beim Plasmaschweißen Gleichrichter oder Inverter mit fallender Kennlinie zum Einsatz. Wegen der höheren Strombelastbarkeit und Standzeit der Elektrode liegt der Minus-Pol der Stromquelle an der Elektrode. Beim Plasmaverbindungsschweißen von Aluminiumwerkstoffen kommen auch Transformatoren vor, jedoch ist auch versucht worden, mit einer intensiv wassergekühlten Elektrode aus Kupfer an Gleichstrom (Plus-Pol) zu schweißen [5-13]. Zu der Schweißausrüstung kann auch eine Einrichtung zum Mischen des Schutzgases (Ar/H_2) gehören. Beim Pulverauftragschweißen wird zusätzlich noch eine Pulverdosiereinrichtung und ein weiterer Schutzgasstrom zum Fördern des Pulvers benötigt.

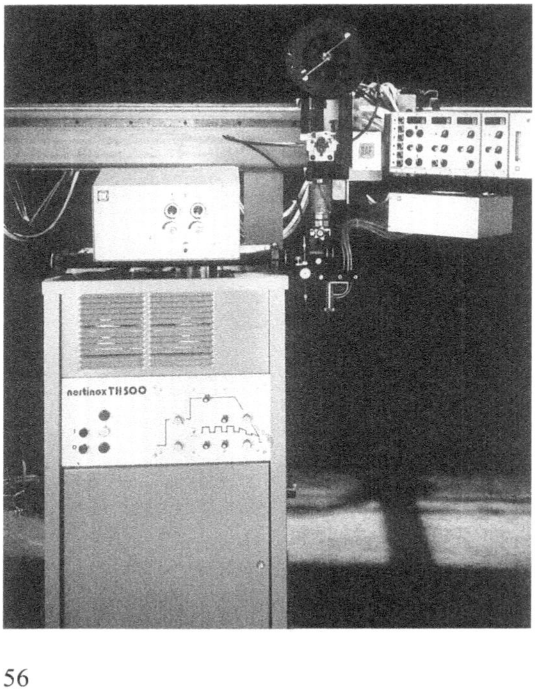

Bild 5-22. Komplette Anlage zum Plasmaschweißen (Werkbild: SAF Schweißautomatik GmbH, Mönchengladbach).

Da eine Berührungszündung zwischen Elektrode und Werkstoff wegen der Bauart des Brenners nicht möglich ist, ist unter allen Umständen ein Hochspannungsimpulszündgerät erforderlich. Dieses zündet zuerst einen schwachen Hilfslichtbogen, auch Pilotlichtbogen genannt, zwischen Einschnürdüse und Wolframelektrode, der dann nach Einschalten des Hauptstromkreises den übertragenden Lichtbogen zündet.

Wenn das Plasmaschweißen vollmechanisch oder automatisch ausgeführt wird, gehören zu der Gesamtanlage auch noch Vorrichtungen zum Bewegen des Schweißkopfes (Fahrwerk) oder des Werkstückes (Drehvorrichtung).

5.2.5 Vergleich mit dem WIG-Schweißen

Beim Verbindungsschweißen werden zwangsläufig oft Vergleiche mit dem WIG-Verfahren angestellt, weil beide Verfahren gewisse Analogien aufweisen. Dabei ergeben sich mehr Vor- als Nachteile für das Plasmaverfahren [5-14]. Eine Gegenüberstellung enthält Bild 5-23.

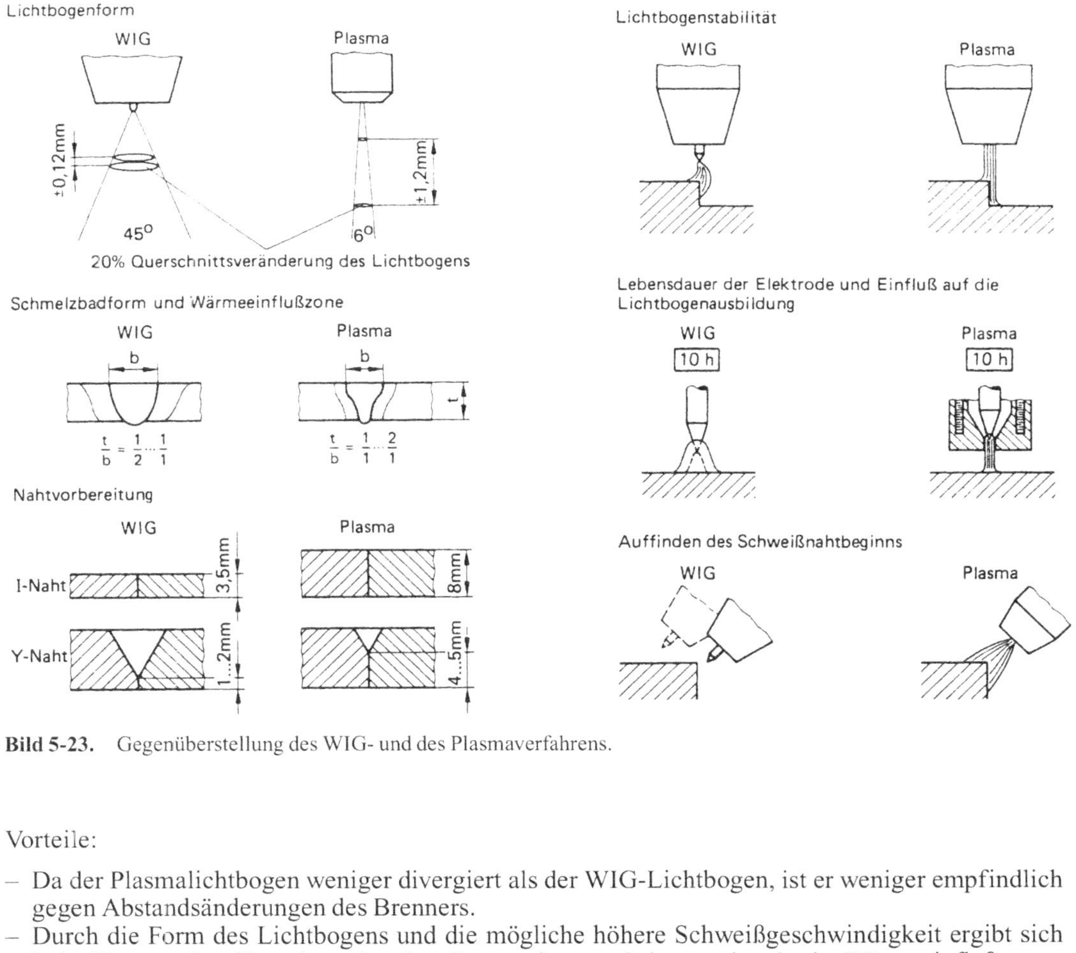

Bild 5-23. Gegenüberstellung des WIG- und des Plasmaverfahrens.

Vorteile:

- Da der Plasmalichtbogen weniger divergiert als der WIG-Lichtbogen, ist er weniger empfindlich gegen Abstandsänderungen des Brenners.
- Durch die Form des Lichtbogens und die mögliche höhere Schweißgeschwindigkeit ergibt sich beim Plasmaschweißen eine schmalere Raupenform und eine weniger breite Wärmeeinflußzone.

- Die größere Einbrandwirkung des gebündelten Lichtbogens beim Plasmaschweißen gestattet es, dickere Materialien als I-Stoß durchzuschweißen als beim WIG-Verfahren. Daraus resultiert unter anderem ein geringerer Zusatzwerkstoffverbrauch.
- Der stabile Plasmalichtbogen „klebt" nicht an Ecken und Kanten. Dadurch werden Bindefehler beim Überschweißen solcher Stellen vermieden.
- Durch die Stellung der Wolframelektrode im Innern des Brennerkopfes ist ihr Verschleiß wesentlich geringer als beim WIG-Schweißen.
- Der Pilotlichtbogen hilft, beim manuellen Plasmaschweißen den Nahtanfang besser zu treffen, weil er auch hinter dem dunklen Schutzglas zu erkennen ist.

Nachteile:

- Eine Plasmaschweißanlage ist in ihrem Aufbau aufwendiger und deshalb auch teurer als eine WIG-Schweißanlage gleicher elektrischer Leistung.
- Durch die verschiedenen Gaskreise und die intensive Kühlung sind Abmaße und Gewicht eines Plasmabrenners größer als die eines WIG-Brenners. Dies erschwert die Brennerführung beim manuellen Schweißen.
- Das Dickblechschweißen nach der Stichlochtechnik ist nur vollmechanisch möglich. Hierzu sind weitere Investitionen in Mechanisierungseinrichtungen erforderlich. Allerdings wird damit eine wesentlich höhere Schweißgeschwindigkeit erreicht.

5.2.6 Anwendung des Plasmaschweißens

Auch hier ist zu unterteilen in Auftragschweißen und Verbindungsschweißen.

Das Plasma-Pulverauftragschweißen findet Anwendung im Armaturenbau und beim Panzern von Ventilen für hochbeanspruchte Verbrennungsmotoren. Die Abschmelzleistung des Verfahrens ist nicht sehr groß, jedoch ergibt sich eine gute Wirtschaftlichkeit dadurch, daß wegen der geringen Aufmischung des Verfahrens Auftragschweißungen in wenigen Lagen und in geringer Dicke ausgeführt werden können. Dadurch wird teurer Zusatzwerkstoff gespart. Bild 5-24 zeigt das Plasma-Pulverauftragschweißen an einem Ventil.

Bild 5-24. Plasma-Pulverauftragschweißen an einem Ventil (Werkbild: Messer Griesheim GmbH, Groß-Umstadt).

Das Plasma-Heißdrahtschweißen ist eine Ergänzung zum UP- oder RES-Bandplattieren. Es bietet sich besonders an auf kleinen gekrümmten Oberflächen (Stutzen, Böden), wo es bei den beiden vorgenannten Verfahren Probleme mit der Schweißpulverhalterung und durch Abtropfen der Schlacke geben kann. In Schweden wurde aber auch schon ein ganzes Reaktordruckgefäß mit dem Plasma-Heißdrahtverfahren plattiert.

Das Mikroplasmaschweißen eignet sich unter anderem zum Stumpfschweißen sehr dünner Drähte. Es findet deshalb Anwendung bei der Herstellung von Siebgeweben und in der Mikroelektronik.

Das Dickblechplasmaschweißen wird häufig angewendet beim Herstellen längsnahtgeschweißter Rohre und beim Schweißen von Längsnähten an rohrförmigen Bauteilen, wie Behälterschüssen. Bild 5-25 zeigt das Schweißen einer Längsnaht an einem Behälterschuß aus austenitischem Chrom-Nickel-Stahl. Der Plasmabrenner, rechts im Bild, sorgt für die Durchschweißung bei hoher Schweißgeschwindigkeit. Dahinter folgt ein WIG-Schweißbrenner mit Kaltdrahtzufuhr zum Auffüllen der notwendigen Raupenüberhöhung. Der WIG-Lichtbogen kann dabei zur Erreichung der erforderlichen Raupenbreite auch quer zur Schweißrichtung magnetisch gependelt werden. Bild 5-26

Bild 5-25. Plasma-/WIG-Längsnahtschweißen an einem Behälterschuß (Werkbild: SAF Schweißautomatik GmbH, Mönchengladbach).

Bild 5-26. Plasma-Rundnahtschweißen an einem Behälter (Werkbild: SAF Schweißautomatik GmbH, Mönchengladbach).

zeigt das Schweißen von Rundnähten an Behältern aus nichtrostendem Stahl in Position PA. Das Schweißen von Rundnähten ist auch an senkrechter Wand in Position PC möglich.

5.2.7 Fehler beim Plasmaschweißen

Im Gegensatz zum WIG-Schweißen ist beim Plasmaschweißen normalerweise nicht mit Wolframeinschlüssen in der Naht zu rechnen, weil durch die Bauart des Brenners Berührungen zwischen Elektrode und Werkstück oder Schweißzusatz unmöglich sind. Beim Plasmaschweißen kann es durch den Druck des Plasmas auf das Schmelzbad zu tiefer durchhängenden Wurzelnähten kommen. Dies läßt sich durch Reduzierung der Plasmagasmenge ausgleichen.

Beim Plasma-Dickblechschweißen muß das Stichloch am Ende der Naht durch Herabsetzen der Stromstärke und Absenken des Plasmagasdruckes allmählich geschlossen werden. Es kommt sonst im Endkrater zu lunker- oder porenartigen Fehlstellen (Unregelmäßigkeiten).

Beim Plasmaschweißen an unlegiertem Stahl ohne Zusatzwerkstoff kann es zur Porenbildung durch Kohlenmonoxidbildung kommen, wenn der Siliziumgehalt des Grundwerkstoffes zur Desoxidation des Schweißbades nicht ausreicht. Abhilfe schaffen höher siliziumhaltige Grundwerkstoffe oder die Zugabe von Silizium-Mangan-haltigem Schweißzusatz. Zur Vermeidung von Porenbildung beim Schweißen von Aluminium und Aluminiumlegierungen darf als Schutzgas kein wasserstoffhaltiges Gasgemisch verwendet werden. Hierzu eignen sich Argon-Helium-Gemische.

6 Metall-Schutzgasschweißen (Prozeß-Nr. 13)

Das MIG- und das MAG-Schweißen sind die Methoden des Metall-Schutzgasschweißens. Je nach Art des Schutzgases wird unterschieden in Metall-Inertgasschweißen (MIG) (Prozeß-Nr. 131) oder Metall-Aktivgasschweißen (MAG) (Prozeß-Nr. 135). Das MAG-Schweißen kann danach weiter unterteilt werden nach der Art des Schutzgases in MAGC (CO_2) oder MAGM (Mischgas), siehe auch Bild 5-1.

6.1 MIG-/MAG-Schweißen

6.1.1 Prinzip des Verfahrens

Bild 6-1 zeigt das Prinzip des Metall-Schutzgasschweißens. DIN 1910-4 sagt dazu: „Der Lichtbogen brennt zwischen einer abschmelzenden Drahtelektrode und dem Werkstück, das Schutzgas ist inert oder aktiv.“ Der von einer Spule kommende Draht wird dem Brenner zugeführt. An dessen äußerstem Ende sitzt die Stromkontaktdüse. Sie wird konzentrisch umgeben von der Gasdüse. Das freie Drahtende, das ist der Abstand von der Unterkante der Stromkontaktdüse bis zum Lichtbogenansatz, soll nach einer Faustregel 10 bis 12 mal Drahtdurchmesser in mm sein. Der Kontaktrohrabstand ist dann das freie Drahtende plus Lichtbogenlänge. Lichtbogen und Schweißstelle werden vom Schutzgas umspült, das aus der Gasdüse austritt. Die Durchflußmenge des Schutzgases soll nach einer weiteren Faustregel ebenfalls 10 bis 12 mal Drahtdurchmesser sein, aber in l/min [6-1].

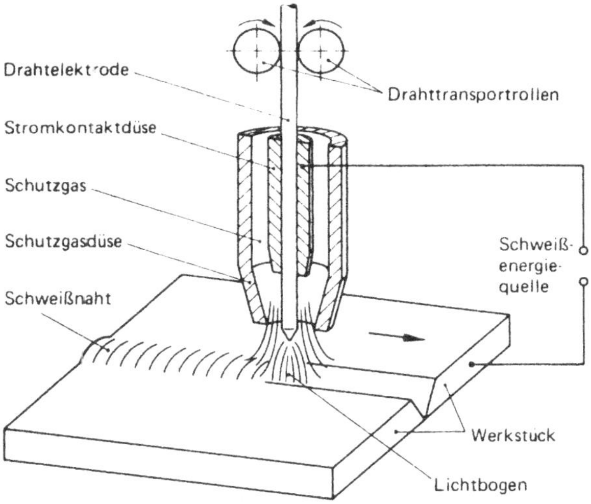

Bild 6-1. Schematische Darstellung des Metall-Schutzgasschweißens.

6.1.2 Ausrüstung zum MIG-/MAG-Schweißen

Die Schweißanlage zum MIG-/MAG-Schweißen nach Bild 6-2 besteht aus der Stromquelle, dem Drahtvorschubgerät und dem Schlauchpaket mit Brenner. Im Drahtvorschubgerät ist auch die Steuerung untergebracht. Hiermit lassen sich auf Knopfdruck vom Brennerschalter aus das Stromrelais, das Schutzgasventil und unter Umständen noch weitere Funktionen schalten.

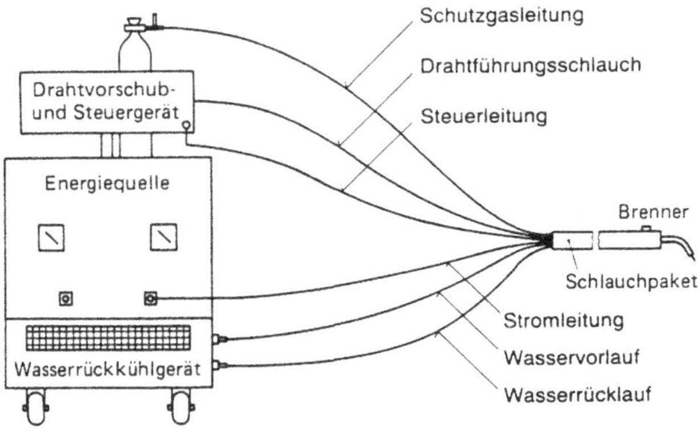

Bild 6-2. Komponenten der MIG-/MAG-Schweißanlage und des Schlauchpaketes.

6.1.2.1 Stromquellen

Zum MIG-/MAG-Schweißen wird grundsätzlich Gleichstrom verwendet, der Plus-Pol der Stromquelle liegt an der Elektrode. Als Stromquellen kommen Gleichrichter oder Inverter mit Konstantspannungscharakteristik zum Einsatz. Der waagerechte Kennlinienverlauf ist notwendig, damit die innere Regelung des Prozesses wirksam werden kann, siehe Abschnitt 3.3.2. Zum MIG-/MAG-Impulslichtbogenschweißen sind Stromquellen erforderlich, die einen impulsförmigen Gleichstrom liefern.

6.1.2.2 Gerätebauarten

Nach der Bauart unterscheidet man die in Bild 6-3 gezeigten Gerätetypen. In der Regel wird die Drahtelektrode vom Gerät aus zum Brenner geschoben. Die Länge dieses Zuführungsweges ist deshalb auf 3, bei dickeren Drähten auf 5 m begrenzt. Das Universalgerät und das Tandemgerät haben über eine Zwischenleitung einen erweiterten Arbeitsradius, das Tandemgerät sogar mit einem zusätzlichen Antrieb. Ebenfalls einen erweiterten Einsatzbereich haben das Push-Pull-Gerät und das Kleinspulengerät. Diese sind besonders für das Schweißen mit sehr dünnen Drähten geeignet, da die Drahtelektrode gezogen beziehungsweise gezogen und geschoben wird.

6.1.2.3 Drahtvorschubgeräte

Die Drahtelektrode wird durch Vorschubrollen, die von einem Gleichstromnebenschlußmotor angetrieben werden, ins Schlauchpaket gefördert. Günstig sind Drahtvorschubwerke mit nicht zu kleinen Rollen. Dadurch wird ebenso wie durch Mehrrollenantriebe die spezifische Flächenpressung der Drahtelektrode zwischen den Antriebsrollen und den Druckrollen verringert und ein schonender, gleichmäßiger Antrieb gewährleistet. Moderne Drahtvorschubgeräte sind mit Tachogeneratoren ausgerüstet, die die Motordrehzahl messen und durch einen Regler konstant halten. Auf diese Weise wird ein belastungsunabhängiger Drahtvorschub gewährleistet.

Bei Kompaktgeräten ist das Drahtvorschubgerät mit in das Stromquellengehäuse eingebaut, beim Universalgerät befindet es sich in einem besonderen Gehäuse, das unter Umständen auch in gewisser Entfernung von der Stromquelle aufgestellt werden kann. Bild 6-4 zeigt gegenüberstellend die beiden am meisten verwendeten MIG-/MAG-Gerätetypen.

6.1.2.4 Brenner und Schlauchpaket

Das Schlauchpaket enthält die Versorgungsleitungen für Strom, Schutzgas und Kühlwasser, ferner den Drahtführungsschlauch und die Steuerleitung. Der Brenner ist ab einer Stromstärke von etwa 300 Ampere wassergekühlt. Kleinere Brenner werden durch das durchfließende Schutzgas und die

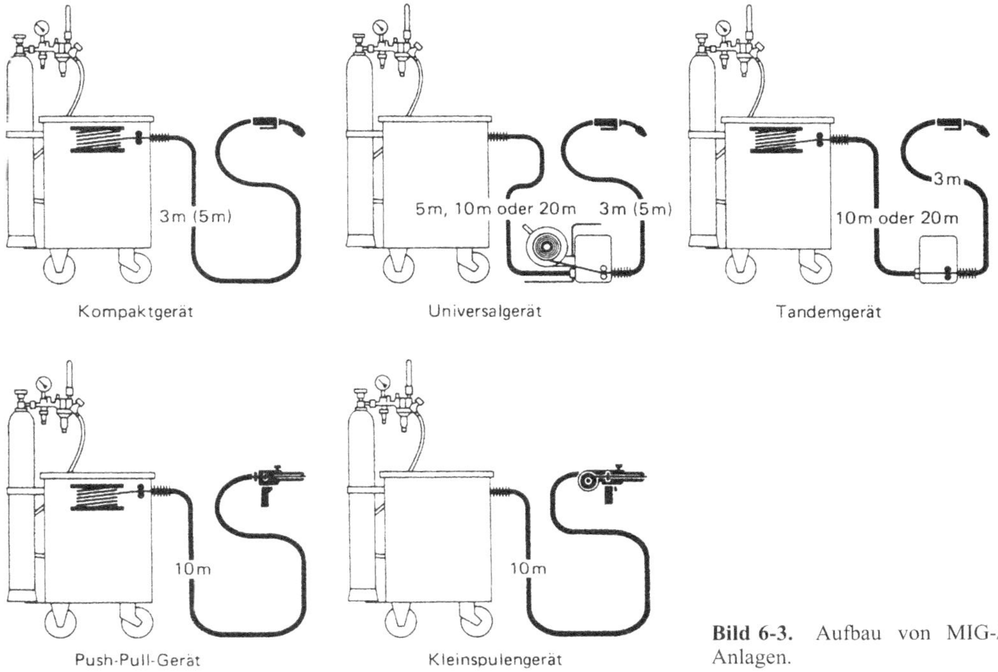

Bild 6-3. Aufbau von MIG-/MAG-Anlagen.

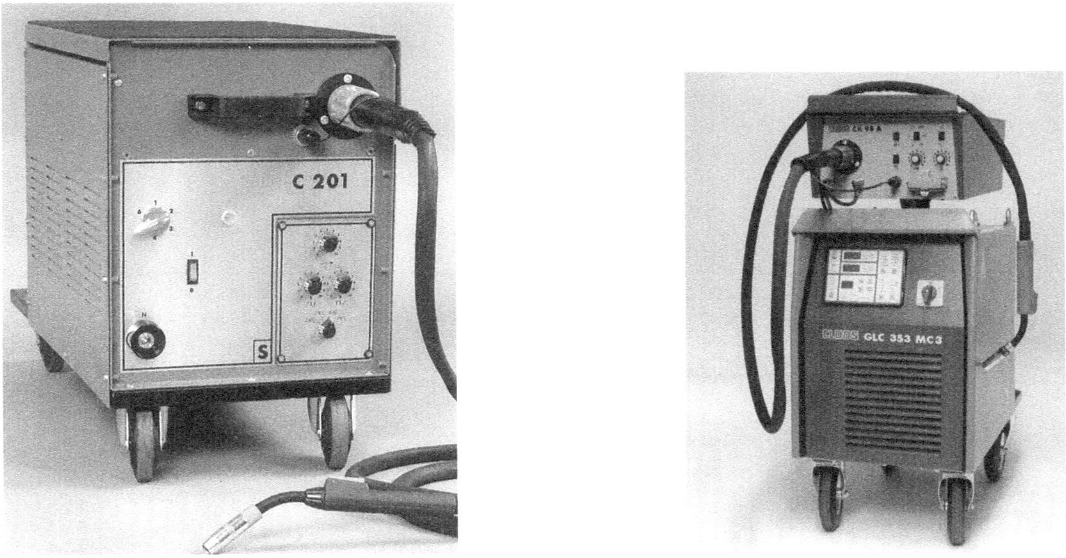

Bild 6-4. MIG-/MAG-Gerätetypen; links: Kompaktgerät, rechts: Universalgerät (Werkbilder: Carl Cloos Schweißtechnik GmbH, Haiger).

umgebende Luft gekühlt. Bild 6-5 zeigt verschiedene Brennertypen. Am häufigsten wird der Schwanenhalsbrenner eingesetzt. Die Pistolenform kommt beispielsweise bei Push-Pull-Brennern vor. Das Bild zeigt auch einen typischen Kleinspulenbrenner.

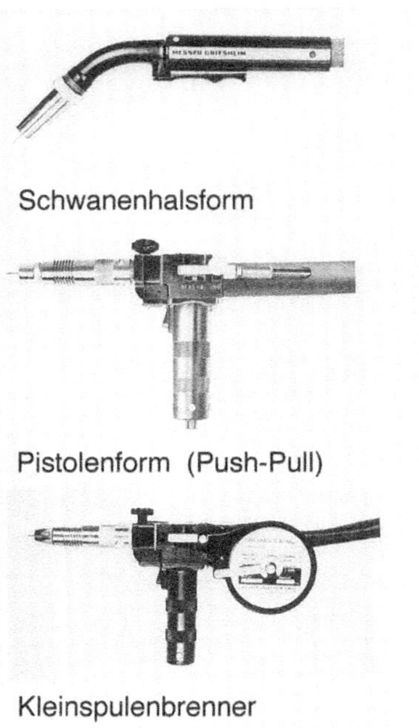

Bild 6-5. Ausführungsformen von Schweißbrennern zum MIG-/MAG-Schweißen.

6.1.3 Lichtbogenbetriebsarten

Beim Metall-Schutzgasschweißen unterscheidet man je nach Stromstärke, Lichtbogenspannung und verwendetem Schutzgas verschiedene Lichtbogenarten, auch Lichtbogenbetriebsarten genannt. Tabelle 6-1 charakterisiert die unterschiedlichen Werkstoffübergangsformen. Die physikalischen und elektromagnetischen Kräfte, die sie bewirken, wurden bereits in Abschnitt 3.2 beschrieben.

Tabelle 6-1. Lichtbogenarten nach DIN 1910-4.

Benennung	Werkstoffübergang	
Sprühlichtbogen	feinst- bis feintropfig	praktisch kurzschlußfrei
Langlichtbogen	grobtropfig	nicht kurzschlußfrei
Kurzlichtbogen	feintropfig	im Kurzschluß
Impulslichtbogen	Tropfengröße und Tropfenfrequenz einstellbar	praktisch kurzschlußfrei

6.1.3.1 Kurzlichtbogen

Der Kurzlichtbogen tritt unter allen Schutzgasen im unteren Leistungsbereich auf. Er ist gekennzeichnet durch einen stetigen Wechsel zwischen Lichtbogenbrennzeit und Kurzschlußphase, siehe auch Bild 3-9. Der Werkstoffübergang kann charakterisiert werden als „feintropfig im Kurzschluß". Es handelt sich hierbei um einen relativ kalten Prozeß, der besonders geeignet ist zum Schweißen dünner Materialien, von Wurzellagen und in Zwangslagen.

6.1.3.2 Sprühlichtbogen

Der Sprühlichtbogen ist gekennzeichnet durch einen fein bis feinsttropfigen Werkstoffübergang, der praktisch kurzschlußfrei und deshalb auch sehr spritzerarm ist. Er tritt nur unter Argon und argonreichen Mischgasen im oberen Leistungsbereich auf. Da der Schweißprozeß sehr „heißgehend“ ist, eignet sich dieser Lichtbogenbetriebszustand nur für das Schweißen mittlerer und dicker Materialien in Wannenlage (PA) und in horizontaler Position (PB), eventuell noch in Position PC.

6.1.3.3 Langlichtbogen

Der Langlichtbogen ist im Gegensatz zum Sprühlichtbogen grobtropfig, nicht kurzschlußfrei und deshalb stärker spritzend. Er tritt im oberen Leistungsbereich beim Schweißen unter Kohlendioxid und hoch- CO_2-haltigen Mischgasen auf. Auch diese Übergangsform ist nicht für alle Zwangslagen geeignet. Der Unterschied im Tropfenübergang zwischen Sprühlichtbogen und Langlichtbogen wird deutlich in Bild 6-6. Das Auftreten dieser so unterschiedlichen Werkstoffübergangsformen hängt mit der Form des Lichtbogens zusammen, Bild 6-7. Dieser setzt beim Langlichtbogen spitz unter dem Tropfen an, während er beim Sprühlichtbogen das Drahtende völlig einhüllt. Dadurch kann der Pinch-Effekt wirksam werden. Diese aus dem umgebenden Magnetfeld herrührende radiale Kraft, die in der Lage ist, einzelne kleine Tropfen von der Drahtelektrodenspitze abzukneifen, wurde bereits in Abschnitt 3.2 beschrieben.

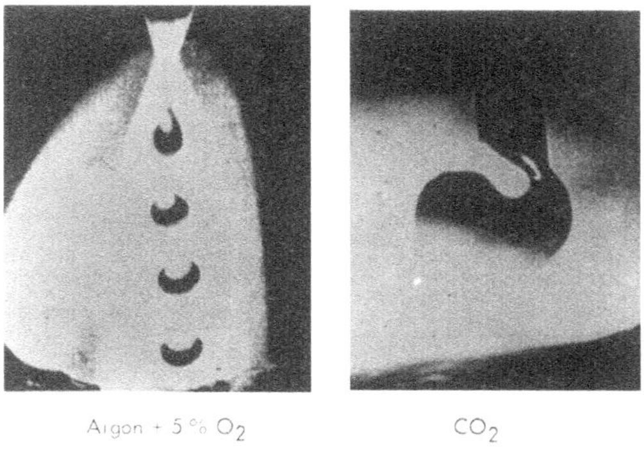

Bild 6-6. Werkstoffübergang beim Schutzgasschweißen unter verschiedenen Schutzgasen; links: Sprühlichtbogen, rechts: Langlichtbogen.

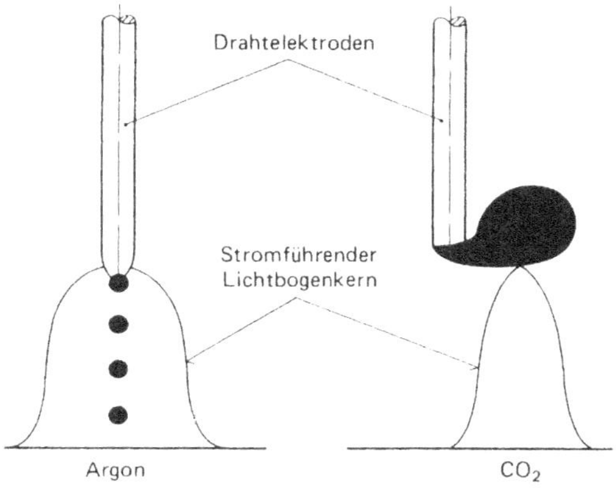

Bild 6-7. Lichtbogenansatz und Tropfenbildung bei verschiedenen Schutzgasen; links: Sprühlichtbogen, rechts: Langlichtbogen.

6.1.3.4 Übergangslichtbogen

Zwischen Kurzlichtbogen und Sprüh- bzw. Langlichtbogen gibt es noch den Übergangslichtbogen, der einen gemischten Werkstoffübergang teils im Kurzschluß, teils kurzschlußfrei besitzt. Diese auch Mischlichtbogen genannte Werkstoffübergangsform ist durch stärkeres Spritzen gekennzeichnet und sollte deshalb beim Schweißen nach Möglichkeit gemieden werden.

6.1.3.5 Impulslichtbogen

Beim Schweißen mit pulsierendem Strom erfolgt der Werkstoffübergang im Rhythmus der Impulsfrequenz, das heißt, Tropfengröße und Tropfenfrequenz sind einstellbar über die Impulsparameter. Auch der Impulslichtbogen ist praktisch kurzschlußfrei und sehr spritzerarm. Beim MIG-/MAG-Impulslichtbogenschweißen sind mehr Parameter einzustellen als beim Schweißen mit gleichförmigem Strom, Bild 6-8. Je nach Modulation der Stromquelle sind dies Grundstrom oder -spannung, Impulsstrom oder -spannung, Impulsdauer, Impulsfrequenz und Drahtvorschubgeschwindigkeit [6-2]. Um die Einstellung zu erleichtern, gestatten moderne Impulsschweißgeräte, einige dieser Parameter werkstoff- und schutzgasabhängig vorzuwählen. Das Einstellen auf eine bestimmte Schweißaufgabe reduziert sich dann auf das Verstellen von Drahtvorschub und Impulsfrequenz.

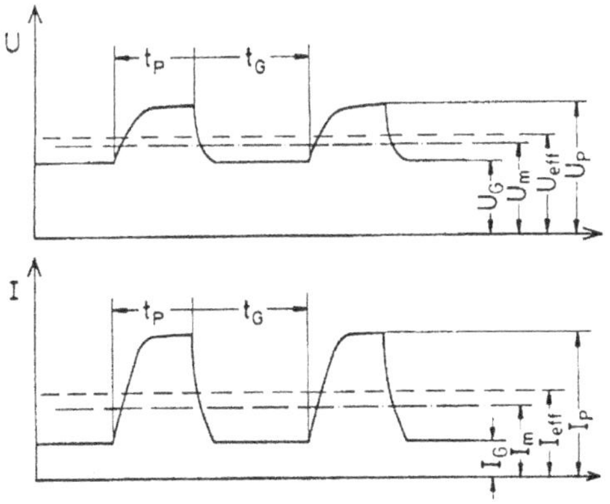

I_G	= Grundstrom [A]	U_G	= Grundspannung [V]
I_P	= Impulsstrom [A]	U_P	= Impulsstrom [V]
I_m	= arithmetischer Mittelwert des Stromes [A]	U_m	= arithmetischer Mittelwert der Spannung [V]
I_{eff}	= Effektivwert des Stromes [A]	U_{eff}	= Effektivwert der Spannung [V]

t_P	= Impulszeit	[ms]
t_G	= Grundzeit	[ms]
v_{Dr}	= Drahtvorschub	[m/min]

Bild 6-8. Einstell- und Wirkgrößen beim Impulslichtbogenschweißen.

6.1.3.6 MAG-Hochleistungsschweißen

Bei Stromstärken, die noch wesentlich über die des Sprühlichtbogenbereiches hinausgehen, verflüssigt sich das gesamte Drahtende, und es beginnt unter Einfluß des umgebenden Magnetfeldes zu rotieren, Bild 6-9. Dazu sind Drahtvorschubgeschwindigkeiten von mehr als 30 m/min (Durchmes-

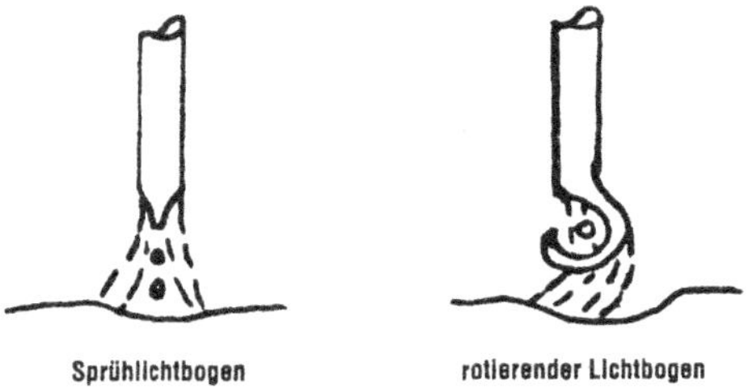

Bild 6-9. Lichtbogenarten im oberen Leistungsbereich.

ser: 1,2 mm), Stromstärken bis zu 500 A und Spannungen bis zu 50 V erforderlich [6-3]. Die Abschmelzleistung liegt dann bei etwa 16 kg/h. Zwischen dem Sprühlichtbogen und dem rotierenden Lichtbogen tritt noch der Hochleistungssprühlichtbogen auf, der leicht instabil wird und deshalb nicht angewendet werden sollte. Die Hochleistungsvariante des MAG-Schweißens mit rotierendem Lichtbogen, die von den Anbietern High-Deposition-Welding, Rapid-Melt- oder T.I.M.E.-Prozeß genannt wird, sollte nach Ansicht des Verfassers, abgesehen von Ausnahmen, nur für das vollmechanische Schweißen eingesetzt werden [6-4].

6.1.3.7 Arbeitsbereiche

Bild 6-10 zeigt schematisch die Lage der verschiedenen Lichtbogenbetriebsarten im U-I-Diagramm beim konventionellen MIG-/MAG-Schweißen [6-5]. Alle Arbeitspunkte, die innerhalb der gezeichneten Begrenzungslinien liegen, ergeben brauchbare Arbeitspunkte. Bei Einstellungen darunter ist der Lichtbogen zu kurz, Arbeitspunkte, die über dem Bereich liegen, bedeuten zu lange Lichtbögen.

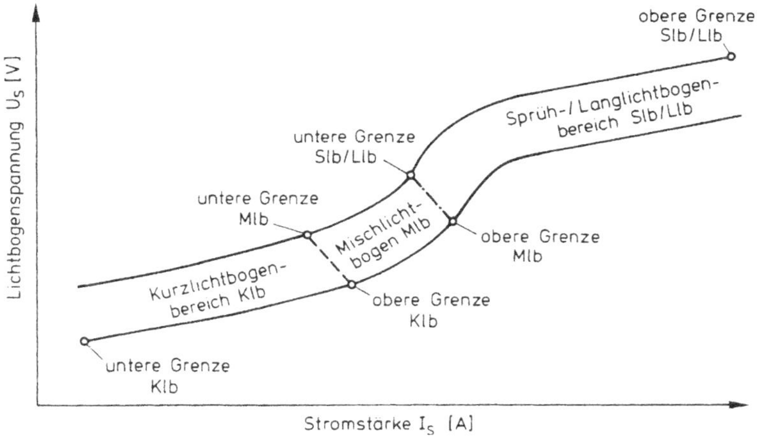

Bild 6-10. Lage der Lichtbogenbereiche (schematisch).

Der Impulslichtbogen tritt über den gesamten Leistungsbereich auf [6-6], jedoch sind dazu Lichtbogenspannungen erforderlich, die im unteren und mittleren Leistungsbereich einige Volt höher liegen als beim konventionellen MIG-/MAG-Schweißen, Bild 6-11. Die gezeigten Arbeitsbereiche gelten jeweils nur für eine bestimmte Drahtelektrode (Werkstoff und Durchmesser) und für ein Schutzgas.

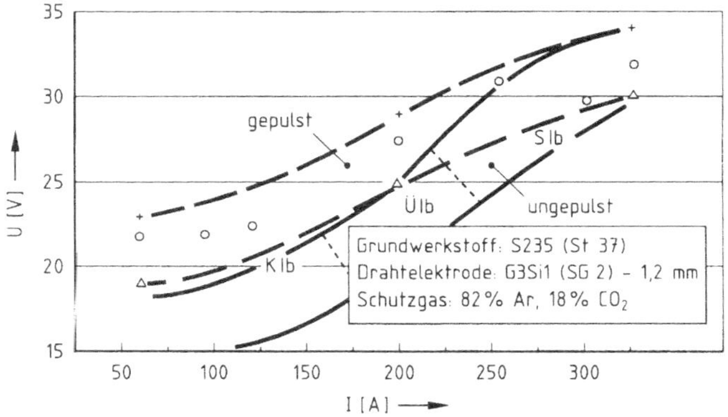

Bild 6-11. Vergleich der Arbeitsbereiche Stromstärke/Schweißspannung, gepulst/ungepulst.

6.1.4 Zusatzwerkstoffe und Hilfsstoffe

Zusatzwerkstoffe beim MIG-/MAG-Schweißen sind massive Drahtelektroden und Fülldrahtelektroden, beide werden auf Spulen geliefert. Die Schutzgase zählen zu den Hilfsstoffen.

6.1.4.1 Drahtelektroden

Drahtelektroden zum Metall-Schutzgasschweißen un- und niedriglegierter Stähle sind in DIN EN 440 genormt. Sie unterscheiden sich im wesentlichen durch ihre Silizium- und Mangangehalte. Diese sind zur Desoxidation des Schweißgutes erforderlich, beeinflussen aber auch die Viskosität des Schweißgutes und damit die Schweißeigenschaften. Drahtelektroden zum Metall-Schutzgasschweißen kommen in Durchmessern von 0,6 bis 6,0 mm vor. Die wichtigsten Abmessungen sind aber 0,8, 1,0, 1,2 und 1,6 mm. Unlegierte und niedriglegierte Drahtelektroden werden gezogen und mit verkupferter Oberfläche geliefert. Die Kupferauflage übt, da sie porös ist, keinen besonderen Korrosionsschutz aus, sie verringert aber den Gleitwiderstand beim Vorschieben und verbessert die Stromkontaktierung.

Fülldrahtelektroden sind röhrchenförmige Drähte, die im Innern mit schlacken- und schutzgasbildenden Stoffen sowie mit Metallen gefüllt sind. Bild 6-12 zeigt die gebräuchlichsten Formen von Fülldrähten für das MIG-/MAG-Schweißen. Fülldrähte, die im Innern neben Schlackenbildnern auch

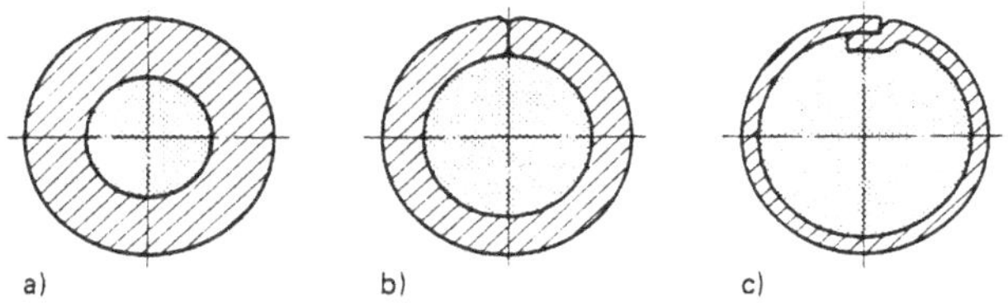

Bild 6-12. Gebräuchliche Formen von Fülldrähten.

ausreichende Mengen an Füllstoffen besitzen, die Schutzgase oder Metalldämpfe freisetzen, können ohne zusätzlichen externen Gasschutz verschweißt werden (selbstschützende Fülldrähte). Sie wurden definitionsgemäß in Abschnitt 4 behandelt. Daneben gibt es gasgeschützte Fülldrähte, die beim Metall-Schutzgasschweißen eingesetzt werden (Prozeß-Nr. 136/137). Nach der Schlackencharakteristik unterscheidet man Rutiltypen und basische Fülldrähte, Tabelle 6-2. Bei den Rutilfülldrähten gibt es Unterschiede in der Viskosität der Schlacke und im Erstarrungsbereich [6-7]. Die Durchmesser entsprechen in etwa denen der Massivdrähte.

Tabelle 6-2. Richtzusammensetzung der Schlacken von Fülldrahtelektroden.

Fülldraht	SiO_2	TiO_2	$FeO \cdot TiO_2$	ZrO_2	CaO	MgO	Al_2O_3	CaF_2
Rutiltyp für PA- und PB-Position	15	65	–	5	2	10	–	–
Rutiltyp für alle Positionen	2	55	20	10	–	2	5	3
basischer Typ	2	5	–	–	40	–	–	50

6.1.4.2 Eigenschaften von Schutzgasen

Schweißschutzgase sind nun in DIN EN 439 genormt, Tabelle 6-3. Diese Norm unterscheidet sich nur unwesentlich von der bisherigen deutschen Norm DIN 32526. Die Einteilung erfolgt in reduzierende, inerte und oxidierende Gase. Zum MIG-/MAG-Schweißen sind die Gase der Gruppen I, M und C interessant. Als Inertgas kommt hauptsächlich Argon zum Einsatz. Beim Schweißen von Aluminium und Kupfer und deren Legierungen kommen aber zunehmend auch Argon-Helium-Gemische vor.

Tabelle 6-3. Einteilung der Schutzgase für Lichtbogenschweißen und Schneiden nach DIN EN 439.

Kurzbezeichung[1])		Komponenten in Volumen-Prozent						übliche Anwendung	Bemerkung
Gruppe	Kennzahl	oxidierend		inert		reduzierend	reaktionsträge		
		CO_2	O_2	Ar	He	H_2	N_2		
R	1			Rest[2])		> 0...15		WIG	reduzierend
	2			Rest[2])		> 15...35		Plasmaschweißen	
								Plasmaschneiden	
								Wurzelschutz	
I	1			100				MIG, WIG	inert
	2				100			Plasmaschweißen	
	3			Rest	> 0...95			Wurzelschutz	
M1	1	> 0...5		Rest[2])		> 0...5		MAG	schwach oxidierend
	2	> 0...5		Rest[2])					
	3		> 0...3	Rest[2])					
	4	> 0...5	> 0...3	Rest[2])					
M2	1	> 5...25		Rest[2]					
	2		> 3...10	Rest[2]					
	3	> 0...5	> 3...10	Rest[2]					
	4	> 5...25	> 3... 8	Rest[2]					
M3	1	> 25...50		Rest[2])					
	2		> 10...15	Rest[2])					
	3	> 5...50	> 8...15	Rest[2])					
C	1	100							
	2	Rest	> 0...30						stark oxidierend
F	1						100	Plasmaschneiden	reaktionsträge
	2					> 0...50	Rest	Wurzelschutz	reduzierend

[1]) Wenn Komponenten zugemischt werden, die nicht in der Tabelle aufgeführt sind, so wird das Gasgemisch als Spezialgas und mit dem Buchstaben S bezeichnet. Einzelheiten zur Bezeichnung S enthält DIN EN 439, Abschnitt 4.

[2]) Argon kann bis zu 95 % durch Helium ersetzt werden. Der Helium-Anteil wird mit einer zusätzlichen Kennzahl nach DIN EN 439, Tabelle 3, angegeben. (Siehe auch Abschnitt 4 der DIN EN 439.)

Diese haben wegen der höheren Ionisationsenergie von Helium einen energiereicheren Lichtbogen. Wegen der besseren Wärmeleitfähigkeit von Helium verteilt sich die Wärme auch besser in die Außenbereiche hinein. Beides ist wegen der guten Wärmeleitfähigkeit dieser Werkstoffe von Vorteil [6-8]. Wie Bild 6-13 zeigt, verbreitert und vertieft sich der Einbrand mit zunehmendem Heliumanteil im Schutzgas. Die größere Einbrandwirkung kann aber auch genutzt werden, indem bei gleichem Einbrandprofil schneller geschweißt wird. Vielfach können auch beim Schweißen die notwendigen Vorwärmtemperaturen reduziert werden.

Mischgase zum MAGM-Schweißen enthalten als Hauptbestandteil Argon. Aktive Komponenten sind Sauerstoff oder Kohlendioxid, bei Dreikomponentengasen Sauerstoff und Kohlendioxid. Bei diesen Gasen nimmt die Einbrandbreite im unteren Teil der Raupen mit zunehmendem CO_2-Gehalt im Schutzgas zu, Bild 6-14.

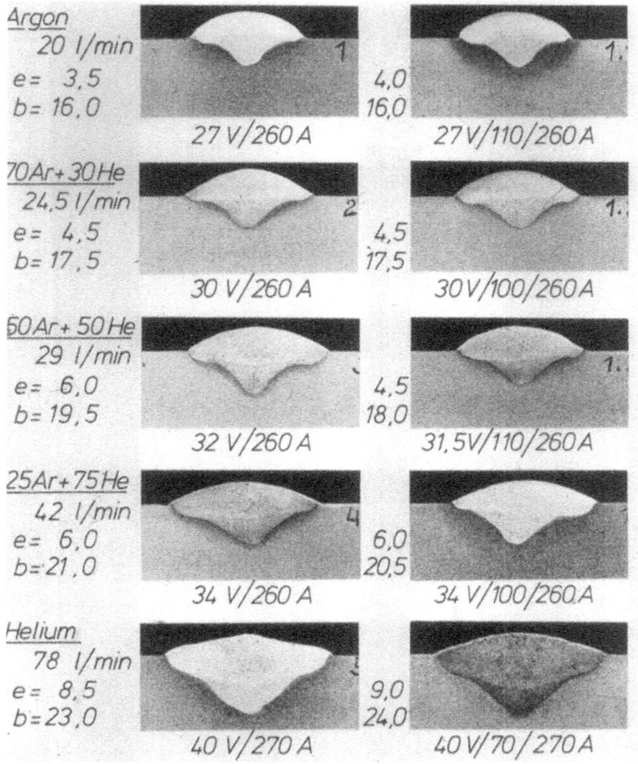

Bild 6-13. Einfluß der Schutzgaszusammensetzung auf das Einbrandverhalten beim MIG-Schweißen (links) und MIG-Impulslichtbogenschweißen (rechts); Grundwerkstoff: AlMg3, Drahtdurchmesser: 1,6 mm, freies Drahtende: 17 mm, Drahtvorschubgeschwindigkeit: 9,1 m/min, Schweißgeschwindigkeit: 44 cm/min, Impulsfrequenz: 100 Hz) (Werkbild: Linde AG. Höllriegelskreuth).

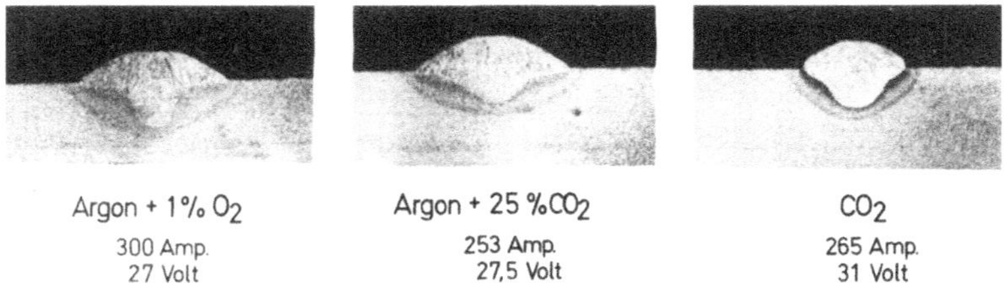

Bild 6-14. Einbrandformen verschiedener Schutzgase beim MAG-Schweißen (Drahtelektrode: SG2, Drahtdurchmesser: 1,2 mm, Drahtvorschubgeschwindigkeit: 9,5 m/min, Schweißgeschwindigkeit: 35 cm/min, Schutzgasmenge: 17 l/min, freies Drahtende: 18 mm).

6.1.5 Technik des MIG-/MAG-Schweißens

Fertigkeiten im MIG-/MAG-Schweißen können in Lehrgängen der vom DVS anerkannten Bildungseinrichtungen erworben werden.

6.1.5.1 Einstellen der Anlagen

Zum Einstellen von MIG-/MAG-Anlagen sind zwei Stellmanipulationen erforderlich. Dazu stehen an der Frontseite der Schweißanlage ein Stellpotentiometer für die Verstellung der Drahtvorschubgeschwindigkeit sowie Grob- und Feinstufen zur Wahl einer bestimmten Kennlinie der Stromquelle zur Verfügung, Bild 6-15. Die Kennlinienverstellung kann auch stufenlos erfolgen. Mit der Veränderung der Drahtvorschubgeschwindigkeit wird der Strom verstellt, weil sich je nach Länge des Lichtbogens dessen Widerstand ändert und damit die Stromstärke. Die Lichtbogenspannung wird durch Wahl einer bestimmten Kennlinie an der Stromquelle eingestellt. Stromstärke und Lichtbogenspannung müssen immer in einem bestimmten Verhältnis zueinander stehen, damit sich eine optimale Lichtbogenlänge ergibt [6-1]. Dies zeigt Bild 6-16. Wird, wie im oberen Teilbild, nur die Drahtvorschubgeschwindigkeit erhöht, dann steigt die Stromstärke an, aber der Lichtbogen wird zu kurz. Man muß deshalb gleichzeitig eine höhere Kennlinie wählen, um wieder auf die optimale Lichtbogenlänge zu kommen (unteres Teilbild). Tatsächlich gibt es nicht nur eine ideale Arbeitskennlinie, sondern einen brauchbaren Arbeitsbereich. Diese Arbeitsbereiche wurden bereits in den Bildern 6-10 und 6-11 vorgestellt.

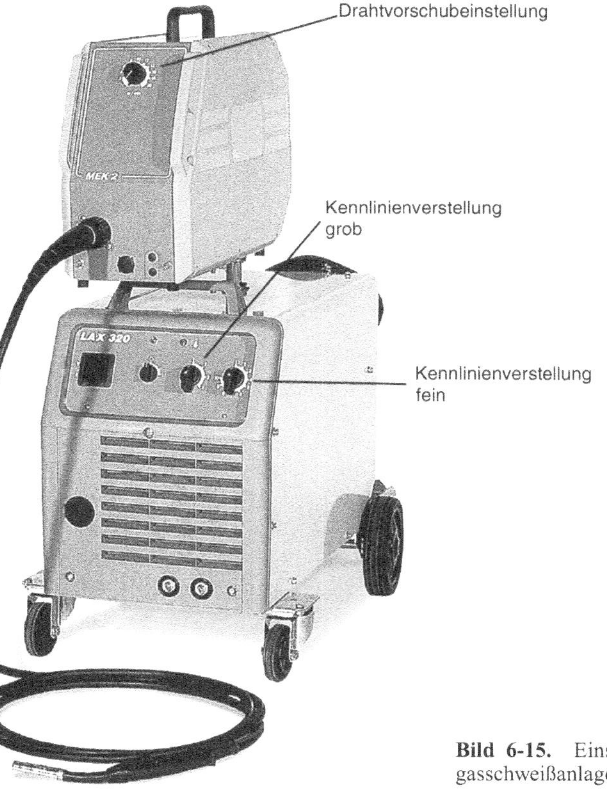

Bild 6-15. Einstellmöglichkeiten an einer Metall-Schutzgasschweißanlage (Werkbild: ESAB GmbH, Solingen).

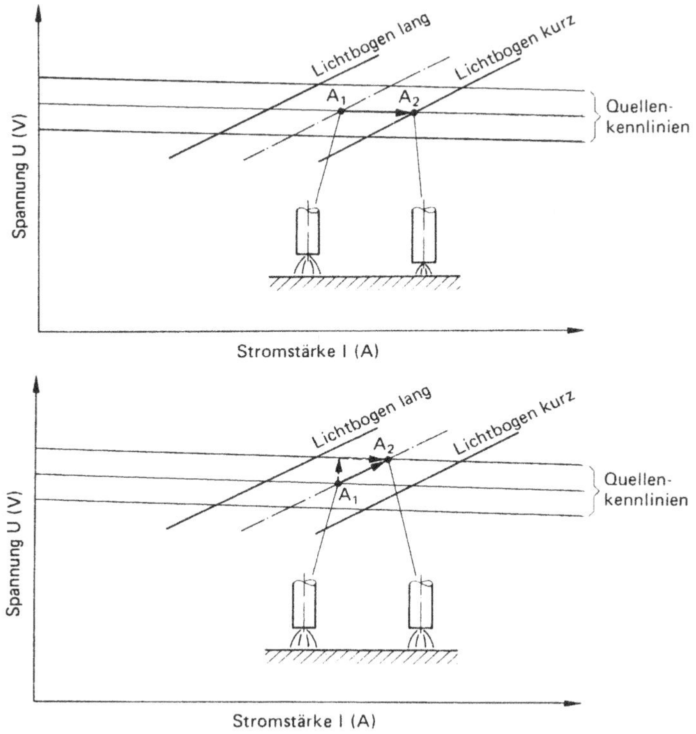

Bild 6-16. Einstellen von MIG-/MAG-Anlagen; oben: Erhöhung der Stromstärke bei etwa gleichbleibender Lichtbogenspannung führt zu einer Verkürzung des Lichtbogens; unten: Erhöhung der Stromstärke bei gleichzeitiger Anpassung der Spannung verändert nicht die Lichtbogenlänge.

6.1.5.2 Zünden des Lichtbogens

Beim MIG-/MAG-Schweißen kommt nur die Berührungszündung vor. Wegen der hohen Stromdichte an der Berührungsstelle zwischen Drahtelektrode und Werkstück muß die Elektrode nach dem Kurzschluß nicht wieder angehoben werden, der Lichtbogen brennt sich selbst frei. Dies wird erleichtert, wenn die Drahtelektrode beim Zünden „einschleicht“ und nicht sofort mit der für das Schweißen erforderlichen hohen Vorschubgeschwindigkeit zugegeben wird. Moderne MIG-/MAG-Schweißanlagen verfügen über diese Möglichkeit.

6.1.5.3 Brennerführung

Beim Schweißen wird der Brenner in der Regel leicht stechend geführt, Bild 6-17. Nur beim Fallnahtschweißen und bei Verwendung von schlackeführenden Fülldrähten wird schleppend geschweißt.

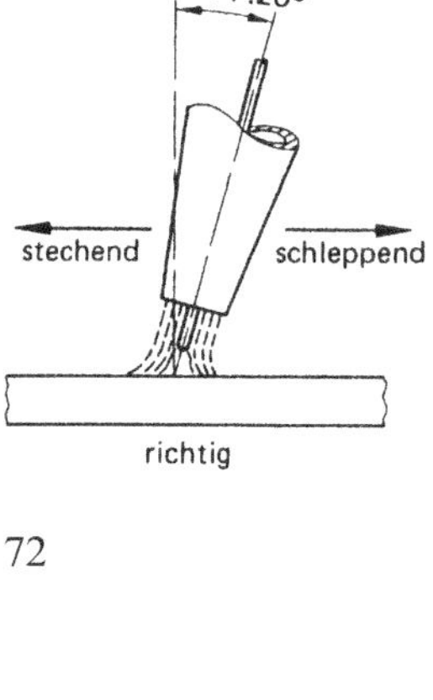

Bild 6-17. Brenneranstellung beim MIG-/MAG-Schweißen.

6.1.6 Anwendung des MIG-/MAG-Schweißens

Der Anwendungsumfang des MIG-/MAG-Schweißens beträgt, bezogen auf das mit allen Schmelzschweißverfahren abgesetzte Schweißgut, heute in Deutschland über 75 %. Es wird teilmechanisch, vollmechanisch und automatisch angewendet.

6.1.6.1 Teilmechanisches Schweißen

Das MIG-/MAG-Schweißen wird zum Verbindungs- und Auftragschweißen meist teilmechanisch eingesetzt. Es zeichnet sich aus durch eine hohe Abschmelzleistung. Diese ist in erster Linie abhängig von der Stromstärke und dem Drahtdurchmesser, Bild 6-18. Beim Auftragschweißen wird das MIG-/MAG-Schweißen heute vorzugsweise eingesetzt für korrosions- und kavitationsbeständige Auftragschweißungen im Wasserkraftanlagenbau, für Panzerungen von Sitzflächen an Armaturen und zum Auftragen von Gleitflächen mit verschleißfesten Bronzen.

Verbindungsschweißungen kommen in allen Branchen der Wirtschaft vor, vor allem aber im Fahrzeug-, Maschinen- und Stahlbau. Bild 6-19 zeigt die Anwendung des teilmechanischen MAG-Schweißens im Stahlbau.

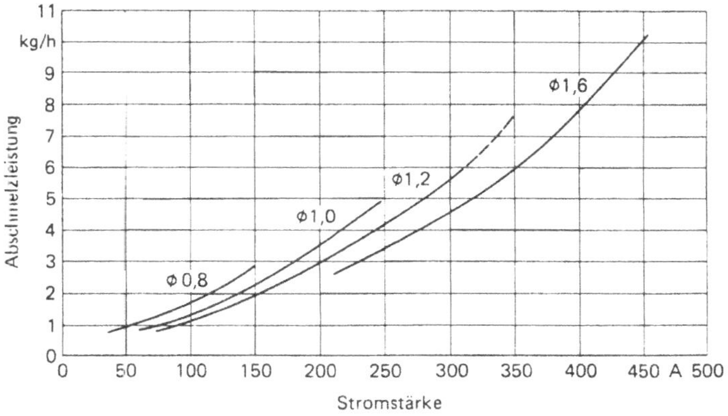

Bild 6-18. Abschmelzleistung in Abhängigkeit von Stromstärke und Elektrodendurchmesser (Schutzgas: CO_2).

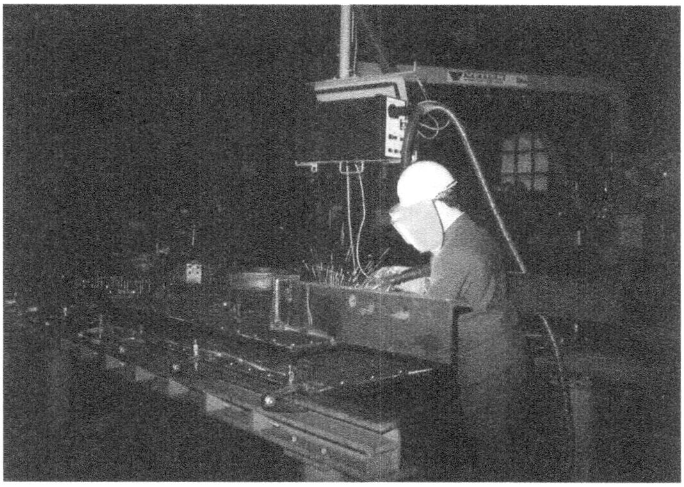

Bild 6-19. Teilmechanisches MAG-Schweißen im Stahlbau (Werkbild: Alexander Binzel GmbH & Co. KG, Gießen).

6.1.6.2 Vollmechanisches Schweißen

Beim vollmechanischen Schweißen wird neben dem üblichen Eindrahtschweißen auch das Mehrdrahtschweißen eingesetzt. Dabei werden zur Leistungssteigerung zwei Drahtelektroden gleichzeitig mit einer (Doppeldrahtschweißen) oder mit zwei Stromquellen (Tandemschweißen) abgeschmolzen.

Neben der eigentlichen Schweißanlage werden noch Hilfsmittel zum Mechanisieren benötigt. Bild 6-20 zeigt die am häufigsten zum Bewegen des Schweißkopfes oder des Werkstückes beim Schweißen benutzten Vorrichtungen. Oft stellt sich die Frage, ob ein Werkstück günstiger in einer Einzweckvorrichtung oder mit einem Industrierobotersystem zu schweißen ist. Grundsätzlich gilt, daß bei großen Stückzahlen und nicht zu kompliziertem Bahnverlauf das Schweißen in einer Einzweckvorrichtung kostengünstiger ist. Ein typisches Beispiel für das vollmechanische MAG-Schweißen zeigt Bild 6-21. In einer Einzweckvorrichtung werden Boiler aus unlegiertem Stahl geschweißt.

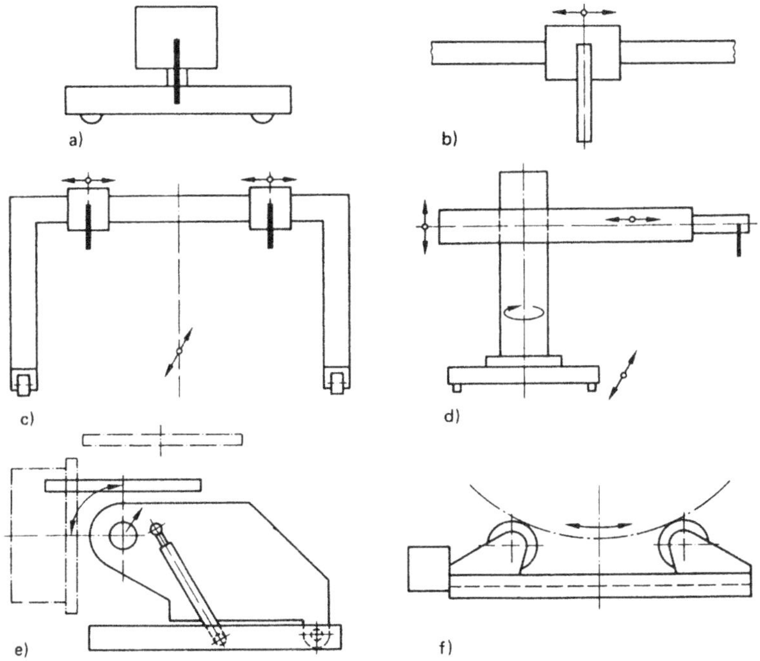

Bild 6-20. Möglichkeiten des Mechanisierens;
a) Traktorfahrwerk,
b) Balkenfahrwerk,
c) Schweißportal,
d) Schweißmast,
e) Dreh-Kipp-Tisch,
f) Behälter-Drehvorrichtung.

6.1.6.3 MIG-/MAG-Schweißen mit Industrierobotern

Nach der Definition von Merkblatt DVS 0922 soll ein Schweißroboter mehr als drei Achsen haben und freiprogrammierbar sein. Von der Bauart her werden in Deutschland zum Schweißen hauptsächlich 5- oder 6achsige Knickarmroboter oder Gelenkarmroboter eingesetzt. Nach einer Statistik von VDMA/IPA waren im Jahre 1999 in Deutschland insgesamt 96100 Industrieroboter im Einsatz, wovon 20094 zum Punktschweißen und 11831 zum Bahnschweißen verwendet wurden.

Der Industrieroboter ist die flexible Automatisierungslösung für mittlere Seriengrößen, weil mit ihm auch unterschiedliche Bauteile geschweißt werden können. Ferner bietet er Vorteile bei sehr komplexen Bahnverläufen. Dabei kommen Schweißroboter nicht nur in Großbetrieben vor, sondern auch kleinere Firmen nutzen zunehmend die sich bietenden Möglichkeiten. Bild 6-22 zeigt den Einsatz eines 6achsigen Gelenkarmroboters in einem Kleinbetrieb. Der hängend angeordnete Roboter schweißt Druckbehälterdeckel, die abwechselnd in zwei Stationen eingelegt werden [6-9].

Bild 6-21. Schweißanlage zum vollmechanischen MAG-Schweißen von Boilern (Werkbild: Carl Cloos Schweißtechnik GmbH, Haiger).

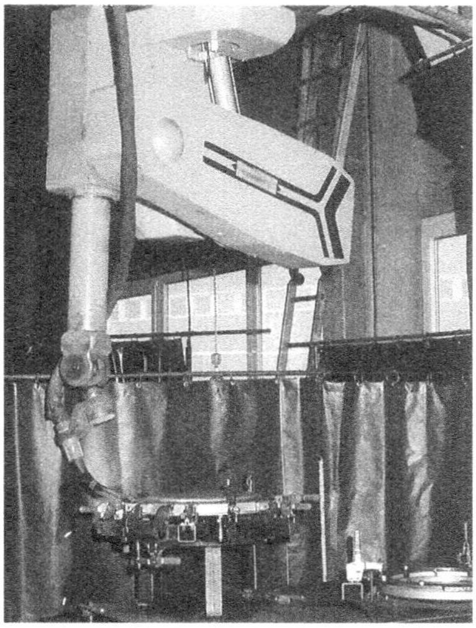

Bild 6-22. Überkopf angeordneter Schweißroboter beim Schweißen eines Druckbehälterdeckels (Werkbild: Carl Cloos Schweißtechnik GmbH, Haiger).

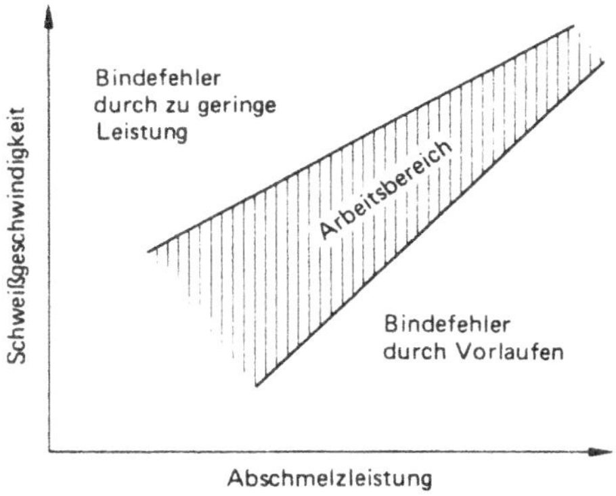

Bild 6-23. Bindefehler – möglicher Arbeitsbereich nach Merblatt DVS 0912-1.

6.1.7 Fehler beim MIG-/MAG-Schweißen

Für das Metall-Schutzgasschweißen verfahrenstypische Fehler (Unregelmäßigkeiten) sind Bindefehler und Poren.

Bindefehler können auftreten bei zu geringer und bei zu hoher Lichtbogenleistung, Bild 6-23. Im ersten Falle reicht die eingebrachte Energie nicht aus zum genügenden Aufschmelzen des Grundwerkstoffes. Bei zu hoher Lichtbogenleistung in Folge hoher Abschmelzraten oder zu langsamer

Schweißgeschwindigkeit kommt es zu Bindefehlern durch Vorlaufen des Schweißgutes. Bild 6-24 zeigt beide Arten von Bindefehlern in einer MAG-Schweißverbindung an 12 mm dickem unlegiertem Blech.

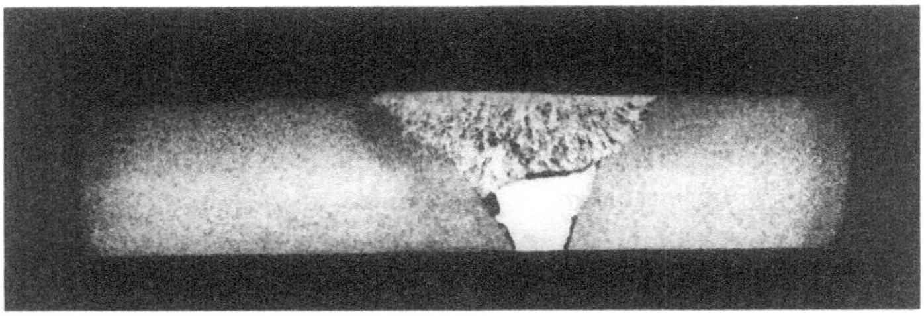

Bild 6-24. Bindefehler beim MAG-Schweißen; Bindefehler in der Wurzel durch zu geringe Lichtbogenleistung, Lagenbindefehler durch zu hohe Abschmelzleistung.

Poren sind Gasblasen, die bei der Erstarrung des Schweißgutes eingeschlossen wurden. Bild 6-25 zeigt den seltenen Fall von Poren, die bei unlegiertem Stahl durch Wasserstoffaufnahme entstanden sind, hier infolge undichten Kühlsystems des Schweißbrenners. Alleinige Ursache von Poren beim Schweißen von Aluminium ist dagegen Wasserstoff, der hier meist aus Oxidhäuten auf der Oberfläche von Grundwerkstoff und Zusatzwerkstoff stammt. Diese sind hygroskopisch und müssen deshalb, wie schon beim WIG-Schweißen besprochen, unmittelbar vor dem Schweißen entfernt werden. Beim MIG-/MAG-Schweißen un- und niedriglegierter Stähle ist meist Stickstoff die Porenursache. Dieser stammt aus der Umgebungsatmosphäre. Der richtigen Schutzgasströmung und dem Zustand der Schutzgasdüse ist deshalb besondere Sorgfalt beizumessen.

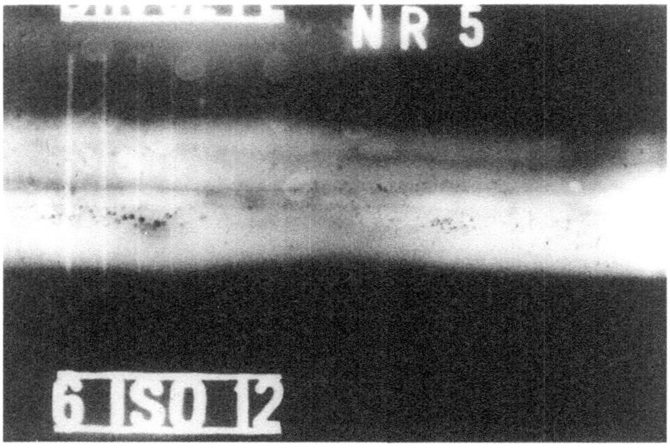

Bild 6-25. Poren durch Undichtigkeit im Kühlsystem des Schweißbrenners (MAGM-Schweißen, unlegierter Stahl, 20 mm dick, Schweißposition: PA).

7 Verdecktes Lichtbogenschweißen

Da der Schweißprozeß unter einer Pulveraufschüttung abläuft, nennt man das Unterpulverschweißen auch verdecktes Lichtbogenschweißen.

7.1 Unterpulverschweißen (Prozeß-Nr. 12)

Das Unterpulverschweißen (UP-Schweißen) gehört zu den verdeckten Lichtbogenschweißverfahren. Es zeichnet sich aus durch eine hohe Abschmelzleistung und durch qualitativ hochwertige Schweißungen und hat sich deshalb einen festen Platz in den schweißtechnischen Fertigungsbetrieben gesichert. Nach einer neueren Statistik werden etwa 6 % aller mit Schmelzschweißverfahren hergestellten Schweißnähte unterpulvergeschweißt [7-1].

7.1.1 Prinzip des Verfahrens

Die Definition in Anlehnung an DIN 1910-2 lautet: „Der Lichtbogen brennt unsichtbar zwischen einer abschmelzenden Elektrode und dem Werkstück. Lichtbogen und Schweißzone werden durch eine Pulverschicht abgedeckt. Das Schweißbad wird vor dem Zutritt der Atmosphäre durch die aus dem Pulver gebildete Schlacke geschützt.“

Bild 7-1 zeigt das Prinzip des UP-Schweißens. Die von der Spule kommende Drahtelektrode taucht in die Pulveraufschüttung ein. Der Lichtbogen wird durch Berührungszündung oder seltener durch Hochspannungsimpulse gezündet. Er schmilzt eine Einbrandmulde in das Grundmaterial hinein und gleichzeitig einen Teil des Pulvers zu einer Schlacke. Diese bläht sich durch die beim Schweißen entstehenden Gase zu einer Blase auf. Man nennt den Hohlraum, der aus Einbrandmulde und Schlackenblase gebildet wird, die Lichtbogenkaverne. In ihr brennt der Lichtbogen und hierin gehen auch die Tropfen über. Aus abgeschmolzenem Drahtwerkstoff und aufgeschmolzenem Grundwerkstoff bildet sich ein Schmelzbad, das mit fortschreitendem Schweißen zu einer Schweißraupe erstarrt. Auch die auf der Schmelze schwimmende Schlacke erstarrt kurz hinter dem Lichtbogen und ist meist leicht entfernbar. Das nicht aufgeschmolzene Pulver kann unmittelbar hinter dem Schweißkopf abgesaugt und in den Pulverkreislauf zurückgeführt werden.

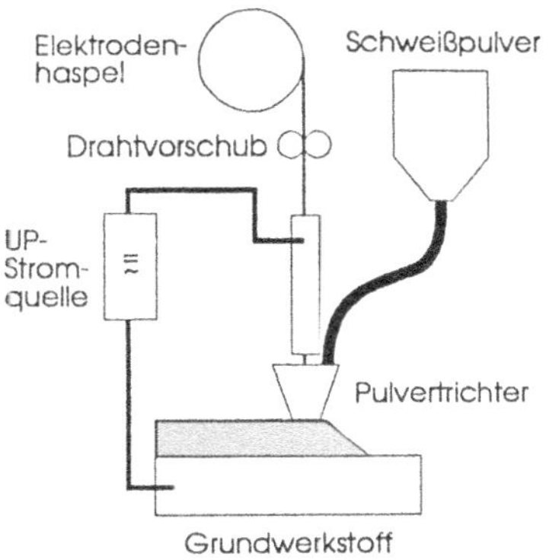

Bild 7-1. Prinzip des UP-Eindrahtschweißens.

7.1.2 Aufbau von Anlagen

Die wichtigsten Komponenten einer UP-Schweißanlage zeigen Bild 7-2 und Bild 7-3. Dies sind der Vorschubmotor, ein Gleichstromnebenschlußmotor, mit dem Getriebe und den Vorschubrollen, das Stromkontaktrohr mit Drahtrichtwerk und Pulververteiler, der Pulvervorratsbehälter eventuell mit Absaugvorrichtung, der Drahtspulenhalter und das Steuergerät. An letzterem befinden sich auch die Einstellknöpfe für die Schweißparameter. Zu der UP-Schweißanlage gehört ferner eine Stromquelle. Dies kann ein Schweißtransformator oder ein Schweißgleichrichter sein. Nicht alle Pulver lassen sich aber an Wechselstrom verschweißen. Dies trifft besonders für hochbasische Pulver zu. Der Trend geht deshalb heute mehr zum Gleichstrom.

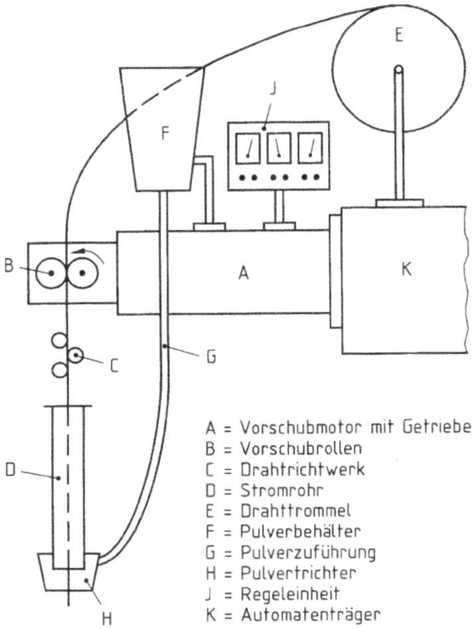

Bild 7-2. Aufbau einer UP-Schweißanlage.

Bild 7-3. UP-Schweißanlage.

Die Charakteristik der Stromquelle kann fallend oder waagerecht sein, wobei die Konstantspannungsquelle bei dünnen Drahtelektroden Vorteile hinsichtlich Prozeßstabilität bietet. Bei Gleichstrom liegt gewöhnlich der Plus-Pol an der Elektrode und der Minus-Pol am Werkstück. Beim Auftragschweißen kommt aber auch die umgekehrte Polarität vor, weil beim Schweißen am Minus-Pol der Aufmischungsgrad etwas geringer ist. Die Konstanthaltung der Lichtbogenlänge erfolgt bei Konstantspannungskennlinien, wie beim MIG-/MAG-Schweißen, durch die innere Regelung, bei fallender Kennlinienform durch Anpassung der Drahtvorschubgeschwindigkeit, gesteuert durch die Lichtbogenspannung (äußere Regelung), siehe Abschnitt 3.3.2.

7.1.3 Varianten des Unterpulverschweißens

In der Mehrzahl der Fälle wird das UP-Schweißen vollmechanisch durchgeführt. Die teilmechanisch anzuwendende Variante hat heute kaum noch Bedeutung. Beim vollmechanischen Schweißen sind Vorrichtungen zum Bewegen des Schweißkopfes oder des Werkstückes notwendig. Die wichtigsten wurden bereits in Abschnitt 6 beschrieben, siehe Bild 6-20. Für die Bewegung des Schweißkopfes kommen beim UP-Schweißen hauptsächlich Traktor- und Balkenfahrwerke sowie Schweißmaste zur Anwendung. Rotationssymmetrische Bauteile werden auf Drehtischen oder Behälterdrehvorrichtungen bewegt. Neben dem bisher beschriebenen UP-Eindrahtschweißen (Prozeß-Nr. 121) gibt es noch verschiedene Sondervarianten des Verfahrens, die teilweise mit mehreren Drähten arbeiten. Sie sind in Bild 7-4 zusammengestellt [7-2].

Variante	Schematische Darstellung	Merkmale	Vorteile
Eindrahtschweißen	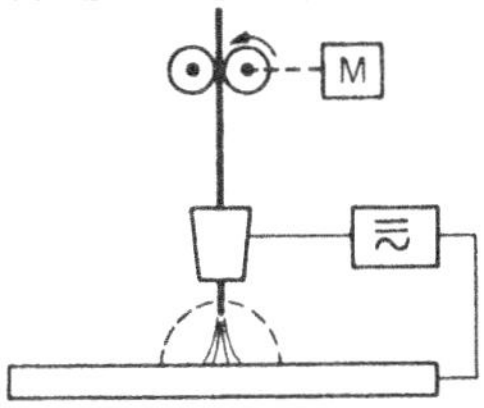	eine Drahtelektrode eine Stromquelle eine Regelung	gegenüber anderen Verfahren hohe Abschmelzleistung
Doppeldraht-(Paralleldraht)-schweißen	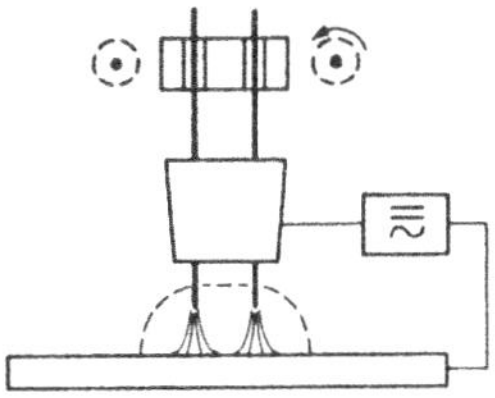	zwei Drahtelektroden eine Stromquelle eine Regelung	hohe Abschmelzleistung hohe Schweißgeschwindigkeit oder gute Spaltüberbrückbarkeit
Tandemschweißen		zwei Drahtelektroden zwei Stromquellen zwei Regelungen	hohe Abschmelzleistung hohe Schweißgeschwindigkeit günstige Nahtgeometrie bessere mechanisch-technologische Gütewerte
Heißdraht-schweißen		eine lichtbogentragende Elektrode eine lichtbogenlose Elektrode zwei Stromquellen zwei Regelungen	hohe Abschmelzleistung geringes Wärmeeinbringen bessere mechanisch-technologische Gütewerte
Bandelektroden-schweißen	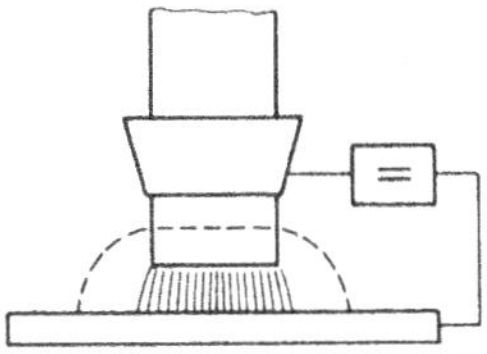	bandförmige Elektrode eine Stromquelle eine Regelung	Verbindungsschweißen: gute Spaltüberbrückbarkeit Auftragschweißen: hohe Plattierungsleistung geringe Vermischung glatte Oberfläche

Bild 7-4. Varianten des Unterpulverschweißens.

7.1.3.1 Doppeldrahtschweißen (Prozeß-Nr. 123)

Beim Doppeldrahtschweißen werden zwei Drahtelektroden an einer Stromquelle elektrisch parallel geschaltet abgeschmolzen. Diese Verfahrensvariante wird deshalb auch Paralleldrahtschweißen genannt. Die beiden Drähte können nebeneinander oder hintereinander stehen. Bei hintereinander angeordneten Drähten ergibt sich ein längeres Schmelzbad, welches gestattet, daß mit hohen Stromstärken sehr hohe Schweißgeschwindigkeiten gefahren werden können. Bei nebeneinander oder etwas versetzt nebeneinander stehenden Drahtelektroden ist bei niedrigen Stromstärken eine gute Spaltüberbrückbarkeit gegeben. Beim Schweißen mit elektrisch parallel geschalteten Drahtelektroden brennt bei niedrigen Stromstärken an der dem Werkstück am nächsten stehenden Elektrode der Hauptlichtbogen, während an der anderen ein schwächerer Sekundärlichtbogen brennt. Diese Lichtbögen wechseln je nach Gegebenheiten hin und her. Da der Lichtbogen nicht direkt im Spalt brennt, sondern abwechselnd auf den beiden Fugenflanken, Bild 7-5, ist die Spaltüberbrückbarkeit besser als beim Eindrahtschweißen. Das Doppeldrahtschweißen eignet sich besonders gut zum Fügen dünner Materialien und schlechter Passungen. Ähnliche Effekte können auch mit schmalen Bandelektroden erreicht werden.

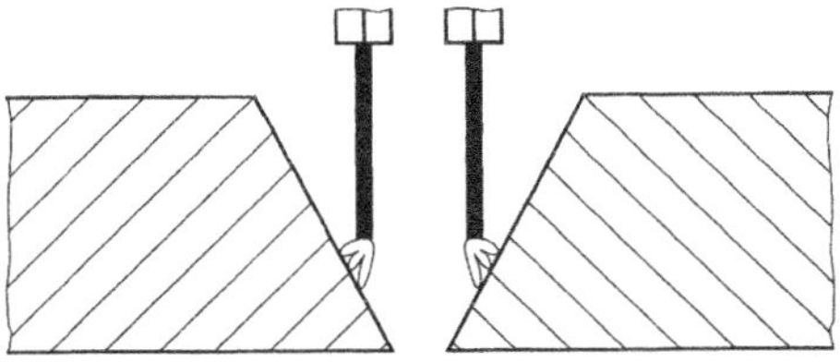

Bild 7-5. Spaltüberbrückung beim UP-Doppeldrahtschweißen.

7.1.3.2 Tandem- (Mehrdraht-) Schweißen (Prozeß-Nr. 123)

Beim Tandemschweißen werden zwei Drahtelektroden meist hintereinander stehend abgeschmolzen. Jede Drahtelektrode hat eine eigene Stromquelle und Regelung. Werden mehr als zwei Drahtelektroden auf diese Weise eingesetzt, dann spricht man von Mehrdrahtschweißen. Bei langen Nähten wird heute in der Praxis schon mit bis zu fünf Drähten geschweißt [7-3]. Die Drähte stehen meist im Abstand von etwa 20 mm voneinander, so daß alle Lichtbögen in einer Kaverne brennen.

Da jede Drahtelektrode über eine eigene Stromquelle verfügt, können an den einzelnen Drähten auch unterschiedliche Schweißparameter eingestellt werden. Meist wird am ersten Kopf mit hoher Stromstärke geschweißt, um einen tiefen Einbrand zu erreichen, während an den weiteren Köpfen mit abnehmender Stromstärke, aber zunehmender Lichtbogenspannung gearbeitet wird. Auf diese Weise erreicht man die notwendige Breite der Naht im oberen Teil. Aus Blaswirkungsgründen kommt beim Tandem- und Mehrdrahtschweißen an den hinteren Köpfen meist Wechselstrom zur Anwendung, siehe in Abschnitt 3.1.3 Bild 3-6. Bild 7-6 zeigt eine UP-Dreidrahtanlage.

Bild 7-6. UP-Dreidrahtanlage.

Eine andere Art des Mehrdrahtschweißens ist das UP-Heißdrahtverfahren. Hierbei wird einer der Drähte durch einen Lichtbogen abgeschmolzen, während der zweite, durch Widerstandserwärmung vorgewärmt, im Lichtbogen abschmilzt. Alle diese Mehrdrahtvarianten zeichnen sich aus durch sehr hohe Abschmelzleistungen, jedoch ist der Aufmischungsgrad relativ hoch, was beim Auftragschweißen eine erhöhte Anzahl von Lagen erforderlich macht. Dies führte zur Entwicklung des UP-Bandauftragschweißens.

7.1.3.3 Bandelektrodenschweißen (Prozeß-Nr. 122)

Beim UP-Bandauftragschweißen wird anstelle der drahtförmigen Elektrode ein Band eingesetzt, das unter der Pulverabdeckung abschmilzt. Hierzu ist ein spezieller Schweißkopf mit flächigen Stromkontaktbacken und einer Pulverzugabe vor und hinter der Bandelektrode erforderlich. Diese Variante des UP-Schweißens funktioniert nur mit Gleichstrom, am besten mit positiver Polung der Elektrode.

Da der Lichtbogen nicht in der ganzen Bandbreite brennt, sondern am Bandende hin- und herpendelt, ist der Aufmischungsgrad dieses Verfahrens niedrig (etwa 20 %). Es wird deshalb hauptsächlich zum Plattieren und Panzern mit hochlegierten Auftragwerkstoffen eingesetzt. Weitere Vorteile dieses Verfahrens sind eine große Plattierungsleistung und sehr glatte Raupenoberflächen. Die Standardabmessung der Bandelektroden ist 60 mm mal 0,5 mm. Daneben kommen aber auch solche zum Einsatz, die 90, 120 oder 180 mm breit sind. Bild 7-7 zeigt eine UP-Schweißanlage, die bis zu

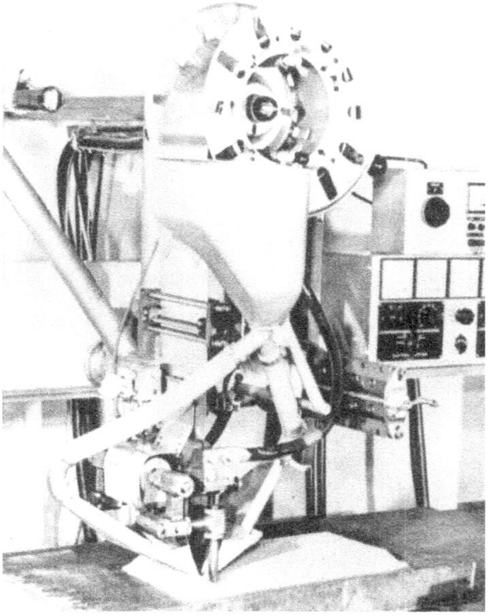

Bild 7-7. Schweißkopf für das UP-Breitbandschweißen (Werkbild: Böhler AG, Düsseldorf).

180 mm breite Bandelektroden verarbeiten kann. Da die Einbrandtiefe nicht von der Stromstärke, sondern von der Stromdichte abhängig ist, können breitere Bandelektroden mit höheren Strömen und entsprechend höherer Abschmelzleistung abgeschmolzen werden, ohne daß sich der Einbrand und damit der Aufmischungsgrad vergrößern. Bild 7-8 zeigt Auftragraupen, die mit unterschiedlich breiten Bandelektroden hergestellt wurden. Auf diese Weise lassen sich die in Tabelle 7-1 angegebenen Abschmelzleistungen erreichen.

Eine weitere Möglichkeit der Leistungssteigerung ist durch das UP-Doppelbandschweißen gegeben. Hierbei werden zwei Bandelektroden im Abstand von einigen Millimetern elektrisch parallel geschaltet hintereinander abgeschmolzen. Auch hiermit läßt sich eine Steigerung der Plattierungsleistung ohne Erhöhung der Aufmischung erreichen.

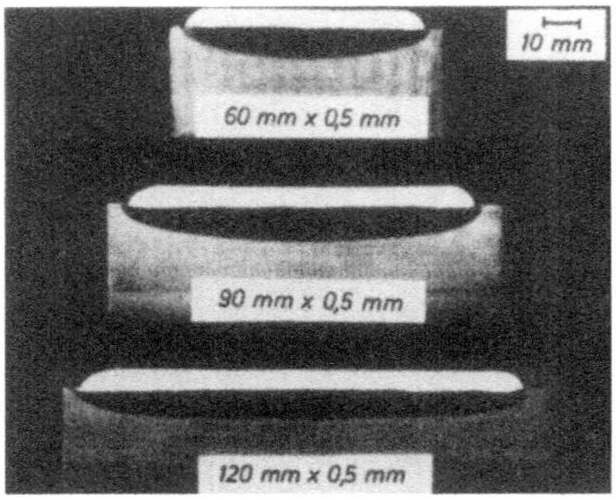

Bild 7-8. UP-Auftragschweißen mit Breitbändern.

Tabelle 7-1. Abschmelzleistungen für verschiedene Bandelektrodenabmessungen nach Merkblatt DVS 0940.

Bandelektrodenabmessung mm	Stromstärke A	 A/mm^2	Abschmelzlesitung kg/h*)
60 × 0,5	650	21,7	13,5
90 × 0,5	1050	23,3	22
120 × 0,5	1400	23,3	29,5

*) pulverabhängig

7.1.4 Zusatzwerkstoffe und Hilfsstoffe

Zusatzwerkstoffe zum UP-Schweißen kommen in Form von Massivdrahtelektroden, Fülldrahtelektroden, Bandelektroden und Füllbandelektroden zum Einsatz. Die Schweißpulver zählen zu den Hilfsstoffen.

7.1.4.1 Draht- (Band-) Elektroden

Massivdrahtelektroden zum Schweißen unlegierter Stähle und Feinkornbaustähle sind in DIN EN 756 genormt. Das Bezeichnungssystem ist so aufgebaut, daß nach dem Kurzzeichen S eine Zahl folgt, die durch zwei dividiert den mittleren Mangangehalt des Drahtes angibt. Bei Drähten, die außer Kohlenstoff und Mangan noch andere Legierungselemente enthalten, wird das entsprechende Legierungssymbol angehängt, zum Beispiel S2Ni1Mo. Drahtelektroden zum UP-Schweißen gibt es in Durchmessern von 1,2 bis 8 mm. Die am meisten gebrauchten Abmessungen sind 2,5, 3, 4 und 5 mm.

Bei den zum Unterpulverschweißen eingesetzten Fülldrähten handelt es sich meist um niedriglegierte Metallpulvertypen. Bei diesen wird der gewünschte Legierungsgehalt des Schweißgutes unter Verwendung eines unlegierten Mantelrohres durch Legieren aus der Füllung heraus eingestellt. Auf diese Weise ist es möglich, auch kleine Mengen von Sonderlegierungen preisgünstig herzustellen.

Von Ausnahmen abgesehen, bestehen massive Bandelektroden zum UP-Auftragschweißen aus nichtrostenden Chrom-Nickel-Stählen oder Metallegierungen, zum Beispiel aus Nickelbasislegierungen. Füllbandelektroden werden hauptsächlich zum Hartauftragschweißen verwendet. Auch hiermit können, wie bei Fülldrähten, durch Legierung aus der Füllung spezielle Legierungen kostengünstig hergestellt werden. Die üblichen Breiten von Füllbandelektroden sind aber geringer als die von Massivbändern (10 bis 15 mm). Daneben gibt es noch Sinterbandelektroden, mit denen Legierungen aufgeschweißt werden können, die mit Massivbändern infolge Herstellungsschwierigkeiten nicht möglich sind.

7.1.4.2 Schweißpulver

Die Pulver zum Unterpulverschweißen sind in DIN EN 760 genormt. Es sind mineralische Gemische, die durch Schmelzen, Sintern oder Agglomerieren hergestellt werden können. Das Sintern hat aber in Westeuropa für die Schweißpulverherstellung keine Bedeutung mehr.

- **Herstellung von Schweißpulvern**

Agglomerierte Pulver werden nach dem homogenen Mischen der einzelnen Komponenten mit Wasserglas gebunden und bei relativ niedrigen Temperaturen (600 bis 900 °C) gebacken, so daß auch Ferrolegierungen eingebracht werden können. Auf diese Weise ist es möglich, das Schweißgut bis zu einem gewissen Grade über das Pulver zu legieren oder sauerstoffaffine Elemente zur Desoxidation des Schweißgutes zuzugeben. Durch die Zugabe von Ferrosilizium und Ferromangan werden auch die Schweißeigenschaften beeinflußt. So erhöht sich beispielsweise die Strombelastbarkeit, und das Nahtaussehen verbessert sich [7-4]. Das agglomerierte Pulver besteht, wie Bild 7-9 zeigt, aus kleinen, kugelförmigen Körnern.

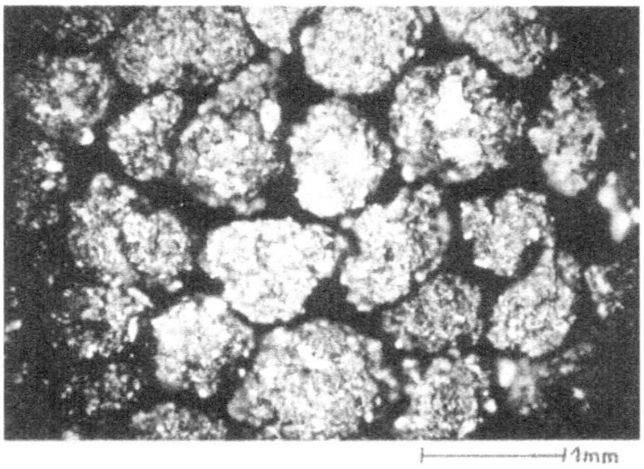

Bild 7-9. Körner eines agglomerierten Pulvers.

Bei der Herstellung von Schmelzpulvern werden die einzelnen Komponenten nach dem Mischen im Lichtbogenofen oder im Kupolofen zu einer Schlacke zusammengeschmolzen. Diese wird dann gemahlen und auf die gewünschte Korngröße ausgesiebt. Je nach Zusammensetzung und Abkühlgeschwindigkeit aus dem Schmelzfluß können geschmolzene Pulver amorph oder kristallin aufgebaut sein. Erstere sind wenig feuchtigkeitsempfindlich. Wegen der hohen Herstellungstemperatur können in geschmolzene Pulver keine metallischen Komponenten eingebracht werden. Bild 7-10 und Bild 7-11 zeigen unterschiedlich erstarrte geschmolzene Pulver [7-5]. Das Verhältnis der agglomerierten zu den geschmolzenen Pulvern ist in Deutschland etwa wie 90 : 10.

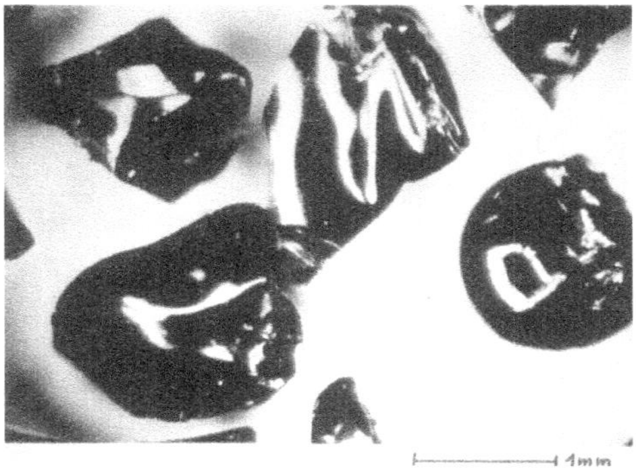

Bild 7-10. Körner eines amorph erstarrten Schmelzpulvers.

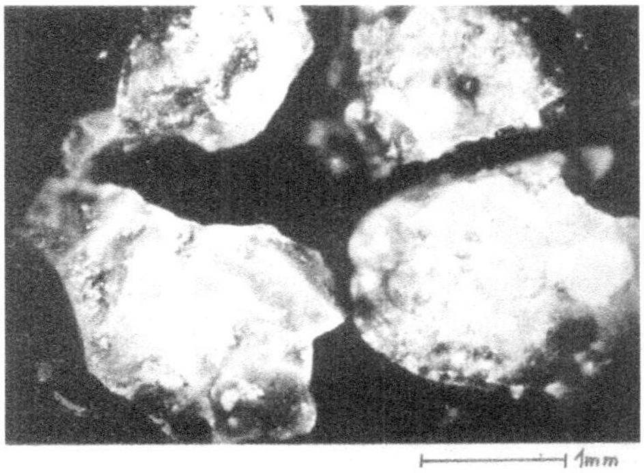

Bild 7-11. Körner eines kristallin erstarrten Schmelzpulvers.

- **Eigenschaften von Schweißpulvern**

Nach DIN EN 760 gibt es bei der Einteilung nach dem mineralogischen Aufbau zehn Typen. Tabelle 7-2 zeigt die Einteilung und die Hauptbestandteile der verschiedenen Pulver. Nach dem Basizitätsgrad ist auch eine Einteilung in saure, neutrale, basische und hochbasische Pulver möglich.

Die Aufgaben des Schweißpulvers sind nahezu identisch mit denen der Elektrodenumhüllungen, Tabelle 7-3. Dies sind in der Hauptsache Erleichtern des Schweißvorgangs, Schützen des Schweiß-

Tabelle 7-2. Kennzeichen für den Schweißpulvertyp nach DIN EN 760.

Kennzeichen Pulvertyp	Chemische Zusammensetzung Hauptbestandteile	Grenzwerte
MS Mangan-Silikat	$MnO + SiO_2$ CaO	min. 50 % max. 15 %
CS Calcium-Silikat	$CaO + MgO + SiO_2$ $CaO + MgO$	min. 55 % min. 15 %
ZS Zirkon-Silikat	$ZrO_2 + SiO_2 + MnO$ ZrO_2	min. 45 % min. 15 %
RS Rutil-Silikat	$TiO_2 + SiO_2$ TiO_2	min. 50 % min. 20 %
AR Aluminat-Rutil	$Al_2O_3 + TiO_2$	min. 40 %
AB Aluminat-basisch	$Al_2O_3 + CaO + MgO$ Al_2O_3 CaF_2	min. 40 % min. 20 % max. 22 %
AS Aluminat-Silikat	$Al_2O_3 + SiO_2 + ZrO_2$ $CaF_2 + MgO$ ZrO_2	min. 40 % min. 30 % min. 5 %
AF Aluminat-Fluorid-basisch	$Al_2O_3 + CaF_2$	min. 70 %
FB Fluorid-basisch	$CaO + MgO + CaF_2 + MnO$ SiO_2 CaF_2	min. 50 % max. 20 % min. 15 %
Z	andere Zusammensetzungen	

Tabelle 7-3. Aufgaben des Pulvers.

Verbessern der Leitfähigkeit der Lichtbogenstrecke, dadurch
- besseres Zünden
- stabilerer Lichtbogen

Bilden einer Schlacke, die
- sich zu einer haltbaren Kaverne aufblähen läßt
- den übergehenden Tropfen und das Schmelzbad vor der Atmosphäre schützt
- das Schweißgut metallurgisch beeinflußt
- die Raupe formt
- eine zu schnelle Abkühlung der Naht verhindert

desoxidierend und auflegierend wirken aus
- Oxiden der Schlacke
- Ferrolegierungen (nur bei agglomerierten Pulvern)

gutes vor der Atmosphäre und metallurgisches Beeinflussen des flüssigen Schweißgutes. Letzteres kann bei agglomerierten Pulvern durch Zugabe von Ferrolegierungen (zum Beispiel FeSi, FeMn) erfolgen oder durch Metall-Schlacke- oder Metall-Gas-Reaktionen. Hierbei kann Zu- oder Abbrand an Legierungselementen auftreten.

Neben den metallurgischen Aufgaben ist das Schweißpulver auch noch für bestimmte schweißtechnische Eigenschaften verantwortlich. Durch die unterschiedliche Zusammensetzung und Viskosität der Schlacken gibt es Unterschiede, zum Beispiel hinsichtlich Strombelastbarkeit, Wechselstromschweißbarkeit oder Spaltüberbrückbarkeit. Tabelle 7-4 ordnet verschiedene Eigenschaften den wichtigsten Pulvertypen zu. Die Pulver sind nach dem Verwendungszweck auszuwählen, wobei die Grundregel gilt, daß saure und neutrale Pulver eine bessere Raupenoberfläche liefern und basische Elektroden eine bessere Zähigkeit und Rißsicherheit.

Tabelle 7-4. Eigenschaften von UP-Schweißpulvern.

Eigenschaften	Typ Mangan-Silikat	Calcium-Silikat	Aluminat-Rutil	Aluminat-basisch	Fluorid-basisch
Strombelastbarkeit	+++	+++	++	++	+
Wechselstromschweißbarkeit	+ (+)	++	+++	++	(+)
Porensicherheit	+++	++	++	++	++
Kehlnahtschweißbarkeit	+	++	+++	++	+
Spaltüberbrückbarkeit	+	++	+++	++	++
Schweißgeschwindigkeit	++	++	+++	++	+
Schlackenentfernbarkeit	+	+++	+++	++	++
Nahtaussehen	+++	+++	+++	++	+
Rißsicherheit	+	+	+	++	+++
Zähigkeit	+	+	+	++	+++

+ = normal, ++ = gut, +++ = sehr gut.

Der Pulververbrauch beim Schweißen wird in kg je kg Draht angegeben. In dieser Hinsicht bestehen ziemliche Unterschiede zwischen den unterschiedlich hergestellten Pulvern [7-6]. Geschmolzene Typen haben wegen ihres höheren Schüttgewichtes unter gleichen Bedingungen einen höheren Verbrauch als agglomerierte. In Abhängigkeit von den Schweißparametern nimmt der Verbrauchsfaktor mit steigender Lichtbogenspannung und abnehmender Stromstärke zu, Bild 7-12. Mit steigender Lichtbogenspannung wird der Lichtbogen länger. Er schmilzt deshalb mehr Pulver auf, und die Dicke der Schlackenschicht nimmt zu. Der auf den ersten Blick erstaunliche Einfluß der Stromstärke ist dadurch zu erklären, daß mit steigender Stromstärke die Abschmelzleistung mehr zunimmt als der Verbrauch an Pulver. Dies bedeutet eine Abnahme des Verbrauchsfaktors.

7.1.5 Verfahrensdurchführung

Auch beim Einstellen der UP-Schweißanlagen sind zwei Stellmanipulationen erforderlich. Was und wo eingestellt wird, richtet sich nach der Kennlinienform der verwendeten Stromquelle. Bei Stromquellen mit Konstantspannungscharakteristik wird wie beim MIG-/MAG-Schweißen die Stromstärke über die Drahtvorschubgeschwindigkeit und die Lichtbogenspannung durch Wahl einer bestimmten Stromquellenkennlinie eingestellt. Bei Stromquellen mit fallender Charakteristik wird dagegen die Stromstärke durch Wahl einer anderen Kennlinie verstellt und die Spannung über die Lichtbogenlänge durch Einstellen einer bestimmten Drahtvorschubgeschwindigkeit.

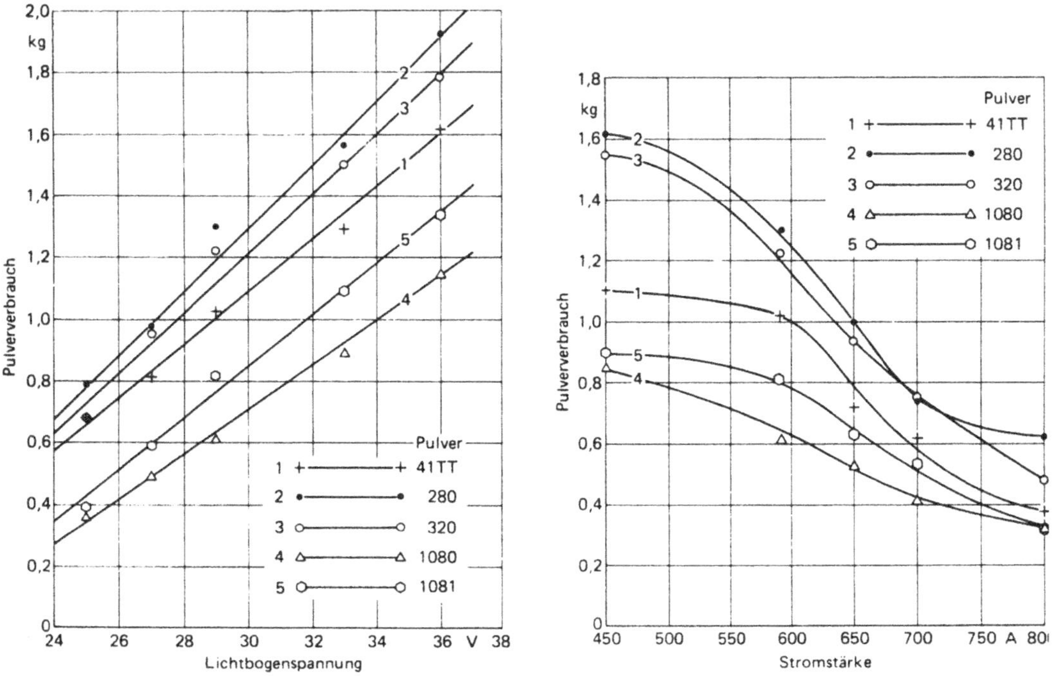

Bild 7-12. Einfluß der Schweißparameter auf den Pulververbrauch (280 und 320 = geschmolzene Pulver; 41TT, 1080 und 1081 = agglomerierte Pulver).

7.1.5.1 Einfluß der Schweißparameter

Die Stromstärke beeinflußt neben der Abschmelzleistung in erster Linie die Einbrandtiefe. Bei einer 4 mm dicken Drahtelektrode kann man grob geschätzt beim Auftragschweißen oder bei einem I-Stoß mit einer Einbrandtiefe von 1 mm/100 A rechnen. Bei Y-Fugen ist der Einbrand in den Steg hinein etwa 0,7 mm/100 A [7-7]. Die Strombelastbarkeit der Drahtelektrode kann nach einer weiteren Faustregel mit 100 bis 200 mal Drahtdurchmesser in Ampere angenommen werden. Die Lichtbogenspannung verändert dagegen die Raupenbreite. Diese nimmt mit steigender Lichtbogenspannung zu. Mit zunehmender Schweißgeschwindigkeit werden die Raupen schmaler und weniger tief, mit einer Einschränkung, beim sehr langsamen Schweißen. Hier kann sich die Einbrandtiefe beim sehr langsamen Schweißen durch vorlaufendes Schweißgut wieder verringern. Bild 7-13 zeigt schematisch die eben besprochenen Einflüsse der wichtigsten Schweißparameter. Auch beim UP-Schweißen gilt, daß mit zunehmender Stromstärke die Lichtbogenspannung erhöht werden muß, um zu einer günstigen Lichtbogenlänge zu kommen. Jedoch treten Spritzer neben der Naht beim zu kurzen Lichtbogen kaum auf, da sie von der umgebenden Schlacke aufgefangen werden. Die Anstellung des Brenners ist in der Regel neutral, beim Tandemschweißen ist der zweite Draht manchmal etwas stechend, und beim Heißdrahtschweißen ist der Heißdraht schleppend angestellt.

7.1.5.2 Einstellparameter

Das Unterpulverschweißverfahren hat aufgrund der hohen Stromstärken und des guten thermischen Wirkungsgrades eine hohe Abschmelzleistung, die durch Anwendung der Mehrdrahtvarianten noch gesteigert werden kann. Bild 7-14 zeigt die mit verschiedenen Varianten des UP-Schweißens erreichbaren Abschmelzleistungen. Nicht immer können die Hochleistungsvarianten eingesetzt und

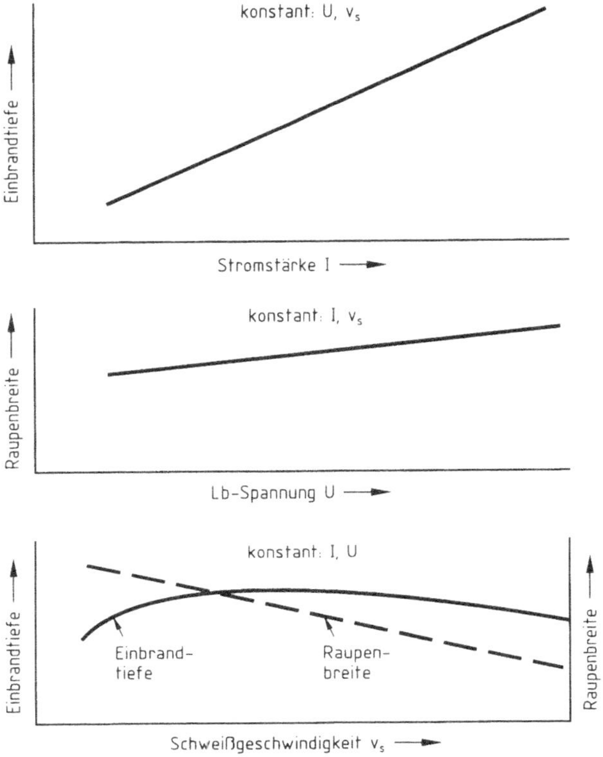

Bild 7-13. Einfluß der Schweißparameter auf die Raupenform (schematisch).

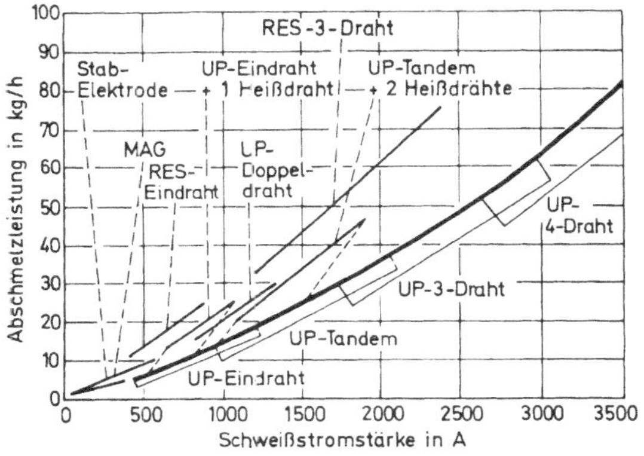

Bild 7-14. Abschmelzleistungen verschiedener Verfahrensvarianten.

die höchst möglichen Stromstärken angewendet werden, denn die Einstellwerte müssen sich nach der Schweißaufgabe richten. Hierbei spielt die zu verbindende Blechdicke, die Schweißposition (PA, PB, PC) und bei Rundnähten der Durchmesser des zu schweißenden Werkstückes eine wesentliche Rolle. Ferner muß beachtet werden, ob bei dem herzustellenden Bauteil die Wirtschaftlichkeit oder die Gütewerte im Vordergrund stehen. So werden zum Beispiel im Schiffbau 30 mm dicke Bleche aus Schiffbaustahl durch Tandemschweißen in Lage und Gegenlage geschweißt. Im Gegensatz dazu kann bei einem Behälter aus kaltzähem Feinkornstahl gleicher Dicke mit Betriebstemperaturen von –60 °C die Viellagentechnik mit bis zu 20 Lagen erforderlich werden. Tabelle 7-5 enthält Einstellwerte

Tabelle 7-5. Richtwerte für das Schweißen von Kehl- und Stumpfnähten (nach ESAB GmbH, Solingen).

Kehlnähte

Fugentyp	Werkstoffdicke mm	Drahtelektrodendurchmesser mm	Nahtdicke a-mm	Spannung V	Stromstärke A	Schweißgeschwindigkeit cm/min
	Einzeldraht					
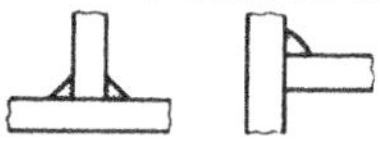	≧ 6	3	3	30 ... 32	450	75
	≧ 8	4	4	30 ... 32	575	70
	≧ 10	4	5	30 ... 32	650	60
	≧ 8	5	4	32 ... 34	800	83
	≧ 12	5	6	32 ... 34	850	58
	≧ 15	6	7	33 ... 35	875	42
	≧ 15	5	—	36	825	45
	≧ 20	5	—	36	850	37

Stumpfnähte

Fugentyp	Werkstoffdicke mm	Drahtelektrodendurchmesser mm	Raupen Nr.	Spannung V	Stromstärke A	Schweißgeschwindigkeit cm/min
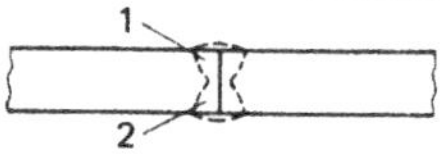	6	4	1	35	300	83
			2	35	350	
	8	4	1	35	450	77
			2	35	500	
Bei größeren Blechdicken empfiehlt es sich, in den Schweißspalt eingedrungene Schlacke von der Gegenseite her durch Schleifen zu beseitigen.	10	4	1	35	500	70
			2	35	550	
	12	5	1	35	600	63
			2	35	700	
	14	5	1	35	650	58
			2	35	750	
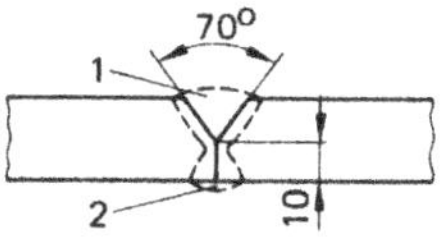	16	5	1	35	700	58
			2	36	800	
	18	6	1	35	850	50
			2	38	850	
	20	6	1	36	925	45
			2	38	850	
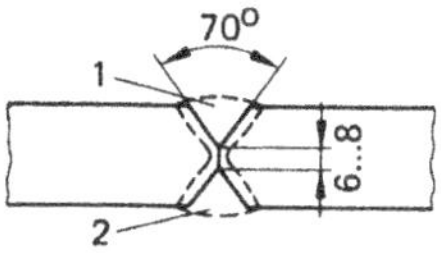	18	6	1	36	775	50
			2	36	800	
	20	6	1	36	800	42
			2	36	850	
	25	6	1	36	900	33
			2	36	950	
	30	6	1	36	975	25
			2	36	1000	

für das UP-Eindrahtschweißen, die sich vornehmlich an der wirtschaftlichen Anwendung des Verfahrens orientieren. Weitere Einstellwerte können [7-8] entnommen werden.

7.1.5.3 Badsicherungen

Die natürliche Art der Badsicherung beim Schweißen mit Verfahren, die einen tiefen Einbrand besitzen, sind Fugen mit Stegen, zum Beispiel Y-Fugen. Können solche Stege nicht angebracht werden oder liegen zu große Stirnflächenabstände vor, dann müssen vorher Handlagen eingebracht oder Badsicherungen verwendet werden. Bild 7-15 zeigt gebräuchliche Arten von Badsicherungen.

Neben Kupferschienen kommen heute vor allem keramische Badsicherungen zur Anwendung [7-9]. Diese können entweder durch Schienen oder Haftmagneten an der Blechunterseite angebracht oder durch Aluminiumfolie mit klebendem Rand befestigt werden, Bild 7-16. Neben dem Ausgleich zu großer Spalttoleranzen können Badsicherungen auch angewendet werden, um Zwangslagenschweißungen zu vermeiden. Eine Stumpfnaht kann beispielsweise an Bauteilen, die nicht gedreht werden können, unter Einsatz von Badsicherungen in Position PA durchgeschweißt werden, ohne daß eine Gegenlage in Position PE erforderlich wird.

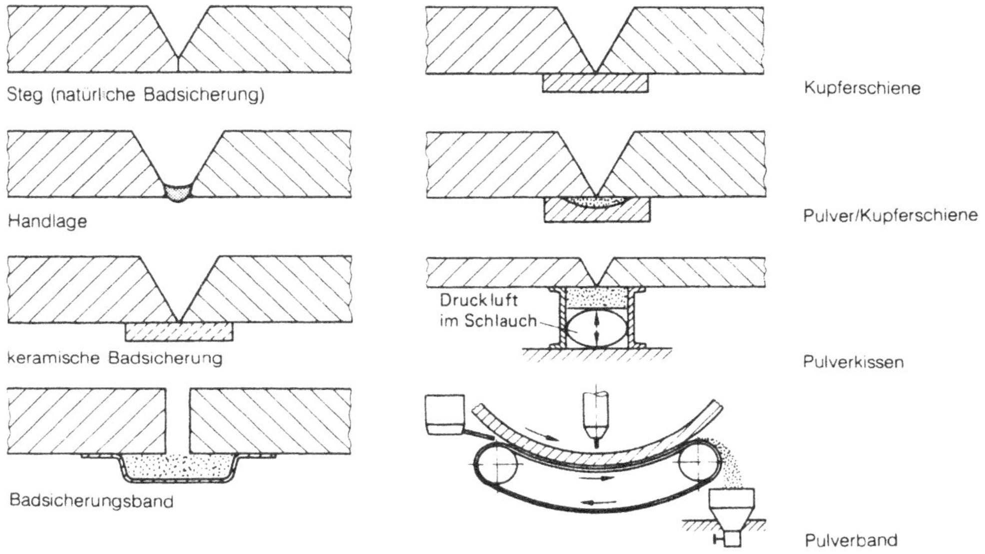

Bild 7-15. Die gebräuchlichsten Badsicherungen.

Bild 7-16. Keramische Badsicherung mit klebendem Rand.

7.1.6 Anwendung des Unterpulverschweißens

Das Unterpulverschweißen kann in den Positionen PA, PB und PC angewandt werden. Es ist sehr vielseitig zum Auftragschweißen und zum Verbindungsschweißen einsetzbar. Beim Auftragschweißen mit Drahtelektroden werden zum Beispiel im Hüttenwerk große Mengen Schweißgut auf verschlissenen walzenförmigen Komponenten wie Warmwalzen, Andruckrollen von Bandhaspeln oder Führungsrollen von Stranggießanlagen aufgebracht. Das UP-Bandauftragschweißen findet dagegen Anwendung dort, wo es auf einen geringen Aufmischungsgrad ankommt, wie beim Plattieren und Panzern mit hochlegierten Werkstoffen im Chemieanlagenbau, Armaturenbau und beim Bau von Komponenten für Kernkraftwerke. Wenn es um das Verbindungsschweißen geht, denkt man wegen der hohen Abschmelzleistungen, die das Verfahren bringen kann, zunächst nur an das Fügen dicker Querschnitte. Das UP-Schweißen ist aber mit dünnen Drahtelektroden und in Verbindung mit

Badsicherungen auch zum Dünnblechschweißen geeignet, wobei sehr hohe Schweißgeschwindigkeiten erreicht werden können [7-10].

Trotz dieser Möglichkeiten findet das UP-Schweißen aber bevorzugt Anwendung beim Schweißen langer Nähte, zum Beispiel bei der Herstellung von Großrohren und im Schiffbau. Bild 7-17 zeigt das Schweißen von Kehlnähten in der Paneelstraße einer Schiffswerft. Die Doppelkehlnähte werden gleichzeitig von beiden Seiten mit insgesamt acht Drahtelektroden geschweißt. Bild 7-18 zeigt das

Bild 7-17. UP-Doppelkehlnahtschweißung in der Paneelstraße (Werkbild: ESAB GmbH, Solingen).

Bild 7-18. Unterpulverschweißen einer Längsnaht mit einem Traktorfahrwagen (Werkbild: Thyssen Nordseewerke GmbH, Emden).

UP-Schweißen einer Längsnaht an einem Chemiegasbehälter aus nichtrostendem Stahl für einen Chemietanker. Ein weiteres Einsatzgebiet ist das Schweißen sehr dicker Querschnitte in Viellagentechnik, wobei unter Einsatz nickellegierter Drahtelektroden und hochbasischer Schweißpulver sehr hohe Zähigkeitswerte erreicht werden. Solche Bauteile kommen in Form von Kesseltrommeln und Reaktordruckgefäßen vor. Im Rohrleitungsbau werden in der Werkstatt Rohre zur Verlegung auf der Baustelle durch Rundnahtschweißung verlängert. Bild 7-19 zeigt das Anschweißen eines Krümmers an einen Rohrstrang.

Bild 7-19. Schweißen von Rundnähten im Rohrleitungsbau (Werkbild: ESAB GmbH, Solingen).

7.1.7 Fehler beim Unterpulverschweißen

Wegen der großen Schmelzbäder und der langsamen Erstarrung ist das UP-Schweißen wenig anfällig für Gas- und Schlackeneinschlüsse. Das Auftreten solcher Fehler (Unregelmäßigkeiten) ist daher eher selten. Poren durch Kohlenmonoxidbildung sind möglich beim Schweißen höher kohlenstoffhaltiger Stähle. Dies wird begünstigt durch die große Aufmischung des Verfahrens, wodurch auch der Kohlenstoffgehalt des Schweißgutes sich erhöhen kann. Bild 7-20 zeigt Poren in einer in

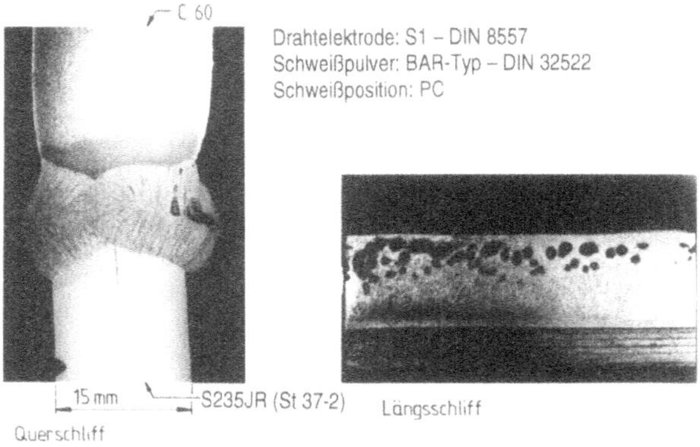

Bild 7-20. Poren in einer UP-Quernaht.

Position PC geschweißten UP-Naht. Zu einem hohen Kohlenstoffgehalt durch Aufmischung des Werkstoffes E 335 (C60) mit 0,6 % Kohlenstoff kam eine hohe Sauerstoffaufnahme aus dem verwendeten sauren Schweißpulver. Nach Umstellung auf ein basisches Pulver, das weniger Sauerstoff zubrannte, ließen sich die Poren vermeiden [7-11].

Porosität, die durch Stickstoffaufnahme des Schweißgutes ausgelöst wurde, kommt beim UP-Schweißen wegen der guten Abschirmung der Schweißstelle vor der Atmosphäre praktisch nicht vor. Porenbildung durch Wasserstoff kann vorkommen, wenn die Pulver bei der Lagerung feucht geworden sind.

Erstarrungsrisse (Lunker und Heißrisse) werden begünstigt durch das Tiefeinbrandverhalten des Verfahrens. Dadurch kann es zur Ausbildung von tiefen, schmalen Raupen kommen, die verstärkt zu den genannten Fehlern neigen. Bild 7-21 zeigt einen Lunkerriß in einer UP-Schweißnaht. Solche Fehler lassen sich vermeiden durch Auswahl richtiger Fugenöffnungswinkel und geeigneter Schweißparameter. Damit muß sichergestellt werden, das der Formfaktor der Naht, das ist das Verhältnis von Nahtbreite zu Nahttiefe, stets größer als 1 ist [7-12].

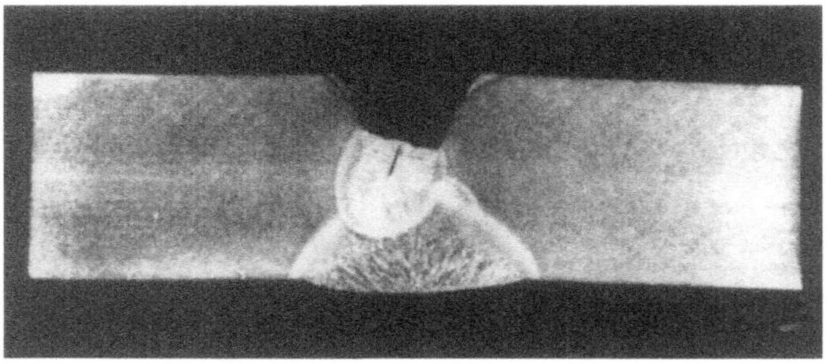

Bild 7-21. Lunker in einer UP-geschweißten Naht.

8 Strahlschweißen

Der Begriff Strahlschweißen ist in DIN 1910-2 wie folgt definiert: „Die Wärme entsteht durch Umwandlung gebündelter energiereicher Strahlung bei ihrem Auftreffen auf bzw. Eindringen in das Werkstück. Geschweißt wird im Vakuum, unter Schutzgas oder an freier Atmosphäre vorzugsweise ohne Schweißzusatz.“ Die wichtigsten Strahlschweißverfahren sind das Elektronenstrahlschweißen und das Laserstrahlschweißen.

8.1 Elektronenstrahlschweißen (Prozeß-Nr. 51)

Seit mehr als hundert Jahren ist bekannt, daß Metalle mit besonderen Strahlen im Vakuum geschmolzen werden können. Man nannte sie nach der Strahlquelle zunächst „Katodenstrahlen“, aber erst nach eingehenden Untersuchungen erhielten sie den richtungsweisenden Namen „Elektronenstrahlen“. Es dauerte jedoch noch viele Jahrzehnte, bis etwa 1951 erstmals versucht wurde, Elektronenstrahlen auch zum Schweißen von Metallen einzusetzen. Die Anfangserfolge waren bescheiden und auf geringe Materialdicken beschränkt. Der große industrielle Durchbruch begann 1958 mit der Entdeckung des Tiefschweißeffektes, der es nun ermöglichte, auch sehr dicke Werkstücke extrem schmal zu schmelzen und in einer „Lage“ zu schweißen. Damit setzte weltweit das große Interesse an diesem Fügeverfahren ein. Heute nimmt das Elektronenstrahlschweißen als leistungsfähiges und wirtschaftlich erprobtes Fügeverfahren einen festen Platz in vielen Bereichen der Fertigung von der Feinwerktechnik bis zu tonnenschweren Werkstücken im Maschinenbau ein. Mehrere tausend Elektronenstrahl-Schweißmaschinen sind heute weltweit in Versuch, Entwicklung und Produktion erfolgreich im Einsatz. In Tabelle 8-1 sind die besonderen Merkmale und Vorteile des Elektronenstrahlschweißens gegenüber anderen Fügeverfahren zusammengestellt.

8.1.1 Prinzip des Elektronenstrahlschweißens

Das Elektronenstrahlschweißen zählt wie das Laserstrahlschweißen zu den Schmelzschweißverfahren.

8.1.1.1 Strahlerzeugung

Das Prinzip des Elektronenstrahlschweißens zeigt Bild 8-1. Der Strahlerzeuger, auch Strahlquelle genannt, ist als Triode aufgebaut, das heißt, er besteht aus Katode, Steuerelektrode (Wehneltzylinder) und Anode. Die Katode ist in der Regel ein je nach Strahlleistung 1 bis 2,5 mm breites gebogenes Bändchen aus Wolfram. Es wird zur Emission von Elektronen erwärmt. Diese werden durch eine Spannung zwischen Katode und Anode beschleunigt. Diese Beschleunigungsspannung, in der Regel zwischen 60 und 150 kV, verleiht den Elektronen eine so große Geschwindigkeit (bis zu 2/3 der Lichtgeschwindigkeit), daß sie trotz ihrer extrem geringen Masse mit hoher kinetischer Energie auf das Werkstück auftreffen. Beim Aufprall wandelt sich die kinetische Energie zum größten Teil in Wärme um, die im Strahlfokus jedes Metall zum Schmelzen und Verdampfen bringen kann. Zwischen der Steuerelektrode und der Anode besteht eine noch etwas höhere Spannung als die Beschleunigungsspannung. Dadurch ist die Steuerelektrode in der Lage, die von der Katode emittierten Elektronen elektrisch zurückzudrängen, das heißt, den Elektronenstrom zu verändern und gegebenenfalls auch zu sperren.

Nach dem Passieren der Anode bündelt eine elektromagnetische Linse den Elektronenstrahl zu einem Fokus mit einem Durchmesser von weit unter 1 mm. Damit wird die zum Tiefschweißen erforderliche hohe Leistungsdichte von mindestens 10^5 W · cm^{-2} erreicht. Durch Verändern des Linsenstromes kann der Elektronenstrahl in unterschiedlichem Abstand vom Strahlerzeuger fokus-

Tabelle 8-1. Merkmale und Vorteile des Elektronenstrahlschweißens gegenüber anderen Fügeverfahren.

Verfahrenstechnische Merkmale	
– Leistungsdichte:	Extrem hohe Leistungsdichte von etwa 10^7 W · cm^{-2} im Strahlfokus.
– Energieeinbringung:	Nicht durch Wärmeleitung und Konvektion über die Werkstückoberfläche, wie beim Lichtbogenschweißen, sondern mit hohem Wirkungsgrad durch Umwandlung kinetischer Energie im Werkstück.
– Schweißumgebung:	Vakuum, in Sonderfällen Schutzgas (Atmosphäre-Schweißmaschinen).
– Steuerung, Regelung:	Schweißparameter sind direkt elektrisch steuer- und regelbar.
Schweißtechnische Vorteile	
– Strahlleistung:	Im Forschungs- und Entwicklungsbereich: 0,5 bis 300 kW für Schweißnahttiefen von 0,2 bis 300 mm. In der Fertigungspraxis: 3 bis 30 kW für Schweißnahttiefen von etwa 0,5 bis 100 mm.
– Fugenvorbereitung:	I-Stoß für alle Werkstückdicken.
– Zusatz:	In der Regel kein Schweißzusatz (Draht, Band) erforderlich. Ausnahme: Metallurgische Bedingungen.
– Energieverteilung:	Steuern der Schmelz- und Erstarrungsvorgänge an der Schweißstelle durch trägheitsloses Bewegen des Elektronenstrahls in beliebigen Frequenzen, Formen und Richtungen.
– Nahtform:	Besonders schmale Schmelz- und Wärmeeinflußzonen. Verhältnis Nahtbreite zu Nahttiefe: 1:10 bis 1:50.
– Wärmeeinbringung:	Durch schmale Schmelz- und Wärmeeinflußzonen sowie hohe Schweißgeschwindigkeiten geringste Wärmeeinbringung im Vergleich zu anderen Schmelzschweißverfahren.
– Verzug:	Geringster Längen- und Winkelverzug im Vergleich zu anderen Schmelzschweißverfahren.
– Nahtzugängigkeit:	Schweißen schwer zugängiger Nähte, z. B. in engen Spalten, mit kleinem Strahldurchmesser (etwa 2 mm am Strahlgeneratoraustritt) und großem variablen Arbeitsabstandsbereich (in der Praxis etwa 50 bis 1000 mm) möglich.
– Hilfswerkstoffe:	In der Regel keine Hilfsstoffe (Schutzgase, Pulver) zum Schutz der Schweißstelle gegen Oxidation erforderlich. Ausnahme: Atmosphäre-Schweißmaschinen.
Konstruktive und fertigungstechnische Vorteile	
– Werkstückkonstruktion:	Komplexe Bauteile können in einfach zu fertigende Komponenten konstruktiv aufgeteilt werden.
– Werkstückvorbereitung:	Geringer Aufwand durch Bearbeiten der Nahtfugen als I-Stoß.
– Werkstücknacharbeit:	Durch minimalen Längen- und Winkelverzug maßhaltiges Schweißen auch unter Einhaltung geringer Toleranzen möglich und damit kein Aufmaß und kein mechanisches Nacharbeiten des Werkstückes nötig.
– Arbeitskammer:	Anpassen der Arbeitskammer an Form, Größe und Menge der Werkstücke und damit Reduzierung der Evakuierungszeiten auf wenige Sekunden bzw. auf Null (Durchlaufmaschinen) möglich.
– Werkstück- und Strahlführung:	Schweißen einfacher Längs-, Rund- und räumlich gekrümmter Nähte mit CNC-programmierter Werkstück- und Strahlführung.
– Werkstoffpalette:	Besonders große Palette schweißgeeigneter Werkstoffe: Baustähle, legierte Stähle, Nichteisenmetalle, Sondermetalle (z. B. Titan).
– Qualitätssicherung:	Sicherung der Qualität durch EDV-geführte Maschinenbedienung, durch hohe Reproduzierbarkeit und Konstanz der Schweißparameter sowie durch automatische Dokumentation der Schweiß-Istdaten.

siert werden, was für das Schweißen von komplexen Bauteilen von großer Bedeutung ist. Weiterhin ist ein System von Ablenkspulen vorhanden, um den Elektronenstrahl entweder statisch abzulenken, zum Beispiel zum Schweißen von T-Stößen, periodisch zu pendeln, beispielsweise zum Beeinflussen der Schmelz- und Erstarrungsvorgänge, oder rechnergeführt abzulenken, zum Beispiel zum Schweißen räumlich gekrümmter Nähte.

8.1.1.2 Umgebungsmedien

Im Strahlerzeuger ist ein Vakuum erforderlich, um die Katode vor Oxidation zu schützen, die Elektronen beim Beschleunigen und Bündeln vor Kollision mit den Luftmolekülen zu bewahren und

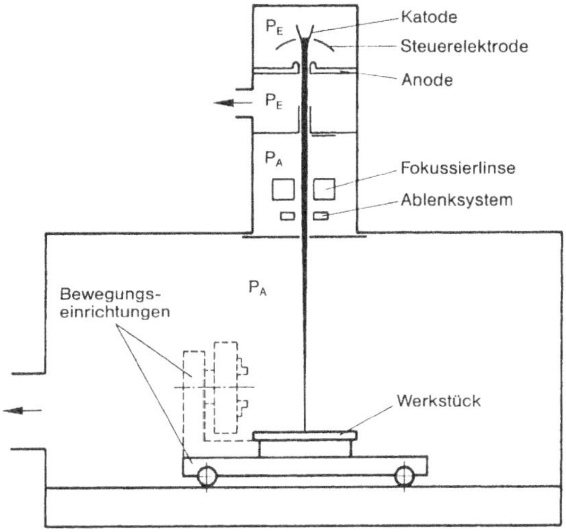

Bild 8-1. Schematischer Querschnitt einer Elektronenstrahl-Schweißmaschine.

die Feldstärken zwischen Katode, Steuerelektrode und Anode zu beherrschen. Der Strahlerzeugerraum wird deshalb auf einen Druck von $< 10^{-4}$ mbar evakuiert. Für den weiteren Weg des Elektronenstrahls nutzt man entweder die Vorteile eines Vakuums aus (Schweißen auch bei großen Arbeitsabständen, keine Oxidation beim Schweißen) und evakuiert je nach Werkstoff des Schweißbauteils die Arbeitskammer auf etwa 10^{-2} mbar, oder der Elektronenstrahl wird über besondere Druckschleusen ins Freie geführt und kann zum Schweißen direkt in der Atmosphäre eingesetzt werden (atmosphärisches Elektronenstrahlschweißen).

8.1.2 Wirkung des Elektronenstrahles

8.1.2.1 Eindringen in Metalle

Die Elektronen prallen mit hoher Geschwindigkeit auf die Oberfläche des Werkstückes und geben ihre kinetische Energie zum größten Teil in Form von Wärme an den unmittelbar umgebenden Werkstoff ab. Die Eindringtiefe der Elektronen ist dabei sehr gering und beträgt zum Beispiel mit einer Beschleunigungsspannung von 150 kV in Stahl nur 0,06 mm. Auf dieser kurzen Wegstrecke wird fast die gesamte Leistung des Elektronenstrahls so in Wärme umgewandelt, daß bei einer Leistungsdichte $> 10^5\ \mathrm{W \cdot cm^{-2}}$ die Schmelz- und Verdampfungstemperaturen aller Metalle überschritten werden. Der entstehende Metalldampf entweicht von der Schweißstelle, und die Strahlelektronen treffen auf neuen Werkstoff, den sie in gleicher Weise erwärmen. Es entsteht ein vom schmelzflüssigen Mantel umgebender Dampfkanal, der bei ausreichender Strahlleistung die ganze Werkstückdicke durchdringt, auch wenn es mehrere Zentimeter sind, Bild 8-2. Durch Bewegen des Elektronenstrahls oder – was der Regelfall ist – des Werkstückes lassen sich die sich berührenden Stirnflächen von Werkstücken kontinuierlich schmelzen, der aufgeschmolzene Werkstoff fließt zusammen und die Schmelzzone erstarrt zur Schweißverbindung, Bild 8-3.

8.1.2.2 Der Tiefeinbrandeffekt

Das Eindringen des Elektronenstrahls in den Werkstoff weit über die Reichweite der Elektronen hinaus wird als Tiefschweißeffekt oder Tiefeinbrandeffekt bezeichnet. Voraussetzung für die Wirksamkeit des Effektes ist ein ausreichender Druck im Dampfkanal, der den zusammenziehenden Kräften des Schmelzmantels entgegenwirken muß. Die hierfür maßgebenden Kräfte stehen insbesondere beim Schweißen ohne Unterraupe nicht in einem stabilen Gleichgewichtsverhältnis, so daß

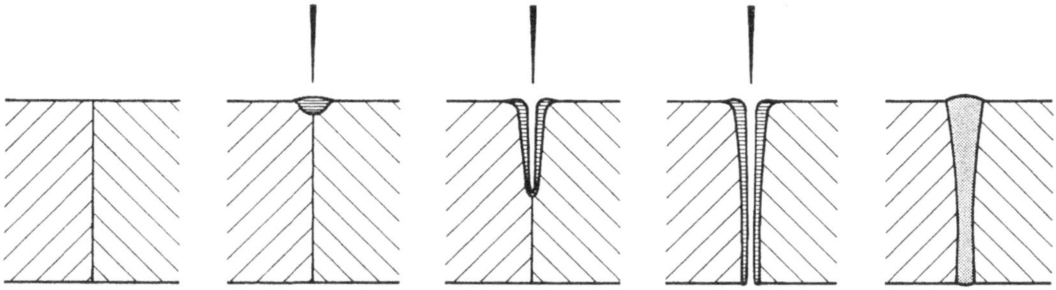

Bild 8-2. Die verschiedenen Etappen des Tiefschweißvorganges.

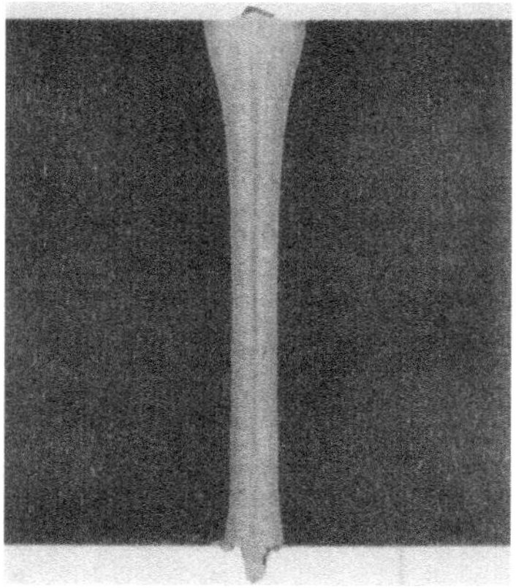

Bild 8-3. Querschliff der Schmelz- und Wärmeeinflußzone einer Längsnaht an X20Cr13, 50 mm dick.

Form und Tiefe des Dampfkanals verschiedenen Veränderungen unterliegen. Ein geringer, aber meßbarer Teil der aufprallenden Elektronen wird an der Werkstückoberfläche reflektiert. Die Bewegungsrichtung der reflektierten Elektronen ist von der Oberflächenform abhängig, so daß dieser Zusammenhang bei der automatischen Suche von Nahtfugen und zum Verfolgen derselben ausgenutzt werden kann (seam tracking) [8-1].

8.1.3 Fugenvorbereitung

Gasflamme und Lichtbogen können Metalle beim Schweißen mittels Wärmeleitung nur wenige Millimeter tief schmelzen. Werkstücke mit größeren Wanddicken werden deshalb V- oder X-förmig vorbereitet und die Fuge mit Schweißzusatz wieder gefüllt. Der Elektronenstrahl ist dagegen in der Lage, mit dem Dampfkanal auch dicke Werkstücke zu durchdringen und sie einlagig durch eine schmale I-förmige Schmelzzone zu verbinden. Das vereinfacht nicht nur das Vorbereiten der Werkstücke erheblich, sondern führt auch zu einem besonders geringen Verzug wie bei keinem anderen Schmelzschweißverfahren. Damit eröffnet sich eigentlich erst der wirtschaftliche Hauptvorteil des Elektronenstrahlschweißens, nämlich einfach herzustellende Komponenten zu komplexen Bauteilen so maßhaltig zu verbinden, daß Nachbearbeitungen in der Regel nicht erforderlich sind und sich dabei Fertigungsaufwand und Bauteilgewicht verringern lassen. Ein Beispiel zeigt Bild 8-4.

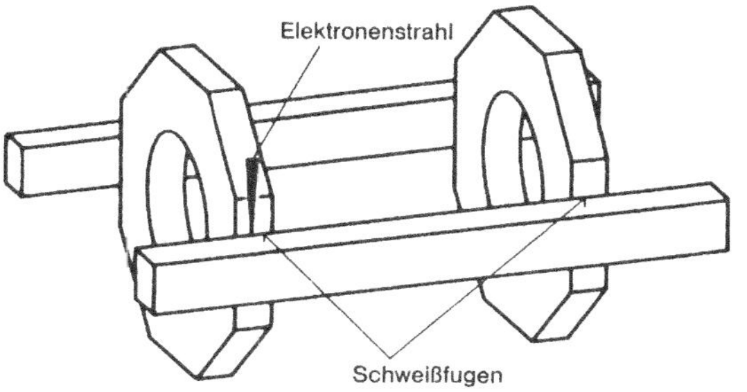

Bild 8-4. Schubstangenführung, konstruktiv in einfach herzustellende Teile zerlegt und mit dem Elektronenstrahl toleranzhaltig geschweißt.

Bei I-Stößen ist der Bearbeitungsaufwand verhältnismäßig gering, und der Elektronenstrahl schweißt die Werkstückdicke mit seinem Dampfkanal in einer Lage durch. Um erhabene Nahtoberflächen und Unterraupen zu erzielen, müssen die Schweißdaten in diesem Fall jedoch sorgfältig abgestimmt werden. Beim Schweißen von T-Stößen ist entweder der Elektronenstrahl oder das Werkstück etwas zu neigen, damit der gering konisch geformte Strahl die Fuge ohne Beeinträchtigung erreicht, Bild 8-5. Sind Kehlnähte mit einem bestimmten a-Maß herzustellen, so wird mit Zusatz geschweißt.

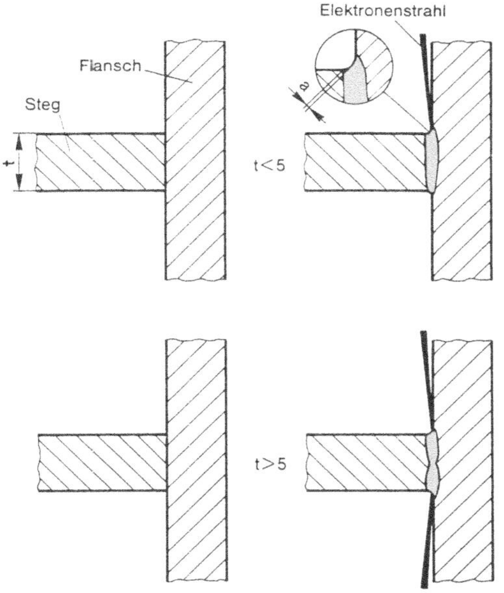

Bild 8-5. T-Stöße.

Bei Radialrundnähten empfiehlt es sich, den Stoß mit einer Zentrierlippe zum besseren Positionieren der Teile zu versehen, Bild 8-6. Die Zentrierlippe wird in der Regel nicht durchgeschweißt, so daß auf diese Weise das Austreten von Schweißspritzern vermieden werden kann. Das Schweißen von Axialrundnähten erfordert entweder ein Heften oder ein geringes Übermaß der zu fügenden Drehteile. Damit begegnet man der am Nahtanfang einsetzenden Querschrumpfung und der Vergrößerung der Spaltbreite im gegenüberliegenden Fugenbereich.

Die beim Schmelzschweißen allgemein bekannten Grundregeln für das Reinigen der Nahtfugen sind auch beim Elektronenstrahlschweißen zu befolgen. So müssen beispielsweise durch Aufkohlen,

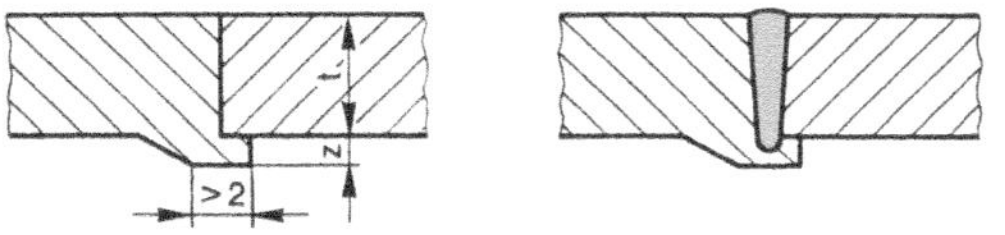

Bild 8-6. I-Naht mit Zentrierlippe.

Nitrieren, Phosphatieren oder Eloxieren beeinflußte Werkstückschichten im Schweißnahtbereich entfernt werden. Spanabhebende Bearbeitungsverfahren, wie Hobeln, Drehen und Fräsen, sind dafür allgemein zu bevorzugen, Schleifen ist dagegen auf hochfeste Stähle zu beschränken. Da in der Regel ohne Zusatz geschweißt wird, müssen bestimmte, von der Schweißtiefe abhängige maximale Spaltbreiten eingehalten werden [8-1].

8.1.4 Schweißeignung einiger Werkstoffe

Der schnelle Wärmezyklus und die Möglichkeit, im Vakuum zu schweißen, machen das Elektronenstrahlverfahren in besonderer Weise für das Fügen einer großen Palette von Werkstoffen interessant. Es werden hier nur die verfahrenstechnischen Besonderheiten behandelt, die sich auf die Schweißeignung auswirken. Die Werkstoffe sind den hohen Temperaturen nur extrem kurze Zeit ausgesetzt, so daß anstelle der sonst beim Schweißen bekannten Überhitzungserscheinungen feinkörniges Gefüge in der Schmelz- und Wärmeeinflußzone entsteht. Bei einigen Werkstoffen wird durch Strahlpendeln und Strahldefokussieren das Erstarren der Schmelze beeinflußt, um bestimmte Gasreaktionen und dadurch Poren- und Lunkerbildung zu unterdrücken. Aus metallurgischen Gründen, insbesondere beim Verbinden von unterschiedlichen Werkstoffen, kann auch mit Schweißzusatz elektronenstrahlgeschweißt werden. Tabelle 8-2 enthält einige Angaben über die Elektronenstrahl-Schweißeignung verschiedener Werkstoffe. Weitere Angaben sind in [8-2] ausführlich zusammengestellt.

Tabelle 8-2. Elektronenstrahlschweißeignung einiger Werkstoffe [8-2].

Werkstoffbezeichnung	Schweißeignung
allgemeine Baustähle	A
Feinkornbaustähle	A
höher kohlenstoffhaltige Stähle	B
unlegierte Vergütungsstähle	B
niedriglegierte Vergütungsstähle	A
niedriglegierte Einsatzstähle	A
nichtrostende Chromstähle	A
chemisch beständige Chrom-Nickel-Stähle	A
vollaustenitische Stähle	B
Reinaluminium	A
AlCuMg1	B
AlMg1	B
AlMgSi1	A
AlMg3	B
AlMg5	A
OF-Cu	A
Se-Cu	B
SnBz6	A
Reintitan	A
TiAl6V4	A
TiCu2	A
TiAl6V6Sn2	B

A = ohne besondere Maßnahmen schweißgeeignet
B = mit besonderen Maßnahmen schweißgeeignet (Vor- und/oder Nachwärmen, mit Schweißzusatz oder ähnliches)

Der größte Teil der Stahlwerkstoffe ist gut schweißgeeignet. Bei un- und mittellegierten Stählen nimmt allerdings mit steigendem Kohlenstoffgehalt wegen der hohen Abkühlgeschwindigkeiten die Neigung zu Aufhärtungen im Schweißgut und in der Wärmeeinflußzone deutlicher zu als bei anderen Schmelzschweißverfahren. Hochlegierte Stähle, die zu Heißrissen neigen, werden entweder mit Zusatz oder mit besonderen Einstelldaten geschweißt, die eine Reduzierung der Eigenspannungen bewirken. Die Schweißeignung der Aluminiumwerkstoffe wird in hohem Maße von einigen Legierungselementen beeinflußt. Magnesium führt in einem Legierungsbereich von 1 bis 2 % zu hoher Heißrißneigung sowie bei weiter steigendem Gehalt zum Ausdampfen und damit zur Bildung von Poren. Das Schweißen mit entsprechend abweichend legiertem Zusatz kann die Schweißeignung wesentlich verbessern. Ein sehr hinderliches Element ist Zink. Es erhöht in Aluminiumlegierungen die Heißrißneigung und löst aufgrund des hohen Dampfdruckes eine erhebliche Porenbildung in der Schmelze aus. Der größte Teil der weiteren Aluminiumwerkstoffe ist auch im Gußzustand gut schweißgeeignet. Bei Kupfer ergeben sich Schwierigkeiten durch die große Wärmeleitfähigkeit. Sie läßt die Schmelze schnell erstarren und behindert das Schließen des Dampfkanals sowie das Entweichen gasförmiger Elemente. Gut schweißgeeignet ist das ohne Desoxidationsmittel erschmolzene OF-Kupfer mit Phosphor- und Sauerstoffgehalten unter 5 ppm. Titan gehört zu den gasempfindlichen Werkstoffen und ist deshalb für das Elektronenstrahlschweißen im Vakuum besonders gut geeignet.

8.1.5 Strahl- und Maschinensteuerungen

Elektronenstrahl-Schweißmaschinen werden heute wie moderne Werkzeugmaschinen CNC-gesteuert. Bei den Steuereinrichtungen geht es nicht nur darum, das Bedienpersonal von Routinearbeiten zu entlasten oder die eingestellten Schweißdaten konstant zu halten, sondern das Schweißen schwieriger Nähte überhaupt erst zu ermöglichen, Serienwerkstücke rationell zu schweißen und eine gleichbleibende Nahtqualität zu gewährleisten. Hierbei wirkt es sich vorteilhaft aus, daß praktisch alle Parameter des Elektronenstrahl-Schweißprozesses und viele Bedienvorgänge an der Schweißmaschine unmittelbar elektrisch steuerbar und in weiten Grenzen regelbar sind. Zu den Einrichtungen dieser Art zählen beispielsweise Strahlstromsteuerungen für das Schweißen von Rundnähten, die für eine ausreichende Überlappung von Nahtanfang und -ende sorgen sowie das Entstehen von Kratern im Auslauf der Naht vermeiden. Zu den Standardaufgaben der Schweißmaschinensteuerungen gehören:

- Evakuieren der Arbeitskammer und des Strahlgenerators je nach Druckbereich mit verschiedenen Pumpen einschließlich Belüften,
- automatisches Suchen der Nahtfuge vor dem Schweißen, Speichern der Fugenposition und Steuern der Strahlablenkung während des Schweißens zur Korrektur von Fugenpositionsabweichungen,
- Bewegen des Werkstückes zum Positionieren und Schweißen in einer oder mehreren Achsen gleichzeitig,
- Steuern des Linsenstromes bei veränderlichem Fokusabstand,
- Querpendeln des Elektronenstrahls beim Schweißen von Rundnähten ohne Werkstückdrehung,
- Einstellen, Überwachen und Speichern der Schweißdaten,
- Überwachen des Maschinenbetriebszustandes, Melden von Störungen und Hinweise auf Wartungsintervalle.

Die gesamte Maschinenführung erfolgt über einen Bildschirm, wo alle erforderlichen Informationen und Rückmeldungen grafisch anschaulich angezeigt und die Befehle mit Hilfe symbolgekennzeichneter Bedienelemente eingegeben werden, Bild 8-7. Die nach Schweißanweisung eingestellten und tatsächlich verwendeten Daten zum Heften und Schweißen lassen sich in Formblättern ausdrucken. Eventuelle Abweichungen von vorgegebenen Grenzwerten werden automatisch angezeigt. Auch die Identifikations-Kennzeichnung (Markierung) geschweißter Werkstücke mit einem Elektronenstrahl entsprechend geringer Leistung ist heute Stand der Technik.

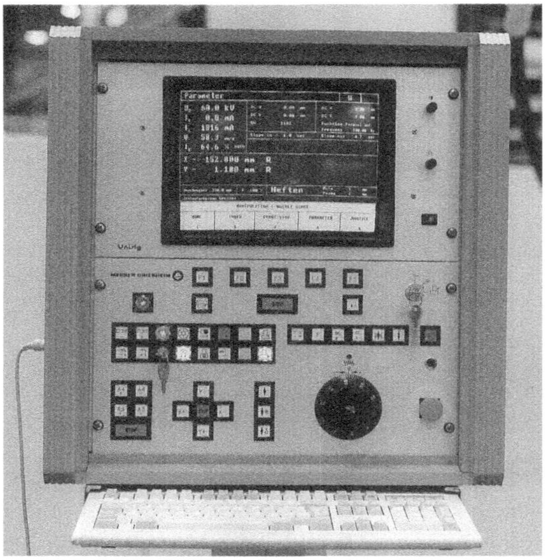

Bild 8-7. Bedienpult einer Elektronenstrahl-Schweißmaschine mit Bildschirm, Einstell- und Kontrolleinrichtungen sowie Eingabetastatur (Werkbild: IGM Robotersysteme AG Steigerwald Strahltechnik, Puchheim).

8.1.6 Elektronenstrahl-Schweißmaschinen und Vorrichtungen

Je nach Schweißaufgabe, Form der Werkstücke und Zahl der zu schweißenden Werkstücke (Einzelfertigung/Serienfertigung) unterscheidet man Universal-, Takt- und Schleusen-Schweißmaschinen. Allen diesen Schweißmaschinenvarianten ist gemeinsam, daß sie aus folgenden Baugruppen bestehen:

- Elektronenstrahlgenerator,
- Arbeitskammer,
- Bewegungseinrichtungen,
- Hochspannungsversorgung,
- Steuer- und Regeleinrichtungen,
- Vakuumeinrichtungen und
- Vorrichtungen.

8.1.6.1 Elektronenstrahlgenerator

Im Elektronenstrahlgenerator ist, wie in Bild 8-1 bereits angedeutet, der Strahlerzeugerraum vom Strahlführungsraum (Fokussierlinse, Ablenkspulen usw.) durch ein Ventil vakuumtechnisch getrennt. Das hat den Vorteil, daß man beim Belüften der Arbeitskammer zum Werkstückwechsel den Strahlerzeugerraum im evakuierten Zustand belassen kann. Das Trennventil ist mit einer Druckdrossel verbunden und in der Lage, gering unterschiedliche Drücke zwischen beiden Räumen aufrecht zu halten. Von dieser Möglichkeit wird stets Gebrauch gemacht, wenn Werkstücke aus un- bzw. mittellegierten Stählen bei 10^{-2} mbar geschweißt werden können, während im Strahlerzeugerraum stets ein Druck von $< 10^{-4}$ mbar herrschen muß.

8.1.6.2 Arbeitskammer

Die Arbeitskammer nimmt die Werkstücke und Bewegungseinrichtungen auf. Sie ist der Mittelpunkt jeder Elektronenstrahl-Schweißmaschine und wird von den übrigen Baugruppen umgeben, Bild 8-8. Da im evakuierten Zustand die nicht unbeträchtlichen Kräfte des Luftdruckes auf die Wände der Arbeitskammer wirken und die Bewegungseinrichtungen fest mit der Arbeitskammer verbunden sind, muß sie eine hohe Steifigkeit besitzen.

Bild 8-8. Elektronenstrahlmaschine zum Schweißen von Triebwerksteilen mit ausgefahrenem Arbeitstisch und Drehvorrichtung; maximale Strahlleistung: 30 kW, Arbeitskammervolumen: 10 m^3 (Werkbild: DaimlerChrysler Aerospace MTU München).

8.1.6.3 Bewegungseinrichtungen

Die Bewegungseinrichtungen haben die Aufgabe, das Werkstück relativ zum Elektronenstrahl (in einigen Fällen den Elektronenstrahlgenerator zum Werkstück) beim Schweißvorgang zu bewegen. Die in Universalmaschinen regelmäßig vorhandenen Einrichtungen sind der Arbeitstisch, der das Werkstück zum Schweißen von Längsnähten überwiegend in X-, Y- und seltener in Z-Richtung bewegt, Bild 8-9, sowie die Drehvorrichtung mit senkrechter, waagerechter und schwenkbarer Achse

Bild 8-9. X-Y-Arbeitstisch für eine Tragfähigkeit von 12 kN (Werkbild: IGM Robotersysteme AG Steigerwald Strahltechnik, Puchheim).

für Rundnähte. In Einzweck- bzw. Taktmaschinen, deren Arbeitskammern den Serienschweißteilen angepaßt sind, benutzt man Mehrfach- und Einzelvorrichtungen, die mit ihrer Grundplatte Teil der Arbeitskammer sind. Weiterhin sind unter Umständen verschiedene Vorrichtungen zum Transport der Werkstücke zur und von der Elektronenstrahl-Schweißmaschine im Einsatz, Bild 8-10.

Bild 8-10. Elektronenstrahl-Schweißmaschine mit induktiver Vorwärmung und automatischem Werkstücktransport für die Serienfertigung von PKW-Getrieberädern; Taktzeit: 20 s (Werkbild: PTR-Präzisionstechnik GmbH, Maintal).

8.1.6.4 Hochspannungsversorgung

Die Hochspannungsanlage versorgt den Elektronenstrahlgenerator mit der Beschleunigungs- und Steuerspannung sowie mit dem Katodenheizstrom. Sie besteht aus einem Transformator, der auf der Primärseite an das 400-V-Drehstromnetz angeschlossen ist, und einem Gleichrichter, der von der Sekundärspannung des Transformators gespeist wird. Anschließend erfolgt ein elektrisches Glätten der Hochspannung, um die den Schweißprozeß störende Restwelligkeit zu beseitigen. Ein dreiadriges Kabel verbindet schließlich die Hochspannungsversorgung mit dem Elektronenstrahlgenerator. Die Steuer- und Regeleinrichtungen sind in üblichen Schaltschränken untergebracht und stehen zusammen mit der Hochspannungsversorgung meist im Hintergrund der Maschine.

8.1.6.5 Vakuumpumpen

Die letzte Baugruppe, die Vakuumpumpen, sind unmittelbar an die Arbeitskammerrückwand beziehungsweise an den Elektronenstrahlgenerator montiert. Da aus physikalischen Gründen keine Vakuumpumpe in der Lage ist, einen geschlossenen Raum von Atmosphärendruck bis beispielsweise 10^{-4} mbar zu evakuieren, werden verschieden wirkende Vakuumpumpen benötigt. Sie sind in ihren Arbeitsbereichen und ihrem Leistungsvermögen so aufeinander abgestimmt, daß auch bei großen Arbeitskammern Pumpzeiten von nur wenigen Minuten und bei Taktschweißmaschinen in der Massenfertigung sogar nur von wenigen Sekunden benötigt werden. Das automatische Schalten der dazugehörenden Ventile und Meßgeräte ist Teil der Maschinensteuerung und wird über Kontrolleinrichtungen vom Bedienpersonal lediglich überwacht. Bei Schweißmaschinen, die unter Atmosphärendruck arbeiten, wo der Elektronenstrahl nicht in eine evakuierte Arbeitskammer, sondern über besondere Druckschleusen vom Strahlgenerator zum Schweißen in die Atmosphäre geführt wird, entfällt der Rhythmus „Pumpen-Belüften" vollständig, das heißt die Pumpzeit pro Werkstück ist Null.

8.1.7 Anwendung des Elektronenstrahlschweißens

Die Möglichkeit, hochwarmfeste Stähle, Titanwerkstoffe und Nickellegierungen in völlig sauerstofffreier Umgebung unter Einhaltung besonders enger Maßtoleranzen mit hohen Güteeigenschaften zu schweißen, waren die Gründe, das Elektronenstrahlschweißen bereits vor Jahrzehnten für die Fertigung und das Instandsetzen von Strahltriebwerken einzusetzen. Heute gehört es beinahe zu den wenig beachteten Selbstverständlichkeiten in der Technik, daß die Fertigung von wirtschaftlichen Hochleistungstriebwerken für Passagierflugzeuge unter anderem nur unter Einsatz der Elektronenstrahl-Schweißtechnologie möglich ist. Um die im Flugzeugbau entscheidende Bedingung der Gewichtsreduzierung zu erfüllen, sind mit dem Elektronenstrahl-Schweißverfahren dabei vollkommen neue Konstruktionslösungen eingeführt worden. Ein anschauliches Beispiel ist der Rotor in Bild 8-11, bei dem die Laufschaufeln nicht mehr formschlüssig mit der Nabe verbunden sind, sondern durch Schweißen eine integrale Einheit bilden. Zunächst werden durch Längsnähte die Schaufeln zu einem Schaufelkranz zusammengefügt. Anschließend erfolgt die Verbindung des Schaufelkranzes mit der Nabe durch eine Rundnaht. Die statischen und dynamischen Festigkeitswerte der Elektronenstrahl-Schweißnähte entsprechen denen des Grundwerkstoffes [8-3].

Im Triebwerk sind komplexe Zahnradwellen zu fertigen, die hohe Leistungen (mehrere 100 kW) bei großen Drehzahlen ($> 10000 \text{ U} \cdot \text{min}^{-1}$) zu übertragen haben, Bild 8-12. Auch in diesen Fällen ist mit

Bild 8-11. Elektronenstrahlgeschweißter Rotor in Integralbauweise aus Titanwerkstoff; Außendurchmesser: etwa 700 mm (Werkbild: DaimlerChrysler Aerospace MTU München).

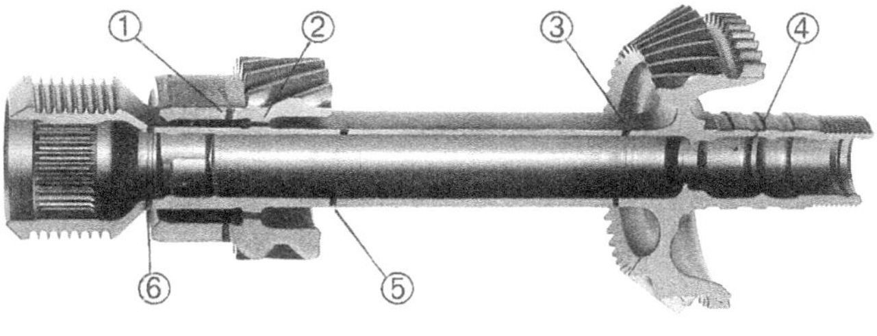

Bild 8-12. Zahnradwelle (aufgeschnitten) mit 6 Elektronenstrahl-Schweißnähten (Werkbild: DaimlerChrysler Aerospace MTU München).

dem Elektronenstrahlverfahren erreicht worden, daß durch geschickte Anordnung der Schweißnähte spanabhebende Vorbearbeitungen eingespart, unterschiedliche Stähle (Einsatz- und Wälzlagerstahl) verbunden, enge Maßtoleranzen eingehalten und damit Nachbearbeitungen auf ein Minimum beschränkt sowie das Bauteilgewicht reduziert werden konnten, was auch bei vielen anderen ähnlichen Bauteilen mit Erfolg möglich ist. Weitere Anwendungen des Elektronenstrahlverfahrens gibt es beim Instandsetzungsschweißen kostenintensiver Werkstücke, zum Beispiel beim Auswechseln von Flanschen in Triebwerksgehäusen.

Der Moderatortopf aus AlMg3 in Bild 8-13 dient zur Emission von Neutronen. Die am Umfang sichtbaren Elektronenstrahl-Rundnähte haben die Funktion, darunterliegende Kanäle helium- und wasserstoffdicht voneinander zu trennen. Zu diesem Zweck muß der Elektronenstrahl über die numerische Wegesteuerung der Vorrichtungen genau auf die nicht sichtbaren Kanalstege des Innenteils positioniert werden. Von der Schweißnaht wird völlige Poren- und Rißfreiheit im Stoßbereich verlangt.

Bild 8-13. Moderator für die Emission von Neutronen mit 5 Rundnähten; Werkstoff: AlMg3, Durchmesser: etwa 180 mm (Werkbild: Forschungszentrum Jülich GmbH, Jülich).

Häufig sind die Maßtoleranzen eines Bauteiles fertigungs- und vorrichtungsbedingt so groß, daß sie ein ausreichend genaues Positionieren der Schweißfuge zur Strahlachse wesentlich erschweren. Das Positionieren mit Hilfe der Einblickoptik im Elektronenstrahlgenerator ist zeitraubend, für das Maschinenbedienpersonal ermüdend und in der Großserienfertigung aus naheliegenden Kostengründen unrentabel. In diesen Fällen wird ein Fugensuchsystem eingesetzt, das bereits in Abschnitt 8.1.2.2 beschrieben wurde. Dieses erfaßt durch Abtasten eines vorbestimmten Werkstückoberflächenbereiches die genaue Lage der Fuge. Bei Fugen an Rundnähten wird ein eventuell vorhandener Seitenschlag koordinatengetreu gespeichert. Mit diesen Daten wird die Achse des Elektronenstrahles beim Schweißen so gesteuert, daß er den Abweichungen der Nahtfuge von der Sollposition folgt und sogar in der Lage ist, in der Drehvorrichtung auch „taumelnde" Fugen einwandfrei vollmechanisch zu schweißen. Ein Beispiel dazu sind die Axial- und Radialrundnähte von Flüssigkeitsmeßgeräten. Bei drehendem Werkstück werden die tatsächlichen Ist-Positionen der Rundnahtfugen gespeichert und die Daten sowohl der jeweiligen Drehvorrichtung als auch dem Strahlablenksystem eingegeben. Bild 8-14 zeigt die Elektronenstrahlmaschine mit einer Vielfachdrehvorrichtung auf dem Vorbett zum Schweißen der Radialnähte.

Bild 8-14. Elektronenstrahlmaschine mit Vielfachdrehvorrichtung zum Serienschweißen der Radialrundnähte an Flüssigkeitsmeßgeräten; maximale Strahlleistung: 10 kW (Werkbild: IGM Robotersysteme AG Steigerwald Strahltechnik, Puchheim).

Im Fahrzeugbau werden seit Jahrzehnten zur Gewichtsreduzierung Getrieberäder vorzugsweise von Personenkraftwagen und zur Leistungssteigerung Kolben von Lastkraftwagenmotoren elektronenstrahlgeschweißt. Für das Schweißen von Hohlprofilen aus Aluminiumlegierungen im Karosseriebau wird jetzt das Elektronenstrahlschweißen in Atmosphäre eingeführt. Bild 8-15 zeigt den Querschnitt eines kastenförmigen Hohlprofils für Personenkraftwagen, das zur Verringerung der bewegten Massen aus AlMg3 hergestellt wird. Pro Tag sind 2000 Werkstücke mit jeweils 2,7 m

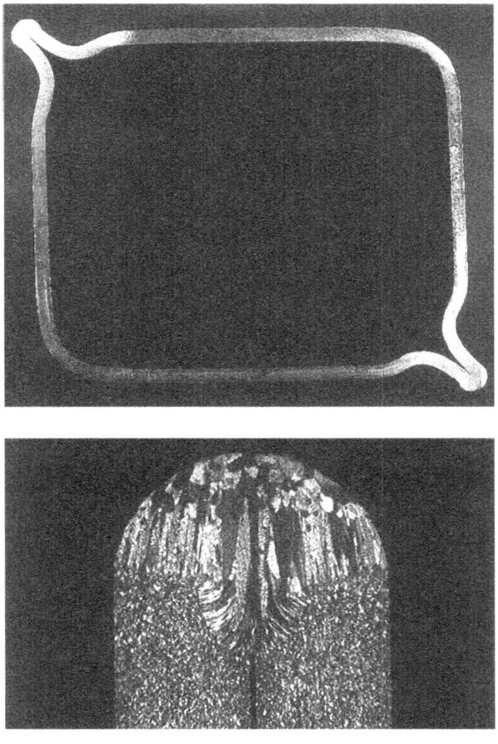

Bild 8-15. An Atmosphäre elektronenstrahlgeschweißtes Hohlprofil aus AlMg3; Wanddicke: 2,5 mm, Strahlleistung: 9,6 kW, Schweißgeschwindigkeit: 10 m/min, Schutzgas: 20 l/min Helium 4.6; oben = Querschnitt des Hohlprofils mit 2 Schweißnähten, unten = Makroschliff einer Schweißnaht (Werkbild: PTR-Präzisionstechnik GmbH, Maintal).

(ergibt insgesamt 5,4 km) Nahtlänge zu schweißen, Bild 8-16. Ausschlaggebend für die Wahl dieser interessanten Verfahrensvariante waren unter anderem die hohen Stückzahlen, die günstigen Nahtanordnungen, die hohe Schweißgeschwindigkeit von 10 m/min und die geringen Nebenzeiten.

Bild 8-16. Fertigungsmaschine zum Schweißen der Hohlprofile in Bild 8-15 (Werkbild: PTR-Präzisionstechnik GmbH, Maintal).

8.1.8 Wirtschaftlichkeitsbetrachtungen

Die wirtschaftlichen Vorteile des Elektronenstrahlschweißens liegen in erster Linie auf der konstruktiven Seite. Die Bauteile müssen beispielsweise nicht mehr aus dem Vollen hergestellt werden, sondern lassen sich, wie erwähnt, aus einfach zu fertigenden Einzelteilen so fügen, daß Nachbearbeitungen aufgrund von Schweißverzug in der Regel nicht mehr erforderlich sind. Die daraus resultierenden Vorteile umfassen je nach Bauteilfunktion Gewichts-, Energie- und Werkstoffeinsparungen sowie meist auch Produktionserhöhung, Lebensdauerverlängerung oder Instandsetzungsfreundlichkeit. Ein allgemein anwendbares Schema für die Berechnung der Wirtschaftlichkeit läßt sich nicht aufstellen, da auch die vielfältigen innerbetrieblichen Bedingungen berücksichtigt werden müssen. Auf jeden Fall bringt die ausschließliche Umstellung von einem anderen Schweißverfahren auf das Elektronenstrahlschweißen nur dann Vorteile, wenn auch die konstruktiven Möglichkeiten ausgeschöpft werden.

Bisher durchgeführte Wirtschaftlichkeitsberechnungen zeigen, daß in solchen Fällen interessante Kosteneinsparungen trotz des hohen Investitionsaufwandes beim Elektronenstrahlschweißen möglich sind. Vergleiche mit dem Laserstrahlschweißen haben gezeigt, daß sich beide Verfahren gut ergänzen und nur in kleinen Bereichen konkurrieren. Der Notwendigkeit des Evakuierens der Arbeitskammer beim Elektronenstrahlschweißen steht die Verwendung von Schutzgasen (Argon, Helium) beim Laserstrahlschweißen gegenüber. Durch neuere gerätetechnische Entwicklungen konnten unter anderem die Nebenzeiten beim Elektronenstrahlschweißen verkürzt werden [8-4]. Dies gilt auch für das Evakuieren. Weitere Hilfen bei der Verfahrensauswahl nach wirtschaftlichen Gesichtspunkten sind im Schrifttum zu finden, zum Beispiel neuere DVS-Merkblätter [8-5; 8-6].

8.2 Laserstrahlschweißen (Prozeß-Nr. 52)

Seit der naturwissenschaftlichen Entdeckung und Realisierung des ersten Lasers 1960 durch Maiman [8-7] hat sich der Laser zu einem flexiblen Arbeitsmittel in vielen Bereichen der Wissenschaft entwickelt. Die industrielle Anwendung von Lasern auf den Gebieten Schweißen und Schneiden wird seit Anfang der 70er Jahre erfolgreich genutzt. Seitdem hat sich der Laser immer neue Anwendungen erschlossen, wodurch die Anzahl der Lasersysteme in der Fügetechnik ständig zugenommen hat.

8.2.1 Grundlagen des Laserstrahls

Das Kunstwort LASER (Light Amplification by Stimulated Emission of Radiation) beinhaltet den physikalischen Effekt der „Verstärkung von Licht durch erzwungene Aussendung (Emission) von Strahlung". Die Emission basiert auf einer Wechselwirkung zwischen Licht und Materie, wobei die erzwungene Strahlung durch die Materie emittiert (ausgesandt) wird. Das emittierte Licht kann weitgehend als elektromagnetische Welle mit einer für den Laser charakteristischen Wellenlänge betrachtet werden.

Der Durchbruch der Lasertechnologie in der Fügetechnik ist darauf zurückzuführen, daß sich das Laserlicht in einem Punkt fokussieren läßt und dadurch eine außerordentlich hohe Energiedichte von $> 10^6$ W/cm^2 erzeugt werden kann. Diese hohe Energiedichte kann nur deshalb erzielt werden, weil das Licht monochromatisch, zeitlich kohärent und parallel ist.

Im Gegensatz zu einem Laser, bei dem diese Bedingungen gegeben sind, emittiert eine Glühlampe ein Lichtspektrum, das heißt, sie sendet mehrere Wellenlängen in beliebiger Raumrichtung aus. Daraus resultiert, daß das Licht einer Glühlampe aufgrund optischer Gesetze nicht in einem Punkt fokussiert werden kann. Die Emission von Licht einer Glühlampe und eines Lasers zeigt schematisch Bild 8-17.

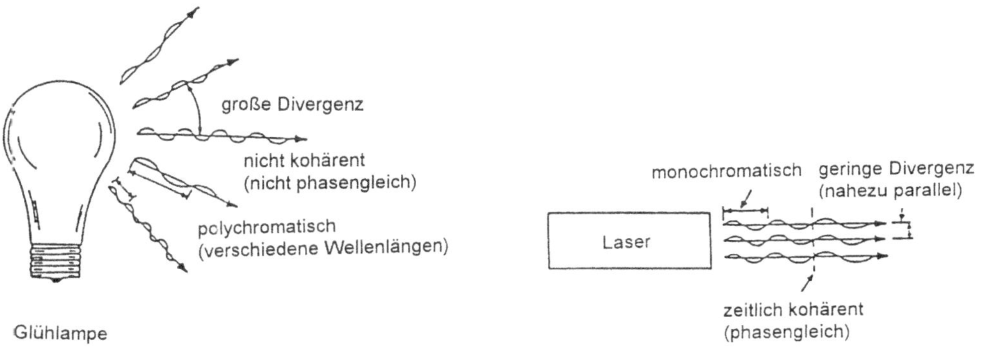

Bild 8-17. Vergleich Glühlampe – Laser.

8.2.2 Strahlerzeugung

Bei einem Laser handelt es sich also um eine Anlage zur Erzeugung und Verstärkung von monochromatischem und kohärentem Licht mit geringer Strahldivergenz. Die Erzeugung des Laserstrahls findet im „optischen Resonator" statt, der aus dem laseraktiven Medium, der Anregungsquelle und den Spiegeln (hochreflektierender Spiegel und teildurchlässiger Spiegel) besteht. Dieser Aufbau ist in Bild 8-18 dargestellt.

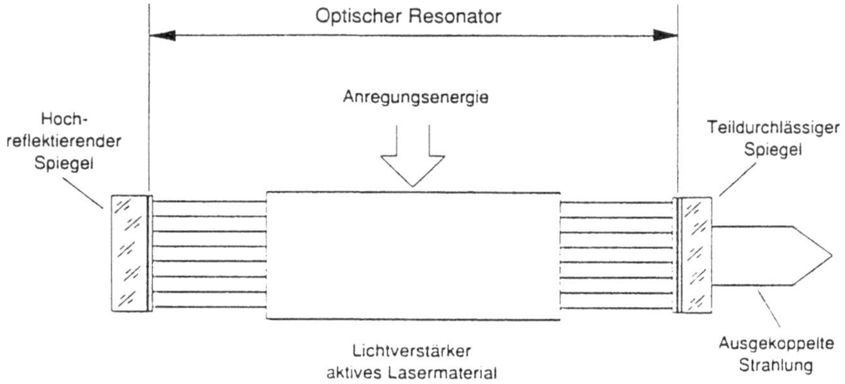

Bild 8-18. Prinzip eines Lasers.

Das laseraktive Medium, bestehend aus Atomen, Ionen, Molekülen oder Kristallen, stellt ein quantenphysikalisches System dar, das im thermodynamischen Gleichgewicht unterschiedliche Energieniveaus aufweist. Durch Energieaufnahme, zum Beispiel durch Absorption elektromagnetischer Strahlung oder durch Zufuhr elektrischer, chemischer oder thermischer Energie, wird die Besetzungsdichte der einzelnen Energieniveaus verändert und eine Besetzungsinversion hervorgerufen, siehe Bild 8-19. Die Energieabgabe erfolgt durch Emission, wobei zwischen der spontanen und induzierten Emission unterschieden wird [8-8].

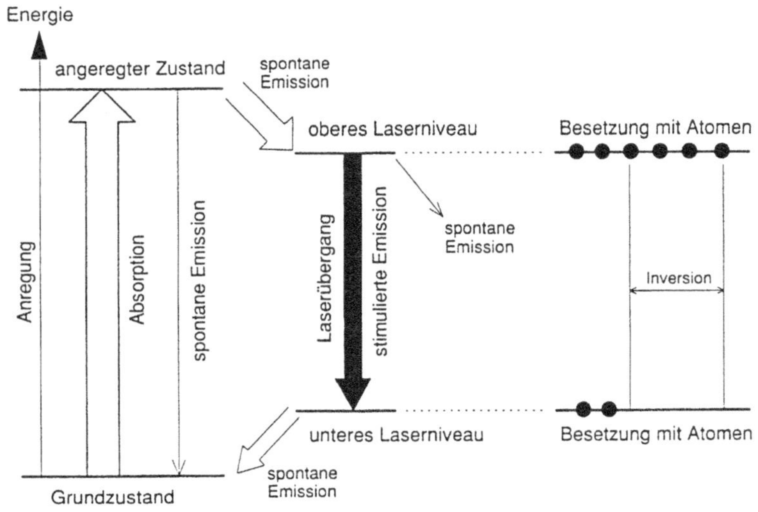

Bild 8-19. Energieniveauschema und Darstellung der Besetzungsinversion.

Bei der spontanen Emission wird beim Übergang vom angeregten Zustand in den Grundzustand ein Lichtquant (Photon) frei, das sich in beliebiger Raumrichtung ausbreiten kann. Im Gegensatz dazu wird bei der induzierten Emission das entstehende Photon in gleiche Richtung wie das anregende Photon und mit gleicher Frequenz emittiert. Im optischen, rückgekoppelten Resonator bewirkt die Anordnung paralleler Spiegel und die induzierte Emission, daß die gerichtete Lichtwelle mehrmals reflektiert wird und so eine Verstärkung des Lichtes stattfindet. Die Auskopplung des Laserstrahls erfolgt durch einen teildurchlässigen Spiegel. Zur Aufrechterhaltung der Besetzungsinversion muß kontinuierlich Energie zugeführt werden.

Innerhalb des Resonators kommt es zur Ausbildung einer stehenden Lichtwelle in Richtung der Resonatorachse, wobei die Intensitätsverteilung von den Richtungen quer zur Resonatorachse abhängt. Die transversale Intensitätsverteilung kann infolge der Beugung an den Spiegeln nur bestimmte Formen annehmen. Die Formen der Intensitätsverteilung werden als transversale elektromagnetische Moden (TEM_{mn}) bezeichnet. Der Index m gibt die Anzahl der Knoten in x-Richtung und der Index n die Anzahl der Knoten in y-Richtung an. Der Grundmode einer zirkular symmetrischen Intensitätsverteilung einer transversalen Schwingung hat die Form einer zweidimensionalen Gaußverteilung und gilt als TEM_{00}-Mode. In Bild 8-20 sind weitere mögliche Modenstrukturen abgebildet.

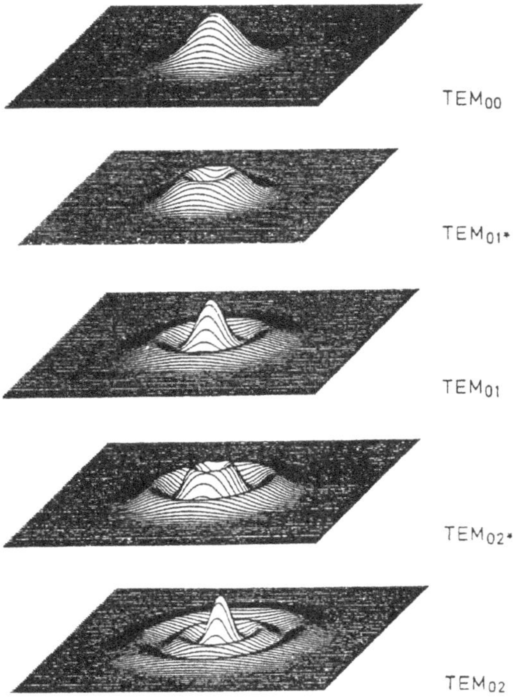

Bild 8-20. Intensitätsverteilung Laserstrahl (zirkular polarisierte Modenstrukturen).

8.2.3 Lasertypen

Es lassen sich zahlreiche Atome, Moleküle oder Ionen in Festkörpern, Flüssigkeiten oder Gasen zur Emission von Laserlicht anregen. Entsprechend dem Aggregatzustand des aktiven Lasermaterials unterscheidet man zwischen Festkörper- (zum Beispiel Rubin, Nd:YAG, Nd:Glas), Flüssigkeits- (zum Beispiel Rhodamin-6G, Cyanin-22, Tetracyanin), oder Gaslasern (zum Beispiel Excimer, HeNe, Ar, Kr, CO_2). Als Excimer werden Edelgashalogenide bezeichnet, wie XeCl, KrF oder ArF.

Weiterhin unterscheiden sich Lasertypen in der Wellenlänge und der Intensität des ausgesandten Lichtes. Eine Übersicht über verschiedene Lasertypen und deren Leistungsklassen ist Bild 8-21 zu entnehmen. In der Schweißtechnik haben Festkörperlaser (Nd:YAG) und Gaslaser (CO_2) die größte Bedeutung erlangt. In zunehmendem Maße werden die Diodenlaser in der Schweißtechnik ihre Anwendungen finden.

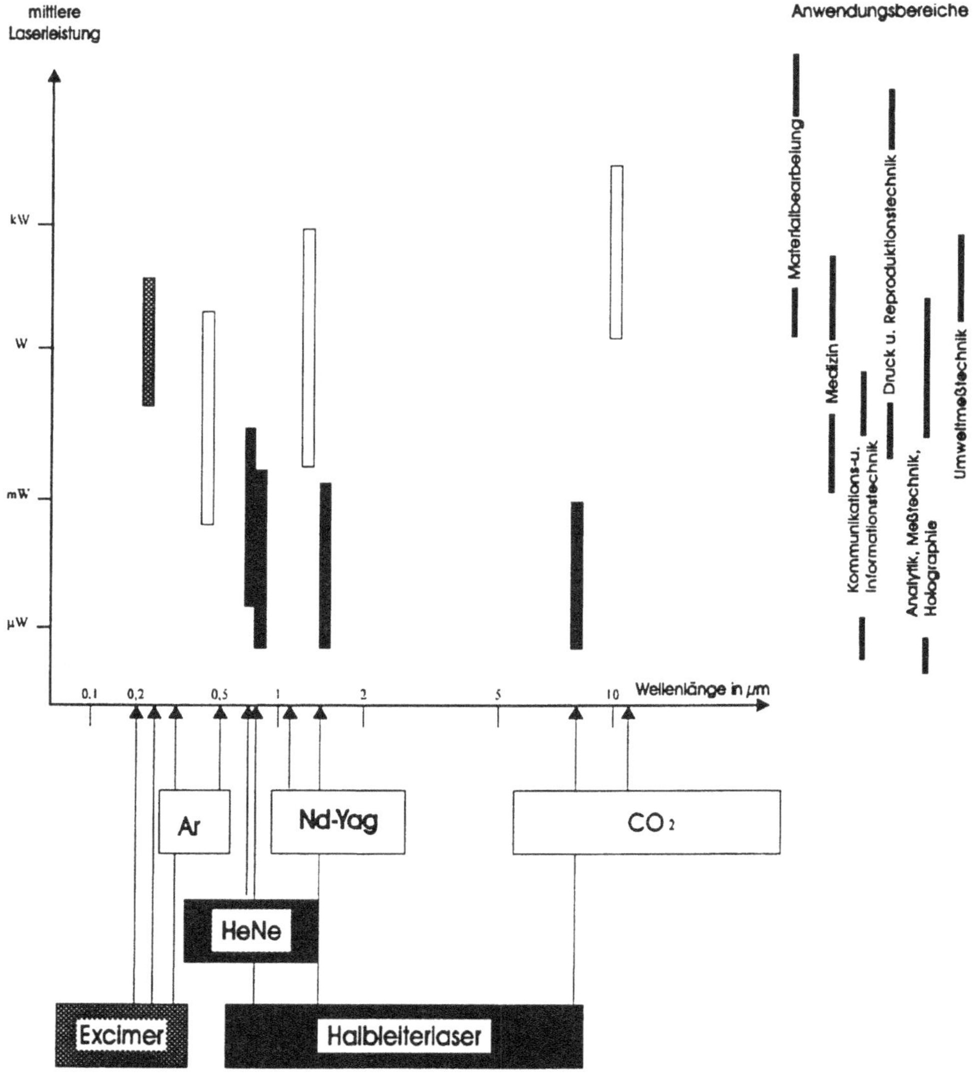

Bild 8-21. Leistung, Wellenlänge und Anwendungsbereiche unterschiedlicher Lasertypen.

8.2.3.1 Festkörperlaser

Bei einem Festkörperlaser besteht das aktive Medium (Wirtsmaterial) aus einem Einkristall, zum Beispiel Rubin, Glas oder Yttrium-Aluminium-Granat (YAG), in dessen Kristallgitter Fremdatome, wie Chrom oder Neodym, eingelagert sind. Diese Fremdatome sind die eigentlichen laseraktiven

Atome. Die zum Schweißen von Metallen vorwiegend eingesetzten Festkörperlaser sind in Tabelle 8-3 aufgeführt.

Tabelle 8-3. Festkörperlaser in der Materialbearbeitung.

Bezeichnung	Wirtsmaterial	laseraktive Stoffe	Wellenlänge
Rubin-Laser	Rubin	Chrom-Ionen (Cr^{3+})	0,694 µm
Nd:Glas-Laser	Glas	Neodym-Ionen (Nd^{3+})	1,06 µm
Nd:YAG-Laser	YAG	Neodym-Ionen (Nd^{3+})	1,06 µm

Das laseraktive Medium liegt meistens in Form eines Rundstabes vor und ist zwischen den Resonatorspiegeln angeordnet, Bild 8-22. Die Anregung bei Festkörperlasern bezeichnet man als „optisches Pumpen", wobei Blitzlampen für gepulste Laser und Bogenlampen für kontinuierlich strahlende Laser eingesetzt werden. Zur besseren Ausnutzung der Anregungslampen werden elliptische Reflektoren eingesetzt.

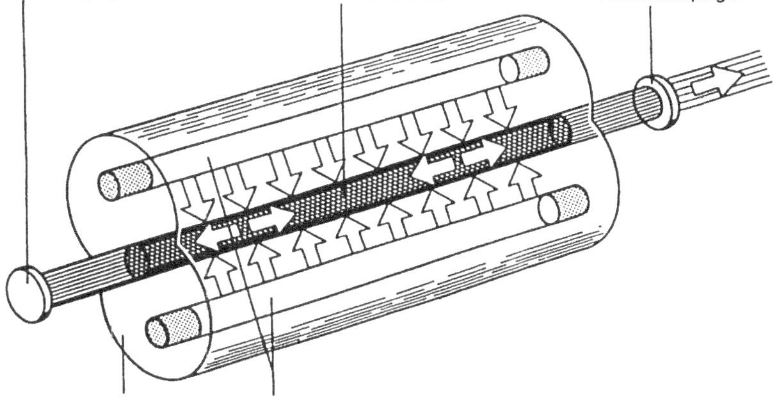

Bild 8-22. Prinzip des Festkörperlasers (Werkbild: Haas-Laser GmbH & Co. KG, Schramberg).

Festkörperlaser sind heute mit Strahlleistungen von 30 bis 5000 W industrieller Standard. Man unterscheidet zwischen den „gepulsten" Lasern (pm = peak mode), die ihre Energie in Form von Impulsen abgeben, und den kontinuierlich strahlenden (cw = continuous wave) Lasern. Gepulste Festkörperlasersysteme werden derzeit bis zu einer Dauerleistung von etwa 1 kW eingesetzt, wobei sich Impulsspitzenleistungen bis zu 100 kW erreichen lassen. Daraus resultiert bei gleicher Dauerleistung eine größere Einschweißtiefe als im cw-Betrieb. Kontinuierlich strahlende Laser, auch Dauerstrichlaser genannt, werden derzeit bis zu einer Dauerleistung von etwa 5 kW genutzt, wobei höhere Prozeßgeschwindigkeiten als mit gepulsten Systemen gleicher Leistung sowohl beim Schweißen als auch beim Schneiden erreicht werden können.

Festkörperlaser im kW-Bereich besitzen mehrere Nd:YAG-Stäbe mit ihren Anregungslampen, auch Kavitäten genannt. Aus einer Kavität läßt sich eine Leistung von maximal 800 W entnehmen. Je nach Ausgangsleistung des Lasers werden entsprechend viele Kavitäten im Resonator zwischen den Spiegeln angeordnet, siehe Bild 8-23.

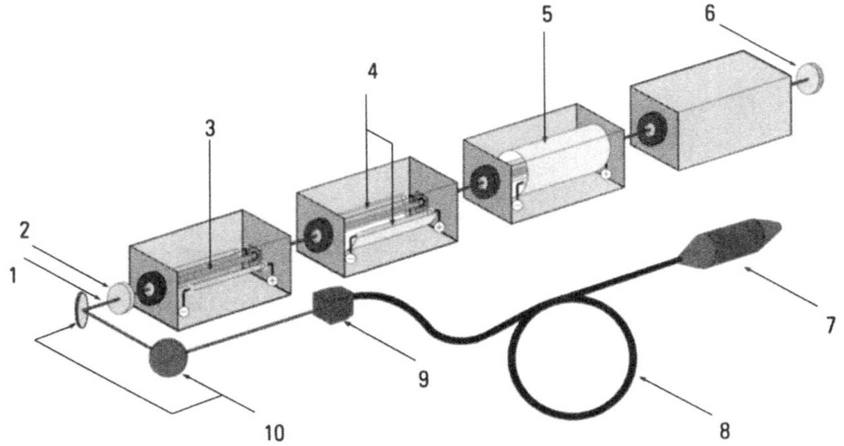

Bild 8-23. Multi-kW-Nd: YAG-Laser; 1 Laserstrahl, 2 Auskoppelspiegel, 3 Nd: YAG-Kristall, 4 Anregungslampen, 5 Reflektor, 6 Rückspiegel, 7 Bearbeitungsoptik, 8 Lichtleitfaser, 9 Laserstrahleinkopplung, 10 Umlenkspiegel (Werkbild: Rofin-Sinar Laser GmbH, Hamburg).

Derzeit werden industriell eingesetzte Festkörperlaser mit einem Nd:YAG-Rundstab und Anregungslampen ausgestattet. Typischerweise erreichen solche lampengepumpte Festkörperlaser einen Wirkungsgrad von etwa 4 %. Infolge der technologischen Entwicklung werden zunehmend diodengepumpte Festkörperlaser zum Einsatz kommen. Die diodengepumpten Laser besitzen gegenüber den lampengepumpten Lasern folgende Vorteile:

- höherer Wirkungsgrad bis 10 %,
- bessere Strahlqualität und
- höhere Lebensdauer der Dioden-Arrays gegenüber den Anregungslampen.

Diodengepumpte Festkörperlaser sind zur Zeit bis zu einer Dauerleistung von 1,5 kW verfügbar. Laser höherer Leistung (bis 5 kW) befinden sich im Laborstadium und werden zukünftig in höhere Leistungsklassen vordringen.

Eine weitere Entwicklung von Festkörperlasern geht in Richtung Geometrie des Nd:YAG-Kristalls. Bei Verwendung einer Platte („Slab") ist die thermische Belastung des Kristalls, aufgrund effektiverer Kühlung, geringer als bei einem Stab. Es ergeben sich somit Vorteile bezüglich der Strahlqualität.

8.2.3.2 Gaslaser

Es existiert eine Vielzahl von Gaslasern, die in Forschung und Industrie Anwendung finden. Neben den Excimerlasern wie ArF ($\lambda = 193$ nm), KrF ($\lambda = 248$ nm) oder XeCl ($\lambda = 308$nm), deren Strahlung im UV-Bereich liegt, werden HeNe- ($\lambda = 632$ nm) und Ar-Laser ($\lambda = 514{,}5$ nm grün, $\lambda = 488$ nm blau) im sichtbaren Spektrum und der CO_2-Laser ($\lambda = 10600$ nm) im mittleren IR-Spektrum in der Materialbearbeitung eingesetzt. Von den hier aufgeführten Gaslasern hat der CO_2-Laser die größte Bedeutung in der Materialbearbeitung, insbesondere beim Schweißen und Schneiden.

Der prinzipielle Aufbau, wie in Bild 8-18 dargestellt, gilt auch für den CO_2-Laser. Der zwischen den beiden Spiegeln angeordnete Resonator ist beim CO_2-Laser mit einem Gasgemisch, zum Beispiel bestehend aus $CO_2 : N_2 : He = 1 : 2 : 10$, gefüllt. Durch Anlegen einer Spannung wird zwischen zwei Elektroden eine Niederdruck-Gasentladung gezündet. Das Kohlendioxid wird dabei nicht direkt gepumpt, da es keinen sehr großen Wirkungsquerschnitt für den Elektronenstoß hat. Der Stickstoff wird durch Elektronenstöße angeregt und überträgt seine Schwingungsenergie auf das Kohlendioxid. Helium vermag aufgrund seiner hohen Wärmeleitfähigkeit das Gasgemisch zu kühlen und trägt somit zur Stabilisierung des Laserprozesses bei.

Zur Aufrechterhaltung der Strahlungsemission muß das Gasgemisch regeneriert werden. Das wird durch Umwälzung mit Gaspumpen und intensiver Kühlung durch Wärmetauscher erreicht. Die Art und Weise, wie das geschieht, ist entscheidend für die Ausgangsleistung des Lasers. CO_2-Laser können entsprechend der Bauart eingeteilt werden in

- quergeströmte,
- längsgeströmte und
- diffusionsgekühlte

Laser. Bei quergeströmten Lasern, siehe Bild 8-24, wird das Gasgemisch quer zur Resonatorachse umgewälzt. Eine langsame Gasströmung reicht bei dem großvolumigen Entladungsraum zur Kühlung aus. Vorwiegend werden hochfrequenzangeregte Systeme mit einer Strahlleistung bis 5 kW mit stabilen Resonatoren und bis zu etwa 24 kW mit instabilen Resonatoren gebaut. Der Vorteil der quergeströmten Systeme liegt in der einer kostengünstigen und kompakten Bauweise, wobei Strahlleistung und Strahlqualität für die meisten Schweißanwendungen ausreichen.

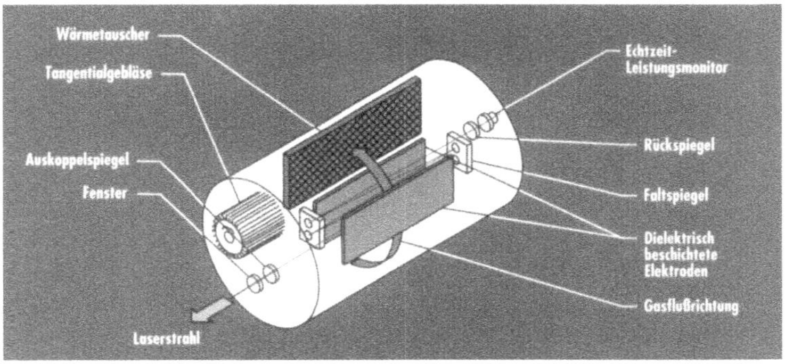

Bild 8-24. Mit Hochfrequenz angeregter, quergeströmter CO_2-Laser (Werkbild: Rofin-Sinar Laser GmbH, Hamburg).

Die meisten heute konzipierten CO_2-Laser sind schnell längsgeströmte Gleichstrom- (DC-) oder hochfrequenzangeregte (HF-) Systeme. Sie zeichnen sich durch eine niedrige Modenordnung und damit gute Strahlqualität, sowohl für Schneid- als auch für Schweißanwendungen, aus. Der Entladungsraum befindet sich in einem Quarzglasrohr, wobei Rootsgebläse oder Radialverdichter für einen schnellen Gasfluß und damit für eine optimale Kühlung sorgen. Eine Prinzipdarstellung eines schnell längsgeströmten DC-angeregten CO_2-Lasers ist in Bild 8-25 enthalten. Schnell längsgeströmte Laser werden von wenigen hundert W bis derzeit zu 40 kW industriell genutzt.

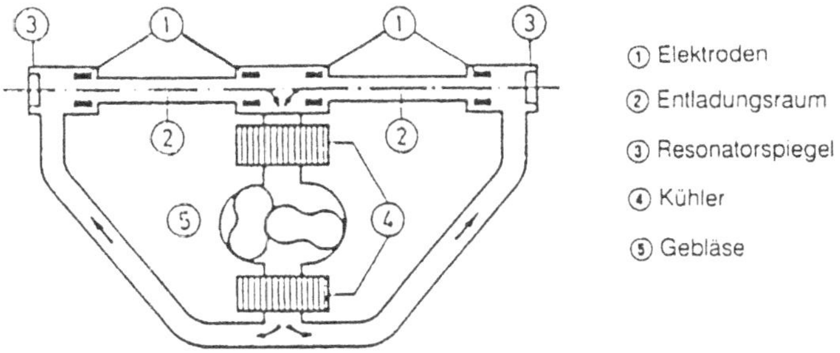

Bild 8-25. Mit Gleichstrom angeregter, schnell längsgeströmter CO_2-Laser.

Eine weitere Bauart der CO_2-Laser ist durch die diffusionsgekühlten Slab-Laser gegeben. Bei diesen Lasern findet zwischen großflächigen Kupferelektroden die Hochfrequenzentladung statt, siehe Bild 8-26. Durch den geringen Abstand der Elektroden ist eine intensive Kühlung durch Wärmeleitung gewährleistet. Im Gegensatz zu Strömungslasern muß nur in bestimmten Intervallen neues Lasergas zugeführt werden. Der wesentliche Vorteil dieser Bauart liegt in der außerordentlich guten Strahlqualität, in der kompakten Bauart und in den niedrigen Betriebskosten gegenüber quer- oder längsgeströmten CO_2-Lasern begründet.

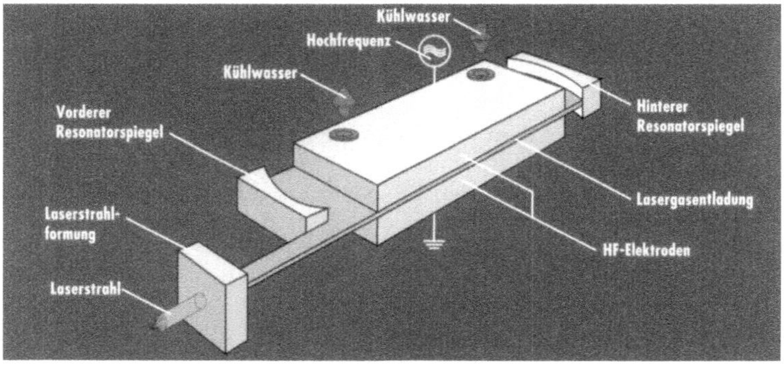

Bild 8-26. Diffusionsgekühlter CO_2-Laser (Werkbild: Rofin-Sinar Laser GmbH, Hamburg).

8.2.3.3 Diodenlaser

Diodenlaser zählen zu der Gruppe der Halbleiterlaser. Als Halbleitermaterial wird häufig GaAs verwendet, das entsprechend p- und n-dotiert wird, zum Beispiel mit Al. Die Emission des Laserlichtes erfolgt im pn-Übergang durch Rekombination von Ladungsträgern. Die Endflächen des Kristalls sind so gebrochen, daß sie wie Spiegel wirken und dadurch einen Resonator bilden. Aufgrund von speziellen Beschichtungen auf den Endflächen des Kristalls verläßt die Laserstrahlung nur an der Bruchkante den Kristall (Kantenemitter), siehe Bild 8-27. Aufgrund der geringen Größe der aktiven Zone (Dicke etwa 1 µm) ergibt sich durch Beugungseffekte eine hohe Divergenz der Laserstrahlung.

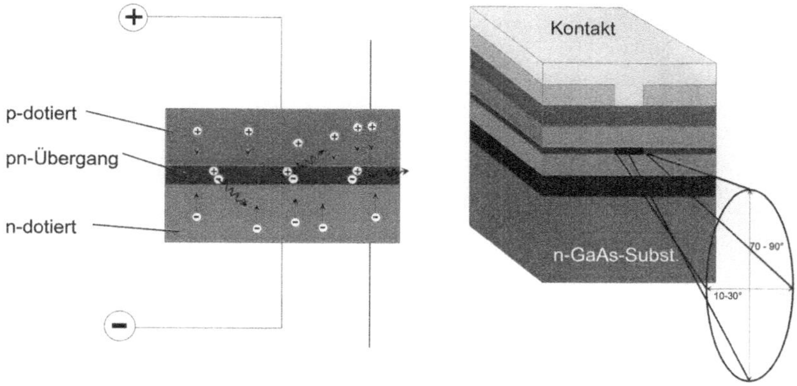

Bild 8-27. Lichterzeugung aus einem pn-Übergang.

Zur Leistungssteigerung werden mehrere Kantenemitter zu einem Diodenlaserbarren zusammengesetzt, siehe Bild 8-28. Die Größe eines Diodenlaserbarrens, bestehend aus 10 Streifendioden mit jeweils 25 Kantenemittern, beträgt etwa 10 mm × 600 µm × 115 µm. Aus einem Laserbarren können bei optimal ausgelegter Kühl- und Montagetechnik bis zu 30 W Strahlleistung entnommen werden. Entsprechend der speziellen Charakteristik der Laserstrahlung sind Optiken und Strahlführungssysteme auszulegen.

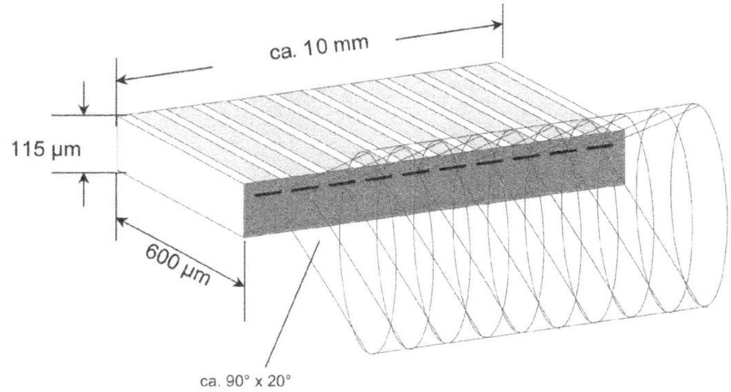

Bild 8-28. Strahlcharakteristik eines Diodenlaserbarrens (Werkbild: Dilas).

Der divergierende Laserstrahl des Barrens kann durch eine Zylinderlinse mit sehr kurzer Brennweite parallelisiert werden. Dazu muß die Mikrolinse in unmittelbarer Nähe zum Barren positioniert sein, wobei Herstellung und Positionierung der Linse mit sehr hoher Präzision erfolgen muß. Bild 8-29 zeigt die Anordnung einer solchen Zylinderlinse.

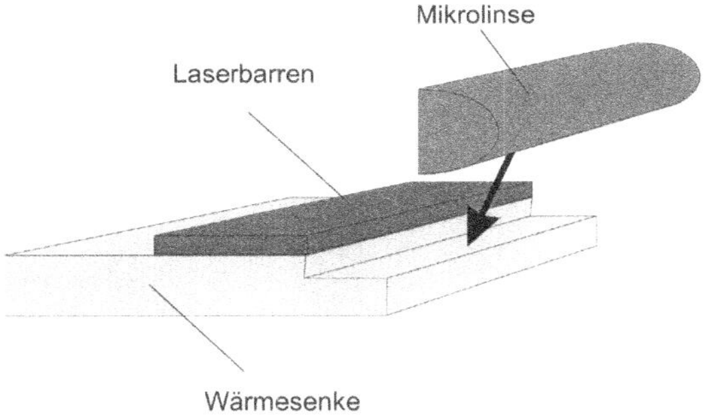

Bild 8-29. Montage der Mikrolinse (Werkbild: Dilas).

Um höhere Laserleistungen zu bekommen, werden mehrere Barren mit ihren Mikrolinsen übereinander angeordnet und zu einem „Diodenstack" vereinigt, wie Bild 8-30 zeigt. Der Laserstrahl, der von einem Stack abgegeben wird, besteht aus mehreren parallelen Einzelstrahlen, die beispielsweise durch „Treppenspiegel" oder durch Prismen und Zylinderlinsen zu einem Strahl vereinigt werden können. Üblicherweise besitzt ein Diodenlaser einen rechteckigen Strahlquerschnitt in der Größenordung 300 µm × 800 µm bei einer Ausgangsleistung von 80 W beziehungsweise 1,8 mm × 3,8 mm bei 2500 W. Die Vorteile, den die Diodenlaser gegenüber Festkörper- und CO_2-Laser besitzen, sind der wesentlich höhere Wirkungsgrad von bis zu 50 % und die wesentlich geringere Baugröße, wie Bild 8-31 veranschaulicht. Der Nachteil der Diodenlaser ist in der schlechteren Strahlqualität gegenüber den vorher genannten Lasern zu sehen, welche sich in einer geringeren Leistungsdichte auswirkt. Derzeit erreichen die Diodenlaser eine maximale Leistungsdichte von etwa 10^5 W/cm^2 gegenüber CO_2- und Nd:YAG-Lasern mit > 10^7 W/cm^2. Deshalb ist die Einschweißtiefe wesentlich geringer als beispielsweise beim CO_2-Laser gleicher Leistung.

Bild 8-30. Mechanischer Diodenlaserstack (Werkbild: Dilas).

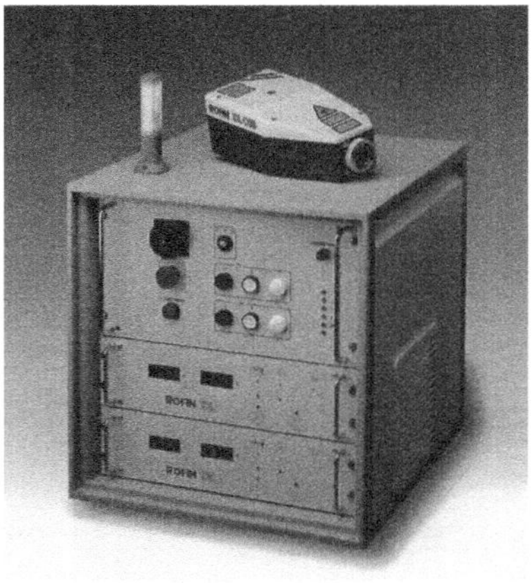

Bild 8-31. Diodenlaser (2,5 kW) mit Energieversorgung (Werkbild: Rofin-Sinar Laser GmbH, Hamburg).

8.2.4 Wirkung des Laserstrahls

Das Laserstrahlschweißen ist ein Schmelzschweißverfahren und unterscheidet sich von anderen Schmelzschweißverfahren in der Art der Energiezufuhr. Wird ein Laserstrahl mit geeigneten Optiken auf eine Metalloberfläche fokussiert, so wird der Laserstrahl von der Oberfläche teilweise reflektiert und teilweise absorbiert, Bild 8-32. Der Absorptionsgrad (A) und der Reflexionsgrad (R) ergeben zusammen 100 %.

Der Reflexionsgrad gibt an, wie viel Prozent der Energie des Laserstrahls reflektiert wird, und der Absorptionsgrad gibt an, welcher prozentuale Anteil der Energie des Laserstrahls in Wärme umgewandelt wird und somit zum Schmelzen des Metalls zur Verfügung steht.

Der Absorptionsgrad ist eine materialspezifische Größe und hängt außer von der Temperatur, von der Wellenlänge und Intensität des Laserstrahls ab [8-9]. Die Wärmeleitfähigkeit in Abhängigkeit von der Temperatur bedingt die Verluste durch Wärmeleitung. Den Absorptionsgrad in Abhängigkeit der Wellenlänge von verschiedenen Metallen zeigt Bild 8-33. Metalle zeichnen sich durch einen hohen Absorptionsgrad im UV- und sichtbaren Spektrum und einen niedrigen Absorptionsgrad im IR-Spektrum aus. Von den vorwiegend zu schweißenden Werkstoffen besitzen Eisen und Stahl im IR-Spektrum gegenüber anderen Metallen eine vergleichsweise hohe Absorption. Daraus resultiert, daß diese Werkstoffe sich sehr gut sowohl mit dem Festkörper- als auch dem CO_2-Laser schweißen lassen.

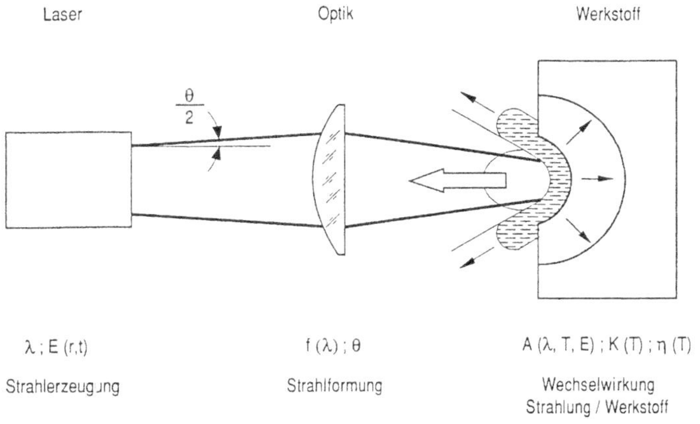

Bild 8-32. Wechselwirkung Laserstrahl – Materie.

Beim Laserstrahlschweißen von Metallen ist die Intensität des Strahles von großer Bedeutung. Das Schweißen mit niedriger Intensität ist dadurch gekennzeichnet, daß sich das Metall erwärmt und mit zunehmender Einwirkdauer aufgeschmolzen wird, so daß sich ein Schmelzbad an der Oberfläche ausbildet. Die Ausbildung des Schmelzbades wird in diesem Fall im wesentlichen durch die Wärmeleitung bestimmt. Deshalb wird diese Art dieses Laserstrahlschweißens als „Wärmeleitungsschweißen" bezeichnet.

Beim Schweißen von Metallen mit hoher Intensität des Laserstrahls ändert sich der Schweißprozeß gravierend gegenüber dem Wärmeleitungsschweißen. Infolge der Einwirkung des Laserstrahls wird das Metall erwärmt und schließlich geschmolzen. Darüber hinaus wird innerhalb der Einwirkzeit die Verdampfungstemperatur überschritten, so daß es zu einem dem Laserstrahl entgegengerichteten Metalldampfstrom kommt. Durch den Rückstoßdruck des aufströmenden Metalldampfes wird die Schmelzbadoberfläche deformiert, und es bildet sich eine Dampfkapillare (key hole) aus. Der

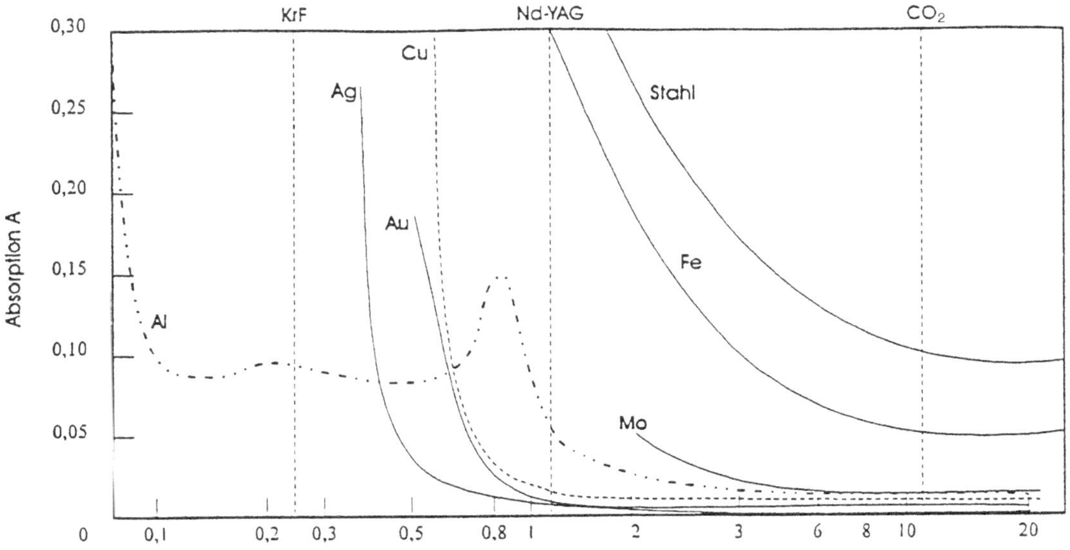

Bild 8-33. Absorptionsgrad als Funktion der Wellenlänge für verschiedene Metalle.

Laserstrahl kann in dieser Dampfkapillare tief in den Werkstoff eindringen und durch Mehrfachreflexion an den Schmelzbadflanken infolge hoher Absorption weiteres Material aufschmelzen beziehungsweise verdampfen. Diese Art des Laserstrahlschweißens bezeichnet man aufgrund der hohen Einschweißtiefe als „Tiefeinbrandschweißen", Bild 8-34. Das Wärmeleitungs- und das Tiefeinbrandschweißen können sowohl beim Elektronenstrahlschweißen als auch beim Laserstrahlschweißen gezielt eingesetzt werden.

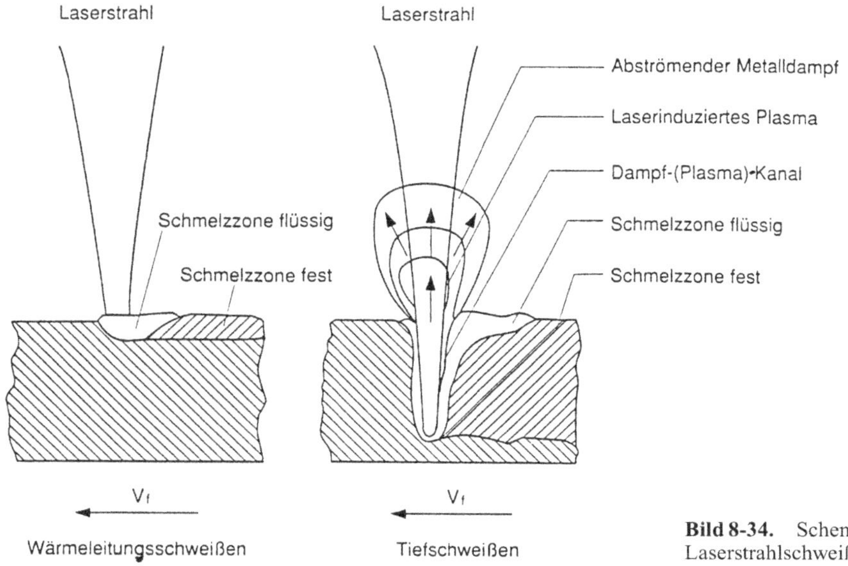

Bild 8-34. Schematische Darstellung des Laserstrahlschweißens.

Das Wärmeleitungsschweißen von Stahl ist bis zu einer Intensität von etwa 2×10^6 W/cm^2 möglich, siehe Bild 8-35. Das Überschreiten der kritischen Intensität über 2×10^6 W/cm^2 hinaus führt zu einem sprunghaften Anstieg der eingekoppelten Energie und damit zu einem rapiden Anstieg der Einbrandtiefe. Die Schwelle vom Wärmeleitungsschweißen zum Tiefschweißen wurde dabei überschritten. Eine Steigerung der Intensität auf $> 10^7$ W/cm^2 führt zu einer Abschirmung des Laserstrahls bedingt durch die Ionisation des Schutzgases. Dieses laserinduzierte Plasma kann durch das Ionisierungspotential des verwendeten Gases beeinflußt werden und somit der Laserschweißprozeß im Hinblick auf die Schweißgeschwindigkeit und die Einbrandtiefe. Durch die Verwendung von Helium mit einem höheren Ionisierungspotential (24,5 eV) gegenüber Argon (15,7 eV) kann bei gleicher Schweißgeschwindigkeit eine höhere Einbrandtiefe erzielt werden als bei Argon oder bei gleicher Einbrandtiefe schneller geschweißt werden.

Die Wirkung des Laserstrahls auf das Schweißergebnis in bezug auf Nahtgeometrie und Schmelzzonentiefe hängt von verschiedenen Parametern ab. Neben den wichtigsten Laserstrahlparametern wie Strahlintensität, Modenstruktur, Brennweite der Optik, Fokusdurchmesser- und Fokuslage sind die Prozeßparameter wie Schweißgeschwindigkeit, Art-, Durchfluß- und Strömungsrichtung der Arbeits- und Schutzgase von Bedeutung. Bei den Prozeßparametern muß zwischen dem Arbeitsgas oder Plasmagas und dem Schutzgas unterschieden werden. Während das Arbeitsgas zur Plasmabeeinflussung dient, schützt das Schutzgas die Deck- beziehungsweise die Wurzellage vor Oxidation. Bild 8-36 zeigt schematisch einen Versuchsaufbau zum Schweißen mit „stechender" Gaszuführung.

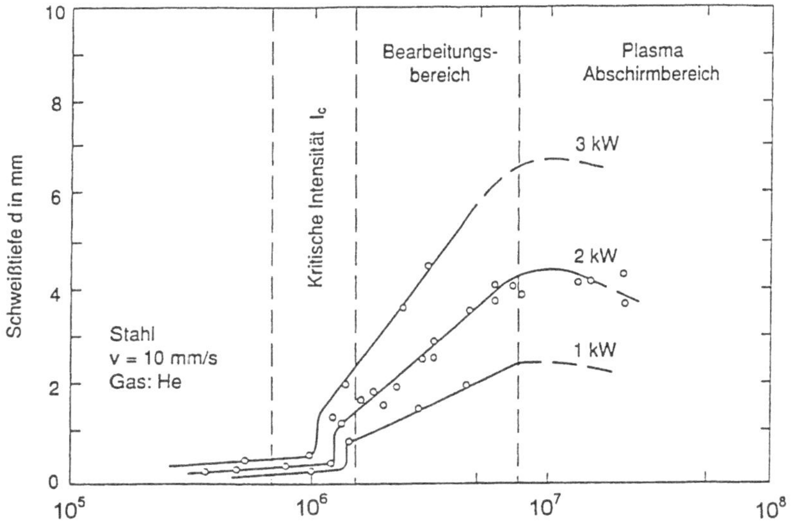

Bild 8-35. Einschweißtiefe als Funktion der Leistung und Intensität.

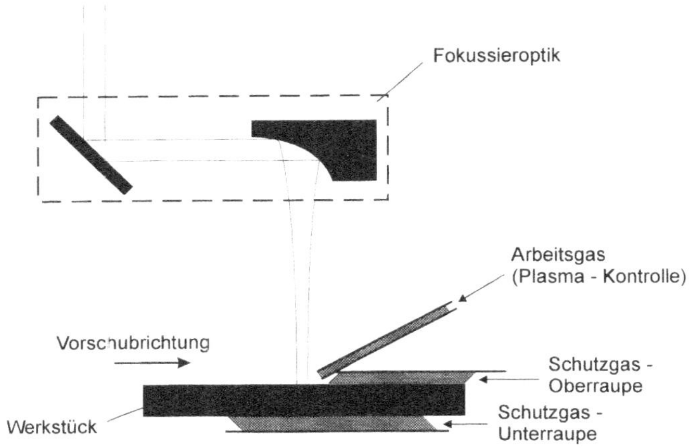

Bild 8-36. Laserstrahlschweißen mit Schutz- und Prozeßgaszuführung.

8.2.5 Aufbau von Laseranlagen

Komponenten einer Laseranlage für die industrielle Fertigung sind der Laser, bestehend aus Strahlquelle, Energieversorgung und Kühler, das Strahlführungs- und Strahlformungssystem, die Gasversorgung und der Manipulator, der die Werkstückbewegung oder die des Bearbeitungskopfes ausführt.

8.2.5.1 Strahlführung und Strahlformung

Der Rohstrahl des Lasers wird durch das Strahlführungssystem bis zum Bearbeitungskopf geführt und dort durch Strahlformung auf die Werkstückoberfläche fokussiert. Dabei kommen je nach Art des Lasers (CO_2-, Nd:YAG-, Diodenlaser) sowie Intensität des Laserstrahls Spiegel, Linsen oder Lichtleitfasern zum Einsatz.

Beim CO_2-Laser wird das Strahlführungssystem üblicherweise mit Spiegeloptiken ausgeführt. Dabei ist die Anzahl der Spiegel niedrig zu halten, da bei jedem Spiegel mit einem Energieverlust infolge Absorption gerechnet werden muß. Die Spiegel bestehen überwiegend aus wassergekühlten Kupferscheiben, die gegebenenfalls mit Molybdän oder Gold beschichtet sind. Ein Strahlführungssystem einer Portalanlage mit „fliegender Optik" ist in Bild 8-37 zu sehen. Die Fokussierung des Laserstrahls auf die Werkstückoberfläche erfolgt durch Fokussierspiegel (sphärisch, parabolisch) oder durch Linsen, wie Bild 8-38 zeigt. Die Linsen bestehen beim CO_2-Laser aus Zink-Selenid (ZnSe) oder aus Gallium-Arsenid (GaAs), da diese Materialien einen vergleichsweise geringen Absorptionsverlust aufweisen. Durch Spiegel läßt sich auch der Rohstrahl in mehrere Teilstrahlen aufteilen, so daß mit einem Laser auf mehreren Arbeitsstationen synchron geschweißt werden kann.

Bild 8-37. Portalanlage zum Schweißen und Schneiden (1 Laser, 2 Kühler, 3 Portal mit fliegender Optik zum Schweißen und Schneiden, 4 Portal mit 6-Achsen-Bewegung zum Schweißen, 5 Strahlführungsrohr, 6 Bearbeitungskopf).

Die Strahlführung ist beim Nd:YAG-Laser durch Linsen oder durch flexible Lichtleitfasern (Glasfasern) möglich [8-10]. Durch die Glasfaser läßt sich der Laserstrahl von wenigen Zentimetern bis zu mehreren hundert Metern leiten. Dadurch kann der Laser mit seiner Versorgungseinheit absolut losgelöst von der Schweißstation aufgestellt werden, und nur ein Bearbeitungskopf geringer Baugröße muß in die Bearbeitungseinheit integriert werden. Die Glasfasertechnologie bietet weiterhin den Vorteil, daß der Laserstrahl eines Nd:YAG-Lasers auf mehrere Glasfasern aufgeteilt werden kann, so daß mehrere Schweißstationen damit versorgt werden können. Bei der Aufteilung des Laserstrahls sind zwei verschiedene Varianten gebräuchlich. Der Laserstrahl wird durch einen „Strahlteiler" auf n-Glasfasern aufgeteilt. Dabei ist zu bemerken, daß sich die Energie entsprechend der Anzahl der Glasfasern verteilt und der Schweißprozeß auf n-Stationen synchron erfolgt. Alternativ ist es möglich, den Laserstrahl durch „Multiplexer" seriell in Glasfasern einzuleiten, wobei der Multiplexer wie ein Schalter arbeitet und der Schweißprozeß mit einer zeitlichen Verzögerung von wenigen Millisekunden durchgeführt werden kann. Strahlteiler werden bei Nd:YAG-Lasern, die im cw-Betrieb arbeiten, eingesetzt und Multiplexer bei Nd:YAG-Lasern im Impulsbetrieb. In Bild 8-39 ist ein Multiplexer zur Aufteilung des Laserstrahls dargestellt. Die Glasfasern haben je nach Laserleistung einen Durchmesser zwischen 0,2 mm und 0,6 mm.

Die Strahlformung erfolgt bei Nd:YAG-Lasern durch Linsen. Dabei werden häufig Teleskope verwendet, die den Laserstrahl aufweiten, vergleiche auch Bild 8-23, um ihn anschließend auf die Werkstückoberfläche zu fokussieren. Das hat den Vorteil, daß der kleinstmögliche Fokusdurchmesser erreicht wird.

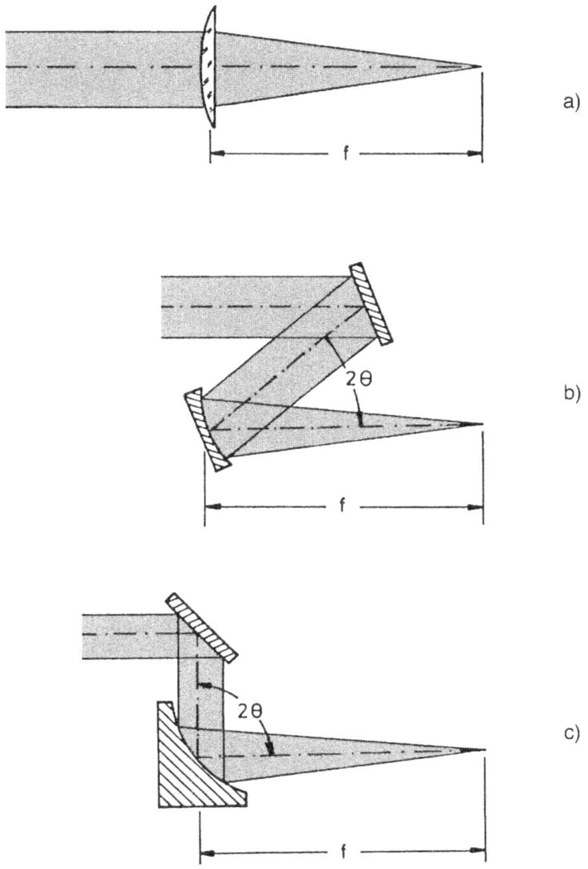

Bild 8-38. Fokussiereinrichtungen für Laserstrahlung höherer Leistung;
a) Linse,
b) sphärischer Spiegel,
c) Parabolspiegel.

Die Strahlführung und die Strahlformung ist bei Diodenlasern und Nd:YAG-Lasern identisch. Industriell werden Linsen- und Glasfasersysteme genutzt, wobei die Linsensysteme bis zu 2,5 kW Ausgangsleistung und Glasfasersysteme bis zu etwa 100 W eingesetzt werden.

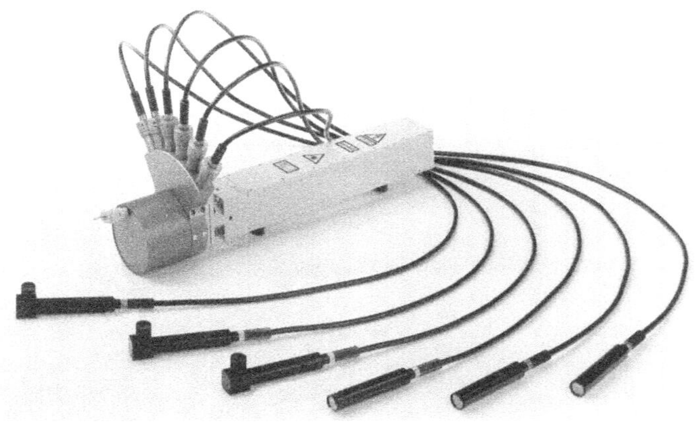

Bild 8-39. Strahlaufteilung in Glasfasern durch Multiplexer (Werkbild: Haas-Laser GmbH & Co. KG, Schramberg).

8.2.5.2 Gasversorgung

Bei der Gasversorgung wird zwischen Lasergas, Prozeßgas und Schutzgas unterschieden. Die Lasergase beziehen sich ausschließlich auf den CO_2-Laser, denn nur bei diesem Lasertyp werden Gase zur Erzeugung der Laserstrahlung benötigt, siehe Abschnitt 8.2.3.2. Prozeßgase, wie Helium, Stickstoff oder Argon, werden ebenfalls nur in Verbindung mit dem CO_2-Laser zur Plasmakontrolle beim Schweißen eingesetzt. Die Zuführung der Prozeßgase erfolgt wie in Bild 8-36 dargestellt koaxial, das heißt parallel mit dem Laserstrahl. Die Schutzgase dienen im wesentlichen dem Schutz des Schweißgutes vor Oxidation. Dazu wird vorwiegend Argon verwendet oder Gemische aus Argon/Wasserstoff beziehungsweise Stickstoff/Wasserstoff. Die Zuführung kann koaxial, schleppend oder stechend erfolgen. Je nach Anwendung und Werkstoff ist ein Wurzelschutz erforderlich. Beim Schweißen mit Nd:YAG-Lasern kann auch ganz auf Schutzgase verzichtet werden, wenn der Werkstoff und die Anforderungen an die Schweißverbindung dies zulassen.

8.2.5.3 Manipulatoren

Die Bewegung des Werkstücks und/oder des Lasers wird durch die Manipulatoren vorgenommen. Je nach Form des Werkstücks beziehungsweise Anordnung der Schweißnähte sind Manipulatoren, die unabhängig voneinander 2 bis 6 Achsenbewegungen ausführen können, notwendig. Neben Portalanlagen, die im wesentlichen aus X-Y-Z-Koordinatentischen bestehen und gegebenenfalls durch Dreh- und/oder Schwenkachsen ergänzt werden, kommen Roboter- oder Scannersysteme zum Einsatz. In Bild 8-40 ist ein Roboter mit einer Glasfaser und einem Linsensystem zu sehen. Welche Art des Handlings günstiger ist, wird durch den Lasertyp und die Energie zum Schweißen einerseits und die Geometrie und Masse des Fügeteils, die geforderte Beschleunigung und die Bearbeitungsgeschwindigkeit andererseits, bestimmt. Die hohe Anforderung bezüglich der Positioniergenauigkeit des Bewegungssystems hat zur Folge, daß etwa 40 bis 60 % der Investitionskosten einer Laseranlage auf das Bewegungssystem entfallen.

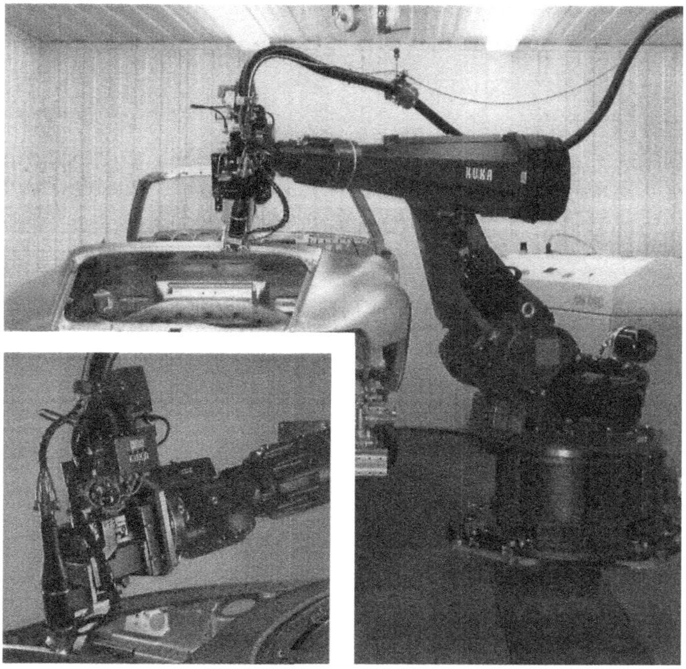

Bild 8-40. Roboter mit Glasfaser und Linsenoptik (Werkbild: KUKA Schweissanlagen GmbH, Augsburg).

8.2.6 Anwendung des Laserstrahlschweißens

Das Laserstrahlschweißen läßt sich für eine Vielzahl von Schweißaufgaben anwenden. Für einen sinnvollen Einsatz des Laserstrahlschweißens sind konstruktive Voraussetzungen wie eng tolerierte Bauteile, möglichst spaltfreie Schweißstöße sowie eine metallurgische Eignung des Werkstoffes zum Schweißen notwendig. Es sind sowohl Punkt- als auch Nahtschweißungen beim Laserstrahlschweißen möglich. Im Bereich Elektronik, Feinwerktechnik und Medizintechnik treten häufig Punktdurchmesser beziehungsweise Nahtbreiten von etwa 0,2 bis 2 mm auf.

In Bild 8-41 ist eine Katode für Fernsehbildröhren dargestellt. Die einzelnen Teile werden vollmechanisch zu Baugruppen verschweißt, wobei jeweils zwei Schweißpunkte synchron die Fügeteile in Form einer Stumpfnaht verbinden. Das verzugsarme Punktschweißen wird auch bei der Herstellung von Halogenlampen angewandt, indem die Glühwendel an den Sockel durch 3 Schweißpunkte um 120° versetzt gleichzeitig über Glasfasern geschweißt werden, siehe Bild 8-42. Zum Nahtschweißen von Gehäusen, die temperaturempfindliche Komponenten enthalten, werden gepulste Nd:YAG-Laser eingesetzt, Bild 8-43. So werden die elektronischen Bauelemente im Innern eines Herzschrittmachers beim Schweißen infolge geringer Schweißwärme nicht geschädigt. Gleichzeitig weist die Schweißnaht eine Heliumdichtheit auf.

Bild 8-41. Baugruppen für Bildröhren (Werkbild: Philips).

Bild 8-42. Verzugsfrei geschweißte Halogenlampen (Werkbild: Haas-Laser GmbH & Co. KG, Schramberg).

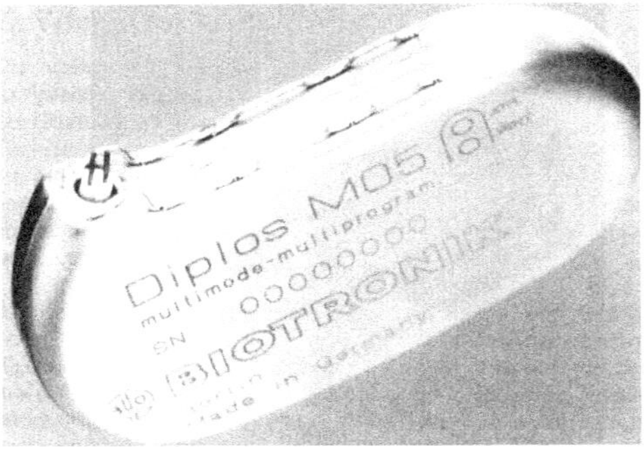

Bild 8-43. Naht- und Punktschweißen an einem Herzschrittmacher aus Titan (Werkbild: Haas-Laser GmbH & Co. KG, Schramberg).

Im Automobilbau werden aus fertigungstechnischen Gründen und aus Gründen der Gewichtsoptimierung Gangräder, bestehend aus zwei Teilen (Zahnkörper und Synchronring), mit CO_2-Lasern geschweißt, Bild 8-44. Torsionsschwingungsdämpfer werden eingesetzt, um Torsionsschwingungen im Antriebsstrang zu reduzieren, indem der Motor von den Antriebselementen entkoppelt wird. In Bild 8-45 ist ein laserstrahlgeschweißter Torsionsschwingungsdämpfer sowie ein Makroschliff durch die Schweißnaht abgebildet. Auch dieses Bauteil wurde mit einem CO_2-Laser geschweißt.

Bild 8-44. Gangrad mit aufgeschweißtem Synchronring.

a)

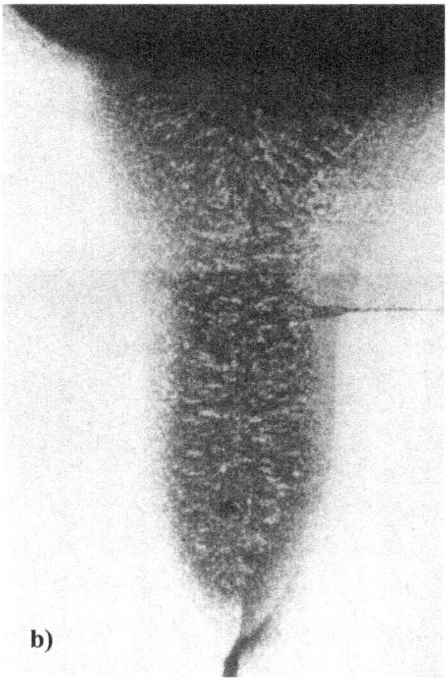

b)

Bild 8-45. Torsionsschwingungsdämpfer;
a) Bauteil,
b) Makroschliff.

Verzinkte Bleche im Bereich der Bodengruppe von PKWs, Bild 8-46, und die Dachkonstruktion, Bild 8-47, werden heute mit CO_2-Lasern geschweißt. Der Laserstrahl wird in Strahlrohren vom Laser zur Fügestelle geführt. Die Bewegung der Strahlrohre erfolgt durch Roboter. Für diese Anwendung kann anstatt eines CO_2-Lasers auch ein Festkörperlaser in Kombination mit Glasfasern und dem Multispotschweißen eingesetzt werden.

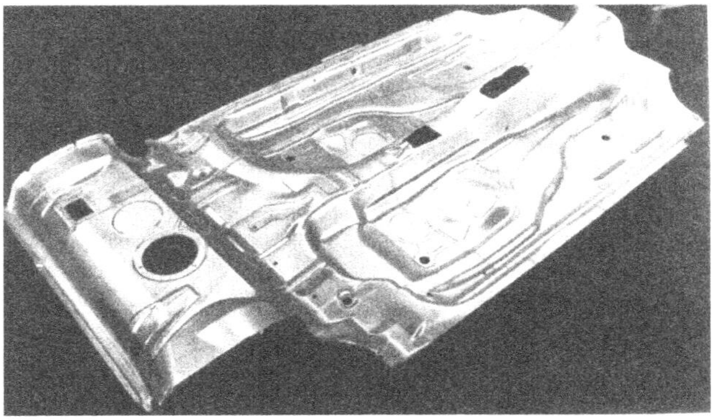

Bild 8-46. Laserstrahlgeschweißtes und umgeformtes Bodenblech (Pkw).

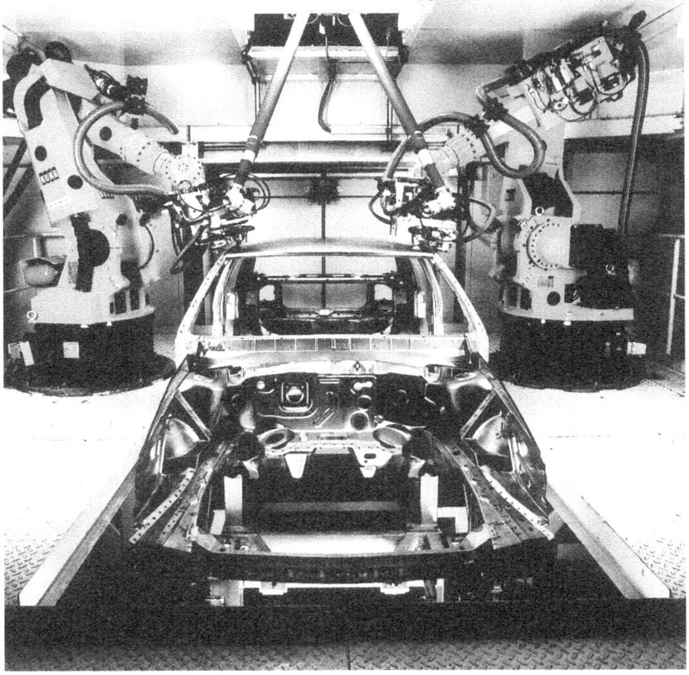

Bild 8-47. Dachnaht/Fensterflansche mit Roboter und Strahlrohre für CO_2-Laser (Werkbild: Rofin-Sinar Laser GmbH, Hamburg).

8.2.7 Fehler beim Laserstrahlschweißen

Damit eine einwandfreie Laserstrahlschweißnaht erreicht wird, muß eine Vielzahl von Verfahrensparametern optimal aufeinander abgestimmt werden. Neben Intensität, Impulslänge, Schweißgeschwindigkeit und Fokuslage sind die Art des Prozeßgases sowie dessen Durchflußmenge und Zuführung die wesentlichen Einflußgrößen. Besondere Anforderungen müssen an den Fügespalt gestellt werden. Es ist darauf zu achten, daß die Spaltbreite und der Kantenversatz, zum Beispiel beim I-Stoß und beim Schweißen ohne Zugabe von Schweißzusatzwerkstoff, bestimmte Toleranzen nicht überschreiten. Maximale Anhaltswerte sind in Tabelle 8-4 enthalten. Werden diese Werte nicht eingehalten, so ist mit Unregelmäßigkeiten in der Schweißnaht zu rechnen [8-11]. In Bild 8-48 sind

Tabelle 8-4. Anhaltswerte für Spaltbreite und Kantenversatz.

Blechdicke d	Spaltbreite b	Kantenversatz e
0,5 ... 3 mm	0,1 × d	0,15 × d
3 ... 10 mm	0,05 × d	0,1 × d

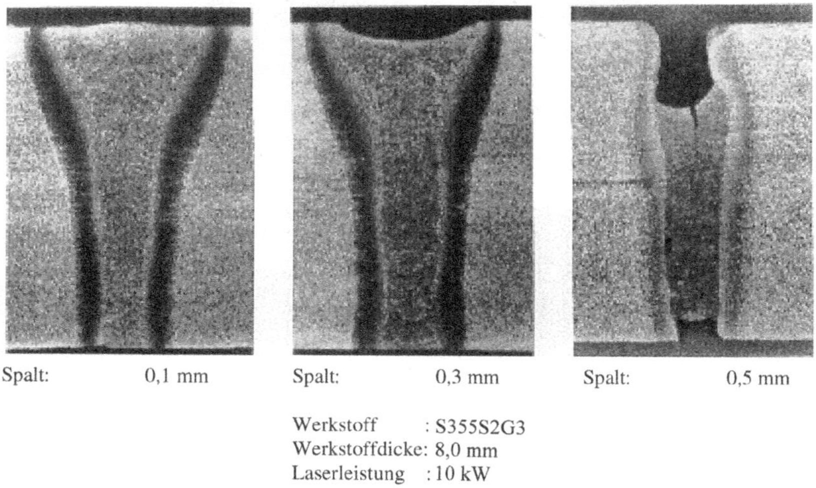

Bild 8-48. Makroschliffe von Schweißungen mit unterschiedlichen Spaltbreiten.

die Makroschliffe von Schweißverbindungen zu sehen, die mit unterschiedlichen, definierten Spalten geschweißt wurden. Bei einem Spalt von 0,1 mm ist keine Unregelmäßigkeit in der Schweißung vorhanden und bei 0,3 mm ist eine leichte Nahtunterwölbung festzustellen. Ein Spalt von 0,5 mm führt dagegen zu einer gravierenden Nahtunterwölbung und einem Wurzelrückfall. Die Überbrückung von großen Spalten kann durch Pendelung des Laserstrahls in bestimmten Grenzen kom-

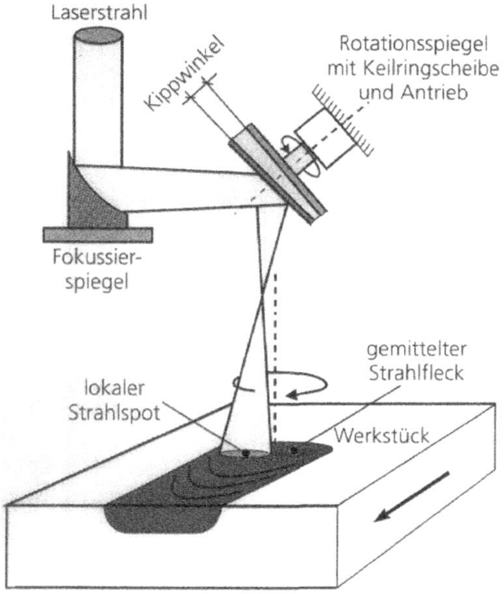

Bild 8-49. Schema der Strahlablenkung (Werkbild: IWS).

Stumpfnähte mit Kantenversatz (ca. 0,2 mm) und Spalt (ca. 0,5 mm)

Werkstoff:	1.4301
Blechdicke:	3,0 mm
Laserleistung:	5,5 kW
Scanbreite:	1,0 mm
Scanfrequenz:	200 Hz
Vorschub:	4,5 m/min

Bild 8-50. Laserstrahlschweißen ohne und mit Strahlablenkung (Werkbild: ILV).

pensiert werden. Die Strahlpendelung wird seit Jahren beim Elektronenstrahlschweißen erfolgreich angewandt. Die Strahlablenkung kann beispielsweise durch Rotationsspiegel, siehe Bild 8-49, erfolgen. Der Vorteil eines Strahlscanners beim Schweißen wird anhand von Bild 8-50 deutlich, bei dem eine Stumpfnaht mit Spalt und Kantenversatz ohne Strahlpendelung (oben) und mit Strahlpendelung (unten) geschweißt wurde.

Werden die Verfahrensparameter Intensität sowie Schutz- und Prozeßgas nicht aufeinander abgestimmt, führt dies in der Regel zu Schweißfehlern. Einen Überblick über häufige Schweißfehler, deren Ursache und mögliche Korrektur zeigt Tabelle 8-5.

Tabelle 8-5. Schweißfehler (Unregelmäßigkeiten) – Ursachen und Vermeidung.

Schweißfehler (Unregelmäßigkeiten)	mögliche Ursachen	Vermeidung
erhöhte Porosität	ungenügende Entgasung der Schmelze ungünstige Gasart mangelhafte Bauteilreinigung	Änderung der Nahtvorbereitung Änderung der Schweißgeschwindigkeit Änderung der Arbeitsgasparameter Erhöhung der Impulsfrequenz (nur bei gepulsten Lasern) Verbesserung der Reinigung
Rißbildung	unzulässige Aufhärtung Schrumpfspannungen ungünstige Nahtgeometrie	Reduzierung der Schweißgeschwindigkeit Änderung der Nahtvorbereitung Änderung der Nahtgeometrie Vorwärmen/Nachwärmen Verwendung eines günstigeren Werkstoffs
Randkerben	Fügespalt zu groß Kantenversatz zu hoch Abkühlung der Schmelze zu schnell	Änderung der Nahtvorbereitung Änderung der Schutzgasparameter Änderung der Impulsfrequenz (nur bei gepulsten Lasern)
Oberraupe zu breit	Plasmakontrolle unwirksam Fokuslage nicht optimal	Änderung der Arbeitsgasparameter Änderung der Fokuslage
Naht zu breit	Fokusdurchmesser zu groß Fokuslage falsch Schweißgeschwindigkeit zu niedrig Arbeitsgasparameter falsch	Fokussieroptik justieren/kürzere Brennweite verwenden Fokuslage optimieren Schweißgeschwindigkeit erhöhen Arbeitsgasparameter optimieren
Oberraupe unruhig	Strahlparameter instabil Arbeitsgasdurchfluß zu groß Düsenposition falsch	Fehler am Laser oder im Strahlengang Durchfluß reduzieren Position korrigieren

9 Widerstandspreßschweißen

Beim Widerstandsschweißen ist die Wärmequelle der elektrische Widerstand, den der Strom an der Schweißstelle vorfindet.

9.1 Definition des Widerstandsschweißens (Prozeß-Nr. 2)

Nach DIN 1910-5 ist das Widerstandsschweißen (Kurzzeichen R) wie folgt definiert: „Die zum Schweißen erforderliche Wärme wird durch den Stromfluß über den elektrischen Widerstand der Schweißzone erzeugt (Widerstandswärme, Joulesche Wärme). Geschweißt wird mit oder ohne Kraft und ohne oder mit Schweißzusatz." Soweit gilt die Definition für das Widerstandsschweißen allgemein. Beim Widerstandspreßschweißen gilt im besonderen: „Der Strom wird konduktiv über Elektroden zugeführt oder induktiv über Induktoren übertragen. Die Werkstücke werden unter Anwendung von Kraft geschweißt."

9.2 Einteilung der Widerstandsschweißverfahren

Eine Einteilung der Widerstandsschweißverfahren enthält Bild 9-1. Eine erste grobe Einteilung kann in Widerstandspreß- und Widerstandsschmelzschweißverfahren erfolgen. Im folgenden werden nur die wichtigsten Widerstandspreßschweißverfahren behandelt. Das Widerstandsschmelzschweißen wird unter den Sonderverfahren in Abschnitt 10.1 vorgestellt.

Das Widerstandspreßschweißen kann weiter unterteilt werden in Verfahren mit konduktiver Stromübertragung und solche mit induktiver Stromübertragung. Letztere werden hauptsächlich eingesetzt zum Herstellen längsnahtgeschweißter Rohre. Die in der schweißtechnischen Fertigung am meisten eingesetzten Preßschweißverfahren gehören zum konduktiven Widerstandsschweißen. Es sind dies das Punktschweißen (RP), das Buckelschweißen (RB), das Rollennahtschweißen (RR), das Abbrennstumpfschweißen (RA) und das Preßstumpfschweißen (RPS). Die Wirkprinzipien dieser Verfahren werden in Bild 9-2 gezeigt.

9.3 Grundlagen des Widerstandspreßschweißens

Alle Widerstandspreßschweißverfahren beruhen auf sehr ähnlichen physikalischen Grundlagen.

9.3.1 Widerstände im Schweißstromkreis

Im folgenden wird beispielhaft anhand des Widerstandspunktschweißens beschrieben, wie aus den Widerständen im Schweißstromkreis die zum Schweißen erforderliche Wärme gewonnen werden kann. Die bei diesem Verfahren im Schweißstromkreis vorliegenden Widerstände zeigt schematisch Bild 9-3. Der Gesamtwiderstand setzt sich zusammen aus vier Stoffwiderständen und drei Übergangs-(Kontakt-)Widerständen. Von den Stoffwiderständen sind die Widerstände R_{S1} und R_{S4} am kleinsten, weil die Elektroden aus gut leitenden Kupferwerkstoffen bestehen. Die Stoffwiderstände R_{S2} und R_{S3} sind abhängig von Legierung und Dicke der zu schweißenden Werkstoffe. Die Übergangswiderstände $R_{Ü1}$ und $R_{Ü3}$ sind kleiner als der Widerstand $R_{Ü2}$, weil ein Partner, nämlich die Elektroden, aus gut leitendem Werkstoff besteht. Außerdem sind diese noch wassergekühlt. Der größte Widerstand ist deshalb der Übergangswiderstand $R_{Ü2}$ zwischen den zu schweißenden Blechen. Deshalb entsteht hier sofort nach dem Einschalten des Stromes die höchste Temperatur. Durch

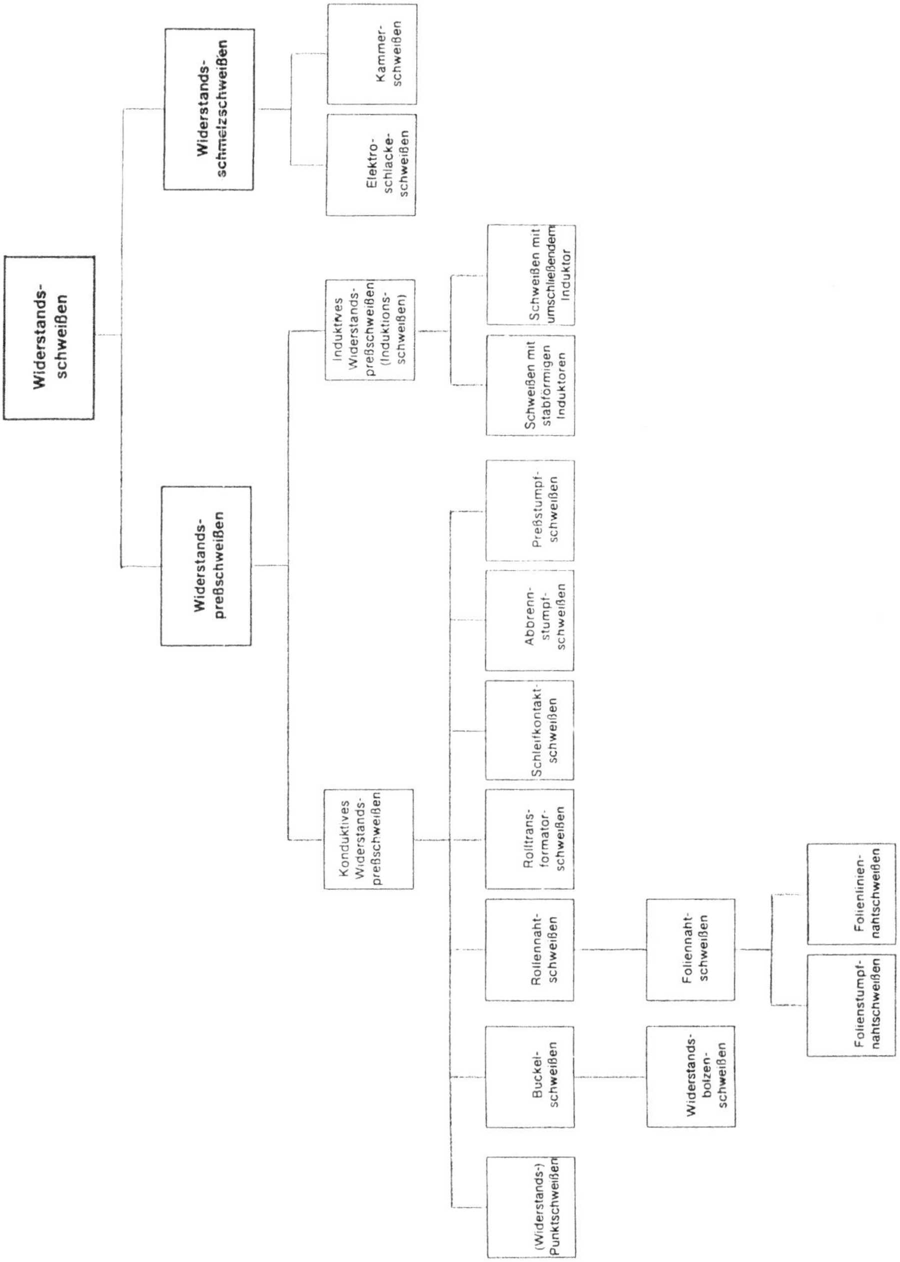

Bild 9-1. Grafische Darstellung der Widerstandsschweißverfahren nach DIN 1910-5.

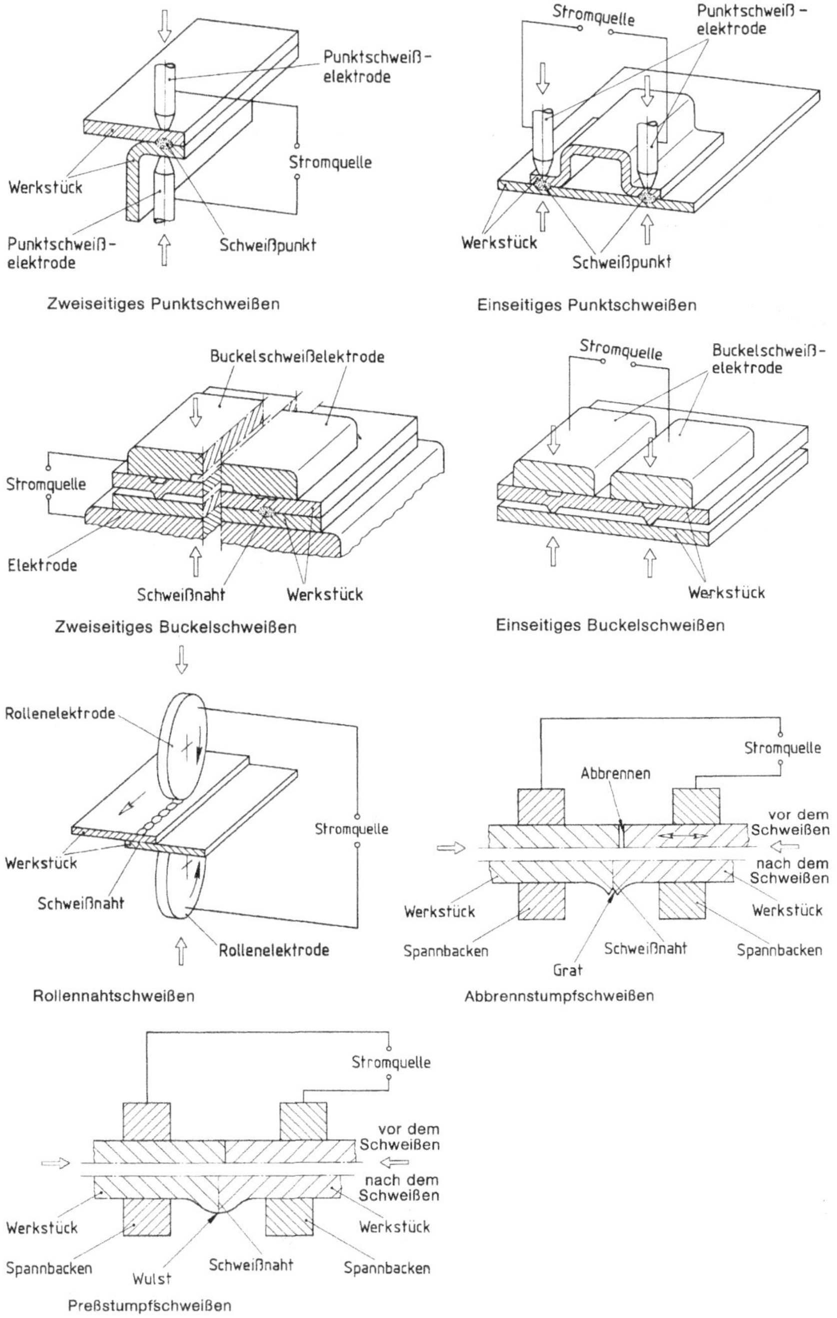

Bild 9-2. Schematische Darstellung der wichtigsten Widerstandspreßschweißverfahren nach DIN 1910-5.

die Erwärmung unter Druck werden aber Unebenheiten der Kontaktflächen schon nach sehr kurzer Zeit eingeebnet, wodurch sich der Übergangswiderstand $R_{Ü2}$ stark verringert. Trotzdem schreitet die Erwärmung hier stetig fort, weil der Werkstoff rund um die Kontaktstelle durch die Aufheizung den höchsten Stoffwiderstand besitzt. Durch die vorliegenden Wärmebildungs- und -ableitungsbedingungen wird der Werkstoff in diesem Bereich linsenförmig aufgeschmolzen und damit die punktförmige Verbindung geschaffen.

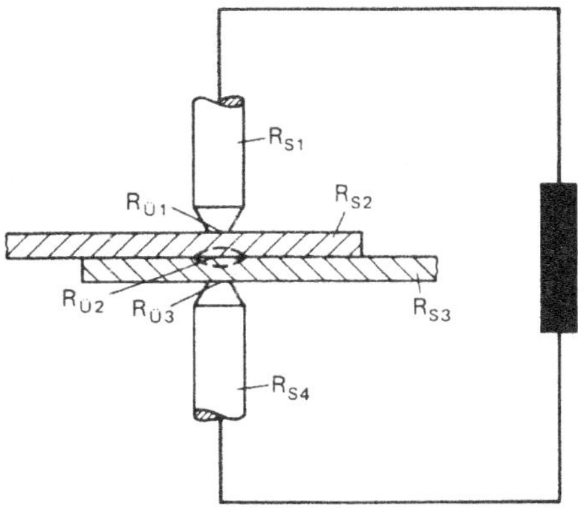

Bild 9-3. Widerstand im Schweißstromkreis beim Punktschweißen (R_{S1} ... R_{S4} = Stoffwiderstände, $R_{Ü1}$ ... $R_{Ü3}$ = Übergangswiderstände).

9.3.2 Wärmewirkung des Stromes

Die entstehende Wärmemenge beim Widerstandspreßschweißen ist abhängig von der Stromstärke, dem Widerstand und der Einwirkungszeit des Stromes. Nach dem Jouleschen Gesetz kann man die entstehende Wärmemenge (Q) in vereinfachter Form ohne Berücksichtigung des Wärmewirkungsgrades wie folgt errechnen:

$$Q = I^2 \cdot R \cdot t$$

Die Stromstärke I geht als Quadrat in diese Gleichung ein. R ist hier der Widerstand zwischen den Blechen. Er ist abhängig vom Werkstoff, seinem Oberflächenzustand und dem Anpreßdruck. Die Zeit (t) kann bei entsprechend angepaßter Stromstärke kürzer oder länger sein. Man spricht dann vom Kurzzeit- oder Langzeitschweißen [9-1].

9.3.3 Stromquellen zum Widerstandspreßschweißen

Obwohl die Gleichstromschweißung zunehmend Bedeutung erlangt, überwiegt beim Widerstandspreßschweißen immer noch die Verwendung von Wechselstrom. Da die Spannungen an der Schweißstelle meist unter 10 V liegen, genügen auf der Sekundärseite der Widerstandstransformatoren wenige Windungen. Bei den hohen Schweißströmen, die mehrere kA betragen können, müssen diese aber einen entsprechend großen Querschnitt haben. Meist bestehen sie aus Kupfergußteilen, die durch an- oder eingegossene Kühlrohre wassergekühlt sind. Beim Mantelumspanner sind die Windungen scheibenförmig ausgeführt und die Primär- und Sekundärwicklungen entsprechend Bild 9-4 gegeneinander verschachtelt. Wegen der großen magnetischen Kräfte, die bei dem stoßweisen Betrieb mit hohen Stromstärken auftreten, müssen die Scheibenwicklungen durch Ankerschrauben fest gegeneinander verspannt oder mit aushärtbaren Harzen vergossen werden.

Unterschiedliche Leistungen können durch primärseitige Windungsanzapfung eingestellt werden, Bild 9-5. Hierdurch wird bei Stromquellen mit Konstantspannungscharakteristik durch Änderung der Sekundärspannung die Stromstärke an der Schweißstelle verändert. Bei neueren Stromquellen zum Widerstandsschweißen wird eine Dosierung der Schweißleistung auch durch eine Phasenanschnittsteuerung vorgenommen, siehe Abschnitt 9.3.4. Transformatoren für das Widerstandsschweißen werden einphasig angeschlossen. Dadurch wird das Netz ungleichmäßig belastet. Beim Anschluß mehrerer Widerstandsschweißmaschinen müssen diese deshalb gleichmäßig auf die drei Phasen des Drehstromnetzes verteilt werden.

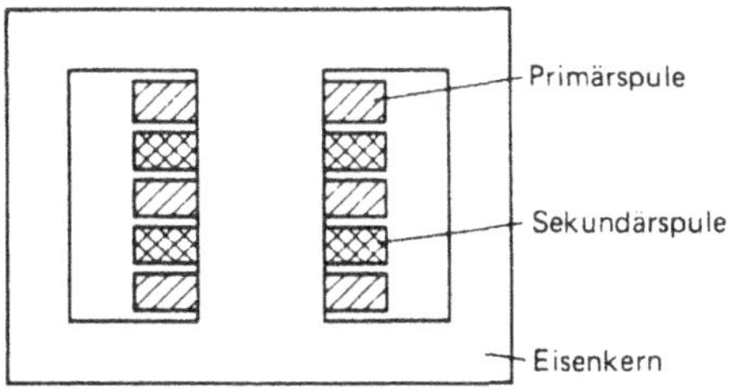

Bild 9-4. Schema eines Mantelumspanners mit scheibenförmigen Spulen.

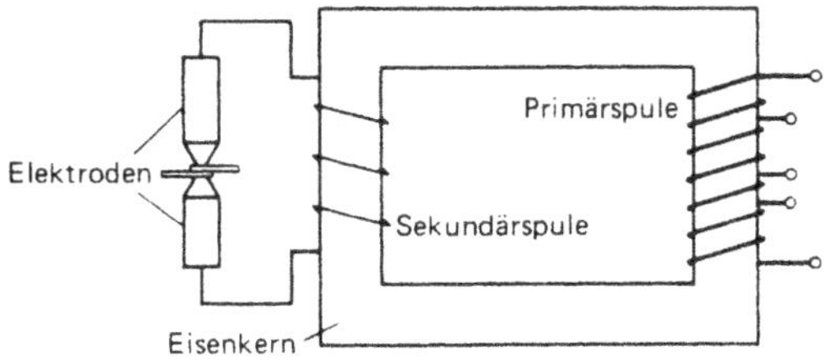

Bild 9-5. Schweißstromeinstellung bei einem Kernumspanner durch primärseitige Windungsanzapfung.

Die Entwicklung von Hochstromgleichrichtern hat dazu geführt, daß zum Punkt-, Buckel- und Rollennahtschweißen, aber auch zum Abbrennstumpfschweißen, vermehrt Gleichstrom eingesetzt wird. Gleichstromquellen sind zwar teurer, jedoch ergeben sich im Vergleich zum Wechselstromschweißen ein gleichmäßigerer Erwärmungsvorgang, kürzere Erwärmungszeiten und eine bessere Schweißnahtgüte. Zum Punktschweißen mit Robotern werden in neuerer Zeit auch thyristorgetaktete Inverter eingesetzt [9-2]. Durch das geringere Gewicht dieser Stromquellen ist es möglich, diese zusammen mit der Punktschweißzange direkt auf dem Roboterarm zu befestigen. Auf die langen wassergekühlten Hochstromleitungen kann man dann verzichten.

9.3.4 Schalten und Steuern von Strömen

Die Steuerung einer Widerstandsschweißmaschine hat unter anderem die Aufgabe, den Strom zu schalten, einzustellen und konstant zu halten. Bei modernen Maschinen erfolgt das Einstellen des Schweißstromes durch die Phasenanschnittsteuerung. Hierzu werden Thyristoren verwendet, von denen jeweils zwei in Wechselwegschaltung betrieben werden. Durch eine entsprechende Steuerung wird der Zündzeitpunkt der Thyristoren so eingestellt, daß jeweils nur Teile der Sinushalbwelle durchgelassen werden. Unterschiedliche Leistungen lassen sich dann, wie Bild 9-6 verdeutlicht, bei gleicher Amplitude des Wechselstromes durch Veränderung des Zündwinkels der Thyristoren einstellen [9-3]. Die Leistung erhöht sich bei gleicher Stromflußzeit auch mit zunehmender Amplitude der Spannung. Diese kann, wie bereits erwähnt, durch primärseitige Windungsanzapfung beeinflußt werden.

Beim Widerstandspreßschweißen werden kurzzeitig Ströme von einigen tausend Ampere benötigt. Das Schalten so hoher Ströme ist sinnvoll nur primärseitig möglich. Da die Schweißzeiten, zum Beispiel beim Punktschweißen, so kurz sind, daß sie in Perioden des Wechselstromes gemessen werden (eine Periode = 0,02 s), ist ein zeitgenaues Ein- und Ausschalten des Stromes mit mechanischen Schaltern (beispielsweise Schützen) nicht möglich. Es werden deshalb meist elektronische Schalter, die kürzere Schaltverzögerungen haben, verwendet. Bei älteren Widerstandsschweißmaschinen, die teilweise heute noch im Einsatz sind, werden dazu Ignitrons verwendet. Bild 9-7 zeigt den schematischen Aufbau eines solchen elektronischen Schalters. Er besteht aus einem wassergekühlten Metallgefäß, das mit Quecksilber gefüllt ist, welches als Katode geschaltet ist. Die Anode besteht aus Graphit. In das Quecksilber taucht ein Zündstift aus Halbleitermaterial ein. Wenn eine positive Spannung am Zündstift liegt, entsteht zwischen diesem und dem Quecksilber eine

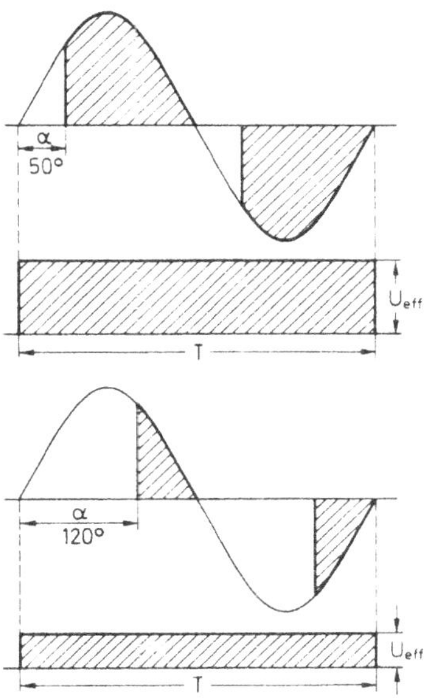

Bild 9-6. Der Effektivwert in Abhängigkeit vom Zündwinkel bei konstanter Amplitude [9-2].

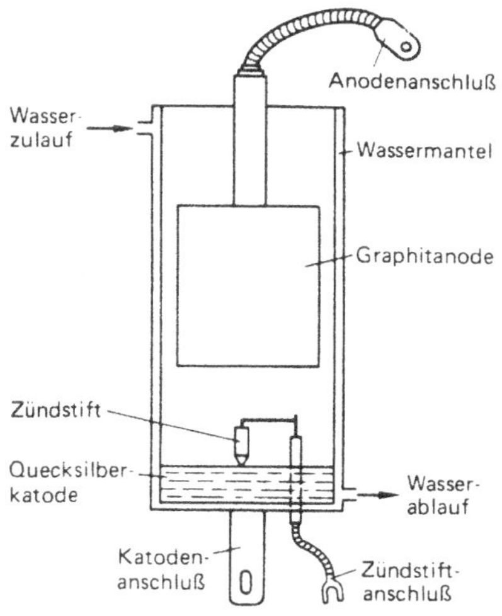

Bild 9-7. Schematischer Aufbau eines Ignitrons.

Gasentladung. Durch diese verdampft Quecksilber, so daß schließlich ein Lichtbogen zwischen Katode und Anode zünden kann, wenn die positive Halbwelle an der Anode liegt. Dieser Lichtbogen schließt den Schweißstromkreis. Das Ignitron löscht sich von selbst beim nächsten Spannungsnulldurchgang. Durch Verwenden von zwei Ignitrons in einer Antiparallelschaltung ist es möglich, auch mehrere Halbwellen des Stromes durchzulassen, und zwar so lange, wie der Steuerstromkreis in Bild 9-8 bei „S“ geschlossen ist.

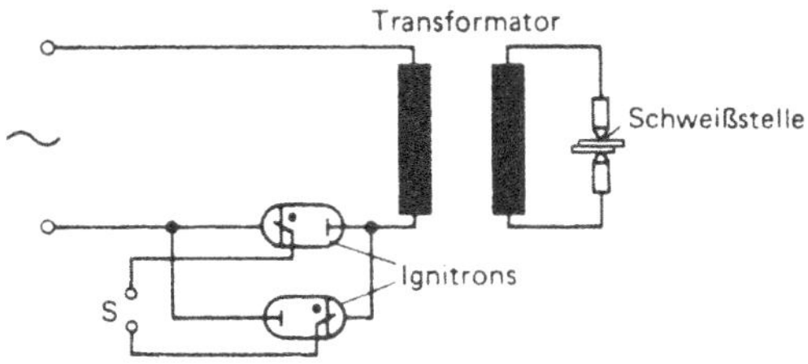

Bild 9-8. Vereinfachte Schaltung eines Ignitronschützes.

Bild 9-9. Widerstandsschweißmaschine mit Steuerung (Werkbild: Dalex-Werke Niepenberg GmbH & Co., Wissen).

Bei neueren Geräten übernehmen Thyristoren in ähnlicher Weise das Schalten des Stromes. Auch Triacs und Leistungstransistoren sind dafür geeignet. Elektronische Steuerungen übernehmen die Zeitbegrenzung, wobei die Zeitdauer, zum Beispiel durch eine Kondensatorentladung, bestimmt wird. Tabelle 9-1 stellt die Eigenschaften von Ignitron und Thyristor gegenüber [9-4]. Es gibt asynchrone und synchrone Zeitsteuerungen. Die letztere ist genauer, weil sie jeweils im Nulldurchgang des Stromes schaltet. Die Asynchronsteuerung ist dagegen die preiswertere Lösung. Neben dem Schalten des elektrischen Stromes hat die Steuerung auch die Aufgabe, die Magnetventile für Druckluft und Drucköl zum Aufbringen der Elektrodenkraft zeitgenau zu betätigen. Auch diese Funktion ist für die Qualität der Schweißung von großer Bedeutung. Die Steuerung einer Widerstandsschweißmaschine besteht aus Steuer- und Leistungsteil, die meist seitlich an der Schweißstromquelle angebracht sind, Bild 9-9 [9-5].

Tabelle 9-1. Gegenüberstellung der Eigenschaften von Ignitron und Thyristor [9-1].

	Ignitron	Thyristor
Spannungsabfall	15 ... 20 V	1,5 ... 2 V
Verlustleistung (bei 380 V)	5 %	0,5 %
Kühlwassermenge	3 ... 5 l/min	bis 4 l/min
Steuerleistung bei	etwa 20 V	etwa 1,5 V
Anodenzündung	etwa 12 A	250 mA
Zündverzug	etwa 50 µs	etwa 4 µs
Zündspannung	etwa 150 V	etwa 5 V
Verschleißteile	Zündstift	keine
Lebensdauer (bei zulässiger Belastung)	mehrere Jahre	praktisch unbegrenzt
kurzzeitige Überlastbarkeit (Strom/Spannung)	unempfindlich	empfindlich
Schutzbeschaltung (gegen Spannungsspitzen)	entfällt	meist erforderlich
Einbaulage	senkrecht	beliebig
Raumbedarf	100 %	10 ... 30 %
Transportgefährdung	groß	klein
Empfindlichkeit gegen äußere Einflüsse	groß	klein
Grundlastwiderstand	meist erforderlich	entfällt

9.4 Punktschweißen (Prozeß-Nr. 21)

DIN 1910-5 sagt zu diesem Verfahren: „Die Werkstücke werden an den Stoßflächen erwärmt und unter Anwendung von Kraft punktförmig (genauer linsenförmig) geschweißt. Strom und Kraft werden durch Punktschweißelektroden übertragen. Es kann ein Punkt (Einzelpunktschweißen) oder es können gleichzeitig zwei (Doppelpunktschweißen) oder mehr Punkte (Vielpunktschweißung) geschweißt werden. Je nach Art der Stromzuführung unterscheidet man zwischen zweiseitigem Punktschweißen (RPZ) und einseitigem Punktschweißen (RPE).“

Beim zweiseitigen Punktschweißen (Prozeß-Nr. 212) stehen die Elektroden sich unmittelbar gegenüber, beim einseitigen Punktschweißen (Prozeß-Nr. 211) stehen sie auf einer Werkstückseite nebeneinander, Bild 9-10. Der Durchmesser des entstehenden Punktes hat ungefähr 80 % der Größe der Kontaktfläche der Elektrode auf dem Werkstück. Nach einer Faustregel wird er $5 \cdot \sqrt{s}$ (s = Dicke des dünnsten Einzelbleches) [9-6]. Bild 9-11 zeigt einen Querschliff durch eine Schweißlinse.

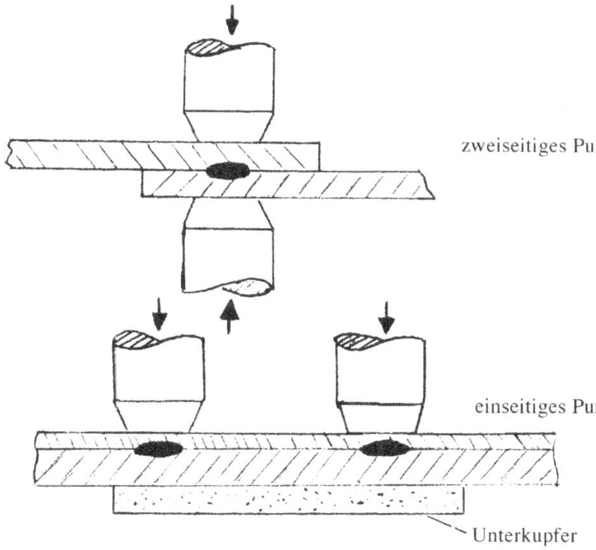

Bild 9-10. Verfahrensvarianten des Punktschweißens.

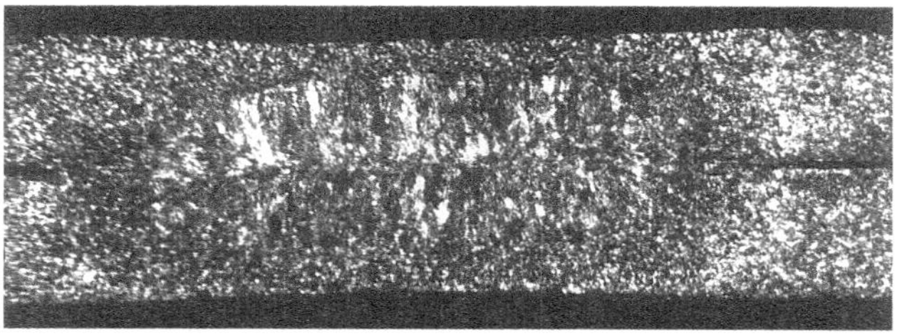

Bild 9-11. Querschliff einer Schweißlinse (Maßstab ~ 12:1).

9.4.1 Schweißmaschinen

Schweißmaschinen für das Punkt-, Buckel- und Rollennahtschweißen sind, mit Ausnahme der Aufnahmen der Schweißwerkzeuge und der Schweißwerkzeuge selbst, baugleich. Sie bestehen aus den Hauptkomponenten Maschinengestell, Auslegerarme, Stromquelle und Steuerung. Die Einzelkomponenten einer Punktschweißmaschine zeigt Bild 9-12. Neben diesen stationären Schweißmaschinen werden zum Punktschweißen auch mobile Punktschweißzangen eingesetzt. Bauartbedingt sind hierbei dem Schweißstrom und der Elektrodenkraft Grenzen gesetzt, so daß solche Geräte vornehmlich zum Dünnblechschweißen eingesetzt werden.

9.4.2 Elektroden

Die Elektroden zum Punkt-, Buckel- und Rollennahtschweißen haben die Aufgabe, den Schweißstrom und die Elektrodenkraft auf das Werkstück zu übertragen. Sie sind gewissermaßen die Werkzeuge des Widerstandsschweißers. Bild 9-13 zeigt an einer Maschine, die kombiniert für das Punkt- und Buckelschweißen eingerichtet ist, die schaftförmigen Elektroden für das Punktschweißen und die flächigen für das Buckelschweißen.

Elektroden für das Punktschweißen können gerade, gewinkelt oder gekröpft sein, Bild 9-14. Sie sind bei industriellem Einsatz meist von innen wassergekühlt. Es gibt einteilige und zweiteilige Elektroden. Bei letzteren lassen sich die Kappen oder Spitzen der Elektroden nach Verschleiß leicht

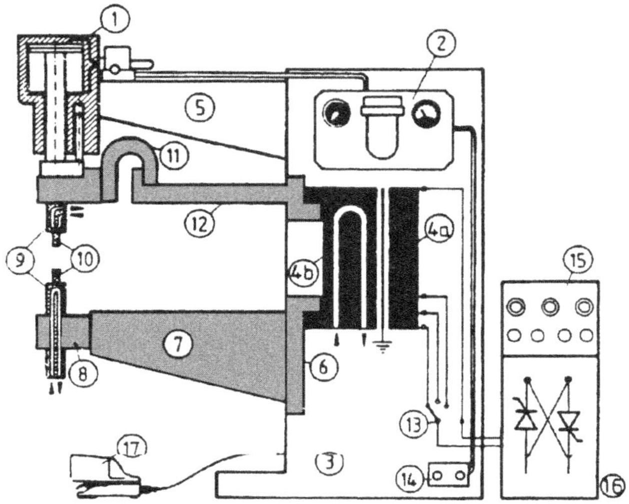

Bild 9-12. Aufbau einer Einphasen-Punktschweißmaschine (1 = Elektrokraftzylinder, 2 = Druckluftwartungseinheit – Filter, Regler, Manometer, 3 = Maschinengestell, 4 = Schweißtransformator – a) Primärspule, b) Sekundärspule mit Wasserkühlung, 5 = Oberarm, 6 = Stromplatte zur Unterarmhalterbefestigung, 7 = Unterarmhalter, 8 = Unterarm, 9 = Elektrodenhalter mit Wasserkühlung, 10 = Elektroden, 11 = Stromfeder, 12 = Stromschiene, 13 = Stufenschalter, 14 = Druckluftanschluß, 15 = Steuerteil, 16 = Leistungsteil, 17 = fußbetätigter Startschalter).

Bild 9-13. Elektroden für das Punkt- und Buckelschweißen.

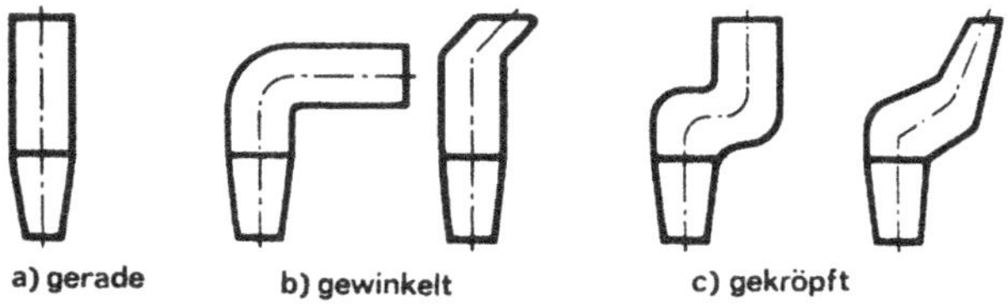

Bild 9-14. Formen der Punktschweißelektroden nach Merkblatt DVS 2903 nach [9-7].

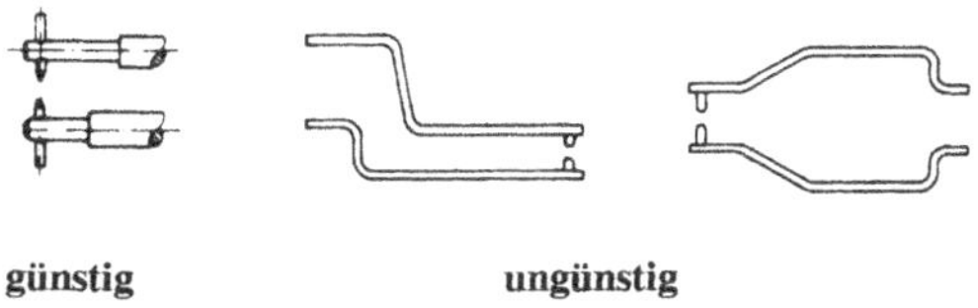

Bild 9-15. Formen von Elektrodenarmen.

auswechseln. Elektroden zum Widerstandsschweißen sind nämlich Verschleißteile, die nach bestimmten Standmengen ausgewechselt und/oder nachgearbeitet werden müssen. Nach Merkblatt DVS 2903 sollen sie folgende Eigenschaften besitzen [9-7]:

– gute elektrische und thermische Leitfähigkeit,
– große Warmhärte,
– hohe Anlaßbeständigkeit und Erweichungstemperatur,
– geringe Anlegierungsneigung zum Werkstoff,
– leichte Bearbeitungsmöglichkeit.

Die beste elektrische und thermische Leitfähigkeit würden Elektroden aus Reinkupfer besitzen, allerdings wäre deren Verschleißbeständigkeit zu gering. Für den Einsatz beim Widerstandsschweißen haben sich deshalb Elektroden aus den Kupferlegierungen CuCr (Kupfer-Chrom), CuCrZr (Kupfer-Chrom-Zirkon) und CuCoBe (Kupfer-Kobalt-Beryllium) am besten bewährt. Tabelle 9-2 gibt Hinweise für die Anwendung dieser und anderer Elektrodenlegierungen. Die Enden der Punktschweißelektroden, die mit dem Werkstück in Berührung kommen, können nach dem Auslaufen in zylindrisch oder kegelig, nach der Art des Angriffs in zentrisch oder versetzt und nach der Kontaktfläche in ballig, flach oder ringförmig eingeteilt werden.

Tabelle 9-2. Anwendung der Elektrodenwerkstoffe nach Merkblatt DVS 2903 [9-7].

Gruppe A

ISO Klasse	DIN 44 759 Klasse	DIN 44 759 Nr.	Kurzzeichen	Werkstoff-Nr.	Anwendung: Punktschweißen	Buckelschweißen	Nahtschweißen	Stumpfschweißen	Sonstiges
HC-Copper I	1	1	ECu	2.0060	El/Al	Platten f. Wkz	R'El/Al		stromf. Teile, Bänder
		2	CuTeP	2.1546					
		3	CuCd 1	2.1266	El/St (verz., verbleit)		R'El/St (verz., verbl.)	Wkz und E/St	El/HF-Schweiß. v. Al
		4	CuAg 0,1 P	2.1191	El/Al				
II	2	1	CuCr	2.1291	El-halter, -schäfte und Uk/St	Wkz, großflächig	R'El u. -halter/St	Wkz und E/St und leg. St	Grund-Wkz f. E. der Gruppe B
		2	CuCrZr	2.1293	desgl. bei hoher Belastung	Wkz, großflächig	desgl. bei hoher Belastung	Wkz und E/St und leg. St	Grund-Wkz f. E. der Gruppe B
III	3	1	CuCoBe	2.1285	El-halter und -schäfte u. Uk/leg. St	Wkz, E	R'El/leg. St	Wkz und E bei hohen Spannkräften	Grund-Wkz f. E. der Gruppe B
		2	CuNi 2 Si	2.0855	El-halter und -schäfte u. Uk/leg. St	Wkz, E	R'El/leg. St	Wkz und E bei hohen Spannkräften	Grund-Wkz f. E. der Gruppe B
	4	1	CuNiP	2. *)	El-halter und schäfte bei extremer mech. Beanspruchung	Wkz, E bei sehr hohen Kräften	R'El-halter bei sehr hohen Kräften	lange Wkz	
		2	CuBe 2	2.1247					
		3	CuAg 6	2. *)			R'El/leg. St bei höherer Wärmebeanspr.		
		4	CuAl 10 Ni	2.0966			R'El/leg. St bei hohen mechan. Kräften		

*) hierfür bestehen noch keine Werkstoff-Nummern

El = Elektroden
E = Einsätze
Wkz = Werkzeuge
R'El = Rollenschweißelektroden
Uk = Unterkupfer
Al = Aluminium
St = weicher Stahl (unlegiert)
leg. St = wärmebeständiger und rostfreier Stahl

Gruppe B

ISO Klasse	DIN 44 759 Klasse	DIN 44 759 Nr.	Kurzzeichen	Werkstoff-Nr.	Punktschweißen	Buckelschweißen	Nahtschweißen	Stumpfschweißen	Sonstiges
	11		WCu	*)		E/St		E/St bei hoher Belastung	E/Warmnieten und Stauchen
	12		CuWC	*)	E/leg. St	E/leg. St		E/leg. St	E/Warmnieten und Stauchen
	13		Mo	*)	E für Werkstoffe mit hoher Leitfähigkeit (13–15)	E		kleinere E	E/Warmnieten und Stauchen
	14		W	*)		Wkz und E für Drahtgitter aus Werkstoff mit hoher Leitfähigkeit (14–15)			E zum Wid.-Hartlöten
	15		WAg	*)					E zum Wid.-Hartlöten

Die Punktschweißelektroden sitzen in Elektrodenarmen. Diese müssen bei schlechter Zugänglichkeit zur Schweißstelle unter Umständen gebogen oder gekröpft sein, Bild 9-15. Bei langen, ungünstig geformten Armen können aber nur ungenügend hohe Elektrodenkräfte übertragen werden. Es ist deshalb durch konstruktive Maßnahmen dafür zu sorgen, daß möglichst gerade Arme und Elektroden verwendet werden können.

9.4.3 Verfahrensdurchführung

Bild 9-16 zeigt den Ablauf einer Widerstandspunktschweißung. Der Schweißvorgang beginnt mit dem Aufbringen der Elektrodenkraft. Der Schweißstrom wird erst eingeschaltet, wenn der volle Druck erreicht ist. Nach dem Abschalten des Stromes muß die Elektrodenkraft so lange aufrecht erhalten werden, bis die Schweißlinse erstarrt ist. Neben dem hier gezeigten Einimpulsschweißen gibt es noch das Mehrimpulsschweißen, bei dem die Energie in mehreren Impulsen eingebracht wird. Diese Variante wird vornehmlich beim Schweißen dickerer Bleche und bei verzinkten Bauteilen eingesetzt.

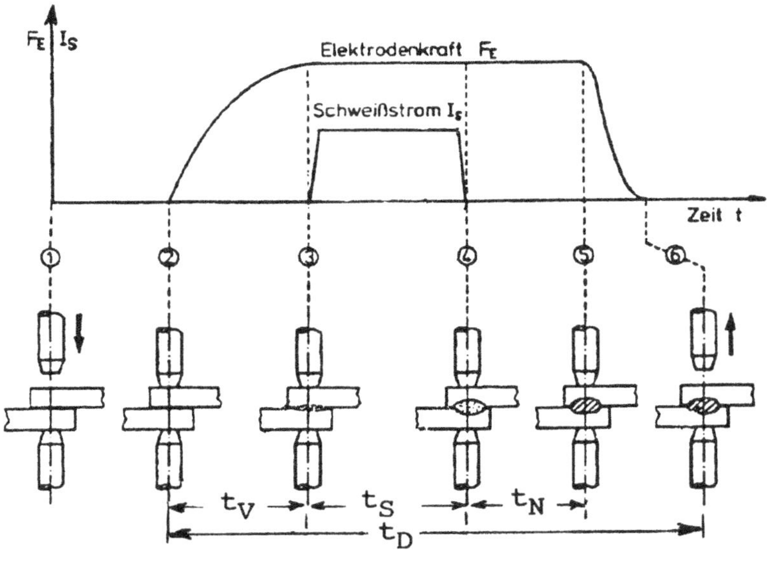

Bild 9-16. Ablauf einer Punktschweißung (t_V = Vorhaltezeit, t_S = Schweißzeit, t_N = Nachhaltezeit, t_D = Druckzeit).

9.4.3.1 Schweißparameter

Schweißparameter beim Widerstandspunktschweißen sind die Stromstärke, die Schweißzeit und die Elektrodenkraft [9-8]. Tabelle 9-3 enthält typische Schweißdaten für das Punktschweißen von Blechen aus unlegiertem Stahl im Dickenbereich von 0,5 bis 3,0 mm [9-9].

- **Stromstärke:**

Die Stromstärke liegt bei diesen Blechdicken zwischen 8 und 22 kA. Man unterscheidet das Kurzzeit-, Mittelzeit- und Langzeitschweißen. Diese Varianten unterscheiden sich dadurch, daß eine niedrigere Stromstärke durch eine verringerte Elektrodenkraft (= Erhöhung des Widerstandes) und eine verlängerte Schweißzeit ausgeglichen wird. Bei richtiger Anpassung der Parameter führen Kurz-, Mittel- und Langzeitschweißen zu gleichen Linsendurchmessern und gleicher Haltbarkeit.

- **Schweißzeit:**

Die Schweißzeit wird in Perioden des Wechselstromes gemessen. Sie liegt zum Beispiel bei einem 1 mm dicken Blech je nach Schweißbedingungen bei 4 bis 25 Perioden (entspricht etwa 0,08 bis 0,5 s).

Tabelle 9-3. Schweißdaten zum Punktschweißen, aus [9-9].

Verfahren: (Widerstands-)Punktschweißen	Grundwerkstoff: unlegierter Baustahl (C ≤ 0,15%)
Art der Fertigung: teilmechanisch bis automatisch	Elektrodenwerkstoff: Klasse 2 nach DIN 44 759 (A 2 nach DIN ISO 5182)
Nahtart: Punktnaht am Überlappstoß	Elektrodenform: flach (d) oder ballig (R)[4]
	Schweißposition: beliebig

Einzelblechdicke[1]	Nahtvorbereitung					Einstellwerte[2]			Kenngrößen			Bemerkungen[3]
	Nahtart	Elektrode d	Elektrode R	Punktabstand	Überlappung	Schweißzeit	Schweißstrom	Elektrodenkraft	Punktdurchmesser	Mindestscherzugkraft	Schweißbedingungen	
mm		mm	mm	mm	mm	Per	kA	kN	mm	kN		
0,5	Punktnaht	5	75	14	9	2	8	1,7	3,5	1,8	Kurzzeit	
						5	6,5	1,3	3,5	1,8	Mittelzeit	
						12	5,5	1,0	3,5	1,8	Langzeit	
1,0	Punktnaht	8	75	24	15	4	13	4,5	6,0	5,1	Kurzzeit	
						10	9,5	2,5	6,0	5,1	Mittelzeit	
						25	8,0	1,9	6,0	5,1	Langzeit	
1,5	Punktnaht	10	75	28	18	5	15	5,0	7,0	7,7	Kurzzeit	
						14	10	3,1	7,0	7,7	Mittelzeit	
						30	8	1,9	7,0	7,7	Langzeit	
3,0	Punktnaht	14	75	40	25	9	22	11,0	10	20,9	Kurzzeit	
						24	14	4,5	10	20,9	Mittelzeit	
						60	11	3,0	10	20,9	Langzeit	

[1] Zwei Bleche gleicher Dicke. Die Oberfläche muß von Schmutz, Fett, Farbe, Rost und Zunder frei sein. Ein Ölfilm ist zulässig.

[2] Vorhaltezeit etwa 15 Per, Nachhaltezeit etwa 20 Per.

[3]

Schweißbedingungen	Produktionsgeschwindigkeit	Benötigte Maschinenausführungen	Streuung der Schweißgüte	Elektrodenstandzeit
Kurzzeit	sehr groß	groß	größer	geringer
Mittelzeit	groß	mittel	kleiner	größer
Langzeit	klein	klein	größer	größer

[4] Elektrodenformen, schematisch dargestellt:

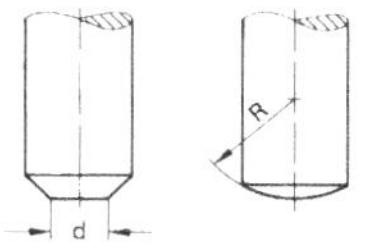

- **Elektrodenkraft:**

Die Elektrodenkraft wird in Kilo-Newton (kN) angegeben. Sie muß mit zunehmender Blechdicke erhöht werden. Bei zu geringem Anpreßdruck zwischen den Blechen entsteht stärkere Spritzerbildung. Bei zu hoher Anpreßkraft ist ebenso wie bei zu starker Erwärmung durch zu hohe Stromstärken oder zu lange Schweißzeit mit einem tiefen Eindruck der Elektroden auf dem Werkstück zu rechnen.

Wenn Schweißdatentabellen nicht zur Verfügung stehen, können Schweißparameter auch mit folgenden Faustformeln errechnet werden:

Stromstärke $I_S = 9{,}5 \cdot \sqrt{s}$ [kA]
Schweißzeit $t_S = 8 \cdot s$ [Per]
Elektrodenkraft $F = 2000 \cdot s$ [N]

s = Blechdicke des dünnsten Einzelbleches

Bei einer Dicke des dünnsten Einzelbleches von 3,0 mm wären dies:

$I_S = 16{,}5$ kA
$t_S = 24$ Per
$F = 6$ kN

Daraus resultiert nach der vorher schon erwähnten Faustregel ein Linsendurchmesser von 8,7 mm.

9.4.3.2 Nebenschlußeffekt

Liegen zwei zu schweißende Punkte nahe beieinander, dann fließt beim Schweißen des zweiten Punktes ein Teil des Stromes über den bereits geschweißten ersten Punkt, Bild 9-17. Dieser Strom fehlt zum Aufschmelzen des Werkstoffes, so daß der zweite Punkt kleiner wird als der erste. Man muß deshalb die Stromstärke erhöhen. Der Nebenschluß kann vernachlässigt werden, wenn der Abstand zwischen den Punkten mindestens dem drei- bis sechsfachen Punktdurchmesser entspricht. Ebenso muß ein ausreichender Randabstand eingehalten werden, Bild 9-18. Der erforderliche Abstand der Punkte voneinander und ihre Anzahl richten sich aber auch nach der zu übertragenden Kraft.

Neben diesem abstandsbedingten Nebenschluß kann noch ein verfahrensbedingter, zum Beispiel beim Mehrpunktschweißen, und ein konstruktionsbedingter Nebenschluß auftreten. Bei letzterem wird der Strom durch Berührung der Elektroden mit dem Werkstück oder mit Vorrichtungen abgeleitet. Berührungen solcher Art können durch schweißgerechte Konstruktionen vermieden werden.

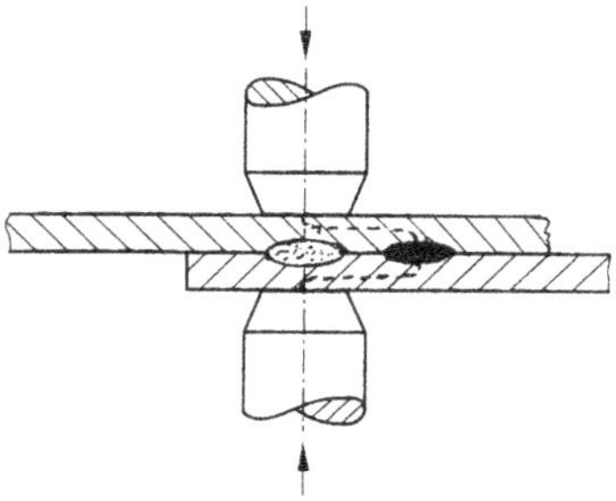

Bild 9-17. Schematische Darstellung des Nebenschlußeffektes.

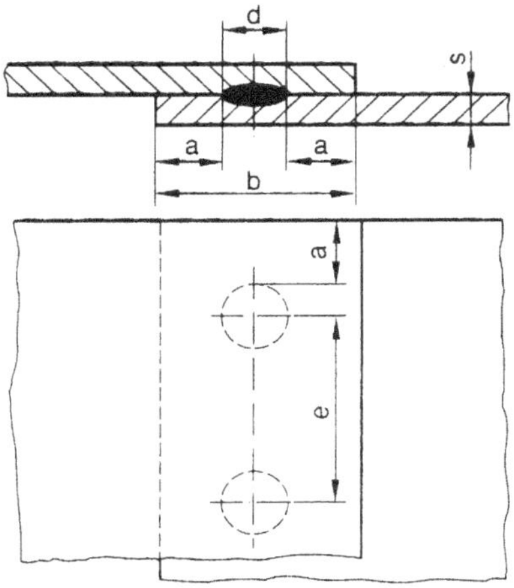

Bild 9-18. Notwendige Abstände der Schweißpunkte nach Richtlinie DVS 1134.

9.4.3.3 Fensterwirkung

Beim Schweißen mit Wechselstrom kommt es durch die Aufmagnetisierung von Eisenmassen der Arme und Halter zu einer Selbstinduktion, die den Stromfluß im Schweißstromkreis vermindert. Diese als Fensterwirkung bekannte Erscheinung ist abhängig von der Fensterfläche zwischen den Armen, Bild 9-19. Das Fenster selbst und die magnetisierbaren Eisenmassen in der Umgebung der Schweißstelle sollten deshalb möglichst klein gehalten werden. Die Ausladung der Arme muß deshalb auf das notwendige Maß beschränkt werden, und nach Möglichkeit sollten die Vorrichtungen aus nicht magnetisierbaren Werkstoffen bestehen. Der Abfall des Stromes durch die Eigeninduktion kann in begrenztem Umfang durch Erhöhen der Spannung ausgeglichen werden. Abhilfe bringt das Schweißen mit Gleichstrom.

9.4.4 Prüfung von Schweißverbindungen

Die bekannten zerstörungsfreien Werkstoffprüfverfahren liefern bei Schweißpunkten keine eindeutige Aussage über die Qualität der Schweißung. Die Haltbarkeit von Schweißpunkten kann beispielsweise durch Scherzug- und Dauerfestigkeitsversuche ermittelt werden. Für den Praktiker kann der in Bild 9-20 gezeigte Abrollversuch (Ausknöpfprobe) Gewißheit über die Richtigkeit der eingestellten Schweißparameter geben. Die Punkte dürfen dabei nicht abreißen, sondern müssen aus dem Grundwerkstoff ausknöpfen.

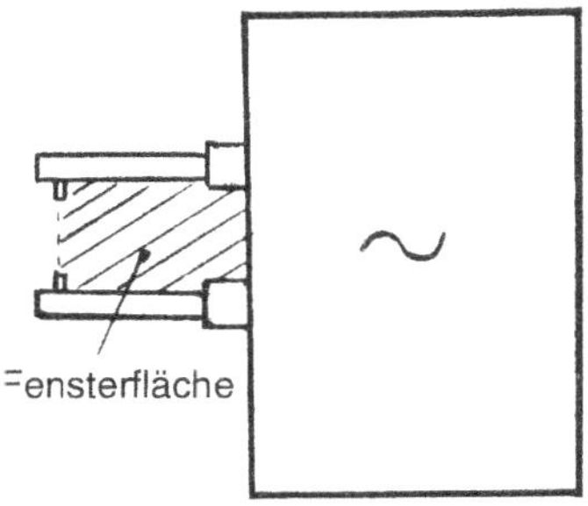

Bild 9-19. Fensterwirkung beim Widerstandsschweißen.

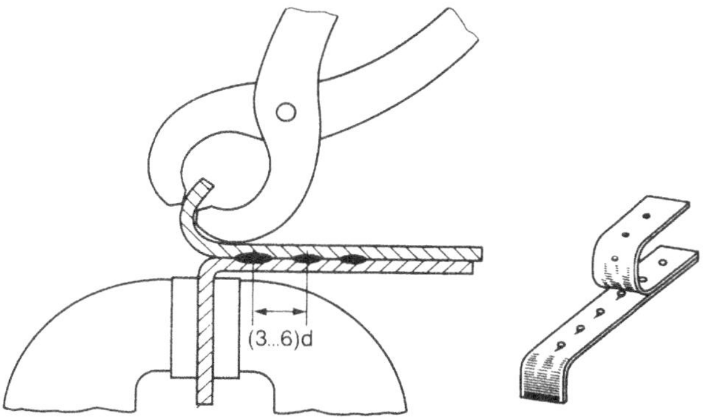

Bild 9-20. Arbeitsprobe (Ausknöpfprobe).

9.4.5 Anwendung des Punktschweißens

Das Punktschweißen kommt vor allem zum Verbinden von dünnen Blechen und Drähten zum Einsatz. Hier sind es Blechgehäuse, Metallmöbel, Kühlschränke, Koch- und andere Haushaltsgeräte, die auf diese Weise geschweißt werden. Bevorzugte Anwendung findet das Verfahren aber im Automobilbau [9-10]. Nicht nur, daß die Karosserie eines PKW durchschnittlich von etwa 10000 Schweißpunkten zusammengehalten wird, sondern auch Ein- und Anbauteile des Autos, wie Türen, Fenster, Sitze oder Bremsbacken, werden punktgeschweißt. Ebenfalls findet das Verfahren Anwendung bei der Instandsetzung von Karosserien.

Bild 9-21 zeigt das Punktschweißen an Rahmen aus Stahlblech. Der Bedienungsmann führt das Werkstück manuell unter den Elektroden her. Der Beginn des Schweißvorgangs wird über einen

Bild 9-21. Punktschweißen an Blechrahmen (Werkbild: Dalex-Werke Niepenberg GmbH & Co., Wissen).

Fußschalter ausgelöst. In Bild 9-22 wird mit einer Punktschweißzange an einer Pkw-Karosserie geschweißt. Dieses teilmechanische Widerstandsschweißen findet unter anderem Anwendung bei der Herstellung und Instandsetzung von Kraftfahrzeugen.

Bild 9-22. Schweißarbeiten mit Punktschweißzange an einer Pkw-Karosserie (Werkbild: Dalex-Werke Niepenberg GmbH & Co., Wissen).

9.5 Buckelschweißen (Prozeß-Nr. 23)

Das Verfahren ist in DIN 1910-5 wie folgt definiert: „Die Werkstücke berühren sich an den Stoßflächen am vorgefertigten Buckel. Sie werden an dieser Stelle erwärmt und unter Anwendung von Kraft geschweißt. Der Buckel wird während des Schweißens ganz oder teilweise eingeebnet. Strom und Kraft werden von Elektroden übertragen. Es kann ein Buckel (Einzelbuckelschweißen) oder es können gleichzeitig zwei (Doppelbuckelschweißen) oder mehr Buckel (Vielbuckelschweißen) geschweißt werden." Wie beim Punktschweißen ist auch hier eine Stromzuführung von einer oder von beiden Seiten möglich.

9.5.1 Elektroden zum Buckelschweißen

Die Stromkonzentration an der Schweißstelle, die beim Punktschweißen durch die Form der Elektrode bewirkt wird, erfolgt beim Buckelschweißen durch die Form des Werkstückes. Dabei werden großflächige Elektroden aus warmfesten Kupferlegierungen verwendet, siehe auch Bild 9-13. Sie sind wassergekühlt und bestehen aus Ober- und Unterwerkzeugen, die als Verschleißteile mit Einsätzen bestückt sein können. Auch beim Buckelschweißen setzt sich der Gesamtwiderstand, wie Bild 9-23 zeigt, aus mehreren Stoff- und Übergangswiderständen zusammen, von denen der Übergangswiderstand zwischen den zu verbindenden Partnern zu Beginn des Schweißens der größte ist.

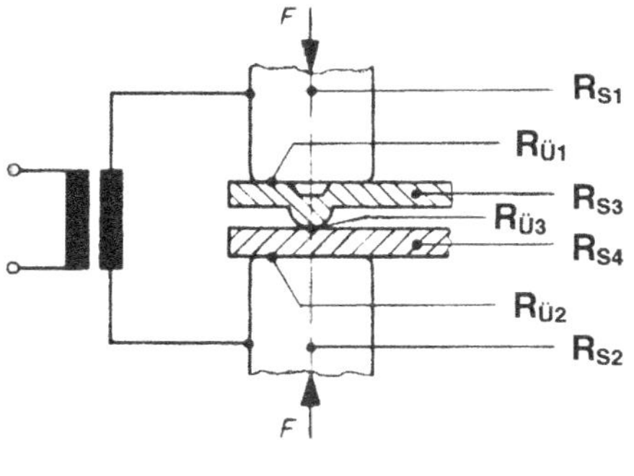

Bild 9-23. Teilwiderstände beim Buckelschweißen (R_{S1} = Stoffwiderstand der oberen Elektrode, R_{S2} = Stoffwiderstand der unteren Elektrode, R_{S3} = Stoffwiderstand des oberen Bleches, R_{S4} = Stoffwiderstand des unteren Bleches, $R_{Ü1}$ = Übergangswiderstand obere Elektrode/Blech, $R_{Ü2}$ = Übergangswiderstand untere Elektrode/Blech, $R_{Ü3}$ = Übergangswiderstand zwischen den Blechen).

9.5.2 Buckelformen

Die Buckel werden nach fertigungstechnischen und belastungsabhängigen Gesichtspunkten angeordnet. Man unterscheidet nach der Form Rundbuckel, Längsbuckel, Ringbuckel und Sickenbuckel. Die Buckel können durch Pressen (Prägen), Schlagen, Spanen und Schneiden angebracht werden. Ein Schweißbuckel kann sich auch aus der Geometrie des Werkstückes ergeben, zum Beispiel bei zwei sich kreuzenden Drähten (natürlicher Buckel). Eine Auswahl gängiger Buckelformen enthält Bild 9-24. Wie Bild 9-25 zeigt, kann der Buckel bei manchen Bauteilen auch bereits bei der Herstellung der Einzelkomponenten, beispielsweise durch Schmieden, mitangebracht werden.

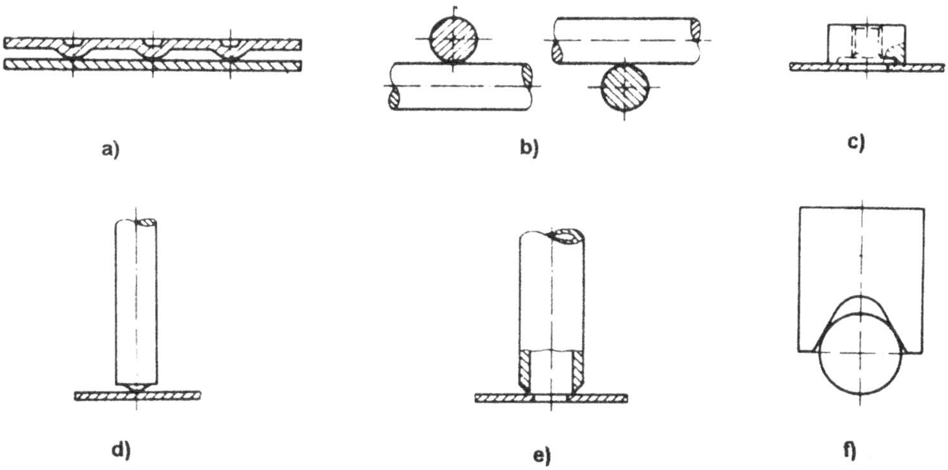

Bild 9-24. Beispiele für Buckelformen;
a) gepreßte Rundbuckel,
b) natürliche Buckel,
c) geschlagener Ringbuckel (Anschweißmutter),
d) spanend geformter Rundbuckel,
e) spanend geformter Ringbuckel,
f) geschnittene Buckel.

An die Qualität der Buckel werden bestimmte Anforderungen gestellt. Die Abmessungstoleranzen, vor allem die Höhenabweichungen sollen gering sein. Ferner soll die Steifigkeit ausreichend groß sein. Mit der ersten Forderung soll erreicht werden, daß beim gleichzeitigen Schweißen mehrerer Buckel der Strom gleichmäßig durch alle Buckel fließt. Würden einige Buckel höher vorstehen, so würden diese durch den Stromfluß, der für alle Buckel bemessen ist, stark überlastet und explosionsartig verspritzen. Aus dem gleichen Grund müssen auch die Aufnahmen der Schweißmaschine für die Elektroden und diese selbst ausreichend steif und planparallel sein. Eine ausreichende

Steifigkeit des Buckels soll gewährleisten, daß die Konzentration des Stromes erhalten bleibt, bis eine ausreichende Erwärmung stattgefunden hat. Besonders steif sind Sickenbuckel. Sie werden deshalb bevorzugt beim Schweißen sehr dünner und weicher Werkstücke. Längsbuckel sind vorzuziehen, wenn die zu verbindenden Teile auf Torsion beansprucht werden [9-11].

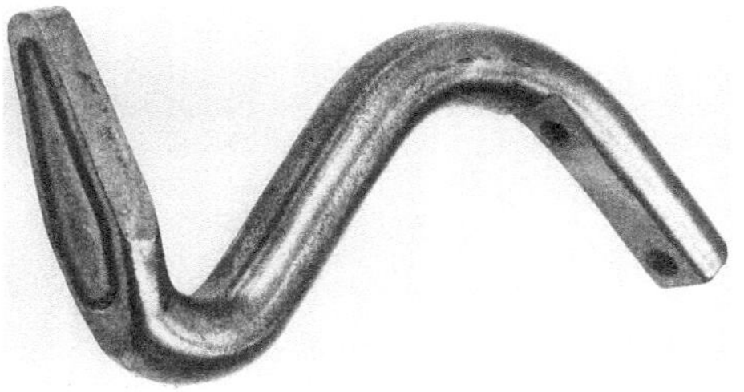

Bild 9-25. Angeschmiedeter Ringbuckel am Griff einer Maurerkelle (Werkbild: Dalex-Werke Niepenberg GmbH & Co., Wissen).

9.5.3 Durchführung des Buckelschweißens

Mit diesem Verfahren werden vorzugsweise mehrere Punkte gleichzeitig geschweißt. Dies ist zwar prinzipiell auch mit dem Punktschweißen (Vielpunktschweißen) möglich, allerdings unter erhöhtem apparativen Aufwand und größerem Elektrodenverschleiß. Ein Nebenschlußeffekt ergibt sich höchstens aus der Form des Werkstückes, nicht aber aus der Tatsache, daß mehrere Punkte gleichzeitig geschweißt werden, weil die Gesamtstromstärke von vornherein auf die Anzahl der zu schweißenden Punkte abgestimmt ist. Die Gesamtschweißstromstärke kann dabei über 100 kA liegen. Schweißparameter für das Einzelbuckelschweißen enthält Tabelle 9-4. Im Blechdickenbereich zwischen 0,5 und

Tabelle 9-4. Schweißdaten zum Buckelschweißen, aus [9-9].

Verfahren: Buckelschweißen Art der Fertigung: teilmechanisch bis automatisch	Grundwerkstoff: un- oder niedriglegierter Baustahl (C < 0,2%) Einsatzwerkstoff: Klasse 2, 3 oder 4 nach DIN 44 759 (A2, A3 oder A4 nach DIN ISO 5182)
Nahtart: Punktnaht am Überlappstoß	Buckelform: Rundbuckel DIN 8519-A5 Form C

Blechdicke[1]		Buckelform[2]				Einstellwerte			Bemerkungen
Reihe 1	Reihe 2	d_1	h	d_2	α	Schweißzeit	Schweißstrom	Elektrodenkraft	
mm	mm	mm	mm	mm	°	Per	kA	kN	
< 0,5		1,6	0,4	0,5	60	3	4,0	0,4	
0,5 ≤ 0,63		2,0	0,5	0,6	60	4	4,2	0,6	
0,63 ≤ 1,0		2,5	0,63	0,8	60	4	4,5	0,8	
1,0 ≤ 1,6	0,63 ≤ 1,0	3,2	0,8	1,0	60	5	6,3	1,25	
1,6 ≤ 2,5	1,0 ≤ 1,6	4,0	1,0	1,25	60	7	8,0	2,0	
	1,6 ≤ 2,5	5,0	1,25	1,6	60	14	12,0	3,6	
	2,5 ≤ 3,2	5,6	1,4	1,8	60	20	16,0	6,5	

[1] Die Werkstückoberfläche muß frei sein von Schmutz, Fett, Farbe, Zunder oder Rost. Ein Ölfilm ist zulässig.
Zum Mehrbuckelschweißen sind Elektrodenkraft, Schweißstrom und Scherzugkraft entsprechend der Buckelzahl zu erhöhen.

[2]

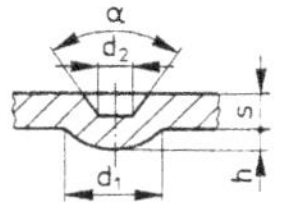

3,2 mm liegen die Stromstärken zwischen 4 und 16 kA, die Schweißzeiten bei 3 bis 20 Perioden und die Anpreßkraft zwischen 0,4 und 6,5 kN. Das Strom-Kraft-Zeit-Programm läuft ähnlich wie beim Punktschweißen ab. Das Ergebnis ist eine Schweißlinse, die etwa dem Buckeldurchmesser entspricht.

9.5.4 Anwendung des Buckelschweißens

Das Buckelschweißen kommt wie das Punktschweißen vornehmlich im Dünnblechbereich vor, wie bei der Herstellung von Haushaltsgeräten, Kühlschränken, Waschmaschinen und anderen Gehäusen. Die folgenden Beispiele behandeln Anwendungsfälle, die außerhalb dieses Anwendungsgebietes liegen.

Bild 9-26 zeigt eine Buckelschweißmaschine, die mit Vorrichtungen zur Aufnahme und zum Spannen eines Rohrgestänges bestückt ist. Auf das flache Ende des Rohrstranges wird ein Gewindebolzen mit angeschlagenem Buckel aufgeschweißt. Die Bolzen werden automatisch zugeführt. Bild 9-27 zeigt eine Fertigungsstraße, auf der aus durchlaufenden Längsdrähten und zugeführten Querstäben Drahtgitter durch Buckelschweißen gefertigt werden. Auf ähnliche Weise werden auch Baustahlmatten hergestellt.

Bild 9-26. Anschweißen eines Gewindebolzens an ein Rohrgestänge durch Buckelschweißen (Werkbild: Dalex-Werke Niepenberg GmbH & Co., Wissen).

9.6 Rollennahtschweißen (Prozeß-Nr. 221)

DIN 1910-5 sagt dazu aus: „Die Werkstücke werden an den Stoßflächen erwärmt und unter Anwendung von Druck geschweißt. Strom und Kraft werden von beiden Werkstückseiten (zweiseitig) durch ein Rollenelektrodenpaar oder durch eine Rollenelektrode und einen Dorn übertragen." Eine Variante des Rollennahtschweißens ist das Foliennahtschweißen, mit dem nicht nur Überlappnähte, sondern auch Stumpfnähte geschweißt werden können.

Bild 9-27. Einlaufseite einer Drahtgitter-Schweißmaschine (Werkbild: Ideal-Werk C. + E. Jungeblodt GmbH + Co. KG, Lippstadt).

Bild 9-28. Elektroden zum Rollennahtschweißen.

9.6.1 Elektroden zum Rollennahtschweißen

Auch die Elektroden zum Rollennahtschweißen werden aus warmfesten Kupferlegierungen hergestellt. Sie sind in der Regel wassergekühlt und bestehen je nach Größe aus Scheiben oder Ringen. Letztere werden besonders bei größeren Durchmessern in Scheiben eingesetzt und können als Verschleißteil ohne großen Materialverlust ausgewechselt werden. Bild 9-28 zeigt ein Rollenelektrodenpaar. Der auf dem Werkstück aufsetzende Rand der Rollen kann flach, ballig oder abgeschrägt sein. Die Stromkonzentration an der Schweißstelle wird durch die kleinflächige Berührung der Rollenelektroden mit der Werkstückoberfläche erreicht.

9.6.2 Durchführung des Rollennahtschweißens

Je nach Abstand der Punkte voneinander spricht man von Heftnaht, Festnaht oder Dichtnaht, Bild 9-29. Der Punktabstand kann variiert werden durch das Strom-Pausen-Verhältnis und die Schweißgeschwindigkeit. Bei der Dichtnaht überlappen sich die einzelnen Punkte, so daß eine gas- und flüssigkeitsdichte Verbindung entsteht. Trotz des engen Abstands der Punkte tritt eine wesentliche

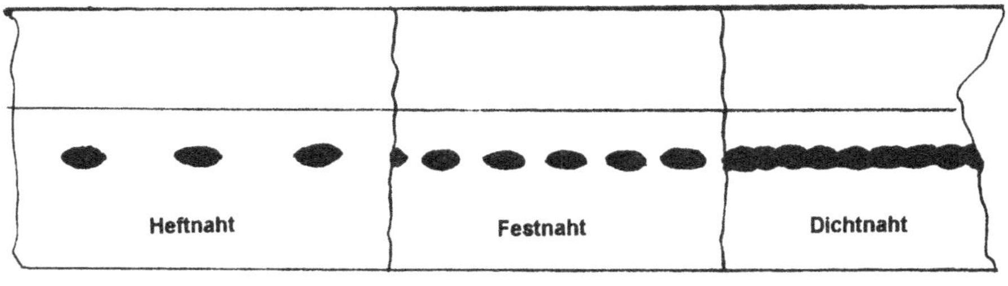

Bild 9-29. Nahtarten in Abhängigkeit vom Punktabstand.

Nebenschlußwirkung beim Schweißen nicht auf, weil die bereits verschweißten, benachbarten Punkte entweder noch flüssig oder zumindest noch hocherhitzt sind und deshalb eine schlechte elektrische Leitfähigkeit besitzen.

Die Relativbewegung zwischen Werkstück und Rolle erfolgt meist über einen motorischen Antrieb der Rollenarme durch einen Elektromotor über ein stufenlos einstellbares Getriebe. Es kann entweder nur eine oder es können beide Rollen angetrieben werden. Die Bewegung kann kontinuierlich oder intermittierend erfolgen, indem die Schweißbewegung während der Stromphase unterbrochen wird. Wenn das Werkstück beim Schweißen ohnehin bewegt wird, kann die Relativbewegung auch dadurch erreicht werden. Tabelle 9-5 zeigt, bis zu welchen Blechdicken bei den verschiedenen Werkstoffen das Rollennahtschweißen als Dichtnaht möglich ist. Tabelle 9-6 enthält Schweißparameter für das Rollennahtschweißen von Stahlblechen.

Tabelle 9-5. Anwendungsbereich des Rollennahtschweißens nach Merkblatt DVS 2906.

Werkstoff	nahtschweißbare Einzelblechdicke in mm
blankes Stahlblech	0,1 ... 3,5
nichtrostender Stahl	0,1 ... 3,0
Zink	0,2 ... 1,0
Messing	0,1 ... 1,5
Aluminium	0,2 ... 2,5

Tabelle 9-6. Schweißdaten zum Rollennahtschweißen, aus [9-9].

Verfahren: Rollennahtschweißen (Dauerwechselstrom)
Art der Fertigung: teilmechanisch bis automatisch
Nahtart: Liniennaht am Überlappstoß
Grundwerkstoff: un- und niedriglegierter Baustahl (≤ 0,2% C)
Elektrodenwerkstoff: Klasse 2 nach DIN 44 759 (A2 nach DIN ISO 5182)
Rollenprofil: flach (B) oder ballig (R)
Schweißposition: beliebig

Einzelblechdicke[1]	Nahtvorbereitung			Einstellwerte			Bemerkungen
	Nahtart	Rollenprofil		Elektrodenkraft	Schweißstrom	Schweiß-geschwindigkeit	
		Breite B	Radius R				
mm		mm	mm	kN	kA	m/min	
0,25	Liniennaht	3,0	50	1,8	8	6,1	Einstellwerte gelten für Dauerwechselstrom
0,50	Liniennaht	3,0	50	2,4	9	5,5	
0,75	Liniennaht	3,5	75	2,9	10	4,7	
1,00	Liniennaht	4,0	75	4,0	11	3,7	
1,25	Liniennaht	4,5	75	4,5	12	3,1	
1,50	Liniennaht	5,0	75	5,3	14	2,2	

[1] Die Werkstückoberfläche muß frei sein von Schmutz, Fett, Farbe, Zunder oder Rost. Ein Ölfilm ist zulässig.
Für ausreichende Wasserkühlung der Rollenelektroden sorgen (etwa 6 bis 8 l/min).

9.6.3 Anwendung des Rollennahtschweißens

Durch das Drehen der Elektroden werden immer andere Stellen auf dem Umfang der Rollen belastet, so daß die Abnutzung der Elektroden relativ gering ist. Die Einschaltdauer ist gegenüber anderen Schweißverfahren sehr groß [9-3]. Das Rollennahtschweißen wird hauptsächlich für Dichtnähte eingesetzt. Mit Hilfe entsprechender Vorrichtungen können sowohl Längsnähte als auch Quernähte (Rundnähte) geschweißt werden. Einsatzgebiete liegen im Behälterbau, bei der Herstellung längsnahtgeschweißter Rohre und im Flugzeugbau. Bild 9-30 zeigt die Herstellung eines Kraftstoffbehälters aus zwei gepreßten Hälften durch Rollennahtschweißen.

Bild 9-30. Maschine und Vorrichtung zum Rollennahtschweißen eines Kraftstoffbehälters (Werkbild: Dalex-Werke Niepenberg GmbH & Co., Wissen).

9.7 Widerstandsstumpfschweißen

Dieses Verfahren, das schematisch in Bild 9-31 dargestellt ist, eignet sich vor allem für das Verbinden gedrungener Querschnitte. Es können zwei Varianten unterschieden werden.

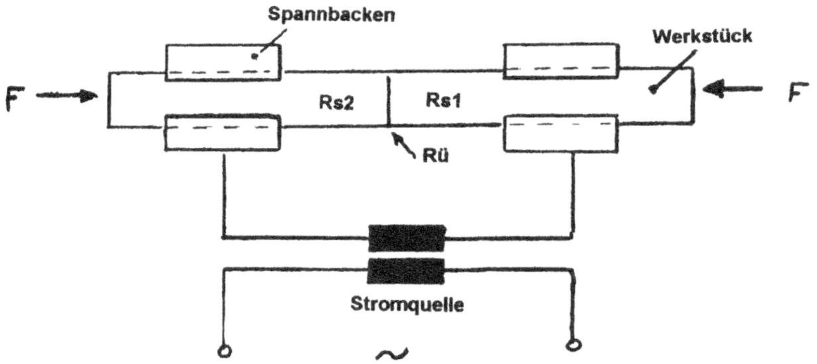

Bild 9-31. Schematische Darstellung des Widerstandsstumpfschweißens (Rs1 = Stoffwiderstand, Rs2 = Stoffwiderstand, Rü = Übergangswiderstand).

9.7.1 Einteilung der Verfahren

Nach DIN 1910-5 werden die nachfolgenden Verfahren unterschieden.

9.7.1.1 Preßstumpfschweißen (Prozeß-Nr. 25)

„Die Werkstücke werden an den Stoßflächen erwärmt und unter Anwendung von Kraft geschweißt. Strom und Kraft werden von Spannbacken übertragen.“

9.7.1.2 Abbrennstumpfschweißen (Prozeß-Nr. 24)

„Die Werkstücke werden an den Stoßflächen unter leichtem Berühren durch Bildung von Schmorkontakten erwärmt, wobei schmelzflüssiger Werkstoff durch Metalldampfdruck aus dem Stoßflächenbereich herausgeschleudert wird (Abbrennen), und unter Anwendung von Kraft durch schlagartiges Stauchen geschweißt. Dem Abbrennen kann Vorwärmen durch wiederholtes Berühren (Reversieren mit einzelnen Stromstößen) oder durch Fremderwärmen vorausgehen. Strom und Kraft werden durch Kontaktbacken übertragen."

9.7.2 Abgrenzung der Verfahren

Beim Preßstumpfschweißen erfolgt die Erwärmung durch den Übergangswiderstand zwischen den beiden zu schweißenden Partnern. Es ist deshalb eine gut bearbeitete, planparallele Stoßfläche erforderlich, damit ein gleichmäßiger Stromfluß und damit eine gleichmäßige Erwärmung erfolgen kann.

Beim Abbrennstumpfschweißen kommt zu der Widerstandserwärmung noch Verbrennungswärme hinzu sowie die Energie von „Schmorlichtbögen", die sich an vorstehenden Berührungspunkten der Stoßfläche bilden. Zur Bildung freibrennender Lichtbögen kann es wegen der niedrigen Schweißspannung, in der Regel unter 10 V, nicht kommen. Die Bildung von Schmorstellen wird begünstigt durch eine rauhe Stoßoberfläche. Diese muß auch nicht planparallel sein, weil sie durch den Abbrennvorgang eingeebnet wird. Flüssiges Material (Schlacke, Metall), das sich vom Abbrennvorgang her noch im Schweißspalt befindet, wird beim schlagartigen Stauchen gegen Ende des Schweißprozesses herausgepreßt und bildet auf der Oberfläche einen Grad. Dieser verleiht einer Abbrennstumpfschweißverbindung ein typisches Aussehen, was sie von einer preßstumpfgeschweißten Verbindung gemäß Bild 9-32 unterscheidet [9-12]. Bild 9-33 zeigt die Schweißzone einer abbrennstumpfgeschweißten Eisenbahnschiene unmittelbar nach Beendigung des Schweißvorgangs.

abbrennstumpfgeschweißt **preßstumpfgeschweißt**

Bild 9-32. Typisches Aussehen von Widerstandsstumpfschweißungen.

Wegen der zusätzlichen Wärmequellen können mit dem Abbrennstumpfschweißverfahren größere Querschnitte geschweißt werden (bis 40000 mm^2), während die Anwendung des Preßstumpfschweißens in der Regel bei Querschnitten von 2000 mm^2 endet [9-3].

9.7.3 Anwendung des Widerstandsstumpfschweißens

Das Preßstumpfschweißen wird vornehmlich für das Verbinden von draht- und stabförmigen Querschnitten eingesetzt. Ein typischer Anwendungsfall für das Abbrennstumpfschweißen ist beispielsweise das Verbinden von Eisenbahnschienen im Weichenbau oder das Herstellen längerer Schienenstränge, wodurch die Anzahl von Schweißungen auf der Strecke vermindert wird. Weitere Beispiele sind Schweißungen an Gelenkwellen, Felgen, Flanschen, Rohren und Ankerketten. Bild

9-34 zeigt eine Anlage zum Abbrennstumpfschweißen von Gabelrohren für Fahrräder. Die Teile werden auf einem Takttisch gespannt und je zwei Gabelenden gleichzeitig geschweißt und anschließend entgratet.

Bild 9-33. Abbrennstumpfgeschweißte Eisenbahnschiene (Werkbild: ESAB GmbH, Solingen).

Bild 9-34. Abbrennstumpfschweißen von Fahrradgabelrohren (Werkbild: Ideal-Werk C. + E. Jungeblodt GmbH + Co. KG, Lippstadt).

10 Sonderverfahren

In diesem Abschnitt werden einige Schmelz- und Preßschweißverfahren behandelt, die nicht so weit in den schweißtechnischen Betrieben verbreitet sind wie die meisten der vorher besprochenen Verfahren. Sie werden hier unter dem Sammelbegriff „Sonderverfahren“ behandelt.

10.1 Elektroschlackeschweißen (Prozeß-Nr. 72)

Dieses Verfahren zählt zum Widerstandsschmelzschweißen. Das Kurzzeichen nach DIN 1910-5 lautet: RES.

10.1.1 Prinzip des Elektroschlackeschweißens

DIN 1910-5 definiert das Verfahren wie folgt: „Die Werkstücke werden an den Stoßflächen durch flüssige, elektrisch leitende Schlacke erwärmt. Der Schweißstoß ist eingeformt, zum Beispiel durch Gleitschuhe. Der stromführende Schweißzusatz schmilzt in der Schlacke stetig ab. Er kann dem Schweißbad auch in einer abschmelzenden umhüllten oder nicht umhüllten Führung zugegeben werden.“

Bei jedem Unterpulverschweißprozeß geht ein Teil des Stromes nicht durch den Lichtbogen, sondern im Nebenschluß über die Schlacke über, welche die Lichtbogenkaverne nach oben hin abschließt. Wie hoch dieser Nebenschlußstrom ist, hängt unter anderem von der elektrischen Leitfähigkeit der verwendeten Schlacke und von der Länge des Lichtbogens ab. Die Leitfähigkeit von Schweißschlacken ist zusammensetzungs- und temperaturabhängig. Sie nimmt mit steigender Temperatur zu. Beim RES-Schweißen verwendet man eine Schlacke, die im hocherhitzten Zustand eine hohe elektrische Leitfähigkeit besitzt. Der Schweißvorgang beginnt dann zunächst als Lichtbogenprozeß. Nach kurzer Zeit, wenn die Schlacke sich genügend erhitzt hat, wird ihre Leitfähigkeit größer als die der Lichtbogenstrecke. Der Lichtbogen erlischt, und der Prozeß läuft als Widerstandsschweißprozeß weiter. Die Wärmequelle ist dabei der Restwiderstand der hocherhitzten Schlacke [10-1]. Bei der Einteilung der Verfahrensvarianten muß man unterscheiden in Elektroschlacke-Verbindungsschweißen und Elektroschlacke-Auftragschweißen.

10.1.2 Elektroschlacke-Verbindungsschweißen

Das Elektroschlacke-Verbindungsschweißen (RES) wurde in den 50er Jahren zuerst in der damaligen UdSSR angewandt.

10.1.2.1 Verfahrensvarianten

Hier muß man unterteilen in das konventionelle Elektroschlackeschweißen und in das Elektroschlackeschweißen mit abschmelzender Drahtzuführung. Beide Varianten können nur in senkrechter Position (PF) oder leicht schräg steigend ausgeführt werden.

Bild 10-1 zeigt das Prinzip des konventionellen RES-Schweißens. Die Werkstückflanken sind als I-Stoß vorbereitet. Das Auslaufen des Metall- und des Schlackenbades wird durch wassergekühlte Kupferschuhe verhindert, die mit den aufsteigenden Bädern nach oben gleiten. Die Drahtelektrode wird in das auf dem Metallbad schwimmende Schlackenbad gefördert und schmilzt darin ab. Die hocherhitzte Schlacke schmilzt auch die Fugenflanken an. Pulver, aus dem sich die Schlacke bildet, wird nach Bedarf zugegeben. Der Prozeß beginnt in einem Anlaufstück und endet in einem Auslaufstück.

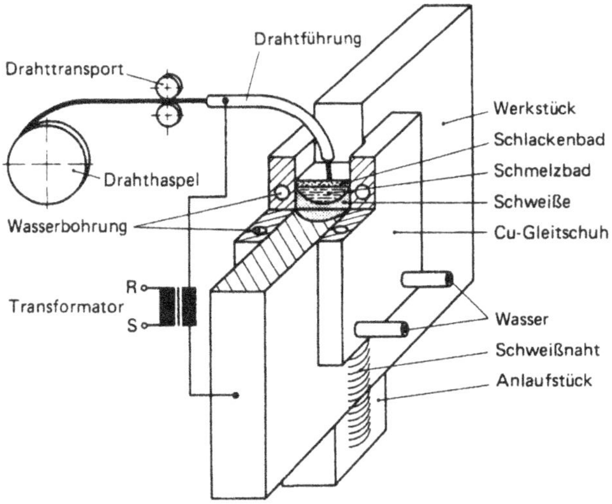

Bild 10-1. Anordnung von Gleitschuhen und Drahtführung beim Elektroschlackeschweißen.

Das Elektroschlackeschweißen mit abschmelzender Drahtzuführung nach Bild 10-2 eignet sich vorzugsweise für kurze Nähte. Anstelle der Kupfergleitschuhe werden bei dieser Variante durchge-

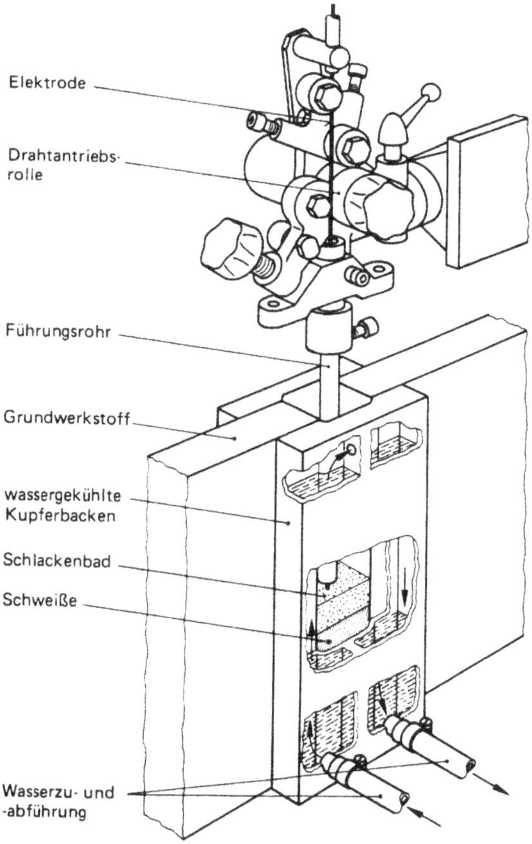

Bild 10-2. Anordnung von Drahtvorschub, Führungsrohr und Kupferbacken beim Schweißen mit abschmelzender Drahtführung [10-2].

hende Kupferschienen als Badsicherung verwendet. Die exakte Führung der Drahtelektrode bis tief in die Fuge hinein übernimmt ein Rohr aus artähnlichem Werkstoff. Dieses schmilzt in der aufsteigenden Schlacke mit ab und wird Teil des Schweißgutes. Meist ist die abschmelzende Drahtführung mit einer Umhüllung aus Elektroschlackeschweißpulver umgeben. Diese isoliert das stromführende Rohr gegenüber den Fugenflanken und ersetzt beim Abschmelzen kontinuierlich das verbrauchte Pulver.

Je nach Blechdicke schweißt man beim RES-Verfahren in der Regel mit einer, zwei oder mehr Elektroden. Dabei können die Elektroden auch noch im Spalt gependelt werden. In Abhängigkeit von der Blechdicke kann man von folgenden Verhältnissen ausgehen:

	1 Elektrode		2 Elektroden		3 Elektroden	
	stationär	gependelt	stationär	gependelt	stationär	gependelt
Wanddicke in mm	30 bis 60	60 bis 150	50 bis 100	100 bis 300	100 bis 150	150 bis 450

Die Stromstärke an den einzelnen Elektroden ist nicht sehr hoch (550 bis 600 A). Bei höherem Strom wird infolge der zunehmenden Schweißgeschwindigkeit die Neigung zur Lunkerbildung im Schweißgut größer. Die große Leistung des Verfahrens ergibt sich aus der Anzahl der Elektroden und der Tatsache, daß die gesamte Blechdicke in einer Lage geschweißt wird. Dies verringert die Nebenzeiten. Ein Vorteil der Einlagenschweißung ist die praktisch nicht vorhandene Winkelschrumpfung. Ein Nachteil ist, daß infolge ausgeprägter Gußstruktur das Schweißgut nur mäßige Zähigkeitswerte besitzt, ohne aber direkt spröde zu sein. In der Wärmeeinflußzone tritt infolge der hohen Streckenenergie Grobkörnigkeit auf.

10.1.2.2 Geräte zum Elektroschlackeschweißen

Bild 10-3 zeigt ein Schweißgerät zum konventionellen Elektroschlackeschweißen. Die Drahtelektroden werden mit den im Bild sichtbaren rüsselförmigen Führungen durch den Spalt in das Schlackenbad gefördert. Das gezeigte Gerät kann mit bis zu drei Drahtelektroden schweißen. Mit den aufsteigenden Bädern wird der gesamte Schweißkopf einschließlich der daran befestigten Gleitschuhe an der Säule nach oben befördert. Zum Schweißen kann Gleich- oder Wechselstrom verwendet werden. Die verwendeten Stromquellen haben waagerechte oder fallende Charakteristik.

Zum RES-Schweißen mit abschmelzender Drahtzuführung können für die Drahtzuführung die Vorschubgeräte einer UP-Schweißanlage verwendet werden. Die Stromübertragung erfolgt direkt an die Einspannenden der Führungsrohre, Bild 10-4. Für diese Variante des RES-Schweißens wird vorzugsweise Gleichstrom verwendet.

10.1.2.3 Drahtelektroden und Schweißpulver

Für das Elektroschlackeschweißen werden die in DIN EN 756 genormten Drahtelektroden für das UP-Schweißen verwendet. Die am meisten verwendeten Durchmesser sind 3 und 4 mm. In Rußland wurden für Schweißungen an sehr dickwandigen Bauteilen auch schon band- oder plattenförmige Elektroden eingesetzt.

RES-Schweißpulver unterscheiden sich von UP-Schweißpulvern durch einen höheren Gehalt an Fluoriden, und zwar Kalziumfluorid (Flußspat) oder Natrium-Aluminium-Fluorid (Kryolith). Diese sind für die gute elektrische Leitfähigkeit der Schlacke im hocherhitzten Zustand verantwortlich. Typische Richtanalysen von solchen Pulvern sind:

	SiO_2	Al_2O_3	CaO	MgO	CaF_2	Na_3AlF_6
Typ A in %	20	20	15	15	30	–
Typ B in %	5	–	55	–	–	40

Bild 10-3. Elektroschlackeschweißgerät mit drei Drahtelektroden (Werkbild: SMS Schloemann-Siemag AG, Hilchenbach).

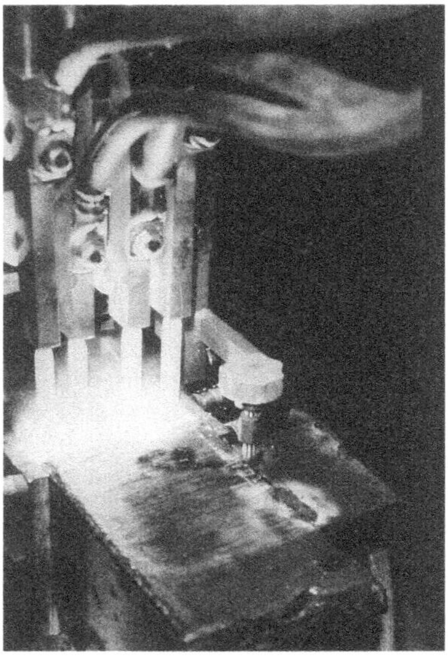

Bild 10-4. Elektroschlackeschweißen mit vier abschmelzenden Drahtführungen (Werkbild: ESAB GmbH, Solingen).

10.1.3 Elektroschlacke-Auftragschweißen

Dieses Verfahren wurde erst in den 70er Jahren in Deutschland entdeckt. Bild 10-5 zeigt das Prinzip des Elektroschlacke-Auftragschweißens mit Bandelektrode. Das Verfahren arbeitet in waagerechter Position. Es wird hauptsächlich zum Plattieren oder zum Panzern mit hochlegierten Bandelektroden eingesetzt.

10.1.3.1 Verfahren und Geräte

Auch hier können für den Aufbau der Schweißanlage die Komponenten und die Stromquelle einer UP-Anlage verwendet werden. Geschweißt wird nur mit Gleichstrom, wobei in der Regel der Pluspol an der Elektrode liegt. Standardabmessungen der Bandelektrode sind 60 × 0,5 mm. Im Gegensatz zum UP-Bandauftragschweißen (siehe Abschnitt 7.1.3.3) wird Pulver nur vor der Bandelektrode zugegeben. Hinter der Elektrode zeigt sich ein großes offenes Schlackenbad, Bild 10-6, das eine hohe Temperatur und damit eine gute elektrische Leitfähigkeit besitzt, weil es nicht durch Aufschütten von Pulver gekühlt wird. Wegen des fehlenden Lichtbogens ist der Einbrand und damit die Vermischung

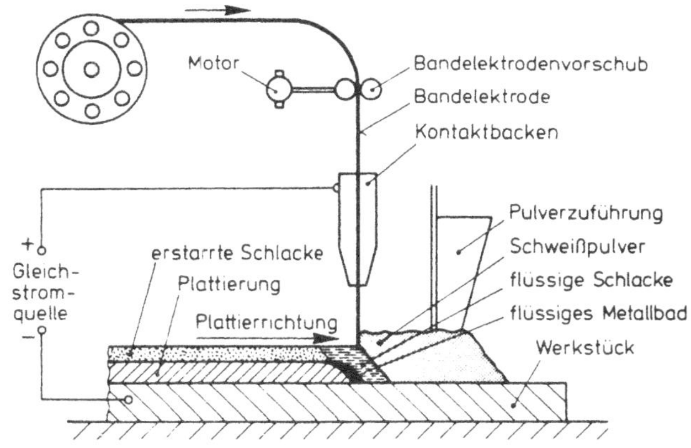

Bild 10-5. Schematische Darstellung des Elektroschlackeschweißplattierens.

Bild 10-6. Blick auf das offene Schlackenbad hinter der Elektrode.

noch geringer als beim UP-Bandauftragschweißen, Bild 10-7. Aus diesem Grunde kann das Verfahren mit sehr hohen Stromstärken und entsprechend hoher Leistung angewendet werden. Übliche Schweißparameter für eine Bandelektrode mit Standardabmessung sind 1250 A, 26 V und 22 cm/min für eine Lagendicke von 4,5 mm.

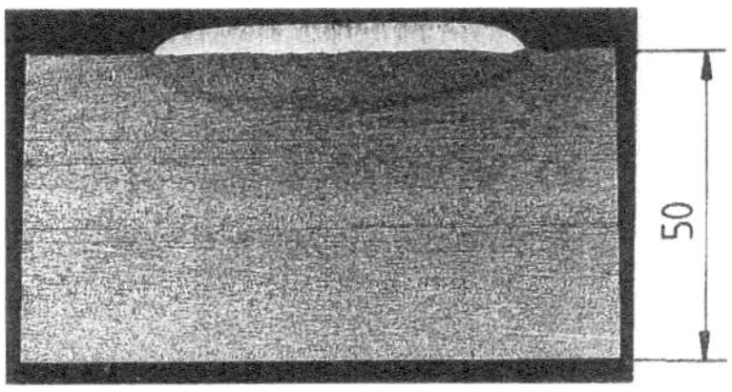

Bild 10-7. Einbrand beim RES-Plattieren (Bandelektrode: X 2 CrNiNb 21 10 – 60 × 0,5 mm, Pulver: S 2015, Stromstärke: 1000 A, Schweißspannung: 27 V, Schweißgeschwindigkeit: 15 cm/min, Gleichstrom: +-Pol, Auftraghöhe: 5,2 mm).

10.1.3.2 Breitbandschweißen

Wie beim UP-Bandauftragschweißen setzt man auch beim RES-Plattieren zur Leistungssteigerung breitere Bandelektroden ein, die mit entsprechend höherer Stromstärke abgeschmolzen werden. Bild 10-8 zeigt einen Schweißkopf, der für Bandelektroden mit bis zu 180 mm Breite geeignet ist. Bild 10-9 zeigt eine 180 mm breite Auftragraupe. In der Praxis werden bereits Bandelektroden bis zur Abmessung 120 × 0,5 mm eingesetzt. Die übliche Stromstärke beim Verschweißen solcher Bänder ist 2500 A. Dabei ergibt sich eine Abschmelzleistung von etwa 40 kg/h [10-3].

10.1.4 Anwendung des Elektroschlackeschweißens

Das Elektroschlacke-Verbindungsschweißen kann an Stahl und mit völlig anderen Pulvern auch an Aluminium eingesetzt werden, jedoch ist letzteres in der Praxis wenig üblich. In der Variante mit abschmelzender Drahtführung kann das RES-Schweißen an Stahl ab einer Wanddicke von 15 mm eingesetzt werden, in der konventionellen Art ab etwa 30 mm. Das Verfahren ist also eher für das Verbinden sehr großer Querschnitte geeignet. In Sonderfällen wurden schon Wanddicken bis zu 2000 mm mit 18 Drahtelektroden geschweißt.

Bild 10-8. Schweißkopf für das RES-Plattieren mit 180 mm breiten Bandelektroden.

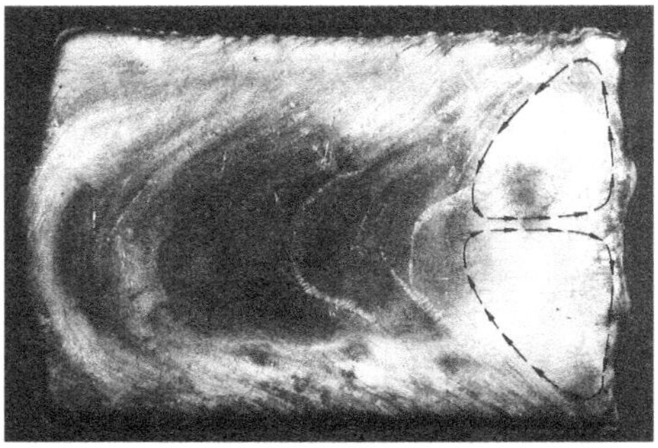

Bild 10-9. RES-Breitbandplattieren – Raupenaussehen.

Das RES-Stahlschweißgut besitzt eine gute metallurgische Reinheit, bringt aber wie schon erwähnt nur eine mäßige Zähigkeit des Schweißgutes im Schweißzustand. Es gibt aber Anwendungen im Kesselbau, wo Längsnähte an dickwandigen Kesseltrommeln mit diesem Verfahren geschweißt und die Schüsse nach dem Schweißen normalisiert werden. Sie erfüllen danach die gestellten Zähigkeitsanforderungen. Durch die möglichen Einsparungen beim Schweißen werden die Kosten für die Wärmebehandlung mehr als kompensiert. Außerdem gibt es im Maschinenbau Einsatzmöglichkeiten für das Verfahren, wo keine besonderen Zähigkeitsanforderungen gestellt werden [10-4]. Bild 10-10 zeigt die Anwendung des konventionellen RES-Schweißens im Schwermaschinenbau.

Bild 10-10. RES-Verbindungsschweißen im Schwermaschinenbau (Werkbild: SMS Schloemann-Siemag AG, Hilchenbach).

Das Elektroschlackeschweißen mit abschmelzender Drahtzuführung wird unter anderem im Schiffbau bei Stumpfstößen an Aussteifungsprofilen eingesetzt. Bild 10-11 zeigt das RES-Plattieren mit Bandelektroden aus einer NiCr-Legierung an einem Behälterschuß.

Bild 10-11. RES-Plattieren eines Behälterschusses.

10.2 Reibschweißen (Prozeß-Nr. 42)

Beim Reibschweißen wird die zwischen zwei Partnern erzeugte Reibungswärme zum Schweißen genutzt. Die nachstehenden Ausführungen beziehen sich auf das Reibschweißen von Metallen.

10.2.1 Prinzip des Verfahrens

DIN 1910 definiert das Reibschweißen wie folgt: „Die Werkstücke werden an den Stoßstellen gegeneinander bewegt und unter Nutzung der hierbei entstehenden Reibungswärme unter Anwendung von Kraft vorzugsweise ohne Schweißzusatz geschweißt.“ Die einzelnen Stufen des Schweißprozesses zeigt Bild 10-12.

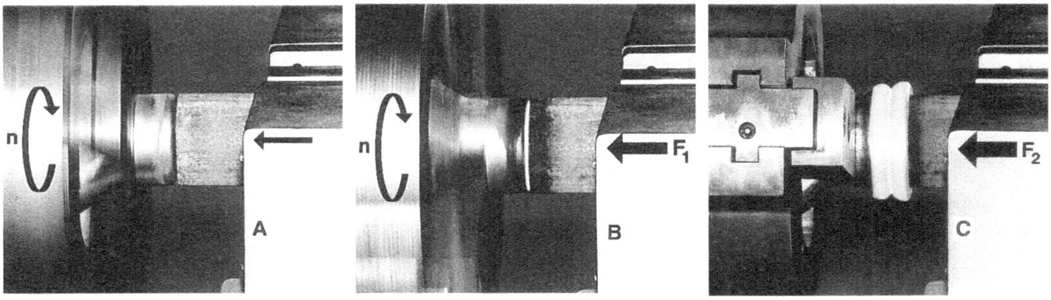

Bild 10-12. Ablauf einer Reibschweißung (Werkbilder: KUKA Schweissanlagen GmbH, Augsburg).

Eines der zu verbindenden Teile wird in ein drehbares Spannwerkzeug gespannt, das zweite in einen feststehenden Spannblock, der sich auf einem in Längsrichtung verfahrbaren Schlitten befindet (A). Durch die Relativbewegung zwischen dem rotierenden und dem feststehenden Werkstück unter gleichzeitig transversal wirkendem Druck kommt es an den Berührungsflächen zur Erwärmung (B). Nach neueren Erkenntnissen soll es zu Beginn des Reibvorgangs sogar zu örtlichen Verschweißungen kommen, die aber immer wieder aufgerissen werden. Dies trägt zur Temperaturerhöhung bei [10-5]. An der Verbindungsstelle entsteht ungefähr Schmiedetemperatur, örtlich kann sogar die Schmelztemperatur erreicht werden, jedoch ist dies nicht notwendig und auch nicht erwünscht, weil der flüssige Werkstoff den Reibungswiderstand herabsetzt. Mit zunehmender Erwärmung drückt sich ein Teil des plastisch gewordenen Werkstoffes aus der Fuge heraus. Wenn eine ausreichende Erwärmung eingetreten ist, wird der Reibvorgang durch plötzliches Abbremsen des rotierenden Teiles beendet und durch eine erhöhte Stauchkraft der Verbindungsprozeß eingeleitet. Meist ist zumindest einer der beiden Fügepartner rotationssymmetrisch. Das hat den Vorteil, daß die Rotation zu einem beliebigen Zeitpunkt beendet werden kann [10-6]. Beim Stauchen drückt sich weiterer Werkstoff nach außen, und es erfolgt die Verschweißung (C). Der entstehende Wulst kann schon in der Maschine beseitigt werden. Die Verbindung beider Teile erfolgt durch Diffusion, wobei Atome wechselseitig in den anderen Partner eindringen.

10.2.2 Verfahrensvarianten

Die gebräuchlichste Variante ist das vorstehend beschriebene kombinierte Reibschweißen. Im Gegensatz zu dem hierbei beschriebenen kontinuierlichen Antrieb wird beim Schwungradschweißen die in einem Schwungrad gespeicherte Bewegungsenergie für den Reibvorgang genutzt. Weitere Varianten, wie das Orbitalreibschweißen und das Oszillationsreibschweißen, befinden sich noch im Versuchsstadium. Eine Variante des Reibschweißens wird auch zum Auftragschweißen eingesetzt. Einer der Partner ist dabei stabförmiger Zusatzwerkstoff, der auf den anderen meist flächigen Partner „aufgerieben“ wird.

Eine neue Variante, das Reibrührschweißen (engl. Friction Stir Welding), dient zum Verbinden zweier Bleche oder ähnlicher Halbzeuge. Es eignet sich aber zur Zeit nur für weiche Werkstoffe wie Aluminium oder Kupfer. Ein zylindrisches, dornartiges Werkzeug wird drehend in die Fuge zwischen den beiden Blechen gedrückt, Bild 10-13. Die beiden Fügepartner liegen dabei auf einer festen Unterlage. Durch die entstehende Reibungswärme erweicht der Grundwerkstoff, und es kommt zur Verschweißung [10-7].

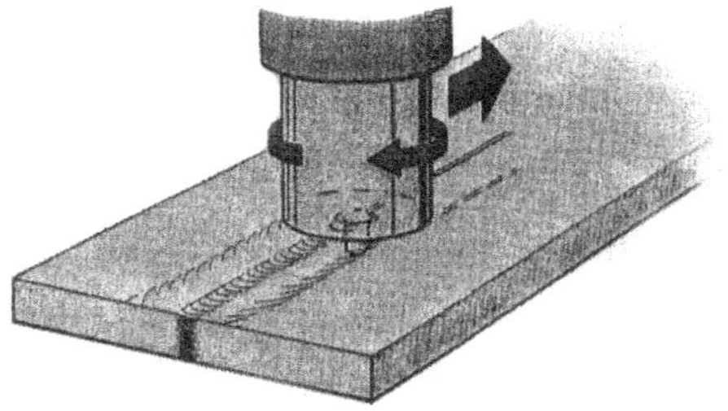

Bild 10-13. Verfahrensprinzip des Reibrührschweißens [10-7].

10.2.3 Maschinen und Einrichtungen zum Schweißen

Bild 10-14 zeigt eine Reibschweißmaschine mit horizontal angeordnetem Reibantrieb. Neben dieser Ausführung gibt es auch Vertikalmaschinen. Reibschweißmaschinen bestehen aus dem Maschinengestell, dem Spindelstock, dem Arbeitsschlitten mit dem zentralen Spannblock und der meist hydraulisch betriebenen Vorschubeinheit. Weitere Komponenten sind die Maschinensteuerung, Wulstabdreh- oder Wulststanzeinrichtungen sowie gegebenenfalls Be- und Entladevorrichtungen.

Die Maschinen arbeiten mit speicherprogrammierbaren Steuerungen. Damit kann der Schweißprozeß nicht nur gesteuert, sondern auch geregelt werden. Schweißparameter können Drehzahl, Reibkraft, Reibzeit, Stauchkraft, Stauchzeit, Stauchweg, Bremszeitpunkt und Stauchzeitpunkt sein. Eine Parameterüberwachung während des Schweißens ist möglich.

Zum Reibrührschweißen werden werkzeugmaschinenähnliche Anlagen verwendet.

Bild 10-14. Reibschweißmaschine (Werkbild: KUKA Schweissanlagen GmbH, Augsburg).

10.2.4 Anwendung des Reibschweißens

Die besonderen Vorteile des Reibschweißens sind mechanisierter Schweißablauf, kurze Schweißzeit, geringer Materialverlust, kein Auftreten von Strahlung, Rauch oder Spritzern und sehr gute Schweißqualität. Ferner ist wichtig, daß auch das Fügen solcher Partner möglich ist, die sich durch Schmelzschweißen nicht verbinden lassen. Hierzu zählt zum Beispiel das Verbinden von Kupfer mit Aluminium oder von Aluminium mit Stahl. Beides ist durch Schmelzschweißen nicht möglich, weil sich vermischungsbedingt spröde Phasen bilden, welche die Haltbarkeit der Verbindung nicht gewährleisten. Solche Phasen können zwar durch Diffusion auch beim Reibschweißen entstehen, jedoch sind sie dabei so schmal, daß die Haltbarkeit nicht beeinträchtigt wird. Auch „exotische" Metalle, wie Tantal, Niob, Zirkon, Titan oder Wolfram, sind mit sich selbst schweißbar, teilweise auch untereinander.

In der industriellen Massenfertigung zählen vor allem Vorteile, wie mechanisierte Anwendung und kurze Schweißzeiten. Das Reibschweißen wird deshalb zum Beispiel bei der Fertigung von Antriebswellen, Hydraulikzylindern, Kolbenstangen, Spindeln, Wellen und Kolben eingesetzt. Ein typisches Beispiel zeigt stellvertretend für andere das Bild 10-15. Auslaßventile von Verbrennungsmotoren sind am Schaft ganz anderen Beanspruchungen ausgesetzt als am Ventilteller. Hier kann ein weiterer Vorteil des Reibschweißens genutzt werden, nämlich die Kombination von Werkstoffen, wodurch optimale Gebrauchseigenschaften an jeder Stelle des Bauteils sichergestellt werden.

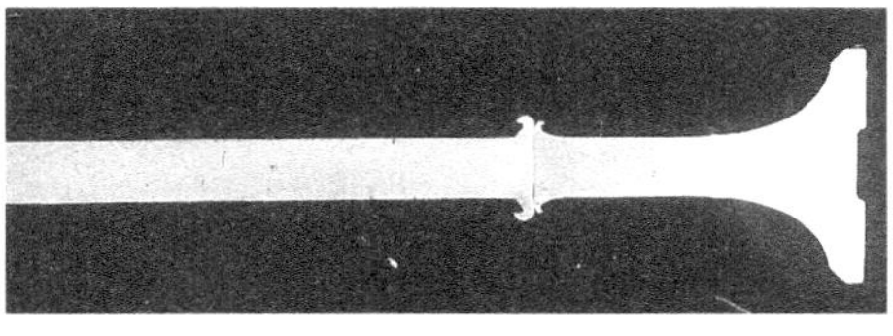

Bild 10-15. Durch Reibschweißen gefügtes Auslaßventil – Längsschnitt (Werkbild: KUKA Schweissanlagen GmbH, Augsburg).

Das Reibrührschweißen wird beispielsweise in Werften zum Herstellen von Paneelen aus Aluminiumlegierungen eingesetzt, ferner zum Längsnahtschweißen an Behältern und Tanks aus diesem Werkstoff, wobei teilweise auch vertikal geschweißt wird.

10.3 Lichtbogenpreßschweißen

Die Definition in DIN 1910-2 lautet: „Die Werkstücke werden an den Stoßflächen durch einen kurzzeitig, zwischen diesen brennenden Lichtbogen erwärmt und unter Anwendung von Kraft vorzugsweise ohne Schweißzusatz geschweißt." In diese Gruppe von Lichtbogenschweißverfahren fallen das Schweißen mit magnetisch bewegtem Lichtbogen und das Lichtbogenbolzenschweißen.

10.3.1 Schweißen mit magnetisch bewegtem Lichtbogen (Prozeß-Nr. 185)

Hierbei wird der Lichtbogen durch ein ablenkendes Magnetfeld am Schweißstoß entlang geführt.

10.3.1.1 Verfahrensbeschreibung

Bild 10-16 zeigt den Ablauf der Schweißung. Die sich berührenden Stoßflächen sind von einer Magnetspule umgeben. Die Magnetspule kann bei rohrförmigen Werkstücken auch im Inneren untergebracht sein. Durch Auseinanderfahren der Teile wird ein Lichtbogen in der Fuge gezündet, der mit dem Magnetfeld rotiert und dabei die Werkstückkanten anschmilzt. Das Rotieren des Lichtbogens rührt von den Kräften her, die sich aus dem Eigenmagnetfeld des Lichtbogens und einem Zusatzmagnetfeld in der Magnetspule ergeben. Nach ausreichender Erwärmung werden die Werkstückpartner zusammengeführt, gestaucht und verschweißen miteinander. Der Schweißvorgang läuft unter Schutzgas ab. Voraussetzung für die Anwendung dieses Verfahrens ist, daß die Werkstücke einen geschlossenen Querschnitt besitzen. Außer runden Teilen können auch ovale, quadratische oder rechteckige geschweißt werden.

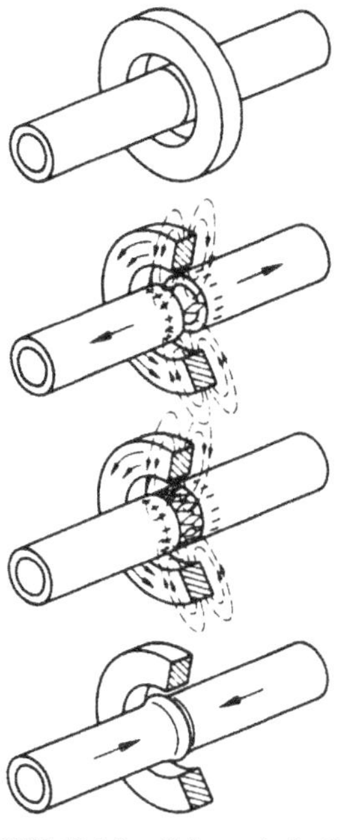

Ausgangsposition
a) Beide Werkstückteile berühren sich.
b) Ablenkspule umschließt die Schweißstelle.

Schweißbeginn
a) Schweißstromquelle, Magnetfeld und Schutzgas werden eingeschaltet.
b) Werkstückenden werden auf definierten Spalt auseinandergefahren — der Lichtbogen zündet.

Schweißvorgang
a) Lichtbogen rotiert,
b) Werkstückkanten schmelzen an.

Schweißende
a) Zusammenfahren und Stauchen der Rohrenden,
b) Schweißstrom, Magnetfeld und Schutzgas werden abgeschaltet.

Bild 10-16. Schematische Darstellung des Schweißens mit magnetisch bewegtem Lichtbogen, nach [10-8].

Zum Schweißen wird Gleichstrom verwendet. Bild 10-17 zeigt eine Horizontal-Maschine zum Schweißen mit magnetisch bewegtem Lichtbogen. Sie besteht aus dem Maschinengestell, der Aufnahme für das Werkstück, in diesem Fall bei rohrförmigen Bauteilen ein Spannfutter und ein zentrisch spannender Block, dem Magnetspulensystem, einem Hydraulik-Aggregat zum Stauchen sowie der Steuerung und dem Parameterüberwachungssystem. Es werden auch Maschinen eingesetzt, bei der die Werkstücke in vertikaler Lage geschweißt werden.

Bild 10-17. Maschine zum Schweißen mit magnetisch bewegtem Lichtbogen (Werkbild: KUKA Schweissanlagen GmbH, Augsburg).

10.3.1.2 Anwendung des Verfahrens

Das Schweißen mit magnetisch bewegtem Lichtbogen ist sehr wirtschaftlich, weil die Schweißzeiten nur im Bereich von wenigen Sekunden liegen. Wegen der hohen Investitionskosten ist es aber nur für die Massenfertigung, zum Beispiel in der Automobilindustrie, interessant. Es lassen sich Stähle mit Wanddicken von etwa 0,8 bis 5 mm verschweißen. Bild 10-18 zeigt typische Bauteile, die mit dieser Methode geschweißt wurden. Dies sind unter anderem Feuerlöschergehäuse, Ventildeckel, Behälter, Stoßdämpfer, Rohrleitungen und Filtergehäuse.

Bild 10-18. Bauteile, die mit magnetisch bewegtem Lichtbogen geschweißt werden (Werkbild: KUKA Schweissanlagen GmbH, Augsburg).

10.3.2 Lichtbogenbolzenschweißen

Beim Lichtbogenbolzenschweißen ist eines der Werkstücke bolzenförmig. Man unterscheidet im wesentlichen drei Verfahrensvarianten, Bild 10-19. Beim Bolzenschweißen mit Hubzündung wird der Lichtbogen durch Anheben der Bolzenspitze gezündet (a). Beim Schweißen mit Spitzenzündung (b) besitzt der Bolzen eine angestauchte Spitze, die unter der hohen Stromstärke wegschmilzt und dadurch das Zünden des Lichtbogens ermöglicht. Das Lichtbogenbolzenschweißen mit Ringzündung (c) arbeitet mit einem Ring aus Halbleiterwerkstoff. Nach dem Schließen des Stromkreises fließt so viel Strom über den Ring, daß der Lichtbogen berührungslos zünden kann. Am verbreitetsten sind die beiden zuerst genannten Verfahren. Sie werden im folgenden näher beschrieben.

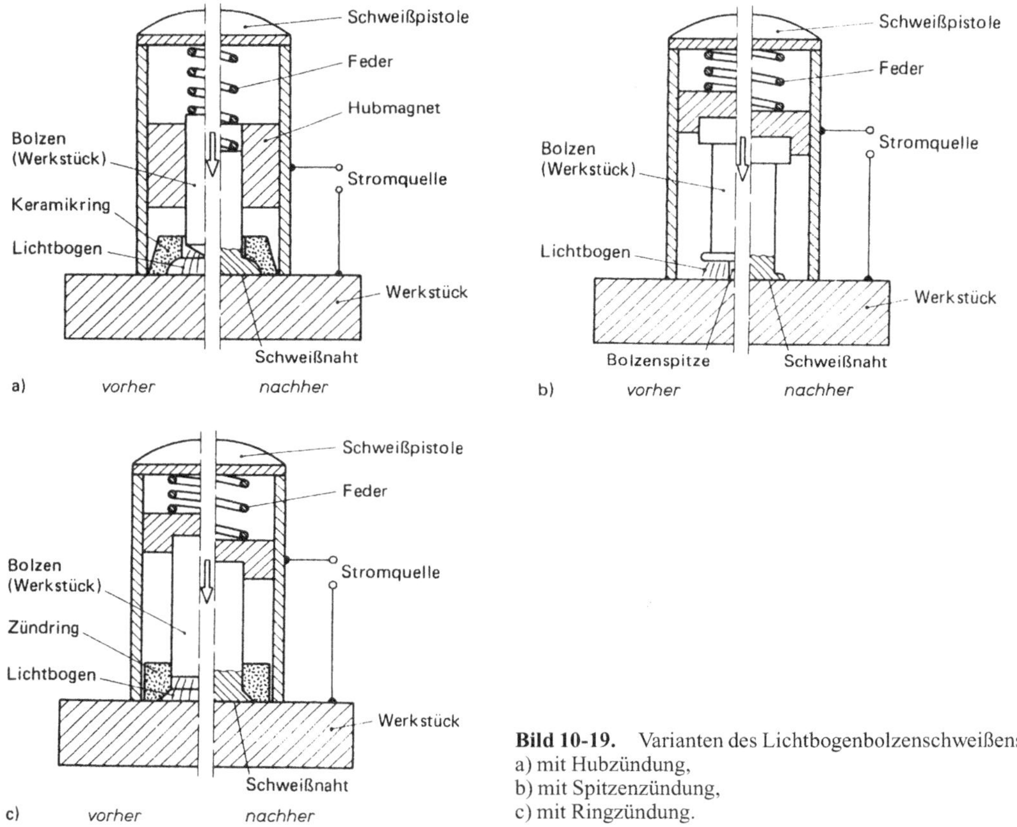

Bild 10-19. Varianten des Lichtbogenbolzenschweißens;
a) mit Hubzündung,
b) mit Spitzenzündung,
c) mit Ringzündung.

10.3.2.1 Schweißen mit Hubzündung (Prozeß-Nr. 783)

Den Ablauf des Schweißens mit Hubzündung und mit Spitzenzündung zeigt Bild 10-20. Die einzelnen Stadien der Schweißprozesse sind im Bild selbst ausführlich beschrieben. Beim Schweißen mit Hubzündung wird meist ein Keramikring eingesetzt. Dieser schützt nach außen hin vor Strahlung und Spritzen. Ferner verhindert er in begrenztem Maße den Zutritt der Atmosphäre und formt den entstehenden Schweißwulst. Er wird nach dem Schweißen abgeschlagen. In Sonderfällen, zum Beispiel beim Aufschweißen von Aluminiumbolzen, wird auch Schutzgas zugegeben. Mit Hubzündung können Bolzen mit Durchmessern von 3 bis 25 mm oder mit entsprechendem rechteckigem

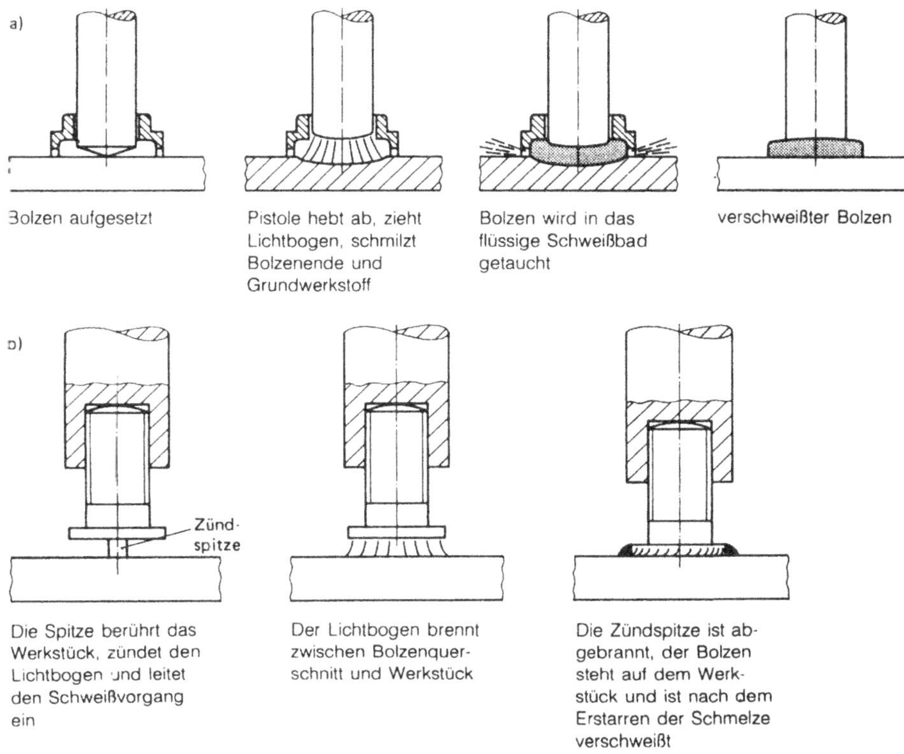

Bild 10-20. Wirkungsweise des Lichtbogenbolzenschweißens [10-9];
a) mit Hubzündung,
b) mit Spitzenzündung.

Querschnitt aufgeschweißt werden. Die Schweißzeiten betragen etwa 0,1 bis 1,5 s. Beim Kurzzeitbolzenschweißen sind die Schweißzeiten kürzer, der größte Bolzendurchmesser beträgt aber nur 12 mm. Noch kürzere Schweißzeiten (< 10 ms) sind mit dem Kondensatorentladungsbolzenschweißen zu erreichen. Der Strom wird dabei einer Kondensatorbatterie entnommen. Die zu schweißenden Bolzendurchmesser liegen hierbei zwischen 2 und 6 mm. Bild 10-21 zeigt eine Gleichstromquelle mit Schweißpistole für das Lichtbogenbolzenschweißen mit Hubzündung.

10.3.2.2 Schweißen mit Spitzenzündung (Prozeß-Nr. 786)

Mit diesem Verfahren werden vornehmlich Stifte mit Durchmessern bis zu 8 mm aufgeschweißt. Der Schweißstrom wird von einer Kondensatorbatterie geliefert, die Schweißzeiten liegen zwischen 1 und 4 ms. Das Verfahren eignet sich besonders für Schweißungen an dünnen Blechen bis etwa 5 mm. Durch den am anzuschweißenden Ende angestauchten Flansch des Bolzens sowie die kurze Schweißzeit hinterläßt der Schweißprozeß auf der Rückseite von dünnen Blechen kaum Verformungen oder Verfärbungen. Bild 10-22 zeigt eine mechanisierte Anlage zum Bolzenschweißen mit Spitzenzündung. Die Bolzen werden automatisch zugeführt.

10.3.2.3 Anwendung des Bolzenschweißens

Beim Bolzenschweißen kommen Bolzen aus un- und niedriglegiertem Stahl, nichtrostendem Stahl, Kupferlegierungen sowie Aluminium und Aluminiumlegierungen zum Einsatz. Das Verfahren mit

Spitzenzündung wird beispielsweise eingesetzt zum Anschweißen von Gewindebolzen sowie zum Aufschweißen von Montagehilfen und Befestigungselementen. Im Kesselbau werden Bauteile mit zahlreichen Stiften versehen, die als Bewehrung für aufzubringende Isoliermassen dienen.

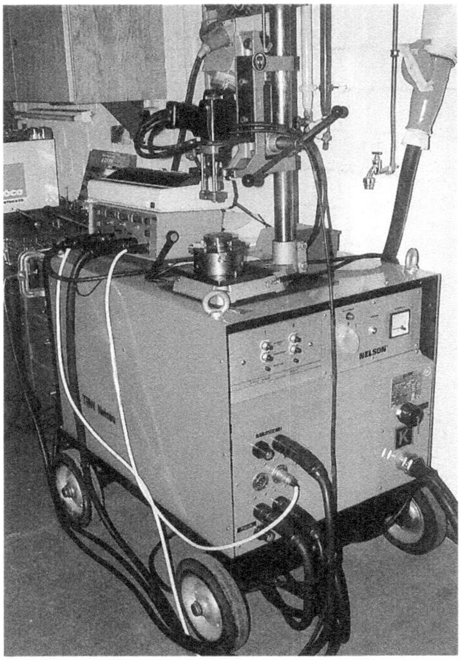

Bild 10-21. Stromquelle und Schweißpistole zum Bolzenschweißen mit Hubzündung.

Bild 10-22. Mechanisierte Anlage zum Bolzenschweißen mit Spitzenzündung (Werkbild: OBO Bettermann OHG, Menden).

Ein Sondereinsatzgebiet für das Lichtbogenbolzenschweißen mit Hubzündung ist das Aufschweißen kurzer verschleißfester Bolzen in engem Abstand zum Verschleißschutz gegen Reibung durch grobstückiges Fördergut. Bild 10-23 zeigt aufgeschweißte Bolzen auf einer Platte. Das Verfahren mit Spitzenzündung wird vor allem in der Blechverarbeitung eingesetzt, zum Beispiel beim Bau von Schaltschränken, im Fahrzeugbau und in der Lüftungstechnik.

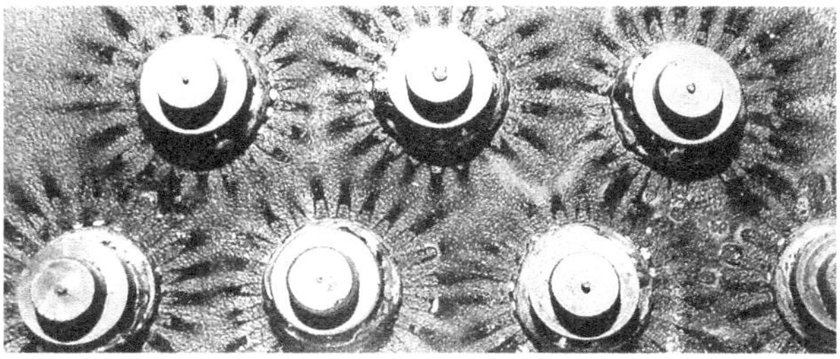

Bild 10-23. Mit dem Lichtbogenbolzenschweißen aufgeschweißte kurze Bolzen.

10.4 Sonstige Verfahren

10.4.1 Kaltpreßschweißen (Prozeß-Nr. 48)

Die Definition nach DIN 1910-2 lautet: „Die Werkstücke werden an den Stoßflächen ohne Wärmezufuhr unter Anwendung stetiger (nicht schlagartiger) Kraft vorzugsweise ohne Schweißzusatz geschweißt. Im Bereich des Schweißstoßes treten erhebliche Verformungen auf." Zum Schweißen ist nicht unbedingt Wärmezufuhr erforderlich. Die Stoßflächen müssen nur metallisch blank sein und einander auf sehr engem Abstand, nämlich auf den Atomebenenabstand, genähert werden. Für den Bindungsmechanismus gibt es verschiedene Hypothesen [10-10], zum einen Diffusionsvorgänge, zum anderen atomare Bindungskräfte. Da die Diffusion sehr stark temperaturabhängig ist, die Verbindung aber bei Raumtemperatur stattfindet, dürfte Diffusion nur eine untergeordnete Rolle spielen.

Damit die zu verbindenden Oberflächen nahe genug angenähert und Fremdschichten in der Bindungsebene aufgerissen werden können, sind starke Verformungen erforderlich. Bei Aluminium muß die Oberflächenvergrößerung zum Beispiel etwa 150 % betragen. Die Verformungen können durch Quetschen, Stauchen oder Walzen erfolgen, Bild 10-24. Dafür gibt es Schweißmaschinen, aber für dünnere Materialien auch handbetriebene Schweißzangen. Verformungen in der erforderlichen Größe sind nur bei weichen Metallen möglich. Kaltpreßschweißen ist deshalb nur möglich, wenn mindestens ein Partner diese Voraussetzung erfüllt. Von den technischen Metallen lassen sich Titan, Zinn, Blei, Zink, Eisen, Nickel, Silber, Kupfer und Aluminium kaltpreßschweißen. Da keine Vermischung im flüssigen Zustand erfolgt, sind auch Metallkombinationen möglich, die wegen des Auftretens von spröden Phasen beim Schmelzschweißen nicht möglich sind, zum Beispiel Verbindungen zwischen Kupfer und Aluminium.

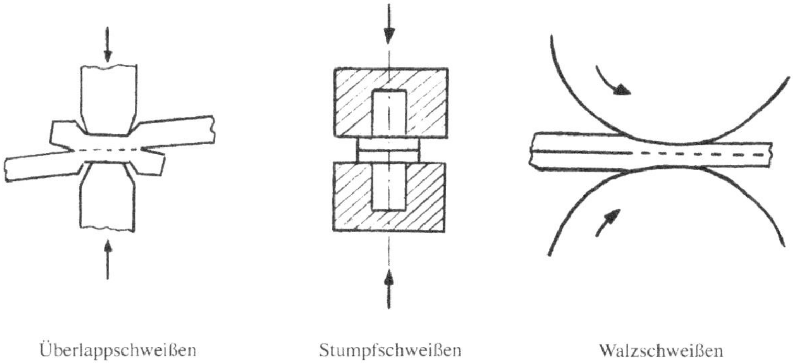

Bild 10-24. Möglichkeiten des Kaltpreßschweißens.

Das Kaltpreßschweißen wird zum Beispiel eingesetzt in der Elektrotechnik für Verbindungen zwischen Kupfer und Aluminiumleitungen und zum Anschweißen von Kontakten und Kabelschuhen. Weitere Anwendungen gibt es in der Verpackungsindustrie.

10.4.2 Diffusionsschweißen (Prozeß-Nr. 45)

Der vorhergehende Abschnitt hat gezeigt, daß Schweißen auch bei Raumtemperatur möglich ist. Jedoch durch Wärmezufuhr wird das Schweißen wesentlich erleichtert, und es ist nur ein Minimum an Verformung notwendig. Dies wird beim Diffusionsschweißen genutzt. DIN 1910-2 sagt zu diesem Verfahren: „Die Werkstücke werden an den Stoßflächen oder durchgreifend im Vakuum, unter Schutzgas oder in einer Flüssigkeit (Salzbad) erwärmt und unter Anwendung stetiger Kraft vorzugsweise ohne Schweißzusatz geschweißt. Die Verbindung erfolgt durch Diffusion der Atome über die Stoßflächen hinweg. Im Bereich des Schweißstoßes treten nur geringe plastische Verformungen auf.“

Bild 10-25 zeigt das Prinzip des Vakuum-Diffusionsschweißens. Die plan- und feingeschliffenen Oberflächen werden im Vakuum (10^{-4} Pa) bei Temperaturen von 0,5 bis 0,8 × T_S (Schmelztemperatur) unter leichtem Druck einander genähert. Unter Einfluß der Wärme, des Vakuums und des Drucks werden Fremdschichten durch Diffusion abgebaut und vorstehende Grenzflächen durch örtliches Fließen eingeebnet. Mit fortschreitender „Benetzung“ der beiden Partner kommt es zur gegenseitigen Durchdringung zunächst an den Korngrenzen und später auf der ganzen Bindungsfläche [10-11]. Bild 10-26 zeigt eine Bindungsebene zwischen zwei Partnern aus unlegiertem Vergütungsstahl. Sie ist nur an einer gewissen Orientierung der Ferritkristalle zu erkennen.

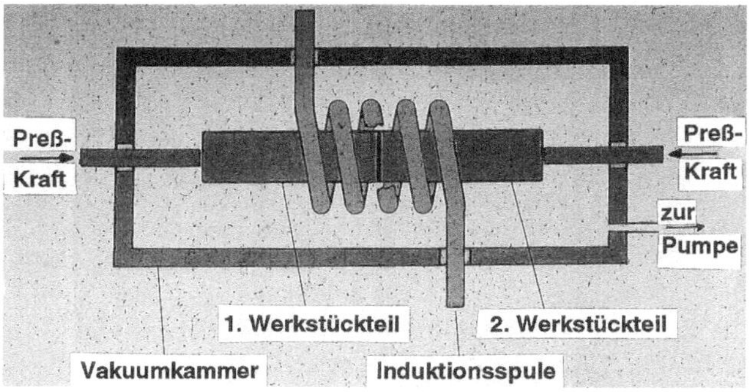

Bild 10-25. Schematische Darstellung des Vakuum-Diffusionsschweißens.

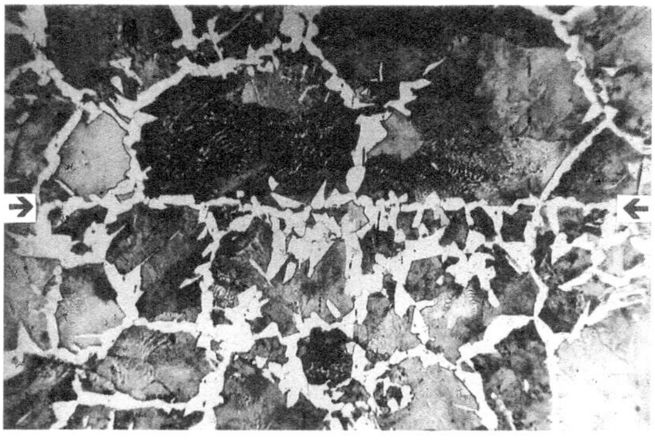

Bild 10-26. Diffusionsschweißverbindung – Gefüge in der Bindungszone.

Die Erwärmung kann induktiv oder konduktiv erfolgen. Da die makroskopischen Verformungen klein sind, können fertig bearbeitete Werkstücke gefügt werden. Die Verbindung erfolgt im festen Zustand. Deshalb können auch mit diesem Verfahren Werkstoffkombinationen geschweißt werden, die durch Schmelzschweißen nicht möglich sind, zum Beispiel Kupfer/Aluminium. Ferner sind auch Metall/Keramik-Verbindungen und Verbindungen zwischen Glaswerkstoffen sowie zwischen Glaswerkstoffen und Metallen möglich. Von Nachteil sind der große Aufwand bei der Vorbereitung des Schweißstoßes und die langen Schweißzeiten. Anwendungsfälle gibt es vor allem in der Luft- und Raumfahrt, wo zum Beispiel Wabenkonstruktionen, die wegen fehlender Zugänglichkeit anders nicht geschweißt werden können, durch Diffusionsschweißen hergestellt werden. Weitere Anwendung findet das Verfahren in der Elektroindustrie.

10.4.3 Aluminothermisches Schweißen (Prozeß-Nr. 71)

Dieses Verfahren gehört zum Gießschmelzschweißverfahren. DIN 1910-2 sagt dazu: „Die Wärme wird durch Gießen von flüssigem Schweißzusatz in die eingeformte Schweißstelle übertragen, wobei die Stoßflächen bzw. Auftragflächen anschmelzen." Nicht überall steht ein Schmelzofen für die Erzeugung des schmelzflüssigen Schweißzusatzes zur Verfügung. Beim aluminothermischen Schweißen wird dieser durch eine metallurgische Reaktion in einem Tiegel erzeugt. Dazu wird ein Gemisch aus Aluminiumpulver und Eisenoxid, zum Beispiel in der Form von Zunder, eingefüllt. Durch einen Zünder wird die folgende Reaktion eingeleitet:

$$3\ Fe_3O_4 + 8\ Al = 9\ Fe + 4\ Al_2O_3 + \text{Wärme}$$

Dabei wird das Aluminium verbrannt. Den notwendigen Sauerstoff liefert das Eisenoxid, welches dadurch zu Eisen reduziert wird. Dieses sammelt sich im unteren Teil des Tiegels, die Schlacke liegt darüber. Zur Verbesserung der Eigenschaften des Schweißgutes werden noch Ferrolegierungen zugegeben. Bild 10-27 zeigt den Reaktionstiegel und den eingeformten Schweißstoß an einer Eisenbahnschiene. Um ein ausreichendes Anschmelzen der Stoßflächen sicherzustellen, müssen diese in der Regel vorgewärmt werden. Nach dem Öffnen des Tiegelverschlusses läuft das Metall in die vorbereitete Form, schmilzt die Fugenflanken an und füllt die Fuge aus. Bild 10-28 zeigt einen fertig geschweißten Schienenstoß. Die sichtbaren Eingüsse und Steiger werden noch entfernt und das Profil am Schienenkopf durch Schleifen wiederhergestellt.

Bild 10-27. Aluminothermisches Schweißen von Eisenbahnschienen (Werkbild: Elektro-Thermit GmbH, Essen).

Bild 10-28. Aluminothermisch geschweißter Schienenstoß (Werkbild: Elektro-Thermit GmbH, Essen).

Das vorstehend beschriebene aluminothermische Schmelzschweißen wird hauptsächlich für Schienenstoßschweißungen eingesetzt, in geringerem Maße für Konstruktions- und Instandsetzungsschweißungen im Großmaschinenbau. Eine weniger benutzte Variante ist das aluminothermische Preßschweißen. Hierbei wird nur die Wärme der aluminothermischen Reaktion genutzt und die Werkstückteile durch Druck verbunden.

11 Thermisches Schneiden

In vielen Betrieben der Metallverarbeitung werden zum Ausarbeiten bestimmter Formen von Werkstücken neben mechanischen Trennverfahren, wie Scheren oder Sägen, auch thermische Schneidverfahren eingesetzt. Oft müssen solche geschnittenen Teile später durch Schweißen wieder zu Bauteilen verbunden werden. In diesem Fall müssen auch Schweißkanten angearbeitet werden. Auch dies kann mit mechanischen Verfahren, wie Hobeln, Drehen, Schleifen oder Nibbeln, aber auch durch thermische Verfahren erfolgen. Weiterhin werden thermische Trennverfahren, auch zum Zerteilen großer Eisenmassen, eingesetzt, zum Beispiel beim Verschrotten von Bauwerken. Dies kommt beispielsweise beim Abwracken von Schiffen oder bei der Demontage von Industrieanlagen oder Rohrleitungen vor. Für solche Arbeiten wird meist das autogene Brennschneiden mit der Acetylen-Sauerstoff-Flamme oder das Plasmaschneiden eingesetzt.

11.1 Autogenes Brennschneiden

Das autogene Brennschneiden erfordert in seiner einfachsten Form nur geringe Investitionen und ist auch auf Baustellen gut einsetzbar. Der Begriff „autogen" steht hier wie beim Gasschweißen für „aus sich selbst heraus".

11.1.1 Grundlagen des autogenen Brennschneidens

Beim autogenen Brennschneiden wird der Werkstoff durch eine Heizflamme auf Entzündungstemperatur gebracht und dann im Sauerstoffstrom verbrannt. Dabei wird Wärme frei, die neben der Energie der Heizflamme dafür sorgt, daß die Entzündungstemperatur erhalten bleibt. Als Heizgas wird meist Acetylen eingesetzt, aber auch das Verwenden von Propan ist grundsätzlich möglich. Der Schneidsauerstoff soll einen möglichst hohen Reinheitsgrad besitzen. Schon geringe Verunreinigungen von Stickstoff vermindern die möglichen Schneidgeschwindigkeiten. Damit der wärmeerzeugende (exotherme) Prozeß ablaufen kann, muß der Werkstoff einige Voraussetzungen erfüllen, die in Tabelle 11-1 aufgelistet sind [11-1]. Sie werden im folgenden besprochen.

Tabelle 11-1. Voraussetzungen für die autogene Brennschneideignung eines Werkstoffes.

1. Der zu schneidende Werkstoff muß im Sauerstoffstrom verbrennbar sein.
2. Seine Entzündungstemperatur muß unterhalb der Schmelztemperatur liegen.
3. Die Schmelztemperatur der Oxide muß niedriger sein als die Schmelztemperatur des Werkstoffes.
4. Die entstehenden Oxide müssen dünnflüssig sein.
5. Die Wärmeleitfähigkeit des Werkstoffes darf nicht zu groß sein.

Voraussetzung 1: Diese Forderung wird von allen Metallen erfüllt, die eine ausreichend große chemische Affinität zu Sauerstoff besitzen, vor allem aber von den Eisenwerkstoffen.

Voraussetzung 2: Die Entzündungstemperatur von Baustählen liegt bei etwa 1200 °C, der Schmelzpunkt bei knapp unter 1500 °C. Solche Werkstoffe können also verbrennen, bevor sie flüssig werden. Mit zunehmendem Kohlenstoffgehalt steigt die Verbrennungstemperatur an, gleichzeitig wird die Schmelztemperatur abgesenkt, so daß bei Stählen ab etwa 1,6 % C diese Voraussetzung nicht mehr gegeben ist.

Der Werkstoff schmilzt, bevor er verbrennt. Dies ist der Grund, warum beispielsweise Werkzeugstähle und Gußeisen nicht brennschneidgeeignet sind.

Voraussetzung 3: Einige Metalle und Legierungselemente bilden hochschmelzende Oxide. Typisch hierfür ist Aluminium. Der Schmelzpunkt dieses Metalls liegt bei 660 °C, der des Oxids bei etwa 2050 °C. Der Sauerstoffstrahl kann das Metall gar nicht erreichen, weil es von einer festen Schicht von Oxid bedeckt ist. Aluminiumwerkstoffe sind aus diesem Grund nicht autogen schneidbar. Ähnlich verhält es sich mit dem Element Chrom. Es bildet ebenfalls hochschmelzende Oxide. Da Nickel nur eine geringe Affinität zu Sauerstoff hat, leistet es keinen großen Beitrag zur Verbrennungswärme. Dies ist der Grund, warum nichtrostende Chrom-Nickel-Stähle nicht autogen geschnitten werden können. Auch andere Legierungselemente des Stahles, wie Silizium, Mangan, Wolfram, Molybdän und Kupfer, erschweren in höheren Gehalten das Brennschneiden [11-2].

Voraussetzung 4: Wenn sich beim Verbrennen eine Schlacke bildet, die sehr zähflüssig ist und deshalb schlecht aus der Fuge ausgetrieben werden kann, dann ist das Brennschneiden natürlicherweise erschwert. Diese Eigenschaft wird ebenfalls durch Chrom, aber auch durch Silizium in höheren Gehalten beeinflußt.

Voraussetzung 5: Wenn die Wärmeleitfähigkeit eines Werkstoffes so groß ist, daß mehr Wärme abgeführt wird, als durch den Verbrennungsprozeß entsteht, dann kommt der Schneidvorgang vor allem in der Tiefe des Werkstoffes, wo die Heizflamme nicht hinreicht, zum Erliegen. Diese Bedingung ist beispielsweise beim Kupfer gegeben.

11.1.2 Das Werkzeug des Brennschneiders

Das Werkzeug des Brennschneiders ist die Schneiddüse. Sie ist Teil des Schneidbrenners. Nach der Bauform unterscheidet man Blockdüsen und zweiteilige Düsen, nach der Mischung des Brenngases wird unterteilt in gasmischende Düsen und außenmischende Düsen. Eine Blockdüse, bei der das im Brenner bereits gemischte Brenngas-Sauerstoff-Gemisch an den ringförmig angeordneten Austrittsöffnungen verbrennt, zeigt Bild 11-1. Der Schneidsauerstoff tritt an der zentralen Öffnung aus. Bei den Brennern unterscheidet man ferner Handbrenner und Maschinenbrenner. Der am Brenner eingestellte Acetylendruck beträgt 0,5 bar, der Heizsauerstoffdruck je nach Düsengröße und Bauart etwa 2,5 bis 7 bar und der Schneidsauerstoffdruck je nach Blechdicke und Schneiddüse etwa 2 bis 10 bar.

11.1.3 Manuelles Brennschneiden

Handbrennschneidbrenner sind zur Erleichterung der gleichmäßigen Abstandshaltung oft mit einem Führungswagen ausgerüstet. Neben speziellen Schneidbrennern werden auch kombinierte Schweiß- und Schneidbrenner eingesetzt, bei denen am Griffstück je nach Bedarf ein Schweiß- oder ein Schneideinsatz angeschlossen werden kann, Bild 11-2. Es kommen heute hauptsächlich Saug-(Injektor-) Brenner zum Einsatz. Das Mischen von Brenngas und Sauerstoff für die Heizflamme kann im Brennereinsatz, im Brennerkopf oder in der Brennerdüse erfolgen. Je weiter die Mischung in Richtung auf die Austrittsöffnung verlegt wird, um so rückschlagsicherer ist der Brenner. Besonders rückschlagsicher sind außenmischende Brenner. Sie werden deshalb dort eingesetzt, wo große thermische Belastungen zu erwarten sind.

Der Brennvorgang beginnt mit dem Anwärmen des Werkstoffs an der Anschnittstelle. Wenn die Zündtemperatur erreicht ist, wird der Schneidsauerstoff langsam zugeschaltet. Dabei sollte der Brenner etwas angehoben werden, bis der Schneidstrahl durchschlägt und der Brennvorgang beginnt.

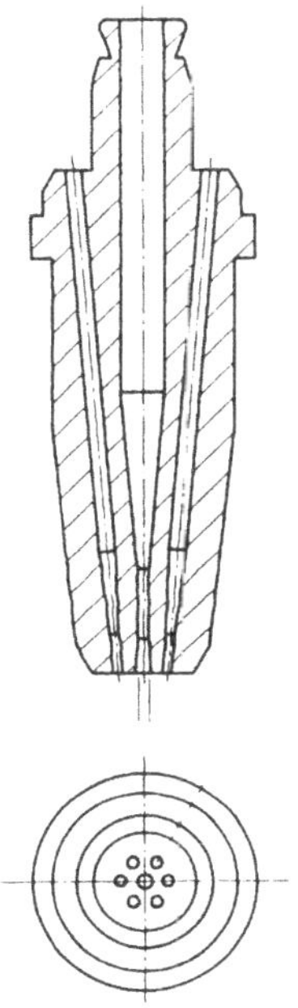

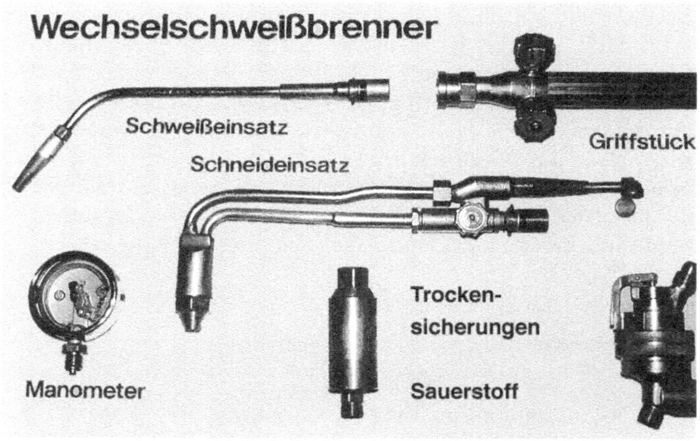

Bild 11-2. Kombinierter Schweiß- und Schneidbrenner.

Bild 11-1. Blockdüse [11-2].

Beim maschinellen Brennschneiden übernimmt eine Lochstechautomatik diese Funktionen. Wenn der Brennvorgang eingeleitet ist, dann verbrennt der Werkstoff, und die entstehenden Oxide, welche auch noch unverbrannte metallische Bestandteile enthalten können, werden durch den Sauerstoffstrahl aus der Brennfuge ausgetrieben.

Bei Formschnitten kann neben dem schon erwähnten Führungswagen ein Zirkel für Kreisschnitte und ein angelegtes Führungslineal für Gradschnitte hilfreich sein, Bild 11-3. Speziell geformte

Bild 11-3. Formschnitt mit Führungswagen (Werkbild: Messer Griesheim GmbH, Frankfurt/M.).

Brenner und spezielle Düsenformen werden für Sonderaufgaben des thermischen Trennens eingesetzt. Bild 11-4 zeigt einen Brenner mit einer besonders flachen Schneiddüse, mit dem im Bild Steiger und Eingüsse von Stahlgußteilen abgetrennt werden. Ähnliche Brenner finden auch zum Brennhobeln und Brennfugen Anwendung. Im ersten Falle spricht man auch vom Brennflämmen. Hiermit werden zum Beispiel im Stahlwerk zur Verbesserung der Oberflächengüte von Walzerzeugnissen die Oberflächen von Blöcken oder Brammen abgetragen. Das Brennfugen, auch autogenes Fugenhobeln genannt, kommt zum Einsatz, um Schweißnahtfehler (Unregelmäßigkeiten), wie Schlackeneinschlüsse oder Risse, zu beseitigen oder den Wurzelbereich einer Schweißverbindung zum Einbringen einer Gegenlage (Kapplage) vorzubereiten.

Bild 11-4. Abbrennen von Eingüssen an Gußstücken (Werkbild: Messer Griesheim GmbH, Frankfurt/M.).

11.1.4 Maschinelles Brennschneiden

Beim manuellen Brennschneiden wird die erreichbare Schnittgüte von der mehr oder weniger gleichmäßigen Bewegung und vom Abstand des Brenners vom Werkstück beeinflußt. Besonders die Schnittgeschwindigkeit spielt eine große Rolle. Deshalb bieten Maschinenschnitte eine wesentlich bessere Schnittgüte als Handschnitte. Bei diesen Maschinen reicht das Spektrum von der Handbrennschneidmaschine bis zum Brennschneidroboter [11-3].

11.1.4.1 Handbrennschneidmaschinen

Bild 11-5 zeigt eine einfache Handbrennschneidmaschine. Hierbei wird zwar die Schneidgeschwindigkeit, stufenlos einstellbar, vom Antrieb der Maschine vorgegeben, aber der Bediener führt den Brenner entlang einer angezeichneten oder angerissenen Kontur auf dem Blech. Die Maschine kann auch an einer Führungsschiene entlang laufen. Solche Handbrennschneidmaschinen können sogar bis zu Blechdicken von 100 mm eingesetzt werden. Sie sind bereits sehr preiswert zu haben und können ortsungebunden eingesetzt werden.

11.1.4.2 Kleinbrennschneidmaschinen

Etwas stabiler und auch nicht mehr für das Führen von Hand vorgesehen ist die Kleinbrennschneidmaschine in Bild 11-6. Sie fährt an einer ausgelegten Schiene entlang und ist im Bild mit einem Dreibrenneraggregat ausgerüstet. Damit läßt sich an Schweißkanten beispielsweise eine

Bild 11-5. Handbrennschneidmaschine (Werkbild: Messer Griesheim GmbH, Frankfurt/M.).

Bild 11-6. Kleinbrennschneidmaschine mit Dreibrenneraggregat (Werkbild: Messer Griesheim GmbH, Frankfurt/M.).

Doppel-Y-Fuge anbringen. Wie Bild 11-7 zeigt, lassen sich mit Hilfe solcher Mehrbrenneraggregate auch andere Fugenformen schneiden. Auch Kleinbrennschneidmaschinen können bis zu Blechdicken von 100 mm eingesetzt werden.

11.1.4.3 Gelenkarmbrennschneidmaschinen

Dieser früher häufig eingesetzte Maschinentyp ist nur für das Schneiden kleiner Werkstückabmessungen geeignet. Die Führung des Maschinenbrenners erfolgt durch eine Magnetrolle, die an einer Schablone (Maßstab 1:1) des auszubrennenden Teiles entlang fährt, die aus Blech gefertigt wurde.

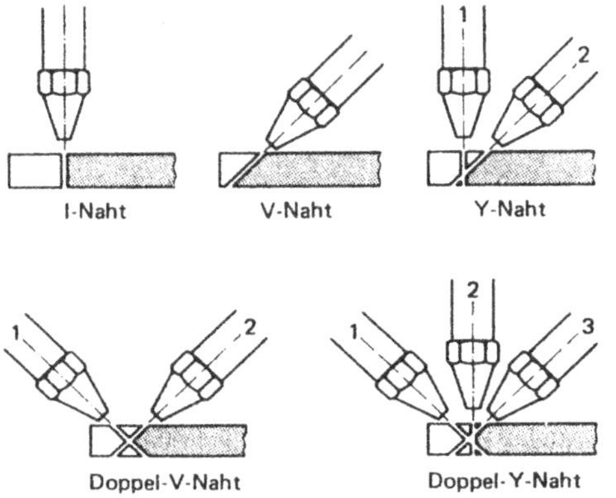

Bild 11-7. Schneidkantenvorbereitung mit einem oder mehreren Brennern [11-2].

11.1.4.4 Koordinatenbrennschneidmaschinen

Die einschlägige Industrie bietet Kreuzwagenmaschinen an, die als Ausleger oder Portalmaschinen den Brenner in x-y-Koordinaten verfahren. Die Bewegung des Brenners resultiert dabei aus den Bewegungen des Längswagens auf den Laufschienen und des am Ausleger oder Portal fahrenden Querwagens. Die in Bild 11-8 abgebildete Auslegermaschine ist mit einer fotoelektrischen Steuerung ausgerüstet und kann mit bis zu vier Maschinenbrennern bestückt werden. Die Steuerung tastet mit einem Lichtstrahl eine Strichzeichnung (Maßstab 1:1), Bild 11-9, oder eine Schwarz-Weiß-Schablone ab. Die reflektierte Lichtmenge wird von einer Fotodiode in elektrische Impulse umgewandelt und an die Steuerung weitergeleitet. Bei großen Bauteilen waren früher auch Vorlagen im Maßstab 1:5 oder 1:10 üblich. Solche Arbeiten werden heute aber meist von CNC-gesteuerten Maschinen übernommen.

Bild 11-8. Auslegermaschine mit fotoelektrischer Steuerung (Werkbild: Messer Griesheim GmbH, Frankfurt/M.).

Bild 11-9. Lesekopf der fotoelektrischen Steuerung (Werkbild: Messer Griesheim GmbH, Frankfurt/M.).

Computergesteuerte (CNC-) Brennschneidmaschinen können je nach Breite und Arbeitslänge der Führungsmaschine erheblich teurer sein als einfache Koordinatenmaschinen. Bild 11-10 zeigt eine CNC-gesteuerte Portalmaschine. Das Programmieren solcher Anlagen kann an dem im Bild sichtbaren Terminal oder an einem separaten Programmierplatz erfolgen. Durch Eingeben von Wegkoordinaten und Entfernungen wird das Programm generiert. Die Steuerung besitzt eine Reihe von Makros für immer wiederkehrende Standardbauteile, die nur noch vermaßt und mit Zusatzinformationen, zum Beispiel Geschwindigkeit, versehen werden müssen. Die Programme können auf Lochstreifen oder Diskette abgespeichert und später wieder verwendet werden. Schachtelprogramme sorgen dafür, daß der Abfall (Schrott) minimiert wird. Bei einigen Steuerungen ist auch wie bei Industrierobotern eine Playback-Programmierung möglich. Hierbei wird eine Zeichnung mit einem Photoskop abgefahren und die Kontur später auf den Brenner übertragen.

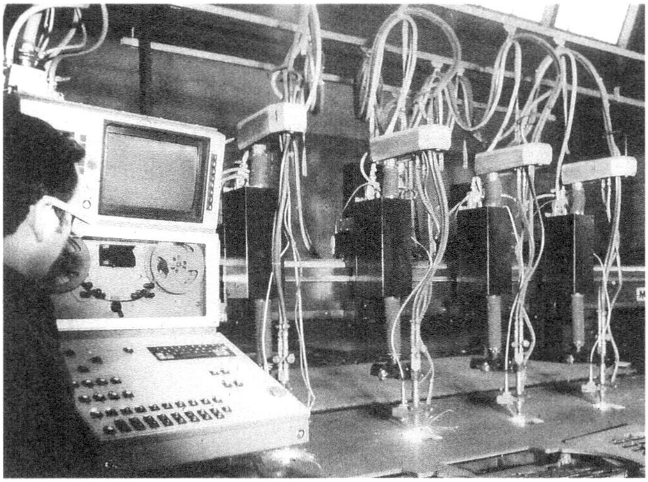

Bild 11-10. CNC-gesteuerte Portalmaschine (Werkbild: Messer Griesheim GmbH, Frankfurt/M.).

Moderne Brennschneidmaschinen verfügen über Sonderfunktionen. Dies sind neben der bereits erwähnten Lochstechautomatik zum Beispiel Eckenverzögerung, automatische Brennerhöhenverstellung, Markierungseinrichtung, zentrales Zündsystem oder Zündüberwachung. Zu einer gut funktionierenden Anlage gehört ferner ein stabiles Fahrwerk mit Werkzeugmaschinengenauigkeit und ein Brenntisch, auf dem die Werkstücke sicher aufliegen, sowie eine Absaugvorrichtung für die entstehenden Rauche und Gase. Eine Wassersprüheinrichtung kann Rauchpartikel binden. Eine besonders gute Abschirmung des Bedienungsmannes vor Rauch-, Gas- und Lärmbelästigung bewirkt das Schneiden im Wasserbad.

11.1.4.5 Brennschneiden mit Industrierobotern

Vermehrt werden auch Knickarm- oder Gelenkarmroboter zum Brennschneiden eingesetzt. Man sollte aber nicht den Fehler machen, diese für Geradschnitte einzusetzen. Das kann eine CNC-gesteuerte Brennschneidmaschine mindestens ebenso gut, und, weil sie meist mit mehreren Brennern arbeitet, auch schneller. Auf Grund seiner besseren Beweglichkeit im Raum bringt ein mit einem Maschinenbrenner ausgerüsteter Industrieroboter aber Vorteile beim Anfasen von Kurvenschnitten. Bild 11-11 zeigt einen 5achsigen Knickarmroboter bei solchen Brennschneidarbeiten.

Bild 11-11. Anfasen von Werkstücken mit einem Brennschneidroboter (Werkbild: Wilhelm Severt Maschinenbau GmbH, Vreden).

11.1.5 Schnittgüte beim Brennschneiden

Es wurde schon erwähnt, daß gleichmäßig gute Schnitte nur beim maschinellen Brennschneiden möglich sind. Qualitätskriterien für einen guten Brennschnitt sind insbesondere ein geringer Riefennachlauf, ein kleiner Anschmelzradius, eine geringe Rauhtiefe sowie geringe Rechtwinkligkeits- und Winkeltoleranzen. Tabelle 11-2 gibt Informationen über die Ursachen von Ungleichmäßigkeiten. Der Rillennachlauf wird verursacht durch die Ablenkung des Schneidstrahles nach hinten bei zu großer Schneidgeschwindigkeit. Eine Abrundung der oberen Schneidkante kann durch einen zu langsamen Brennervorschub oder eine zu stark eingestellte Heizflamme entstehen. Begünstigt wird dies durch verzunderte oder verrostete Blechoberflächen. Ursache einer zu großen Rauhigkeit der Schnittflächen ist meist eine zu hohe oder eine ungleichmäßige Schneidgeschwindigkeit. Es können aber auch angeschnittene Seigerungen oder nichtmetallische Einschlüsse im Werkstoff örtlich zu übermäßig tiefen Schneidriefen führen. Winkelabweichungen des Schnittes entstehen, wenn der Brenner nicht im richtigen Winkel quer zur Schneidrichtung angestellt war. Mehr über die Güte von Schnittflächen und über Maßtoleranzen sagt DIN EN ISO 9013 aus. Hilfe bei der Beurteilung von Schnittflächen bieten „Schnittflächengütemuster".

Tabelle 11-2. Qualitätsmerkmale von Brennschnitten.

Qualitätsmerkmal	Beurteilung	Ursache
Riefennachlauf	zu groß	Schneidgeschwindigkeit zu hoch
Anschmelzradius	zu groß	Heizflamme zu stark; Schneidgeschwindigkeit zu klein; Oberfläche stark verzundert oder verrostet
Rauhigkeit	zu groß	Schneidgeschwindigkeit zu groß; Schneidgeschwindigkeit ungleichmäßig; angeschnittene Seigerungen oder Einschlüsse
Winkelabweichung	zu groß	Brenneranstellung inkorrekt

11.1.6 Sonderverfahren des Trennens mit der Flamme

Werkstoffe, die eine oder mehrere der in Tabelle 11-1 genannten Voraussetzungen für das autogene Brennschneiden nicht erfüllen, können unter Umständen doch noch unter Einsatz von Hilfsmitteln thermisch getrennt werden.

11.1.6.1 Pulverbrennschneiden

Es wurde schon erwähnt, daß sich nichtrostende Chrom-Nickel-Stähle wegen der sich bildenden hochschmelzenden und zähfließenden Oxide und wegen des geringen Beitrags von Nickel zur Verbrennungswärme nicht ohne weiteres brennschneiden lassen. Erfolgreich ist man aber mit einer Variante der Autogentechnik, dem Pulverbrennschneiden.

Hierbei wird zusätzlich zum Schneidsauerstoff mit Druckluft als Fördergas Eisenpulver in den Schneidspalt eingeblasen, Bild 11-12. Dieses verbrennt wegen seiner großen Oberfläche sehr intensiv und erzeugt dabei so hohe Temperaturen, daß die Chromoxide nicht nur schmelzen, sondern sogar dünnflüssig werden. Das nicht sofort verbrennende Eisenpulver vermischt sich mit dem aufgeschmolzenen Chrom-Nickel-Stahl und verdünnt diesen, so daß er im Sauerstoffstrom verbrennbar wird. Mit diesem Verfahren sind nicht nur Chrom-Nickel-Stähle, sondern auch Grauguß und einige NE-Metalle brennschneidbar. Wird als Metallpulver ein Eisen-Aluminium-Gemisch verwendet, dann entsteht soviel Reaktionswärme, daß sich sogar Beton damit schmelzschneiden läßt.

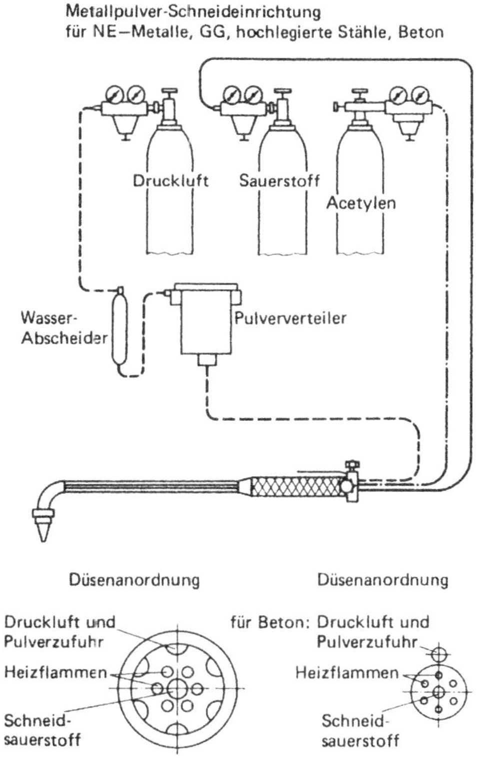

Bild 11-12. Schematische Darstellung einer Metallpulver-Schneideinrichtung [11-2].

11.1.6.2 Mineralpulverbrennschneiden

Bei einer anderen Variante der Autogentechnik wird anstelle von Eisenpulver ein mineralisches Pulver, zum Beispiel ein Spezialsand, mit dem Schneidsauerstoffstrahl zugeführt. Mit dem Pulver wird wie bei einem Strahlvorgang die hindernde Schlacke auf dem Metall beseitigt, so daß die Verbrennung des Metalls im Sauerstoffstrom ungestört ablaufen kann. Auch mit diesem Verfahren können Werkstoffe geschnitten werden, bei denen das normale autogene Brennschneiden versagt. Die größere Anwendung findet aber das im vorigen Abschnitt beschriebene Metallpulverbrennschneiden.

11.1.6.3 Brennbohren

Mit diesem Verfahren können mit einer Sauerstofflanze, Bild 11-13, Löcher in dicke Metallplatten oder Stein und Beton eingebrannt werden. Man unterscheidet die Sauerstoffkernlanze und die Sauerstoffpulverlanze. Im ersten Fall ist der Innenraum der Lanze, ein Eisenrohr, noch mit Eisenstäben gefüllt, im zweiten Fall wird noch Eisenpulver zugegeben. Die Lanze wird am vorderen Ende durch eine Autogenflamme oder einen speziellen Zünder auf Entzündungstemperatur gebracht und verbrennt mit dem Eisen in ihrem Inneren im Sauerstoffstrom. Das zu bohrende metallische oder mineralische Material schmilzt und wird durch den Sauerstoffstrahl aus der Bohrung ausgeblasen.

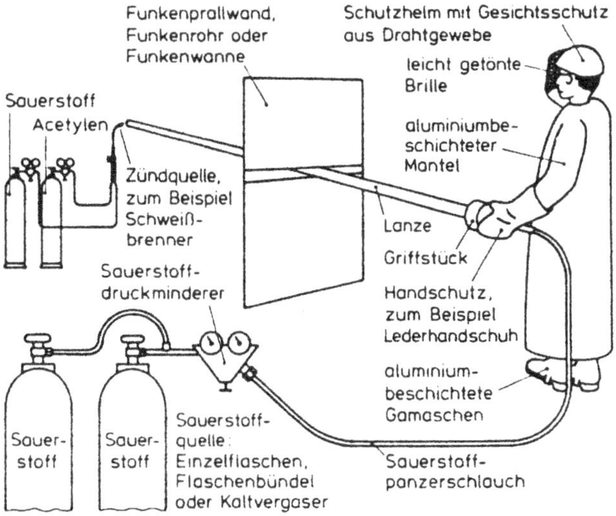

Bild 11-13. Brennbohren mit der Sauerstofflanze [11-2].

11.2 Plasmaschneiden

Auch mit einem scharfen Lichtbogen können Metalle geschnitten werden. Früher gab es Schneidelektroden. Dies waren Stabelektroden mit einer besonderen Umhüllung, die für einen scharfen Lichtbogen und eine sauerstoffreiche Lichtbogenatmosphäre sorgten. Selbstverständlich war die Qualität der Schnittflächen nicht sehr gut, und solche Elektroden wurden deshalb mehr zum Zertrennen metallischer Teile oder zum Vorschneiden von Löchern benutzt, die später noch mechanisch bearbeitet wurden. Heute schneidet man mit dem Plasmalichtbogen. Darüber hinaus gibt es aber auch noch einige Sonderverfahren des Lichtbogentrennens. Das Plasmaschneiden wird heute nicht nur eingesetzt zum thermischen Schneiden von Werkstoffen, die nicht brennschneidbar sind, sondern zunehmend auch zum Schneiden von Eisenwerkstoffen.

11.2.1 Prinzip des Plasmaschneidens

Die physikalischen Grundlagen des thermischen Plasmas wurden bereits in Abschnitt 5.2.1 erläutert. Beim Plasmaschneiden erreicht man die hohe Energiekonzentration durch das Einschnüren des Lichtbogens und die kinetische Energie des Strahles durch hohe Gasdurchflußmengen (bis zu 100 l/min). Bild 11-14 zeigt das Schema des Plasmaschneidens. Die Einschnürung des Lichtbogens, der zwischen einer Elektrode, meist aus Wolfram, und dem Werkstück brennt, erfolgt durch eine wassergekühlte Kupferdüse mit kleiner Bohrung.

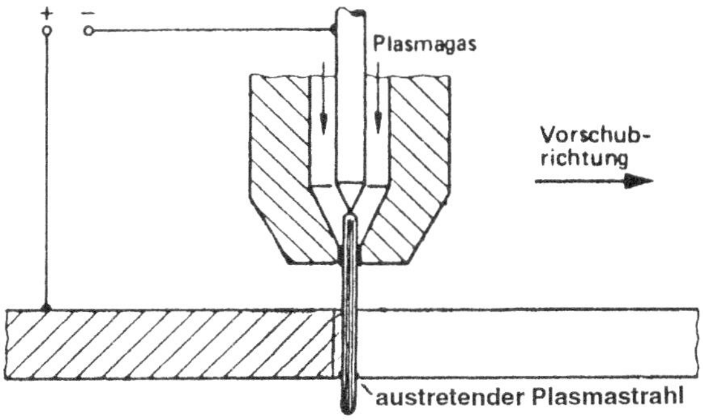

Bild 11-14. Schematische Darstellung des Plasmaschneidens.

Im Gegensatz zum autogenen Brennschneiden wird der Werkstoff nicht verbrannt, sondern nur geschmolzen und durch die kinetische Energie des Plasmastrahles aus der Fuge ausgetrieben. Da die eingebrachte Energie in Blechdickenrichtung abnimmt, ist es typisch für einen Plasmaschnitt, daß die entstehende Schnittfuge sich von oben nach unten, je nach Blechdicke und Schneidgas, mehr oder weniger verjüngt.

11.2.2 Plasmabildende Medien

In dem Raum zwischen Düsenbohrung und Elektrode strömt ein Gas, das Plasmagas. Da in diesem das Plasma erzeugt wird, hat es großen Einfluß auf dessen Eigenschaften. Während man beim Plasmaschweißen einen weicheren Strahl wünscht, der das flüssige Material nicht aus der Fuge austreibt, sondern eine feingefiederte Raupe erzeugt, soll der Strahl beim Plasmaschneiden eigentlich genau das Gegenteil bewirken. Entscheidend für die Qualität des entstehenden Plasmas sind einige physikalische Eigenschaften der Gase, wie das Atom- und Molekulargewicht, die Dichte, die Wärmeleitfähigkeit sowie die Dissoziations- und die Ionisationsenergie.

Argon, das bevorzugt als Plasmagas beim Plasmaschweißen verwendet wird, ist zum Schneiden allein nicht geeignet, da die Wärmeübertragung gering und die Ionisationsenergie niedrig ist. Auch Wasserstoff ist allein nicht günstig. Die Wärmeleitfähigkeit ist zwar hoch, aber das Atomgewicht sehr niedrig. Beim Plasmaschneiden von hochlegierten Stählen kann aber ein Gemisch aus etwa 70 % Argon und 30 % Wasserstoff verwendet werden. Stickstoff kann allein als Plasmagas eingesetzt werden, meist finden aber Argon-Stickstoff-, Stickstoff-Wasserstoff- oder Argon-Stickstoff-Wasserstoff-Gemische Anwendung.

Auch Luft eignet sich als Plasmagas. Durch den Einsatz der vergleichsweise preiswerten Druckluft als Schneidgas wurde das Verfahren auch für das Schneiden unlegierter Stähle interessant. Beim Verwenden von Luft, die Sauerstoff enthält, kann man nicht die stiftförmigen Wolframelektroden einsetzen, weil sie schnell verschleißen würden, sondern es werden flache Elektroden verwendet. Auch reiner Sauerstoff kommt als Plasmagas vor. Als plasmabildendes Medium kann auch Wasser angesehen werden. Dieses verdampft zunächst im Lichtbogen und zerfällt dann in seine Bestandteile Sauerstoff und Wasserstoff. Diese werden bei hohen Temperaturen dissoziiert und ionisiert. Wasser allein kann allerdings nicht als plasmabildendes Medium verwendet werden, da man in Wasser keinen

Lichtbogen zünden kann. Es wird deshalb meist zusammen mit Stickstoff oder Sauerstoff als Plasmagas eingesetzt. Der Anteil von dissoziiertem Wasserdampf im Plasma beträgt dann nur etwa 10 %.

11.2.3 Einrichtungen zum Plasmaschneiden

Zu einer Plasmaschneidanlage gehören die Stromquelle, der Brenner, die Steuerung und unter Umständen zum maschinellen Schneiden eine Brennerführungsmaschine. Die verwendeten Gleichstromquellen haben eine fallende Kennlinie. Im Gegensatz zu Stromquellen zum Lichtbogenschweißen muß die Leerlaufspannung aber höher sein (bis zu 350 V), um den langen Plasmalichtbogen sicher zünden zu können. Bei kleinen Anlagen liegt die Leerlaufspannung bei 240 V. Die Arbeitsspannung kann, ebenfalls bedingt durch die Länge des Lichtbogens und die Ionisationseigenschaften der Schneidgase bis zu 200 V betragen. Solche hohen Leerlaufspannungen sind nach der geltenden Unfallverhütungsvorschrift nur zulässig, wenn bauartbedingt sichergestellt ist, daß der Bedienungsmann bei der Arbeit nicht mit spannungsführenden Teilen in Berührung kommen und das Wechseln der Elektrode nur im spannungslosen Zustand erfolgen kann [11-4]. Kleinere Anlagen liefern Ströme bis zu 80 A, größere zum Schneiden dickerer Blech bis 400 A oder mehr.

Im Schneidbrenner wird der Plasmastrahl erzeugt. Es gibt Hand- und Maschinenbrenner. Letztere sind meist für höhere Leistungen ausgelegt. Die Brenner sind in der Regel wassergekühlt. Bild 11-15 zeigt einen Handschneidbrenner zum Schneiden mit Druckluft, der zu einer Anlage gehört, die umschaltbar Schneidströme von 40 und 80 A abgibt. Die Steuerung kontrolliert unter anderem die Wasserkühlung sowie den Gasstrom und -druck.

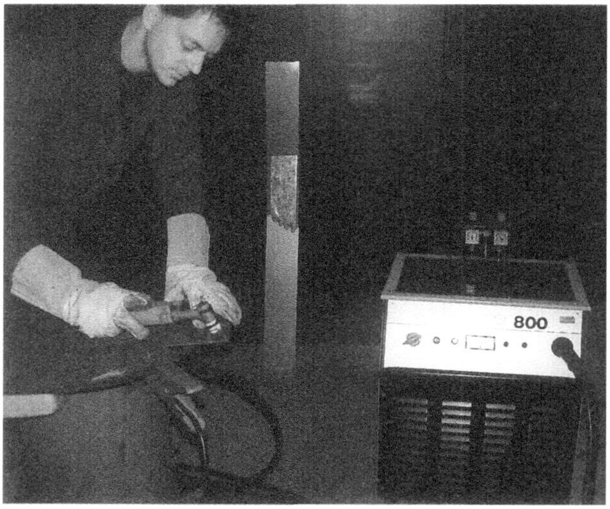

Bild 11-15. Anlage mit Handbrenner zum Druckluft-Plasmaschneiden.

11.2.4 Anwendung des Plasmaschneidens

Es gibt einige Varianten des Plasmaschneidens, die sich unter anderem durch die Form der Elektroden unterscheiden.

11.2.4.1 Plasmaschneiden mit spitzen Elektroden

Bei dieser Variante des Plasmaschneidens werden spitzgeschliffene zylindrische Wolframelektroden mit Durchmessern von 3 bis 8 mm eingesetzt, die einen hochenergetischen Strahl liefern. Schneidgase aus Argon-Stickstoff- oder Argon-Stickstoff-Wasserstoff-Gemischen gestatten hohe Schneidgeschwindigkeiten. Spezielle Gasgemische, die neben Wasserstoff und Stickstoff noch Helium und Neon enthalten, sind besonders zum Dünnblechschneiden geeignet. Nach [11-2] sollen an 3 mm dicken unlegierten Blechen Schnittgeschwindigkeiten von bis zu 3 m/min erreicht werden. Mit Spitzenelektroden können aber auch Bleche bis zu 40 mm Dicke geschnitten werden.

11.2.4.2 Plasmaschneiden mit Druckluft

Das kostengünstigste Plasmagas ist trockene, ölfreie Druckluft. Das Plasmaschneiden mit Druckluft findet heute meist Anwendung an 1 bis 6 mm dicken Blechen aus Baustahl, nichtrostendem Stahl und Aluminium. Die maximal zu schneidende Blechdicke ist auf etwa 30 mm begrenzt. Anstelle von spitzen Elektroden werden hier Flachelektroden mit Einsätzen aus Kupfer, Zirkon oder Hafnium eingesetzt. Bild 11-16 zeigt das Schneiden von unlegiertem Stahl. Nachteile dieser Methode sind die große Rauch- und Schadstoffentstehung, die eine intensive Absaugung erforderlich macht, sowie der hohe Lärmpegel.

11.2.4.3 Plasmaschneiden im Wasser oder unter Wasser

Die Schadstoff- und Lärmentstehung kann wirkungsvoll bekämpft werden, wenn der Schneidvorgang auf einem Wasserbad erfolgt, der Plasmastrahl von einem Wassermantel umgeben ist oder wenn der Schneidvorgang ganz unter Wasser stattfindet. Ein weiterer Vorteil dieser Methoden ist, daß kaum Verzug der geschnittenen Teile auftritt und die Strahlung des Lichtbogens durch das Wasser vermindert wird.

Es wird immer auch noch Plasmagas zugegeben, und das Wasser wird nur an den Strahl geleitet. So kühlt es die Einschnürdüse und trägt zur weiteren Einschnürung des Strahles auch außerhalb der Düse bei. Teilweise ist der Strahl auch noch von einer Wasserglocke umgeben, die Rauch und Lärm unterdrückt. Bild 11-17 zeigt den Aufbau eines solchen Brenners.

Bild 11-16. Druckluft-Plasmaschneiden von unlegiertem Stahl.

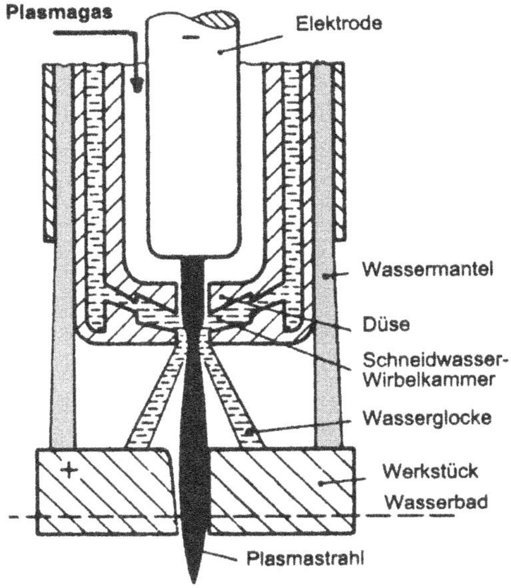

Bild 11-17. Aufbau eines Plasmabrenners mit Wasserglocke.

Beim Unterwasserplasmaschneiden taucht der Brenner ganz in ein Wasserbad ein, Bild 11-18. Schadstoffe, Strahlung und Lärm werden so am wirkungsvollsten reduziert. Dies ist die heute am meisten angewandte Variante des Wasserplasmaschneidens. Bild 11-19 zeigt das Plasmaschneiden unter Wasser mit einer modernen Portalmaschine.

Bild 11-19. Plasmaschneiden im Wasserbad mit einer Portalmaschine (Werkbild: Messer Griesheim GmbH, Frankfurt/M.).

Bild 11-18. Unterwasser-Plasmaschneiden (Werkbild: Messer Griesheim GmbH, Frankfurt/M.).

11.2.5 Schnittgüten beim Plasmaschneiden

Grundsätzlich kann man sagen, daß die Schnittgüte beim Plasmaschneiden nicht so gut ist wie beim autogenen Brennschneiden. Sie ist aber für viele Anwendungsfälle ausreichend gut. Die Rauhigkeit des Schnitts ist etwas größer, auf die weniger parallelen Schnittflanken wurde schon eingegangen. Eventuell an der Unterseite entstehende Bartbildung kann durch Zugabe von Sauerstoff oder Stickstoff zum Schneidgas verhindert werden. Hinzuweisen ist aber darauf, daß die Schnittgüte sehr von der Schneidgeschwindigkeit abhängt. Unter Umständen muß deshalb die technisch mögliche Schneidgeschwindigkeit im Hinblick auf eine bessere Schnittqualität etwas vermindert werden.

Bei Werkstoffen wie Gußeisen, Chrom-Nickel-Stahl, Aluminium und Kupfer, die mit dem autogenen Brennschneiden gar nicht geschnitten werden können, stellt sich der Vergleich mit dem Brennschneiden ohnehin nicht, jedoch bei Baustahl. Hier können aber bei dünnen Blechen höhere Schneidgeschwindigkeiten den Ausschlag für die Anwendung des Plasmaschneidens geben. Bild 11-20 enthält einen Vergleich der möglichen Schneidgeschwindigkeiten verschiedener Verfahren bei Geradschnitten [11-2].

11.2.6 Sonderverfahren des Trennens mit dem Lichtbogen

Nicht immer ist eine Plasmaschneidanlage zur Hand. Vielfach, zum Beispiel zum Ausfugen, zum Lochstechen oder zum Zerteilen eines Werkstückes, ist auch nicht die Qualität eines Plasmaschnittes erforderlich. Hier gibt es einfachere Methoden, die nachstehend vorgestellt werden.

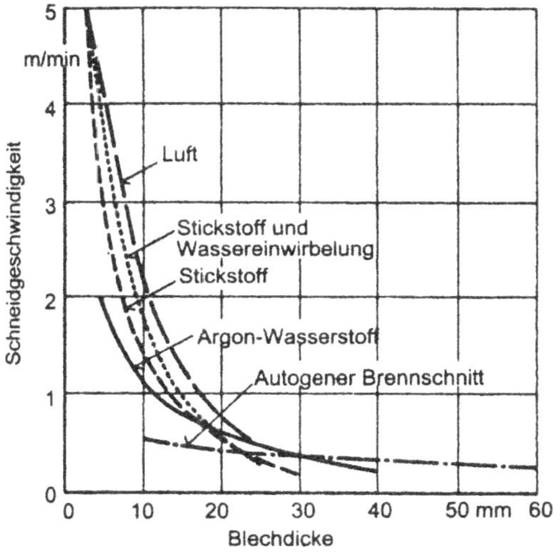

Bild 11-20. Schneiddaten für Baustahl, Werte aus [11-2].

11.2.6.1 Lichtbogen-Druckluft-Fugen

Das Prinzip des Lichtbogen-Druckluft-Fugens zeigt Bild 11-21. Ein zwischen einer Graphitelektrode und dem Werkstück brennender Lichtbogen schmilzt den Grundwerkstoff auf, ein aus dem Elektrodenhalter gerichtet austretender Druckluftstrahl treibt den flüssigen Werkstoff aus der entstehenden Fuge [11-5]. Dabei wird die Elektrode kontinuierlich vorwärts bewegt.

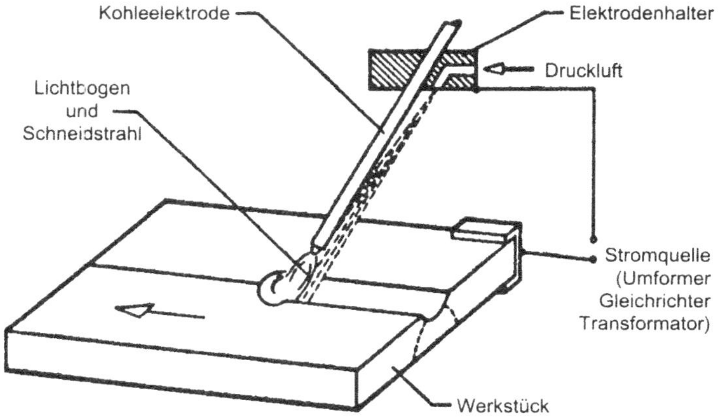

Bild 11-21. Schematische Darstellung des Lichtbogen-Druckluft-Fugens [11-5].

Bild 11-22 zeigt einen bei diesem Verfahren benutzten Elektrodenhalter. Tiefe und Breite der Fuge sind abhängig vom Anstellwinkel der Elektrode und von der Stromstärke. Mit steigender Stromstärke müssen dickere Elektroden verwendet werden. Die Graphitelektroden in Durchmessern von etwa 4 bis 20 mm (Länge etwa 300 bis 450 mm) sind zur besseren Stromübertragung mit einer dünnen Kupferschicht überzogen. Ab einem Durchmesser von etwa 10 mm sind sie mit einer Steckverbindung verlängerbar, Bild 11-23, so daß sie auch für einen mechanisierten Einsatz geeignet sind. Als Stromquellen kommen Schweißgleichrichter und -transformatoren mit fallender Kennlinie zum Einsatz. Die benötigten Stromstärken reichen je nach Elektrodendurchmesser von 80 bis 1600 A, die Druckluft wird mit 3 bis 10 bar zugeführt [11-6].

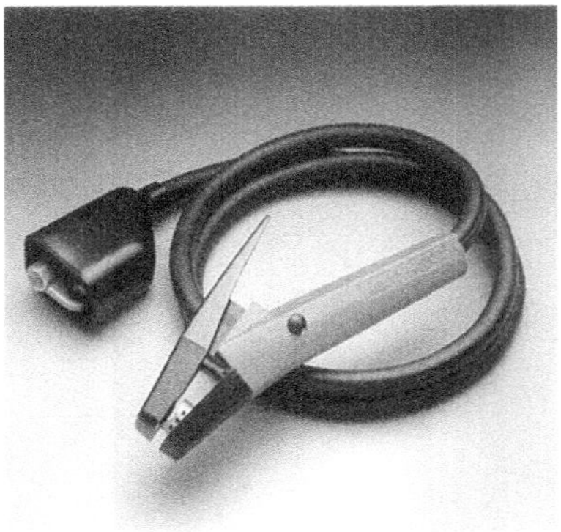

Bild 11-22. Elektrodenhalter mit Anschluß zum Lichtbogen-Druckluft-Fugen (Werkbild: ESAB GmbH, Solingen).

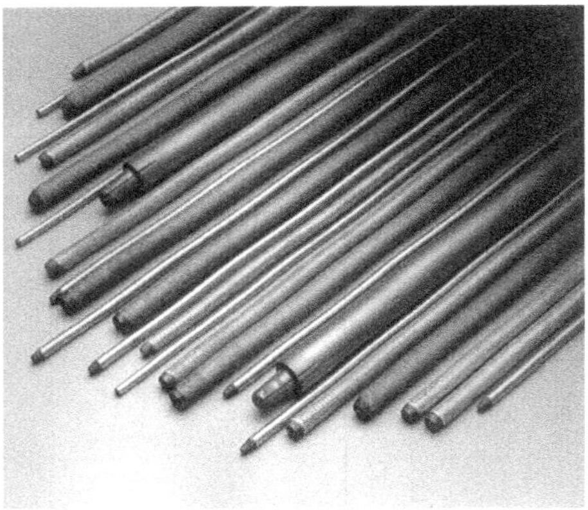

Bild 11-23. Elektroden zum Lichtbogen-Druckluft-Fugen (Werkbild: ESAB GmbH, Solingen).

Das Lichtbogen-Druckluft-Fugen wird, wie der Name schon zum Ausdruck bringt, weniger zum thermischen Schneiden als zum örtlichen Ausfugen eingesetzt. Dies kommt beim Ausfugen von Rissen in Bauteilen oder beim Beseitigen von Fehlern in Schweißnähten vor. Aber es wird auch eingesetzt zum Ausarbeiten des gesamten Wurzelbereiches von Schweißverbindungen, wobei gleichzeitig die Fuge zum Einbringen einer Kapplage geschaffen wird (Fugenhobeln).

11.2.6.2 Lichtbogen-Sauerstoff-Schneiden

Hier handelt es sich um eine Kombination aus Schmelz- und Brennschneiden. Bild 11-24 zeigt das Prinzip des Verfahrens. Durch eine umhüllte, abschmelzende Hohlelektrode als Lichtbogenträger wird Sauerstoff auf die Schneidfuge geleitet. Die Umhüllung besteht hauptsächlich aus Eisenpulver, das neben dem abschmelzenden Mantel Verbrennungswärme liefert [11-7]. Der Druck des Lichtbogens und des Sauerstoffstrahles treibt das flüssige Metall und die gebildete Schlacke aus der Fuge.

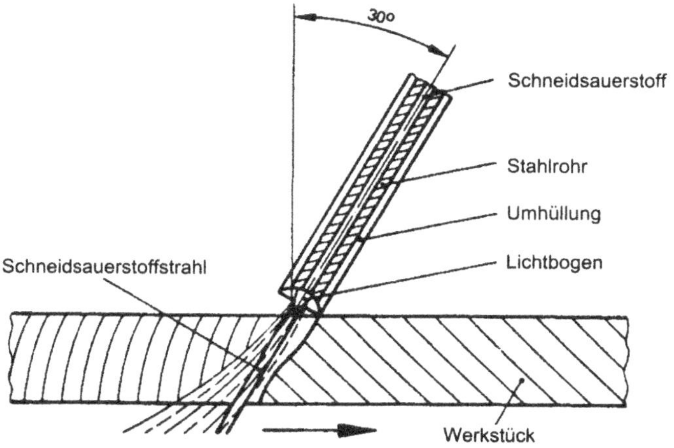

Bild 11-24. Schematische Darstellung des Lichtbogen-Sauerstoff-Schneidens [11-2].

Bild 11-25 zeigt einen Elektrodenhalter für das Lichtbogen-Sauerstoff-Schneiden. Das Ende der Schweißleitung wird an eine übliche Stromquelle zum Lichtbogenschweißen angeschlossen. Der Sauerstoff wird aus der Flasche über einen Druckminderer und eine Schlauchleitung zum Elektrodenhalter geführt. Das Öffnen und Schließen des Sauerstoffventils erfolgt über einen Hebel, der entweder am Elektrodenhalter oder im Schweißerschutzschild untergebracht sein kann. Die Elektroden haben in der Regel einen Außendurchmesser von 8 mm und einen Innendurchmesser von 3 mm. Sie sind 350 mm lang.

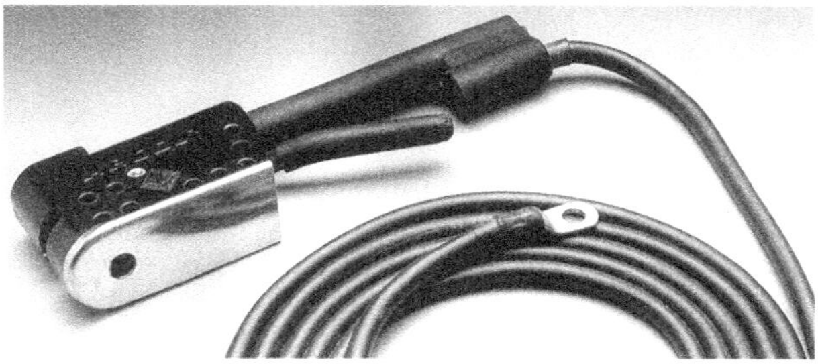

Bild 11-25. Elektrodenhalter zum Lichtbogen-Sauerstoff-Schneiden (Werkbild: ESAB GmbH, Solingen).

Das Lichtbogen-Sauerstoff-Schneiden kann auch zum Fugenhobeln eingesetzt werden. Meist benutzt man es aber zum Lochstechen und zum Schneiden bei der Verschrottung metallischer Anlagen. Im Vergleich zum autogenen Brennschneiden sind Schneidgeschwindigkeit und Schnittqualität geringer. Das Verfahren ist auch zum Unterwasserschneiden geeignet.

11.3 Laserstrahlschneiden

Neben den thermischen Schneidverfahren, autogenes Brennschneiden und Plasmaschneiden, die in den vorangegangenen Abschnitten behandelt wurden, eignen sich auch hochenergetische Strahlen zum thermischen Trennen von Materialien. Hierzu gehören der Elektronen- und der Laserstrahl. Das Trennen mit dem Elektronenstrahl erfordert das Vorhandensein eines Vakuums. Es wird deshalb seltener angewandt. Das Laserstrahlschneiden dagegen erfreut sich zunehmender Beliebtheit. Dabei wird beispielsweise gegenüber dem Plasmaschneiden nicht unbedingt eine höhere Schneidgeschwindigkeit angestrebt, sondern es ist die außerordentlich hohe Präzision und Glattheit der entstehenden Schnitte, vor allem bei sehr dünnen Materialien, die für die Anwendung des Laserstrahlschneidens sprechen.

Ende der 60er Jahre entstanden in Deutschland die ersten industriell einsetzbaren Laser, der erste CO_2-Laser wurde erst 1972 in die Fertigung eingeführt [11-8]. Das Laserstrahlschneiden ist also noch eine sehr junge Technologie.

11.3.1 Prinzip des Laserstrahlschneidens

Die Grundlagen des Laserstrahles wurden bereits in Abschnitt 8.2.1 und die Erzeugung von Laserstrahlen in Abschnitt 8.2.2 erläutert. In diesen Abschnitten wurde das Laserstrahlschweißen behandelt. Der Laserstrahl eignet sich aber auch hervorragend zum thermischen Trennen. Man unterscheidet drei Varianten des Laserstrahlschneidens. Tabelle 11-3 listet die typischen Merkmale dieser Varianten auf.

Tabelle 11-3. Varianten des Laserstrahlschneidens.

Laserstrahl-Brennschneiden	Laserstrahl-Schmelzschneiden	Laserstrahl-Sublimierschneiden
Der Laserstrahl bringt den Werkstoff auf Zündtemperatur, er verbrennt im Schneidsauerstoff und wird durch dessen Druck aus der Fuge herausgeblasen.	Der Werkstoff wird durch den Laserstrahl geschmolzen und durch ein Schneidgas (N_2, Ar, He, Druckluft) aus der Fuge ausgetrieben. Das Schneidgas schützt auch die Laseroptik.	Der Werkstoff wird im Laserstrahl verdampft und durch ein Schneidgas (N_2, Ar, He) ausgeblasen. Das Schneidgas schützt auch die Laseroptik.

11.3.1.1 Laserstrahl-Brennschneiden

Beim Laserstrahl-Brennschneiden dient der Strahl zunächst dazu, den Werkstoff auf Entzündungstemperatur zu bringen. Nach Öffnen der Schneidsauerstoffzufuhr verbrennt er im Sauerstoffstrom. Nur etwa 40 % der zum Schneiden benötigten Energie liefert der Laserstrahl, 60 % ergeben sich durch die exotherme Reaktion zwischen Metall und Sauerstoff [11-9]. Das verbrannte Material wird durch den Druck des Sauerstoffstrahles aus der Fuge ausgetrieben, Bild 11-26. Dieser Druck (bis zu 7 bar) stellt auch sicher, daß keine Spritzer entgegen ihrer Flußrichtung die Laseroptik erreichen können. Diese Methode des Laserstrahltrennens wird am meisten angewendet, und sie ermöglicht auch die höchste Schneidleistung.

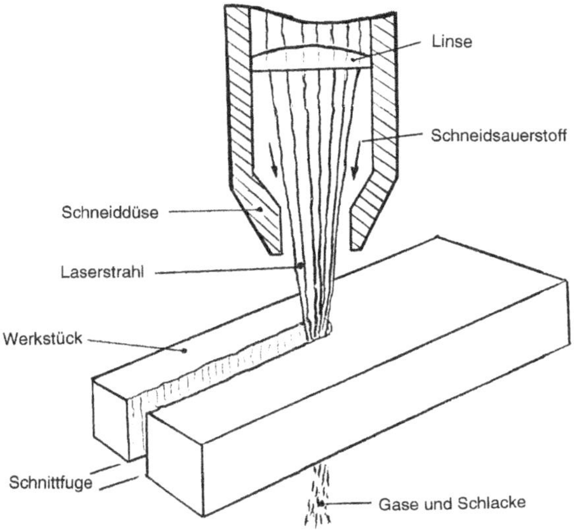

Bild 11-26. Schematische Darstellung des Laserstrahl-Brennschneidens.

Mit dem Laserstrahl-Brennschneidverfahren können Baustähle, nichtrostende Stähle und mit Einschränkungen hinsichtlich der Oberflächengüte auch Titan geschnitten werden. Die Anwesenheit von Sauerstoff im Schneidbereich führt zur Oxidation der Schnittflächen, die unter Umständen vor einem anschließenden Schweißen noch beseitigt werden muß.

11.3.1.2 Laserstrahl-Schmelzschneiden

Bei diesem Verfahren wird der Werkstoff nur durch den Laserstrahl geschmolzen und dann durch den Druck eines Schneidgases aus der Fuge ausgetrieben. Der Gasdruck kann bis zu 20 bar betragen. Als Schneidgase kommen Stickstoff, Argon, Helium oder Druckluft in Frage. Aus Kostengründen wird aber meist Stickstoff verwendet, das gegenüber der noch preiswerteren Druckluft sauberere Schnitte ergibt. Das Schneidgas schützt auch die Laseroptik vor Spritzern und Dämpfen. Da hier der Erwärmungsanteil der exothermen Reaktion fehlt, muß die gesamte Energie, die benötigt wird, vom Laserstrahl allein eingebracht werden. Bei gleicher Werkstoffdicke sind deshalb für gleiche Schnittgeschwindigkeiten stärkere Laser erforderlich, oder bei gleicher Laserleistung beträgt die Schnittgeschwindigkeit bei einer bestimmten Materialdicke nur etwa die Hälfte der des Laserstrahl-Brennschneidens [11-2]. Mit dieser Methode lassen sich alle Metalle, aber auch nichtmetallische Stoffe, wie Mineralien, Glas und Kunststoffe, schneiden. Beim Schneiden metallischer Werkstoffe ergeben sich wegen der Abwesenheit von Sauerstoff im Schneidbereich blanke, oxidfreie Schnittflächen.

11.3.1.3 Laserstrahl-Sublimierschneiden

Die zu schneidenden Materialien werden im Laserstrahl unter inertem Gas verdampft und aus der Fuge ausgeblasen. Das inerte Schneidgas schützt auch die Laseroptik vor Spritzern und aufsteigenden Dämpfen. Dieses Verfahren wird relativ selten angewendet.

11.3.2 Schneidgase

Die zum Laserstrahlschneiden benötigten Prozeßgase wurden bereits in einem vorhergehenden Abschnitt aufgezählt. Hier werden nun einige Eigenschaften behandelt.

Beim Laserstrahl-Brennschneiden kommt mehr noch als beim autogenen Brennschneiden der Sauerstoffreinheit eine große Bedeutung zu. Nach Untersuchungen von Mair und Herrmann [11-10] erhöhte sich beim Schneiden von Baustahl die Schneidgeschwindigkeit bei der Verbesserung der Sauerstoffreinheit von 99,62 auf 99,97 % je nach Blechdicke um bis zu 17 %. Entsprechend niedriger waren die Schneidkosten. Auch der Riefennachlauf und die Gratbildung sind bei Sauerstoff mit geringer Reinheit schlechter. Beim Laserstrahl-Brennschneiden von Aluminium und Titan werden zur Verbesserung der Schnittgüte und zur Vermeidung einer zu starken Oxidation der Schnittflächen mit der Einbuße an Schneidgeschwindigkeit auch Argon-Sauerstoff-Gemische eingesetzt [11-2].

Beim Laserstrahl-Schmelzschneiden sollte die Reinheit des Stickstoffs mindestens 99,9 % betragen, um eine Oxidation der Schnittflächen zu vermeiden. Mit noch höherer Reinheit läßt sich beim Schneiden von nichtrostenden Stählen sogar die Bildung von Anlauffarben verhindern [11-11].

11.3.3 Einrichtungen zum Laserstrahlschneiden

Eine Einrichtung zum Laserstrahlschneiden besteht aus dem Strahlerzeuger, dem Strahlführungssystem und dem Werkstückträger.

11.3.3.1 Strahlerzeuger

Die verschiedenen Lasertypen wurden schon in Abschnitt 8.2.3 beschrieben. Zum Schneiden mit Laserstrahlen eignen sich sowohl Festkörperlaser, zum Beispiel der Nd:YAG-Laser, als auch Gaslaser, so der CO_2-Laser. Allerdings ist die Leistung der Festkörperlaser zur Zeit noch geringer als die von Gaslasern, so daß nur dünne Materialien damit geschnitten werden können. Bild 11-27 zeigt einen CO_2-Laser zum Schweißen und Schneiden. Das Bild zeigt im Vordergrund den Strahlerzeuger, den eigentlichen Laser. Dahinter ist die Strahlführung bis zum Werkstückträger zu sehen.

Bei den größten CO_2-Lasern reicht die Leistung von Laboranlagen jetzt schon bis 40 kW. Industrieanlagen arbeiten mit Leistungen bis zu 25 kW. Während man beim Laserstrahlschweißen von Baustahl im Hinblick auf die angestrebten Werkstückdicken nach immer höheren Leistungen strebt, für eine Wanddicke von jeweils 1 mm rechnet man nach einer Faustregel mit einer Leistung von 1 kW, genügen zumindest beim Laserstrahl-Brennschneiden oft Laser geringerer Leistung, weil die Verbrennungswärme sich positiv auf die Energiebilanz auswirkt.

Bild 11-27. CO_2-Laser zum Schweißen und Schneiden.

Die Strahlquelle kann ihre Leistung kontinuierlich (Dauerbetrieb) abgeben oder pulsförmig (Pulsbetrieb). Das Pulsieren der Ausgangsleistung des Lasers bringt Vorteile bei sehr dünnen Werkstücken und beim Schneiden von scharfen Ecken oder Spitzen, zum Beispiel bei Sägezahnprofilen.

11.3.3.2 Strahlführungssysteme

Bei Festkörperlasern kann die Strahlführung mit Glasfasern (Lichtleitern) erfolgen. Der Strahl kann damit relativ einfach auch über größere Entfernung geführt werden. Bei den Gaslasern muß der Strahl dagegen über Spiegeloptiken weitergeleitet werden. Welches Strahlführungssystem beim Einsatz von CO_2-Lasern zum thermischen Schneiden zum Einsatz kommt, richtet sich danach, wie die Schneidbewegung ausgeführt werden soll. Diese richtet sich wiederum unter anderem nach der Werkstückgröße. Tabelle 11-4 listet die bestehenden Möglichkeiten auf. Laser und Strahlführung können feststehend sein, und das Werkstück bewegt sich auf einem freiprogrammierbaren x-y-Tisch unter dem fokussierten Strahl her. Zusätzlich können aber auch wie in Bild 11-28 das Portal und die

Bild 11-28. Laserstrahl-Schweiß- und -Schneidanlage, CNC-gesteuert in mehreren Achsen (Werkbild: Messer Griesheim GmbH, Frankfurt/M.).

Tabelle 11-4. **Möglichkeiten, die Strahlbewegung auszuführen.**

feststehender Laser – feststehender Strahl – bewegtes Werkstück Laser und Strahlführung sind stationär, das Werkstück wird auf einem Tisch in x-y-Koordinaten unter dem Strahl geführt.	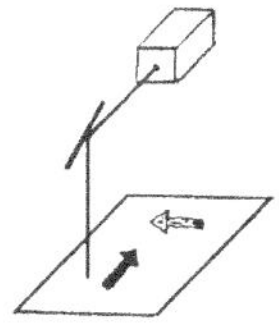
feststehendes Werkstück – bewegter Laser – bewegter Strahl Das Werkstück liegt auf dem Schneidtisch, der Laser mit der Strahlführung wird zum Beispiel auf einer Koordinatenführungsmaschine darüber hinwegbewegt.	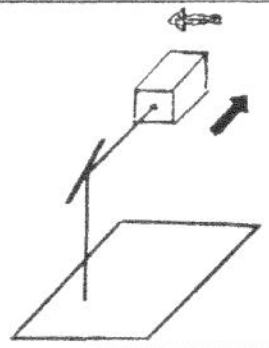
feststehendes Werkstück – feststehender Laser – bewegter Strahl Das Werkstück liegt auf einem Schneidtisch, der Laser ist stationär, der Strahl wird mit einer Spiegeloptik über das Werkstück hinweggeführt (fliegende Optik).	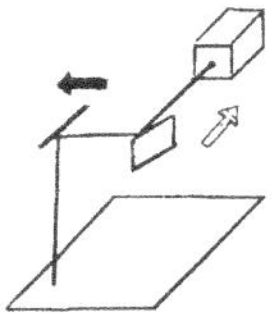
bewegtes Werkstück – (bewegter Laser) – bewegter Strahl Werkstück und Laser beziehungsweise Laserstrahl bewegen sich in verschiedenen Achsen, zum Beispiel bei 2-D-Schnitten.	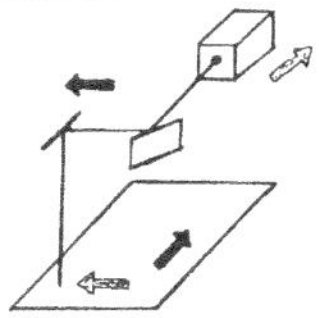

Aufhängung des Laserkopfes noch zusätzliche freiprogrammierbare Achsen besitzen, so daß die Gesamtschneidanlage in 6 oder mehr programmierbaren Achsen bewegt werden kann.

Die in Bild 11-29 gezeigte Anlage vereinigt zwei verschiedene Strahlführungssysteme in sich [11-9]. Der Laser, in diesem Fall ein sehr kompakter 2,6-kW-Laser mit gefaltetem Resonator, fährt auf der CNC-gesteuerten Portalmaschine mit, so daß bei Längsschnitten das Bewegungsmodell „feststehendes Werkstück – bewegter Laser – bewegter Strahl“ vorliegt. Beim Schneiden in Querrichtung sind Werkstück und Laser stationär und der Strahl wird über Linsensysteme zum Werkstück geführt („fliegende Optik“). Werkstück und Laser sowie Strahlführung können aber auch Relativbewegungen zueinander ausführen.

Bild 11-29. CNC-gesteuerte Portalanlage zum Laserstrahlschneiden (Werkbild: ESAB-Hancock GmbH, Karben).

Beim Einsatz mit Festkörperlasern kann der Laserstrahl auch über Lichtleiter in der „Roboterhand" vom Roboter über das Werkstück hinweggeführt werden. Dies findet man zum Beispiel bei 3-D-Schnitten. Am Ende der Strahlführung befindet sich der Laserschneidkopf, Bild 11-30. Der Laserstrahl ist auf die Werkstoffoberfläche fokussiert, und er erhält durch optische Hilfsmittel seine optimale Form. Die Leistungsdichte im Brennfleck beträgt dadurch einige MW/cm^2 [11-12]. Um die Fokuslage und die günstige Form des Strahles zu erhalten, muß der Abstand der Linsen zum Werkstück in sehr engen Grenzen konstant gehalten werden. Dies erfordert einen Höhenabstandssensor. In der Regel ist dies ein kapazitiver Sensor, bei dem die Unterseite des Schneidkopfes als Sensor genutzt wird und das Dielektrikum die zwischen Schneidkopf und Werkstückoberfläche befindliche Luft ist.

Bild 11-30. Laserschneidkopf (Werkbild: Messer Griesheim GmbH, Frankfurt/M.).

11.3.3.3 Werkstückträger

Das Werkstück kann beim Schneiden auf einem freiprogrammierbaren x-y-Koordinatentisch fahren, oder es liegt auf dem Brenntisch auf punkt- oder linienförmigen Unterlagen auf. Letzteres liegt bei dem in Bild 11-29 gezeigten Beispiel vor. Auf diese Weise können sehr große Werkstücke thermisch bearbeitet werden. Ihre maximale Größe ist durch den Arbeitsbereich der Führungsmaschine vorgegeben. Als Werkstückträger können bei kleineren Bauteilen auch Schweißroboter zum Einsatz kommen, welche die Werkstücke unter Umständen sogar in räumlichen Bahnen unter dem feststehenden Strahl hinwegführen.

11.3.4 Anwendung des Laserstrahlschneidens

Zum Laserstrahlschneiden eignen sich viele Werkstoffe. Dabei muß der Werkstoff nicht wie beim Plasmaschneiden elektrisch leitfähig sein. Es können daher auch Mineralien, Keramik, Holz oder Kunststoffe geschnitten werden. Von den wichtigsten metallischen Werkstoffen eignen sich Baustähle, nichtrostende Stähle, Nickellegierungen, Titan, Aluminium und Kupfer sowie deren Legierungen für diese Art der Metallbearbeitung. Bei Aluminium und Kupfer ergeben sich aber Schwierigkeiten durch deren Reflexions- und Absorptionsvermögen für die Strahlung. Weiterhin wirkt sich die hohe Wärmeleitfähigkeit ungünstig aus. Aluminium- und Kupferwerkstoffe erfordern deshalb starke Laser, außerdem ist die schneidbare Materialdicke begrenzt.

Nach [11-13] kann unlegierter Stahl bis zu Dicken von etwa 12 mm laserstrahlgeschnitten werden. Mit den neuen stärkeren Hochleistungslasern auch mehr. Bild 11-31 zeigt die beim Laserstrahl-Brennschneiden mit einem 2,6-kW-Laser an Baustahl erreichbaren Schnittgeschwindigkeiten im Vergleich zum Plasmaschneiden. Man erkennt, daß die Schneidgeschwindigkeiten im Dünnblechbereich zwischen 3 und 5 mm etwa gleich sind, im Dickenbereich zwischen etwa 5 und 10 mm ist das

Laserstrahlschneiden dann etwas schneller als das Plasmaschneiden. Diese Zeitverkürzung ist aber im allgemeinen nicht so bedeutend, daß sie die höheren Maschineninvestitionen beim Laserstrahlschneiden rechtfertigen würde. Ausnahmen bestätigen die Regel. Im Schiffbau strebt man den Einsatz des Laserstrahl-Brennschneidens an Grobblechen an, wobei die gute Maßhaltigkeit der Schnitte und der geringe Wärmeverzug gefragt sind. Dies erleichtert später das Stumpfnahtschweißen in der Paneelstraße, zum Beispiel beim Einseitenschweißen.

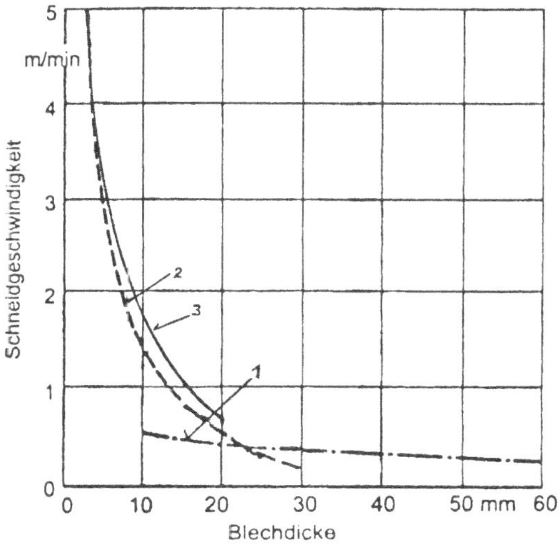

Bild 11-31. Schneidgeschwindigkeiten im Vergleich – Werkstoff: unlegierter Stahl;
1 = autogenes Brennschneiden, Werte nach [11-2],
2 = Plasmaschneiden mit Stickstoff, Werte nach [11-2],
3 = Laserstrahl-Brennschneiden, Werte nach [11-9].

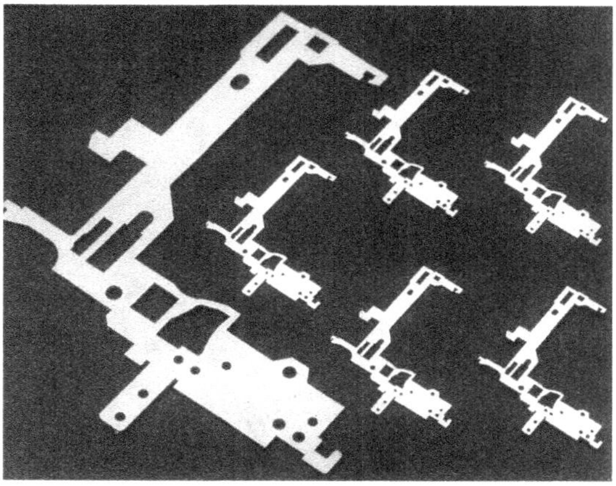

Bild 11-32. Mit dem Laserstrahl bearbeitete Teile – Dicke: 0,5 mm (Werkbild: Haas-Laser GmbH, Schramberg).

Bild 11-33. Laserstrahlgeschnittene Silhouette aus Edelstahl der Frauenkirche in Dresden.

Die besonderen Vorteile der Laserstrahlschneidtechnik liegen aber im Dünnblechbereich. Hier sind andere Kriterien gefragt, nämlich saubere Schnittflächen, auch an Ecken und Spitzen, enge Schnittfugen, schmale Wärmeeinflußzonen, geringer Verzug und die Möglichkeit, auch komplizierte Formen präzise schneiden zu können. Hierfür wird das Verfahren deshalb auch besonders angewendet. Weiterhin bietet es Vorteile bei sehr dünnen Materialien. Bei einer Blechdicke von 1 mm werden bei Geradschnitten Schneidgeschwindigkeiten von bis zu 10 m/min erreicht. Auch an solch dünnen Werkstoffen sind noch sehr genaue Konturen, zum Beispiel bei Ausschnitten, möglich. Bild 11-32 zeigt Beispiele für solche Anwendungen. Hier handelt es sich um Teile aus unlegiertem Baustahl in 0,5 mm Dicke. Ein weiteres Beispiel aus Edelstahl zeigt Bild 11-33.

Literatur

1 Einteilung der Schweißverfahren

[1-1] N.N.: Elektrisches Schweißen. AEG Berlin, 2. Ausgabe, 1929.

[1-2] Killing, R.: Handbuch der Schweißverfahren, Teil I: Lichtbogenschweißverfahren. 3., überarbeitete und erweiterte Auflage. Fachbuchreihe Schweißtechnik Band 76/I. DVS-Verlag, Düsseldorf 1999.

[1-3] Kjellberg, O.: Electric Welding. Nachdruck in Svetsaren/Schweden (Englische Ausgabe), H. 2 (1977), S. 1/7.

[1-4] Krause, H.-J., und L. Pfeifer: Entwicklung der Widerstands-Preßschweißverfahren. Jahrbuch Schweißtechnik '97, S. 169/88. DVS-Verlag, Düsseldorf 1996.

[1-5] Killing, R.: Schmelzschweißverfahren – gestern und heute. Jahrbuch Schweißtechnik '97, S. 157/68. DVS-Verlag, Düsseldorf 1996.

2 Gasschmelzschweißen

[2-1] Böhme, D., und F.-D. Hermann: Handbuch der Schweißverfahren, Teil II: Autogentechnik, Thermisches Schneiden, Elektronen- und Laserstrahlschweißen, Reib-, Ultraschall- und Diffusionsschweißen. Fachbuchreihe Schweißtechnik Band 76/II. DVS-Verlag, Düsseldorf 1992.

[2-2] Lehrmedien zum DVS-Lehrgang „Gasschweißen". DVS-Verlag, Düsseldorf.

[2-3] Beckert, M., und A. Neumann: Grundlagen der Schweißtechnik – Schweißverfahren. Verlag Technik, Berlin 1993.

[2-4] Thieme, G.: Fachkunde für Schweißer Band 1: Grundausbildung. VEB Verlag Technik, Berlin 1988.

3 Grundlagen des Lichtbogenschweißens

[3-1] Killing, R.: Handbuch der Schweißverfahren, Teil I: Lichtbogenschweißverfahren. 3., überarbeitete und erweiterte Auflage. Fachbuchreihe Schweißtechnik Band 76/I. DVS-Verlag, Düsseldorf 1999.

[3-2] Killing, R.: Einige Tips zum Unterpulverschweißen. Der Praktiker 24 (1972), H. 4, S. 70/72.

[3-3] Killing, R., D. Böhme und R. Hellwig: Beitrag zur Frage der günstigsten Stromart und Energieeinbringung beim Unterpulver-Tandemschweißen. Schw. Schn. 34 (1982), H. 10, S. 475/89.

[3-4] Killing, R.: Angewandte Schweißmetallurgie – Anleitung für die Praxis. Fachbuchreihe Schweißtechnik Band 113. DVS-Verlag, Düsseldorf 1996.

[3-5] Killing, R.: Beitrag zur Beschreibung des Werkstoffübergangs beim Metall-Schutzgasschweißen. Schw. Schn. 45 (1993), H. 8, S. 412/15.

[3-6] Killing, R., und R. Schäfernolte: Elektrotechnische Grundlagen der Schweißtechnik. Die Schweißtechnische Praxis Band 16. DVS-Verlag, Düsseldorf 1985.

[3-7] Killing, R.: Wechselstrom im Rechteck. Metallbau H. 4/1994, S. 42/44.

[3-8] Killing, R.: Die elektronischen Hexenmeister. Metallbau H.9/1994, S. 60/67.

4 Metallichtbogenschweißen

[4-1] Killing, R.: Metall-Schutzgasschweißen legt weiter zu – Anwendungsumfang der Schweißverfahren. Der Praktiker 50 (1998), H. 12, S. 447/48.

[4-2] Killing, R.: Handbuch der Schweißverfahren, Teil I: Lichtbogenschweißverfahren. 3., überarbeitete und erweiterte Auflage. Fachbuchreihe Schweißtechnik Band 76/I. DVS-Verlag, Düsseldorf 1999.

[4-3] Killing, R.: Warum werden basische Elektroden am Pluspol verschweißt? Jahrbuch Schweißtechnik '88, S. 250/53. DVS-Verlag, Düsseldorf 1987.

[4-4] Killing, R.: Worauf beruht das gute Wiederzündverhalten der Rutilelektrode? Der Praktiker 37 (1985), H. 5, S. 222/25.

[4-5] Killing, R.: Einige Tips zum Schweißen mit basisch umhüllten Stabelektroden. Jahrbuch Schweißtechnik '96, S. 71/79. DVS-Verlag, Düsseldorf 1995.

[4-6] Hantsch, H., und R. Killing,: Stickstoffaufnahme beim Lichtbogenhandschweißen und Auswirkung auf die Zähigkeit des Schweißgutes. DVS-Berichte Band 155, S. 160/65. DVS-Verlag, Düsseldorf 1993.

[4-7] Killing, R.: Derzeitiger Stand des Lichtbogenhandschweißens. Der Praktiker 48 (1996), H. 7, S. 292/97.

[4-8] Killing, R.: Einsatz des Schwerkraftlichtbogenschweißens im Stahl- und Brückenbau. Der Stahlbau H. 8/1971, S. 239/43.

[4-9] Mischok, W., und F. Neessen: Selbstschützende Fülldrahtelektroden zum Verbindungsschweißen im Energieanlagenbau – Eine Alternative zur Stabelektrode? DVS-Berichte Band 146, S. 127/36. DVS-Verlag, Düsseldorf 1992.

5 Wolfram-Schutzgasschweißen

[5-1] Resch, J., und G. Leichtfried: Thoriumfreie Elektroden für die Schweiß- und Schneidtechnik. Der Praktiker 47 (1995), H. 1, S. 5/6.

[5-2] Killing, R.: Schmelzschweißen von Aluminium – Tips für den Praktiker. Metallbau H. 1/1995, S. 120/22.

[5-3] Killing, R.: Wechselstrom im Rechteck. Metallbau H. 4/1994, S. 43/44.

[5-4] Killing, R.: WIG-Schweißen – Das universelle Fügeverfahren. Metallbau H. 5/1993, S. 22/25.

[5-5] Geipl, H.: Anwendungstechnische Gesichtspunkte beim Formieren von Rohrschweißverbindungen. Jahrbuch Schweißtechnik '93, S. 96/104. DVS-Verlag, Düsseldorf 1992.

[5-6] Killing, R.: Gute Badbeherrschung in Zwangslagen – Das WIG-Impulsschweißen. Metallbau H. 7/1993, S. 32/35.

[5-7] Killing, U.: Geeignete Parameter für das WIG-Impulslichtbogenschweißen. Jahrbuch Schweißtechnik '94, S. 108/13. DVS-Verlag, Düsseldorf 1993.

[5-8] Killing, R.: Handbuch der Schweißverfahren, Teil I: Lichtbogenschweißverfahren. 3., überarbeitete und erweiterte Auflage. Fachbuchreihe Schweißtechnik Band 76/I. DVS-Verlag, Düsseldorf 1999.

[5-9] Kaulich, G.: WIG-Orbitalschweißen mit einem modularen System für verschiedene Anwendungsbereiche. DVS-Berichte Band 146, S. 136/38. DVS-Verlag, Düsseldorf 1992.

[5-10] Böhme, D., und F.-D. Hermann: Handbuch der Schweißverfahren, Teil II: Autogentechnik, Thermisches Schneiden, Elektronen- und Laserstrahlschweißen, Reib-, Ultraschall- und Diffusionsschweißen. Fachbuchreihe Schweißtechnik Band 76/II. DVS-Verlag, Düsseldorf 1992.

[5-11] Beckert, M., und A. Neumann: Grundlagen der Schweißtechnik – Schweißverfahren. Verlag Technik, Berlin 1993.

[5-12] Killing, R.: Handbuch der Schweißverfahren, Teil I: Lichtbogenschweißverfahren. 3., überarbeitete und erweiterte Auflage. Fachbuchreihe Schweißtechnik Band 76/I. DVS-Verlag, Düsseldorf 1999.

[5-13] Drews, P., und H. W. Golzheim: Plasma-Verbindungsschweißen von 5 und 6 mm dicken Aluminiumblechen. Kolloquium „Stand und Entwicklungstendenzen der Plasmatechnik in Industrie und Forschung“. Aachen 1978.

[5-14] Neuhäuser, M., und K. Born: Plasmaschweißen – ein vorteilhaftes Arbeitsverfahren. Industrieanzeiger Nr. 1/1974, S. 3/8.

6 Metall-Schutzgasschweißen

[6-1] Killing, R.: Handbuch der Schweißverfahren, Teil I: Lichtbogenschweißverfahren. 3., überarbeitete und erweiterte Auflage. Fachbuchreihe Schweißtechnik Band 76/I. DVS-Verlag, Düsseldorf 1999.

[6-2] Killing, R.: MIG-/MAG-Impulslichtbogenschweißen – Das Verfahren der Zukunft. Metallbau H. 10/1992, S. 26/29.

[6-3] Lahnsteiner, R.: T.I.M.E.-Prozeß – ein neues Hochleistungs-MAG-Schweißverfahren. DVS-Berichte Band 146, S. 147/58. DVS-Verlag, Düsseldorf 1992.

[6-4] Killing, R.: Vollmechanisch ein Renner – MAG-Hochleistungsschweißen. Metallbau H. 10/1994, S. 60/61.

[6-5] Böhme, D., R. Killing und R. Winkler: Einfluß unterschiedlicher Schutzgase auf die Ausbildung der verschiedenen Lichtbogenarten und das Schweißverhalten beim MSG-Schweißen. DVS-Berichte Band 112, S. 8/14. DVS-Verlag, Düsseldorf 1988.

[6-6] Killing, R.: Günstige Strom-/Spannungsbereiche beim MIG-/MAG-Impulslichtbogenschweißen von Stahl und Aluminium unter verschiedenen Schutzgasen. DVS-Berichte Band 131, S. 15/21. DVS-Verlag, Düsseldorf 1990.

[6-7] Killing, R.: Gebrauchseigenschaften von Fülldrahtelektroden zum MAG-Schweißen un- und niedriglegierter Stähle. DVS-Berichte Band 146, S. 187/92. DVS-Verlag, Düsseldorf 1992.

[6-8] Farwer, A.: Neue Entwicklungen bei den Schutzgasen zum WIG-, MIG- und MAG-Schweißen. DVS-Berichte Band 112, S. 1/8. DVS-Verlag, Düsseldorf 1988.

[6-9] Killing, R.: Blechkollegen auf dem Vormarsch – Schweißroboter in Klein- und Mittelbetrieben. Metallbau H. 3/1995, S. 8/12.

7 Verdecktes Lichtbogenschweißen

[7-1] Killing, R.: Metall-Schutzgasschweißen legt weiter zu – Anwendungsumfang der Schweißverfahren. Der Praktiker 50, H. 12/1998, S. 447/48.

[7-2] Killing, R.: Handbuch der Schweißverfahren, Teil I: Lichtbogenschweißverfahren. 3., überarbeitete und erweiterte Auflage. Fachbuchreihe Schweißtechnik Band 76/I. DVS-Verlag, Düsseldorf 1999.

[7-3] Nies, H., B. Keville und B. Schlatter: Beitrag zur Technologie des Unterpulver-Mehrdrahtschweißens. DVS-Berichte Band 170, S. 77/83. DVS-Verlag, Düsseldorf 1995.

[7-4] Killing, R.: Ferrolegierungen in Schweißpulvern – was bewirken sie? Der Praktiker 46 (1994), H. 8, S. 400/02.

[7-5] Dilthey, U., und K. Lettner: Schweißpulver für das Unterpulverschweißen – Herstellung und Eigenschaften. Schw. Schn. 30 (1978), H. 11, S. 435/39.

[7-6] Killing, R., und H. Thier: Einige Leistungs- und Verbrauchswerte für das Unterpulverschweißen. Der Praktiker 30 (1978), H. 1, S. 9/12.

[7-7] Killing, R.: Einige Tips zum Unterpulverschweißen. Der Praktiker 24 (1972), H. 4, S. 70/72.

[7-8] Aichele, G.: Leistungskennwerte für Schweißen, Schneiden und verwandte Verfahren. 2., überarbeitete und erweiterte Auflage. Fachbuchreihe Schweißtechnik Band 72. DVS-Verlag, Düsseldorf 1994.

[7-9] Tessin, F.: Verwendung von keramischen Badsicherungen zum Lichtbogenschweißen. Der Praktiker 47 (1995), H. 7, S. 330/32.

[7-10] Killing, R.: Spritzerfrei zur sauberen Naht – Unterpulverschweißen. Metallbau H. 11/1994, S. 208/09.

[7-11] Killing, R., und H. Thier: Sauerstoff im Schweißgut. Der Praktiker 44 (1992), H. 8, S. 208/10.

[7-12] Killing, R.: Angewandte Schweißmetallurgie – Anleitung für die Praxis. Fachbuchreihe Schweißtechnik Band 113. DVS-Verlag, Düsseldorf 1996.

8 Strahlschweißen

[8-1] Schultz, H.: Elektronenstrahlschweißen. 2., vollständig überarbeitete und erweiterte Auflage. Fachbuchreihe Schweißtechnik Band 93. DVS-Verlag, Düsseldorf 2000.

[8-2] Merkblatt DVS 3204 (06.88): Elektronenstrahl-Schweißeignung von metallischen Werkstoffen. DVS-Verlag, Düsseldorf.

[8-3] Firmenmitteilung der Fa. MTU Deutsche Aerospace, München.

[8-4] Dobeneck, D. v.: Schnelle Elektronenstrahl-Schweißmaschinen überbieten den Laser. Vortrag anläßlich der DVS-Strahlkonferenz, Halle 1996.

[8-5] Merkblatt DVS 3211 (04.98): Kostenbetrachtungen für die Prozesse des Elektronen- und Laserstrahlschweißens. DVS-Verlag, Düsseldorf.

[8-6] Merkblatt DVS 3209 (05.95): Wirkungsgrade beim Elektronen- und Laserstrahlschweißen. DVS-Verlag, Düsseldorf.

[8-7] Maiman, T. H.: Stimulated Optical Radiation in Ruby Masers. Nature 187, 493, (1960).

[8-8] Bimberg, D.: Materialbearbeitung mit Lasern. Techn. Akad. Esslingen. Kontakt & Studium Band 343. Expert Verlag, Grafenau 1991.

[8-9] Laserstrahltechnologien in der Schweißtechnik. Fachbuchreihe Schweißtechnik Band 86. DVS-Verlag, Düsseldorf 1989.

[8-10] Schweißen mit Festkörperlasern. VDI-Technologiezentrum, Band 2. VDI-Verlag, Düsseldorf 1995.

[8-11] Eichhorn, F.: Schweißtechnische Fertigungsverfahren, Band 1: Schweiß- und Schneidtechnologien. VDI-Verlag, Düsseldorf 1983.

[8-12] Dorn L.: Schweißen in der Elektro- und Feinwerktechnik. Kontakt & Studium, Band 134. Techn. Akad. Esslingen. Expert Verlag, Grafenau 1984.

9 Widerstandsschweißen

[9-1] Killing, R., und R. Schäfernolte: Elektrotechnische Grundlagen der Schweißtechnik. Die Schweißtechnische Praxis Band 16. DVS-Verlag, Düsseldorf 1985.

[9-2] Kleß, K., und H. Rettenmaier: Der Schweißumrichter – eine neue Stromquelle zum Widerstandspreßschweißen. Schw. und Schn. 33 (1981), H. 8, S. 368/71.

[9-3] Krause, M.: Widerstandspreßschweißen, Die Schweißtechnische Praxis Band 25. DVS-Verlag, Düsseldorf 1993.

[9-4] Merkblatt DVS 2904 (08.95): Steuerung für Punkt-, Buckel- und Rollennahtschweißeinrichtungen. DVS-Verlag, Düsseldorf.

[9-5] Killing, R.: Mit Energie und Kraft – Das Widerstandspreßschweißen. Metallbau H. 9/1996, S. 30/34.

[9-6] Killing, R.: Punktweise verbinden – Das Widerstandspreßschweißen. Metallbau H. 10/1996, S. 30/35.

[9-7] Merkblatt DVS 2903 (10.98): Elektroden für das Widerstandsschweißen. DVS-Verlag, Düsseldorf.

[9-8] Killing, R.: Widerstandspunktschweißen – Faustregeln für die sichere Verbindung. Metallbau H.6/2000, S. 62/64.

[9-9] Aichele, G.: Leistungskennwerte für Schweißen, Schneiden und verwandte Verfahren. 2. Auflage. Fachbuchreihe Schweißtechnik Band 72. DVS-Verlag, Düsseldorf 1994.

[9-10] Göbel, F. W.: Aufgaben des Widerstandsschweißens im Dünnblechbereich. Jahrbuch Schweißtechnik '96, S. 112/19. DVS-Verlag, Düsseldorf 1995.

[9-11] Killing, R.: Von Buckeln und Rollen – Das Widerstandspreßschweißen. Metallbau H. 11/1996, S. 21/24.

[9-12] Beckert, M., und A. Neumann: Grundlagen der Schweißtechnik – Schweißverfahren. Verlag Technik, Berlin 1993.

10 Sonderverfahren

[10-1] v. Hofe, H.: Elektro-Schlacke-Schweißen. Merkblatt der Beratungsstelle für Stahlverwendung, Düsseldorf.

[10-2] Hannah, F. J.: The Arctic. Svetsaren (Schweden) H.1/1978, S. 1/7.

[10-3] Killing, R., und D. Böhme: Leistungskennwerte des Elektroschlackeschweißplattierens mit Bandelektrode. Schw. Schn. 40 (1988), H. 6, S. 283/88.

[10-4] Stein, R.: Erfahrungen bei der Anwendung des Elektroschlackeschweißens im Schwermaschinenbau. Jahrbuch Schweißtechnik '96, S. 206/15. DVS-Verlag, Düsseldorf 1995.

[10-5] Grünauer, H.: Reibschweißen von Metallen. Kontakt & Studium, Maschinenbau Band 198. Expert-Verlag, Grafenau 1987.

[10-6] Böhme, D., und F.-D. Hermann: Handbuch der Schweißverfahren, Teil II: Autogenverfahren, Thermisches Schneiden, Elektronenstrahl- und Laserstrahlschweißen, Reib-, Ultraschall- und Diffusionsschweißen. Fachbuchreihe Schweißtechnik Band 76/II. DVS-Verlag, Düsseldorf 1992.

[10-7] Stoltz, S. : Friction Stir Welding – Ein neues Schweißverfahren für Aluminiumwerkstoffe. DVS-Berichte Bd. 200, S. 27-34. DVS-Verlag, Düsseldorf 1999.

[10-8] Wild, K.: Magnetarc – Schweißen mit magnetisch bewegtem Lichtbogen. Fachinformation Nr. 36, 11/1980. KUKA Schweissanlagen GmbH, Augsburg.

[10-9] Rellensmann, H.: Moderne Schweiß- und Schneidtechnik. Verlag Handwerk und Technik, Hamburg 1984.

[10-10] Beckert, M., und A. Neumann: Grundlagen der Schweißtechnik – Schweißverfahren. Verlag Technik, Berlin 1993.

[10-11] Ruge, J.: Schweißen im festen Zustand – Kaltpreßschweißen, Diffusionsschweißen, Reibschweißen. DVS-Berichte Band 65, S. 41/46. DVS-Verlag, Düsseldorf 1980.

11 Thermisches Schneiden

[11-1] Killing, R.: Thermische Schneidverfahren – Vielseitig von Hand. Metallbau H. 8/1995, S. 22/25.

[11-2] Böhme, D., und F.-D. Hermann: Handbuch der Schweißverfahren, Teil II: Autogentechnik, Thermisches Schneiden, Elektronen- und Laserstrahlschweißen, Reib-, Ultraschall- und Diffusionsschweißen. Fachbuchreihe Schweißtechnik Band 76/II. DVS-Verlag, Düsseldorf 1992.

[11-3] Killing, R.: Thermische Schneidverfahren – Gesteuerte Qualität. Metallbau H. 9/1995, S. 16/18.

[11-4] Killing, R.: Thermische Schneidverfahren – Energiebündel Plasma. Metallbau H. 10/1995, S. 35/39.

[11-5] Die Verfahren der Schweißtechnik. Fachbuchreihe Schweißtechnik Band 55. DVS-Verlag, Düsseldorf 1974.

[11-6] van der Will, A.: Autogenes Brennfugen und Lichtbogen-Druckluft-Fugen. Der Praktiker 47 (1995), H. 5, S. 220/23.

[11-7] Killing, R.: Thermische Schneidverfahren – Druckluft oder Sauerstoff. Metallbau H. 11/1995, S. 20/21.

[11-8] Bauer, F.: Thermisches Schneiden – von der Gasflamme zum Laserstrahl. Jahrbuch Schweißtechnik '97, S. 266/84. DVS-Verlag, Düsseldorf 1996.

[11-9] Stiegmann, D., und H. P. Bartholet: Laserstrahlschneiden von Blechen im Großformat. Jahrbuch Schweißtechnik '98. DVS-Verlag, Düsseldorf 1997.

[11-10] Mair, H., und J. Herrmann: Einfluß der Sauerstoffreinheit auf die Schneidgeschwindigkeit und die Schneidkosten beim Laserstrahl-Brennschneiden. DVS-Berichte Band 123, S. 163/72. DVS-Verlag, Düsseldorf 1989.

[11-11] Dickmann, K.: Laser, technische Gase für die Laser-Materialbearbeitung. Westfalen-Reporter, H. 12 und H. 13/1993, Sonderdruck, Westfalen AG, Münster.

[11-12] Barkowsky, L.: Laserstrahlschneiden. DVS-Berichte Band 109, S. 207/10. DVS-Verlag, Düsseldorf 1987.

[11-13] Mair, H.: Thermisches Schneiden mit CO_2-Lasern im Vergleich mit anderen thermischen Schneidverfahren. Beitrag aus Fachbuchreihe Schweißtechnik Band 86, S. 113/21. DVS-Verlag, Düsseldorf 1989.

Probst · Herold

Kompendium der Schweißtechnik

Band 2: Schweißmetallurgie

Herausgeber: Behnisch

2., überarbeitete Auflage

Bibliografische Information Der Deutschen Bibliothek
Die Deutsche Bibliothek verzeichnet diese Publikation in der Deutschen Nationalbibliografie; detaillierte bibliografische Daten sind im Internet über http://dnb.ddb.de abrufbar.

Fachbuchreihe Schweißtechnik
Band 128/2

ISBN 3–87155–206–9

Herstellung: J. F. Ziegler KG, Remscheid
Titelgestaltung: M + V Werbeagentur, Willich

Geleitwort zur 2. Auflage

Als der Verlag sich vor fünf Jahren zur Herausgabe eines Kompendiums der Schweißtechnik entschloß, tat er dies mit der Feststellung und guten Absicht, die seit vielen Jahren spürbare Literaturlücke mit einem aktuellen, aber auch preisgünstigen Gesamtwerk über Schweißverfahren, Schweißmetallurgie, Werkstoffe und konstruktive Grundlagen zu schließen. Die große Nachfrage nach dem vierbändigen Fundus an umfassendem Wissen und Betriebspraxis hat sich erfreulicherweise in verhältnismäßig kurzer Zeit bestätigt, so daß der Verlag und sein Autorenteam sich um eine Überarbeitung und Ergänzung der vergriffenen Auflage bemühten, die als Neufassung nunmehr in gewohnter Qualität vorgelegt werden kann.

Der Entwicklungsstand der Schweißprozesse, die überschaubare Palette schweißgeeigneter Werkstoffe sowie die gestalterischen Grundsätze zum Bau von Schweißkonstruktionen, wie sie in den fünfziger Jahren dem Studierenden und praktisch tätigen Ingenieur zu Studium und Berufsausübung zur Verfügung standen, rechtfertigten seinerzeit ein ein- bis zweibändiges Fachbuch; fünfzig Jahre später hat allein die immense Zunahme der Werkstoffgruppen und ihre technisch und wirtschaftlich befriedigende Verarbeitung mit einem vielfachen Angebot an Füge- und Trennprozessen die Erweiterung des Buchtextes erforderlich gemacht. Darüber hinaus haben jahrzehntelange Erfahrungen und Bewährungen von geschweißten Konstruktionen zu neuen Bauweisen und deren Ausführung bis hin zur automatisierten Fertigung geführt.

Auch die Internationalisierung des Regelwerks, der Berechnungsmethoden und der Ausführungsbestimmungen, beispielsweise im konstruktiven Ingenieur-, Schienenfahrzeug- und Druckgerätebau, verursachten eine thematische Erweiterung und einen didaktischen Aufbau des vorliegenden Studier- und Nachschlagewerks.

Die jetzige Ausgabe wird sowohl dem technisch-wissenschaftlich orientierten als auch dem in der Anwendung tätigen Leserkreis gerecht. Schwerpunktmäßig wollen die logisch gegliederten vier Bände auf die vielfältigen Fragen nach dem „Wie“ eine rasche Antwort in den Wissensbereichen: Schweißeignung der metallischen Werkstoffe – Schweißmetallurgie – thermische Füge- und Trennverfahren – schweißgerechte Konstruktion geben. Zur Vertiefung der Materie Schweißtechnik dienen die jedem der einzelnen Bände angeschlossenen Literaturstellen aus Wissenschaft, Betriebspraxis und aktuellem Regelwerk.

Die von der Erstausgabe her bekannten Autoren haben sich auch in dieser Auflage um eine sorgfältige Anpassung und Erweiterung des schweißtechnischen Wissens bemüht. An der Überarbeitung des Bandes 1 von R. Killing hat Dr.-Ing. U. Killing mitgewirkt. Der von der Autorengemeinschaft Probst/Herold verfaßte Band 2 in erster Auflage ist nunmehr allein von Herrn Prof. H. Herold überarbeitet worden; als Nachfolger von Herrn Prof. A. Neumann zeichnet Herr Dipl.-Ing. R. Neuhoff für die sorgfältige Betreuung von Band 4 verantwortlich.

Allen Autoren, die besonders aufgrund ihrer pädagogischen Tätigkeit um die stetigen Veränderungen und Neuerungen wissen, sei abschließend für ihre Literaturarbeit herzlich gedankt.

Düsseldorf, im Sommer 2002 — Verlag und Herausgeber

Vorwort zur 2. Auflage

Die Entwicklung und der Einsatz leistungsfähigerer Schweißverfahren sowie die Forderung nach hoher Qualität der schweißtechnischen Fertigung erfordern, den Kenntnissen der Beherrschung und der gezielten Beeinflussung der bei Schmelzschweißprozessen ablaufenden metallurgischen Reaktionen eine zunehmende Bedeutung beizumessen. Neue Ergebnisse schweißmetallurgischer Forschung helfen, Probleme der Schweißbarkeit und der Qualitätssicherung besser und effizienter zu lösen.

Es ist das Anliegen des Buches, für Wissenschaftler, Praktiker und Studierende gleichermaßen eine Schweißmetallurgie vorzustellen, die lange Zeit als enge Fachdisziplin für Spezialisten galt.

Beschrieben werden die besonderen Bedingungen des Schmelzschweißprozesses, das Zusammenwirken der Reaktionspartner und der Einfluß von Temperatur, Reaktionszeit und Oberfläche der Schmelze von Tropfen und Schmelzbad auf Intensität und den Ablauf der Reaktionen.

Es wird versucht, den Gesamtkomplex Schweißmetallurgie darzustellen, der das Schmelzen des Metalles durch die Wirkung der Energiequellen, die Bildung des Schmelzbades, die Wechselwirkung des schmelzflüssigen Metalles mit Schlacken und Gasen in den verschiedenen Reaktionsbereichen und die Kristallisation des Schweißgutes umfaßt.

Auf die physikalisch-chemischen Gesetzmäßigkeiten wird, wenn es für das Verständnis der speziellen metallurgischen Probleme notwendig ist, eingegangen.

Das Buch soll dem Leser die Kenntnisse und Erfahrungen, die es auf dem Gebiet der Schweißmetallurgie gibt, nahe bringen und ihn zugleich anregen, in der eigenen Arbeit den Prozessen, die beim Schmelzschweißen stattfinden, entsprechende Beachtung zu schenken.

Herrn Dr.-Ing. H. Zwickert und Frau Ch. Stiehl vom Institut für Füge- und Strahltechnik der Otto-von-Guericke-Universität Magdeburg sei für die Unterstützung bei der Überarbeitung der 1. Auflage besonders gedankt.

Magdeburg, im Sommer 2002 H. Herold

Inhaltsverzeichnis

Geleitwort zur 2. Auflage

Vorwort zur 2. Auflage

1	**Schweißmetallurgie**	1
2	**Energiequellen, Energieübertragung beim Schweißen**	5
3	**Reaktionsorte beim Schmelzschweißen**	14
4	**Schlußfolgerungen für die Schweißmetallurgie**	20
5	**Metallurgische Prozesse beim Schmelzschweißen**	24
5.1	Oxidation der Metalle	24
5.1.1	Wirkung von Sauerstoff bei Schmelzschweißverfahren	25
5.1.2	Dissoziationsprozesse im Lichtbogenbereich	26
5.1.3	Bildung und Dissoziation von Oxiden	34
5.1.4	Oxidationsgeschwindigkeit und Oxidationsvermögen	38
5.1.5	Zweistoffsysteme Metall – Sauerstoff, ihre Bedeutung für den Schweißprozeß	40
5.1.6	Grundlagen der Desoxidation beim Schmelzschweißen	46
5.1.6.1	Desoxidationsvermögen der Elemente	46
5.1.6.2	Wirksamkeit von Desoxidationselementen	51
5.1.6.3	Einflußfaktoren auf die Ausscheidung der Desoxidationsprodukte	58
5.1.6.4	Desoxidation im Vakuum	65
5.1.6.5	Desoxidation beim Schmelzschweißen von Kupfer	66
5.2	Wechselwirkungen des Metalles mit Schlacken	67
5.2.1	Aufgaben der Schlacken beim Schmelzschweißen	67
5.2.2	Schlackenaufbau	68
5.2.3	Ionen- und Molekulartheorie der Schlacken	72
5.2.4	Eigenschaften von Schlacken beim Schmelzschweißen	73
5.2.4.1	Physikalische Eigenschaften	73
5.2.4.2	Zustandsschaubilder von Schlackensystemen	77
5.2.4.3	Metallurgische Eigenschaften von Schlacken	80
5.2.5	Wirkung von Schlacken zur Reduzierung des Phosphor- und Schwefelgehaltes im Schweißgut	82
5.3	Legierung des Schweißgutes	85
5.4	Wechselwirkung von Gasen mit dem Metall beim Schweißen und ihr Einfluß auf die Eigenschaften der Schweißverbindungen	91
5.4.1	Wechselwirkung Metall – Wasserstoff beim Schweißen	93
5.4.2	Wechselwirkung Metall – Stickstoff beim Schweißen	108
5.5	Metallverdampfung beim Schweißen	114
5.6	Bildung von Schweißaerosolen und Ozon	119
6	**Metallurgische Probleme ausgewählter Schmelzschweißprozesse**	124
6.1	Gasschmelzschweißen	125
6.2	Aluminothermisches Schweißen	132
6.3	Lichtbogenschweißen mit umhüllter Stabelektrode	132

6.4 Unterpulverschweißen, Elektro-Schlacke-Schweißen 142
6.4.1 Unterpulverschweißen 142
6.4.2 Elektro-Schlacke-Schweißen 154
6.5 Schutzgasschweißen 156
6.5.1 Anforderungen an die Schutzgase 157
6.5.2 Einsatz von Gasgemischen 162
6.5.3 Normung der Schutzgase (DIN EN 439) 169
6.5.4 Schweißzusätze für das Schutzgasschweißen 172
6.5.5 Fülldrahtelektroden 180
6.6 Elektronenstrahlschweißen 185
6.6.1 Metallurgische Besonderheiten des Elektronenstrahlschweißens 188
6.7 Laserstrahlschweißen 192
6.8 Thermische Trennverfahren 197
6.8.1 Autogenes Brennschneiden, Pulverbrennschneiden, Brennfugen, Brennflämmen 198
6.8.2 Schmelzschneiden 202

7 Schmelzbadbildung, Schmelzbadabmessungen, Kristallisation des Metalles 205
7.1 Schmelzbadbildung, Schmelzbadabmessungen 205
7.2 Energie- und Massetransfer beim Schmelzschweißen, Verhalten des Schmelzbades, Grenzflächenkonvektion 209
7.3 Grundlagen der Kristallisation 212
7.4 Besonderheiten der Kristallisation beim Schweißen 215
7.5 Inhomogenitäten in der Schweißgutzusammensetzung – Seigerungen 220
7.6 Beeinflussung der Kristallisationsprozesse beim Schweißen 223
7.7 Porenbildung 225
7.8 Nichtmetallische Einschlüsse 228
7.9 Heißrißbildung 230

Literatur 243

Anhang: Begriffe und Erläuterungen 255

1 Schweißmetallurgie

Schweißtechnische Fertigungsverfahren beeinflussen die Leistungsfähigkeit und Qualität der Fertigung in der metallverarbeitenden Industrie in zunehmendem Maße.

Die qualitativ neuen Anforderungen, die an die Vervollkommnung der bekannten und an den Einsatz neuer Verfahren gestellt werden, sind insbesondere auf:

- höhere Abschmelzleistung,
- größere Schweißgeschwindigkeit,
- die Möglichkeit, sowohl sehr dicke wie auch dünne Materialquerschnitte zu verbinden,
- die Integration der schweißtechnischen Bearbeitung in eine automatisierte Fertigung

gerichtet.

Das Schweißen weiter- und neuentwickelter Stähle mit hoher Festigkeit und Streckgrenze (u. a. hochfeste Baustähle mit R_m von 500 MPa, R_e von 350 MPa (Bild 1-1); superfeste Baustähle mit R_m von 700 ... 900 MPa, R_e von 600 ... 800 MPa; ultrafeste Baustähle mit R_m von 1400 ... 2200 MPa, R_e von 1200 ... 1800 MPa) erfordert neue Schweißzusätze und Hilfsstoffe und optimale technische Bedingungen [1-1].

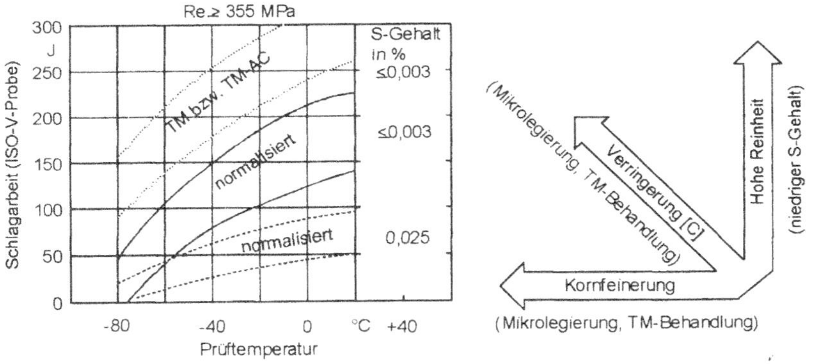

Bild 1-1. Maßnahmen zur Erhöhung der Zähigkeit.

Eigenschaftsänderungen in neuen Größenordnungen, damit verbunden aufwendigere Maßnahmen bei der schweißtechnischen Verarbeitung, sind durch die pfannenmetallurgische Behandlung und die Senkung des Schwefelgehaltes auf 10 ... 30 ppm, die Reduzierung des Sauerstoffgehaltes, die Bildung von Feinkorn durch Mikrolegierung, die thermomechanische Bearbeitung (Bild 1-2), die Ausscheidungshärtung u. a. zu erreichen. Der Werkstoff Stahl hat sich, wie *Steffens*, *Seifert* und *Hartung* [1-2] betonen, in den letzten Jahrzehnten wachsenden Anforderungen angepaßt. Es ist zu erwarten, daß Stahl auch weiterhin ein Werkstoff der Zukunft bleiben wird.

Die Anwendung von hochlegierten Stählen und sogenannten Superlegierungen auf Ni- oder Co-Basis (Bild 1-3), von Aluminium und Aluminiumlegierungen (z. B. Al-Li mit hoher Festigkeit und geringer Dichte; 2 ... 3 % Li ergibt 30 % höhere Festigkeit (Bild 1-4)), das Verbinden unterschiedlicher Werkstoffe, das Fügen von Keramik (Bild 1-5), von Faserverbundwerkstoffen oder auch das Schweißen von Gußwerkstoffen setzen neue Akzente für die Verfahrensentwicklung und die Beherrschung der physikalisch-chemischen Prozesse, die während des Verbindens ablaufen. Gleiches gilt für Werkstoffe, die bei 1300 °C fester als Metallegierungen und besser verformbar als Keramiken sind, wie z. B. Ti-Al, Ti-Al-Si, Ni-Cr-Al, Al-Ni, aber auch für das Fügen amorpher Metalle.

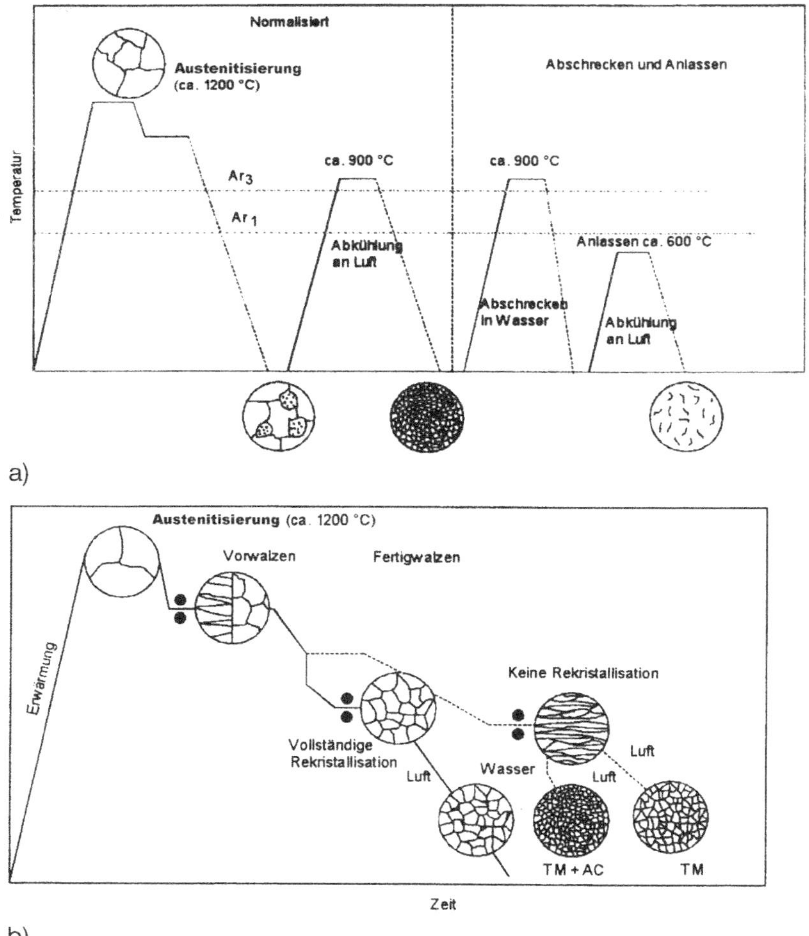

Bild 1-2. Vergleich des konventionellen Blechwalzens (a) und der thermomechanischen Behandlung von Blechen (b).

Schweißmetallurgische Probleme ergeben sich bei der Verarbeitung von Werkstoffen, die in einem großen Dickenbereich vorliegen, in waagerechter und senkrechter Position (Elektro-Schlacke-Schweißen, Elektrogas-Schweißen, Engspaltschweißen) sowie beim Dünnblech-Schweißen. Hierbei müssen kleinste wie auch sehr große Schmelzbadvolumina beherrscht werden.

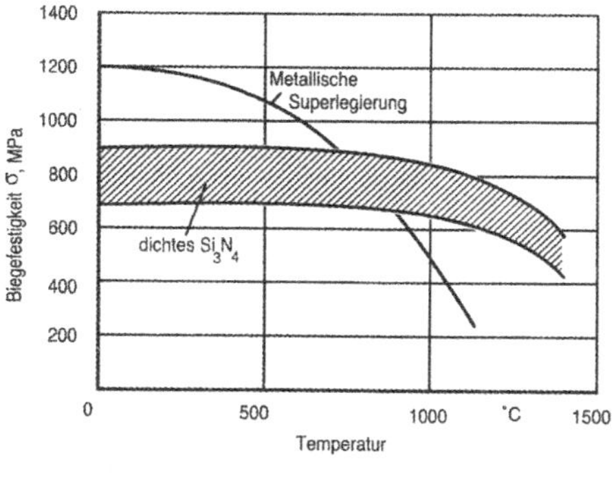

Bild 1-3. Temperaturabhängigkeit der Biegefestigkeit von metallischen Superlegierungen und von Si_3N_4 (Prospekt der Firma Höchst Ceram Tec).

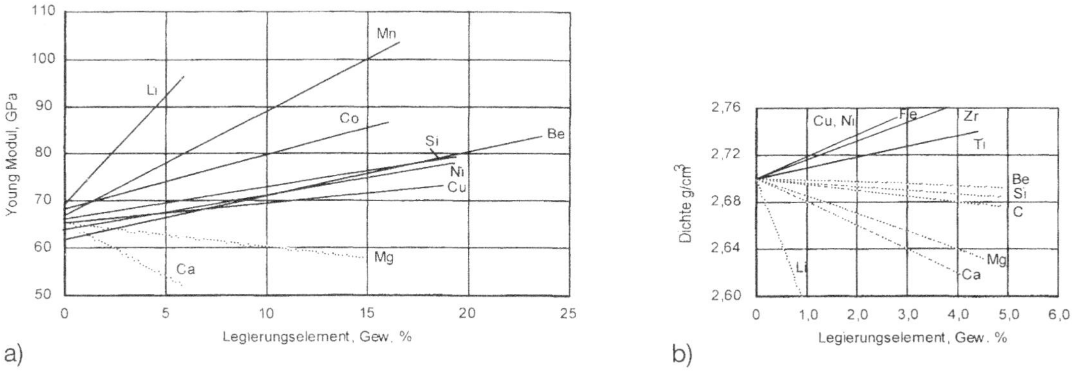

Bild 1-4. Einfluß von Legierungselementen auf den Young-Modul von Aluminiumlegierungen (a) und die Dichte von Aluminiumlegierungen (b).

Verfahrensvergleiche und die Einschätzung des Anwendungsumfangs verschiedener Schmelzschweißprozesse zeigen besonders für die MIG-/MAG-Prozesse qualitativ und quantitativ eine stetige Entwicklung (Tabelle 1-1).

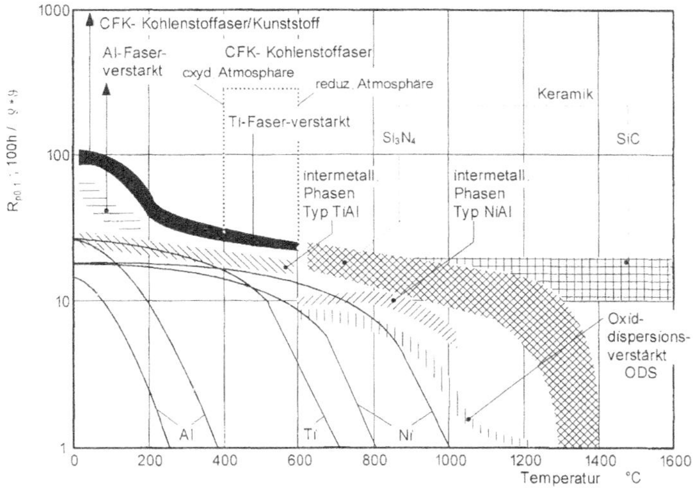

Bild 1-5. Keramik im Vergleich mit anderen Werkstoffen (dargestellt ist die spezifische Festigkeit, d. h. die Festigkeit bezogen auf die Masseeinheit, in Abhängigkeit von der Temperatur), Quelle: MTU.

Dem Einsatz von Fülldrähten wird eine besondere Aufmerksamkeit geschenkt.

Neue Aufgaben für die Schweißtechnik leiten sich aus der Mikrotechnik, der Energietechnik, der Umweltschutztechnik, der Meeres- und Kosmostechnik ab [1-4; 1-5].

Schweiß- und schneidtechnische Aufgaben, die mit konventionellen Verfahren nicht oder nur mit erheblichem technischem und Kostenaufwand realisiert werden können, erlauben die Strahltechnologien zu lösen.

National und international werden in Veröffentlichungen, z. B. des DVS – Deutscher Verband für Schweißen und verwandte Verfahren oder der IIW-Kommissionen, der Stand und die zukünftige

Tabelle 1-1. Anwendungsumfang verschiedener Schmelzschweißprozesse für das Verbindungs- und Auftragschweißen von Stählen [1-3].

	1990 %	1991 %	1992 %	1993 %	1994 %	1995 %	1996 %	1997 %	1998 %	1999 %
E-Handschweißen	28,29	27,68	28,30	29,73	27,00	25,72	24,63	21,57	21,19	19,96
MAG-Schweißen	57,69	58,19	57,08	54,77	56,30	57,43	56,40	58,67	56,11	59,31
MIG-/WIG-Schweißen	3,33	3,28	3,41	3,33	3,57	4,27	4,69	4,85	5,58	6,09
UP-Schweißen	6,25	6,27	6,66	6,73	7,01	6,69	6,92	7,51	9,18	7,54
Gasschweißen	1,74	1,78	1,90	2,15	2,14	2,07	1,75	1,51	1,38	1,34
Fülldraht-/-band-schweißen	2,70	2,80	2,65	3,29	3,58	3,82	5,61	5,89	6,56	5,76

Basis: Verbrauch an Schweißzusatzwerkstoffen

Entwicklung der Schweißtechnik dargelegt. Überzeugend wird dabei dargestellt, welche Bedeutung die Kenntnis und Beherrschung grundlegender physikalisch-chemischer Prozesse hat bzw. im Zuge der zukünftigen Entwicklung gewinnt [1-6; 1-7].

Technologie und Metallurgie des Schweißens, insbesondere des Schmelzschweißens sind eng mit der Qualität und Zuverlässigkeit der Schweißverbindungen verbunden.

Die *Schweißmetallurgie* untersucht und beschreibt die metallurgischen Prozesse, die beim Schweißen ablaufen. Sie berücksichtigt die verfahrenstechnischen Bedingungen und die Analyse des Reaktionsgeschehens und nimmt Einfluß auf *Intensität* und *Richtung* der physikalisch-chemischen Prozesse. Das Ziel ist, Schweißnahtfehler (Unregelmäßigkeiten) zu vermeiden und durch eine hohe Qualität der Schweißverbindungen die Sicherheit der geschweißten Konstruktionen im praktischen Einsatz zu gewährleisten.

Im Mittelpunkt stehen die physikalisch-chemischen Wechselwirkungen und Veränderungen, die beim Abschmelzen des Zusatzwerkstoffes, beim Aufschmelzen des Grundwerkstoffes, bei der Bildung und Abkühlung des Schmelzbades auftreten, wenn der Werkstoff geschmolzen ist und vom flüssigen in den festen Aggregatzustand übergeht.

2 Energiequellen, Energieübertragung beim Schweißen

Beim Schmelzschweißen werden sowohl der Grundwerkstoff und – wenn erforderlich – auch der Zusatzwerkstoff, der in unterschiedlicher Form, z. B. als umhüllte Stabelektrode, Massiv- oder Fülldrahtelektrode, Bandelektrode usw. vorliegen kann, durch die Wirkung der Energiequelle auf Temperaturen erwärmt, die über den Schmelztemperaturen der zu schweißenden Werkstoffe liegen. Es bildet sich durch das Zusammenfließen der Schmelzen der einzelnen Komponenten und deren Vermischung ein grundwerkstoffseitiges Schmelzbad. Mit der Abkühlung setzt die Kristallisation/Erstarrung ein. Es entsteht das Schweißgut, dessen Festigkeits- und Zähigkeitseigenschaften durch die metallurgischen Prozesse maßgeblich beeinflußt werden. Für das Schmelzschweißen werden als Energiequellen vorrangig angewendet:

- die Wärmewirkung des elektrischen Lichtbogens, genutzt beim Lichtbogenschweißen mit umhüllten Stabelektroden, Unterpulverschweißen, Wolfram- und Metall-Schutzgasschweißen,
- die Widerstandserwärmung der flüssigen Schlacke beim Elektro-Schlacke-Schweißen,
- die Wärmeentwicklung, die bei chemischen Reaktionen, insbesondere bei der Oxidation entsteht (Wechselwirkung von Sauerstoff mit Brenngasen beim Gasschmelzschweißen; Reaktion von Eisenoxiden mit Aluminium beim Aluminothermischen Schweißen),
- die Wärmewirkung des Plasmastrahls,
- die Wärmewirkung des Elektronenstrahls bzw. Laserstrahls durch die Wechselwirkung zwischen beschleunigten Elektronen bzw. gebündeltem Licht mit dem Werkstoff.

Das Dokument Doc. IIW-582-86 teilt nach der Art der Energieübertragung auf die Grenzfläche insgesamt in 9 Prozesse ein [2-1].

Für den Vergleich der Schmelzschweißverfahren erweist sich die Leistungsdichte als wichtiges Kriterium für Produktivität und Metallurgie der Verfahren.

Eine Erhöhung der Leistungsdichte, z. B. durch die Erhöhung der Schweißstromstärke, vergrößert die Abschmelzleistung und die Einbrandtiefe, verringert aber gleichzeitig die Einbrandbreite und die für den Ablauf metallurgischer Reaktionen zur Verfügung stehende Zeit. Die Folge kann eine Verschlechterung des Einbrandprofils und der Schweißnahteigenschaften sein. Eine hohe Schweißstromstärke intensiviert die Verdampfungsprozesse.

In der Reihenfolge:

1. Gasschmelzschweißen,
2. Lichtbogenschweißen mit umhüllten Stabelektroden,
3. WIG-Schweißen,
4. MIG-/MAG-Schweißen,
5. UP-Schweißen,
6. Elektronenstrahlschweißen,
7. Laserstrahlschweißen

nimmt die Leistungsdichte zu (siehe Bild 2-10.2).

Bei den Strahlschweißprozessen liegt die obere Grenze der Leistungsdichte z. Z. bei etwa 10^{10} J/cm^2.

Die Leistungsdichte eines Verfahrens ist eng verbunden mit solchen für die Metallurgie wichtigen Größen wie:

- dem Charakter des Werkstoffüberganges,
- dem Schmelzbadvolumen (Einbrandtiefe, Einbrandbreite, Schmelzbadlänge),
- der Schmelzbadoberfläche,
- der Schmelzbadtemperatur,
- den Reaktionszeiten,
- der Leistungsfähigkeit des Verfahrens.

Zwischen der Leistungsdichte eines Verfahrens, dem Energieeintrag, den Schweißparametern, der Nahtform, den thermodynamischen Größen und der Schweißnahtqualität besteht ein enger Zusammenhang (Bild 2-1) [2-1].

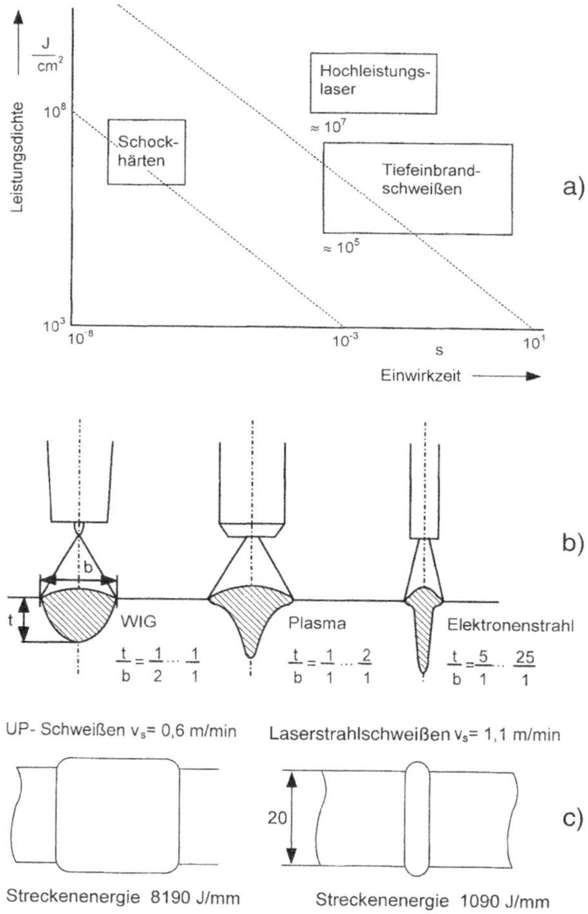

Bild 2-1. Leistungsdichte beim Tiefeinbrandschweißen (a), Einbrandprofile beim WIG-, Plasma- und Elektronenstrahlschweißen (b) und Vergleich von Nahtquerschnitten beim Unterpulver- und Laserstrahlschweißen (c) [2-1].

Jede werkstoffkundliche, verfahrenstechnische und metallurgische Analyse der Wirkung eines Schweißprozesses setzt deshalb eine ihr vorausgehende Betrachtung der Wärmeeinwirkung voraus, die dieser Prozeß hervorruft.

Die Wärmeenergie wird erst durch Umwandlung anderer Energieformen gewonnen. Der Umwandlungsprozeß ist verlustbehaftet.

Für die Beurteilung der Effektivität der Energieübertragung, der Energieumwandlung und der Wärmewirkungen am Reaktionsort haben sich folgende Kriterien und Arbeitsweisen bewährt:

- Aufstellung von empirischen Bilanzen durch kalorimetrische Messungen, die als Energie- bzw. Wärmebilanzen bekannt sind. Die Messungen berücksichtigen dabei auch die Energieanteile der Spritzerbildung, der Wärmeverluste im Schweißpulver u. a. Wärmebilanzen liegen für ausgewählte Schmelzschweißprozesse vor. Ihre Aussagen gelten aber nur für die jeweils verwendeten Schweißparameter, sie sind fehlerbehaftet und sollten deshalb vorrangig nur der qualitativen Bewertung von Prozessen zugrunde gelegt werden. Beispiele für Wärmebilanzen sind in den Bildern 2-2 bis 2-5 dargestellt [2-2 . . . 2-4].

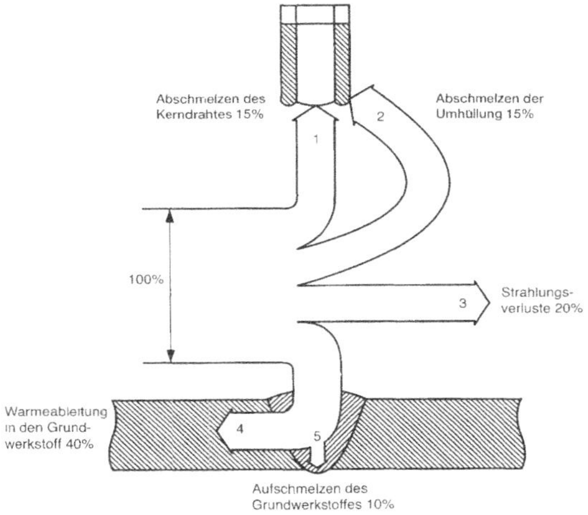

Bild 2-2. Wärmebilanz des Lichtbogenschweißens mit umhüllten Stabelektroden [2-2].

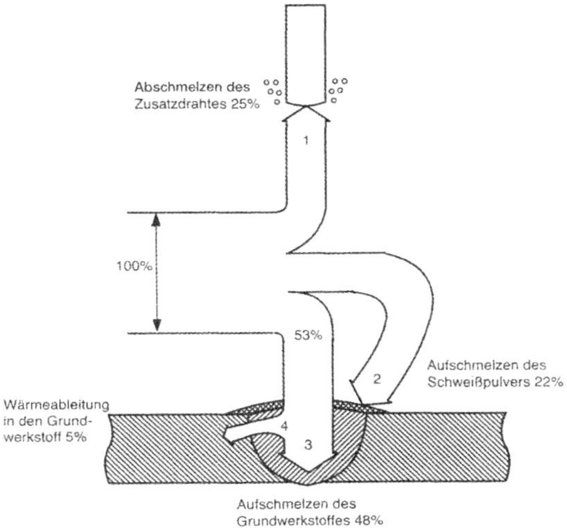

Bild 2-3. Wärmebilanz des Unterpulverschweißens.

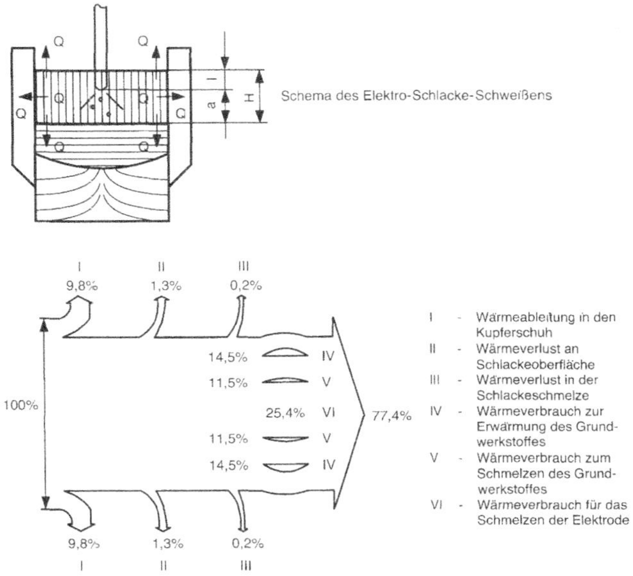

Bild 2-4. Wärmebilanz des Elektro-Schlacke-Schweißens [2-3].

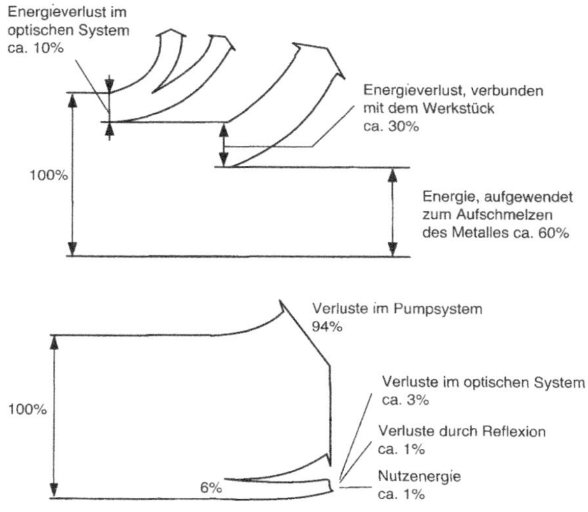

Bild 2-5. Wärmebilanzen des Elektronenstrahlschweißens von Molybdän und des Laserstrahlschweißens [2-4].

- Der mittels kalorimetrischer Messung bestimmte thermische Wirkungsgrad η_{th} beschreibt den Anteil der Wärmemenge Q_{ges}, der unmittelbar aus der elektrischen Energie gewonnen werden kann. Nicht direkt zur Schweißnahtbildung beitragende Wärmeanteile (Metallverspritzung, Metallverdampfung, Wärmeabstrahlung, Wärmeleitung, Wärmekonvektion aus der Lichtbogensäule) werden mitgemessen.

$$\eta_{th} = \frac{Q_{ges}}{U_s \cdot I_s \cdot t} \qquad (1)$$

η_{th} – thermischer Wirkungsgrad
Q_{ges} – von der zugeführten elektrischen Energie ($U_S \cdot I_S \cdot t$) nutzbare Wärmeenergie
U_S – Schweißspannung
I_S – Schweißstromstärke
t – Schweißzeit

- Aussagen über die Verluste an das umgebende Medium durch Strahlung, Konvektion, Metallverspritzung und -verdampfung sind mit Hilfe des effektiven Wirkungsgrades η_{eff} möglich. Er stellt das Verhältnis von der dem Grund- und Zusatzwerkstoff zugeführten Wärmemenge zur aufgewandten elektrischen Energie dar:

$$\eta_{eff} = \frac{Q_{GW} + Q_{ZW}}{U_s \cdot I_s \cdot t} \qquad (2)$$

η_{eff} – effektiver Wärmewirkungsgrad
Q_{GW} – zum Schmelzen des Grundwerkstoffes genutzte Energie
Q_{ZW} – zum Schmelzen des Zusatzwerkstoffes genutzte Energie
$U_S \cdot I_S \cdot t$ – aufgewendete elektrische Energie

η_{eff} ist in starkem Maße von der gewählten Schweißtechnologie und den Schweißparametern abhängig. Haupteinflußgrößen sind bei den Lichtbogenschmelzschweißprozessen die Schweißspannung, die Stromstärke, die Schweißgeschwindigkeit, der Zusatzwerkstoffdurchmesser und die Länge des freien stromdurchflossenen Zusatzdrahtendes (Bilder 2-6 bis 2-9) [2-5].

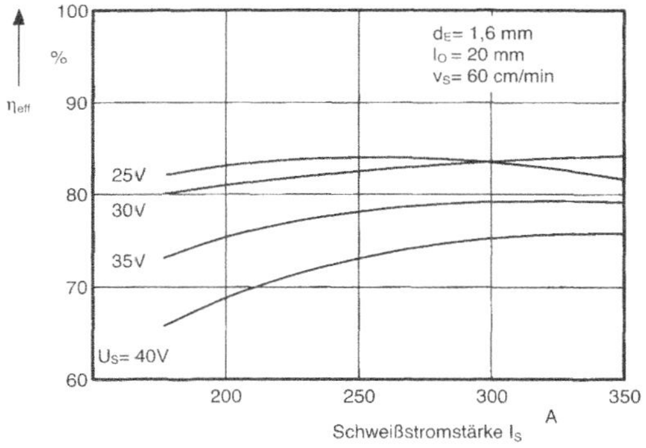

Bild 2-6. Einfluß der Schweißstromstärke und der Lichtbogenspannung auf den effektiven Wärmewirkungsgrad beim MAGC-Schweißen [2-5].

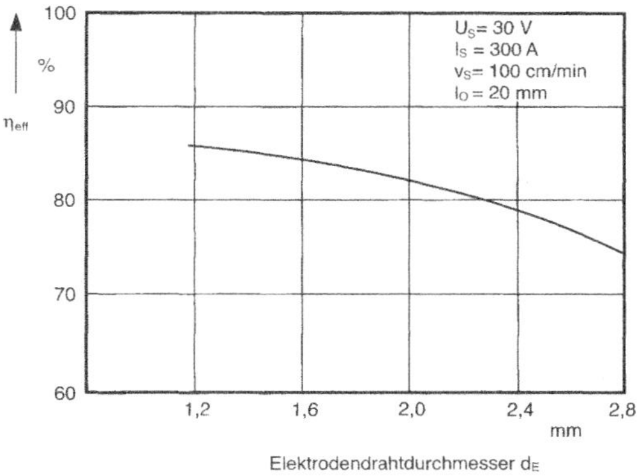

Bild 2-7. Einfluß des Drahtdurchmessers d_E auf den effektiven Wärmewirkungsgrad beim MAGC-Schweißen [2-5].

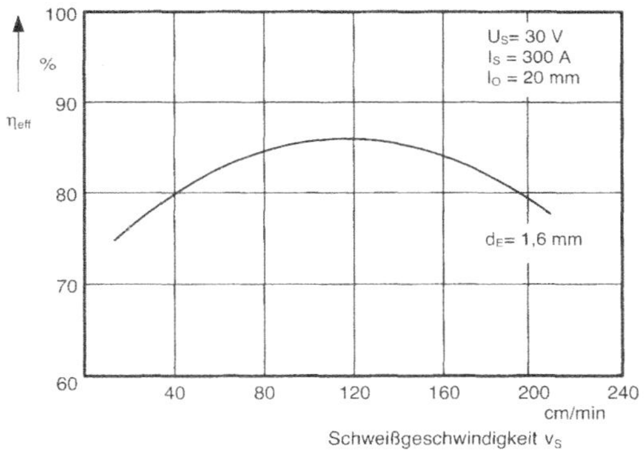

Bild 2-8. Einfluß der Schweißgeschwindigkeit auf den effektiven Wärmewirkungsgrad beim MAGC-Schweißen [2-5].

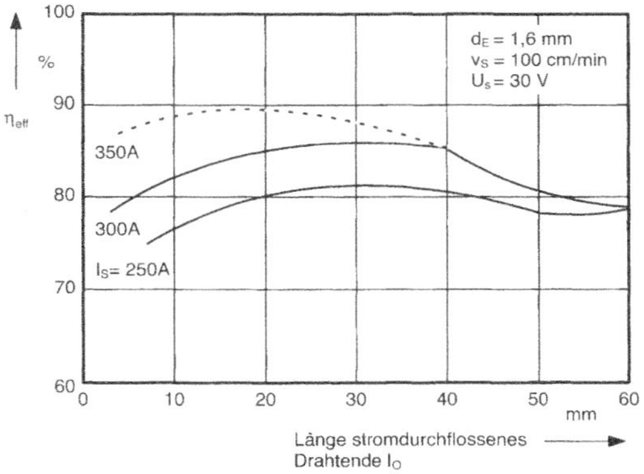

Bild 2-9. Einfluß der Länge des freien stromdurchflossenen Drahtendes auf den effektiven Wärmewirkungsgrad beim MAGC-Schweißen [2-5].

Probst und *Hartung* betonen, daß besonders die Schweißstromstärke, die Lichtbogenspannung, die Länge des stromdurchflossenen Drahtendes, die Schweißgeschwindigkeit, die Lichtbogenlänge, die Eintauchtiefe des Lichtbogens, die Spritzerbildung und ein stabiler Prozeßablauf beim MAGC-Schweißen die Energieverluste bestimmen [2-5], Tabelle 2-1.

Wie aus den von *Schellhase* angegebenen Werten hervorgeht, sind die Wirkungsgrade der Schweißverfahren sehr voneinander abweichend [2-6].

Weitere Kriterien bzw. Begriffe für technisch-physikalische Größen beim Schweißen, die für den Vergleich der verschiedenen Schmelzschweißprozesse benutzt werden können, sind:

- *Thermischer Zyklus.* Er gibt Auskunft über die zeitliche Änderung der Temperatur in den verschiedenen Schweißnahtbereichen und erlaubt Aussagen zur Aufheiz- und Abkühlgeschwindigkeit in der Schweißnaht. Er läßt in Verbindung mit Festigkeits- und Zähigkeitsuntersuchungen sowie Gefügebeurteilungen Bewertungen von Gefüge- und Eigenschaftsänderungen zu [2-7].

Tabelle 2-1. Effektiver Wärmewirkungsgrad einiger Schweißprozesse [2-6].

Lichtbogen	Parameter I_S [A] / U_S [V]	η_{eff}
C-Katode Stahl-Anode	95 ... 2500	0,5 ... 0,7
WIG-Katode Stahl-Anode	40 ... 200	0,45 ... 0,75
MIG Stahl, Al	550 ... 1100	0,65 ... 0,85
UP-Stahl, Auftragschweißen	550 ... 900 Wechselstrom	0,8 ... 0,9
UP-Stahl Einbrandschweißen	550 ... 1200	0,9 ... 0,99
Fülldraht, 20 % Pulvermasse, freibrennend CO_2	370 ... 450 / 25 ... 28	0,83 ... 0,86
Fülldraht (s. o.) mit Formschuhen	320 ... 400 / 30 ... 40	0,62 ... 0,73
UP, SW 08 A, 2 mm Durchmesser AN-348 A	400 ... 450 / 31 ... 32	0,88 ... 0,93
MAGC, 2 mm Drahtdurchmesser	350 ... 400 / 24 ... 28	0,8 ... 0,84

– *Streckenenergie E_l*
Beim Schweißen aufgewendete Energie bezogen auf die Raupenlänge. Sie wird nach folgender Gleichung berechnet:

$$E_1 = \frac{U \cdot I}{V} \tag{3.1}$$

mit

I – Schweißstromstärke
U – Schweißspannung
V – Schweißgeschwindigkeit

Die Streckenenergie wird in J/cm oder kJ/cm angegeben. Die Streckenenergien als Ausdruck der Leistungsfähigkeit der Prozesse und deren thermischer Wirkungen unterscheiden sich für die verschiedenen Prozesse sehr stark (Bild 2-10.1).

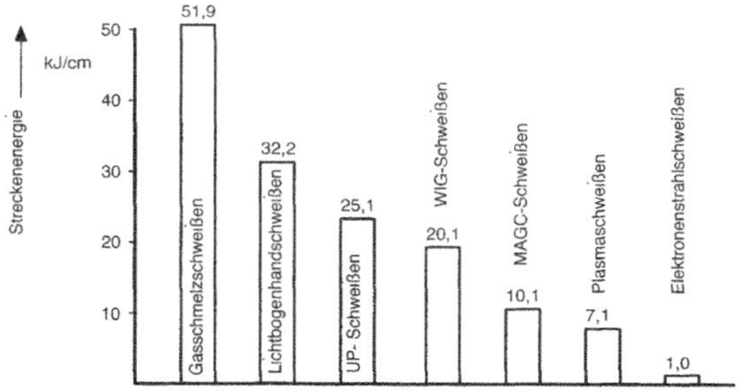

Bild 2-10.1. Streckenenergien verschiedener Schmelzschweißprozesse (erweiterte Darstellung nach *Dorn* und *Zürn*).

– *Wärmeeinbringen* Q_1
Beim Schweißen eingebrachte Wärme bezogen auf eine kennzeichnende Abmessung wie z. B. die Raupen- oder Nahtlänge.
Für das Lichtbogenschweißen gilt:

$$Q_1 = E_1 \cdot \eta \qquad (3.2)$$

mit
E_1 – Streckenenergie
η – thermischer Wirkungsgrad des Lichtbogens

– *Thermischer Wirkungsgrad des Lichtbogens* η
Verhältnis von Wärmeeinbringen zu Streckenenergie, ausgedrückt durch:

$$\eta = \frac{Q_1}{E_1} \qquad (3.3)$$

– *Leistungsdichte* p_0. Unter Leistungsdichte versteht man die auf den Wirkquerschnitt der Energiequelle (Wärmequelle; z. B. Lichtbogen) bezogene effektive Leistung.

$$p_0 = \frac{q_{eff}}{A_W} = \frac{4}{\pi \cdot d_w^2} \cdot U \cdot I \cdot \eta \qquad (4)$$

Hierin bedeuten:
p_0 – Leistungsdichte [J/cm²]
q_{eff} – effektive Wärmeleistung des Lichtbogens [W]
A_W – Wirkquerschnitt der Wärmequelle [cm²]
U, I – Schweißspannung [V], Schweißstromstärke [A]
η – thermischer Wirkungsgrad
d_W – Durchmesser des Erwärmungsfleckes [cm]

Die möglichen Leistungsdichten der Schweißwärmequellen sind im Bild 2-10.2 gegenübergestellt. Plasma-, Elektronen- und Laserstrahl sind Wärmequellen mit hoher Leistungsdichte.

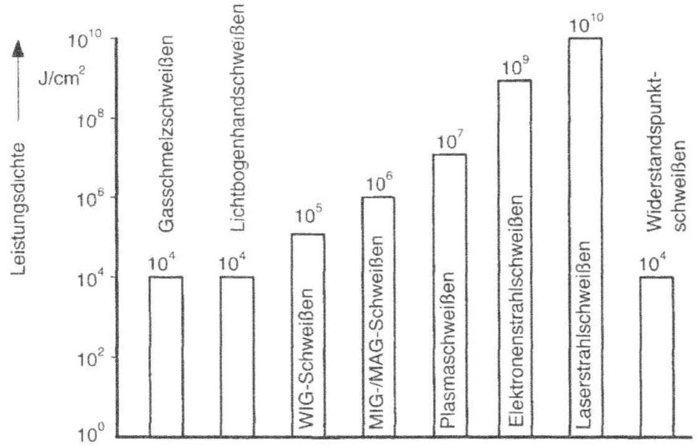

Bild 2-10.2. Leistungsdichte der Schweißwärmequellen.

- Neben der Reaktionszeit und der Reaktionsoberfläche ist die Temperatur die wichtigste Einflußgröße auf metallurgische Reaktionen beim Schmelzschweißen. Von der Höhe der Temperatur hängt ab, welche Reaktionen mit welcher Geschwindigkeit und in welcher Richtung ablaufen.

Beim Schweißen werden als Temperaturmeßverfahren insbesondere eingesetzt:

– die Kalorimetrie;
Meßgröße ist der Wärmeinhalt des flüssigen Werkstoffes bzw. des Werkstückes;
Temperaturbereich: bis 3000 °C,

- die Messung mit Thermoelementen;
  Meßgröße ist die Kontaktspannung zwischen 2 verschiedenen Leitern (Seebeck-Effekt); Temperaturbereich:
  $Pt - Pt\,Rh$ bis 1600 °C
  $W5\,Re - W20\,Re$ bis 2500 °C,
- die Messung mit Strahlungspyrometer und Thermovision;
  Meßgröße ist die Oberflächentemperaturstrahlung;
  Temperaturbereich: –50 °C bis 4000 °C,
- photographische Pyrometrie;
  Meßgröße ist die Oberflächentemperaturstrahlung;
  Temperaturbereich: 1000 °C bis 4000 °C.

Aussagen zu Temperaturhöhe und -verteilung insbesondere im Bereich des Lichtbogens oder anderer Energieträger sind bedingt durch Besonderheiten des Schweißprozesses aber stark fehlerbehaftet.

Die Effektivität der Energieübertragung und die Wärmewirkungen beim Schweißen drücken sich auch im Vermischungsgrad, in den Abmessungen und im Aufbau der Wärmeeinflußzone aus. Der Vermischungsgrad gibt den Anteil des aufgeschmolzenen Grundwerkstoffes und des abgeschmolzenen Schweißzusatzes im Schweißgut wieder und wird meist durch den flächenmäßigen Anteil am Nahtquerschnitt beschrieben.

Die Nahtfläche A_{ges} ist gleich der Summe der Anteilfläche des aufgeschmolzenen Grundwerkstoffes A_{GW} und der Anteilfläche des Schweißzusatzes A_{ZW} Bilder 2-11 und 2-12.

$$A_{ges} = A_{GW} + A_{ZW}$$

Anteil der Grundwerkstofffläche an der Nahtfläche:

$$\gamma_{GW} = \frac{A_{GW}}{A_{ges}} \cdot 100 \text{ in } \% \qquad \gamma_{GW} - \text{Vermischungsgrad} \tag{5}$$

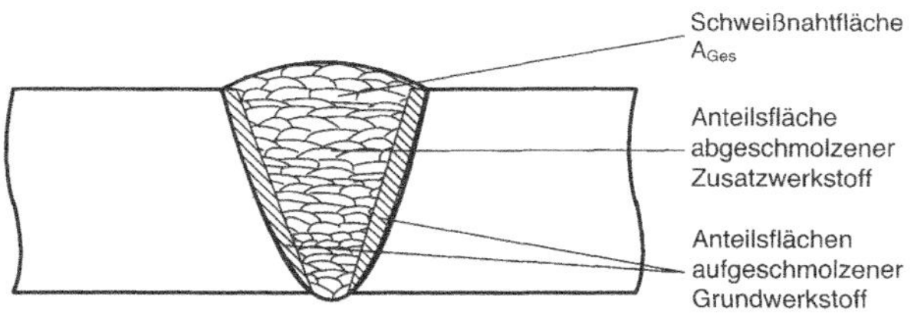

Bild 2-11. Schweißnahtfläche, Schweißnahtaufbau.

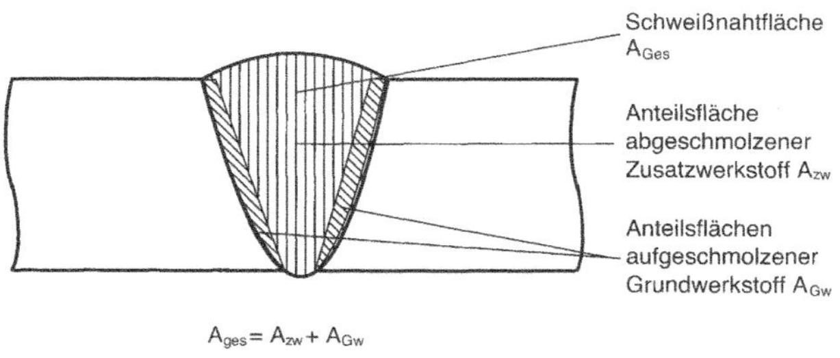

Bild 2-12. Vermischungsgrad des Schweißgutes.

Anteil der Schweißzusatzfläche an der Nahtfläche:

$$\gamma_{ZW} = \frac{A_{ZW}}{A_{ges}} \cdot 100 \text{ in } \% \qquad (6)$$

Bei der Anwendung leistungsfähiger Schmelzschweißverfahren mit starker Einschmelzwirkung verringert sich der Anteil eingebrachten Schweißzusatzes (UP-, Schutzgasschweißen) bzw. es wird ohne Schweißzusatz gearbeitet (Elektronen-, Laserstrahlschweißen).

Die Wärmeeinflußzone ist der Bereich des unmittelbar an die Schweißnaht angrenzenden Grundwerkstoffes, der nicht geschmolzen wird, aber durch die von der Schweißzone in den Grundwerkstoff abgeleitete Wärmeenergie Gefügeänderungen und damit auch Änderungen der mechanisch-technologischen Eigenschaften erfahren hat.

3 Reaktionsorte beim Schmelzschweißen

Die chemische Zusammensetzung, die Abmessungen, das Gefüge und die Eigenschaften des Schweißgutes sowie der Aufbau und die Eigenschaften der Schweißnaht sind das Ergebnis eines aus mehreren Teilprozessen bestehenden Gesamtprozesses *Schmelzschweißen.*

Die Teilprozesse finden statt:

- im tropfenseitigen Schmelzbad (während der Bildung, der Ablösung des Tropfens von der Elektrode, des freien Fluges der Tropfen bzw. der Existenz einer Kurzschlußbrücke zwischen der Elektrode, dem draht- oder bandförmigen Schweißzusatz und dem Grundwerkstoff). Im Reaktionsbereich „tropfenseitiges Schmelzbad" (Bilder 3-1 bis 3-3) herrschen Reaktionen zwischen dem schmelzflüssigen Tropfen und den Bestandteilen der Gasphase bzw. der Schlacke vor. Die wichtigsten Reaktionen sind:
  - die thermische Dissoziation von Gasen, wie z. B. CO_2, H_2O-Dampf und von Verbindungen wie Oxiden, Karbonaten, weiteren Bestandteilen des Schweißzusatzes,
  - die Oxidation bzw. Reduktion von Komponenten des Schweißzusatzes je nach dem Oxidations- bzw. Reduktionspotential der Gasphase bzw. der Schlacke,
  - die Lösung von Gasen im Tropfenmetall (Wasserstoff, Stickstoff u. a.),
  - die Verdampfung von Komponenten des Schweißzusatzes, Entstehen der sogenannten Schweißaerosole.

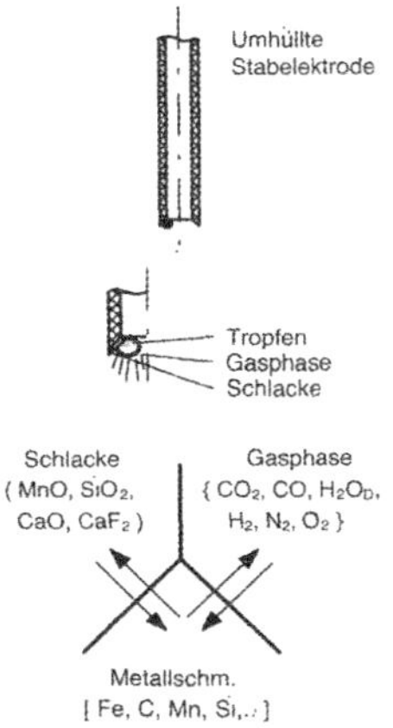

Bild 3-1. „Tropfenseitiges" Schmelzbad beim Lichtbogenschweißen mit umhüllten Stabelektroden.

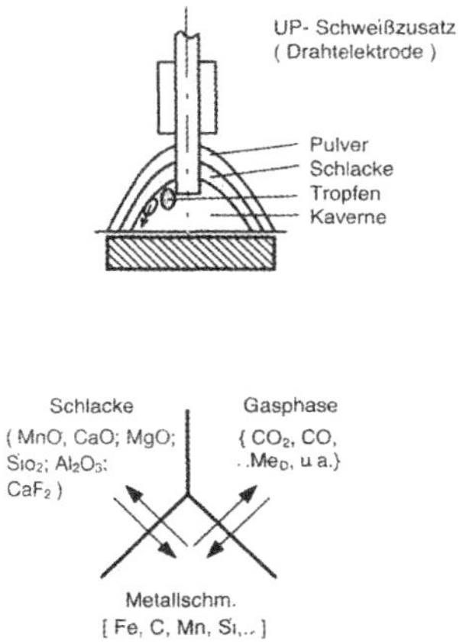

Bild 3-2. „Tropfenseitiges" Schmelzbad beim UP-Schweißen.

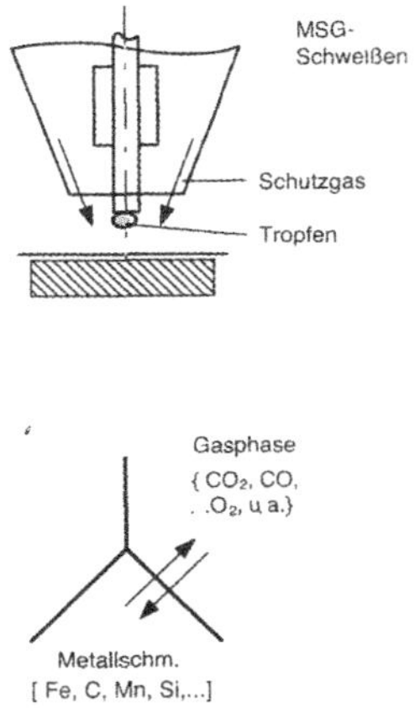

Bild 3-3. „Tropfenseitiges" Schmelzbad beim MSG-Schweißen.

- im grundwerkstoffseitigen Schmelzbad (gebildet durch den abgeschmolzenen Schweißzusatz oder das Abschmelzen eines nicht stromführenden metallischen Zusatzes und den durch den Energieträger aufgeschmolzenen Grundwerkstoff).

  Im Reaktionsbereich „grundwerkstoffseitiges Schmelzbad" sind im besonderen Prozesse wie:
  - Adsorption, Absorption, Diffusion,

– Gasaufnahme bzw. Gasausscheidung,
– Wechselwirkung zwischen dem Metall und der Schlacke (Bild 3-4),
– Desoxidation

zu berücksichtigen.

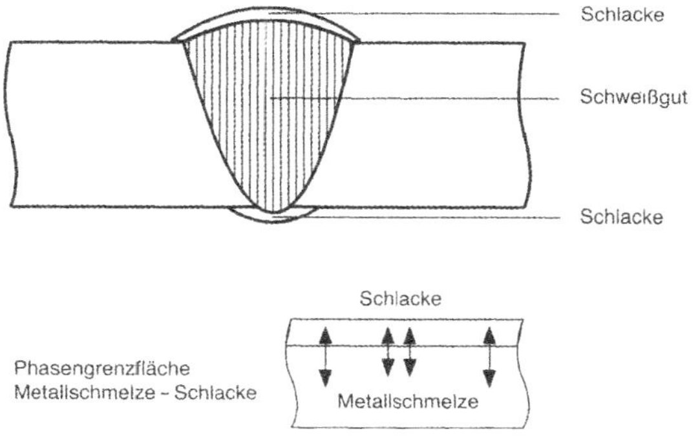

Bild 3-4. „Grundwerkstoffseitiges" Schmelzbad beim Unterpulverschweißen.

Die metallurgischen Wechselwirkungen laufen mit einer durch die Schweißparameter und die Abkühlbedingungen bestimmten Geschwindigkeit ab und werden stark durch die beginnende Kristallisation beeinflußt. Die Überlagerung des Ablaufs von Reaktionen im Schmelzbad mit der Kristallisation ist dann häufig die Ursache für das Auftreten von Unregelmäßigkeiten im Schweißgut.

Art, Richtung und Intensität der metallurgischen Wechselwirkungen hängen vom Schweißverfahren, von den Schweißbedingungen, der chemischen Zusammensetzung und den physikalischen Eigenschaften der zu schweißenden Grundwerkstoffe sowie der verwendeten Schweißzusätze und Hilfsstoffe ab. Die metallurgischen Reaktionen bei Schweißprozessen sind im allgemeinen Grenzflächenreaktionen. Die Wahrscheinlichkeit ihres Ablaufs, die Richtung, Geschwindigkeit und Ausbeute werden daher durch:

– den Zustand der Grenzfläche,
– die Temperatur im Reaktionsbereich,
– die für die Wechselwirkung zur Verfügung stehende Zeit,
– die Reaktionsoberfläche (Tropfenoberfläche, Oberfläche des grundwerkstoffseitigen Schmelzbades),
– den äußeren Druck,
– die Konzentration der Reaktionspartner

bestimmt.

Schweißstromstärke I_s, Schweißspannung U_s, Schweißgeschwindigkeit v_s, Drahtvorschubgeschwindigkeit v_D beeinflussen in starkem Maße die Temperatur, Zahl, Masse und Oberfläche der im Lichtbogen übergehenden Tropfen, aber auch die Temperatur, Oberfläche und das Volumen des grundwerkstoffseitigen Schmelzbades. Die wichtigsten Reaktionspartner sind (Bild 3-5):

– Metall–Gase (Stickstoff, Wasserstoff, Sauerstoff, Kohlendioxid u. a.)

oder

– Metall–Schlacke

oder

– Metall–Schlacke–Gas.

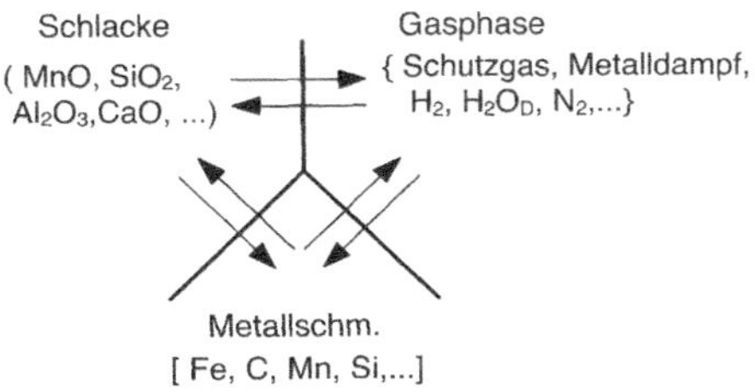

Bild 3-5. Reaktionsschema „Lichtbogenschweißen" (nach *Djatlow*).

Daraus ergibt sich ein unmittelbarer Zusammenhang zwischen der Schweißtechnologie und der Metallurgie des Schmelzschweißens.

Die Schweißmetallurgie basiert auf den allgemeinen physikalischen und chemischen Gesetzmäßigkeiten. Bei der qualitativen und quantitativen Bewertung müssen aber die Besonderheiten des Schweißprozesses beachtet werden:

- Sehr hohe Temperatur des Lichtbogens und des Metalltropfens. Beim Lichtbogenschweißen mit abschmelzendem Schweißzusatz erreichen die an der Spitze der umhüllten Elektrode bzw. der Massiv- oder Fülldrahtelektrode gebildeten und in der Reaktionszone übergehenden Tropfen Temperaturen, die weit über der Schmelztemperatur liegen. Die Temperatur des Metalltropfens entspricht an der Phasengrenze fest-flüssig der Schmelz-(Liquidus-)Temperatur des Metalles, sie liegt am Lichtbogenansatzpunkt auf dem Tropfen bei Verdampfungstemperatur (Bild 3-6). Einfluß auf die Temperatur des Tropfens hat daher die Art des Werkstoffüberganges (grobtropfig, feintropfig, sprühregenartig).

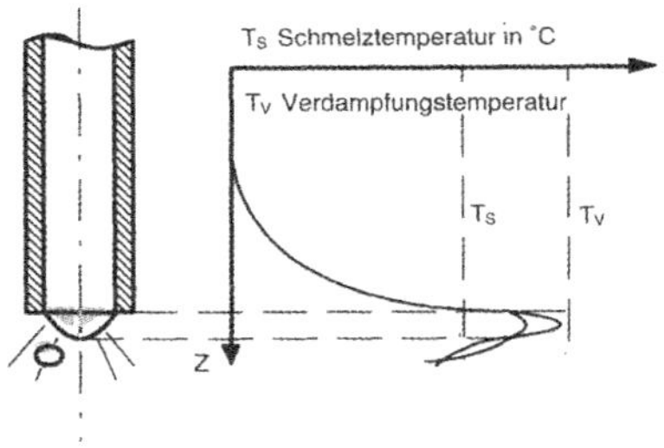

Bild 3-6. Temperaturverteilung über den Tropfen [3-1].

Als mittlere Tropfentemperatur wird in vielen Veröffentlichungen 2300 °C, für die Temperaturen, bei denen die Reaktionen im Tropfenstadium ablaufen, werden 2300 bis 2900 °C angegeben. Elektronen- und Laserstrahl erzeugen bei der Wechselwirkung mit dem Werkstoff weitaus höhere Temperaturen.

Die mit der Bildung einer sogenannten Dampfkapillare einhergehende Nahtformung ermöglicht bei ihnen einen tiefen und schmalen Einbrand und eine hohe Schweißgeschwindigkeit (Bilder 3-7 und 3-8).

- Starkes Temperaturgefälle (großer Temperaturgradient) im grundwerkstoffseitigen Schmelzbad. Die mittlere Temperatur des Schmelzbades beträgt 1700 °C ± 100 °C (Bild 3-9).
- Geringe Zeit, die für den Ablauf metallurgischer Reaktionen an der Tropfenoberfläche, im Tropfen, an der Oberfläche und im Inneren des grundwerkstoffseitigen Schmelzbades zur Verfügung steht.

Bedeutung für metallurgische Wechselwirkungen haben:

- die Lichtbogenbrennzeit t_B,
- die Tropfenbildungszeit, Tropfenübergangszeit t_H,
- die Kurzschlußzeit t_K,
- die Existenzzeit des grundwerkstoffseitigen Schmelzbades t_E.

t_B und t_H hängen von den Schweißwerten, der Zusammensetzung der Gasphase, der Zusatzwerkstoffzusammensetzung und den Eigenschaften der Schweißstromquelle ab.

t_E wird darüber hinaus durch die Schweißgeschwindigkeit und die physikalischen Eigenschaften des Schweißgutes und des Grundwerkstoffes beeinflußt.

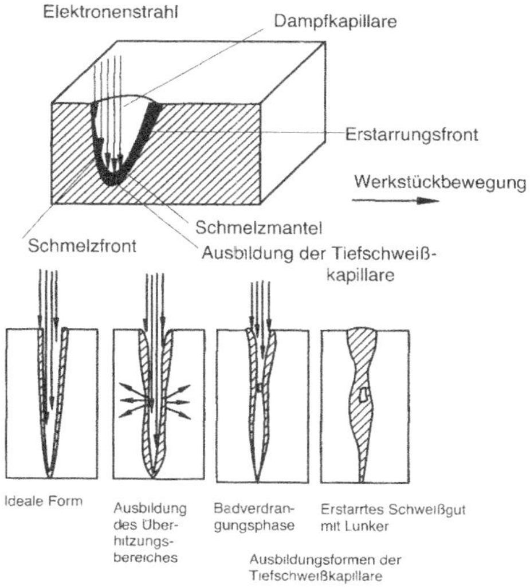

Bild 3-7. Ausbildung der Dampfkapillare und Ausbildungsformen der Tiefschweißkapillare beim Elektronenstrahlschweißen.

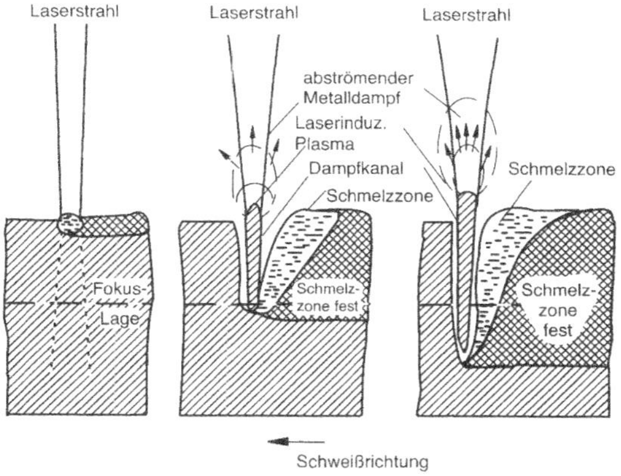

Bild 3-8. Prinzip des Laserstrahlschweißens; Tiefschweißeffekt (Modell Dampfkapillare).

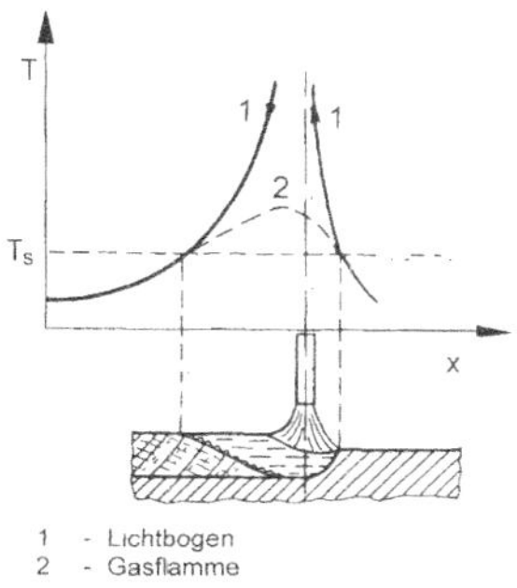

Bild 3-9. Temperaturgefälle im grundwerkstoffseitigen Schmelzbad [3-1].

Nach *Nowoshilow* [5-1] beträgt die mittlere Kontaktzeit des Tropfens mit dem Schutzgas CO_2 0,125 s.

$I_S = 256$ A, $l_d = 4$ mm, $m_R = 12$ g/A

Tropfenflugzeit durch die Lichtbogenstrecke 0,01 ... 0,02 s

Die Zeit, in der das Metall mit dem Gas in Wechselwirkung treten kann, ist im Lichtbogen etwa 35 mal geringer als im Schmelzbad (Tabellen 3-1 und 3-2).

Tabelle 3.1 Berechnete Werte für die Tropfenbildung beim MAGC-Schweißen [5-1].

Tropfenradius [mm]	Zahl der in 1 s entstehenden Tropfen	Tropfenbildungszeit [s]
1,0	31,3	0,032
1,5	9,3	0,108
2,0	3,9	0,256

Tabelle 3-2. Kontaktzeit des Tropfens mit dem Schutzgas in der Lichtbogenstrecke und im Schmelzbad (MAGC-Prozeß) [5-1].

Schweißzone	Temperatur [°C]		Mittlere spez. Oberfläche Tropfen u. Schweißbad [cm^{-1}]	Kontaktzeit Metall–Gas [s]	Oxidations-geschwindigkeit des Metalls in der Schweißzone [g/s]
	Metall	Gas			
Lichtbogen	2150 ... 2350	2850	5 ... 22	0,125	$0{,}62 \cdot 10^{-2}$
Schmelzbad	1770	2450	1	4,35	$0{,}155 \cdot 10^{-2}$

Daraus schlußfolgert *Nowoshilow*, daß die spezifische Oxidation des Metalles im Lichtbogen 8 mal größer ist als im Schmelzbad.

- Große Reaktionsoberfläche, Reaktionsgeschwindigkeit.
  Die metallurgischen Reaktionen verlaufen intensiv an der Oberfläche (Phasengrenze Metallschmelze – Gasphase, Metallschmelze – Schlacke). Die spezifische Oberfläche des Tropfens (angenommen kugelrunde Form) errechnet sich aus dem Verhältnis der Kontaktfläche mit dem Reaktionspartner zum Volumen des flüssigen Metalles:

$$f_K = \frac{s}{v} = \frac{3}{r} \text{ in cm}^{-1} \tag{7}$$

Hierin bedeuten:

f_K – spezifische Oberfläche des Tropfens
s – Oberfläche der Kugel
v – Volumen der Kugel
r – Tropfenradius

Beim MAGC-Schweißen wurde aus Zeitlupenfilmaufnahmen ein Tropfenradius zwischen 0,5 und 2 mm ermittelt. Die spezifische Oberfläche des Tropfens beträgt etwa 1 ... 10 cm^2/g Metall.

Für die Schmelzbadoberfläche wird in erster Annäherung die Fläche einer Ellipse, für das Volumen das eines halben Ellipsoides zugrunde gelegt (Bild 3-10):

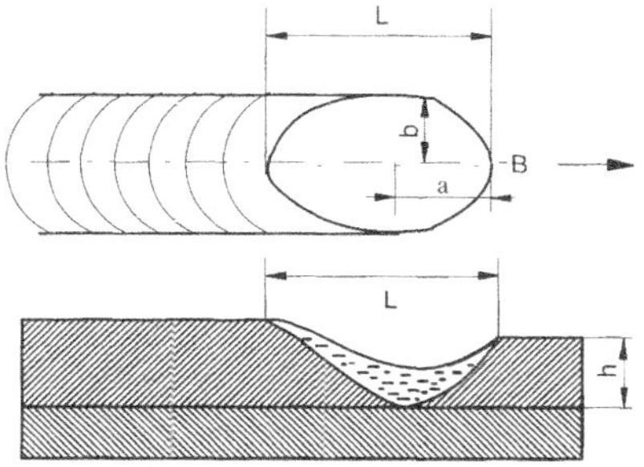

Bild 3-10. Angenommene Schmelzbadform [5-1].

$$f_B = \frac{3}{2 \cdot k_3 \cdot h} \quad [\mathrm{cm}^{-1}] \qquad (8)$$

Hierin bedeuten:

f_B – spezifische Oberfläche des Schmeldbades
h – Einbrandtiefe

Bei $r = 0{,}5 \ldots 2$ mm, $h = 6$ mm, $k_3 = 0{,}9$ übersteigt die spezifische Oberfläche des Tropfens die des grundwerkstoffseitigen Schmelzbades um das 5- bis 22fache. Sie liegt etwa bei $0{,}25 \ldots 1{,}1\ \mathrm{cm}^2/\mathrm{g}$ Metall.

Die spezifische Oxidationsgeschwindigkeit des Metalls im Tropfenstadium ist ca. 39 mal größer als die Oxidationsgeschwindigkeit des Schmelzbades (MAGC-Verfahren).

Mit der Erhöhung der Schweißstromstärke und der Stromdichte verringern sich die Tropfenabmessungen, vergrößert sich die spezifische Oberfläche und verstärkt sich die Wechselwirkung zwischen Metall und Schutzgas.

Ähnliche Bedingungen herrschen beim UP-Schweißen und beim Lichtbogenschweißen mit Stabelektroden. Die Reaktionsoberfläche des Tropfens kann durch die Schweißwerte, die Zusammensetzung und Eigenschaften der Gasphase oder der Schlacke, die Zusammensetzung und Oberflächenbeschaffenheit der Zusatzwerkstoffe beeinflußt werden.

Der Schmelzschweißprozeß ist ein Umschmelzprozeß. Beim Durchgang des Tropfens durch die Lichtbogenzone reagiert das Tropfenmetall mit den Komponenten der Gasphase oder Schlacke und verändert seine chemische Zusammensetzung durch Abbrand, Zubrand, Verdampfung u. ä.

Aufgrund der Besonderheiten des Prozesses ist es unwahrscheinlich, ein „wahres“ Gleichgewicht der zwischen Metallschmelze, Schlacke und Gasphase ablaufenden Reaktionen zu erreichen.

4 Schlußfolgerungen für die Schweißmetallurgie

Das Schweißen, insbesondere das Schmelzschweißen, wird mitunter als metallurgischer Prozeß der Metallerzeugung „im kleinen“ bezeichnet. Ansätze zur Berechnung der physikalisch-chemischen Wechselwirkungen beim Schweißen entstammen daher der Metallurgie.

Auch wenn sich die beim Schmelzschweißen und die z. B. beim Stahlherstellungs- und -veredelungsprozeß ablaufenden Reaktionen ähneln (z. B. Elektro-Schlacke-Schweißen und Elektro-Schlacke-Umschmelzen), bestehen beträchtliche Unterschiede in den Temperatur- und Konzentrationsverhältnissen, in der Reaktionsführung, im Schmelzvolumen, in der Größe der Schmelzbadoberfläche sowie in den Reaktionszeiten.

Die in der Metallurgie gewonnenen Erkenntnisse können deshalb nur *bedingt* in der Schweißmetallurgie verwertet werden.

Es besteht aber ein *enger Zusammenhang zwischen den technischen (und ökonomischen) Aufwendungen, um ein Metall oder eine Legierung herzustellen, und den Anforderungen, die notwendig sind, um das Metall oder die Legierung schmelzschweißtechnisch in hoher Qualität verarbeiten zu können.*

Je stabiler Oxide, Sulfide und andere Verbindungen sind, aus denen die Metalle gewonnen werden, je größer das Lösungsvermögen der Metalle im festen und schmelzflüssigen Aggregatzustand für Wasserstoff, Stickstoff, Sauerstoff oder das Aufnahmevermögen für Schwefel, Kohlenstoff oder andere Elemente sind, desto aufwendiger und sorgfältiger muß schweißtechnisch gearbeitet werden.

Es gibt eine große Zahl metallurgischer Verfahren zur Herstellung von Metallen. Sie basieren im wesentlichen auf:

- der Reduktion von Metalloxiden mittels Kohlenstoff, Wasserstoff oder anderen Gasen (angewendet bei der Erzeugung von Fe, Sn, Pb, Ni, Zn, W, Mo u. a.),
- den metallothermischen Reaktionen (Reduktion eines Metalls durch ein anderes),
- der elektrolytischen Zerlegung geschmolzener Salze (Herstellung von Li, Be, Na, Zr, Ti),
- der Verdrängung eines Metalls aus einer wäßrigen Salzlösung durch ein anderes (Zementation), z. B. zur Gewinnung von Ga, In, Ag, Au, Cu, Cd,
- der Dissoziation von wenig stabilen Verbindungen bei der Darstellung von Zn, Cd, Cu, Co,
- der Reduktion von Salzen in wäßriger Lösung unter Druck in basischen oder sauren Medien (für die Gewinnung von Cu, Ni, Co, Au, Ag).

Die physikalisch-chemischen Gesetzmäßigkeiten dieser Reaktionen sind bei der Beurteilung der Schweißeignung der Metalle zu beachten.

Für das Schweißen hat der *Werkstoff Stahl* die größte Bedeutung. Er ist der wichtigste, vielseitigste und anpassungsfähigste Werkstoff [1-1].

Die Stahlentwicklung ist besonders gerichtet auf:

- die Einhaltung enger Grenzen der chemischen Zusammensetzung,
- hohe Reinheit und Gleichmäßigkeit des Gefüges,
- Art, Verteilung und chemische Zusammensetzung der beteiligten Phasen,
- Beeinflussung der Kristallit- oder Korngröße.

Die Gebrauchseigenschaften der Stahlsorten werden entscheidend durch die Kombination der Legierungszusammensetzung, der Nachbehandlung, der Umformung und der Wärmebehandlung geprägt. Sie bestimmen im Prinzip auch die metallurgisch-metallkundlichen Aspekte der schmelzschweißtechnischen Verarbeitung der Stähle.

Das überwiegend im Hochofen gewonnene Roheisen wird einer Entschwefelung und/oder Entphosphorung bzw. Entsilizierung unterzogen, durch den Frischprozeß werden die im Roheisen enthaltenen Beimengungen oxidiert. Wichtige Reaktionen sind Entkohlung, Verschlackung der Begleitelemente, Desoxidation.

Für den Ablauf dieser Reaktionen sind die Affinitäten des Kohlenstoffes und der Begleitelemente zum Sauerstoff, die temperaturabhängig sind, zu beachten.

Die wichtigste Verfahrensgruppe zur Stahlerzeugung sind die im Konverter durchgeführten *Sauerstoffblasverfahren:*

- Sauerstoffaufblas-Verfahren (LD- bzw. LD/AC-Verfahren)
- Sauerstoffbodenblas-Verfahren (OBM-Verfahren)
- Kombinierte Blasverfahren

Durch die Verwendung von reinem Sauerstoff werden im Vergleich zum Thomas- und Bessemer-Verfahren die Frischreaktionen stark beschleunigt. Sie dauern nur noch ca. 10 ... 20 min. Sauerstoff oxidiert Fe zu FeO, C zu CO. In der Schmelze gelöstes FeO gibt den Sauerstoff an die Eisenbegleiter weiter. Im Reaktionszentrum entstehen Temperaturen von 2500 ... 3000 °C und eine lebhafte Badbewegung. Mit zunehmender Blasdauer verringern sich die Gehalte an C, Mn, Si, P in der Schmelze.

Bei den *Elektrostahlverfahren*, eingesetzt vor allem für die Herstellung von legierten Stählen, wird die für den Ablauf der metallurgischen Reaktionen erforderliche Wärme durch den elektrischen Strom erzeugt (Lichtbogen, induktive Erwärmung).

Bei Temperaturen bis zu 3500 °C wird auch die Auflösung schwer schmelzender Legierungselemente ermöglicht. Die metallurgischen Vorgänge in der Phase der Oxidation (in Schlacke befindliche Eisenoxide reagieren mit C, das entstehende CO verursacht eine intensive Kochbewegung, diese spült nichtmetallische Verunreinigungen und P, H_2, N_2 aus der Schmelze) und der Reduktion werden durch eine nachfolgende Stufe der sekundärmetallurgischen Behandlung in der Pfanne oder im Pfannofen ergänzt.

Zur Erschmelzung von Stählen guter Reinheit, niedriger Gasgehalte und enger Legierungstoleranz wird eine Vakuumbehandlung in Form einer Gießstrahlentgasung, Pfannenentgasung durchgeführt. Der C-Gehalt kann auf ≤ 50 ppm gesenkt werden.

Die Nachbehandlung (Sekundärmetallurgie) schließt sich an den Frischprozeß an. Ziel ist, insbesondere *die Qualität des Werkstoffes Stahl durch metallurgische Maßnahmen wie Legierungseinstellung, Entkohlung, Entschwefelung, Entphosphorung, Entgasung, Entfernung von Spurenelementen, Desoxidation, Einschlußformung, Beeinflussung des Erstarrungsgefüges zu erhöhen.*

Das Elektro-Schlacke-Umschmelzen (ESU) erzeugt ein weitgehend fehlerfreies Gefüge (gerichtete Erstarrung des umgeschmolzenen Stahles in der Kokille). Der Stahl ist frei von Blockseigerungen und nichtmetallischen Einschlüssen. Kennzeichnend ist, daß der Stahl unter einer schützenden Schlackeschicht umgeschmolzen wird.

Der Vergleich der wichtigsten Stahlherstellungsverfahren im Hinblick auf:

die Schmelzfolgezeiten
die Blaszeiten
das Fassungsvermögen der Aggregate
die Temperaturführung

mit dem Schmelzschweißen verdeutlicht die großen Unterschiede (Tabelle 4-1).

Tabelle 4-1. Unterschiede zwischen Metallurgie der Stahlherstellung und des Schweißens.

Wichtige Verfahrensmerkmale	Schmelzschweißen	Stahlherstellung
Schmelzbadtemperatur	Lichtbogenschweißen mit umhüllten Stabelektroden, UP-Schweißen 1700 °C ± 100 °C (Schmelzbad) > 2300 °C Tropfen	Sauerstoffblasverfahren im Reaktionszentrum 2500 ... 3000 °C Bessemer-Verfahren ≈ 1600 °C Elektro-Stahl-Verfahren ≤ 3500 °C
Schmelzbadvolumen	Je nach Schweißwerten in Größenordnung von cm^3	Konverter 50 ... 400 t SM-Ofen 50 ... 1000 t Elektrostahl-Ofen bis 300 t
Existenzzeit des Schmelzbades	$^1/_{1000}$ ... 1,5 s bei einigen Verfahren ≤ 2 s	Blaszeiten (Frischzeiten) Konverter von < 10 bis 20 min
Schmelzbadoberfläche	spez. Oberfläche Tropfen 1 ... 10 cm^2/g Schmelzbad 0,25 ... 1,1 cm^2/g (für MAGC)	Reaktionsfläche Metallschmelze–Schlacke (SM-Prozeß 0,3 ... 3 cm^2/g) bei Windfrischverfahren größer
Schmelzbadzusammensetzung	Wechsel durch Einschmelzen von Schweißzusatz	Änderung im Ergebnis der metallurgischen Wechselwirkungen

Der im Block- oder Strangguß (Strangguß hat in Deutschland einen Anteil von 90 %) abgegossene Stahl wird weiterverarbeitet, um die vom Stahlverbraucher gewünschten Formen, Abmessungen und Eigenschaften zu erhalten. Neue Entwicklungen wie das Dünnbrammengießen, das endabmessungsnahe Gießen und das Gießwalzen werden erprobt.

Bei den technologischen Maßnahmen zur Schweißung der Fertigerzeugnisse sind entsprechende metallurgische Entscheidungen (Schweißzusatzauswahl, Auswahl des Schutzgases oder des Pulvers, Schweißfolge, Einhaltung optimaler Streckenenergie u. a.) zu treffen.

Die großtechnische Herstellung von *Nickel*, dessen Legierung mit Cu, Cr, Fe, Co, Mo, Ti, Nb beträchtliche Festigkeits- und Zähigkeitserhöhungen zuläßt und zur Verbesserung der Warmfestigkeit und der Korrosionsbeständigkeit führt, verdeutlicht die metallurgischen Maßnahmen, die bei der schweißtechnischen Verarbeitung im Chemieanlagenbau, in der Energie-, Umwelt- und Meerestechnik (Offshore-) zu beachten sind.

Nickel hat eine große Affinität zu Schwefel, verbindet sich mit Sauerstoff. Das aus sulfidischen und silikatischen Nickelerzen über unterschiedliche Stufen (Anreicherungs- und Umschmelzschritte) hergestellte Nickelsulfid wird durch Abrösten und Reduktion mit C in Rohnickel umgewandelt.

Dieses wird durch elektrolytische Raffination in Reinnickel überführt. Besonders reines Nickel (Carbonylnickel 99,99 %) wird mit dem sogenannten Mondverfahren erzeugt ($Ni + 4\,CO \rightarrow Ni(CO)_4$; Nickeltetracarbonyl zersetzt sich bei Erwärmung).

Beim Schmelzschweißen von *Kupfer* bereiten neben anderen Elementen Sauerstoff und Wasserstoff erhebliche Schwierigkeiten. Auch die Gewinnung von Cu aus Cu-Erzen (Cu-Sulfide und -oxide) durch pyrometallurgische Methoden mit den Verfahrensschritten:

- Gewinnung von Kupferstein (erschmolzen im Schachtofen, enthält Cu_2S, FeS, CuO, 40 ... 50 % Cu),
- Erzeugung von Rohkupfer (durch Verblasen von Kupferstein im Konverter; enthält 94 ... 97 % Cu, außerdem Zn, As, Fe, Ni, Edelmetalle),
- Herstellung von Raffinatkupfer (abwechselndes oxidierendes und reduzierendes Schmelzen und sogenanntes Polen – mechanisches Aufwirbeln und chemische Behandlung, damit werden Gase und Oxidationsprodukte aus der Schmelze entfernt, > 99 % Cu),

- Erzeugung von Elektrolytkupfer (Katodenkupfer mit > 99,95 % Cu),
- Legierung und Desoxidation sind darauf gerichtet, die Festigkeit, Zähigkeit und Schweißbarkeit verschlechternden Cu-Begleitelemente wie Sauerstoff und Wasserstoff zu beseitigen.

Erhebliche metallurgische Probleme beim Schmelzschweißen von *Aluminium und Aluminiumlegierungen* bereiten Sauerstoff (Bildung einer stabilen Deckschicht aus Al_2O_3) und Wasserstoff. Die Aluminium-Metallurgie erzeugt Aluminium aus Al_2O_3 insbesondere mittels Schmelzflußelektrolyse.

Wasserfreies Al_2O_3 wird mit einer zehnfachen Menge Kryolith (Na_3AlF_6) unter Zusatz von Al-Fluorid und CaF_2 in einer mit Kohle ausgekleideten Wanne (Katode) auf 950 °C zum Schmelzen erhitzt. Anode ist die Kohleelektrode.

Geschmolzenes Aluminium setzt sich auf dem Boden der Wanne ab. An der Anode gebildeter Sauerstoff reagiert mit C zu CO_2 und CO.

Das Verfahren ist sehr energieaufwendig.

Beim Schmelzschweißen von Aluminium und seinen Legierungen (insbesondere mit Mg, Si, Mn, Cu, Li) wird die auf der Werkstoffoberfläche befindliche dichte, hochschmelzende Oxidschicht entweder durch den elektrischen Strom (WIG-Schweißen, Reinigungslichtbogen) oder durch ein Flußmittel (eine Elektrodenumhüllung, Paste) zerstört. Bestandteile der Flußmittel sind Kryolith und andere Fluoride und Chloride.

Die hohe Affinität von Sauerstoff zum *Magnesium*, einem wieder interessant gewordenen Leichtmetall, erklärt die Aufwendungen, die zur Gewinnung des reinen Metalles durch Schmelzflußelektrolyse (Elektrolyse von wasserfreiem $MgCl_2$ bei etwa 700 °C in Eisentrögen mit Katoden aus Stahl und Grafitanoden) oder durch thermische Reduktion von (gebranntem) Dolomit mit Ferrosilizium bei 1150 ... 1200 °C unter einem Vakuum (Metall verdampft, wird anschließend kondensiert) nötig sind, aber auch die Schwierigkeiten, die bei der schmelzschweißtechnischen Verarbeitung von Magnesium und seinen Legierungen mit Al, Mn und Zn auftreten.

Die große Sauerstoffaffinität von Mg erklärt seine Verwendung als Reduktionsmittel bei der Herstellung von Metallen aus ihren Oxiden oder Halogeniden (z. B. von Zr, Be, Ti).

Gute Festigkeitseigenschaften (Streckgrenze bis 1260 MPa), geringe Dichte ($\approx 4{,}5\ g/cm^3$), je nach Legierungstyp hohe Korrosions- oder Warmfestigkeit (weiter Bereich thermischer Beanspruchbarkeit), weisen *Titan* als Konstruktionswerkstoff im chemischen Apparatebau, im Motoren- und Turbinenbau, in der Flugzeug- und Raumfahrtindustrie aus.

Aus Konzentraten der Erze Rutil (TiO_2) und Ilmenit ($FeTiO_3$) wird nach dem Krollverfahren über Titanchlorverbindungen Titanschwamm (> 99 % Reinheit) hergestellt, der nach Umschmelzen im Vakuum zu kompakten Blöcken verarbeitet und zu Halbzeugen ausgewalzt wird. Das Gasaufnahmevermögen von Ti und seinen Legierungen (für H_2, O_2, N_2) macht besondere schweißtechnische Maßnahmen (Schweißen mit zusätzlichem Gasschutz, WIG-Schweißen mit zusätzlicher Gasbrausevorrichtung, Anwendung von Schweißverfahren wie dem Elektronenstrahlschweißen u. a.) erforderlich. Legierungselemente für Titan sind insbesondere Sn, Zr, Mo, V, Cr, Al.

Die Hinweise auf Herstellungsverfahren für einige ausgewählte metallische Werkstoffe machen deutlich, daß:

- die Probleme, die bei der schmelzschweißtechnischen Verarbeitung auftreten, in der Affinität der Metalle beispielsweise zum Sauerstoff, zu Schwefel, zu Kohlenstoff, in dem Lösungsvermögen für Gase (Wasserstoff, Stickstoff) im flüssigen, aber auch zum Teil im festen Aggregatzustand der Metalle begründet sind;
- es zweckmäßig ist, bei der Auswahl der Schweißverfahren, der Schweißwerte, der Schweißzusätze und Hilfsstoffe, der Wärmebehandlung sich des Erkenntnisstandes moderner metallurgischer Verfahren zu bedienen.

5 Metallurgische Prozesse beim Schmelzschweißen

5.1 Oxidation der Metalle

Bei den meisten Schmelzschweißverfahren finden, je nach Art und Wirksamkeit des Schutzes des Schmelzbades, der Zusammensetzung des Schweißzusatzes und den Schweißbedingungen, mehr oder weniger intensive Wechselwirkungen des Metalles mit Sauerstoff statt. Begleit- und Legierungselemente des aufgeschmolzenen Grundwerkstoffes und abgeschmolzenen Zusatzwerkstoffes werden entsprechend ihrer Sauerstoffaffinität oxidiert, es treten Abbrandverluste auf.

Sauerstoff gelangt in den Reaktionsbereich:

- aus der Luft, die bei unzureichendem Schutz des Lichtbogens und des abschmelzenden Zusatzwerkstoffes eintritt (der Sauerstoffgehalt der Luft beträgt etwa 21 %, das entspricht einem Sauerstoffpartialdruck p_{O_2} in der Luft von 0,21)
- als Bestandteil des Schutzgases, z. B. beim Metall-Schutzgasschweißen unter Mischgas (MAGM) oder Kohlendioxid (MAGC)
- infolge von Dissoziationsreaktionen (Dissoziation von CO_2, H_2O-Dampf; Zerlegung von Karbonaten, Oxiden u. a.)
- aus von Flußmitteln oder Schweißpulvern gebildeten Schlacken, in denen er als freies oder komplex gebundenes Oxid vorliegt (FeO, MnO, SiO_2, ... FeO · SiO_2 u. a.)

Die Intensität der Oxidationsreaktionen wird durch die Temperatur, die Sauerstoffaffinität der Elemente und die Zustandsform des Sauerstoffes (Gas oder gebunden als Oxid in der Schlacke) bestimmt.

Für das Reaktionsgeschehen insgesamt und das Ergebnis des Schweißprozesses (Qualität des Schweißgutes) kommt dem Sauerstoff eine große Bedeutung zu:

- Sauerstoff im Metall (gelöst im Metallgitter [O] oder als nichtmetallischer oxidischer Einschluß [MeO] im Gefüge vorliegend) beeinflußt die physikalischen Eigenschaften des Schweißgutes, wirkt sich schädlich insbesondere auf Festigkeit und Kerbschlagzähigkeit [5-39; 5-40] aus, Bild 5-1.
- Sauerstoff wirkt auf die Oberflächenspannung und Viskosität der Schmelze, Bild 5-2. Damit verbunden sind Einflüsse auf die Schweißgutreinheit (Vorhandensein von Oxideinschlüssen), die

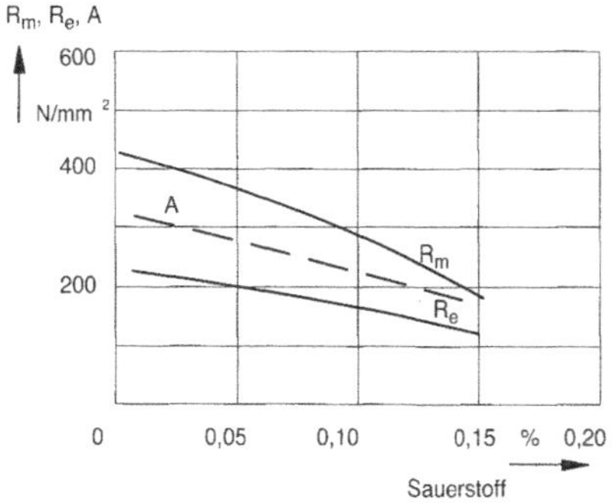

Bild 5-1. Einfluß von Sauerstoff auf die mechanischen Eigenschaften des Schweißgutes.

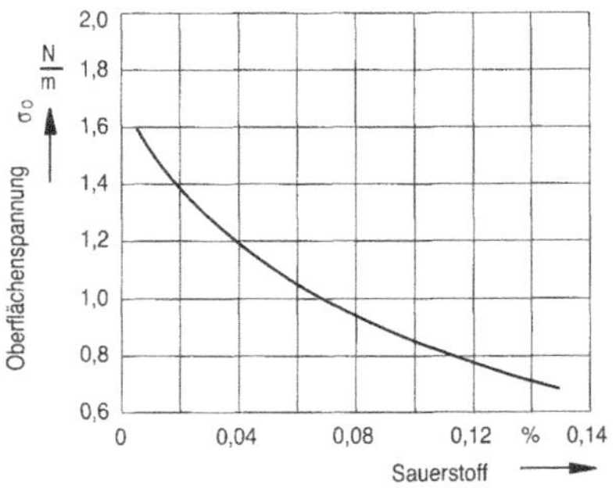

Bild 5-2. Einfluß von Sauerstoff auf die Oberflächenspannung von Metallschmelzen.

Schweißgutdichte (Gefahr der Porenbildung durch Reaktion von Kohlenstoff und Sauerstoff), die Schweißnahtform und -oberfläche.

- Sauerstoffzumischungen zum Schutzgas, aber auch hohe [FeO]-Konzentrationen in der Umhüllung von Stabelektroden oder im Schweißpulver verändern den Charakter des Werkstoffübergangs.
- Die exothermen Reaktionen des Metalls mit Sauerstoff beeinflussen die Energiebilanzen der Prozesse. Beim Aluminothermischen Schweißen wie beim Brennschneiden sind sie die energetische Grundlage der Verfahren.
- Sauerstoff hemmt bzw. fördert die Aufnahme von Wasserstoff und Stickstoff im Schmelzbad.
- Sauerstoff in der Lichtbogenzone verursacht mitunter hohe Abbrandverluste an Begleit- und Legierungselementen vor allem des Schweißzusatzes.

Daraus ergibt sich die Notwendigkeit, stets die komplexe Wirkung des Sauerstoffes auf die Technologie des Schweißens, den Ablauf der metallurgischen Reaktionen und die Schweißguteigenschaften zu berücksichtigen und Maßnahmen vorzusehen, um schädliche Einflüsse z. B. durch eine gute Desoxidation des Schweißzusatzes oder die Veränderung der Kristallisationsbedingungen zu kompensieren.

Im Ergebnis der Oxidation entstehen Oxide. Ihre Stabilität, die mit dem Dissoziationsdruck, der Dissoziationskonstanten p_{O_2} oder der Bildungsenthalpie $\Delta H°_{298}$ beschrieben wird, bestimmt zusammen mit weiteren Schmelzbadeigenschaften den Charakter und Umfang der energetischen und stofflichen Umsetzungen.

Oxide sind Verbindungen chemischer Elemente mit Sauerstoff. Dieser bildet in der Regel den elektronegativen Anteil. Nur bei Sauerstoffverbindungen des Fluors ist Sauerstoff der elektropositive Bestandteil.

Elektronentheoretisch gedeutet ist die Oxidbildung/Oxidation ein Vorgang, bei dem chemische Elemente oder Verbindungen Elektronen abgeben, wobei die Elektronen von anderen Substanzen (Oxidationsmittel), die gleichzeitig reduziert werden, aufgenommen werden.

Viele Elemente, vor allem die sogenannten Übergangsmetalle, bilden je nach Oxidationsstufe verschiedene Oxide. Man unterscheidet nach der Anzahl der im Molekül vorhandenen Sauerstoffatome Monoxide (CO), Dioxide (z. B. SiO_2), Trioxide (z. B. SO_3), Tetroxide.

Nach dem Reaktionsverhalten gegenüber Wasser erfolgt eine Einteilung in:

- säurebildende Oxide
(Oxide der Nichtmetalle, wie z. B. CO_2, SO_3, P_2O_5; Oxide von Metallen mit hoher Oxidationsstufe, z. B. Cr(VI)-Oxid, Mn(VII)-Oxid)
- basenbildende Oxide
(vor allem Oxide der Alkali- und Erdalkalimetalle, wie CaO, MgO, Na_2O, BaO, aber auch MnO, NiO, CrO, FeO)
- amphotere Oxide
(vor allem Oxide von Metallen und Halbmetallen der 3. bis 5. Hauptgruppe des Periodensystems der Elemente, wie Al_2O_3, sowie Oxide von Übergangsmetallen).

5.1.1 Wirkung von Sauerstoff bei Schmelzschweißverfahren

Die exothermen Reaktionen des Sauerstoffs mit dem Brenngas C_2H_2 liefern beim *Gasschmelzschweißen* die für das Aufschmelzen des Grundwerkstoffes und das Abschmelzen des Gasschweißdrahtes erforderliche Wärmeenergie.

Die Gasflamme besteht aus 3 Zonen, deren Form, äußere Gestalt und Ausdehnung vom Verhältnis

$$\frac{Sauerstoffvolumen}{Brenngasvolumen} = \frac{V_{O_2}}{V_{C_2H_2}} \tag{8}$$

bestimmt wird.

Ein Verhältnis $\frac{V_{O_2}}{V_{C_2H_2}} > 1{,}2 \ldots 1{,}25$ wirkt oxidierend auf das geschmolzene Metall (Sauerstoffüberschuß).

Auch beim Brennschneiden ist die Metall-Sauerstoff-Reaktion die Grundlage des thermischen Trennprozesses.

Beim *Abschmelzen umhüllter Stabelektroden* erklärt der in der Schlacke befindliche bzw. durch thermische Zerlegung von gasbildenden Komponenten aus der Umhüllung (z. B. Karbonate) entstehende Sauerstoff das metallurgische Verhalten der Elektrode. Je nach Umhüllungstyp finden Reaktionen Metallschmelze (Tropfen) – Gasphase – Schlacke statt. Sie sind für Unterschiede in der Elektrodenabschmelzcharakteristik, der Schweißgutzusammensetzung, der Schweißnahtform und -oberfläche, für die mechanischen Eigenschaften des Schweißgutes und für die Leistungsfähigkeit (Abschmelzleistung) verantwortlich.

Durch Zumischung von Sauerstoff bzw. Kohlendioxid zum Argon (MAGM) bzw. das Schweißen mit CO_2-Schutz (MAGC) wird beim *Metall-Schutzgasschweißen* das Oxidationspotential des Schutzgases mit dem Ziel verändert, technologische und metallurgische Verbesserungen des Prozesses zu erreichen. Die Folge sind aber hohe Abbrandverluste insbesondere an den Legierungselementen, die Träger der Festigkeit und Zähigkeit sind. Deshalb muß zur Gewährleistung guter mechanischer Eigenschaften des Schweißgutes ein Schweißzusatz verwendet werden, der gut desoxidiert und ausreichend legiert ist, um die Verluste auszugleichen.

Beim *UP- und Elektro-Schlacke-Schweißen* reagiert das schmelzflüssige Metall mit den in der Schlacke vorhandenen Oxiden und nimmt Sauerstoff auf. Es dominieren Reaktionen zwischen Metall und Schlacke. Bei der UP-Schweißung ist eine Wechselwirkung zwischen sauerstoffhaltigem Gas und Metall in der sogenannten Kaverne wahrscheinlich. Auch bei diesem Prozeß besteht zwischen der chemischen Charakteristik des Schweißpulvers und den technologischen und metallurgischen Parametern ein enger Zusammenhang.

5.1.2 Dissoziationsprozesse im Lichtbogenbereich

Die hohen Temperaturen im Bereich des Lichtbogens begünstigen den Ablauf von Dissoziationsreaktionen, in deren Ergebnis der Sauerstoffgehalt in diesem Bereich erhöht werden kann.

Dissoziation ist die Spaltung chemischer Bindungen in Molekülen. Sie führt zur Bildung kleinerer Einheiten (Moleküle, Ionen, Atome, Radikale) durch Energiezufuhr.

Die Dissoziation läuft im allgemeinen bei hohen Temperaturen ab, und es bildet sich je nach gewählter Temperatur ein Dissoziationsgleichgewicht zwischen den dissoziierenden Molekülen und Dissoziationsprodukten aus. Das Gleichgewicht wird durch die Gleichgewichtskonstante beschrieben.

Die thermische Dissoziation von zweiatomigen Gasen und von sauerstoffhaltigen Verbindungen, die mit der Elektrodenumhüllung, dem Schweißpulver, dem Flußmittel oder dem Schutzgas in den Lichtbogenbereich gelangen, ist damit eine Quelle für reaktionsfreudigen Sauerstoff.

Metallurgische Reaktionen laufen besonders intensiv im Bereich des Lichtbogens während der Tropfenbildung und des Überganges des Zusatzwerkstoffes in das Schmelzbad ab.

Der Charakter des Werkstoffüberganges, der je nach Schweißverfahren, Schweißwerten, Form, Zusammensetzung und Durchmesser des Zusatzwerkstoffes (Stab-, Draht-, Bandelektrode), verwendeter Stromquelle und Zusammensetzung der Lichtbogenatmosphäre

- grobtropfig mit Kurzschlußbildung,
- grobtropfig,
- mitteltropfig,
- feintropfig oder
- sprühregenartig

sein kann, spielt für die Intensität der Oxidationsreaktionen eine große Rolle.

Die bei der Dissoziation entstehenden Dissoziationsprodukte zusammen mit

- den Komponenten, die bei der Zündung und Aufrechterhaltung eines stabilen Lichtbogens gebildet werden (Metalldämpfe, Gase)
- den Metalldämpfen, die infolge der hohen Temperaturen im Lichtbogenbereich auftreten und zum großen Teil oxidiert werden. (*Nowoshilow* [5-1] nimmt Verluste durch Verdampfung und Oxidation beim MIG-Schweißen in der Größenordnung von 0,04 g/100 g Metall, beim MAGC-Schweißen von 0,33 g/100 g Metall an.)
- den durch die thermische Zerlegung von Grundierungsstoffen, die zum Korrosionsschutz auf den Grundwerkstoff aufgetragen werden, erzeugten Gase

schaffen eine Gasphase, deren Oxidationspotential und metallurgische Wirkung vor allem vom Partialdruck (von der Konzentration) des Sauerstoffes p_{O_2} bestimmt wird.

Der Gesamtdruck des Gasgemisches im Lichtbogenbereich wird mit 1 angesetzt. Er ergibt sich aus der Summe der Partialdrücke (Teildrücke) der einzelnen Gaskomponenten.

$$P = p_1 + p_2 + p_3 + \ldots + p_n = \sum p, \text{ entsprechend wird} \qquad (9)$$

$$P = p_{CO_2} + p_{CO} + p_{O_2} + p_{H_2O} + p_{H_2} + p_{Me\text{-}Dampf} = \sum p = 1. \qquad (10)$$

Veränderungen der Konzentration einer Komponente sind bei $P = const.$ stets mit Veränderungen der Konzentration einer anderen Komponente des Gemisches verbunden.

Bei thermodynamischen Berechnungen bezieht man sich auf den Gasdruck p als Konzentrationsgröße (Maß für die wirkliche Teilchenzahl im betrachteten Gasvolumen. Bei idealen Gasen verhalten sich die Partialdrücke wie die Molzahlen der im Gemisch anwesenden Bestandteile $n_1 + n_2 + n_3 + \ldots + n_n = \sum n$).

Berechnungen der Zusammensetzung der Gasphase, die von *Koch* [5-3] auf der Grundlage von Werten, die *Bugasow* und *Rybkin* [5-2], *Pleschanow* und *Saizew* [5-4] und *Djatlow* [5-5] erarbeiteten, durchgeführt wurden, zeigen, daß sich mit einer Temperaturerhöhung die Zusammensetzung der Gasphase beträchtlich ändert. Die hohen Temperaturen im Kern der Reaktionszone (nach *Koch* beim Gasschmelzschweißen 3500 K, beim Schweißen mit umhüllten Elektroden 8000 ... 10000 K, beim WIG-Schweißen 15000 ... 30000 K) führen dazu, daß Dissoziation und Ionisation nacheinander und auch parallel zueinander ablaufen.

Parallel ablaufende Reaktionen sind z. B.:

$$O_2 + N_2 = 2\,NO \qquad (11)$$

$$O_2 = 2\,O \qquad (12)$$

$$N_2 = 2\,N \qquad (13)$$

Aufeinanderfolgende Reaktionen (Ionisation von Argon) sind:

$$Ar = Ar^+ + e^-,\ Ar^+ = Ar^{2+} + 2\ e^-,\ Ar^{3+} + 3\ e^-, \ldots$$

Auch bei der CO_2- und Wasserdampfreaktion können die Prozesse wie folgt ablaufen:

- $CO_2 = CO + {}^1/_2\,O_2$, $CO = C + O$, $O = O^+ + e^-$ (14)
  $O_2 = 2\,O$, $CO = CO^+ + e^-$, $C = C^+ + e^-$ (15)
- $H_2O = H_2 + {}^1/_2\,O_2$, $H_2 = 2\,H$, $H = H^+ + e^-$ (16)
  $H_2O = OH + {}^1/_2\,H_2$, $O_2 = 2O$, $O = O^+ + e^-$ (17)

Im Ergebnis einer Vielzahl von Reaktionen bildet sich je nach der Temperatur, dem Druck, den Ausgangsstoffen ein Gemisch aus vielen Komponenten, dessen metallurgische Wirkung von der Zusammensetzung abhängt.

Für das Oxidationspotential der Gasphase, die mit der Metallschmelze kontaktiert, sind die Dissoziationsreaktionen von CO_2, H_2O und von Karbonaten von besonderer Bedeutung.

Die Reaktionsgleichung für die *Dissoziation von CO_2* lautet:

$$2\,CO_2 \rightleftarrows CO + O_2. \qquad (18)$$

Die Temperaturabhängigkeit der Gleichgewichtskonstanten wird berechnet nach

$$\lg K = \lg \frac{p^2_{CO} \cdot p_{O_2}}{p^2_{CO_2}} = -\frac{29072}{T} + 8{,}81 \qquad (19)$$

Die Dissoziation führt dazu, daß z. B. beim MAGC-Verfahren das Gasgemisch in der Lichtbogenzone aus CO_2, CO und O_2 besteht.

Tabelle 5-1 gibt die Zusammensetzung der Gasphase an, die sich bei der Dissoziation von CO_2 im Temperaturbereich von 1800 ... 4000 K bildet (Bilder 5-3 und 5-4).

Tabelle 5-1. Zusammensetzung der Gasphase bei der Dissoziation von CO_2.

Temperatur [K]	1800	2000	2200	2500	3000	4000
CO_2 [%]	99,34	97,73	93,94	81,10	44,26	5,92
CO [%]	0,44	1,51	4,04	12,60	37,16	63,72
O_2 [%]	0,22	0,76	2,02	6,30	18,58	31,36
Sauerstoffpartialdruck p_{O_2}	$2{,}2 \cdot 10^{-3}$	$7{,}6 \cdot 10^{-3}$	$2{,}02 \cdot 10^{-2}$	$6{,}3 \cdot 10^{-2}$	$18{,}58 \cdot 10^{-2}$	$31{,}3 \cdot 10^{-2}$
Dissoziationsdruck von FeO	$3{,}81 \cdot 10^{-9}$	$1{,}08 \cdot 10^{-7}$	$1{,}35 \cdot 10^{-6}$	$5{,}3 \cdot 10^{-5}$	k. A.	k. A.

k. A. keine Angaben

Während das entstehende CO reduzierend wirkt, verursacht Sauerstoff die Oxidation von sauerstoffaffinen Elementen. Der Partialdruck von Sauerstoff p_{O_2}, der bei der CO_2-Dissoziation im betrachteten Temperaturintervall vorliegt, ist wesentlich größer als der Dissoziationsdruck des FeO, das sich gelöst im Schmelzbad befindet (z. B. bei 2500 K $p_{O_2} = 6{,}3 \cdot 10^{-2}$; $p_{O_2(FeO)} = 5{,}3 \cdot 10^{-5}$).

Das bedeutet, daß das Gasgemisch eine beträchtliche Oxidationswirkung auf das schmelzflüssige Metall ausübt.

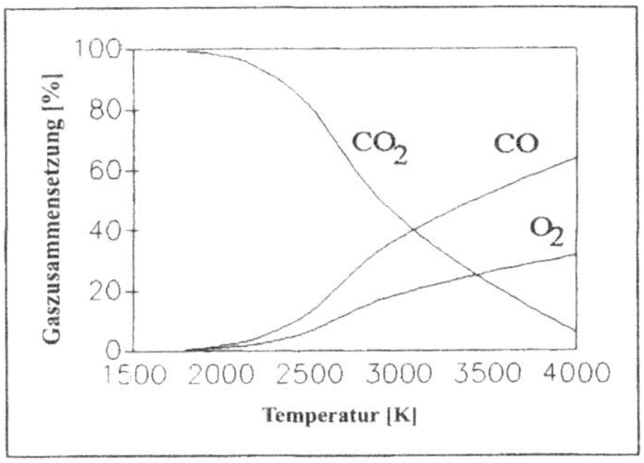

Bild 5-3. Zusammensetzung der Gasphase bei der Dissoziation von CO_2.

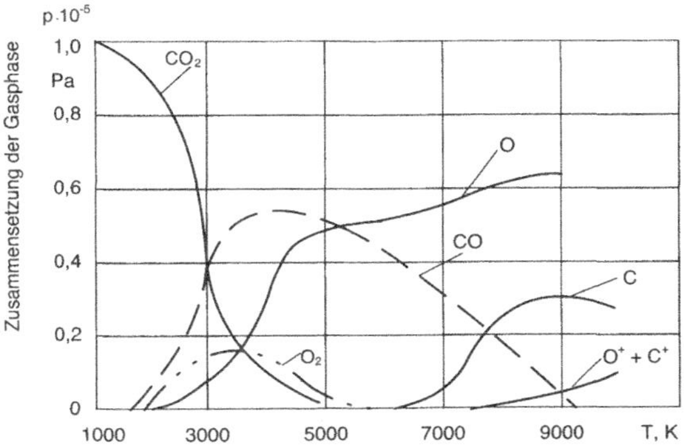

Bild 5-4. Gasphasenzusammensetzung bei der Erwärmung von CO_2 bei einem Druck von $1 \cdot 10^5$ Pa [5-3].

Schematisch ist die Gasphasenzusammensetzung im Lichtbogenbereich und über dem Schmelzbad in Bild 5-5 dargestellt [5-1].

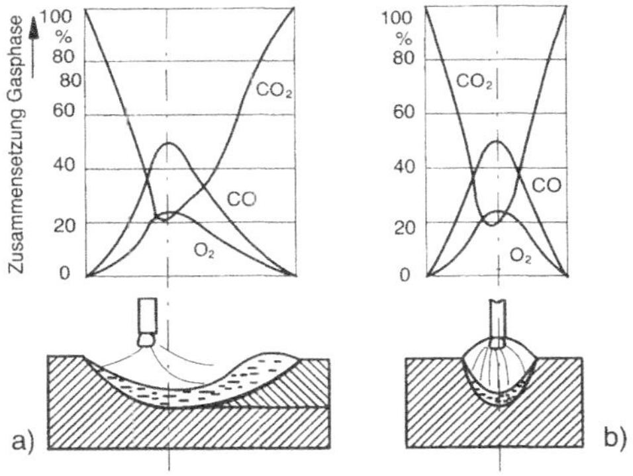

Bild 5-5. Zusammensetzung der Gasphase über dem Schmelzbad (a) und im Lichtbogenbereich (b) [5-1].

Entsprechend der Temperaturverteilung im Lichtbogenbereich (Hochtemperaturbereich) wird der Partialdruck von O_2 (p_{o_2}) stark ansteigen, die Oxidation verläuft hier wesentlich intensiver als im Bereich tieferer Temperatur.

Das Dissoziationsgleichgewicht von CO_2 ist druckabhängig. Eine Druckverringerung verschiebt die Gleichgewichtskurve so, daß die Dissoziation begünstigt wird (Bild 5-6).

Die *Dissoziation von Wasserdampf* setzt Wasserstoff und Sauerstoff frei. Mögliche Dissoziationsreaktionen sind:

$$(1)\ 2\,H_2O_D \rightleftarrows 2\,H_2 + O_2 \qquad (20)$$

$$(2)\ H_2O \rightleftarrows H_2 + {}^1/_2\,O_2 \qquad (21)$$

$$(3)\ H_2O \rightleftarrows {}^1/_2\,H_2 + OH \qquad (22)$$

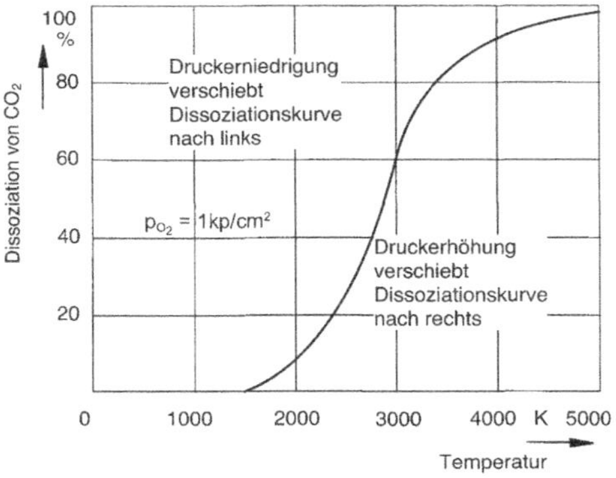

Bild 5-6. Einfluß des äußeren Druckes auf die Dissoziation von CO_2 [5-1].

Die Gleichgewichtskonstanten sind:

$$(1) \quad K_p = \frac{p^2_{H_2} \cdot p_{O_2}}{p^2_{H_2O_D}} = f(T) \tag{23}$$

$$(2) \quad K_p = \frac{p_{H_2} \cdot p_{O_2}^{0,5}}{p_{H_2O}} = f(T) \tag{24}$$

$$(3) \quad K_p = \frac{p_{H_2}^{0,5} \cdot p_{OH}}{p_{H_2O}} = f(T) \tag{25}$$

Die Reaktionen sind umkehrbar. Sie nähern sich dem Gleichgewichtszustand, der sich bei einem bestimmten Verhältnis der Partialdrücke von H_2O, O_2 und H_2 einstellt. Das Dissoziationsgleichgewicht ist von der Temperatur und dem äußeren Druck abhängig. Mit steigender Temperatur wird der Dissoziationsgrad erhöht (Bild 5-7), im Gasgemisch steigen die Gehalte an H_2 und O_2, aber auch von H^+, O^{2+}, OH^- [5-3] an. Die Wasserdampfdissoziation ist druckabhängig (Bild 5-8), steigender Druck verschiebt die Dissoziationskurve nach rechts in Übereinstimmung mit dem Prinzip des kleinsten Zwanges (Prinzip von Le Chatelier).

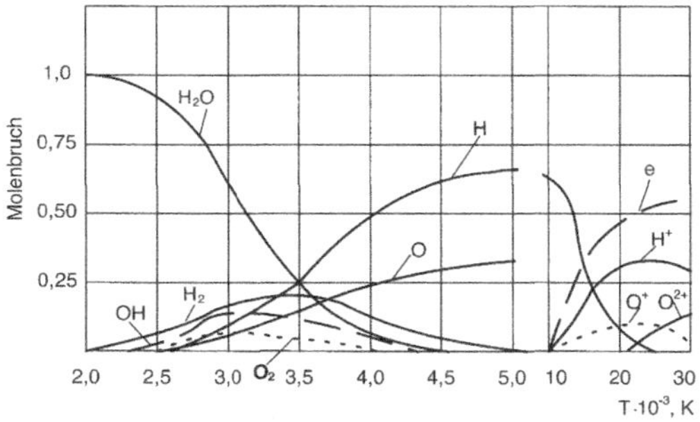

Bild 5-7. Zusammensetzung der Gasphase bei der Erwärmung von Wasserdampf bei einem Druck von $1 \cdot 10^5$ Pa [5-3].

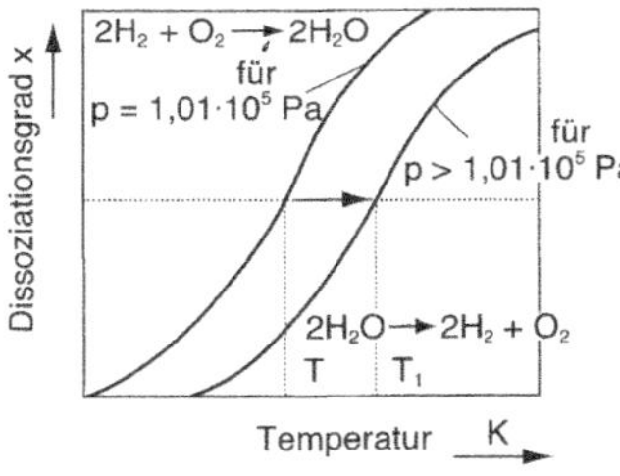

Bild 5-8. Druckabhängigkeit des Dissoziationsgleichgewichtes von Wasserdampf [5-2].

Insbesondere bei basischen Elektrodenumhüllungen bzw. basischen agglomerierten Schweißpulvern besteht eine große Gefahr der Feuchtigkeitsaufnahme. Sie ist stark diffusionsgesteuert, ihre Bindungskräfte sind physikalischer und chemischer Natur (Chemosorption). H_2O befindet sich in Form von Feuchtigkeit auf der Oberfläche des zu schweißenden Metalls, ist gebunden als Kapillarwasser (d. h. äußerlich angelagertes, insbesondere in Poren der Umhüllung der Stabelektroden befindliches Wasser) oder als chemisch an die Umhüllungsbestandteile gebundenes Konstitutionswasser. Um Qualitätsprobleme beim Schweißen zu vermeiden, die bei Vorhandensein von Feuchtigkeit in der Elektrodenumhüllung oder im Schweißpulver durch die Dissoziation von H_2O auftreten können, wie z. B.:

- unzulässig hohe Wasserstoffgehalte im Schweißgut,
- Bildung von wasserstoffinduzierten Rissen,
- Entstehung von Poren, Fischaugen,
- Schweißgutversprödung,

sind umhüllungs- und pulverspezifische Rücktrocknungsbedingungen zu beachten (DIN EN 760 für Schweißpulver, DIN EN 499 für umhüllte Stabelektroden).

In Schutzgasen vorhandene Feuchtigkeit wird durch den Taupunkt angegeben (Tabelle 5-2, Bild 5-9).

Tabelle 5-2. Taupunkte und Reinheit von Gasen (DIN EN 439).

Ar	–50 °C	bei 1,3 bar max.	99,99 Vol.-%
He	–50 °C	bei 1,3 bar max.	99,99 Vol.-%
CO_2	–50 °C	bei 1,3 bar max.	99,70 Vol.-%
O_2	–35 °C	bei 1,3 bar max.	99,50 Vol.-%
N_2	–50 °C	bei 1,3 bar max.	99,50 Vol.-%
H_2	–50 °C	bei 1,3 bar max.	99,50 Vol.-%

Die Taupunkte (Angabe des Feuchtigkeitsgehaltes: Temperatur, bei der das Gas unter vorliegendem Wasserdampf-Partialdruck gesättigt ist) sind Höchstwerte, sie legen den zulässigen Feuchtigkeitsgehalt der Gase fest.

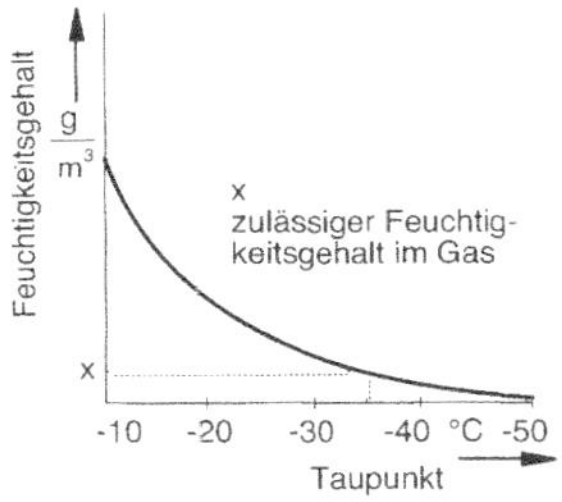

Bild 5-9. Feuchtigkeitsgehalt im Gas und Taupunkt.

In Elektrodenumhüllungen, Schweißpulvern oder Pulverfüllungen von Fülldrahtelektroden befindliche Karbonate sollen durch die Dissoziation, die je nach Karbonat bei verschieden hoher Temperatur erfolgt, ein metallurgisch günstiges Verhältnis CO_2/CO einstellen, einen zusätzlichen Gasschutz gewährleisten und die Schlackencharakteristik beeinflussen.

Die hohe Temperatur im Lichtbogenbereich begünstigt die *thermische Dissoziation der Karbonate*

$$MeCO_{3\ fest} \rightleftarrows MeO_{fest} + CO_{2\ (Gas)}. \qquad (26)$$

Hierin bedeuten:

$MeCO_3$ – Karbonat
MeO – Oxid des zweiwertigen Metalles.

Zwischen $MeCO_3$ und MeO sowie dem Gas CO_2 stellt sich ein Gleichgewicht ein. Der Gleichgewichtsdruck von CO_2 hängt von der Temperatur ab.

Die Gleichgewichtskonstante der Reaktion lautet

$$K = \frac{a_{MeO} \cdot p_{CO_2}}{a_{MeCO_3}} \tag{27}$$

mit a – Aktivität

Da die Aktivität reiner fester Stoffe mit $a = 1$ angenommen werden kann, wird

$$K = p_{CO_2(MeCO_3)}.$$

Der Gleichgewichtspartialdruck $p_{CO_2(MeCO_3)}$ wird als Dissoziationskonstante des Karbonats bezeichnet. Er ist Ausdruck der Neigung eines Karbonats zur Dissoziation bzw. ein Maß seiner Stabilität.

Zum Vergleich der Dissoziationsneigung verschiedener für die Schweißtechnik wichtiger Karbonate bedient man sich Aussagen zur Affinität von Metalloxiden (MeO) zu CO_2, ausgedrückt durch die sogenannten Normalenthalpien

$$(-\Delta G_0) = -R\,T \ln p_{CO_2(MeCO_3)}. \tag{28}$$

Je größer der negative Wert von ΔG_0 ($-\,\Delta G_0$) und je niedriger $p_{CO_2(MeCO_3)}$, desto größer ist die Affinität, d. h. desto beständiger ist das Karbonat. Je geringer die Karbonatstabilität, desto leichter wird es bei einer gegebenen Temperatur dissoziiert.

Da das entstehende CO_2 weiter gespalten wird in CO und O_2, verursacht die Karbonatdissoziation eine Erhöhung des Oxidationspotentials der Lichtbogenatmosphäre.

Steigende Temperatur verringert die Karbonatstabilität. Die Dissoziationsneigung nimmt zu.

Mit den Werten für die Normalenthalpien läßt sich die Reaktionsrichtung berechnen:

$$\Delta G = R\,T(\ln p_{CO_2(MeCO_3)} - \ln p_{CO_2(Atm.)}) \tag{29}$$

mit

$p_{CO_2(Atm.)}$ – Partialdruck von CO_2 in der Atmosphäre (0,0003 bar)

Folgende Fälle sind zu beachten:

- Ist $p_{CO_2(Atm.)} > p_{CO_2(MeCO_3)}$, verläuft die Reaktion in Richtung der Karbonatbildung $MeCO_3$ ($\Delta G < 0$).
- Bei $p_{CO_2(Atm.)} = p_{CO_2(MeCO_3)}$, ist $\Delta G = 0$, das System befindet sich im Gleichgewicht.
- Bei $p_{CO_2(Atm.)} < p_{CO_2(MeCO_3)}$, ist $\Delta G > 0$, der Prozeß verläuft in Richtung der Karbonatdissoziation.

Im Bereich oberhalb der Gleichgewichtskurve (Punkt a) ist $p_{CO_2(Atm.)} > p_{CO_2(MeCO_3)}$, unterhalb tritt die Dissoziation ein, denn $p_{CO_2(Atm.)} < p_{CO_2(MeCO_3)}$ (Bild 5-10).

Das Gleichgewicht des Systems ($p_{CO_2(Atm.)} = p_{CO_2(MeCO_3)} =$ const.) besteht nur bei der Temperatur T_G.

Ist $T > T_G$ (T_1), verläuft die Reaktion in Richtung der Dissoziation, ist $T < T_G$ (T_2), ist die Reaktion auf die Karbonatbildung gerichtet.

T_G ist also die Grenztemperatur, oberhalb der die Dissoziation erfolgt (Temperatur des Beginns der Dissoziation). T_G liegt um so höher, je größer $p_{CO_2(Atm.)}$ ist.

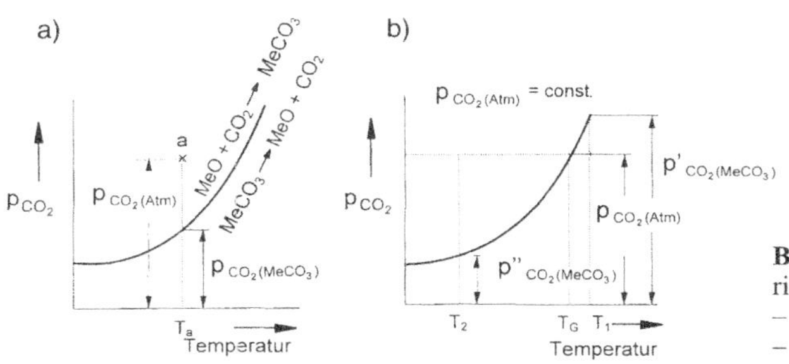

Bild 5-10. Schema zur Ermittlung der Reaktionsrichtung der Bildung/Dissoziation von Karbonaten
– bei beliebigem CO_2-Partialdruck p_{CO_2} im Gas (a)
– bei p_{CO_2} = const. (b).

Zur Einschätzung der Dissoziationsneigung der Karbonate $CaCO_3$ ($\Delta H°_{298} = -178{,}02$ kJ/mol), $MgCO_3$ ($\Delta H°_{298} = -110{,}82$ kJ/mol), $FeCO_3$ ($\Delta H°_{298} = -104{,}00$ kJ/mol) wird die Formel für die Temperaturabhängigkeit der Gleichgewichtskonstanten genutzt

$$\lg p_{CO_2(MeCO_3)} = -\lg K = \frac{\Delta H°_{298}}{4{,}575 \cdot T} - \frac{\Delta S°_T}{4{,}575}, \tag{30}$$

mit ΔS – Entropieänderung.

Für $CaCO_3$ lautet die Beziehung

$$\lg p_{CO_2(CaCO_3)} = -\frac{8920}{T} + 7{,}54\,. \tag{31}$$

Im Temperaturintervall 600 ... 1000 °C ist die Reaktion praktisch umkehrbar (bei 800 °C und 1 bar enthält das Gas im Gleichgewichtszustand 17 % CO_2), Tabelle 5-3.

Tabelle 5-3. Temperaturabhängigkeit des CO_2-Partialdruckes bei der Dissoziation von $CaCO_3$.

Temperatur [°C]	300	500	600	700	800	910	1000	1110
$p_{CO_2(MeCO_3)}$ [at]	10^{-8}	10^{-4}	0,002	0,023	0,17	1,0	3,4	11,0

Bei niedrigen Temperaturen ($p_{CO_2(MeCO_3)} \ll 1$ bar) erfolgt kaum eine Dissoziation.

Die Temperatur der Karbonatdissoziation (T_G) läßt sich graphisch ermitteln durch den Schnittpunkt der Kurven $p_{CO_2(MeCO_3)} = f(T)$ und $p_{CO_2(Atm.)}$ = const., Bild 5-11.

Beispiel: Beginn der Karbonatzerlegung ($CaCO_3$), wenn die CO_2-Konzentration in der Atmosphäre 0,03 % beträgt.

Bei $p_{Ges} = 1$ ist $p_{CO_2(Atm.)} = 0{,}0003$ bar,

$$T_G = \frac{-8920}{\lg 0{,}0003 - 7{,}54} = 803\,K\,(530\,°C)$$

d. h. die Zerlegung beginnt in Luft bei 530 °C.

Die Temperatur, bei der die thermische Dissoziation sehr intensiv verläuft, wird berechnet zu:

$$T = \frac{A}{\lg p_g - B} = 1183\,K\,(910\,°C)$$

mit

$$A = \frac{\Delta H°_{298}}{4{,}575}\,, \quad B = \frac{\Delta S°_T}{4{,}575}$$

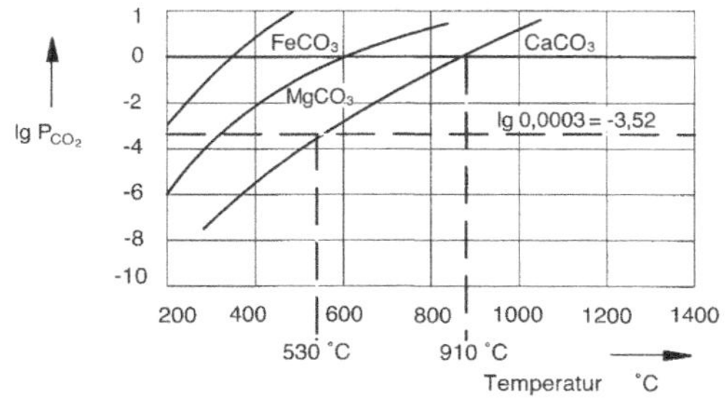

Bild 5-11. Einfluß der Temperatur auf den CO_2-Partialdruck bei der Dissoziation von $CaCO_3$, $MgCO_3$, $FeCO_3$.

5.1.3 Bildung und Dissoziation von Oxiden

Oxidbildung und -dissoziation sind wichtige Umsetzungen in schweißtechnischen Prozessen. Je nach der Affinität zum Sauerstoff verhalten sich Metalle zum Sauerstoff oder zu oxidierend wirkenden Medien unterschiedlich.

Oxidationsreaktionen, ob im festen oder flüssigen Zustand des Metalls, sind *heterogene Reaktionen*. Ihre Gleichgewichte sind mittels der Gibbsschen Phasenregel einschätzbar.

Die Phasenregel macht Aussagen über die Anzahl der thermodynamischen Freiheitsgrade F (d. h. die frei verfügbaren Zustandsgrößen wie Druck p, Temperatur T und Zusammensetzung C), über die koexistierenden Phasen P und die chemischen Komponenten K, die sich im Gleichgewicht befinden

$$F = 2 + K - P. \tag{32}$$

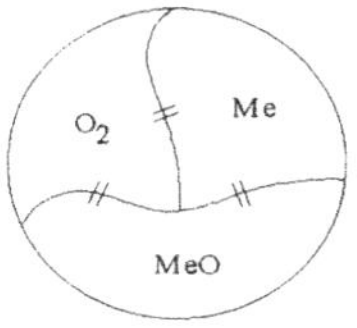

Bild 5-12. Heterogene Reaktion Gibbssche Phasenregel [5-6].

Im Falle der Metalloxidation/bzw. Zerlegung der Metalloxide (Bild 5-12)

$$2\,Me + O_2 \rightleftarrows 2\,MeO \tag{33}$$

$$2\,MeO \rightleftarrows 2\,Me + O_2 \tag{34}$$

hängt der Gleichgewichtssauerstoffpartialdruck

$$K_p = \frac{a^2_{Me} \cdot p_{O_2}}{a^2_{MeO}} \tag{35}$$

nur von der Temperatur ab.

Da keine gegenseitige Löslichkeit vorliegt, ist $a_{MeO} \approx a_{Me} \approx 1$, daraus folgt:

$$K_p = p_{O_2(MeO)} = f(T). \tag{36}$$

$K_p = p_{O_2(MeO)}$ drückt die Affinität der Elemente zum Sauerstoff aus, deshalb läßt sich die Veränderung des thermodynamischen Potentials ΔG° schreiben zu:

$$\Delta G^\circ_{298} = -R \cdot T \cdot \ln K_p = -R \cdot T \cdot \ln p_{O_2(MeO)} = \Delta H^\circ - T \cdot \Delta S^\circ \tag{37}$$

ΔG – Maß für die Stabilität des Oxids. Je größer ($-\Delta G^\circ_{298}$) bei der Oxidbildung, desto größer ist die Oxidstabilität. Oxidationsreaktionen haben exothermen Charakter.

Steigende Temperatur erhöht die Dissoziationsneigung des Oxids (Bild 5-13).

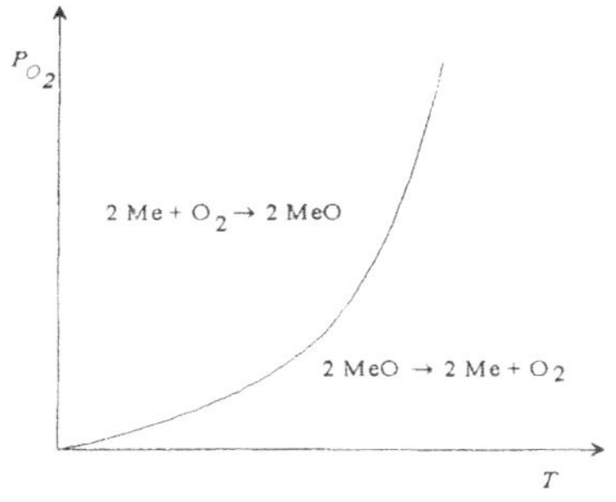

Bild 5-13. Abhängigkeit der Dissoziationsneigung von der Temperatur.

Wird das Gleichgewicht zwischen dem äußeren Sauerstoffdruck $p_{O_2(Atm.)}$ und dem Dissoziationsdruck des Oxids $p_{O_2(MeO)}$ erreicht, dominiert die Oxidation.

Die Reaktionsrichtung kann man mit der Gleichung

$$\Delta G^\circ_{298} = R\,T\,(\ln p_{O_2(MeO)} - \ln p_{O_2(Atm.)}) \tag{38}$$

berechnen.

- Bei $p_{O_2(Atm.)} = p_{O_2(MeO)}$ verhält sich Sauerstoff dem Metall gegenüber neutral; Gleichgewicht,
- bei $p_{O_2(Atm.)} > p_{O_2(MeO)}$ erfolgt Metalloxidation,
- bei $p_{O_2(Atm.)} < p_{O_2(MeO)}$ wird das Oxid zerlegt.

Die Dissoziationskonstante (Dissoziationsdruck) wird ermittelt mit:

$$\lg p_{O_2(MeO)} = -\lg K_p = \frac{\Delta H^\circ_T}{4{,}575 \cdot T} - \frac{\Delta S^\circ_T}{4{,}575} \tag{39}$$

oder

$$\lg p_{O_2(MeO)} = \frac{A}{T} + B. \tag{40}$$

Für verschiedene Metalle und deren Oxide sind ΔH und $\lg p_{O_2(MeO)}$ verschieden (Tabelle 5-4).

Tabelle 5-4. Dissoziationskonstanten, Enthalpie- und Entropieänderungen wichtiger Oxidationsreaktionen.

Element	Reaktion der Oxidbildung		ΔH°_{298} [kJ/Mol O_2]	ΔS°_{298} [kJ/Mol O_2]	$\lg p_{O_2(MeO)}$ 1000 K	1600 K
Cu	$4\,Cu + O_2$	$= 2\,Cu_2O$	–339,7	–136,15	–9,94	–3,40
Ni	$2\,Ni + O_2$	$= 2\,NiO$	–489,1	–145,41	–16,02	–6,24
Fe	$2\,Fe + O_2$	$= 2\,FeO$	–540,1	–140,24	–20,84	–10,25
Mn	$2\,Mn + O_2$	$= 2\,MnO$	–779,5	–147,83	–32,70	–17,55
Si	$Si + O_2$	$= SiO_2$	–872,9	–181,10	–36,10	–19,00
Al	$\frac{4}{3}\,Al + O_2$	$= \frac{2}{3}\,Al_2O_3$	–1097,7	–163,88	–46,70	–25,55
Mg	$2\,Mg + O_2$	$= 2\,MgO$	–1223,3	–214,88	–53,20	–27,33
Ca	$2\,Ca + O_2$	$= 2\,CaO$	–1270,27	–208,21	–55,80	–30,80

Auch wenn in der Gasatmosphäre nur relativ geringe Sauerstoffgehalte vorhanden sind, besteht die Gefahr der Oxidation.

Beispiel: Die FeO-Dissoziation an Luft (21 % O_2, $p_{O_2(Atm.)} = 0{,}21$) kann erst bei 3773 K erfolgen.

Für die Berechnung der Temperaturabhängigkeit des thermodynamischen Potentials ΔG wird häufig die Beziehung:

$$\Delta G = \Delta H^{\circ}_{298} - T \cdot \Delta S^{\circ}_{298} \tag{41}$$

genutzt.

Für einige Oxide sind die Werte für $\Delta G = f(T)$ im Bild 5-14 dargestellt.

Das Oxid ist um so beständiger, je größer bei einer bestimmten Temperatur die Energie ist, die zu seiner Zerlegung aufgewendet werden muß.

Auch die Darstellung der Werte für lg $p_{O_2(MeO)} = f(T)$ (Bild 5-15) einiger für die Schweißmetallurgie wichtiger Oxide ermöglicht den Vergleich der Stabilität der einzelnen Oxide.

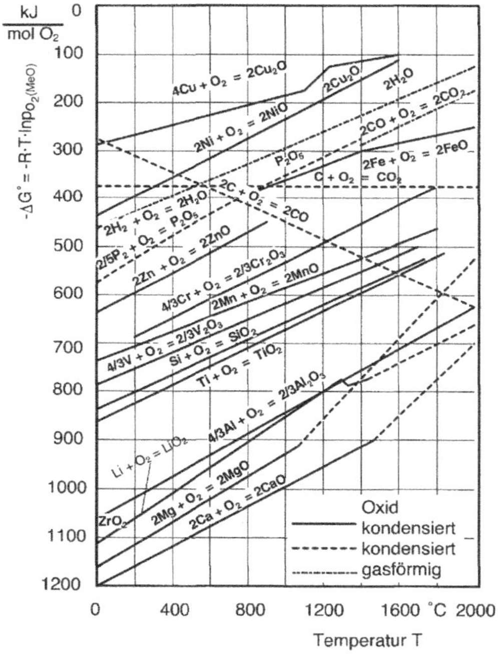

Bild 5-14. Temperaturabhängigkeit des thermodynamischen Potentials ΔG der Oxidbildung [5-56] (Richardson-Ellingham-Diagramm für Metall-Metalloxid-Reaktionen – vereinfacht).

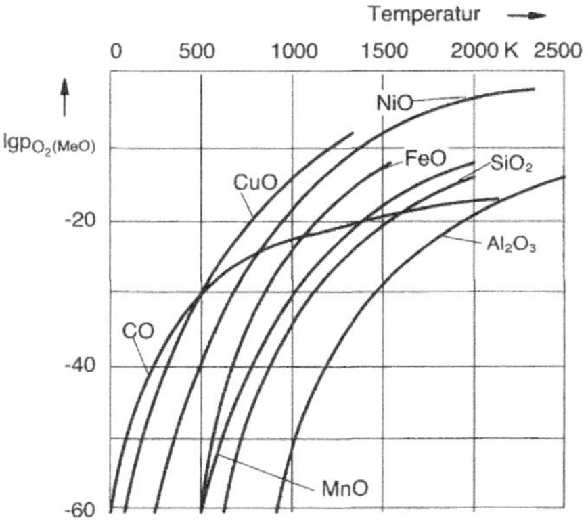

Bild 5-15. Temperaturabhängigkeit von lg $p_{O_2(MeO)}$.

Schlußfolgernd ergibt sich:

1. Die Größe der Dissoziationskonstanten $p_{O_2(MeO)}$ oder der Wert für $(-\Delta G)$ lassen eine Einschätzung der Affinität der Elemente zum Sauerstoff zu.
2. Bei gleicher Temperatur unterscheidet sich die Neigung zur Bildung bzw. Dissoziation der Oxide in dem Maße, in dem sich die Werte für $(-\Delta G)'$ oder $p_{O_2(MeO)}$ unterscheiden.
3. Bei der Berechnung der Temperaturabhängigkeit wurden Wärmeeffekte infolge allotroper oder Phasenumwandlungen nicht berücksichtigt.

4. Die Wechselwirkung eines Metalles $Me^{(1)}$ (mit großer Sauerstoffaffinität) mit dem Oxid eines anderen Metalles $Me^{(2)}$ (mit geringerer Sauerstoffaffinität) ergibt $Me^{(1)} + Me^{(2)}O = Me^{(1)}O + Me^{(2)}$. Diese Reaktion ist auch die Grundlage von Desoxidationsprozessen und der Aluminothermie ($Fe_2O_3 + 2\ Al \rightarrow Al_2O_3 + 2\ Fe$).

Ist das bei einer Reaktion gebildete Oxid in der Metallschmelze löslich, verändert sich die Struktur des heterogenen Systems aus dem mit dem Metall wechselwirkenden Sauerstoff

$$2\ Me_{flüssig} + O_2 \rightleftarrows 2\ [MeO]_{flüssig}$$

[MeO] – Sauerstoff gelöst in der Metallschmelze.

Bei nichtgesättigter Lösung (System besteht aus 2 Phasen) ist $p_{O_2} = f(T, c)$, das heißt, das System hat zwei Freiheitsgrade (Bild 5-16a).

Bei gesättigter Lösung (das heterogene System besteht aus den Phasen $[Me]_{flüssig}$, $[MeO]_{flüssig}$, O_2) hängt p_{O_2} nur von der Temperatur ab (Bild 5-16b).

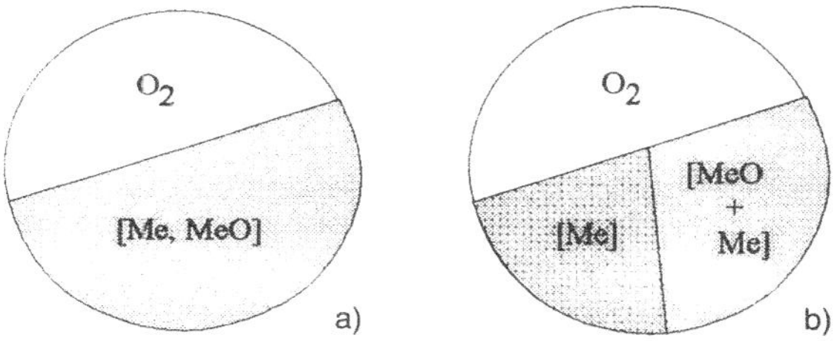

Bild 5-16. Heterogenes System, bestehend aus 2 Phasen (a) und 3 Phasen (b).

Erklärung:

Unter Löslichkeit versteht man die Menge eines Stoffes, die sich in einer bestimmten Menge eines Lösungsmittels bei einer bestimmten Temperatur lösen läßt.

Gesättigte Lösung: Sie enthält bei einer bestimmten Temperatur die höchstmögliche Menge eines gelösten Stoffes.

Übersättigte Lösung: Sie enthält eine größere Menge, als der Löslichkeit bei dieser Temperatur entspricht.

Beim Lösen freiwerdende oder verbrauchte Energie wird als Lösungswärme oder -enthalpie bezeichnet.

Für ein in der Schmelze gelöst vorliegendes Oxid wird die Dissoziationsneigung ausgedrückt mit der Beziehung:

$$p'_{O_2[MeO]} = p_{O_2(MeO)} \cdot \frac{a^2_{MeO}}{a^2_{Me}} \qquad (42)$$

Hierin bedeuten:

$p_{O_2(MeO)}$ – Dissoziationskonstante, wenn Me und MeO als kondensierte Phasen vorliegen
a – Aktivität

Ist die Lösung (Metallschmelze) mit dem Oxid gesättigt ($a_{MeO} = 1$), wird:

$$p'_{O_2[MeO]} = p_{O_2(MeO)} \cdot \frac{1}{a^2_{Me}} \qquad (43)$$

Das heißt, in der Schmelze befindliche Elemente werden oxidiert. Die Dissoziationsneigung des in der Schmelze gelösten Oxids ist um so größer, je geringer die Aktivität (Konzentration) des Elementes Me ist (Bild 5-17).

Wird $a_{Me} = 1$, ist $p'_{O_2[MeO]} = p_{O_2(MeO)} \cdot a^2_{MeO}$.

Das bedeutet, daß sich mit einer Verringerung der Aktivität (Konzentration) des Oxids auch die Dissoziationsneigung des Oxids verringert.

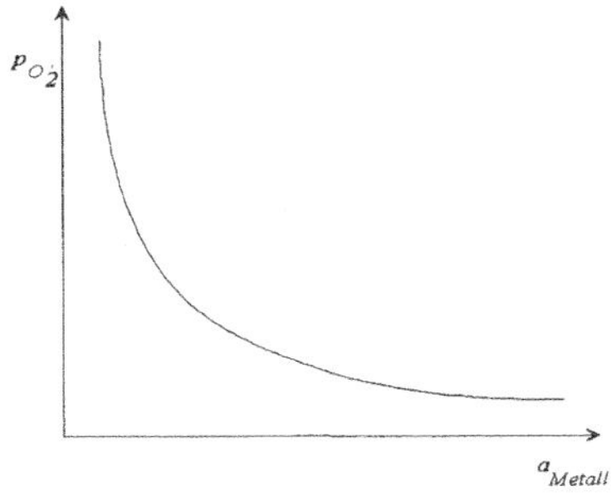

Bild 5-17. Dissoziationsneigung der Oxide – Zusammenhang zwischen der Konzentration des sauerstoffaffinen Elementes (ausgedrückt durch die Aktivität) und der Neigung der Oxide zur Dissoziation.

5.1.4 Oxidationsgeschwindigkeit und Oxidationsvermögen

Die Geschwindigkeit der Oxidation der Metalle und der Dissoziation der Oxide werden bei gegebener Temperatur und annähernd gleichen Reaktionsbedingungen durch die Unterschiede zwischen dem Sauerstoffpartialdruck im Reaktionsbereich (z. B. Lichtbogen) und dem Dissoziationsdruck der Oxide bestimmt.

Eine Reihe von Metallen wird bei gewöhnlichen Temperaturen trotz niedrigen Dissoziationsdruckes der Oxide nicht oder nur wenig oxidiert. Erst mit steigender Temperatur erhöht sich die Oxidationsgeschwindigkeit. Bei Untersuchungen zur quantitativen Bestimmung der Oxidationsgeschwindigkeit mittels der Formel:

$$v = \frac{d\delta}{dt} = \frac{1}{a \cdot b} \cdot e^{-b \cdot \delta} \tag{44}$$

mit

δ – Schichtdicke
t – Zeit
a, b – Konstanten

stellten *Wolski* und *Serkijewskaja* [5-7] den bedeutenden Einfluß der Eigenschaften der auf der Oberfläche des festen Metalls gebildeten Oxidschicht fest.

Bei der Beschreibung der Oxidation geschmolzenen Metalles wird ein Modell zugrunde gelegt, das die Stadien

- Oxidbildung an der Grenze Metallschmelze – Gas (Sauerstoff, sauerstoffhaltiges Gas)
- Übergang des Oxids in die Metallschmelze, Diffusion und Verteilung in der Schmelze

umfaßt.

Die Geschwindigkeit der Oxidation geschmolzener Metalle ist geringer als die fester Metalle. Das ist darauf zurückzuführen, daß neben der Geschwindigkeit der Oxidbildung die Diffusion des Oxids/Sauerstoffs in der Schmelze geschwindigkeitsbestimmend ist. Die Geschwindigkeit der Oxidation von Metallschmelzen wächst mit steigender Temperatur, mit der Vergrößerung der Differenz zwischen Sauerstoffkonzentration in der Gasphase und der Schmelze und dem Dissoziationsdruck des Oxids ($p_{O_2(MeO)} - p_{O_2(Atm.)}$).

Die Oxidationsgeschwindigkeit schmelzflüssigen Metalles durch Oxide, die sich in der Schlacke befinden, hängt ebenfalls von den genannten Einflußfaktoren ab, wird durch den Unterschied der Konzentration der Stoffe in der Grenzflächenschicht (C_o) und in einem bestimmten Punkt der Schmelze (C_x) sowie der Größe des Grenzflächenbereiches bestimmt:

$$v = \frac{dC_x}{dt} = K \cdot A \cdot (C_o - C_x) \qquad (45)$$

mit

A – Fläche
K – Proportionalitätsfaktor

Für das MAG-Schweißen stellt *Nowoshilow* [5-1] eine Sauerstoffbilanz des Verfahrens auf und macht Aussagen über Oxidationsgeschwindigkeit und Oxidationsvermögen der Schutzgasatmosphäre.

Die Sauerstoffbilanz lautet:

$$m[O]_{Zusatz} + n[O]_{GW} + O_R = [O]_{SG} + \{O\}_g + (O)_{Schl.} + (O)_V \quad [g/100\,g\ Metall]. \qquad (46)$$

Diese vereinfacht sich, wenn angenommen wird, daß die Gesamtsauerstoffmenge, die in den aus dem Metall ausgeschiedenen Gasen und Schlacken enthalten ist, gleich ist der Summe der Menge Sauerstoff, die für die Oxidation des in das Schweißgut übergehenden Metalls verbraucht wird

$$\{O\}_g + (O)_{Schl.} = \sum O_S \qquad (47)$$

zu:

$$m[O]_{Zusatz} + n[O]_{GW} + O_R = \sum O_S + [O]_{SG} \quad [g/100\,g\ Metall]. \qquad (48)$$

Hierin bedeuten:

m, n – Menge abgeschmolzenen Zusatzwerkstoffes und aufgeschmolzenen Grundwerkstoffes, bezogen auf eine Einheit Schweißgut
$[O]_{Zusatz}$ – Sauerstoffgehalt im Zusatzwerkstoff
$[O]_{GW}$ – Sauerstoffgehalt im Grundwerkstoff
O_R – mit dem Metall reagierende Sauerstoffmenge (Schutzgas)
$[O]_{SG}$ – Sauerstoffgehalt im Schweißgut
$\{O\}_g$ – Sauerstoffmenge, die aus dem Metall ausgeschieden wird, in der Zusammensetzung CO, u. a.
$(O)_{Schl.}$ – Sauerstoffgehalt in der sich bildenden Schlacke
$(O)_V$ – Sauerstoffmenge, die mit dem Metall reagiert, sich aber infolge Verdampfung u. a. Ursachen nicht im Schweißgut befindet (Verlust)

Gute Desoxidation zugrunde gelegt wird, wenn die Differenz zwischen Sauerstoffgehalt im Schweißgut ($[O]_{SG}$) und Sauerstoffgehalt im Grund- und Zusatzwerkstoff ($[O]_{GW}$, $[O]_{Zusatz}$) im Schweißprozeß sich wenig ändert, d. h.:

$$[O]_{SG} - (m[O]_{Zusatz} + n[O]_{GW}) \Rightarrow 0; \qquad (49)$$

$$O_R \approx \sum O_S. \qquad (50)$$

Nowoshilow untersucht die spezifische Oxidation der Elemente in den verschiedenen Zonen des Schweißprozesses (Lichtbogen, Schmelzbad) und kommt zu der Beziehung:

$$\sum O_S = 1{,}33\ C_V + 1{,}14\ Si_V + 0{,}29\ Mn_V + 0{,}46\ Cr_V + 0{,}67\ Ti_V + 0{,}89\ Al_V \quad (51)$$

mit

$Element_V$ – Verluste der Elemente in der Schweißzone.

Die spezifische Oxidationsgeschwindigkeit in $g/g_{Metall} \cdot c$ ist:

$$v_0 = \frac{\sum O_S}{100 \cdot t_m} \quad (52)$$

mit:

t_m – mittlere Verweilzeit des Metalles im flüssigen Zustand

$$t_m = \frac{G_{Schmelzbad}}{g}\ [s].$$

Die Geschwindigkeit der Metalloxidation wird angegeben mit:

$$v = v_0 \cdot G_{Schmelzbad}\ [g/s] \quad (53)$$

mit

$G_{Schmelzbad}$ – Metallmenge im Schmelzbad
g – durch den Lichtbogen in 1 s aufgeschmolzene Metallmenge [g/s]

Von der Intensität der Wechselwirkung Sauerstoff in der Gasphase/Schlacke ab-/aufgeschmolzener Zusatz- und Grundwerkstoff werden die technologischen Eigenschaften des Pulvers/der Schlacke, des Gases und des Schweißgutes beeinflußt.

Ein Vorschlag, Schutzgase und Schutzgasgemische in ihrem Oxidationsverhalten im Schweißprozeß einschätzen zu können, sieht die Klassifizierung durch eine Kennziffer vor [5-17]. Sie charakterisiert den Sauerstoffzufluß zur Metallschmelze in der Zeiteinheit und bezogen auf die Einheit der Stromstärke. Angenommen wird, daß die Fläche des Schmelzbades, an der die Wechselwirkung des Sauerstoffs mit dem Metall erfolgt, bei einer Schweißgeschwindigkeit von 15 ... 50 cm/min der Schweißstromstärke proportional ist.

Die Menge des Sauerstoffes, die über diese Flächeneinheit reagiert (Kennziffer des Oxidationsvermögens), ergibt sich zu:

$$D = \frac{v \cdot \sum O_2}{I}\ . \quad (54)$$

Hierin bedeuten:

D – Kennziffer des Oxidationsvermögens des Schutzgases in [kg/A · s]
v – Schmelzgeschwindigkeit des Metalles in [kg/s]
I – Stromstärke – Mittelwert in [A]

5.1.5 Zweistoffsysteme Metall – Sauerstoff, ihre Bedeutung für den Schweißprozeß

Eisen – Sauerstoff
Schmelztemperatur von Eisen 1536 °C, Siedetemperatur 2750 °C

Eisen bildet mit Sauerstoff die Oxide:

FeO	mit 22,8 % O_2;	*Wüstit*, stabil bei Temperaturen > 560 °C
Fe_2O_3	mit 30,6 % O_2;	*Hämatit*, zerfällt bei Temperaturen > 1000 °C schnell
Fe_3O_4	mit 27,6 % O_2;	*Magnetit*, zerfällt bei 1000 °C unter Bildung von Hämatit $Fe_3O_4 \rightleftarrows Fe_2O_3 + FeO$.

Die Wechselwirkung zwischen Fe und O_2 vollzieht sich in der Reihenfolge Fe → FeO → Fe_3O_4 → Fe_2O_3 entsprechend den Teilreaktionen:

$2\,Fe + O_2$	$\rightleftarrows 2\,FeO;$	$\Delta H^\circ_{298} = -539{,}90$ kJ/mol
$6\,FeO + O_2$	$\rightleftarrows 2\,Fe_3O_4;$	$\Delta H^\circ_{298} = -611{,}27$ kJ/mol
$4\,Fe_3O_4 + O_2$	$\rightleftarrows 6\,Fe_2O_3;$	$\Delta H^\circ_{298} = -440{,}36$ kJ/mol

Das Zustandsschaubild ermöglicht, die bei verschiedenen Konzentrationen und Temperaturen vorhandenen Phasen zu bestimmen (Bild 5-18a).

Im festen Zustand ist die Sauerstofflöslichkeit von Eisen unbedeutend (Bild 5-18b). Sie erhöht sich mit steigender Temperatur, insbesondere im flüssigen Aggregatzustand des Eisens.

Im System Fe – O_2 gibt es eine große Zahl fester und flüssiger Lösungen:

1. L_1 → Fe-Schmelze mit höchster Löslichkeit für FeO

$$\lg[\%FeO]_{gesättigt} = -\frac{6000}{T} + 3{,}36 \qquad (55)$$

2. L_2 → FeO-Schmelze mit Fe_3O_4
3. δ → feste Lösung FeO im δ-Eisen
4. γ → feste Lösung FeO im γ-Eisen
5. α → feste Lösung FeO im α-Eisen
6. feste Lösung FeO im Fe_3O_4.

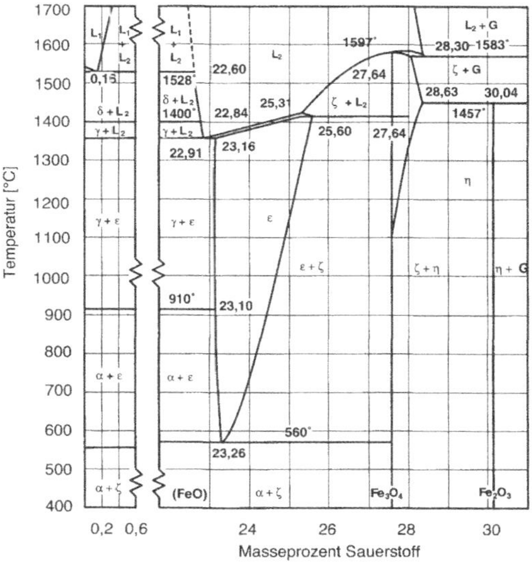

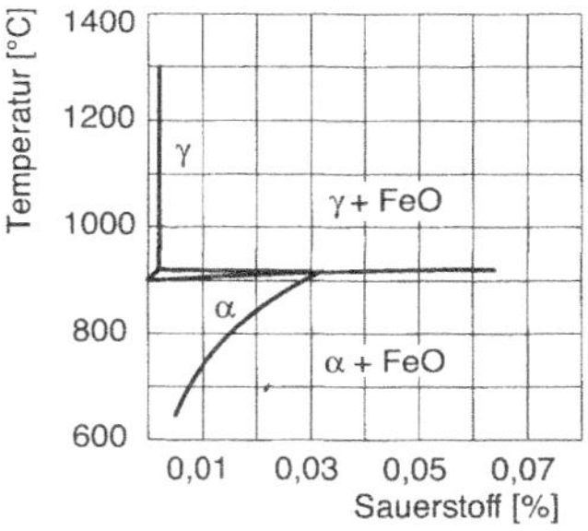

Bild 5-18 b. Sauerstofflöslichkeit im festen reinen Eisen.

Bild 5-18 a. Zustandsschaubild Eisen – Sauerstoff.

Während nach *Alow* [5-8] die Sauerstofflöslichkeit im α- und δ-Eisen nicht wesentlich höher sein soll als im γ-Eisen ($\delta \approx 0{,}05 \ldots 0{,}06\,\%$; $\alpha \le 0{,}01\,\%$; $\gamma \approx 0{,}003\,\%$), betont *Samarin* [5-9], daß sie im γ-Eisen wesentlich unter der des α-Eisens liegt. Bei der Umwandlung $\gamma \to \alpha$ tritt eine sprunghafte Änderung der Löslichkeit ein.

Bei 906 °C (Bild 5-18b) beträgt die Sauerstofflöslichkeit 0,03 % [5-10], bei 1520 °C 0,18 %, Tabelle 5-5. Bei 1727 °C gibt sie *Frolow* [5-6] mit 2,29 % an. *Potapow* [5-40] hält 0,02 . . . 0,035 % Sauerstoff für das Schweißgut niedriglegierter Stähle als optimalen Wert.

Für die Schweißmetallurgie sind die Temperaturbereiche über 1524 °C besonders interessant. Hier sind hohe FeO-Konzentrationen im Eisen möglich [5-6], und es finden intensive Oxidationsprozesse statt.

Für die Temperaturabhängigkeit der Sauerstofflöslichkeit im Fe geben *C. R. Taylor* und *J. Chipman* die Beziehung an:

$$\lg[\%O] = -\frac{6320}{T} + 2{,}734\,. \qquad (56)$$

Tabelle 5-5. Sauerstoffgehalte im Eisen [5-10].

T [°C]	Gehalt [%] FeO	O
1520	0,835	0,183
1600	1,360	0,302
1700	2,005	0,445
1800	2,680	0,590
1900	3,560	0,748
2000	3,600	0,800

Da gelöster Sauerstoff im Eisen Gitterverzerrungen verursacht, die zu Änderungen der mechanischen Eigenschaften des Metalles führen, ist es notwendig, Sauerstoff weitgehend aus dem Metall zu entfernen.

Kupfer – Sauerstoff
Schmelztemperatur von Kupfer 1083 °C, Siedetemperatur 2567 °C

Im System Cu – O_2 existieren die Oxide Cu_2O und CuO.

Kupfer ist ein relativ wenig aktives Metall, sein Oxid Cu_2O ist bei Temperaturen < 375 °C unbeständig und zerfällt in CuO und Cu. Steigt die Temperatur über 375 °C, dissoziiert CuO in Cu_2O. Diese Vorgänge haben auf den Schweißprozeß keinen nennenswerten Einfluß, zumal sie nur mit einer geringen Geschwindigkeit ablaufen.

Während Cu im festen Zustand wenig Sauerstoff löst (bei 550 °C 0,0017 %, bei 900 °C 0,0027 %, bei 1040 °C 0,007 %), zeigt es im schmelzflüssigen Zustand eine höhere Löslichkeit.

Entsprechend dem Zustandsschaubild (Bild 5-19) existiert ein Eutektikum zwischen Cu und Cu_2O (bei 0,39 % O bzw. 3,4 % Cu_2O), das für die schweißtechnische Verarbeitung bedeutend ist.

Das Vorhandensein des Eutektikums ist eine der Ursachen

- für die Rißbildung infolge thermischer Umbildungen
- für die sogenannte Wasserstoffkrankheit des Kupfers, die auf die Wechselwirkung von Wasserstoff bzw. Wasserdampf mit dem Sauerstoff des Cu_2O

  $$Cu_2O + H_2 \rightleftarrows H_2O_D + 2\,Cu$$

  unter Bildung von H_2O_D (Wasserdampf) zurückgeführt wird. Dieser kann im Gefüge der Kupferschweißnaht zu Gefügeauflockerungen und Gaseinschlüssen führen.

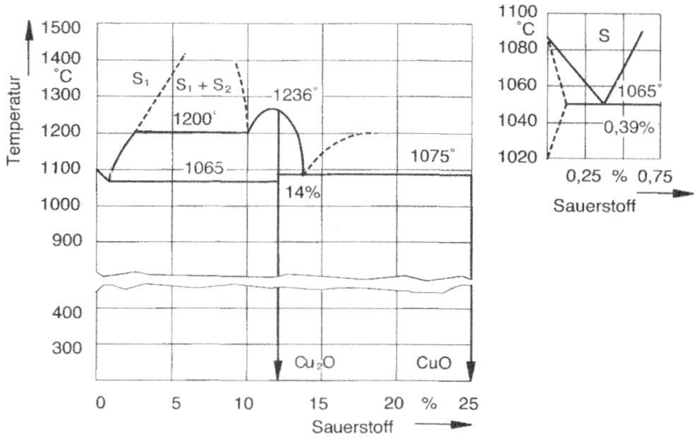

Bild 5-19. Zustandsschaubild Kupfer – Sauerstoff.

Zur Vermeidung der festigkeits- und zähigkeitsmindernden Wirkung von Sauerstoff im Kupfer ist eine gute Desoxidation des Schweißgutes und des Grundwerkstoffes erforderlich.

Nickel – Sauerstoff
Schmelztemperatur von Nickel 1453 °C, Siedetemperatur 2730 °C

Nickel hat im festen Zustand nur eine geringe Sauerstofflöslichkeit. Bei Temperaturen unter 1436 °C existiert ein Eutektikum zwischen Ni + NiO (Bild 5-20) mit 0,24 % Sauerstoff.

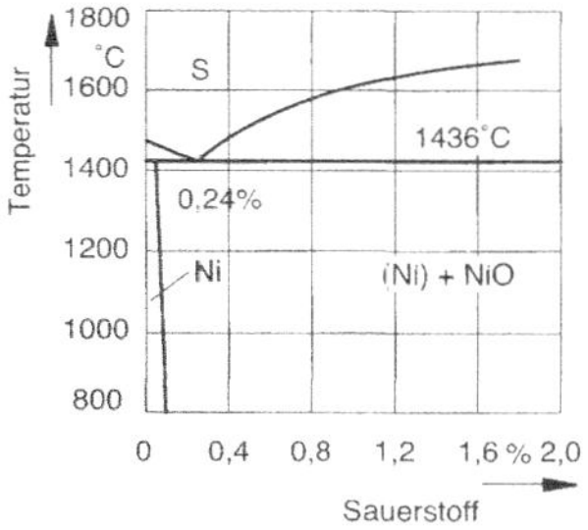

Bild 5-20. Zustandsschaubild Nickel – Sauerstoff.

Mit steigender Temperatur verringert sich die Sauerstofflöslichkeit:

600 °C	0,020 % O_2
1000 °C	0,014 % O_2
1200 °C	0,012 % O_2

Das bei der Wechselwirkung Ni – O_2 entstehende NiO ist im flüssigen Nickel löslich, bei Temperaturen oberhalb der Schmelztemperatur wird eine zunehmende Oxidationsneigung beobachtet.

Silizium – Sauerstoff
Schmelztemperatur von Silizium 1414 ... 1440 °C, Siedetemperatur ≈ 2630 °C

Silizium bildet mit Sauerstoff die Oxide:

SiO (stabil erst bei Temperaturen > 1500 °C in der flüssigen Phase)

SiO_2 (bei Temperaturen > 1500 °C tritt eine Phasenumwandlung nach dem Schema Si → SiO → SiO_2, bei Temperaturen < 1500 °C nach dem Schema Si → SiO_2 auf)

SiO_2 kommt in den Modifikationen:

α-Quarz	(bis 870 °C stabile Modifikation, $\rho = 2{,}53 \ldots 2{,}55$ g/cm³)
Tridymit	(870 ... 1470 °C, $\rho = 2{,}22 \ldots 2{,}24$ g/cm³)
Christobalit	(1470 ... 1713 °C, $\rho = 2{,}22 \ldots 2{,}29$ g/cm³) vor.

Silizium hat eine große Sauerstoffaffinität. Das ist für die Schweißmetallurgie wichtig. Es findet zusammen mit Mangan als Desoxidationselement für Stahl eine breite Verwendung (Bildung der Verbindung $MnO \cdot SiO_2$, die eine relativ niedrige Schmelztemperatur und geringe Dichte hat).

SiO_2 ist Bestandteil von Elektrodenumhüllungen und Schweißpulvern und beeinflußt deren metallurgisches Verhalten und die Eigenschaften der Schlacke sehr stark.

Mangan – Sauerstoff
Schmelztemperatur von Mangan 1244 °C, Siedetemperatur 1962 °C

Mangan bildet mit Sauerstoff die Oxide:

MnO_2, Mn_2O_3, Mn_3O_4, MnO.

Steigende Temperatur führt zur Dissoziation von MnO_2 (bei 733 °C), von Mn_2O_3 (bei 1213 °C) und von Mn_3O_4 zu MnO.

Das für die Schweißmetallurgie wichtige MnO schmilzt bei 1785 °C.

Die Manganoxide werden in der Schweißtechnik als Bestandteil der Elektrodenumhüllung und Schweißpulver eingesetzt. Mangan ist ein wirksames Legierungselement und zusammen mit Silizium ein vielfach verwendetes Desoxidationselement. Darüber hinaus dient es der Bindung von Schwefel im Stahl und hilft, die Heißrißbildung zu vermeiden.

Aluminium – Sauerstoff
Schmelztemperatur von Aluminium 659,8 °C, Siedetemperatur $Al_2O_3 \approx 2980 \ldots 3250$ °C, Siedetemperatur Al 2467 °C

Aluminium bildet mit Sauerstoff das Oxid Al_2O_3 in den Modifikationen:

α-Al_2O_3 (Korund)

γ-Al_2O_3 (in freier Form nicht beobachtet).

Bei Erhitzung > 900 °C wird γ-Al_2O_3 in α-Al_2O_3 umgewandelt.

Al_2O_3 ist ein amphoteres Oxid, dessen chemischer Charakter im Zusammenwirken mit basischen oder sauren Oxiden berücksichtigt werden muß.

Sauerstoff ist im Aluminium nicht löslich (einige Autoren geben Gehalte an im flüssigen Aluminium gelöstem Sauerstoff mit < 0,003 % an).

Die große Affinität zum Sauerstoff (und zum Stickstoff) begründet seinen Einsatz als Desoxidations- und Denitrierungselement, als Kornfeinungselement (Al_2O_3, AlN begünstigen eine feinkörnige Erstarrung des Schweißgutes), als Element zur Erhöhung der Alterungsbeständigkeit der Stähle. In Schweißpulvern beeinflußt Al_2O_3 die chemische Aktivität der Schlacke und die Viskosität.

Beim Schweißen von Aluminium muß die auf dem Grundwerkstoff gebildete dichte, hochschmelzende Oxidschicht (Schmelztemperatur 2050 °C) durch den Lichtbogen (WIG-Schweißen), das Flußmittel (beim Gasschmelzschweißen) oder Pulver (UP-Schweißen) beseitigt werden. Die Wiederoxidation wird durch das Schutzgas (Ar, Ar + He) oder die Bestandteile des Flußmittels/Pulvers vermieden.

Titan – Sauerstoff
Schmelztemperatur von Titan 1680 °C, Siedetemperatur 3125 °C

Titan bildet mit Sauerstoff die Oxide:

TiO_2, Ti_2O_3, TiO, Ti_3O_5.

Für die Schweißmetallurgie ist besonders TiO_2 (Rutil) wichtig, das sich schon bei der Erhitzung von Titan an Luft bildet.

Titan löst Sauerstoff in relativ hoher Konzentration, bildet Phasen mit wechselnder Zusammensetzung (Bild 5-21).

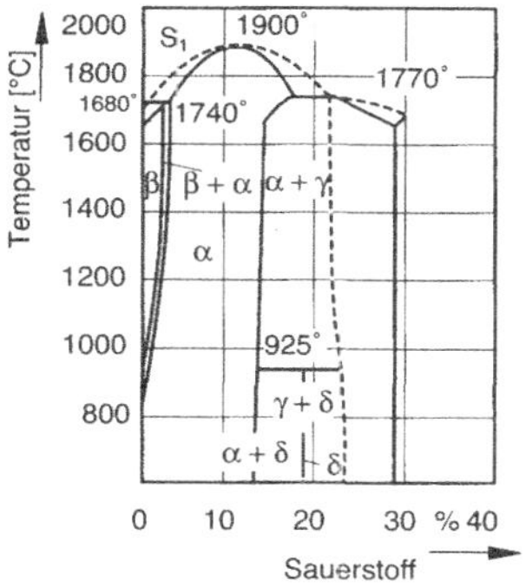

Bild 5-21. Zustandsschaubild Titan – Sauerstoff.

Die Bedeutung von Titan für die Schweißmetallurgie:

- Titan besitzt eine große Affinität zu Sauerstoff und Stickstoff, bildet ein sehr stabiles Oxid TiO_2 und Nitrid TiN. Es wird als Desoxidationsmittel eingesetzt.
- Titan hat ein großes Aufnahmevermögen für Sauerstoff, Wasserstoff, Stickstoff. Beim Schmelzschweißen von Titan und seinen Legierungen muß sowohl der erhitzte feste wie auch der schmelzflüssige Werkstoff durch ein Inertgas, durch eine Schlacke oder durch das Schweißen im Vakuum geschützt werden.
- Titan hat eine große Affinität zu Kohlenstoff, bildet ein stabiles Karbid (Verwendung in hochlegierten austenitischen Stählen als Stabilisierungselement).
- Titanoxid vermag in Schweißpulvern und Elektrodenumhüllungen SiO_2 zu ersetzen, es beeinflußt die Viskosität und die elektrische Leitfähigkeit der Schlacke.
- Titan wirkt lichtbogenstabilisierend.
- Titan beeinflußt die Schwefelbindung und -verteilung im Stahl.

Zirkon – Sauerstoff
Schmelztemperatur von Zirkon 1850 °C, Schmelztemperatur von ZrO_2 2670 °C, Siedetemperatur von Zirkon 4427 °C

Zirkon wird wegen der großen Sauerstoff- und Stickstoffaffinität als Desoxidations- und Denitrierungsmittel eingesetzt.

Zink – Sauerstoff
Schmelztemperatur von Zink 419 °C, Siedetemperatur 906 °C

Zink ist ein wichtiges Legierungselement in Cu-Legierungen. Beim Schweißen neigt Zink wegen der niedrigen Verdampfungstemperatur von 906 °C stark zur Verdampfung. Die Oxidation des Zn-Dampfes ist die Ursache eines relativ starken ZnO-Niederschlages im Bereich der Schweißnaht.

Oxide der seltenen Erden (Lanthanide)

Seltene Erdmetalle finden zunehmendes Interesse als desoxidierend und denitrierend wirkende Elemente. Sie beeinflussen in starkem Maße die Oberflächenspannung von Schmelzen. Wichtiger Vertreter für die Schweißtechnik ist Zeroxid, das häufig Bestandteil in Drähten und Schweißpulvern ist [5-11].

CeO übt eine modifizierende Wirkung aus.

Oxide der Alkalimetalle (Li, Na, K, Rb, Cs)

Sie haben Bedeutung vor allem als lichtbogenstabilisierende Elemente und Bestandteile der Elektrodenumhüllungen, Schweißpulver und Flußmittel.

5.1.6 Grundlagen der Desoxidation beim Schmelzschweißen

Beim Schmelzschweißen von Stahl ist die Teilnahme von Sauerstoff am Reaktionsgeschehen oftmals die Voraussetzung für einen gezielten Reaktionsablauf. Die Anwesenheit von Sauerstoff ist auch beim Schmelzschweißen anderer Metalle (Cu, Ni, Ti u. a.) nicht vermeidbar.

Die Folge ist eine beträchtliche Sauerstoffaufnahme durch das Schmelzbad während seiner Bildung und Existenz. Das Schmelzbad und das erstarrte Schweißgut enthalten hohe Sauerstoffkonzentrationen, die die Festigkeits- und Zähigkeitseigenschaften der Metalle verschlechtern.

Deshalb ist es eine wichtige schweißmetallurgische Aufgabe insbesondere beim Schmelzschweißen von Stahl, aber auch von Kupfer oder Nickel, den Sauerstoffgehalt im Schweißgut durch die Zugabe von Elementen zu verringern, die eine größere Affinität zum Sauerstoff haben als das zu schweißende Grundmetall. Diese senken die Sauerstofflöslichkeit im Metall und bilden im Schmelzbad unlösliche Oxide, die je nach Abkühl- bzw. Kristallisationsbedingungen aus dem Schmelzbad entfernt werden können.

Die Sauerstofflöslichkeit im schmelzflüssigen Eisen ist von der Temperatur abhängig. Für eine Eisenschmelze, die mit einer FeO-Schlacke im Gleichgewicht steht, wird sie mit der Gleichung von *Taylor* und *Chipman* (56) berechnet.

Die Sauerstofflöslichkeit wird aber auch durch Elemente mit großer Affinität zum Sauerstoff verringert. Der im Stahl verbleibende Restsauerstoffgehalt hängt jedoch nicht nur von der Affinität der betrachteten Elemente zum Sauerstoff, sondern auch von den Erstarrungs- und Kristallisationsbedingungen ab.

5.1.6.1 Desoxidationsvermögen der Elemente

Das sogenannte *Desoxidationsvermögen der Elemente* wird durch den Gehalt an gelöstem Sauerstoff im flüssigen Eisen bestimmt, der bei gegebener Temperatur und einer bestimmten Konzentration des Desoxidationselementes vorliegt. Beim Vergleich der einzelnen Desoxidationselemente besitzt dasjenige Element das größere Desoxidationsvermögen, das im flüssigen Eisen zu den niedrigeren Sauerstoffgehalten führt. Das Desoxidationsvermögen ist folglich ein Maß dafür, in welchem Grade das betreffende Element Einfluß auf die Sauerstofflöslichkeit im flüssigen Eisen nimmt. Es ist um so größer, je größer bei gegebener Temperatur der Unterschied zwischen dem Sauerstoffgehalt im reinen Eisen und im Desoxidationselement enthaltenden Eisen ist.

Die *Desoxidation* ist ein komplexer physikalisch-chemischer Prozeß, der mit dem Ziel der Verringerung des Sauerstoffgehaltes im Eisen durchgeführt wird.

Er schließt ein:

- die chemische Abbindung des im flüssigen Metall gelösten Sauerstoffes durch Elemente, die eine größere Affinität zum Sauerstoff haben als das Grundmetall. Dabei werden im flüssigen Metall nichtlösliche Oxide der Desoxidationselemente oder auch komplexe Oxide gebildet.
- die Ausscheidung der in der Metallschmelze nichtlöslichen Oxide aus dem Schmelzbad. Der Grad der Ausscheidung hängt in starkem Maße von den Abkühl- und Erstarrungsbedingungen ab. Bei günstigen Bedingungen erfolgt der Übergang des Hauptteils der Oxide in die Schlacke. Nichtausgeschiedene Desoxidationsprodukte bilden zusammen mit anderen Oxiden die sogenannten nichtmetallischen oxidischen Einschlüsse im Schweißgut.

Das Desoxidationsvermögen der Elemente wird folglich entsprechend der obigen Definition bestimmt durch:

- die Affinität der Elemente zum Sauerstoff,
- die Konzentration des jeweiligen Desoxidationselementes im Schmelzbad,
- die Temperatur des Schmelzbades,
- die physikalischen Eigenschaften der Metall- und Schlackeschmelze (Viskosität, Grenzflächenspannung u. a.),
- die Abmessungen (Volumen) des Schmelzbades,
- die Abmessungen, die Form und die Eigenschaften der gebildeten Desoxidationsprodukte.

Der Vergleich der Neigung der Oxide zur Dissoziation bei 1540 °C und 2300 °C zeigt, daß insbesondere bei den für die Schweißtechnik wichtigen Temperaturen die Stabilität der Oxide in der Reihenfolge NiO, FeO, MnO, SiO_2, TiO_2, Al_2O_3, CO steigt.

Es ist möglich, auf die Beständigkeit der Oxide bei den im grundwerkstoffseitigen Schmelzbad kurz vor der Erstarrung und den im Tropfen herrschenden Temperaturen zu schließen. Zusammen mit der im Bild 5-22 gezeigten Abhängigkeit des Restsauerstoffgehaltes in Eisenschmelzen von der Konzentration an Desoxidationselementen läßt sich so qualitativ das Desoxidationsvermögen der Elemente einschätzen.

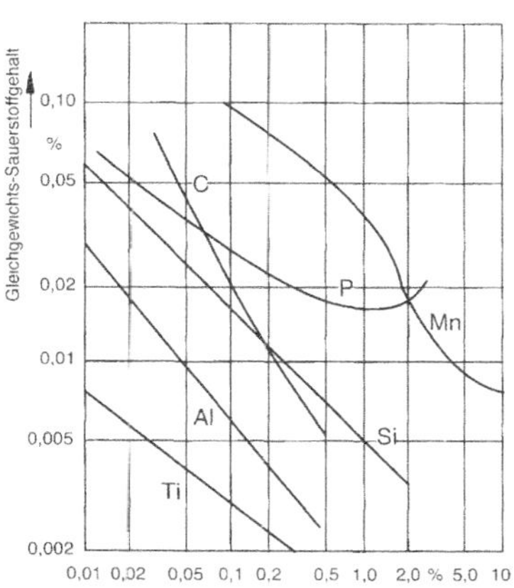

Bild 5-22. Desoxidationsvermögen verschiedener Elemente bei 1600 °C (nach *Samarin* [5-9]).

Samarin [5-9] gibt die thermodynamischen Funktionen einiger für die Stahlmetallurgie wichtiger Desoxidationsreaktionen an (Tabelle 5-6).

Tabelle 5-6. Thermodynamische Funktionen der Desoxidationsreaktionen [5-9].

Nr.	Reaktion	Gleichgewichts-konstante K	Temperaturabhängigkeit der Gleichgewichtskonstanten lg K	Änderung der freien Reaktionsenergie ΔF°
1	$MnO_{(fest)} = [Mn] + [O]$	[% Mn] [% O]	$-\dfrac{25270}{T} + 12{,}55$	115600-57,43 T
2	$(FeO)_3P_2O_{5(fl.)} = 3\ Fe_{(fl.)} + 8\ [O] + 2\ [P]$	$[\%\ P]^2\ [\%\ O]^8$	$-\dfrac{84200}{T} + 31{,}1$	383508-142,60 T
3	$(FeO)_3P_2O_{5(fl.)} + P_2O_5 = 4\ [P] + 13\ [O] + 3\ Fe_{(fl.)}$	$\dfrac{[\%P]^4[\%O]^{13}}{\alpha_{P_2O_5}}$	$-\dfrac{118000}{T} + 58{,}2$	531000-266,50 T
4	$\frac{1}{2}\ FeOCr_2O_{3(fest)} = \frac{1}{2}\ Fe_{(fl.)} + [Cr] + 2\ [O]$	$[\%\ Cr]^2\ [\%\ O]^2$	$-\dfrac{53110}{T} + 26{,}12$	485960-239,02 T
5	$Cr_2O_{3(fest)} = 2\ [Cr] + 3\ [O]$	$[\%\ Cr]^2\ [\%\ O]^3$	$-\dfrac{78970}{T} + 39{,}21$	361280-179,37 T
6	$[CrO] + Cr_2O_{3(fest)} = 3\ [Cr] + 4\ [O]$	$\dfrac{[\%Cr]^3[\%O]^4}{a_{CrO}}$	$-\dfrac{83530}{T} + 41{,}28$	390000-188,80 T
7	$\frac{1}{2}\ FeV_2O_{4(fest)} = \frac{1}{2}\ Fe_{(fl.)} + [V] + 2\ [O]$	$[\%\ V]\ [\%\ O]^2\ f^2_O$	$-\dfrac{25360}{T} + 10{,}95$	116010-50,12 T
8	$\frac{1}{2}\ V_2O_{3(fest)} = [V] + \frac{3}{2}\ [O]$	$[\%\ V]\ [\%\ O]^{\frac{3}{2}}\ f_O^{\frac{3}{2}}$	$-\dfrac{20950}{T} + 9{,}06$	95850-41,16 T
9	$\frac{1}{2}\ V_2O_{2(fest)} = [V] + [O]$	$[\%\ V]\ [\%\ O]\ f_O$	$-\dfrac{12810}{T} + 5{,}24$	58660-23,99 T
10	$C + x[O] = \{CO_x\}$	$\dfrac{p_{CO}}{[\%C][\%O]^x}$	$-\dfrac{1660}{T} + 1{,}65$	7600-7,55 T
11	$FeOSiO_{2(fl.)} = [Si] + 3\ [O] + Fe_{(fl.)}$	$[\%\ Si]\ [\%\ O]^3\ f_{Si}$	$-\dfrac{68930}{T} + 31{,}00$	315340-141,97 T
12	$SiO_{2(fest)} = [Si] + 2\ [O]$	$[\%\ Si]\ [\%\ O]^2\ f_{Si}$	$-\dfrac{48174}{T} + 21{,}63$	220400-98,98 T
13	$FeOAl_2O_{3(fest)} = 2\ [Al] + 4\ [O] + Fe_{(fl.)}$	$[\%\ Al]^2\ [\%\ O]^4$	$-\dfrac{58600}{T} + 22{,}75$	268000-104,00 T
14	$2\ FeOTiO_{2(fl.)} = [Ti] + 4\ [O] + 2\ Fe_{(fl.)}$	$[\%\ Ti]\ [\%\ O]^4$	$-\dfrac{64850}{T} + 23{,}47$	294000-107,30 T
15	$TiO_{2(fest)} = [Ti] + 2\ [O\}$	$[\%\ Ti]\ [\%\ O]^2$	$-\dfrac{30700}{T} + 10{,}33$	140500-47,30 T
16	$ZrO_{2(fest)} = [Zr] + 2\ [O\}$	$[\%\ Zr]\ [\%\ O]^2$	$-\dfrac{41340}{T} + 12{,}07$	189000-55,18 T

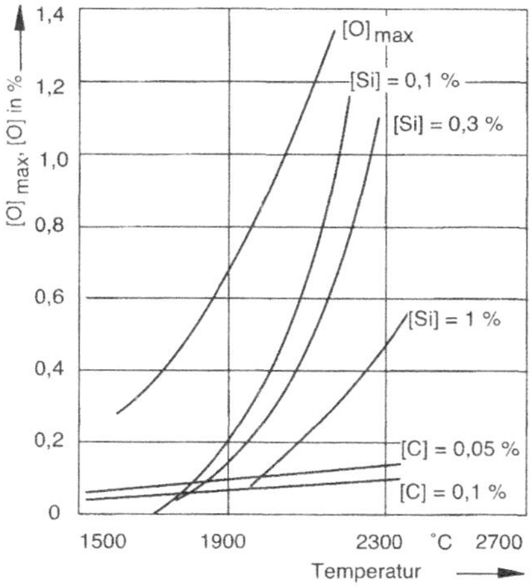

Bild 5-23. Gleichgewichts-Sauerstoffkonzentrationen in einer Eisenschmelze, die Desoxidationselemente enthält [5-12].

Aus eigenen Untersuchungen und den Ergebnissen von *Samarin* berechnete *Petrow* [5-12] die Gleichgewichts-Sauerstoffkonzentrationen in einer Eisenschmelze, die Desoxidationselemente enthält (Tabelle 5-7, Bild 5-23).

Tabelle 5-7. Konzentration des Sauerstoffs und der Desoxidationselemente in Eisenlegierungen, die sich im Gleichgewicht mit den Oxiden der Oxidationselemente befinden (nach Petrow).

Element	Gleichgewichts-konstante	$\lg K = f(T)$	Konzentration des Elementes in der Lösung in %	O-Gleichgewichtskonzentration in % bei 1540 °C	1800 °C	2300 °C
C	$\frac{[\%C][\%O]}{p_{CO}}$	$-\frac{2400}{T} - 1{,}327$	0,05 0,10	0,048 0,024	0,072 0,036	0,120 0,060
Mn	[%Mn] [%O]	$-\frac{25270}{T} + 12{,}55$	0,5 1,0 2,0	0,08 0,04 0,02	2,26 1,13 0,565	– – –
Si	$[\%Si]\,[\%O]^2$	$-\frac{26050}{T} + 9{,}5$	0,1 0,3 1,0	0,011 0,007 0,004	0,091 0,052 0,030	1,55 0,86 0,49
Ti	$[\%Ti]\,[\%O]^2$	$-\frac{30700}{T} - 10{,}33$	0,1 0,5	0,0010 0,0007	0,018 0,008	0,50 0,22

Für die Desoxidation des Schweißgutes wird im allgemeinen nicht nur *ein* Desoxidationselement genutzt. Der komplexen Wirkung der Elemente muß bei der Beurteilung von Desoxidationsprozessen Rechnung getragen werden.

Je nach dem Aggregatzustand der Desoxidationsprodukte (sie können im gasförmigen, flüssigen oder festen Zustand vorliegen), ihrer Größe, Form und Dichte können diese bei ungünstigen Ausscheidungsbedingungen ein poröses Schweißgut (Porosität durch das bei der Reaktion FeO + C = CO + Fe entstehende Kohlenmonoxid) verursachen, das Schweißgut verunreinigen durch Oxide, die an den Korngrenzen oder im Inneren der Kristallite angeordnet sind und die Festigkeitseigenschaften ungünstig beeinflussen.

Beim Schmelzschweißen ist zu unterscheiden zwischen:

- einer Vordesoxidation des schmelzflüssigen Tropfens durch Kohlenstoff (bei der Stahlschweißung)
- der Desoxidation des grundwerkstoffseitigen Schmelzbades durch die Desoxidationselemente Si + Mn, Si + Mn + Al, Al + Mn, Si + Mn + Ti beim Schmelzschweißen von Stahl, durch P, Al, Si, Mn, Ti, Sn beim Schmelzschweißen von Kupfer und Kupferlegierungen oder durch Al, Ti, Si beim Schweißen von Nickel und Nickellegierungen.

Die Bindung des Sauerstoffes an das Desoxidationselement erfolgt entweder durch die direkte Wechselwirkung bei der Bildung und dem Übergang des abschmelzenden Schweißzusatzes in das Schmelzbad, durch die Reaktion mit Sauerstoff bzw. Oxiden in der Schmelze oder durch die Reaktion zwischen Oxiden mit Bestandteilen der Schlacke.

Desoxidationsreaktionen können in allgemeiner Form als Reaktion zwischen dem Sauerstoff, der im flüssigen Eisen gelöst ist, und dem gelösten Desoxidationselement beschrieben werden:

$$[Me_xO_y] + z\,[De] = x\,[Me] + De_zO_y \tag{57}$$

mit

$[Me_xO_y]$ – Sauerstoffkonzentration im Grundmetall (gelöst und als FeO vorliegend)
$[De]$ – Konzentration des Desoxidationselements.

Die Gleichgewichtskonstante wird berechnet zu:

$$K = \frac{[Me_xO_y][De]^z}{[Me]^x[De_zO_y]}\ . \tag{58}$$

Daraus ergibt sich:

$$[Me_xO_y] = \frac{K \cdot [Me]^x [De_zO_y]}{[De]^z}\ . \tag{59}$$

Vorausgesetzt, daß sich bei der Reaktion die Grundmetallkonzentration praktisch nicht ändert, wird $[Me] \approx 1$.

Das Desoxidationsprodukt De_zO_y ist im Grundmetall wenig löslich und geht in die Schlacke über.

Seine Verteilung wird durch die Verteilungskonstante (nach *Nernst*) bestimmt:

$$L_{(De_zO_y)} = \frac{(De_zO_y)}{[De_zO_y]}\ . \tag{60}$$

L hängt nicht von der Konzentration $[Me_xO_y]$ und $[De]$ ab, deshalb kann $[De_zO_y]$ als konstant angenommen werden.

Wird $K \cdot [Me]^x\,[De_zO_y]$ als K' geschrieben, ergibt sich:

$$K' = const = [Me_xO_y] \cdot [De]^z. \tag{61}$$

D. h., zwischen dem Sauerstoffgehalt im Metall [O] bzw. $[Me_xO_y]$ und der Konzentration des Desoxidationselementes besteht eine exponentielle Abhängigkeit.

Um den Sauerstoffgehalt im Schweißgut so gering wie möglich zu halten, muß ein ausreichender Gehalt an Desoxidationselementen insbesondere über den Schweißzusatz (umhüllte Stabelektrode, Massiv- bzw. Fülldrahtelektrode oder Massivband- bzw. Füllbandelektrode) zugeführt werden. Bei der Festlegung des Gehaltes der Desoxidationselemente im Schweißzusatz sind folgende Anforderungen zu berücksichtigen:

- Die Sauerstoffkonzentration im Schweißgut soll so gering wie möglich sein.
- Geringe Verunreinigung des Schweißgutes durch nichtmetallische oxidische Einschlüsse.
- Gewährleistung der Festigkeits- und Zähigkeitseigenschaften des Schweißgutes (Desoxidationselemente wie Si, Mn, Al, Ti wirken zugleich als Legierungselemente).
- Sicherung einer hohen Heißrißbeständigkeit des Schweißgutes.
- Gute Be- und Verarbeitbarkeit des Zusatzwerkstoffes.

5.1.6.2 Wirksamkeit von Desoxidationselementen

Kohlenstoff

Ein wichtiges Desoxidationselement für das Schweißen von Stahl wäre nach Bild 5-22 Kohlenstoff. Er reagiert mit dem in der Schmelze vorhandenen Sauerstoff entsprechend der Reaktion:

$$[MeO] + [C] \rightleftarrows [Me] + \{CO\}.$$

Das entstehende CO ist in der Schmelze und im festen Metall nicht löslich. Es kann bei günstigen Erstarrungsbedingungen das Schmelzbad durch Diffusion verlassen, verbleibt aber bei ungünstigen Bedingungen in Form von Gashohlräumen (Poren) im Schweißgut.

Die stark desoxidierende Wirkung von Kohlenstoff vor allem bei sehr hohen Temperaturen, wie sie im Bereich des Tropfens beim Werkstoffübergang herrschen, beruht auf der Verbesserung der physikalischen Bedingungen für die Reaktion zwischen [C] und [O] und der Ausscheidung des gebildeten Gases. Trotz des genügend großen Desoxidationsvermögens kann Kohlenstoff aber nicht zur Desoxidation des Schmelzbades eingesetzt werden. Ein Absinken der Schmelzbadtemperatur verursacht nach *Samarin* während der Abkühlung und Erstarrung des Metalles die CO-Bildung wegen der Gleichgewichtsverschiebung bei der exothermen Reaktion [C] + [O] und der Änderung der Aktivität des im Eisen gelösten Kohlenstoffes.

Die Temperaturerniedrigung führt bei Fe-C-Schmelzen zum Anstieg der Kohlenstoffaktivität, besonders stark bei der Abkühlung im Bereich zwischen Liquidus- und Solidustemperatur. Diese Aktivitätserhöhung bei der Schmelzbadabkühlung hat damit Bedeutung für die Gasblasenbildung in Fe-C- und Fe-C-Mn-Legierungen.

Die Reaktion $[C] + [O] = \{CO\}$ ist für die im Tropfenstadium ablaufenden Prozesse bedeutend.

- Die Wechselwirkung zwischen den im Zusatzdraht enthaltenen Oxiden, dem Sauerstoff und Kohlenstoff:

  $$[FeO, SiO_2, MnO, \ldots]_{Draht} \quad + [C]$$
  $$[O] \quad + [C]$$

  verursacht eine intensive Gasbildung, die die Tropfenablösung fördern, aber auch einen ungerichteten Tropfenübergang bewirken kann.

  Ausgehend davon hat *Lapidus* [5-13] eine sogenannte Hohltropfentheorie entwickelt. Danach sollen infolge der CO-Bildung im Tropfen sich Hohlräume bilden, in denen das Gas von einer dünnen Schicht flüssigen Metalls umschlossen ist. Eine Volumenzunahme des Gases soll unter bestimmten Bedingungen die Tropfenablösung bewirken.

  Zeitlupenaufnahmen des Werkstoffüberganges beim Schweißen mit umhüllten Stabelektroden, beim UP- und MAGC-Schweißen lassen Gasbildungen und Ausbrüche aus dem Tropfen erkennen, bestätigen aber den Übergang sogenannter Hohltropfen nicht.

  Nach *Patzkewitsch* [5-14] bewirkt die Ausscheidung gasförmiger Reaktionsprodukte das Aufreißen und die Deformation des Tropfens, schwächt den stromleitenden Querschnitt und kann so eine

Tropfenablösung begünstigen. Die Einhaltung optimaler Gehalte an Desoxidationselementen, einschließlich Kohlenstoff, und geringer Verunreinigungsgrade des abschmelzenden Schweißzusatzes ermöglicht, dessen Abschmelzverhalten günstig zu beeinflussen.

Wegerdt [5-15] unterstreicht die Möglichkeit, über die Reaktion des Kohlenstoffes im Kerndraht mit den Oxiden in der Elektrodenumhüllung

		Beginn der Reaktion:
(MnO) + [C]	$\rightleftarrows$ Mn + {CO}	bei 1410 °C
(SiO_2) + 2 [C]	$\rightleftarrows$ Si + 2 {CO}	bei 1545 °C
(Al_2O_3) + 3 [C]	$\rightleftarrows$ 2 Al + 3 {CO}	bei 2050 °C

den Abschmelzcharakter umhüllter Stabelektroden zu beeinflussen und diese bei den hohen Temperaturen im Lichtbogenbereich zu einer wichtigen Triebkraft für den Werkstoffübergang zu machen.

- Neben den elektrischen Einflußfaktoren wird der Gasbildung im Tropfen (insbesondere CO) und der Gasausscheidung aus dem Schmelzbad eine spritzerfördernde Wirkung beigemessen.

  Hoher Kohlenstoffgehalt im Schweißdraht verstärkt die Neigung zur Verspritzung insbesondere bei offenen Lichtbogenschweißverfahren (Bild 5-24).

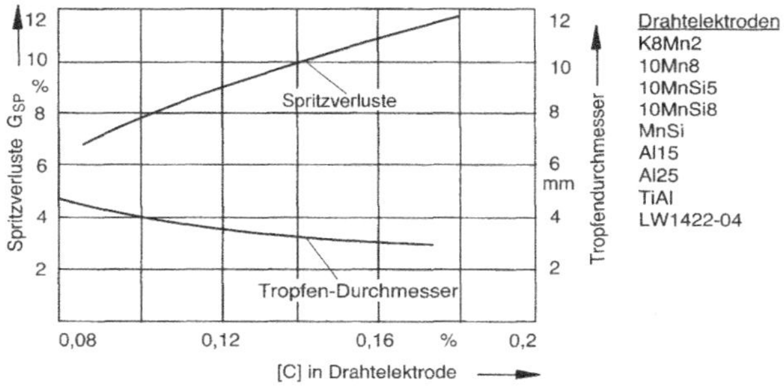

Bild 5-24. Spritzverluste beim MAGC-Schweißen.

Bei den Schweißprozessen mit verdecktem Lichtbogen ist die Wirkung des Kohlenstoffes auf die Spritzerbildung zu vernachlässigen, da eventuell gebildete Spritzer nicht als Metallverluste in Erscheinung treten.

- Die Verwendung von höhergekohlten Schweißzusätzen beim UP-Schweißen mit legierendem Schweißpulver ermöglicht eine teilweise Sauerstoffabbindung im Tropfen, eine Reduktion von Oxiden aus der Schlacke und den Übergang von Legierungselementen in das Schweißgut. Voraussetzung dafür ist der Werkstoffübergang entlang der Kavernenwand und damit die intensive Reaktion zwischen Tropfenmetall und Schlacke.

Mangan

Mangan ist durch ein relativ geringes Desoxidationsvermögen gekennzeichnet. Trotzdem spielt es im Desoxidationsprozeß eine wichtige Rolle. Das Desoxidationsvermögen von Mangan nimmt mit dem Ansteigen der Mangankonzentration im Schmelzbad zu, wahrscheinlich darauf zurückzuführen, daß bei der Desoxidation von Eisen mit Mangan ein festes Desoxidationsprodukt erst bei hohen Mangangehalten entsteht (Bild 5-25).

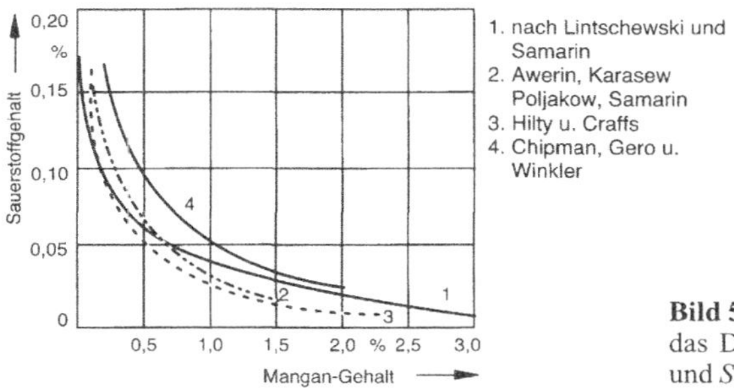

Bild 5-25. Von verschiedenen Autoren angegebene Werte für das Desoxidationsvermögen von Mangan (nach *Lintschewski* und *Samarin* [5-16]).

In Übereinstimmung mit Ergebnissen von *Lintschewski* und *Samarin* [5-16] sind die Desoxidationsprodukte je nach dem Mangangehalt im flüssigen Eisen Verbindungen der Art *a* MnO (1 – *a*) FeO im festen oder flüssigen Zustand.

Mit der Erhöhung des Mangangehaltes verändert sich die Zusammensetzung der Verbindung. Sie reichert sich mit MnO an. Bei 1565 °C und > 1,8 % Mn wird reines MnO abgeschieden.

Silizium, Vanadium, Aluminium, Titan

Bei der Bestimmung des Desoxidationsvermögens dieser Elemente wurde festgestellt, daß die Zusammensetzung der Desoxidationsprodukte sehr stark von der Konzentration der Elemente im Schmelzbad abhängt.

Silizium ist als Element mit starkem Desoxidationsvermögen einzuschätzen (Bild 5-26). Es bilden sich Desoxidationsprodukte, bei denen das Verhältnis der Anzahl der Silizium- und der Sauerstoffatome von der Siliziumkonzentration in der Schmelze abhängt. Nachgewiesen wurden Eisensilikat $FeO \cdot SiO_2$ und SiO_2.

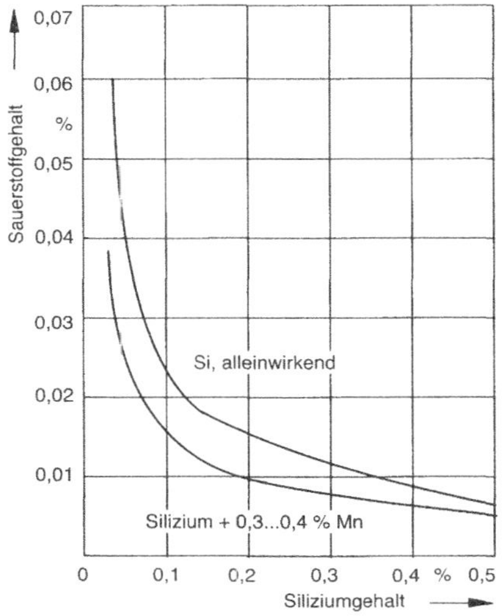

Bild 5-26. Desoxidationsvermögen von Silizium (nach *Lintschewski* und *Samarin* [5-16]).

In Abhängigkeit vom Vanadingehalt bilden sich beim Einsatz von Vanadin $FeO \cdot V_2O_3$ (Vanadinspinell), V_2O_3 (Vanadiumtrioxid) und V_2O_2 (Vanadindioxid).

Aufgrund der großen Affinität, die Aluminium und Titan zum Sauerstoff und Stickstoff haben, sind diese für den Schmelzschweißprozeß als Desoxidations- und Denitrierungselemente von Bedeutung. Für die Schweißbaddesoxidation und die Verbesserung des Mikrogefüges ist die Desoxidationsfolge wichtig [5-41].

Die günstige Wirkung von Aluminium auf die Feinkörnigkeit, die Alterungsbeständigkeit, die Überhitzungsunempfindlichkeit und Trennbruchsicherheit des Schweißgutes ist seit langem bekannt. Sie ist zurückzuführen auf die entstehenden Al_2O_3- und AlN-Ausscheidungen im Schweißgut. Probleme ergeben sich insbesondere im Hinblick auf die exakte Dosierung des Al-Gehaltes im Schweißzusatz. Aluminium wird vorwiegend über den Zusatzdraht in das Schweißgut eingebracht. Die große Sauerstoffaffinität von Al verursacht beträchtliche Abbrandverluste, die durch eine entsprechende Dosierung im Draht kompensiert werden müssen (Bilder 5-27 und 5-28).

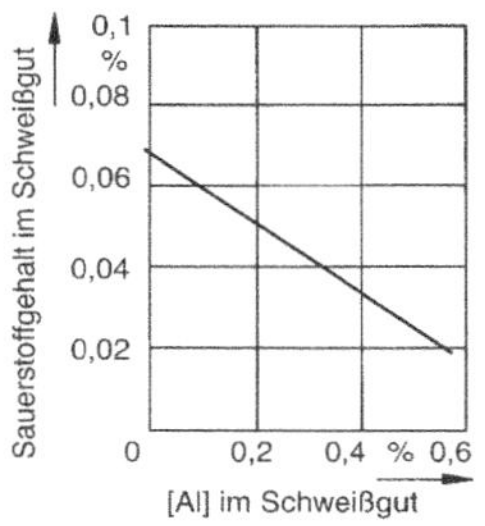

Bild 5-27. Sauerstoffgehalt im Schweißgut in Abhängigkeit vom Aluminiumgehalt [3-1].

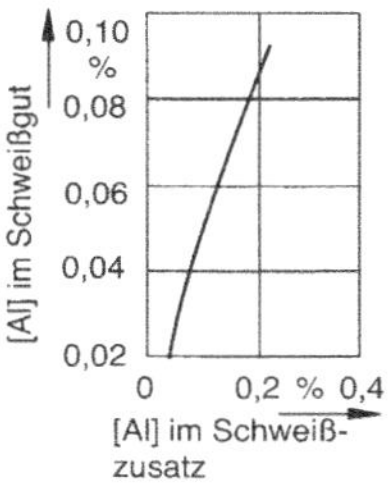

Bild 5-28. Aluminiumgehalte im Schweißgut in Abhängigkeit von den Aluminiumkonzentrationen im Schweißzusatz [3-1].

Bei der Verwendung von Al als Desoxidationselement ist neben dessen Einfluß auf den Sauerstoffgehalt im Schweißgut, auf Form, Eigenschaften und Verteilung der gebildeten Desoxidationsprodukte auch die Wirkung auf die Verteilung und Anordnung der Sulfide im Schweißgut (Vorliegen von Al_2S_3), auf die mechanischen Eigenschaften (insbesondere die Kaltzähigkeit) und die Heißrißbeständigkeit des Schweißgutes zu beachten. Bei Untersuchungen der metallurgischen Behandlung von Stählen auf die Heißrißbeständigkeit (HDR-Test) in Wärmeeinflußzone und im Schweißgut wurde im Ergebnis der sekundärmetallurgischen Behandlung festgestellt, daß ein höherer Al-Gehalt die Neigung zur Heißrißanfälligkeit erhöht, dem Einfluß von Al und C aber durch geringe Ti-Gehalte entgegengewirkt werden kann [5-21].

Die Desoxidation des Metalles durch Titan erfolgt bei Eisenschmelzen mit niedrigen Titangehalten (≤ 0,042 %) vor allem nach der Reaktion:

$$[Ti] + 4\,[O] + 2\,[Fe] = 2\,FeO \cdot TiO_2;$$

bei höheren Titangehalten (0,04 . . . 0,5 %) dagegen nach der Reaktion

$$[Ti] + 2\,[O] = TiO_2.$$

Titanhaltige Oxide beeinflussen bei den Schmelzschweißverfahren die Ferritausscheidung und führen zu bedeutenden Zähigkeitsverbesserungen im Schweißgut. Nach [5-18] ist bei Vorliegen von Ti_2O_3, das thermisch stabil ist und die feinkörnige Ferritausscheidung fördert, eine günstige Wirkung auf die Werkstoffeigenschaften festzustellen.

Die Mikrostruktur des Metalles in der Schweißzone ist für die Schweißnahtfestigkeit sehr wichtig. *Kon* und *Le* [5-19], *Yan* und *Kocak* [5-20] weisen auf die Rolle von Titan bei der Desoxidation des Schweißgutes, der Keimbildung (schon Titan-Gehalte von 0,043 % ergeben Ti-reiche Keime) und den günstigen Einfluß von TiO_2- und TiN-Einschlüssen auf die Zähigkeitseigenschaften des Stahles hin.

Desoxidierende Wirkung von Yttrium

Yttrium (Y) verfügt über gute desoxidierende Eigenschaften bei hohen Temperaturen. Es wird hinsichtlich der Sauerstoffaffinität nur von Ca übertroffen [5-42].

Neben der Sauerstoffaffinität ist die hohe Affinität zu Schwefel, Stickstoff und Wasserstoff zu nennen. Die Verbindungen vom Y zu S, N_2 und H_2 sind relativ stabil. Yttrium hat ebenso wie Ce oder Al einen großen Einfluß auf die Oberflächenspannung des flüssigen Metalls (oberflächenaktives Element).

Es kann bei optimalem Gehalt im Draht, in Elektrodenumhüllung, Fülldraht und Pulver die mechanischen Eigenschaften des Schweißgutes bei Raumtemperatur und bei tiefen Temperaturen erhöhen.

Y senkt die Oxidationsverluste von Mn, Si, Al, Ti, Cr und Nb und wirkt durch die Reduzierung des Gehaltes von S und Sulfiden der Gefahr der Schweißgutheißrißanfälligkeit entgegen.

Yttrium: Schmelztemperatur 1525 °C
Siedetemperatur 2930 °C
Im System Fe – Y sind die Verbindungen YFe_2, YFe_3, YFe_4, Y_2Fe_3 bekannt.
Die Löslichkeit von Y im δ-Fe beträgt 2,5 %, im γ-Fe 1,0 %, im α-Fe 0,03 %.

Desoxidation mit Mangan und Silizium

Das Desoxidationsvermögen starker Desoxidationselemente wie Si und Al kann erhöht werden, wenn der Schmelze ein schwach wirkendes Desoxidationselement, nämlich Mn, zugesetzt wird [5-22 ... 5-24].

Bild 5-29 zeigt den Einfluß von 0,5 % Mn in der Schmelze auf das Desoxidationsvermögen von Si und Al. Mn-Konzentrationen von 0,3 ... 0,4 % steigern z. B. das Desoxidationsvermögen des Siliziums um 20 ... 30 %.

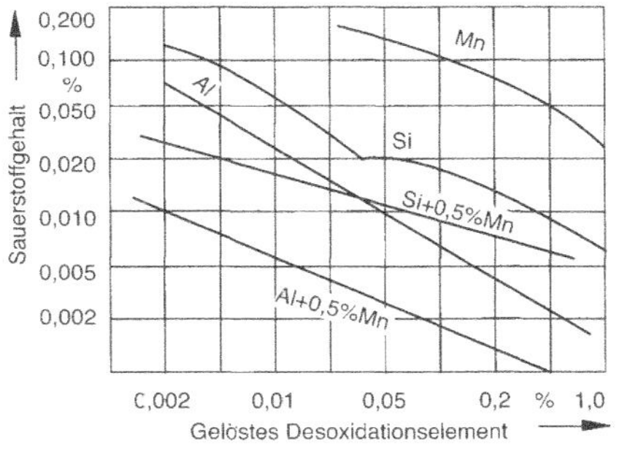

Bild 5-29. Einfluß von Mangan in der Eisenschmelze auf das Desoxidationsvermögen von Silizium und Aluminium [5-22 ... 5-24].

Von diesen Erfahrungen, der Theorie der Desoxidation von *Körber* und *Oelsen* [5-25] und den Arbeiten von *Schenck* [5-26] ausgehend, beschreibt *Sekiguchi* [5-24] die komplexe Desoxidation von Stahl mit Mn und Si und unterstreicht deren Bedeutung für die Entwicklung von Schweißdrähten.

Bild 5-30 zeigt die Zusammenhänge zwischen dem Gleichgewichts-Sauerstoffgehalt und der Mn-, Si-Konzentration in einer Eisenschmelze. Sie läßt Aussagen über die Zusammensetzung der gebildeten Desoxidationsprodukte zu.

Die Projektion der Raumkurve auf die Fläche, die durch den Mn- und Si-Gehalt begrenzt ist, ergibt Bild 5-31.

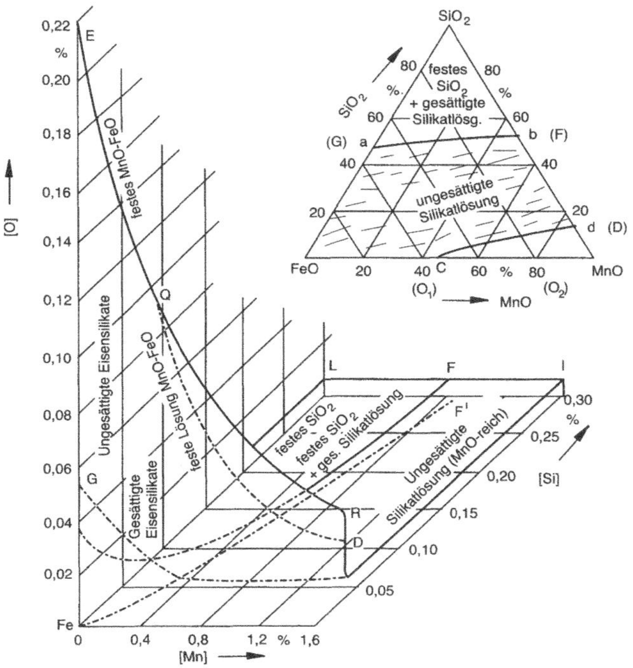

Bild 5-30. Gleichgewichts-Sauerstoffgehalt und Mn- und Si-Konzentration in der Eisenschmelze [5-25; 5-26].

Der Stahl, der mit seinem Mn- und Si-Gehalt im Feld II eingeordnet ist, ist nach der Erstarrung arm an Sauerstoff und Oxiden. Das Mn/Si-Verhältnis in diesem Bereich liegt in etwa bei 2 ... 3.

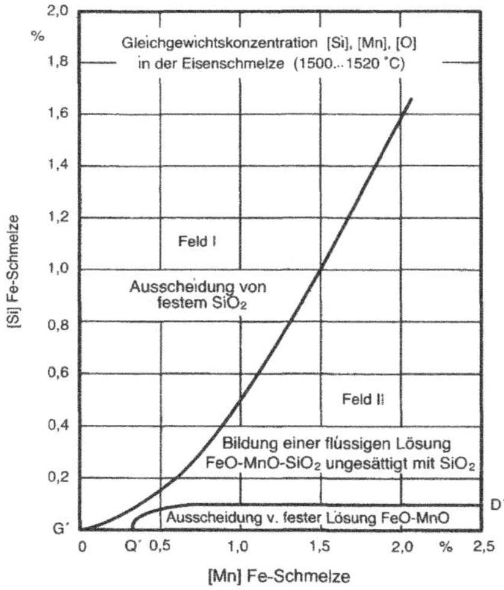

Bild 5-31. Mn- und Si-Konzentrationen in der Eisenschmelze, Eigenschaften der Reaktionsprodukte mit Sauerstoff.

Bild 5-32 zeigt, daß sich die [O]-Konzentration in einer Eisenschmelze verringert, wenn die Gehalte an Si und Mn erhöht werden. Um ein Schweißgut mit guten Zähigkeitseigenschaften und niedrigem Sauerstoffgehalt herstellen zu können, muß nach den Erkenntnissen von *Sekiguchi* das erstarrte Schweißgut arm an nichtmetallischen oxidischen Einschlüssen sein, soll das Schweißgut möglichst wenig Sauerstoff in fester Lösung enthalten. Das Schweißgut muß deshalb schon vor der endgültigen Erstarrung weitgehend frei von gelöstem Sauerstoff und von Desoxidationsprodukten sein. Die

Koagulation im flüssigen Zustand vorliegender Oxidteilchen fördert, geringe Benetzbarkeit mit der Metallschmelze vorausgesetzt, deren Ausscheidung aus dem Schmelzbad und den Übergang in die Schlacke. Der Aggregatzustand der Desoxidationsprodukte wird aber in starkem Maße durch deren Zusammensetzung bestimmt.

Bezogen auf die Desoxidation mit Mn und Si hat das Schweißgut nur dann niedrige [O]-Gehalte, weist wenig oxidische Einschlüsse auf (Bild 5-33) und ist ausreichend zäh, wenn es gut desoxidiert ist, d. h. sich die Mn-, Si-Gehalte im Feld II (Bild 5-32) bewegen.

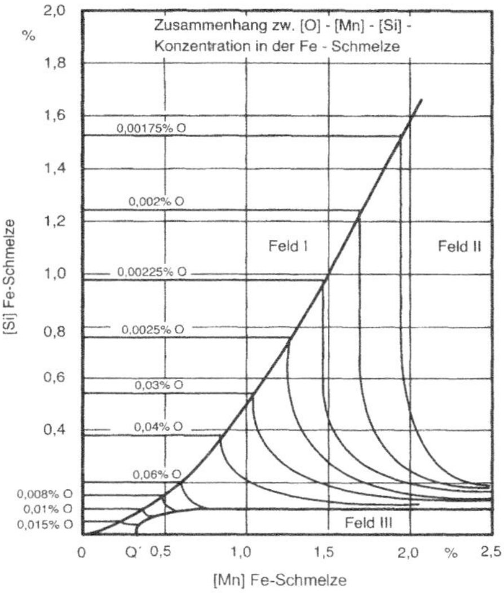

Bild 5-32. Sauerstoffgehalte in der Eisenschmelze, abhängig vom Mn- und Si-Gehalt (nach *Sekiguchi* [5-24]).

Die Anwesenheit weiterer Elemente im Schweißdraht, die desoxidierend wirken, z. B. C, Ti, verändert die Konzentrationsgrenzen für [Mn] und [Si], stellt aber nicht die grundsätzliche Wirkung von Mn und Si in Frage.

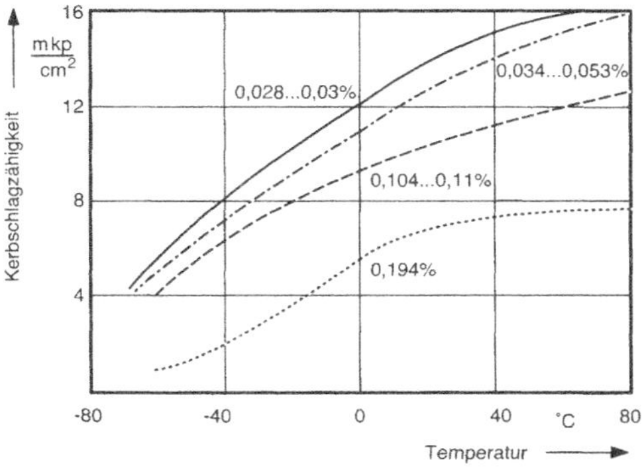

Bild 5-33. Schweißguteigenschaften und Einschlußgehalt.

Die Überprüfung der Schweißdrähte für die Metallschutzgasschweißung im Hinblick auf das für eine gute Desoxidation des Schweißgutes günstige Verhältnis

$$\frac{Mn}{Si} > 2 \ldots 3$$

ergibt eine relativ gute Übereinstimmung mit den Empfehlungen von *Sekiguchi*.

Die chemische Zusammensetzung der Schweißzusätze für die Metallschutzgasschweißung richtet sich nach der Zusammensetzung des zu schweißenden Grundwerkstoffes und den physikalischen und chemischen Eigenschaften des Schutzgases.

Die Analysengrenzen für Mn- und Si-Gehalte der Massivdrahtelektroden nach DIN EN 440:

G2Si1: 0,5 ... 0,8 % Si; 0,9 ... 1,3 % Mn,
G3Si1: 0,7 ... 1,0 % Si; 1,3 ... 1,6 % Mn,
G4Si1: 0,8 ... 1,2 % Si; 1,6 ... 1,9 % Mn

liegen in dem von *Sekiguchi* bevorzugten Feld II. Auch die Analysenwerte des Schweißgutes der Fülldrahtelektroden nach DIN EN 758 entsprechen den dargestellten Anforderungen.

Vergleiche mit ausländischen Massivdrahtelektroden, bei denen Mn und Si die vorrangigen Desoxidationselemente sind, untermauern die Vorschläge von *Sekiguchi*.

Beim Lichtbogenschweißen mit umhüllten Stabelektroden resultiert die Endzusammensetzung des Schweißgutes aus dem Anteil des Grundwerkstoffes, der aufgeschmolzen wird, der Zusammensetzung des Kernstabes und der Umhüllung sowie deren chemischer Wechselwirkung (Abbrand bzw. Zubrand an Legierungselementen). Die Elektrodentypen, die eine im Feld II liegende Schweißgutzusammensetzung aufweisen, garantieren die Bildung eines gut desoxidierten Schweißgutes mit guten Festigkeits- und Zähigkeitseigenschaften.

Beim UP-Schweißen wird die chemische Zusammensetzung des Schweißgutes in starkem Maße von den physikalisch-chemischen Wechselwirkungen zwischen Schweißzusatz (Massiv- bzw. Fülldrahtelektrode; Bandelektrode) – Schlacke – Grundwerkstoff bestimmt.

Da für das UP-Schweißen un- und niedriglegierter Baustähle Mn-legierte Schweißzusätze verwendet werden, muß der für die Desoxidation erforderliche Gehalt an Si aus dem Schweißpulver gewonnen werden entsprechend der Reaktionsgleichung:

$$(SiO_2) + 2\,Fe \rightleftarrows 2\,FeO + [Si].$$

Unter Beachtung dieser Wechselwirkung läßt sich schlußfolgern:

- der Si-Gehalt im Schweißgut steigt mit zunehmendem Gehalt an SiO_2 im Pulver,
- der Mn-Gehalt im Schweißgut steigt mit zunehmendem MnO-Gehalt im Schweißpulver,
- der Gehalt an Mn im Schweißgut steigt mit zunehmender Mn-Konzentration im Schweißzusatz.

5.1.6.3 Einflußfaktoren auf die Ausscheidung der Desoxidationsprodukte

Die Konzentration des gelösten Sauerstoffes im Schweißgut hängt vom Desoxidationsvermögen der Elemente ab. Der Sauerstoffgehalt wird aber nicht nur durch die Konzentration des im Schweißgut gelösten Desoxidationselementes bestimmt. Der Gesamtsauerstoffgehalt umfaßt den Gehalt an gelöstem Sauerstoff und den in den nichtausgeschiedenen Desoxidationsprodukten enthaltenen Sauerstoff.

Auch wenn die Konzentration an gelöstem Sauerstoff sehr niedrig gehalten wird, kann das Schweißgut einen hohen Gesamtsauerstoffgehalt aufweisen, wenn die entstandenen Desoxidationsprodukte nicht ausgeschieden werden. Unterschiede in der Kerbschlagzähigkeit des Schweißgutes sind oftmals von Unterschieden in der Zahl und den Abmessungen der nichtmetallischen Einschlüsse begleitet. Der Grad der Ausscheidung der Desoxidationsprodukte hängt von vielen Faktoren ab.

Die wichtigsten Faktoren sind:

- Temperatur und physikalische Eigenschaften des Schmelzbades, in dem die Desoxidationsprozesse ablaufen (Viskosität des Schmelzbades),
- Abkühl- bzw. Erstarrungsgeschwindigkeit des Schweißgutes (geringes Schmelzbadvolumen, die Tiefe und Breite des Schmelzbades, hohe Schweißgeschwindigkeit können die Ausscheidungsgeschwindigkeit stark beeinflussen),

- Eigenschaften der bei der Desoxidation entstandenen Oxidteilchen (Schmelztemperatur der Oxide, Aggregatzustand, Dichte, Grenzflächenspannung, Koagulationsvermögen),
- Größe der Oxidteilchen.

Die Ausscheidung der Oxide aus dem Schmelzbad und deren Übergang in die Schlacke ist ein *zeitabhängiger* Vorgang.

Zur Beurteilung der Aufstiegsgeschwindigkeit der Teilchen wurde zunächst das *Stokesche Widerstandsgesetz* herangezogen:

$$v = \frac{2}{9} \cdot g \cdot r^2 \, \frac{\rho_1 - \rho_2}{\eta} \quad [\text{cm/s}] \tag{62}$$

Hierin bedeuten:

r – Teilchenradius
g – Erdbeschleunigung
ρ_1, ρ_2 – Dichte der Metallschmelze, Dichte des Oxidteilchens $[\text{g/cm}^3]$
η – Viskosität (kinematische) $[\text{cm}^2/\text{s}]$.

In großer Annäherung ist anzunehmen, daß die Geschwindigkeit der Ausscheidung der unlöslichen Verbindungen dem Quadrat des Radius der Teilchen proportional ist. Je größer die Oxidteilchen sind, desto größer ist die Geschwindigkeit, mit der sie an die Oberfläche des flüssigen Schweißgutes aufsteigen.

Eine von *Prochorenko* entwickelte Theorie über die Abscheidung von Oxidteilchen aus flüssigem Stahl wird, da sie die Eigenschaften der Oxidteilchen (Oberflächenspannung, Benetzbarkeit) berücksichtigt, den Besonderheiten der Schweißgutraffination besser gerecht:

$$v = \frac{2}{3} \, \eta^{-1} \left(\frac{r^2 \cdot g \cdot \Delta_\rho}{3} - \frac{W_A - 2\sigma}{\pi} \right) \quad [\text{cm/s}] \tag{63}$$

Hierin bedeuten:

W_A – Adhäsionsarbeit
σ – Oberflächenspannung der Oxidteilchen [dyn/cm]

Da die Aufstiegsgeschwindigkeit der Oxidteilchen dem Teilchenradius proportional ist, kann eine Teilchenvergrößerung durch Koagulation die Ausscheidung fördern. Der Grad der Teilchenvergrößerung ist vor allem von der Zusammensetzung abhängig.

Die Schmelztemperatur der Oxide, die Viskosität der Schmelze (Schweißgut), die Viskosität der Oxidteilchen, die Schmelzbadbewegungen (bei Vermischung von abgeschmolzenem Draht mit aufgeschmolzenem Grundwerkstoff), die Grenzflächenspannung Teilchen – Schweißgutschmelze üben auf die Teilchenvergrößerung einen großen Einfluß aus.

Bei sonst gleichen Bedingungen verläuft der Prozeß des Zusammenfließens (Koagulation) bedeutend schneller, wenn die Oxidteilchen im flüssigen Aggregatzustand entstehen.

Das ist darauf zurückzuführen, daß das System bestrebt ist, die Oberflächenenergie an der Phasengrenze Schmelzbad – Oxidteilchen durch die Verkleinerung der Teilchenoberfläche bei ihrer Vergrößerung zu verringern.

Zu beachten ist aber, daß je größer das Desoxidationsvermögen eines Elementes ist, desto höher die Schmelztemperatur des Oxids dieses Elementes ist, d. h. um so ungünstiger sind die Bedingungen für die Teilchenvergrößerung und ihre Abscheidung aus dem Schmelzbad (Tabelle 5-8).

Bei der Verwendung komplexer Desoxidationsmittel (Mn-Si, Mn-Si-Al, Mn-Si-Ti) entstehen Verbindungen, wie MnO-, Al_2O_3-, FeO-haltige Silikate, Aluminate u. a., deren Schmelztemperatur ausreichend niedrig ist, um eine Koagulation zu ermöglichen, die aber auch relativ gering von der Metallschmelze benetzt werden.

Die Oberflächenspannung der Oxidteilchen und die Grenzflächenspannung Oxid – Schmelzbad haben auf die Ausscheidung der Desoxidationsprodukte einen großen Einfluß.

Untersuchungen binärer Schlacken auf CaF_2-Basis und an Systemen FeO-MnO-SiO_2, FeO-MnO-SiO_2-MgO zeigten, daß besonders SiO_2, Al_2O_3 und MnO als Bestandteil der Schlacke stark auf die Grenzflächenspannung wirken.

Tabelle 5-8. Desoxidationsvermögen und Schmelztemperatur der Oxide der Desoxidationselemente.

	Schmelztemperatur der Oxide der Desoxidationselemente [° C]	[% O] im Gleichgewicht mit 0,2 % des Desoxidationselementes
MnO	1784	0,1
SiO_2	1720	0,01
V_2O_3	1967	0,08
Cr_2O_3	2277	0,1
Al_2O_3	2050	0,005
TiO_2	1855	0,001
ZrO_2	2700	$1 \cdot 10^{-5}$

Die Grenzflächenspannung wird durch SiO_2, TiO_2, ZrO_2 verringert, durch MnO, Al_2O_3, CaO erhöht.

Die Oberflächenspannung des schmelzflüssigen Eisens wird durch Sauerstoff verringert.

Beim Schmelzschweißprozeß verlaufen die Desoxidationsreaktionen infolge der kurzen Existenzzeit im Schmelzbad nur unvollständig, die Abscheidung der Desoxidationselemente wird behindert.

Die Einschlußgehalte im erstarrten Schweißgut, Zusammensetzung, Form, Größe und Verteilung der Einschlüsse hängen neben den verwendeten Desoxidationselementen von den Parametern ab, die das Schmelzbadvolumen, die Schmelzbadabmessungen, die Verweilzeit des Schweißgutes im flüssigen Zustand (Existenzzeit), die Intensität der metallurgischen Reaktionen und die Schweißgutzusammensetzung bestimmen.

Es sind insbesondere:

- die Schweißstromstärke (Bild 5-34),
- die Schweißspannung (Bild 5-34),
- die Schweißgeschwindigkeit,
- die Zusammensetzung des Grundwerkstoffes und des Schweißzusatzes,
- die chemische Charakteristik des Schweißpulvers,
- die Gasphase.

Die Untersuchungen von *Streitenberger* [5-27] zur Einschlußmenge und -verteilung im MAG-Schweißgut unterstreichen diese Aussage.

Die Dichte der Schweißguteinschlüsse ist dem Abbrand der Elemente Mn und Si aus der Drahtelektrode proportional, wobei die Abbrandverluste mit zunehmendem Oxidationspotential des Schutzgases, höherer Schweißspannung und erhöhtem Si-Gehalt in der Massivdrahtelektrode zunehmen (Bilder 5-35 und 5-36, Tabelle 5-9).

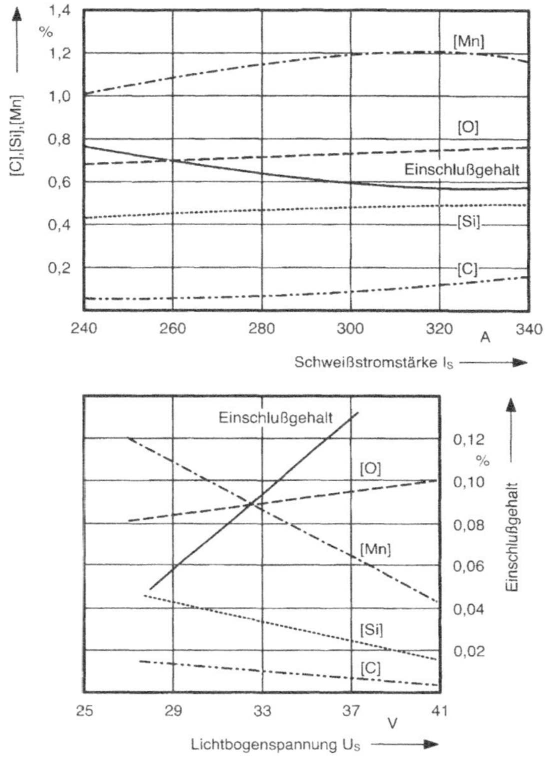

Bild 5-34. Einfluß der Schweißparameter auf den Mn- und Si-Abbrand und den Einschlußgehalt [3-1].

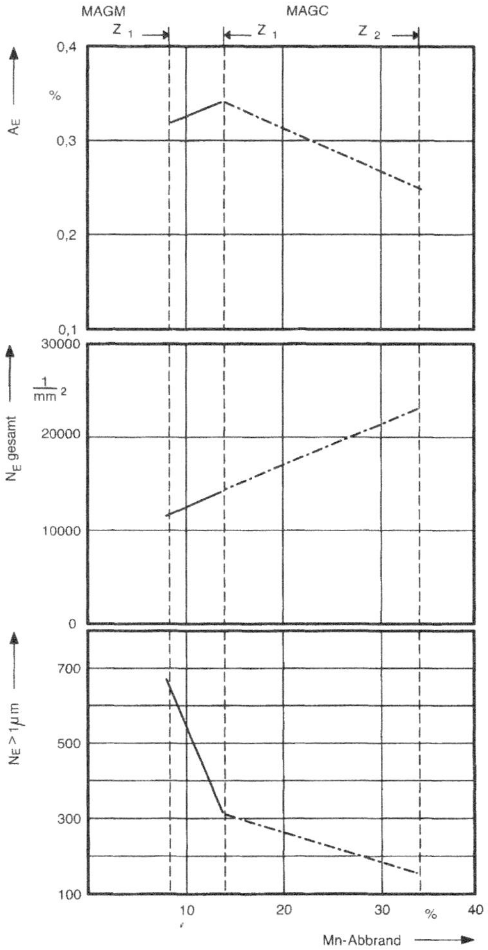

Bild 5-35. Beziehungen zwischen den Einschlußgehalten und Einschlußdichten und dem Mn-Abbrand [5-27].

N_E – Anzahl der Einschlüsse pro mm^2

A_E – Flächenanteil der Einschlüsse [%]

Z_1, Z_2 – Zusatzwerkstoffe mit unterschiedlichem Si-Gehalt

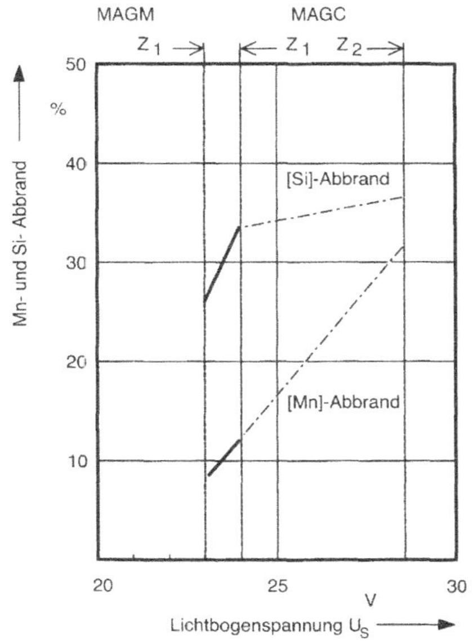

Bild 5-36. Einfluß der bei den Versuchsschweißungen verwendeten Schweißspannung auf den Mn- und Si-Abbrand [5-27].

Tabelle 5-9. Zusammensetzung der nichtmetallischen Einschlüsse und der Schlacke beim MAGC-Schweißen.

Werkstoff	Verhältnis der Oxide zur Metallmasse [%]	% SiO_2	% MnO	% FeO	% Al_2O_3
Drahtelektrode	0,019	3,92	14,26	8,38	73,44
geschmolzenes Metall	0,031	38,82	36,98	4,34	24,86
Schlacke	1,857	40,91	48,15	6,03	4,88

Für das MAGC-Schweißen wurden Menge und Zusammensetzung der Oxideinschlüsse im Schweißgut beim Abschmelzen eines Drahtes 10 Mn Si 6 mit

$I_S = 320$ A, $U_S = 30$ V bestimmt (Tabelle 5-10).

Über die Wirksamkeit der Desoxidation beim Metall-Schutzgasschweißen unter einem Schutzgas mit großem Oxidationspotential gibt die Zusammensetzung der auf der Schweißgutoberfläche abgeschiedenen Schlacke Auskunft (Tabelle 5-11).

Tabelle 5-10. Menge und Zusammensetzung der Oxideinschlüsse im Schweißgut.

Werkstoff	Chemische Zusammensetzung				Einschluß-gehalt	Einschlußanalyse		
	% C	% Si	% Mn	% O_2	%	% SiO_2	% FeO	% Al_2O_3
Stahl 1, beruhigt	0,13	0,18	0,44	0,009	0,018	11,0	2,5	81,0
Schweißgut	0,10	0,44	0,69	0,063	0,106	71,2	15,2	7,4
Stahl 2, unberuhigt	0,13	Sp.	0,40	0,020	0,020	65,3	6,4	21,2
Schweißgut	0,12	0,20	0,57	0,065	0,081	73,8	15,3	4,7
Stahl 3	0,34	0,21	0,73	0,011	0,008	32,1	6,8	51,0
Schweißgut	0,11	0,35	0,78	0,048	0,086	73,2	16,8	5,6

Tabelle 5-11. Chemische Zusammensetzung der Schlacke auf der Nahtoberfläche.

Massivdrahtelektrode: 0,14 % C; 0,55 % Si; 1,65 % Mn;

unberuhigter Grundwerkstoff S 235

$I_S = 290$ A, $U_S = 28$ V

chemische Zusammensetzung der Schlacke: 30,6 % SiO_2; 54,7 % MnO

Die Untersuchung der Sauerstoffabsorption und der Oxideinschlüsse im Schweißgut, das beim Abschmelzen von einem Reineisen-Elektrodendraht (F-1) und vier Ti-haltigen Massivdrahtelektroden (Ti-Gehalte von 0,49 %; 0,97 %; 1,82 % und 2,60 %), entsprechend T-1 bis T-4 der Tabelle im Bild 5-37, auf einen Grundwerkstoff (0,002 % C; 0,01 % Si; 0,01 % Mn; 0,006 % P; 0,004 % S) gebildet wurde, bestätigte den Einfluß der Schweißwerte I_S, U_S, v_S auf den Sauerstoffgehalt (Bild 5-37 a, b, c), den Zusammenhang zwischen Sauerstoffpartialdruck im Schutzgas und dem Sauerstoffgehalt im Schweißgut (Bild 5-38), den Einfluß von Sauerstoff im Schweißgut auf den Titanabbrand (Bild 5-39), die Beziehungen zwischen dem Schweißgutsauerstoffgehalt und der Einschlußmenge sowie der Einschlußzusammensetzung (Bild 5-40) [5-28].

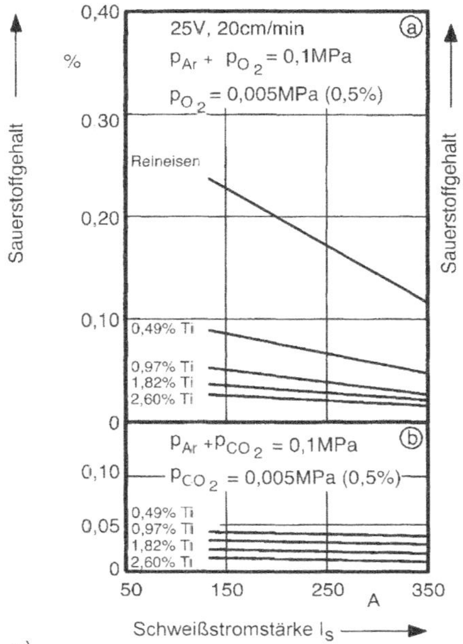

a)

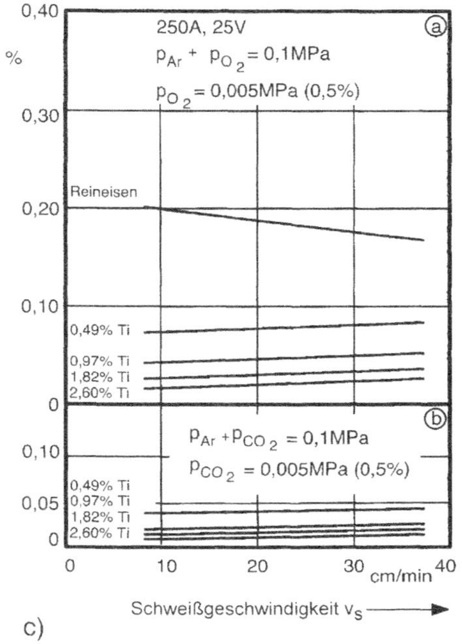

c)

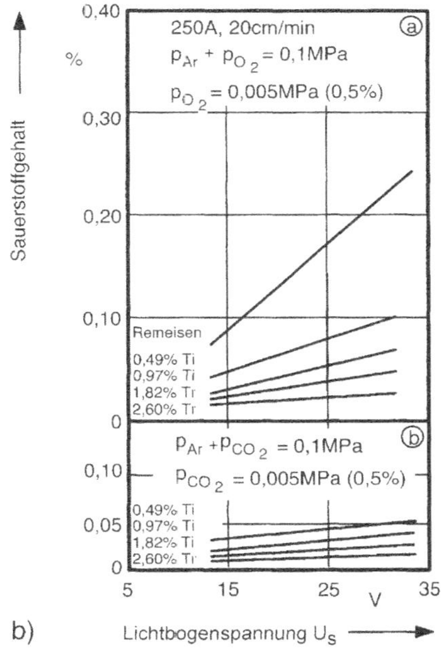

b)

	C	Si	Mn	P	S	Ti	O
Grundwerkstoff	0,002	0,010	0,010	0,006	0,004	-	0,001
Drahtelektrode F-1	0,008	0,017	0,028	0,005	0,006	-	0,007
T-1	0,002	0,020	0,020	0,005	0,005	0,490	0,001
T-2	0,003	0,030	0,020	0,005	0,005	0,970	0,002
T-3	0,003	0,020	0,020	0,005	0,005	1,820	0,001
T-4	0,004	0,030	0,020	0,005	0,005	2,600	0,001

Bild 5-37. Einfluß der Schweißwerte I_S (a), U_S (b), v_S (c) auf den Sauerstoffgehalt im Schweißgut beim Abschmelzen verschiedener Ti-haltiger Massivdrahtelektroden unter einem Schutzgas Ar + O_2 bzw. Ar + CO_2 [5-28].

Der Einschlußgehalt steigt mit zunehmender Sauerstoffkonzentration. Die Einschlüsse sind Oxide, die bei Erhöhung des Sauerstoff- und Verringerung des Titangehaltes ihre Zusammensetzung in der Reihenfolge Ti_2O_3, TiO_2, $FeO \cdot TiO_2$, $2\,FeO \cdot TiO_2$, FeO ändern.

Die chemische Zusammensetzung des Schweißgutes, der Gehalt an nichtmetallischen Einschlüssen und die Abkühlbedingungen (z. B. während des thermischen Zyklus) bestimmen das Wachstum des

Primäraustenits und sein Umwandlungsverhalten das Schweißmikrogefüge. Der Untersuchung der Einschlüsse als Kristallisationskeime im Kristallisationsprozeß und ihrer Wirkung auf die Festigkeit und die Zähigkeit des Schweißgutes kommt deshalb eine große Bedeutung zu.

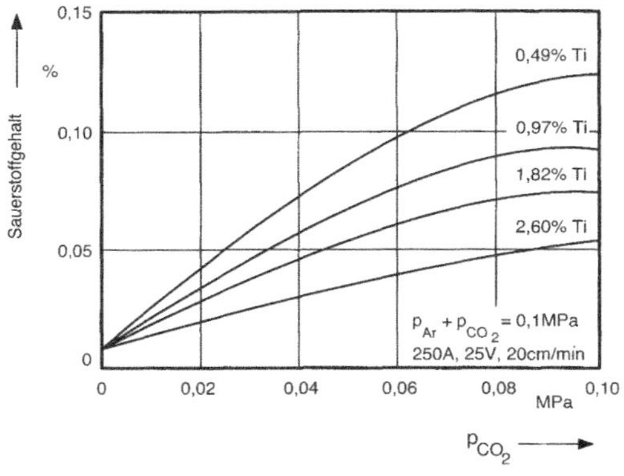

Bild 5-38. Einfluß des CO_2-Partialdruckes im Schutzgas auf den Sauerstoffgehalt im Schweißgut [5-28].

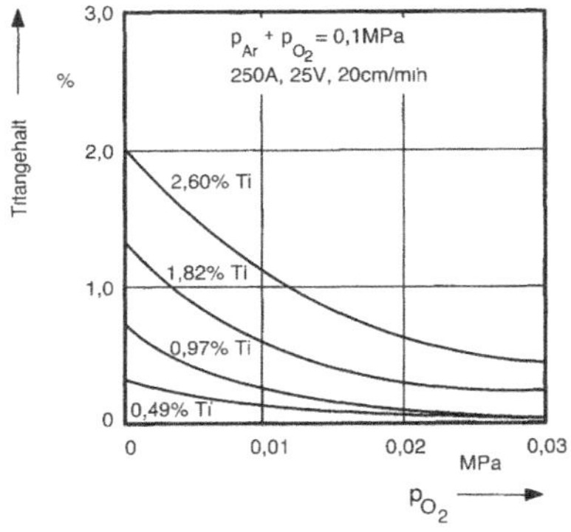

Bild 5-39. Sauerstoffeinfluß (p_{O_2} im Schutzgas) auf den Abbrand von Titan aus der Massivdrahtelektrode [5-28].

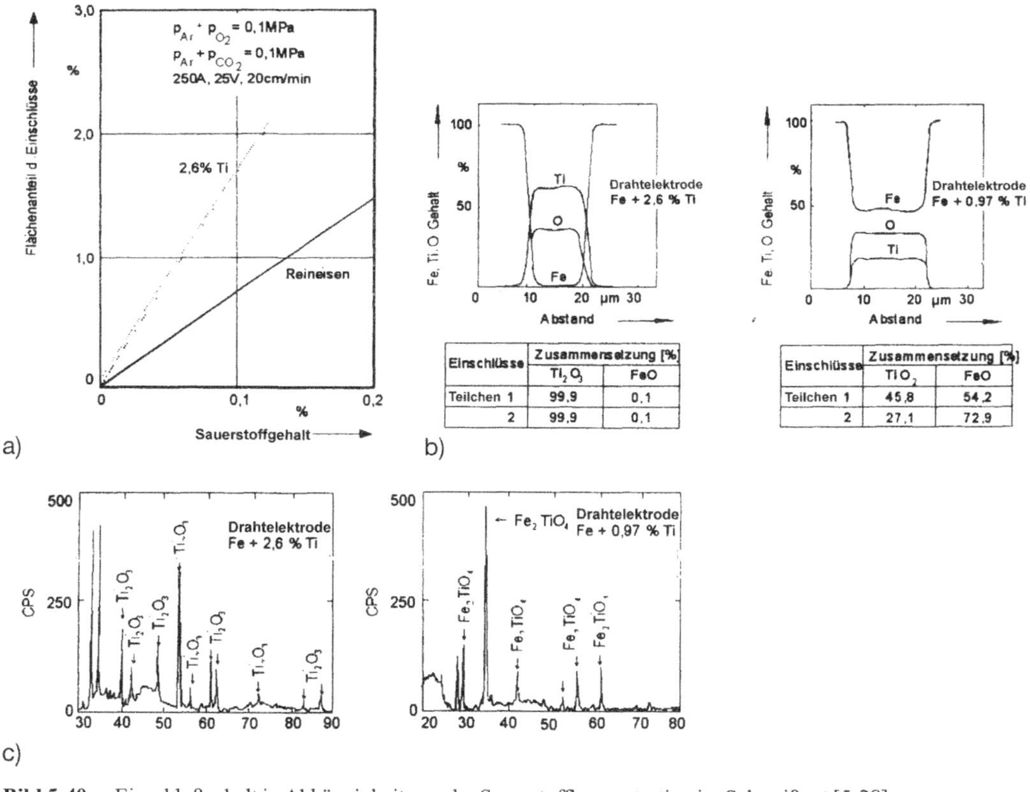

Einschlüsse	Zusammensetzung [%]	
	Ti_2O_3	FeO
Teilchen 1	99,9	0,1
2	99,9	0,1

Einschlüsse	Zusammensetzung [%]	
	TiO_2	FeO
Teilchen 1	45,8	54,2
2	27,1	72,9

Bild 5-40. Einschlußgehalt in Abhängigkeit von der Sauerstoffkonzentration im Schweißgut [5-28].

5.1.6.4 Desoxidation im Vakuum

Die Anwendung des Vakuums bietet für das Verbindungsschweißen von hochlegierten Stählen, die Verbindung von un- und niedriglegierten mit hochlegierten Stählen (Schwarz-Weiß-Verbindungen), für das Schweißen von Nichteisenmetallen und Sonderlegierungen, aber auch für das Umschmelzen von hochlegierten Werkstoffen große Vorteile.

Die Schweißnähte bzw. Umschmelzlegierungen können mit hoher Reinheit an solchen Beimengungen wie Kohlenstoff, Sauerstoff, Stickstoff und Wasserstoff erzeugt werden. Das Elektronenstrahlschweißen und -umschmelzen, bei dem die Elektronenstrahlquelle auf etwa 10^{-3} Pa (10^{-5} mbar), die Arbeitskammer auf einen Druck von $< 5 \cdot 10^{-2}$ Pa ($5 \cdot 10^{-4}$ mbar) evakuiert ist, arbeitet mit einer hohen Leistungsdichte im Elektronenstrahl (bis zu 10^8 J/cm^2), ermöglicht eine geringe spezifische Wärmeeinbringung und ein verzugsarmes Schweißen mit schmalen Wärmeeinflußzonen. Die Möglichkeit, im Vakuum zu schweißen, ist ein Vorteil beim Verbinden gasempfindlicher Werkstoffe, wie Molybdän, Tantal, Titan, Zirkon u. a. [5-29], aber schafft auch günstige Voraussetzungen für die Schweißung dünn- und dickwandiger Bauteile in der Luft- und Raumfahrt, in der Triebwerks- und Energietechnik sowie im Apparate- und Anlagenbau.

Beim Elektronenstrahlschweißen laufen die metallurgischen Reaktionen im Schmelzbad ab, das im Vakuum gebildet wird und erstarrt.

Nach thermodynamischen Überlegungen müssen bei Gleichgewichtsbetrachtungen von heterogenen Reaktionen, die im Schmelzbad stattfinden, nur die gasförmigen Komponenten berücksichtigt werden. Fragen der Wechselwirkung zwischen den Komponenten im Schmelzbad (wie zwischen Kohlenstoff und Sauerstoff, Wasserstoff und Sauerstoff, Kohlenstoff und Oxiden) stehen im Vordergrund.

Nur bei der Anwendung des Vakuums können *Kohlenstoff* und *Wasserstoff* bevorzugt vor anderen Elementen als Desoxidationsmittel wirken.

Wasserstoff und Stickstoff werden in unterschiedlicher Menge in Metallen gelöst. Bedingt durch die Temperatur- und Druckabhängigkeit der Löslichkeit von Gasen in Metallen können die in der Metallschmelze gelösten Gase Wasserstoff und Stickstoff durch die Verringerung ihrer Partialdrücke in der Gasphase (Vakuum) weitgehend aus der Schmelze entfernt werden.

Hydride bzw. Nitride, die bei Überschreiten der Löslichkeitsgrenze der Metallschmelze für Wasserstoff bzw. Stickstoff gebildet werden, werden thermisch zerlegt.

Die Reaktion des Kohlenstoffs und Wasserstoffs mit dem in der Metallschmelze gelösten Sauerstoff führt zur Bildung gasförmiger Reaktionsprodukte, nämlich:

CO, CO_2 und H_2O-Dampf.

Das Vakuum sorgt bei der Desoxidation mit Kohlenstoff für einen niedrigen Partialdruck der gasförmigen Reaktionsprodukte. So kann eine Schmelze (Schweißgut) mit niedrigem Gehalt an Sauerstoff und Desoxidationsmitteln erzeugt werden. Verbunden mit der Abscheidung der gasförmigen Desoxidationsprodukte ist eine Verringerung des Stickstoffgehaltes. Die Desoxidationsreaktionen lauten:

$$[C] + [O] \rightleftarrows \{CO\},$$
$$[C] + MeO \rightleftarrows \{CO\} + Me,$$
$$2\,[H] + MeO \rightleftarrows \{H_2O\}_D + Me.$$

Bild 5-41 zeigt Gleichgewichtsuntersuchungen, die *Vacher-Hamilton* durchgeführt haben. Danach steht eine Schmelze mit 0,1 % C bei Normaldruck mit 0,025 % Sauerstoff, bei 40 mbar mit 0,001 % Sauerstoff und bei 4 mbar mit 0,0001 % Sauerstoff im Gleichgewicht.

Massenspektrometrische Arbeiten ergaben, daß insbesondere in Prozessen, die bei sehr hohen Temperaturen ablaufen, sogenannte Suboxide (gasförmige Oxide) auftreten.

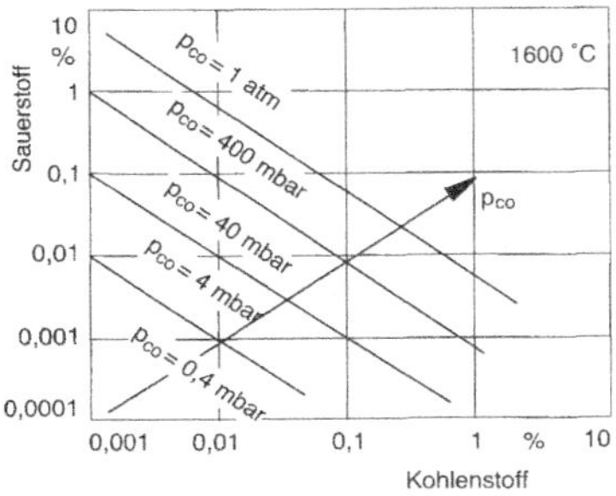

Bild 5-41. Gleichgewichtsuntersuchungen von *Vacher-Hamilton*; [C] · [O]-Gleichgewichte in einer Eisenschmelze bei 1600 °C und bei verschiedenen Drücken.

Bei allen Metallen, deren gasförmige Suboxide höhere Dampfdrücke als die reinen Basismetalle haben, kann ein Teil des Sauerstoffes über die Suboxide entfernt werden.

Der Dampfdruck des Suboxides SiO bei 1600 °C beträgt ~ 66 mbar, von reinem Silizium 0,6 mbar.

Mit der Anwendung eines Vakuums in der Schweißtechnik lassen sich metallurgische Wirkungen erzielen, wenn während des Reaktionsablaufes gasförmige Reaktionsprodukte entstehen.

5.1.6.5 Desoxidation beim Schmelzschweißen von Kupfer

Beim Schmelzschweißen von Kupfer und Kupferlegierungen muß das Schmelzbad gut desoxidiert werden.

Zur Abbindung des Sauerstoffes, der als Eutektikum Cu + Cu_2O vorliegt und beim Schweißen in das Schmelzbad gelangt, kommen:

P, Mn, Si, Ti, Zr, Al, Sn

in Frage.

Die Auswahl des Desoxidationselementes richtet sich nach den Eigenschaften des zu schweißenden Grundwerkstoffes und den Anforderungen, die an das Schweißgut gestellt werden (elektrische Leitfähigkeit, Wärmeleitfähigkeit, Festigkeit u. a.). Die Gleichungen für die Temperaturabhängigkeit der Gleichgewichtskonstanten der Desoxidationsreaktionen lauten:

$$\lg K_{Mn} = \lg\,[\%\,Cu_2O]\,[\%\,Mn] = -\frac{15000}{T} + 5{,}9$$

$$\lg K_{Si} = \lg\,[\%\,Cu_2O]^2\,[\%\,Si] = -\frac{35000}{T} + 11{,}5$$

$$\lg K_{Ti} = \lg\,[\%\,Cu_2O]^2\,[\%\,Ti] = -\frac{36000}{T} + 10{,}4$$

$$\lg K_{Zr} = \lg\,[\%\,Cu_2O]^2\,[\%\,Zr] = -\frac{42050}{T} + 9{,}86$$

$$\lg K_{Al} = \lg\,[\%\,Cu_2O]\,[\%\,Al] = -\frac{22100}{T} + 5{,}6$$

Wie aus Bild 5-42 hervorgeht, ist Zr das am stärksten wirkende Desoxidationselement. Um bei Temperaturen von ≈ 2400 °C im Kupfer einen Gehalt von 0,01 % Cu_2O (1,12 · 10^{-3} % O) zu gewährleisten, sind etwa 0,1 % Al oder 0,013 % Zr zur Desoxidation erforderlich. Beim Metall-Schutzgasschweißen werden vor allem Al, Ti und Sn als Desoxidationselemente im Draht verwendet.

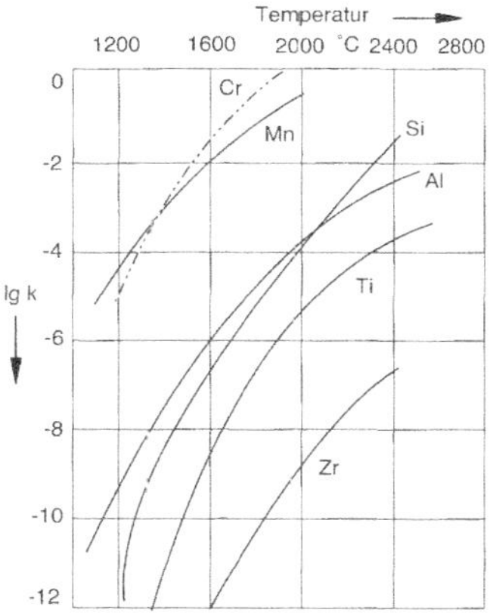

Bild 5-42. Gleichgewichtskonstanten der Desoxidationsreaktionen für Kupfer in Abhängigkeit von der Temperatur.

5.2 Wechselwirkungen des Metalles mit Schlacken

Die Qualität der Schweißnähte von UP- und Elektro-Schlacke-Schweißungen hängt in starkem Maße von der chemischen Zusammensetzung, dem metallurgischen Verhalten des verwendeten Schweißpulvers und der Wechselwirkung des Schweißzusatzes (in Draht- oder Bandform) mit der aus dem Schweißpulver entstehenden *Schlacke* ab.

Beim Abschmelzen von umhüllten Stabelektroden bildet sich eine *Schlacke*, deren Komponenten mit den Elementen des Elektrodenkernstabes reagieren.

Die Schlackenmenge, das Verhältnis Schlackevolumen/Volumen der Metallschmelze werden durch die Schweißparameter, die Umhüllungsdicke (bezogen auf den Kernstabnenndurchmesser) bei Stabelektroden und durch die technologisch und metallurgisch notwendige Pulvermenge bestimmt. Eine *Schlacke* entsteht in geringer Menge auf der Schweißnahtoberfläche auch beim Abschmelzen von Fülldrahtelektroden oder beim Metall-Schutzgasschweißen (MAGC). Sie ist beim MAGC-Schweißen das Ergebnis von Reaktionen, deren Produkte (meist Oxide) aus dem Schmelzbad ausgeschieden werden.

Beim Schmelzschweißen z. B. von Cu oder Al werden Flußmittel eingesetzt. Sie wirken oxidschichtlösend und schmelzbadschützend. Weitverbreitet sind Flußmittel beim Löten.

Schlacken entstehen durch das Schmelzen des Schweißpulvers bzw. der Elektrodenumhüllung durch die Wärmewirkung des Lichtbogens. Beim Elektro-Schlacke-Schweißen wird eine bestimmte Schlackemenge zu Beginn des Schweißprozesses durch den Lichtbogen geschmolzen. Der Lichtbogen erlischt danach aufgrund der elektrischen Leitfähigkeit der Schlacke. Der Schweißzusatz schmilzt unter der Wirkung der Widerstandserwärmung der Schlacke im Schlackebad ab.

5.2.1 Aufgaben der Schlacken beim Schmelzschweißen

Die beim Schmelzen des Schweißpulvers, der Elektrodenumhüllung, des Flußmittels oder der Pulverfüllung von Fülldrahtelektroden entstehende Schlacke kann aufgrund ihrer physikalischen und chemischen Eigenschaften folgende Aufgaben übernehmen:

- Schutz des Schmelzbades vor den Bestandteilen der Atmosphäre (insbesondere Wasserstoff und Stickstoff),
- Verringerung der Wärmeabstrahlung und Verzögerung der Schweißnahtabkühlung,

– Desoxidation des Schmelzbades, seine Legierung und Raffination,
– Formung der Nahtoberfläche (grob- bzw. feinschuppige Zeichnung der Schweißnahtoberfläche; dabei hat aber auch die Schweißgeschwindigkeit einen großen Einfluß),
– Stabilisierung des Lichtbogens (beim Abschmelzen umhüllter Stabelektroden, von Fülldrahtelektroden oder beim UP-Schweißen), Beeinflussung des Werkstoffüberganges,
– Steuerung des Ablaufes metallurgischer Reaktionen,
– Bildung der „Kaverne" beim UP-Schweißen,
– Erhöhung der Leistungsfähigkeit des UP-Schweißens und des Schweißens mit umhüllten Stabelektroden durch Einbringen von Fe-Pulver in das Schweißpulver oder in die Umhüllung,
– Abschmelzen des Schweißzusatzes beim Elektro-Schlacke-Schweißen,
– Auflösung hochschmelzender Oxidschichten (z. B. durch das Flußmittel beim Schmelzschweißen von Aluminium).

Inwieweit die Schlacke die genannten Aufgaben erfüllen kann, hängt von der chemischen Zusammensetzung, von der Temperatur, aber auch von den Schweißbedingungen ab.

5.2.2 Schlackenaufbau

Schlacken sind Schmelzen aus Oxiden und Salzen der Metalle. Oxide können als freie oder komplexe Verbindungen vorliegen.

Die Schlacken sind in der Metallschmelze und im kristallisierten Schweißgut meist nicht löslich.

Die physikalischen Eigenschaften der Schlacke (Schmelztemperatur, Erstarrungsintervall, Oberflächenspannung, Viskosität, elektrische Leitfähigkeit, Dichte) hängen von ihrer chemischen Zusammensetzung ab. Die chemische Wechselwirkung zwischen der Schlacke und dem Metall wird durch die Anteile basischer, saurer und amphoterer Oxide in der Schlacke maßgeblich beeinflußt. Schlacken werden durch das Aufschmelzen von Schweißpulvern beim Unterpulverschweißen bzw. von Umhüllungen bei Stabelektroden gebildet. Bei Schweißpulvern sind sie entsprechend der chemischen Zusammensetzung in die Pulvertypen, z. B.:

ZS	Zirkon-Silikat	(mind. 45 % $ZrO_2 + SiO_2 + MnO$; mind. 15 % ZrO),
MS	Mangan-Silikat	(mind. 50 % $MnO + SiO_2$; max. 15 % CaO),
CS	Kalzium-Silikat	(mind. 55 % $CaO + MgO + SiO_2$; mind. 15 % CaO + MgO),
AR	Aluminat-Rutil	(mind. 40 % $Al_2O_3 + TiO_2$),
AB	Aluminatbasisch	(mind. 40 % Al_2O_3 + CaO + MgO; mind. 20 % Al_2O_3; max. 22 % CaF_2),
FB	Fluoridbasisch	(mind. 50 % CaO + MgO + MnO + CaF_2; max. 20 % SiO_2; mind. 15 % CaF_2)

eingeteilt (DIN EN 760). Bei der Einteilung werden nur die Hauptbestandteile berücksichtigt. Stabelektroden für das Verbindungsschweißen von unlegiertem und niedriglegiertem Stahl unterscheiden sich im Hinblick auf den Umhüllungscharakter nach DIN EN 499 in:

sauerumhüllte,
rutilumhüllte,
rutilsauer-umhüllte,
zelluloseumhüllte,
rutilzellulose-umhüllte,
basischumhüllte,
rutilbasisch-umhüllte.

Die Gehalte an SiO_2, MnO, CaO, TiO_2, Al_2O_3 liegen in Schweißpulvern und Elektrodenumhüllungen weit über den Konzentrationen der anderen Komponenten. Deshalb kann eine überschlägliche Einschätzung der chemischen Wirkung der Schlacken schon durch

- den Basizitätsgrad $B = \frac{\% CaO}{\% SiO_2}$ oder (64)

- den Säuregrad $S = \frac{\% SiO_2}{\% CaO}$ (65)

vorgenommen werden.

Für Schweißpulver und daraus gebildete Schlacken wird zur Bestimmung der *chemischen Charakteristik* die Formel von *Boniczewski* genutzt:

$$B = \frac{CaO + MgO + BaO + CaF_2 + Na_2O + K_2O + 0{,}5\,(FeO + MnO)}{SiO_2 + 0{,}5\,(Al_2O_3 + TiO_2 + ZrO_2)} \tag{66}$$

Nach der Chemischen Charakteristik *B* unterscheidet man:

saure Pulver	$B <$ 1,
neutrale Pulver	$B \approx$ 1,
basische Pulver	$B >$ 1,
hochbasische Pulver	$B >>$ 1.

Da der Basizitätsgrad nach *Boniczewski* keine ausreichende Differenzierung der Schweißpulver zuläßt, wurden von *Tremmer* und *Büttmann* Untersuchungen durchgeführt, die ergaben, daß geeignetere Kriterien die Gehalte an „freiem" und gebundenem Sauerstoff im Schweißgut sind.

In der schweißtechnischen Fertigung befinden sich vor allem Schmelzpulver und agglomerierte Pulver in der Anwendung. Für *Schmelzpulver* werden Erze und Ausgangsstoffe wie Quarz, Magnesit, Flußspat oder Tonerde bei Temperaturen > 1200 °C zu einem Mehrstoffgemisch geschmolzen. Die flüssige, jetzt homogene Masse wird abgeschreckt, die entstandenen Brocken werden auf die entsprechenden Korngrößen gemahlen und zeigen dann typisch glasartige Bruchflächen.

Bei den agglomerierten Pulvern werden nach intensivem Mischen die sehr feinkörnigen Rohstoffe (Korndurchmesser ca. 60 µm) mit Wasserglas als Bindemittel agglomeriert. Das entstehende Granulat wird zu der gewünschten Korngröße aufgerollt. Die Herstellungstemperatur dieser Pulver liegt unter dem Schmelzpunkt der Einzelkomponenten. Vorteile dieser Pulver sind eine gute Schlakkenlösbarkeit (z. B. wichtig bei der Kehlnahtschweißung oder beim Schweißen in engen Fugen), die Eignung für die Schnellschweißung und die Möglichkeit, durch chemische Reaktionen das Schweißgut zu legieren (z. B. bei der Hartauftragung von Stahlwerksrollen).

Die Schlackenkomponenten bilden feste Lösungen und Verbindungen. Wichtig für die Beurteilung der Schweißschlacken sind Verbindungen, die aus 2 bzw. 3 Oxiden aufgebaut sind:

– die Silikate, z. B.:	$2\,CaO \cdot SiO_2$	Kalziummonosilikat,
	$MgO \cdot SiO_2$	Magnesiumbisilikat,
	$3\,Al_2O_3 \cdot 2\,SiO_2$	Aluminiumsilikat,
	$2\,FeO \cdot SiO_2$	Eisenmonosilikat,
	$FeO \cdot SiO_2$	Eisenbisilikat,
	$CaO \cdot SiO_2$	Kalziumbisilikat,
	$MnO \cdot SiO_2$	Manganbisilikat,

– die Doppelsilikate, z. B.: $2\,CaO \cdot MgO \cdot 2SiO_2 = Ca_2MgSi_2O_7$, sie enthalten neben SiO_2 (als dem sauren Oxid) zwei basische Oxide:
$CaO \cdot Al_2O_3 \cdot 2\,SiO_2 = CaAl_2Si_2O_8$,

– die Aluminate, z. B.: $5\,CaO \cdot 3\,Al_2O_3 = Ca_5Al_6O_{14}$, hier stellt das amphotere Oxid Al_2O_3 die saure Komponente,

– die Titanate, z. B.
  Kalzium-Titanat $CaTiO_3 = CaO \cdot TiO_2$,
  Barium-Titanat $BaTiO_3 = BaO \cdot TiO_2$,

– die Chromate,

– die Aluminosilikate, aufgebaut aus Al_2O_3, SiO_2 und einem basischen Oxid:
  $CaO \cdot Al_2O_3 \cdot 2\,SiO_2 = CaAl_2Si_2O_8$.

In den beim Schweißen entstehenden Schlacken liegen neben Oxiden auch komplizierte Verbindungen vor, die aus verschiedenen Silikaten und Aluminiumsilikaten aufgebaut sind. Die Bildungswahrscheinlichkeit und die Stabilität der Silikate als dem wichtigsten Bestandteil der Schlacke ist Bild 5-43 [5-33] zu entnehmen. Es zeigt die chemische Affinität freier Oxide zum SiO_2 in Abhängigkeit von der Temperatur.

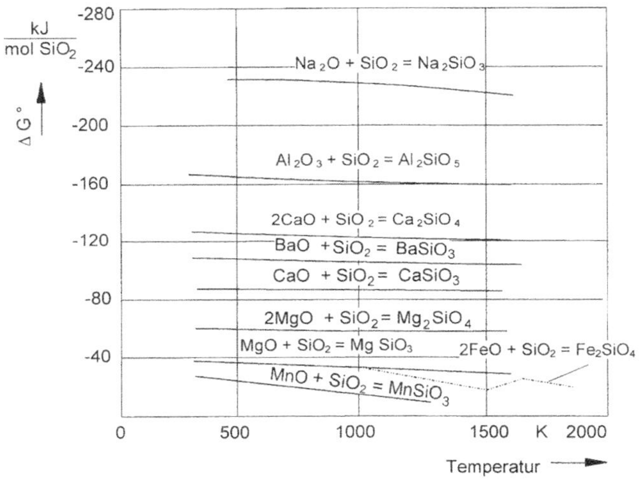

Bild 5-43. Chemische Affinität freier Oxide zum SiO_2 [5-33].

Bildungsenergien der Silikate

Komplexverbindung (Silikat)	Bildungswärme J/mol
$Na_2O \cdot SiO_2$	285076.0
$2\,CaO \cdot SiO_2$	118294.0
$BaO \cdot SiO_2$	61446.0
$FeO \cdot SiO_2$	45144.0
$2\,FeO \cdot SiO_2$	33858.0
$MnO \cdot SiO_2$	32186.0
$Al_2O_3 \cdot SiO_2$	192071.0

Feste Oxide und Salze haben einen kristallinen Aufbau. Die Grundstruktur bilden Kationen der Metalle und Anionen des Sauerstoffes O^{2-}, des Fluors F^-, Chlors Cl^- u. a. in einem kompliziert aufgebauten Kristallgitter. Die Silikatsysteme basieren auf dem Anion SiO_4^{4-}. An seinen Spitzen sind 4 Sauerstoffanionen O^{2-}, im Zentrum ist das Kation Si^{4+} angeordnet (Bild 5-44).

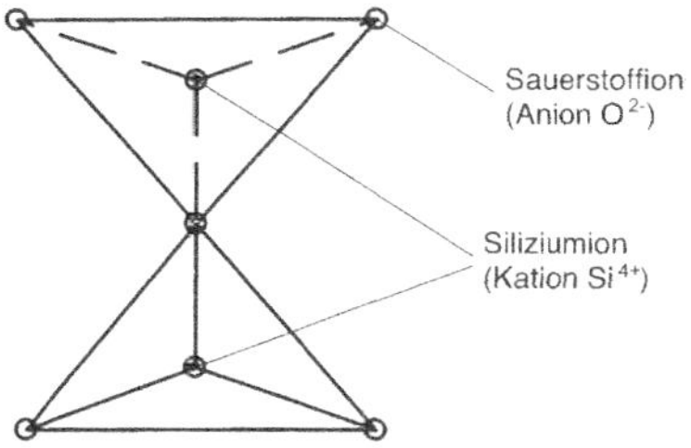

Bild 5-44. Tetraeder Si-O.

Die Anionen können sich mit Sauerstoffatomen zur Bildung verschiedener Silikatkomplexe $Si_xO_y^{z-}$ vereinigen.

In geschmolzenen Oxiden und Salzen verfügen die Ionen und Komplexionen über eine beträchtliche Beweglichkeit. Der Zusatz basischer Oxide zum SiO_2 verursacht eine Verkleinerung der Silikatkomplexe, verbunden mit der Bildung von Ionen in der Reihenfolge $Si_6O_{18}^{12-}$, $Si_4O_{12}^{8-}$, $Si_3O_9^{6-}$, $Si_2O_7^{6-}$.

Am Ende steht das SiO_4^{4-}-Tetraeder.

Bei bestimmten Konzentrationen saurer und basischer Oxide entstehen komplexe Silikate:

- *Orthosilikat* $Me_2SiO_4 = 2\ MeO \cdot SiO_2$
  (Verhältnis O : Si = 4).
  Orthosilikate haben ein Kristallgitter, in dem die voneinander getrennten Tetraeder SiO_4^{4-} durch Kationen, wie Ca^{2+}, Mg^{2+}, Fe^{2+} u. a., verbunden werden (Bild 5-45).

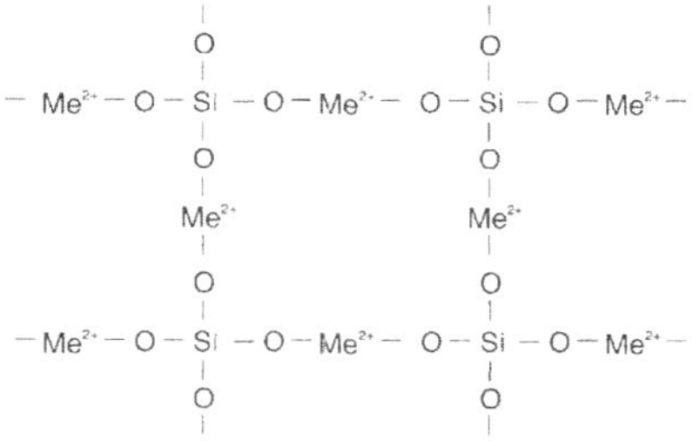

Bild 5-45. Schema der Kristallstruktur des Orthosilikates.

- *Metasilikate* $MeSiO_3 = MeO \cdot SiO_2$
  (Verhältnis O : Si = 3)
  Die Anionen bilden endlose Ketten von Tetraedern, zwischen denen die Metallkationen angeordnet sind, Bild 5-46.

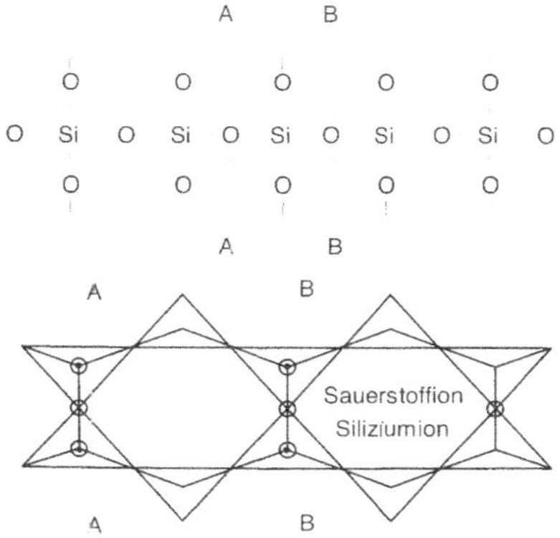

Bild 5-46. Schema des Aufbaus des Metasilikats.

– *Pyrosilikate* $Me_3Si_2O_7 = 3\,MeO \cdot 2\,SiO_2$
(Verhältnis O : Si = 3,5)
Die Anionen, durch ein doppeltes Tetraeder dargestellt, können durch die Formel $Si_2O_7^{6-}$ beschrieben werden.

Der Zusatz eines amphoteren Oxids (Al_2O_3, P_2O_5 oder Fe_2O_3) zu basischen Oxiden ergibt

Aluminate:	$n\,MeO \cdot Al_2O_3$,	
Phosphate:	$n\,MeO \cdot P_4O_{10}$	($MeO \cdot 2\,P_2O_5$),
Ferrite:	$n\,MeO \cdot Fe_2O_3$.	

An basischen Oxiden reiche Schlacken werden als *basische* Schlacken, Schlacken mit hohen Gehalten an sauren Oxiden als *saure* Schlacken bezeichnet.

5.2.3 Ionen- und Molekulartheorie der Schlacken

Flüssige Schlacken sind Lösungen, die eine deutliche elektrische Leitfähigkeit aufweisen und auch zur Elektrolyse neigen.

Die Erkenntnis von der elektrischen Leitfähigkeit der Schlacken ist die Grundlage der sogenannten *Ionentheorie* der Schlacken. Diese geht davon aus, daß die Wechselwirkungen zwischen Metallschmelze und Schlacke auf elektrochemische Umsetzungen zurückzuführen sind.

Röntgenstrukturanalytische Untersuchungen, die Messung der elektrischen Leitfähigkeit, der Viskosität und Oberflächenspannung bestätigen den Ionencharakter der Schlacken. Wesentliche Kriterien sind:

- Schlackenschmelzen ähneln in der Nähe der Schmelztemperatur in ihrer Struktur sehr dem festen Zustand. Beim Schmelzen treten nur unbedeutende Volumen-, Entropie-, Enthalpie- und Wärmekapazitätsänderungen ein.
- In glasartigen Silikaten ist eine kristalline Struktur nachzuweisen.
- Die elektrische Leitfähigkeit von Schlacken steigt beim Schmelzen stark an. Zunehmende Temperatur verbessert die elektrische Leitfähigkeit.
- Während bei Metallen die elektrische Leitfähigkeit auf der Bewegung von Elektronen beruht, sind es bei Schlacken Ionen. Die elektrische Leitfähigkeit verringert sich bei Metallen mit steigender Temperatur, bei Schlacken erhöht sie sich.

  Vergleiche der elektrischen Leitfähigkeit:

Metallische Leiter	$\approx 10^6\,\Omega^{-1} \cdot cm^{-1}$
geschmolzene Elektrolyten (Salze)	$\approx 2 \ldots 7\,\Omega^{-1} \cdot cm^{-1}$
Dielektrika	$< 10^{-8}\,\Omega^{-1} \cdot cm^{-1}$

  Schmelzen von metallurgischen Schlacken weisen eine elektrische Leitfähigkeit von $\chi \approx 0{,}1 \ldots 0{,}9\,\Omega^{-1} \cdot cm^{-1}$, mit FeO und MnO angereicherte Schmelzen eine Leitfähigkeit von $\chi \approx 16\,\Omega^{-1} \cdot cm^{-1}$ auf.
- An der Grenze Metall (Elektrode) und Schlacke besteht ein elektrisches Potential.
- Nachgewiesen wurde die Möglichkeit einer Elektrolyse der Schlacke.
- Die Untersuchung der Oberflächenspannung läßt Aussagen über den Aufbau von Schlacken zu. Die Oberflächenspannung σ ist in der Regel um so größer, je größer die Energie zwischen den wechselwirkenden Teilchen ist.

  In Schmelzen, die aus neutralen Molekülen aufgebaut sind, ist die Wechselwirkung zwischen den Molekülen relativ gering, $\sigma < 50$ erg/cm^2 ($\sim 5 \cdot 10^{-2}$ J/m^2).

In Ionensystemen ist σ bedeutend größer (bei Schlacken ≈ 350 ... 600 erg/cm² [$3{,}5 \cdot 10^{-2} \ldots 6{,}0 \cdot 10^{-2}$ J/m²], bei Chloridschmelzen ≈140 erg/cm² [$1{,}4 \cdot 10^{-2}$ J/m²]).

- Geschmolzene Schlacken bestehen vor allem aus den Ionen Ca^{2+}, Mg^{2+}, Fe^{2+}, K^{+}, Na^{+}, Mn^{3+}, Mn^{2+}, F^{-}, O^{2-}, SiO_4^{4-}, AlO_2^{-}, PO_4^{3-}, FeO_2^{-}, ..., $Si_xO_y^{z-}$.
- Die metallurgischen Vorgänge zwischen Metall- und Schlackeschmelze sind mit dem Austausch elektrischer Ladungen verbunden.

An der Phasengrenze Metallschmelze/Schlacke wechselwirken z. B. Fe-Atome mit den Si^{4+}- und Mn^{2+}-Ionen der Schlacke. Durch Ladungsaustausch werden Si^{4+} und Mn^{2+} zu Si und Mn reduziert, Fe wird zu Fe^{2+} oxidiert und geht zum Teil in die Schlacke über:

$$Mn^{2+} + Fe \rightleftarrows Mn + Fe^{2+}$$

$$Si^{4+} + 2\,Fe \rightleftarrows Si + 2\,Fe^{2+}.$$

Hoher Mn-Gehalt im Draht führt zur Reaktion:

$$Si^{4+} + 2\,Mn \rightleftarrows Si + 2\,Mn^{2+},$$

d. h. Mn des Schweißzusatzes wird durch das in der Schlacke vorhandene Si (Si^{4+}) oxidiert.

Sauerstoff verteilt sich zwischen Metall- und Schlackeschmelze (Bild 5-47).

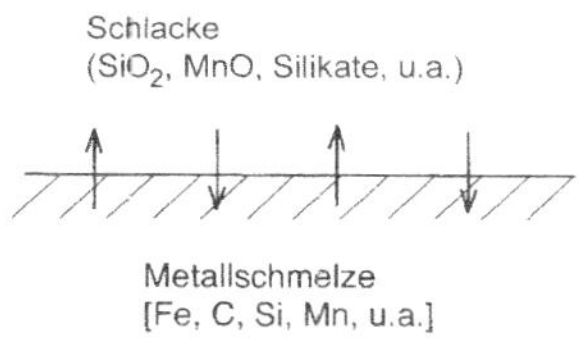

Bild 5-47. Reaktionen an der Phasengrenze Metallschmelze – Schlacke.

Das Ion O^{2-} kann die Phasengrenze nur zusammen mit dem Kation eines anderen Elementes (Fe^{2+}) überschreiten. Fehlt Fe^{2+} in der Schlacke, findet trotz ausreichend vorhandener Sauerstoffionen in der Schlacke kein Sauerstoffübergang statt. D. h. die Intensität des Sauerstoffübergangs hängt vom Kationengehalt (Fe^{2+} u. a.) in der Schlacke und nicht vom Gesamtgehalt an O^{2-} ab.

Nach der sogenannten *Molekulartheorie der Schlacken* können nur freie Verbindungen in der Schlacke, vor allem Oxide, mit der Metallschmelze wechselwirken. Die Konzentration der Oxide in der Schlacke wird durch das Reaktionsgleichgewicht der Bildung bzw. Zerlegung komplexer Verbindungen bestimmt, z. B. $CaO + SiO_2 = CaO \cdot SiO_2$. Es wird zwischen freien und gebundenen Oxiden unterschieden.

5.2.4 Eigenschaften von Schlacken beim Schmelzschweißen

5.2.4.1 Physikalische Eigenschaften

Die Intensität der metallurgischen Wechselwirkungen wird durch die physikalischen Eigenschaften der Schlacke beeinflußt.

Die *Schmelztemperatur* der Schlacken ist schwer zu bestimmen. Entsprechende kritische Umwandlungspunkte sind nicht immer deutlich erkennbar.

Wichtig ist, für Schlacken die Größe des Schmelzintervalles festzustellen, das durch die Temperatur beginnender Erweichung der Schlacke und die Temperatur des Überganges in den flüssigen Zustand gekennzeichnet ist. Dieses Intervall ist bei sauren Schlacken gewöhnlich größer als bei basischen Schlacken.

Schweißschlacken sollten ein Schmelzintervall haben, das sich nicht signifikant von der Schmelztemperatur des zu schweißenden Metalles unterscheidet.

Ist die Schmelztemperatur der Schlacke hoch, sammelt sie sich vorzugsweise in den hocherhitzten Zonen der Schweißnaht an.

Ist sie niedriger als die Schmelztemperatur des Metalles, wird sie sich stark auch über die erhitzten Kanten ausbreiten, verlaufen und das Schmelzbad wenig schützen.

Günstig ist ein Verhältnis $T_{S\ Metall} : T_{S\ Schlacke}$, bei dem die Schlacke kurz unterhalb der Metallschmelztemperatur flüssig wird.

Beim Schweißen von Stahl wird

$$\Delta T = T_{S\ \mathrm{Metall}} - T_{S\ \mathrm{Schlacke}} \approx 200 \ldots 350\ °\mathrm{C}$$

empfohlen.

Die Aktivität flüssiger Schlacken bei der Wechselwirkung mit dem Metall hängt stark von ihrer *Viskosität* und der Viskositätsänderung mit einer Temperaturerhöhung ab (Bild 5-48).

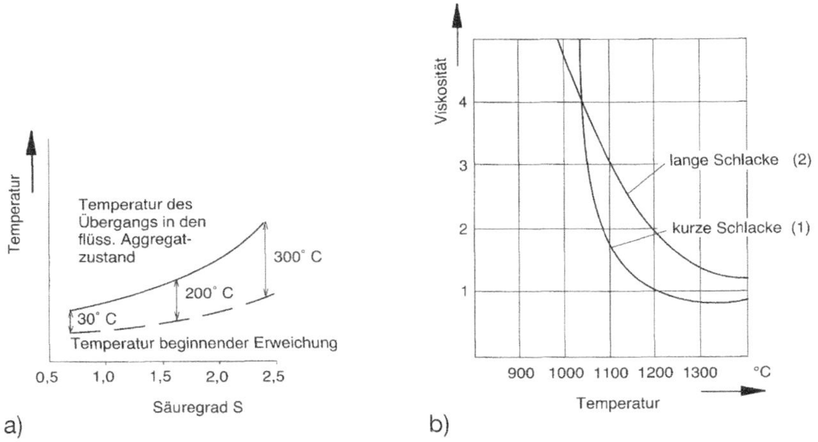

Bild 5-48. Temperaturabhängigkeit der Viskosität (a), (b).

Die Darstellung der Abhängigkeit der Viskosität der Schweißschlacken von der Temperatur zeigt, daß „kurze Schlacken" die Viskosität (Zähigkeit) in den Grenzen von 1200 ... 1400 °C stetig ändern. Bei 1100 °C steigt die Viskosität an, die Schlacke erstarrt. Kurze Schlacken (Kurve 1) erstarren an der Oberfläche schnell, bleiben länger flüssig in der Berührungszone mit dem kristallisierenden Metall. Sie gewährleisten so die bessere Gasausscheidung aus dem Metall und beeinflussen die Nahtformung. Basische Schlacken sind in der Regel „kurze Schlacken".

„Lange Schlacken" (Kurve 2) verringern ihre Viskosität im Temperaturintervall 1000 ... 1400 °C nur langsam. Die Schlacken werden dickflüssig und danach fest. Dieser Übergang ist für eine Umlagerung der Teilchen, die für den Aufbau des Kristallgitters unentbehrlich ist, mit Schwierigkeiten verbunden. Lange Schlacken sind deshalb nicht kristallin, sondern gehen in eine quasi glasartige amorphe Masse über.

Lange Schlacken sind gewöhnlich saure, silikatische Schlacken.

Je größer der SiO_2-Gehalt in der Schlacke, desto höher ist ihre Viskosität. Die Viskosität verschiedener Silikatschlacken nimmt in der Reihenfolge

$FeO \cdot SiO_2$
$MnO \cdot SiO_2$
$Fe_2O_3 \cdot SiO_2$

$MgO \cdot SiO_2$
$CaO \cdot SiO_2$
$Al_2O_3 \cdot SiO_2$

zu.

Lange, dichte, langsam erstarrende Schlacken verhalten sich gegenüber Metallen wenig aktiv.

Viskositätsuntersuchungen sind für die Auswahl von Umhüllungsstoffen für Stabelektroden sowie von Schweißpulverzusammensetzungen wichtig.

MnO, TiO_2, K_2O, Na_2O, CaF_2 u. a. beeinflussen die Viskosität der Schlacken. Es ist bekannt, daß z. B. CaF_2 die Schlacke dünnflüssig macht. TiO_2 vermag in den Elektrodenumhüllungen SiO_2 zum Teil zu ersetzen. TiO_2-haltige Schlacken haben, verglichen mit hochsilikatischen, bei hohen Temperaturen eine geringere Viskosität. Sie erstarren schnell. Das ist für die Senkrecht- und Überkopfschweißung sehr wichtig. Von *Kusmak* ermittelte Viskositäts-Temperaturcharakteristiken für TiO_2-, MnO- und SiO_2-haltige Schlacken zeigt *Pogodin-Alexejew* (Bild 5-49) [5-34].

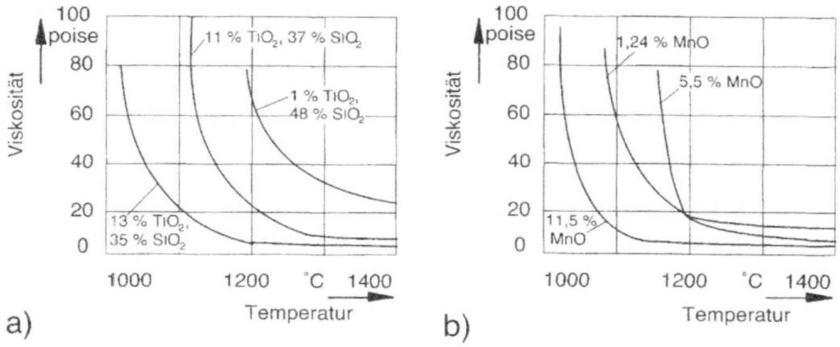

Bild 5-49. Temperaturabhängigkeit der Viskosität (Einfluß von TiO_2 und MnO in der Schmelze).

Bei hohen Temperaturen ist die Viskosität der TiO_2-haltigen Schlacke um so geringer, je weniger SiO_2 vorhanden ist. TiO_2 erhöht die Erstarrungsgeschwindigkeit der Schlacke. Ähnlich wie TiO_2, aber bedeutend schwächer, wirkt MnO.

Angaben von *Goldstein* [5-35] zur Viskosität von Flüssigkeiten enthält Tabelle 5-12.

Tabelle 5-12. Viskosität verschiedener Flüssigkeiten.

Flüssigkeit	Temperatur [°C]	Viskosität [Poise]
H_2O	25	0,009
Glyzerin	25	5,0
Roheisen	1400	0,015
Stahl	1600	0,02 ... 0,03
Schlacke normaler Konsistenz	1400 ... 1600	1,0 ... 5,0

Es zeigt sich, daß die Schlackenviskosität bedeutend größer ist als die geschmolzener Metalle.

Dichte und Viskosität der Schlacke entscheiden maßgeblich über deren *Gasdurchlässigkeit*. Gasdurchlässigkeit ist die Eigenschaft der Schlacke, aus dem flüssigen bzw. erstarrenden Metall ausgeschiedene Gase aufzunehmen und in die Atmosphäre abzugeben. Die Geschwindigkeit der Gasausscheidung aus dem Metall hängt vom Druck der Gase über der Metalloberfläche ab. Hat die Schlacke eine schlechte Gasdurchlässigkeit, entsteht an der Oberfläche ein erhöhter Gasdruck, der die weitere Gasausscheidung behindert. Die Folge sind Gashohlräume im Schweißgut, Vertiefungen, Unebenheiten auf der Oberfläche.

Die *elektrische Leitfähigkeit* der Schlacken beeinflußt beim UP-Schweißen die Lichtbogenstabilität und den Wirkungsgrad der Energieübertragung, die Abschmelzleistung, die Einschmelztiefe und den Ablauf der metallurgischen Reaktionen. Sie ist beim ES-Schweißen die Voraussetzung für einen stabilen Prozeßablauf.

Hummitzsch hält die elektrische Leitfähigkeit des im Elektrodenkrater beim Abschmelzen umhüllter Elektroden befindlichen Schlackefilms als ausschlaggebend für das Wiederzündungsvermögen der Elektrode bei Raumtemperatur. Leitet die Schlacke den Strom nicht, erfolgt das Zünden des Lichtbogens erst nach Entfernung des sogenannten Kraterrandes.

Hoch Fe- und FeO-haltige Schlacken sauerumhüllter Elektroden zeigen in bezug auf die Wiederzündbarkeit des Lichtbogens Vorteile.

Die elektrische Leitfähigkeit von Schweißschlacken ist temperaturabhängig, sie steigt mit der Temperatur. Schweißschlacken sind demzufolge als Heißleiter (Bild 5-50) einzuschätzen, deren Leitfähigkeit auf der Ionenbewegung beruht.

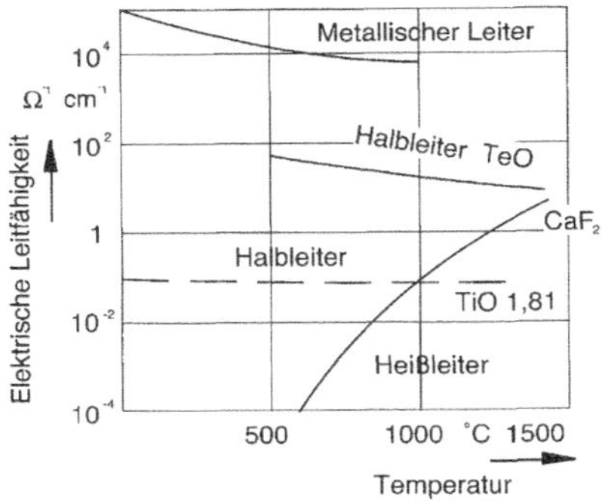

Bild 5-50. Temperaturabhängigkeit der elektrischen Leitfähigkeit (metallischer Leiter, Halbleiter und Heißleiter).

Umhüllungen von Elektroden sind bei Raumtemperatur Isolatoren, sie nehmen nur bei sehr hohen Temperaturen eine geringe Leitfähigkeit an.

Nach *Rasch* und *Heinrich* besteht zwischen der elektrischen Leitfähigkeit χ und der Temperatur die Beziehung:

$$\chi = A \cdot e^{-\frac{Q}{R \cdot T}} \tag{67}$$

mit R – Gaskonstante
Q – Aktivierungsenergie.

Wird lg χ als Funktion von

$$\frac{1}{T} \cdot 10^3$$

aufgetragen, kann aus dem Anstieg der Geraden die Aktivierungsenergie bestimmt werden (Bild 5-51). Sie beträgt nach *Duchnow, Franz* und *Wittke* [5-38] für Pulver

mit 19 % MnO 153,41 kJ/mol,
mit 40 % MnO 115,79 kJ/mol;
für ein ES-Schweißpulver 7,32 kJ/mol.

Für das ES-Schweißpulver ergibt sich eine sehr geringe Aktivierungsenergie, die elektrische Leitfähigkeit der aus ihm gebildeten Schlacke ist gut.

Allgemein gilt: Je höher die Aktivierungsenergie, um so schlechter ist die elektrische Leitfähigkeit.

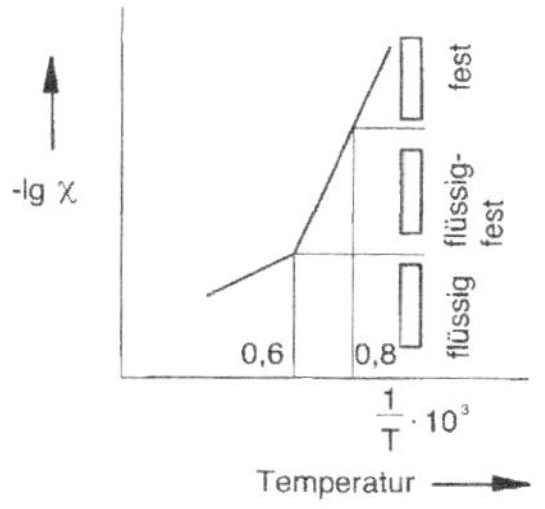

Bild 5-51. Temperaturabhängigkeit der elektrischen Leitfähigkeit von Schlacken.

Die elektrische Leitfähigkeit von UP-Schweißschlacken liegt in der Größenordnung von $1 \cdot 10^1 \ldots 10^6\,\Omega^{-1}\,m^{-1}$ ($10^1 \ldots 10^6$ S/m) bei Temperaturen zwischen 1000 und 1500 °C.

Sie wird durch SiO_2, TiO_2, Al_2O_3 verringert, durch FeO, TiO, MnO, CaF_2, MgF_2, Na_3AlF_6, Alkali- und Erdalkalioxide merklich erhöht.

Nachgewiesen wurde, daß die elektrische Leitfähigkeit (spez. Widerstand) der Schweißschlacken auch Einfluß auf die Abschmelzleistung und damit die Leistungsfähigkeit des Prozesses nimmt.

5.2.4.2 Zustandsschaubilder von Schlackensystemen

Zustandsschaubilder von Schlackensystemen lassen Aussagen über Verbindungsbildungen, Löslichkeitsverhältnisse und Erstarrungsintervalle zu und erlauben Rückschlüsse auf die physikalischen Eigenschaften von Schlacken. Für die Schweißmetallurgie wichtige Zweistoffsysteme sind:

- *MnO – SiO_2*

  MnO und SiO_2 sind die wichtigsten Komponenten in Schweißpulvern des Mangan-Silikat-Typs (MS).

  Beispiel für eine Pulverzusammensetzung des Typs EN 760-SF MS:

  36 % MnO, 42 % SiO_2, 7 % CaO, 5 % CaF_2, 5 % Al_2O_3, 0,5 % FeO, 1 % MgO, 0,3 % TiO_2; Basizitätsgrad: 0,65

  Aus dem Zustandsschaubild (Bild 5-52) folgt, daß sich bei der angegebenen Konzentration Schlacken mit relativ niedrigen Liquidustemperaturen ergeben, deren Viskosität gering ist. Für

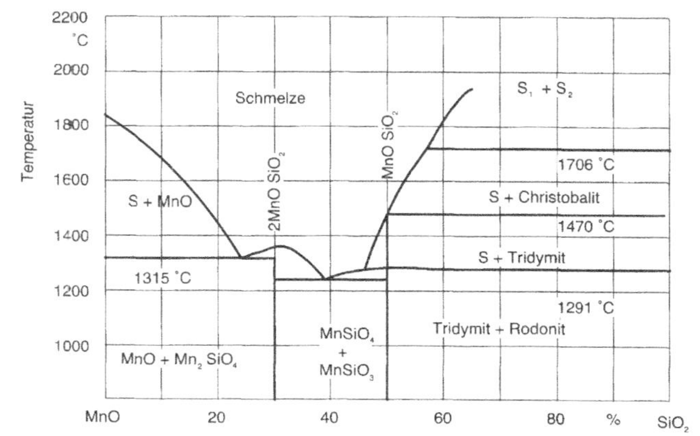

Bild 5-52. Zustandsschaubild MnO-SiO_2.

das physikalische Verhalten und die chemischen Eigenschaften der Schlacke spielen das Orthosilikat 2 $MnO \cdot SiO_2$ (es schmilzt bei 1315 °C) und das Metasilikat $MnO \cdot SiO_2$ (es schmilzt bei 1291 °C) eine große Rolle. Pulver des Mangan-Silikat-Typs zeichnen sich durch einen guten Schlackenfluß aus, der zur Erzielung hoher Schweißgeschwindigkeiten notwendig ist.

- *$CaO - SiO_2$* (Bild 5-53)

  CaO und SiO_2 sind wichtige Bestandteile von Pulvern des Kalzium-Silikat-Typs (CS).

  Beispiel für eine Pulverzusammensetzung EN 760-FS CS:

  36 % SiO_2, 22 % CaO, 12 % MgO, 16 % Al_2O_3, 7 % MnO, 5 % CaF_2, 1 % TiO_2, 0,8 % FeO; Basizitätsgrad: 1,2

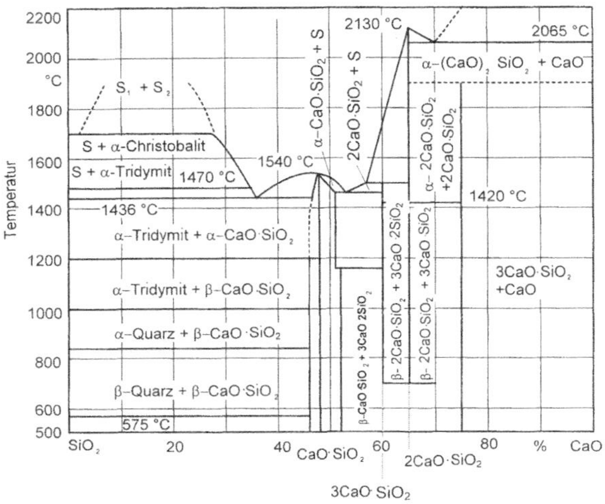

Bild 5-53. Zustandsschaubild CaO-SiO_2.

  Schlacken mit höherem SiO_2- und CaO-Gehalt sind niedrigschmelzend (~ 1400 °C). Die Schmelztemperatur kann durch Zusatz von MgO, Al_2O_3, CaF_2 weiter gesenkt werden. Wichtige Silikate sind:

Metasilikat	$CaSiO_3 = CaO \cdot SiO_2$,
Pyrosilikat	$Ca_3Si_2O_7 = 3\ CaO \cdot 2\ SiO_2$,
Orthosilikat	$Ca_2SiO_4 = 2\ CaO \cdot SiO_2$.

  Die Viskosität von CaO-SiO_2-Schlacken hängt stark vom SiO_2-Gehalt ab.

  Kalzium-Silikat-Pulver werden vorzugsweise für das Schweißen von allgemeinen Baustählen und im Behälterbau eingesetzt.

- *$CaO - Al_2O_3$*

  Das Zustandsschaubild (Bild 5-54) kann für die Beschreibung von Schweißpulvern des aluminatbasischen Typs (AB) verwendet werden. Signifikant ist die Bildung relativ hochschmelzender Kalziumaluminate:

$Ca_3Al_2O_6$	$= 3\ CaO \cdot Al_2O_3$	(schmilzt bei 1533 °C),
$Ca_5Al_6O_{14}$	$= 5\ CaO \cdot 3\ Al_2O_3$	(schmilzt bei 1455 °C),
$CaAl_2O_4$	$= CaO \cdot Al_2O_3$	(schmilzt bei 1606 °C),
$CaAl_4O_7$	$= CaO \cdot 2\ Al_2O_3$	(schmilzt bei 1765 °C).

Beispiel für eine Pulverzusammensetzung EN 760-SF AB:

23 % SiO_2, 16 % CaO, 19 % Al_2O_3, 17 % MnO, 9 % CaF_2, 9 % MgO, 1 % K_2O, 5 % TiO_2, 0,5 % FeO; Basizitätsgrad: 1,5.

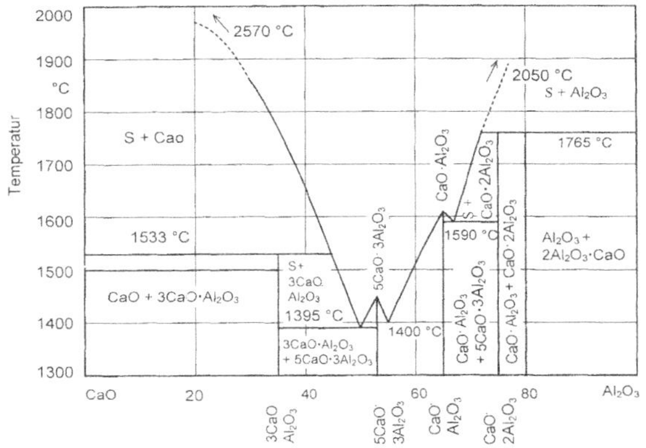

Bild 5-54. Zustandsschaubild CaO-Al_2O_3.

Vorrangige Einsatzgebiete für aluminatbasische Pulver sind das Schweißen allgemeiner Baustähle sowie von Stählen im Behälterbau.

- *SiO_2 – Al_2O_3*

  Mit sauren Oxiden bildet Al_2O_3 die Verbindungen

  $Al_2O_3 + SiO_2 \rightarrow Al_2O_3 \cdot SiO_2$ (Al_2SiO_5) und

  $3\ Al_2O_3 + 2\ SiO_2 \rightarrow 3\ Al_2O_3 \cdot 2\ SiO_2$ ($Al_6Si_2O_{13}$).

  Aluminosilikate werden in der Schweißtechnik für die Herstellung von Flußmitteln und Elektrodenumhüllungen verwendet.

- *SiO_2 – FeO* (Bild 5-55)

  Schlacken auf der Basis FeO-MnO-SiO_2 haben insbesondere für das Abschmelzen von Stabelektroden mit saurer Umhüllung sowie für das Metall-Schutzgasschweißen mit chemisch aktiven Gasen (Mischgase Ar + CO_2, Ar + O_2, Ar + CO_2 + O_2, CO_2) Bedeutung.

  Beim Metall-Schutzgasschweißen (MAGM, MAGC) sind sie das Ergebnis von Oxidationsreaktionen. Sie bilden keine zusammenhängende Schlackeschicht auf der Nahtoberfläche. Im System FeO-SiO_2 ist vor allem das Orthosilikat 2 FeO · SiO_2 (Fayalith) zu nennen.

- *Schlacken auf der Basis von Salzen*

  Flußmittel für das Schweißen von Nickellegierungen enthalten vor allem CaF_2, $BaCl_2$ und NaF, während Pulver für das Lichtbogenschweißen von Al und Al-Legierungen insbesondere aus Fluoriden (Na_3AlF_6) und Chloriden aufgebaut sind.

- *Wirkung von CaF_2*

  Fluorid-basische Schweißpulver (FB) enthalten mindestens 15 % CaF_2. Sie kommen zur Anwendung, wenn kaltzähe und höherfeste Feinkornbaustähle geschweißt werden.

  CaF_2 wird aber auch als Komponente in Schweißpulvern für das ES-Schweißen und -Umschmelzen von Titan, das UP-Schweißen austenitischer Stähle und von NE-Metallen eingesetzt.

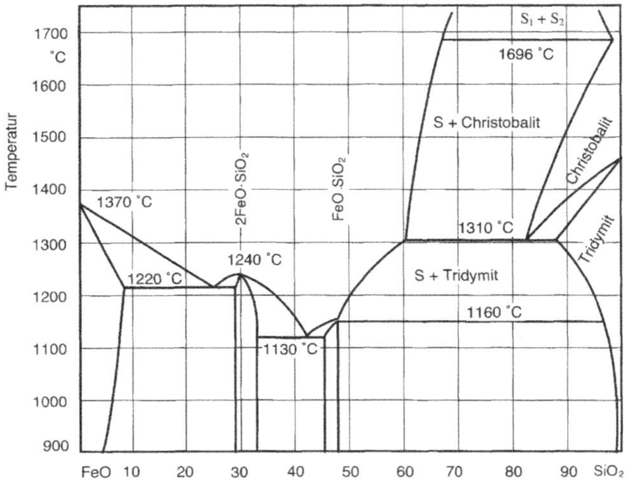

Bild 5-55. Zustandsschaubild SiO_2-FeO.

Neben der Wirkung auf Schmelztemperatur, Viskosität und Oberflächenspannung der Schlacke ist der Einfluß auf den Wasserstoffgehalt im Schweißgut hervorzuheben.

Beispiel für die Zusammensetzung eines Fluorid-basischen Pulvers EN 760-SF FB:

25 % MgO, 20 % Al_2O_3, 18 % CaF_2, 15 % SiO_2, 8 % CaO, 2 % MnO, 4 % TiO_2, 1 % FeO, 1,5 % K_2O, 5 % ZrO_2; Basizitätsgrad: 2,7.

Die Vielzahl der zu schweißenden Metalle und Legierungen bedingt eine große Zahl von Pulver- und Flußmittelzusammensetzungen. Die Auswahl des Schweißpulvers oder Flußmittels muß unter Beachtung der technologischen Prozeßbedingungen und der metallurgischen Besonderheiten des Schweißprozesses erfolgen (s. DIN EN 756 – Drahtelektroden und Draht-Pulver-Kombinationen zum Unterpulverschweißen von unlegierten Stählen und Feinkornstählen).

5.2.4.3 Metallurgische Eigenschaften von Schlacken

Eine der wichtigsten Aufgaben von Schlacken, die durch das Schmelzen von Schweißpulvern, von Elektrodenumhüllungen oder Füllungen in Fülldrahtelektroden entstehen, ist die metallurgische Beeinflussung des Schweißgutes, seine

- Desoxidation,
- Legierung,
- Modifizierung (Wirkung auf das Primärgefüge),
- Raffination (Entfernung von Schwefel, Phosphor und anderen Verunreinigungen).

Diese Aufgaben können nur erfüllt werden, wenn intensive Wechselwirkungen zwischen den Komponenten der Schlacke, des Schweißzusatzes (Elektrodenkernstab, Draht- oder Bandelektrode) und des grundwerkstoffseitigen Schmelzbades stattfinden.

Intensität, Richtung und Ausbeute dieser Reaktionen, die in der Regel den Gleichgewichtszustand nicht erreichen, werden durch die Bedingungen an der Phasengrenze „Schmelzflüssiges Metall – Schlacke" (Temperatur, Viskosität und Oberflächenspannung der Schmelzen), die chemische Zusammensetzung der Metallschmelze und der Schlacke und die Aktivitäten der an den Reaktionen beteiligten Elemente bzw. Verbindungen bestimmt. Dabei muß berücksichtigt werden, daß sich im Schweißprozeß infolge der metallurgischen Wechselwirkungen die Zusammensetzung und die Eigenschaften der Schlacke ändern.

Als Reaktionsschema wird der Vorschlag von *Djatlow* (Bild 3-5) berücksichtigt. Strenggenommen findet bei jedem Schmelzschweißverfahren mit Schlackebildung eine Wechselwirkung zwischen

Metallschmelze – Schlacke – Gas

statt (Ausnahme: ES-Schweißen).

Bedeutend für den Ablauf der metallurgischen Reaktionen zwischen Metallschmelze und Schlacke ist die sogenannte Chemische Charakteristik der Schlacke (siehe Formel nach *Boniczewski, Gl. (66)*).

Überwiegen *saure Oxide* in der Schlacke (TiO_2, SiO_2; $B < 1$), werden Oxide basischen Charakters in Silikate und Aluminosilikate gebunden, deren Aktivität damit verringert wird. Ein Überschuß an sauren Oxiden wird umgekehrt dazu führen, daß diese sehr aktiv in chemische Reaktionen eintreten.

In Schlacken mit einem Überschuß an *basischen Oxiden* (CaO, MgO u. a.; $B > 1$) werden saure Oxide in Salzen gebunden, die basischen Oxide reagieren mit dem Metall.

Davis und *Bailey* [5-46] beschreiben sehr detailliert die metallurgischen Wechselwirkungen zwischen Metallschmelze und Schlacke und den damit verbundenen Übergang von Elementen wie Mn, Si, Al in das Schweißgut.

Die Wechselwirkung der Schlackekomponenten mit der Metallschmelze kann aus thermodynamischer und elektrochemischer Sicht bewertet werden. Während man im ersten Fall von Lösungen der Oxide verschiedener Stoffe und deren gegenseitiger Wechselwirkung ausgeht, wird im zweiten Fall ein Elektrolyt zugrunde gelegt, der Ionen enthält, deren Aktivität von der Zusammensetzung des Elektrolyten abhängt.

In schweißmetallurgischen Prozessen des Stahlschweißens ist die Aktivität der Komponenten der Schlackensysteme hoch, die Oxidations-Reduktions-Reaktionen an der Phasengrenze verlaufen sehr intensiv (intensiver als beim Stahlschmelzen in Elektroöfen).

Die molekulartheoretische Betrachtung der Schlacke berücksichtigt die mit steigender Temperatur zunehmende Dissoziation der Silikate, Aluminate und Aluminosilikate.

Beispiel:

$$CaSiO_3 \rightarrow CaO + SiO_2.$$

Dadurch wird die aktive Konzentration von SiO_2 zunehmen. Si kann auch aus neutralen und basischen Schlacken in das Metall übergehen:

$$(SiO_2) + 2\,[Fe] \rightarrow [Si] + 2\,FeO.$$

FeO geht zum Teil in die Schlacke über.

Die Verteilung von Komponenten zwischen der Schlacke und der Metallschmelze und umgekehrt wird mit der Verteilungskonstanten von *Nernst* bestimmt:

$$L = \frac{[A]}{(A)} = f(T).$$

Hierin bedeuten:

$[A]$ – Komponente in der Metallschmelze,
(A) – Komponente in der Schlacke.

Die ionentheoretischen Grundlagen (Schlacke wird als Elektrolyt angesehen) gehen davon aus, daß mit steigender Temperatur die elektrische Leitfähigkeit des Elektrolyten zunimmt, aber die Viskosität verringert wird. Das bedeutet: Die Zahl der Ionen pro Volumeneinheit des Elektrolyten wird größer, die Wechselwirkung zwischen ihnen wird wegen der geringeren Viskosität abnehmen:

$$CaSiO_3 \rightarrow Ca^{2+} + SiO_3^{2-};$$

$$4\ SiO_3^{2} \rightarrow 3\ SiO_4^{4-} + Si^{4+}.$$

Die Vergrößerung der aktiven Konzentration des Ions Si^{4+} erleichtert den Si-Übergang in das Metall:

$$Si^{4+} + 2\ Fe \rightarrow [Si] + 2\ Fe^{2+}.$$

Fe^{2+} geht zum Teil in die Schlacke über.

In ähnlicher Weise werden die Wechselwirkungen Schlacke – Metallschmelze beschrieben, die mit dem Übergang anderer Elemente (Mn) verbunden sind.

Die herausragende Rolle des Sauerstoffes beim Schmelzschweißen wird beim Schutzgasschweißen u. a. durch das Oxidationspotential (Oxidationsvermögen) des Schutzgases zum Ausdruck gebracht.

Auch beim UP-Schweißen ist Sauerstoff eine steuernde Einflußgröße. Nach wie vor fehlt ein exaktes Maß für die Sauerstoffaktivität im flüssigen Schweißgut beim UP-Schweißen. Die Formel für die Berechnung des Basizitätsgrades [5-36] liefert dazu keine Aussagen.

Steinmetz und *Eckhardt* [5-37] führten Sauerstoffaktivitätsmessungen zur Untersuchung der Metall-Schweißpulverreaktionen mit einer angepaßten Einrichtung zur Messung der elektromotorischen Kraft (EMK) mit einer Feststoffelektrolytzelle durch. Sie konnten damit das metallurgische Verhalten der Schweißpulvertypen (Mangan-Silikat, Kalzium-Silikat, Aluminat-basisch, Fluorid-basisch) während der Schmelzbadreaktion bezüglich der Sauerstoffaktivitätsverläufe bzw. die Gehalte an gelöstem Sauerstoff mit unterschiedlichen Reaktionen nachvollziehen:

- beim Mangan-Silikat-Pulvertyp (Basizitätsgrad: 0,65) und dem Aluminat-basischen Typ (Basizitätsgrad: 1,5) stehen die gemessenen Sauerstoffaktivitätsverläufe im Schweißgut in Beziehung mit der MnO-Aktivität in der Schlacke;
- bei Reaktionen des Kalzium-Silikat-Typs (Basizitätsgrad: 1,2) ist für die Sauerstoffaktivität im Schweißgut die FeO-Aktivität in der Schlacke bestimmend.

Die Aktivitäten der Oxide FeO und MnO in der Schlacke können zusammen mit der Manganaktivität im Metall und der Basizität der Schlacke zur Beschreibung des Sauerstoffverhaltens herangezogen werden.

Eine hoch MnO-haltige Schlacke läßt im Gegensatz zu einer MnO-freien Schlacke eine intensive Metallschmelze-Schlacke-Reaktion erkennen [5-43].

Die Schweißparameter, insbesondere die Lichtbogenspannung, und die Arbeitstemperatur beeinflussen die Metall-Schlacke- und Metall-Gasreaktionen. Beim UP-Schweißen stammt der vom Schweißgut aufgenommene Sauerstoff aus den Phasengrenzflächenreaktionen [5-44]. Sauerstoff wird durch die Reaktion des schmelzflüssigen Tropfenmetalles mit der Schlacke im Tropfen aufgenommen und geht mit diesem in das Schmelzbad über.

5.2.5 Wirkung von Schlacken zur Reduzierung des Phosphor- und Schwefelgehaltes im Schweißgut

Schwefel und Phosphor sind schädliche Beimengungen des Schweißgutes, die aus dem aufgeschmolzenen Grundwerkstoff, dem Schweißzusatz, den Elektrodenumhüllungen und dem Schweißpulver in das Schweißgut gelangen können.

Schwefel beeinflußt die Schweißguteigenschaften sehr stark, verursacht insbesondere die Bildung von Heißrissen und fördert die sogenannte Rotbrüchigkeit.

Die Heißrissigkeit ist auf ein bei 985 °C schmelzendes Fe-FeS-Eutektikum zurückzuführen, das in weiten Temperaturbereichen als Korngrenzensubstanz den Zusammenhalt der Kristallite schwächt und schon bei geringen Zugbeanspruchungen die Werkstofftrennung (interkristalline Rißbildung) herbeiführt.

Bei niedrigeren Temperaturen kann auch das Eutektikum 2 FeO · SiO_2 + FeS auftreten.

Schwefel verschlechtert in legierten Stählen mit höheren Nickel-Gehalten aufgrund des bei 644 °C schmelzenden Eutektikums auf der Basis von NiS die mechanischen Eigenschaften der Stähle.

Phosphor ist in un- und niedriglegierten Stählen vor allem für die Verschlechterung der Zähigkeitseigenschaften (Kaltsprödigkeit) und bei austenitischen Stählen für die Bildung von Heißrissen verantwortlich.

Aus der schädlichen Wirkung der Begleitelemente P und S auf die Werkstoffeigenschaften resultiert die Forderung, den Gehalt an P und S möglichst niedrig einzustellen und durch die Qualitätskontrolle und metallurgische Maßnahmen die Konzentration der Elemente auch im Schweißgut zu senken (Tabellen 5-13 und 5-14).

Tabelle 5-13. Schwefel- und Phosphorgehalte in ausgewählten Schweißzusätzen.

Schweißprozeß	Kurzzeichen	S [%]	P [%]
Gasschweißen (DIN 8554-1)	G III . . . G VI	≤ 0,02	≤0,02
	G I	≤ 0,025	≤ 0,03
	G II	≤ 0,025	≤ 0,025
	G VII	≤ 0,025	≤ 0,025
Metall-Schutzgasschweißen (DIN EN 440)	G2 Si1	≤ 0,025	≤ 0,025
	G3 Si1	≤ 0,025	≤ 0,025
	G4 Si1	≤ 0,025	≤ 0,025
WIG-Schweißen (DIN EN 1668)	W2Si	≤ 0,025	≤ 0,025
	W3Si1	≤ 0,025	≤ 0,025
	W4Si1	≤ 0,025	≤ 0,025
	W2Ti	≤ 0,025	≤ 0,025
	W3Ni1	≤ 0,02	≤ 0,02
	W2Ni2	≤ 0,02	≤ 0,02
	W2Mo	≤ 0,02	≤ 0,02
UP-Schweißen (DIN EN 756)	S 1 . . . S 4	≤ 0,025	≤ 0,025
	S 1 Si, S 2 Si	≤ 0,025	≤ 0,025
	S 2 Mo, S 3 Mo	≤ 0,025	≤ 0,025
	S 4 Mo	≤ 0,025	≤ 0,025
	S 2 Ni 1, S 2 Ni 2	≤ 0,02	≤ 0,02

Tabelle 5-14. Schwefel- und Phosphorgehalte in ausgewählten Baustählen (Auszug aus DIN EN 10025).

Stahlsorte	Stahlart[1)]	max. Gehalt an S [%]	P [%]
S 235 JR	BS	0,045	0,045
S 235 J0	QS	0,040	0,040
S 235 J2G3	QS	0,035	0,035
S 275 JR	BS	0,045	0,045
S 275 J0	QS	0,040	0,040
S 275 J2G3	QS	0,035	0,035
S 355 JR	BS	0,045	0,045
S 355 J0	QS	0,040	0,040
S 355 J2G3	QS	0,035	0,035

[1)] BS (Grundstahl)
QS (Qualitätsstahl)

Beim Schweißen der Stähle können dazu zwei Wege eingeschlagen werden:

1. Die Bindung von Schwefel an Mn als MnS (Schmelztemperatur 1610 °C) entsprechend der Reaktionsgleichung

   $$[FeS] + [Mn] \rightleftarrows [MnS] + [Fe].$$

   Die Gleichgewichtskonstante lautet:

   $$K = \frac{[MnS][Fe]}{[FeS][Mn]}\text{ ; } [FeS] = \frac{[MnS][Fe]}{K \cdot [Mn]}\text{ .}$$

   Die [FeS]-Konzentration im Metall verringert sich mit einer Erhöhung der [Mn]-Konzentration. Infolge des relativ trägen Ablaufs der Bildung von MnS ist es notwendig, höhere Temperaturen einzuhalten.

2. Die Verringerung der FeS-Konzentration im flüssigen Metall durch dessen Wechselwirkung mit einer MnO- und CaO-haltigen Schlacke gemäß den Reaktionsgleichungen

   $$[FeS] + (MnO) \rightleftarrows (MnS) + [FeO];\quad K_1 = \frac{(MnS)[FeO]}{(MnO)[FeS]}\text{ ,}$$

   $$[FeS] + (CaO) \rightleftarrows (CaS) + [FeO];\quad K_2 = \frac{(CaS)[FeO]}{(CaO)[FeS]}\text{ .}$$

Ein niedriger Gehalt an FeS im Metall kann erreicht werden, wenn dieses gut desoxidiert wird (Senkung der FeO-Konzentration) und die Gehalte an MnO und CaO in den Schlacken erhöht werden. *Basische Schlacken* verhalten sich hinsichtlich der Verringerung des Schwefelgehaltes günstig, *saure Schlacken* mit geringen aktiven Konzentrationen an CaO aber ungünstig.

Elemente wie Al, Si, Na, Mg, Ce verfügen über eine hohe Affinität zum Schwefel, zeigen eine beträchtliche *desulfierende Wirkung* (Bild 5-56).

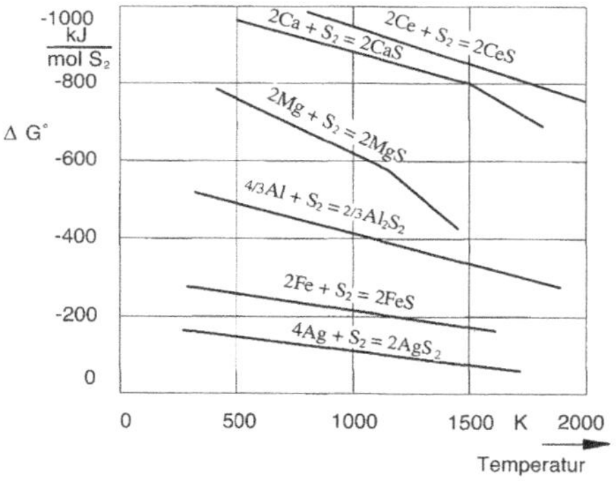

Bild 5-56. Temperaturabhängigkeit der chemischen Stabilität von Sulfiden.

Der *Phosphorgehalt im Schweißgut* kann niedrig gehalten werden, wenn der Grund- und Zusatzwerkstoff, die Elektrodenumhüllung oder das Pulver geringe Phosphorkonzentrationen aufweisen.

Eine Reduzierung des Phosphorgehaltes ist möglich, wenn Eisenphosphid Fe_2P und Fe_3P zu P_2O_5 oxidiert werden entsprechend den Reaktionsgleichungen

$$2\,Fe_2P + 5\,FeO = P_2O_5 + 9\,Fe$$

$$2\,Fe_3P + 5\,FeO = P_2O_5 + 11\,Fe$$

und das saure Oxid P_2O_5 mit dem basischen Oxid CaO die Komplexverbindungen

$$3\,CaO + P_2O_5 \rightleftarrows (CaO)_3 \cdot P_2O_5$$

$$4\,CaO + P_2O_5 \rightleftarrows (CaO)_4 \cdot P_2O_5$$

bildet.

Der Gesamtprozeß der Dephosphorierung ist mit der Gleichung zu beschreiben:

$$2\,[Fe_2P] + 5\,(FeO) + 3\,(CaO) \rightleftarrows (CaO)_3 \cdot P_2O_5 + 9\,Fe.$$

Die Gleichgewichtskonstante lautet:

$$K = \frac{[Fe_2P]^2(FeO)^5(CaO)^3}{(3CaO \cdot P_2O_5)[Fe]^9} \quad ; \quad \text{für [Fe] = 1 wird}$$

$$[Fe_2P]^2 = \frac{K(3CaO \cdot P_2O_5)}{(FeO)^5\,(CaO)^3} \quad .$$

Ein niedriger Phosphorgehalt im Metall wird erreicht, wenn die Konzentrationen von freiem FeO und CaO in der Schlacke erhöht werden, der Gehalt des schon an P_2O_5 gebundenen CaO reduziert wird.

In sauren Schlacken sind FeO und CaO zu Komplexverbindungen mit SiO_2 und TiO_2 verbunden. Ihre freien Konzentrationen sind klein, Phosphor ist folglich schwer aus dem Metall in die Schlacke zu überführen.

5.3 Legierung des Schweißgutes

Legierungen sind Werkstoffe mit überwiegend metallischem Charakter. Sie sind aus zwei oder mehreren Elementen, von denen mindestens eines ein Metall sein muß, und oft auch zusätzlichen Nichtmetallen (z. B. Kohlenstoff, Bor, Silizium) in unterschiedlicher Zusammensetzung aufgebaut.

Ihre Herstellung erfolgt durch Zusammenschmelzen und -gießen, durch Pressen, Sintern, durch Eindiffundieren von Legierungselementen in das Grundmetall, seltener auch durch die Zersetzung von Metallverbindungen.

In den beim Erstarren entstehenden kristallinen Gefügen können die Legierungselemente z. T. unvermischt, als Mischkristall und als intermediäre, aus intermetallischen Verbindungen bestehende kristalline Phasen auftreten.

Auf das Gefüge und die Eigenschaften haben Art und Weise, wie sich aus der Schmelze gleichzeitig oder nacheinander die einzelnen Gefügearten bzw. Phasen ausscheiden und ob nach dem Erstarren Umkristallisation und Umwandlung erfolgen, großen Einfluß.

Als technologisch und metallurgisch effizient und kostengünstig erweist sich bei der Erzeugung legierten Schweißgutes der Verbindungs- und Auftragschweißung das Abschmelzen umhüllter Stabelektroden (mit legiertem Kernstab oder Legierungselementen in Form von Oxiden oder Ferrolegierungen in der Umhüllung), das UP- und ES-Schweißen, das Abschmelzen von Fülldraht- und Bandelektroden, das Einschmelzen von sogenannten Schweißpasten, z. B. mit dem WIG-Lichtbogen, oder die Verarbeitung höherlegierter Drahtelektroden beim Metall-Schutzgasschweißen (insbesondere MIG-Verfahren, MAG-Verfahren).

Zunehmende Bedeutung erlangen Plasma-Auftragschweißmethoden zur Erzeugung hartstoffverstärkter Verschleißschutzschichten, bei denen der Matrixwerkstoff wahlweise in Form von Pulver oder Draht zugeführt und der Hartstoff außerhalb des Lichtbogens in die Matrix eingebracht werden kann [5-105].

Die Einbringung der Legierungselemente in das Schweißgut erfolgt insbesondere durch

- Übergang in das Schweißgut aus dem aufgeschmolzenen Grundwerkstoff,
- Abschmelzen legierter Draht- und Bandelektroden unter Pulver oder Schutzgas,
- Abschmelzen umhüllter Stabelektroden und Übergang der Legierungselemente aus dem legierten Kernstab [5-101] oder der Umhüllung (in der die Legierungselemente als Oxide, Metallpulver oder Ferro-Legierungen vorliegen) in das Schweißgut [5-102; 5-106],
- das Schweißen unter Pulver, wobei das Pulver die Legierungselemente in metallisch reiner Form (Pulver), als Oxid oder Ferro-Legierungen enthält [5-104],
- das Einschmelzen von Schweißpasten mit dem WIG-Lichtbogen.

Darüber hinaus ist eine Vielzahl von Verfahren insbesondere zum Auftragschweißen bekannt, wie

- das Auftragschweißen mit stromführender Drahtelektrode und Zuführung eines stromlosen Schweißzusatzes [5-98],
- das Auftragschweißen durch Abschmelzen von zwei Drähten ohne Werkstückpolung, aber mit Zwangsformung des Schmelzbades,
- das Vakuum-Lichtbogen-Auftragschweißen,
- das Doppel-Pulverbandelektroden-Auftragschweißen,
- das UP-Metallpulver-Auftragschweißen mittel- bis hochverschleißfester Legierungen [5-99],
- das ES-Auftragschweißen mit 2 Bandelektroden und Metallpulverzugabe [5-100],
- das Lichtbogenschweißen mit magnetisierbarem Pulver (bestehend aus Ferro-Legierungen und granuliertem Pulver) [5-103],
- das Lichtbogenschweißen mit selbstschützenden Fülldrahtelektroden.

Um ein Schweißgut mit bestimmten mechanischen und chemischen Eigenschaften zu erzeugen, wird bei den meisten der genannten Technologien die Wechselwirkung des schmelzflüssigen Metalles mit der Schlacke (im Tropfenstadium oder im grundwerkstoffseitigen Schmelzbad) oder mit dem Schutzgas genutzt. Die gewünschten Legierungselemente werden im Ergebnis von Grenzflächenreaktionen an der Phasengrenze Metallschmelze – Schlacke in das Schmelzbad eingebracht.

Es findet im Schmelzbad eine intensive Vermischung des abgeschmolzenen Schweißzusatzes mit dem aufgeschmolzenen Grundwerkstoff statt, die eine weitgehend gleichmäßige Verteilung der Elemente im Schweißgut gewährleistet.

Die Legierungsprozesse sind begleitet von

- Verlusten durch die Oxidation von Elementen (Übergang von Oxiden in die Schlacke; Verunreinigung des Schweißgutes mit nichtmetallischen Einschlüssen),
- Verlusten durch Verspritzung und Verdampfung.

Je stärker ein Legierungselement in der Schweißzone oxidiert wird oder durch Verdampfung in die Gasphase entweicht, um so größer sind die Verluste, um so schlechter läuft der Legierungsvorgang ab.

Der Wirkungsgrad des Überganges eines Legierungselementes aus dem Schweißzusatz, der Umhüllung oder dem Pulver in das Schweißgut wird durch den sogenannten Übergangskoeffizienten η_s erfaßt:

$$\eta_S = \frac{[E]_{Schweißgut}}{[E]_{Ausgang}}, \tag{68}$$

$$\eta_S = \frac{[E]_{Schweißgut}}{\gamma[E]_{GW} + (1-\gamma)[E]_{Sch.Zu.} + c(E)_{Pulver}} \, . \tag{69}$$

Hierin bedeuten:

$[E]_{Schweißgut}$ – Konzentration des Legierungselementes $[E]$ im Schweißgut
$[E]_{Ausgang}$ – Konzentration des Legierungselementes $[E]$ in den Ausgangsstoffen
$[E]_{GW}$ (Grundwerkstoff)
$[E]_{Sch.\ Zu.}$ (Schweißzusatzdraht; Kerndraht)
$(E)_{Pulver}$ (Schweißpulver bzw. Umhüllung)

Die Bestimmung des Übergangskoeffizienten wird für Schweißprozesse verwendet, bei denen die Legierung des Schweißgutes im Ergebnis des Überganges des Legierungselementes aus den drei Quellen (agglomeriertes Pulver bzw. Umhüllung; Drahtelektrode; Grundwerkstoff) entsteht. Dabei ist zu beachten:

Beim Schweißen mit umhüllten Stabelektroden ist die Masse der am Prozeß teilnehmenden Legierungszusätze konstant, da

$$\frac{m_{Kerndraht}}{m_{Umhüllung}} = \text{const.}$$

Beim UP-Schweißen hängt die Masse der Schlacke (des geschmolzenen Pulvers, welches das Legierungselement enthält) von den Schweißwerten, der Schütthöhe und -dichte ab.

Die *Übergangskoeffizienten* werden durch die Schweißwerte, den Draht- und Pulververbrauch und durch die Affinität des betreffenden Legierungselementes zum Sauerstoff beeinflußt. Die Sauerstoffaffinität ist ein wichtiges Kriterium für den Wirkungsgrad der Legierung des Schweißgutes mit diesem Element.

Annähernd gleiche Bedingungen (Konzentration, Temperatur, Zusammensetzung der Schlacke und der Gasphase) vorausgesetzt, kann für 1600 °C folgende Reihe zunehmender Affinität zum Sauerstoff angenommen werden:

Cu – Ni – Co – Fe – W – Mo – Cr – Mn – V – Si – Ti – Zr – Al.

Die links von Fe stehenden Elemente werden nahezu vollständig in das Schweißgut übergehen. Je weiter entfernt die rechts von Fe stehenden Elemente liegen, desto stärker werden sie oxidiert.

Zur Bestimmung der Wechselwirkung Metall – Pulver und der Konzentration der Legierungselemente im Schweißgut kann eine sogenannte *Materialbilanz* des Elementes *E* vor und nach dem Schweißen zugrunde gelegt werden [5-107]. Für *umhüllte Elektroden* lautet sie:

$$m_{El}\,[E]_{El} + m_{GW}\,[E]_{GW} + m_{Pulver}\,(E)_{Pulver} = m_{SG}\,[E]_{SG} + m_{Schlacke}\,(E)_{Schlacke} \tag{70}$$

Hierin bedeuten:

m_{El} – Masse Elektrodenmetall
m_{GW} – Masse Grundwerkstoff
m_{Pulver} – Masse Umhüllung
m_{SG} – Masse Schweißgut
$m_{Schlacke}$ – Masse Schlacke
$[E]_{El}$ – Konzentration des Elementes *E* im Elektrodenmetall (Kerndraht)
$[E]_{GW}$ – Konzentration des Elementes *E* im Grundwerkstoff
$(E)_{Pulver}$ – Konzentration des Elementes *E* in der Umhüllung
$[E]_{SG}$ – Konzentration des Elementes *E* im Schweißgut
$(E)_{Schlacke}$ – Konzentration des Elementes *E* in der Schlacke

Wenn:

$$\frac{(E)_{Schlacke}}{[E]_{SG}} = L \qquad \text{(Verteilungskonstante nach } \textit{Nernst}\text{);} \tag{71}$$

$$\frac{m_{Schlacke}}{m_{SG}} = \beta; \quad m_{Pulver} \approx m_{Schlacke} \tag{72}$$

$$\frac{m_{El}}{m_{SG}} = \gamma; \quad \frac{m_{GW}}{m_{SG}} = 1-\gamma \tag{73}$$

erhält man:
$$[E]_{SG} = \frac{\gamma[E]_{El} + (1-\gamma)[E]_{GW} + \beta(E)_{Pulver}}{1 + \beta \cdot L}\,. \tag{74}$$

Für die rechnerische Bestimmung der chemischen Zusammensetzung des Schweißgutes ist also die Kenntnis der Konzentration der Elemente in den Ausgangsstoffen, des Grundwerkstoff- und Schweißzusatzanteils im Schweißgut, die Verteilungskonstante L und das Verhältnis β (mit Metall wechselwirkende Schlacke) erforderlich.

L wird oftmals experimentell oder über die Gleichgewichtskonstante der Reaktion ermittelt.

β, ein Koeffizient, der die Wirksamkeit des Stoffaustausches beschreibt, wird experimentell bestimmt. β hängt von den physikalischen Eigenschaften der Schlacke, den Strömungsverhältnissen in der Reaktionszone und den Schweißwerten ab.

Für das UP-Schweißen [5-12] wird die Schweißgutzusammensetzung (Konzentration von $[E]_{SG}$) nach der Formel berechnet:

$$[E]_{SG} = \gamma\,([E]_{GW} \pm \Delta[E]_{GW}) + (1-\gamma)\,([E]_{Sch.\,Zu.} \pm \Delta[E]_{Sch.\,Zu.}) \tag{75}$$

mit

γ – Grundwerkstoffanteil im Schweißgut,
$(1-\gamma)$ – Schweißzusatzanteil im Schweißgut,
$\Delta[E]_{GW}$, $\Delta[E]_{Sch.Zu.}$ – Änderung der Zusammensetzung im Ergebnis der Schlackereaktion.

Die Werte für $\Delta[E]_{GW}$ und $\Delta[E]_{Sch.Zu.}$ sind nur mit hohem Aufwand zu bestimmen, deshalb wird die Schweißgutzusammensetzung (Gehalt an Legierungselement E) geschätzt:

$$[E]_{SG} = \gamma\,[E]_{GW} + (1-\gamma)\,[E]_{Sch.Zu.} \pm \Delta[E] \tag{76}$$

mit

$\Delta[E]$ – Differenz zwischen der Endkonzentration des Legierungselementes im Schweißgut und seiner Ausgangskonzentration.

Ist $\pm\Delta[E]$ infolge der Veränderung der Legierungselementkonzentration im Metall durch die Wechselwirkung mit der Schlacke groß, wird das Pulver als aktiv in bezug auf das Element E bezeichnet. Bei $\Delta[E] \sim 0$ wird das Pulver als passiv eingeschätzt.

Der *Legierungsmechanismus* wird am Beispiel der *hüllenlegierenden Elektrode* und der *UP-Schweißung* dargestellt:

Bei der hüllenlegierenden Elektrode besteht der Kernstab in der Regel aus unlegiertem Stahl. Am lichtbogenseitigen Ende der abschmelzenden Elektrode bildet sich ein „kurzer“ oder „langer“ Tiegel aufgrund unterschiedlicher Abschmelzgeschwindigkeit von Kernstab und Umhüllung (Bild 5-57) [5-47].

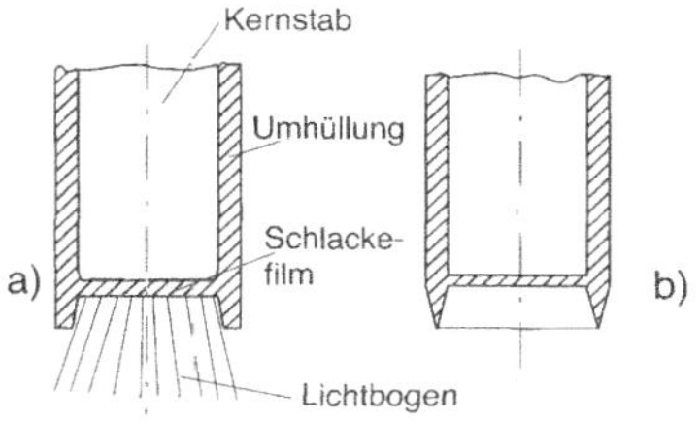

Bild 5-57. Tiegelformen bei umhüllten Stabelektroden (nach *Conn*);
a) bei niedrigschmelzender Umhüllung,
b) bei hochschmelzender Umhüllung.

An der Tropfenoberfläche findet eine intensive Wechselwirkung des schmelzflüssigen Metalles mit der Schlacke und den Bestandteilen der Gasphase statt.

Bevorzugter Ort der Auflegierung ist die Phasengrenzfläche Metalltropfen – Schlacke im Elektrodenkrater (Bild 5-58) [5-48].

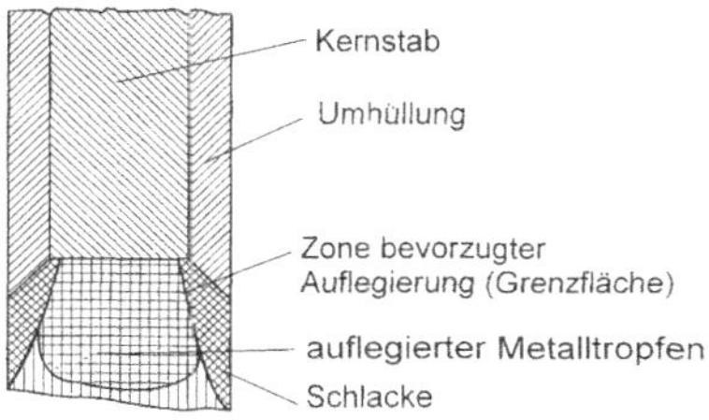

Bild 5-58. Schema des Auflegierungsvorganges im Tropfen (nach Richter).

Während des Tropfenüberganges erfolgt im Tropfen ein weitgehender Konzentrationsausgleich. Nach Untersuchungen von *Richter* u. a. ist der Tropfen schon beim Übergang in das Schmelzbad nahezu vollständig auflegiert. Die Legierung des grundwerkstoffseitigen Schmelzbades durch die kontaktierende Schlacke ist von geringer Bedeutung. Bedingt durch die Besonderheiten der Schmelzbadbildung und -erstarrung können Inhomogenitäten in der chemischen Zusammensetzung auftreten.

Nyilas u. a. [5-52] beschreiben die Grundlagen der Stoffaustauschreaktionen zwischen Schlacke und Schmelzbad über die Grenzfläche. Diese besteht nach der „Filmtheorie" aus zwei angrenzenden dünnen Schichten („Grenzschichten"), die sich vom Inneren ihrer Phasen dadurch unterscheiden, daß sie den Massenfluß unmittelbar kontrollieren. Sie entstehen, weil Flüssigkeiten (Schmelzen) einer natürlichen Konvektion unterworfen sind. Die Grenzschichtdicke ist von den physikalischen Eigenschaften der Schmelzen abhängig (Bild 5-59). Stoffaustausch bedeutet Durchtritt der Massen durch die Grenzschichten mit den Teilschritten:

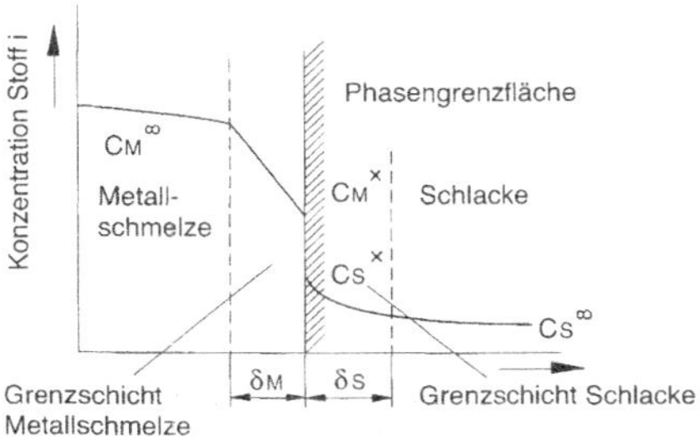

Bild 5-59. Stoffaustauschreaktionen zwischen Metallschmelze und Schlacke [5-52].

1. Transport des in der Metallschmelze gelösten Stoffes vom Inneren der Schmelze an die Phasengrenze ($c_M^\infty \rightarrow c_M^x$),

2. Phasengrenzflächenreaktion $c_M^x \rightarrow c_S^x$,

3. Transport des umgesetzten Stoffes (Reaktionsprodukt) von der Phasengrenzfläche in das Innere der Schlackeschmelze ($c_S^x \rightarrow c_S^\infty$).

Die Teilschritte 1 und 3 sind durch Diffusion bestimmt (stationärer Diffusionsprozeß)

$$v_i = -D_i \cdot \frac{d_c}{d_x} \tag{77}$$

mit

v_i – Transportgeschwindigkeit,

D_i^M, D_i^S – Diffusionskoeffizienten des Stoffes i in Metall- und Schlackeschmelze.

Für den Teilabschnitt 2 ist wichtig, daß die Komponenten der Schlacke als Ionen, die der Metallschmelze als Atome vorliegen. D. h. es finden Austauschreaktionen beim Übergang von Phase 1 in Phase 2 statt.

Der Elementetransfer Umhüllung von Stabelektroden → Schweißgut wird vielfach für metallurgische Untersuchungen ausgenutzt, bei denen auf relativ einfache Art und Weise verschieden legierte Schweißgüter hergestellt werden müssen bzw. die Wirkungen einzelner Elemente auf Mikrogefüge und mechanische Eigenschaften festgestellt werden sollen, z. B.:

- Untersuchung des Einflusses von Al [5-31], Mn [5-32], Al und Ti [5-49], Ti [5-49], Si [5-30] auf das Mikrogefüge und die Eigenschaften des C-Mn-Schweißgutes,
- Übergang von Mn (elektrolytisch hergestelltes Mn in Pulverform) aus der Elektrodenumhüllung in das Schweißgut zur Untersuchung des Einflusses der Stromart [5-39],
- Wirkung des aus der Elektrodenumhüllung in das Schweißgut übergehenden Bors (vorliegend als Boroxid und Ferro-Bor) auf die Schweißgutzähigkeit (Mikroborisierung) [5-51],
- Variation des Kohlenstoffgehaltes im Schweißgut (0,03; 0,06; 0,10; 0,13 %) durch Zugabe von Grafit in die Umhüllung von Rutilelektroden E 7024 mit hohem Eisengehalt in der Umhüllung und Bestimmung des C-Einflusses auf den Sauerstoffgehalt, das Schweißgutmikrogefüge und die Eigenschaften [5-53].

Das *UP-Schweißen* bietet den Vorteil, die gewünschte Schweißgutzusammensetzung durch den Übergang von Legierungselementen aus dem Schweißpulver und der Drahtelektrode/Bandelektrode in das Schmelzbad zu erhalten.

Mechanismus und Grad der Auflegierung hängen dabei stark vom Charakter und von der Art der Werkstoffübertragung in der Kaverne ab.

Der freie Werkstoffübergang, bei ihm erfolgt der Transfer der Tropfen ohne längeren Kontakt mit der Schlacke in das Schmelzbad, hat zur Folge, daß entsprechend dem Reaktionsschema von *Djatlow* die Wechselwirkung der Elemente des Drahtes mit der Gasphase in der Kaverne (CO, CO_2, Metalldampf) dominiert.

Der Tropfenübergang entlang dem Schlackefilm der Kavernenwand führt zu intensiven Wechselwirkungen Metallschmelze–Schlacke und damit zu einer stark auflegierenden Wirkung der Schlacke (Bild 5-60). Die zeitlich aufeinanderfolgenden, in kurzer Zeit stattfindenden Prozesse der Bildung und des Zusammenfalls der Kaverne begünstigen den Legierungseffekt.

Der Werkstoffübergang wird, wie von *Franz* [5-54] mit Zeitlupenfilmaufnahmen in die Kaverne hinein festgestellt wurde, sehr stark von den Schweißwerten, insbesondere Schweißstromstärke und -spannung, beeinflußt.

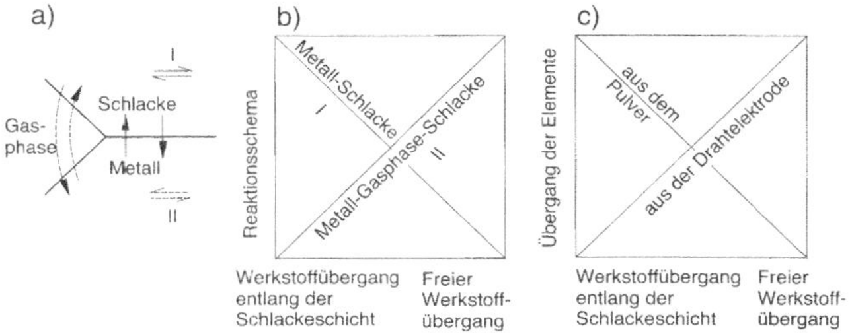

Bild 5-60. Reaktionsschemata beim UP-Schweißen (a); ihre Wirkung bei unterschiedlichem Werkstoffübergang (b) und die Abhängigkeit des Übergangs der Elemente (c) [5-54].

Da das Schlackenvolumen, die Zeit des Kontaktes Schlacke – Tropfen und auch die Schweißgeschwindigkeit von den Schweißparametern abhängen [5-55], ist zur Gewährleistung reproduzierbarer Legierungseffekte über die Schlacke die exakte Einhaltung der vorgegebenen Verarbeitungsempfehlungen für die Schweißpulver erforderlich.

Solche Hinweise sind auch zu beachten, wenn anstelle der massiven Drahtelektrode beim UP-Schweißen eine bzw. mehrere Fülldrahtelektroden oder eine massive Band- bzw. Füllbandelektrode eingesetzt werden.

Die Zugabe von Metallpulver zum Schweißpulver kann neben der Wärmebilanz des UP-Schweißprozesses auch den Wirkungsgrad der Legierung verbessern.

5.4 Wechselwirkung von Gasen mit dem Metall beim Schweißen und ihr Einfluß auf die Eigenschaften der Schweißverbindungen

Die technologischen Bedingungen beim Schmelzschweißen begünstigen die Aufnahme von Gasen, insbesondere von Wasserstoff und Stickstoff in das Schweißgut. Metalle neigen dazu, Gase aus der umgebenden Atmosphäre aufzunehmen. Moleküle oder Atome sammeln sich an der Oberfläche der Metallschmelze an (Adsorption). Atome und Ionen der Gase sind in der Lage, über die Phasengrenze Gas – Metall in das Metallinnere einzudringen und sich mehr oder weniger gleichmäßig im Metallvolumen zu verteilen (Absorption, Löslichkeit).

Die Kinetik der Gasaufnahme wird bei Raumtemperatur nicht durch die Diffusion des Gases (z. B. von Wasserstoff) im Metallinneren bestimmt, sondern vor allem durch Prozesse, die im Bereich der Metalloberfläche stattfinden. Bei der Wasserstoffaufnahme eines festen Metalles werden folgende Teilschritte bei der Gesamtreaktion

$$H_2 \rightarrow 2\,H_{Metall}$$

durchlaufen (Bild 5-61 [5-57]):

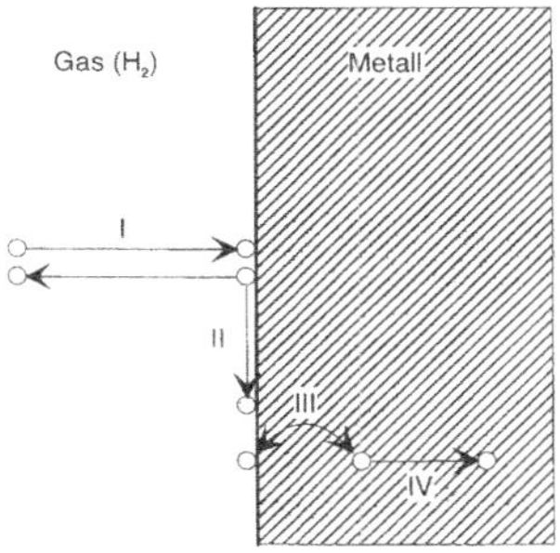

Bild 5-61. Teilschritte bei der Wasserstoffabsorption (ohne Deckschicht) [5-57].
I Transport in der Gasphase,
II Dissoziation absorbierter Wasserstoffmoleküle und Chemisorption,
III Durchtritt durch die Oberfläche,
IV Diffusion im Metall.

Bei Vorhandensein einer festhaftenden Deckschicht auf der Metalloberfläche laufen die Prozesse I ... IV analog ab, hinzu kommt auch der Durchtritt der H-Atome aus der Deckschicht in das Metall (Teilschritt V) und die Diffusion der Atome im Metall (Teilschritt VI) (Bild 5-62 [5-57]).

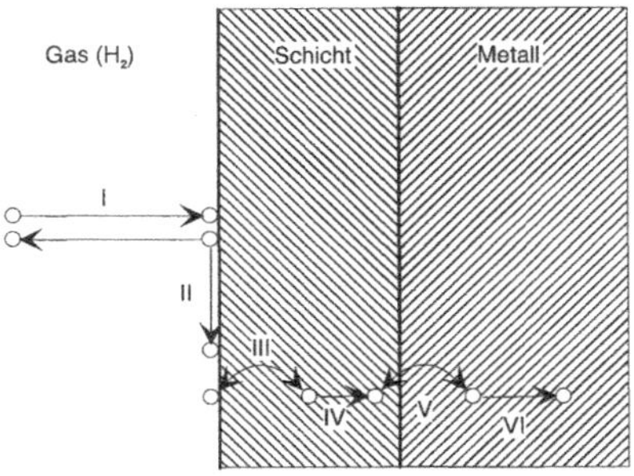

Bild 5-62. Teilschritte bei der Wasserstoffabsorption bei Vorhandensein einer Deckschicht [5-57].
I Transport in der Gasphase,
II Dissoziation und Chemisorption auf der Deckschicht,
III Durchtritt Oberfläche / Deckschicht,
IV Diffusion in der Deckschicht,
V Durchtritt Deckschicht / Metall,
VI Diffusion im Metall.

In den Metallen vorhandene Gitterdefekte (Versetzungen, Korngrenzen, Leerstellen, interstitielle und substitionelle Fremdatome) beeinflussen das Verhalten der gelösten Wasserstoff-Zwischengitteratome in starkem Maße. Die Wechselwirkungen des Wasserstoffes mit den Defekten verursachen Eigenschaftsänderungen. Sie betreffen z. B. die Wasserstofflöslichkeit und -diffusion und die mechanischen Eigenschaften (Versprödung).

Der Prozeß der Anlagerung (Adsorption) von Gasen an der Metalloberfläche ist oftmals mit der Bildung von Oberflächenschichten verbunden. Er hat für die Preßschweißung von Metallen eine große Bedeutung. Eine Verbindungsbildung setzt erst ein, wenn Oberflächenschichten zerstört und entfernt worden sind. Fremdschichten, die durch eine Vorbehandlung nicht beseitigt werden, verhindern die direkte Berührung Metall – Metall. Deutlich wird das zum Beispiel beim Kaltpreßschweißen von Aluminium und Kupfer. Erst durch eine mechanische Säuberung der Probenoberfläche wird eine saubere, von anhaftenden Metallteilchen und groben Oxidstücken freie Oberfläche geschaffen [5-58].

Beim Schmelzschweißen wechselwirken Gas und Metall an der Phasengrenze Gas/Metallschmelze. Im Zweiphasensystem Metallschmelze – Gasphase ist die Konzentration des im Metall gelösten Gases abhängig von der Temperatur und dem Partialdruck des jeweiligen Gases in der Gasphase

$$c = f(T, p).$$

Die Löslichkeit kann angegeben werden in

- ml oder cm^3 Gas/100 g Metall,
- ppm (1 ppm = $1 \cdot 10^{-4}$ %),
- Prozent.

Das von *Henry* (1803) empirisch gefundene Gesetz, das sich auf die Löslichkeit eines Gases in einer Flüssigkeit bezieht, lautet:

Ein reines Gas löst sich in einer Flüssigkeit proportional seinem Druck.

Dalton erweiterte 1807 das Henrysche Gesetz auf ideale Gasmischungen:

Ein Gas aus einer Gasmischung löst sich in einer Flüssigkeit proportional seinem Partialdruck.

Das Gesetz von *Sieverts*, wonach

> *die Löslichkeit von Gasen in Metallen bei T = const. proportional der Quadratwurzel der Größe ihrer Partialdrücke ist,*

und das auf die Lösung von Wasserstoff und Stickstoff angewendet wird,

$$[H] = K_H \cdot \sqrt{p_{H_2}}; \tag{78}$$

$$[N] = K_N \cdot \sqrt{p_{N_2}}, \tag{79}$$

stellt einen spezifischen Fall des Gesetzes von *Henry* dar.

In Legierungen ist die Gaslöslichkeit von der Konzentration der Legierungselemente abhängig.

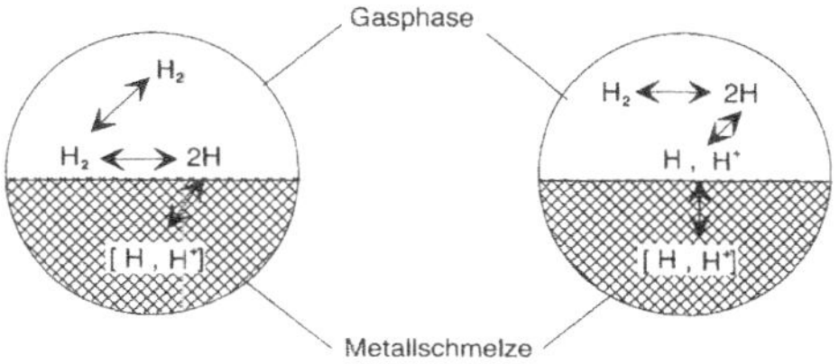

Bild 5-63. Schema der Kinetik der Gaslösung in Metallen.

Hinsichtlich der Kinetik der Gaslösung wird analog in folgende Stadien unterteilt (Bild 5-63):

1. Transport von Molekülen der Gasphase zur Metalloberfläche,
2. Adsorption des Gases an der Metalloberfläche, begleitet von der Dissoziation des zweiatomigen Gases, der Ionisation vorhandener Gasatome, in bestimmten Fällen von der Bildung einer chemischen Verbindung des Gases mit einer der Komponenten des Metalles,
3. Übergang der Atome (und Ionen) in die Lösung,
4. Übergang der gebildeten Atome (und Ionen) von der Metalloberfläche in sein Volumen, Verteilung des Gases im Metall (aufgrund der Diffusion der Gaskomponente im festen Metall, von Konvektionsdiffusion in Schmelzen).

> *Die Geschwindigkeit des gesamten Prozesses wird begrenzt und bestimmt durch die Geschwindigkeit des langsamsten Teilprozesses.*

Die Lösungsgeschwindigkeit der Gase in flüssigen Metallen kann mit dem Diffusionsgesetz berechnet werden:

$$\frac{dc}{dt} = \alpha \cdot \frac{A}{V_m} (c_1 - c_2)\ [\text{mol/s}]. \tag{80}$$

Hierin bedeuten:

α	– Koeffizient der Geschwindigkeit des Masseüberganges [cm/s],
A	– Oberfläche Gas – Metallschmelze,
V_m	– Metallvolumen,
$(c_1 - c_2)$	– Konzentrationsgradient.

5.4.1 Wechselwirkung Metall – Wasserstoff beim Schweißen

Wasserstoff wird beim Schweißen und Schneiden häufig eingesetzt. Er dient beim thermischen Trennen als Brenngas, wirkt als Schutzmedium und Wärmeträger beim Wolfram-Wasserstoff-

Schweißen (Arcatom-Schweißen), wird dem Plasmagas beim Plasmaschweißen und -schneiden zugesetzt und ist neben Stickstoff im Formiergas (Formiergas F mit 1 ... 30 % H_2, Rest N_2) die wichtigste Komponente.

Da Wasserstoff vielfach Bestandteil der Gasphase beim Schmelzschweißen ist und mit dem schmelzflüssigen Metall reagiert, wird das Gas z. B. beim Lichtbogenschweißen intensiv vom Tropfen aufgenommen und gelangt mit diesem in das grundwerkstoffseitige Schmelzbad.

Die Quellen des Wasserstoffes sind:

- Feuchtigkeit in der Elektrodenumhüllung und im Schweißpulver,
- Feuchtigkeit in der Atmosphäre,
- Feuchtigkeit im Schutzgas (Ar, CO_2),
- Feuchtigkeit auf der Grundwerkstoff- und Zusatzwerkstoffoberfläche (u. a. Adsorption von Feuchtigkeit auf Blankdrähten für MIG- und MAG-Schweißen),
- Wasserstoff im Grundwerkstoff (z. B. bei Al).

Die in der Elektrodenumhüllung, im Schweißpulver und im Schutzgas vorhandene Feuchtigkeit sowie die Luftfeuchtigkeit haben als Wasserstoffquellen die größte Bedeutung.

Der in der Elektrodenumhüllung vorhandene Wasserstoff wird als *potentieller Wasserstoff* bezeichnet [5-59]. Die Umhüllung ist aus mineralischen und metallischen Pulvern aufgebaut, Wasser liegt als *Kristallwasser* oder *Konstitutionswasser* vor oder kann als Folge der Adsorption von Wasserdampf an den Kornoberflächen als wenig fest anhaftendes Wasser auftreten [5-60].

Die metallischen Bestandteile wie Ferrolegierungen (Fe-Si, Fe-Mn) und Fe-Pulver nehmen kaum Feuchtigkeit auf. Dagegen sind die mineralischen Komponenten in der Umhüllung zum Teil stark hygroskopisch. Magnesit, Flußspat, Kreide nehmen Wasser auf, die organischen Gleitmittel in der Umhüllung sind ausgeprägt hygroskopisch. Auch Wasserglas, das als Bindemittel verwendet wird und in der getrockneten Elektrode in den Bestandteilen – Alkalien und SiO_2 – vorliegt, neigt stark zur Wasseraufnahme.

Diese Erkenntnisse führten dazu, daß bereits in den 70er Jahren die „Military Specification MIL-E-0022200/10A" für niedrig wasserstoffhaltige Elektroden den maximalen Wasserstoffgehalt im Schweißgut und den maximalen Feuchtigkeitsgehalt in der Umhüllung spezifizierte [5-61]. Danach durfte die Umhüllung im trockenen Zustand maximal 0,1 %, im befeuchteten Zustand maximal 0,2 % Wasser enthalten.

Heute werden die umhüllten Stabelektroden im rückgetrockneten Zustand in die Wasserstoffklassen H 5, H 10 und H 15 eingestuft (Tabelle 5-15 [DIN EN 499]).

Tabelle 5-15. Kennzeichen für Wasserstoffgehalt des Schweißgutes [DIN EN 499].

Kennzeichen	Wasserstoffgehalt in ml/100 g Schweißgut max.
H 5	5
H 10	10
H 15	15

Für die Klassifizierung von Elektroden nach dem Wasserstoffgehalt im Schweißgut wird in Doc. IIS/IIW II-682-73 folgende Einteilung vorgeschlagen:

Klasse	Diffusibler Wasserstoff in ml/100 g Fe, bezogen auf das abgeschmolzene Schweißgut	
Sehr niedrig	0 bis 5	wasserstoffkontrolliert
Niedrig	5 bis 10	wasserstoffkontrolliert
Mittel	10 bis 15	wasserstoffkontrolliert
Hoch	> 15	nicht wasserstoffkontrolliert

Die Grenze 5 ml/100 g wird mit dem Begriff der *Feuchteresistenz* der Umhüllung verbunden; d. h., der Luftfeuchte während des Schweißens wird große Beachtung geschenkt.

Viele Untersuchungen belegen, daß während des Schweißens die Luftfeuchte direkt auf den Wasserstoffgehalt im Schweißgut einwirkt. Dabei hängt das Eindringen der Umgebungsfeuchtigkeit in den Lichtbogenbereich sehr stark von den schweißtechnologischen Werten, insbesondere von der Lichtbogenlänge ab.

Je niedriger der zu messende Wasserstoffgehalt im Schweißgut ist, desto größeren Einfluß hat die Luftfeuchte während des Schweißens [5-62].

Die Beurteilung der Feuchteresistenz einer Elektrode wird vorzugsweise über den Wasserstoffgehalt im Schweißgut und nicht über die Umhüllungsfeuchtigkeit vorgenommen [5-63; 5-64]. Der Wasserstoffgehalt im Schweißgut einer feuchteresistenten Elektrode soll nach 9stündiger Auslagerung bei 80 % relativer Luftfeuchtigkeit weniger als 5 ml/100 g betragen.

Feuchtigkeit im UP-Schweißpulver, die auf unzureichende Trocknung und unsachgemäße Lagerung, hohe Luftfeuchtigkeit und nicht optimale Schweißbedingungen zurückzuführen ist, kann ebenfalls unzulässig hohe Wasserstoffkonzentrationen im Schweißgut zur Folge haben. Ist im Hinblick auf die zu schweißenden Grundwerkstoffe ein wasserstoffarmes Schweißgut erforderlich, sind die vorgegebenen Rücktrocknungsbedingungen einzuhalten. Wie für Stabelektroden wird der Wasserstoffgehalt im Schweißgut zur Klassifizierung der Pulver in die Klassen H 5, H 10 und H 15 nach DIN EN 760 herangezogen.

Für Schutzgase wird der zulässige Feuchtigkeitsgehalt mit dem Taupunkt festgelegt (DIN EN 439; Tabelle 5-2).

Die im Schutzgas oder im Pulver, auf der Schweißzusatz- und Blechoberfläche vorhandene Feuchtigkeit verdampft infolge der hohen Temperatur, die im Wirkungsbereich der Energiequelle (Lichtbogen, Plasmastrahl usw.) herrscht. Feuchtigkeit wird überführt in Wasserdampf, dieser dissoziiert in H_2- und O_2-Moleküle, die aufgrund der thermischen Bedingungen in H- und O-Atome gespalten und zum Teil ionisiert werden.

Die Dissoziations- und Ionisationsprodukte zusammen mit den bei nichtausreichendem Schutz aus der Atmosphäre eindringenden Bestandteilen bilden eine Gasphase aus H_2O_D, H_2, O_2, H, H^+ O^{2-}. Diese kontaktiert mit dem Schmelzbad.

Das Wasserstoffatom und -ion ist im festen Metall, aber insbesondere im schmelzflüssigen Metall diffusibel und gut löslich.

Über die Grenzfläche Gasphase – Metallschmelze gelangen atomarer und ionisierter Wasserstoff (H, H^+) in das Schmelzbad.

Bei einer gegebenen Temperatur läßt sich die Wasserstofflöslichkeit berechnen nach den Gleichungen

$$[H] = K_1 \cdot \sqrt{p_{H_2}}, \quad (78)$$

$$[H] = K_2 \cdot p_H, \quad (78a)$$

$$[H] = K_3 \cdot \sqrt{p^{1+x}_{H_2, H}}. \quad (78\,b)$$

Hierin bedeuten:

K_1, K_2, K_3 – von der Temperatur abhängige Koeffizienten
$p_{H_2}, p_H, p_{H_2, H}$ – Partialdrücke des atomaren bzw. molekularen Wasserstoffes in der Gasphase
x – Dissoziationsgrad des molekularen Wasserstoffes

Die Wasserstofflöslichkeit ist im Eisen und in anderen Metallen abhängig von der Temperatur. Mit zunehmender Temperatur steigt die Löslichkeit. Metalle mit allotropen Umwandlungen zeigen bei den Umwandlungstemperaturen eine sprunghafte Löslichkeitsänderung. Stahl ist durch das Vorhandensein von zwei allotropen Modifikationen des Eisens, des im höheren Temperaturbereich auftretenden kubisch-flächenzentrierten Austenits (γ-Phase) und des kubisch-raumzentrierten Ferrits (α-Phase), welcher bei Raumtemperatur stabil ist, gekennzeichnet. Bei reinem Eisen treten die Löslichkeitsänderungen deutlich bei der Umwandlung $\alpha \rightarrow \gamma$ und $\gamma \rightarrow \delta$ auf (Bild 5-64).

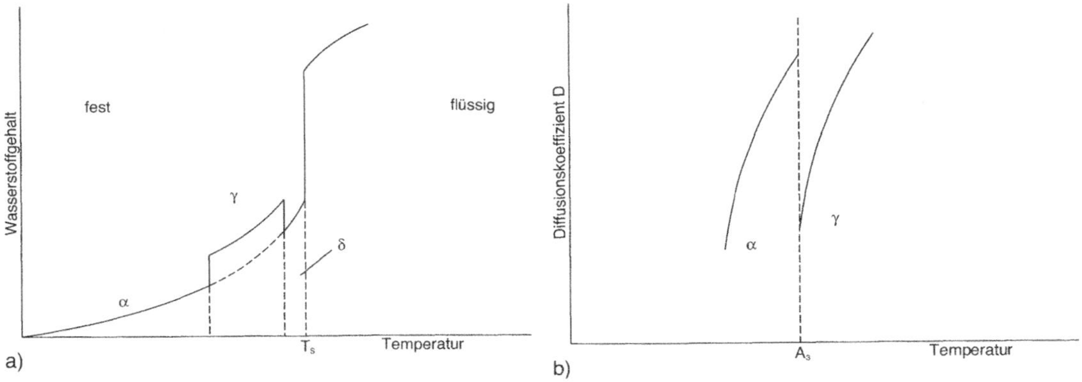

Bild 5-64. Temperaturabhängigkeit der Wasserstofflöslichkeit im Eisen (a) und der Wasserstoffdiffusion im Ferrit (α) und Austenit (γ) (b).

Erreicht das Metall die Schmelztemperatur, steigt die Wasserstofflöslichkeit nochmals beträchtlich an. Der sprunghafte Anstieg der Löslichkeit des Wasserstoffes im Metall bei dessen Übergang vom festen in den flüssigen Aggregatzustand ist ausgeprägt auch bei Aluminium, Kupfer, Nickel u. a.

Die Temperaturabhängigkeit der Wasserstofflöslichkeit wird für α-Fe mit der Gleichung

$$\lg[H\%] = -\frac{1420}{T} - 2{,}370 \quad \text{(von } \textit{Geller} \text{ und } \textit{Sun}\text{, Arch. EHW, 1950, B.21, S. 423),} \qquad (81)$$

für γ-Fe (910 ... 1400 °C) mit der Gleichung

$$\lg[H\%] = -\frac{1390}{T} - 2{,}226 \quad \text{(von } \textit{Hill} \text{ und } \textit{Johnson}\text{, Met. Soc., AIME, 1961, V.224, S. 599)} \qquad (82)$$

berechnet (Tabelle 5-16).

Tabelle 5-16. Berechnete Werte zur Wasserstofflöslichkeit nach Hill und Johnson [5-66].

Temperatur [°C]	25	400	900 (α)	900 (γ)	1400 (γ)	1400 (δ)	1535 (δ)	1535 (flüssig)
$[H] \cdot 10^4\,\%$	$7{,}3 \cdot 10^{-4}$	0,33	2,64	3,88	8,77	6,04	7,00	21,30
H_2 ml/100 g	$8{,}2 \cdot 10^{-4}$	0,37	2,96	4,35	9,82	6,75	7,85	23,40

Von verschiedenen Autoren berechnete Werte für die Temperaturabhängigkeit der Löslichkeitskonstanten K_H

- $\lg K_H = -\frac{1745}{T} - 1{,}72$ nach *Morosow*, (83)

- $\lg K_H = -\frac{1590}{T} - 1{,}71$ nach *Samarin*, (84)

- $\lg K_H = -\frac{1670}{T} - 1{,}68$ nach *Chipman*, (85)

- $\lg K_H = -\frac{1900}{T} - 1{,}577$ nach *Nosak* u. a. (86)

ergeben bei der Schmelztemperatur von Eisen Wasserstoffgehalte von:

23,1; 28,8; 27,7; 26,3 ml H_2/100 g Metall.

Für die Wasserstofflöslichkeit im festen Eisen nahe der Schmelztemperatur werden 13,5 ... 14,5 ml H_2/100 g, für 20 °C nur etwa 10^{-3} ml/100 g angegeben.

Frumin spricht von einer maximalen Löslichkeit von 42,5 ml/100 g bei 2397 ... 2497 °C, oberhalb dieser Temperatur wird durch eine intensive Metallverdampfung das Wasserstoffaufnahmevermögen stark verringert.

Aus den Löslichkeitswerten läßt sich ableiten, daß

- die Wasserstofflöslichkeit im kubisch-flächenzentrierten γ-Fe >> als im kubisch-raumzentrierten α-Fe (die Diffusionsgeschwindigkeiten verhalten sich umgekehrt) ist (Bild 5-64),
- im Schmelzbad und im sich bildenden Schweißgut ein hoher Wasserstoffdruck herrscht,
- es während der Abkühlung zu einer Gasabgabe durch die Diffusion von H und H^+ zur Phasengrenzfläche Gas – Metall und dem Austritt von Wasserstoff aus dem Schweißgut (Desorption) kommt (diffusibler Wasserstoff),
- Wasserstoff in Fehlstellen, Poren u. a. diffundiert und es hier zur Rekombination $2\,H \rightarrow H_2$ kommt,
- im Schweißgut ein Restwasserstoffgehalt verbleibt.

Großen Einfluß auf die Wasserstofflöslichkeit im Eisen haben Legierungselemente:

- Ti, Nb, Zr, Th, V und einige Seltenerdmetalle erhöhen die Wasserstofflöslichkeit im flüssigen Eisen. Diese Elemente bilden mit Wasserstoff bei tiefen Temperaturen stabile Hydride. Hydridbildende Elemente haben gegenüber Wasserstoff ein hohes Sorptionsvermögen und erhöhen dessen Löslichkeit in festen Eisenlegierungen;
- Mn, Co, Ni, Cr, Mo wirken nur schwach auf die Löslichkeit;
- C, Si, Al verringern die Wasserstofflöslichkeit im geschmolzenen Eisen. Der Einfluß ist aber bei den Konzentrationen dieser Elemente in niedrig- und unlegierten Stählen zu vernachlässigen.

Ein enger Zusammenhang besteht zwischen dem Wasserstoffgehalt im flüssigen Eisen und der Sauerstoffkonzentration. Die Wasserstofflöslichkeit im Eisen verringert sich unter dem Einfluß von Sauerstoff um das 1,6fache.

Die Desoxidationselemente Mn, Si, Al, Ti wirken durch die Verringerung des Sauerstoffgehaltes zugleich auch auf die Wasserstoffkonzentration im Eisen.

Der Wasserstoffgehalt im Metall hängt wesentlich von der Kinetik des Wasserstoffüberganges aus der Gasphase in das Metall und umgekehrt ab. Große Oberflächenaktivität eines Gases erleichtert dessen *Desorption*. In Legierungen Fe-O-H wirkt Wasserstoff zuerst desoxidierend; damit ist zunächst eine Erhöhung der Oberflächenspannung des Eisens verbunden. Bei hohen Partialdrücken verringert sich die Oberflächenspannung. In der Legierung befindliche oberflächenaktive Elemente wie O, S, C verringern die Wasserstoffadsorption.

Der Wasserstoffübergang in das Metall erfolgt in vielen Schweißprozessen auch über eine Schlakkeschicht. In Schlacken ohne leichtreduzierbare Oxide (FeO, MnO) ist nur Wasserdampf gelöst. Massenspektrographische Untersuchungen ergaben, daß aus fluorhaltigen Schlacken Wasserdampf und geringe Mengen H_2 und HF ausgeschieden werden.

Wie oftmals dargestellt wird, soll der Hauptteil des Wasserstoffes in der Schlacke als Ion OH^- vorliegen. In basischen und sauren Schlacken, die freien Sauerstoff enthalten, erfolgt die Lösung des Wasserstoffes nach dem Schema

$$H_2O_{gas} + O^{2-} = 2\,OH^-.$$

Für saure Schlacken hat das Schema die Form:

$$H_2O_{gas} + Si_mO_n{}^{q-} = 2\,OH^- + Si_mO_{n-1}{}^{(q-2)-}.$$

Die in der Schlacke gelöste Wasserstoffmenge berechnet sich nach der Gleichung

$$OH^- = K'_{H_2O}\sqrt{p_{H_2O}}$$

mit K'_{H_2O} – Löslichkeitskonstante.

Befindet sich über der Schlacke Wasserstoff, geht dem Prozeß der Wasserstofflösung ein Prozeß der Oxidation voraus, entsprechend

$$2\,FeO_2{}^{1-} + 2\,H_{2\,gas} = Fe_{fl.} + Fe^{2+} + 4\,OH^-.$$

Saure Schlacken lösen weniger Wasserstoff als basische. In den basischen Schlacken nimmt die Wasserstofflöslichkeit mit steigendem CaO-Gehalt zu. Wird in basischen Schlacken CaO durch MgO ersetzt, verringert sich die Wasserstofflöslichkeit. Der Wasserstoffübergang aus der Schlacke in das Metall ist von einem Zerreißen der Bindung O-H begleitet:

$$Fe^{2+} + 2\,OH^- = Fe_{fl.} + 2\,[O] + 2\,[H] \text{ oder}$$

$$Fe_{fl.} + 2\,OH^- = Fe^{2+} + 2\,O^{2-} + 2\,H.$$

Die Gleichung lautet, wenn das Eisenion nicht berücksichtigt wird:

$$2\,OH^- = O^{2-} + [O] + 2\,[H].$$

Der Wasserstofftransport von der Phasengrenze Gas – Schlacke in das Metall erfolgt durch Diffusion und unter der Wirkung von Konvektionsströmungen. Dabei spielt die Viskosität der Schlacke eine große Rolle.

Lichtbogenschweißprozesse sind dadurch charakterisiert, daß aufgrund der hohen Temperaturen und der Abmessungen der Reaktionsbereiche die Lösungsgeschwindigkeit für Wasserstoff im Schweißgut hoch ist und sich größere Wasserstoffkonzentrationen im kristallisierenden Metall einstellen können. Die Anwesenheit atomaren Wasserstoffes in der Lichtbogenatmosphäre, die große spezifische Oberfläche (Kontaktfläche Gas – Metall) und die hohe Kristallisationsgeschwindigkeit des Schmelzbades begünstigen den Lösungsprozeß. Untersuchungen ergaben, daß beim Abschmelzen rutilumhüllter Elektroden 50 ... 80 % des Wasserstoffes mit dem Tropfen in das Schweißgut gelangen. Zusammensetzung und Eigenschaften des Schweißzusatzes und des zu schweißenden Grundwerkstoffes, die Zusammensetzung der Lichtbogenatmosphäre, die Abschmelzgeschwindigkeit des Schweißzusatzes (umhüllte Stabelektrode, Draht- und Bandelektrode) und die Kristallisation des Schmelzbades bestimmen letztlich den Wasserstoffgehalt im Schweißgut.

Daraus folgt, daß die Wasserstoffkonzentrationen im Schweißgut der verschiedenen Schmelzschweißprozesse sehr unterschiedlich sind.

Beim Abschmelzen von umhüllten Elektroden wirken sich Veränderungen in der Zusammensetzung und Feuchtigkeitsgehalte in der Umhüllung auf Menge und Zusammensetzung der sich beim Schmelzschweißen bildenden Gase und auf den Wasserstoffgehalt im Schweißgut sehr stark aus [5-65].

Karbonate in der Umhüllung erhöhen den Partialdruck von CO_2 und CO ($p_{CO_2} + p_{CO}$), senken die Partialdrücke von H_2O_D und H_2 ($p_{H_2O} + p_{H_2}$) in der Lichtbogenatmosphäre und damit den Wasserstoffgehalt im Schweißgut.

Auch die Einbringung von CaF_2 und TiO_2 verringert $p_{H_2O} + p_{H_2}$ und damit den Schweißgutwasserstoffgehalt. Bei den nichtbasischen Stabelektroden wird der Wasserstoffgehalt des Schweißgutes insbesondere aus den vorhandenen Umhüllungskomponenten gebildet; bei diesen Typen spielt die aufgenommene Feuchtigkeit eine untergeordnete Rolle. Bei Stabelektroden für das Verbindungsschweißen von hochfesten Feinkornstählen (basischumhüllten Stabelektroden nach DIN EN 757) entsteht Wasserstoff im Schweißgut insbesondere aus wasserstoffhaltigen Verbindungen der Zusatzstoffe. Dazu zählt die von der Umhüllung während der Lagerung und des Transportes aufgenommene Feuchtigkeit. Von allen Stabelektrodentypen ergeben basischumhüllte Stabelektroden (einwandfreies Rücktrocknen vorausgesetzt) den niedrigsten Wasserstoffgehalt im Schweißgut.

Tabelle 5-17 gibt Werte für die Zusammensetzung der Lichtbogenatmosphäre beim Schweißen mit verschieden umhüllten Elektroden und Wasserstoffgehalte im Schweißgut an, die von *Hummitzsch* ermittelt wurden.

Tabelle 5-17. Werte (nach Hummitzsch).

Umhüllung	Zusammensetzung der Lichtbogenatmosphäre [Vol.-%]				Wasserstoffgehalt im Schweißgut [ml/100 g Metall]	
	H_2O	H_2	CO	CO_2	leichtflüchtig	schwerflüchtig
Rutilumhüllt	17	37	42	4	23,5	13,2
Basischumhüllt	9	9	68	4	3,5	2,6

Das Metall-Schutzgasschweißen (MIG, MAGM, MAGC) zeichnet sich ebenso wie das UP-Schweißen durch geringe Wasserstoffgehalte im Schweißgut aus. Bei ihnen haben das Mischungsverhältnis, die Schweißwerte (insbesondere U_S), die Lagenzahl, die Vorwärmung, die Qualität der Schweißzusätze und Zusatzstoffe großen Einfluß auf die Wasserstoffkonzentration im Schweißgut.

Doc. IIS/IIW 343.70 [5-67] enthält Anhaltswerte über die Größenordnung der Wasserstoffgehalte für niedergeschmolzenes Schweißgut (Bild 5-65).

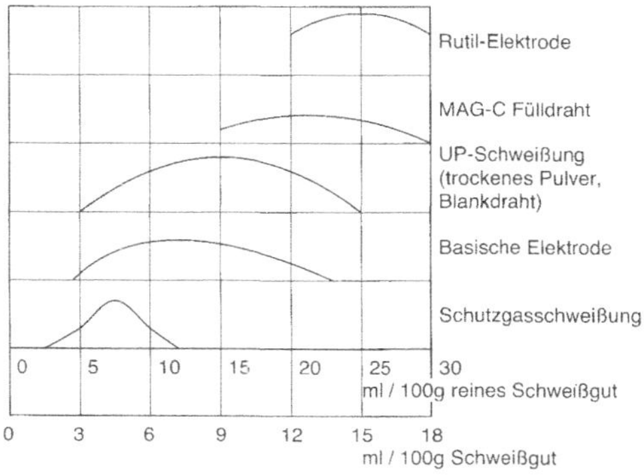

Bild 5-65. Wasserstoffgehalte im Schweißgut verschiedener Schweißverfahren [5-67].

Bild 5-66 zeigt im Vergleich Wasserstoffgehalte im Schweißgut beim Schweißen mit umhüllten Stabelektroden, beim Metall-Schutzgasschweißen und UP-Schweißen.

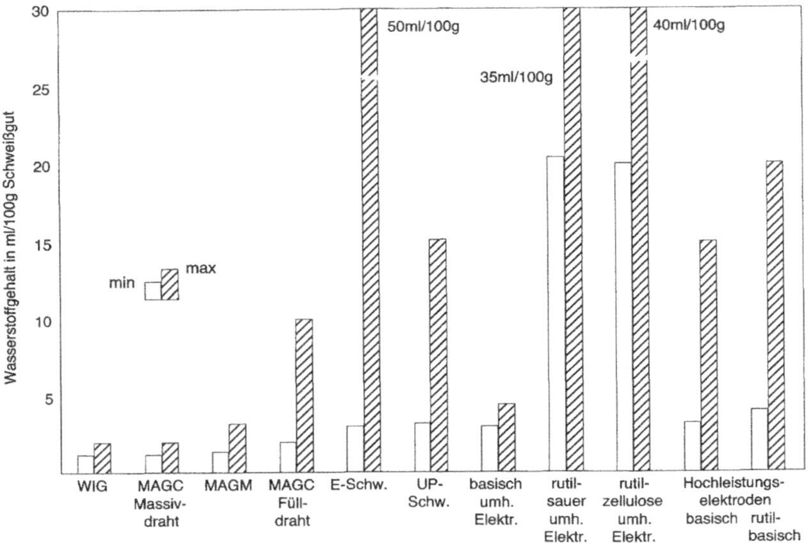

Bild 5-66. Wasserstoffgehalte im Schweißgut beim Lichtbogenhandschweißen mit umhüllten Stabelektroden, beim Metall-Schutzgas- und Unterpulverschweißen.

Bei ungünstigen Schweißbedingungen stellt sich im Schweißgut eine hohe Wasserstoffkonzentration ein. Aufgrund der großen Diffusionsgeschwindigkeit von Wasserstoff im Ferrit kann schon bei Raumtemperatur der vorhandene Wasserstoff z. T. durch die Metalloberfläche nach außen entweichen. Dies erfolgt in Abhängigkeit von der Zeit bis zu einem Grenzwert. Dieser wird „diffusibler Wasserstoff" genannt. Der diffusible Wasserstoff wird häufig als Maß für

- die Klassifizierung von Schweißzusätzen,
- den Vergleich von Schweißverfahren und Schweißtechnologien

verwendet und im allgemeinen in ml/100 g des abgeschmolzenen Zusatzwerkstoffes (reines Schweißgut) oder des Schweißgutes (abgeschmolzener Zusatzwerkstoff und aufgeschmolzener Grundwerkstoff) angegeben. Die Menge des Wasserstoffes, die durch Diffusion aus dem Schweißgut entfernt werden kann, ist abhängig von der Zeit und der Temperatur (Bilder 5-67 und 5-68).

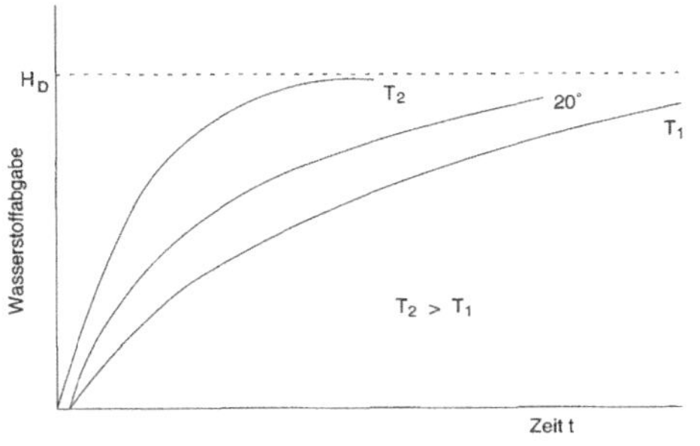

Bild 5-67. Wasserstoffabgabe aus einem Probestück aus niedergeschmolzenem Schweißgut; Einfluß der Temperatur und der Zeit [2-7].

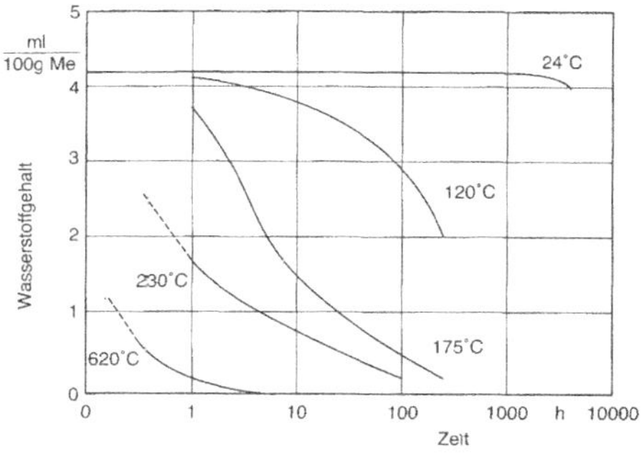

Bild 5-68. Einfluß einer Wärmebehandlung auf den Wasserstoffgehalt im Schweißgut (nach *Flanigan*).

Schon durch Lagerung des Metalles bei Raumtemperatur, aber besonders bei höheren Temperaturen, kann ein beträchtlicher Teil des Gases ausgeschieden werden. Die Zähigkeitseigenschaften des Werkstoffes werden verbessert. Je höher die gewählte Temperatur, um so schneller erfolgt die Gasausscheidung. Sie verläuft sehr intensiv bei ca. 600 °C.

Mit einem modifizierten Wasserstoffanalysator (offenes Meßsystem, die Schweißprobe wird bis 1200 °C erwärmt, Wasserstoffsensor ist ein Wärmeleitfähigkeitsdetektor WLD, der kontinuierlich den Wasserstoffgehalt im N_2-Trägergasstrom ermittelt) wurde beim Vergleich des einlagigen Auftragschweißgutes der wasserstoffarmen basischumhüllten Elektrode EY 5076 Mn 1 Ni B und der wasserstoffreichen rutilumhüllten Elektrode EMo R 22 ein unterschiedliches Effusionsverhalten festgestellt [5-69].

Das zeigt, daß die Reaktivierung des Restwasserstoffes stark vom Elektrodentyp und vom Gesamtwasserstoffgehalt des Schweißgutes abhängt. Für wasserstoffarme Elektroden ergab sich bei der Bestimmung der Effusionszeiten in Abhängigkeit von der Temperatur die kürzeste Effusionszeit. Ein Verfahren zum Messen der Wasserstoffeffusion bei 20 . . . 250 °C und ein Modell zur Bestimmung des Wasserstoffdiffusionskoeffizienten wird in [5-70] vorgestellt.

Bestimmung des Wasserstoffs

Beim Schmelzschweißen von Stahl liegt Wasserstoff im Schweißgut und in der Wärmeeinflußzone

- im Metallgitter gelöst und schon bei Raumtemperatur beweglicher, sogenannter „diffusibler" Wasserstoff
- und in Gitterdefekten wie Versetzungen, Korngrenzen sowie in nichtmetallischen Einschlüssen und Hohlräumen („Fallen" genannt) gebundener Wasserstoff

vor.

Während der „diffusible" Wasserstoff bei Raumtemperatur und intensiver bei erhöhter Temperatur sehr beweglich ist, an „innere" und „äußere" Oberflächen zu diffundieren vermag und zum größten Teil schon durch Lagern bei Raumtemperatur das Metall verlassen kann (Effusion), kann der in den Fallen gebundene Wasserstoff erst durch thermische Aktivierung von den Fallen gelöst werden.

Die Bedeutung, die Wasserstoff für das Auftreten von Unregelmäßigkeiten in der Schweißnaht hat (Risse, Hohlräume, Versprödungen), erklärt das Bemühen, Verfahren zu entwickeln, mit denen der Wasserstoffgehalt im Schweißgut ermittelt werden kann.

Bild 5-69 gibt einen Überblick über Methoden zur Bestimmung des diffusiblen Wasserstoffes im Schweißgut. Einschätzungen zur Wirksamkeit der verschiedenen Methoden liegen von *Kotecki* [5-76] vor.

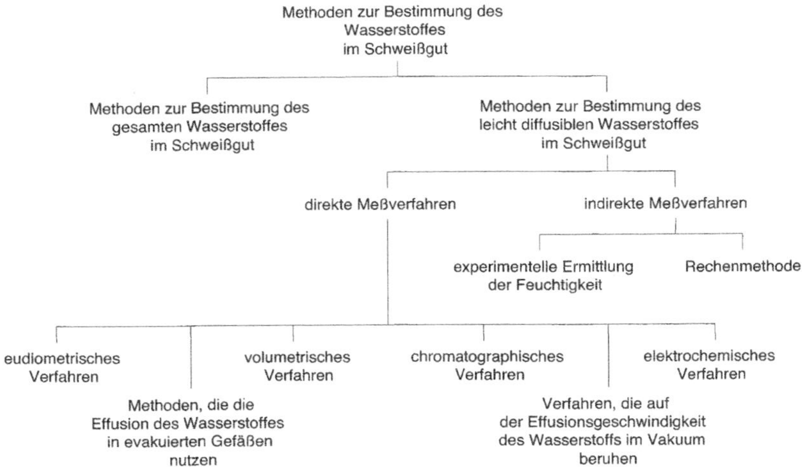

Bild 5-69. Methoden zur Bestimmung des diffusiblen Wasserstoffes im Schweißgut.

Die Bestimmung des diffusiblen Wasserstoffes im Schweißgut umhüllter Stabelektroden (Lichtbogenhandschweißen) und einer Draht-Pulver-Kombination (Unterpulverschweißen) erfolgt entsprechend DIN 8572-1 und -2[1)] [5-71] (Bild 5-70). Auf aus dem Grundwerkstoff R St 37-2 (DIN 17100)

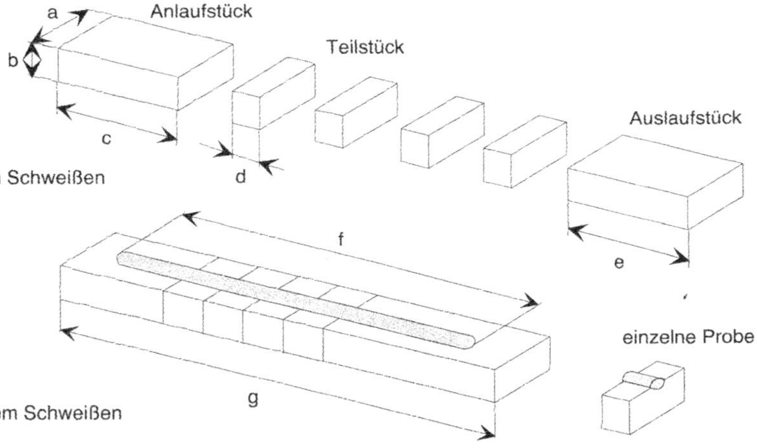

	a	b	c	d	e	f	g
DIN 8572-1	15	10	45	10	45	100	130
DIN 8572-2	25	15	80	10	80	190	200

Bild 5-70. Probenherstellung für die Wasserstoffbestimmung [5-71].

1) Bemerkung: DIN 8572-1 und -2 wurden mit Einführungsdatum 03/2001 durch DIN EN ISO 3690 – Schweißen und verwandte Prozesse – Bestimmung des diffusiblen Wasserstoffgehaltes im ferritischen Schweißgut – ersetzt.
Im Gegensatz zur beschriebenen ersetzten Norm wird hier der ausdiffundierte Wasserstoff nicht nach einer festgelegten Zeitspanne gemessen, sondern der Versuch bis zur vollständigen Entgasung des Wasserstoffs durchgeführt. Somit ist es möglich, daß nach dieser Norm geprüfte Schweißzusätze ohne Produktveränderung in eine höhere Wasserstoffklasse eingestuft werden als nach der ersetzten DIN 8572.
Außerdem wurde der Anwendungsbereich auf weitere Schweißprozesse (z. B. Metall-Schutzgasschweißen) erweitert.

hergestellten, 2 Stunden bei 650 °C entgasten Streifen, die in einer Einspannvorrichtung befestigt werden, wird durch Abschmelzen von getrockneten Stabelektroden (4 mm Kernstabdurchmesser) bzw. Hochleistungselektroden mit > 130 % Ausbringung und 3,25 mm Kernstabdurchmesser) oder durch Unterpulverschweißen (Drahtdurchmesser 4 mm, getrocknetes Schweißpulver) eine gleichmäßige Raupe mit einer Gesamtlänge von 100 ± 10 mm (beim Lichtbogenhandschweißen) bzw. 190 mm (beim Unterpulverschweißen) aufgetragen.

Nach dem Schweißen, der Behandlung der Proben und dem Wiegen werden diese 72 Stunden (beim UP-Schweißen in Ausnahmefällen 144 Stunden) bei (25 ± 5) °C in einer auf 10 Pa evakuierten Bürette mit dem Absperrmedium Quecksilber (Bild 5-71) entgast, und es wird die ausgetretene Wasserstoffmenge bestimmt.

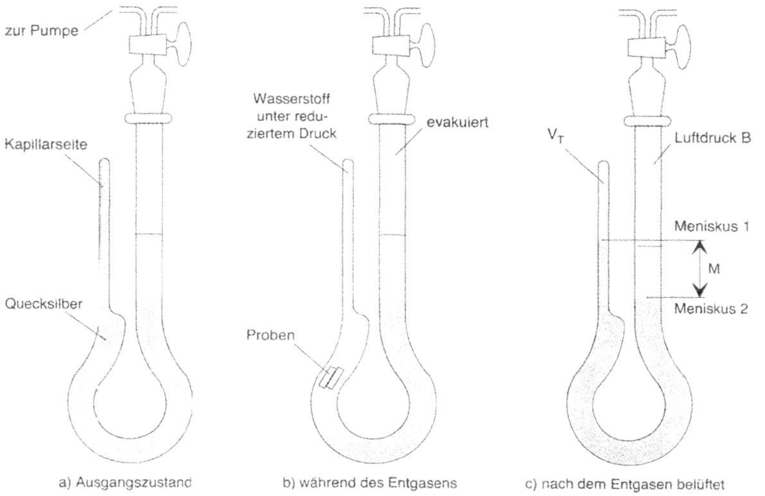

Bild 5-71. Büretten zur Bestimmung von diffusiblem Wasserstoff [5-71].

Die Massezunahme der Probe nach dem Schweißen entspricht dem aufgebrachten Metall.

Der Gehalt an diffusiblem Wasserstoff (umgerechnet auf Normalbedingungen von 0 °C und 1,013 bar) wird in ml/100 g aufgetragenes Metall (HD) oder in ml/100 g Schweißgut (HF) angegeben.

Wird beim Unterpulverschweißen nur der Beitrag des Pulvers zum diffusiblen Wasserstoffgehalt des Schweißgutes angegeben, wird dies durch den Zusatz P gekennzeichnet (HFP):

HD: auf die aufgebrachte Metallmenge bezogener Wasserstoff,
HF: auf das geschmolzene Schweißgut bezogener Wasserstoff,
HFP: auf das geschmolzene Schweißgut bezogener Wasserstoff als Beitrag des Pulvers.

Die Ermittlung des Gesamtwasserstoffgehaltes erfolgt durch *Heißextraktionsverfahren*.

Einfluß von Wasserstoff auf die Eigenschaften der Schweißnaht

Wasserstoff in übersättigter Lösung hat das Bestreben, das Schweißgut zu verlassen. Er kann sich aber auch in der festen Phase durch Diffusion im Schweißgut und in der Wärmeeinflußzone verteilen. Das hängt vom Ausgangsgehalt des Wasserstoffes am Ende der Erstarrung und von der Differenz der Diffusionskoeffizienten des Wasserstoffes im Austenit und Ferrit ab (Wasserstoffdiffusionskoeffizient im Ferrit >> im Austenit). Elastische und plastische Verformungen begünstigen die Diffusion. *Trube* [5-72] wies mit nicht-isothermen Effusionsmessungen an Schweißgütern, die Deformationsgraden zwischen 0,1 bis 20,6 % ausgesetzt wurden, nach, daß Wasserstoff an neu entstandenen Versetzungen angelagert wird und die Effusion des diffusiblen Wasserstoffes bei deformierten Proben erst bei höheren Temperaturen eintritt. Die Messungen zeigten, daß sich der primäre Effusionspeak, der dem diffusiblen Wasserstoffanteil im Schweißgut entspricht, von 112 °C mit zunehmender Deformation bis zu Temperaturen von ~ 200 °C verschiebt und sich ein Effusionspeak bei 370 bis 385 °C mit steigender Verformung ausprägt, der den an neugebildeten Versetzungen gebundenen Wasserstoffanteilen entspricht (Bild 5-72) [5-72].

Die Temperaturabhängigkeit der Wasserstofflöslichkeit, unterschiedliche Wasserstofflöslichkeit und -beweglichkeit in den verschiedenen Modifikationen des Eisens (Ferrit, Austenit) und in den Um-

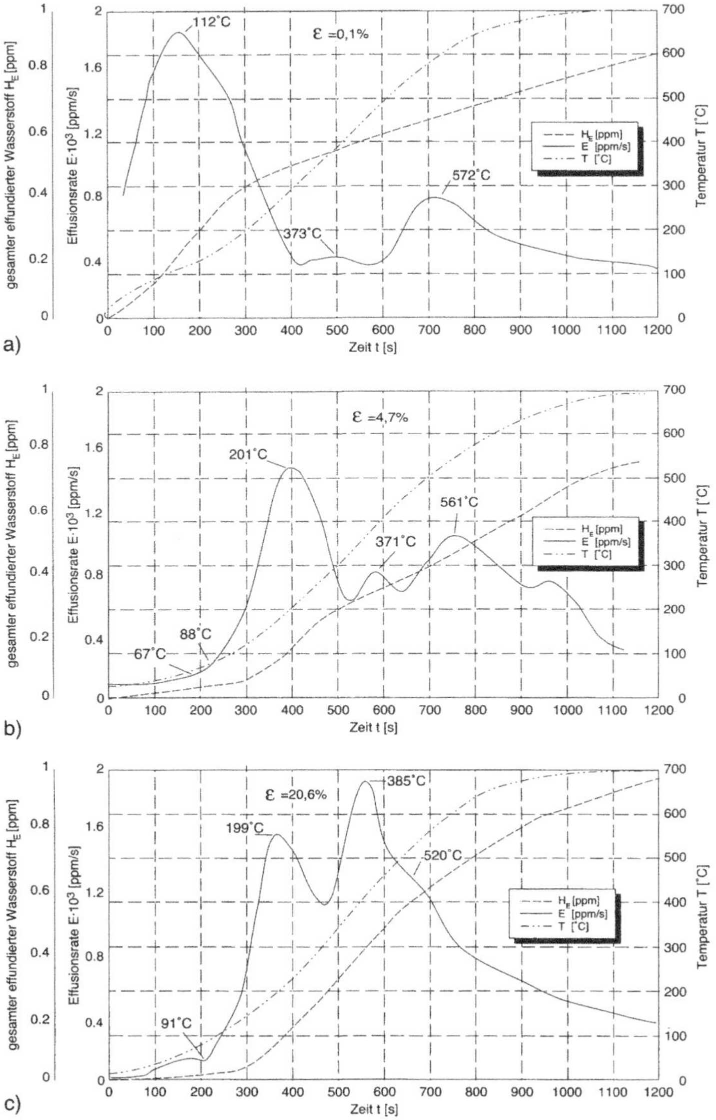

Bild 5-72. Wasserstoffeffusion aus deformiertem Schweißgut bei unterschiedlicher Dehnung ε [5-72].

wandlungsgefügen des Stahls (Zwischenstufengefüge, Härtegefüge), Wasserstoffumverteilung Schweißgut – Wärmeeinflußzone und der Einfluß von Spannungen und Deformationen sind vielfach die Ursache für Schweißnahtfehler. Diese sind nur zu vermeiden, wenn das Wasserstoffangebot (Wasserstoffpartialdruck im Bereich des Lichtbogens) so gering wie möglich gehalten wird.

Die Wasserstofflöslichkeit ist im flüssigen Metall sehr hoch. Sie verringert sich mit der Abkühlung der Schmelze und besonders stark beim Übergang vom flüssigen in den festen Aggregatzustand. Bei der Abkühlung der wasserstoffübersättigten Schmelze und vor allem bei der Erstarrung wird ein beträchtliches Gasvolumen frei.

Das verursacht die *Porenbildung* im Schweißgut, wenn das sich ausscheidende Gas das erstarrende Schmelzbad nicht verlassen kann und im Inneren eingeschlossen wird. Die Porenbildung ist ein zeitabhängiger Prozeß, abhängig von der Gaskonzentration in der Metallschmelze, der Gaslöslichkeit im festen Aggregatzustand, der Diffusionsgeschwindigkeit des Wasserstoffes, der Bildung und dem Wachsen der Gasblasen und der Kristallisationsgeschwindigkeit des Schmelzbades. Zahl, Größe, Ausscheidungsform und Anordnung der Poren im Schweißgut sind deshalb sehr stark durch die Erstarrungsbedingungen bestimmt.

Die Gasblasen, die an den bei der Erstarrung sich bildenden Kristallisationsschichten entstehen, können vielfach wegen der großen Kristallisationsgeschwindigkeiten nicht entweichen, sie verbleiben als Poren im Schweißgut.

Ungünstig auf die Schweißgutfestigkeit wirken sich Schlauchporen aus. Sie bilden sich, wenn Gasblasen ständig mit neuem Gas aus der Schmelze versorgt werden, und entwickeln sich durch eine Verlängerung in Richtung der Verlagerung der Erstarrungsfront.

Während beim Stahlschweißen H_2, N_2, CO und S komplex auf die Porenbildung wirken, ist beim Schweißen von Aluminium und Kupfer die Porosität vorwiegend auf Wasserstoff zurückzuführen.

Eine wasserstoffbedingte Versprödung des Ferrits äußert sich durch das Auftreten sogenannter *Fischaugen* (bei statischer Beanspruchung) oder von „weißen Flächen" (bei zyklischen Beanspruchungen). Fischaugen erscheinen im Bruchbild eines zähen Bruches des Schweißgutes als runde oder elliptische Sprödbruchgebiete, die oft mehrere von einem Zentralkern ausgehende Risse erkennen lassen.

Die Form des Fischauges wird durch die Form des Fehlers bestimmt, von dem es ausgeht.

Fischaugen sind lokale Versprödungen. Sie treten auf, wenn

- das Schweißgut höhere Wasserstoffgehalte hat,
- im Schweißgut Schlacketeilchen oder Poren vorhanden sind [5-78],
- Zugspannungen wirken (z. B. beim Zugversuch).

Fischaugen sind keine Werkstoffehler, deuten aber auf die Anwesenheit von Wasserstoff und Inhomogenitäten hin.

Plastische Verformungen während einer Zugbeanspruchung verursachen im Bereich der Werkstofffehler eine Konzentration von Versetzungen als Träger der Wasserstoffionen, fördern die Diffusion von Wasserstoff an „innere Oberflächen" und dort die Rekombination von H und H^+ zu Molekülen, verbunden mit einem erheblichen Druckanstieg in den Werkstoffehlern. Die Überlagerung von äußeren Beanspruchungen und des Wasserstoffdruckes in den Werkstoffehlern (Hohlräumen) auf das umgebende Metall führt dazu, daß sich ein örtlich begrenztes Sprödbruchgebiet in einem normalen Zähbruch bildet. Zur Vermeidung von Fischaugen sollte das Schweißgut 6 Stunden lang bei 250 °C wasserstoffarm geglüht werden.

Zum Unterschied von den Fischaugen, die durch Wasserstoff und eine statische Zugbeanspruchung gebildet werden, sind „weiße Flecken" auf zyklische Beanspruchungen zurückzuführen, die bei der

Entstehung eines Ermüdungsrisses mitwirken. Sie können das Ermüdungsverhalten eines Bauteiles beeinflussen.

Die kritischsten aller durch Wasserstoff in Schweißverbindungen verursachten Schädigungen sind *Kaltrisse*. Sie können in der Wärmeeinflußzone (WEZ) und im Schweißgut auftreten. Kaltrisse in der Wärmeeinflußzone werden je nach ihrer Lage als

- Unternahtrisse,
- Kerbrisse,
- Quer- und Wurzelrisse

klassifiziert.

Übereinstimmend werden

– Wasserstoff, vor allem der diffusible Anteil,

– das Vorhandensein eines Härtegefüges (Bainit oder Martensit),

– die Wirkung mechanischer Spannungen auf das Gefüge

als die wichtigsten Einflußfaktoren auf die Kaltrißbildung genannt [5-77]. Die Rißbildung tritt ein, wenn eine kritische Kombination dieser Einflußgrößen erreicht wird.

In einem Forschungsbericht der RWTH Aachen [5-73] werden die wasserstoffinduzierten Schädigungsmechanismen beim Schweißen der hochfesten Feinkornbaustähle St 52-3 (CE 0,42), StE 460 (CE 0,45) und StE 690 (CE 0,34) untersucht. Gefüge, bestehend aus feinem Perlit oder oberer Zwischenstufe, haben unter gleichen Bedingungen einen höheren Diffusionskoeffizienten als Martensit. Gefüge mit hoher Festigkeit, wie Martensit und Bainit mit C ~ 0,25 %, neigen eher zur Kaltrißbildung als Gefüge geringerer Festigkeit. Deshalb treten, wie *Düren* [5-74] nachweist, die

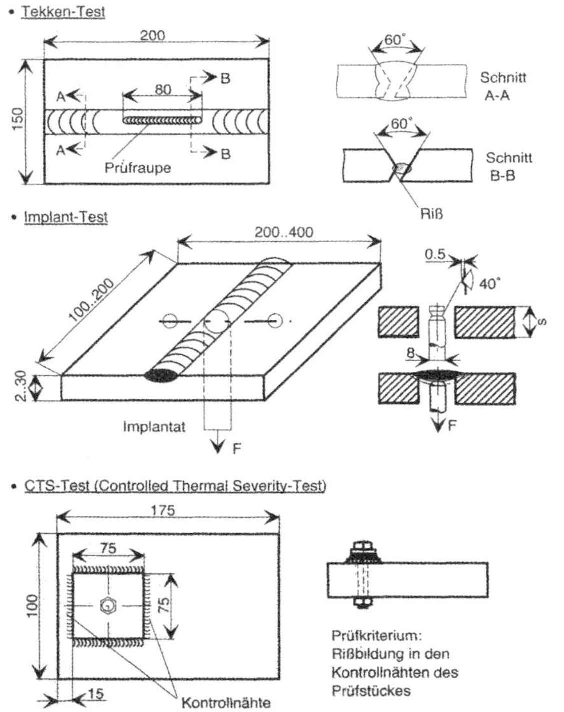

Bild 5-73. Prüfmethoden zur Beurteilung der Neigung eines Grundwerkstoffes/Schweißzusatzes zur Kaltrißbildung [5-75]: Tekken-, Implant-, CTS-Test.

Schäden auch hauptsächlich in der aufgehärteten Grobkornzone der WEZ direkt neben der Schmelzlinie auf. Auf den engen Zusammenhang zwischen Wasserstoffgehalt im Schweißgut, dem Kohlenstoffäquivalent (CE) und der Rißanfälligkeit weist *Kotecki* [5-76] hin. Merkmale des Bruches bei wasserstoffbeeinflußter Kaltrissigkeit sind häufig Korngrenzentrennungen, transkristalline Risse und Mikrofischaugen. Bei höherfesten Stählen besitzen die beim Kaltriß entstehenden Bruchflächen einen duktilen und einen verformungsarmen Anteil. Die verformungsarmen Bruchanteile verlaufen je nach Stahlgüte entweder interkristallin oder transkristallin.

Grundlegende Bedeutung für die Kaltrißbildung hat die Diffusion des Wasserstoffes in Verbindung mit der zeitlichen Folge der $\gamma \rightarrow \alpha$-Umwandlung des Schweißgutes bzw. der Wärmeeinflußzone [5-78].

Kaltrißbildung tritt am Ende der Abkühlung der Schweißnaht oder nach einer bestimmten Zeit nach der vollständigen Abkühlung des Bauteils („verzögerte" Kaltrißbildung) nach dem Schweißen auf.

Kotecky [5-75] empfiehlt zur Beurteilung der Neigung eines Grundwerkstoffes/Schweißzusatzes zur Kaltrißbildung den Tekken- bzw. Implant-Test (Bild 5-73).

Wasserstoff in Nichteisenmetallen

Während in *festem Aluminium* die Wasserstofflöslichkeit gering ist, nimmt diese beim Übergang vom festen in den flüssigen Zustand sprunghaft zu. Eine weitere Temperaturerhöhung steigert auch den Wasserstoffgehalt im Metall (Bild 5-74). Tabelle 5-18 weist diese Löslichkeitserhöhung nach.

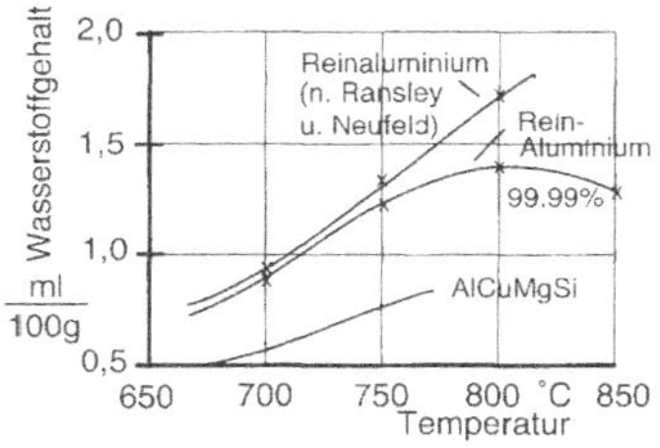

Bild 5-74. Wasserstofflöslichkeit im Aluminium und in Aluminiumlegierungen.

Tabelle 5-18. Löslichkeit von Wasserstoff im Metall in Abhängigkeit von der Temperatur.

Temperatur [°C]	300	500	660 (fest)	660 (flüssig)	700	800	850
Wasserstoffgehalt [ml/100 g Metall]	0,001	0,0125	0,036	0,69	0,92	1,67	2,15

Große Bedeutung für die Wasserstoffaufnahme beim Schmelzschweißen von Al hat die Wechselwirkung des Metalles mit Wasserdampf. Feuchtigkeit, die sich in der Oxidschicht auf der Drahtelektroden- und Grundwerkstoffoberfläche befindet, wird durch die Lichtbogeneinwirkung verdampfen. Der Wasserdampf dissoziiert, die Dissoziationsprodukte H_2 und O_2 werden zerlegt und z. T. ionisiert, so daß genügend [H] für die Absorption im Schweißgut zur Verfügung steht. Die verfügbaren Wasserstoffkonzentrationen zusammen mit der hohen Schweißgutabkühlgeschwindigkeit begünstigen eine starke Porenbildung. Das Reinigen der Draht- und Blechoberfläche ist deshalb eine wichtige Voraussetzung für die Herstellung einer porenarmen Schweißnaht. Nach *Thier* [5-68] kann bei Verwendung von Drahtelektroden für das Al-Schweißen 100 mal mehr Wasserstoff in das Schweißgut eingebracht werden, als im erstarrenden Aluminium löslich ist. Wasserstoff ist die einzige Ursache für die Porenbildung. Von den Legierungselementen des Aluminiums sollen Silizium und Kupfer die Wasserstofflöslichkeit herabsetzen, Cer, Thorium und Titan erhöhen.

Kupfer besitzt im hocherhitzten und schmelzflüssigen Zustand eine große Löslichkeit, die sich bei der Schmelz- bzw. Erstarrungstemperatur stark ändert (Bild 5-75). Bei der Erstarrung von wasserstoffhaltigem Cu-Schweißgut werden beträchtliche Gasmengen frei, die durch Diffusion aus dem Metall entweichen oder z. T. in Form von Gasblasen im Schweißgut verbleiben.

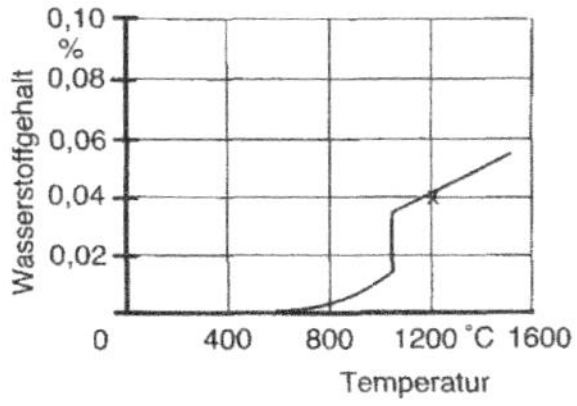

Bild 5-75. Wasserstofflöslichkeit im Kupfer.

Beim Erwärmen von sauerstoffhaltigem Kupfer in einer wasserstoffhaltigen Atmosphäre kann Wasserstoff in das Kupfer diffundieren. Wasserstoff reagiert mit dem Kupferoxid, reduziert das Cu_2O entsprechend der Gleichung

$$Cu_2O + 2\,H \rightarrow 2\,Cu + H_2O$$

unter Bildung von metallischem Kupfer und im Kupfer unlöslichem Wasserdampf. Die Folge ist, da Wasserdampf an den Entstehungsstellen unter hohem Druck eingeschlossen bleibt, eine Gefügeauflockerung und Brüchigkeit des Werkstoffes. Diese Fehlerscheinung wird als *Wasserstoffkrankheit* bezeichnet.

Titan und seine Legierungen nehmen Sauerstoff, Stickstoff und Wasserstoff schon bei relativ niedrigen Temperaturen auf. Die Gase werden gelöst und bilden mit Titan spröde Verbindungen, die Festigkeit und Zähigkeit beeinträchtigen.

Wasserstoff versprödet den Werkstoff durch die Bildung eines Hydrids.

Um die Zähigkeitsverluste niedrig zu halten, werden die Gehalte für Sauerstoff auf 0,2 %, für Stickstoff auf 0,07 % und für Wasserstoff auf 0,125 % begrenzt.

5.4.2 Wechselwirkung Metall – Stickstoff beim Schweißen

Die Wechselwirkung zwischen schmelzflüssigem Metall und Stickstoff spielt bei den meisten Schmelzschweißverfahren eine große Rolle. Sie ist besonders intensiv im Tropfenstadium. Je höher die Stickstoffkonzentration in der Lichtbogenatmosphäre, desto höher ist der Stickstoffgehalt im Schweißgut. Der Stickstoffgehalt im Schweißgut erweist sich damit als Kriterium für den Schutz des Metalles vor der Atmosphäre. Hohe [N]-Gehalte im Schweißgut deuten stets auf einen unzureichenden Schutz des Schweißgutes hin.

Da die Konzentration an Stickstoff im Schweißgut eine Reihe von Schweißguteigenschaften steuert, ist es notwendig, durch schweißmetallurgische und -technologische Maßnahmen den Stickstoffgehalt niedrig zu halten.

Stickstoff verursacht in un- und niedriglegierten Stählen und im Schweißgut Veränderungen der Festigkeits- und Zähigkeitseigenschaften. Zunehmender Stickstoffgehalt im ferritisch-perlitischen Stahl verschiebt die Übergangstemperatur des Stahles zu höheren Temperaturen, wirkt also versprödend.

Stickstoff beeinflußt zusammen mit Sauerstoff die Kerbschlagarbeit niedriglegierten Schweißgutes. Stickstoffgehalte werden als eine wesentliche Ursache für die Porenbildung im Schweißgut angesehen. Schon geringe Stickstoffkonzentrationen in der Lichtbogenatmosphäre führen zu Schweißgutporosität, die durch Wasserstoff und Kohlenmonoxid verstärkt wird. Stickstoff ist verantwortlich für die Alterung des Stahles. Stickstoff ist ein starker Austenitbildner und beeinflußt bei hochlegiertem Schweißgut den Ferritgehalt.

Die Quellen des Stickstoffes im Schweißgut sind

- ein unzureichender Schutz der Schweißzone, der z. B. auftritt bei Turbulenzen des Schutzgases beim Metall-Schutzgasschweißen und das Eindringen von Stickstoff in den Lichtbogenbereich zuläßt,
- höhere Stickstoffgehalte im Schutzgas,
- der Grundwerkstoff,
- unzureichende Schweißbedingungen, z. B. große Lichtbogenlänge.

In der Lichtbogenatmosphäre vorhandener Stickstoff (N_2, N) gelangt nach Dissoziation und teilweiser Ionisation in die beim Abschmelzen des Schweißzusatzes sich bildenden Tropfen und geht mit diesen in das grundwerkstoffseitige Schmelzbad über [5-79]. Nicht ausreichender Schutz der Schmelzbadoberfläche begünstigt auch hier Prozesse der Absorption und des Überganges von Stickstoff in das Schmelzbadinnere.

Bei gleichbleibender Temperatur läßt sich die Stickstofflöslichkeit im Eisen berechnen mit den Gleichungen

$$[N] = K_{N_1} \cdot \sqrt{p_{N_2}} \quad \text{(bei Vorliegen von molekularem Stickstoff),} \qquad (79)$$

$$[N] = K_{N_2} \cdot \sqrt{p^{1+x}{}_{N,N_2}} \quad (x - \text{Dissoziationsgrad von } N_2), \qquad (79\,a)$$

$$[N] = K_{N_3} \cdot p_N \quad \text{(bei Vorliegen von atomarem Stickstoff).} \qquad (79\,b)$$

Die Temperaturabhängigkeit der Stickstofflöslichkeit im Eisen zeigt eine starke Löslichkeitsänderung bei den Umwandlungstemperaturen (α-Fe → γ-Fe; γ-Fe → δ-Fe) und eine beträchtliche Erhöhung der Löslichkeit beim Übergang des Eisens vom festen in den flüssigen Aggregatzustand ($T_{schmelz}$) (Bild 5-76).

Bei der Abkühlung und Erstarrung des Eisens tritt eine Löslichkeitsverringerung ein. Der Stickstoff wird entweder ausgeschieden, verursacht bei ungünstigen Erstarrungsbedingungen die Porenbildung oder verbleibt in übersättigter Lösung im Metallgitter.

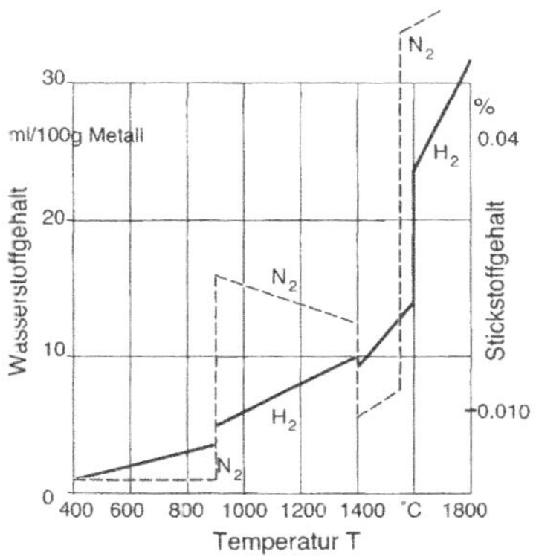

Bild 5-76. Wasserstoff- und Stickstofflöslichkeit im Eisen in Abhängigkeit von der Temperatur bei p = 1,033 bar.

Die Lösung atomaren Stickstoffs ist wesentlich größer als die molekularen (≈ e^{18} mal). Das hat großen Einfluß auf die Kinetik der Wechselwirkung Metall – Stickstoff beim Lichtbogenschweißen.

Die Stickstofflöslichkeit im Fe wird für eine Temperatur von 1610 °C und bei einem Stickstoffdruck von 1,013 bar angegeben mit

0,0451 ± 0,0006 %;

die maximale Löslichkeit soll bei 2297 bis 2397 °C

0,056 %

betragen.

Frumin gibt die Stickstofflöslichkeit im Eisen im Temperaturintervall 2197 ... 2397 °C mit 0,059 % an, *Chipman* berechnet sie mit 0,048 ... 0,049 % im Temperaturintervall 1600 ... 2000 °C. Auf die Stickstofflöslichkeit im flüssigen Eisen (1597 °C) haben Legierungselemente einen großen Einfluß (Bild 5-77) [5-65]. Während C, Si, Al, Ti die Löslichkeit verringern, V, Nb, Cr, Mn sie erhöhen, haben Mo, W, Ni, Co wenig Einfluß auf die Löslichkeit.

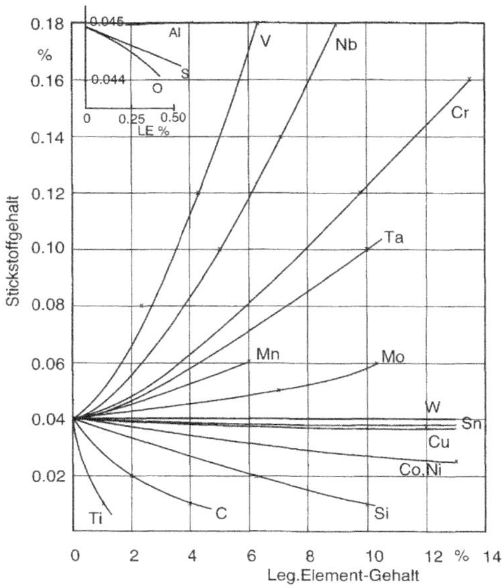

Bild 5-77. Einfluß von Legierungselementen auf die Stickstofflöslichkeit in flüssigem Eisen [5-65].

Die Wirkung von Sauerstoff auf die Stickstofflöslichkeit ist umstritten (Bild 5-78). Sauerstoff ist (wie Schwefel) in bezug auf Stahl ein oberflächenaktives Element, hemmt die Stickstoffabsorption und verringert die Stickstoffaufnahme (Bildung einer dünnen Schlackeschicht). Großen Einfluß auf die Stickstoffsättigung und die Stickstoffausscheidung aus der Schmelze hat die Kohlenstoffoxidation. Das an der Schmelzoberfläche entstehende CO verringert den Partialdruck des Stickstoffes (p_{N_2}) und die Absorptionsgeschwindigkeit.

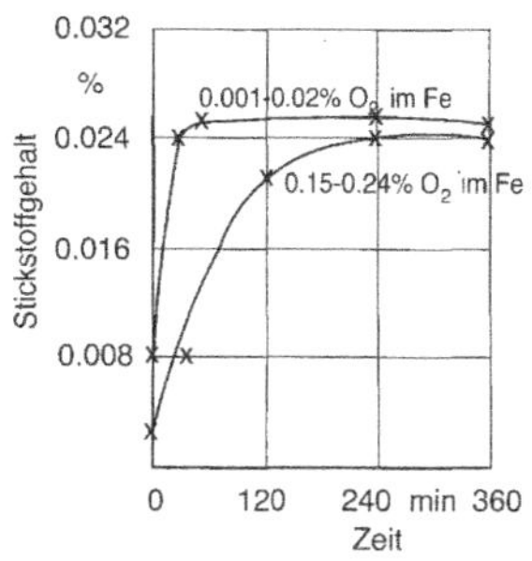

Bild 5-78. Einfluß von Sauerstoff auf die Stickstofflöslichkeit im Eisen.

Der Einfluß der Legierungselemente auf die Stickstofflöslichkeit in Eisenlegierungen wird durch die Stabilität der Bindung der Atome des Eisens mit dem Legierungselement, des Eisens mit Stickstoff und des Legierungselementes mit Stickstoff bestimmt [5-66].

Sind die Bindungskräfte Legierungselement - Stickstoff im Vergleich zu Fe-Legierungselement oder Fe-Stickstoff unbedeutend, erfolgt eine Bindung der Stickstoffatome vor allem an die Eisenatome, die Stickstofflöslichkeit wird mit steigendem Gehalt an Legierungselementen (Fe-B, Fe-C, Fe-P, Fe-Si) verringert. Bilden sich im Vergleich zur Bindung Fe-N und Fe-Legierungselement festere Verbindungen Legierungselement - Stickstoff, erhöht sich mit Zunahme der Konzentration des Legierungselementes die Stickstofflöslichkeit (Fe-Mn, Cr, V).

Legierungselemente, die mit Stickstoff sehr starke Verbindungen (Nitride) auch bei hohen Temperaturen bilden, führen zur Ausscheidung des Nitrids; die Stickstofflöslichkeit wird vor allem durch die Temperatur und Legierungszusammensetzung bestimmt.

Beim *Schmelzschweißen* wird der Stickstoffgehalt im Schweißgut beeinflußt durch

- die metallurgischen und technologischen Besonderheiten der verschiedenen Schweißprozesse,
- die Zusammensetzung der Lichtbogenatmosphäre (Gasphase),
- die Zusammensetzung der Schweißzusätze,
- die Schweißwerte (Stromstärke, Spannung, Drahtfördergeschwindigkeit u. a.) und Schweißbedingungen.

Die Höhe des Stickstoffgehaltes in den Schweißnähten, die mit verschiedenen Verfahren hergestellt wurden, läßt in etwa folgende grobe Einteilung zu [5-66]:

- Unterpulver- und Elektro-Schlacke-Schweißen < 0,01 %,
- MIG-/MAG-Schweißen 0,02 ... 0,03 %,
- Lichtbogenhandschweißen mit umhüllter Stabelektrode 0,01 ... 0,04 %,
- Fülldrahtschweißen 0,015 ... 0,04 %,
- Lichtbogenschweißen mit unlegiertem Draht 0,08 ... 0,228 %.

Beim Abschmelzen umhüllter Stabelektroden ist der Stickstoffgehalt im Schweißgut um so niedriger, je stärker die Umhüllung ist. Die Art und Polarität des Schweißstroms, der Umhüllungstyp, die Kernstabzusammensetzung beeinflussen die Stickstoffkonzentration im Schweißgut und damit auch dessen mechanische Eigenschaften. Insbesondere zunehmende Schweißspannung (Lichtbogenlänge) führt zur Erhöhung des Gasgehaltes [5-80].

Beim Metall-Schutzgasschweißen von ferritisch-perlitischem Stahl besteht eine enge Wechselbeziehung zwischen dem Oxidationspotential des Schutzgases und dem Stickstoffgehalt im Schweißgut. Die Löslichkeitszunahme für Stickstoff im Schweißgut mit einer Erhöhung des Oxidationspotentials des Schutzgases (MAGM, MAGC) ist wahrscheinlich auf die Bildung von NO im Lichtbogenbereich zurückzuführen. Das Stickoxid ist instabil, es zerfällt unter Freiwerden von im Metall gut löslichem atomarem Stickstoff. Ein Ansteigen des Stickstoffpartialdruckes (p_{N_2}) in der Lichtbogenatmosphäre (im Gemisch mit Ar, CO_2, O_2) erhöht den Stickstoffgehalt im Schweißgut. Interessant ist die Erfahrung, daß ein Schweißgut, das beim Lichtbogenschweißen unter Einwirkung der atmosphärischen Luft (mit $p_{N_2} \sim 0{,}78$) hergestellt wurde, mehr Stickstoff enthält als ein unter reinem Stickstoff abgesetztes Schweißgut.

Der Zusatz von < 5 % N_2 zum Argon beim MIG-Schweißen hat wenig Einfluß auf die Porosität des Schweißgutes. Eine erhöhte Porosität tritt bei > 5 % N_2 im Schutzgas auf (~ 0,036 % N im Schweißgut).

Werden dem Schutzgas Ar Stickstoff und CO_2 zugemischt, wird eine starke Porenbildung beobachtet. Auch beim MAGC-Schweißen rufen Stickstoffkonzentrationen im Schutzgas CO_2 beträchtliche Porosität hervor, trotz ausreichender Gehalte an Mn und Si im desoxidierten Schweißgut.

Die Zusammensetzung des Schweißzusatzes hat auf die Stickstoffkonzentration des Schweißgutes einen großen Einfluß. Zunehmende [C]-Konzentration im Draht oder steigender Graphitgehalt in der Elektrodenumhüllung senken deutlich die Stickstofflöslichkeit (Grund: entstehendes CO senkt den Partialdruck von N_2 in der Lichtbogenatmosphäre). Während Silizium im Draht bis 4 % den Stickstoffgehalt senkt, erhöhen ihn Mangankonzentrationen > 4 %. Hinsichtlich der Wirkung der Legierungselemente auf den Stickstoffgehalt müssen deren komplexe Wirkung und der Einfluß auf die Schlackebildung, die Veränderung der Lichtbogenentladung sowie auf die Zusammensetzung der Lichtbogenatmosphäre beachtet werden.

Austenitische Schweißzusätze und Schweißgüter zeigen ein großes Lösungsvermögen für Stickstoff. Die Auswirkungen auch hoher N_2-Konzentrationen auf Festigkeit, Zähigkeit und Dichtigkeit der Schweißnähte sind vernachlässigbar.

Die Schweißbedingungen üben auf den Stickstoffübergang in das Schmelzbad und dessen Löslichkeit im Schweißgut einen großen Einfluß aus. Insbesondere die Schweißwerte bestimmen die Temperatur im Lichtbogenbereich, die Dissoziation und Ionisation von Gasen, die Dauer der Wechselwirkung Metallschmelze – Stickstoff und wirken so auf Größe und Beschaffenheit der Schmelzenoberfläche.

Einfluß von Stickstoff auf die Schweißguteigenschaften

Neben dem Einfluß von Stickstoff auf die Porenbildung, dessen Mechanismus dem für Wasserstoff beschriebenen ähnelt, ist insbesondere die durch Stickstoff hervorgerufene Alterung zu beachten.

Auch wenn moderne Methoden der Stahlerzeugung ermöglichen, Stähle mit geringem Stickstoffgehalt zu erzeugen, darf die Wirkung von Stickstoff auf die Werkstoffalterung beim Schweißen nicht unerwähnt bleiben.

Alterung ist eine zeitabhängige, meist irreversible Veränderung der Struktur und Eigenschaften von Werkstoffen, insbesondere nach Kaltverformung und/oder anschließender Erwärmung. Die durch die Alterung hervorgerufenen Gefüge- und Eigenschaftsänderungen sind auf Stickstoff (und auf Kohlenstoff) zurückzuführen. Die Alterung von Stahl wird durch die Ausscheidung von Fe_4N im Ferrit verursacht. Der im geglühten Zustand in übersättigter Lösung befindliche Stickstoff wird durch eine Auslagerung bei 200 °C als Eisennitrid ausgeschieden. Die Ausscheidung wird beschleunigt, wenn vorher eine Kaltverformung stattgefunden hat oder gleichzeitig der Werkstoff erwärmt und verformt wurde. Die Ausscheidung versprödet den Werkstoff.

Unterschieden wird zwischen

- natürlicher Alterung (Eigenschaftsänderungen erfolgen nach Kaltverformung, durch Lagern oder Beanspruchung des Werkstoffes bei Raumtemperatur),
- künstlicher Alterung (Eigenschaftsänderungen werden nach Kaltverformung (um 10 %) und anschließender Erwärmung (2 Stunden bei 200 °C) festgestellt.

Der Temperatur-Zeit-Verlauf beim Schweißen, insbesondere in der Wärmeeinflußzone, beeinflußt und fördert den Alterungsprozeß.

Ein Maß für die Alterung ist die Verlagerung der Übergangstemperatur zu höheren Werten (Versprödung) (Bild 5-79).

Übergangstemperatur ($T_{Ü}$)
ist die Temperatur, bei der die im Kerbschlagbiegeversuch aufgenommene Arbeit von der Hochlage in die Tieflage übergeht.

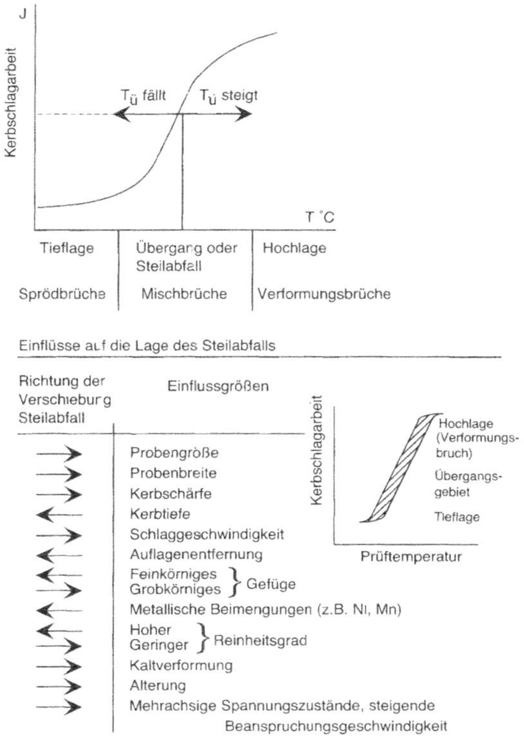

Bild 5-79. Einflußfaktoren auf den Verlauf der Kerbschlagarbeit-Temperatur-Kurve (Übergangstemperatur).

Die Wirkung der Alterung kann durch eine Wärmebehandlung wieder rückgängig gemacht werden, wenn sie bei Temperaturen stattfindet, die eine Einformung der Nitride ermöglicht. Zweckmäßig ist eine vollständige Normalisierung der Schweißverbindungen.

Maßnahmen zur Vermeidung des Stickstoffeinflusses

Um den schädlichen Einfluß von Stickstoff auf die Zähigkeit und das Auftreten von Unregelmäßigkeiten zu vermeiden, muß der Stickstoffgehalt in der Lichtbogenatmosphäre durch

- Verwendung reiner Schutzgase in ausreichender Menge oder von Schlacke,
- die Wahl optimaler Schweißwerte,
- turbulenzfreie Schutzgasströmung

gering gehalten werden.

Der Stickstoffeinfluß läßt sich weiterhin durch das Einbringen stickstoffaffiner Elemente wie Al und Titan beherrschen (Bild 5-80).

Diese verringern die Stickstofflöslichkeit des Metalles und binden Stickstoff in Form unlöslicher, die Zähigkeitseigenschaften nicht verschlechternder Nitride.

Bei [N]-Konzentrationen von 0,004 ... 0,008 % und > 0,02 % Al scheiden sich in Stählen Nitride an den Austenitkorngrenzen aus. Menge und Form der Nitride hängen vom Produkt [Al, %] · [N, %] ab. Nitride blockieren die Korngrenzen und verhindern das Kornwachstum.

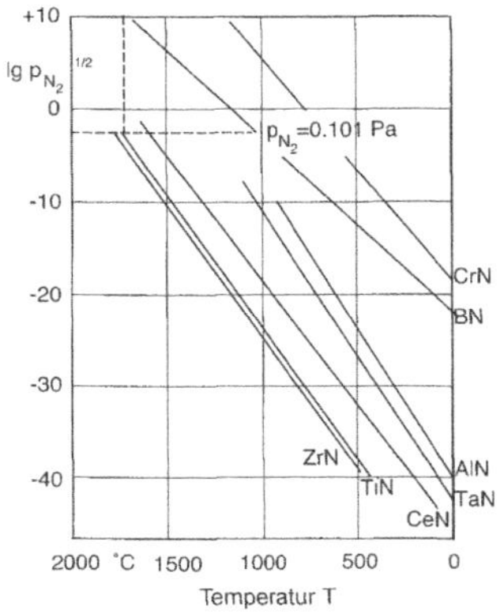

Bild 5-80. Stabilität von Nitriden (Temperaturabhängigkeit des Gleichgewichtsdissoziationsdruckes p_{N_2}).

Mit wachsender Temperatur besteht die Gefahr der Lösung des Nitrids im Grundmetall; die Teilchenmenge an den Korngrenzen verringert sich und die Korngrenzenbewegung erhöht sich. Die Bildung von feinkörniger Struktur wird in der Stahlmetallurgie mit der Anwesenheit feiner Karbide und anderer Verbindungen erklärt, die ausgeschieden werden, wenn Aluminium vorhanden ist.

In Stählen und Legierungen wird im Gitter ein Teil des Nitrids mit C belegt → es liegen Karbide und Nitride vor, die großen Einfluß auf Korngröße und Alterungsempfindlichkeit haben. Der Einsatz von Al, Ti, Nb, Zr in Verbindung mit Stickstoff hat für die *Mikrolegierung von Stählen* eine große Bedeutung. Die Stickstofflöslichkeit wird bei < 1200 °C durch Bor stärker als durch Al verringert (Bor senkt im γ-Fe die Stickstofflöslichkeit stärker als andere Legierungselemente). Bei hohen Temperaturen (1590 °C) wird BN gespalten.

Elemente mit großer Sauerstoff- und Stickstoffaffinität sind im Hinblick auf die Entwicklung von Fülldrähten von Bedeutung.

5.5 Metallverdampfung beim Schweißen

Die hohen Temperaturen des Lichtbogens und der Übergang des Schweißzusatzes in Form von Tropfen mit großer spezifischer Oberfläche fördern eine intensive *Metallverdampfung*. Das führt dazu, daß sich in der Gasphase im Bereich des Lichtbogens bedeutende Konzentrationen an Metalldampf befinden. Metalldampf reagiert mit den anderen Komponenten der Gasphase, z. B. CO_2 und Sauerstoff, und wird zum Teil oxidiert. Höhere Metalldampfkonzentrationen in der Gasphase setzen den Partialdruck anderer Gasbestandteile herab

$$P_{ges} = p_{MeD} + p_{CO_2} + p_{H_2O} + \ldots = 1.$$

Die Metalldampfkonzentration in der Gasphase hängt von

- der im Lichtbogenbereich herrschenden Temperatur und damit von den Schweißwerten,
- der Leistungsdichte der Energiequelle, z. B. des Lichtbogens,
- der chemischen Zusammensetzung des Schweißzusatzes (umhüllte Stabelektrode, Schweißzusatz für das Metall-Schutzgasschweißen) und
- der Zusammensetzung der Gasphase beim Metall-Schutzgasschweißen

ab. Entweichen die durch die Metallverdampfung entstehenden Dämpfe aus der Lichtbogenzone, werden sie oxidiert. Die sich bildenden Metalloxide sind dann Bestandteile der sogenannten *Schweißaerosole*.

Verdampfen:

ist ein Prozeß, bei dem Teilchen eines Stoffes (Atome) von der Oberfläche der flüssigen Phase (z. B. Metallschmelze) in die Gasphase übergehen. Der Prozeß, bei dem sich Dampf im Inneren der Flüssigkeit bildet, wird *Sieden* genannt.

Die Möglichkeit des Siedens der Schmelze hängt vom Gesamtdruck der Gasphase über der Schmelze ab (Tabelle 5-19 [5-56]).

Tabelle 5-19. Siedetemperaturen für ausgewählte Metalle.
Der Standarddampfdruck $p = 1{,}01 \cdot 10^5$ Pa wird bei folgenden Temperaturen (Siedetemperatur [K]) erreicht:

Hg	630	Sb	2030
Rb	976	Mn	2320 (2423)
K	1031	Ag	2436
Cd	1040	Al	2700 (2773)
Na	1156	Cu	2843 (2863)
Zn	1165 (1180)	Sn	2990
Mg	1376	Co	2990
Li	1600	Ni	2990
Ca	1762	Fe	3023
Ba	1900	Ti	3570
Pb	2021	Zr	4600
		Nb	6000

Nach der Phasenregel von *Gibbs* ist beim Gleichgewicht zweier Phasen des reinen Stoffes die Zahl der Freiheitsgrade des Systems gleich *Eins*. D. h. die *Temperatur der Phasenumwandlung flüssig* ⟶ *gasförmig hängt vom Druck ab.*

Die Gleichung von *Clausius-Clapeyron* ermöglicht, den Druck des entstehenden Metalldampfes in Abhängigkeit von der Temperatur zu berechnen

$$\lg p = -\frac{\Delta H}{19{,}15\,T} + D \qquad (87)$$

mit

D – Konstante
p – Dampfdruck über der Schmelze
ΔH – Verdampfungswärme [kJ/mol].

In Tabelle 5-20 sind Werte für ΔH und D für einige Metalle und Verbindungen angegeben, mit deren Hilfe der Dampfdruck ermittelt werden kann.

Tabelle 5-20. **Werte für *ΔH* und *D*.**

Element	*ΔH* [kJ/mol]	*D*	Stoff	*ΔH* [kJ/mol]	*D*	Temperatur-intervall [K]
$Al_{flüss}$	296	10,646	Al_2O_{3fest}	612	13,18	1000 ... 2303
C_{fest}	714	13,14	$Al_2O_{3flüss}$	592	12,75	2303 ... 3680
$Cr_{flüss}$	340	11,309	AlN_{fest}	418	13,20	1000 ... 2500
$Cu_{flüss}$	302	10,587	$CO_{2flüss}$	16,75	9,80	0376 ... 0304
$Fe_{flüss}$	352	10,847	$CaS_{flüss}$	434	11,93	2600 ... 3270
$Mg_{flüss}$	128,5	09,841	$FeS_{flüss}$	286	10,41	1812 ... 2600
$Mn_{flüss}$	220	09,98	H_2O_{fest}	50,7	12,38	0223 ... 0273
$Ni_{flüss}$	374	11,174	$H_2O_{flüss}$	42,2	10,88	0273 ... 0313
$Si_{flüss}$	473	12,681	$MgS_{flüss}$	365	12,38	2220 ... 2580
$Ti_{flüss}$	427	11,362	MnO_{fest}	420	11,62	1000 ... 2058
$V_{flüss}$	459	11,615	$MnO_{flüss}$	389	11,49	2058 ... 3000
$Zn_{flüss}$	107	10,107	$MnS_{flüss}$	323	11,05	1800 ... 2000
$Zr_{flüss}$	583	11,475	$TiN_{flüss}$	537	13,44	1980 ... 3000

(Die Koeffizienten für das Verhalten gesättigten Dampfes wurden experimentell ermittelt [5-3].)

Zum Beispiel wird bei der Berechnung der Temperaturabhängigkeit des Al-Dampfdruckes für 2000 K

$$\lg p = -\frac{296000}{19{,}15 \cdot 2000} + 10{,}646 = 2{,}916$$

ein Dampfdruck bei 2000 K von ca. 0,00825 Pa festgestellt.

Die Dampfkurven für Zn, Al, Mg, Al_2O_3 sind in Bild 5-81 [5-3] dargestellt.

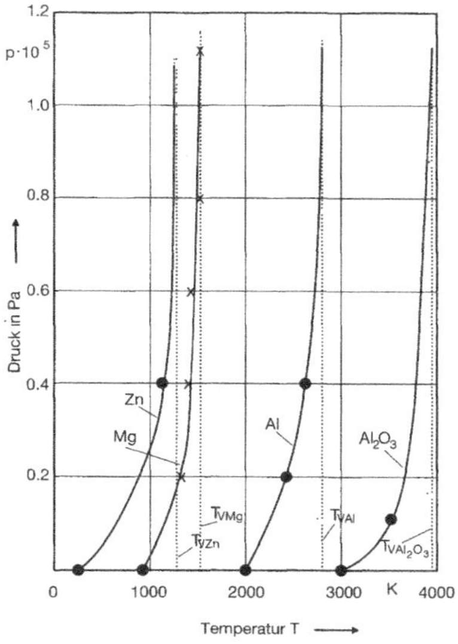

Bild 5-81. Dampfdruckkurven für Zn, Al, Mg, Al_2O_3 [5-3].

Bei gleicher Temperatur hat Zn die höchste, Al die niedrigste Verdampfungsneigung. Die Siedetemperatur für Aluminium liegt bei einem Gesamtdruck von $0{,}01 \cdot 10^5$ Pa bei 2040 K, bei $1 \cdot 10^5$ Pa bei 2740 K, bei $10 \cdot 10^5$ Pa bei 3340 K. Für hochschmelzende Verbindungen, wie Al_2O_3, MnO u. a. sind die Werte für den Dampfdruck und die Siedetemperatur, berechnet nach der Formel

$$T_{Sied} = \frac{\Delta H / 19{,}15}{D - \lg P}\,, \tag{88}$$

nur angenäherte Größen, weil diese Verbindungen bei den hohen Temperaturen verdampfen und dissoziieren. Der Druck ist dann stets die Summe der Drücke der Verbindungen und ihrer Zerfallsprodukte, für Al_2O_3

$$p = p_{Al_2O_3} + p_{Al_2O} + p_{AlO} + p_{O_2} + p_O + p_{Al}.$$

Die Berechnung der Dampfdrücke von Fe und Mn bei Temperaturen von 1723 K, 2073 K und 2423 K zeigt, daß mit steigender Temperatur die Verdampfungsneigung zunimmt und Mn wesentlich stärker verdampft als Fe (Tabelle 5-21).

Tabelle 5-21. Dampfdruck von Fe und Mn.

Element	Dampfdruck [Pa]		
	1723 K	2073 K	2423 K
Fe	$0{,}025 \cdot 10^5$	$0{,}30 \cdot 10^5$	$0{,}52 \cdot 10^5$
Mn	$0{,}52 \cdot 10^5$	$0{,}66 \cdot 10^5$	$0{,}72 \cdot 10^5$

In der schweißtechnischen Praxis werden vorwiegend Legierungen verarbeitet, die mehrere Legierungselemente enthalten. Die hohen Temperaturen im Lichtbogenbereich führen dazu, daß das Element mit der höchsten Verdampfungsneigung am stärksten verdampft.

Sehr geringe Gehalte des Legierungselementes in der Schmelze vorausgesetzt, kann der Dampfdruck des jeweiligen Legierungselementes über der Schmelze mit dem Gesetz von *Raoult* berechnet werden:

$$p_{Leg.Schm.} = p_{Leg} \cdot N_{Leg}. \tag{89}$$

Der Dampfdruck eines Legierungselementes über der Schmelze ($p_{Leg.Schm.}$), das in ihr gelöst vorliegt, ist gleich dem Produkt aus dem Dampfdruck des reinen Legierungselementes (p_{Leg}) und dem Molenbruch (N_{Leg}) (Tabelle 5-22 und Bild 5-82).

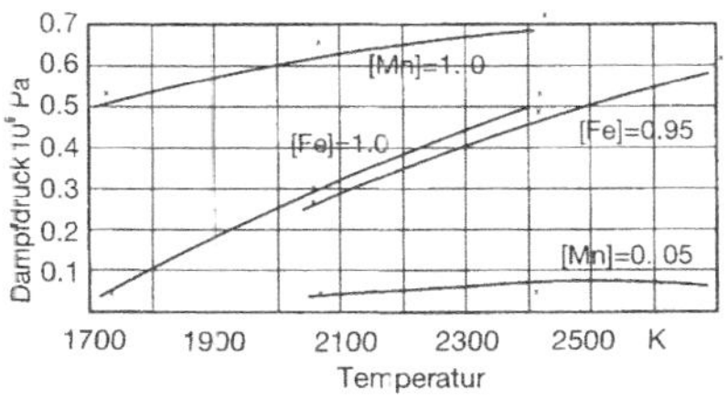

Bild 5-82. Dampfdruck von Fe und Mn über der Schmelze (Fe, Mn, 95 % Fe + 5 % Mn).

Beispiel: Berechnung des Dampfdruckes von Fe und Mn über der Schmelze bei 2073 K für die

Legierung 99 % Fe + 1 % Mn:

$p_{FeSchm} = 0{,}99 \cdot 0{,}32 \cdot 10^5 = 0{,}3 \cdot 10^5$ Pa

$p_{MnSchm} = 0{,}01 \cdot 0{,}66 \cdot 10^5 = 0{,}0066 \cdot 10^5$ Pa

Legierung 95 % Fe + 5 % Mn:

$p_{FeSchm} = 0{,}95 \cdot 0{,}32 \cdot 10^5 = 0{,}29 \cdot 10^5$ Pa

$p_{MnSchm} = 0{,}05 \cdot 0{,}66 \cdot 10^5 = 0{,}033 \cdot 10^5$ Pa.

Tabelle 5-22. Dampfdruck von Fe und Mn über der Schmelze (dargestellt in Bild 5-82 [5-12]).

Schmelze	Dampfdruck p [Pa] bei verschiedenen Temperaturen [K]		
	2073	2423	2723
Schmelze 1			
Fe – 99 %	$0{,}3 \cdot 10^5$	$0{,}52 \cdot 10^5$	$0{,}61 \cdot 10^5$
Mn – 1 %	$0{,}0066 \cdot 10^5$	$0{,}007 \cdot 10^5$	$0{,}008 \cdot 10^5$
Schmelze 2			
Fe – 95 %	$0{,}29 \cdot 10^5$	$0{,}49 \cdot 10^5$	$0{,}59 \cdot 10^5$
Mn – 5 %	$0{,}03 \cdot 10^5$	$0{,}04 \cdot 10^5$	$0{,}04 \cdot 10^5$

Bei den Temperaturen, die beim Lichtbogenschweißen herrschen, können Legierungselemente insbesondere des in Tropfenform abschmelzenden Schweißzusatzes, auch wenn sie nur in geringer Konzentration vorliegen, sehr intensiv in die Gasphase übergehen. Der Dampfdruck dieser Elemente in der Lichtbogenatmosphäre kann experimentell nicht bestimmt werden. Rechnungen, die von Tropfentemperaturen von 2250 . . . 2500 °C ausgehen, ergaben Dampfdrücke von $2{,}53 \cdot 10^5$ bis $7{,}59 \cdot 10^5$ Pa, in einigen Bereichen Partialdrücke des Metalldampfes von $4{,}05 \cdot 10^5 \ldots 5{,}06 \cdot 10^5$ Pa. *Alow* gibt die Metalldampfzusammensetzung beim Abschmelzen eines Drahtes mit 1,5 % Mn und 0,53 % Si mit 96,76 % Fe, 2,33 % Mn, 0,91 % Si an [5-8].

Die Bildung von Metalldampf beim Lichtbogenschweißen hat für die Schmelzschweißtechnik aus metallurgischen und technologischen Gründen und aus der Sicht des Gesundheits- und Arbeitsschutzes große Bedeutung:

- Metalldämpfe sind Bestandteile der Lichtbogenatmosphäre, sie beeinflussen im Zusammenwirken mit anderen Gasen die Lichtbogenstabilität und -form, den Schutz des abschmelzenden Schweißzusatzes, das Werkstoffausbringen u. a.
- Die Oxidation von Metalldämpfen ist eine der Ursachen von Schweißrauchen, die zu beträchtlichen gesundheitsschädigenden Problemen führen können.
- Die Verdampfung von Legierungselementen kann, wenn sie nicht durch eine höhere Konzentration von Legierungselementen in den Schweißzusätzen berücksichtigt wird, zu einer nicht ausreichenden Legierung des Schweißgutes führen bzw. eine Verringerung der Legierungselementkonzentration in der Wärmeeinflußzone zur Folge haben (Beispiel: Schweißen von Messing).
- Kondensierte Metalldämpfe können Schweißeinrichtungen und nahtnahe Werkstoffbereiche durch Belagbildung verunreinigen (z. B. Schweißbrenner beim MAGM-Schweißen von Stahl, beim WIG- und MIG-Schweißen von Al-Mg-Legierungen).
- Beim Elektronen- und Laserstrahlschweißen ist die Metallverdampfung, die für die sogenannte Dampfkapillare verantwortlich ist, die Voraussetzung für die Nahtbildung.

5.6 Bildung von Schweißaerosolen und Ozon

Die bei Schmelzschweißprozessen infolge der hohen Temperaturen ablaufenden Verdampfungs-, Dissoziations- und Ionisationsprozesse sowie die Wechselwirkungen der dabei entstehenden Dämpfe und Gase mit dem Sauerstoff und anderen chemisch aktiven Bestandteilen der Lichtbogenatmosphäre und der Schlacke können zu beträchtlichen Konzentrationen von gesundheitsschädigenden Gasen und Verbindungen führen, die die Notwendigkeit des Gesundheits- und Arbeitsschutzes mit Nachdruck unterstreichen. Die freigesetzten Abprodukte umfassen:

- Rauche,
- Gase,
- Dämpfe,
- Stäube.

Sie werden oftmals vereinfachend als „Schweißrauche und -gase“ bzw. als „Rauchgase“ bezeichnet. Wissenschaftlich exakter ist es, von „Schweißaerosolen“ zu sprechen [5-81].

Rauche sind *Suspensionen* von kleinen festen Partikeln im Gas. Sie bestehen aus kondensiertem Metalldampf, Oxiden und komplexen Verbindungen. Die größten Rauchmengen bilden sich beim Metall-Lichtbogenschweißen von Hand (basischumhüllte Elektrode, 4 mm Kernstabdurchmesser, 170 A, Rauchemission von 354 mg/min). Mit steigender Schweißstromstärke und -spannung und größer werdendem Elektrodendurchmesser steigt die Rauchmenge an. Im Rauch, der beim Abschmelzen der verschiedenen umhüllten Elektroden entsteht, sind Verbindungen, wie Mn_2O_3, KF, NaF, CaF_2, BaO, BaF_2, V_2O_5, Cr^{6+}, enthalten, die gesundheitsgefährdend sind.

Die Partikelgrößen von technischen Rauchen und Stäuben sind in Bild 5-83 [5-82; 5-83] dargestellt.

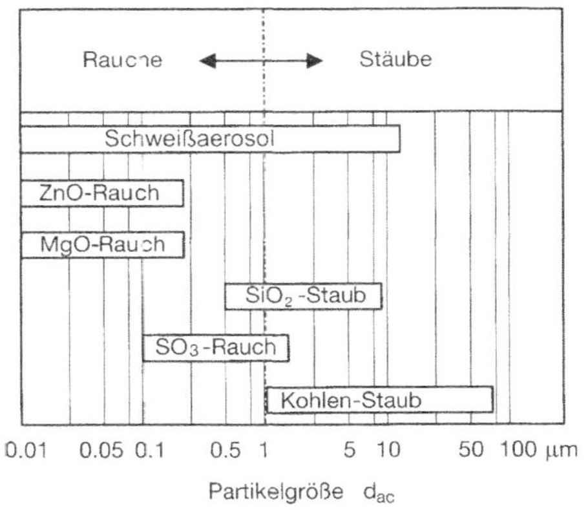

Bild 5-83. Partikelgrößen von Rauchen und Stäuben [5-82; 5-83].

Gase, wie NO und NO_2 (nitrose Gase), F (Fluor), CO entstehen durch Wechselwirkungen im Lichtbogenbereich. Auch sie können zu Gesundheitsschäden führen. CO_2 wird wie Ar und He als Schutzgas eingesetzt. Das bei der Dissoziation von CO_2 entstehende CO wirkt reduzierend. Ozon (O_3) entsteht aus dem Sauerstoff der Luft bei Einwirkung ultravioletter Strahlung (im Wellenlängenbereich von 130 ... 240 nm). Es ist stark oxidierend; höhere Dosen schädigen die Atemwege und können unter Umständen schon bei 4 ppm tödlich wirken. Beim Metall-Lichtbogenschweißen von Hand sind schädliche Ozonmengen nicht zu erwarten. Die gute Schutzwirkung beim Metall-Schutzgasschweißen verhindert aber die bei Anwesenheit von Luft eintretende Reduktion von O_3 zu O_2 nach

$$NO + O_3 \rightarrow NO_2 + O_2.$$

Diese Reaktion verläuft sehr schnell, auch bei Raumtemperatur.

Bild 5-84 [5-95] zeigt die Ozon-Emissionsraten beim Schutzgasschweißen. Sie können durch Zugabe ozonreduzierender Stoffe, z. B. von NO (≤ 0,03 %), zum Schutzgas verringert werden. Das sich bildende NO_2 ist auch gesundheitsschädlich, allerdings weniger als O_3. Beim WIG-Schweißen wird weniger Ozon gebildet als beim MIG-/MAG-Schweißen. Einfluß auf die Ozonbildung haben die Schweißbedingungen und die zu schweißenden Werkstoffe (Bild 5-85).

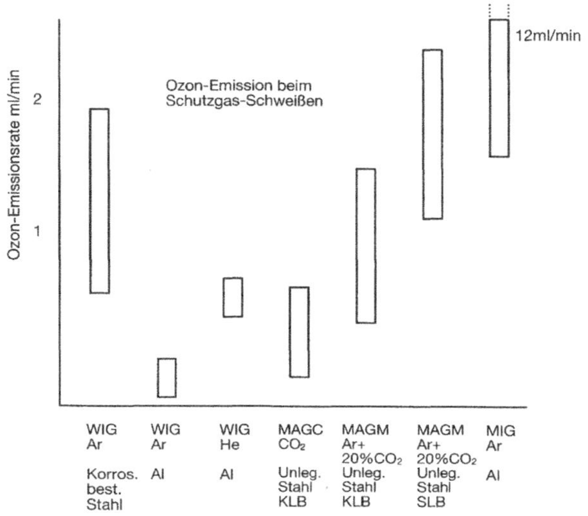

Bild 5-84. Ozon-Emissionsraten beim Schutzgasschweißen [5-95].

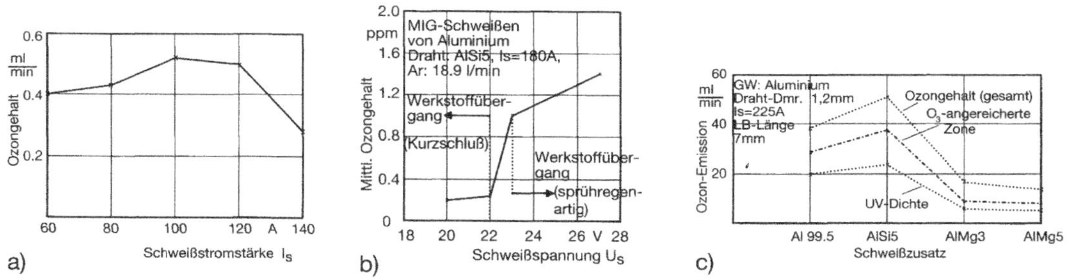

Bild 5-85. Einfluß der Schweißstromstärke beim WIG-Schweißen von austenitischem Stahl (a), der Lichtbogenspannung beim MIG-Schweißen von Aluminium (b), der Drahtzusammensetzung beim MIG-Schweißen von Aluminium (c) auf die Ozonemission.

Im Atembereich der Schweißer wurden von [5-96] festgestellt:

0,030 ppm Ozon beim WIG-Schweißen von Al,
0,010 ppm Ozon beim WIG-Schweißen von nichtrostendem Stahl,
0,300 ppm Ozon beim MIG-Schweißen von Al,
0,105 ppm Ozon beim MIG-Schweißen von nichtrostendem Stahl,
0,088 ppm Ozon beim MAGM-Schweißen von unlegiertem Stahl.

Nitrose Gase NO_2 entstehen beim Gas-, Metall-Schutzgas- und Plasmaschweißen in engen Räumen. Notwendig ist daher eine ausreichende Belüftung.

Bei den Metalldämpfen (Zn-, Sn-, Cu-, Ni-, Fe-, Mn-Dämpfe, die oxidiert werden) sind insbesondere Cd-, F- und Mn-Dämpfe gefährlich. Beim Schutzgasschweißen von hochlegierten Stählen entstehende Ni- und Cr-haltige Dämpfe werden als kanzerogen eingeschätzt.

Beim Schmelzschweißen werden viele Stoffe zu potentiellen Emissionsquellen. Ausschlaggebend und bestimmend für deren Wirksamkeit sind die *Prozeßbedingungen* (Schweißverfahren, Schweißwerte u. a.).

Jeder Schweißaerosolbildung geht das Ausstoßen von verflüssigten oder verdampften Stoffen aus dem unmittelbaren Lichtbogenbereich voraus. Atome des Metalldampfes sublimieren, nehmen an Oxidations- und Agglomerationsprozessen teil. Die Reaktionsprodukte treten zusammen mit einem als Dispersionsmittel fungierenden Trägergemisch dann als Rauchgas in Erscheinung. Auch flüssige oder bereits erstarrte Schweißspritzer werden teilweise oxidiert. Geometrie und Brennverhalten des Schweißlichtbogens nehmen so den Charakter übergreifender Größen für die Aerosolgenese an [5-81]. Diese analytisch zu bewerten, erfordert Kenngrößen, die aus einer verfahrenstechnischen Bezugsgröße und der emittierten Stoffmenge gebildet werden.

Gebräuchlich sind

- die Emissionsintensität f_e (Bezugsgröße ist die effektive Einschaltdauer) und
- die Emissionsraten (Bezugsgrößen sind abgeschmolzene Schweißzusatzmasse oder geschweißte Nahtlänge).

Die Emissionsintensitäten unterliegen bei den einzelnen Schweißprozessen erheblichen Schwankungen. Das MAG-Schweißen mit massiven Drahtelektroden führt z. B. je nach Drahtdurchmesser und Schweißstromstärke zu Rauch-Emissionsintensitäten zwischen 50 und 750 mg/min für eine Lichtbogenbrennzeit von 100 % [5-84]. Die Emission liegt beim Einsatz von fremdgeschützten Fülldrahtelektroden um das 2,5- bis 8fache höher (400 ... 1800 mg/min) [5-85; 5-86], bei selbstschützenden Fülldrahtelektroden steigt sie auf 2000 ... 3000 mg/min an.

Die Gasemissionen betragen beim MAGM-Schweißen für CO ca. 150 ... 800 mg/min, für Stickoxid ~ 8 ... 12 mg/min. Unter CO_2-Schutz abschmelzende Fülldrahtelektroden setzen CO in der Größenordnung von 1400 ... 2300 mg/min und nur 1,8 ... 4,4 mg/min Stickoxid frei [5-87]. In [5-93] werden Rauchemissionsraten für das Metall-Schutzgasschweißen von 210 ... 270 mg/min, für das Fülldrahtschweißen von 390 ... 500 mg/min, für das Gasschweißen von 360 mg/min genannt. Die Emissionsintensität ist in charakteristischer Weise von der Schweißstromstärke abhängig. Sie wird insbesondere durch den Stromstärkeeinfluß auf die Abschmelzleistung (Bild 5-86) und den Mechanismus der Tropfenablösung und des Tropfenüberganges in das Schmelzbad bestimmt. Es stellt sich ein Emissionsmaximum ein, das vom Oxidationspotential des Schutzgases beeinflußt wird (Bild 5-87).

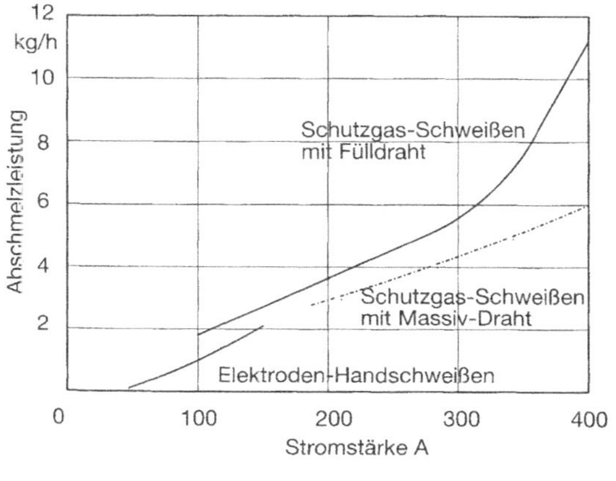

Bild 5-86. Abschmelzleistung in Abhängigkeit von der Schweißstromstärke (nach Messeinformation Messer-Griesheim).

Die thermische Leitfähigkeit des Schutzgases (Bild 5-87), die Zusammensetzung des Schweißzusatzes, insbesondere Dampfdruck und Siedepunkt der in den Schweißzusätzen enthaltenen Legierungselemente, aber auch der Grundwerkstoff wirken sich auf die Emissionsintensitäten und Emissionsraten aus.

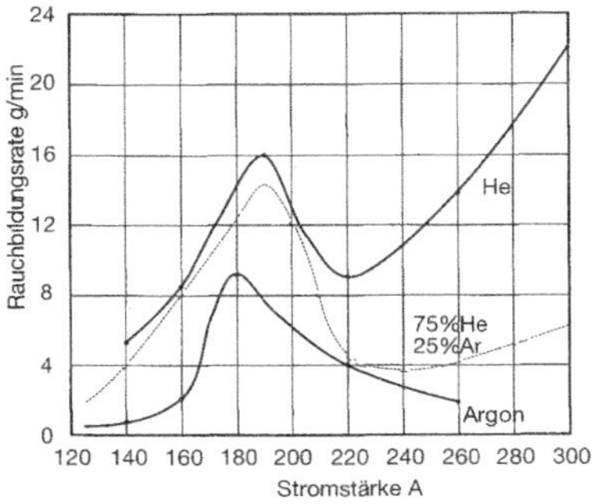

Bild 5-87. Rauch-Emission beim MIG-Schweißen von hochlegierten Stählen unter Verwendung verschiedener Schutzgase [5-92].

Für die häufig schweißtechnisch verarbeiteten Grundwerkstoffe und Schweißzusätze liegen Angaben über die Zusammensetzung der Schweißaerosole vor. Eisen- und Manganoxid (FeO, MnO) sind die bestimmenden Aerosolinhaltsstoffe beim MAG-Schweißen unlegierter Stähle mit Drahtelektroden [5-82; 5-88]. Bei Verwendung von Fülldrähten kommen als Schwebstoffe MgO, CaO, Al_2O_3 und Fluoride hinzu. Beim MIG-Schweißen legierter Stähle sind insbesondere FeO, MnO, Cr_2O_3, CrO, NiO, TiO_2 als Schwebstoffe festzustellen [5-82; 5-89]. Gasförmige Abprodukte des Metall-Schutzgasschweißens sind vor allem CO, CO_2, NO_2 und Ozon [5-82; 5-90]. Sie entstehen durch Dissoziation des Schutzgases, durch Reaktionen des Sauerstoffes mit Stickstoff. Ozon ist auf die Wirkung der Lichtbogenstrahlung auf Sauerstoff zurückzuführen.
In Fertigungsbeschichtungen enthaltene Füllstoffe ($BaSO_4$, $MgO \cdot SiO_2$, $CaCO_3$ u. a.) werden durch die Einwirkung der Energiequelle zu komplexen oxidischen Verbindungen umgewandelt. Durch thermische Zersetzung bilden sich aus den organischen Bindemitteln der Beschichtungsstoffe (Alkydharze, Epoxidharze, Polyurethane, Phenolharz, Polyvinylbutyral) gasförmige Abprodukte.
Toxische Emissionen von Zn, Cd, Cu und organischen Substanzen treten beim Schweißen gestrichener, plattierter, beschichteter oder ölhaltiger Oberflächen der Grundwerkstoffe auf (vor allem Cd-haltige Rauche sind extrem gefährlich!).
Aussagen über Rauchmengen, die bei verschiedenen Schweiß- und verwandten Verfahren auftreten (Bild 5-88), und über den Teilchendurchmesser (Bild 5-89) macht *Blakely* [5-94].

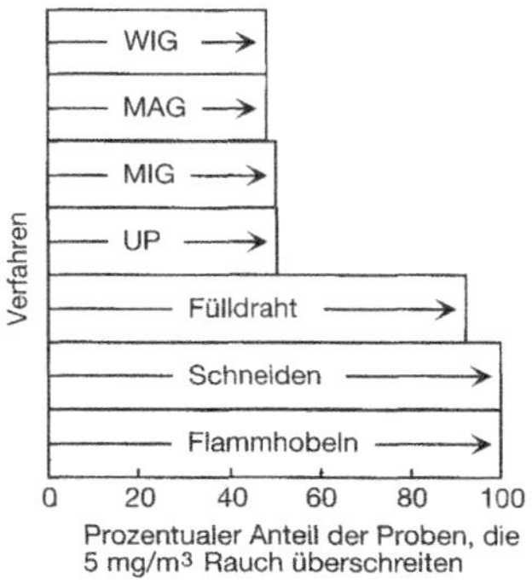

Bild 5-88. Vergleich der Rauchmenge, gemessen im Atembereich des Schweißers, bei verschiedenen Schweißprozessen und verwandten Verfahren [5-94].

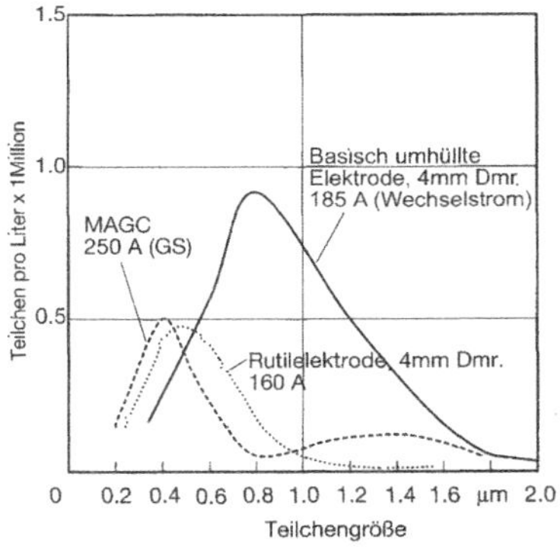

Bild 5-89. Teilchendurchmesser beim Lichtbogenhandschweißen mit rutil- und basischumhüllten Elektroden und beim MAGC-Schweißen [5-94].

Im Ergebnis physikalisch-chemischer Prozesse entstehen wesentliche Komponenten der Schweißaerosole. Sie können die Qualität der Schweißverbindungen negativ beeinflussen, aber auch sehr stark auf Gesundheit und Arbeitsvermögen der Schweißer wirken. Auf Strahlung und Lärm, die in schweißtechnischen Fertigungsbetrieben zu beachten sind, wird in diesem Buch nicht eingegangen.

Zum Schutz der schweißtechnischen Fachkräfte und zur Sicherung guter Arbeitsbedingungen wurden Festlegungen zur Begrenzung des Gehaltes an Schadstoffen getroffen, die auf meßtechnischen Untersuchungen sowie nationalen und internationalen Erfahrungen basieren [5-29; 5-97].

Zur Charakterisierung der Gefährdung werden

- Maximale Arbeitsplatzkonzentrationen (MAK) und
- Technische Richtkonzentrationen (TRK)

herangezogen und

- Einwirkungsgrenzwerte

bestimmt.

Der *MAK-Wert* ist die höchstzulässige Konzentration eines Arbeitsstoffes als Gas, Dampf oder Schwebstoff in der Luft am Arbeitsplatz, die nach dem gegenwärtigen Stand der Erkenntnis auch bei wiederholter und langfristiger, in der Regel täglich 8stündiger Exposition, jedoch bei Einhaltung einer durchschnittlichen Wochenarbeitszeit von 40 Stunden (42 Stunden in Vierschichtbetrieben) im allgemeinen die Gesundheit der Beschäftigten nicht beeinträchtigt und diese nicht unangemessen belästigt [5-97].

Die *Technische Richtkonzentration* ist diejenige Konzentration als Gas, Dampf oder Schwebstoff in der Luft, die als Anhalt für zu treffende Schutzmaßnahmen und die meßtechnische Überwachung am Arbeitsplatz heranzuziehen ist.

Die TRK sind wichtig im Hinblick auf kanzerogene Stoffe.

Die MAK-Werte lehnen sich an die von der ACGIH (American Conference of Gouvernemental Industrial Hygienists) aufgestellten TLV-Werte (Threshold Limit Values) an.

Die MAK- und TRK-Werte sind den einschlägigen Veröffentlichungen zu entnehmen (Verordnung über gefährliche Arbeitsstoffe-TRgA; Berufsgenossenschaftliche Grundsätze für Arbeitsmedizinische Vorsorgeuntersuchungen; ZH1-Schriften der gewerblichen Berufsgenossenschaften, Merkblätter und Richtlinien des DVS, Normen, wissenschaftliche Beiträge in Zeitschriften, Fachbücher).

6 Metallurgische Probleme ausgewählter Schmelzschweißprozesse

Beim Schmelzschweißen werden physikalische und chemische Wirkprinzipien verfahrenstechnisch genutzt, um im Wirkungsbereich der Energiequelle das Metall zu schmelzen. Das Volumen des gebildeten Schmelzbades, seine Abmessungen und Temperatur hängen von der eingebrachten Energie, dem Volumen abgeschmolzenen Schweißzusatzes und aufgeschmolzenen Grundwerkstoffes, der Schweißgeschwindigkeit u. a. ab.

Es dominieren Prozesse, bei denen das *Schmelzbad* durch

- das Abschmelzen des Schweißzusatzes,
- das Aufschmelzen des Grundwerkstoffes im Wirkungsbereich der Energiequelle

entsteht.

Die hohe Temperatur des abgeschmolzenen Schweißzusatzes und aufgeschmolzenen Grundwerkstoffes (>> 1536 °C), auf das Schmelzbad wirkende Kräfte sowie Flüssigkeitsströmungen begünstigen eine intensive Vermischung und den Konzentrationsausgleich der von beiden Anteilen in das zunächst dünnflüssige Schmelzbad eingebrachten Begleit- und Legierungselemente.

Das Schmelzbad kontaktiert mit dem umgebenden nichtgeschmolzenen Grundwerkstoff. Grenzflächenkonvektionen können hier den Wärme- und Stoffübergang fördern [6-1].

Werden energiereiche Strahlen (Elektronenstrahl, Laser) eingesetzt, kann wegen der durch die hohe Leistungsdichte erreichten tiefen Einschmelzung auf den Schweißzusatz verzichtet werden. Allerdings wird zunehmend aus technologischen und metallurgischen Erfordernissen ein Zusatzdraht abgeschmolzen.

Die Abkühlung der Metallschmelze, ihre Erstarrung/Kristallisation ergeben das *Schweißgut*.

Der *Schmelzschweißprozeß* kann durch die Teilprozesse

- Einbringen von Wärmeenergie,
- Abschmelzen des Schweißzusatzes,
- Aufschmelzen eines begrenzten Grundwerkstoffvolumens,
- Bildung des gemeinsamen Schmelzbades,
- Abkühlung und Kristallisation, Ausbildung des Schweißgutes

beschrieben werden.

Verfahrenstechnische Besonderheiten, die die einzelnen Schmelzschweißprozesse prägen, ergeben sich insbesondere durch

- die verwendete Energiequelle und ihre Leistungsfähigkeit,
- die Höhe der eingebrachten Wärmeenergie, die Effektivität (Wirkungsgrad) ihres Überganges, die Verteilung der Energie durch Strahlung, Konvektion und Leitung sowie die Energieverluste,
- die Abschmelz- und Aufschmelzleistung, die Einschmelztiefe,
- die Beeinflussung und Steuerung des Schweißprozesses durch *metallurgische Wechselwirkungen* des geschmolzenen Metalles mit einem Schutzgas, mit einer Schlacke (gebildet aus Schweißpulver oder Elektrodenumhüllung) oder durch das Arbeiten im Vakuum. Ziel ist der ausreichende Schutz der Metallschmelze vor der Atmosphäre und die Sicherung der Qualität des Schweißgutes.

Die Wechselwirkung Schmelze des Metalles – Schlacke – Gasphase beeinflußt den Charakter des Werkstoffüberganges, die Entstehung von Schadstoffen, die chemische Zusammensetzung des Schweißgutes, seine Reinheit, Dichte, Fehlerfreiheit (Poren, Risse) und die physikalischen Eigenschaften. Metallurgische Probleme von Schmelzschweißprozessen werden deshalb insbesondere durch die Reaktionen zwischen Metallschmelze ⇔ Schlacke ⇔ Gasphase beschrieben.

Dabei sind

- die Schweißzusätze, ihre chemische Zusammensetzung, ihr Abschmelzverhalten, ihre Abmessungen und mechanischen Eigenschaften, ihr Oberflächenzustand,
- die Schweißpulver und Flußmittel,
- die Brenngase für das Gasschweißen und
- die Schutzgase

von besonderer Bedeutung.

Die große Zahl der zu schweißenden Metalle und Legierungen läßt nicht zu, für jedes Metall / jede Legierung einen adäquaten Schweißzusatz zu entwickeln. Durch die Kombination von Schweißzusätzen, die Verwendung ähnlich zusammengesetzter und metallurgisch verträglicher Zusatzwerkstoffe und die Nutzung der Möglichkeiten zur Legierung des Schweißgutes sind jedoch geeignete Lösungen zu erarbeiten.

Entwicklung und Einsatz von Schweißzusätzen, Schweißpulvern und Schutzgasen/Schutzgasgemischen müssen sowohl

- der Verbesserung konventioneller Werkstoffe (Veredelung) sowie
- der Entwicklung neuer Werkstoffe mit ihren spezifischen Eigenschaften

Rechnung tragen.

6.1 Gasschmelzschweißen

Mit einem Anwendungsumfang von 2 % im Jahr 1992 behauptete das Gasschweißen im Fertigungs- und Instandsetzungsbereich seine Stellung als Verfahren zum Verbindungs- und Auftragschweißen von Stählen. Vielfach genutzt wird es zum Schweißen von Nichteisenmetallen.

Grundwerkstoff, Schweißstab oder -draht (und Flußmittel) werden durch die exotherme Reaktion der Verbrennung eines *Brenngases* durch Sauerstoff geschmolzen.

Als Brenngase kommen Kohlenwasserstoffverbindungen, insbesondere Acetylen C_2H_2 (Tabelle 6-1) und Wasserstoff in Frage.

Die Grundreaktionen für die Wechselwirkung des Sauerstoffes mit dem Wasserstoff bzw. den Komponenten des Brenngases lauten:

$H_2 + {}^1/_2\, O_2 = H_2O \quad (\Delta H^\circ_{298} = -241{,}86\ \text{kJ/mol})$

$C + {}^1/_2\, O_2 = CO \quad (\Delta H^\circ_{298} = -110{,}5\ \text{kJ/mol})$

$CO + {}^1/_2\, O_2 = CO_2 \quad (\Delta H^\circ_{298} = -393{,}5\ \text{kJ/mol})$

Diese Reaktionen haben exothermen Charakter. Steigende Temperatur führt zur Dissoziation der Reaktionsprodukte H_2O und CO_2. Die Flammentemperatur kann mit der Formel

$$T_{Gasflamme} = \frac{\sum Q}{\sum m \cdot c} \qquad (90)$$

mit: $\sum Q$ – Summe der Wärmetönungen der Reaktionen

$\sum m \cdot c$ – Summe der Produkte aus Masse und Wärmekapazität

berechnet werden.

Tabelle 6-1. Physikalische Eigenschaften von Brenngasen (AGA-Prospekt) [6-1].

	Acetylen, Äthin	Methylacetylen	Ethylen	Propylen	Wasserstoff	Propan	Methan
Chemische Formel	C_2H_2	C_3H_4	C_2H_4	C_3H_6	H_2	C_3H_8	CH_4
Zustand	unter Druck gelöst in Aceton	in Mischung mit anderen Gasen	komp. Gas oder flüssig bei Kryotemp.	kond. bei Raumtemp.	Komp. Gas	kond. bei RT	kond. bei Kryotemp.
Siedepunkt [°C] bei 1 atm (1,013 bar)	– 84	– 23	– 104	– 48	– 253	– 42	–162
Kritische Temperatur [°C]	+35	+ 129	+ 9,5	+ 92	– 240	+ 97	– 82
Dampfdruck [bar]							
0 °C	26,7	2,6	40	5,9		4,7	
15 °C	39,5	4,4		9,0		7,5	
50 °C		11,5		21,0		17,0	
Dichte [kg/m³] bei 15 °C und 1 bar	1,09	1,75	1,18	1,78	0,08	1,88	0,67
Relative Dichte (Luft = 1) bei 15 °C und 1 bar	0,91	1,46	0,98	1,48	0,07	1,55	0,56
1 l verflüssigtes Gas verdampft zu × l Gas bei 15 °C u. 1 bar		395	482	388	844	311	630
Mischungsverhältnis für normale Flamme m³ O_2 : m³ Brenngas	1,1	2,3	2,0	3,1	0,4	4,0	1,8
Flammentemperatur für Normalflamme [°C]	3106	2984	2902	2872	2834	2810	2770
Bildungswärme [MJ/kg]	+ 8,7	+ 4,6	+ 1,9	+ 0,5	0	– 2,4	– 4,7
Heizwert [MJ/kg]	48,2	46,2	47,1	45,8	120,0	46,4	50,0
Heizwert [MJ/m³]	56,5	82,2	59,5	87,6	10,8	93,2	35,9
Explosionsgrenzen [Vol.-%] 20 °C, 1 bar	2,2 – 85	1,7 – 12	3,1 –32	2 – 10,5	4 – 74,5	2,2 – 9,5	5 – 15

Wird die Reaktion der Wasserstoffverbrennung

$$H_2 + {}^1/_2\, O_2 = H_2O$$

zugrunde gelegt, ergibt sich als Temperatur des Reaktionsproduktes $H_2O \approx 5300$ °C (dabei werden Wärmeverluste nicht berücksichtigt). Da bei hohen Temperaturen aber H_2O dissoziiert wird, die Zahl der Gasmoleküle steigt, der Dissoziationsvorgang Wärme verbraucht, sinkt die Temperatur.

Die Maximaltemperatur der H_2-O_2-Flamme beträgt demnach nicht 5300 °C, sondern 2350 °C.

Die *Acetylen-Sauerstoff-Flamme* (C_2H_2-O_2) hat für das Schmelzschweißen von Stahl, aber auch für die Durchführung von Wärmebehandlungen, Richtarbeiten, für das thermische Trennen eine große Bedeutung.

Wegen der Umwandlungen, die während des Verbrennungsprozesses auftreten, ist die Verbrennung von C-H-Verbindungen theoretisch schwieriger zu erfassen.

Bei hohen Temperaturen sind C-H-Verbindungen unbeständig und zerfallen.

Schematisch läßt sich dieser Vorgang folgendermaßen darstellen:

$$2\,C_2H_2 \rightarrow CH_4 + 3\,C - Q_1$$
$$CH_4 + 3\,C \rightarrow 4\,C + 2\,H_2 - Q_2.$$

Dabei wird eine beträchtliche Wärmemenge frei:

$$\left(\frac{Q_1 + Q_2}{2}\right) \text{ [kJ/mol].}$$

Bei der C_2H_2-Zerlegung sind das 224,6 kJ/mol. Ist Sauerstoff anwesend, finden Prozesse der Zerlegung und Oxidation statt:

$$C_2H_2 + O = C_2H_2O$$
$$C_2H_2O + O_2 = C_2H_2O_2 + O$$
$$C_2H_2O_2 \rightarrow CO + HCOH$$
$$\left.\begin{array}{c} \downarrow \\ CO + H_2 \end{array}\right\} \rightarrow 2\,CO + H_2.$$

Außerdem erfolgt häufig ein Zerfall der Kohlenwasserstoffe unter Ausscheidung von elementarem Kohlenstoff:

$$C_xH_y = x\,C + \frac{y}{2}\,H_2.$$

Kohlenstoff und Wasserstoff werden nachfolgend oxidiert. Acetylen neigt bei erhöhtem Druck ($> 2 \cdot 10^5$ Pa) zum spontanen Zerfall unter Freiwerden von Wärme. Dem wird beim Speichern von Acetylen in Gasflaschen durch Lösung des Gases in Aceton, das in der porösen Füllung der Gasflasche gespeichert ist, Rechnung getragen. Aceton hat bei Raumtemperatur ein mit dem Druck zunehmendes Lösungsvermögen für C_2H_2 (1 l Aceton löst je Atmosphäre Überdruck 24 l Acetylen). C_2H_2-Luftgemische sind bei C_2H_2-Gehalten von 2,2 – 85 % explosiv. Die Explosionsgrenzen für verschiedene Brenngase in Luft sind in Bild 6-1 angegeben.

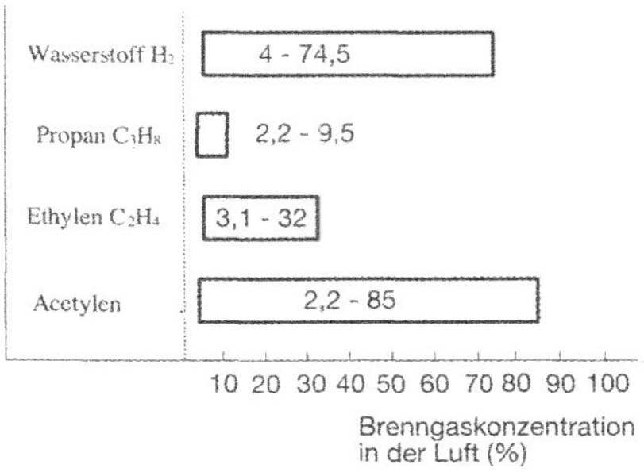

Bild 6-1. Explosionsgrenzen für verschiedene Brenngase in Luft.

Der *Verbrennungsprozeß* verläuft in den Stadien

- Oxidation von C_2H_2 zu CO und H_2 (1. Verbrennungsstufe)

$$C_2H_2 + O_2 \rightarrow 2\,CO + H_2 \qquad (\Delta H^\circ_{298} = -469{,}2 \text{ kJ/mol});$$

- Oxidation von CO und H_2 durch den Luftsauerstoff (2. Verbrennungsstufe)

$$2\,CO + H_2 + {}^3/_2\,O_2 \rightarrow 2\,CO_2 + H_2O \qquad (\Delta H^\circ_{298} = -799{,}5 \text{ kJ/mol}).$$

Die Gasflamme besteht aus 3 Zonen, deren Form, Aufbau und Abmessung vom Verhältnis

$$\frac{Sauerstoffmenge\ V_{O_2}}{Brenngasmenge\ V_{C_2H_2}} = \beta \tag{91}$$

abhängig ist (Bild 6-2).

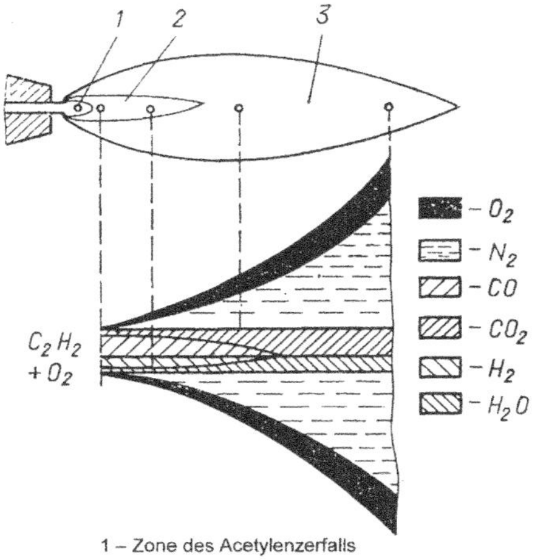

Bild 6-2. Aufbau und Zusammensetzung der C_2H_2-O_2-Flamme bei $\beta = 1$.

Die Acetylen-Sauerstoff-Flamme hat gegenüber anderen Brenngasen (Bild 6-3) den Vorteil, daß sie wegen ihrer hohen Flammentemperatur ein rasches Aufschmelzen der Schweißstelle ermöglicht. Je nach den Besonderheiten des zu schweißenden Werkstoffes läßt sich die Flamme verändern (Einstellung der Schweißflamme durch Brenngas- bzw. Sauerstoffdruck und Änderung des Mischungsverhältnisses β, Bild 6-4). Das hat metallurgische und schweißtechnologische Vorteile.

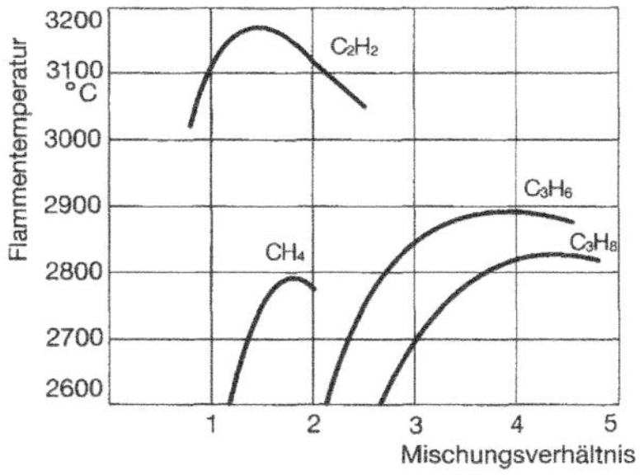

Bild 6-3. Flammentemperatur (in °C) in Abhängigkeit vom Mischungsverhältnis.

Die höchste Flammentemperatur (3050 °C) und damit auch die höchste Schweißleistung wird mit der sogenannten neutralen Flamme ($\beta = 1$) erzielt [6-2; 6-3]. Nach dem Zünden brennt eine stabile Flamme.

Vor der Schweißdüsenbohrung (I) bildet sich der Flammenkegel (II), in dem C_2H_2 zu C und H unter Freiwerden von Wärme zerfällt.

C verbrennt mit dem zugemischten Sauerstoff zu CO. Die Kohlenmonoxidzone (III), die dem Flammenkegel vorgelagert ist, bildet die eigentliche Schweißzone (IV) [6-3]. In ihr werden die Zerfallswärme und die Verbrennungswärme nutzbar.

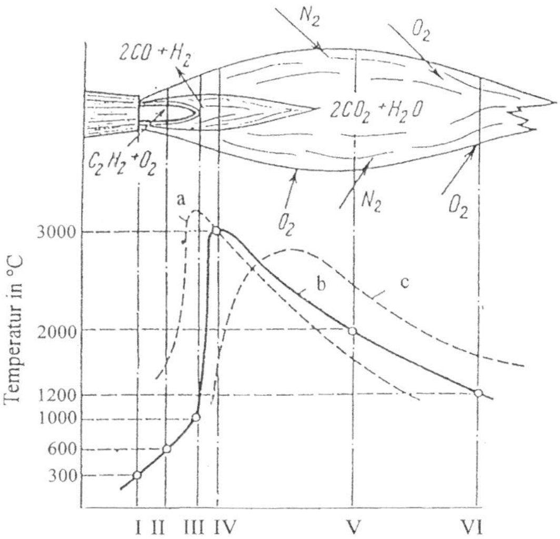

a: oxidierende Flamme
b: normale (neutrale) Flamme
c: reduzierende Flamme

Bild 6-4. Temperaturverteilung über C_2H_2-O_2-Flamme.

Sauerstoff, der aus der Umgebungsluft eindiffundiert, oxidiert H_2 zu H_2O und CO zu CO_2 (2. Verbrennungsstufe; Sekundärflamme). Die Sekundärflamme (V; VI) nimmt einen großen Teil der Flamme ein; sie liefert Wärme, die aber zum Schweißen kaum genutzt werden kann.

Veränderungen des Mischungsverhältnisses wirken sich auf die Schweißflamme aus:

- Bei $\beta > 1$ (Sauerstoffüberschuß) befindet sich in der Schweißzone der Flamme freier Sauerstoff, der das Schmelzbad oxidiert, die Flamme hat einen kurzen Flammkegel.
- Bei $\beta < 1$ (Acetylenüberschuß) tritt in der Schweißzone freier Kohlenstoff auf, der eine Aufkohlung des Schmelzbades verursacht. Der Flammenkegel ist vergrößert, zeigt einen unscharfen Rand.

Die Wärmestromdichte der C_2H_2-O_2-Flamme liegt zwischen $4 \cdot 10^2 \ldots 4 \cdot 10^3$ J/cm²; etwa 50 % der vom Acetylen angebotenen Wärme gehen beim Schweißen auf das Werkstück über. Die Intensität des Wärmeüberganges ist unterschiedlich; sie ist groß im Zentrum, geringer an der Peripherie des Flammenauftreffleckes. Im Gegensatz zum Lichtbogenschweißen ist die Wärmezufuhr zur Schweißstelle auf eine größere Fläche verteilt. Durch die Brennerneigung kann die thermische und mechanische Wirkung der Gasflamme verändert werden (Nach-Rechts- und Nach-Links-Schweißung).

Schaschkow berechnete die Zusammensetzung der Gasflamme (Partialdrücke von CO, CO_2 H_2, H_2O), die sich im Gleichgewicht mit sauerstoffhaltigem geschmolzenem Eisen bei 1600 °C befindet. In einem Nomogramm wird der Zusammenhang zwischen der Zusammensetzung des Gasgemisches der C_2H_2-O_2-Flamme und der Dissoziationskonstanten der Oxide verschiedener Legierungselemente ($\lg p_{O_2}$) beim Schweißen von Stahl dargestellt (Bild 6-5).

Eine neutrale Flamme ($\beta = 1 \ldots 1{,}3$) wird, wenn der Stahl bedeutende Mengen Cr enthält, die Oxidbildung fördern.

Ist $\beta < 1$ (Acetylenüberschuß), ist eine Chromoxidation auszuschließen.

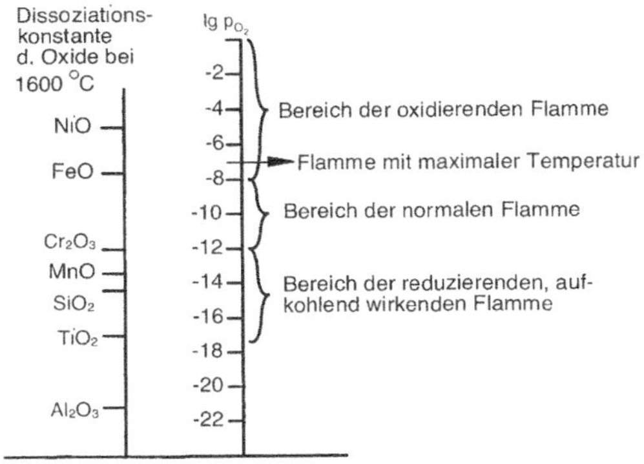

Bild 6-5. Zusammenhang zwischen Flammeneinstellung und Dissoziationskonstanten der Oxide bei 1600 °C (nach *Schaschkow*).

Ein Verhältnis

$$\frac{V_{O_2}}{V_{C_2H_2}} > 0{,}65$$

sollte nicht angewendet werden, wenn der Stahl Elemente wie Al, Ti, Si enthält, da diese Elemente nicht vor der Oxidation geschützt werden.

Das Gasschmelzschweißen wird bei dünnen Blechen, im Rohrleitungsbau, bei Nichteisenmetallen und bei Reparaturarbeiten angewendet.

Ein Schweißzusatz für das Gasschweißen unlegierter und warmfester Stähle ist ein Schweißstab, dessen Bezeichnung sich aus der Benennung (Stab), der Norm-Nummer (EN 12536), dem Kurzzeichen für den Stab zum Gasschweißen (O) und einer römischen Ziffer für die chemische Zusammensetzung des Stabes zusammensetzt; z. B.

Stab EN 12536 – O III.

Gegenüber DIN 8554-1 entfallen die Angaben bezüglich der Eignung der Schweißstabklassen für zugeordnete Stahlsorten und damit zur Bewertung der Festigkeitseigenschaften. Gasschweißstäbe der Klasse VII wurden gestrichen; die übrigen Sorten (O I bis O VI) wurden mit weitgehend gleicher chemischer Zusammensetzung übernommen.

Stäbe mit dem Kurzzeichen O I und O II für die chemische Zusammensetzung unterscheiden sich im C-, Mn- und Si-Gehalt; die Klasse O III ist zusätzlich mit Ni; O IV mit Mo legiert, während Stäbe O V und O VI Mo und Cr, aber in unterschiedlichen Anteilen, enthalten. Jede andere, nicht in der Norm vereinbarte Zusammensetzung ist mit dem Kurzzeichen OZ zu kennzeichnen.

Die Stäbe der Klassen I bis VI haben ein unterschiedliches Schweißverhalten. So unterscheiden sie sich im Fließverhalten (O I dünnfließend; O II weniger dünnfließend; O III bis O VI zähfließend), hinsichtlich der Spritzer (O I viel; O II wenig; O III bis O VI keine) sowie der Porenbildung, mit der bei den Sorten O I und O II gerechnet werden muß.

Schweißzusätze für das Auftragschweißen mit dem Gasschmelzschweißprozeß werden gewalzt, gezogen, gegossen, gesintert oder gefüllt geliefert (DIN 8555-1) und nach ihren Eigenschaften entsprechend der chemischen Zusammensetzung unterschieden (in eisenreiche – Legierungsgruppen 1 ... 10 –, eisenarme – Legierungsgruppen 20 ... 23 – und nicht eisenhaltige – Legierungsgruppen 30 ... 32 – Schweißzusätze). Die bei den Auftragschweißungen geforderte Legierungsreinheit, die maßgebend für die mechanischen Eigenschaften der Auftragschicht ist, kann aufgrund der geringen Grundwerkstoffaufschmelzung oft schon in den ersten Lagen erreicht werden. Vorteilhaft ist die gute Formung des Auftragschweißgutes an Kanten, Ecken und Spitzen und die Möglichkeit, Gußeisenauftragschweißungen ohne Rißbildung durchzuführen.

Leichtmetallegierungen sind schwieriger schweißgeeignet als Reinaluminium. Die Schweißeignung der Aluminiumlegierungen ist sehr stark von der chemischen Zusammensetzung und dem metallurgischen Zustand (Cu > 1,5 % fördert die Heißrißbildung, ein hoher Siliziumgehalt verbessert die Rißbeständigkeit) abhängig.

Sie nimmt in der Reihenfolge der chemischen Zusammensetzung ab: AlMn – AlSi – AlMgMn – AlMg (Mg < 5 %) – AlMgSi – AlCuMg – AlCuNi. Als Schweißzusätze für das Gasschmelzschweißen von Aluminium und Aluminiumlegierungen in Form von Schweißstäben oder Drähten werden SG-Al 99.8, SG-Al99.5, SG-Al99.5Ti, SG-AlMn1, SG-AlMg3, SG-AlSi5, SG-AlSi12 empfohlen (DIN 1732-1).

Beim Schweißen von Leichtmetallen wird mit einer weichen Flamme (geringerer Sauerstoffdruck als für die betreffende Brennergröße angegeben), die auf leichten Acetylenüberschuß eingestellt ist, gearbeitet. Mit Hilfe von Flußmitteln, die als Pulver, Pasten oder wäßrige Lösungen angewendet werden, wird die dichte, hochschmelzende Oxidschicht aus Al_2O_3 beseitigt.

Das Gasschmelzschweißen der Magnesiumlegierungen (MgMn, MgAl 6, MgZnAl) muß unter Verwendung eines auf den Grundwerkstoff abgestimmten Flußmittels durchgeführt werden, das die Oxidhaut löst, ihre Neubildung und das Verbrennen des geschmolzenen Werkstoffes verhindert. Als Flußmittel sind im Einsatz Gemische aus Fluoriden und Bromiden. Sie verdampfen beim Schweißen selbst und erzeugen an der Schweißstelle eine Schutzatmosphäre. Verwendbar sind auch Chloride und Fluoride (LiCl, KF), die die Oxidhaut zerstören. Diese greifen – besonders bei feuchter Luft – auch den Grundwerkstoff an (Entfernung der Flußmittelreste!).

Der Schweißdraht ist genau auf die Zusammensetzung des Grundwerkstoffes abzustimmen.

Das Gasschmelzschweißen von *Kupfer* erfolgt mit streng neutral eingestellter Flamme. Das Flußmittel besteht aus Borverbindungen mit Zusätzen von gut oxidlösenden Metallsalzen. Es reinigt die Schweißung von Oxiden und schützt auch die Nachbarzonen der Schweißnaht vor Oxidation.

Schweißzusätze für das Schweißen von Cu und Cu-Legierungen enthalten Legierungselemente, die die Gasaufnahme des Schweißgutes verringern, den Schmelzpunkt erniedrigen bzw. das Schmelzintervall erweitern. Geeignet sind die Legierungstypen

SG-CuAg (Ag bis 1 %), SG-CuSn, SG-CuSn6, SG-CuSn12, SG-CuZn40Si (DIN 1733-1).

Da Kupfer im Schweißgut ein grobkristallines Gefüge zeigt, das eine ungenügende mechanische Festigkeit hat, werden Kupferschweißungen, wenn es technologisch möglich ist, warmgehämmert. Das Gefüge wird verdichtet, ist feinkörnig, hat eine gute Dehnung und Verformbarkeit sowie eine dem Grundwerkstoff nahezu gleiche Festigkeit. Die Festigkeit des nichtgehämmerten Schweißgutes beträgt nur ca. 50 % des gewalzten Werkstoffes.

Nickel wird mit einer neutral bis auf leichten Acetylenüberschuß eingestellten Flamme geschweißt. Als Schweißzusatz dient ein reiner Nickeldraht.

Um Oxidation und Schlackenbildung beim Gasschmelzschweißen von *Zink* zu vermeiden, wird die Flamme neutral eingestellt. Die Größe der Flamme, die weich eingestellt wird, ist genau auf die Werkstückdicke abzustimmen. Die beim Schweißen entstehenden Oxidhäute haben einen höheren Schmelzpunkt als der Grundwerkstoff (Zn 419 °C). Zur Bildung einer leichtflüssigen Schlacke wird ein Flußmittel eingesetzt, das auf der Basis Ammoniaksalz-Zinkchlorid aufgebaut ist. Der Schweißzusatz sollte beim Schweißen von Zn aus Feinzink bestehen, beim Schweißen von Zinklegierungen sollte er in der Zusammensetzung mit dem Grundwerkstoff möglichst übereinstimmen.

6.2 Aluminothermisches Schweißen

Beim Aluminothermischen Schweißen wechselwirken ein oder mehrere reduzierend wirkende Metalle/Metallegierungen so mit einer Metallverbindung (Oxid), daß das Gemisch, an einer Stelle auf Entzündungstemperatur (oder Zündtemperatur) gebracht und entzündet, von selbst unter großer Wärmeabgabe reagiert.

> *Entzündungstemperatur*:
>
> Temperatur, bei der der Werkstoff an der Reaktionsstelle spontan mit Sauerstoff reagiert. Die Entzündungstemperatur ist abhängig vom Werkstoff und von der spezifischen Werkstoffoberfläche (Verhältnis Oberfläche zu Masse).

Bei Oxidation der höher sauerstoffaffinen Metalle scheidet sich das reduzierte Metall als Schmelze ab. Es wird bei der Reaktion eine Schlacke, bestehend aus Al_2O_3, gebildet. Die Reaktionsgleichungen der aluminothermischen Reaktion lauten:

$$3\,FeO + 2\,Al \rightarrow 3\,Fe + Al_2O_3; \qquad \Delta H^\circ_{298} = -\,883{,}9\ kJ/mol,$$

$$3\,Fe_3O_4 + 8\,Al \rightarrow 9\,Fe + 4\,Al_2O_3; \qquad \Delta H^\circ_{298} = -\,3346{,}9\ kJ/mol,$$

$$Fe_2O_3 + 2\,Al \rightarrow 2\,Fe + Al_2O_3; \qquad \Delta H^\circ_{298} = -\,2528{,}7\ kJ/mol.$$

Die Reaktionen verlaufen nahezu vollständig in sehr kurzer Zeit von links nach rechts. Die aluminothermische Reaktion kann grundsätzlich auch zur Reduktion anderer Metalloxide herangezogen werden. Die Geschwindigkeit der Reaktion und insbesondere die Ausbeute sind aber um so geringer, je geringer die Affinitätsunterschiede der Elemente zum Sauerstoff sind. Der Reinheitsgrad der entstehenden Eisenschmelze hängt von der chemischen Zusammensetzung der Ausgangsstoffe, der Zusammensetzung der Schlacke (Al_2O_3) und der Zugabe desoxidierender und legierender Elemente zum Thermitgemisch ab. Die Reaktionsgeschwindigkeit und die Ausbeute sind durch die Zusammensetzung des Thermitgemisches (Zugabe von Eisen, von Nagelschrott u. a.) beeinflußbar.

Beim Aluminothermischen Schweißen wird unterschieden zwischen dem

- Gießschmelzschweißen und dem
- Aluminothermischen Preßschweißen.

Beim Gießschmelzschweißen werden die zu verbindenden Grundwerkstoffe durch die bei der chemischen Reaktion von Aluminiumpulver und Metalloxid (Fe_2O_3, Fe_3O_4) gebildete Metallschmelze aufgeschmolzen. Die Metallschmelze dient somit als *Wärmequelle* und als *Schweißzusatz*.

Das Hauptanwendungsgebiet ist das Schweißen von Eisenbahnschienen. Die in einem Reaktionstiegel erzeugte Schmelze, deren Temperatur etwa 2500 ... 3000 °C beträgt, wird aus dem Tiegel in die zweiteilige, aus Klebsand bestehende Form geleitet. Bei der Preßschweißung wird die bei der Reaktion entstehende Wärme zur Vorwärmung der zu verbindenden Werkstücke genutzt.

6.3 Lichtbogenschweißen mit umhüllter Stabelektrode

Beim Schweißen mit umhüllter Stabelektrode wird die chemische Zusammensetzung des Schweißgutes stark durch die intensive Wechselwirkung des schmelzflüssigen Metalles mit der Schlacke, gebildet aus den Umhüllungsbestandteilen, und der beim Abschmelzen der Elektrode entstehenden Gasphase beeinflußt. Elektrode und Grundwerkstoff schmelzen durch die Wärmewirkung des Lichtbogens.

Der Lichtbogen ist eine Form der Gasentladung und gekennzeichnet durch die Entladungsräume *Katodenfall* (Spannungsabfall von 5 ... 20 V, Ausdehnung ~ 10^{-3} cm), *Anodenfall* (Spannungsgefälle von 0 . . . 30 V, Ausdehnung ~ $5 \cdot 10^{-3}$ cm) und *Lichtbogensäule* (Spannungsabfall von 42 V/cm in He und 6 V/cm in Ar; in ihr befindet sich ein Gemisch aus Ionen, Elektronen, Atomen bzw. Molekülen). Er ist eine effektive Wärmequelle. Seine Stabilität und Leistungsfähigkeit hängen von den Schweißwerten, von den Dissoziations- und Ionisationsvorgängen in der Lichtbogensäule (die hohe Temperatur im Lichtbogen führt zur Bildung eines thermischen Plasmas), von der Zusammensetzung und Dicke der Umhüllung, dem Durchmesser des Kernstabes u. a. ab.

Die umhüllte Stabelektrode, die durch den Lichtbogen geschmolzen wird, ist aufgebaut aus dem *Kernstab* und der *Umhüllung*, die diesen gleichmäßig dick und zentrisch umschließt, fest auf dem Kerndraht haftet und ein gleichmäßiges Abschmelzen sichert.

Stabelektroden werden aus Drähten, die entzundert und entrostet, in mehreren Drahtzügen auf den gewünschten Durchmesser (Nennmaße 1,6; 2,0; 2,5; 3,2; 4,0; 5,0; 6,0 mm) gebracht, gerichtet und auf die Längen (Nennmaße 200, 250, 350 und 450 mm; Längen von 500, 550, 600, 700 und 800 mm für Kernstabdurchmesser ≥ 4,0 mm werden für das Schwerkraftschweißen eingesetzt) geschlagen werden, in Elektrodenpressen bei einem Druck zwischen 150 und 600 bar ummantelt (der Druck hängt von der Art der Umhüllungsmasse ab).

Für spezielle Anwendungsgebiete werden auch Elektroden durch Tauchen ummantelt (Tauchmantelelektroden).

Die *Schweißeigenschaften* der Elektroden sind nahezu ausschließlich durch die Dicke und die Zusammensetzung der Umhüllung bestimmt. Abhängig von der Legierungsgruppe, dem Stabelektrodentyp, dem Grundwerkstoff, dem Anwendungsgebiet und der Schweißaufgabe werden von jeder Elektrodensorte Eigenschaften wie

- gerichteter, stabiler Lichtbogen,
- möglichst feintropfiger Werkstoffübergang,
- selbstlösende Schlacke,
- geringe Aufmischung mit dem Grundwerkstoff (Vermischungsgrad),
- hohes Ausbringen,
- gute Spaltüberbrückbarkeit

verlangt, um eine fehlerfreie Schweißverbindung herstellen zu können. Daraus leitet sich die Aufgabe der Umhüllung ab, den Lichtbogen zu stabilisieren durch das Einbringen von Elementen mit geringer Ionisationsenergie (z. B. K mit 4,34 eV; Na 5,14 eV; Al 5,98 eV; Ca 6,11 eV; Mg 7,6 eV; Fe 7,83 eV), den übergehenden Tropfen und das Schmelzbad vor Luftzutritt (insbesondere dem Stickstoff) durch Gas- und Schlackebildung zu schützen, die Viskosität des Schmelzbades und Oxidations-/Reduktionsprozesse zu beeinflussen und die Wärmeabfuhr durch die Bildung einer Schlackedecke zu verringern.

Die schützende Wirkung der Elektrodenumhüllung zeigt sich u. a. im Stickstoffgehalt des Schweißgutes (Bild 6-6).

Bild 6-6. Einfluß der Umhüllungsdicke umhüllter Stabelektroden auf den Stickstoffgehalt im Schweißgut.

Je nach dem Umhüllungstyp (die DIN EN 499 unterscheidet 4 Umhüllungsgrundtypen: den Zellulosetyp, den sauren Typ, den Rutiltyp und den basischen Typ) sind in der Umhüllung enthalten:

- Karbonate (z. B. $CaCO_3$, $BaCO_3$, $MgCO_3$),
- Fluoride (CaF_2),
- Oxide (saure, basische und amphotere Oxide),
- Metallpulver (z. B. Fe-Pulver),
- Ferro-Legierungen (Fe-Mn, Fe-Si, Fe-Ti),
- Erze,
- Zellulose,
- Bindemittel, Gleitmittel, organische Substanzen.

Neben den Grundtypen gibt es noch einige Mischtypen.

Die verschiedenen Umhüllungsbestandteile entsprechen meist nicht genau der jeweils angegebenen chemischen Formel. Je nach Fundort, Gewinnung, Herstellung und Verarbeitung sind sie komplex zusammengesetzt, unterschiedlich stark verunreinigt.

Das ist besonders wichtig bei Ferro-Mangan (Tabelle 6-2), Ferro-Silizium (bis 90 % Si), Ferro-Chrom (bis 75 % Cr), Ferro-Titan, Ferro-Molybdän, Ferro-Bor, Ferro-Vanadium, aber auch bei Kalkspat (Calcit, vorliegend in Kreide, Marmor, Kalkstein), Kalkstein (Dolomit, Aragonit, Siderit).

Tabelle 6-2. Handelsübliche Ferro-Mangan-Qualitäten [6-7].

Typ	Richtanalyse [%]					Schmelzbereich [°C]
	Mn	C	Si	P_{max}	S_{max}	
Fe-Mn suraffine	80 ... 92	0,1 ... 0,5	1,0 ... 1,5	0,1 ... 0,25	0,03	1270 ... 1300
Fe-Mn affine	75 ... 85	0,5 ... 2,0	1,0 ... 1,5	0,25	0,03	1250 ... 1270
Fe-Mn carburé	76 ... 80	6,0 ... 8,0	0,5 ... 1,5	0,1 ... 0,3	0,03	1170 ... 1265

Rutil-Erze aus verschiedenen Vorkommen (z. B. Norwegen, Rußland, Brasilien) unterscheiden sich in der TiO_2-Modifikation (Anatas, Brookit, Ilmenit), im Titangehalt und in der Konzentration an Verunreinigungen.

Bei der Zusammensetzung der Umhüllung werden die spezifischen Wirkungen der einzelnen Komponenten, aber auch das Zusammenwirken der Umhüllungsbestandteile berücksichtigt. Die Elektroden kann man wenigen Umhüllungstypen zuordnen. Die gegenseitige Lage in bezug auf das metallurgische Verhalten der Schlacke und auf den Charakter der Lichtbogenatmosphäre zeigt Bild 6-7 [6-7].

Nach den schlackebildenden Bestandteilen unterscheidet DIN EN 499 folgende Umhüllungstypen mit den entsprechenden Buchstaben bzw. Buchstabengruppen als Kurzzeichen:

A	=	sauerumhüllt
C	=	zelluloseumhüllt
R	=	rutilumhüllt
RR	=	dick rutilumhüllt
RC	=	rutilzellulose-umhüllt
RA	=	rutilsauer-umhüllt
RB	=	rutilbasisch-umhüllt
B	=	basischumhüllt

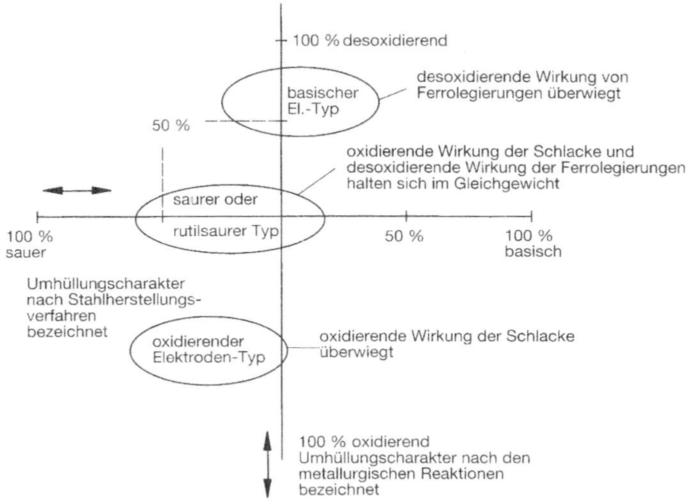

Bild 6-7. Gegenseitige Lage von Umhüllungstypen bezüglich des Umhüllungscharakters [6-7].

Die dicke Umhüllung entspricht einem Verhältnis von Umhüllung zu Kernstabdurchmesser von ≥ 1,6.

Die Einteilung der Stabelektroden nach DIN EN 499 berücksichtigt das Kennzeichen für den Schweißprozeß, die mechanischen Eigenschaften des Schweißgutes, den Umhüllungstyp, Angaben über Ausbringung, Stromart und Schweißposition sowie den Wasserstoffgehalt des Schweißgutes. Die Mindeststreckgrenze wird durch den Wert für die untere Streckgrenze angegeben, jedem Streckgrenzenwert ist ein Festigkeitsbereich und eine Mindestdehnung zugeordnet (Tabelle 6-3 a).

Tabelle 6-3 a. Kennziffer für die Festigkeits- und Dehnungseigenschaften des Schweißgutes.

Kennziffer	Mindeststreckgrenze [N/mm^2]	Zugfestigkeit [N/mm^2]	Mindestbruchdehnung [%]
35	355	440 ... 570	22
38	380	470 ... 600	20
42	420	500 ... 640	20
46	460	530 ... 680	20
50	500	560 ... 720	18

Die Kerbschlagarbeit des Schweißgutes wird nur mit der Mindestschlagarbeit von 47 J angegeben (Tabelle 6-3 b).

Tabelle 6-3 b. Kennzeichen für die Kerbschlagarbeit des Schweißgutes.

Kennzeichen	Temperatur für die Mindestkerbschlagarbeit 47 J [°C]
Z	keine Anforderungen
A	+20
0	0
2	–20
3	–30
4	–40
5	–50
6	–60

Ein Analysenkurzzeichen erscheint, wenn das Schweißgut außer mit Mangan auch mit Nickel und/ oder Molybdän legiert ist (Tabelle 6-4).

Je eine Kennziffer drückt die Kombination von Ausbringung und Stromeignung sowie die Eignung für Schweißpositionen aus.

Tabelle 6-4. Kurzzeichen für die chemische Zusammensetzung des Schweißgutes (nach DIN EN 499).

Legierungskurzzeichen	Chemische Zusammensetzung in % (Einzelwerte sind Höchstwerte)		
	Mn	Mo	Ni
kein Kurzzeichen	2,0	–	–
Mo	1,4	0,3 ... 0,6	–
MnMo	> 1,4 ... 2,0	0,3 ... 0,6	–
1Ni	1,4	–	0,6 ... 1,2
2Ni	1,4	–	1,8 ... 2,6
3Ni	1,4	–	> 2,6 ... 3,8
Mn1Ni	> 1,4 ... 2,0	–	0,6 ... 1,2
1NiMo	1,4	0,3 ... 0,6	0,6 ... 1,2
Z	jede andere vereinbarte Zusammensetzung		

Bezeichnungsbeispiel:

- DIN EN 499 – E 46 3 1Ni B 54 H5

  Bezeichnung einer umhüllten Stabelektrode für das Lichtbogenhandschweißen, deren Schweißgut eine Mindeststreckgrenze von 460 N/mm² (46) aufweist und für das eine Mindestkerbschlagarbeit von 47 J bei –30 °C (3) erreicht wird; dessen Zusammensetzung ist 1,1 % Mn und 0,7 % Ni (1Ni). Die Elektrode ist basischumhüllt (B), wechsel- und gleichstromverschweißbar. Das Ausbringen beträgt 140 % (5); Eignung für Stumpf- und Kehlnähte in Wannenposition (4). Der nach ISO 3690 bestimmte Wasserstoffgehalt überschreitet nicht 5 ml/100 g Schweißgut (H5).

Während die dünn sauerumhüllten Elektroden nur geringen Güteanforderungen genügen, der zelluloseumhüllte Typ vor allem für das Fallnahtschweißen vorgesehen wird und mitteldick rutil- und rutilzellulose-umhüllte Elektroden für allgemeine Güteanforderungen geeignet sind, haben dick rutilumhüllte und dick rutilzellulose-umhüllte Elektroden mit einem Verbrauch von etwa 50 % und dick basischumhüllte mit etwa 24 % des Verbrauches einen großen Anwendungsumfang.

Sauerumhüllte Elektroden haben hohe Gehalte an Oxiden (Eisen-, Manganoxid), Quarz und Ferrolegierungen in der Umhüllung. Der Werkstoffübergang ist feintropfig, die Nähte sind flach ausgebildet und feinschuppig, zurückzuführen auf den Werkstoffübergang und die Wirkung der dünnflüssigen Schlacke (Bild 6-8).

Auf Grund des oxidierenden Charakters der Lichtbogenatmosphäre treten relativ hohe Abbrandverluste an Mn und der Übergang einer beträchtlichen Sauerstoffmenge in das Schweißgut ein. Mögliche Reaktionen der Mn-Oxidation sind:

$$(Fe_2O_3) + 3\,[Mn] = 3\,(MnO) + 2\,[Fe]$$

$$(SiO_2) + 2\,[Mn] = 2\,(MnO) + [Si]$$

$$[Mn] + [FeO] = (MnO) + [Fe]$$

$$(MnO_2) + [Mn] = 2\,(MnO).$$

Durch die Wechselwirkung

$$\begin{array}{c} (FeO)_{Schlacke} \\ \uparrow \\ Fe_2O_3 + Fe_{fl} \rightleftarrows 3\,FeO \\ \downarrow \\ [FeO]_{Schmelze\ Metall} \end{array}$$

entsteht FeO, das zum Teil in die Metallschmelze übergeht (siehe Verteilungskonstante von *Nernst*).

Die Elektrode ist schnellfließend. Sie erlaubt das Arbeiten mit hoher Abschmelzgeschwindigkeit und eignet sich vor allem zum Schweißen in Wannenposition (PA). Das Schweißgut neigt zu Heißrissen, wenn nicht ein gut schweißgeeigneter Grundwerkstoff eingesetzt wird.

Bei C > 0,20 % bei beruhigt vergossenen Stählen, > 0,25 % C und > 0,05 % S bei unberuhigt vergossenen Stählen treten beim Schweißen von Kehlnähten oftmals Risse auf.

Dick rutilumhüllte, dick rutil-zelluloseumhüllte Elektroden zeichnen sich durch ein gutes Zündverhalten, eine geringe Neigung des Schweißgutes zur Rißbildung und gute mechanische Eigenschaften aus. Die Umhüllung enthält mit 50 % TiO_2, mit Quarz, Ferrolegierungen, Feldspat (Aluminiumsilikate von Na, K, Ca → $Na_2O \cdot Al_2O_3 \cdot 6\,SiO_2$; $CaO \cdot Al_2O_3 \cdot 2\,SiO_2$) u. a. Stoffe, die die technologischen und metallurgischen Eigenschaften verbessern.

Der dick umhüllte Rutilzellulose-Typ hat gute Fallnahtschweißeigenschaften. Einfaches Zünden und Wiederzünden, gutes Nahtaussehen in allen Schweißpositionen, geringe Spritzerverluste und gute Schlackeablösung sind besonders hervorzuheben.

Die Schweißgutrichtanalyse ist

0,08 % C; 0,40 % Si; 0,60 % Mn.

Die dick rutilumhüllte Elektrode zeichnet sich durch relativ hohe Strombelastbarkeit, hohe Abschmelzleistung, glattes Nahtaussehen, porenfreie Schweißnähte, geringe Rißanfälligkeit des Schweißgutes und gute Schlackenablösbarkeit aus.

Die metallurgischen Besonderheiten der *dick basischumhüllten Elektroden* sind darauf zurückzuführen, daß die basische Umhüllung überwiegend aus Karbonaten der Erdalkalimetalle ($CaCO_3$, $MgCO_3$), Flußspat CaF_2, Ferrolegierungen (Fe-Mn + Fe-Si) besteht. Die Elektroden werden am Pluspol der Schweißstromquelle verschweißt. Der Lichtbogen ist gerichtet, der Werkstoffübergang ist mitteltropfig. Die Elektrode zeigt insgesamt gute Schweißeigenschaften (Bild 6-8).

Basischumhüllte Stabelektroden sind für alle Positionen (ausgenommen Fallnaht) geeignet. Speziell für das Schweißen in Fallposition geeignete basische Stabelektroden haben eine besondere Zusammensetzung der Umhüllung.

Infolge der neutralen bis reduzierenden Lichtbogenatmosphäre und des Gehaltes an desoxidierenden Bestandteilen in der Umhüllung wird ein gut desoxidiertes, wenig Wasserstoff und Stickstoff enthaltendes Schweißgut mit sehr guten mechanischen Eigenschaften, guter Verformbarkeit, Unempfindlichkeit gegen Kalt- und Heißrisse und hoher Sprödbruchsicherheit aufgebaut. Die Wasserstoffgehalte im Schweißgut gerade dieser Elektroden hängen vom Feuchtigkeitsgehalt der Elektrodenumhüllung ab. Ausgehend von einer Kernstabanalyse

0,08 % C; Sp. Si; 0,56 % Mn; 0,029 % S; 0,024 % P; 0,02 % O_2; 0,004 % N_2

ergibt sich beim Abschmelzen der dick basischumhüllten Elektrode eine Schweißgutanalyse (Richtwerte) von:

0,08 % C; 0,40 ... 0,50 % Si; 1,10 % Mn; 0,019 % S; 0,025 % P; 0,02 % O_2; 0,018 % N_2.

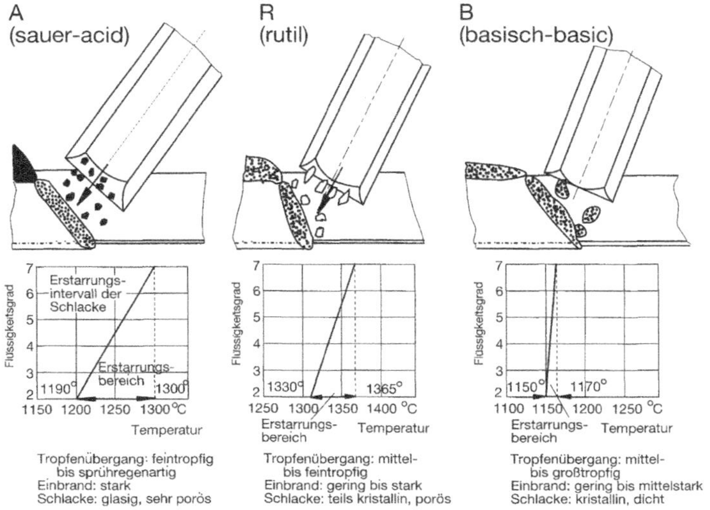

Bild 6-8. Eigenschaften von Umhüllungstypen (nach Kjellberg-ESAB-Taschenbuch).

Die Elektrode ist anwendbar für das Schweißen von unlegierten Baustählen, von Feinkornbaustählen, Kesselbaustählen, Rohrstählen, Schiffbaustählen und von Stahlguß. Sie eignet sich auch für Stähle mit höherem Kohlenstoffgehalt, wenn der Aufhärtung durch eine Vorwärmung begegnet wird.

Basischumhüllte Stabelektroden ergeben, einwandfreie Rücktrocknung vorausgesetzt, den niedrigsten *Wasserstoffgehalt* im Schweißgut, folglich auch die geringste Kaltrißgefahr für die Schweißverbindung.

Stabelektroden können hinsichtlich des Wasserstoffgehaltes im Schweißgut gekennzeichnet werden, wobei ein Gehalt von 15 ml Wasserstoff je 100 g deponiertes Schweißgut nicht überschritten werden darf (DIN EN 757). Basischumhüllte Elektroden weisen in der Regel einen Wasserstoffgehalt (diffusibler Wasserstoff) < 10 ml/100 g auf [6-4].

Eine große Bedeutung für die Höhe des Wasserstoffgehaltes im Schweißgut und dessen Neigung zur Kaltrißbildung hat die Rücktrocknung von Elektroden.

Basische Stabelektroden sind grundsätzlich *nachzutrocknen*. Für niedriglegierte basische Stabelektroden genügt dabei eine Trocknungstemperatur von 250 °C (2 h). Da mit steigendem Legierungsgehalt und zunehmender Streckgrenze des Grundwerkstoffes und des Schweißgutes die Empfindlichkeit gegenüber wasserstoffinduzierter Rißbildung wächst, müssen mittellegierte basische Stabelektroden, die für hochfeste Feinkornbaustähle mit $R_{eH} > 355$ N/mm^2 eingesetzt werden, sowie Stabelektroden für warmfeste Stähle 2 h bei 300 ... 350 °C getrocknet werden. Die maximal zulässige Trocknungszeit beträgt 10 Stunden.

Bei Hochleistungselektroden wird durch das Einbringen von Eisenpulver in die Umhüllung eine höhere Leistungsfähigkeit erreicht.

Einen großen Einfluß auf das technologische und metallurgische Verhalten der Stabelektroden haben die physikalischen und chemischen Eigenschaften der *Schlacken* (Tabelle 6-5). Der FeO-Gehalt in der Schlacke, der von der sauren zur kalkbasischen Umhüllung der Elektrode abnimmt (Tabelle 6-6), die Manganbilanz (Mn-Konzentration in Umhüllung und Kernstab, die notwendig ist, um einen bestimmten Mangangehalt im Schweißgut zu erhalten) sowie die Manganverluste sind dabei bedeutend.

Tabelle 6-5. Eigenschaften der Schlacke.

Umhüllungstyp	Umhüllungsdicke	Fluß	Erstarrungsbereich	Schlackenentfernbarkeit
sauer	dünn d	zähflüssig	1190 ... 1280	sehr schwer
„A“	dick s	sehr dünnflüssig		sehr leicht
rutilsauer	dünn	zähflüssig	1330 ... 1365	sehr schwer
„R“	mitteldick	mäßig dünnflüssig		schwer
	dick	dünnflüssig		leicht

Das Aussehen der Schlacke (Farbe, Bruchbild) wird oftmals zur Beurteilung ihrer metallurgischen Wirkung herangezogen. Die *saure* Schlacke zeigt einen glasartigen, mattschwarz bis glänzendschwarzen Bruch. Sie ist sehr dünnflüssig. Mit zunehmend basischem Charakter der Schlackesubstanzen wird sie zähflüssig, verliert den glasartigen Charakter und läßt statt eines glänzenden ein mattschwarzes, bräunliches Aussehen erkennen.

Tabelle 6-6. Zusammensetzung der Umhüllung und der Schlacke von Umhüllungstypen (nach Kjellberg-ESAB-Taschenbuch).

	Anteile bei Umhüllungstyp					
	sauer		rutilsauer		basisch	
Umhüllung	FeMn	2	TiO_2	5	CaF_2	3
	Fe_2O_3	2	Mg-Silikat	1	$CaCO_3$	3
	MnO_2	1	Zellulose	1	FeO	2
	SiO_2	3	FeMn	1	FeSi	1
	$MgCO_3$	1	$CaCO_3$	1	FeMn	1
	Bindemittel	1	Bindemittel	1	Fe	2
					Bindemittel	1
Schlacke	SiO_2	18	SiO_2	10	SiO_2	8
	FeO	11	TiO_2	23	TiO_2	4
	MnO	13	Al_2O_3	3	FeO	2
	Al_2O_3	2	FeO	2	MnO	3
	CaO	2	MnO	4	CaO	14
	MgO	1	MgO	2	CaF_2	17
	Alkalien	2	CaO	3	Alkalien	2
			Alkalien	2		

Um die Schlacke gut von der Schweißnaht ablösen zu können, müssen die Bindung Schlacke – Metall gering und der Unterschied in den Ausdehnungskoeffizienten von Schlacke und Schweißgut groß sein.

Der Vergleich der umhüllten Elektroden hinsichtlich des Abschmelzverhaltens zeigt, daß die Umhüllung stark den Charakter des Werkstoffüberganges beeinflußt.

Der Werkstofftransfer zum Schweißbad kann grobtropfig, träge, unter häufiger Kurzschlußbildung, mitteltropfig oder feintropfig und sprühregenartig erfolgen. In der Schweißtechnik wird ein axialer, feintropfiger Werkstoffübergang angestrebt, um ein gleichmäßiges Abschmelzen der Elektrode, geringe Werkstoffverluste durch Spritzer, einen gleichmäßigen Schweißnahtaufbau und hohe Abschmelzleistungen zu erreichen. Der Charakter des Werkstoffüberganges ist auch aus der Sicht der Wechselwirkung zwischen Tropfen – Schlacke – Gasphase wichtig, denn Richtung und Intensität der metallurgischen Reaktionen im Elektrodenkrater werden von der Temperatur, der Verweilzeit des Tropfens im Lichtbogenbereich und der spezifischen Tropfenoberfläche beeinflußt.

Für das Verbindungsschweißen von hochfesten Feinkornbaustählen mit einer Mindeststreckgrenze $R_e \geq 355$ N/mm^2 werden basischumhüllte Stabelektroden eingesetzt (DIN EN 757). Die Elektroden sind dick umhüllt (Umhüllungsdicke > 160 %), die Umhüllung besteht überwiegend aus Karbonaten der Erdalkalimetalle und aus Flußspat (CaF_2). Die basische Schlacke und die durch die Dissoziation der Karbonate freiwerdende Menge an CO_2/CO gewährleisten einen guten Schutz des Schweißgutes, das sich durch einen hohen Reinheitsgrad, sehr gute mechanische Eigenschaften, geringe Neigung zur Heißrißbildung und, einwandfreie Rücktrocknung vorausgesetzt, durch niedrige Gehalte an diffusiblem Wasserstoff auszeichnet. Die Gefahr der Kaltrißbildung ist um so geringer, je niedriger der Wasserstoffgehalt ist.

Umhüllte Stabelektroden zum Schweißen unlegierter und niedriglegierter Gußeisenwerkstoffe werden je nach Übereinstimmung der chemischen Zusammensetzung des Schweißgutes mit dem Grundwerkstoff nach

- artgleichen und
- artfremden Schweißzusätzen

unterteilt.

Die artgleichen Schweißzusätze ergeben ein Schweißgut, das dem Gußeisen mit Lamellengraphit (Fe C-1, Fe C-2) bzw. Gußeisen mit Kugelgraphit (Fe C-G) entspricht.

Die mechanischen Eigenschaften und die Rißsicherheit des Schweißgutes und der Schweißverbindung hängen von der Vorwärmung (auf 400 °C) und der Wärmeführung beim Schweißen ab.

Artfremde Schweißzusätze auf Eisenbasis sind aus einem Kernstab aus unlegiertem Stahl und einer basischen Umhüllung aufgebaut. In der ersten Lage an Gußeisen entsteht ein ferritisch-karbidisches Schweißgut. Die Bindung von Kohlenstoff an die karbidbildenden Elemente (Bildung von Sonderkarbiden) verhindert die Martensitbildung.

Das Schweißgut besteht aus Ferrit und Sonderkarbiden. Die Schweißzusätze auf Nickelbasis ergeben ein artfremdes Schweißgut. Sie werden für die Schweißung von GGL (Schweißzusatz Ni, NiCu), von GGG, GTS (Schweißzusatz NiFe-1, NiCu) eingesetzt.

Für umhüllte Stabelektroden zum Auftragschweißen spielen die metallurgischen Prozesse der Wechselbeziehung Metall – Schlacke – Gas im Lichtbogenbereich eine bedeutende Rolle, um Schweißgüter aufzubauen, die sich z. B. durch hohe Widerstandsfähigkeit gegen Verschleiß, durch Korrosions- und Hitzebeständigkeit, Warmfestigkeit auszeichnen. Den spezifischen Anforderungen, die Werkzeuge für die spanende und spanlose Bearbeitung, Bauteile für die Aufbereitungstechnik, den Fahrzeug- und Motorenbau u. a. stellen, wird durch die Verfügbarkeit von *eisenreichen Schweißzusätzen* in 10 Legierungsgruppen, *eisenarmen Schweißzusätzen* in 4 Legierungsgruppen und *nichteisenhaltigen Schweißzusätzen* in 3 Legierungsgruppen Rechnung getragen (DIN 8555-1).

Die umhüllten Stabelektroden werden dabei nach der chemischen Zusammensetzung des Schweißgutes unterschieden. Beim Auftragschweißen hat der Einflußfaktor Aufmischung von Grundwerkstoff vor allem im Bereich der 1. Lage Bedeutung.

Das Schweißgut verfügt über Eigenschaften, die bei den Legierungsgruppen 1 ... 10 insbesondere durch W, Cr, Mo, Ni, V, Co, Mn oder C + Cr, bei den Legierungsgruppen 20, 21, 22, 23 durch Co-Cr, Cr-W, Ni, Cr, B und Ni-Cr-Mo geprägt werden.

Beispiel für die Bezeichnung einer Stabelektrode zum Lichtbogenhandschweißen (E) der Legierungsgruppe 9, Ausführung umhüllt (UM), deren Schweißgut eine Brinellhärte über 175 bis 225 HB (200) erbringt und das korrosionsbeständig (C) und hitzebeständig (Z) ist:

Stabelektrode DIN 8555 – E 9 – UM – 200 – CZ

Umhüllte Stabelektroden zum Lichtbogenhandschweißen von *nichtrostenden und hitzebeständigen* Stählen (DIN EN 1600) können aufgebaut sein aus

- der Umhüllung und dem hochlegierten Kernstab (kernstablegierte Stabelektrode), Ausbringung < 105 %,
- der Umhüllung und dem hochlegierten Kernstab, Ausbringung ≥ 105 % (kernstablegierte Hochleistungselektrode),
- der Umhüllung, die die erforderlichen Legierungselemente enthält, und dem unlegierten Kernstab (hüllenlegierte Hochleistungselektrode).

In der Elektrodenbezeichnung sind die chemische Zusammensetzung des Schweißgutes, der Umhüllungstyp (B – Basischer Typ, R – Rutil-Typ), die Kennzahl für das Ausbringen, wenn es größer als 105 % ist, und die Kennziffern für die Schweißposition und die Stromeignung berücksichtigt. Für hüllenlegierte Hochleistungselektroden ist vor das Typ-Kennzeichen das Kurzzeichen MP (Metallpulver) gesetzt.

Bei Stabelektroden zum *Schweißen warmfester Stähle* (DIN EN 1599) ist die chemische Zusammensetzung des Schweißgutes durch die jeweiligen Legierungsbestandteile Cr, Mo, W und V angegeben. Eingesetzt werden rutil- und basischumhüllte Elektroden. Da die Umhüllung der Stabelektroden während der Lagerung oder beim Transport Feuchtigkeit aus der Luft aufnehmen kann, sind die Elektroden rückzutrocknen und in einem trockenen Lagerraum zu lagern (bei relativer Luftfeuchte von < 60 %, T mind. 18 °C).

Unterwasser-Schweißelektroden sind dick umhüllte Elektroden, die außer der üblichen Umhüllung auch eine Schutzschicht (nichtleitender, wasserdichter, seewasserbeständiger Lacküberzug) haben, die die Umhüllung vor der Auflösung im Wasser schützt und im salzigen Seewasser eine Stromableitung durch den Elektrodenmantel in das Wasser unterbindet. Die dick sauer- oder rutilumhüllten Stabelektroden, die durch die lichtbogenstabilisierenden Stoffe in der Lichtbogenstrecke eine gute Leitfähigkeit garantieren, werden insbesondere bei der Instandsetzung von Schiffen, in der Maritimtechnik (Bau von Docks, Schleusen, Wehren, Bohrinseln), im Brückenbau eingesetzt. Sie sind im Abschmelzverhalten und in der Zähigkeit des Schweißgutes günstiger als basisch- und zelluloseumhüllte Elektroden. Folgende Besonderheiten des Abschmelzens der Unterwasser-Schweißelektroden sind zu beachten:

- das Fehlen von Luftsauerstoff, der mit der Wassertiefe zunehmende Wasserdruck und der Einfluß der Wasserzusammensetzung,
- die elektrolytische Zersetzung des Meerwassers und thermische Dissoziation des Wasserdampfes,
- die intensive Kühlung der Schweißstelle. Sie führt bei aufhärtungsempfindlichen Stählen (Kohlenstoffäquivalent!) zu hoher Abkühlgeschwindigkeit und damit großer Härte im Schweißgut und in der Wärmeeinflußzone, die verbunden mit einer starken Wasserstoffversprödung (hohe Wasserstoffgehalte im Schweißgut von 40 ... 100 ml/100 g) die Kaltrißbildung begünstigt [6-5].
- hohe Wärmeverluste. Um sie auszugleichen, müssen die eingesetzten Schweißstromquellen (fallende statische Kennlinie, steile dynamische Charakteristik) eine erhöhte Leistung sichern (ca. 35 %).
- ausreichende Isolation aller stromführenden Teile gegen die Feuchtigkeitsbeanspruchung.

Metallurgisch interessant ist, daß sich nach dem Zünden des Lichtbogens eine Gasblase bildet. In ihr befinden sich Wasserdampf und durch Gasbildung aus der Umhüllung gebildetes Schutzgas. Der Druck in der Blase entspricht dem Druck des umgebenden Wassers. Mit zunehmender Wassertiefe erhöht sich der Druck in der Blase. Ihre Größe und ihr Inhalt ändern sich im Schweißprozeß ständig.

Durch die Umgebungsbedingungen (Wasser, hoher Druck, niedrige Temperatur), den kühlenden Einfluß des Wassers auf die äußeren Bereiche des Lichtbogens und den Anstieg der Stromdichte im Lichtbogenkern schmilzt der Elektrodenkernstab schneller ab als die Umhüllung.

Von einer Weiterentwicklung der Schweißprozeßführung (z. B. Mehrlagenstrichraupentechnik, Puffertechnik) und der Schweißzusätze werden erhebliche Qualitätsverbesserungen erwartet.

Suga [6-6] untersuchte das Schwerkraft-Lichtbogenschweißen mit 4 mm dicken rutilsauer-umhüllten, wasserstoffkontrollierten Elektroden in einer Druckkammer (Ar-Druck 0,1 ... 5,1 MPa). Die Ergebnisse sollten die Möglichkeit, das Verfahren zum trockenen Unterwasserschweißen bei Tiefen > 200 mm einzusetzen, nachweisen. Die Feststellungen zum Werkstoffübergang, zur Abschmelzleistung und zur Festigkeit des geschweißten Werkstoffes in Abhängigkeit vom Druck warfen neue metallurgische Fragen auf.

Prüfung von Schweißzusätzen

Die Prüfung von Schweißzusätzen mittels Schweißgutproben dient

- der Ermittlung der mechanisch-technologischen Gütewerte durch den Zugversuch mit kurzen Proportionalitätsstäben (10 mm Probendurchmesser) und den Kerbschlagbiegeversuch (ISO-Spitzkerbprobe – ISO-V-Probe),
- der Bestimmung der chemischen Zusammensetzung bei geringem Wärmeeinbringen (chemische Zusammensetzung des reinen Schweißgutes) → Herstellung von Mehrlagenauftragschweißen (mind. 6 Lagen),
- der Härteprüfung (Prüfstück für die Ermittlung der Härte für Auftragschweißungen).

6.4 Unterpulverschweißen, Elektro-Schlacke-Schweißen

Das Unterpulver- und Elektro-Schlacke-Schweißen zeichnen sich durch eine

- hohe Abschmelzleistung,
- gute Einschmelztiefe,
- hohe Schweißgeschwindigkeit

aus.

6.4.1 Unterpulverschweißen

Beim *Unterpulverschweißen* wird eine Draht- oder Bandelektrode unter einer Pulveraufschüttung abgeschmolzen. Dabei taucht die Elektrode in das Schweißpulver ein, und der Lichtbogen brennt in der sogenannten *Kaverne*, einer von geschmolzenem Pulver gebildeten Schlackenblase.

Metallurgisch ist das Unterpulverschweißen dadurch gekennzeichnet, daß

- die Reaktionen zwischen dem schmelzflüssigen Metall und der Schlacke vor allem in der Kaverne ablaufen,
- die Zusammensetzung des Schweißgutes maßgeblich durch die Richtung und Intensität der Metall-Schlacke-Reaktionen bestimmt wird,
- durch die Einschmelzwirkung des Lichtbogens und die Größe des Schmelzbades Besonderheiten der Schweißgutkristallisation auftreten, die bei ungünstigen Bedingungen Schweißgutfehler verursachen können,
- aufgrund der Schlackeabdeckung der Naht eine glatte Nahtoberfläche ausgebildet wird,
- im Vergleich zu herkömmlichen Verfahren ein großer Grundwerkstoffanteil das Schweißgut mit aufbaut und damit die Schweißguteigenschaften beeinflussen kann.

Beim UP-Schweißen werden je nach Schweißbedingungen nahezu 95 % der eingebrachten Wärmeenergie für das Schmelzen des Schweißzusatzes, des Pulvers und des Grundwerkstoffes genutzt. Die Wärmeverluste durch Wärmestrahlung, Verspritzung und Verdampfung sind gering.

Nach *Schatz* können Abschmelzleistungen von 3 ... 60 kg/h erreicht werden (Tabelle 6-7).

Tabelle 6-7. Kennwerte für die Leistung des UP-Schweißens (nach Schatz).

Stromstärke	250 ... 5000 A
Lichtbogenspannung	25 ... 50 V
Schweißgeschwindigkeit	6 ... 300 m/h
Stromdichte	20 ... 300 A/mm^2
Abschmelzleistung	3 ... 60 kg/h
Grundwerkstoffanteil	10 ... 85 %

Das UP-Schweißen ist ein wichtiges mechanisiertes Schweißverfahren für Wanddicken > 6 mm [6-8]. Es wird im Druckbehälter- und Rohrleitungsbau, Schiffbau, Stahlbau, Fahrzeugbau u. a. angewendet. Eine große Bedeutung hat es für die Herstellung von Hartauftragschweißungen und Plattierungen erlangt.

In den letzten Jahren wurden, ausgehend von der Eindrahtschweißung, viele Technologien entwickelt, die sich im praktischen Einsatz bewährt haben.

Zu nennen sind für das Verbindungsschweißen:

- das einseitige UP-Schweißen,
- das Mehrdrahtschweißen

  (Doppeldrahtschweißen gemäß Bild 6-9, UP-Tandemschweißen; UP-Mehrdrahtschweißen mit 5 Drähten entsprechend Bild 6-10),

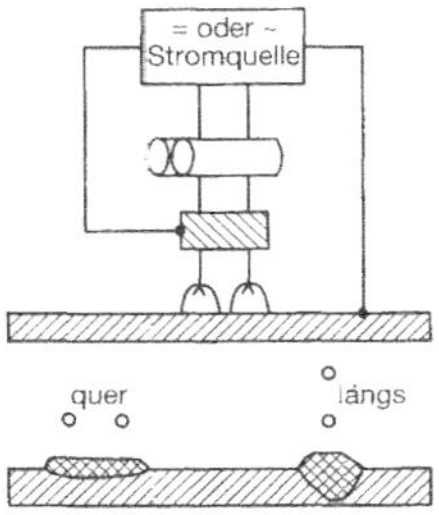

Bild 6-9. Schema des Unterpulver-Doppeldrahtschweißens.

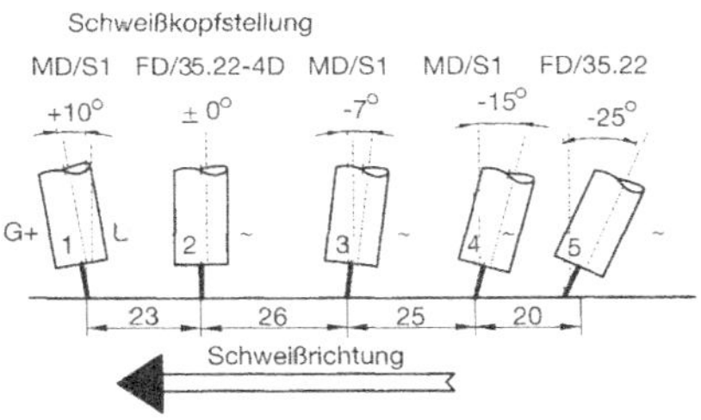

Bild 6-10. Unterpulver-5-Drahtschweißen [6-10].

- das UP-Schweißen mit Bandelektroden,
- das UP-Heißdrahtschweißen (Bild 6-11),

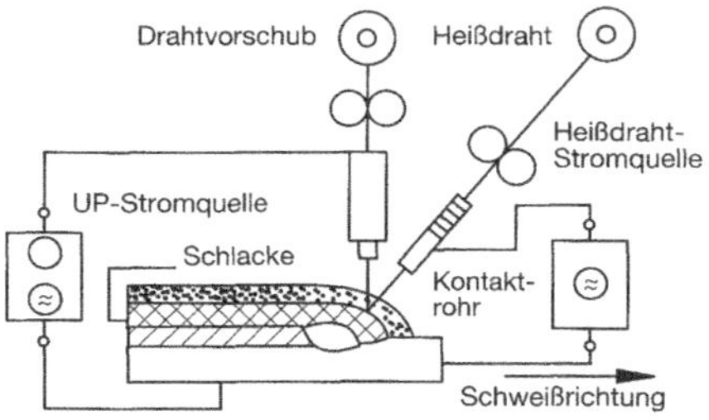

Bild 6-11. Unterpulverschweißen mit Heißdrahtzusatz (Schema).

- das UP-Schweißen mit Kaltdrahteinsatz,
- das UP-Schweißen mit Zugabe von Eisenpulver in die Nahtfuge oder durch ein Magnetfeld (Bild 6-12),

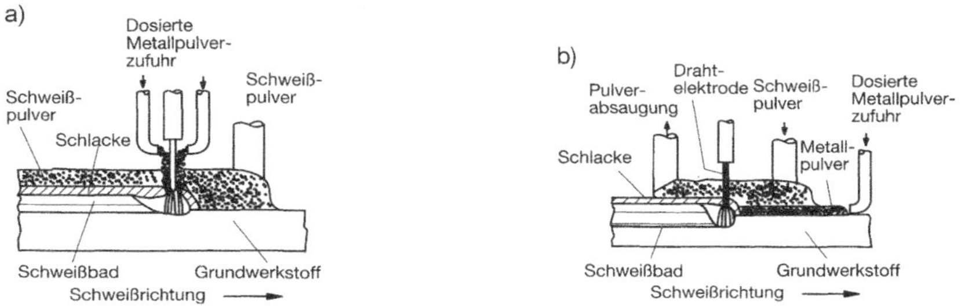

Bild 6-12. Unterpulverschweißen mit Eisenpulverzusatz [6-11]:
a) über das Magnetfeld des stromdurchflossenen Schweißdrahtes,
b) durch Zugabe in die Nahtfuge.

- das UP-Schweißen mit vergrößerter freier Drahtlänge,
- das UP-Engspaltschweißen (Bild 6-13) [6-12 ... 6-15],

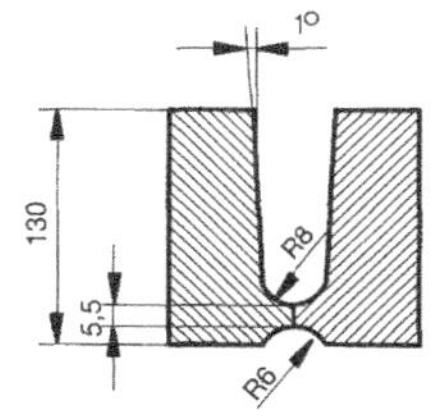

Bild 6-13. Unterpulver-Engspaltschweißen eines 130 mm dicken Stahles 12CrMo9-10.

und für das Auftragschweißen:

- das UP-Schweißen mit Bandelektrode (UP-Plattieren) und
- das UP-Hartauftragschweißen.

Den genannten Lösungen ist gemeinsam, die Leistungsfähigkeit des UP-Schweißens so zu nutzen, daß die hohe Abschmelzleistung, große Einschmelztiefe und die metallurgische Wirkung von Draht/Band und Pulver zu hohen Schweißgeschwindigkeiten führen.

Die *metallurgischen Reaktionen* zwischen der Schlacke und dem Metallschmelzbad werden von der chemischen Zusammensetzung von Schweißzusatz, Pulver und Grundwerkstoff sowie den Schweißwerten bestimmt.

Die Grundlage für die Erzielung einer gewünschten Schweißgutzusammensetzung sind die

Si-, Mn-, C-, P-, S-Reaktionen.

Hohe SiO_2- und niedrige FeO-Gehalte im Schweißpulver und niedrige Si-Konzentrationen im Schweißbad begünstigen an der Phasengrenze Schlacke – Metall bei den hohen Temperaturen des Schweißprozesses den Ablauf der Reaktion

$$(SiO_2) + 2\,[Fe]_{fl} \rightleftarrows [Si] + 2\,FeO.$$

Das entstehende FeO verteilt sich zwischen Schlacke und Schweißbad, so daß dieses im Ergebnis der Reaktion an [Si] und [FeO] angereichert wird.

Der Si-Übergang Schlacke → Schweißbad und die Fe-Oxidation lassen sich auch als Prozeß des Ladungsaustausches der im Metall und in der Schlacke befindlichen Atome und Ionen darstellen:

$$Si^{4+} + 2\,[Fe] \rightleftarrows 2\,Fe^{2+} + [Si].$$

Der Sauerstoffübergang in die Metallschmelze erfolgt in der Form:

$$\left.\begin{array}{ll} O^{2-} & = O + 2\,e \\ Fe^{2+} & = Fe_{fl} - 2\,e \end{array}\right\} +$$

$$Fe^{2+} + O^{2-} = Fe_{fl} + [O]$$

Die thermodynamische Wahrscheinlichkeit für den Ablauf der Reaktion kann mit der Gleichgewichtskonstanten bestimmt werden:

$$K = \frac{(FeO)^2[Si]}{(SiO_2)} \text{ oder } K' = \frac{[O]^2[Si]}{(SiO_2)}\,. \qquad (92)$$

K' wächst mit steigender Temperatur.

Im sauren Pulver (hoher SiO_2-Gehalt) mit niedrigem Gehalt an FeO ist

$$K'' = [O]^2[Si] \text{ und } \lg K'' = -\frac{26050}{T} + 9{,}5. \qquad (93)$$

Veränderungen des Pulverbasizitätsgrades führen auch zu einem mehr oder weniger starken Übergang von Silizium aus dem Pulver in das Schmelzbad, abhängig aber vom Ausgangssiliziumgehalt im Schmelzbad (Bild 6-14 a).

Verbunden damit ist zugleich eine beträchtliche FeO-Anreicherung in der Schlacke.

Hohe MnO- und niedrige FeO-Gehalte im Schweißpulver führen an der Phasengrenze Schlacke – Metall zum Ablauf der Reaktion

$$(MnO) + [Fe]_{fl} \rightleftarrows (FeO) + [Mn]$$

$$Mn^{2+} + [Fe]_{fl} \rightleftarrows Fe^{2+} + [Mn].$$

Die Temperaturabhängigkeit der Gleichgewichtskonstanten dieser Reaktion

$$K = \frac{(FeO)[Mn]}{(MnO)}\,; \quad \lg K = -\frac{6600}{T} + 3{,}16 \qquad (94)$$

läßt erwarten, daß bei hohen Temperaturen die genannte Reaktion mit großer Wahrscheinlichkeit von links nach rechts verlaufen wird.

Die Berechnungen der Gleichgewichtskonstanten zeigen, daß hohe MnO-Konzentrationen insbesondere im basischen Schweißpulver die Mn-Reduktion fördern (Bild 6-14 b).

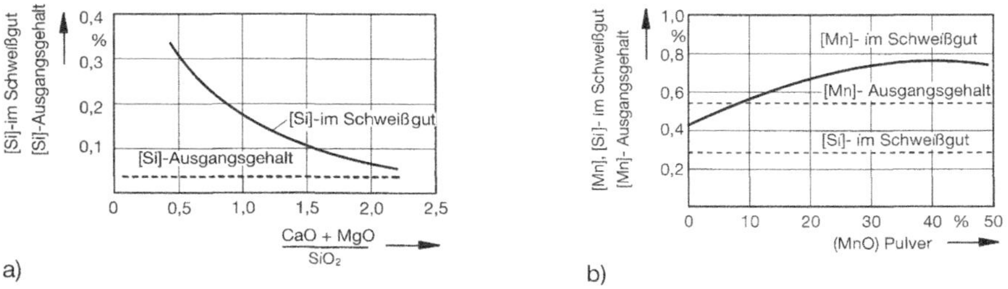

Bild 6-14. Si-Mn-Gehalt im Schweißgut in Abhängigkeit vom Basizitätsgrad des Pulvers (a) und vom MnO-Gehalt im Pulver (b).

Bei geringem MnO-Gehalt im Schweißpulver können die Reaktionen

$$(SiO_2) + 2\,[Fe]_{fl} = 2\,(FeO) + [Si]$$

$$(MnO) + [Fe]_{fl} = (FeO) + [Mn]$$

nebeneinander ablaufen. Mn wird dabei oxidiert:

$$(SiO_2) + 2\,[Mn] = 2\,(MnO) + [Si]\,.$$

Ein basisches Schweißpulver wird (bei annähernd gleichem MnO-Gehalt) die [Mn]-Konzentration im Schweißgut erhöhen.

Der Manganübergang Schlacke – Schweißgut wird neben dem (MnO)-Gehalt im Pulver auch vom Ausgangsgehalt an [Mn] und [Si] im Schmelzbad bestimmt.

Je nach der chemischen Aktivität des Schweißpulvers (der Schlacke) erfolgt eine mehr oder weniger starke *Oxidation von Kohlenstoff* im Schmelzbad.

Aktive Schlacken, bei deren Verwendung Si- und Mn-reduzierende Prozesse ablaufen und die FeO-Konzentration im System Schlacke – Metall erhöht wird, fördern die Kohlenstoffoxidation.

Diese ist besonders intensiv während der Tropfenbildung und des Tropfenüberganges und kann zur Erniedrigung der Sauerstoffkonzentration im flüssigen Metall (Desoxidation) führen. Die Kohlenstoffoxidation $[C] + [O] = \{CO\}$ bietet bei der Unterpulverschweißung mit legierten Schweißpulvern Vorteile. Die hohe Affinität von Kohlenstoff zu Sauerstoff besonders bei sehr hohen Temperaturen begünstigt die Reduktion von im Pulver vorliegenden Legierungselementen und deren Übergang in das Schweißgut. Bei ungünstigen Kristallisationsbedingungen kann die Kohlenstoffoxidation aber auch eine Porenbildung im Schweißgut verursachen.

Je nach den Konzentrationsbedingungen kann Schwefel aus dem Schweißpulver in das Schmelzbad oder umgekehrt aus dem Schmelzbad in die Schlacke übergehen. Dieser Prozeß wird weitgehend durch den MnO-Gehalt im Pulver gesteuert. Im hoch MnO-haltigen Pulver ist der größte Teil des Schwefels als (MnS) gebunden. MnS ist im Eisen wenig löslich.

Die Phosphorreaktion hat große Bedeutung für das Schweißen unter hoch MnO-haltigen Pulvern. In ihnen liegt Phosphor gebunden an MnO als

$$(MnO)_3 \cdot P_2O_5$$

vor und kann entsprechend der Reaktion

$$(MnO)_3 \cdot P_2O_5 + 11\,[Fe]_{fl} = 3\,(MnO) + 2\,[Fe_3P] + 5\,(FeO)$$

aus dem Pulver in das Schmelzbad übergehen.

Der Phosphorübergang in das Metall erfolgt um so vollständiger, je saurer das Pulver, je höher die Konzentration von Phosphoranhydrid in der Schlacke, je geringer der FeO-Gehalt in der Schlacke und der Phosphorgehalt im Schmelzbad ist.

Durch die Bindung von Phosphor an CaO bei Pulvern mit geringem (MnO)-Gehalt

$$(CaO)_3 \cdot P_2O_5 + 11\,[Fe]_{fl} = 3\,(CaO) + 2\,[Fe_3P] + 5\,(FeO)$$

kann der Phosphorübergang verringert werden.

Die beschriebenen theoretischen Erläuterungen und Ergebnisse experimenteller Untersuchungen sind die Grundlage für die Entwicklung von Schweißzusätzen und Schweißpulvern für die Unterpulverschweißung.

Schweißzusätze für das Unterpulverschweißen sind massive Drahtelektroden, Fülldrahtelektroden und Bandelektroden.

Der Stahl für die Drahtelektroden, nach modernen Herstellungsverfahren erschmolzen, weist einen hohen Reinheitsgrad und einen höheren Mangangehalt auf. Die Drahtelektroden werden in Durchmessern von 1,2 bis 8 mm geliefert. Ihre Oberfläche soll frei von Rost, Fett, Öl, Farbe und anderen Verunreinigungen sowie Oberflächenfehlern sein, die die Schweißung oder ein einwandfreies Funktionieren der Schweißanlagen ungünstig beeinflussen. Metallische Überzüge (Verkupferung, Verbronzung) sind zulässig. Sie dürfen aber die schweißtechnischen Eigenschaften nicht beeinträchtigen. Die Drähte werden in der Regel kaltgezogen und danach wärmebehandelt, um für den Einsatz günstige Festigkeitseigenschaften zu erreichen.

Der hohe Reinheitsgrad und der höhere Mangangehalt der Drahtelektroden für das Unterpulverschweißen von unlegierten und niedriglegierten Stählen, z. B. nach DIN 17100, DIN 17555, DIN 17172 und DIN 17125, und Feinkornbaustählen bis $R_{e\,mind}$ von 500 N/mm^2 sind für eine ausreichende metallurgische Gütesicherung der Schweißnaht (Heißriß- und Porensicherheit, Desoxidation) und die Gewährleistung von Festigkeit und Zähigkeit des Schweißgutes erforderlich.

Um je nach Art und chemischer Zusammensetzung des Grundwerkstoffes die gewünschte Schweißgutzusammensetzung zu sichern, werden Drähte mit unterschiedlichem Mangangehalt (Tabelle 6-8) und entsprechende Schweißpulver benötigt.

Allgemein gilt: Hochmanganhaltige Schmelzschweißpulver oder agglomerierte Schweißpulver werden mit niedrigmanganhaltigen Drahtelektroden kombiniert. Saure Schweißpulver erfordern Drahtelektroden mit erhöhtem Mangangehalt.

Da die Schweißnaht beim UP-Schweißen zu etwa 60 bis 70 % aus aufgeschmolzenem Grundwerkstoff und nur zu etwa 30 bis 40 % aus dem abgeschmolzenen Schweißzusatz besteht, dient die Drahtelektrode vor allem der Energiezufuhr und in zweiter Linie als Schweißzusatzwerkstoff.

Bezeichnung einer Drahtelektrode mit 1 % Mn und erhöhtem Si-Gehalt (S2Si) zum Unterpulverschweißen lautet:

Drahtelektrode DIN EN 756 – S2Si.

Die *Schweißzusatzwerkstoffauswahl* richtet sich nach dem zu schweißenden *Grundwerkstoff* und dem *Schweißpulver*. Die Schweißzusätze für das Unterpulver-Auftragschweißen sind in DIN 8555-1, für das Unterpulverschweißen nichtrostender und hitzebeständiger Stähle in der DIN EN 12072, für das Unterpulverschweißen von warmfesten Stählen in der DIN EN 12070 aufgeführt.

Da das UP-Schweißen auch für das Schweißen hochlegierter Stähle und von Nichteisenmetallen (z. B. Ni, aber auch selten Al) angewendet wird, müssen dafür dem Grundwerkstoff gleiche oder ähnliche Schweißdrähte zur Verfügung stehen. Legierte Schweißdrähte sind teuer. Es besteht die Möglichkeit, durch das Legieren des Schweißgutes über das Schweißpulver geeignete technische Lösungen zu erarbeiten.

Schweißpulver zum Unterpulverschweißen sind „körnige schmelzbare Produkte mineralischen Ursprungs, die nach unterschiedlichen Methoden gefertigt werden. Schweißpulver beeinflussen die chemische Zusammensetzung des Schweißgutes“ (DIN EN 760).

Tabelle 6-8. Chemische Zusammensetzung der Schweißzusätze zum Unterpulverschweißen (DIN EN 756).

Kurzzeichen	Chemische Zusammensetzung [% (m/m)][1)2)]							
	C	Si	Mn	P	S	Mo	Ni	Cr
S0			Jede vereinbarte chemische Zusammensetzung					
S1	0,05 ... 0,15	0,15	0,35 ... 0,60	0,025	0,025	0,15	0,15	0,15
S2	0,07 ... 0,15	0,15	0,80 ... 1,30	0,025	0,025	0,15	0,15	0,15
S3	0,07 ... 0,15	0,15	> 1,30 ... 1,75	0,025	0,025	0,15	0,15	0,15
S4	0,07 ... 0,15	0,15	> 1,75 ... 2,25	0,025	0,025	0,15	0,15	0,15
S1Si	0,07 ... 0,15	0,15 ... 0,40	0,35 ... 0,60	0,025	0,025	0,15	0,15	0,15
S2Si	0,07 ... 0,15	0,15 ... 0,40	0,80 ... 1,30	0,025	0,025	0,15	0,15	0,15
S2Si2	0,07 ... 0,15	0,40 ... 0,60	0,80 ... 1,30	0,025	0,025	0,15	0,15	0,15
S3Si	0,07 ... 0,15	0,15 ... 0,40	> 1,30 ... 1,85	0,025	0,025	0,15	0,15	0,15
S4Si	0,07 ... 0,15	0,15 ... 0,40	> 1,85 ... 2,25	0,025	0,025	0,15	0,15	0,15
S1Mo	0,05 ... 0,15	0,05 ... 0,25	0,35 ... 0,60	0,025	0,025	0,45 ... 0,65	0,15	0,15
S2Mo	0,07 ... 0,15	0,05 ... 0,25	0,80 ... 1,30	0,025	0,025	0,45 ... 0,65	0,15	0,15
S3Mo	0,07 ... 0,15	0,05 ... 0,25	> 1,30 ... 1,75	0,025	0,025	0,45 ... 0,65	0,15	0,15
S4Mo	0,07 ... 0,15	0,05 ... 0,25	> 1,75 ... 2,25	0,025	0,025	0,45 ... 0,65	0,15	0,15
S2Ni1	0,07 ... 0,15	0,05 ... 0,25	0,80 ... 1,30	0,020	0,020	0,15	0,80 ... 1,20	0,15
S2Ni1,5	0,07 ... 0,15	0,05 ... 0,25	0,80 ... 1,30	0,020	0,020	0,15	> 1,20 ... 1,80	0,15
S2Ni2	0,07 ... 0,15	0,05 ... 0,25	0,80 ... 1,30	0,020	0,020	0,15	> 1,80 ... 2,40	0,15
S2Ni3	0,07 ... 0,15	0,05 ... 0,25	0,80 ... 1,30	0,020	0,020	0,15	> 2,80 ... 3,70	0,15
S2Ni1Mo	0,07 ... 0,15	0,05 ... 0,25	0,80 ... 1,30	0,020	0,020	0,45 ... 0,65	0,80 ... 1,20	0,20
S3Ni1,5	0,07 ... 0,15	0,05 ... 0,25	> 1,30 ... 1,70	0,020	0,020	0,15	> 1,20 ... 1,80	0,20
S3Ni1Mo	0,07 ... 0,15	0,05 ... 0,25	> 1,30 ... 1,80	0,020	0,020	0,45 ... 0,65	0,80 ... 1,20	0,20
S3Ni1,5Mo	0,07 ... 0,15	0,05 ... 0,25	1,20 ... 1,80	0,020	0,020	0,30 ... 0,50	1,20 ... 1,80	0,20

[1)] Chemische Zusammensetzung des Fertigproduktes, Cu einschließlich Kupfer-Überzug ≤ 0,30 %, Al ≤ 0,030 %.
[2)] Einzelwerte in der Tabelle sind Höchstwerte.

Zum Einsatz kommen:

Schmelzpulver	(Kennbuchstabe F – „fused"),
Agglomerierte Pulver	(Kennbuchstabe B – „bonded"),
Mischpulver	(Kennbuchstabe M – „mixed").

Schmelzpulver besitzen eine glasige Struktur. Sie sind geschmolzene Silikate, die im festen Zustand eine amorphe Masse bilden. Da aufgrund der hohen Herstellungstemperatur die Pulverkomponenten (Quarz, Manganerz, Dolomit, Flußspat, Kalkspat, Tonerde u. a.) schon vor der Verwendung beim Schweißen im Schmelzfluß chemisch miteinander reagiert haben, sind bestimmte metallurgische Wechselwirkungen zwischen Schlacke und Schmelzbad in der gewünschten Weise nicht mehr möglich [6-7].

Agglomerierte Pulver werden nach einem anderen Herstellungsprozeß erzeugt. Ein Pulvergemisch aus Silikaten, Fluoriden, Eisenoxiden, Karbonaten u. a. wird mit Wasserglas versetzt, geknetet und verpreßt. Die so hergestellte Masse wird bei Temperaturen zwischen 400 und 600 °C agglomeriert. Die Glühtemperatur liegt unterhalb der Reaktionstemperatur der niedrigstschmelzenden Pulverkomponente.

Der Vorteil der agglomerierten Pulver ist die Möglichkeit, Schlackebildner in das Pulver einzubringen, deren Reaktion untereinander erst beim Aufschmelzen während des Schweißvorganges abläuft. Durch Zugabe von Ferrolegierungen z. B. kann das Schweißgut auflegiert werden.

Die Schweißpulver bedürfen einer sorgfältigen Behandlung und ständiger Qualitätskontrolle.

Die Schweißpulver werden nach ihrer chemischen Zusammensetzung eingeteilt und nach dem mineralogischen Aufbau symbolisiert in die Pulvertypen

1.	Mangan-Silikat,	Kennzeichen MS,	$MnO + SiO_2$ mind. 50 %, CaO max. 15 %
2.	Kalzium-Silikat,	Kennzeichen CS,	$CaO + MgO + SiO_2$ mind. 55 %, $CaO + MgO$ mind. 15 %
3.	Zirkon-Silikat,	Kennzeichen ZS,	$ZrO_2 + SiO_2 + MnO$ mind. 45 %, ZrO_2 mind. 15 %
4.	Rutil-Silikat,	Kennzeichen RS,	$TiO_2 + SiO_2$ mind. 50 %, TiO_2 mind. 20 %
5.	Aluminat-Rutil,	Kennzeichen AR,	$Al_2O_3 + TiO_2$ mind. 40 %
6.	Aluminat-basisch,	Kennzeichen AB,	$Al_2O_3 + CaO + MgO$ mind. 40 %, Al_2O_3 mind. 20 %, CaF_2 max. 22 %
7.	Aluminat-Silikat,	Kennzeichen AS,	$Al_2O_3 + SiO_2 + ZrO_2$ mind. 40 %, $CaF_2 +$ MgO mind. 30 %
8.	Aluminat-Fluorid-basisch	Kennzeichen AF,	$Al_2O_3 + CaF_2$ mind. 70 %, ZrO_2 mind. 5 %
9.	Fluorid-basisch,	Kennzeichen FB,	$CaO + MgO + MnO + CaF_2$ mind. 50 %, SiO_2 max. 20 %, CaF_2 mind. 15 %
10.	Andere Typen	Kennzeichen Z.	

Mit der Einteilung in die Typen wird eine Zuordnung der Schweißpulver zum Verbindungs- bzw. Auftragschweißen bestimmter Werkstoffe getroffen. Es sind Festlegungen zur Ermittlung des Zu- und Abbrandverhaltens in Verbindung mit einem vorgegebenen Schweißzusatz erforderlich. Unter Zubrand oder Abbrand wird die Differenz der chemischen Zusammensetzung von reinem Schweißgut und der Drahtelektrode verstanden.

Bei vielen Schmelzschweißverfahren kann wegen der metallurgischen Reaktionen ein Abbrand, oftmals auch ein Zubrand von Begleit- und Legierungselementen auftreten.

Der Zu- und/oder Abbrand von Legierungselementen ist beim Unterpulverschweißen ein Kennzeichen für das *metallurgische Verhalten eines Schweißpulvers*. Zu- und Abbrand werden in der DIN EN 760 durch eine Kennziffer ausgedrückt (Tabelle 6-9).

Tabelle 6-9. Kennziffern für das metallurgische Verhalten von Schweißpulvern der Pulverklasse 1 (nach DIN EN 760).

Metallurgisches Verhalten	Kennziffer	Anteil durch Pulver im reinen Schweißgut % (m/m)
Abbrand	1	über 0,7
	2	über 0,5 bis 0,7
	3	über 0,3 bis 0,5
	4	über 0,1 bis 0,3
Zu- und/oder Abbrand	5	0 bis 0,1
Zubrand	6	über 0,1 bis 0,3
	7	über 0,3 bis 0,5
	8	über 0,5 bis 0,7
	9	über 0,7

Die Zu- und Abbrände werden dabei in der Reihenfolge Si, Mn angegeben. Da der Kohlenstoffabbrand bei mittleren Gehalten in der Drahtelektrode etwa 0,05 % beträgt, wird er nicht angegeben. Die Werte gelten nur für das Eindrahtschweißen.

Die Bezeichnung der Drahtelektrode oder Drahtelektroden-Pulver-Kombination berücksichtigt

- die Nummer der Norm → DIN EN 756,
- die Drahtelektrode und/oder Draht-Pulver-Kombination/Unterpulverschweißen → S (Tabelle 6-8),
- die Festigkeit und Bruchdehnung (Tabelle 6-10),

– die Kerbschlagarbeit (Tabelle 6-11),
– den Pulvertyp,
– die chemische Zusammensetzung der Drahtelektrode (Tabelle 6-8).

Tabelle 6-10. Kennziffern für die Festigkeitseigenschaften (Mehrlagenschweißung) nach DIN EN 756.

Kennziffern	$R_{e\,mind.}$ [N/mm^2]	R_m [N/mm^2]	A_5 [%]
35	355	440 ... 570	22
38	380	470 ... 600	20
42	420	500 ... 640	20
46	460	530 ... 680	20
50	500	560 ... 720	18

Tabelle 6-11. Kennzeichen für die Schlagarbeit des reinen Schweißgutes oder der Lage-/Gegenlage-Schweißverbindung.

Kennzeichen	Temperatur für Mindestkerbschlagarbeit 47 J [°C]
Z	keine Anforderung
A	+20
0	0
2	–20
3	–30
4	–40
5	–50
6	–60
7	–70
8	–80

Beispiele für Draht-Pulver-Kombinationen:

- DIN EN 756 – S 46 3 AB S2
- DIN EN 756 – S 4T 2 AB S2Mo

T – Hinweis auf Kennzeichen für die Festigkeitseigenschaften von Lage-/Gegenlage-Schweißverbindungen;

4T – $R_{e\,mind.}$ 420 N/mm^2
$R_{m\,mind.}$ 520 N/mm^2.

Außer den metallurgischen hat das Schweißpulver (die Schlacke) weitere wichtige Aufgaben zu erfüllen:

– Die flüssige Schlacke formt und stützt die Schweißnaht. Diese Eigenschaft wird vor allem durch das spezifische Schüttgewicht, Körnung, Schmelzbereich, Gasdurchlässigkeit des Pulvers, die Viskosität und Oberflächenspannung der Schlacke erreicht.

– Die Schlackenabdeckung schützt das Metall, hält es längere Zeit flüssig, begünstigt die Entgasung und Raffination (Reinigung).

– Beim Schnellschweißen und bei kleineren Schmelzbädern muß die Pulverabdeckung gut gasdurchlässig sein. Grobkörnige Pulver haben eine gute Gasdurchlässigkeit.

- Beim langsamen Schweißen und bei großen Schmelzbädern spielen Viskosität und Beweglichkeit der Schlacke eine große Rolle. Um zu gewährleisten, daß große Schmelzbäder gut entgasen, werden feinkörnige Schweißpulver eingesetzt. Diese sind auch beim Schweißen mit großen Stromstärken zweckmäßig anzuwenden.
- Zunehmende Feinkörnigkeit des Schweißpulvers verbessert die Nahtoberfläche.
- Agglomerierte Schweißpulver sind hygroskopisch. Sie müssen trocken gelagert werden. Feuchtgewordene Pulver können nur bei Temperaturen von 400 . . . 600 °C getrocknet werden.
- Zur Erhöhung der Leistungsfähigkeit des Unterpulverschweißens, der Vermeidung von Schmelzbadüberhitzungen, zur Verbesserung des Mikrogefüges des Schweißgutes werden dem Schweißpulver oftmals Metallpulver zugesetzt bzw. Metallpulver oder Drahtkorn in die vorbereitete Nahtfuge gegeben [6-18; 6-19; 5-53].

Schweißpulver-Diagramme

Aus den Zu- und Abbränden für Si und Mn (siehe Kennziffern) und aus zwei Kennziffern für die Draht-Pulver-Kombination lassen sich die Zu- und Abbrandbereiche des Pulvers und der Neutralpunkt für die jeweils angewendeten Schweißparameter ermitteln (Bild 6-15).

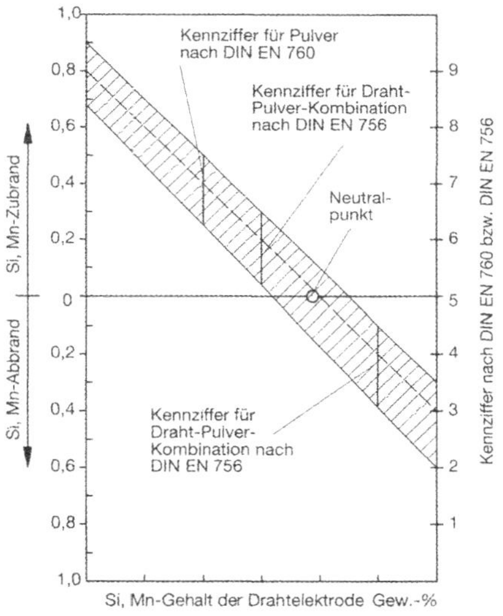

Bild 6-15. Zu- und Abbrandverhalten von Si und Mn (nach DIN EN 760).

Wird ein nach DIN EN 760 genormtes Pulver der Klasse 1 verwendet, kennt man den Zu- und Abbrand an Si und Mn bezüglich der in der Norm eingesetzten Drahtelektrode S2.

Eine zweite Information mit einer anderen Drahtelektrode und das Ab- und Zubrandverhalten des Pulvers ermöglichen, für alle weiteren Draht-Pulver-Kombinationen die Gehalte an Si und Mn zu errechnen.

Das Merkblatt DVS 0907-1 legt fest, wie die Zu- und Abbrandlinien für die Standardparameter 580 A/29 V/55 cm/min bestimmt werden. Im zweiten Teil werden Aussagen über die Zu- und Abbrandgrenzen eines Pulvers gemacht.

Durch die Kombination der höchsten anwendbaren Stromstärke mit der niedrigsten Lichtbogenspannung und der niedrigsten Stromstärke mit der höchstmöglichen Lichtbogenspannung erhält man den Zu- bzw. Abbrand unter der maximalen und minimalen metallurgischen Aktivität des Pulvers [6-20].

Im Bild 6-16 sind für drei verschiedene Schweißpulver die Zu- und Abbrandlinien für Mangan dargestellt.

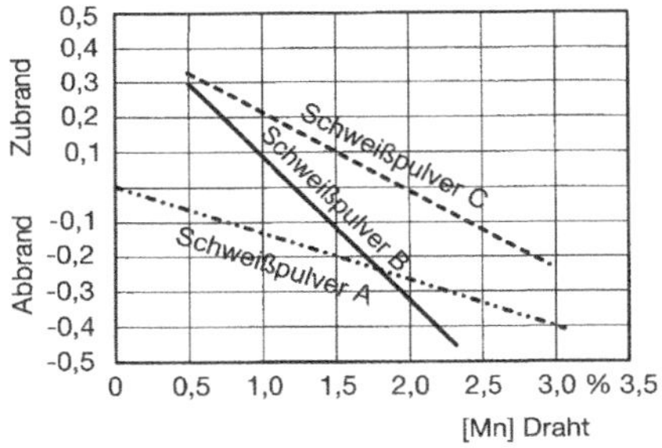

Bild 6-16. Zu- und Abbrandlinien für Mn für drei verschiedene Schweißpulver [6-20].

Schweißpulver A enthält weder MnO noch Ferro-Mangan. Es treten nur Abbrände auf, wobei der Mn-Abbrand immer größer ist, je höher die Mangankonzentration im Draht ist. Ein solches Pulver sollte deshalb mit höher manganhaltigem Draht verarbeitet werden.

Das *Schweißpulver B,* das MnO enthält und dessen Neutralpunkt bei 1,2 % liegt, zeigt einen steileren Verlauf der Geraden, d. h., schon geringfügige Änderungen im Mn-Gehalt des Drahtes ändern den Zu- bzw. Abbrand beträchtlich.

Das *Schweißpulver C* ist durch einen flachen Verlauf der Geraden und die Lage des Neutralpunktes bei ~ 2 % Mangan im Draht charakterisiert.

Die Änderungen im Zu- bzw. Abbrand treten im Ergebnis der Wechselwirkung abschmelzender Draht-Schlacke auf. Sie hängen demzufolge von den Schweißparametern I_S, U_S, v_S ab.

Die bei verschiedenen Schweißdaten ermittelten Zu- bzw. Abbrände, über den Gehalten der Elemente (Mn, Si, C) im Draht aufgetragen, ergeben die Zu- und Abbrandschaubilder eines Schweißpulvers (Bild 6-17 für den Einfluß von I_S auf die Lage des Neutralpunktes bei Verwendung des Schweißpulvers FCS 1 6 5 DC 9 M H P 5).

Während die Lichtbogenspannung bei dem genannten Pulver den Neutralpunkt für Mn nicht verändert, auch die Schweißgeschwindigkeit im Falle reiner metallurgischer Reaktionen keinen Einfluß ausübt, wird in Abhängigkeit von der Schweißstromstärke der Neutralpunkt durch die steigende Stromstärke zu niedrigeren Gehalten verschoben.

Der Einfluß der Lichtbogenspannung bei I_S und v_S = const. auf den Zu- bzw. Abbrand der Legierungselemente zusammen mit den in Bild 6-17 dargestellten Abhängigkeiten ist die Grundlage für die Aufstellung eines *Schweißpulver-Diagramms*.

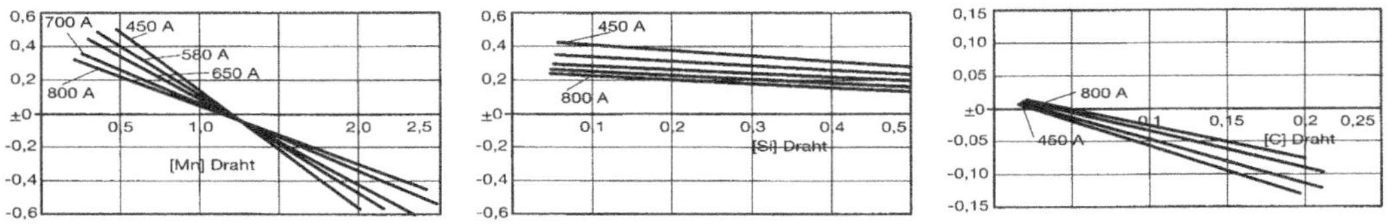

Bild 6-17. Einfluß der Schweißstromstärke auf die Lage des Neutralpunktes [6-20].

Das Schweißpulver-Diagramm ermöglicht, das Zu- und Abbrandverhalten eines Schweißpulvers bei jeder beliebigen Kombination von Schweißstromstärke und Lichtbogenspannung zu beschreiben [6-21]. Das Merkblatt DVS 0907-3 legt die Aufstellung der Diagramme fest.

Für ein agglomeriertes Schweißpulver (DIN 32522 B FB 1 5 3 DC 8 H P 5; entspricht dem Pulver O P 4 1 T T-Mangan) ist das Pulver-Diagramm-Mn in Bild 6-18 dargestellt.

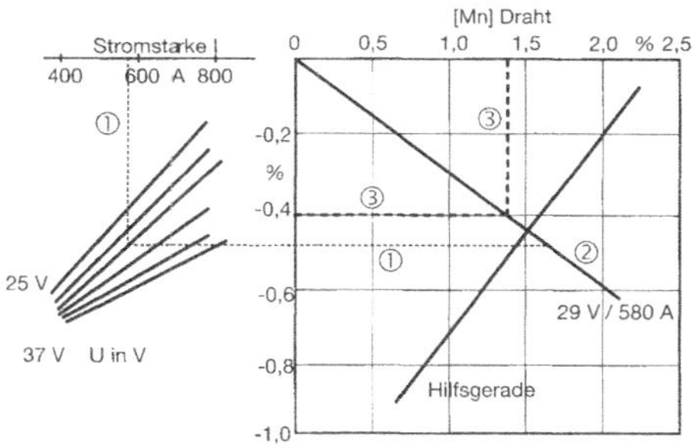

Bild 6-18. Schweißpulver-Diagramm für ein Schweißpulver (DIN 32 522; BFB 153 DC 8 HP5).

Der Diagrammtyp ist dadurch gekennzeichnet, daß nur Abbrände auftreten. Der Neutralpunkt liegt bei 0 % Mn in der Drahtelektrode. Der zur Konstruktion der Abbrandgeraden notwendige zweite Punkt ist auf einer Hilfsgeraden aufgetragen [6-20].

Schaubilder wie für Mn (Bild 6-18) gibt es auch für Si und C.

Beim Schweißpulver-Diagramm für Mn eines Schweißpulvers vom Calzium-Silikat-Typ (DIN 32522 1 6 5 AC 9 H P 5; entspricht dem Pulver L W 280) erfolgt die Ermittlung des Zu- bzw. Abbrandes mit den Schritten 1 . . . 4 (Bild 6-19):

Schritt 1: Bestimmung des maximalen Zubrandes (für 580 A, 29 V),

Schritt 2: Ermittlung des Neutralpunktes,

Schritt 3: Verbindung der erhaltenen Punkte ergibt die Zu- und Abbrandlinie für die gewählten Schweißdaten,

Schritt 4: Feststellung des zu erwartenden Zu- oder Abbrandes je nach dem Mn-Gehalt in der Drahtelektrode (Mn_{SZ1} = 0,46 %, Mn_{SZ2} = 1,69 %).

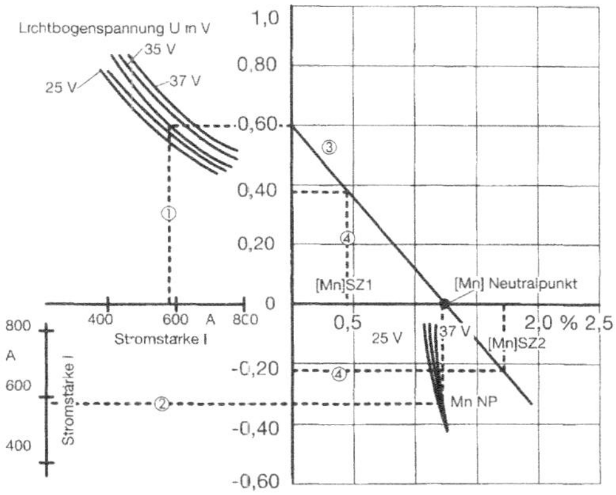

Bild 6-19. Schweißpulver-Diagramm für ein Schweißpulver 165 AC 9 MHP5 (nach DIN 32 522).

Die Zu- und Abbrandlinien bzw. Pulver-Diagramme werden vom Pulverhersteller aufgestellt.

Bei Kenntnis des Zu- und Abbrandverhaltens und des Mischungsverhältnisses (Grundwerkstoffanteil im Schweißgut) ist es möglich, die chemische Zusammensetzung jeder beliebigen Raupe an einem Bauteil zu berechnen.

Für das *Unterpulver-Bandschweißen* kommen Bandelektroden mit der Abmessung 60 × 0,5 mm, 90 × 0,5 mm, 120 × 0,5 mm zum Einsatz (neuere Entwicklungen sehen vor, Bänder mit 300 mm Breite einzusetzen).

Der Lichtbogen brennt nicht stabil auf der gesamten Bandbreite, er wandert an der Bandstirnfläche und ermöglicht ein gleichmäßiges Abschmelzen. Eine Schweißstromstärke von 600 A, Lichtbogenspannung von 30 V ergibt eine Abschmelzleistung von 10 kg/h.

Die Besonderheit der Lichtbogenbewegung hat eine geringe Einschmelztiefe und Aufmischung des Grundwerkstoffes (10 %) zur Folge, so daß sich dieses Verfahren für das Plattieren mit hochlegierten Bändern gut eignet [6-16]. Für das UP-Kehlnahtschweißen mit Bandelektrode und andere Anwendungsfälle liegen Erfahrungen vor [6-17].

Beim Schweißen mit Bandelektroden kann mit dem Schweißpulver und den Schweißparametern die Raupenform und -oberfläche beeinflußt werden.

6.4.2 Elektro-Schlacke-Schweißen

Beim Elektro-Schlacke-Schweißen schmilzt der Schweißzusatz (massive Drahtelektrode, Fülldrahtelektrode oder Bandelektrode) unter der Wirkung der Widerstandserwärmung der Schlacke im Schlackebad ab. Dieses wird

- in einen Hochtemperaturbereich (Zone unmittelbar um das abschmelzende Zusatzwerkstoffende) (a) und
- in einen Bereich niedriger Temperatur (b)

eingeteilt (Bild 6-20).

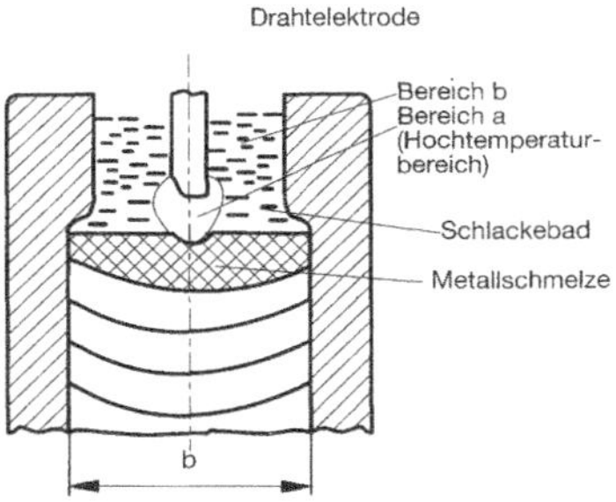

Bild 6-20. Form des Metall- und Schlackebades beim Elektro-Schlacke-Schweißen (nach *Paton*).

Durch die Schlacke wird auch der Grundwerkstoff aufgeschmolzen.

Entsprechend den technologischen und metallurgischen Besonderheiten der Elektro-Schlacke-Schweißung werden an das Pulver folgende Forderungen gestellt:

- Es muß schnell schmelzen, damit der Schweißvorgang frühzeitig eingeleitet werden kann.
- Die aus dem Pulver entstehende Schlacke muß auch bei erhöhtem Wärmeinhalt noch eine genügende Zähigkeit (Viskosität) aufweisen, damit sie an undichten Stellen der Schmelzbadabdeckung nicht ausbricht (da Zwangsformung der Naht).
- Die Schlacke darf in ihren metallurgischen Eigenschaften nicht durch den Grundwerkstoff beeinflußt werden.
- Die Schlacke muß eine gute elektrische Leitfähigkeit aufweisen (hohe Fluoridgehalte von 12 ... 16 % CaF_2).
- Die Schlacke sollte einen niedrigen Schmelz- und hohen Siedepunkt haben.

Im Bereich (a) – Hochtemperaturbereich – dominiert die Reaktion von Si und Mn aus der Schlacke entsprechend den Reaktionsgleichungen

$$[Fe] + (MnO) \rightleftarrows (FeO) + [Mn]$$

$$2\,[Fe] + (SiO_2) \rightleftarrows 2\,(FeO) + [Si].$$

Im Bereich niedrigerer Temperatur kann wieder eine Oxidation der Legierungselemente erfolgen. Werden die Schweißungen mit einem siliziumhaltigen Draht durchgeführt, kann hier Mn aus dem Pulver in die Schmelze übergehen:

$$[Si] + 2\,MnO = 2\,[Mn] + SiO_2.$$

Ein wichtiges Kennzeichen des Verfahrens ist der geringe Pulververbrauch und damit verbunden die FeO-Anreicherung im Schlackebad.

Die hohe FeO-Konzentration in der Schlacke bremst den Si- und Mn-Übergang Schlacke → Metallschmelze, so daß sich die Konzentration dieser Elemente entlang der Naht ändern kann (Bild 6-21).

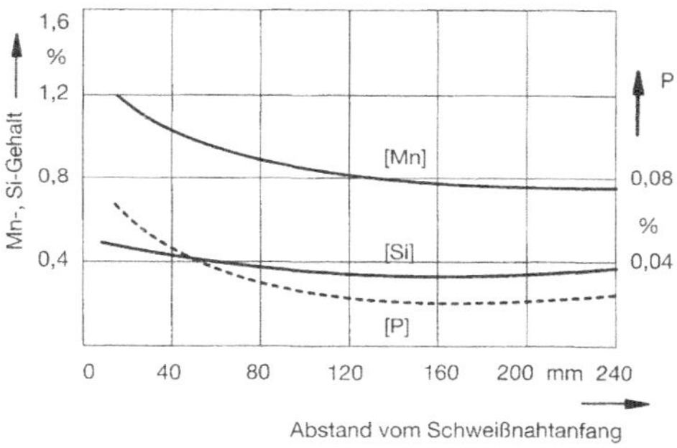

Bild 6-21. Veränderungen im Si-, Mn-, P-Gehalt über die Nahtlänge beim Elektro-Schlacke-Schweißen.

Der Mangan-Gehalt im Schweißgut hängt vom MnO-Gehalt im Pulver und Mn-Gehalt im Schweißzusatz ab. Geringe Mn-Konzentration im Schweißdraht verursacht eine unbedeutende, hohe Konzentration eine starke Oxidation von Mn aus dem Draht.

Die FeO-Anreicherung in der Schlacke, die sehr schnell vonstatten geht, ist zurückzuführen auf die Mn- und Si-reduzierenden Prozesse. Sie stellt für die Schlacke ein bedeutendes Oxidationspotential dar, das durch das Einwirken von Luftsauerstoff auf die Schlackebadoberfläche verstärkt werden kann (Abhilfe: Anwendung eines Schutzgases Ar, das die Oberflächenoxidation verhindert).

Die FeO-Anreicherung in der Schlacke beeinflußt auch den Phosphorübergang Schlacke → Metall und fördert die C-Oxidation. Die geschilderte Wirkung von FeO auf den Ablauf der metallurgischen Reaktionen erfordert, stets die Gleichmäßigkeit der Elementverteilung zu gewährleisten. Das ist möglich, wenn höher Mn-haltige Drähte zusammen mit mittel-MnO-haltigen Pulvern verwendet werden.

Die Intensität und Richtung der metallurgischen Prozesse werden durch die Schweißwerte beeinflußt. Die Erhöhung der Schweißstromstärke macht den Werkstoffübergang feintropfiger, verkürzt die Reaktionszeiten.

Für das Elektro-Schlacke-Schweißen ist der Einfluß von Stromart und Polarität wegen der beim Stromdurchgang durch die Schlacke möglichen elektrolytischen Prozesse von großer Bedeutung. Diese werden insbesondere beim Schweißen mit Gleichstrom beobachtet.

Die Tiefe der Flankenaufschmelzung und die Schmelzbadtiefe beeinflussen die Güte der Schweißung, denn sie bestimmen den Grundwerkstoffanteil am Nahtvolumen und teilweise die Kristallisationsbedingungen.

Die Flankenaufschmelzung steigt mit wachsender Spannung und zunehmender Schweißstromstärke bis zu einem Grenzwert, um danach wieder abzufallen. Mit steigender Stromstärke vergrößert sich die Schmelzbadtiefe, damit verbunden ist eine Verschlechterung der Kristallisationsbedingungen, die Bildung einer rauheren Nahtoberfläche.

Hohe Energiezufuhr, großes Schmelzbadvolumen und langsame Wärmeableitung führen zur Bildung einer Wärmeeinflußzone mit ausgeprägtem Grobkorn im Bereich der Überhitzungszone. Der relativ langsame Erstarrungsprozeß wirkt sich auf die metallurgischen Reaktionen im Schlacke- und Metallschmelzbad und an der Phasengrenze Schlacke – Metallschmelze aus (Entgasung des Schweißgutes).

Das Schweißgutgefüge ist stark gerichtet und zeigt eine ausgeprägte Anisotropie der mechanischen Eigenschaften. Das Schweißgut kann feinkörniger ausgebildet werden durch die Einbringung von sogenannten Modifikatoren, die als feine hochschmelzende Oxide oder Ferro-Legierungen über das Schweißpulver eingeführt als Kristallisationskeime wirken.

Mit dem Elektro-Schlacke-Schweißen ist es möglich, Querschnitte bis 2000 mm^2 in einer Lage zu verschweißen. Möglich ist die Herstellung von Schweißverbindungen von Blechdicken ≥ 12 mm. Die hohen Schweißstromstärken ($I_{S\ ES} = 1{,}1 \ldots 2{,}2 \cdot I_{S\ UP}$) und die Möglichkeit, das freie stromdurchflossene Drahtende auf 60 ... 80 mm zu verlängern, ergeben hohe Abschmelzleistungen.

6.5 Schutzgasschweißen

Beim Schutzgasschweißen brennt der Lichtbogen sichtbar zwischen einer Elektrode und dem Werkstück. Lichtbogen und Schweißzone sind durch ein gesondert zugeführtes *inertes* oder *aktives* Schutzgas gegen die Atmosphäre abgeschirmt.

Das Schutzgas hat die Aufgabe, den abschmelzenden Schweißzusatz (Drahtelektrode oder Fülldrahtelektrode) oder die hocherhitzte nicht abschmelzende Wolframelektrode und das grundwerkstoffseitige Schmelzbad vor der Einwirkung der Atmosphäre, insbesondere vor dem Stickstoff und dem Wasserstoff zu schützen (Fernhalten der Umgebungsluft von dem Schweißprozeß). Die Wirksamkeit des Schutzes hängt von der Menge und Reinheit des verwendeten Schutzgases, von seinem chemischen Charakter, von den Schweißwerten und Schweißbedingungen ab.

Das Schutzgas beeinflußt

- die Art des Werkstoffüberganges,
- den Lichtbogenaufbau,
- die chemische Zusammensetzung des Schweißgutes,
- die Viskosität der Metallschmelze,
- das Einschmelzprofil (Einbrandprofil).

Das Schutzgasschweißen kann je nach Art von Elektrode und Schutzgas und je nach Art des Lichtbogens eingeteilt werden in:

– *Wolfram-Schutzgasschweißen*, bei dem der Lichtbogen zwischen der nichtabschmelzenden Wolframelektrode und dem Werkstück (direkter Lichtbogen) bzw. zwischen zwei nicht abschmelzenden Wolframelektroden (indirekter Lichtbogen) brennt.

  Eine Klassifikation der Wolframelektroden für das WIG-Schweißen (auf der Basis der chemischen Zusammensetzung) enthält folgende Typen [6-22] (s. auch DIN EN 26848):

  WC – CeO_2 (1,8 ... 2,2 %)

  WL – La_2O_3 (0,9 ... 1,2 %)

WT – ThO_2 (0,35 ... 4,2%)

WZ – ZrO_2 (0,15 ... 0,9 %)

Der Gehalt an anderen Oxiden oder Elementen beträgt insgesamt 0,5 %. Kurzzeichen, Zusammensetzung, Kennfarbe, Lieferbedingungen von Wolframelektroden enthält DIN EN 26848.

– *Metall-Schutzgasschweißen*, bei dem durch die Lichtbogenwärme der Metalldraht (Schweißzusatz) abgeschmolzen und entsprechend der Abschmelzgeschwindigkeit mit der notwendigen Drahtfördergeschwindigkeit nachgeführt wird. Der Schweißzusatz muß beim Verbindungsschweißen auf den zu schweißenden Grundwerkstoff abgestimmt sein.

Werden reine *Inertgase* (Argon, Helium, Gemische aus Argon und Helium) verwendet, spricht man vom *Metall-Inertgasschweißen* (MIG).

Beim Einsatz von aktiven Gasen, Gemischen aus einem Inertgas und chemisch aktiven Gasen oder zwei getrennten Gasströmen (mit einem Inertgas innen, einem Aktivgas außen) spricht man vom Metall-Aktivgasschweißen (MAG).

Beim *Metall-Aktivgasschweißen* werden je nach Aufbau und Besonderheiten der Schutzgasatmosphäre unterschieden:

- das Metall-Aktivgasschweißen mit CO_2 als Schutzgas (MAGC)
- das Metall-Aktivgasschweißen mit Mischgas als Schutzgas (MAGM)
- das Metall-Aktivgasschweißen mit Doppelgasschutz (MAGCI).

Aus metallurgischer Sicht bewirkt der *inerte, chemisch neutrale* Charakter des Schutzgases, daß zwischen der Gasphase und der aus abgeschmolzenem Schweißzusatz und aufgeschmolzenem Grundwerkstoff bestehenden Metallschmelze trotz der hohen Temperaturen in der Lichtbogenzone keine metallurgischen Reaktionen stattfinden. Wahrscheinlich sind jedoch Verdampfungen insbesondere leichtflüchtiger Elemente aus dem Draht.

Die aus *Mischgasen oder CO_2* bestehende Schutzgasatmosphäre verursacht demgegenüber mehr oder weniger intensive Abbrandverluste, die durch höherlegierte Schweißzusätze ausgeglichen werden müssen. Die Leistungsfähigkeit (Abschmelzleistung, Einbrandtiefe, Schweißgeschwindigkeit) der Varianten des Metall-Schutzgasschweißens ist unterschiedlich. Das ist u. a. auf die physikalischen Eigenschaften der Schutzgase, den Charakter des Werkstoffüberganges, das Wirksamwerden der auf den abschmelzenden Schweißzusatz und das Schmelzbad wirkenden Kräfte zurückzuführen.

Die Anwendungsgebiete für das MIG- und das MAG-Schweißen sind werkstoffseitig klar abgegrenzt. Das MAG-Schweißen wird bei den Stahlwerkstoffen (manchmal bei Nickelwerkstoffen), das MIG-Schweißen vorzugsweise bei den Nichteisenmetallen angewendet.

6.5.1 Anforderungen an die Schutzgase

Schutzgase müssen, um den Lichtbogen, den abschmelzenden Schweißzusatz bzw. die hocherhitzte, nicht abschmelzende Wolframelektrode und das grundwerkstoffseitige Schmelzbad einschließlich des angrenzenden Werkstoff- und Nahtbereiches schützen zu können, an der Schweißstelle in der erforderlichen Reinheit und in ausreichender Menge vorhanden sein. Die Dichte des Schutzgases, die Durchflußmenge und die Mindestreinheit, aber auch die Verträglichkeit einzelner Schutzgaskomponenten mit der Schmelze spielen eine große Rolle.

Von Bedeutung sind die wärmetechnischen Kennwerte der Gaskomponenten (Dissoziations- und Ionisationsenergie, Wärmeinhalt und Wärmeleitfähigkeit). Durch die physikalischen Eigenschaften des Schutzgases werden das Entgasungsverhalten des Schmelzbades, die Einbrandgestaltung und das Benetzungsverhalten beeinflußt.

Schutzgase zum Schweißen sind geruchlos, farblos, geschmacklos, nicht giftig und – außer Wasserstoff – nicht brennbar. Die in DIN EN 439 angegebenen Reinheiten sind Mindestwerte, die Taupunkte Höchstwerte (siehe Tabelle 6-12 a).

Tabelle 6-12 a. Reinheiten und Taupunkte von Schutzgasen.

Gruppe	Reinheit [Vol.-%] min.	Taupunkt bei 1,013 bar [°C] max.	Feuchte [ppm] max.
I	99,99	–50	40
M1	99,70	–50	40
M2	99,70	–44	80
M3	99,70	–40	120
C	99,70	–35	200
O_2	99,50	–35	200
H_2	99,50	–50	40

Die für den sicheren Schutz der Schweißstelle notwendige Schutzgasmenge richtet sich nach der zu schweißenden Blechdicke, der Fugenform, der Brennergestaltung (Gewährleistung einer laminaren Strömung) und den Schweißbedingungen (z. B. Schweißen in einer geschlossenen Werkhalle oder Schweißen im Freien auf Montagebaustellen).

Bleche geringer Dicke werden in der Regel mit niedriger Schweißstromstärke geschweißt. Zum Schutz der dabei gebildeten kleinen Schmelzbäder sind Schutzgasmengen von 4 . . . 6 l/min ausreichend.

Größere Blechdicken werden mit höheren Schweißstromstärken geschweißt, es entstehen größere Schmelzbäder, deren starke Wärmekonvektion Schutzgasmengen von 15 . . . 20 l/min erforderlich macht. Die Schutzgasmenge muß den Schweißbedingungen entsprechend festgelegt werden.

Als *Schutzgase* kommen zur Anwendung:

- die Edelgase Argon und Helium,
- die chemisch aktiven Gase CO_2, H_2, N_2 und O_2,
- Gemische aus Inertgas und Aktivgas.

Die Auswahl des Schutzgases bzw. des Schutzgasgemisches erfolgt nach technologischen und metallurgischen Aspekten.

Tabelle 6-12 b. Physikalische Eigenschaften und Reaktionsverhalten der Edelgase und chemisch aktiven Gase.

Gasart	Symbol	Dichte bei 15 °C und 1,013 bar [kg/m³]	Dichte kg/m³ (Luft = 1,293) bei 0 °C und 1,013 bar	relat. Dichte zu Luft (=1) bei 15 °C und 1 bar	Siedetemperatur bei 1,013 bar [°C]	Wärmeleitzahl χ [10^{-2} W/(m·K)]	Reaktionsverhalten beim Schweißen
Argon	Ar	1,669	1,7839	1,37	– 185,9	1,6328	inert
Helium	He	0,167	0,1785	0,14	– 268,93	14,360	inert
Kohlendioxid	CO_2	1,849	1,9768	1,529	– 78,48[1)]	1,4235	oxidierend
Sauerstoff	O_2	1,337	1,4289	1,105	– 182,97	2,4283	oxidierend
Stickstoff	N_2	1,170	1,2505	0,96	– 195,81	2,3864	reaktionsträge
Wasserstoff	H_2	0,085	0,0899	0,07	– 252,78	17,542	reduzierend

[1)] Sublimationstemperatur (Übergangstemperatur vom festen in den gasförmigen Zustand).

Zu berücksichtigen sind die physikalischen Eigenschaften (Tabelle 6-12 b), wie

- effektive Ionisationsspannung und Ionisationsgrad (Bild 6-22)

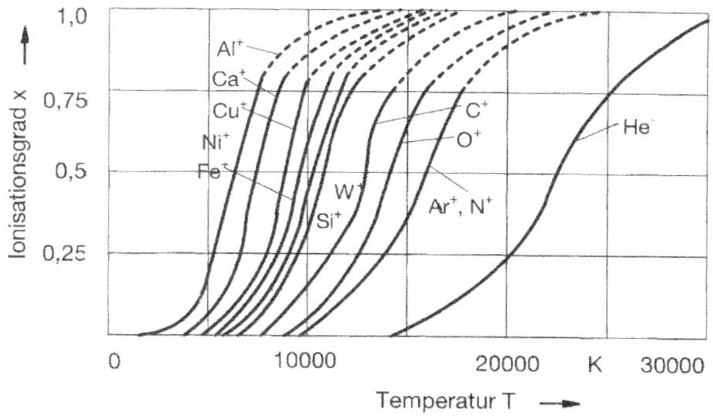

Bild 6-22. Temperaturabhängigkeit des Ionisationsgrades einatomiger Gase [5-3].

- Dichte und relative Dichte (Bilder 6-23 und 6-24)

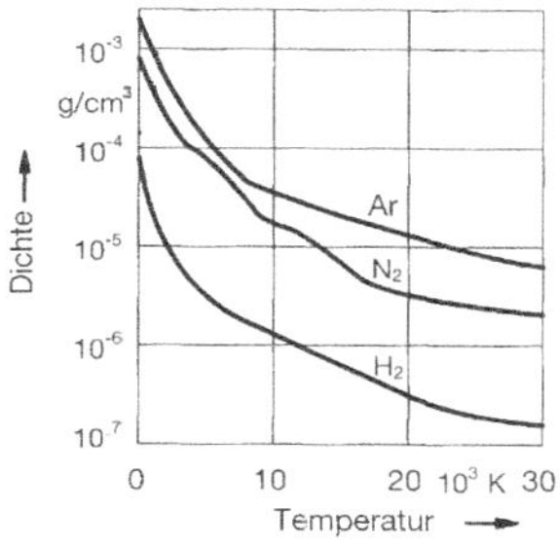

Bild 6-23. Temperaturabhängigkeit der Dichte von Ar, N_2, H_2.

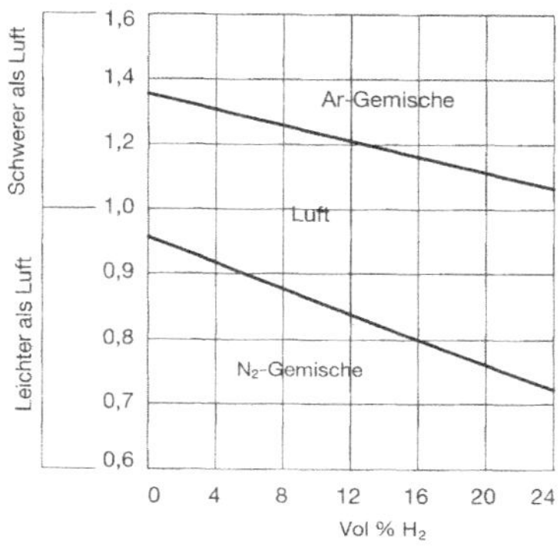

Bild 6-24. Relative Dichte von Ar/He- und N_2/H_2-Gemischen [6-23].

- elektrische Leitfähigkeit des Ar-, N_2-, He- und H_2-Plasmas (Bild 6-25)
- Wärmeleitfähigkeit der Schutzgase (Bild 6-26)

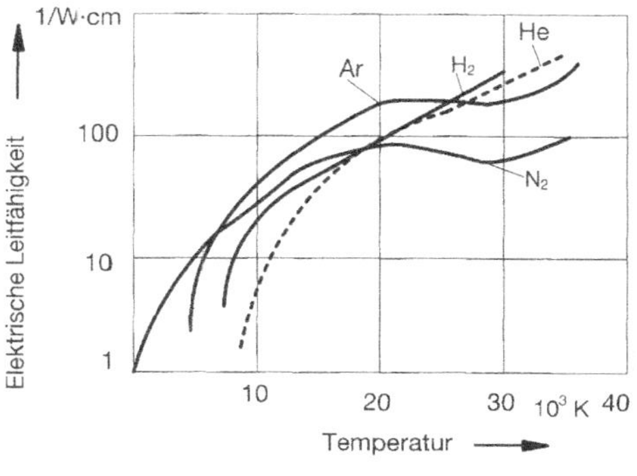

Bild 6-25. Elektrische Leitfähigkeit des Ar-, N_2-, He- und H_2-Plasmas.

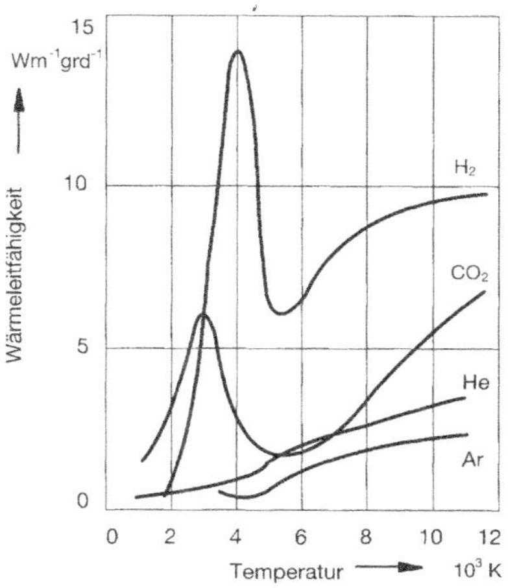

Bild 6-26. Wärmeleitfähigkeit der Schutzgase.

- Viskosität der Schutzgase
- Wärmeinhalt (Bild 6-27)
- Lichtbogenspannung in Abhängigkeit von Stromstärke und Gasart (Bild 6-28).

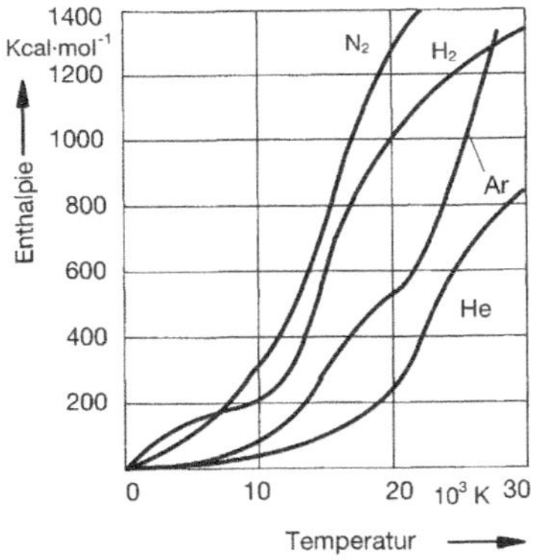

Bild 6-27. Wärmeinhalt von Schutzgasen.

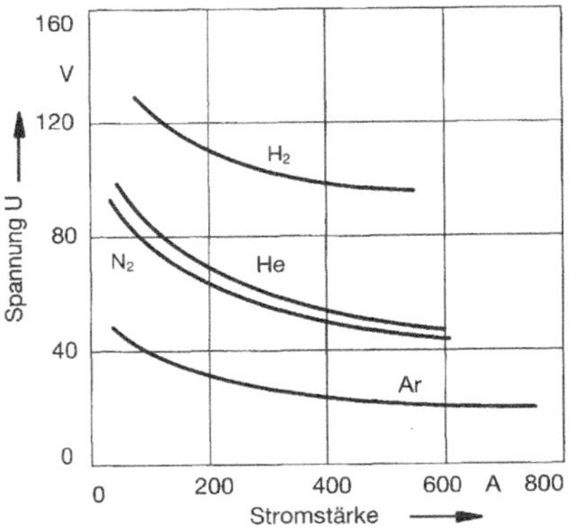

Bild 6-28. Lichtbogenspannung in Abhängigkeit von Stromstärke und Gasart.

Für den praktischen Einsatz haben Leistungsverluste durch Strahlung eine große Bedeutung (Bild 6-29 a, b).

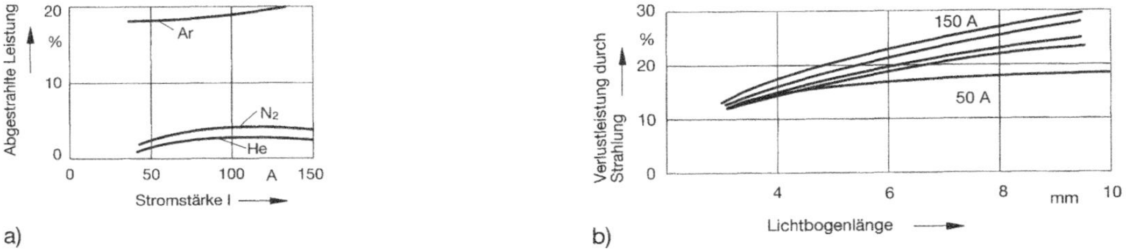

Bild 6-29. Durch Strahlung abgeführte Leistung in einem 6 mm langen Lichtbogen (Ar, He, N_2,) (a) und Verlustleistung durch Strahlung in Abhängigkeit von Lichtbogenlänge und Stromstärke (b).

Die *Inertgase Argon* und *Helium* sind Edelgase und chemisch inaktiv. Argon wird durch Tieftemperaturzerlegung aus Entspannungsgasen der Ammoniaksynthese sowie aus denen der Luftzerlegung hergestellt. Helium ist ein Produkt der Zerlegung von Erdgas, das im Tieftemperaturbereich gereinigt wird.

Gemische aus Argon und Helium (25 . . . 75 % He) werden in dem gewünschten Mischungsverhältnis zur Verfügung gestellt. Sie bieten Vorteile beim WIG- und MIG-Schweißen von Nickel, Aluminium, Kupfer und CuNiFe-Werkstoffen.

Argon schützt aufgrund seiner größeren Dichte das Schmelzbad besser, neigt in der Lichtbogenwärme weniger zur Turbulenz und zeigt einen ausgeprägten Reinigungseffekt der Katodenfläche. Beim WIG-Schweißen ist das Zünden des Lichtbogens in Argon leichter durchführbar als in Helium. Helium besitzt eine hohe Ionisierungsenergie von 24,56 eV, im Vergleich dazu Argon 15,8 eV.

Während sich unter Argon ein zylindrischer, hell leuchtender und scharf abgegrenzter Lichtbogen ausbildet, ist der Helium-Bogen diffus und nur schwach leuchtend.

Helium dient beim WIG-Schweißen in einem Ar-He-Schutz als leistungssteigernde Komponente und bewirkt eine Erhöhung der Schweißgeschwindigkeit und des Einbrandes.

Beim MIG-Schweißen von Reinaluminium ermöglichen Ar-He-Gemische eine hohe Nahtqualität. Reines Helium als Schutzgas erwies sich als unzweckmäßig, da es z. B. beim MIG-Schweißen einen unruhigen Werkstoffübergang bewirkt.

Beim Schweißen von Aluminiumwerkstoffen haben sich He-Gehalte von 50 % im Schutzgas als günstig erwiesen (Bild 6-30), für das MIG-Schweißen von Kupfer werden 70 % Helium, von Nickelwerkstoffen 30 % Helium empfohlen. Helium verändert Spannung, Nahtform und Einbrandform (Bild 6-30).

Argon (10 l/min) | **50 % Ar + 50 % He (15 l/min)**

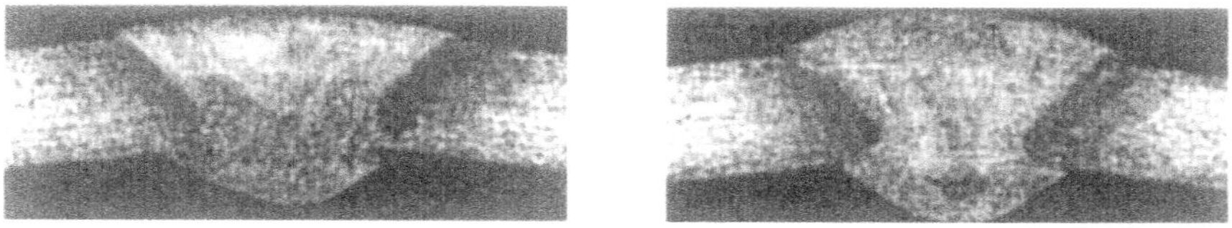

Schweißgeschw.: 10 cm/min | 20 cm/min

Mehr Heliumanteil führt zu höheren Schweißgeschwindigkeiten. Hier beim Schweißen einer 3 mm dicken AlZn4,5Mg1-Legierung.

Argon | **93,5 % Ar - 6,5 % H_2**

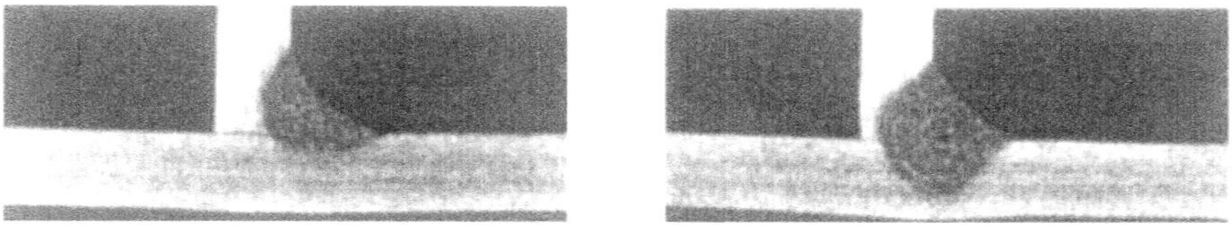

Schweißgeschw.: 7 cm/min | 11 cm/min

Kehlnaht am Werkstoff 1.4301 bei erhöhtem Wasserstoffanteil: Einbrandverhalten und Schweißgeschwindigkeit sind erheblich verbessert.

Bild 6-30. Schweißen mit Ar-He-Gemischen (Prospekt der Fa. Linde).

Zu den *chemisch aktiven Schutzgasen* zählen CO_2, O_2, H_2 und N_2. Bei den in der Lichtbogenzone herrschenden hohen Temperaturen werden diese Gase dissoziiert und zum Teil ionisiert (Bild 6-31) und reagieren intensiv mit dem schmelzflüssigen Zusatz- und Grundwerkstoff. Die Folge sind Zu- oder Abbrände von Legierungselementen, Gasaufnahme durch das Schmelzbad, Nitrid- und Oxidbildung u. a.

Kohlendioxid CO_2 ist ein farb- und geruchloses, nicht brennbares Gas, das aus Gärungsabgasen oder natürlichen Lagerstätten gewonnen wird. Die Lieferung erfolgt verflüssigt in Gasflaschen. Bei der Gasentnahme aus der Flasche über den Druckminderer führt die Expansion des Kohlendioxides und die damit verbundene Unterkühlung zur Bildung von festem CO_2 (Kohlensäureschnee). Eine Verstopfung des Druckminderers wird durch dessen Beheizung (elektrische Heizpatrone) verhindert.

Wasserstoff ist ein farb- und geruchloses, leicht brennbares Gas, das durch Elektrolyse wäßriger Alkalichloridlösungen hergestellt wird.

Wasserstoff wirkt *reduzierend*. Das Gas kann die Oxidation von Legierungselementen im Schweißgut verhindern, unter bestimmten Bedingungen bereits vorhandene Oxide reduzieren.

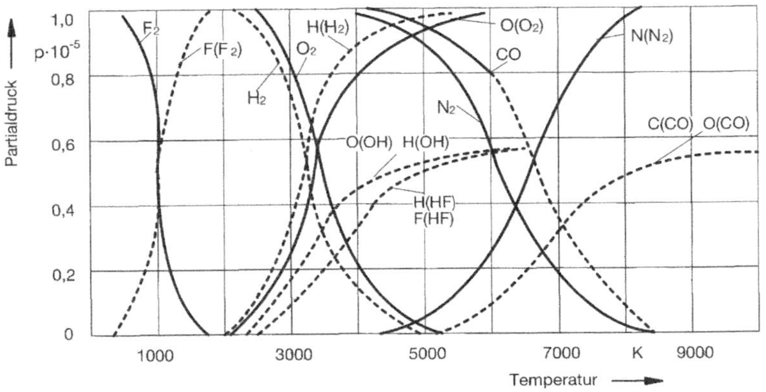

Bild 6-31. Temperaturabhängigkeit des Partialdruckes der Gase F_2, H_2, O_2, N_2 und ihrer Dissoziationsprodukte.

Hauptanwendungsgebiete sind das Arcatom-Schweißen, die Zumischung zum Argon beim Plasmaschweißen und -schneiden sowie der Einsatz als Formiergas (im Gemisch mit Stickstoff).

Stickstoff, hergestellt durch Zerlegung der Luft, ist ein farb- und geruchloses, nicht brennbares Gas. Es bewirkt einen leistungsfähigen Lichtbogen. Stickstoff verhält sich Kupfer gegenüber wie ein inertes Gas und ist bei Temperaturen < 1400 °C weder im flüssigen noch im festen Kupfer löslich.

Stickstoff wird beim Plasmaschweißen und -schneiden dem Schneidgas Argon zugemischt und dient gemeinsam mit Wasserstoff als Formiergas.

6.5.2 Einsatz von Gasgemischen

Technologische, metallurgische und ökonomische Gründe sind ausschlaggebend für den Einsatz von *Gasgemischen* für das Schutzgasschweißen. Eine optimal zusammengesetzte Schutzgasatmosphäre aus 2 oder 3 Einzelgaskomponenten ermöglicht, den Schweißprozeß zu beeinflussen.

Angewendet werden insbesondere folgende Gasgemische:

- Argon-Sauerstoff.

  Beim MIG-Schweißen hochlegierter rost-, hitze- und zunderbeständiger Stähle vermag Argon den Abbrand an Legierungselementen einzuschränken bzw. zu verhindern, so daß ein dem Grundwerkstoff artgleicher oder -ähnlicher Schweißzusatz eingesetzt werden könnte. Nachteilig sind allerdings ein ungünstiges fingerförmiges Einbrandprofil (Bild 6-32 a, b) und das schlechte Fließverhalten der Schmelze. Die hohe Oberflächenspannung des flüssigen Schweißgutes führt zur Bildung von stark überhöhten Schweißnähten.

  Bei Mehrlagenschweißungen müssen deshalb die einzelnen Schweißraupen nachgearbeitet werden, um Bindefehler zu vermeiden. Im Bereich der Decklage besteht die Gefahr der Bildung von Einbrandkerben (Bild 6-33).

  Ein Zusatz von 0,5 bis 2 % Sauerstoff zum Argon verringert die Oberflächenspannung der Metallschmelze, ergibt einen feintropfigen Werkstoffübergang und ein dünnflüssiges Schmelzbad. Es entstehen flache, glatte und kerbfreie Schweißnähte.

  Während für das Schweißen von unlegierten und niedriglegierten Stählen Sauerstoffzusätze von 3 bis 5 % üblich sind, werden höhere Sauerstoffgehalte im Schutzgas Argon beim Schweißen der hochlegierten Stähle nicht empfohlen. Der zunehmende oxidierende Charakter der Schutzatmosphäre würde zu einem hohen Abbrand von Legierungselementen führen.

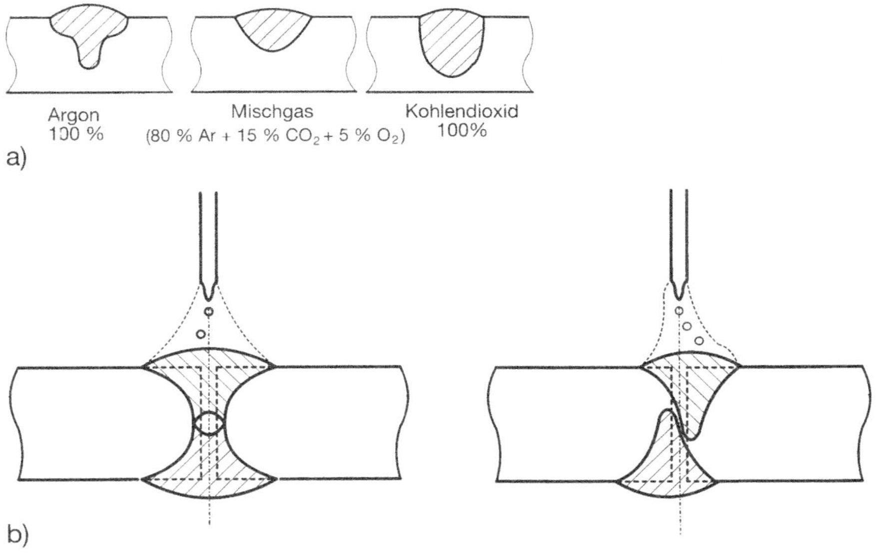

Bild 6-32. Einbrandprofil beim MIG-Schweißen.

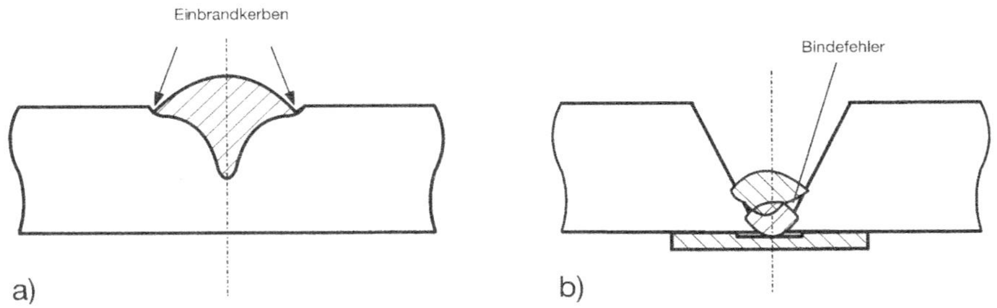

Bild 6-33. Einbrandkerben bzw. Bindefehler beim MIG-Schweißen, verursacht durch ungünstiges Fließverhalten des Schmelzbades.

- Argon-Kohlendioxid.

Wird dem Argon Kohlendioxid beigemischt, wird dieses im Lichtbogen dissoziieren. Es entsteht Sauerstoff, der das Fließverhalten der Metallschmelze verbessert und das Einbrandprofil verändert.

Das beim MIG-Schweißen charakteristische Nahtprofil (kelch- oder fingerförmiger Einbrand – Argonfinger) wirkt metallurgisch ungünstig. Durch die Wechselwirkung von Kohlenstoff mit Sauerstoff entsteht in dem schmalen tiefen Finger Kohlenmonoxid, das Gasblasen bildet. Auch ausscheidende Gase wie Wasserstoff bilden Bläschen. Diese können aufgrund der raschen Erstarrung des nur kleinen Schmelzbadvolumens nicht zur Schmelzbadoberfläche aufsteigen, zurück bleiben Mikroporen.

Sich nicht vollständig überschneidende Einbrände ergeben bei der beidseitigen Schweißung eines I-Stoßes eine fehlerbehaftete Schweißnaht. CO_2 im Ar verhindert die Ausbildung des kelchförmigen Einbrandprofiles. 2,5 % CO_2 im Argon ändert das Schweißverhalten im Vergleich zu 1 % O_2 im Argon wenig. Als nachteilig erweist sich beim Metall-Schutzgasschweißen von Cr-Ni-Stählen in Ar-CO_2-Schutz der Abbrand von Legierungselementen und der Zubrand an Kohlenstoff insbesondere bei Stählen mit abgesenktem Kohlenstoffgehalt (siehe Bild 6-35).

Un- und niedriglegierte Stähle lassen sich auch mit höherem CO_2-Gehalt im Argon gut schweißen. Das Einbrandprofil ist besser ausgebildet.

Der Werkstoffübergang läßt sich in weiten Grenzen – vom kurzschlußbehafteten grobtropfigen Übergang bei geringen Stromdichten bis hin zum kurzschlußfreien Sprühübergang oberhalb der kritischen Stromstärke – variieren (Bild 6-34).

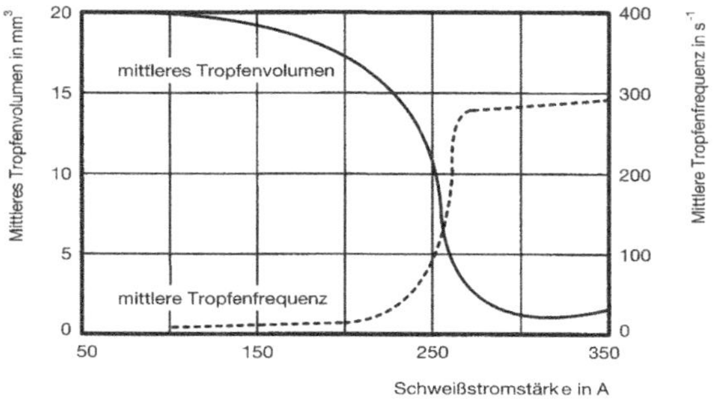

Bild 6-34. Einfluß der Schweißstromstärke auf das mittlere Tropfenvolumen und die mittlere Tropfenfrequenz beim Metall-Schutzgasschweißen (Baustahl, Schutzgas Ar + 1 % O_2, Drahtdurchmesser 1,6 mm, Pluspolung der Drahtelektrode).

Der Charakter des Werkstoffüberganges kann darüber hinaus durch den Drahtdurchmesser, die Länge des freien stromdurchflossenen Drahtendes, durch die Schweißzusatzzusammensetzung und -oberflächenbeschaffenheit beeinflußt werden.

Der sprühregenartige Werkstoffübergang erfolgt nahezu spritzerfrei. Vom spitz auslaufenden Schweißzusatzende sich lösende Tropfen gehen direkt in der Lichtbogenachse in das Schmelzbad über.

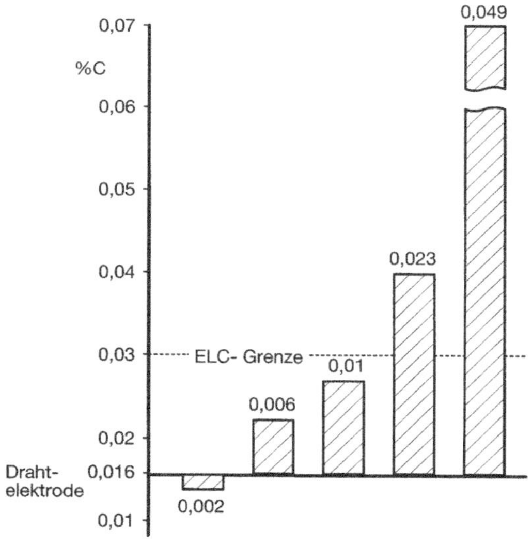

Gruppe	M23	M12	M32	M21	C1
$\%CO_2$	-	2,5	5	18	100
$\%O_2$	8	-	4	-	-
$\%O'_2$	8	1,2	4,3	8,3	33,3

Bild 6-35. Einfluß der Schutzgase auf Zu- und Abbrand von Kohlenstoff beim Schweißen hochlegierter Stähle (O'_2 = reaktiver Sauerstoff).

Wird beim Metall-Schutzgasschweißen *Kohlendioxid* als Schutzgas verwendet, erfolgt der Werkstoffübergang unter Kurzschlußbildung. Beim Schweißen mit Drähten bis 1,2 mm Durchmesser ist er feintropfig, bei Drähten mit Durchmessern > 1,2 mm grobtropfig.

Eine „kritische" Stromstärke, die beim Argon-Lichtbogen den Übergang in den feintropfigen und sprühregenartigen Werkstoff-Transfer anzeigt, gibt es beim MAGC-Schweißen nicht.

Die am Drahtende sich bildenden, relativ großen Tropfen gehen vielfach außerhalb der Lichtbogenachse in das Schmelzbad über. Viele werden beim Zerplatzen von Kurzschlußbrücken weggeschleudert, sie bilden zusammen mit den aufgrund von Schmelzbadreaktionen ausgestoßenen flüssigen Metallteilchen die für das MAGC-Schweißen typischen Schweißspritzer.

Damit kommen etwa 4 bis 10 % der aufgeschmolzenen Schweißzusatzmasse nicht für den Schweißnahtaufbau in Frage. Spritzer schmelzen neben der Schweißnaht auf der Werkstückoberfläche an, setzen sich in einem Spritzerkranz im unteren Bereich der Schutzgasdüse an und können den Gasschutz beeinträchtigen.

Ein Schutzgasgemisch Argon + 10 ... 20 % CO_2 ergibt beim Metall-Schutzgasschweißen von un- und niedriglegierten Stählen ein günstiges Einbrandprofil. Der Zusatzwerkstoff geht in Form feiner Tropfen über, es bilden sich wenig Spritzer. Die Schutzgaskosten können reduziert werden. Eine weitere Erhöhung des CO_2-Gehaltes im Argon ergibt aber keine Verbesserung des Prozesses.

Bei der Verwendung eines Schutzgases, bestehend aus *Kohlendioxid und 20 ... 30 % O_2*, finden an der Phasengrenze Metallschmelze – Gasphase (Tropfen und grundwerkstoffseitiges Schmelzbad) intensive Oxidationsreaktionen statt. Durch die exothermen Reaktionen wird die Temperatur des Schmelzbades erhöht und damit die Oberflächenspannung der Schmelze verringert und deren Flüssigkeitsgrad erhöht. Abschmelzleistung und Aufschmelztiefe nehmen zu. Hohe Sauerstoffgehalte in der Lichtbogenatmosphäre hemmen die Wasserstoffaufnahme des Schmelzbades.

Die geringen Gehalte an Wasserstoff und Stickstoff ergeben, eine gute Desoxidation vorausgesetzt, ein Schweißgut mit hoher Dehnung und guter Kerbschlagarbeit.

Dreikomponenten-Mischgase auf *Argonbasis mit Zusätzen von 5 ... 14 % CO_2 und 4 ... 6 % O_2* haben sich für das Schweißen von un- und niedriglegierten Stählen als vorteilhaft erwiesen. Kohlendioxid beseitigt den „Argonfinger" und gewährleistet ein günstiges Einbrandprofil, Sauerstoff begünstigt den spritzerarmen feintropfigen Werkstoffübergang, verbessert das Fließvermögen und die Entgasung des Schweißgutes.

Die Verwendung von Mischgasen mit oxidierend wirkenden Komponenten wie CO_2 oder O_2, die technologische und metallurgische Verbesserungen des Schweißprozesses bewirken sollen, führt jedoch zu höheren Sauerstoffgehalten im Schweißgut und kann erhebliche Abbrände an Legierungselementen verursachen.

Im IIW-Doc. IX-1636-91 sind die Sauerstoffgehalte, die [C]-, [Mn]- und [Si]-Gehalte im Schweißgut beim Abschmelzen einer Drahtelektrode mit der chemischen Zusammensetzung

0,10 % C; 0,78 % Si; 1,35 % Mn; 0,013 % P; 0,012 % S

auf die Grundwerkstoffe St 52-3 und Reineisen dargestellt (Bild 6-36 a, b, c, d).

Argon-Wasserstoff-Gemische werden zum Schweißen austenitischer Chrom-Nickel-Stähle, von Reinnickel sowie von Nickelbasislegierungen eingesetzt. Die durch Wasserstoff reduzierende Lichtbogenatmosphäre schützt das Schweißgut vor Oxidation und reinigt es von oxidischen Einschlüssen.

Wasserstoff besitzt eine hohe Wärmeleitfähigkeit (Bild 6-26), das bedingt eine Erhöhung der Spannung; aufgrund der geringen Ionisationsfähigkeit sinkt jedoch die Schweißstromstärke. Durch die

Wasserstoffdissoziation und -rekombination wird aber Wärme zum Werkstück geleitet. Das hat ein dünnflüssigeres Schmelzbad und eine größere Einbrandtiefe zur Folge.

Argon-Stickstoff-Gemische werden beim Wolfram-Schutzgasschweißen und Metall-Schutzgasschweißen verwendet. 0,2 % N_2 im Argon erhöhen beim Schweißen von Aluminiumlegierungen (außer Al-Mg-Legierungen) die Lichtbogenleistung.

Gemische aus Argon + 15 ... 20 % N_2 verbessern beim Schweißen von Kupfer und Kupferlegierungen die Aufschmelzwirkung des Lichtbogens und die Nahtoberflächenausbildung.

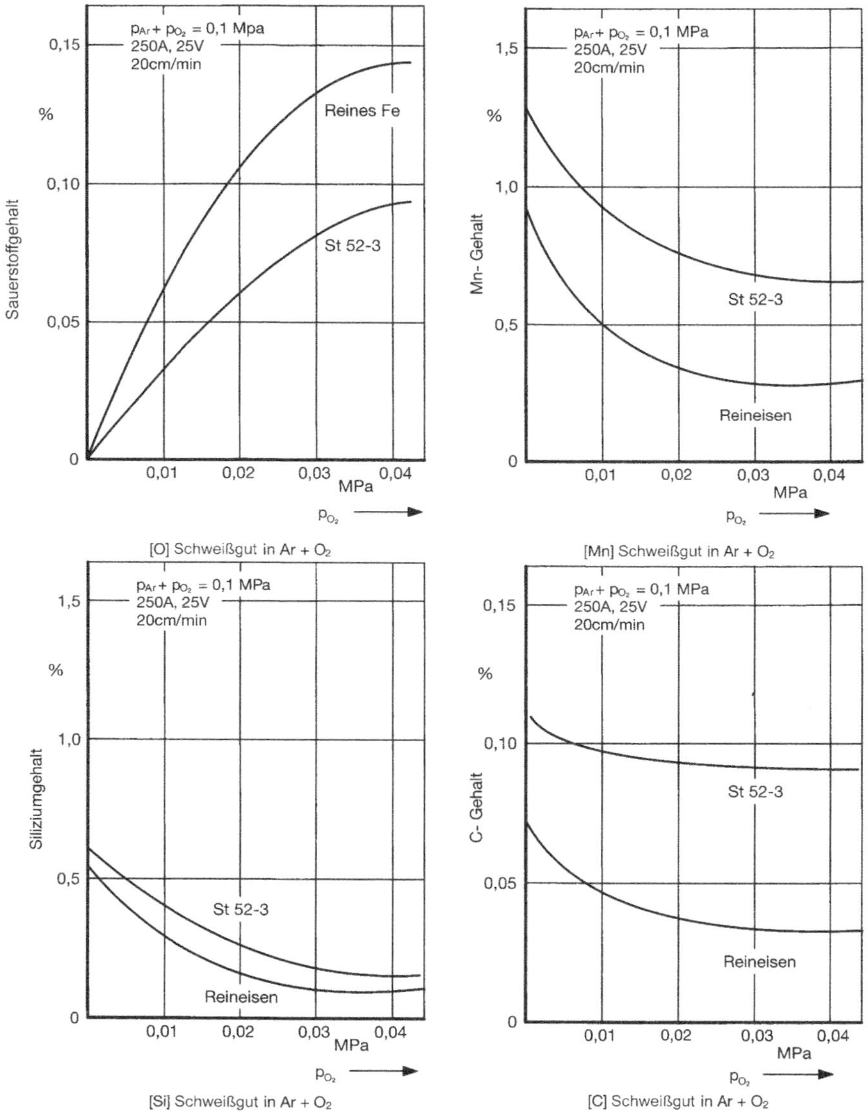

Bild 6-36 a. Schweißen in einem Ar-O_2-Gemisch.

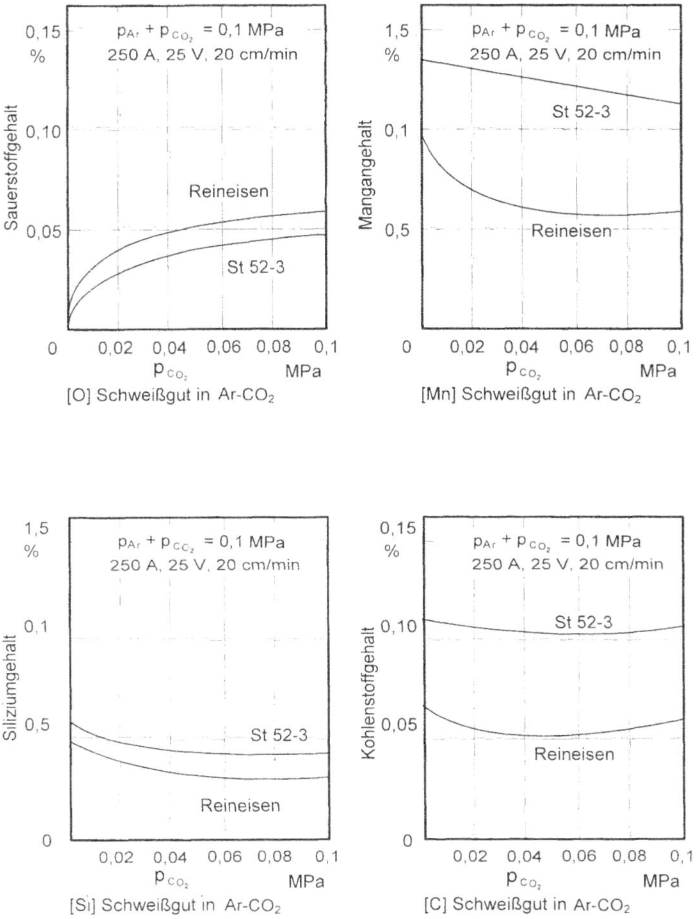

Bild 6-36 b. Schweißen in einem Ar-CO_2-Gemisch.

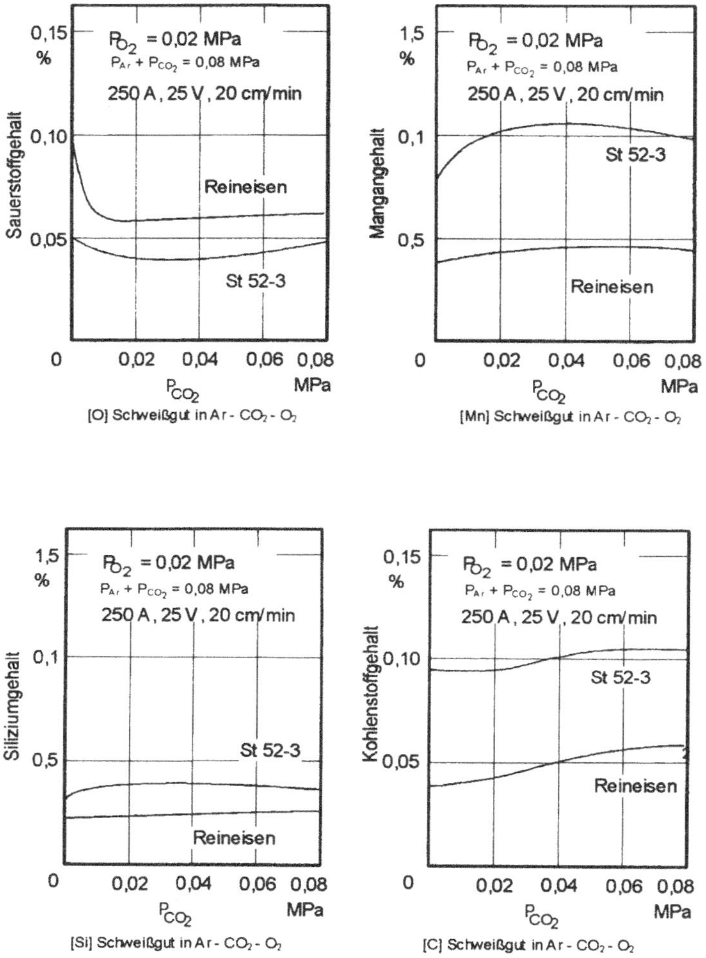

Bild 6-36 c. Schweißen in einem Ar-CO_2-O_2-Gemisch.

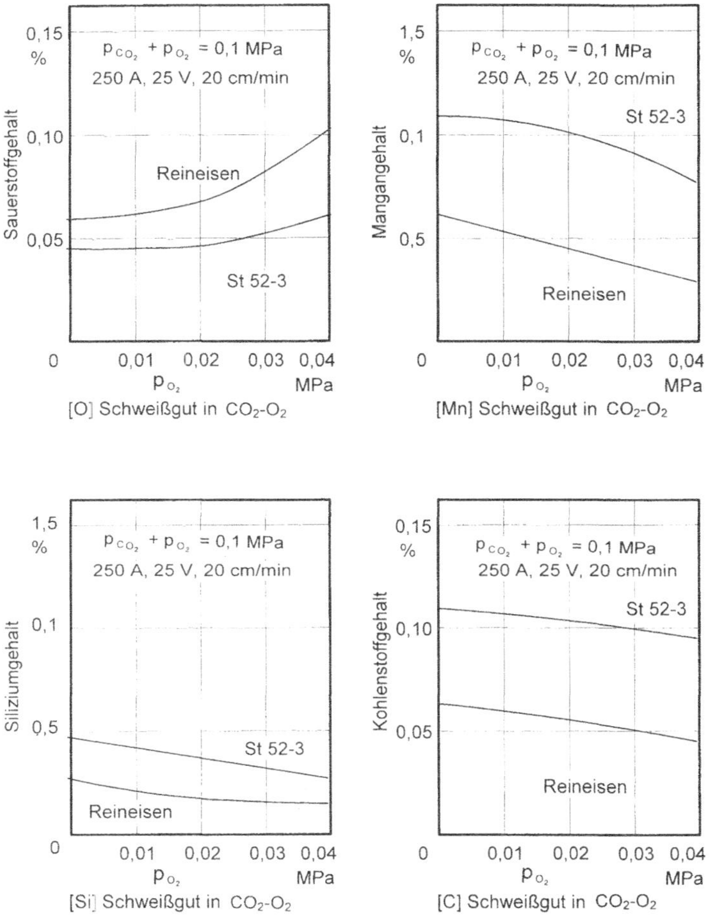

Bild 6-36 d. Schweißen in einem CO_2-O_2-Gemisch.

Wasserstoff-Stickstoff (Formiergas). Wasserstoff-Stickstoff-Gemische werden zur Formierung der Nahtwurzel beim Rohrschweißen eingesetzt, vor allem bei Rohren mit Nennweiten, die das Schweißen einer Kapplage und das Entfernen der Anlauffarben auf der Rohrinnenseite (Oxide) mit mechanischen oder chemischen Mitteln nicht zulassen.

Rohre aus rost- und säurebeständigen sowie hitze- und zunderbeständigen CrNi-Stählen werden vor dem Schweißen mit Argon, Stickstoff oder Formiergas gefüllt.

Formiergas ist farb-, geruch- und geschmacklos. Es hat die Aufgabe, den Luftsauerstoff im Inneren des Rohres von der Schweißstelle zu verdrängen und ihn fernzuhalten.

Gemische aus 80 Vol.-% N_2 + 20 Vol.-% H_2 und 88 Vol.-% N_2 + 12 Vol.-% H_2 sind brennbar.

6.5.3 Normung der Schutzgase (DIN EN 439)

Die theoretischen Erkenntnisse über die physikalischen Eigenschaften und die praktischen Erfahrungen beim Einsatz der Schutzgase, der technologischen und metallurgischen Wirkungen der

Einzelgase und der Gasgemische fanden in der DIN EN 439 „Schutzgase zum Lichtbogenschweißen und Schneiden“ ihren Niederschlag (Tabellen 6-13 und 6-14).

Tabelle 6-13. Zusammenstellung[1] handelsüblicher Mischgase.

Handelsname	Zusammensetzung [%] Ar	CO_2	O_2	Normbezeichnung DIN EN 439	Bemerkungen
Argon S 1	99	–	1	M 12	schwach oxidierend
Inarc S 1	99	–	1	M 12	
Weldap 02	98	–	2	M 12	
Argon S 3	97	–	3	M 12	
Inarc S 3	97	–	3	M 12	
Argon C 2	97,5	2,5	–	M 12	
Argon 2 K	97,5	2,5	–	M 12	
Inarc K 2	98	2	–	M 12	
Krysal 10	90	10	–	M 21	
Corgon 10	90	10	–	M 21	
Sagox 10	90	10	–	M 21	
Weldap C 10	90	10	–	M 21	
Corgon 15	85	15	–	M 21	
Inarc K 15	85	15	–	M 21	
Sagox 15	85	15	–	M 21	
Weldap C 15	85	15	–	M 21	
Corgon 18	82	18	–	M 21	
Inarc K 18	82	18	–	M 21	
Sagox 18	82	18	–	M 21	
Weldap C 18	82	18	–	M 21	
Corgon 20	80	20	–	M 21	
Sagox 20	80	20	–	M 21	
Inarc K 25	75	25	–	M 21	
Krysal 25	75	25	–	M 21	
Corgon 25	75	25	–	M 21	
Sagox 25	75	25	–	M 21	
Weldap 05	95	–	5	M 22	
Argomix D	92	–	8	M 22	
Sagox D	92	–	8	M 22	
Weldap 08	92	–	8	M 22	
Corgon 1	91	5	4	M 23	
Corgon	90	5	5	M 23	
Inarc 3	90	5	5	M 23	
Weldap A	90	5	5	M 23	
Sagox 1	89	5	6	M 23	
Sagox 2	84	13	3	M 24	
Corgon Z	83	13	4	M 24	
Inarc 5	82	14	4	M 24	
Argomix S	88	–	12	M 32	stärker oxidierend
Sagox S	88	–	12	M 32	

[1] erhebt keinen Anspruch auf Vollständigkeit.

In DIN EN 439 werden die Schutzgase in Gruppen entsprechend ihrem Reaktionsverhalten und ihrer Zusammensetzung eingeteilt.

Gase der Gruppen R und F2 wirken reduzierend, Gase der Gruppe I sind inert. Sie beeinflussen die chemische Zusammensetzung des Schweißgutes nicht.

Gase der Gruppen M und C unterscheiden sich im Oxidationsverhalten.

Tabelle 6-14. Schutzgase zum Lichtbogenschweißen und Schneiden nach DIN EN 439.

Kurzbezeichnung[1])		Komponenten in Vol.-%						Übliche Anwendung	Bemerkungen
Gruppe	Kennzahl	oxidierend		inert		reduzierend	reaktionsträge		
		CO_2	O_2	Ar	He	H_2	N_2		
R	1			Rest[2])		> 0 ... 15		WIG, Plasmaschweißen, Plasmaschneiden, Wurzelschutz	reduzierend
	2			Rest[2])		> 15 ... 35			
I	1			100				MIG, WIG, Plasmaschweißen, Wurzelschutz	inert
	2				100				
	3			Rest[2])	> 0 ... 95				
M1	1	> 0 ... 5		Rest[2])		> 0 ... 5			schwach oxidierend
	2	> 0 ... 5		Rest[2])					
	3		> 0 ... 3	Rest[2])					↓
	4	> 0 ... 5	> 0 ... 3	Rest[2])					
M2	1	> 5 ... 25		Rest[2])				MAG	
	2		> 3 ... 10	Rest[2])					
	3	> 0 ... 5	> 3 ... 10	Rest[2])					
	4	> 5 ... 25	> 3 ... 8	Rest[2])					
M3	1	> 25 ... 50		Rest[2])					
	2		> 10 ... 15	Rest[2])					
	3	> 5 ... 50	> 8 ... 15	Rest[2])					
C	1	100							stark oxidierend
	2	Rest	> 0 ... 30						
F	1						100	Plasmaschneiden, Wurzelschutz	reaktionsträge, reduzierend
	2					> 0 ... 50	Rest		

[1]) Wenn Komponenten zugemischt werden, die nicht in der Tabelle aufgeführt sind, so wird das Mischgas als Spezialgas und mit dem Buchstaben S bezeichnet.

[2]) Argon kann bis zu 95 % durch Helium ersetzt werden.

Schweißschutzgase auf Argonbasis mit ca. 2,5 Vol.-% CO_2 oder 1 Vol.-% O_2 und Zumischungen von 15 ... 50 % He wurden für Duplex-Stähle, Nickelbasis-Werkstoffe und hochlegierte Stähle entwickelt.

Die Entwicklung stickstofflegierter bzw. hochstickstoffhaltiger hochlegierter Stähle mit höheren Festigkeitswerten erfordert für die sichere schweißtechnische Verarbeitung Schweißverfahren und auch Schutzgase, die das Entweichen von Stickstoff, der zum Erhalt der Festigkeit und zur Vermeidung von Porosität nötig ist, verhindern [6-24].

Für Baustähle wird ein 4-Komponenten-Schutzgas mit 65 % Ar, 26,5 % He, 8 % CO_2 und 0,5 % O_2 für das auf dem T.I.M.E.-Prozeß basierende MAG-Hochleistungsverfahren verwendet [6-26; 6-27].

Eine wichtige Aufgabe ist es, geeignete Schutzgasgemische zu entwickeln, mit denen hohe Abschmelzleistungen verwirklicht werden können.

Dilthey u. a. [6-25] wiesen nach, daß mit einem Gasgemisch 60 % Ar, 30 % He, 10 % CO_2 und einer Drahtelektrode G3Si1 (1,0 mm Durchmesser) ein stabiler Schweißprozeß bis zur Leistungsgrenze des eingesetzten Drahtfördersystems möglich ist (Abschmelzleistung 18 kg/h, Drahtfördergeschwindigkeit 48,5 m/min, U_s = 46 V). Bei den hohen Drahtfördergeschwindigkeiten des T.I.M.E.-Prozesses hat die Drahtqualität einen großen Einfluß auf die Lichtbogenart. Der rotierende Lichtbogen kann durch Gasgemische aus Ar, He, O_2 stabilisiert werden.

6.5.4 Schweißzusätze für das Schutzgasschweißen

Für das Schutzgasschweißen werden

Massivstäbe (nur für WIG)
Drahtelektroden sowie
Fülldrahtelektroden

eingesetzt. DIN EN 440 gilt für Drahtelektroden, die für das Metall-Schutzgasschweißen von schweißgeeigneten unlegierten und Feinkornstählen bis zu einer Mindeststreckgrenze von 500 N/mm^2 eingesetzt werden. Für die Einteilung der *Massivdrahtelektroden* ist die chemische Zusammensetzung maßgebend (Tabelle 6-15). Die Einteilung der Fülldrahtelektroden erfolgt nach der chemischen Zusammensetzung ihres Schweißgutes (entsprechend DIN EN 758, Tabelle 6-16). Stäbe, Drähte und Schweißgut zum Wolfram-Schutzgasschweißen von unlegierten Stählen und Feinkornstählen sind in DIN EN 1668 enthalten (Tabelle 6-18).

Tabelle 6-15. Drahtelektroden zum Metall-Schutzgasschweißen von unlegierten Stählen und Feinkornstählen (DIN EN 440).

Kurzzeichen	Chemische Zusammensetzung in % (m/m)[1)2)3)]								
	C	Si	Mn	P	S	Ni	Mo	Al	Ti und Zr
G0	Jede andere vereinbarte Zusammensetzung								
G2Si1	0,06 ... 0,14	0,50 ... 0,80	0,90 ... 1,30	0,025	0,025	0,15	0,15	0,02	0,15
G3Si1	0,06 ... 0,14	0,70 ... 1,00	1,30 ... 1,60	0,025	0,025	0,15	0,15	0,02	0,15
G4Si1	0,06 ... 0,14	0,80 ... 1,20	1,60 ... 1,90	0,025	0,025	0,15	0,15	0,02	0,15
G3Si2	0,06 ... 0,14	1,00 ... 1,30	1,30 ... 1,60	0,025	0,025	0,15	0,15	0,02	0,15
G2Ti	0,04 ... 0,14	0,40 ... 0,80	0,90 ... 1,40	0,025	0,025	0,15	0,15	0,05 ... 0,20	0,05 ... 0,25
G3Ni1	0,06 ... 0,14	0,50 ... 0,90	1,00 ... 1,60	0,020	0,020	0,80 ... 1,50	0,15	0,02	0,15
G2Ni2	0,06 ... 0,14	0,40 ... 0,80	0,80 ... 1,40	0,020	0,020	2,10 ... 2,70	0,15	0,02	0,15
G2Mo	0,08 ... 0,12	0,30 ... 0,70	0,90 ... 1,30	0,020	0,020	0,15	0,40 ... 0,60	0,02	0,15
G4Mo	0,06 ... 0,14	0,50 ... 0,80	1,70 ... 2,10	0,025	0,025	0,15	0,40 ... 0,60	0,02	0,15
G2Al	0,08 ... 0,14	0,30 ... 0,50	0,90 ... 1,30	0,025	0,025	0,15	0,15	0,35 ... 0,75	0,15

1) Falls nicht festgelegt: Cr ≤ 0,15, Cu ≤ 0,35 und V ≤ 0,03. Der Anteil an Kupfer im Stahl plus Umhüllung darf 0,35 % nicht überschreiten.
2) Einzelwerte in der Tabelle sind Höchstwerte.
3) Die Ergebnisse sind auf dieselbe Stelle zu runden wie die festgelegten Werte unter Anwendung von ISO 31-0, Anhang B, Regel A.

Tabelle 6-16. Kurzzeichen für die chemische Zusammensetzung des reinen Schweißgutes von Fülldrahtelektroden (nach DIN EN 758).

Kurzzeichen	Chemische Zusammensetzung[1)2)3)] % (m/m)		
	Mn	Ni	Mo
Kein Kurzzeichen	2,0	–	–
Mo	1,4	–	0,3 ... 0,6
MnMo	1,4 ... 2,0	–	0,3 ... 0,6
1Ni	1,4	0,6 ... 1,2	–
1,5Ni	1,6	1,2 ... 1,8	–
2Ni	1,4	1,8 ... 2,6	–
3Ni	1,4	2,6 ... 3,8	–
Mn1Ni	1,4 ... 2,0	0,6 ... 1,2	–
1NiMo	1,4	0,6 ... 1,2	0,3 ... 0,6
Z	Jede andere vereinbarte Zusammensetzung		

[1)] Falls nicht festgelegt:
Mo < 0,2 %, Ni < 0,5 %, Cr < 0,2 %, V < 0,08 %, Nb < 0,05 %, Cu < 0,3 % und nur Fülldrähte ohne Schutzgas Al < 2,0 %

[2)] Einzelwerte in der Tabelle sind Höchstwerte.

[3)] Die Ergebnisse sind auf dieselbe Stellenzahl zu runden wie die festgelegten Werte unter Anwendung von Anhang B, Regel A von ISO 31-0 : 1992.

Die Drahtelektroden werden nach ihrer chemischen Zusammensetzung eingeteilt. Für das mit diesen Schweißzusätzen hergestellte Schweißgut werden als Merkmale genutzt:

- das Kurzzeichen für den Schweißprozeß
  (G – Kurzzeichen für eine Drahtelektrode für das Metall-Schutzgasschweißen),
- die Kennziffer für die Festigkeitseigenschaften und die Bruchdehnung des Schweißgutes (Tabelle 6-17),
- das Kennzeichen für die Kerbschlagarbeit des Schweißgutes (das Kennzeichen erfaßt die Temperatur, bei der eine Kerbschlagarbeit von 47 J erreicht wird),
- der Kennbuchstabe für das Schutzgas (entsprechend den Angaben in DIN EN 439),
- das Kurzzeichen für die chemische Zusammensetzung der Drahtelektrode.

Tabelle 6-17. Kennziffer für die Festigkeits- und Dehnungseigenschaften des Schweißgutes.

Kennziffer	Mindeststreckgrenze N/mm^2	Zugfestigkeit N/mm^2	Mindestbruchdehnung % ($l_0 = 5\ d_0$)
35	355	440 ... 570	22
38	380	470 ... 600	20
42	420	500 ... 680	20
46	460	530 ... 680	20
50	500	560 ... 720	18

In der Bezeichnung der *Schweißzusätze* werden berücksichtigt:

- die Norm-Nummer EN 440
- Metallschutzgas-Schweißung (G).

Beispiel für Bezeichnungen

- DIN EN 440 – G 46 3 M G3Si1

Die Bezeichnung des Schweißgutes, das unter Mischgas mit der Drahtelektrode G3Si1 durch Metall-Schutzgasschweißen hergestellt wurde, eine Mindeststreckgrenze von 460 N/mm^2 (46) und eine Mindestkerbschlagarbeit von 47 J bei –30 °C aufweist;

- DIN EN 440 – G 3 Si1

Drahtelektrode für das Metall-Schutzgasschweißen.

Die Auswahl des Schweißzusatzes und des Schutzgases erfolgt auf der Grundlage der erreichbaren mechanischen Gütewerte des Schweißgutes (Schlagarbeit, R_e, A_5) und der mechanischen Gütewerte der zu schweißenden Stahlsorte (Tabelle 6-19).

Merkmale für die Einteilung der Fülldrahtelektroden zum Metall-Lichtbogenschweißen mit und ohne Schutzgas von unlegierten Stählen und Feinkornstählen sind:

- Kennzeichen für das Produkt/den Schweißprozeß (T);
- Kennziffer für die Festigkeitseigenschaften und die Bruchdehnung des reinen Schweißgutes (Mehrlagenschweißen) oder für die Festigkeitseigenschaften des Grundwerkstoffes (Einlagenschweißen);
- Kennzeichen für die Kerbschlagarbeit des reinen Schweißgutes oder der Schweißverbindung;
- Kurzzeichen für die chemische Zusammensetzung des reinen Schweißgutes (s. Tabelle 6-16);
- Kennzeichen für den Typ der Füllung;
- Kurzzeichen für das Schutzgas;
- Kennziffer für die Schweißposition;
- Kennzeichen für den Wasserstoffgehalt des aufgetragenen Schweißgutes.

Beispiel für Bezeichnungen

- Fülldrahtelektrode EN 758 – T 46 3 1Ni B M 4 H5

Fülldrahtelektrode (T) für das Lichtbogenschutzgasschweißen, deren Schweißgut eine Mindeststreckgrenze von 460 N/mm^2 (46) aufweist, eine Mindestkerbschlagzähigkeit von 47 J bei –30 °C (3) erbringt und eine chemische Zusammensetzung von 1,1 % Mn und 0,7 % Ni (1Ni) hat. Die Fülldrahtelektrode des basischen Typs (B) wird unter Mischgas (M) geprüft und ist geeignet für Stumpf- und Kehlnähte in Wannenposition (4). Der Wasserstoffgehalt überschreitet nicht 5ml/100 g aufgetragenes Schweißgut (H5).

Die Einteilung von Stäben, Drähten und reinem Schweißgut für das Wolfram-Schutzgasschweißen von unlegierten Stählen und Feinkornstählen mit einer Mindeststreckgrenze von 500 N/mm^2 enthält die Eigenschaften des reinen Schweißgutes, das mit dem Schutzgas EN 439-I1 (in der Bezeichnung nicht genannt!) hergestellt wurde.

Merkmale für die Einteilung sind:

- Kurzzeichen für das Produkt/den Schweißprozeß (W);
- Kennziffer für die Festigkeitseigenschaften und die Bruchdehnung des reinen Schweißgutes;
- Kennzeichen für die Kerbschlagarbeit des reinen Schweißgutes;
- Kurzzeichen für die chemische Zusammensetzung der Stäbe oder Drähte (Tabelle 6-18).

Tabelle 6-18. Kurzzeichen für die chemische Zusammensetzung des reinen Schweißgutes von Stäben/Drähten für das Wolfram-Schutzgasschweißen (nach DIN EN 1668).

Kurzzeichen	Chemische Zusammensetzung[1)2)3)] % (m/m)								
	C	Si	Mn	P	S	Mo	Ni	Al	Ti + Zr
W0	Jede andere vereinbarte Analyse								
W2Si	0,06 ... 0,14	0,50 ... 0,80	0,90 ... 1,30	0,025	0,025	–	–	–	–
W3Si1	0,06 ... 0,14	0,70 ... 1,00	1,30 ... 1,60	0,025	0,025	–	–	–	–
W4Si1	0,06 ... 0,14	0,80 ... 1,20	1,60 ... 1,90	0,025	0,025	–	–	–	–
W2Ti	0,04 ... 0,14	0,40 ... 0,80	0,90 ... 1,40	0,025	0,025	–	–	0,05 ... 0,20	0,05 ... 0,25
W3Ni1	0,06 ... 0,14	0,50 ... 0,90	1,00 ... 1,60	0,020	0,020	–	0,80 ... 1,50	–	–
W2Ni2	0,06 ... 0,14	0,40 ... 0,80	0,80 ... 1,40	0,020	0,020	–	2,10 ... 2,70	–	–
W2Mo	0,08 ... 0,12	0,30 ... 0,70	0,90 ... 1,30	0,020	0,020	0,40 ... 0,60	–	–	–

1) Chemische Zusammensetzung für Fertigprodukte. Falls nicht festgelegt: Mo < 0,15 %, Ni < 0,15 %, Cr < 0,15 %, V < 0,03 %, Al < 0,02 %, Ti + Zr < 0,15 %, Cu < 0,35 % (Restanteil im Stahl einschließlich Verkupferung).

2) Einzelwerte in der Tabelle sind Höchstwerte.

3) Die Ergebnisse sind auf dieselbe Stelle zu runden wie die festgelegten Werte unter Anwendung von Regel A nach Anhang B von ISO 31-0 : 1992.

Beispiel für Bezeichnungen

- Stab EN 1668 – W 46 3 W3Si1

Schweißgut für das Wolfram-Schutzgasschweißen (W) mit einer Mindeststreckgrenze von 460 N/mm^2 (46) und für das eine Mindestkerbschlagarbeit von 47 J bei –30 °C (3) erreicht wird, hergestellt mit Argonschutzgas EN 439-I1 und einem Stab W3Si1.

Die Einteilung der Schweißzusätze für das Schutzgasschweißen von warmfesten Stählen enthält für Drahtelektroden, Drähte und Stäbe DIN EN 12070 (Tabelle 6-20), für Fülldrahtelektroden DIN EN 12071. Die Typeneinteilung der Schweißzusätze für das Lichtbogenschweißen von nichtrostenden und hitzebeständigen Stählen ist der DIN EN 12072 (Drahtelektroden, Drähte und Stäbe – Auszug Tabelle 6-21) bzw. DIN EN 12073 (Fülldrahtelektroden) zu entnehmen.

Für die Zuordnung Grundwerkstoff – Schweißzusatz gilt:

- im allgemeinen artgleich,
- C-Gehalt im Schweißzusatz darf nicht höher als im Grundwerkstoff sein,
- Mo-haltige Zusätze auch für Grundwerkstoffe ohne Mo, ausgenommen stark oxidierende Umgebung,
- ELC-Zusatzwerkstoff für stabilisierte Grundwerkstoffe, wenn Betriebstemperatur unter 400 °C.

Die Vorteile des Schutzgasschweißens sind nur mit Schweißzusätzen zu nutzen, die in ihrer chemischen Zusammensetzung, ihrem Oberflächenzustand, in ihren Festigkeits- und Zähigkeitseigenschaften für das jeweils angewendete Verfahren geeignet sind.

Tabelle 6-19. Auszug aus Merkblatt DVS 0916 – Metall-Schutzgasschweißen von Feinkornbaustählen, Kombination von Schweißzusatz und Schutzgas – Massivdrahtelektroden.

Stahlsorte DIN EN: 10028-3,-5,-6		Prüftemperatur für Kerbschlaganforderung Grundwerkstoff quer 27 J °C	Legierungstyp[*] DIN EN 440/Schutzgas DIN EN 439				
			G3Si1/ M2	G4Si1/ M2	G3Ni1 (0,9Ni)/ M2	G3Ni1 (1,3Ni)/ M2	G2Ni2/ M2
P 275 N		0	x				
	H	0	x				
	L1	–20	x		x		
	L2	–50	x[1]			x	x
P 355 N		0	x	x			
	H	0	x	x			
	L1	–20	x	x	x		
	L2	–50		x[2]		x	x
P 355 M		–20	x	x			
P 355 ML		–50		x[2]		x	
P 355 Q		–20	x	x			
P 355 QL		–60		x[2]		x[3]	x
P 460 N		0		x			
	H	0		x			
	L1	–20		x[*]		x	
	L2	–50				x	x
P 460 M		–20		x[*]			
P 460 ML		–50				x	x[*]
P 460 Q		–20		x[*]			
P 460 QL		–60				x[3]	x[*]
P 500 Q		–20				x	
	L	–60				x[3]	x[*]
DIN EN 10113-2,-3,-4	≙ Anforderungen an Längsproben: 47J °C						
S 275 N,M		0	x				
	L	–20			x		
S 355 N,M		0	x	x			
	L	–20		x		x	
S 420 N,M		0		x			
	L	–20		x		x	
S 460 N,M		0		x[*]		x	
	L	–20				x	

[*] nur ungeglüht
[1] Kerbschlagarbeit (ISO-V) bis –30 °C
[2] Kerbschlagarbeit (ISO-V) bis –40 °C
[3] Kerbschlagarbeit (ISO-V) bis –50 °C

Tabelle 6-20. Kurzzeichen für die chemische Zusammensetzung von Drahtelektroden, Drähten und Stäben zum Lichtbogenschweißen warmfester Stähle – DIN EN 12070.

Legierungs-kurzzeichen	Chemische Zusammensetzung in % (m/m)[1)2)3)]								
	C	Si	Mn	P	S	Cr	Mo	V	Andere Elemente
Mo	0,08 ... 0,15	0,05 ... 0,25	0,80 ... 1,20	0,025	0,025	–	0,45 ... 0,65	–	–
MoSi	0,08 ... 0,15	0,50 ... 0,80	0,70 ... 1,30	0,020	0,020	–	0,40 ... 0,60	–	–
MnMo	0,08 ... 0,15	0,05 ... 0,25	1,30 ... 1,70	0,025	0,025	–	0,45 ... 0,65	–	–
MoV	0,08 ... 0,15	0,10 ... 0,30	0,60 ... 1,00	0,020	0,020	0,30 ... 0,60	0,50 ... 1,00	0,25 ... 0,45	–
MoVSi	0,06 ... 0,15	0,40 ... 0,70	0,70 ... 1,10	0,020	0,020	0,30 ... 0,60	0,50 ... 1,00	0,20 ... 0,40	–
CrMo1	0,08 ... 0,15	0,05 ... 0,25	0,60 ... 1,00	0,020	0,020	0,90 ... 1,30	0,40 ... 0,65	–	–
CrMo1Si	0,08 ... 0,14	0,50 ... 0,80	0,80 ... 1,20	0,020	0,020	0,90 ... 1,30	0,40 ... 0,65	–	–
CrMoV1	0,08 ... 0,15	0,05 ... 0,25	0,80 ... 1,20	0,020	0,020	0,90 ... 1,30	0,90 ... 1,30	0,10 ... 0,35	–
CrMoV1Si	0,06 ... 0,15	0,50 ... 0,80	0,80 ... 1,20	0,020	0,020	0,90 ... 1,30	0,90 ... 1,30	0,10 ... 0,35	–
CrMo2	0,08 ... 0,15	0,05 ... 0,25	0,30 ... 0,70	0,020	0,020	2,2 ... 2,8	0,90 ... 1,15	–	–
CrMo2Si	0,04 ... 0,12	0,50 ... 0,80	0,80 ... 1,20	0,020	0,020	2,3 ... 3,0	0,90 ... 1,20	–	–
CrMo2Mn[4)]	0,10	0,50	0,50 ... 1,20	0,020	0,015	2,0 ... 2,5	0,90 ... 1,20	–	–
CrMo2L	0,05	0,05 ... 0,25	0,30 ... 0,70	0,020	0,020	2,2 ... 2,8	0,90 ... 1,15	–	–
CrMo2LSi	0,05	0,50 ... 0,80	0,80 ... 1,20	0,020	0,020	2,3 ... 3,0	0,90 ... 1,20	–	–
CrMo5	0,03 ... 0,10	0,20 ... 0,50	0,40 ... 0,75	0,020	0,020	5,5 ... 6,5	0,50 ... 0,80	–	–
CrMo5Si	0,03 ... 0,10	0,30 ... 0,60	0,30 bis 0,70	0,020	0,020	5,5 ... 6,5	0,50 ... 0,80	–	–
CrMo9	0,06 ... 0,10	0,30 ... 0,60	0,30 ... 0,70	0,025	0,025	8,5 ... 10,0	0,80 ... 1,20	0,15	Ni 1,0
CrMo9Si	0,03 ... 0,10	0,40 ... 0,80	0,40 ... 0,80	0,020	0,020	8,5 ... 10,0	0,80 ... 1,20	–	–
CrMo91	0,07 ... 0,15	0,60	0,4 ... 1,5	0,020	0,020	8,0 ... 10,5	0,80 ... 1,20	0,15 ... 0,30	Ni 0,4 ... 1,0 Nb 0,03 ... 0,10 N 0,02 ... 0,07 Cu 0,25
CrMoWV12	0,22 ... 0,30	0,05 ... 0,40	0,40 ... 1,20	0,025	0,020	10,5 ... 12,5	0,80 ... 1,20	0,20 ... 0,40	Ni 0,8 W 0,35 ... 0,80
CrMoWV12-Si	0,17 ... 0,24	0,20 ... 0,60	0,40 ... 1,00	0,025	0,020	10,5 ... 12,0	0,80 ... 1,20	0,20 ... 0,40	Ni 0,8 W 0,35 ... 0,80
Z	Sonstige vereinbarte Zusammensetzungen								

1) Falls nicht festgelegt: Ni < 0,3; Cu < 0,3; V < 0,03; Nb < 0,01; Cr < 0,2.
2) Einzelwerte in der Tabelle sind Höchstwerte.
3) Die Ergebnisse sind auf dieselbe Stelle zu runden wie die festgelegten Werte unter Anwendung von ISO 31-0 : 1992, Anhang B, Regel A.
4) Ein Verhältnis von Mn zu Si von > 2,0 ist wünschenswert.

Tabelle 6-21. Kurzzeichen für die chemische Zusammensetzung von Drahtelektroden, Drähten und Stäben zum Lichtbogenschweißen von nichtrostenden und hitzebeständigen Stählen – Auszug aus DIN EN 12072.

Legierungs-kurzzeichen	Chemische Zusammensetzung in % (m/m)[1)2)3)4)]								
	C	Si	Mn	P[5)]	S[5)]	Cr	Ni	Mo	Andere Elemente
Austenitisch									
19 9 L[6)]	0,03	0,65	1,0 ... 2,5	0,03	0,02	19,0 ... 21,0	9,0 ... 11,0	–	–
19 9 Nb[6)]	0,08	0,65	1,0 ... 2,5	0,03	0,02	19,0 ... 21,0	9,0 ... 11,0	–	Nb[6)]
19 12 3 L[6)]	0,03	0,65	1,0 ... 2,5	0,03	0,02	18,0 ... 20,0	11,0 ... 14,0	2,5 ... 3,0	–
19 12 3 Nb[6)]	0,08	0,65	1,0 ... 2,5	0,03	0,02	18,0 ... 20,0	11,0 ... 14,0	2,5 ... 3,0	Nb[6)]
Vollaustenitisch hochkorrosionsbeständig									
18 15 3 L[9)]	0,03	1,0	1,0 ... 4,0	0,03	0,02	17,0 ... 20,0	13,0 ... 16,0	2,5 ... 4,0	–
18 16 5 NL[9)]	0,03	1,0	1,0 ... 4,0	0,03	0,02	17,0 ... 20,0	16,0 ... 19,0	3,5 ... 5,0	N 0,10 ... 0,20
19 13 4 L[9)]	0,03	1,0	1,0 ... 5,0	0,03	0,02	17,0 ... 20,0	12,0 ... 15,0	3,0 ... 4,5	–
20 25 5 Cu L[9)]	0,03	1,0	1,0 ... 5,0	0,03	0,02	19,0 ... 22,0	24,0 ... 27,0	4,0 ... 6,0	Cu 1,0 ... 2,0
20 16 3 Mn L[9)]	0,03	1,0	5,0 ... 9,0	0,03	0,02	19,0 ... 22,0	15,0 ... 18,0	2,5 ... 4,5	–
25 22 2 NL[9)]	0,03	1,0	3,5 ... 6,5	0,03	0,02	24,0 ... 27,0	21,0 ... 24,0	1,5 ... 3,0	N 0,10 ... 0,20
27 31 4 Cu L[9)]	0,03	1,0	1,0 ... 3,0	0,03	0,02	26,0 ... 29,0	30,0 ... 33,0	3,0 ... 4,5	Cu 0,7 ... 1,5
Hitzebeständige Typen									
16 8 2	0,10	1,0	1,0 ... 2,5	0,03	0,02	14,5 ... 16,5	7,5 ... 9,5	1,0 ... 2,5	–
19 9 H	0,04 ... 0,08	1,0	1,0 ... 2,5	0,03	0,02	18,0 ... 21,0	9,0 ... 11,0	–	–
19 12 3 H	0,04 ... 0,08	1,0	1,0 ... 2,5	0,03	0,02	18,0 ... 20,0	11,0 ... 14,0	2,0 ... 3,0	–
22 12 H	0,04 ... 0,15	2,0	1,0 ... 2,5	0,03	0,02	21,0 ... 24,0	11,0 ... 14,0	–	–
25 4	0,15	2,0	1,0 ... 2,5	0,03	0,02	24,0 ... 27,0	4,0 ... 6,0	–	–
25 20[9)]	0,08 ... 0,15	2,0	1,0 ... 2,5	0,03	0,02	24,0 ... 27,0	18,0 ... 22,0	–	–
25 20 Mn	0,08 ... 0,15	2,0	2,5 ... 5,0	0,03	0,02	24,0 ... 27,0	18,0 ... 22,0	–	–
25 20 H[9)]	0,35 ... 0,45	2,0	1,0 ... 2,5	0,03	0,02	24,0 ... 27,0	18,0 ... 22,0	–	–
18 36 H[9)]	0,18 ... 0,25	0,4 ... 2,0	1,0 ... 2,5	0,03	0,02	15,0 ... 19,0	33,0 ... 37,0	–	–

1) Falls nicht festgelegt: Mo < 0,3 %; Cu < 0,3 % und Ni < 0,3 %.
2) Einzelwerte in der Tabelle sind Höchstwerte.
3) In der Tabelle nicht aufgeführte Drahtelektroden sind ähnlich, mit dem vorangestellten Buchstaben Z zu kennzeichnen.
4) Die Ergebnisse sind auf dieselbe Stelle zu runden wie die festgelegten Werte unter Anwendung von ISO 31-0 : 1992, Anhang B, Regel A.
5) Die Summe von P und S soll den Wert 0,050 % nicht überschreiten, mit Ausnahme von 25 7 2L, 18 16 NL, 20 16 3 MnL, 18 8 Mn und 2 99.
6) Si ist an das Legierungs-Kurzzeichen anzuhängen, wenn Si > 0,65 bis 1,2 %
7) Nb min. 10 x % C, max. 1,0 %; bis zu 20 % des Nb-Gehalts kann durch Ta ersetzt werden.
8) Drahtelektroden mit diesen Kurzzeichen werden üblicherweise für spezifische Eigenschaften ausgewählt und sind nicht direkt austauschbar.
9) Das reine Schweißgut ist in den meisten Fällen vollaustenitisch und kann daher zu Mikrorissen oder Heißrissen neigen. Das Entstehen von Rissen wird durch Anheben des Mangan-Gehalts im Schweißgut reduziert. Unter Berücksichtigung dieser Tatsache wurde der Mangan-Bereich für einige Sorten erweitert.

Die Anwender der Schweißzusätze stellen zunehmend höhere Qualitätsansprüche. Diese sind auf

- ein gutes Schweißverhalten,
- einen störungsfreien Drahtvorschub,
- eine geringe Schichtdicke der Kupferauflage oder blanke Oberfläche gerichtet. (Massivdrahtelektroden können mit blanker oder verkupferter Oberfläche geliefert werden.)

Die Mindestzugfestigkeit der Drahtelektroden (für unlegierten Stahl) beträgt bei einem Drahtdurchmesser von

0,6 mm: 1100 N/mm^2,
0,8 mm: 1100 N/mm^2,
0,9 mm: 1000 N/mm^2,
1,0 mm: 900 N/mm^2,
1,6 mm: 700 N/mm^2,
2,0 mm: 700 N/mm^2,
2,4 mm: 600 N/mm^2,
3,2 mm: 600 N/mm^2.

Die Mindestzugfestigkeit zusammen mit der richtig gewählten Vorbiegung des Drahtes beeinflussen die Gleiteigenschaften des Drahtes, den Stromübergang in der Kontaktdüse und damit das Abschmelzverhalten. Da zwischen Behandlungstechnologie und Kaltverfestigungsgrad des Drahtes und seinem elektrischen Widerstand ein enger Zusammenhang besteht, kann die bei längerem freiem stromdurchflossenem Drahtende (Abstand Kontaktdüse – Lichtbogenansatz) mögliche Widerstandserwärmung einen Beitrag zur Erhöhung der Abschmelzleistung leisten. Hohe Qualitätsanforderungen werden an Schweißzusätze gestellt, die mit Robotern verschweißt werden. Drahtelektroden werden beim MAG-Hochleistungsschweißen (T.I.M.E.-Prozeß) mit Drahtfördergeschwindigkeiten bis zu 50 m/min vorgeschoben. Ihre Qualität muß den hohen Leistungsanforderungen des Prozesses genügen.

Der in den vergangenen Jahren vollzogene Übergang von der Verwendung des CO_2 als Schutzgas für das Schweißen von un- und niedriglegierten Stählen zum Einsatz von Mischgas (Ar + CO_2, Ar + O_2) hatte zur Folge, daß sich höhere Abschmelzleistungen bei wesentlich geringerer Verspritzungsneigung (Auftreten von Spritzerverlusten) erzielen ließen [6-31] (Bild 6-37).

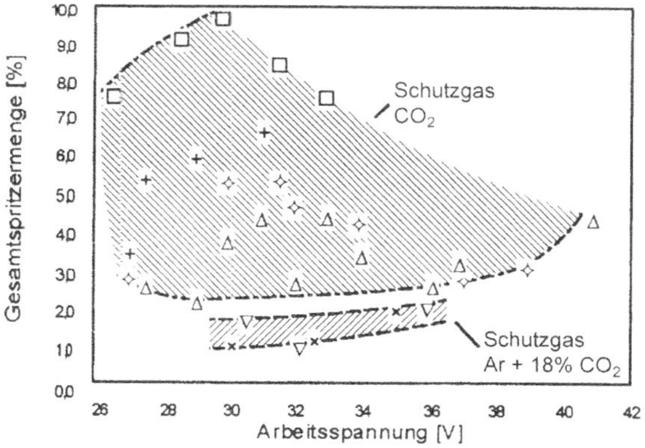

Bild 6-37. Gesamtspritzermenge beim Schweißen in CO_2-Schutz (MAGC) und Mischgas M21 (MAGM) in Abhängigkeit von der Arbeitsspannung, I_S = 300 ... 335 A [6-31].

Die Spritzerbildung ist zurückzuführen auf chemische Reaktionen, die während der Tropfenbildung und des Tropfenüberganges sowie im grundwerkstoffseitigen Schmelzbad stattfinden, auf den Zustand der Drahtoberfläche, die Schutzgaszusammensetzung, die Art des Werkstoffüberganges, die

Form und die Lage des Werkstückes und die Beschaffenheit der Werkstückoberfläche [6-28; 6-29]. Einfluß auf die Spritzerbildung haben die Induktivität der Schweißstromquelle und die Schweißspannung [6-30].

Die Spritzverluste können durch das Schweißen mit kurzem Lichtbogen (Kurzlichtbogentechnik), das Schweißen im Sprühlichtbogen (Bild 6-38) [6-32], durch die Auswahl optimaler Schweißwerte, die Anwendung des Impulslichtbogens und die Verbesserung der Emissionsfähigkeit des Schweißzusatzes (z. B. Aufbringen von dünnen Schichten aus Cer-, Cäsium-, Zirkon-Verbindungen auf die Drahtoberfläche) verringert werden.

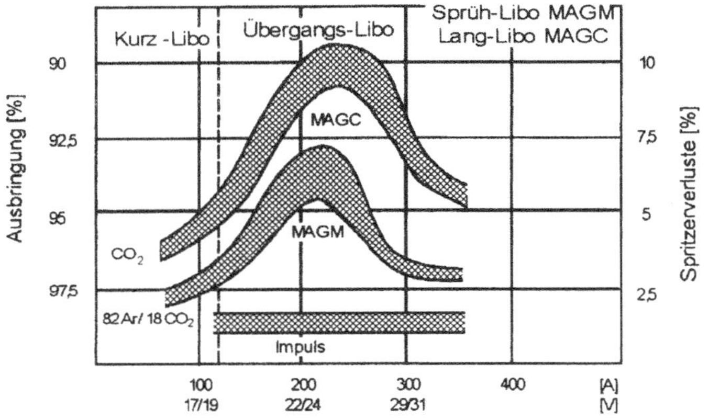

Bild 6-38. Spritzverluste in Abhängigkeit von der Lichtbogenart [6-32].

6.5.5 Fülldrahtelektroden

Mit einem Anwendungsumfang von etwa 6 % (bezogen auf den Schweißzusatzverbrauch für Stähle) in den Jahren 1998/99 haben Fülldrahtelektroden die metallurgischen und technologischen Vorteile gegenüber herkömmlichen Schweißzusätzen nachgewiesen. Fülldrahtelektroden bestehen aus einem aus unlegiertem Band von hoher Qualität hergestellten Rohr mit einer trockenen Pulverfüllung. Sie befinden sich mit unterschiedlichen Querschnittsformen, Füllgraden und chemischen Zusammensetzungen auf dem Markt (Bild 6-39).

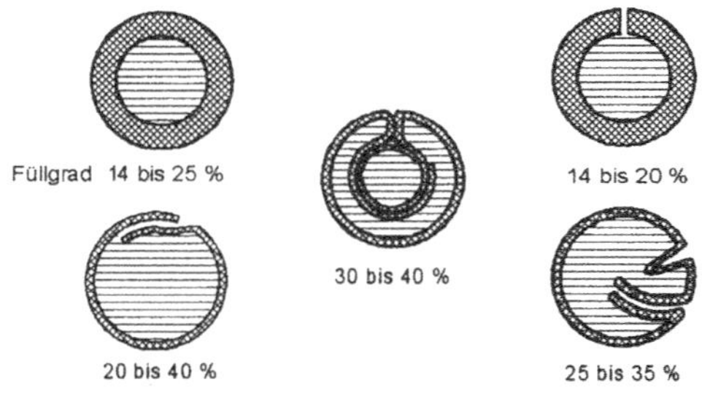

Bild 6-39. Querschnittsformen von Fülldrahtelektroden.

Je nach der Zusammensetzung der schlackebildenden Stoffe werden

- titansaure und
- basische

Fülldrahtelektrodentypen unterschieden. Metallpulverfülldrähte enthalten keine schlackebildenden Komponenten in der Füllung. Das Schweißgut wird nicht von Schlacke abgedeckt.

Die Schweißeigenschaften von Fülldrahtelektroden für das Schweißen von allgemeinen Baustählen und Feinkornbaustählen hängen von

- der Art und Menge des Füllmaterials,
- der Querschnittsform,
- der Größe des leitenden Querschnittes

ab. Unter Füllgrad versteht man den prozentualen Anteil der Füllung im Verhältnis zum Gesamtgewicht. Je höher der Füllgrad, um so höher ist auch die Leistung. Der höchste Füllgrad wird bei Überlappdrähten erreicht.

Fülldrahtelektroden werden nach der Stumpfstoßtechnik mit Füllgraden von 14 bis 25 % oder mit Überlappungsstoß mit Füllgraden von 20 bis 40 % hergestellt. Die Stöße sind durch die starke Verformung bei der Herstellung sehr dicht, sie lassen weder Pulver heraus noch Feuchtigkeit herein.

Mit Stumpfstoß gefertigte Fülldrähte können von 1,6 mm Ausgangsdurchmesser auf 1,4 und 1,2 mm heruntergezogen werden. Fülldrähte mit Überlappungsstoß sind mit Durchmessern von 1,6 und 2,0 mm verfügbar.

Vorteile der Stumpfstoßdrähte mit 1,2 mm Durchmesser sind:

- leichte Verschweißbarkeit durch gute Schmelzbadbeherrschung,
- verbesserter Werkstoffübergang insbesondere im niedrigen Strombereich.

Fülldrähte mit Überlappungsstoß gefertigt ergeben eine hohe Abschmelzleistung aufgrund hoher Stromdichten und bieten die Möglichkeit, Legierungselemente in größeren Anteilen zuzusetzen. Sie werden zunehmend für die Auftragschweißung eingesetzt.

Optimale Bedingungen vorausgesetzt, können Fülldrähte hohe Abschmelzleistungen erbringen. Sie sind weniger empfindlich für Bindefehler, kommen schon bei niedrigen Schweißstromstärken in den Sprühlichtbogenbereich und lassen sich spritzerarm abschmelzen. Rutilfülldrähte zeigen ein sehr gutes Verhalten bei der Zwangslagenschweißung (Stützwirkung der schnell erstarrenden Schlacke).

In [6-33] werden folgende Vorteile von Fülldrähten im Vergleich zur Schutzgasschweißung mit massiven Drahtelektroden genannt:

- höhere Abschmelzleistungen,
- weniger Spritzer,
- verbesserte Schweißgutqualität, geringere Porenanfälligkeit,
- verbesserte Einbrandprofile, geringe Bindefehlerempfindlichkeit,
- verbesserte Schweißgutzähigkeit,
- gute Legierungseffekte.

Ab ca. 6 mm Blechdicke sind Fülldrähte gegenüber massiven Drahtelektroden technisch und wirtschaftlich oftmals günstiger.

Die Fülldrähte haben je nach Banddicke verschiedene Füllgrade. Hoher Füllgrad bedeutet geringere Banddicke, dadurch höhere Stromdichte. Mit zunehmendem Füllgrad steigt die Schweißleistung, ausgedrückt mit der Abschmelzleistung (Bild 6-40).

Auch der Vergleich der Schweißleistung in Abhängigkeit von der Schweißstromstärke für umhüllte Stabelektroden, Draht- und Fülldrahtelektroden läßt die wirtschaftlichen Vorteile der Fülldrahtelektroden erkennen (Bild 6-41). Metallpulverfülldrähte weisen höhere Schweißleistungen als Massiv-

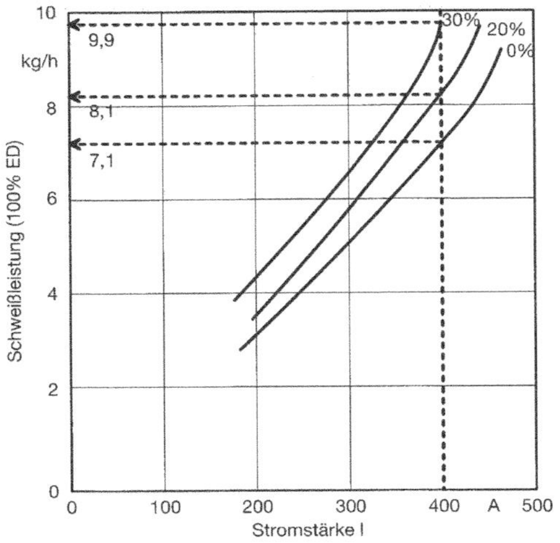

Bild 6-40. Einfluß des Füllgrades auf die Schweißleistung [6-33].

drähte auf. Die Leistung ist bei Minuspolung der Metallpulverelektrode höher als bei Pluspolung (Bild 6-42).

Der *Rutilfülldraht* ist gut verschweißbar und ergibt das beste Nahtaussehen. Die Schlacke ist gut von der Nahtoberfläche zu entfernen. Der Draht ist spritzerarm abzuschmelzen und arbeitet nur im Sprühlichtbogenbereich.

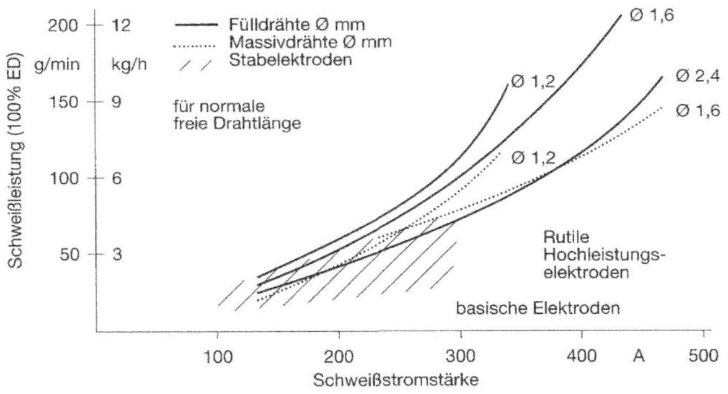

Bild 6-41. Vergleich der Leistung von Fülldrähten, Massivdrähten und umhüllten Stabelektroden [6-33].

Basische Fülldrähte ergeben ein Schweißgut hoher Zähigkeit, sie liefern ein homogenes, porenfreies Schweißgut und sind auch in Zwangslage gut verschweißbar.

Metallpulverfülldrähte sind mit Metallpulver und Desoxidationsmitteln (Ferro-Legierungen) gefüllt. Die Ausbeute beträgt etwa 90 bis 95 %. Sie sind damit mit massiven Drahtelektroden vergleichbar. Da die Füllung keine schlackebildenden Bestandteile aufweist, bilden die Metallpulverfülldrähte nur Oxidinseln auf der Schweißnaht. Sie sind dadurch bei der Mehrlagenschweißung vorteilhaft anwendbar.

Die Fülldrähte enthalten keine Bindemittel und hygroskopischen Rohstoffe. Sie liefern ein Schweißgut mit geringen Gehalten an diffusiblem Wasserstoff (< 6 ml H_2/100 g Schweißgut für schlackebildende, < 3 ml H_2/100 g für Metallpulverfülldrähte).

Die Schutzgasauswahl folgt bei Metallpulverfülldrähten in etwa den gleichen Kriterien wie bei Massivdrähten für das Schweißen unlegierter und niedriglegierter Stähle. Auch bei basischen Füll-

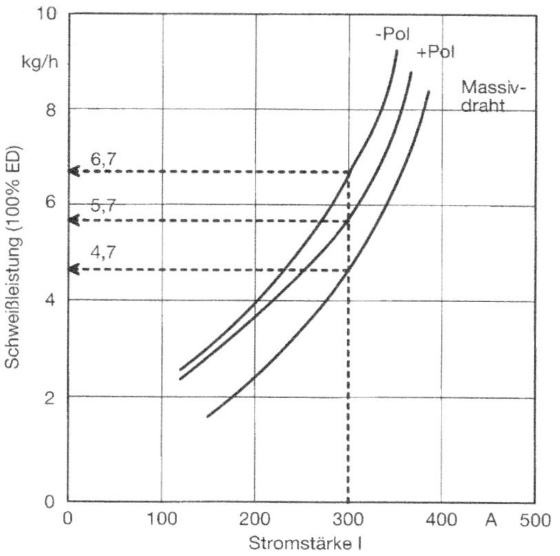

Bild 6-42. Vergleich der Schweißleistungen von massiven Drahtelektroden und Metallpulverdrahtelektroden (Durchmesser 1,2 mm) [6-33].

drähten sind die Auswahlkriterien ähnlich. Hohe CO_2-Gehalte oder reines CO_2 ergeben unsaubere Nahtoberflächen und starke Spritzerbildung. Für Rutildrähte wirkt ein höherer CO_2-Anteil im Mischgas (18 %) günstig.

Für das Schweißen hochlegierter Stähle gelten bei der Anwendung von Metallpulver-Fülldrähten gleiche Auswahlkriterien für das Schutzgas wie bei massiven Drahtelektroden.

Rutilfülldrähte erfordern immer höhere Aktivgasanteile (18 % CO_2), um einen optimalen Einbrand zu erreichen. Ein Schlackefilm um die Tropfen begrenzt die Aufkohlung. Selbst unter reinem CO_2 können 0,04 % Kohlenstoff im Schweißgut eingehalten werden.

Selbstschützende Fülldrähte, die bedeutend mehr Schweißrauche als gasgeschützte entwickeln, werden vor allem beim Schweißen im Freien angewendet. Sie werden als Falzdraht- oder Doppelmantelelektrode hergestellt, haben sich aber für das Verbindungsschweißen nicht durchgesetzt.

Um beim Abschmelzen von Fülldrähten einen kurzschlußfreien, impulsartigen Werkstoffübergang zu erhalten, sollte der CO_2-Gehalt im Mischgas auf maximal 18 % begrenzt werden. Günstiger ist es, einen niedrigeren CO_2-Gehalt einzuhalten oder mit einem zusätzlichen Sauerstoffanteil zu arbeiten (92 % Ar + 8 % O_2; 92 % Ar + 8 % CO_2; 90 % Ar + 5 % O_2 + 5 % CO_2; 80 % Ar + 15 % CO_2 + 5 % O_2). Dadurch können die Vorteile des MAG-Impulsschweißens in einem weiten Einstellbereich genutzt werden.

Unter reinem CO_2 ist kein Impulsschweißen möglich, da sich auch bei hohen Stromstärken kein sprühregenartiger Werkstoffübergang ausbildet.

Das MAG-Schweißen hat in den letzten vier Jahrzehnten eine beeindruckende Entwicklung erfahren. Mit den zur Verfügung stehenden Schweißzusätzen und Schweißstromquellen ist es möglich, Bleche in einem weiten Dickenbereich zu verarbeiten und eine breite Palette unlegierter und niedriglegierter Stähle zu schweißen.

Für das Schweißen dünner Bleche (s < 3 mm) hat sich die *Kurzlichtbogentechnik* bewährt. Der Werkstoffübergang erfolgt unter Kurzschlußbildung, wobei die abschmelzende Drahtelektrode vom Schmelzbad aufgenommen wird (Drahtdurchmesser 0,8; 1,0; 1,2 mm).

Die *Hochstromtechnik* nutzt Stromdichten von 350 bis 450 A/mm^2 und erreicht damit sehr hohe Abschmelzleistungen. Der Werkstoffübergang erfolgt feintropfiger. Als Problem erweist sich die

Störanfälligkeit des Verfahrens, die durch das Schweißen mit einem relativ langen stromdurchflossenen Drahtende hervorgerufen werden kann. Bei der Verwendung von Elektroden größeren Durchmessers (3 mm) wird ein spritzerarmer Werkstoffübergang nur mit erhöhter Lichtbogenspannung (~ 45 V) erreicht (*Dickdrahttechnik*) [6-29; 6-34].

Das *Elektrogas-Schweißen* gleicht in der Verfahrensweise und im gerätetechnischen Aufbau dem Elekro-Schlacke-Schweißen (Senkrechtschweißverfahren).

Das flüssige Schweißgut wird durch die Blechkanten und an den offenen Seiten durch zwei wassergekühlte Kupfergleitschuhe im Spalt gehalten. Entsprechend der Abschmelzleistung steigt der Schmelzbadspiegel, und die Kupfergleitschuhe bewegen sich nach oben.

Das *Engspalt-Schweißen* bietet den Vorteil material- und energieeffektiven Arbeitens. Die Wirtschaftlichkeit ist besonders dann gegeben, wenn durch ein geringes Nahtvolumen die erforderliche Schweißgutmenge, die Schweißzeit sowie der Aufwand für die Nahtvorbereitung und -nachbehandlung verringert und die Qualität der Schweißverbindung verbessert werden [6-35; 6-38].

Beim Schweißen mit hoher Abschmelzleistung wird der Werkstoffübergang mit Sprüh- bzw. rotierendem Lichtbogen genutzt [6-39]. Eine Erhöhung der Drahtfördergeschwindigkeit führt zu einem *rotierenden* Werkstoffübergang. Die dynamische Lichtbogenkraft lenkt das aufgeschmolzene Drahtende aus der axialen Richtung. Das von dem durch den Lichtbogen und Draht fließenden Strom erzeugte Magnetfeld zieht den aufgeschmolzenen Draht und die sich ablösenden Tropfen an, das stromführende Plasma beginnt zu rotieren.

Die Zusammensetzung des Schutzgases hat einen großen Einfluß auf den Werkstoffübergang und den Verlauf der Lichtbogenkennlinie (Bereich des rotierenden Lichtbogens, Bild 6-43) [6-39].

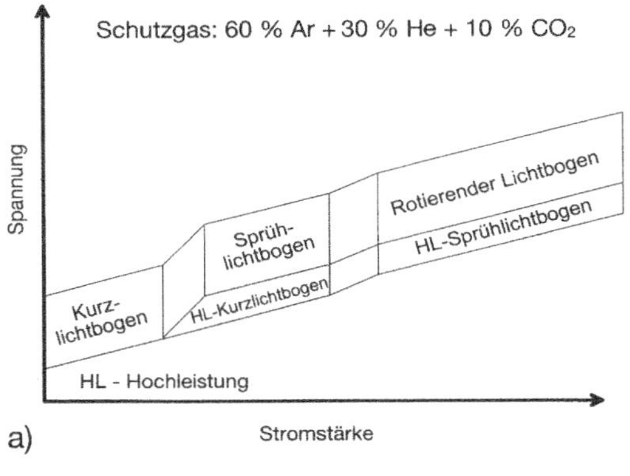

a)

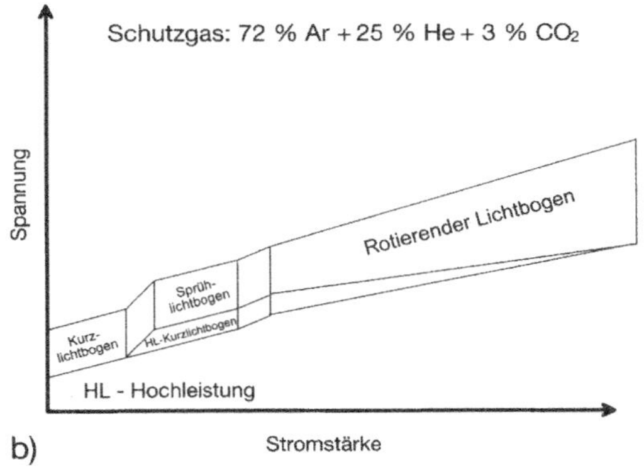

b)

Bild 6-43. Einfluß der Schutzgaszusammensetzung auf die Lichtbogenkennlinie [6-39].

Mit einer Veränderung der Schutzgaszusammensetzung, der Schweißparameter und damit der Lichtbogencharakteristik werden die Abschmelzleistung, die Nahtform (Nahttiefe, Nahtbreite) und auch die Intensität der metallurgischen Reaktionen beeinflußt. Letztere hängen insbesondere von der Temperatur im Lichtbogenbereich, der spezifischen Tropfenoberfläche und der Reaktionszeit ab. Eine qualitative Änderung des metallurgischen Geschehens tritt aber nicht ein.

6.6 Elektronenstrahlschweißen

Das Elektronenstrahlschweißen ist ein Schmelzschweißprozeß. Die kinetische Energie des in der Elektronenstrahlkanone erzeugten und im Vakuum beschleunigten Elektronenstrahles wird beim Auftreffen auf der Werkstückoberfläche in der Schweißzone vorwiegend in Wärmeenergie umgewandelt.

Neben dem Schweißen haben elektronenstrahltechnologische Verfahren industrielle Bedeutung z. B. zum Schmelzen, Verdampfen, Wärmebehandeln, Oberflächenbehandeln, zur Mikrobearbeitung, für strahlenchemische Bearbeitung und für andere technologische Aufgaben erlangt [6-40; 6-41].

Die Verfahren nutzen folgende Eigenschaften von Elektronenstrahlen [6-41]:

- die Möglichkeit, freie Elektronen in elektrischen Feldern auf nahezu beliebige Energie zu beschleunigen,
- die Erzeugung von Strahlströmen in weiten Bereichen (< 1 nA bis 100 A),
- die Fokussierbarkeit von Elektronenstrahlen durch magnetische oder elektrische Felder bis herab zu Brennfleckdurchmessern im 1-nm-Bereich,
- die trägheitsfreie Ablenkbarkeit von Elektronenstrahlen in magnetischen oder elektrischen Feldern,
- die Erzeugung von Leistungsdichten im Strahlfokus bis zu 4×10^9 J/cm^2,
- die Energieumsetzung am Strahlauftreffort in einem engbegrenzten Volumen.

Die gerichteten Ströme beschleunigter Elektronen führen beim Auftreffen auf Materie zu intensiven Wechselwirkungen der Strahlelektronen mit dem Werkstoff (Bild 6-44).

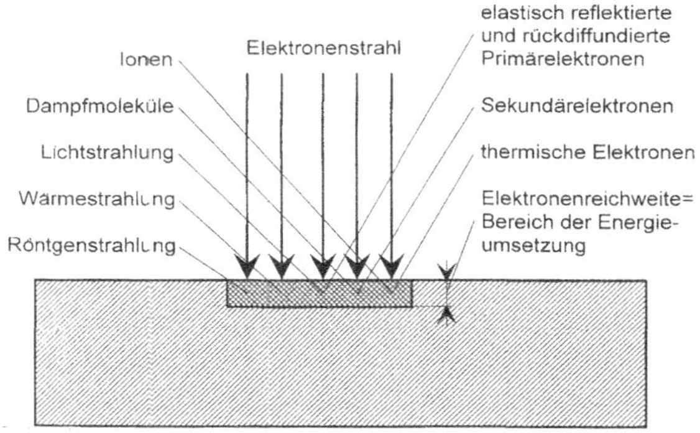

Bild 6-44. Vorgänge beim Auftreffen des Elektronenstrahles auf die Werkstückoberfläche.

Die Elektronen übertragen ihre Energie auf die Atome bzw. Moleküle des Werkstoffes. Die Folge davon sind Ionisierung, Anregung und Freisetzung von Wärme im Absorptionsbereich des Elektronenstrahls.

Der *Absorptionsbereich* ist bestimmt durch den Querschnitt des Elektronenstrahles am Einwirkort und die Reichweite der Elektronen im Werkstoff.

Die Reichweite S des Elektronenstrahls im Werkstoff hängt von der Elektronenenergie und damit der Beschleunigungsspannung U_B und von der Dichte ρ des zu schweißenden Werkstoffes ab (Bild 6-45).

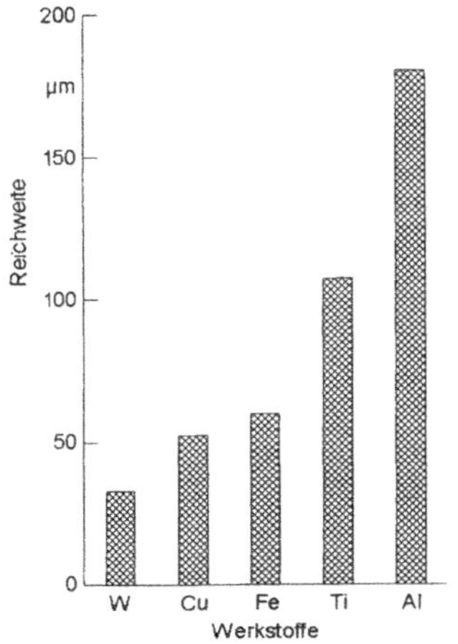

Bild 6-45. Reichweite des Elektronenstrahles.

Für den Bereich der Beschleunigungsspannung 10 kV ≤ U_B ≤ 1 MV gilt [6-42]:

$$S = 6{,}67 \cdot 10^{-11} \frac{U_B^{5/3}}{\rho} \text{ [cm]}. \qquad (92)$$

In der Elektronenstrahltechnologie werden Wirkprinzipien genutzt, die mit der Übertragung von

- Energie,
- Impuls oder
- elektrischer Ladung

verbunden sind.

Die Materialeigenschaften, die Strahlparameter und die Bedingungen der Strahleinwirkung auf den Werkstoff sind ausschlaggebend dafür, welche der Übertragungseigenschaften des Elektronenstrahls prozeßbestimmend sind.

Bei der verfahrenstechnischen Anwendung des Elektronenstrahles zum Schweißen sind die *thermischen Effekte* von Bedeutung. Eng verbunden mit der Entstehung eines beträchtlichen Dampfdruckes am Strahleinwirkungsort erlauben sie Energieeintragstiefen, die die Elektronenreichweite im kompakten Werkstoff um zwei oder drei Größenordnungen übersteigen können.

Das Elektronenstrahlschweißen ermöglicht, Schweißverbindungen mit einem Verhältnis Tiefe zu Breite der Schweißnaht bis etwa 30 : 1 bei Nahttiefen bis mehr als 150 mm herzustellen.

Große Nahttiefen (mit 7,5 kW Strahlleistung bis zu 50 mm tief im Stahl [6-43]) und große Tiefe/Breite-Verhältnisse können dabei nur durch die Ausbildung einer sogenannten *Dampfkapillare* erreicht werden. Die Anwendungsgrenzen des Verfahrens liegen zur Zeit bei bis zu 250 mm Dicke bei Stahl, 150 mm bei Kupfer, 450 mm bei Leichtmetallen [6-49].

Die mit hoher Geschwindigkeit auf das Werkstück treffenden Elektronen, die in einer Tiefe von etwa 10 ... 15 µm im Werkstoff abgebremst werden und den größten Teil ihrer kinetischen Energie in Form von Wärme abgeben, verursachen bei ausreichend hoher Leistungsdichte das Schmelzen des getroffenen Werkstoffbereiches, bei weiterer Einwirkung eine rasche Verdampfung im Zentrum. Der Strahl dringt tiefer in das Werkstück ein (Bild 6-46).

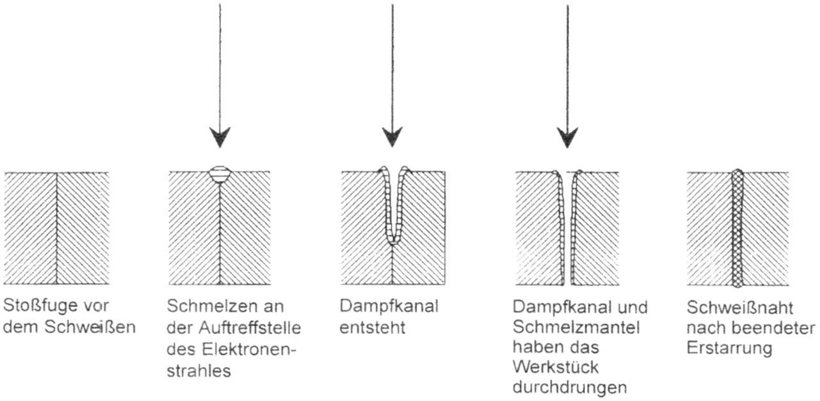

Bild 6-46. Etappen des Tiefschweißvorganges.

In kurzer Zeit bildet sich die Kapillare aus, die von einem Mantel schmelzflüssigen Materials umgeben ist.

Der Kapillaren-Durchmesser kann etwa dem Fokusdurchmesser des Elektronenstrahls (0,2 . . . 1 mm) gleichgesetzt werden, die Tiefe ist gleich der später erkennbaren Schweißnahttiefe.

Die Kapillare wird aufrechterhalten, wenn an den flüssigen Wänden ein Kräftegleichgewicht herrscht (Bild 6-47).

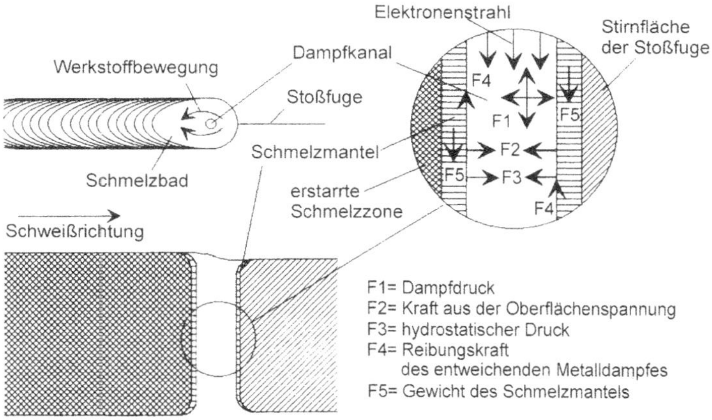

Bild 6-47. Kräftewirkung in der Dampfkapillare.

Die Oberflächengestalt der Dampfkapillare ergibt sich so als dynamischer Gleichgewichtszustand mehrerer auf den Schmelzmantel einwirkender Kräfte. Hervorzuheben sind:

- der Dampfdruck des verdampfenden Werkstoffes (Bild 6-50),
- die Oberflächenspannung der schmelzflüssigen Kapillarwand,
- der hydrostatische Druck der Schmelze,

– der Druck der Elektronen (vernachlässigbar gegenüber dem Dampfdruck und der Oberflächenspannung).

Der Dampfdruck in der Kapillare kann je nach Leistungsdichte im Fokus und der Kapillartiefe ansteigen bis über 1,5 bar ($1{,}5 \cdot 10^5$ Pa). In der Kapillare sollen beim Strahlschweißen dabei Temperaturen von 3000 K auftreten [6-44].

Beim Schweißen wandert die Kapillare mit Schweißgeschwindigkeit durch das Werkstück. In Bewegungsrichtung entsteht vor dem Elektronenstrahl eine Schmelzfront, hinter ihm fließt die Schmelze zusammen und bildet die Schweißnaht (siehe Bild 3-7).

An der Schmelzfront wird der Werkstoff aufgeschmolzen, die Metallschmelze wird durch Dampfdruck und Oberflächenspannung tangential um den einwirkenden Elektronenstrahl herum in den rückwärtigen Teil des Schmelzmantels transportiert. Hier wird sie an der Erstarrungsfront in den festen Zustand übergehen. Verbunden damit sind Strömungsvorgänge, die zu einer intensiven Durchmischung der Schmelze beitragen (Bild 6-48).

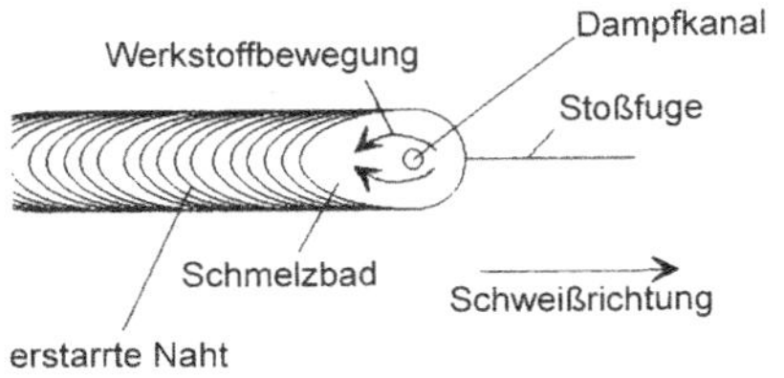

Bild 6-48. Schematische Darstellung der Werkstückbewegung.

Ein in den Schmelzprozeß eingeführter Schweißzusatz beeinflußt dabei die in der Kapillare ablaufenden Prozesse.

Während des Schweißvorganges ist die Kapillare bezüglich der Strahlachse unsymmetrisch deformiert.

Tiefe, Breite und Querschnittsprofil der Schweißnaht werden durch die thermischen Materialeigenschaften, die Elektronenstrahlparameter und die Schweißgeschwindigkeit bestimmt. Beim Schweißen wandert die Dampfkapillare durch das Werkstück. Sie hinterläßt eine rasch erstarrende Schmelzzone, die zwei sich berührende Werkstückkanten zu verbinden erlaubt.

Im Vergleich mit anderen Schweißprozessen ergibt das Elektronenstrahlschweißen wegen seiner hohen Leistungsdichte im Elektronenstrahl (bis zu 10^9 J/cm^2) einen geringen spezifischen Wärmeeintrag und damit eine für ein verzugsarmes Schweißen günstige schmale Wärmeeinflußzone.

6.6.1 Metallurgische Besonderheiten des Elektronenstrahlschweißens

Beim Elektronenstrahlschweißen laufen die metallurgischen Reaktionen in einem Schmelzbad ab, das in der Regel im Vakuum gebildet wird und in ihm erstarrt (die Elektronenstrahlquelle ist im allgemeinen auf 10^{-3} Pa = 10^{-5} mbar; die Arbeitskammer während des Betriebes auf einen Druck von $5 \cdot 10^{-2}$ Pa = $5 \cdot 10^{-4}$ mbar evakuiert).

Das ist von großem Vorteil für die Erzeugung von reinen Schweißgütern beim Schweißen von Stahl und bietet die Möglichkeit, Werkstoffe wie Mo, Ta, Ti, Zr und ihre Legierungen ohne störende metallurgische Effekte zu verbinden.

Im Vordergrund der metallurgischen Betrachtungen beim Elektronenstrahlschweißen stehen das Studium der Wechselwirkungen zwischen den Komponenten im Schmelzbad, die zur Bildung gasförmiger Verbindungen führen, und die *Entgasungsprozesse*.

Besondere Bedeutung hat die Oxidation.

Trotz der Druckabhängigkeit der Sauerstofflöslichkeit in der Schmelze ist es nicht möglich, den Sauerstoff nach dem Beispiel von Wasserstoff oder Stickstoff durch eine reine Entgasungsreaktion, d. h. lediglich durch eine Druckverminderung, aus dem Schmelzbad zu entfernen. Selbst bei sehr hohen Sauerstoffgehalten liegt der entsprechende Druck p_{O_2} unterhalb des technisch erreichbaren Druckbereiches.

Bei 1600 °C ergeben sich für Sauerstoffgehalte von

0,01 % Drücke von $8{,}7 \cdot 10^{-9}$ Torr ($1{,}15 \cdot 10^{-6}$ Pa)

0,05 % Drücke von $2{,}2 \cdot 10^{-7}$ Torr ($0{,}3 \cdot 10^{-4}$ Pa)

0,10 % Drücke von $8{,}7 \cdot 10^{-7}$ Torr ($1{,}15 \cdot 10^{-4}$ Pa)

0,23 % Drücke von $4{,}6 \cdot 10^{-6}$ Torr ($6{,}1 \cdot 10^{-4}$ Pa)

Bei Anwesenheit von Legierungselementen sind die p_{O_2}-Drücke noch niedriger.

Bild 6-49 stellt den Zusammenhang zwischen der Konzentration von [C] und [O] in einer Eisenschmelze aus dem Vakuum-Industrieofen bei 1600 °C und Drücken von 10 . . . 500 Torr ($0{,}13 \cdot 10^4$ Pa bis $6{,}6 \cdot 10^4$ Pa) dar.

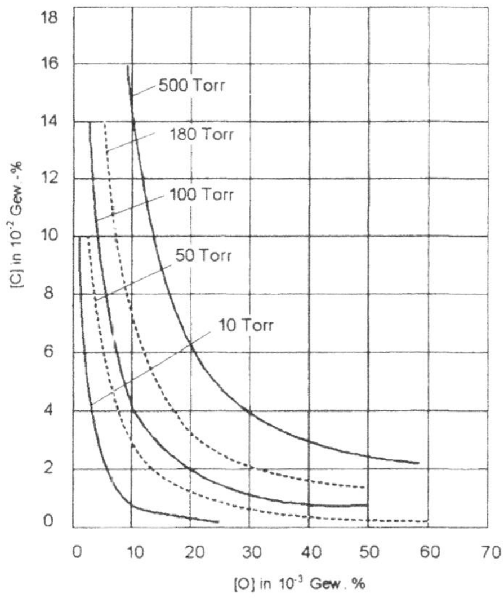

Bild 6-49. C-O-Gleichgewichtsisothermen bei 1600 °C und verschiedenen CO-Partialdrücken.

Berechnungen ergaben, daß durch die Anwendung von geringem Druck der Ablauf der Reaktion [C] + [O] eine wirksame Maßnahme sein kann, um niedrige Sauerstoffgehalte im Schmelzbad zu erreichen.

Metalloxide können beim Schmelzschweißen reduziert werden, wenn entsprechend der Gleichung

$$[MeO] + [C] \rightleftarrows [Me] + \{CO\}$$

die druckabhängige Oxidationsreaktion des Kohlenstoffs zu Hilfe genommen wird.

Für Prozesse, die im Vakuum ablaufen und bei denen ein Stoffaustausch zwischen der flüssigen und der Gasphase stattfindet, ist die Kenntnis der Geschwindigkeit von Entgasungsreaktionen sehr wichtig. Um z. B. ein Wasserstoff- und Stickstoffatom aus der Schmelze in den Gasraum oberhalb der Schmelze zu überführen, muß es zunächst durch Strömungs- und Diffusionsvorgänge an die Oberfläche der Schmelze gebracht werden. Gelangt es mit einer aus dem Inneren der Schmelze kommenden Strömung in die Nähe der Schmelzbadoberfläche, würde es in der Regel mit dieser Strömung weiter mitgenommen und nur selten unmittelbar an die Phasengrenzfläche gelangen, wenn es nicht die Möglichkeit hätte, die zur Phasengrenze parallele Strömungsschicht durch Diffusion zu durchqueren.

Die in der Grenzschicht ablaufende Diffusion ist bei dem Transport aus dem Inneren der Schmelze an die Phasengrenze der geschwindigkeitsbestimmende Schritt, da der Stofftransport durch Diffusion um Größenordnungen langsamer ist als der durch Strömung. Das durch Strömung und Diffusion an die Grenzfläche gelangte Wasserstoff- oder Stickstoffatom muß, um in die Gasphase zu gelangen, die Anziehungskräfte in der Grenzfläche überwinden. Das ist nur möglich, wenn es durch Zusammenstöße mit anderen Atomen eine hinreichend hohe Energie und damit Geschwindigkeit annimmt.

Bei der Verdampfung von Metallen in einen hochevakuierten Gasraum hinein ist die Überwindung des Phasengrenzwiderstandes und nicht der Anlieferungsvorgang an die Phasengrenzfläche der geschwindigkeitsbestimmende Teilschritt. Für den Stoffaustausch zwischen Schmelze und verdünnten Gasen ist der Transport durch die Grenzschicht der Schmelze geschwindigkeitsbestimmend. Damit wird der Stoffübergang bei der Vakuumentgasung zu einem Diffusionsproblem in der zur Phasengrenzfläche parallelen Strömungsschicht der Schmelze.

Die Entgasungsgeschwindigkeit, gemessen durch die zeitliche Konzentrationsänderung dc/dt in der Schmelze, wird durch

- die treibende Kraft der Reaktion (Konzentrationsdifferenz zwischen Schmelzinnerem und Schmelzoberfläche $(c_s - c)$),
- die Stoffübergangszahl $K = \frac{D}{\delta}$, die von der Art des Gases abhängt,
- die wirksame Entgasungsoberfläche A, bezogen auf das Schmelzbadvolumen V,

bestimmt:

$$\frac{dc}{dt} = K \cdot \frac{A}{V} (c_s - c) \text{ [cm/s]} \qquad (93)$$

mit K – Stoffübergangszahl.

Auch für die Wechselwirkung zwischen [C] und [O] ist der Stoffübergang in der Nähe der Phasengrenze geschwindigkeitsbestimmend:

$$\frac{d[O]}{dt} = \frac{A}{V} \cdot K_0([O]_s - [O]), \qquad (94)$$

$$\frac{d[C]}{dt} = \frac{A}{V} \cdot K_c([C]_s - [C]). \qquad (95)$$

Massenspektrometrische Messungen haben verschiedene sogenannte *Suboxide* nachgewiesen. Sie sind bei der Plasma- und Elektronenstrahlschweißung wegen der im Reaktionsbereich erreichbaren hohen Temperaturen wichtig.

Während bei kondensierten Metalloxiden die Bildungswahrscheinlichkeit mit steigender Temperatur abnimmt (Dissoziation), ist das bei gasförmigen Suboxiden wie $\{SiO\}$, $\{Al_2O\}$ nicht der Fall. Ihr Dampfdruck läßt sich aus bekannten thermodynamischen Daten berechnen.

Bei allen Metallen, deren gasförmige Suboxide höhere Dampfdrücke als die reinen Basismetalle aufweisen, wird bei Hochtemperaturtechnologien ein großer Teil des Sauerstoffes über die Suboxide entfernt.

Auf die Eigenschaften und das Verformungsvermögen von Schweißverbindungen haben

- der Gehalt an gelösten und gebundenen Gasen,
- der Gehalt an nichtmetallischen Einschlüssen, ihre Größe, Form und Verteilung,
- der Gehalt an metallischen und nichtmetallischen Verunreinigungen im Schweißgut

Einfluß. Ähnlich wie Gase lassen sich auch nichtmetallische und metallische Komponenten aus der Naht entfernen. Dazu muß die zu entfernende Komponente bei der Arbeitstemperatur auch bei nur geringer Konzentration einen wesentlich höheren Dampfdruck aufweisen als das Basismetall.

Wie aus Bild 6-50 hervorgeht, können besonders leichtflüchtige Metalle (Mg, Al, Mn) beim Schweißen im Vakuum beträchtliche Verluste erleiden.

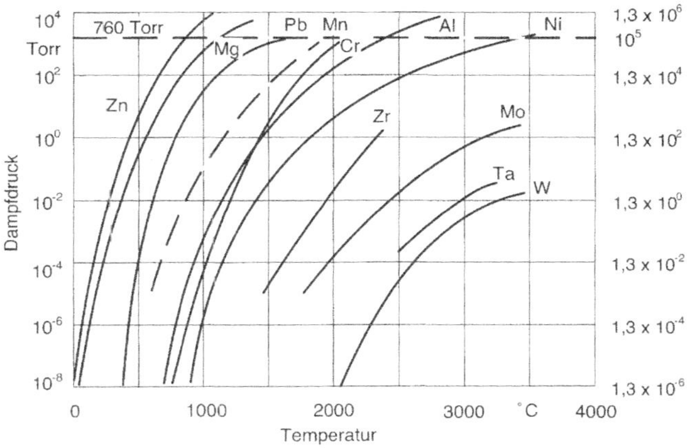

Bild 6-50. Dampfdruckkurven verschiedener Metalle.

Mit dem Elektronenstrahlschweißverfahren ist es möglich, eine große Zahl von Werkstoffen zu schweißen:

- Stähle mit einem Kohlenstoffgehalt ≤ 0,15 % sind ohne Schwierigkeiten zu verbinden. Bei höheren Kohlenstoffkonzentrationen im Stahl und großen Blechdicken können Lunker und Hohlräume (durch Metalldampfblasenbildung) auftreten.
- Bei aufhärtungsempfindlichen Stählen entstehen aufgrund der hohen Abkühlgeschwindigkeiten Härtegefüge in der sehr schmalen Wärmeeinflußzone.
- Beim Schweißen von hochlegierten CrNi-Stählen werden wegen der hohen Abkühlgeschwindigkeiten (≈ 1200 °C/s) unerwünschte Ausscheidungen, wie die Sigma-Phase, unterdrückt.
- Aluminium und seine Legierungen sind in der Regel gut schweißgeeignet.
- Reinkupfer erfordert zur Schmelzbadbildung eine große Energiemenge. Kupferlegierungen (mit Ausnahme von Messing und Neusilber) sind gut geeignet für das Elektronenstrahlschweißen.
- Reinnickel ist ohne Schwierigkeiten mit dem Elektronenstrahl zu schweißen.
- Vorteile bietet das Elektronenstrahlschweißen von Werkstoffen, die bestrebt sind, mit anderen Elementen (z. B. Kohlenstoff, Stickstoff) Verbindungen zu bilden, wie Ti, Zr, V, Mo, Ta.

In einer Übersicht werden von *Eichhorn* [6-45] und *Mager* [6-46] Angaben über die Schweißeignung verschiedener Werkstoffe und Werkstoffkombinationen mit dem Elektronenstrahl gemacht.

Insbesondere beim Schweißen größerer Wanddicken können Fehler wie Wurzelporen, ungleichmäßiger Einbrand und Bindefehler vermieden werden, wenn ein Strahl mit hoher Energiedichte mit einem zweiten Strahl mit geringerer Energiedichte (mit größerem Strahldurchmesser) überlagert wird [6-47] (Bild 6-51).

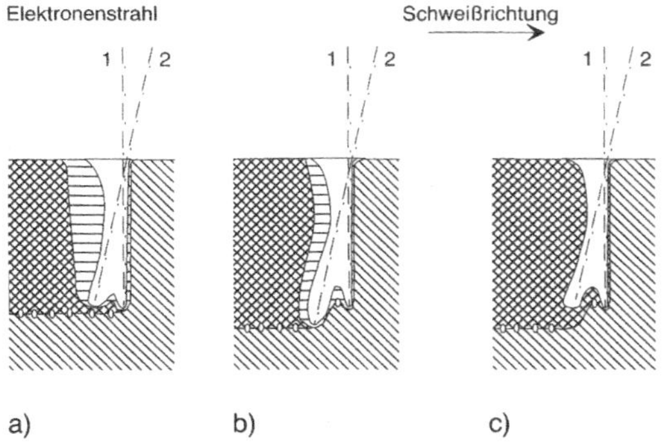

Bild 6-51. Tandem-Elektronenstrahlschweißen.

Das Elektronenstrahlschweißen eignet sich sowohl für das Mikroschweißen als auch für das Schweißen von großen Blechdicken. Es wird angewendet im Flugzeug-, Raketen-, Triebwerks- und Apparatebau, in der Kernreaktortechnik (Schweißen von Brennelementeschutzhüllen aus Zirkonlegierungen, von Aluminium, Magnesium, Beryllium und CrNi-Stahl), im Getriebebau, in der Feinwerk- und Elektrotechnik u. a.

Durch die Verwendung eines Schweißzusatzes (Drahtelektrode), der geschmolzen und in das Schmelzbad eingebracht wird, ergeben sich durch die Verringerung des Aufwandes bei der Schweißnahtvorbereitung, durch die Beeinflussung der Schmelzzonenmetallurgie und die Vermeidung der Lunkerbildung technologische Vorteile. Es wurden dafür geeignete Drahtfördereinrichtungen entwickelt, die Drähte von 0,6 ... 1,0 mm Durchmesser mit einer Drahtfördergeschwindigkeit von 13 m/min zuzuführen gestatten [6-48].

6.7 Laserstrahlschweißen

Der Laser ist eine künstliche elektromagnetische Strahlenquelle, die ein monochromatisches und kohärentes Strahlenbündel erzeugt.

Den optischen Resonator verläßt durch den halbdurchlässigen Spiegel ein paralleles Strahlenbündel mit einer Leistungsdichte, die weder zum Schweißen noch zum Trennen ausreichend ist.

Durch die *Fokussierung* des Strahles wird aber die für einen thermischen Prozeß notwendige Leistungsdichte erreicht. Es entsteht durch die Absorption der Laserstrahlen im Werkstoff Wärme. Die Anwendung des Lasers für die thermische Metallbearbeitung wird bestimmt durch die Leistungsdichte und Einwirkzeit (Bild 6-52).

Der Laserstrahl dringt nur bis zu 0,5 μm in metallische Oberflächen ein. Die absorbierte Leistung wird in einem kleinen Metallvolumen in Wärme umgesetzt. Die Absorption hängt von der Wellenlänge des Laserstrahles und den optischen Konstanten des Werkstoffes, wie Reflexionsvermögen, Absorptionskoeffizient ab.

Das von der Wellenlänge abhängige Reflexionsvermögen ist für verschiedene Werkstoffe sehr unterschiedlich. Das erklärt die großen Unterschiede, die bei der Energieumwandlung in unterschiedlichen Werkstoffen auftreten können.

Reflexionsvermögen: gibt reflektierten Anteil der eingestrahlten Leistung wieder.

Absorptionskoeffizient: Maß für den Intensitätsverlust beim Eindringen in den Werkstoff

$$I(x) = I_O \cdot e^{-K \cdot x}. \qquad (96)$$

Hierin bedeuten:

x – Abstand von der Oberfläche
I_O – Intensität des auf die Oberfläche fallenden Lichtes
I_x – Intensität des Lichtes, nachdem es die Schichtdicke × passiert hat

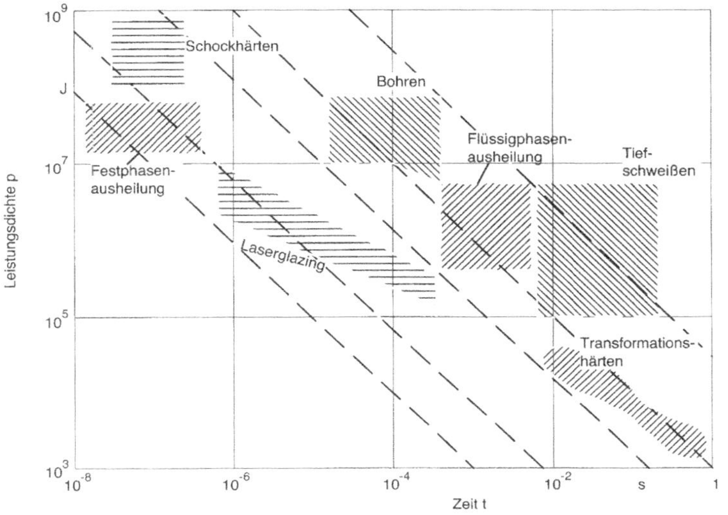

Bild 6-52. Lasermaterialbearbeitung.

Um einen Werkstoff thermisch bearbeiten zu können, ist es notwendig, einen Laser mit einem Wellenlängenspektrum auszusuchen, für das z. B. der zu verschweißende Werkstoff ein möglichst geringes Reflexionsvermögen und eine möglichst hohe Absorptionskonstante besitzt.

Metallische Werkstoffe absorbieren im sichtbaren Bereich bis zum nahen Infrarot (Wellenlänge $\lambda \leq 1\ \mu m$) ca. 40 ... 60 % der Strahlung, bis zum mittleren Infrarot sind es nur noch 5 ... 10 %.

Nichtmetallische Werkstoffe verhalten sich umgekehrt. Neben dem Absorptionsverhalten beeinflussen Faktoren wie die Wärmeleitfähigkeit des Werkstoffes, die Energie bzw. Leistung und die Energie- und Leistungsdichteverteilung die Wirkung des Laserstrahles. Eine gaußförmige Amplitudenverteilung über den Strahlquerschnitt ist vorteilhaft.

Technisch angewendet werden

- Festkörperlaser (Leistungsdichte ca. 10^8 J/cm^2),
- He-Ne-Gaslaser (neutrale Gase dienen als laseraktives Medium),
- Argon-Laser,
- CO_2-Laser (aktives Medium ist CO_2; Wellenlänge der ausgesandten Strahlung liegt im ultraroten Bereich bei 10,6 µm; Wirkungsgrad kann 15 ... 20 % erreichen; höchste Ausgangsleistung 20 kW [6-50]),
- YAG-Laser (Neodym-Yttrium-Aluminium-Granat-Laser; die emittierte Wellenlänge liegt zwischen 0,6 und 1,1 µm; Arbeit im Impulsbetrieb),
- Gasdynamische Laser (Steigerung der Laserleistung bis zu 60 kW [6-52]).

Den größten Einfluß auf die *Laserschweißeignung* haben

– das Reflexionsvermögen des Werkstoffes, das insbesondere für die Einleitung des Schweißprozesses wichtig ist,

– die thermische Diffusibilität (Ausbreitungsvermögen) als das Verhältnis von thermischer Leitfähigkeit K zu spezifischer Wärme c und Dichte ρ ($K/c \cdot \rho$). Sie ist ein wichtiges Kriterium für die Fähigkeit des Werkstoffes, Wärme zu leiten. Für das Laserstrahlschweißen sollte der Werkstoff eine geringe Diffusibilität aufweisen,
– die Schmelztemperatur des Werkstoffes,
– die Verdampfungstemperatur des Werkstoffes,
– die Viskosität der Schmelze.

Durch den absorbierten Anteil der Laserstrahlung wird das Werkstück lokal aufgeheizt. Ist die Strahlungsintensität ausreichend hoch, beginnt der Werkstoff im Wirkungsbereich der Strahlung zu schmelzen. Eine weitere Erhöhung der Strahlungsintensität führt zu einer weiteren örtlichen Aufheizung und der Wirkung eines *Tiefschweißeffektes* (Bild 6-53).

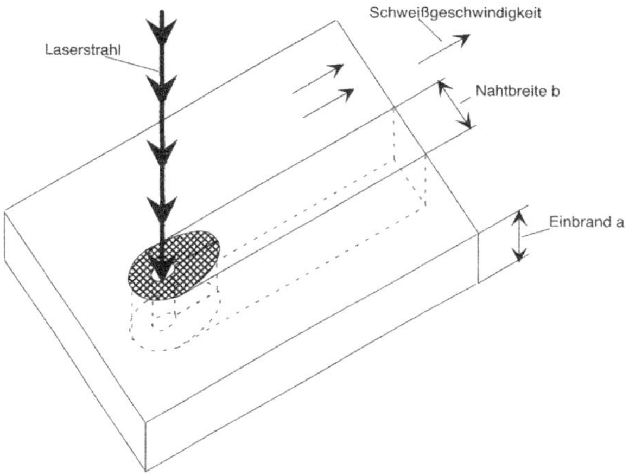

Bild 6-53. Schweißnahtgeometrie beim Laserstrahlschweißen.

Dieser wird mit dem Modell der *Dampfkapillare* beschrieben. Nach Erreichen der Verdampfungstemperatur an der Werkstückoberfläche wird durch Verdampfen des Werkstoffes eine „Dampfkapillare" gebildet, deren Geometrie von den Laser- und Prozeßparametern abhängt. Durch selektive Verdampfungen können Veränderungen in der Schweißgutzusammensetzung auftreten [6-55].

Durch die Kapillare dringt der Laserstrahl tief in das Werkstück ein. Die Kapillare ist von einer flüssigen Phase umgeben. Mit Schweißgeschwindigkeit wird die Kapillare durch den Werkstoff gezogen. Vor ihr bildet sich die Schmelzfront aus, hinter ihr erstarrt das durch die Wirkung der Oberflächenspannung wieder zusammenfließende schmelzflüssige Metall zum Schweißgut.

Ein Teil der Schmelze verdampft und strömt als ionisierter Metalldampf aus der Kapillare heraus, während ein weiterer Teil an der kälteren Kapillarrückwand kondensiert. Auch wenn die Absorption der Laserstrahlung an metallischen Oberflächen nur gering ist, werden Hochleistungslaser zum Metallschweißen eingesetzt, weil bei geeigneten Prozeßparametern höhere Absorptionswerte durch die Bildung eines Metalldampfplasmas, das die einfallende Laserenergie in Wärmeenergie umwandelt, erreicht werden. Damit kann die Laserstrahlung nahezu vollständig in das Werkstück eingekoppelt werden. Ein laserinduziertes Plasma bildet sich bei Strahlintensitäten, wie sie CO_2-Laser erreichen, nur aus, wenn ein Metalldampf mit ausreichender Dichte existiert.

Um die Bedingung zu erfüllen, muß der Laserstrahl zunächst das Werkstück lokal auf Verdampfungstemperatur aufheizen. Es muß mehr Laserenergie absorbiert werden, als durch Wärmeleitung abgeführt werden kann.

Wird eine Intensität von 10^7 J/cm^2 überschritten, verdichtet sich das Metalldampfplasma so, daß die Bearbeitungsstelle zunehmend abgeschirmt wird und eine weitere Intensitätserhöhung keine Auswirkung mehr auf die Eindringtiefe der Photonen in das Werkstück hat. Die abschirmende Wirkung des Plasmas ist durch ein Schutzgas beeinflußbar (He, N_2, Ar).

Die *Schweißtiefe* wird in starkem Maße durch die *Laserstrahlintensität* und *Laserstrahlleistung* bestimmt (Bilder 6-54 und 6-55 [6-54]).

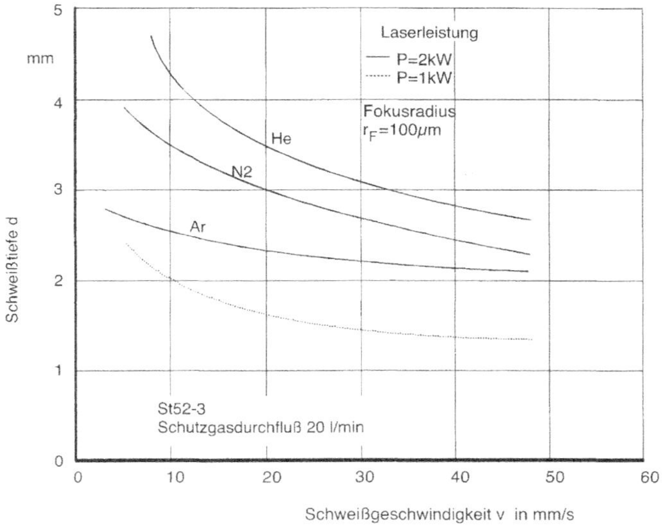

Bild 6-54. Einfluß des Schutzgases auf die Schweißtiefe [6-54].

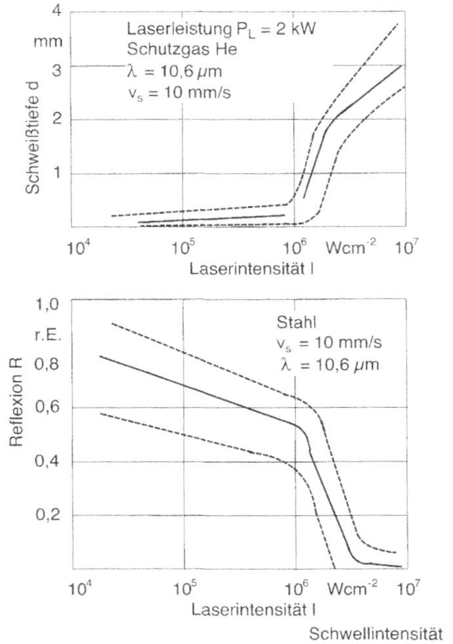

Bild 6-55. Schweißtiefe und Reflexion in Abhängigkeit von der Laserstrahlintensität.

Ein wesentliches Qualitätsmerkmal für das Laserstrahlschweißen ist die schmale Schweißnaht. Sie ermöglicht durch die vergleichsweise niedrige eingebrachte Energie das verzugsarme Schweißen von Bauteilen.

Bedingt durch die Nahtgeometrie und die hohen Prozeßgeschwindigkeiten ergeben sich Temperaturgradienten im Schmelzbad, die höher als bei konventionellen Verfahren sind [6-56]. Damit verbunden sind eine geringe thermische Belastung des Werkstoffes neben der Schweißnaht, eine günstige Erstarrungsstruktur und gute mechanische Eigenschaften des Schweißgutes. Beim Schweißen aufhärtungsempfindlicher Werkstoffe kann lokal eine sehr hohe Aufhärtung insbesondere im Bereich der Wärmeeinflußzone auftreten [6-57; 6-58].

Die Schweißeignung und die Festigkeit sind durch die Verwendung von Schweißzusätzen (Drahtelektroden mit 0,6 und 0,8 mm Durchmesser) in starkem Maße beeinflußbar [6-59 ... 6-62; 6-65].

Vorteilhaft wirkt sich die Zuführung einer Drahtelektrode, für die entsprechende Drahtfördereinrichtungen vorgeschlagen werden [6-62], im Hinblick auf die Reduzierung des Vorbereitungsaufwandes für die zu schweißenden Bleche, die Überbrückung von Luftspalten und die metallurgische Beeinflussung des Schweißgutes aus. Der Draht schmilzt, wenn er mit dem Laserstrahl wechselwirkt, kontinuierlich auf. Der Werkstoffübergang erfolgt aber diskontinuierlich unter Ausbildung von Tropfen.

Insbesondere der CO_2-Laser hat für das Schweißen von S355 [6-66], S460N, X6CrNiTi18-10 [6-61], von Stählen mit hohem C-Gehalt [6-59], HY80 mit 50 mm Blechdicke [6-63], von X5CrNi18-9 [6-64], von Titan [6-57] eine breite Anwendung gefunden. Aluminium und Aluminiumlegierungen erfordern aufgrund der thermischen und optischen Eigenschaften (hohe Wärmeleitfähigkeit, starkes Reflexionsvermögen) sowie der Oxidationsneigung, der Neigung zur Verdampfung und Bildung eines Metallplasmas höhere Schwellintensitäten (Bild 6-56). Das erfordert den Einsatz leistungsstarker Laser [6-67].

Die Nahtparameter hängen linear vom Produkt Intensität × Fokusradius ($I \cdot r_F$) und von der Streckenenergie ab [6-68] (Bilder 6-57 und 6-58).

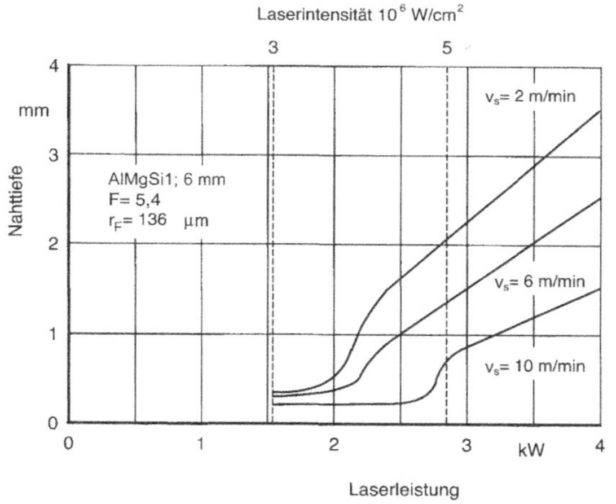

Bild 6-56. Schwellintensität für das Tiefschweißen von AlMgSi1 [6-67].

Galvanische Beschichtungen auf Stahlblechen wirken sich auf den Laserstrahlschweißprozeß nicht negativ aus, solange die Schichten dünner als 20 µm sind und keine Begleitelemente wie Phosphor enthalten. Stickstoffhaltige Diffusionsschichten waren nicht mit befriedigendem Ergebnis zu schweißen [6-69]. Die Autoren berichten über das Laserstrahlschweißen Ni-, Cu-, Cr-beschichteter, lackierter, nitrierter und carbonitrierter Bleche sowie von einsatzgehärteten Blechen. Das Laserstrahlauftragschweißen in der Automobilindustrie (Verwendung von Pulvern auf Ni- und Co-Basis) bietet die Möglichkeit, Teile mit komplizierten Oberflächenprofilen, die starkem Verschleiß unterliegen, zu regenerieren [6-70].

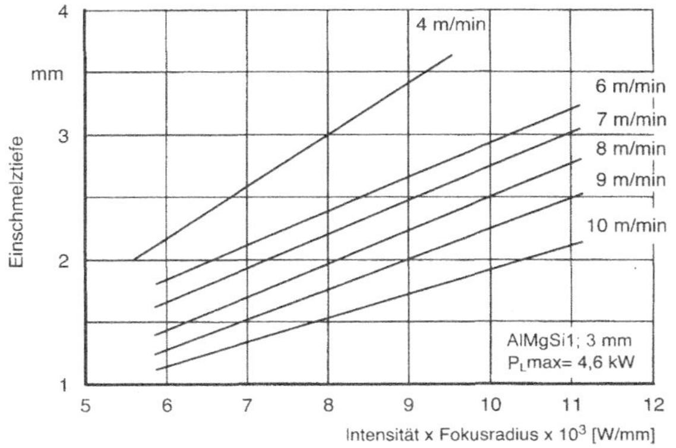

Bild 6-57. Einschmelztiefe in Abhängigkeit vom Produkt aus Intensität und Fokusradius [6-68].

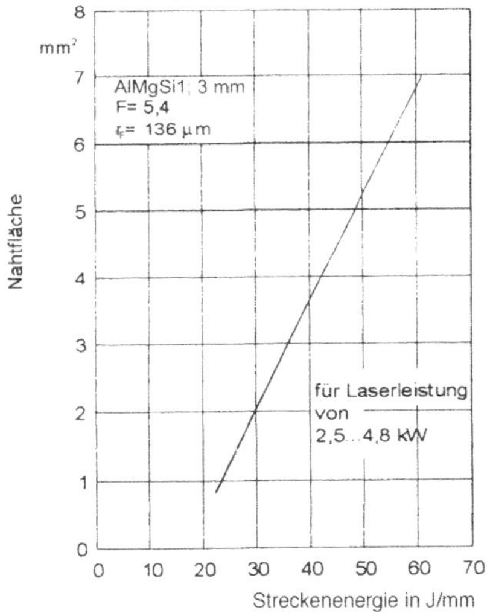

Bild 6-58. Einfluß der Streckenenergie auf die Nahtfläche [6-68].

6.8 Thermische Trennverfahren

Thermische Trennverfahren werden in der Industrie in großem Umfang angewendet. Der metallische Werkstoff wird örtlich durch die Wärmequelle verflüssigt und durch die kinetische Energie eines Gasstrahles aus der Schnittfuge geblasen.

Unterschieden wird zwischen Verfahren, bei denen

- die Verflüssigung des Werkstoffes durch eine Gesamtwärmemenge, die sich aus der Summe der Wärmemenge einer Heizflamme und der Oxidationswärme des zu trennenden Werkstoffes ergibt,
- das Schmelzen des Werkstoffes durch die Einwirkung des Lichtbogens, des Plasma- oder Laserstrahles

erfolgt.

Tabelle 6-22 gibt die Anwendungsgrenzen der thermischen Trennverfahren wieder [6-77].

Tabelle 6-22. Anwendungsgrenzen von thermischen Trennverfahren [6-77].

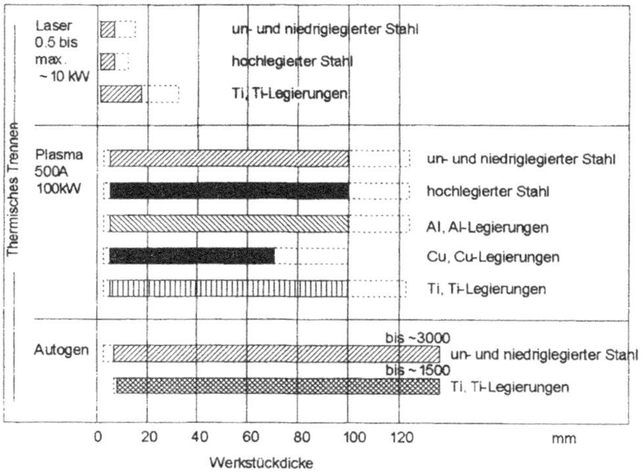

Bei beiden Verfahrensgruppen, denen

- das Brennschneiden, das Pulverbrennschneiden, das Brennfugen, Brennflämmen
- das Schmelzschneiden mit Plasmastrahl, das Druckluft-Plasmaschneiden, das Lichtbogenschneiden und Fugenhobeln, Lasersstrahlschneiden

zuzuordnen sind, finden physikalische und chemische Prozesse statt, die denen der Schmelzschweißverfahren ähneln oder entsprechen.

6.8.1 Autogenes Brennschneiden, Pulverbrennschneiden, Brennfugen, Brennflämmen

Die Verflüssigung des metallischen Werkstoffes erfolgt durch eine Wärmemenge, die sich aus der Wärmemenge einer Heizflamme und der bei der Oxidation des Werkstoffes entstehenden Wärmemenge zusammensetzt. Die Verfahren beruhen darauf, daß verschiedene Metalle bei genügender Vorwärmung (auf Zündtemperatur) in reinem Sauerstoff mit hoher Geschwindigkeit oxidiert werden.

Der Brennschneidprozeß besteht aus drei Teilprozessen:

1. Vorwärmung des zu trennenden Metalles auf die Zündtemperatur (Bild 6-59)

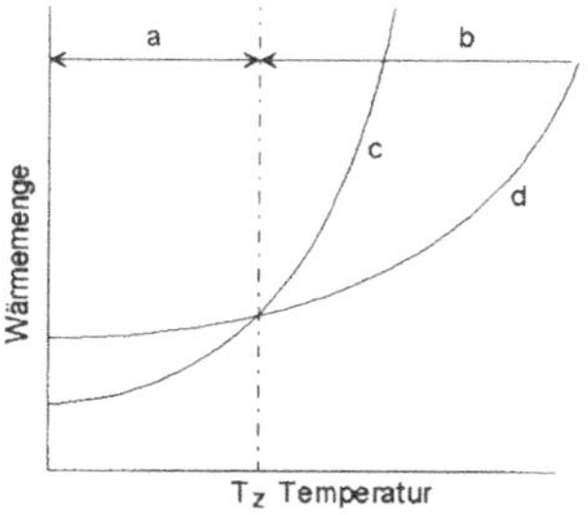

Bild 6-59. Teilprozeß des Brennschneidprozesses.

a – ständige Wärmezufuhr erforderlich

b – selbsttätiges Weiterbrennen

c – Reaktionswärme

d – abgeführte Wärme

Die Zündtemperatur T_Z (Entzündungstemperatur) ist die Temperatur, oberhalb der der Werkstoff lebhaft mit Sauerstoff reagiert.

Die Vorwärmung des Metalles erfolgt durch die sogenannte Heizflamme. Durch die Verbrennung von C_2H_2

$$C_2H_2 + O_2 \rightarrow 2\,CO + H_2$$
$$CO + H_2 + O_2 \rightarrow CO_2 + H_2O$$

entsteht Verbrennungswärme, die es erlaubt, die Werkstoffoberfläche im Bereich der Kanten auf Zündtemperatur vorzuwärmen.

Die Zündtemperatur ist abhängig vom Werkstoff, der Werkstoffbeschaffenheit (Kompaktwerkstoff, Pulver), der Werkstoffzusammensetzung und den geometrischen Randbedingungen. Sie beträgt für niedriglegierten Stahl etwa 1150 °C (1425 K); sie nimmt mit steigendem Kohlenstoffgehalt im Stahl zu. Die Zeit bis zum Erreichen der Zündtemperatur wird vor allem durch die physikalischen Eigenschaften des Werkstoffes und die Heizflammenzusammensetzung festgelegt.

2. Verbrennung des Metalles durch reinen Sauerstoff, der nach Erreichen der Zündtemperatur durch Öffnen des Schneidsauerstoffventils zugeführt wird.

   Dabei laufen folgende Reaktionen ab:

   - $Fe + {}^1/_2O_2 \rightarrow FeO$
   - $3\,FeO + {}^1/_2O_2 \rightarrow Fe_3O_4$
   - $2\,Fe_3O_4 + {}^1/_2O_2 \rightarrow 3\,Fe_2O_3$

   Diese Reaktionen haben exothermen Charakter. Die freiwerdende Reaktionswärme verflüssigt die entstehenden Reaktionsprodukte und erwärmt die tieferliegenden Werkstoffschichten auf Zündtemperatur. Damit werden die Voraussetzungen geschaffen, daß der Schneidstrahl sich auch durch den Werkstoff großer Dicke kontinuierlich durcharbeitet.

   Da bei der Oxidation von 1 cm^3 Fe zu FeO etwa 38 kJ Wärme frei werden, ist die Reaktionswärme ausreichend, um die Reaktionsprodukte zu verflüssigen und die tieferliegenden Werkstoffschichten auf Zündtemperatur zu erwärmen.

   Beim Brennschneiden von unlegiertem Baustahl werden aber auch die Elemente [Si] und [Mn] oxidiert:

   $Si + O_2 \rightarrow SiO_2$ ($\Delta H = -872{,}9$ kJ/mol)

   $2\,Mn + O_2 \rightarrow 2\,MnO$ ($\Delta H = -779{,}5$ kJ/mol).

   Die zusätzlichen Wärmemengen beeinflussen aber wegen der geringen Konzentration der Elemente im Stahl die Wärmebilanz des Verfahrens kaum.

3. Entfernung der durch die Verbrennung gebildeten Reaktionsprodukte FeO, Fe_3O_4, Fe_2O_3, SiO_2, MnO aus der Schnittfuge durch die kinetische Energie des Schneidsauerstoffstrahles (entweder durch die Verwendung hoher Drücke – Hochdruckschneiden – Druckstufen der Feinstrahldüsen: 2, 5, 10, 20 MPa, oder durch die Anwendung großer Sauerstoffmengen – Niederdruckschneiden – 0,25 MPa Sauerstoffdruck).

In Verbindung mit Bahnführungsmaschinen hoher Genauigkeit, dem Einsatz leistungsfähiger Düsensysteme und der Verwendung von Sauerstoff hoher Reinheit (≥ 99,5 %) ergeben sich hohe Schnittgeschwindigkeiten, ausgezeichnete Schnittgüten und geringe Werkstücktoleranzen.

Voraussetzungen für das autogene Trennen (Brennschneiden) sind folglich:

- das Vermögen des Metalles, mit Sauerstoff zu reagieren und damit einen ausreichend hohen Betrag an Reaktionswärme zur Verfügung zu stellen → Oxidierbarkeit des Werkstoffes,
- die Zündtemperatur des Werkstoffes muß unterhalb der Schmelztemperatur des Werkstoffes liegen (Eisen: $T_S = 1812$ K, $T_{Zünd} = 1425$ K),
- der Schmelzpunkt der gebildeten Oxide muß unterhalb der Schmelztemperatur des Werkstoffes liegen ($T_{schmelz\ Fe} = 1812$ K; $T_{S\ FeO} = 1641$ K),
- die bei der exothermen Reaktion der Metalloxidation entstehende Verbrennungswärme (Reaktionswärme) und die Reaktionsgeschwindigkeit müssen so groß sein, daß die Zündtemperatur auch beim Trennen dicker Bleche in den unteren Blechdickenbereichen erreicht wird, die Reaktionsprodukte verflüssigt werden (Temperatur in der Brennschnittfuge ≈ 1850 K),
- der zu schneidende Werkstoff muß eine geringe Wärmeleitfähigkeit aufweisen,
- die Schmelze muß dünnflüssig sein, damit sie durch den Schneidsauerstoffstrahl aus der Schnittfuge ausgeblasen werden kann.

Die Voraussetzungen, die an die Brennschneideignung gebunden sind (Tabelle 6-23), sind bei un- und niedriglegierten Stählen erfüllt, auch einige höher legierte Stähle können ohne besondere Maßnahmen brenngeschnitten werden, ebenso Titan und Molybdän. Die Voraussetzungen für die Brennschneideignung müssen also modifiziert werden, auch unter Beachtung der Tatsache, daß die Zündtemperatur keine konstante Größe ist, Legierungselemente die Wärmeleitfähigkeit beeinflussen und die entstehende Reaktionswärme je nach dem zu trennenden Werkstoff unterschiedlich ist. Die Schmelztemperatur von Titan beträgt 1725 °C, von TiO_2 1855 °C.

Tabelle 6-23. Werkstoffkenngrößen zur Beurteilung der Brennschneideignung.

Werkstoff	Schmelz-temperatur [°C]	Schmelztemperatur des Oxides [°C]		Reaktionswärme Oxid $\Delta H°_{298}$ [kJ/mol]	Wärmeleitfähigkeit λ [W/(Km)]
Eisen	1536	FeO	1368	–263,7	40 ... 60
unleg. Stahl	~1520	FeO	1368	–263,7	
X10CrNi18-9	~1450	Cr_2O_3	2277	–1141,0	
Aluminium	658	Al_2O_3	2047	–1675,0	210
Kupfer	1084	Cu_2O	1230	–167,4	380
Titan	1725	TiO_2	1855	–943,9	15

Ohne Vorwärmung brennschneidgeeignete Stähle [5-59]:

unlegiert bis 2 % Kohlenstoff (Gefahr der Aufhärtung)
Chromstahl bis 1,5 % Cr
Wolframstahl bis 10 % W, 5 % Cr, 0,22 % Ni, 0,8 % C
Siliziumstahl bis 4 % Si und 0,2 % C
Nickelstahl bis 34 % Ni und 0,5 % C
Cu-haltiger Stahl bis 0,7 % Cu
Manganstahl bis 13 % Mn, 1,3 % C

Mit Vorwärmung auf mindestens 200 °C noch brennschneidgeeignet:

Chromstahl mit 1,5 bis 10 % Cr
Wolframstahl mit 10 bis 17 % W

Der *Brennschneidvorgang* ist von vielen Autoren beschrieben worden [6-71 ... 6-76]. Pfleiderer [6-73] wies mittels Filmaufnahmen nach, daß der Schneidsauerstoffstrahl den zu schneidenden Grundwerkstoff nicht unmittelbar berührt. Er ist vielmehr ständig von einem Mantel flüssigen Eisenoxids umgeben. Zwischen dem Schlackenmantel und dem festen Grundwerkstoff befindet sich eine Schicht angeschmolzenen Eisens.

Zwischen dem Sauerstoff des Schneidstrahles – dem Schlackemantel – der Schicht angeschmolzenen Eisens finden intensive Wechselwirkungen statt, die die Zusammensetzung der Oxidationsprodukte und der Brennschnittkante beeinflussen (Bild 6-60).

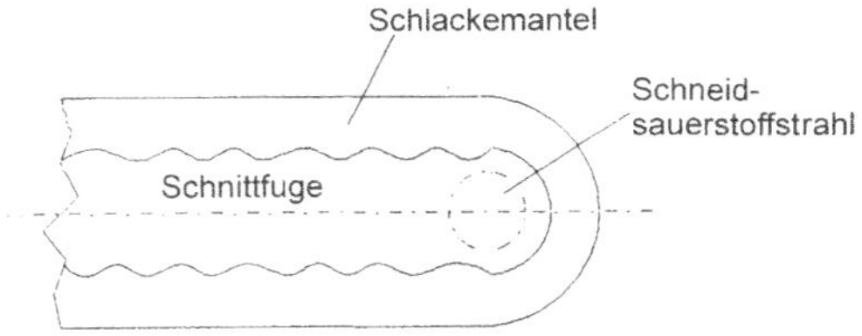

Bild 6-60. Brennschneidvorgang in Schneidrichtung.

Durch die Reaktion von Eisen mit der oxidierend wirkenden Schlacke entsteht FeO, das im Kontakt mit dem Schneidsauerstoff zu Fe_2O_3 oxidiert werden kann. Die Erwärmung der Brennschneidkante auf Temperaturen, die in der Nähe der Schmelztemperatur liegen, fördert zugleich die Diffusion von Kohlenstoff.

Entscheidend für die Endzusammensetzung der Brennschnittkante sind die Diffusionsgeschwindigkeit von Kohlenstoff im Stahl, die Reaktionsgeschwindigkeit zwischen Komponenten der Schlacke und der angeschmolzenen Werkstoffkante und zwischen dem Sauerstoff des Schneidstrahles und den Komponenten der Schlacke. Die Geschwindigkeit, mit der die Reaktionsprodukte aus der Schnittfuge entfernt werden, hängt von der Strömungsgeschwindigkeit des Schneidsauerstoffstrahles und der Reibung im Wirkungsbereich Sauerstoff des Schneidstrahles – Schlackemantel ab.

Neue Untersuchungen ergaben, daß der Grundwerkstoff nur unvollständig oxidiert wird. Es wurden Oxide mit nichtoxidiertem Eisen vermischt vorgefunden. Wahrscheinlich tritt in der Schnittfuge aufgrund der dort herrschenden Strömungen eine Vermischung von flüssigem Eisen und Reaktionsprodukten auf.

An der Schnittkante wird eine Kohlenstoffanreicherung, die örtlich 2 % überschreiten kann, beobachtet. Es bildet sich eine sehr dünne Grenzschicht mit einem Härtegefüge, das schon bei geringem Kohlenstoffgehalt im Grundwerkstoff, bedingt durch die Kohlenstoffanreicherung, ein ledeburitisches und martensitisches Gefüge zeigt.

Die Aufhärtung kann, wenn man die beim thermischen Trennen auftretenden extrem hohen Abkühlgeschwindigkeiten durch Vorwärmen verringert, gemindert werden.

Bedingt oder nicht brennschneidgeeignete Werkstoffe können mit dem *Pulverbrennschneiden* thermisch getrennt werden.

In den Schneidsauerstoffstrahl eingebrachte Flußmittel, bestehend aus Natriumkarbonat und Natriumbikarbonat, reagieren mit hochschmelzenden Oxiden, z. B. Cr_2O_3, und bilden mit ihnen eine dünnflüssige, leicht zu entfernende Schlacke.

Neben der chemischen Wirkung unterstützen die Flußmittel auch die Beseitigung der Oxide durch mechanisches Mitführen der Oxide (Flußmittelverfahren).

In dem Schneidsauerstoffstrahl mitgeführter Quarzsand wirkt beim *Quarzsandpulverbrennschneiden (Cinox-Verfahren)* ausschließlich mechanisch durch Aufreißen der Oxidhaut und Entfernen der Schlacke aus der Schnittfuge.

Beim *Eisenpulververfahren (Oxweldverfahren)* wird ein Gemisch von Eisen- und Aluminiumpulver mit Druckluft in den Schneidspalt geblasen. Die Oxidation von Fe und Al liefert zusätzlich Wärmeenergie, so daß auch die Oxide der hochlegierten Stähle schmelzen. Die Viskosität der Schlacke wird verändert. Genutzt werden verfahrenstechnisch die metallurgische Umsetzung Metall – Sauerstoff und die mechanische Wirkung der Reaktionsprodukte. Das Metallpulverbrennschneiden kann zum Trennen von hochlegierten, nichtrostenden und warmfesten Stählen, von Gußeisen und Nichteisenmetallen eingesetzt werden.

Das Brennfugen und das Brennflämmen basieren wie das autogene Brennschneiden auf der Metalloxidation durch Sauerstoff und der mechanischen Wirkung des Sauerstoffstrahles. Durch Veränderung des Winkels zwischen Brenner und Blech können Tiefe und Breite der geschnittenen Fuge beeinflußt werden.

Das Flämmen (Blockflämmen oder Schälen) dient der Säuberung von Stahlblöcken, Knüppeln, Platinen und Rohrluppen. Das Verfahren arbeitet mit Flachdüsen.

6.8.2 Schmelzschneiden

Beim Schmelzschneiden wird die zur Verflüssigung des Werkstoffes erforderliche Wärmemenge von außen zugeführt.

Um wirtschaftlich und mit hoher Schnittqualität arbeiten zu können, muß

- die Temperatur, die mit der verwendeten Wärmequelle erreicht wird, so hoch sein, daß die Metalle geschmolzen werden können,
- die Leistungsdichte so groß sein, daß der Werkstoff lokal begrenzt in sehr kurzer Zeit geschmolzen wird.

Von besonderer technischer Bedeutung sind

- das Plasmaschneiden,
- das Laserstrahlschneiden.

Beim *Plasmaschneiden* wird als Wärmequelle der bekannte offene Lichtbogen verwendet, dessen Eigenschaften durch die zwischen der Wolframelektrode und dem Werkstück angebrachte wassergekühlte Düse verändert werden können.

Die Düse bündelt den Lichtbogen auf einen kleinen Querschnitt. Damit werden die Temperaturen des Lichtbogens und die Lichtbogenspannung erhöht. Der Lichtbogen besitzt nach dem Austritt aus der Düse den Charakter eines Plasmastrahls (Temperatur von ca. 24000–30000 K, Bild 6-61). Der Lichtbogen brennt zwischen thorierter Wolframelektrode und Werkstück (übertragener Lichtbogen).

Durch die Wahl von Gasart, Gasmenge, Lichtbogenstromstärke, Abmessungen der Elektrode (Wolfram-Lanthan-Katode) und Konstruktion der Kupfer-Düse können die Eigenschaften des Plasmastrahles beeinflußt werden.

Das durch den Plasmabogen geschmolzene und teilweise verdampfte Metall wird durch die hohe Strömungsgeschwindigkeit des Plasmagases aus der Schnittfuge ausgetrieben.

Derse [6-78] nennt als Gütekriterium eines zum Schneiden geeigneten Plasmastrahles:

- hohe Austrittsgeschwindigkeit des Gases aus der Schneiddüse,
- kleiner Strahldurchmesser,
- hohe, über den Strahlquerschnitt konstante Temperatur.

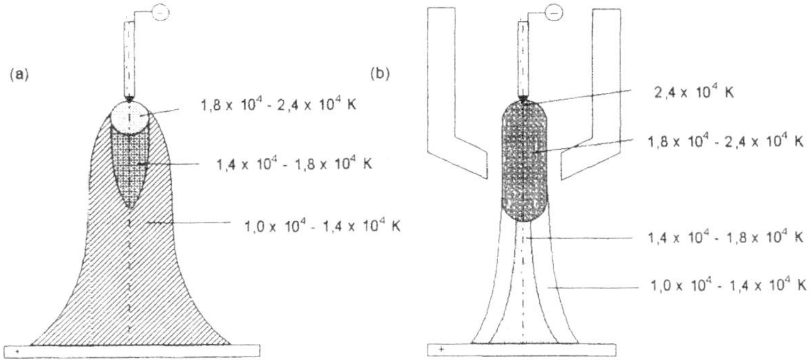

Bild 6-61. Temperaturen im offenen Lichtbogen (a) und Plasmastrahl (b).

Die hohe Temperatur des Plasmastrahles begünstigt schnell ablaufende Dissoziations- und Ionisationsprozesse und beim Auftreffen auf den Werkstoff eine hohe Aufschmelzgeschwindigkeit des Metalles, verbunden mit intensiver Metallverdampfung.

Beim Plasmaschneiden mit nichtübertragenem Lichtbogen können auch elektrisch nicht leitende Werkstoffe geschnitten werden.

Als Schneidgase werden verwendet:

Argon,
Stickstoff,
Argon-Stickstoff-Gemische,
Argon-Wasserstoff-Gemische,
Luft.

Für das Schneiden von hochlegierten Stählen, Cr-Ni-Stählen, hochwarmfesten Stählen, Aluminium und Aluminiumlegierungen, Kupfer und Kupferlegierungen (z. B. Messing und Bronze), Titan und Titanlegierungen sowie Zink und Zinklegierungen wird ein *Argon-Wasserstoff-Plasma* verwendet.

Durch den Zusatz von Stickstoff zum Plasmagas Ar wird oftmals die Schnittgüte verbessert. Diese wird bestimmt nach DIN 2310-4 und sieht die Unterscheidung in die Güten I und II und in die Genauigkeitsgrade C und D vor. Bei der sogenannten Dual-Flow-Technologie wird dem Lichtbogen ein Sekundärgas zugeführt, das die Lichtbogeneinschnürung verbessert. Die Sekundärströmung kühlt die Außenseite der Kupferdüse. Als Sekundärgas dient Druckluft.

Wasserstoff wird dem Schneidgas Argon aus folgenden Gründen zugemischt:

Wasserstoff besitzt im Dissoziationsbereich eine gute Wärmeleitfähigkeit (siehe Bild 6-26). Argon hat gute Zündeigenschaften aufgrund der niedrigen Ionisationsenergie, weist ein hohes Atomgewicht auf und gibt dem Plasmagasstrom die gewünschte Impulsdichte. Diese ist notwendig, um den geschmolzenen Werkstoff aus der Schnittfuge auszutreiben. Kombiniert mit Wasserstoff ergeben sich so Vorteile in bezug auf Plasmatemperatur und Temperaturverteilung, somit hohe Schnittgeschwindigkeiten und -güten.

Auch dem Argon zugemischter Stickstoff verbessert die Schnittqualität beim Schneiden dünner Bleche und hochwarmfester Legierungen. Bei Verwendung von Stickstoff als Plasmagas tritt eine erhöhte Rauch- und Schadgasbildung auf.

Beim Plasmaschneiden mit Druckluft ist Stickstoff das Plasmagas.

Vorteil des Plasmagases:

hoher Wärmeinhalt, hoher Wirkungsgrad bei der Umwandlung der elektrischen Energie des Plasmastrahles in Wärmeenergie.

Als Elektrode dient eine wassergekühlte Kupferkatode mit einem Einsatz aus Zirkon oder Hafnium.

Angewendet wird das Druckluft-Plasmaschneiden für un- und niedriglegierte Stähle (bis max. 50 mm Blechdicke). Gegenüber dem Brennschneiden lassen sich im Blechdickenbereich 5 bis 10 mm sechs- bis achtmal höhere Schneidgeschwindigkeiten erreichen. Das Verfahren zeichnet sich durch hohe Schnittgüte und niedrige Kosten aus. Als problematisch erweist sich der relativ hohe Stickstoffgehalt in der Schnittfläche (10 ... 12 mal größer als im Grundwerkstoff). Die entstehenden nitrosen Gase müssen abgesaugt werden. Beim *Wasser-Plasmaschneiden* (Wasser-Injektions-Plasma-Technologie), bei dem meist Stickstoff als Schneidgas eingesetzt wird, schnürt ein Wassermantel den Plasmastrahl ein. Ein äußerer Wasserschutz sichert, daß entstehende Rauche und Stäube niedergeschlagen werden.

Das *Laserstrahlschneiden* nutzt insbesondere den leistungsfähigen CO_2-Laser.

Wird der Laserstrahl ohne Unterstützung durch ein Gas eingesetzt, kommt das Verfahren, da der Werkstoff nur geschmolzen wird, verdampft und sublimiert, nur für geringe Blechdicken in Frage.

Größere Blechdicken erfordern den Laserstrahl mit Gasunterstützung (Inertgas Ar; Aktivgas O_2), um das geschmolzene Metall aus der Schnittfuge zu entfernen (Bild 6-62). Die Verwendung von Sauerstoff führt zu intensiven Oxidationsreaktionen.

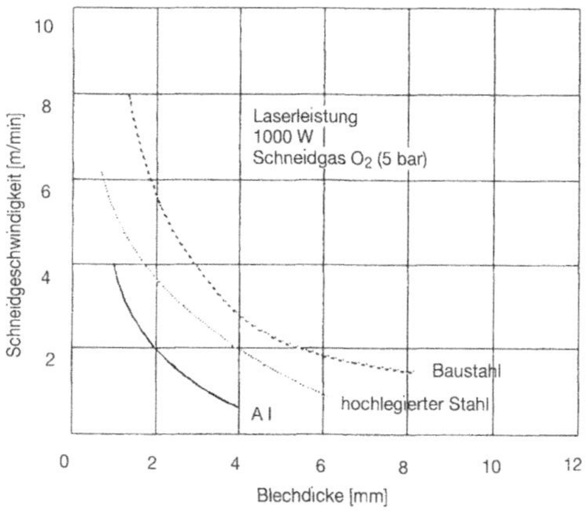

Bild 6-62. Schneidgeschwindigkeiten in Abhängigkeit von der Blechdicke beim Schneiden mit dem CO_2-Laser.

Festkörperlaser (YAG-Typ) mit 100 ... 200 W Leistung sind insbesondere beim Schneiden von dünnen Blechen und Folien gefragt.

Vorteile des Laserstrahlschneidens:

- hohe Schnittgüte,
- hohe Schneidgeschwindigkeit,
- Möglichkeit, neben Metallen auch organische Stoffe und Kunststoff, Holz, Leder, Gummi u. a. schneiden zu können.

7 Schmelzbadbildung, Schmelzbadabmessungen, Kristallisation des Metalles

7.1 Schmelzbadbildung, Schmelzbadabmessungen

Das grundwerkstoffseitige Schmelzbad entsteht, wenn durch die Wirkung der Wärmequelle (Lichtbogen, Gasflamme, Widerstandserwärmung, Elektronenstrahl u. a.) der Grundwerkstoff im Bereich der Nahtflanken und der Schweißzusatz geschmolzen und beide Anteile vermischt werden.

Wird, wie beim Elektronenstrahl- und Laserstrahlschweißen ohne Schweißzusatz, nur der Grundwerkstoff örtlich geschmolzen, besteht das Schmelzbad ausschließlich aus geschmolzenem Grundwerkstoff. Die Eigenschaften des Schweißgutes werden dann von denen des Grundwerkstoffes bestimmt.

Der Anteil des Grundwerkstoffes bzw. Zusatzwerkstoffes im Schweißgut, der durch den *Vermischungsgrad* ausgedrückt und den Flächenanteil von aufgeschmolzenem Grundwerkstoff A_{GW} bzw. abgeschmolzenem Zusatzwerkstoff A_{ZW} an der Schweißgutfläche dargestellt wird, hängt wie Schmelzbadform und -abmessungen vor allem von

- den Schweißparametern (Schweißstromstärke I_S, Schweißspannung U_S, Drahtfördergeschwindigkeit v_{Dr}, Schweißgeschwindigkeit v_S) und
- den wärmephysikalischen Eigenschaften des Grundwerkstoffes ab.

In unmittelbarer Nähe der Wärmequelle erfolgt eine Wärmezufuhr (Schmelzbereich). In den Bereichen hinter der Energiequelle wird insbesondere durch die Wärmeleitung in den umgebenden kalten Grundwerkstoff hinein Wärme abgeführt, so daß eine Erstarrung des Schmelzbades in diesem Bereich (Erstarrungsbereich) eintritt.

Im Schmelzbad wird zwischen dem vorderen Bereich (1–2–3) und dem hinteren Teil (4–5–6) unterschieden (Bild 7-1).

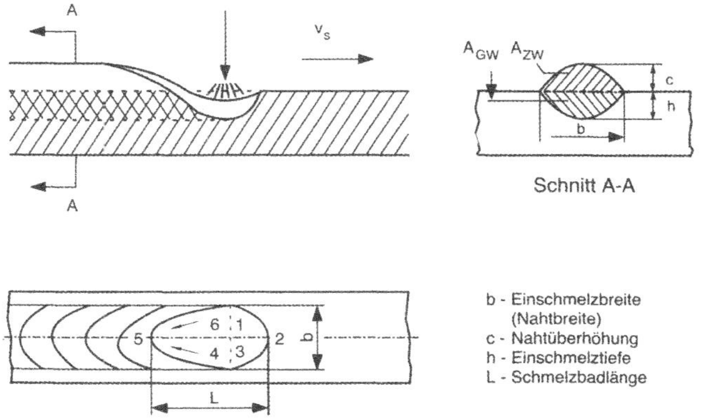

Bild 7-1. Schmelzbad beim Lichtbogenschweißen [7-1].

Durch die thermische und mechanische Wirkung der Wärmequelle auf das flüssige Metall wird die Schmelze verdrängt, und es entsteht der sogenannte *Krater*, eine Vertiefung im Schmelzbad. Er wandert zusammen mit der Wärmequelle mit der Schweißgeschwindigkeit und bildet nach Abschluß des Schweißprozesses den Endkrater. Da er die Ursache für Schweißnahtschwächungen und Rißbildung ist, muß er durch geeignete technologische Maßnahmen (Kraterfüllung; Anbringen von Endkraterblechen) eliminiert werden.

Die Einschmelzwirkung der Wärmequelle ist um so stärker, je intensiver diese auf den Grundwerkstoff einwirkt. Beim Lichtbogenschweißen befinden sich die Schmelzspiegel des flüssigen Stahles im vorderen (Bereich 1–2–3) und hinteren Teil des Schmelzbades (Bereich 4–5–6 in Bild 7-1) auf unterschiedlichem Niveau.

Nach der Erstarrung des Schmelzbades bildet sich das Schweißgut. Während die Einschmelztiefe (Tiefe des Schmelzbades) vor allem durch die Intensität der Lichtbogenwirkung festgelegt wird, hängt die Einschmelzbreite *b* von der Schweißstromstärke, der Schweißspannung und der Bewegung der Wärmequelle in der Horizontalen ab.

Verbindliche Angaben zur Berechnung der Schmelzbadgeometrien liegen zur Zeit noch nicht vor. Die von den Rykalinschen Formeln zur Wärmeausbreitung beim Schweißen [7-2] abgeleiteten Beziehungen zwischen Leistung der Wärmequelle, Temperaturverteilung im Schmelzbad und Schmelzbadabmessungen lassen daher nur qualitative und bedingt quantitative Schlußfolgerungen zu.

Eine *punktuelle Wärmequelle* angenommen, wird die Länge des Schmelzbades beim Auftragschweißen auf Bleche großer Dicke berechnet mit

$$L = \frac{q}{2\pi\lambda \cdot T_s} \quad (98)$$

Die Schmelzbadlänge ist proportional der Lichtbogenleistung q und umgekehrt proportional dem Koeffizienten der Wärmeleitfähigkeit λ und der Schmelztemperatur T_S des Werkstoffes.

Beim Schweißen eines bestimmten Werkstoffes werden die Schmelztemperatur und die Wärmeleitfähigkeit als konstant angesetzt, so daß die Schmelzbadlänge mit der Formel

$$L = k \cdot \frac{U \cdot I}{1000} \quad (99)$$

bestimmt wird. k ist ein Koeffizient, der für das Lichtbogenhandschweißen von unlegiertem Stahl mit umhüllten Stabelektroden einen Wert von 1,7 . . . 2,3 mm/kVA, für das Unterpulverschweißen von 2,8 . . . 3,6 mm/kVA hat (Bild 7-2, nach *Rykalin* und *Ljubawski*).

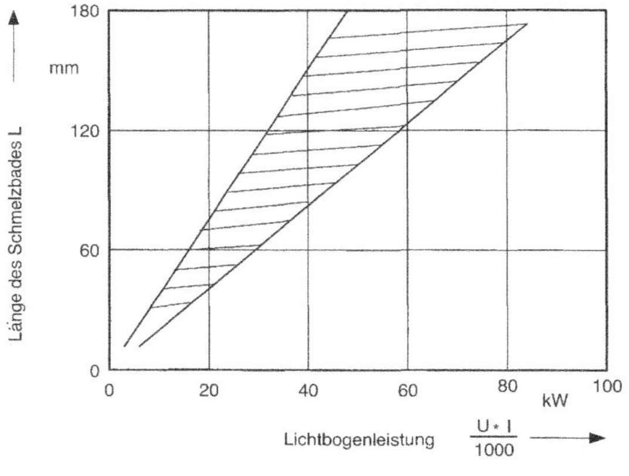

Bild 7-2. Abhängigkeit der Schmelzbadlänge L von der Lichtbogenleistung beim Lichtbogenschweißen.

Die *Einschmelzbreite* (Nahtbreite) b wird mit der Gleichung

$$b = 2\sqrt{\frac{2 \cdot q}{\pi \cdot e \cdot c \cdot \rho \cdot T_s \cdot v_s}} \quad \text{mit } q \text{ – Lichtbogenleistung} \quad (100)$$

bestimmt.

Das Verhältnis zwischen der Schmelzbadlänge L und der Schmelzbadbreite b ergibt den Koeffizienten f:

$$f = \frac{1}{4\lambda} \cdot \sqrt{\frac{e \cdot c \cdot \rho}{2\pi \cdot T_s}} \cdot \sqrt{q \cdot v_s} = A \cdot \sqrt{q \cdot v_s} \qquad \text{mit } A - \text{Konstante.} \tag{101}$$

Die *Einschmelztiefe* h ist proportional der Wärmeleistung. Da bei punktförmiger Wärmequelle

$h = \frac{b}{2}$, $b = 2 \cdot h$ und $L = f \cdot b = 2f \cdot h$, erhält man

$$h = \frac{q}{4\pi \cdot \lambda \cdot T_s \cdot f} \tag{102}$$

Beim Lichtbogenschweißen ändert sich die Lichtbogenspannung nur in engen Grenzen, daraus ergibt sich, daß die Einschmelztiefe proportional der Schweißstromstärke ist

$$h = B \cdot I_S \tag{103}$$

mit B – beim Schweißen unlegierter und niedriglegierter Stähle

$$\frac{1}{80} \ldots \frac{1}{100}.$$

Für die Berechnung des Einschmelzquerschnittes im Grundwerkstoff wird davon ausgegangen, daß zur Erhitzung der Fläche A_{Ein} bis zur Schmelztemperatur ein Wärmeverbrauch von $A_{Ein} \cdot v_s \cdot \rho \cdot S_{Schm}$ erforderlich ist. $A_{Ein} \cdot v_s \cdot \rho$ ist die Masse des in der Zeiteinheit geschmolzenen Grundwerkstoffes, S_{Schm} ist der Wärmeinhalt des Metalles in *J/g* oder *J/kg* (eingeschlossen die Schmelzwärme). Unter Berücksichtigung des thermischen Wirkungsgrades

$$\eta_t = \frac{A_{Ein} \cdot v_s \cdot \rho \cdot S_{Schm}}{q} \tag{104}$$

wird

$$A_{Ein} = \eta_t \frac{q}{v_s \cdot \rho \cdot S_{Schm}} = \eta_t \cdot \frac{q}{v_s \cdot S'_{Schm}} \tag{105}$$

mit $S'_{Schm} = \rho \cdot S_{Schm}$ – Wärmeinhalt einer Volumeneinheit geschmolzenen Metalles (für niedriglegierten Stahl ~ 10,4 kJ/cm^3)

η_t – Wirkungsgrad (0,25 ... 0,30 beim Lichtbogenhandschweißen).

Die Querschnittsfläche, die durch den abgeschmolzenen Zusatzwerkstoff im Nahtquerschnitt gebildet wird, errechnet sich zu:

$$A_{Auf} = \frac{I_s \cdot \alpha_{Ab}}{3600 \cdot \rho \cdot v_s} \tag{106}$$

mit α_{Ab} – Abschmelzkoeffizient in g/Ah.

Die Auftragleistung m_{Auf} erhält man aus der gesamten Masse abgeschmolzenen Metalles in der Zeiteinheit:

$$m_{Auf} = \rho \cdot v_s \cdot A_{Auf} \text{ in } g/s. \tag{107}$$

Sehr wichtige Kriterien beim Schweißen sind das Volumen des Schmelzbades und die Zeit, in der sich das Metall im geschmolzenen Zustand befindet.

Djatlow berechnet das Schmelzbadvolumen V mit der Formel

$$V = \frac{q^2}{4\pi \cdot \lambda \cdot \rho \cdot v_S \cdot T_s} \text{ in cm}^3. \tag{108}$$

Die Größe des Schmelzbadvolumens hängt demnach insbesondere von der Schweißstromstärke I_S und der Schweißgeschwindigkeit v_S ab.

Je nach Schweißprozeß und Schweißwerten beträgt das Schmelzbadvolumen Teile eines cm^3 bis zu 50 und 60 cm^3 (Tabelle 7-1 und Bild 7-3).

Tabelle 7-1. Beispiele für die Schmelzbadgeometrie (nach Djatlow).

Schweiß-prozeß	Schweißstrom-stärke I_S	Schmelzbadabmessungen					Masse des geschmolzenen Metalles [g]
		Länge L [cm]	Breite b [cm]	Tiefe h [cm]	Oberfläche [cm^2]	Volumen [cm^3]	
Lichtbogen-handschweißen	250 ... 300 A	2,0	1,0	0,25	1,6	0,25	1,5
UP-Schweißen	650 ... 700 A	7,0	2,0	0,8	10,9	7,0	45,0
ES-Schweißen (s = 100 mm)	1000 A	10,0	4,0	2,0	40,0	60,0	450,0

Die Zeit, in der die verschiedenen Bereiche des Schmelzbades sich im geschmolzenen Zustand befinden, ist nicht gleich.

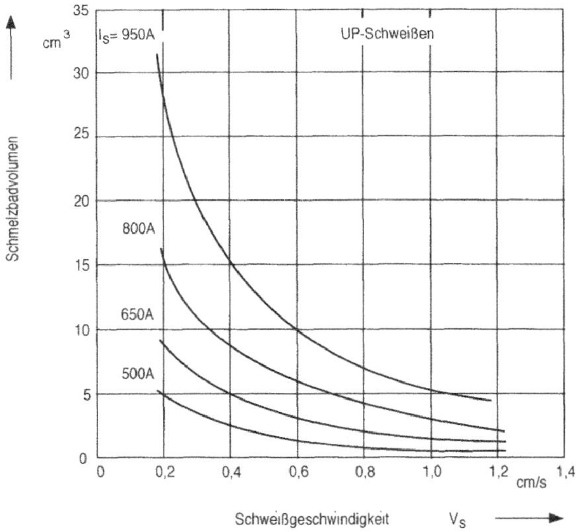

Bild 7-3. Schmelzbadvolumen beim Unterpulverschweißen in Abhängigkeit von der Schweißgeschwindigkeit.

Das Schmelzbad kühlt sich an der Schmelzgrenze (Phasengrenze festes Metall – Schmelze) stärker ab. Je größer die Entfernung Schmelzgrenze zum Zentrum des Schmelzbades ist, desto größer ist die Existenzzeit (Verweilzeit) des flüssigen Aggregatzustandes. Die maximale Verweilzeit im geschmolzenen Zustand hat das im zentralen Teil des Schmelzbades befindliche Metall, sie wird berechnet nach

$$t_{max} = \frac{L}{v_s} \text{ in s.} \tag{109}$$

Die Kenntnis der Größe und Abmessungen des Schmelzbades und der Verweilzeit des Metalles im schmelzflüssigen Zustand ist für die Untersuchungen der im Schmelzbad, an der Phasengrenze Schmelzbad – nicht geschmolzener Grundwerkstoff und Phasengrenze Schmelzbad – Gasphase stattfindenden metallurgischen Reaktionen und den Ablauf der Kristallisationsvorgänge wichtig.

7.2 Energie- und Massetransfer beim Schmelzschweißen, Verhalten des Schmelzbades, Grenzflächenkonvektion

Der Schweißlichtbogen bestimmt beim WIG-Schweißen maßgeblich Größe und Form des Schmelzbades. Dabei besteht zwischen der Kraftwirkung des Lichtbogens und der Einschmelztiefe eine lineare Beziehung [7-3 ... 7-6]. Die Kraftwirkung des Lichtbogens steigt mit dem Quadrat der Stromstärke an.

Es war möglich, aus der Oberflächentopographie die Grenzflächenspannung zu berechnen und auf Gravitationskräfte, elektromagnetische (Lorentzkraft) und hydrodynamische Kräfte zu schließen [7-4].

Beim WIG-Schweißen von Titanlegierungen und austenitischem Stahl konnte mittels Wägemethode der Zusammenhang zwischen der Kraftwirkung des Lichtbogens und der Schweißstromstärke im Bereich von 100 ... 800 A bestimmt werden [7-6].

Beim Schweißen mit abschmelzendem Schweißzusatz (MIG/MAG) sind beim Abschmelzprozeß die Phänomene

- Stromfluß
- Wärmefluß
- Massefluß

zu berücksichtigen [7-7]. Der Stromfluß bestimmt das Prozeßverhalten, erzeugt die für den Prozeß erforderliche Wärmeenergie und verursacht Kräfte, die den Werkstofftransport beeinflussen und auf das Schmelzbad wirken.

Die beim Metall-Schutzgasschweißen bekannten Arten des Werkstoffüberganges, die mit unterschiedlicher Abschmelzleistung und Lichtbogenstabilität, Einschmelztiefe in den Grundwerkstoff, Spritzerbildung, Porosität der Schweißnaht verbunden sind, hängen von den Schweißwerten, der Polarität, der Länge des freien stromdurchflossenen Drahtendes ab und bestimmen die Schmelzbadgeometrie und das Schmelzbadverhalten [7-8].

Auf den Zusammenhang zwischen der mechanischen und thermischen Wirkung des Lichtbogens und den hydrodynamischen Verhältnissen im Schmelzbad macht *Erochin* [7-9] aufmerksam. Der *Wärme- und Stoffübergang* in das Schmelzbad hängt von der Intensität und der Richtung der konvektiven Strömungen ab. Sie beeinflussen die Schmelzbadform, die im Schmelzbad ablaufenden physikalisch-chemischen Prozesse und die Kristallisationsbedingungen. Die Konvektion im Schmelzbad ist das Resultat der mechanischen und thermischen Wirkung des Lichtbogens. *Ischisaki*, *Murai* und *Kaube* [7-10] untersuchten die konvektiven Strömungen im Schweißbad und im Tropfen (imitierte Wärmewirkung) (Bild 7-4).

Die Strömungsgeschwindigkeiten im Schmelzbad sind groß, die konvektiven Ströme sind durch Unterschiede in der Oberflächenspannung und in den elektromagnetischen Kräften bedingt. Untersuchungen zum Einfluß der Stromstärke auf die Schmelzbadströmungen beim UP-Schweißen mit radioaktivem Gold Au^{198} ergaben, daß die Strömungsgeschwindigkeiten von der Stromstärke abhängen und die Schweißgeschwindigkeit um das 10- bis 20fache übersteigen [7-11]. Mittels numerischer Simulation und vereinfachenden physikalischen Untersuchungen wurde versucht, die komplizierten Wechselwirkungen zu studieren [7-12 ... 7-15]. Die Ergebnisse [7-13] zeigen, daß die

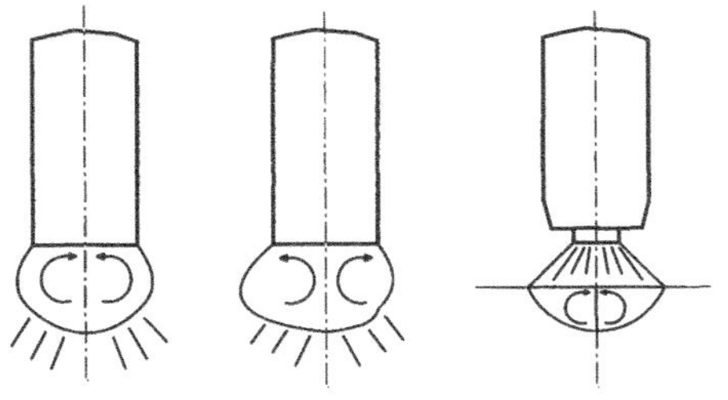

Bild 7-4. Konvektionsströme im Tropfen und im Schmelzbad [7-10].

Viskosität des Schmelzbades, die Thermodiffusibilität und der Temperaturkoeffizient der Oberflächenspannung $\frac{\delta\sigma}{\delta T}$ die wichtigsten Größen sind, die die Schmelzbadabmessungen und die Temperaturverteilungen im Schmelzbad beeinflussen.

Mit einem H_2O-Alkohol-Modell (Simulation des MAG-Schweißens) wurden die Kräfte untersucht, die für eine Flüssigkeitsbewegung verantwortlich sind, wenn ein Tropfen auf eine Badoberfläche fällt [7-14]. Oberflächenspannung und Dichte des Tropfens unterscheiden sich von der der Flüssigkeit. Beobachtet wurde eine *Marangoni*-Strömung entsprechend der Differenz der Oberflächenspannung Tropfen – Bad.

Ist $\sigma_{0_{Tropfen}} >> \sigma_{0_{Flüssigkeit}}$, dringt der Tropfen tief in die Flüssigkeit ein, ist $\sigma_{0_{Tropfen}} << \sigma_{0_{Bad}}$, breitet sich der Tropfen auf der Badoberfläche aus.

Bleche gleicher chemischer Zusammensetzung, unter gleichen Bedingungen geschweißt, zeigen Unterschiede in der Einschmelzform und -tiefe. Diese werden auf Spurenelemente (wie O, S, Se, Te) zurückgeführt, die über den Einfluß auf die Oberflächenspannung die Strömungsverhältnisse im Schmelzbad bestimmen [7-16; 7-17]. Ist die Strömung in der Nähe der Schmelzbadoberfläche nach innen gerichtet, bildet sich eine tiefe Einschmelzung aus.

Beim Schweißen von austenitischen Stählen (Stahl Typ 304) im Blechdickenbereich 0,94 ... 1,15 mm stellen *Scheller* u. a. [7-18] fest, daß mit steigendem Schwefelgehalt die Einschmelztiefe größer wird und der Temperaturkoeffizient der Oberflächenspannung von einem negativen zu einem positiven Wert wechselt, wenn der Schwefelgehalt 50 ppm übersteigt (Bild 7-5).

Den Zusammenhang zwischen dem Sauerstoff- und dem Schwefelgehalt des Grundwerkstoffes und der Tiefe bzw. Breite des Schmelzbades sowie dem Temperaturkoeffizienten der Oberflächenspannung des Grundwerkstoffes betonen *Mukai* u. a. [7-19]. Beim WIG-Schweißen von X5CrNi18-10 (I_S = 150 A, U_S = 12 V, v_S = 10 cm/min) zeigten Begleitelemente wie Sauerstoff, Schwefel, Aluminium und Kalzium (oberflächenspannungsbeeinflussende Elemente, die in einer Schutzgaskammer in die Stahloberfläche eingeschmolzen wurden) einen deutlichen Einfluß auf das Einschmelzverhalten [7-20]. Die Autoren führen das auf die unterschiedlichen *Konvektionsrichtungen* im Schmelzbad zurück:

- Eine von der Schmelzbadmitte zum Rand gerichtete Konvektion bildet eine relativ flache und breite Schweißraupe.
- Wirkt die Konvektion vom Schmelzbadrand zur -mitte, entsteht eine schmale und tiefe Raupe.

Die Richtung des Masseflusses wird von der Oberflächenspannung bestimmt. Dieser verläuft von Gebieten mit niedriger zu denen höherer Oberflächenspannung (*Marangoni*-Effekt). Für die Strömungsausbildung ist die Temperaturabhängigkeit der Oberflächenspannung, die durch den Gehalt an

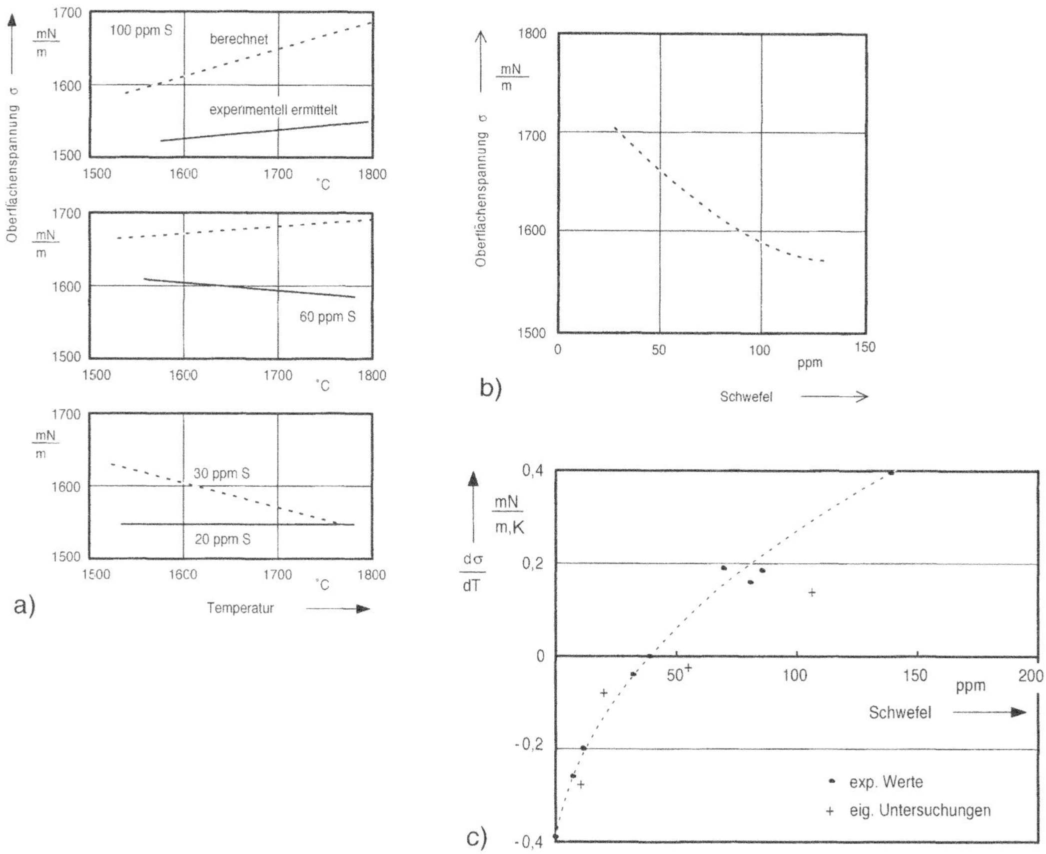

Bild 7-5. Oberflächenspannung von 18 8 CrNi-Stahl in Abhängigkeit
- von der Temperatur bei verschiedenem Schwefelgehalt (a),
- vom Schwefelgehalt (b),
- Einfluß von Schwefel auf den Temperaturkoeffizienten der Oberflächenspannung (c).

Spurenelementen (z. B. Schwefel) beeinflußt wird, von Bedeutung (Bild 7-6). Die Oberflächenspannung wurde mit der Tropfenabrißmethode bestimmt (Reineisen 1800 mN/m, CK 45 1350 mN/m bei 1600 °C).

Marangoni-Effekt:

Tangentiale Strömung der Grenzfläche, verursacht durch das Ungleichgewicht tangentialer Kräfte. Sie treten auf, wenn die Grenzflächenspannung von Punkt zu Punkt variiert. Die Kraft entspricht dem Oberflächengradienten der Spannung, und es bildet sich eine Strömung in Richtung der höheren Kraft (Bild 7-7). Der *Marangoni*-Effekt kann entstehen in Systemen, über deren Grenzflächen ein Stoff- oder Wärmetransport abläuft.

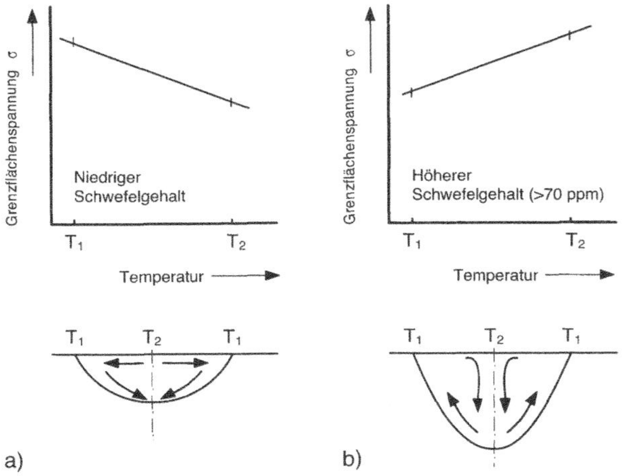

Bild 7-6. Ausbildung der Strömung im Schmelzbad in Abhängigkeit vom Temperaturverhalten der Grenzflächenspannung;
a) niedriger Schwefelgehalt,
b) höherer Schwefelgehalt (>70 ppm).

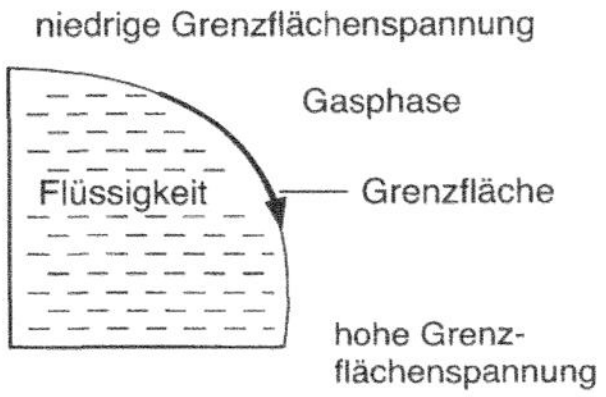

Bild 7-7. Grenzflächenströmung tangential zur Grenzfläche [6-1].

7.3 Grundlagen der Kristallisation

Kristallisation ist ein Prozeß der Kristallbildung.

Bei der Abkühlung einer Schmelze unter die Schmelztemperatur (bei Legierungen Liquidustemperatur) bilden sich Kristallkeime (Kristallisationszentren). Sie wachsen bis zur gegenseitigen Berührung der entstehenden Kristallite. Beim Erstarrungsvorgang bedingt die Erscheinung der *Unterkühlung* eine Abweichung von den Gleichgewichtsverhältnissen. In welchem Ausmaß eine Unterschreitung der Schmelz-/Erstarrungstemperatur T_S bis zur Unterkühlungstemperatur T_U möglich ist, hängt von der Überhitzung der Schmelze ab, wenn diese im Temperaturbereich T_S bis T_O (Überhitzungstemperatur, bei der eine vollständige Zerstörung des Kristallzustandes eintritt) stattfindet. Für Stahl wird nach einer Überhitzung um 20 °C eine maximale Unterkühlung um 250 °C angegeben [7-21].

Die für Keimbildung und Keimwachstum (sich überlagernde Teilvorgänge, jeder von besonderer Temperaturabhängigkeit und jedem von ihnen eine andere Aktivierungsenergie zugrunde liegend) notwendige Unterkühlung hängt von den physikalischen Eigenschaften des kristallisierenden Metalls und der Abkühlgeschwindigkeit ab.

Der Prozeß der *Keimbildung* wird gekennzeichnet durch die Keimzahl (Zahl der in der Zeit- und Volumeneinheit gebildeten Kristallisationszentren). Der Primärkeim muß eine Mindestgröße erreichen, um stabil zu sein. Je größer der Keim, um so stabiler ist er. Die Mindestgröße nimmt mit sinkender Temperatur ab. Die Keimzahl steigt mit abnehmender Temperatur an, bis das Abklingen der Wärmebewegung die Keimbildung erschwert (Bild 7-8).

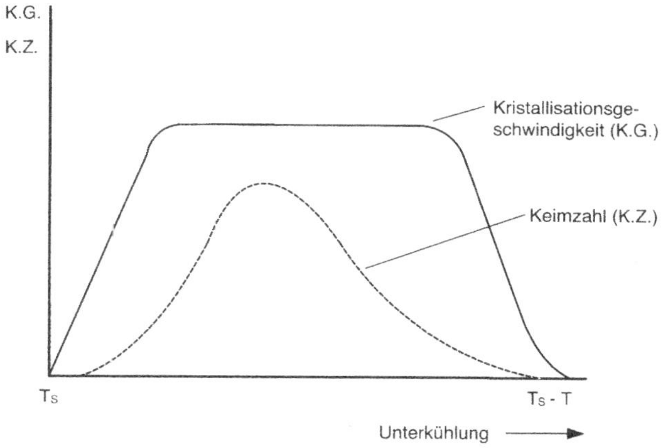

Bild 7-8. Abhängigkeit der Keimzahl und der linearen Kristallisationsgeschwindigkeit von der Unterkühlung $T_S - T$ [7-21].

Ein Maß für das Wachsen der Kristallkeime ist die *lineare Kristallisationsgeschwindigkeit* (gegeben z. B. durch die je Zeiteinheit stattfindende Verschiebung der Kristalloberfläche nach außen). Sie wird durch freiwerdende Kristallisationswärme und durch Diffusionsprozesse in die Schmelze hinein beeinflußt. Die Kristallisationswärme wird durch die Phasengrenze flüssig – fest in die kälteren festen Werkstoffbereiche abgeführt (Bild 7-9).

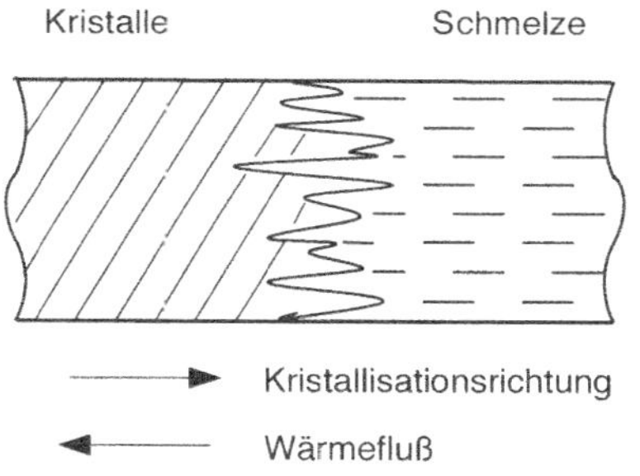

Bild 7-9. Kristallwachstum und Wärmefluß.

Das *Kristallwachstum*, für das *W. Kossel* und *I. N. Stranski* schon 1927 die Grundvorstellungen entwickelten, ist kein stetiger und gleichmäßiger, sondern ein bis zu einem gewissen Grad intermittierender Vorgang. Die Erstarrung führt zur Bildung dünner parallel zur Schmelzlinie angeordneter *Kristallisationsschichten* [5-12].

Ist das Volumen des geschmolzenen Metalles so groß, daß es als unendlich großes Volumen betrachtet werden kann, in dem die Temperatur zu Beginn der Kristallisation in allen Bereichen konstant und höher als die Schmelztemperatur war, verändert sich die Schichtdicke y einer neu gebildeten festen Phase (Kristallisationsschicht) mit der Zeit entsprechend der Beziehung

$$y = K \cdot \sqrt{t}. \tag{110}$$

Die Wachstumsgeschwindigkeit der Schicht ist

$$\frac{dy}{dt} = \frac{K^2}{2y} \tag{111}$$

mit K – 2,5 cm/min$^{1/2}$ (bei der Erstarrung von Stahl in einer Gußkokille).

Die tatsächliche Kokillenwandtemperatur ist nicht konstant, das Schmelzbadvolumen nicht unendlich groß. Somit unterscheidet sich die tatsächliche von der berechneten Wachstumsgeschwindigkeit der Erstarrungsschicht (Bild 7-10).

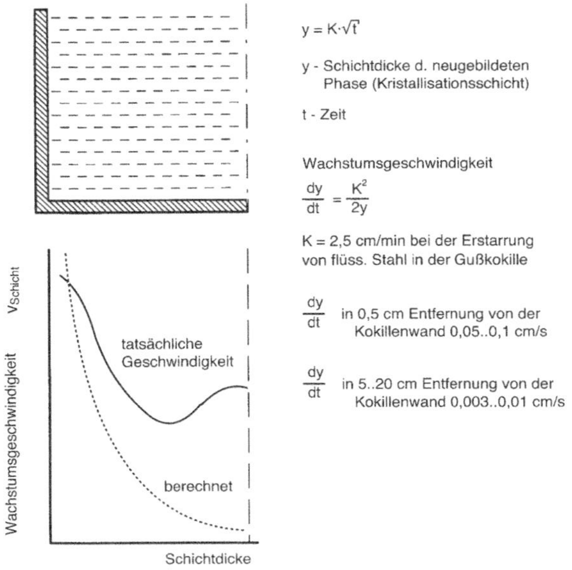

Bild 7-10. Darstellung der berechneten (unterbrochene Linie) und der tatsächlichen Wachstumsgeschwindigkeit der Schicht erstarrenden Metalls.

Erstarrt ein *reines Metall*, bestimmen die Keimzahl und das Wachstum der Keime die Struktur des festen Zustandes. Je höher die Abkühlgeschwindigkeit, um so feinkristalliner ist das Gefüge. Die Zusammensetzung des erstarrten Metalles ist über das gesamte Volumen gleich.

Legierungen erstarren in einem sogenannten *Erstarrungsintervall* (Bild 7-11).

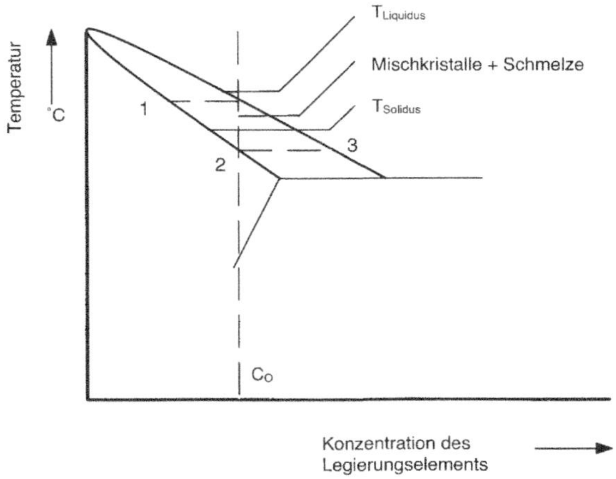

Bild 7-11. Erstarrungsintervall $\Delta T = T_{Liq} - T_{Sol}$.

In dem Erstarrungsintervall (Temperaturbereich zwischen Liquidus- und Solidustemperatur), einem Mehrphasengebiet, steht die gebildete feste Phase (z. B. ausgeschiedene Mischkristalle MK) im

Gleichgewicht mit der Restschmelze S. Es können sich neben den vorhandenen und wachsenden Kristalliten neue Kristallisationszentren bilden.

Die Erstarrung einer Legierung mit der Ausgangskonzentration C_0 (Bild 7-11) ergibt bei Unterschreitung der Liquidustemperatur einen Mischkristall mit der durch 1 gekennzeichneten Zusammensetzung. Bei Erreichen der Solidustemperatur ist die Zusammensetzung durch 2 wiedergegeben. Eine entscheidende Rolle spielen Diffusionsprozesse.

Mit sinkender Temperatur verändern sich die Menge der ausgeschiedenen Kristallite (zunehmende Kristallisation) und der Restschmelze, aber auch die chemische Zusammensetzung der sich ausscheidenden Kristallite und der Restschmelze. Erfolgt durch Diffusionsprozesse kein Konzentrationsausgleich, treten Seigerungen (Mischkristallseigerungen) im erstarrten Gefüge auf.

7.4 Besonderheiten der Kristallisation beim Schweißen

Die Kristallisation beim Schweißen zeigt folgende Besonderheiten:

- großer Temperaturgradient, starke Überhitzung des Schmelzbades im unmittelbaren Wirkungsbereich der Wärmequelle (die Angaben über Schmelzbadtemperaturen, z. B von

– *Djatlow*	2040 ± 100 K
– *Kulagin*	1780 K
– *Christensen, Chipman*	2270 K
– *Masumoto, Sekiguchi*	2170 K
– *Pochodnja*	2043 ± 100 K

  sind unterschiedlich),
- geringes Schmelzbadvolumen,
- Wandern der Kristallisationsfront mit der Wärmequelle (Schweißgeschwindigkeit),
- relativ große Wachstumsgeschwindigkeit der Kristallite,
- Vorhandensein einer großen Zahl von Kristallisationszentren an der Phasengrenzfläche Schmelze – fester Grundwerkstoff,
- Inhomogenitäten in der Legierungszusammensetzung in den verschiedenen Bereichen des Schweißgutes.

Der große Temperaturgradient im Schmelzbad

$$\left(\frac{dT}{dx}\right)$$

schließt die Anwesenheit von Kristallisationszentren im mittleren Teil des Schmelzbades zunächst aus. Die Kristallite wachsen bevorzugt von der Schmelzlinie aus in das Schmelzbad hinein und kontaktieren mit der Restschmelze.

Beim Schmelzschweißen führen die kontinuierlichen, sich zeitlich überlagernden Prozesse der Wärmezufuhr und -abführung, verbunden mit der Bewegung der Wärmequelle zur Bildung des langgestreckten, durch Breite, Tiefe und Länge gekennzeichneten Schmelzbades (Schweißgut).

Im vorderen Bereich des Schmelzbades wird aufgrund der Bewegung der Wärmequelle das Grundmetall aufgeschmolzen. Es fließt in den hinteren Bereich, wo es erstarrt. Im vorderen Teil des Schmelzbades überwiegt die Wärmezufuhr. Im hinteren Teil dominiert die Wärmeableitung in das feste Metall. Mit einer zweidimensionalen Darstellung läßt sich der Prozeß der Wärmezufuhr und

-ableitung beschreiben. Die Schmelzbadabmessung wird durch die Isothermenfläche $T = T_S$ (Bild 7-12) festgelegt.

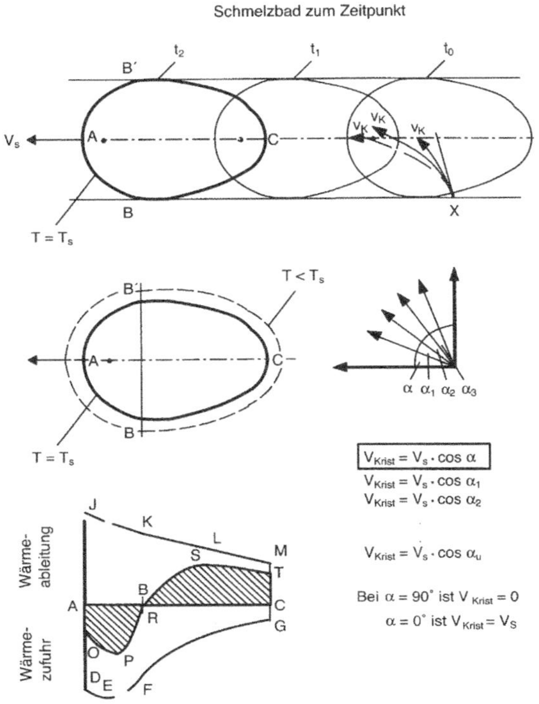

Bild 7-12. Schema der Änderung der Wärmeverteilung an der Phasengrenze Schmelze – Grundwerkstoff.

Die Wärme, die durch die Wärmequelle entlang der Linie ABC (AB′C) zugeführt wird, soll qualitativ durch die Kurve DEFG charakterisiert, die Wärmeabführung in das feste Metall entlang der Linie ABC (AB′C) durch die Linie JKLM beschrieben werden. Die Schmelzbadbreite entspricht dem Abstand der Punkte B B′. Bei B und B′ sind Wärmezufuhr (RF) und Wärmeableitung (BK) gleich. Der Schmelzprozeß wird durch den Kristallisationsprozeß abgelöst.

Die Differenz zwischen Wärmezufuhr und -ableitung entlang ABC charakterisiert das durch die Linie OPRST begrenzte schraffierte Gebiet.

Nach *Schamanin* kann die Wachstumsgeschwindigkeit der Kristallite beim Erstarren eines sich mit Schweißgeschwindigkeit bewegenden Schmelzbades mit der Formel

$$v_K = v_S \cdot \cos\alpha \tag{112}$$

mit

- v_S – Geschwindigkeit der linearen Fortbewegung der Wärmequelle (Schweißgeschwindigkeit) [cm/s]
- v_K – Wachstumsgeschwindigkeit der Kristallite
- α – Winkel zwischen Schweißrichtung, gegeben durch den Vektor der Schweißgeschwindigkeit, und der Wachstumsrichtung der Kristallite, gegeben durch den Vektor der Wachstumsgeschwindigkeit,

bestimmt werden.

Beginnt die Bildung eines Kristalls am Punkt X (Wachstum senkrecht zur wärmeableitenden Fläche), so ändert sich mit der Bewegung der Wärmequelle (Isothermenfläche) der Winkel α (α von 90° → 0°).

Die Wachstumsgeschwindigkeit des Kristalliten in der Nähe des Punktes X ist relativ klein (Schmelzbadperipherie), sie hat in der Mitte der Isothermenfläche (Linie A–C) ihr Maximum ($\alpha = 0$, $v_K = v_S$). Für die UP-Schweißung drückt sich die Abhängigkeit der Wachstumsgeschwindigkeit der Kristallite mit ihrer Länge l_K von der Schweißgeschwindigkeit in Bild 7-13 aus.

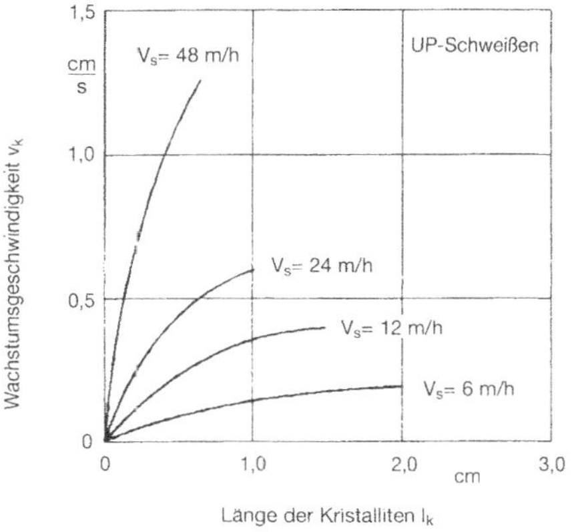

Bild 7-13. Änderung der mittleren Wachstumsgeschwindigkeit der Kristallite (v_K) und ihrer Länge (l_K) bei verschiedenen Schweißgeschwindigkeiten (Unterpulverschweißen).

Die tatsächliche Änderung der Wachstumsgeschwindigkeit der Kristallite erfolgt intermittierend, Bild 7-14.

Beim Schweißprozeß wachsen die Kristallite von der Nahtflanke aus auf den angeschmolzenen Körnern des Grundwerkstoffes entgegengesetzt zur Richtung der maximalen Wärmeableitung. Da sich mit der Fortbewegung der Wärmequelle die Form der Phasengrenzfläche im hinteren Teil des Schmelzbades ändert und die Kristallite das Wachstum entgegen der maximalen Wärmeableitung fortsetzen, tritt eine Krümmung der Kristallitenachse ein.

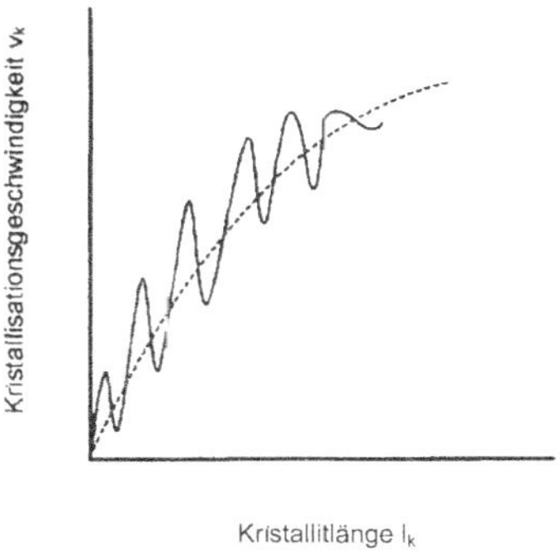

Bild 7-14. Tatsächliche Änderung der Wachstumsgeschwindigkeit der Kristallite.

Die beim Schmelzschweißen mit endlicher Geschwindigkeit ablaufende Erstarrung ist durch

- die Unterkühlung der Schmelze und Bildung der Kristallisationskeime,
- das Wachstum der Kristallisationskeime

gekennzeichnet.

Bei der Unterkühlung wird zwischen der thermischen und einer durch die Zusammensetzung der Schmelze bedingten Unterkühlung („konstitutionelle“ Unterkühlung genannt) unterschieden.

Die thermische Unterkühlung entsteht durch die Ableitung von Wärme in benachbarte Metallvolumina. Sie tritt ein, wenn wachstumsfähige Kristallisationskeime fehlen. Da aber beim Schweißen in der Schmelze in der Regel wachstumsfähige Keime vorliegen, kommt der thermischen Unterkühlung bei der Erstarrung technischer Legierungen nur Bedeutung für die Keimbildung zu.

Schmelzen von Legierungen erstarren in einem Temperaturintervall. Legierungselemente und Verunreinigungen verringern die Liquidustemperatur. Sie reichern sich durch Entmischung in der Schmelze unmittelbar an der Erstarrungsfront an und senken so die Liquidustemperatur. Die „konstitutionelle" Unterkühlung hängt also von der Konzentration der Elemente und der realen Temperaturverteilung im Schmelzbad ab. Sie tritt um so eher ein und ist um so größer, je größer die Kristallisationsgeschwindigkeit ist (Bild 7-14).

An der Schmelzlinie erreicht die Temperatur den Wert der Schmelz- bzw. Erstarrungstemperatur. Die höchste Temperatur herrscht im Schweißbad in unmittelbarer Nähe der Wärmequelle. Da das Schmelzbad im allgemeinen länger als breit ist, hat der Temperaturgradient

$$\frac{dt}{dx}$$

an der Schmelzlinie sein Maximum, in Schmelzbadmitte sein Minimum. Die Kristallisationsgeschwindigkeit dagegen ist an der Schmelzlinie klein, nimmt in Richtung auf die Schweißnahtmitte zu und erreicht dort ihr Maximum.

Hinsichtlich der *Keimbildung* wird zwischen einer *homogenen* und einer *heterogenen* unterschieden.

Die in Schmelzen reiner Metalle beobachtete, durch Unterkühlung verursachte Bildung wachstumsfähiger Kristallisationszentren (*homogene Keimbildung*) ist beim Schweißen unwahrscheinlich. Vielmehr bestehen günstige Bedingungen für eine *heterogene Keimbildung*, weil arteigene und artfremde wachstumsfähige Keime existieren. Als arteigene Keime wirken schon erstarrte Schweißgutbereiche, angeschmolzene Kristallite des Grundwerkstoffes. Artfremde Keime sind Verunreinigungen, Einschlüsse, höherschmelzende Verbindungen u. a.

Die durch das Wachsen der Keime entstehenden Kristallite werden nach der *äußeren Form* unterschieden in

- Globularkristallite (drei bevorzugte Wachstumsrichtungen),
- Plattenkristallite (zwei bevorzugte Wachstumsrichtungen),
- Stengelkristallite (eine bevorzugte Wachstumsrichtung)

und nach ihrer *Wachstumsart* in

- eben gewachsene Kristallite,
- zellular gewachsene Kristallite,
- dendritisch gewachsene Kristallite.

Das „ebene" Wachstum hat für die Erstarrung beim Schweißen keine Bedeutung.

„Dendritisches" Wachstum liegt vor, wenn die Kristallite sehr unebene Begrenzungsflächen haben und Kristallisationsbedingungen mit einem bevorzugten Wachstum entlang bestimmter kristallographischer Richtungen vorliegen. Ein dendritischer Kristall weist in all seinen Verzweigungen einheitliche Orientierung auf, er ist ein einheitlicher Kristall, dessen äußere Form aber verkümmert ist. Dendritisches Wachstum tritt erst bei stärkeren Übersättigungen oder Unterkühlungen auf [7-23].

Die Erstarrungsart hängt von den Erstarrungsbedingungen ab. Die dendritische Erstarrung ist um so wahrscheinlicher, je größer die Erstarrungsgeschwindigkeit und die Konzentration seigernder Elemente, je kleiner der Temperaturgradient in der Schmelze ist.

Beim Schmelzschweißen erstarrt im allgemeinen ein relativ großes Schmelzbadvolumen epitaxial (orientiertes Aufeinanderwachsen von Kristalliten). Die entstehenden Kristallite nehmen die Orientierung der Kristallite des Grundwerkstoffes an, auf denen sie sich aufbauen (Bild 7-15).

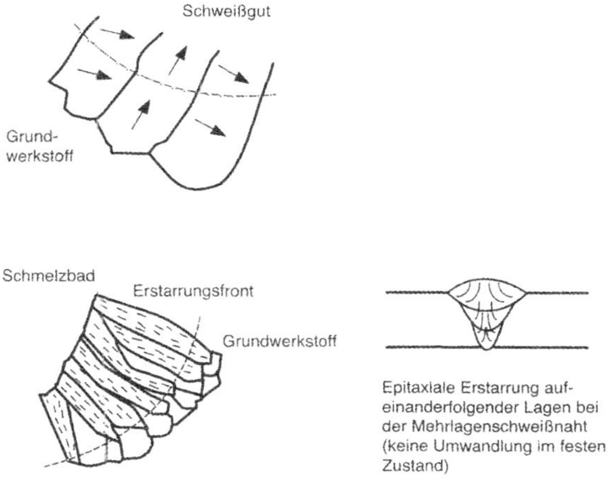

Bild 7-15. Epitaxiale Erstarrung.

Die Korngrenzen der Körner des Grundwerkstoffes durchqueren die Zone Kristallisationsschicht – Grundwerkstoff. Die Größe der zu Erstarrungsbeginn gebildeten, epitaxial aufwachsenden Kristallite wird durch die Korngröße des angrenzenden Grundwerkstoffes bestimmt. Dem epitaxialen Wachstum der Kristallite auf den Kristallen des Grundwerkstoffes zu Erstarrungsbeginn schließt sich ein sogenanntes „selektives" Wachstum [7-24] an. Kristalle mit bevorzugten Wachstumsrichtungen, in denen die Wachstumsgeschwindigkeit am größten ist, wachsen zu Lasten anderer Kristallite, deren Orientierung ein Wachstum nicht begünstigt.

Großen Einfluß auf die Kristallisation hat die Schweißgeschwindigkeit (Bild 7-16).

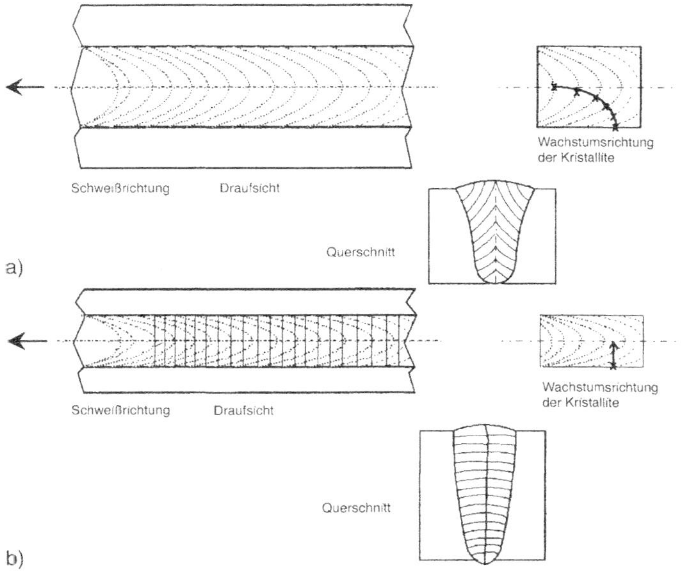

Bild 7-16. Erstarrungsgefüge und Wachstumsrichtung der Kristallite (in Draufsicht und Querschnitt);
a) geringe Schweißgeschwindigkeit,
b) große Schweißgeschwindigkeit.

Bei langsamem Schweißen wachsen die Kristallite senkrecht zur Übergangszone, biegen fortschreitend zur Schweißnahtmitte in Richtung der Bewegung des Schmelzbades ab (a). Bei sehr schneller

Schweißung wachsen die Kristallite bis in die Mitte der Schweißnaht und stoßen dort zusammen (Problem der Schnellschweißung).

Beim schnellen Schweißen mit der Bildung eines größeren Schmelzbades tritt, ausgehend von in der flüssigen Phase durch Unterkühlung entstehenden Kristallkeimen und ihrem Wachstum, in der Mitte der Schweißnaht ein globulitisches Wachstum ohne bevorzugte Wachstumsrichtung auf.

Bei Legierungen, die Umwandlungen im festen Zustand erleiden, ist trotz Änderungen der Gefügestruktur das durch Primärkristallisation entstandene Gefüge nachweisbar.

7.5 Inhomogenitäten in der Schweißgutzusammensetzung – Seigerungen

Für das Verbindungsschweißen wird im allgemeinen angestrebt, ein Schweißgut zu erzeugen, dessen chemische Zusammensetzung und mechanische Eigenschaften sich von denen des Grundwerkstoffes nicht bzw. nicht unzulässig stark unterscheiden. Eine völlige Übereinstimmung ist aufgrund der physikalisch-chemischen Beeinflussung des Schweißgutes aber nicht erreichbar. Es treten Abweichungen in der chemischen Zusammensetzung auf.

Inhomogenitäten in der Schweißgutzusammensetzung erscheinen als

- Seigerungen in den Dendriten (Bild 7-17 a),
- interkristalline Seigerungen und
- Makroseigerungen.

Seigerungen, zurückzuführen auf die Besonderheiten der Schmelzbadbildung, der Erstarrung und Kristallisation des Schweißgutes, basieren auf Entmischungsvorgängen, die zu örtlichen makroskopischen oder mikroskopischen Unterschieden in der Konzentration von Legierungselementen oder Verunreinigungen führen.

Ursachen für Inhomogenitäten in der Schweißgutzusammensetzung sind

- die unvollständige Vermischung von abgeschmolzenem Zusatz- und aufgeschmolzenem Grundwerkstoff im Schmelzbad in der Nähe der Schmelzlinie,
- die Diffusion von Elementen beim Kontakt der kristallisierenden Phase mit der Restschmelze (Phasengrenze fest–flüssig),
- die Verwendung von Schweißzusätzen, die sich in der chemischen Zusammensetzung sehr stark von der des Grundwerkstoffes unterscheiden (vor allem beim Mehrlagenschweißen).

Im Schmelzbad erfolgt in der Nähe der Nahtflanken aufgrund der schnellen Abkühlung und der geringen Schmelzbewegung keine vollständige Vermischung. Hier ist der Anteil des aufgeschmolzenen Grundwerkstoffes oftmals größer als in den mittleren Schmelzbadbereichen. Diese Erscheinung wird beobachtet, wenn sich Grund- und Zusatzwerkstoffzusammensetzung signifikant unterscheiden (Bild 7-17 b).

Ist der Gehalt eines Elementes im Zusatzwerkstoff größer als im Grundwerkstoff, ergibt sich eine Konzentrationsverteilung entsprechend der Linie 1. Die Breite der Zone mit unterschiedlicher Zusammensetzung wird für die Stahlschweißung mit 0,2 . . . 0,5 mm angegeben.

Seigerung in Dendriten folgt aus der Art des Kristallwachstums und der konstitutionellen Unterkühlung. Erstarrt eine Legierung (Mischkristall; verunreinigtes Metall), verändert sich mit der Keimbildung und dem Kristallwachstum die chemische Zusammensetzung der mit diesen wechselwirkenden Schmelze. Die Erstarrung wird durch die konstitutionelle Unterkühlung verlangsamt. Es wachsen Dendriten, die unterschiedliche Gehalte an Legierungselementen aufweisen, an deren äußerem Rand höhere Konzentrationen als im Inneren vorliegen.

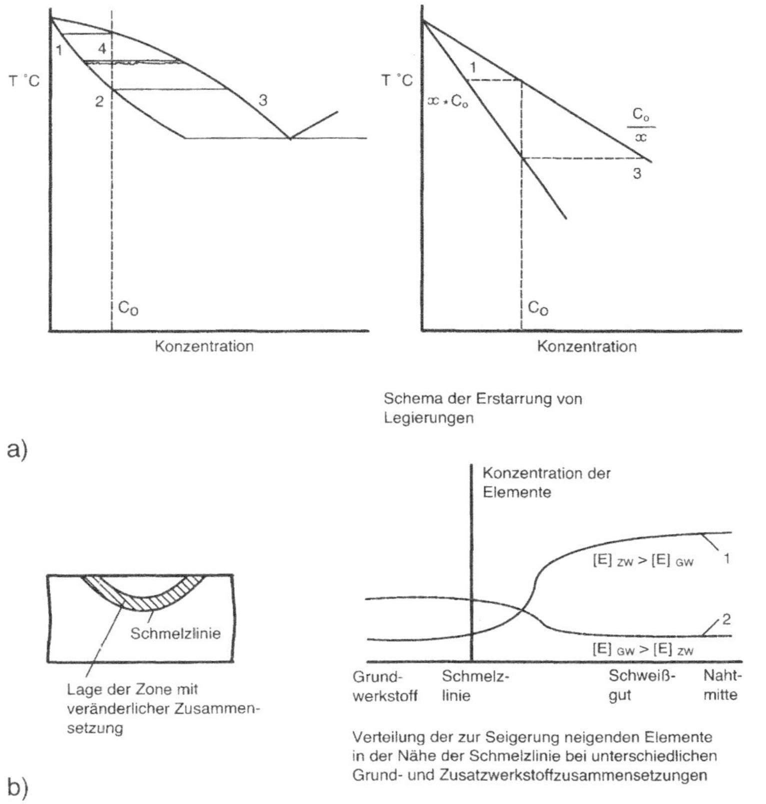

Bild 7-17. Verteilung von Legierungselementen in der Nähe der Schmelzlinie bei unterschiedlicher Grund- und Zusatzwerkstoffzusammensetzung (a, b).

Da die Diffusionsgeschwindigkeit der Legierungselemente wesentlich geringer ist als die Abkühlgeschwindigkeit, kann durch Diffusion kein vollständiger Konzentrationsausgleich stattfinden, es verbleibt eine Heterogenität der Legierungszusammensetzung.

Bild 7-18 verdeutlicht die Konzentration des Elementes B in der Nähe der Kristallisationsfront (a), die Verteilung eines Legierungselementes entlang dem letzten Kristallabschnitt (b) und die Verteilung des Legierungselementes über die Kristallitlänge (c).

Während der Kristallisation beeinflussen Diffusionsprozesse an der Phasengrenze Kristallit – Restschmelze die Verteilung stark zur Seigerung neigender Elemente, wie Schwefel, Phosphor, Kohlenstoff. Diese sind bestrebt, aus dem festen Metall in die flüssige Phase überzugehen. Es stellt sich eine Verteilung ein, wie sie im Bild 7-19 für Schwefel in einer WIG-Schweißnaht und für C und Si an der Schmelzlinie beim Schweißen von Stahl gezeigt ist.

Die Schmelze wird mit den Verunreinigungen angereichert. Sie erstarrt zuletzt und verbleibt an den Korngrenzen. Die Folge ist eine hohe örtliche Ungleichmäßigkeit in der chemischen Zusammensetzung und der Aufbau einer im Verhältnis zum Grundwerkstoff leicht schmelzenden Korngrenzensubstanz.

Im Schweißgut von Mehrlagenschweißungen, die mit einem Schweißzusatz hergestellt werden, der von der Zusammensetzung des Grundwerkstoffes sehr abweicht, werden Unterschiede in der Zusammensetzung der einzelnen Lagen festgestellt. Sie treten wegen der unterschiedlichen Grund-

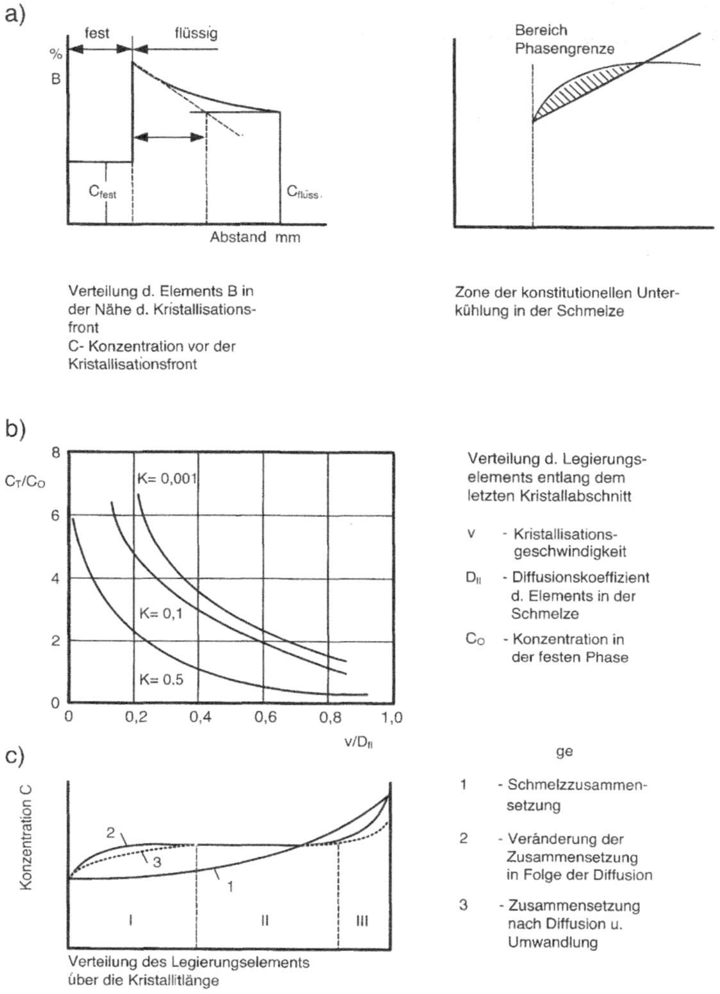

Bild 7-18. Verteilung des Elementes B in der Nähe der Kristallisationsfront (a), Verteilung des Legierungselementes entlang dem letzten Kristallabschnitt (b) und Verteilung des Legierungselementes über die Kristallitlänge (c).

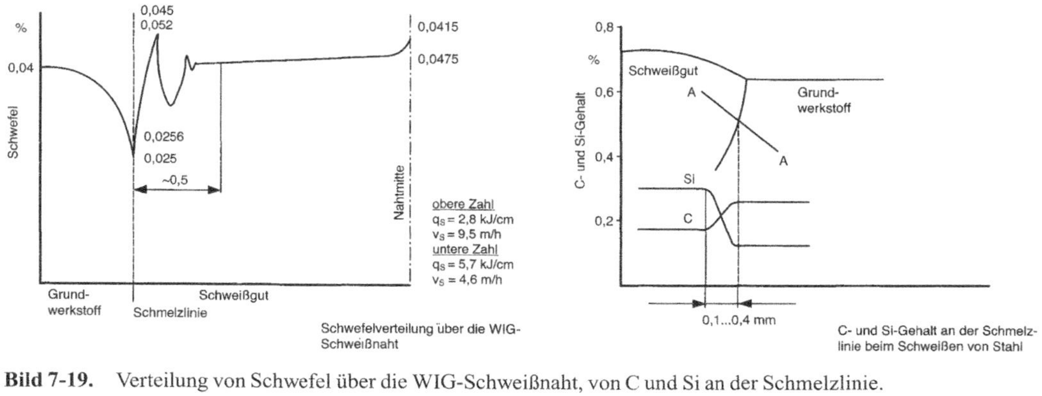

Bild 7-19. Verteilung von Schwefel über die WIG-Schweißnaht, von C und Si an der Schmelzlinie.

werkstoffanteile im Schweißgut der einzelnen Lagen auf. Eine Homogenisierung ist nur mit einer Glühbehandlung möglich.

Beim Schweißen von un- und niedriglegierten Stählen mit umhüllten Elektroden aus nichtrostendem CrNi-Stahl treten regelmäßig sich abwechselnde Streifen im Schweißgut auf [7-24]. Es kommt zur Aufschmelzung des Grundwerkstoffes und zur Ausbildung martensitischer Bänder. Das durch das Abschmelzen der Elektrode gebildete Schweißgut erzeugt mit Legierungselementen angereicherte Bänder (Bild 7-20).

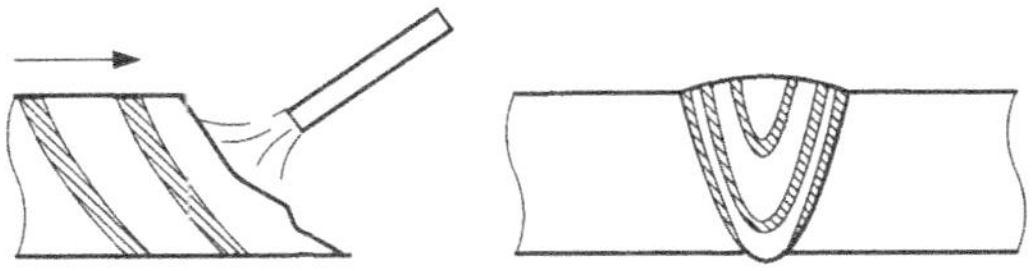

Bild 7-20. Periodische Heterogenität im Längs- und Querschnitt einer Mischschweißverbindung [7-24].

7.6 Beeinflussung der Kristallisationsprozesse beim Schweißen

Die physikalischen und chemischen Eigenschaften der Schweißverbindungen hängen in starkem Maße vom Gefügeaufbau des Schweißgutes ab. Um die für die Beanspruchungen unter Betriebsbedingungen erforderlichen Eigenschaften zu gewährleisten, sollte das Gefüge in der chemischen Zusammensetzung weitgehend homogen und möglichst nicht gerichtet sein. Die gerichtete Schweißgutkristallisation, verbunden mit der je nach Legierungszusammensetzung mehr oder weniger starken Inhomogenität insbesondere in Mikrobereichen, bringt eine beträchtliche *Anisotropie* (Richtungsabhängigkeit) der Eigenschaften mit sich und fördert die Entstehung von Schweißgutfehlern (Unregelmäßigkeiten) wie Poren, Rissen. Jede Maßnahme, die zur Verringerung der gerichteten Kristallisation des Schweißgutes führt, verbessert die Schweißguteigenschaften. Die Kristallisation (Primärkristallisation) kann beeinflußt werden durch

- die Veränderung der Wärmebilanz der Verfahren (optimale Streckenenergie; Mehrdraht-, Bandschweißen; Heißdraht- und Kaltdrahteinsatz; Einbringen von Metallpulver),
- die Einbringung hochschmelzender Verbindungen in das erstarrende Metall (insbesondere bei der Bildung voluminöser Schmelzbäder) oder Zuführung von Elementen durch den Schweißzusatz, die mit Sauerstoff bzw. Stickstoff hochschmelzende Verbindungen (Oxide, Nitride) bilden,
- die Störung der gerichteten Erstarrung durch das Einleiten mechanischer Schwingungen in das erstarrende Schmelzbad, durch Veränderungen des Werkstofftransportes in das Schmelzbad oder durch die Einwirkung von Magnetfeldern.

Das Schweißgutgefüge kann durch Wärmebehandlungen günstig beeinflußt werden.

Die verschiedenen Methoden zur Beeinflussung der *Wärmebilanz* verfolgen das Ziel, die Schmelzbadüberhitzung durch die Nutzung eines Teiles der Wärmeenergie zum Aufschmelzen zusätzlichen Metalles zu vermindern und die Abkühlgeschwindigkeit zu beeinflussen. Erfolgversprechend ist, zusätzliches Metallvolumen in Form von Metallpulver, Schweißzusatz (Drahtelektrode oder Fülldrahtelektrode) dem Schmelzbad zuzuführen und die Wärmeenergie des Schmelzbades zu dessen Aufschmelzung mit zu nutzen.

Verbunden mit der besseren Wärmeausnutzung ist eine Erhöhung der Abschmelzleistung. *Bailey* [5-53] wies für die UP-Schweißung nach, daß durch die Zugabe von Metallpulver metallurgische und technologische Verbesserungen möglich sind. Neben dem Einfluß auf das Mikrogefüge sind der verringerte Einbrand in den Grundwerkstoff, die kleinere Zahl von Schweißlagen beim Schweißen von 30, 40 und 75 mm dicken Blechen aus C-Mn-Nb-Stahl mit einer Streckgrenze von 350 N/mm^2 und die bessere Energieausnutzung zu nennen.

Durch die Verwendung eines Pulverdrahtes, der Desoxidationselemente, Schlackebildner und Legierungselemente enthält und stromlos in den Unterpulver-Schweißprozeß eingeführt wird, kann die starke Schmelzbadüberhitzung vermindert werden, das Gefüge wird feinkörniger, und die Abschmelzleistung steigt um ca. 30 %.

Unterpulver- und Schutzgas-Mehrdrahtschweißungen, die Unterpulver- und Schutzgas-Engspaltschweißung bringen ähnliche Effekte. Durch die Reduzierung der Spaltbreite, eine günstige Wärmeführung des Prozesses und den Einsatz einer massiven und einer Füllbandelektrode (Schlackebildner, Mikrolegierungselemente) wurden deutliche Gefügeverbesserungen im Schweißgut (Feinkorn) und in der Wärmeeinflußzone erreicht [7-25]. Beim Elektrogas-Schweißen führt die stromlose Zuführung von massiven Drahtelektroden bzw. Fülldrahtelektroden zur Ausbildung polyedrischer Kristallite in der Nahtmitte und zum Abbau der breiten Stengelkristallzone.

Durch Änderungen des Einbrandprofils ist es möglich, die Kristallisationsbedingungen zu verbessern (Bild 7-21).

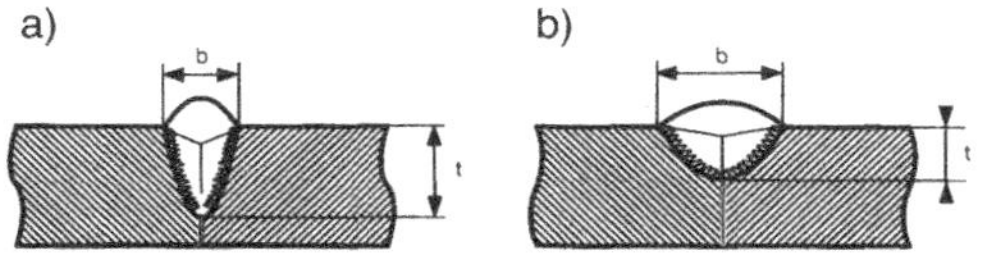

Bild 7-21. Einschmelzformen.

Das Elektrodenpendeln, der Einsatz von Bandelektroden und das Mehrdrahtschweißen begünstigen vor allem bei den Verfahren, bei denen ein großes Schmelzbad gebildet wird, eine feinkörnige, nicht gerichtete Schweißguterstarrung.

Beim Schmelzschweißen von Aluminium und Aluminiumlegierungen sowie den Senkrechtschweißverfahren (ES, EG) hat sich *die modifizierende, kornfeinernde Wirkung* von hochschmelzenden Verbindungen bewährt. Sie fördern die Ausbildung eines feinkörnigen Primärgefüges. Aluminium, Titan und Zirkon bilden mit Sauerstoff und Stickstoff stabile, hochschmelzende Oxide und Nitride, die das Stahlschweißgut verfeinern. Sie wirken im Schmelzbad als *Fremdkeime.*

Diese modifizierend wirkenden Verbindungen können in Form eines Pulvers oder über die Elektrodenumhüllung eingebracht werden. Sie bilden sich aber auch im Schmelzbad durch die Reaktion des Al-, Ti- oder Zr-haltigen Schweißzusatzes mit Sauerstoff oder Stickstoff [7-26 ... 7-28; 5-18].

Der kornfeinernde Effekt ist bekannt von den *Feinkornbaustählen,* bei denen geringe Konzentrationen an Al, Nb, Ti, Zr oder V in Wechselwirkung mit Sauerstoff, Stickstoff und Kohlenstoff die Zugfestigkeit, die Streckgrenze erhöhen und die Sprödbruchsicherheit gewährleisten. Oxide, Nitride und Karbide wirken als Keimbildner, die in Verbindung mit einer thermomechanischen Behandlung beträchtliche Festigkeitssteigerungen bei guten Zähigkeitseigenschaften zulassen.

Die gerichtete Erstarrung des Schmelzbades kann durch die Einwirkung *mechanischer Schwingungen* oder durch Magnetfelder gestört werden. *Russow* führt den Einfluß einer Vibration während der Schmelzbadkristallisation auf die Vermeidung der breiten Stengelkristallzone, die Verfeinerung der Primärstruktur, die Verbesserung der Entgasung und die Umverteilung nichtmetallischer Einschlüsse im Schweißgut zurück. Technisch wird die Beeinflussung des Erstarrungsvorganges durch mechanische Schwingungen wegen des relativ hohen Aufwandes nicht genutzt.

Ein externes, parallel zur Lichtbogenachse beim WIG-Schweißen von austenitischem Stahl wirkendes Magnetfeld übt eine signifikante Wirkung auf die Schmelzbadform aus (Veränderung von Breite und Tiefe) [7-30]. Durch elektromagnetische Felder ist es möglich, die Kristallisation, besonders den Übergang von der 1. zur 2. Erstarrungsfront zu beeinflussen [7-29]. Auch diese Methode ist technisch nicht ausreichend erprobt und scheint zur Zeit nicht erfolgversprechend.

7.7 Porenbildung

Poren im Schweißgut sind mit Gas gefüllte Hohlräume, die sich während der Schmelzbaderstarrung durch metallurgische mit einer Gasentwicklung (CO) verbundene Reaktionen oder durch die Abnahme der Löslichkeit von Gasen (Wasserstoff, Stickstoff) bei der Schweißgutabkühlung bilden. Ihre Anordnung im Schweißgut und Form sind vom Entstehungsmechanismus, der Abkühl- und Kristallisationsgeschwindigkeit, der Ausscheidungs- und Wachstumsgeschwindigkeit und der Art des verwendeten Grundwerkstoffes und Schweißzusatzes abhängig (Einteilung von Unregelmäßigkeiten in metallischen Werkstoffen; Schmelzschweißen DIN ISO 6520-1 – Gruppe 2 Hohlräume).

Im schmelzflüssigen Zustand kann das Metall beträchtliche Gehalte an Stickstoff, Wasserstoff oder Sauerstoff aufnehmen. Die Löslichkeit der Gase hängt von der Temperatur ab. Bei der Abkühlung des Metalles sinkt die Löslichkeit, besonders stark beim Übergang vom flüssigen in den festen Zustand. Gase, wie Wasserstoff und Stickstoff, werden ausgeschieden und können bei langsamer Erstarrung durch Diffusion oder durch Gasblasenbildung das Schmelzbad verlassen.

Eine *Porenbildung* tritt ein, wenn die Gase nicht die Möglichkeit haben, das Schmelzbad zu verlassen, bevor sie im Inneren eingeschlossen werden. Je nach den Erstarrungsbedingungen und den ausgeschiedenen Gasmengen können die Poren unterschiedliche Formen annehmen (kugelförmiger Gaseinschluß; örtlich gehäufte Poren – Porennester; in einer Linie angeordnete Poren – Porenzeile; langgestreckte Gaseinschlüsse in Schweißnahtrichtung – Gaskanal; längliche Poren – Schlauchporen; Oberflächenporen).

Zwischen dem Entstehungsmechanismus der Gashohlräume, ihrer Morphologie und den Erstarrungsbedingungen besteht ein enger Zusammenhang. *Chalmers* [7-31] beschreibt in einem Modell das Entweichen von Gasen im Bereich einer fortschreitenden Kristallisationsfront (Bild 7-22) [7-24].

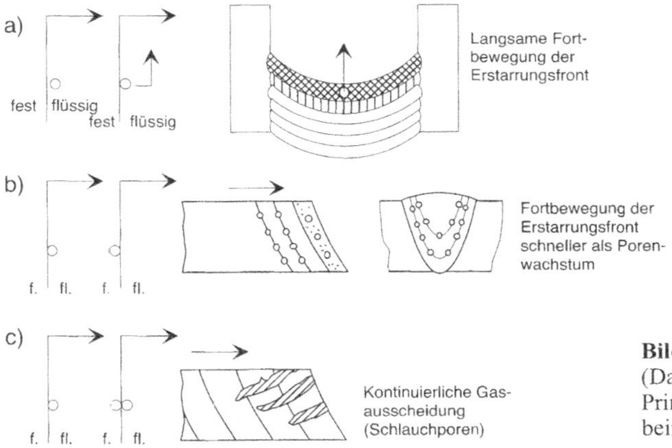

Bild 7-22. Schema der Porenbildung und -form (Darstellung nach *Chalmers*) und Anwendung der Prinzipien auf die Porenbildung in der Schmelzzone beim Schweißen [7-31; in 7-24].

Die Gasblasen entstehen an der Kristallisationsfront, vergrößern sich und steigen, wenn die Erstarrung langsam erfolgt, nach oben. Ist die Erstarrungsgeschwindigkeit größer als die Geschwindigkeit der Gasblasenbildung und -bewegung, werden die Gasblasen von der Kristallisationsfront überholt und eingeschlossen.

Eine ständige Gaszufuhr zu schon gebildeten Gasblasen führt dazu, daß diese sich durch eine Verlängerung in Richtung der Bewegung der Erstarrungsfront entwickeln, es entstehen Schlauchporen (Bild 7-22).

Die Form der sich aus der Schmelze auf der festen Oberfläche ausscheidenden Gasblase hängt von den Benetzungsbedingungen ab. Dabei wird die Größe des Randwinkels θ zum Verhältnis der Oberflächenspannungen bestimmt:

$$\cos\theta = \frac{\sigma_{fP/Gas} - \sigma_{fP/Schm}}{\sigma_{Schm/Gas}} \,. \tag{114}$$

Bei $\theta > 90°$ benetzt die Flüssigkeit (Schmelze) die feste Phase schlecht (Bild 7-23 a), die Gasblase wächst beträchtlich. Bei $\theta < 90°$ wird die feste Phase von der Schmelze gut benetzt, die Gasblase nimmt eine ovale Form an, löst sich von der festen Phase und gelangt an die Schmelzbadoberfläche (Bild 7-23 b, c).

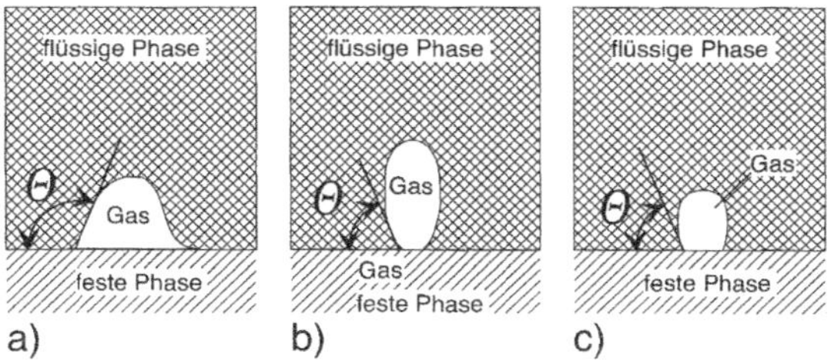

Bild 7-23. Gasblasenformen in Abhängigkeit von der Benetzung [7-33].

Im Schmelzbad wird die Oberfläche der wachsenden Kristallite gut von der Schmelze benetzt, die sich zuerst bildenden Gasblasen erhalten eine ovale Form.

Bei geringer Kristallisationsgeschwindigkeit entwickeln sich die Gashohlräume, lösen sich von der Kristallisationsfront und werden ausgeschieden (Bild 7-24 a). Bei unvollständiger Lösung von der festen Phase verbleiben sie als Keime für neue Hohlräume auf der Oberfläche (Bild 7-24 b).

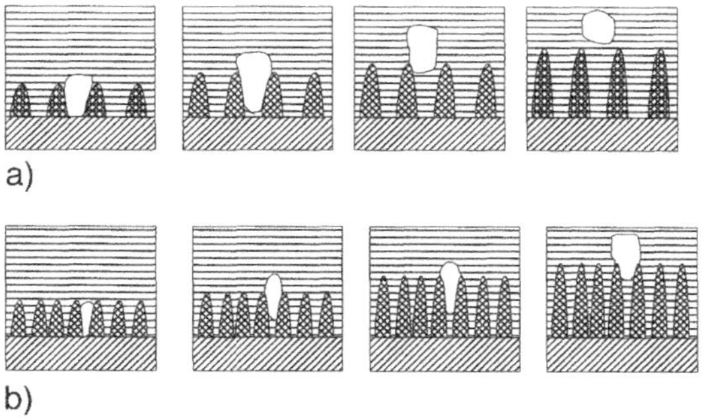

Bild 7-24. Bildung und Wachstum der Gasblasen bei verschiedenen Kristallisationsgeschwindigkeiten (a, b).

Für die Entstehung und das Wachstum der Gasblasen wird vorausgesetzt, daß der Druck des Gases p_{Gas} im Inneren des Hohlraumes den äußeren Druck $p_{äuß}$ übersteigen muß, d. h. $p_{Gas} >> p_{äuß}$ (nach *Fast*). Der äußere Druck $p_{äuß}$ setzt sich wie folgt zusammen:

$$p_{äuß} = p_{atm} + h_1 \cdot \rho_1 + h_2 \cdot \rho_2 + \frac{2\sigma}{r} \,. \tag{115}$$

Hierin bedeuten:

p_{atm} – Atmosphärendruck (1 atm; $1{,}01 \cdot 10^5$ Pa)

h_1 – Höhe der Metallsäule über der Blase

h_2 – Höhe der Schlackeschicht über der Blase

ρ_1, ρ_2 – Dichte der Metallschmelze, Dichte der Schlacke

σ – Oberflächenspannung an der Phasengrenze Gas/Metall

r – Gasblasenradius

Da die Größe des metallostatischen und schlackostatischen Druckes vernachlässigt werden kann, wird

$$p_{Gas} >> p_{atm} + \frac{2\sigma}{r} \ . \qquad (116)$$

Mit steigender Oberflächenspannung σ und Verringerung des Gasblasenradius erhöht sich der Wert von $\frac{2\sigma}{r}$.

Wird angenommen, daß zu Beginn der Blasenbildung $r \approx 10^{-5}$ cm und die Oberflächenspannung an der Phasengrenze Gas – Metall $\sigma = 1000$ erg/cm^2, beträgt der Druck des Gases im Blaseninneren

$$p_{Gas} > 1 + \frac{2 \cdot 1000}{10^{-5} \cdot 981 \cdot 1000} = 205\ at\ (2 \cdot 10^7\ \text{Pa}). \qquad (117)$$

Das bedeutet:

Bildung und Wachstum der Gashohlräume sind nur an der Oberfläche der festen Phase (der wachsenden Kristallite), die sich im Kontakt mit der Metallschmelze befindet, möglich. Das Entstehen und Wachsen der Gasbläschen im Schmelzbad selbst ist unwahrscheinlich.

Bei günstigen Voraussetzungen für die Bildung und das Wachstum der Gasblasen können Wasserstoff, Stickstoff und das durch die Wechselwirkung Sauerstoff – Kohlenstoff ($FeO + C \rightleftarrows Fe + \{CO\}$) entstehende CO aus dem Schmelzbad gut entweichen, es bilden sich keine Poren.

Über die Zusammensetzung der Gase in den Poren macht *Masumoto* [7-32] folgende Angaben:

- Reinaluminium: 75 ... 85 % H_2; 10 ... 20 % N_2
- Al-Legierungen: 100 % H_2
- Unlegierter Stahl: 67 ... 78 % CO, 8 ... 12 % H_2 (Schutzgas 90 % CO_2 + 10 % O_2)
- Austenitischer Stahl: 10 ... 17 % CO, 12 ... 19 % H_2, 38 ... 70 % N_2 (Schutzgas Ar, Ar + N_2, Ar + CO_2, Ar + O_2).

Jede Erschwerung der Bläschenbildung verzögert die Gasausscheidung. Elemente, die wie Schwefel die Oberflächenspannung beeinflussen und die Viskosität der Schmelze erhöhen, verzögern die Gasausscheidung und begünstigen die Porenbildung.

Maßgebende Einflußfaktoren auf die Porenbildung sind:

- metallurgische Reaktionen im Schmelzbad, die zur Bildung gasförmiger Reaktionsprodukte führen,
- hoher Wasserstoff- bzw. Stickstoffgehalt in der Lichtbogenatmosphäre,
- hoher Schwefelgehalt im Schweißgut,
- Bildungsgeschwindigkeit der Gasblasen und Erstarrungsgeschwindigkeit des Schmelzbades.

Während beim Schweißen von Stahl Wasserstoff, Stickstoff und Kohlenmonoxid die Ursache für die Porenbildung sind, führt beim Schweißen von Aluminium und Aluminiumlegierungen nur Wasserstoff zu Poren.

Bei der Erstarrung einer Aluminiumschmelze (660 °C) hat schon ein Wasserstoffgehalt von 0,05 ml/100 g einen Entwicklungsdruck von 1 bar (10^5 Pa) zur Folge. Aluminium zeigt eine starke Porenempfindlichkeit. Seine große Wärmeleitfähigkeit, die zu einer höheren Abkühlgeschwindigkeit führt, erschwert das Austreten von Wasserstoff aus der Schmelze.

Beim Überschweißen von Fertigungsanstrichen (Vorkonservierung) bilden sich bei der Entgasung der Konservierungsstoffe CO, CO_2, nitrose Gase und Wasserstoff. Unter ungünstigen Bedingungen fördern sie die Bildung von Kugel- und Schlauchporen im Schweißgut, darauf zurückzuführen, daß Gase der Zersetzungsprodukte in das Schmelzbad eindringen.

Porenzahl und -größe können durch Erwärmung des Anstriches vor dem Schweißen, durch dünne und gleichmäßige Überzüge und Auswahl des Schweißverfahrens und Schweißzusatzes verringert werden (Verringerung der Porenzahl in der Reihenfolge Metall-Schutzgasschweißen MAGC, Schweißen mit basisch umhüllten Stabelektroden, UP-Schweißen).

Die Porosität kann vermieden bzw. vermindert werden durch

- gute Desoxidation des Schweißgutes beim Stahlschweißen,
- Verringerung der Wasserstoff- und Stickstofflöslichkeit im Schmelzbad durch Senkung des Partialdruckes dieser Gase in der Lichtbogenatmosphäre,
- Schweißen im Vakuum,
- Einhalten von Schweißbedingungen, die eine gute Entgasung des Schmelzbades zulassen (Einflußnahme auf Schmelzbadform),
- Bindung des Wasserstoffes durch Fluor gemäß der Reaktionen

$$2\,CaF_2 + 3\,SiO_2 \rightleftarrows 2\,CaSiO_3 + SiF_4$$
$$SiF_4 + 3\,H \rightleftarrows SiF + 3\,HF$$
$$CaF_2 + H \rightleftarrows CaF + HF$$
$$SiF_4 + 2\,H_2O \rightleftarrows SiO_2 + 4\,HF.$$

  Fluorwasserstoff ist im Metall nicht löslich.

- Bildung der im Metall nichtlöslichen Verbindung des Wasserstoffes mit Sauerstoff (in der Hochtemperaturzone)

$$H + O \rightleftarrows OH$$
$$CO_2 + H \rightleftarrows CO + OH$$
$$MnO + H \rightleftarrows Mn + OH$$
$$SiO_2 + 2\,H \rightleftarrows Si + 2\,OH.$$

7.8 Nichtmetallische Einschlüsse

Nichtmetallische Einschlüsse im Schweißgut sind oxidische, sulfidische oder phosphidische Einlagerungen im Gefüge, die durch Reaktionen von Elementen mit Sauerstoff, Phosphor oder Schwefel im Schmelzbad gebildet werden und aufgrund der Abkühl- und Kristallisationsbedingungen nicht aus diesem ausgeschieden werden konnten. Im Schmelzbad entstehende heißen endogene, aus der Schlacke stammende exogene Einschlüsse.

Die Reaktionen im Schmelzbad sind für die Bildung der nichtmetallischen Einschlüsse am wichtigsten; sie bestimmen zusammen mit den Abkühlbedingungen Menge, Größe, Verteilung auch die chemische Zusammensetzung.

Menge, Größe und Verteilung der nichtmetallischen Einschlüsse hängen von

- der chemischen Zusammensetzung des Grundwerkstoffes und Schweißzusatzes,
- dem Koagulationsvermögen der Einschlüsse, d. h. der Vergrößerung auf dem Wege des Zusammenschlusses (Vereinigung),
- der Geschwindigkeit des Aufstieges (Ausscheidungsgeschwindigkeit) im Schmelzbad,

- der Beweglichkeit der Teilchen im Schmelzbad,
- der Schmelztemperatur und Dichte der nichtmetallischen Phasen (Tabelle 7-2 [7-33])

ab.

Tabelle 7-2. Schmelztemperatur und Dichte von Silikaten, Aluminaten und Oxiden [7-33].

• Schlackeneinschluß • Oxideinschluß		Schmelztemperatur [°C]	Dichte ρ [g/cm^3]
Fayalith	$2\,FeO \cdot SiO_2$	1205	4,32
Rhodonit	$MnO \cdot SiO_2$	1291	3,72
Tefroit	$2\,MnO \cdot SiO_2$	1345	–
Quarz	SiO_2	1700	2,85
Korund	Al_2O_3	2050	3,96
Mullit	$3\,Al_2O_3 \cdot 2\,SiO_2$	1850	3,16
Herzinit	$FeO \cdot Al_2O_3$	1780	4,05
Chromit	$FeO \cdot Cr_2O_3$	1850	5,10
Rutil	TiO_2	1850	4,20

Das Koagulationsvermögen ergibt sich aus der Schmelztemperatur der Teilchen, der Differenz zwischen Schmelzbadtemperatur – Schmelztemperatur der Teilchen, der Oberflächenspannung an der Grenze Einschlußteilchen – Metallschmelze und der Viskosität des Schmelzbades. Je größer die Schmelztemperatur und Oberflächenspannung und je niedriger die Viskosität, desto leichter erfolgt die *Koagulation*.

DIN EN ISO 6520-1 Einteilung von Unregelmäßigkeiten in metallischen Werkstoffen; Schmelzschweißen unterscheidet in der Gruppe 3 Feste Einschlüsse zwischen Schlackeneinschlüssen (zeilenförmig, vereinzelt, örtlich gehäuft), Flußmitteleinschlüssen, Oxideinschlüssen und Oxidhäuten.

Auf die Ausscheidungsgeschwindigkeit haben konvektive Strömungen im Schmelzbad, die Ausscheidung von Gasblasen, Vermischung des Metalles im Schmelzbad Einfluß.

Nichtmetallische oxidische Einschlüsse bestehen je nach der Grundwerkstoff- und Schweißzusatzzusammensetzung vor allem aus FeO, MnO, Al_2O_3, SiO_2 oder TiO_2, Schlackeneinschlüsse aus Silikaten, Chromaten, Aluminaten oder Gemischen aus Silikaten mit Oxiden.

Saure Schlacken ergeben im allgemeinen silikatische Einschlüsse, die feindispers verteilt sind und sich zwischen den Dendriten anordnen. Basische Schlacken bilden große Einschlüsse.

Einschlüsse als selbständige Phasen können in folgenden *Formen* auftreten:

- einzelne große Einschlüsse mit kugeliger Form oder spindelartig gestaltet,
- dünne Schichten, die an den Korngrenzen angeordnet sind, sie können um die Körner eine Art Netzstruktur bilden,
- nadelig,
- einzelne sehr feine, kugelförmige, gewöhnlich gehäuft auftretende Schlacken.

Anhäufungen von Schlackeneinschlüssen werden auf Dendritenoberflächen beobachtet. Eutektika, die das Grundmetall z. B. mit Verunreinigungen bildet, lagern sich vor allem an den Grenzen der Kristallite in Form von Zwischenschichten oder als Punktansammlungen ab.

Die Menge, die Form und Größe der Einschlüsse haben Einfluß auf die mechanischen und chemischen Eigenschaften der Schweißverbindungen (Rißempfindlichkeit, Schlagarbeit, Dauerfestigkeit, Korrosionsbeständigkeit). Insbesondere hochschmelzende oxidische und nitridische Einschlüsse wirken als Kristallisationszentren (Al_2O_3, AlN; TiO_2, TiN; ZrO_2, ZrN; NbN).

Nichtmetallische Einschlüsse haben einen bedeutenden Einfluß auf die Bildung lokaler Ungleichgewichte von Wasserstoffkonzentrationen in Makro- und Mikrobereichen des Stahles. Zwischen Gefügedefekten (Mikroporen, Einschlüsse) und den Wasserstoffkonzentrationen in diesen Defekten besteht ein Zusammenhang. Die Wasserstoffatome diffundieren mit großer Geschwindigkeit in diese Defekte (Fallenwirkung) [7-34].

7.9 Heißrißbildung

Heißrisse sind Werkstofftrennungen mit überwiegend zweidimensionaler Ausdehnung. Sie entstehen im *Schweißgut* und in der Wärmeeinflußzone bei hohen Temperaturen.

Im Schweißgut werden bei der Erstarrung entstehende *Erstarrungsrisse (Kristallisationsrisse, solidification cracks)* festgestellt. In der Wärmeeinflußzone (WEZ) des Grundwerkstoffes oder in der darunter- oder danebenliegenden Wärmeeinflußzone von Schweißraupen (Mehrlagenschweißung) treten während der Abkühlphase *Wiederaufschmelzungsrisse (liquation cracks)* auf. Ihre Bildung ist stets mit dem Vorhandensein flüssiger Phasen auf den Korngrenzen verbunden.

Im festen Zustand des Werkstoffes entstehende interkristalline Trennungen sind Risse, die auf einen Verformbarkeitsabfall des Werkstoffes in der Wärmeeinflußzone zurückzuführen sind. Diese *DDC (Ductility Dip Cracks)* sind unmittelbar nach dem Schweißen vorhanden. Korngrenzen werden dabei nicht aufgeschmolzen. Wiederaufschmelzungsrisse und DDC werden zusammengefaßt auch als *Mikrorisse (Fissures, Microcracks)* bezeichnet [7-50].

Je nach der Lage der Risse zur Schweißnahtachse werden *Längs-* und *Querrisse* unterschieden. Sie können unterhalb der Werkstoffoberfläche verlaufen, diese aber auch durchstoßen.

Heißrisse sind metallurgisch bedingte, auf den Primärkorngrenzen unter der Einwirkung von Zugspannungen während der Fertigung oder bei der Beanspruchung der Konstruktion entstehende Schweißnahtunregelmäßigkeiten.

Wiedererwärmungsrisse (Reheat Cracks) bilden sich erst nach dem Schweißen durch Relaxation infolge Wärmenachbehandlung bei höheren Temperaturen.

Heißrisse entstehen, wenn die bei der Erstarrung (Kristallisation) und Abkühlung auftretenden Deformationen das Deformationsvermögen des Werkstoffes übersteigen. Die Gefahr der Werkstofftrennung ist insbesondere in den Bereichen sehr hoch, in denen, durch die Kristallisation bedingt, niedrigschmelzende Eutektika, Ausscheidungen oder Einschlüsse angelagert sind (Bild 7-25), d. h. die Korngrenzen und korngrenzennahen Bereiche.

Zustand und Höhe der Deformationen hängen

- von den wärmephysikalischen Eigenschaften des Metalles (Wärmeausdehnungskoeffizient, Wärmeleitfähigkeit u. a.),
- von der Blechdicke,
- von der Starrheit der Konstruktion,
- von den Festigkeits- und Zähigkeitseigenschaften des Metalles insbesondere bei hohen Temperaturen,
- von der Schweißtechnologie und den Schweißwerten

ab.

Die *Festigkeits- und Zähigkeitseigenschaften* der Metalle werden durch die Temperatur beeinflußt. Erreichen die Zugspannungen, mit denen der Werkstoff belastet wird, die Festigkeitsgrenze für eine gegebene Temperatur, entstehen Werkstofftrennungen. Die Temperatur, bei der die Rißbildung eintritt, hängt von der chemischen Zusammensetzung ab, sie liegt bei Baustählen im Bereich 1200 ... 1350 °C. In der Nähe der *Solidustemperatur* einer Legierung wird ein beträchtlicher Abfall des Verformungsvermögens beobachtet, so daß in diesem Temperaturbereich die Rißentstehung sehr wahrscheinlich ist.

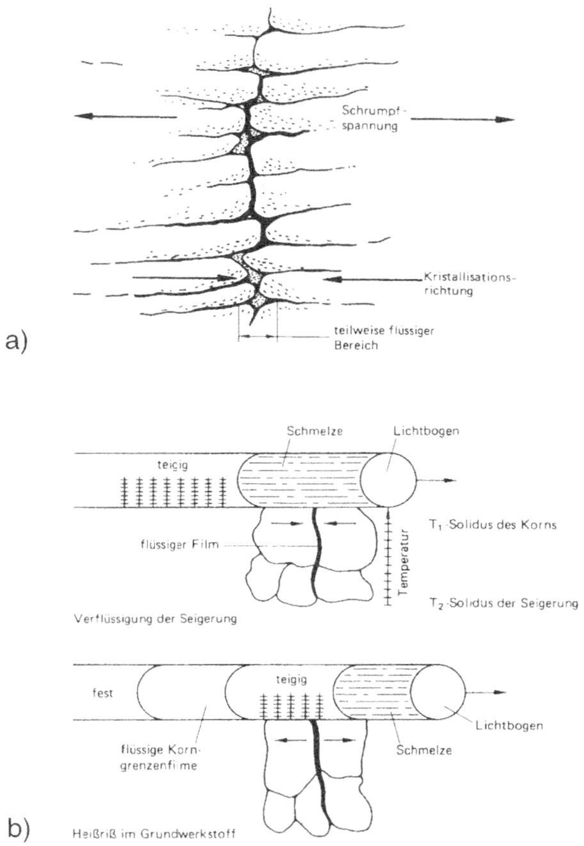

Bild 7-25. Entstehung von Rissen [7-43].
a) Erstarrungsrisse im Schweißgut (nach *Baker* und *Newman*),
b) Wiederaufschmelzungsrisse (nach *Apblett* und *Pellini*).

Zwischen den temperaturabhängigen Deformationen im Schweißnahtbereich, dem temperaturabhängigen Deformationsvermögen des Metalles, den Kristallisationsbedingungen und der chemischen Zusammensetzung des Metalles besteht somit ein enger Zusammenhang.

Daraus ergibt sich, daß die Heißrißbildung insbesondere durch

- konstruktive Faktoren (Art und Abmessungen der Schweißnähte, Nahtform – Bilder 7-26 und 7-27, u. a.)
- technologische Faktoren (Schweißtechnologie, Schweißparameter, Schweißfolge, Vorwärmung u. a.)
- metallurgische Faktoren (chemische Zusammensetzung, Wirkung von Verunreinigungen, Vorwärmung u. a.)

beeinflußt wird.

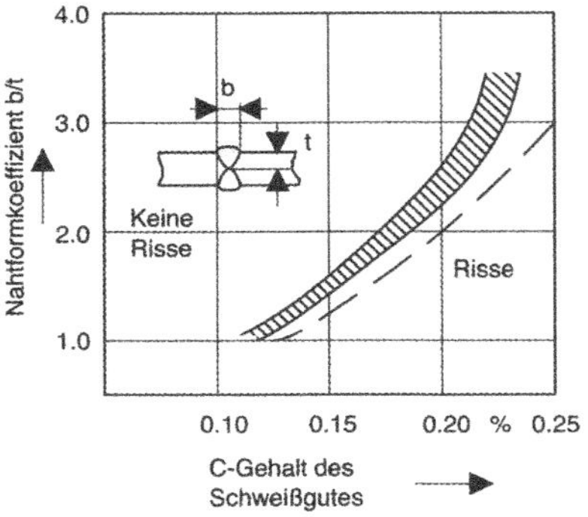

Bild 7-26. Einfluß der Nahtformkoeffizienten (Verhältnis Nahtbreite zu Nahttiefe) und des Kohlenstoffgehaltes im Schweißgut auf die Neigung zur Heißrißbildung (nach *Ostrowskaja*).

Kristallisation ist der Prozeß der Überführung des Metalles vom flüssigen in den festen Aggregatzustand und der Bildung der Metallstruktur. Sie erfolgt bei Legierungen in dem durch Liquidus- und Solidustemperatur begrenzten Kristallisationsintervall.

Die durch Unterkühlung entstandenen Kristallisationszentren wachsen mit sinkender Temperatur, bis sie sich durch gegenseitige Berührung am Wachstum hindern.

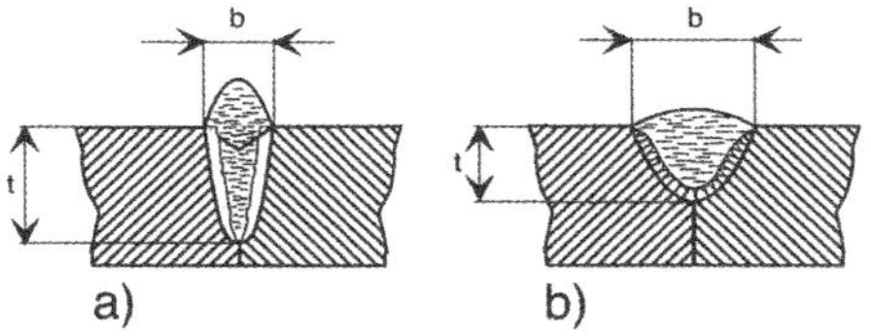

Bild 7-27. Schweißnahtform;
a) hohe Neigung zur Heißrißbildung,
b) geringe Neigung zur Heißrißbildung.

Zwischen *Liquidus-* und *Solidustemperatur* stehen die aus der Schmelze ausgeschiedenen Kristallite und die Schmelze in Wechselwirkung. Mit sinkender Temperatur ändern sich die Menge (Volumen) und Zusammensetzung der Kristalle und der Schmelze, bis bei der Solidustemperatur der Kristallisationsprozeß abgeschlossen wird.

Mit Annäherung an die Solidustemperatur verarmt das System an Schmelze. Deren Beweglichkeit wird aufgrund der zunehmenden Schmelzenviskosität eingeschränkt, und sie kann durch Schrumpfung entstandene Zwischenräume zwischen den Dendriten nicht ausfüllen. Die Deformation des erstarrenden Schweißgutes in dieser Phase hat *Risse* zur Folge.

Der zweiphasige Bereich in der Nähe der Solidustemperatur, in dem die Kristallite ein Kristallskelett bilden und eine zähflüssige, Verunreinigungen enthaltende Restschmelze existiert, wird häufig als *effektives Kristallisationsintervall* bezeichnet.

Erstarrungsrisse (Kristallisationsrisse) entstehen bei Temperaturen, bei denen die zwischen den Dendriten befindlichen Substanzen den Zusammenhang der Kristallite so schwächen, daß die infolge der ungleichmäßigen Schweißnahtabkühlung entstehenden Dehnungen den Werkstoff interkristallin trennen [5-6; 5-12; 7-22; 7-53; 7-54].

Wie in Bild 7-28 [5-6] dargestellt, verändern sich mit der Temperatur die Kornfestigkeit (σ_{Kr}) und die Korngrenzenfestigkeit (σ_{MK} – zwischenkristalline Festigkeit). Der Schnittpunkt der Kurven $\sigma_{MK} = f(T)$ und $\sigma_{Kr} = f(T)$ gibt die sogenannte *äquikohäsive Temperatur* $T_{äq}$ an.

Jedes Metall durchläuft bei der Erwärmung bzw. Abkühlung einen Temperaturbereich, in dem seine Festigkeit und sein Verformungsvermögen klein sind – *Temperaturintervall der Sprödigkeit (TIS)* – Brittle Temperature Range (BTR). Dieser Bereich, gewöhnlich kurz oberhalb der Solidustemperatur liegend, entspricht in etwa dem Bereich, in dem interkristalline Werkstofftrennungen auftreten. In einigen Fällen reicht der Bereich bis unterhalb der Solidustemperatur. Grundsätzlich wird die Heißrißempfindlichkeit eines Werkstoffes durch sein charakteristisches Temperaturintervall der Sprödigkeit beschrieben. Der Temperaturbereich, in dem Heißrisse auftreten können, die Mindestverformung sowie die Mindestverformungsgeschwindigkeit, die nötig ist, um Heißrisse zu erzeugen, sind charakteristische Merkmale des TIS [7-40].

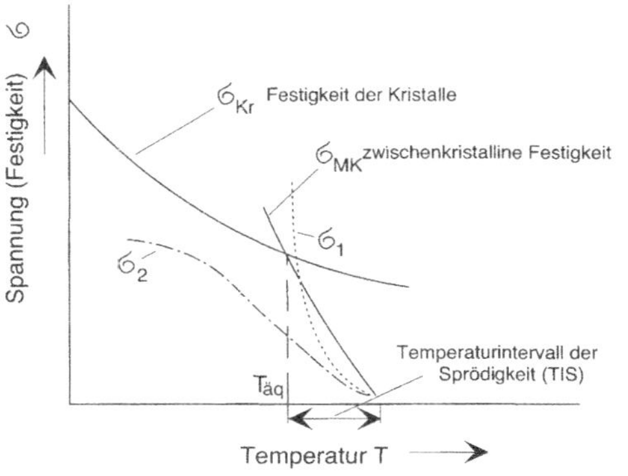

Bild 7-28. Charakter der Veränderung der Legierungsfestigkeit und der Beanspruchung des Metalles im Kristallisationsprozeß [5-6].

Steigt mit der sinkenden Temperatur z. B. die durch σ_1 bezeichnete Beanspruchung des erstarrenden Metalles stärker an als die Korngrenzenfestigkeit, entstehen Risse (Bild 7-28).

Die Ausdehnung des Temperaturintervalls der Sprödigkeit (TIS) ist anhand des Zustandsschaubildes einer Legierung einzuschätzen.

Je größer das Temperaturintervall $T_{liq} - T_{sol}$, desto größer das effektive Kristallisationsintervall und das Temperaturintervall der Sprödigkeit (TIS). Das Zustandsschaubild läßt aber keine Aussagen über den Einfluß von Verunreinigungen auf die Eigenschaften der zwischenkristallinen Schichten, über deren Menge und Schmelztemperatur und über die realen Kristallisationsbedingungen zu. Obige Feststellung hat damit nur eine qualitative Bedeutung.

Die Gefahr der Heißrißbildung ist groß, wenn das Schweißgut grob dendritisch erstarrt, da die Restschmelze dann als orientierte flüssige Korngrenzenschicht vorliegt. Heißrisse im Schweißgut können auch auftreten, wenn grobkörniger, mit niedrigschmelzenden Korngrenzensubstanzen behafteter Grundwerkstoff verarbeitet wird. Feinkörniger Grundwerkstoff wirkt auf die Heißrißbeständigkeit günstig.

Die chemische Zusammensetzung des Schweißgutes beeinflußt dessen Neigung zur Heißrißbildung beträchtlich. Bei un- und niedriglegierten Stählen fördern Kohlenstoff, Silizium, Nickel, Schwefel und Sauerstoff die Rißbildung [7-35].

Die Einhaltung der bekannten kritischen Konzentrationen, das Zusammenwirken mehrerer Elemente (z. B. von Mn-S, Mn-C-S) und technologische sowie metallurgische Maßnahmen wirken der Heißrißbildung entgegen.

Begleit- und Legierungselemente, die niedrigschmelzende Eutektika bilden, erweitern den Existenzbereich der Korngrenzenschichten.

Schwefel bildet mit Eisen ein an den Korngrenzen angelagertes, niedrigschmelzendes Eutektikum (eutektische Temperatur 988 °C) – (Bild 7-29). Es wird in seiner Wirkung auf Heißrisse durch Mangan eliminiert (Bild 7-30).

Das entstehende MnS (Schmelzpunkt 1600 °C) scheidet sich in einer Form aus, die die Heißrißneigung herabsetzt. Beim Erstarren des Stahls sind die Mangansulfide fest, wirken als Keime und sind später innerhalb der Körner verteilt, liegen nicht auf den Korngrenzen.

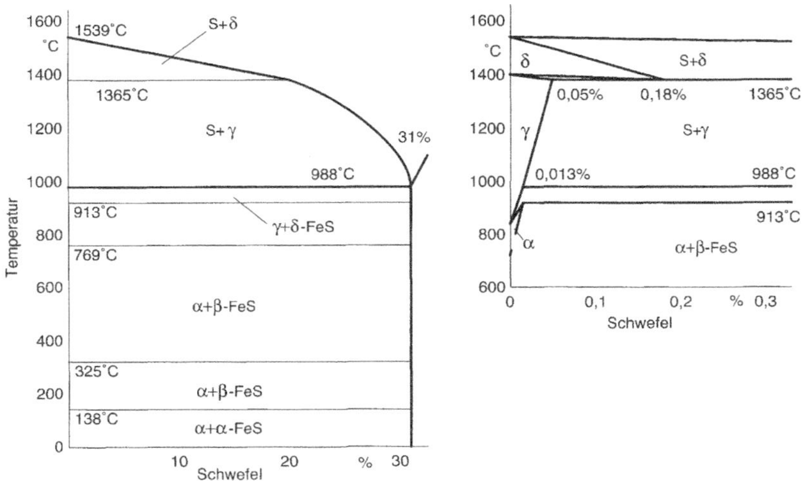

Bild 7-29. Zustandsschaubild Eisen – Schwefel.

Der Schwefelgehalt sollte etwa auf 0,05 % begrenzt werden [7-36]. Bei sehr hohen Anforderungen an die Verformbarkeit und die Sicherheit gegen Terrassenbruch ist eine Begrenzung auf 0,001 % zweckmäßig.

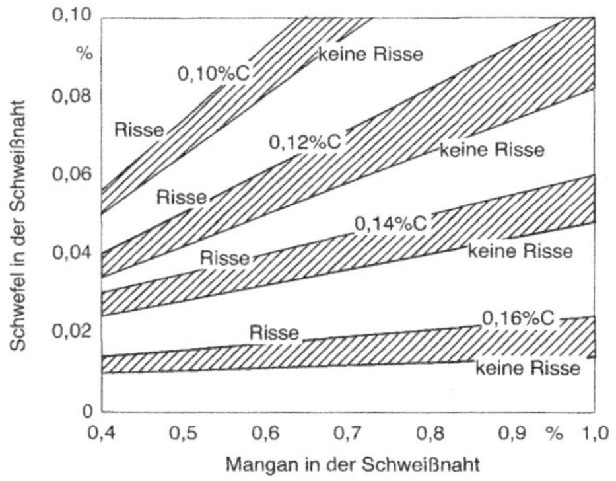

Bild 7-30. Einfluß von Schwefel, Mangan und Kohlenstoff auf die Neigung zur Heißrißbildung (unlegierter Stahl).

Nickel im Stahl hat bis zu Gehalten von 2,5 % keinen Einfluß auf die Bildung von Rissen. Wird die Konzentration erhöht, verstärkt sich bei gleichzeitiger Heraufsetzung des Schwefel- und Kohlenstoffgehaltes die Rißgefahr.

Beim Schweißen von ultrafesten Baustählen ($R_m \sim 1340 \ldots 2090$ N/mm^2, 0,2%-Dehngrenze 1200 ... 1700 N/mm^2) können schon geringste Gehalte an Phosphor und Schwefel zur Bildung niedrigschmelzender Eutektika auf den Korngrenzen und zu Heißrissen führen.

Sauerstoff verursacht bei Konzentrationen > 0,06 % im Stahl Werkstofftrennungen.

Einphasige Legierungen, wie stabilaustenitische Stähle, neigen sehr stark zur Heißrißbildung. Stabilaustenitische Stähle, Sonderedelstähle, Kupfer-Nickel- und Nickel-Basislegierungen sind beim Schweißen grundsätzlich rißgefährdet.

Das gilt auch für die zugehörigen Schweißzusätze, besonders wenn sie vollaustenitisch sind oder sein müssen.

Heißrisse können in Verbindung mit einer Korrosionsbeanspruchung der Naht zu großen Schäden führen. Heißrißbehaftete Schweißnähte beeinflussen das Zeitstandverhalten von Konstruktionen ungünstig. Bei Mehrlagenschweißungen von dicken Blechen und Rohren, die aus einer großen Zahl von Strichraupen aufgebaut werden, sind die im Schweißgut durch die nächste Raupe bzw. Lage entstehenden Wärmeeinflußzonen durch die Bildung von *Wiederaufschmelzungsrissen* an oder in unmittelbarer Nähe der Schmelzlinie, die mit flüssigen Phasen auf den Korngrenzen verbunden sind, oder *von Rissen durch Verformbarkeitsabfall (DDC)* im festen Zustand [7-37 ... 7-39] in der weiter von der Schmelzlinie entfernten Wärmeeinflußzone heißrißgefährdet.

Der Widerstand gegen die Heißrißbildung einphasiger Legierungen, z. B. austenitischer Stähle, wird durch die Anwesenheit einer zweiten Phase (Ferrit, Karbid) erhöht (Bild 7-31).

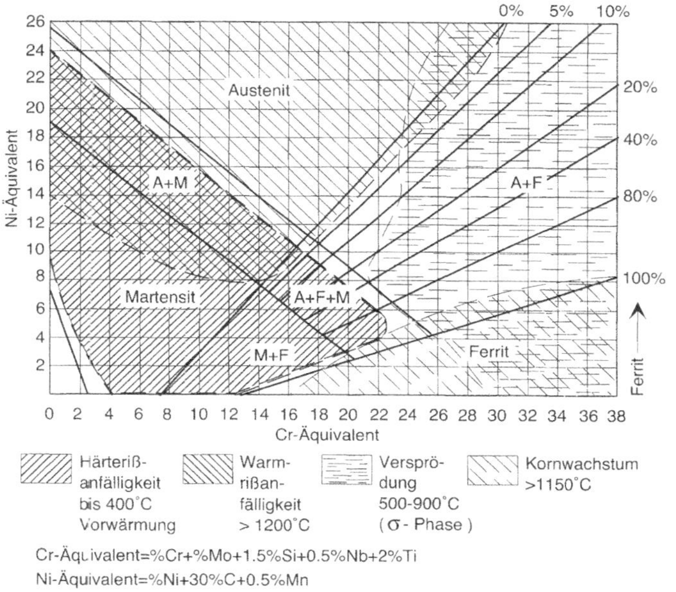

Bild 7-31. Schaeffler-Diagramm.

δ-Ferrit führt zu einem feinkörnigen Gefüge, löst schädliche Beimengungen und verbessert die Korngrenzenfestigkeit.

Bei der Erstarrung eines Stahles vom Typ 18/8 CrNi scheidet sich aus der Schmelze primär Ferrit aus. Ferrit besitzt eine hohe Löslichkeit für Si, S, P, O, Nb. Die auf den Korngrenzen erstarrende Restschmelze ist relativ frei von Verunreinigungen. Bei der Erstarrung eines Stahles vom Typ 25/20 CrNi scheiden sich primär γ-Mischkristalle aus. Sie besitzen nur eine geringe Löslichkeit für Verunreinigungen, während sich die Restschmelze daran anreichert. Die Korngrenzen sind dann aufgrund des starken Verunreinigungsgrades rißempfindlich [7-41]. Die Heißrißempfindlichkeit des Schweißgutes wird durch einen gewissen Ferritanteil im austenitischen Zusatzwerkstoff verringert (empfohlen wird ein Ferritanteil zwischen 1,5 und 5 %). Anstelle des „wahren" Ferritgehaltes, der schwer anzugeben ist, wird eine Ferrit-Nummer vorgeschlagen, ein Wert, der sich auf den Ferritgehalt eines entsprechend magnetischen Schweißgutes bezieht (Bild 7-32).

Bis 10 % Ferrit stimmen die Ferrit-Nummern mit dem aus dem DeLong-Diagramm ermittelten Prozentgehalt nahezu überein.

Im ASME-Code wurde das DeLong-Diagramm, das zur Schätzung des Delta-Ferrits aus der Schweißgutanalyse genutzt wird, durch das WRC-1992-Diagramm ersetzt (Bild 7-33).

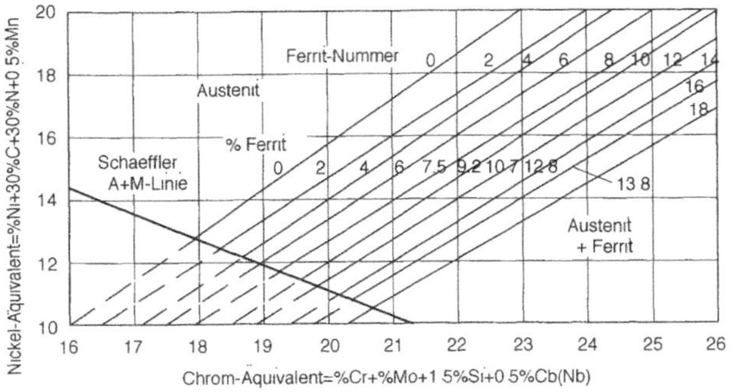

Bild 7-32. DeLong-Diagramm.

Nach den „Leitlinien zur Spezifikation des Ferritgehaltes in rostfreiem Schweißgut", herausgegeben vom IIW, heißt es, „Spezifikationen für den Ferritgehalt sollten nur in Ferritnummern (FN) erfolgen. Die spezifizierten FN sollten mit magnetischen Meßgeräten, die nach ISO 8249 geeicht sind, gemessen werden." Zustandsdiagramme, wie das Schaeffler-Diagramm, sollten vor allem für Schätzungen des Ferritgehaltes verwendet werden.

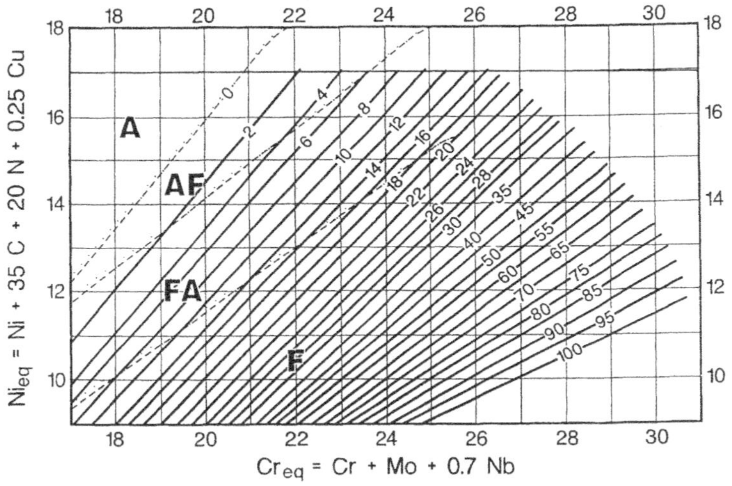

Bild 7-33. WRC-1992-Diagramm.

Das WRC-1992-Diagramm läßt eine genauere Schätzung des Ferritgehaltes zu, berücksichtigt Ferrit-Bereiche bis 100 FN und ist somit auch für das Schweißgut von Duplex-Stählen anzuwenden.

Es berücksichtigt neue Erkenntnisse, die zum Einfluß von Si, Cu und N auf den Ferritgehalt gewonnen wurden, und basiert auf einem Nickeläquivalent $Ni_{eq} = Ni + 35\,C + 20\,N + 0{,}25\,Cu$ und einem Chromäquivalent $Cr_{eq} = Cr + Mo + 0{,}7\,Nb$ (Bild 7-33).

Eine beträchtliche Rißanfälligkeit zeigen Schweißverbindungen von Aluminiumlegierungen. Bei ihnen ist der enge Zusammenhang zwischen Rißneigung und dem Temperaturintervall, in dem die Kristallisation verläuft, augenfällig. Die Rißneigung hängt stark vom Legierungsgrad ab (Bild 7-34). Sie ist besonders ausgeprägt bei Legierungen mit ausgedehntem Erstarrungsintervall und verringert sich mit der Annäherung an die eutektische Zusammensetzung.

Beim Schweißen von Nickel und Nickellegierungen verringert die Bildung eines Ni-NiS-Eutektikums die Beständigkeit gegen Heißrißbildung. Die Legierung mit Mangan und Magnesium vermindert die Rißgefahr. Magnesium wird aber beim Lichtbogenschweißen fast vollständig oxidiert, es ist im Schweißgut unwirksam.

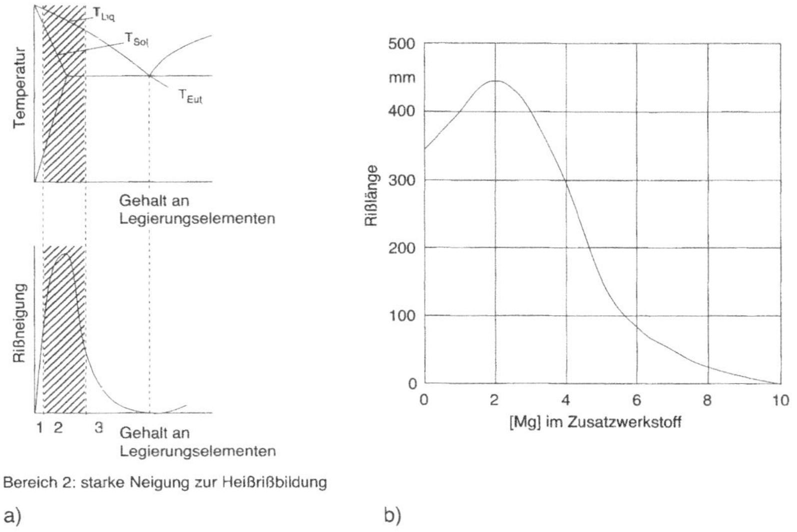

Bild 7-34. Rißanfälligkeit von Schweißungen an Aluminiumlegierungen.

Einschätzung der Neigung zur Heißrißbildung

Die Ursachen für die Bildung von Heißrissen im Schweißgut und in der Wärmeeinflußzone lassen sich auf

- die Beanspruchung des kristallisierenden Werkstoffes durch Spannungen und Verformungen, die von außen aufgebracht werden bzw. die durch die ungleichmäßige Abkühlung der Schweißnaht entstehen und so hoch sein können, daß sie in bestimmten Bereichen des Metalles dessen Verformungsvermögen übersteigen,
- die von der Temperatur abhängige Festigkeit des abkühlenden/kristallisierenden Metalles im Kristallisationsintervall, insbesondere im Bereich der Solidustemperatur,
- die chemische Zusammensetzung des Metalles, die, durch die Besonderheiten der Primärkristallisation beim Schweißen bedingt, beim Übergang vom flüssigen in den festen Zustand zur Bildung von niedrigschmelzenden Eutektika, zur Ablagerung von Einschlüssen oder Ausscheidungen auf den Primärkorngrenzen beiträgt und so rißgefährdete Bereiche im Schweißgut und in der Wärmeeinflußzone schafft,

zurückführen. Alle Theorien zur Erklärung der Heißrißbildung gehen von einem Zusammenwirken metallurgischer und mechanischer Einflußgrößen aus. Mit dem Begriff *Technologische Festigkeit* beim Schweißen [7-22], der die Fähigkeit des Metalles ausdrückt, während des technologischen Prozesses Schmelzschweißen die atomaren Bindungen zu wahren, wird der *Komplexität des Phänomens Werkstofftrennungen – Risse Rechnung getragen.*

Das Deformationsvermögen (Verformungsvermögen) δ eines durch das Temperaturintervall der Sprödigkeit TIS charakterisierten Werkstoffes hängt von der Temperatur ab (Bild 7-35). Die Kurve $\delta = f(T)$ durchläuft ein Minimum (δ_{min}).

Die mit sinkender Temperatur zunehmende Deformation des Werkstoffes wird durch die Geraden e_1, e_2, e_3 (Bild 7-35a) dargestellt. Schneidet e_3 die Kurve $\delta = f(T)$, ist die Beanspruchung des Werkstoffes größer als dessen Deformationsvermögen, es bilden sich *Risse*. Risse treten schon auf, wenn die Gerade e_2 die Kurve $\delta = f(T)$ berührt (hier ist $\delta \approx e$).

Bei gleichbleibender Deformationsgeschwindigkeit und verschiedenem Deformationsvermögen der Legierungen sind die Reserven an technologischer Festigkeit (Zähigkeitsreserven) für die Legierung mit dem größten Deformationsvermögen größer (Bild 7-35 b).

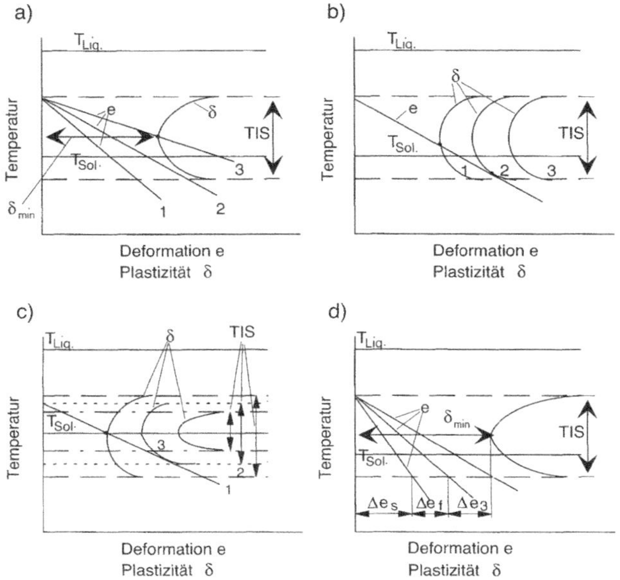

Bild 7-35. Schematische Darstellung der zwischenkristallinen Festigkeit des Metalles bei der Kristallisation [7-22].

Eine Erweiterung des TIS-Gebietes erhöht die Wahrscheinlichkeit, daß Rißbildungen auch bei gleichbleibender Deformationsgeschwindigkeit auftreten (Bild 7-35 c).

Die Reserve der technologischen Festigkeit einer Legierung (Zähigkeitsreserve) kann anhand eines Vergleiches des Deformationsvermögens δ und der Deformationen $\Delta\, e$ im Temperaturintervall der Sprödigkeit TIS eingeschätzt werden (Bild 7-35 d).

Nach *Frolow* ergibt sich die Zähigkeitsreserve als

$$\Delta e_3 = \delta_{min} - (\Delta e_S - \Delta e_f).$$

Da $\Delta e_S = \delta_S \cdot TIS = \alpha_S \cdot TIS$ (e wird durch α, die Deformation bezogen auf 1 grd Temperaturerhöhung, ersetzt), ist analog

$$\Delta e_f = \alpha_f \cdot TIS; \quad \Delta e_3 = \alpha_3 \cdot TIS; \quad \Delta_{\min} = \alpha_\delta \cdot TIS.$$

Es bedeuten: α_S – Deformationsgeschwindigkeit (verursacht durch Schrumpfen)

α_f – Geschwindigkeit der Formänderung des Schweißteils

α_δ – zulässige Deformationsgeschwindigkeit bei einem bestimmten Wert von δ_{min} und TIS.

α_δ und α_S hängen von der Zusammensetzung der Legierung ab, α_f wird bestimmt durch Konstruktion und Technologie des Schweißens.

Als Kennziffer für die Technologische Festigkeit könnte verwendet werden:

$$\alpha_\delta - \alpha_S = \alpha_3 - \alpha_f.$$

Ist das Deformationsvermögen erschöpft ($\alpha_3 = 0$), wird

$$\alpha_\delta - \alpha_S = \alpha_f.$$

Die Neigung eines Werkstoffes zur Bildung von Heißrissen (*Heißrißneigung*) wird mit Hilfe von Heißrißprüfverfahren ermittelt. Mit ihnen können der Grundwerkstoff, das reine Schweißgut und Schweißverbindungen untersucht werden.

Bei den Heißrißprüfverfahren mit *selbstbeanspruchten Proben* wird die Probenbeanspruchung während des Schweißprozesses durch die behinderte Schrumpfung der Proben selbst erzeugt (7-50, Teil 3). Die bekanntesten Proben sind die Anschmelzprobe [7-44], der Einspannversuch [7-48; 7-49], die *Doppelkehlnahtprobe* und die *Längsbiegeprobe* (longitudinal bend test LBT).

Die Doppelkehlnahtprobe dient der Prüfung der Rißanfälligkeit von Schweißzusatzwerkstoffen zum Lichtbogenschweißen von Stahl (Lichtbogenhandschweißen mit Stabelektroden, Metall- und Wolfram-Schutzgasschweißen).

Die Längsbiegeprobe (sie wird in Längsrichtung aus einer Schweißnaht entnommen) ermöglicht die Bewertung der Heißrißanfälligkeit von reinem Schweißgut und Schweißverbindungen. Die Probe wird im Biegeversuch bei Raumtemperatur bis zu einem Biegewinkel von 120° gebogen, wobei in der Probe vorhandene Mikrorisse aufgebogen werden.

Heißrißprüfverfahren mit *fremdbeanspruchten Probenformen* sollen quantitative, reproduzierbare und vergleichbare Prüfergebnisse liefern.

Eingesetzt werden:

- der Heißzugversuch (HZ-Versuch),
- der Heiß-Deformationsrate-Versuch (HDR-Versuch),
- der modifizierte Varestraint-Transvarestraint-Versuch (MVT-Versuch),
- der programmierte Verformungsriß-Versuch (PVR-Versuch).

Beim kostenintensiven und zeitaufwendigen *Heißzugversuch* wird eine Rundprobe aus dem Grundwerkstoff, dem reinen Schweißgut oder quer zur Schweißrichtung aus dem oberen Bereich einer Ein- oder Mehrlagenschweißung entnommen. Sie dient der Aufnahme einer Brucheinschnürung-Temperatur- und einer Zugfestigkeit-Temperatur-Kurve. Die Heißrißneigung wird quantitativ durch den Rißfaktor *Rf* beurteilt [7-51].

Um die Heißrißneigung von Schweißzusätzen, Grundwerkstoffen oder von Kombinationen beider zu ermitteln, wird der HDR-Versuch genutzt (Bild 7-36). Er eignet sich für Einlagen-Verbindungsschweißungen mit gebräuchlichen Schmelzschweißverfahren.

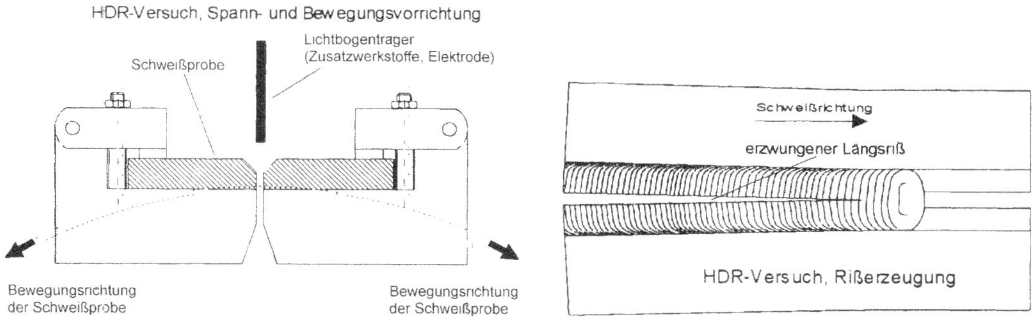

Bild 7-36. HDR-Versuch, Spann- und Bewegungsvorrichtung, Rißerzeugung [7-52].

Eine Prüfmethode zur Bestimmung der Heißrißneigung beim Schweißen ist der modifizierte Varestraint-Transvarestraint-Versuch (Bild 7-37).

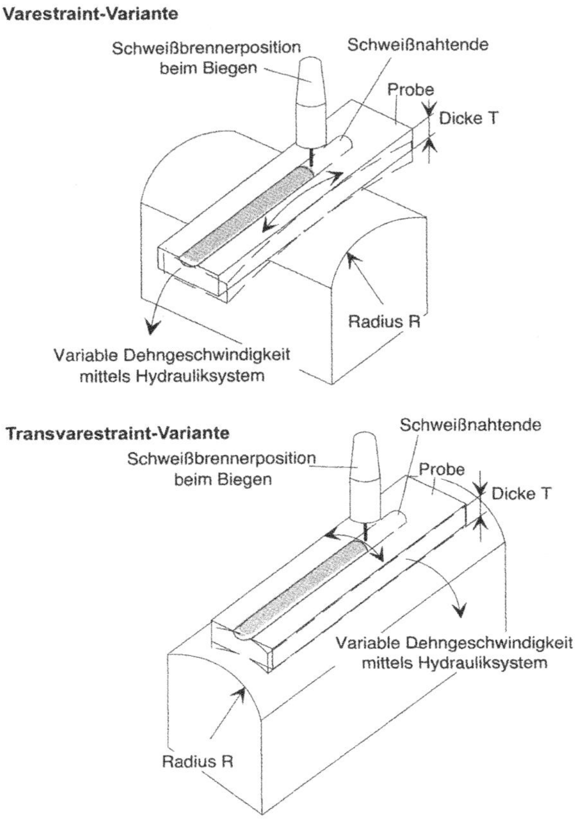

Bild 7-37. MVT-Versuch, Versuchsaufbau [7-52].

Die Schweißnaht wird in Längsrichtung bei der Varestraint-Variante, quer zur Schweißnaht bei der Transvarestraint-Variante beansprucht. Die Prüfprobe wird auf einem Biegedorn fixiert. Auf der Probenoberseite wird in Probenmitte mit einem WIG-Brenner eine Anschmelzraupe gelegt. Erreicht der Lichtbogen die Probenmitte, wird die Probe um den Dorn gebogen.

Durch das Biegen können in dem für die Heißrißbildung kritischen Temperaturbereich Heißrisse entstehen.

Als Kriterium für die Heißrißneigung eines Werkstoffes gilt die Gesamtlänge aller gefundenen Heißrisse L_{ges}. Diese wird zur Biegedehnung an der Probenoberfläche in Beziehung gesetzt (Bild 7-38).

Der MVT-Versuch ermöglicht, die Heißrißneigung von Grundwerkstoffen, Schweißzusätzen und Kombinationen beider zu untersuchen und zwischen Erstarrungsrissen, Wiederaufschmelzungsrissen und Rissen durch Verformbarkeitsabfall (DDC) zu unterscheiden (Bild 7-39) [7-52].

Beim *PVR-Versuch* wird die äußere Belastung der Probe während des Schweißens kontinuierlich gesteigert (Bild 7-40).

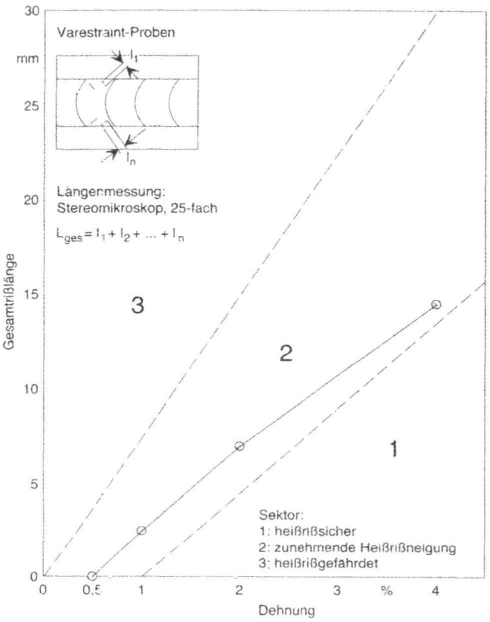

Bild 7-38. MVT-Versuch, Versuchsauswertung [7-52].

Damit können alle aus der Summe der Beanspruchungen resultierenden Heißrißerscheinungen mit einer einzigen Probe erfaßt werden (meist Verwendung von Flachproben). Kriterium für die Heißrißneigung ist die sogenannte „kritische Verformungsgeschwindigkeit" (Geschwindigkeit, bei der innerhalb der unbearbeiteten Prüfraupe der erste Heißriß bei mindestens 10facher Vergrößerung festgestellt wird).

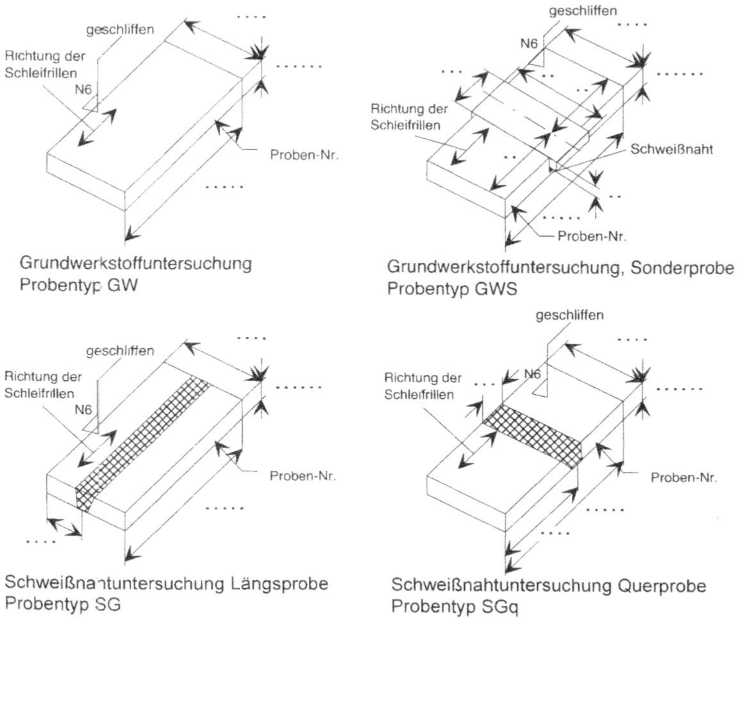

Bild 7-39. MVT-Versuch, Probenformen.

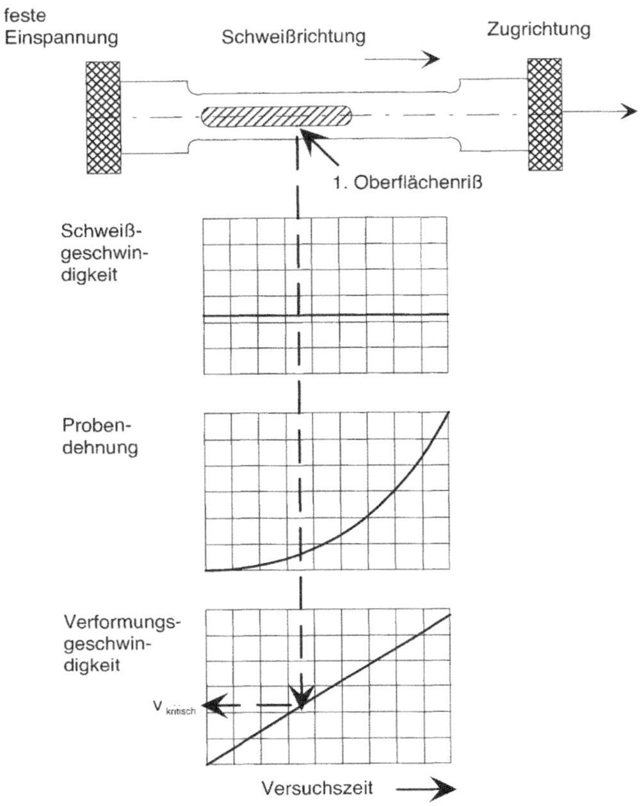

Bild 7-40. PVR-Versuch [7-52].

Literatur

[1-1] Stahlfibel, Herausgeber Verein Deutscher Eisenhüttenleute, bearbeitet von A.-K. Bolbrinker. Verlag Stahleisen mbH, Düsseldorf.

[1-2] *Steffens, H. D., K. Seifert* und *F. Hartung:* Stahl, ein Werkstoff mit Zukunft. Veröffentlichung der Universität Dortmund, 1994.

[1-3] Schweißelektroden-Vereinigung e. V.; Geschäftsbericht 1999.

[1-4] Perspektiven schweißtechnischer Forschung aus der Sicht von heute. Schw. Schn. 42 (1990), H. 1, S. 9/12.

[1-5] *Paton, B. E.:* Technologische Gesichtspunkte des Schweißens im Weltraum. Schw. Schn. 42 (1990), H. 3, S. 117/20.

[1-6] *Cullison, A.:* Heniker '94; A Strategic Vision for Materials Joining. Wdg. J. 43 (1994), H. 11, S. 53/61.

[1-7] *Olson, D. L.,* und *T. A. Siewert:* Present Consumable Technology Advances into the 21st Century. Wdg. J. 39 (1990), H. 11, S. 37/40.

[2-1] Doc. IIW-582-86.

[2-2] *Beckert, M.,* und *A. Neumann:* Grundlagen der Schweißtechnik – Schweißverfahren, S. 56. VEB Verlag Technik, Berlin 1986.

[2-3] *Petrow, G. L.,* und *A. A. Tumarew:* Theorie schweißtechnischer Prozesse, S. 121/23. Hochschulverlag, Moskau 1967.

[2-4] *Frolow, W. W., W. A. Winokurow, W. N. Woltschenko, W. A. Parachin* und *J. A. Artjunowa:* Theoretische Grundlagen des Schweißens, S. 153/60. Hochschulverlag, Moskau 1970.

[2-5] *Probst, R.,* und *F. Hartung:* Betrachtungen zum Energie- und Zusatzwerkstoffaufwand bei der Verbindung von dicken Blechen. Wiss. Z. der TU Otto von Guericke, Magdeburg, 19 (1975), H. 5, S. 437.

[2-6] *Schellhase, M.:* Der Schweißlichtbogen, ein technologisches Werkzeug, S. 67. VEB Verlag Technik, Berlin 1985.

[2-7] *Granjon, H.:* Werkstoffkundliche Grundlagen des Schweißens. DVS-Verlag, Düsseldorf 1993.

[3-1] *Beckert, M.,* und *A. Neumann:* Grundlagen der Schweißtechnik – Schweißmetallurgie. VEB Verlag Technik, Berlin 1970.

[5-1] *Nowoshilow, N. M.:* Grundlagen der Metallurgie des Schutzgasschweißens. Verlag Maschinenbau, Moskau 1979.

[5-2] *Rybakow, W. W.,* und *M. P. Bugasow:* Thermodynamische Berechnung von Hochtemperaturgasen. Verlag Maschinenbau, Moskau 1968.

[5-3] *Koch, B. A.:* Grundlagen der Thermodynamik metallurgischer Prozesse des Schweißens. Schiffbauverlag, Leningrad 1975.

[5-4] *Pleschanow, A. S.,* und *S. G. Saizew:* Zusammensetzung, thermodynamische und gasdynamische Eigenschaften von Kohlendioxid, in „Physikalische Gasdynamik, Wärmeinhalt und Thermodynamik der Gase bei hoher Temperatur“, erschienen in Moskau, 1962.

[5-5] *Djatlow, W. J.:* Automat. Schweißen 327 (1962), H. 9, S. 89.

[5-6] *Frolow, W. W., u. a.:* Theoretische Grundlagen des Schweißens. Hochschulverlag, Moskau 1970.

[5-7] *Wolski, A. N., und E. M. Serkijewska:* Theorie metallurgischer Prozesse. Verlag Metallurgie, Moskau 1968.

[5-8] *Alow, A. A.:* Grundlagen der Theorie der Schweißprozesse. Verlag Maschinenbau, Moskau 1964.

[5-9] *Samarin, A. M.:* Physikalisch-chemische Grundlagen der Desoxidation. VEB Verlag Grundstoffindustrie, Berlin 1960.

[5-10] *Seferian, D.:* Schweißmetallurgie, in russ. Sprache erschienen im Verlag Maschinenbau, Moskau 1963.

[5-11] Effect of Residual, Impurity and Microalloying Elements on Weldability and Weld Properties. Wdg. J. 20 (1986) H. 12, S. 53/54.

[5-12] *Petrow, G. L.,* und *A. S. Tumarew:* Theorie der Schweißprozesse. Hochschulverlag, Moskau 1967.

[5-13] *Lapidus, W. A.:* Elektroden für das Schweißen. Maschinenbau-Verlag (Maschgis), Moskau 1957.

[5-14] *Patzkewitsch, J. R.:* Untersuchung des Werkstoffüberganges im Schweißlichbogen. Autom. Schweißen (1954), H. 2, S. 33/41.

[5-15] *Wegerdt, Chr.:* Beitrag zur Klärung des Einflusses metallurgischer Reaktionen im Schweißlichtbogen auf das Abschmelzverhalten der Elektroden für das Lichtbogenschweißen von Baustählen. Diss. Bergakademie Freiberg, 1964.

[5-16] *Lintschewski, W. W.,* und *A. M. Samarin:* Löslichkeit von Sauerstoff in Eisen-Mangan-Schmelzen. Inst. f. Metallurgie der Akademie der Wiss. der UdSSR, 1956.

[5-17] *Puki, A. A.:* Zur Klassifikation der Schutzgase nach ihrer chemischen Aktivität im Schweißprozeß. Swar. Proiswod. 17 (1981), H. 11, S. 39/41.

[5-18] *Hemma, H., S. Ohkita, S. Matsuda* und *K. Yamamoto*: Improvement of HAZ Toughness in HSLA Steel by Introducing Finely Dispersed Ti-Oxide. Wdg. Res. Suppl. 21 (1987), H. 10, S. 301s/09s.

[5-19] *Kou, S.* , und *Y. Le:* Nucleation Mechanisms and Grain Refining of Weld Metal. Wdg. Res. Suppl. 20 (1986), H. 12, S. 305s/13s.

[5-20] *Yan, S.* , und *M. Kocak:* Influence of Ti on HAZ microstructure and toughness of offshore steel welds. Mitt. GKSS, 1990, S. 1/52.

[5-21] *Killing, R.,* und *G. Rawlings:* Einfluß der metallurgischen Behandlung von Stählen auf die Heißrißanfälligkeit beim Schweißen. Schw. Schn. 41 (1989), H. 7, S. 333/37.

[5-22] *Tulin, N. A.:* Löslichkeit von Sauerstoff in Fe-Si- und Fe-Si-Mn-Schmelzen. Diplomarbeit, Moskauer Stahlinstitut, 1952.

[5-23] *Hilty, D. C.,* und *W. Crafts:* Die Löslichkeit von Sauerstoff in flüssigem, aluminiumhaltigem Eisen. Trans. AJME 188, 2 (1950), S. 414/24.

[5-24] *Sekiguchi, H.:* Theory and Proposal on Steel Fusion Welding and Their Applications. Nikkan Kogyo Shinbun, Ltd., Tokyo 1964.

[5-25] *Körber, F.,* und *W. Oelsen:* Die Grundlagen der Desoxidation mit Mangan und Silizium. Mitt. aus dem Kaiser-Wilhelm-Institut für Eisenforschung, Band XV (1933), S. 271/309.

[5-26] *Schenk, H.:* Physikalische Chemie der Eisenhüttenprozesse, Band 1 (1932); Band 2 (1934).

[5-27] *Streitenberger, M.:* Nichtmetallische Einschlüsse im MAG-Schweißgut. Wiss. Z. der Techn. Univ. Otto von Guericke, Magdeburg, 35 (1991) H. 3, S. 26/32.

[5-28] *Kuwana, T., Y. Sato, A. Otobe* und *H. Ohnishi:* Oxygen absorption and oxide inclusions in Fe-Ti weld metal. J. of the Jap. Wdg. Soc. 8 (1990), H. 1, S. 91/97.

[5-29] *Ruge, J.:* Handbuch der Schweißtechnik, Band 2. Springer Verlag, Berlin/Heidelberg/New York 1980.

[5-30] *Evans, G. M.:* Einfluß von Silizium auf Mikrogefüge und Eigenschaften von C- und Mn-haltigen reinen Schweißgütern. Oerlikon-Schweißmitt. 44 (1986), 110, S. 19/33; IIW-Dokument II-A-630-84.

[5-31] *Evans, G. M.:* Einfluß von Aluminium auf Mikrogefüge und Eigenschaften C- und Mn-haltiger reiner Schweißgüter. Oerlikon-Schweißmitt. 41 (1983), 103, S. 15/29.

[5-32] *Evans, G. M.:* Einfluß von Mangan auf Mikrogefüge und Eigenschaften des reinen Schweißgutes. Oerlikon-Schweißmitt. 36 (1978), 82, S. 4/19.

[5-33] *Krestownik, A. N., L. P. Walidimirow, B. S. Guljanitzki* und *A. J. Fischer:* Handbuch zur Berechnung metallurgischer Reaktionen. Verlag Metallurgie, Moskau 1963.

[5-34] *Pogodin-Alexejew, G. J.:* Theorie Schweißtechnischer Prozesse. Verlag Maschinenbau, Moskau 1950.

[5-35] *Goldstein, H. L.:* Kurzer Kurs der Theorie metallurgischer Prozesse. Wiss. Verlag der Schwarz- und Buntmetallurgie, Swerdlowsk 1961.

[5-36] *Tuliani, S. S.:* Notch-Toughness of commercial submerged-arc weld metal. Wdg. Met. Fabric. 37 (1969), H. 8, S. 327/39.

[5-37] *Steinmetz, E.,* und *N. Eckardt:* Untersuchung der Sauerstoffaktivität in flüssigem Eisen unter UP-Schweißschlacken. Schw. Schn. 47 (1995), H. 4, S. 268/77.

[5-38] *Duchnow, W., U. Franz* und *Kl. Wittke:* Diplomarbeit, Technische Univ. Otto von Guericke, Magdeburg.

[5-39] *Surian, E. S., J. L. Trotti* und *T. Boniczewski:* Effect of oxygen content on Charpy V-notch toughness in 3 % Ni steel SMA weld metal. Wdg. J. 71 (1992), H. 7, S. 263s/68s.

[5-40] *Potapow, N. N.:* Oxygen effect on Low-alloy Steel Weld Metal Properties. Wdg. J. 72 (1993), H. 8, S. 367s/70s.

[5-41] *Liao, F. C.,* und *S. Liu:* Effect of Desoxidation Sequence on Carbon Manganese Steel Weld Metal Microstructures. Wdg. J. 71 (1992), H. 3, S. 94s/103s.

[5-42] *Alexandrow, A. G.,* und *P. P. Lasebnow:* Einfluß von Yttrium (Y) auf Struktur und Eigenschaften des Schweißgutes beim Schweißen von Gußeisen, Stählen und Legierungen. Autom. Schweißen 357 (1982), H. 12, S. 34/37.

[5-43] *Lau, T., G. C. Weatherly* und *A. McLean:* Gas-Metal-Slag-Reaction in Submerged Arc Welding Using CaO-Al_2O_3 Based Fluxes. Wdg. J. 65 (1986), H. 2, S. 31s/38s.

[5-44] *Thier, H.,* und *R. Killing:* Einfluß der Prozeßparameter und Randbedingungen auf die Sauerstoffaufnahme des Schweißgutes beim Unterpulverschweißen. Schw. Schn. 43 (1991), H. 10, S. 608/12.

[5-45] *Thier, H.,* und *R. Killing:* Aufnahme von Sauerstoff und Stickstoff beim Schweißen – Räumlicher Ablauf der Reaktionen. Schw. Schn. 43 (1991), H. 9, S. 541/44.

[5-46]. *Davis, M. L. E.,* und *N. Bailey:* Evidence from inclusion chemistry of element transfer during submerged arc welding. Wdg. J. 70 (1991), H. 2, S. 57s/65s.

[5-47] *Conn, W. M.:* Die technische Physik der Lichtbogenschweißung. Springer-Verlag, Berlin 1959.

[5-48] Richter, F.: Schweißtechnik, Berlin.

[5-49] *Evans, G. M.:* Microstructure and Properties of Ferritic Steel Welds Containing Al and Ti. Wdg. J. 74 (1995), H. 8, S. 249s/61s.

[5-50] *Evans, G. M.:* The Effect of Titanium in manganese-containing SMA weld deposits. Wdg. J. 72 (1993), H. 3, S. 123s/33s.

[5-51] *Chen, J. H.,* und *S. B. Xue:* The transfer of small amouts of B during SMA welding. Wdg. J. 70 (1991), H. 10, S. 277s/85s.

[5-52] *Nyilas, A., M. L. Kapoor* und *G. Frohberg:* Reaktionskinetische Betrachtungen beim Metall-Lichtbogenschweißen mit umhüllten Elektroden. Schw. Schn. 25 (1973), H. 8, S. 281/84.

[5-53] *Surian, E., E. Maraniello* und *T. Boniczewski:* The Effect of Carbon in E 7024 SMAW Elektrode All Weld Metal. Wdg. J. 74 (1995), H. 8, S. 279s/88s.

[5-54] *Franz, U.:* Vorgänge in der Kaverne beim Unterpulverschweißen. Diss. Techn. Hochschule Otto von Guericke, Magdeburg 1966.

[5-55] *Pandey, N. D., A. Bharti* und *S. R. Gupta:* Effect of submerged arc welding parameters and fluxes on element transfer behaviour and weld metal chemistry. J. of Mat. Proc. Techn. 40 (1994), H. 1-2, S. 195/211.

[5-56] *Frohberg, M. G.:* Thermodynamik für Metallurgen und Werkstofftechniker. VEB Deutscher Verlag für Grundstoffindustrie, Leipzig 1980.

[5-57] *Fromm, E.:* Einfluß von Sauerstoff-Sorptionsschichten auf die Kinetik der Wasserstoffaufnahme von Metallen. Vortragsband „Gase in Metallen".

[5-58] *Wodara, J.:* Forschungsbericht zum Kaltpreßschweißen. Techn. Hochschule Otto von Guericke, Magdeburg.

[5-59] *Ruge, J.:* Handbuch der Schweißtechnik, Band 2: Verfahren und Fertigung. Springer-Verlag, Berlin/Heidelberg/New York 1980.

[5-60] *Ruge, J.:* Einfluß der Wasserbindungsart basisch umhüllter Stabelektroden auf den diffusiblen Wasserstoffgehalt des Schweißgutes. Schweißtechnik (Berlin) 32 (1982), H. 11, S. 504/07.

[5-61] *Dickehut, G., T. Hagemann* und *A. Million:* Einfluß des Klimas auf den Wasserstoffgehalt im Schweißgut – Auswirkungen auf die Praxis. DVS-Berichte 131, S. 150/53. DVS-Verlag, Düsseldorf 1990.

[5-62] *Dickehut, G.,* und *U. Hotz:* Einfluß der Luftfeuchte während des Elektrodenhandschweißens auf den Gehalt an diffusiblem Wasserstoff im Schweißgut. Oerlikon-Schweißmitt. 48 (1990), H. 123.

[5-63] *Million, A.:* Protokoll der 4. DVS-Arbeitskreissitzung AK 2/UG V2.1 vom 11.05.1990.

[5-64] Comparision of Type of Humidity Cabinet and Moisture Resistance Determination for Manual Metal Arc Welding Electrodes. IIW-Doc II-A-801-90.

[5-65] *Pochodnja, J. K.:* Gase in Schweißnähten. Verlag Maschinenbau, Moskau 1972.

[5-66] *Morosow, A. N.:* Wasserstoff und Stickstoff im Stahl. Verlag Metallurgie, Moskau 1968.

[5-67] IIW-Doc 343-70.

[5-68] *Thier, H.:* Ursachen der Porenbildung beim Schutzgasschweißen von Aluminium und Aluminiumlegierungen. Schw. Schn. 25 (1973), H. 11, S. 491/94.

[5-69] *Dilthey, U.,* und *St. Trube:* Untersuchung des Effusionsverhaltens von Wasserstoff aus Schweißgütern verschiedener Elektrodentypen im Temperaturbereich zwischen 100 und 600 °C. Schw. Schn. 44 (1992), H. 10, S. 541/45.

[5-70] *Dilthey, U., St. Trube, J. K. Pochodnja* und *V. A. Pavlik:* Untersuchung des Diffusionskoeffizienten von Wasserstoff in deformiertem Stahl und in Schweißgütern aus basisch- und rutilumhüllten Elektroden. Schw. Schn. 44 (1992), H. 12, S. 668/71.

[5-71] DIN 8572-1 und -2: Bestimmung des diffusiblen Wasserstoffes im Schweißgut (Lichtbogenhandschweißen, Unterpulverschweißen) (jetzt DIN EN ISO 3690: Schweißen und verwandte Prozesse – Bestimmung des diffusiblen Wasserstoffgehaltes im ferritischen Schweißgut).

[5-72] *Trube, St.:* Wasserstoffeffusion aus ein- und mehrlagigen Schweißnähten bei isothermer und nichtisothermer Wärmebehandlung. Schw. Schn. 47 (1995), H. 6, S. 504/08.

[5-73] Bericht zum Forschungsthema: „Untersuchung der wasserstoffinduzierten Schädigungsmechanismen beim Schweißen hochfester Feinkornbaustähle und Ermittlung von Vorbeugemaßnahmen". Inst. für Eisenhüttenkunde der Rhein.-Westf. TH Aachen, 1991.

[5-74] *Düren, C. F.:* Bedeutung des Implantversuchs für die Beurteilung der Baustellenschweißbarkeit von Großrohren. Schw. Schn. 31 (1979), H. 5, S. 201/05.

[5-75] *Kotecki, D. J.:* Aging of Welds for Hydrogen Removal. Wdg. J., New York, 75 (1994), H. 6, S. 75/79.

[5-76] *Kotecki, D. J.:* Hydrogen Reconsidered. Wdg. J. 71 (1992), H. 8, S. 35/43.

[5-77] *Pargeter, R. J.:* Quality and productivity in MMA welding. Understanding how to weld without hydrogen cracking. Wdg. Met. Fabricat. 70 (1991), H. 1, S. 19/22.

[5-78] *Kasatkin, S. B.,* und *L. J. Michodai:* Einfluß nichtmetallischer Einschlüsse und von Wasserstoff auf die verzögerte Zerstörung der Schweißverbindungen legierter Stähle. Autom. Schweißen 356 (1991), S. 1/6.

[5-79] *Schlepakow, W. H.:* Probleme der Stickstoffabsorption im Metall beim Lichtbogenschweißen. Autom. Schweißen 368 (1993), H. 9, S. 55/56.

[5-80] *Hansch, H.,* und *R. Killing:* Stickstoffaufnahme beim Lichtbogenhandschweißen und Auswirkungen auf die Zähigkeit des Schweißgutes. DVS-Berichte 155, S. 160/65. DVS-Verlag, Düsseldorf 1993.

[5-81] *Schröder, K.:* Brennerintegrale Schadstofferfassung beim Schutzgasschweißen. Diss. B, Ingenieurhochschule Wismar, 1990.

[5-82] *Willner, A.:* Schweißrauch und seine Bekämpfung. Schweißtechnik (Zürich) 58 (1968), H. 10, S. 318/23.

[5-83] *Treier, P.:* Wissenswertes zum Staub im Betrieb. Der Praktiker 26 (1974), H. 7, S. 160/63.

[5-84] *Grün, H.:* Absaugen an Schweißplätzen, aber richtig! Der Praktiker 34 (1982), H. 3, S. 70/72.

[5-85] *Rudolph, W.:* Schmelzschweißverfahren und Schadstoffbildung. Verbindungstechnik 13 (1981), H. 1/2, S. 15/18.

[5-86] *Eichhorn, F.,* und *Th. Oldenburg:* Schweißrauchproblematik beim Einsatz bariumhaltiger Zusatzwerkstoffe. DVS-Berichte 112, S. 25/29. DVS-Verlag, Düsseldorf 1988.

[5-87] *van Bemst, A., R. Delporte* und *A. Willi:* Beitrag zum Studium der Schweißrauche und zur Bestimmung gesunder Arbeitsbedingungen. Oerlikon-Schweißmitt. 31 (1973), H. 64, S. 4/22.

[5-88] *Sprecher, D.:* Beurteilung des CO_2-Schweißens aus arbeitshygienischer Sicht. Schweißtechnik (Berlin) 26 (1976), H. 2, S. 64/66.

[5-89] *Grund, W.:* Arbeitshygienische Probleme bei modernen Schweiß- und Schneidverfahren. Z. f. ges. Hygiene und ihre Grenzgebiete 21 (1975), H. 7, S. 530/31.

[5-90] *Farwer, A.:* Messungen der Ozonkonzentration beim WIG-Schweißen von hochlegiertem Stahl und Aluminium in einem Fertigungsbetrieb. Schw. Schn. 32 (1980), H. 11, S. 437/42.

[5-91] *Heile, R. F.,* und *D. C. Hill:* Particulate Fume Generation in Arc Welding Processes. Wdg. J. 54 (1975), H. 7.

[5-92] *Hilton, D. E.,* und *D. C. Willingham:* Some Aspects of Fume Emissions from MIG-Welding Stainless Steel. Wdg. Met. Fabric. 54 (1986), H. 7.

[5-93] Wdg. J. 69 (1990), H. 4, S. 235.

[5-94] *Blakeley, P. J.:* Welding fume – control and guidance. Wdg. Met. Fabric. 63 (1995), H. 10, S. 378/82.

[5-95] AGA AB Report 144e.

[5-96] *Anderson, P. C. J.,* und *R. Wiktorowicz:* Ozon emissions during arc welding – Formation and Measurment. Wdg. Met. Fabric. 63 (1995), H. 10, S. 385/88.

[5-97] Arbeitsschutz beim Schweißen, 2. überarbeitete und erweiterte Auflage. DVS-Verlag, Düsseldorf 1985.

[5-98] *Kretschmar, E.,* und *A. Dollinger:* Neue Auftragschweißmethoden. Schweißtechnik (Berlin) 29 (1979), H. 8, S. 345/51.

[5-99] *Lehmann, H. J.:* Überblick über den gegenwärtigen Stand des Draht-Metallpulver-Auftragschweißens. Schweißtechnik (Berlin) 28 (1978), H. 4, S. 148/51.

[5-100] *Oh, Y. K.,* und *J. H. Derletion:* Electroslag strip cladding of stainless steel with metal powder additions. Wdg. J. 71 (1992), H. 1, S. 37/44.

[5-101] *Nies, H.:* Warmfeste und hochlegierte Stabelektroden für die Anwendung im Kraftwerk. Oerlikon-Schweißmitt. 128, Nov. 1992, S. 4/8.

[5-102] *Buki, A. A.:* Berechnung der chemischen Zusammensetzung des Auftragschweißgutes beim Schweißen mit umhüllten Elektroden. Swar. Proisw. (1991), H. 5, S. 32/34.

[5-103] *Thomton, C. E.:* Submerged arc welding consumables for high toughness applications. Wdg. Met. Fabric. 56 (1988), H. 7, S. 342/45.

[5-104] *Bailey, N.:* Submerged Arc Welding Ferritic Steel with Alloyed Metal Powder. Wdg. J. 70 (1991), H. 8, S. 187s/206s.

[5-105] *Draugelates, U., B. Bouaifi* und *Th. Plegge:* Auftragschweißen mit Kombinationen aus Draht und Pulver zur Erzeugung hartstoffverstärkter Verschleißschutzschichten. Schw. Schn. 47 (1995), H. 4, S. 255/59.

[5-106] *Berns, H.,* und *W. Theisen:* Eine alte Technik wird verbessert. Broschüre Inno Mat (Initiativkreis Ruhrgebiet).

[5-107] *Bagrjanski, K. W., S. A. Dobrotina* und *K. K. Chrenow:* Theorie der Schweißprozesse. Hochschulverlag, Kiew 1976.

[6-1] *Hammerschmid, P.:* Bedeutung des Marangoni-Effektes für metallurgische Vorgänge. Stahl und Eisen 107 (1987), H. 2, S. 61/66.

[6-2] *Sudasch, E.:* Schweißtechnik. Carl Hanser Verlag, München 1959.

[6-3] *Spur, G.,* und *Th. Stöferle:* Handbuch der Fertigungstechnik. Bd. 5: Fügen, Handhaben, Montieren. Carl Hanser Verlag, München/Wien 1986.

[6-4] *Hart, P. M. H.:* Resistance to Hydrogen Cracking in Steel Weld Metals. Wdg. J. 55 (1986), H. 1, S. 14s/22s.

[6-5] *Szelagowski, P.:* Nasses Schweißen von Unterwasserstrukturen – Stand der Technik und Maßnahmen in der Qualitätssicherung. DVS-Berichte 102, S. 154/59. DVS-Verlag, Düsseldorf 1994.

[6-6] *Suga, Y.:* The effect of pressure on welding results and welding phenomena in gravity arc welding. Transact. of Japan. Wdg. Soc. 21 (1990), H. 2, S. 78/84.

[6-7] *Boese, U., D. Werner* und *H. Wirtz:* Das Verhalten der Stähle beim Schweißen. Fachbuchreihe Schweißtechnik, Band 44, Teil 1. DVS-Verlag, Düsseldorf 1984.

[6-8] *Ornig, H.:* Der heutige Stand des Unterpulverschweißens. Schweißtechnik (Wien) 49 (1995), H. 4, S. 58/65.

[6-9] *Hereth, M.,* und *B. Schlatter:* Erhöhung von Leistung und Qualität beim UP-Schweißen durch Einsatz von zwei Drähten im Doppeldrahtprinzip. Oerlikon-Schweißmitt. 47 (1989), H. 121, S. 4/11.

[6-10] *Sordi, J., E. Scholz* und *G. Schuster:* Großrohre für Sauergas – Optimierung des UP-Mehrdrahtschweißens mit Fülldrahtelektroden. Oerlikon-Schweißmitt. 48 (1990), H. 122, S. 11/17.

[6-11] *Houldcroft, P. T.:* Submerged-Arc Welding. Abington, 1989.

[6-12] *Eichhorn, F.,* und *H. Nies:* Weiterentwicklung des Unterpulver-Engspaltschweißens mit Doppeldrahtelektroden. Schw. Schn. 42 (1990), H. 3, S. 125.

[6-13] *Lin, S. , S. Yang* und *B. Tao:* Studie über das UP-Engspalt-Schweißen mit Tandemdrähten. DVS-Berichte 108, S. 73/75. DVS-Verlag, Düsseldorf 1987.

[6-14] *Roshchupkin, N. P.:* UP-Schweißen dicker gewalzter Bleche mit verringertem Spalt. Swar. Proiswod. (1987), H. 1 und 10.

[6-15] *Kennedy, N. A.:* Narrow gap submerged-arc welding of steel applications, Teil 2. Met. Construct. 18 (1986), H. 12, S. 765/69.

[6-16] Ornig, H., M. Richter, A. Furthner, F. Fuchs-Eisner und E. Reiter: Optimierung der Schweißplattierverfahren im Apparatebau. Schweißtechnik (Wien) 42 (1988), S. 143/47.

[6-17] *Behrendt, K.-P., H. Hanke, U. Franz, F. Weikert* und *J. Kaschub:* UP-Kehlnahtschweißen mit bandförmigem Zusatzwerkstoff. Schweißtechnik (Berlin) 23 (1973), S. 1/5.

[6-18] *Jakubcik, L.:* Submerged-arc welding using coke additions. Wdg. Int. 5 (1991), H. 1, S. 77/79.

[6-19] *Vilpa, M., H. Nies, H. Krebs* und *R. Karppi:* Mechanical properties of submerged arc welds with metal powder addition. (Technical Research Centre of Finnland). VTT Tutkimuskia Forshningsrapporter 684; IIW-Doc XII-1151-89, Mai 1990, S. 3/40.

[6-20] Jahrbuch Schweißtechnik '89. DVS-Verlag, Düsseldorf 1988.

[6-21] *Killing, R.,* und *H. Thier:* Metallurgie des Unterpulverschweißens niedriglegierter Stähle. DVS-Berichte 65. DVS-Verlag, Düsseldorf 1980.

[6-22] *Campbell, R. D.,* und *E. J. Lacoursiere:* A Guide to the use of Tungsten Electrodes for GTA Welding. Wdg. J. 74 (1995), H. 1, S. 45.

[6-23] DVS-Merkblatt 0937: Wurzelschutz beim Schutzgasschweißen.

[6-24] *Stenke, V.:* Neuerungen zum Metall-Aktivgasschweißen – Schutzgase und Geräte. In: Jahrbuch Schweißtechnik '93, S. 112. DVS-Verlag, Düsseldorf 1992.

[6-25] *Dilthey, U., U. Reisgen, V. Stenke* und *H. Matzner:* Schutzgase zum MAG-Hochleistungsschweißen. Schw. Schn. 47 (1995), H. 2, S. 118/23.

[6-26] *Lahnsteiner, R.:* Der T.I.M.E.-Prozeß – ein neues MAG-Schweißverfahren. Schweißtechnik (Wien) 45 (1991), H. 12.

[6-27] *Lahnsteiner, R.:* Schweißen von dicken Querschnitten mit dem T.I.M.E.-Prozeß. DVS-Berichte 143, S. 43/46. DVS-Verlag, Düsseldorf 1992.

[6-28] *Scheibner, P.:* Ergebnisse aus Untersuchungen zur Spritzerbildung beim MAG-Schweißen. Schweißtechnik (Berlin) 30 (1980), H. 2, S. 62/65.

[6-29] *Zaruba, J. J., B. S. Kasatkin, N. J. Kochowski* und *A. G. Potapewski:* CO_2-Schutzgasschweißen. VEB Verlag Technik, Berlin 1962.

[6-30] *Zaruba, J. J.,* und *G. Hirschfeld:* The method of testing the welding properties of power sources in CO_2-welding. IIW-Doc. XII-F-220-80.

[6-31] *Farwer, A.:* Neue Entwicklungen bei den Schutzgasen zum WIG-, MIG- und MAG-Schweißen. DVS-Berichte 112, S. 1/8. DVS-Verlag, Düsseldorf 1988.

[6-32] *Pomaska, H.:* Neuester Stand der MIG/MAG-Schweißverfahren – Auswahlkriterien in der Anwendung. DVS-Berichte 109, S. 1/6. DVS-Verlag, Düsseldorf 1987.

[6-33] Broschüre Filarc Fülldrähte, Handbuch und Katalog, 1989/1990.

[6-34] *Becken, O.:* Handbuch des Schutzgasschweißens. Fachbuchreihe Schweißtechnik, Band 30, Teil 1. DVS-Verlag, Düsseldorf 1969.

[6-35] Development and Application of Narrow-Gap Welding Processes in Japan. IIW-Doc. 486-75.

[6-36] *Fichte, A., W. Herber* und *E. Renelt:* Vorteile der Anwendung des Engspaltschweißens an dickwandigen Bauteilen von Großmotoren. Schweißtechnik (Berlin) 29 (1979), S. 244/46.

[6-37] *Kimura, S. , J. Ichihara und Y. Nagay:* Narrow-Gap Gas Metal Arc Welding Process in Flat Position. Wdg. J. 59 (1979), S. 44–52.

[6-38] *Probst, R.,* und *W. Wodenitscharow:* Schutzgas-Engspaltschweißen volumenarmer Schweißnähte. Schweißtechnik (Berlin) 29 (1979), H. 11, S. 492/94.

[6-39] *Ladi, Z.:* Lichtbogenarten beim MAG-Hochleistungsschweißen. Schweißtechnik (Wien) 49 (1995), H. 3, S. 46/50.

[6-40] *Schiller, S. , U. Heisig* und *S. Panzer:* Elektronenstrahltechnologie. VEB Verlag Technik, Berlin 1976.

[6-41] *Conrad, H.,* und *R. Krampitz:* Elektrotechnologie. VEB Verlag Technik, Berlin 1983.

[6-42] *von Ardenne, M.:* Tabellen zur angewandten Physik, Band 1, 2. Auflage. VEB Deutscher Verlag der Wissenschaften, Berlin 1962.

[6-43] *Hiller, W.,* und *K. H. Steigerwald:* Elektronenstrahlschweißen dicker Querschnitte – Ergebnisse neuer Verfahrensentwicklungen. DVS-Berichte 52, S. 183/85. DVS-Verlag, Düsseldorf 1978.

[6-44] *Ruge, J.,* und *H. Eggers:* Werkstoffauswurf beim Elektronenstrahlschweißen. DVS-Berichte 21, S. 15/21. DVS-Verlag, Düsseldorf 1971.

[6-45] *Eichhorn, F.:* Schweißtechnische Fertigungsverfahren. Reihe: Studium und Praxis, Band 1. VDI-Verlag, Düsseldorf 1983.

[6-46] *Mager, G.:* Stand der praktischen Anwendung des Elektronenstrahlschweißens. DVS-Berichte 46, S. 67/72. DVS-Verlag, Düsseldorf 1977.

[6-47] *Arata, Y., E. Nabegata* und *N. Iwamoto:* Tandam Electron Beam Welding (Report II). Trans. Jap. Wdg. Res. Inst. 7 (1978), S. 233/43.

[6-48] *Panten, M.:* Technologieentwicklung und Automatisierung beim Elektronen- und Laserstrahlschweißen. DVS-Berichte 127, S. 67/70. DVS-Verlag, Düsseldorf 1989.

[6-49] *Sanderson, A.,* und *K. R. Nightingale:* Hochleistungs-Elektronenstrahl-Schweißanlage und Verfahrenstrends. Wdg. J. 60 (1990), H. 4, S. 45/57.

[6-50] *Sepold, G.,* und *V. Boedecker:* Schweißen von Metallen mit Hochleistungslasern. Schw. Schn. 26 (1974), H. 11, S. 434/37.

[6-51] *Loche, E. V., E. D. Hoag* und *R. D. Hella:* Deep Penetration Welding with High-Power CO_2 Lasers. Quant. Electron. 8 (1972), S. 132/35.

[6-52] *Darchuk, V. M.,* und *L. R. Migliore:* The Basis of Laser Welding. Lasers and Applications (1985), H. 3, S. 59/66.

[6-53] *Sepold, G.,* und *R. Becker:* Erfahrungen beim Laserschweißen von Serienbauteilen. Laser Magazin (1985), H. 3, S. 10/14.

[6-54] *Beyer, E., K. Behler* und *U. Petschke:* Schweißen mit CO_2-Lasern. Laser und Optoelektronik (1986), H. 1, S. 35/46.

[6-55] *Khan, A. A., T. Debroy* und *S. A. David:* Laser-Beam Welding of High-Manganese Stainless Steels – Examination of Alloying Element Loss and Microstructural Changes. Wdg. J. 67 (1988), H. 1, S. 1s/7s.

[6-56] *Thun, J.:* Schweißen mit dem Laserstrahl. Feinwerktechnik und Meßtechnik 88 (1980), H. 1, S. 7/20.

[6-57] *Metzbower, E. A., P. E. Denney, F. W. Fraser* und *D. W. Moon:* Mechanical Properties of Laser Beam Welds. Wdg. J. 63 (1984), H. 7, S. 39/43.

[6-58] *Yoon, J. W., Y. H. Han* und *S. H. Hwang:* Laserschweißen von Stahl mit mittlerem und hohem Kohlenstoffgehalt. Berichte, Lasertagung in Karlsruhe, 1991.

[6-59] *Sasaki, H., N. Nishijama* und *A. Kamada:* Laser Welding with Filler wire. 3. Int. Koll. über Schweißen und Schmelzen mit Elektronen- und Laserstrahl, Lyon, Sept. 1983.

[6-60] *Sharp, M. C.:* Laser welding with wire feed. Proc. 4. Intern. Konferenz Laser in der Fertigung, Mai 1987, S. 195/202.

[6-61] *Eichhorn, F., H. Hendricks* und *J. Schneegans:* Schweißen mit CO_2-Hochleistungslasern bis 22 kW Strahlleistung. DVS-Berichte 123, S. 156/60. DVS-Verlag Düsseldorf 1989.

[6-62] *Dilthey, U.,* und *J. Schneegans:* Untersuchungen zum Laserstrahlschweißen mit Zusatzdrahtzuführung an unlegierten und niedriglegierten Stählen. Schw. Schn.

[6-63] Laser welding at 100 Kilowatts. Laser Focus, März 1970, S. 14/43.

[6-64] *Nentwig, A. W. E.,* und *W. Welz:* Schweißen mit Kohlendioxid- und Neodym-Yag-Lasern. Schw. Schn. 36 (1984), H. 9, S. 431/34.

[6-65] *Sepold, G., R. Rothe* und *K. Teske:* Schweißen und Schneiden von Metallen mit dem Laserstrahl. Maschinenmarkt 88 (1982), H. 93, S. 1976/78.

[6-66] *Beyer, E.,* und *G. Herziger:* Laserstrahlschweißen mit Leistungen bis 22 kW. DVS-Berichte 127, S. 6/8. DVS-Verlag, Düsseldorf 1989.

[6-67] *Behler, K., E. Beyer* und *R. Schäfer:* Laserstrahlschweißen von Aluminium. Aluminium 65 (1989), H. 2, S. 169/74.

[6-68] *Behler, K., J. Berknams, E. Beyer* und *H. Hoffmann:* Strahlungsrückwirkung und Einfluß der Prozeßparameter beim Schweißen von Aluminiumwerkstoffen mit CO_2-Lasern. Berichte, Lasertagung in Karlsruhe, 1991.

[6-69] *Untermann, Th., R. A. Matzeit* und *J. Decker:* Influence of surface layers in Laser beam welding, Berichte, Lasertagung in Karlsruhe, 1991.

[6-70] *Semjonow, S. A.,* und *E. V. Kalinin:* Anwendung des Laserauftragschweißens in der Automobilindustrie. Schweißtechnik (Berlin) 38 (1988), H. 2, S. 74/77.

[6-71] *von Hofe, H., H. Wirtz* und *H. P. Hartwigsen:* Neue Erkenntnisse zum Ablauf des Brennschneidvorganges. Schw. Schn. 19 (1967), H. 5, S. 203/09.

[6-72] *Krahe, J.,* und *F. Müller:* Zur Aufkohlung von unlegiertem Stahl beim autogenen Brennschneiden. Arch. Eisenhüttenwesen 39 (1968), S. 347/51.

[6-73] *Pfleiderer, E.:* Beitrag zur Untersuchung über das autogene Schneidverfahren. Schweißtechnik (Zürich) 38 (1948), S. 151/61, 182/91.

[6-74] *Wendel, H.:* Zur Theorie der thermischen Schneidverfahren. Wiss. Z. der Technischen Hochschule Otto von Guericke Magdeburg 9 (1965), H. 2/3, S. 353/57.

[6-75] *Boschnakow, J.:* Thermisches Trennen. Techn. Wiss. Abhandl. des ZIS Halle/Saale, Band 84.

[6-76] *Boschnakow, J.:* Brennschneiden. Techn. Wiss. Abhandl. des ZIS Halle/Saale, Band 106.

[6-77] *Herbrich, H.:* Qualitative und wirtschaftliche Aspekte des Schneidens mit CO_2-Laser. DVS-Berichte 63. DVS-Verlag, Düsseldorf 1980.

[6-78] *Derse, J.:* Abtragen mit Plasma. In G. Spur u. Th. Stöferle, Handbuch der Fertigungstechnik, Band 4/1, S. 139.

[7-1] *Demjanzewitsch, W. P.:* Metallurgische und technologische Grundlagen des Lichtbogenschweißens. Verlag Maschinenbau, Moskau 1962.

[7-2] *Rykalin, N. N.:* Berechnung der Wärmevorgänge beim Schweißen. VEB Verlag Technik, Berlin 1957.

[7-3] *Yokoya, S.*, und *A. Matsunawa:* Heat and mass transfer and their effect on penetration shape in stationary TIG arc weld pool. Transact. of the Jap. Wdg. Soc. 24 (1993), H. 1, S. 10/17.

[7-4] *Rokhlin, S. J.,* und *A. C. Gun:* A. Study of Arc Force, Pool Depression and Weld Penetration During Gas Tungsten Arc Welding. Wdg. J. 72 (1993), H. 8, S. 381s/90s.

[7-5] *Choo, R. T. C., J. Szekely* und *R. C. Westhoff:* Modeling of High-Current Arcs with Emphasis on Free Surface Phenomena in the Weld Pool. Wdg. J. 69 (1990), H. 9, S. 346s/61s.

[7-6] *Adonyi, Y., R. W. Richardson* und *W. A. Baeslack (III):* Investigation of Arc Force Effects in Subsurface GTA Welding. Wdg. J. 71 (1992), H. 9, S. 321s/30s.

[7-7] *Smartt, H. B.,* und *C. E. Einerson:* A Model for Heat and Mass Input Control in GMAW. Wdg. J. 72 (1993), H. 5, S. 217s/29s.

[7-8] *Kim, Y.-S.,* und *T. W. Eagar:* Analysis of Metal Transfer in Gas Metal Arc Welding. Wdg. J. 72 (1993), H. 6, S. 269s/78s.

[7-9] *Erochin, A. A.:* Grundlagen des Schmelzschweißens. Verlag Maschinenbau, Moskau 1973.

[7-10] *Ischisaki, K., K. Murai* und *Y. Kanbe:* Penetration in arc welding and convection in molten metal. IIW-Doc. 212-77-66, S. 10.

[7-11] *Mori, H.,* und *J. Horri:* Molten pool phenomena in submerged arc welding. IIW-Doc. 212-188-70.

[7-12] *Kim, S.-D.,* und *S.-J. Na:* Effect of Weld Pool Deformation on Weld Penetration in Stationary Gas Tungsten Arc Welding. Wdg. J. 71 (1992), H. 5, S. 179s/93s.

[7-13] *Mundra, K., T. Debroy, T. Zaharia* und *S. A. David:* Role of Thermophysical Properties in Weld Pool Modeling. Wdg. J. 71 (1992), H. 9, S. 313s/20s.

[7-14] *Choo, R. T. C., K. Mukai* und *J. M. Toguri:* Marangoni Interaction of a Liquid Droplet Falling onto an Liquid Pool. Wdg. J. 71 (1992), H. 4, S. 139s/46s.

[7-15] *Xiao, Y. H.,* und *G. Den Ouden:* Weld Pool Oscillation during GTA Welding of Mild Steel. Wdg. J. 72 (1993), H. 8, S. 428s/34s.

[7-16] *Ushio, M.:* Mathematical Modeling of flow in the weld pool. J. of the Jap. Wdg. Soc. 59 (1990), H. 3, S. 19/23.

[7-17] *Heiple, C. R.,* und *J. R. Roper:* Wdg. J. 61 (1982), H. 4, S. 973.

[7-18] *Scheller, P. R., R. F. Brooks* und *K. C. Mills:* Influence of Sulfur and Welding Conditions on Penetration in Thin Strip Stainless Steel. Wdg. J. 74 (1995), H. 2, S. 69s/74s.

[7-19] *Mukai, K., M. Watanabe, T. Yamada, N. Takiuchi* und *N. Shinozaki:* Molten pool geometry of solid iron bei plasma heating. J. of the Jap. Inst. of Metals 55 (1991), H. 1, S. 36/43.

[7-20] *Steffens, H.-D., H. Thier, R. Killing* und *E. R. Sievers:* Über die Ursachen des schmelzenabhängigen Einbrandverhaltens beim Wolfram-Inertgasschweißen nichtrostender Stähle. Schw. Schn. 42 (1990), H. 11, S. 571/75.

[7-21] *Brandenberger, E.:* Allgemeine Metallkunde. Ernst Reinhardt Verlag, München/Basel 1952.

[7-22] *Prochorow, N. N.:* Physikalische Prozesse in Metallen beim Schweißen, Band 1. Verlag Metallurgie, Moskau 1968.

[7-23] *Masing, G.:* Lehrbuch der allgemeinen Metallkunde. Springer-Verlag, Berlin/Göttingen/Heidelberg 1950.

[7-24] *Granjon, H.:* Werkstoffkundliche Grundlagen des Schweißens. DVS-Verlag, Düsseldorf 1993.

[7-25] *Wietoznik, H.:* Beitrag zur Weiterentwicklung des Metall-Engspaltschweißens in senkrechter Zwangsposition. Diss., RWTH Aachen 1992.Schweißtechnischer Forschungsbericht 46, DVS-Verlag, Düsseldorf 1962.

[7-26] *Evans, G. M.:* The effect of micro-alloying elements in C-Mn steel weld metal. Wdg. in the World 31 (1993), H. 1, S. 12/19.

[7-27] *Es-Souni, M., P. A. Beaven* und *G. M. Evans:* Microstructure and AEM Studies of Self Shielded Flux Cored Arc Weldments. Wdg. J. 71 (1992), H. 2, S. 35s/44s.

[7-28] *Turi, A.:* Arc welding processes with shielding gases using active metals. Wdg. Int. 5 (1991), H. 2, S. 159/63.

[7-29] *Villafuerte, J. C.,* und *H. W. Kerr:* Electromagnetic Stirring and Grain Refinement in Stainless Steel GTA Welds. Wdg. J. 69 (1990), H. 1, S. 1s/13s.

[7-30] *Malinowski-Brodnicka, M., G. Den Ouden* und *W. J. P. Vink:* Effect of Electromagnetic Stirring on GTA Welds in Austenitic Stainless Steel. Wdg. J. 69 (1990), H. 2, S. 52s/59s.

[7-31] *Chalmers, B.:* Grundlagen der Erstarrung. Publik. John Wiley und Söhne, 1967.

[7-32] *Masumoto, J.,* und *H. Shinoda:* Chemical Analysis on Blowholes. Trans. Jap. Wdg. Soc. 1 (1970), H. 2, S. 137/45.

[7-33] *Podgajetzki, W. W.:* Poren, Einschlüsse und Risse in Schweißnähten. Verlag Technik, Kiew, 1970.

[7-34] *Kasatkin, S. B.,* und *L. J. Michodui:* Einfluß nichtmetallischer Einschlüsse und von Wasserstoff auf die verzögerte Zerstörung der Schweißverbindungen legierter Stähle. Autom. Schweißen 366 (1991), S. 1/6.

[7-35] *Paton, B. E., u. a.:* Technologie des Schmelzschweißens. Verlag Maschinenbau, Kiew 1962.

[7-36] *Dahl, W.:* Werkstoffliche Grundlagen zum Verhalten von Schwefel im Stahl. Stahl und Eisen 97 (1977), S. 402/09.

[7-37] *Homberg, G.,* und *G. Wellnitz:* Über die Heißrissigkeit beim Schweißen von Stählen. Schw. Schn. 27 (1975), H. 3, S. 90/93.

[7-38] *Jordan, M. F.:* Cracking in the welding of cupronickel alloys, Research proposal submitted to the international copper research association. Inc., New York, April 1980.

[7-39] *Savage, D. F., E. F. Nippes* und *J. E. Casteras:* Effect of alloying addition on the weldability of 70 Cu-30Ni. Wdg. J. 57 (1978), S. 375s/82s.

[7-40] DVS-Merkblatt 1004, Teil 1 „Heißrißprüfung", Grundlagen, 1989.

[7-41] *Pertineder, F.,* und *G. Rabensteiner:* Einfluß der Primärkristallisation und des δ-Ferrits auf das Heißrißverhalten austenitischen Cr-Ni-Schweißgutes. Schweißtechnik (Wien) 33 (1979), S. 33/39.

[7-42] *Thier, H.:* Delta-Ferrit und Heißrisse beim Schweißen chemisch beständiger austenitischer Stähle. DVS-Berichte 41, S. 100/04. DVS-Verlag, Düsseldorf 1976.

[7-43] *Boese, U., D. Werner* und *H. Wirtz:* Das Verhalten der Stähle beim Schweißen, Teil 2. DVS-Verlag, Düsseldorf 1984.

[7-44] *Eisenkolb, F.:* Die Prüfung der Schweißbarkeit (und der Schweißverbindungen) von Feinblechen, in Werkstoff und Schweißung, Band 1, herausgegeben von F. Erdmann-Jesnitzer im Akademie-Verlag, Berlin.

[7-45] *Matsuda, F., u. a.:* Fractographic Investigation on Solidification Crack in the Varestraint Test of Fully Austenitic Stainless Steel. Trans. Jap. Wdg. Res. Inst. 7 (1978), S. 59/70.

[7-46] *Savage, W. F.,* und *C. D. Lundin:* The Varestraint Test. Wdg. J. 44 (1965), S. 433s/42s.

[7-47] *Wilken, K.:* Universelle Heißrißprüfung mit dem modifizierten Varestraint-Transvarestraint-Test. DVS-Berichte 52, S. 224/28. DVS-Verlag, Düsseldorf 1978.

[7-48] *Hoffmeister, H., P. Schimmel* und *W. Stiller:* Untersuchung zur Rißbildung im Schweißgut legierter Stähle mit Hilfe des instrumentierten Einspannversuches. Arch. f. d. Eisenhüttenwesen 49 (1978), S. 201/06.

[7-49] *Bollenrath, F.,* und *H. Cornelius:* Zur Frage der Schweißrißempfindlichkeit von Flugzeugbaustählen. Arch. f. d. Eisenhüttenwesen 10 (1934), S. 563.

[7-50] Merkblatt DVS 1004-1: Heißrißprüfverfahren – Grundlagen. November 1995.

[7-51] *Dahl, W., C. Düren* und *H. Müsch:* Einfluß verschiedener Legierungselemente auf die Heißrißanfälligkeit eines austenitischen Stahles beim Schweißen. Stahl und Eisen 93 (1973), H. 18, S. 813/22.

[7-52] Merkblatt DVS 1004-2: Heißrißprüfverfahren mit fremdbeanspruchten Proben. November 1995.

[7-53] *Borland, J. C.:* Suggested explanation of hot cracking in mild and low alloy steel welds. Brit. Wdg. J. 8 (1961), H. 11, S. 526/40.

[7-54] *Matsuda, F., u. a.:* Fundamental investigations on Solidification Crack Susceptibility for Weld Metals with Trans-Varestraint Test. Trans. Jap. Wdg. Soc. 2 (1971), H. 2, S. 1/22.

Anhang

Begriffe und Erläuterungen

Zusammenstellung und Erläuterung von Begriffen, die für das Verständnis der im Buch dargelegten Sachverhalte bedeutend sind:

Quellen:
Brockhaus Enzyklopädie
Meyers Neues Lexikon
Fachbücher zur Metallkunde, Metallurgie, Chemie und Thermodynamik

Schrifttum:

[A-1] O. Kubaschewski, E. LL. Evans und C. B. Alcock:
Metallurgical Thermochemistry. Pergamon press Ltd., 4. Auflage 1967

[A-2] M. G. Frohberg:
Thermodynamik für Metallurgen und Werkstofftechniker. VEB Deutscher Verlag für Grundstoffindustrie, Leipzig, 1. Auflage 1980

[A-3] K. W. Bagrjanski, S. A. Dobrotina und K. K. Chrenov:
Theorie der Schweißprozesse. Hochschulverlag Kiev 1976, Seite 171

Absorption

Aufnahme eines oder mehrerer Gase durch einen flüssigen oder festen Stoff (Absorptionsmittel, Absorbens). Die Gase dringen in das Innere des Absorptionsmittels ein.

Unterschieden wird zwischen

- der physikalischen Absorption, bei der keine chemischen Reaktionen zwischen den Gasmolekülen und dem Absorptionsmittel stattfinden (es wirken zwischenmolekulare Anziehungskräfte; gültig ist das Henry-Gesetz, wonach bei konstanter Temperatur die Löslichkeit eines Gases in einer Flüssigkeit proportional zu dessen Druck in der Gasphase ansteigt → die Konzentration c des absorbierten Gases ist proportional dem Partialdruck p in der Gasphase

  $c = k \cdot p$)

  k - Löslichkeitskoeffizient [k = f (T, Art des Gases)];

  und
- der chemischen Absorption (Gas und Absorptionsmittel reagieren miteinander).

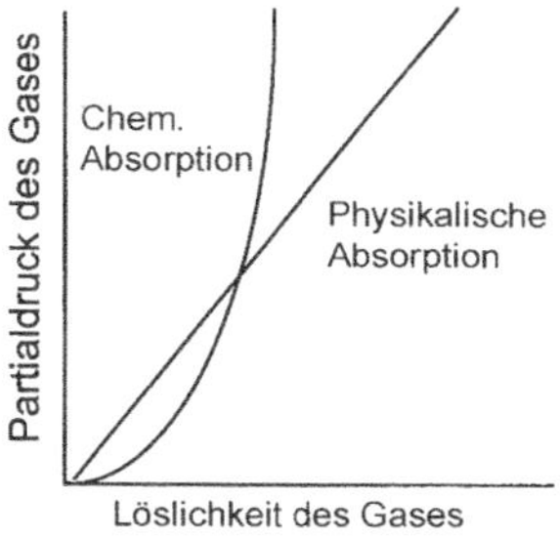

Bedeutung der Absorption beim Schmelzschweißen:

- Löslichkeit von Wasserstoff, Stickstoff, Sauerstoff im Schweißgut und die dadurch hervorgerufenen Einflüsse auf die Festigkeits- und Zähigkeitseigenschaften des Schweißgutes und
- die Neigung des Metalles zur Rissbildung.

Adhäsion

- Aneinanderhaften zweier Körper meist unterschiedlichen Materials
- das Haften von Atomen und Molekülen an Phasengrenzflächen, zurückzuführen auf zwischenmolekulare Kräfte (Adhäsionskräfte), die zwischen den Atomen oder Molekülen der beiden Körper (oder Stoffe) bei Annäherung wirksam werden.

Adhäsionsarbeit $W_{fl./f}$

Energie, die aufgewendet werden muß, um eine Flüssigkeit in Gegenwart eines Gases von einem Festkörper zu trennen

$$W_{fl./f} = \sigma_{fl./g} + \sigma_{f/g} - \sigma_{f/fl.}$$

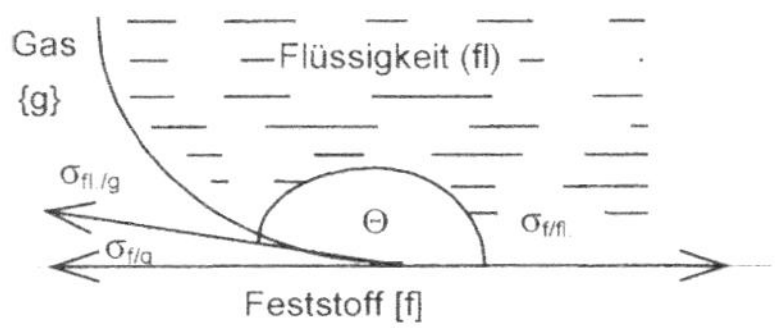

$W_{fl./f}$	-	Adhäsionsarbeit
$\sigma_{fl./g}$	-	Oberflächenspannung flüssig - gasförmig
$\sigma_{f/g}$	-	Oberflächenspannung fest - gasförmig
$\sigma_{f/fl.}$	-	Oberflächenspannung fest - flüssig
$\sigma_{fl./g}$		Oberflächenspannung der Flüssigkeit
θ	-	Randwinkel

Liegt eine Grenzfläche gasförmig / fest / flüssig vor, wird

$W_{fl./f} = \sigma_{fl./g} \cdot (1 + \cos \theta)$.

$\delta_{fl./g}$ und θ sind experimentell bestimmbar. Damit kann die Adhäsionsarbeit berechnet werden.

Ist $\theta = 0$, wird $W_{fl./f} = 2 \cdot \sigma_{fl./g}$.

Adsorption

Anlagerung eines Gases oder gelösten Stoffes (Adsorption, Adsorbat) an der Oberfläche eines festen Stoffes (Adsorbens, Adsorptionsmittel). Diese erfolgt nicht nur an der sichtbaren, sondern beim porösen Festkörper vorzugsweise an seiner inneren Oberfläche.

Physikalische Adsorption liegt vor, wenn die Moleküle durch van-der-Waals-Kräfte gebunden sind.

Chemisorption beruht auf der Bindung der Moleküle an der Oberfläche durch Valenzkräfte.

Für die Schweißtechnik haben

- die Adsorption von Gas- und Flüssigkeitsmolekülen an festen Grenzflächen und die damit verbundene Bildung von Oberflächenschichten,
- die Benetzung fester Oberflächen durch Flüssigkeiten und
- die Anlagerung von Feuchtigkeit besondere Bedeutung.

Adsorptionswärme

Wärmemenge, die bei der Anlagerung der Moleküle an das Adsorptionsmittel frei wird ($\sim < 50$kJ/mol).

Adsorptionsisotherme

Darstellung der Abhängigkeit der adsorbierten Menge vom Gasdruck oder von der Konzentration bei konstanter Temperatur.

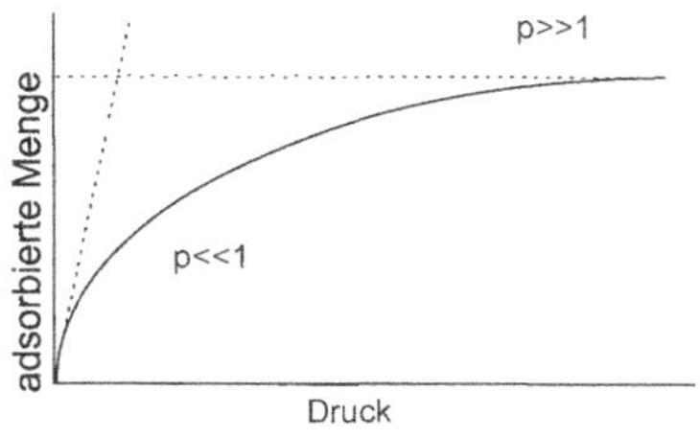

Schematische Darstellung der Adsorption (nach Langmuir).

Für die Adsorptionsisotherme wird folgender Mechanismus zugrunde gelegt:

$$A(g) \underset{k_D}{\overset{k_A}{\rightleftarrows}} A\,(ad)$$

A (g)	-	Stoff A in der Gasphase
A (ad)	-	adsorbierter Stoff A
k_A	-	Geschwindigkeitskonstante der Adsorption
k_D	-	Geschwindigkeitskonstante der Desorption

Durch Temperaturerhöhung und Druckerniedrigung wird die Umkehrung der Adsorption begünstigt. Der Vorgang wird als Desorption bezeichnet.

Aktivität

Konzentration von Atomen, Ionen oder Molekülen in einer Lösung, die beim Ablauf einer Reaktion "wirksam" wird ("aktive" Konzentration).

Aktivitätskoeffizient

γ_i, Proportionalitätskonstante zwischen der chemischen Aktivität a_i und der Konzentration (ausgedrückt durch den Molenbruch χ_i)

$$a_i = \gamma_i \cdot \chi_i \cdot$$

Die Konzentration (Molenbruch χ_i) wird durch die Aktivität a_i ersetzt.
Damit werden die nur für ideale Systeme gültigen Gesetze (z. B. Massenwirkungsgesetz) auf Konzentrationsbereiche erweitert, bei denen kein ideales Verhalten mehr vorliegt. Bei gasförmigen Systemen wird der zur Aktivität analoge Begriff als Fugazität f_i bezeichnet. Das Verhältnis von Druck p_i zu Fugazität ist der Fugazitätskoeffizient φ_i.

$$f_i = \varphi_i \cdot p_i \cdot$$

Aktivierung

Chemische Elemente oder Verbindungen werden durch eine Temperaturerhöhung, eine Bestrahlung oder die Zugabe von Aktivatoren oder Katalysatoren in einen reaktionsfähigen Zustand überführt.

Aktivierungsenergie

Die einem System oder Teilchen zuzuführende Energie, wenn dieses in einen solchen angeregten Energiezustand gebracht werden soll, daß eine hemmende Potentialschwelle überwunden und ein physikalischer Prozeß ausgelöst werden oder es an einem solchen teilnehmen kann.

Chemische Reaktionen: die in einem Stoffgemisch zum Einleiten der Reaktion benötigte Energiemenge wird genutzt, um die reaktionsfähigen, "aktivierten" Atome, Moleküle, u. a. zu vermehren, die über die mittlere thermische Energie hinaus eine die Aktivierungsenergie je Teilchen übersteigende Anregungs- bzw. Bewegungsenergie enthalten.

Die Arrhenius-Gleichung der Reaktionskinetik beschreibt die Beziehung zwischen dem Reaktionsgeschwindigkeitskoeffizienten k und der Temperatur T eines Reaktionssystems mit dem Energieinhalt E der Reaktionpartner

$k = A \cdot e^{-\frac{E}{R \cdot T}}$.	A	-	empirischer Faktor
	R	-	allgemeine Gaskonstante (8,314 J/mol·K)
	E	-	Aktivierungsenergie

Arrhenius-Gleichung

Entsprechend $k = A \cdot e^{-\frac{E}{R \cdot T}}$ steigt die Reaktionsgeschwindigkeit bei Erhöhung der Temperatur stark an. Im Bereich niedriger Temperatur hat eine Temperaturerhöhung um 10 K einen Anstieg der Reaktionsgeschwindigkeit um das 2 - 4 fache zur Folge.

Die Arrhenius-Gleichung wird u. a. zur Berechnung der Geschwindigkeit chemischer Reaktionen und des Ablaufs physikalischer Vorgänge (z. B. Diffusion) angewendet.

Benetzung

Ein Flüssigkeitstropfen, der sich auf der Oberfläche einer festen Phase befindet, bildet mit der Oberfläche der festen Phase einen charakteristischen Randwinkel θ.

Dieser ist ein Maß für die Benetzung der Oberfläche. Der Randwinkel wird durch die Grenzflächenenergie der koexistierenden Phasen (fester Körper - Flüssigkeit - Gasphase) bestimmt.

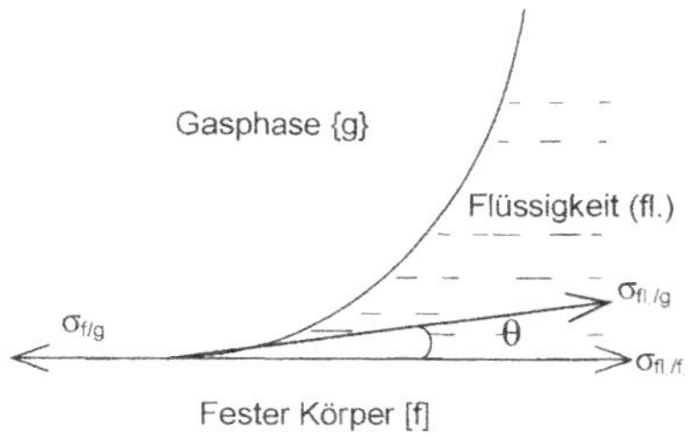

Gasphase {g}

Flüssigkeit (fl.)

Fester Körper [f]

Der Randwinkel θ, bestimmt im Gleichgewichtsfall durch die

Grenzflächenspannung $\sigma_{f/g}$ (fest - gasförmig),

Grenzflächenspannung $\sigma_{fl./g}$ (flüssig - gasförmig),

Grenzflächenspannung $\sigma_{fl./f}$ (flüssig - fest),

ergibt sich zu

$$\sigma_{f/g} = \sigma_{fl./f} + \sigma_{fl./g} \cdot \cos\theta$$

oder

$$\cos\theta = \frac{\sigma_{f/g} - \sigma_{fl./f}}{\sigma_{fl./g}} .$$ Youngsche Randwinkelgleichung

Bei $\theta > 90\,°$, $\sigma_{fl./f} > \sigma_{f/g}$, Flüssigkeit benetzt nicht,

bei $\theta < 90\,°$, $\sigma_{fl./f} < \sigma_{f/g}$, Flüssigkeit benetzt den Festkörper.

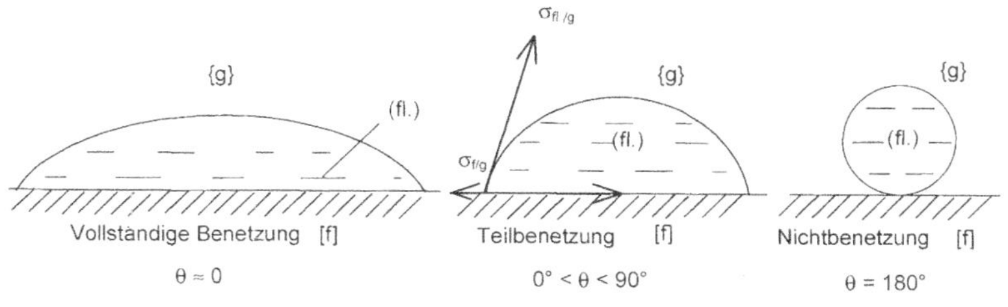

Benetzung ist das Haften einer Flüssigkeit an der Oberfläche eines festen Körpers. Je größer die Oberflächenspannung der Flüssigkeit ist, desto weniger neigt sie zur Benetzung.
Die Bedeutung für die Fügetechnik liegt vor allem beim Löten und Metallkleben.
Das Benetzen der Oberfläche eines festen Grundwerkstoffes durch das flüssige Lot ist ein Grenzflächenvorgang.

Bildungswärme

Bei der Bildung einer Verbindung aus ihren Elementen freigesetzte Wärmemenge (Exotherme Reaktion: die von dem System bei der Verbindungsbildung abgegebene Wärmemenge wird mit einem Minuszeichen versehen). Die bei einer endothermen Reaktion von einem System gebundene Wärmemenge wird mit einem Pluszeichen gekennzeichnet.
Bildungsenergie = Bildungswärme bei Reaktionen, die bei V = const. ablaufen.
Bildungsenthalpie ΔH = Bildungswärme bei Reaktionen, die mit p = const. stattfinden.
Die Bildungsenthalpie wird bezogen auf 298 K und den Normdruck (ΔH°_{298}) → Standardenthalpie.

Binnendruck

In der für den gasförmigen wie auch den flüssigen Aggregatzustand gültigen Zustandsgleichung für reale Gase

$$\left(p+\frac{a}{V^2}\right)\cdot(V-b)=n\cdot R\cdot T$$

berücksichtigt $\frac{a}{V^2}$ (Binnendruck oder Kohäsionsdruck) die Anziehungskräfte zwischen den Teilchen. Diese wirken sich im Sinne einer Druckerhöhung aus.

Boudouard-Reaktion

Heterogenes Gleichgewicht der Reaktion

$$C + CO_2 \rightleftarrows 2CO.$$

Die Gleichgewichtskonstante lautet

$$k_p = \frac{p^2_{CO}}{[c] \cdot p_{CO_2}}.$$

Grafisch dargestellt wird das Boudouard-Gleichgewicht in der Form

$$\frac{p_{CO}}{p_{CO} + p_{CO_2}} = f(T).$$

Die Gleichgewichtskonstante k_p wird mit dem Wert $p = p_{CO} + p_{CO_2}$ verbunden; die Verknüpfung ergibt:

$$k_p = (p - p_{CO_2})^2 / p_{CO_2}$$ oder

$$p^2_{CO_2} - p_{CO_2}(k_p + 2p) + p^2 = 0.$$

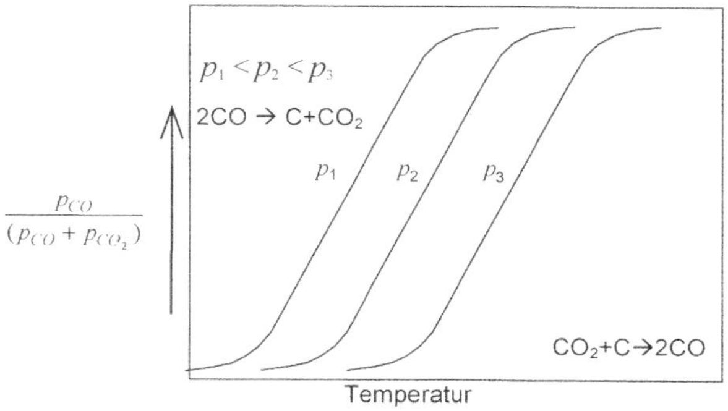

Boudouard-Gleichgewicht in der Form

$$p_{CO}/(p_{CO} + p_{CO_2}) = f(T).$$

Anwendung des Boudouard-Gleichgewichtes:

1. Glühen von Eisen in einer CO/CO_2-Atmosphäre

   $CO_2 + Fe \rightleftarrows FeO + CO$

2. Bestimmung der Existenzgebiete der Eisenoxide FeO, Fe_3O_4, Fe_2O_3 in Abhängigkeit von der Temperatur und dem CO/CO_2-Gemisch
3. Hochofendiagramm
4. Kohlenstoffzubrand / -abbrand beim Schweißen hochlegierter Stähle bei Anwesenheit von O_2 und / oder CO_2 im Schutzgas (MAGM-Schweißen).

Chemische Potentiale

Zustandsgrößen, die bei thermodynamischen Systemen mit veränderlichen Stoffmengen ihrer Komponenten in einer Phase zu berücksichtigen sind.
Sie spielen eine bedeutende Rolle bei der Beschreibung der Gleichgewichtszustände, die bei Teilchenausgleich, Phasenumwandlungen und chemischen Reaktionen auftreten.
Das chemische Potential μ_i ist, mathematisch ausgedrückt, der Quotient aus charakteristischer Funktion (Innere Energie, Freie Energie, Enthalpie u. a.) und Molzahl der Komponenten des betrachteten Systems.

Chemisorption

Anlagerung eines gasförmigen oder flüssigen Stoffes an der Oberfläche eines Festkörpers oder einer Flüssigkeit, verbunden mit der Bildung einer chemischen Verbindung.

Chemisches Element

Stoff, der durch chemische Verfahren nicht weiter zerlegbar ist, bestehend aus Atomen mit gleicher Ordnungszahl.
Der Aufbau der Elektronenhülle der Atome bestimmt die chemischen Eigenschaften der chemischen Elemente. Die Anordnung der chemischen Elemente im Periodischen System der Elemente basiert auf der Systematik der Elektronenhüllen.

Chemisches Gleichgewicht, auch Reaktionsgleichgewicht,

charakterisiert den Zustand in einer umkehrbaren (reversiblen) Reaktion, wenn die Geschwindigkeit der Hinreaktion v_H gleich ist der Geschwindigkeit der Rückreaktion v_R. Die Konzentrationen oder Drücke der Ausgangs- und Endprodukte der Reaktion stehen entsprechend den äußeren Bedingungen, gegeben durch Temperatur oder Druck, in einem bestimmten Verhältnis zueinander.

Daltonsches Gesetz (Daltonsches Partialdruckgesetz)

Die Summe der Partialdrücke (Teildrücke) verdünnter (idealer) Gase ist gleich dem Gesamtdruck der Mischung

$$p = \sum_{i=1}^{n} p_i \, .$$

p_i - Partialdruck

Partialdruck: Druck, der sich einstellen würde, wenn ein Gas der Mischung das Gesamtvolumen einnehmen würde

$$p_i = \chi_i \cdot p \, .$$

χ_i - Molenbruch

Der Partialdruck ist in einem Gemisch von Gasen der von einer Komponente ausgeübte Druck.

Dampf

Stoff im gasförmigen Aggregatzustand oder auch seine gasförmige Phase, die im Gleichgewicht mit der gleichzeitig anwesenden flüssigen oder festen Phase des Stoffes steht.

Dampf ist ein reales Gas. Er entsteht

- durch Verdampfung (ohne zusätzliche Wärmezufuhr unterhalb der normalen Siedetemperatur durch Verdunstung)

  oder
- durch Sublimation.

Bei gleicher Temperatur und unter der Voraussetzung, daß sich die Stoffmengen in den koexistierenden Phasen nicht ändern, stehen Dampf und feste oder flüssige Phase im thermodynamischen Gleichgewicht.

Dampfdruck

Druck p des Dampfes, der sich im thermodynamischen Gleichgewicht mit seiner flüssigen oder festen Phase befindet.

Liegt ein einkomponentiges System vor, hängt der Dampfdruck nur von der für die koexistierenden Phasen gleichen absoluten Temperatur, aber nicht von deren Stoffmengen ab.

Die **Dampfdruckkurve** gibt den Zusammenhang zwischen Dampfdruck und Temperatur an.

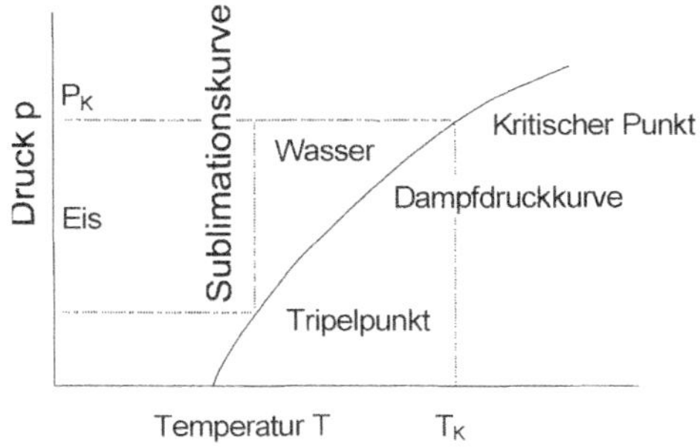

Dampfdruckkurve und p-T-Diagramm von Wasser;

T_K - kritische Temperatur

p_K - kritischer Druck

Die Abhängigkeit des Dampfdruckes einer Flüssigkeit von der Temperatur wird durch die Gleichung von **Clausius-Clapeyron** angegeben

$$\lg_p = -\frac{\Delta H}{4.575 \cdot T} + B .$$

ΔH - Verdampfungswärme

B - Konstante

Fremdstoffe, die sich in gelöster Form in der flüssigen Phase des verdampfenden Stoffes befinden, setzen den Partialdruck eines Dampfes herab.

Der Dampfdruck p der Lösung ist niedriger als der Dampfdruck p_o des reinen Lösungsmittels **(Raoultsches Gesetz)**

$$p_a = p_o \cdot \chi_a .$$

p_a - Dampfdruck der Komponente a in der Lösung

p_o - Dampfdruck der reinen Komponente a

χ_a - Molenbruch

Desorption

Entfernung eines adsorbierten Stoffes vom Adsorbens (siehe Adsorption) durch Erwärmen im Vakuum oder in vorbeiströmenden Inertgasen.

Diffusion

Ausgleichsprozeß, der mit einem Masse- und/oder Ladungstransport verbunden ist. Dabei gelangen Teilchen (Atome, Moleküle, Ionen, u. a.) infolge ihrer Wärmebewegung von Orten höherer Teilchendichte oder Konzentration zu solchen niedrigerer Teilchendichte oder Konzentration. Es findet ein Teilchendichte- bzw. Konzentrationsausgleich statt.

Die Diffusion von Atomen in festen Körpern hat große Bedeutung bei der Wärmebehandlung von Stahl und Nichteisenmetallen, der Aushärtung, der Rekristallisation und Korrosion. Bei Vorhandensein stark karbidbildender Elemente im Stahl kann auch eine Diffusion z. B. von Kohlenstoff in Richtung der Karbidbildner erfolgen, die zu einer örtlich begrenzten Kohlenstoffanreicherung führen kann (Up-hill-Diffusion).

Diffusionsprozesse spielen bei Schmelz- und Preßschweißverfahren eine große Rolle. Z. B. basiert beim Diffusionsschweißen der Bindungsmechanismus im wesentlichen auf Diffusionsvorgängen.

Beispiele für Diffusionsprozesse beim Schweißen:

- Kornwachstum im Schweißgut und in der Wärmeeinflußzone (WEZ) bei längerer Erwärmung des Stahles auf $T > Ac_3$ infolge Selbstdiffusion. Eine Erwärmung des Stahles schon auf 500 ... 530 ^{0}C aktiviert Diffusionsprozesse.
- Unerwünschte Kohlenstoffdiffusion aus Bereichen hoher in Bereiche niedrigerer Kohlenstoffgehalte bei Schwarz-Weiß-Verbindungen, aber auch Kohlenstoffdiffusion in Bereiche mit hoher Konzentration an karbidbildenden Elementen (wie z. B. Cr).
- Diffusion von Wasserstoff und Stickstoff im Stahl.
- Diffusionsprozesse beim Verbindungsschweißen unterschiedlicher Metalle.

Die Diffusion von Atomen in festen Körpern erfolgt als

- Volumendiffusion (Platzwechselvorgänge im Kristallgitter über Zwischengitterplätze, Leerstellen oder im Ringtausch)
- Korngrenzendiffusion (entlang der Korngrenzen in einem vielkristallinen Metall) oder als

– Oberflächendiffusion (i. a. an der Grenze zweier Phasen; Grenzflächendiffusion).

Diffusionsgesetze

Die Diffusion wird durch die Diffusionsgesetze von Fick beschrieben:

1. Ficksches Gesetz

Zwischen der räumlichen Änderung der Teilchendichte m und der je Zeiteinheit durch eine Flächeneinheit hindurchtretenden Stoffmenge gilt:

$$dm = -D \cdot \frac{dc}{dx} \cdot A \cdot dt$$

$$D = D_0 \cdot e^{-\frac{Q}{R \cdot T}}$$

$-\frac{dc}{dx}$	-	Konzentrationsgradient
D	-	Diffusionskoeffizient
A	-	Flächeneinheit

Der Diffusionsstrom erfolgt in Richtung abnehmender Dichte oder Konzentration.

2. Ficksches Gesetz

$$\frac{\delta m}{\delta t} = D \bullet \Delta \bullet m\ .$$

Δ	-	Laplace-Operator

Das 2. Gesetz beschreibt die Abhängigkeit der Teilchendichte vom Ortsvektor r und der Zeit.

Diffusionskoeffizient D (oder Diffusionskonstante)

Proportionalitätsfaktor, hat

- bei Gasen Werte in der Größenordnung $1 cm^2 / s$
- bei Flüssigkeiten Werte von etwa $10^{-4} cm^2 / s$
- bei Festkörpern Werte von $< 10^{-9} cm^2 / s$.

Endotherme Reaktion

Kennzeichnet einen physikalischen oder chemischen Vorgang, der unter Aufnahme von Wärme aus der Umgebung abläuft.

Endotherme Prozesse werden mit

$\Delta H > 0$ (Änderung der Reaktionsenthalpie)

$dU > 0$ (Änderung der Inneren Energie)

charakterisiert.

Energie

Ausdruck für die Arbeit / das Arbeitsvermögen oder die Fähigkeit eines physikalischen oder chemischen Systems, Arbeit zu verrichten.

Energie, Innere U

Thermodynamische Zustandsgröße.

Innere Energie ist die in einem Stoff oder einem System enthaltene Energie.

Die Zunahme ΔU der Inneren Energie eines Systems ist die Summe der dem System zugeführten Wärme ΔQ und der an dem System geleisteten Arbeit ΔA

$$\Delta U = \Delta Q + \Delta A.$$

Die Innere Energie hängt als Zustandsgröße nur von einem Zustand ab, nicht aber von dem Weg, auf dem dieser erreicht wird.

Energie, Freie F

Helmholtz-Funktion, → thermodynamische Zustandsgröße eines physikalischen oder chemischen Systems

$$F = U - T \cdot S.$$

U - Innere Energie

T - absolute Temperatur

S - Entropie

Die Freie Energie F ist bei reversiblen (umkehrbaren) Prozessen (T = const.) der Teil der Inneren Energie des Systems, der bei einer Zustandsänderung als Arbeit nach außen abgegeben werden kann. Der Rest der Energie

$$U - T \cdot S = F$$

ist nicht in Arbeit verwandelbar (gebundene Energie).

Die von einem System geleistete Arbeit ist gleich der Abnahme der Freien Energie.

Die Größe U - T · S charakterisiert einen bestimmten Zustand des Systems.

Enthalpie H

Gibbssche Wärmefunktion → thermodynamische Zustandsgröße (Zustandsfunktion).

Sie wird definiert als

$H = U + p \cdot V.$

U	-	Innere Energie
p	-	Druck
V	-	Volumen

Da bei metallurgischen Prozessen der Wärmeaustausch eine große Rolle spielt, diese Prozesse bei p = const. verlaufen und von einer isobaren Volumenarbeit begleitet sind, werden für metallurgische Berechnungen die Enthalpiewerte herangezogen.

Die Enthalpie ist die Summe von Innerer Energie U und Ausdehnungsarbeit p · V eines Systems mit dem Volumen V, das unter dem Druck p steht. Sie ist eine Funktion des Druckes, der Entropie sowie der Stoffmengen n_i der chemischen Komponenten und der verschiedenen Phasen.

Für Enthalpieänderungen gilt:

$\Delta H = T \cdot \Delta S + V \cdot \Delta p + \sum \mu_i \, \Delta n_i$.

μ_i - chemische Potentiale

In thermodynamischen Tafeln wird die Enthalpie der Stoffe für 298 K und 1 at (0,98 bar) mit $\Delta H°_{298}$ angegeben (analog für die Entropie).

Die Berechnung der Enthalpie einer Reaktion bei einer beliebigen anderen Temperatur ist möglich mit der **Gleichung von Kirchhoff**

$$\Delta H_{T_2} = \Delta H_{T_1} + \int_1^2 \Delta C_p \cdot dT.$$

ΔC_p - Wärmekapazitätsänderung

Beispiele für die Berechnung von Reaktionsenthalpien

1. Berechnung der Enthalpie der Reaktion $CaCO_3 = CaO + CO_2$
2. Enthalpie der Reduktion von FeO durch Al
3. Enthalpie der Reaktion $FeO + CO = Fe + CO_2$

4. Enthalpie der Reaktion $Cu_2S + 2Cu_2O = 6Cu + SO_2$

5. Temperaturabhängigkeit der Reaktionsenthalpie der Reaktion $2CO + O_2 = 2CO_2$

6. Berechnung der Reaktionsenthalpie der Reaktion

   β - $Ca_2SiO_4 \rightleftarrows 2CaO + SiO_2$ bei 800 °C

Beispielrechnungen:

1. Enthalpie der Reaktion $CaCO_3 = CaO + CO_2$

aus Tafel A [A-1]:

Stoff:	$-\Delta H^\circ_{298}$ [kcal/mol]	$-\Delta H^\circ_{298}$ [kJ/mol]
CaO	151,60	634,70
CO_2	94,05	393,80
$CaCO_3$	288,40	1207,50

a) Bestimmung der Enthalpie der Reaktion

$CaCO_3 = CaO + CO_2$:

$$\Delta H^\circ_{298} = \left(\Delta H^\circ_{CaO} + \Delta H^\circ_{CO_2}\right) - \left(\Delta H^\circ_{CaCO_3}\right)$$

$= (-634,7 - 393,8) + 1207,5$

$= 179$ kJ/mol.

b) Ermittlung der Temperaturabhängigkeit der Reaktionsenthalpie im T-Intervall 298 . . . 1500 K.

Bestimmung des Zuwachses der Wärmekapazität

$$\Delta C_p = \sum (n_i \cdot C_{p_i})_{End} - \sum (n_i \cdot C_{p_i})_{Anf} .$$

$$\Delta C^\circ_p = C^\circ_{pCO_2} + C^\circ_{pCaO} - C^\circ_{pCaCO_3}$$

aus Tabelle C [A-1], (S.394 ff): [nach Umrechnung von cal · K^{-1} · mol^{-1} in J · K^{-1} · mol^{-1}]

$Cp_i = a + b \cdot T + c \cdot T^{-2}$

Stoff	a	$b \cdot 10^{-3}$	$c \cdot 10^5$	Temperaturbereich K
CO_2	44,17	9,04	-8,54	298 … 2500
CaO	49,65	4,52	-6,95	298 … 1177
$CaCO_3$	104,59	21,94	-25,96	298 … 1200

$$\Delta C_p^0 = 44{,}17 + 9{,}04 \cdot 10^{-3} \cdot T - 8{,}54 \cdot 10^5 \cdot T^{-2}$$

$$+ 49{,}65 + 4{,}52 \cdot 10^{-3} \cdot T - 6{,}95 \cdot 10^5 \cdot T^{-2}$$

$$- (104{,}59 + 21{,}94 \cdot 10^{-3} \cdot T - 25{,}96 \cdot 10^5 \cdot T^{-2})$$

$$\Delta C_p^0 = - 10{,}77 - 8{,}38 \cdot 10^{-3} \cdot T + 10{,}47 \cdot 10^5 \cdot T^{-2} \text{ [J/(K·mol)]}.$$

$$\Delta H_T^\circ = \Delta H_{298}^\circ + \int_{298}^{T} \Delta C_p \cdot dT = 179000 + \int_{298}^{T} (-10{,}77 - 8{,}38 \cdot 10^{-3} \cdot T + 10{,}47 \cdot 10^5 \cdot T^{-2}) dT$$

$$\Delta H_T^\circ = 179000 - 10{,}77(T - 298) - 8{,}38 \cdot 10^{-3} \cdot (T^2 - 298) + 10{,}47 \cdot 10^5 \cdot (\frac{1}{T} - \frac{1}{298}).$$

Für ausgewählte Temperaturen im Bereich des Temperaturintervalles erhält man:

T [K]	298	500	900	1100	1500
ΔH_T° [J/mol]	179000	173000	166000	157000	144000

Die Enthalpie ΔH°_T für die Reaktion $CaCO_3 = CaO + CO_2$ verändert sich mit der Erhöhung der Temperatur relativ wenig. Das ist charakteristisch für Reaktionen, bei denen die Stoffe im betrachteten Temperaturintervall keine Aggregatzustandsänderung durchlaufen.

2. Berechnung der Enthalpie der Reduktion von FeO durch Al

$$3FeO + 2Al = Al_2O_3 + 3Fe$$

$$\Delta H_{298}^\circ = \sum \Delta H_{298\,Reakt.Prod.}^\circ - \sum \Delta H_{298\,Ausgangsstoffe}^\circ$$

$$\Delta H_{298}^\circ = \sum(\Delta H_{298\,Al_2O_3}^\circ + 3 \cdot \Delta H_{298\,Fe}^\circ) - \sum(3 \cdot \Delta H_{298\,FeO}^\circ + 2 \cdot \Delta H_{298\,Al}^\circ);$$

aus Tabelle A [A-1], (S.304 ff):

Stoff:	$-\Delta H_{298}^\circ$ [kcal/mol]	$-\Delta H_{298}^\circ$ [kJ/mol]
Al	0	0
Al_2O_3	400,0	1674,7
Fe	0	0
FeO	63,2	264,6

$$\Delta H_{298}^\circ = (-1674{,}7 + 3 \cdot 0) - (-3 \cdot 264{,}6 + 2 \cdot 0) = -1674{,}7 + 793{,}8 = -880{,}9\, kJ/mol.$$

3. Bestimmung der Reaktionsenthalpie der Reaktion

$$FeO + CO = Fe + CO_2$$

$$\Delta H^{\circ}_{298} = \sum \Delta H^{\circ}_{298\,Reakt.Prod.} - \sum \Delta H^{\circ}_{298\,Ausgangsstoffe}$$

$$\Delta H^{\circ}_{298} = \sum(\Delta H^{\circ}_{298Fe} + \Delta H^{\circ}_{298CO_2}) - \sum(\Delta H^{\circ}_{298\,FeO} + \Delta H^{\circ}_{298CO});$$

aus Tabelle A [A-1]:

Stoff:	$-\Delta H^{\circ}_{298}$ [kcal/mol]	$-\Delta H^{\circ}_{298}$ [kJ/mol]
Fe	0	0
FeO	63,2	264,6
CO	26,4	110,5
CO_2	94,05	393,8
C	0	0

$$\Delta H^{\circ}_{298} = \sum 0 + (-393{,}8) - \sum(-264{,}6) + (-110{,}5) = -393{,}8 + 264{,}6 + 110{,}5 = -18{,}7\,kJ/mol\,;$$

sowie der Reaktion

$$FeO + C = Fe + CO$$

$$\Delta H^{\circ}_{298} = \sum(\Delta H^{\circ}_{298Fe} + \Delta H^{\circ}_{298CO}) - \sum(\Delta H^{\circ}_{298\,FeO} + \Delta H^{\circ}_{298C})$$

= (0-110,5) – (-264,6 + 0) = -110,5 + 264,6 = 154,1 kJ/mol.

4. Berechnung der Enthalpie der Reaktion

$$Cu_2S + 2Cu_2O = 6Cu + SO_2$$

$$\Delta H^{\circ}_{298} = \sum(6 \cdot \Delta H^{\circ}_{298Cu} + \Delta H^{\circ}_{298\,SO_2}) - \sum(\Delta H^{\circ}_{298\,Cu_2S} + 2\Delta H^{\circ}_{298\,Cu_2O});$$

aus Tabelle A [A-1]:

Stoff:	$-\Delta H^{\circ}_{298}$ [kcal/mol]	$-\Delta H^{\circ}_{298}$ [kJ/mol]
Cu	0	0
Cu_2O	40,0	167,5
Cu_2S	19,6	82,0
SO_2	70,95	297,0

$$\Delta H^{\circ}_{298} = (6 \cdot 0 - 297{,}0) - (-82{,}0 - 2 \cdot 167{,}5) = -297{,}0 + 82{,}0 + 335 = 120{,}0\,kJ/mol\,.$$

5. Ermittlung der Temperaturabhängigkeit der Reaktion

$2CO + O_2 = 2CO_2$

$\Delta H^{\circ}_{298} CO_2 = -393{,}8\, kJ/mol$ (siehe 3.)

aus Tabelle C [A-1] nach Umrechnung:

$Cp_i = a + b \cdot T + c \cdot T^{-2}$

Stoff:	a	$b \cdot 10^{-3}$	$c \cdot 10^{5}$	Temperaturbereich [K]
CO	28,43	4,10	-0,46	298 … 2500
CO_2	44,17	9,04	-8,54	298 … 2500
O_2	29,98	4,19	-1,67	298 … 3000

$$\Delta C_p = \sum (n_i \cdot C_{p_i})_{End} - \sum (n_i \cdot C_{p_i})_{Anf} \cdot$$

$$\Delta C^{\circ}_p = 2 \cdot C^{\circ}_{pCO_2} - 2 \cdot C^{\circ}_{pCO} - C^{\circ}_{pO_2}$$

$$= 2(44{,}17 + 9{,}04 \cdot 10^{-3} \cdot T - 8{,}54 \cdot 10^{5} \cdot T^{-2}) -$$

$$- 2(28{,}43 + 4{,}10 \cdot 10^{-3} \cdot T - 0{,}46 \cdot 10^{5} \cdot T^{-2}) -$$

$$- (29{,}98 + 4{,}19 \cdot 10^{-3} \cdot T - 1{,}67 \cdot 10^{5} \cdot T^{-2})$$

$$\Delta C^{\circ}_p = 1{,}5 + 5{,}69 \cdot 10^{-3} \cdot T - 14{,}49 \cdot 10^{5} \cdot T^{-2} \text{ [J/(K·mol)}$$

$$\Delta H^{\circ}_T = \Delta H^{\circ}_{298} + \int_{298}^{T} \Delta C_p \cdot dT = -393800 + \int_{298}^{T} (1{,}5 + 5{,}69 \cdot 10^{-3} \cdot T - 14{,}49 \cdot 10^{5} \cdot T^{-2}) dT$$

$$\Delta H^{\circ}_T = -393800 + 1{,}5(T - 298) + 5{,}69 \cdot 10^{-3} \cdot (T^2 - 298) - 14{,}49 \cdot 10^{5} (\frac{1}{T} - \frac{1}{298})$$

T[K]	298	508	798	998	1198
ΔH°_T [J/mol]	-393206	-388878	-386382	-383673	-380632
ΔH°_T [kJ/mol]	-393,2	-388,9	-386,4	-383,7	-380,6

Im Temperaturintervall von 298K bis 1198K (25°C bis 925°C) erfolgt eine geringe Anderung von ΔH_T°; mit steigender Temperatur wird ein Reaktionsverlauf von links nach rechts unwahrscheinlich.

6. *Berechnung der Reaktionsenthalpie der Reaktion*

β - $Ca_2SiO_4 \rightleftarrows 2CaO + SiO_2$ (Quarz)

bei 800° C [A-2, S.37]

Wenn ein Festkörper seine Modifikation ändert, treten Umwandlungsenthalpien auf.

Nach [A-1] ergeben sich für die Lösung nach Umrechnung cal → J:

Element/ Verbindung	ΔH_{298}° [J/mol]	c_p [J/mol·K]	Temperatur-bereich [K]	$H_{Umw.}^\circ$ [J/mol]
β - Ca_2SiO_4	-136817	$151{,}67 + 36{,}94\cdot10^{-3}T - 30{,}29\cdot10^{5}T^{-2}$	298 ... 1200	
α-SiO_2		$43{,}89 + 1{,}00\cdot10^{-3}T - 6{,}02\cdot10^{5}T^{-2}$	298 ... 847	} 732
β-SiO_2		$58{,}91 + 10{,}04\cdot10^{-3}T$	847 ... 1079	
CaO		$49{,}62 + 4{,}52\cdot10^{-3}T - 6{,}95\cdot10^{5}T^{-2}$	298 ... 1177	

Es gibt Standardreaktionsenthalpien ΔH_{298}° bei 298K für die Bildung der Verbindung aus den Elementen und Standardreaktionsenthalpien für die Bildung der Verbindung aus den Oxiden. Für β - Ca_2SiO_4 ist hier ΔH_{298}° auf die Bildung aus den Oxiden bezogen.

$$\Delta H_T^\circ = \Delta H_{298}^\circ + \int_{298}^{847} \sum c_p(I)dT + H(\alpha \rightarrow \beta) + \int_{847}^{1073} \sum c_p(II)dT$$

$$\Delta H_{298}^\circ = -\Delta H_{298,Ca_2SiO_4}^\circ = 136817 \text{ J/mol}$$

Das negative Vorzeichen ergibt sich aus der Tatsache, daß Ca_2SiO_4 auf der linken Seite der Reaktionsgleichung in der Aufgabenstellung steht.

$$\sum C_p(I) = 2C_p(CaO) + C_p(\alpha - SiO_2) - C_p(Ca_2SiO_4)$$

$2C_p(CaO)$ $= (99{,}24 + 9{,}03 \cdot 10^{-3}T - 13{,}89 \cdot 10^5 T^{-2})$ $[J/mol \cdot K]$

$C_p(\alpha\text{-}SiO_2)$ $= (43{,}89 + 0{,}99 \cdot 10^{-3}T - 6{,}03 \cdot 10^5 T^{-2})$ $[J/mol \cdot K]$

$C_p(Ca_2SiO_4)$ $= -(151{,}67 + 36{,}94 \cdot 10^{-3}T - 30{,}29 \cdot 10^5 T^{-2})$ $[J/mol \cdot K]$

$$\sum C_p(I) = (-8{,}54 - 26{,}92 \cdot 10^{-3}T + 10{,}37 \cdot 10^5 T^{-2}) \quad [J/mol \cdot K]$$

$$\sum C_p(II) = 2C_p(CaO) + C_p(\beta - SiO_2) - C_p(Ca_2SiO_4)$$

$2C_p(CaO)$ $= (99{,}24 + 9{,}03 \cdot 10^{-3}T - 13{,}89 \cdot 10^5 T^{-2})$ $[J/mol \cdot K]$

$C_p(\beta\text{-}SiO_2)$ $= (58{,}91 + 10{,}04 \cdot 10^{-3}T)$ $[J/mol \cdot K]$

$C_p(Ca_2SiO_4)$ $= -(151{,}67 + 36{,}94 \cdot 10^{-3}T - 30{,}29 \cdot 10^5 T^{-2})$ $[J/mol \cdot K]$

$$\sum C_p(II) = (6{,}48 - 17{,}87 \cdot 10^{-3}T + 16{,}40 \cdot 10^5 T^{-2}) \quad [J/mol \cdot K]$$

$H^{\circ}_{(\alpha \to \beta)} = 732$ J/mol

Das Vorzeichen von $H^{\circ}_{(Umw.)}$ ist positiv für Umwandlungen der Endstoffe und negativ für Umwandlungen der Ausgangsstoffe!

Einsetzen in die Ausgangsgleichung:

$$\Delta H^{\circ}_T = 136817 + \int_{298}^{847} (-8{,}54 - 26{,}92 \cdot 10^{-3}T + 10{,}37 \cdot 10^5 T^{-2})dT + 732 + \int_{847}^{1073} (6{,}48 - 17{,}87 \cdot 10^{-3}T + 16{,}40 \cdot 10^5 T^{-2})dT \; [J/mol$$

Nach Integration ergibt sich:

$\Delta H^{\circ}_T = (136817 - 10894 + 732 + 1857)$ J/mol

$= 125$ kJ je Mol Ca_2SiO_4 .

Enthalpie, Freie G

Gibbs - Funktion→thermodynamische Zustandsgröße eines physikalischen oder chemischen Systems

$G = F - p \cdot V = H - T \cdot S$

F	-	Freie Energie
H	-	Enthalpie
p	-	Druck
V	-	Volumen
S	-	Entropie

Die **Freie Enthalpie G** ist der Teil der Enthalpie, der bei einem im System ablaufenden Prozeß in jede beliebige Energieform umwandelbar ist, wenn der Prozeß reversibel isobar (p = const) verläuft.

In Systemen bei T = const, p = const (isothermisch - isobarer Prozeß) nimmt im Gleichgewicht die Freie Enthalpie ihren Minimalwert an:

$(d\,G)_{p,\,T} = 0.$

Die Beziehung zwischen Reaktionsenthalpie **H** , Entropie **S** und Freier Enthalpie (maximaler Arbeit) **G** wird in der Form

$$\Delta G = \Delta H - T \cdot \Delta S$$

oder

$$\Delta G = \Delta H + T \cdot \frac{d(\Delta G)}{dT}$$ geschrieben.

Die Werte ΔH und ΔS bei Raumtemperatur sind bekannt ($\Delta H^\circ_{298}, \Delta S^\circ_{298}$), die Werte für ΔG können für höhere Temperaturen berechnet werden nach

$$\Delta G = \Delta H^\circ_{298} + \int \Delta C_p \cdot dT - T \cdot \Delta S^\circ_{298} - T \cdot \int_{298}^{T} \frac{\Delta C_p}{T} \cdot dT .$$

Berechnungsbeispiel:

1. Ermittlung der Freien Enthalpie der Reaktion

$$Na_2CO_3 + SiO_2 = Na_2O \cdot SiO_2 + CO_2,$$

wenn sie bei konstantem Druck (0,98 bar) und Raumtemperatur (298,1 K) abläuft.

Element / Verbindung	ΔH°_{298} [kJ/mol]	ΔS°_{298} [J/mol·K]
Na_2CO_3	-1132,8	135,85
CO_2	- 393,5	213,51
$Na_2O \cdot SiO_2$	-1563,3	113,70
SiO_2	- 859,4	43,89

Für die Reaktion ergibt sich:

$$\Delta H^\circ_{298} = \left(\Delta H^\circ_{Na_2O\cdot SiO_2} + \Delta H^\circ_{CO_2}\right) - \left(\Delta H^\circ_{Na_2CO_3} + \Delta H^\circ_{SiO_2}\right)$$

$$= (-1563{,}3 - 393{,}5) - (-1132{,}8 - 859{,}4)\ [\text{kJ/mol}]$$

$$= -1956{,}8 + 1992{,}2\ [\text{kJ/mol}]$$

$$= 35{,}4\ \text{kJ/mol}$$

$$\Delta S^\circ_{298} = \left(\Delta S^\circ_{Na_2O\cdot SiO_2} + \Delta S^\circ_{CO_2}\right) - \left(\Delta S^\circ_{Na_2CO_3} + \Delta S^\circ_{SiO_2}\right)$$

$$= (113{,}70 + 213{,}51) - (135{,}85 + 43{,}89)\ [\text{J/mol}\cdot\text{K}]$$

$$= 327{,}21 - 179{,}74\ [\text{J/mol}\cdot\text{K}]$$

$$= 147{,}47\ \text{J/mol}\cdot\text{K} = 0{,}14747\ \text{kJ/mol}\cdot\text{K}$$

$$\Delta G = \Delta H - T\cdot\Delta S$$

$$= 35{,}4 - 298{,}1\cdot 0{,}14747\ [\text{kJ/mol}]$$

$$\underline{\underline{\Delta G = -8{,}56\ \text{kJ/mol}}}\ .$$

Die Reaktion ist thermodynamisch möglich, ihre Geschwindigkeit wird aber sehr gering sein. Bei Raumtemperatur und Normaldruck wird sie nicht ablaufen.

Entropie S

Thermodynamische Zustandsgröße, berücksichtigt den Teil der Wärmeenergie, der nicht in mechanische Arbeit umgewandelt werden kann. Sie ist ein Maß für die **Irreversibilität** der in einem System ablaufenden thermodynamischen Prozesse und für eine dabei erfolgende

Energieentwertung. **Prozesse**, bei denen sich die Entropie nicht ändert oder durch einen entgegengesetzt ablaufenden Vorgang wieder auf ihren ursprünglichen Wert gebracht werden kann, sind **reversibel.** Die Entropieänderung dafür wird angegeben durch

$$\Delta S = \frac{\Delta Q}{T}.$$

Für irreversible Prozesse ist

$$\Delta S > \frac{\Delta Q}{T}.$$

In abgeschlossenen Systemen nimmt die Entropie bei irreversiblen Prozessen zu, bei reversiblen Prozessen bleibt sie konstant. Vorgänge, bei denen die Entropie ansteigt, verlaufen von selbst, sie können aber nicht ohne anderweitigen Aufwand an Energie rückgängig gemacht werden. Für thermodynamische Berechnungen werden die Standardentropien angewendet.

Beispiel:

Ermittlung des Absolutwertes der Entropie von SiO_2 (Quarz) bei der Temperatur 1100 °C (1373 K), wenn seine Entropie bei 298 K $S^\circ_{298} = 42{,}29$ J/mol·K beträgt [A-3].

Quarz tritt in zwei Modifikationen auf:

α - SiO_2 (beständig bis 848 K) und

β - SiO_2 (beständig bei Temperaturen oberhalb 848 K).

Bei der Umwandlung $\alpha \rightarrow \beta$ werden $\Delta H_{Umw.} = 841{,}55$ J/mol Wärme verbraucht.

Die Abhängigkeit der molaren Wärmekapazität von der Temperatur ergibt sich

für α - SiO_2 im Temperaturbereich von 298 K bis 848 K zu

$$C_p(\alpha - SiO_2) = 46{,}98 + 34{,}33 \cdot 10^{-3} T - 11{,}30 \cdot 10^5 T^{-2} [J / mol \cdot K]$$

und

für β - SiO_2 bei 848 bis 2000 K zu

$$C_p(\beta - SiO_2) = 60{,}33 + 8{,}12 \cdot 10^{-3} T [J / mol \cdot K].$$

Berechnung der Entropie S_{1373} von SiO_2 (Quarz) unter Berücksichtigung der Phasenumwandlung $\alpha \rightarrow \beta$:

$$S_{1373} = S^{\circ}_{298} + \int_{298}^{848} (Cp(\alpha - SiO_2) \cdot \frac{1}{T} dT) + \Delta H_{Umw.} \cdot \frac{1}{T_{Umw.}} + \int_{848}^{1373} Cp(\beta - SiO_2) \cdot \frac{1}{T} dT$$

$$= 42{,}29 + \int_{298}^{848} \frac{46{,}98 + 34{,}33 \cdot 10^{-3} T - 11{,}30 \cdot 10^{5} T^{-2}}{T} dT + \frac{841{,}55}{848}$$

$$+ \int_{848}^{1373} \frac{60{,}33 + 8{,}12 \cdot 10^{-3} \cdot T}{T} dT$$

$$= 42{,}29 + 46{,}98 \cdot \ln \frac{848}{298} + 34{,}33 \cdot 10^{-3} (848 - 298) + \frac{11{,}30 \cdot 10^{5} (298^2 - 848^2)}{2 \cdot (848^2 \cdot 298^2)} + \frac{841{,}55}{848}$$

$$+ 60{,}33 \cdot \ln \frac{1373}{848} + 8{,}12 \cdot 10^{-3} (1373 - 848)$$

$= 42{,}29 + 49{,}13 + 19{,}16 - 5{,}58 + 0{,}10 + 29{,}07 + 4{,}26$

$S_{1373} = 138{,}43$ J/mol·K

Exotherme Reaktion

Physikalischer oder chemischer Vorgang, der mit dem Freiwerden von Wärme verbunden ist.

Freiheitsgrade

Anzahl der Freiheitsgrade entspricht nach der Gibbsschen Phasenregel der Anzahl frei verfügbarer Zustandsgrößen (Temperatur, Druck).

Fugazität f_i

Zur Aktivität analoger Begriff, bezogen auf gasförmige Systeme.

Gase

Materie im gasförmigen Aggregatzustand.

Ideale Gase

Gültigkeit der thermischen Zustandsgleichung

$$p \cdot V = n \cdot R \cdot T$$

für beliebige Drücke p, Volumina V und Temperatur T

(n - Molzahl, R - allgemeine Gaskonstante).

Reale Gase

Bei hohen Temperaturen und geringer Dichte verhalten sich reale Gase nahezu wie ideale Gase (befolgen unter diesen Bedingungen weitgehend das Boyle - Mariottésche und Gay - Lussacsche Gesetz).

Bei tiefen Temperaturen und größeren Dichten weichen sie aufgrund der Größe der Gasmoleküle sowie der zwischen ihnen wirkenden Kräfte vom idealen Verhalten ab. Das Gas kondensiert, **wenn die Temperatur niedriger als die für jedes Gas charakteristische kritische Temperatur ist.**

Für reale Gase gibt es keine allgemeine gültige Zustandsgleichung. Ihre Zustandsgleichungen berücksichtigen stoffspezifische Parameter für

- das Eigenvolumen der Gasmoleküle (Kovolumen),
- die unterschiedlichen zwischenmolekularen Kräfte (Binnendruck, Kohäsionsdruck).

Inerte Gase

Chemisch träge Gase (Ar, He, Ar-He-Gemische).

Sie verhalten sich chemisch neutral (Edelgase).

Aktive Gase

Chemisch aktive Gase (CO_2, O_2, N_2, H_2), die schwach bis stark oxidierend bzw. reduzierend wirken und mit im Schweißzusatz sowie im Grundwerkstoff vorhandenen Elementen chemische Reaktionen eingehen.

Gasgesetze

Wird ein Gas ausgedehnt / komprimiert, besteht, wenn die Temperatur nicht verändert wird, zwischen **Gasdruck** und **Gasvolumen** die Beziehung $p \cdot V = const$ (nach Boyle).

Das Produkt aus Druck und spezifischem Volumen hat bei konstanter Temperatur einen konstanten Wert. Die Konstante ist von der Temperatur abhängig, deshalb:

$p \cdot V = f(T)$. **Gesetz von Boyle und Mariotte**

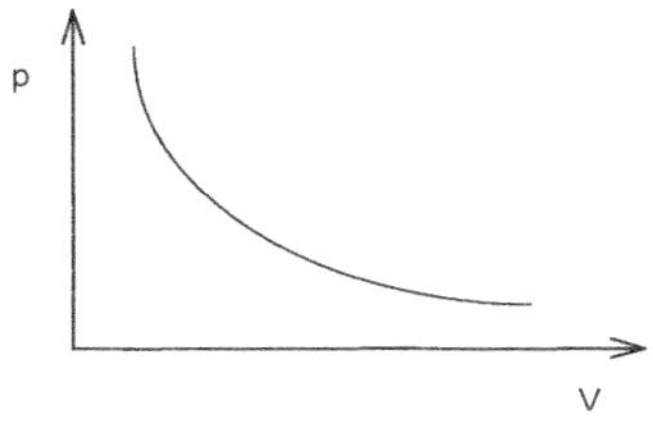

Die thermische Zustandsgleichung des idealen Gases ergibt sich aus der Verknüpfung der Gasgesetze von Boyle und Mariotte und Gay – Lussac:

$$p \cdot V = R \cdot T.$$

Für reale Gase besitzt die thermische Zustandsgleichung des idealen Gases nur die Bedeutung eines Grenzgesetzes für den Zustandsbereich kleiner Drücke. Thermische Zustandsgleichungen realer Gase unterscheiden sich von der Gleichung $\mathbf{p \cdot V = R \cdot T}$ dadurch, daß sie für den Bereich endlicher Drücke zusätzliche Glieder enthalten

$$\left(p + \frac{a}{V^2}\right) \cdot \left(V - b\right) = n \cdot R \cdot T.$$

b - Kovolumen

$\frac{a}{V^2}$ - Binnendruck (Kohäsionsdruck)

Die in der Zustandsgleichung idealer Gase auftretende Konstante R ist eine stoffabhängige Größe. Nach dem Gesetz von **Avogadro** enthalten **"alle idealen Gase bei gleichen äußeren Bedingungen, d. h. gleichem Druck und gleicher Temperatur, in gleichen Volumina die gleiche Anzahl Moleküle"** (bei einatomigen Gasen treten an die Stelle der Moleküle die Atome). 1 kmol aller idealen Gase enthält die gleiche Anzahl Moleküle. → Loschmidtsche Zahl N_L (auch als Avogadro-Konstante N_A bezeichnet)

$$N_L = 6{,}0221 \cdot 10^{26}\, kmol^{-1}.$$

Der Wert der allgemeinen Gaskonstanten R beträgt

$$R = 8{,}3145\, J / mol \cdot K\ .$$

Der Quotient $\frac{R}{N_L}$ wird als Boltzmann-Konstante K bezeichnet:

$$K = \frac{R}{N_L} = \frac{8{,}3145\, kJ / kmol \cdot K}{6{,}0221 \cdot 10^{26}\, kmol^{-1}} = 1{,}3806 \cdot 10^{-26}\, kJ/K\ .$$

Gleichgewicht

Thermodynamisches Gleichgewicht herrscht in abgeschlossenen Systemen, wenn die zu den gegebenen unabhängigen thermodynamischen Variablen gehörenden Kräfte sich ausgeglichen haben. Im Gleichgewicht nehmen verschiedene thermodynamische Funktionen Extremwerte an (z. B. Freie Enthalpie G $\rightarrow$ Minimum).

Gleichgewichtskonstante

Gibt das Verhältnis zwischen Konzentrationen oder Drücken der Endprodukte zu Konzentrationen oder Drücken der Ausgangsstoffe an. Der Zahlenwert der Gleichgewichtskonstanten hängt bei gleicher Temperatur von der Reaktionsrichtung, der Molzahl, der Dimension für die miteinander reagierenden Massen ab. Hinsichtlich der wechselwirkenden Massen der Stoffe sind möglich:

K_c	-	molare Konzentration
K_n	-	Molzahl
K_γ	-	Molenbruch
K_a	-	Aktivität.

Grenzfläche

Fläche zwischen 2 Stoffen oder Phasen (feste Phase - Flüssigkeit; flüssige Phase - Gasphase). Senkrecht zur Grenzfläche ändern sich die physikalischen Eigenschaften sprunghaft. Der Begriff wird insbesonders verwendet, wenn die betrachtete Fläche zwei kondensierte Phasen trennt. Die Grenzfläche zwischen fester Phase oder flüssiger Phase gegen eine Gasphase bezeichnet man als

Oberfläche. Die Oberfläche einer Phase ist im allgemeinen auch ihre Grenzfläche. Grenzflächenerscheinungen sind die Oberflächenspannung, Adhäsion, Benetzung, Kapillarität, Grenzflächendiffusion, Kristallwachstum und -abbau, Katalysatorwirkung bei chemischen Reaktionen.

Grenzflächenaktive Stoffe

Stoffe, die die Grenzflächenspannung (Oberflächenspannung) insbesondere von Flüssigkeiten (Schmelzen) beeinflussen.
In schweißmetallurgischen Prozessen spielen beim Stahlschweißen neben [O], [C], [B] auch seltene Erdmetalle als grenzflächenaktive Stoffe eine bedeutende Rolle.

Grenzflächenspannung

In der Grenzfläche flüssig - gasförmig bzw. der Grenzfläche zwischen nicht miteinander mischbaren Flüssigkeiten feststellbare Spannung. Sie ist bestrebt, die Grenzfläche zu verkleinern. Die **Grenzflächenspannung** von Flüssigkeiten und Festkörpern gegen eine Gasphase wird als **Oberflächenspannung** bezeichnet.

Heizwert

Quotient aus der bei der Verbrennung eines festen oder flüssigen Stoffes freiwerdenden Wärmemenge und seiner Masse (in kg) bzw. Stoffmenge (in mol)

- spezifischer Heizwert (Bezugsgröße Masse)
- molarer Heizwert (Bezugsgröße Stoffmenge).

Der spezifische Heizwert von gasförmigen Stoffen wird bezogen auf das Normvolumen (Volumen des trockenen Gases im Normzustand 0°C und 101325 Pa).

Kalorimetrie

Methode zur Messung von Wärmemengen (Energien). Diese entstehen oder werden verbraucht z.B. bei:

- Phasenumwandlungen

- chemischen oder physikalisch-chemischen Prozessen
- radioaktiver Strahlung.

Vergleichseinheit ist die Wärmeentwicklung Q eines elektrischen Gleichstroms

$$Q = U \cdot I.$$

Als indirektes Maß dient die Temperaturänderung ΔT von Körpern mit bekannter spezifischer Wärmekapazität c und Masse m (z. B. Wasser, aber auch gut wärmeleitfähige Metalle wie Cu und Ag)

$$Q = m \cdot c \cdot \Delta T .$$

Kapillarität

Verhalten von Flüssigkeiten in Kapillaren, engen Spalten und Poren.

Taucht ein enges Rohr (Kapillarrohr, Kapillare) senkrecht in eine Flüssigkeit, die die Kapillarwandung benetzt, steigt die Flüssigkeit im Kapillarrohr empor. Bei Verwendung einer nichtbenetzenden Flüssigkeit sinkt sie im Kapillarrohr ab. Das Verhalten der Flüssigkeit wird durch die Oberflächenspannung bestimmt. Die Kapillarität wird auf zwischenmolekulare Kräfte der Kohäsion und der Adhäsion zurückgeführt.

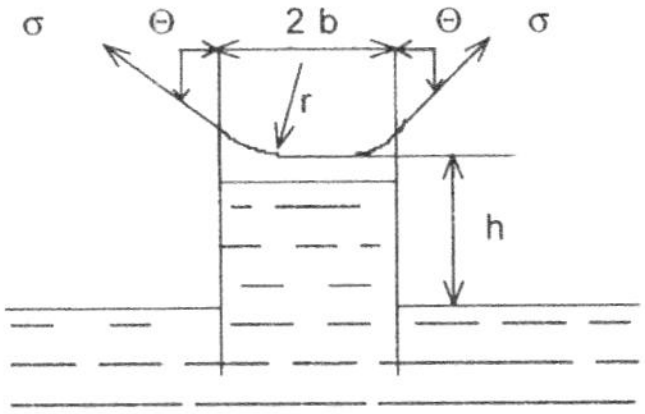

$$h = \frac{\sigma \cdot \cos \Theta}{b\left(\rho_{fl} - \rho\right) \cdot g}$$

h – kapillare Steighöhe

b – Kapillarradius

ρ_{fl}-ρ – Dichtedifferenz zwischen Flüssigkeit und umgebendem Medium

σ – Oberflächenspannung

g – Erdbeschleunigung

Kohäsionskräfte der Flüssigkeit und Adhäsionskräfte Kapillarwand – Flüssigkeit bestimmen den Kontaktwinkel Θ.

Kapillardruck

Druckunterschied entlang gekrümmter Flüssigkeitsflächen; Differenzdruck, der um so größer ist, je kleiner der Radius des Tropfens ist

$$p_k = \frac{2\sigma}{r}$$ P_k - Kapillardruck

(abgeleitet aus den Druckverhältnissen an einem kugelförmigen Tropfen mit dem Radius r).

Für allgemein gekrümmte Flächen mit den Hauptkrümmungsradien r_1 und r_2 ist

$$p_k = \sigma\left(\frac{1}{r_1} + \frac{1}{r_2}\right).$$

Konzentration

Maß für den Gehalt einer bestimmten Komponente i in einer Mischphase.

Mögliche Angaben in

- Volumenkonzentration: Quotient aus dem Volumen des Stoffes i und dem Volumen der Mischphase (V)

$$c_i = \frac{V_i}{V}.$$

- Massenkonzentration: Quotient aus der Masse des Stoffes i (m_i) und dem Volumen der Mischphase

$$c_c = \frac{m_i}{V}.$$

- Stoffmengenkonzentration: Quotient aus Molzahl des Stoffes i (n_i) und dem Volumen der Mischphase → Molarität

$$c_M = \frac{n_i}{V}.$$

Daneben werden genutzt:

- Volumenprozent: $100 \cdot \left(\frac{\textit{Volumen des Stoffes i}}{\textit{Gesamtvolumen V}} \right)$; $Vol.-\% = 100\left(\frac{V_i}{V_{ges}} \right)$.

- Gewichtsprozent: $100 \cdot \left(\frac{\textit{Masse des Stoffes i}}{\textit{Gesamtmasse } m_g} \right)$; $Gew.-\% = 100\left(\frac{m_i}{m_{ges}} \right)$.

- Molprozent: $100 \cdot \left(\frac{\textit{Molzahl des Stoffes i}}{\textit{Gesamtmolzahl}} \right)$.

- ppm (parts per million): 1 Teil auf 1 Mio. Teile.
  Die pp-Einheiten entsprechen nicht dem SI-System. Korrekt ist 1 ppm ≙ 1 g/t ;
  pp-Einheiten werden für die Angabe sehr kleiner Konzentrationen genutzt.

Massenwirkungsgesetz (von Guldberg und Waage)

In einem chemischen Gleichgewicht ist der Quotient aus dem Produkt der Konzentration der Endprodukte und dem Produkt der Konzentration der Ausgangsstoffe bei einer bestimmten Temperatur konstant.

Für die Reaktion

$$a\,A + b\,B \leftrightarrow c\,C + d\,D$$

ist die Gleichgewichtskonstante

$$K_c = \frac{[C]^c \cdot [D]^d}{[A]^a \cdot [B]^b}.$$

A, B, C, D - molare Konzentration der Stoffe bei der in Lösung ablaufenden Reaktion

Bei Reaktionen, die in der Gasphase ablaufen, werden statt der Konzentration die Drücke (p) der Reaktionsteilnehmer berücksichtigt

$$K_p = \frac{p_{C'}^{\,c} \cdot p_{D'}^{\,d}}{p_{A'}^{\,a} \cdot p_{B'}^{\,b}}.$$

$P_{A'}$, $P_{B'}$, $P_{C'}$, $P_{D'}$ - Drücke der an der Reaktion teilnehmenden gasförmigen Komponenten

K_C, K_P → Gleichgewichtskonstanten, die bei konstanten Konzentrationen bzw. Drücken der Ausgangsstoffe von der Temperatur abhängig sind.

Eine Temperaturerhöhung begünstigt den endothermen Reaktionsverlauf. Reaktionen, bei denen gasförmige Stoffe entstehen, werden vom Druck beeinflußt.

Zwischen K_C und K_P gilt die Beziehung:

$K_P = K_C \cdot (R \cdot T)^{\Delta n}$; $\Delta n = (c+d)-(a+b)$

Ist $\Delta n = 0$, ist $K_P = K_C$

(c+d) - Anzahl der Mole auf der rechten Seite der Reaktionsgleichung

(a+b) - Anzahl der Mole auf der linken Seite der Reaktionsgleichung

Mol

Stoffmengen-Einheit, die mit dem Einheitenzeichen *mol* ausgedrückt wird. Das mol ist nach SI als die Stoffmenge einer Substanz definiert, die aus ebenso vielen Teilchen besteht, wie Atome in genau 12g reinem atomarem Kohlenstoff des Kohlenstoffnuklids ^{12}C enthalten sind.
Diese Teilchenzahl ist gleich der Avogadro-Zahl (in der deutschsprachigen Literatur auch als Loschmidt-Zahl bezeichnet).
Frühere Definition: Menge eines chemisch einheitlichen Stoffes, die einer relativen Molekülmasse bzw. relativen Atommasse in Gramm entspricht (Grammolekül, Grammatom).

Molenbruch

Konzentrationsangabe, die ausgedrückt wird durch den Quotienten aus der Molzahl des Stoffes und der Summe der Molzahlen aller Komponenten der Mischung. *Molenbruch, multipliziert mit 100*, ergibt Molprozent.

Molekülmasse

Masse eines Moleküls, die mit der Basiseinheit kg oder einem ihrer dezimalen Teile angegeben wird (absolute Molekülmasse).
Die relative Molekülmasse (Molekulargewicht) gibt an, wieviel mal größer die Masse eines bestimmten Moleküls ist als der zwölfte Teil der Masse eines Atoms des Kohlenstoffnuklids ^{12}C (ausgedrückt als Summe der relativen Atommassen der am Aufbau des Moleküls beteiligten Atome).

Oberflächenspannung

drückt Bestreben zur Verkleinerung der Oberflächen aus.

Feststellbar bei Flüssigkeiten in der Grenzfläche flüssig - gasförmig oder in der Grenzfläche bei nicht miteinander mischbaren Flüssigkeiten (z. B. Metallschmelze - Schlacke). Die Oberflächenspannung σ ist abhängig von der Temperatur und der chemischen Zusammensetzung. Die Erscheinung ist zurückzuführen auf Kräfte, die zwischen den Molekülen an der Oberfläche und im Inneren einer Flüssigkeit wirken. Während sich für ein Molekül im Flüssigkeitsinneren die von benachbarten Molekülen ausgeübten Kräfte aufheben, wirkt auf ein Oberflächenmolekül eine nach innen gerichtete resultierende Kraft.

Die Oberflächenspannung σ ist gleich dem Quotienten aus der Energie (Arbeit) ΔE, die bei T, p = const. zur Vergrößerung einer Flüssigkeitsoberfläche um ΔA erforderlich ist,

$$\sigma = \left(\frac{\Delta E}{\Delta A}\right)_{p,\,T} \qquad [\mathrm{J/m^2}\ (\mathrel{\hat{=}} \mathrm{N/m} \mathrel{\hat{=}} \mathrm{kg/s^2})]$$

und diese Oberflächenvergrößerung entspricht der spezifischen *freien Oberflächenenergie der Thermodynamik.*

Die von Gibbs entwickelte Thermodynamik der Oberflächenerscheinungen führt die sog. Randschicht als Oberflächenphase ein (eine Randschicht endlicher Dicke wird durch eine idealisierte dünne Trennfläche (≙ Oberfläche) ersetzt.

Oberflächenspannung einiger Metalle (nach *Koch*):

Metall	***T [K]***	***σ [J/m²]***	***$\Delta\delta/\Delta T$ [J/m² K]***
$Cu_{fl.}$	1356	1,32	- 0,00018
$Al_{fl.}$	932	0,86	-0,00024
$Fe_{fl.}$	1812	1,8	- 0,0005
$Ni_{fl.}$	1726	1,93	-0,000163
Zn *	377	0,75	--
Au *	846.8	1,13	--
Stahl * (0,4 % C)	1427	1,56	--
Stahlwerksschlacke *	1427	0,4	--

* Angaben nach *Frohberg*

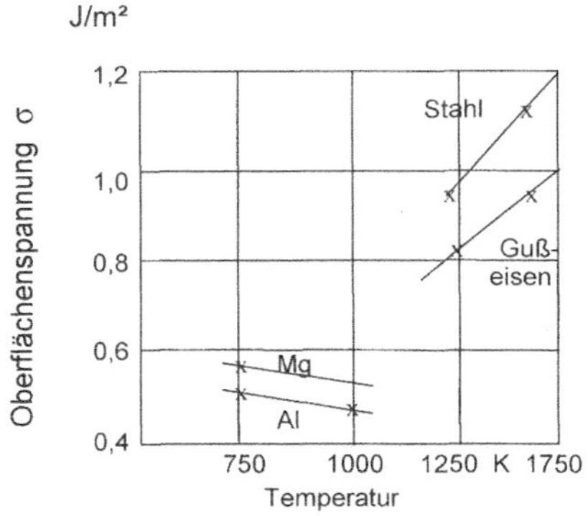

Temperaturabhängigkeit der Oberflächenspannung reiner Metalle (Mg, Al) und metallischer Legierungen (Stahl 1,4 % C, 0,29 % Mn, 1,27 % Si; Gußeisen 3,3 % C, 0,56 % Mn, 2,76 % Si) (nach *Sementschenko, W. K.*)

Oberflächenaktive Stoffe

Stoffe, die die Oberflächenspannung beeinflussen.

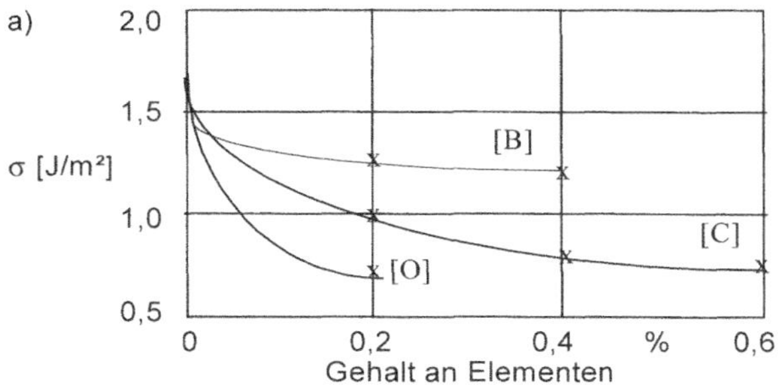

Oberflächenspannung des flüssigen Eisens in:

a) Abhängigkeit vom Gehalt an oberflächenaktiven Elementen (C, O, B) (nach *Sementschenko, W. K.*)

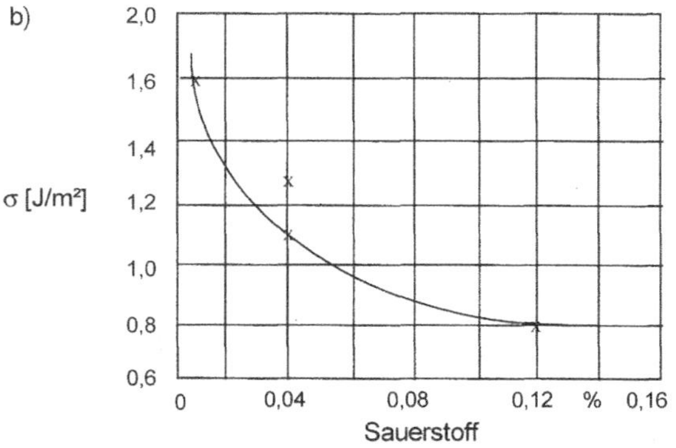

b) Abhängigkeit vom Sauerstoffgehalt im Stahl

Oxidation

Reaktion eines chemischen Elementes oder einer Verbindung mit Sauerstoff.

Elektronentheoretisch stellt die Oxidation einen Vorgang dar, bei dem chemische Elemente oder Verbindungen Elektronen abgeben, die von dem sogenannten *Oxidationsmittel* aufgenommen werden

$$Fe \rightarrow Fe^{2+} + 2\,e^-.$$

Phase

Durch deutliche Grenzflächen (Phasengrenzflächen) abgegrenzte, makroskopisch gleichartige (d. h. homogene), physikalisch zu unterscheidende Zustandsform der Materie in einem heterogenen System.

Gibbs: Ist ein System „durch und durch einheitlich, nicht nur in der chemischen Zusammensetzung, sondern auch in seinem physikalischen Zustand", liegt es in einer einheitlichen Phase, d. h. homogen, vor.

Beispiel:

- Nebeneinander bestehende Aggregatzustände (feste, flüssige, gasförmige Phase) eines Stoffes
- Verschiedene Modifikationen eines Festkörpers.

Phasendiagramm

Zustandsdiagramm o. Zustandsschaubild.

Es zeigt die Existenzbereiche der Phasen eines Stoffes oder Stoffgemisches.

Phasengrenze

Grenzfläche bzw. -schicht z. B. zwischen Kristalliten gleicher Phase, aber unterschiedlicher Orientierung in Vielkristallen oder zwischen Stoffen in verschiedenen Aggregatzuständen. Gehören die Körner verschiedenen Phasen an, werden Grenzflächen als *Phasengrenzen* bezeichnet. Eine Phase ist dort begrenzt, wo sich ihre Eigenschaften (unstetig) ändern.

Phasenregel

Ermöglicht bei thermodynamischen Gleichgewichtszuständen Veränderungen von Zustandsvariablen.

Berücksichtigt werden Beziehungen zwischen

- der Anzahl der Komponenten K (voneinander unabhängige chemische Bestandteile)
- der Anzahl der Phasen P
- der Anzahl der Freiheitsgrade F (Zustandsvariable, die unabhängig voneinander verändert werden können, ohne daß eine der Phasen verschwindet).

Gesamtzahl der Freiheitsgrade F zur Beschreibung eines Systems:

$F = K - P + 2$ Gibbssches Phasengesetz.

Beispiel: Phasendiagramm von H_2O. (s. p-T-Diagramm unter Dampfdruck)

Liegt der zu untersuchende Zustand in

- einem Zustandsfeld, ist
  $P = 1$; $K = 1$; $F = K - P + 2 = 1-1+2 = 2$ (bivariantes Gleichgewicht);
- einer Zustandslinie, ist
  $P = 2$; $K = 1$; $F = K - P + 2 = 1-2+2 = 1$ (univariantes Gleichgewicht);
- dem Tripelpunkt, ist
  $P = 3$; $K = 1$; $F = K - P + 2 = 1-3+2 = 0$ (invariantes Gleichgewicht).

Bivariantes Gleichgewicht: unabhängig voneinander können Druck und Temperatur variiert werden.

Univariantes Gleichgewicht: ist die Temperatur vorgegeben, ist der Druck festgelegt.

Invariantes Gleichgewicht: der Zustand existiert nur bei bestimmter Temperatur und zugeordnetem Druck.

Phasenübergang (Phasenumwandlung)

Übergang eines Vielteilchensystems von einer thermodynamischen Phase in eine andere. Damit verbunden ist eine Änderung der Eigenschaften (z. B. Dichte, elektrischer Widerstand, chemisches Potential).

Unterschieden wird zwischen

Diskontinuierlichem Phasenübergang

→ sprunghafte Änderung der Zustandsgrößen am Umwandlungspunkt (z. B. Umwandlung eines Stoffes in verschiedene Aggregatzustände wie Verdampfen, Schmelzen, Erstarren, Umwandlung der Kristallstruktur)

und

Kontinuierlichem Phasenübergang

→ stetige Änderung der Eigenschaften (z. B. bei Entmischungsprozessen).

Zur Erfassung von Phasenumwandlungen flüssig - fest werden Temperatur - Zeit - Kurven in Form von Abkühlungskurven aufgenommen.

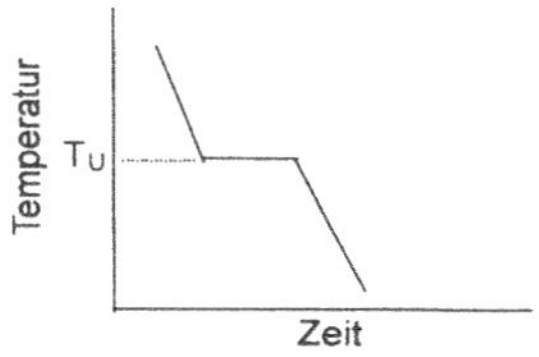

Üblich sind Temperatur - Enthalpie - Verläufe zur Beschreibung von Phasenumwandlungen.

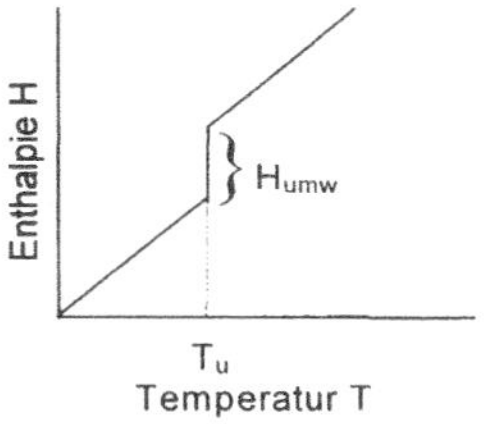

Reaktionskinetik (chemische Kinetik)

- Aufklärung von Reaktionsmechanismen
- Bedeutung für die Steuerung einer Reaktion (Beeinflussung des Stoffumsatzes durch Temperatur und Konzentration)

  Beschreibung der Veränderung eines oder mehrerer Parameter mit der Zeit
- in der Schweißtechnik: Veränderung der chemischen Zusammensetzung des geschmolzenen Metalles, Strukturveränderungen im festen Zustand, Kinetik der Bildung einer neuen Phase, u. a..

Reaktionsgeschwindigkeit

einer chemischen Reaktion wird durch ein Zeitgesetz bestimmt:

$$v = k \cdot C_A^{\,n} \cdot C_B^{\,m}.$$

C_A, C_B - Konzentration der Reaktionsparteien

k - Geschwindigkeitskonstante der Reaktion

Die Summe der Exponenten n+m wird als Reaktionsordnung bezeichnet.

Reaktion 1. Ordnung $v_R = k \cdot C_A$

Reaktion 2. Ordnung $v_R = k \cdot C_A \cdot C_B$ oder $v_R = k \cdot C_A^2$

v_R ist abhängig von Temperatur und Konzentration.

Reaktionsmechanismen

Aufeinanderfolgende Einzelschritte bei chemischen Reaktionen (chemische Reaktionen bestehen oftmals aus einer Folge von Einzelschritten).

Redoxreaktion (Reduktions - Oxidations - Reaktion)

In einem chemischen System gekoppelt auftretende Vorgänge der Oxidation und Reduktion, verbunden mit der Abgabe von Elektronen von einem Partner und der Aufnahme von Elektronen durch den anderen Partner.

Die Oxidation eines Reaktionspartners ist von der Reduktion eines anderen begleitet:

$$\text{Reduktion} \underset{\text{Reduktion}}{\overset{\text{Oxidation}}{\rightleftarrows}} \text{Oxidation} + n \cdot e^-.$$

Reduktion

Entfernung von Sauerstoff aus sauerstoffhaltigen Verbindungen.

Die Reduktion ist nach elektronentheoretischer Darstellung ein chemischer Vorgang, bei dem Elektronen von einem Stoff, dem Reduktionsmittel, auf einen anderen Stoff, der reduziert wird, übertragen werden.

Das Reduktionsmittel gibt Elektronen ab, es wird *oxidiert*.

In der Metallurgie wird unterschieden zwischen:

- direkter Reduktion, die durch Kohlenstoff erfolgt und wärmeverbrauchend (endotherm) ist,

$$FeO + C \rightleftarrows Fe + \{CO\} \qquad \text{und}$$

- indirekter Reduktion - entsprechend

$$FeO + \{CO\} \rightleftarrows Fe + CO_2 .$$

Die indirekte Reduktion ist schwach exotherm bis schwach endotherm.

Standardzustand

Vergleiche und Berechnungen von Reaktionsenergien und -enthalpien auf der Basis sog. Standardzustände. Druck p, Temperatur T und der Aggregatzustand werden durch den Standardzustand festgelegt:

Druck:	p = 1 atm (1.013 bar); gekennzeichnt durch „0", z.B. ΔH°		
Temperatur:	T = 298 K (25°C); ausgedrückt durch „298", z.B. ΔH_{298}		
Aggregatzustand:	gasförmig	(g)	oder { }
	flüssig	(fl)	oder ( )
	fest	(f)	oder [ ] .

System

Begriff, mit dessen Hilfe thermodynamische Betrachtungen ermöglicht werden.

Modellsysteme entsprechen vereinfachten Naturvorgängen. Sie erfüllen aber Hauptmerkmale.

Unterschieden wird zwischen

- abgeschlossenen Systemen (Wände undurchlässig für Stoff, Wärme, Arbeit),
- geschlossenen Systemen (Wände undurchlässig für Stoff, durchlässig für Arbeit und Wärme),
- offenen Systemen (Wände durchlässig für Stoff, Wärme und Arbeit).

Je nach der Zusammensetzung spricht man von

- Einstoffsystemen (z. B. reine Metalle)
- Mehrstoffsystemen (z. B. flüssiger Stahl).

Man unterscheidet

- einphasige Systeme → homogene Systeme
- mehrphasige Systeme → heterogene Systeme.

Werden thermodynamische Vorgänge mit Hilfe von Modellsystemen behandelt, bedient man sich einer Idealisierung des Prozesses in

- isotherme Prozesse (ablaufend bei $T = const$; $dT = 0$)
- isobare Prozesse (ablaufend bei $p = const$; $dp = 0$)
- adiabatische Prozesse (ablaufend bei $Q = const$; $dQ = 0$)
- isochore Prozesse (ablaufend bei $V = const$; $dV = 0$).

Taupunkt

Temperatur, bei der in einem Gas-Dampf-Gemisch (Luft-Wasserdampf; CO_2 -H_2O - Dampf, Ar-H_2O-Dampf) das Gas mit der vorhandenen Dampfmenge gesättigt ist, also keinen weiteren H_2O-Dampf mehr aufnehmen kann. Das Gemisch hat am Taupunkt seine maximale Feuchtigkeit erreicht, seine relative Feuchtigkeit beträgt 100 %.

Temperaturskala

0°C	≙	32 °F	≙	273,15 K
100°C	≙	212 °F	≙	373,15 K
-273,15°C	≙	-459,7 °F	≙	0 K

- Thermodynamische Temperatur T in Grad Kelvin

  1 °K = 1 K

- Celsius - Temperatur ϑ in Grad Celsius

  $\vartheta = T - T_0;\ \ T_0 = 273{,}15\ K$

- Fahrenheit - Temperatur in Grad Fahrenheit °F

  $\vartheta_F = (1{,}8\ \{\vartheta\}_c + 32)\ °F$

  $= (1{,}8\ \{T\}_K - 459{,}7)\ °F$

- Temperaturintervall und Temperaturdifferenz

  $\Delta\vartheta$ oder ΔT

  $\Delta\vartheta = \Delta T$;

  es gilt: 1 K = 1 °C = 1 grd

  (in Gleichungen ist K zu verwenden).

Thermochemische Reaktionsgleichung

In Erweiterung der chemischen Reaktionsgleichung berücksichtigt die thermochemische Reaktionsgleichung die entstehenden Wärmeeffekte und bezieht sich auf 1 Mol der betrachteten Substanz.

Beispiel: $H_2 + \frac{1}{2} O_2 \rightleftarrows H_2O_{fl}$; $\Delta H°_{298} = -285{,}84$ kJ/mol.

Thermochemie

Beschreibung/Berechnung der Wärmeeffekte von Stoffwandlungsprozessen.

Thermodynamische Daten wie ΔU, ΔH, die in Tabellenform erfaßt sind, erlauben die Berechnung von Energien und Enthalpien weiterer Stoffwandlungsprozesse, z. B. von

- Chemischen Reaktionen
- Umwandlungsvorgängen
- Mischvorgängen.

Thermochemische Gesetze

1. Gesetz von Lavosier und Laplace

Die molare Reaktionsenergie bzw. –enthalpie bei der Zerlegung einer chemischen Verbindung in ihre Elemente ist der betreffenden Größe bei der Bildung dieser Verbindung aus ihren Elementen entgegengesetzt gleich.

Beispiel:

- $H_2 + \frac{1}{2} O_2 \rightleftarrows H_2O_g$; $\Delta H^\circ_{298} = -241{,}5$ kJ/mol

  $H_2O_{(fl.)} \rightleftarrows H_2 + \frac{1}{2} O_2$; $\Delta H^\circ_{298} = 241{,}5$ kJ/mol

- $CO + H_2O \rightleftarrows CO_2 + H_2$; $\Delta H^\circ_{298} = -41{,}15$ kJ/mol

  $CO_2 + H_2 \rightleftarrows CO + H_2O$; $\Delta H^\circ_{298} = 41{,}15$ kJ/mol

2. Gesetz von Hess

Energie- und Enthalpiedifferenzen zwischen zwei gleichen Zuständen des Systems sind vom Reaktionsweg unabhängig (Gesetz der konstanten Wärmesummen).

Beispiel:

Berechnung der Reaktionsenthalpie für den Übergang C (Grafit) → C (Diamant) [A-2]:

$C\ (Grafit) + O_2 \rightleftarrows CO_2$; ΔH°_{298} = -393,505 kJ/mol

$C\ (Diamant) + O_2 \rightleftarrows CO_2$; ΔH°_{298} = -395,333 kJ/mol

ΔH°_{298} aufgegliedert in die molaren Enthalpien der Reaktanten und Produkte ergibt:

$$H^{\circ}_{298;CO_2} - H^{\circ}_{298;Grafit} - H^{\circ}_{298;O_2} = -393{,}505 \text{ kJ/mol}$$

$$H^{\circ}_{298;CO_2} - H^{\circ}_{298;Diamant} - H^{\circ}_{298;O_2} = -395{,}333 \text{ kJ/mol}$$

$$H^{\circ}_{298;Diamant} - H^{\circ}_{298;Grafit} = 1{,}828 \text{ kJ/mol}$$

$$\Delta H^{\circ}_{298} = 1{,}828 \text{ kJ/mol}$$

Die Reaktionsenthalpie von 1,828 kJ/mol ist die gesuchte Umwandlungwärme von Grafit in Diamant.

Thermodynamik

Wissenschaftsgebiet, das das Verhalten physikalischer Systeme bei Temperaturänderungen und bei der Zu- oder Abführung von Wärmeenergie untersucht.

Hauptsätze:

1. Hauptsatz: Energieerhaltungssatz

   Wärme als besondere Form der Energie kann in andere Energieformen umgewandelt werden und umgekehrt. Die Summe aller Energiearten bleibt in einem abgeschlossenen System konstant.

2. Hauptsatz: Entropiesatz

   Die Entropie eines abgeschlossenen Systems kann sich nur durch Austausch mit der Umgebung ändern, oder sie kann sich nur von selbst vermehren. Wärme kann nicht von selbst von einem kälteren auf einen wärmeren Körper übergehen.

3. Hauptsatz: Nernstsches Wärmetheorem

Die Entropie eines flüssigen oder festen Körpers hat am absoluten Nullpunkt den Wert Null.

Umwandlungsvorgänge

Phasenumwandlung:

Die Zuführung von Wärmeenergie zu einem homogenen System erhöht dessen Temperatur, bis beim Phasenumwandlungspunkt T_u die zugeführte Wärme H_{umw} für die Phasenumwandlung verbraucht ist.

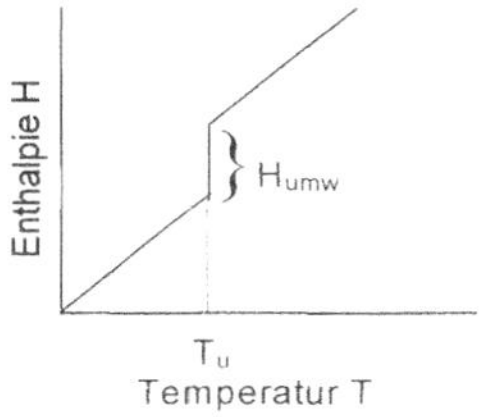

Folge: Temperatur des Zweiphasensystems (Flüssigkeit, fester Körper) bleibt konstant, bis die Umwandlung abgelaufen ist.

Danach erfolgt weiterer Temperaturanstieg.

Schmelz- und Erstarrungsenthalpie:

Energiebetrag, der aufgewendet werden muß, um bei p = const. einen festen Körper in den flüssigen Aggregatzustand zu überführen (Schmelzenthalpie), bzw. der frei wird, wenn ein System vom flüssigen in den festen Aggregatzustand umgewandelt wird [Erstarrungsenthalpie; sie entspricht dem negativen Wert der Schmelzenthalpie $H(fl. \rightarrow f) = - H(f \rightarrow fl.)$].

Schmelzenthalpie: Differenz zwischen der Enthalpie der Flüssigkeit und des festen Körpers

$$H(f \rightarrow fl.) = H_{(fl)} - H_{(f)} = U_{(fl)} - U_{(f)} + p \cdot V_{(fl)} - p \cdot V_{(f)} .$$

Verdampfungs- und Kondensationsenthalpie:

Verdampfungsenthalpie → Energiebetrag, den man einer Flüssigkeit zuführen muß, um sie in den gasförmigen Aggregatzustand zu überführen

$$H(fl. \rightarrow g) = H_{(g)} - H_{(fl)} = U_{(g)} - U_{(fl)} + p \cdot V_{(g)} - p \cdot V_{(fl)} .$$

Die Verdampfungsenthalpien sind größer als die Schmelzenthalpien

$H(fl. \rightarrow g) \approx 88\ T\ (fl. \rightarrow g)$ in J/mol (Troutonsche Regel)

Sublimationsenthalpie:

Sublimation → Übergang eines Körpers aus dem festen direkt in den gasförmigen Aggregatzustand

$$H(f \rightarrow g) = H_{(g)} - H_{(f)}.$$

Die Sublimationsenthalpie ergibt sich als Summe der Schmelz- und Verdampfungsenthalpie, wenn die Umwandlungsenthalpien als temperatur- und druckunabhängig angenommen werden

$$H(f \rightarrow g) = H(f \rightarrow fl.) + H(fl. \rightarrow g).$$

Umwandlungsenthalpien bei Änderung der Modifikation eines Festkörpers

Beispiel:

Reaktionsenthalpie der Reaktion

β - Ca_2SiO_4 $\rightleftarrows$ 2 [CaO] + $[SiO_2]_{Quarz}$ bei 800 °C

$\Delta H°_T = 125$ kJ/mol

(Berechnung s. „Enthalpie H" Pkt. 6.)

Viskosität (Zähigkeit, Innere Reibung)

Strömungen realer Fluide → infolge zwischenmolekularer Wechselwirkungen der Teilchen treten *Reibungskräfte* auf → zusammengefaßt unter dem Begriff Innere Reibung.

Bei laminarer Strömung gleiten Flüssigkeitsschichten mit verschiedenen Geschwindigkeiten übereinander hinweg, ohne sich zu vermischen.

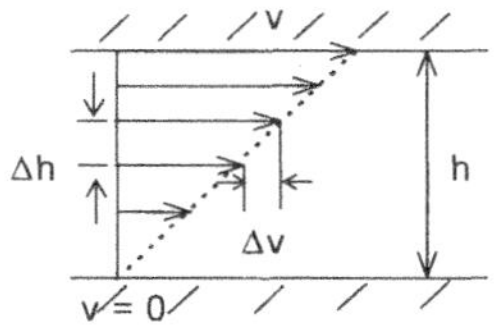

Modellvorstellung zur Herleitung des Newtonschen Reibungsgesetzes für die laminare Strömung (Plattenmodell)

Obere Platte, bewegt mit der Geschwindigkeit v, nimmt die an ihr haftende Flüssigkeitsgrenzschicht mit, diese veranlaßt die darunter befindliche Flüssigkeitslamelle zur Bewegung mit der um Δv geringeren Geschwindigkeit. Untere Platte v = 0.

In der Flüssigkeit besteht ein Geschwindigkeitsgefälle $\frac{v}{h}$ oder $\frac{\Delta v}{\Delta h}$.

Der Bewegung entgegen wirkt die Reibungskraft F_R

$$F_R = \eta \cdot A \cdot \frac{dv}{dh} .$$

η - Stoffkonstante (abhängig von Druck und Temperatur), dynamische Viskosität;

$$[\eta] = 1\,Ns/m^2 = 1\,Pa \cdot s$$

(bisher verwendet: 1 Poise (P) = 0,1 Ns/m² = 0,1 Pa · s; 1cP = 1 mPa · s).

Kehrwert von η: Fluidität.

Quotient $\vartheta = \frac{\eta}{\rho}$ - kinematische Viskosität (ρ - Dichte) in 1 m²/s;

(bisher verwendet: 1 Stokes = 10^{-4} m²/s = 1 cm²/s).

Einfluß der Temperatur auf die Viskosität:

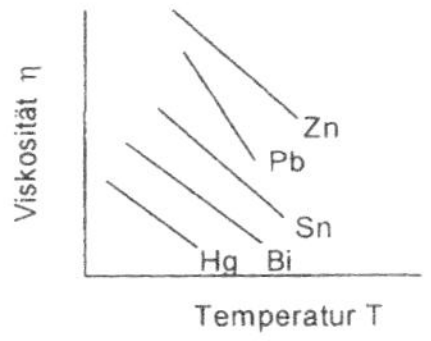

Viskosität bei Metallschmelzen

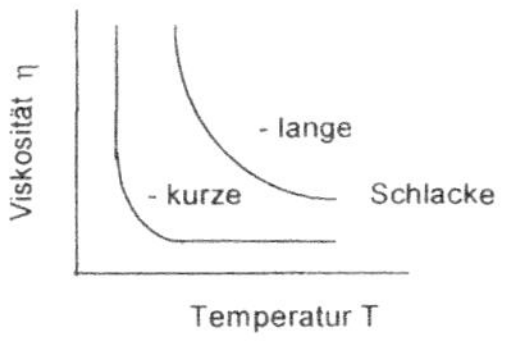

Viskosität bei Schlackesystemen

Wasserglas

glasartige Alkalisalze und ihre stark basisch reagierenden, viskosen wässrigen Lösungen.

Wird Sand (SiO_2) mit Soda (Na_2CO_3) im molaren Verhältnis 3...4 : 1 zusammengeschmolzen, entsteht Wasserglas

$$Na_2CO_3 + (3 \cdot\cdot 4)\ SiO_2 \rightarrow Na_2O \cdot (3 \cdot\cdot 4\ SiO_2) + CO_2 .$$

Lösungen von Wasserglas enthalten schon aggregierte Kieselsäuren; sie zeigen ähnliche Reaktionen wie die von $Na_2\,H_2\,SiO_4 \cdot aq$.

Wärmebilanz

Summation und Gegenüberstellung der in physikalischen und chemischen Vorgängen zugeführten (oder erzeugten) und abgeführten (oder verbrauchten) Wärme- und Energiemengen.
Die Wärmebilanz wird zur Berechnung und Kontrolle von Wärmeverlusten aufgestellt.

Wärmekapazität

Zusammenhang zwischen der Änderung der Wärmemenge q und einer Temperaturänderung $T_2 - T_1$, die ein Körper von der Masse m erfährt

$$dq = m \cdot c \cdot dT.$$

- Spezifische Wärmekapazität c (spezifische Wärme); temperaturabhängig;

$$c = \frac{dq}{m \cdot dT}.$$

- Molare Wärmekapazität (Masse m eines Körpers wird durch die relative Molekül- oder Atommasse ausgedrückt)

$$C = M \cdot c.$$ M - Molekül- bzw. Atommasse

- Isobare spezifische Wärmekapazität c_p (Temperaturerhöhung des Systems erfolgt bei konstantem Druck ($dp = 0$))

$$c_p = \frac{dq}{m \cdot dT}.$$

- Isochore spezifische Wärmekapazität c_v

$$c_v = \frac{dq}{m \cdot dT}.$$

Um die Temperatur T des Körpers mit der Masse m um dT zu erhöhen, muß bei $v = \text{const.}$ ($dv = 0$) die Wärmemenge $dq = m \cdot c \cdot dT$ zugeführt werden.

Beckert · Herold

Kompendium der Schweißtechnik

Band 3: Eignung metallischer Werkstoffe zum Schweißen

Herausgeber: Behnisch

2., überarbeitete Auflage

Bibliografische Information Der Deutschen Bibliothek
Die Deutsche Bibliothek verzeichnet diese Publikation in der Deutschen Nationalbibliografie; detaillierte bibliografische Daten sind im Internet über http://dnb.ddb.de abrufbar.

Fachbuchreihe Schweißtechnik
Band 128/3

ISBN 3-87155-207-6

Herstellung: J. F. Ziegler KG, Remscheid
Titelgestaltung: M + V Werbeagentur, Willich

Geleitwort zur 2. Auflage

Als der Verlag sich vor genau fünf Jahren zur Herausgabe eines Kompendiums der Schweißtechnik entschloß, tat er dies mit der Feststellung und guten Absicht, die seit vielen Jahren spürbare Literaturlücke mit einem aktuellen, aber auch preisgünstigen Gesamtwerk über Schweißverfahren, Schweißmetallurgie, Werkstoffe und konstruktive Grundlagen zu schließen. Die große Nachfrage nach dem vierbändigen Fundus an umfassendem Wissen und Betriebspraxis hat sich erfreulicherweise in verhältnismäßig kurzer Zeit bestätigt, so daß der Verlag und sein Autorenteam sich um eine Überarbeitung und Ergänzung der vergriffenen Auflage bemühten, die als Neufassung nunmehr in gewohnter Qualität vorgelegt werden kann.

Der Entwicklungsstand der Schweißprozesse, die überschaubare Palette schweißgeeigneter Werkstoffe sowie die gestalterischen Grundsätze zum Bau von Schweißkonstruktionen, wie sie in den fünfziger Jahren dem Studierenden und praktisch tätigen Ingenieur zu Studium und Berufsausübung zur Verfügung standen, rechtfertigten seinerzeit ein ein- bis zweibändiges Fachbuch; fünfzig Jahre später hat allein die immense Zunahme der Werkstoffgruppen und ihre technisch und wirtschaftlich befriedigende Verarbeitung mit einem vielfachen Angebot an Füge- und Trennprozessen die Erweiterung des Buchtextes erforderlich gemacht. Darüber hinaus haben jahrzehntelange Erfahrungen und Bewährungen von vollständig geschweißten Konstruktionen zu neuen Bauweisen und deren Ausführung bis hin zur automatisierten Fertigung geführt.

Auch die Internationalisierung des Regelwerks, der Berechnungsmethoden und der Ausführungsbestimmungen, beispielsweise im konstruktiven Ingenieurbau, Schienenfahrzeug- und Druckgerätebau, verursachten eine thematische Erweiterung und einen didaktischen Aufbau des vorliegenden Studier- und Nachschlagewerks.

Die jetzige Ausgabe wird sowohl dem technisch-wissenschaftlich orientierten als auch dem in der Anwendung tätigen Leserkreis gerecht. Schwerpunktmäßig wollen die logisch gegliederten vier Bände auf die vielfältigen Fragen nach dem „Wie“ eine rasche Antwort in den Wissensbereichen Schweißeignung der metallischen Werkstoffe – Schweißmetallurgie – thermische Füge- und Trennverfahren – schweißgerechte Konstruktion geben. Zur Vertiefung der Materie Schweißtechnik dienen die jedem der einzelnen Bände angeschlossenen Literaturstellen aus Wissenschaft, Betriebspraxis und aktuellem Regelwerk.

Die von der Erstausgabe her bekannten Autoren haben sich auch in dieser Auflage um eine sorgfältige Anpassung und Erweiterung des schweißtechnischen Wissens bemüht. An der Überarbeitung des Bandes 1 von R. Killing hat Dr.-Ing. U. Killing mitgewirkt. Der von der Autorengemeinschaft Probst/Herold in erster Auflage verfaßte Band 2 ist nunmehr allein von Herrn Prof. H. Herold überarbeitet worden; als Nachfolger von Herrn Prof. A. Neumann zeichnet Herr Dipl.-Ing. R. Neuhoff für die sorgfältige Betreuung von Band 4 verantwortlich.

Allen Autoren, die besonders aufgrund ihrer aktiven pädagogischen Tätigkeit um die stetigen Veränderungen und Neuerungen wissen, sei abschließend für ihre Literaturarbeit herzlich gedankt.

Düsseldorf, im Sommer 2002 — Verlag und Herausgeber

Vorwort zur 2. Auflage

Die Schweißeignung des Werkstoffes bestimmt im Zusammenhang mit der Schweißsicherheit der Konstruktion und der fertigungstechnisch bedingten Schweißmöglichkeit die Qualität einer Schweißverbindung. Die seit mehreren Jahrzehnten weltweit geförderte Forschung zur Schweißbarkeit als Resultierende der drei genannten Eigenschaften erbrachte viele wichtige Erkenntnisse, die heute zur Grundlage der modernen Schweißtechnik gehören. Um dieses Wissen voll nutzen zu können, müssen die Zusammenhänge zwischen Schweißprozeß und Werkstoffverhalten sowie die Auswirkung des Schweißens auf die Qualität und die Gebrauchseigenschaften geschweißter Verbindungen verständlich gemacht werden. Herr Prof. Dr. M. Beckert hat deshalb schon in den Jahren 1980 und 1985 diese wichtige Thematik geschlossen in einem Fachbuch behandelt, das 1997 im Band 3 „Eignung metallischer Werkstoffe zum Schweißen“ auf den neuesten Stand von Wissenschaft und Technik gebracht wurde.

Die nunmehr zweite vorliegende Überarbeitung hat nicht nur eine Verstärkung der Autorenschaft gebracht, sondern eine Aktualisierung des einschlägigen Regelwerks, der Werkstoffbezeichnungen und Symbole sowie ausgewählter textlicher Passagen.

Der vorgelegte Band dient als eine Einführung in das komplexe Gebiet der schweißtechnischen Verarbeitung metallischer Werkstoffe. Ausgehend von den werkstoffkundlichen Grundlagen werden die Schweißeignung der wichtigsten metallischen Werkstoffe, ihre Prüfung und Bewertung beschrieben. Die im Anhang wiedergegebene Fachliteratur bietet die Möglichkeit zur Vertiefung des hier vermittelten Wissensstoffes.

Den Mitarbeitern des Instituts für Füge- und Strahltechnik der Otto-von-Guericke-Universität Magdeburg, Frau Dipl.-Ing. M. Streitenberger, Frau Dr.-Ing. M. Zinke, Herrn Prof. W. Irmer, Herrn Dr.-Ing. J. Pieschel und Herrn Dr.-Ing. S. Zahariev sei dabei für die Unterstützung bei der Überarbeitung gedankt. Frau Ch. Stiehl vom gleichen Institut hat es dankenswerterweise übernommen, die gesamte technische Vorbereitung der Überarbeitung zu begleiten.

Magdeburg, im Sommer 2002 M. Beckert und H. Herold

Inhaltsverzeichnis

Geleitwort zur 2. Auflage

Vorwort zur 2. Auflage

1	**Einführung**	**1**
1.1	Schweißbarkeit – Schweißeignung, Schweißsicherheit und Schweißmöglichkeit	1
1.2	Prüfung der Schweißbarkeit	2
1.2.1	Prüfung der Schweißeignung	2
1.2.2	Prüfung der Schweißsicherheit	3
2	**Schweißeignung der unlegierten und anderen legierten Stähle**	**4**
2.1	Werkstoffgrundlagen	4
2.1.1	Einteilung der Stähle	4
2.1.2	Bezeichnung der Stähle	6
2.1.2.1	Europäisches Bezeichnungssystem mit Kurznamen	6
2.1.2.2	Nummernsystem	8
2.1.2.3	Historische Kurznamen der deutschen Stähle	9
2.1.3	Eisen-Kohlenstoff-Diagramm	9
2.1.3.1	Reineisen	9
2.1.3.2	Eisen und Kohlenstoff	11
2.1.3.3	Gefügeaufbau der Wärmeeinflußzone	13
2.1.4	Zeit-Temperatur-Umwandlungs-Schaubilder (ZTU-Schaubilder)	15
2.2	Aufhärtung und Kaltrißbildung	22
2.2.1	Grundbegriffe	22
2.2.2	Chemische Zusammensetzung und Kohlenstoffäquivalent	23
2.2.2.1	Kohlenstoff	23
2.2.2.2	Begleit- und Legierungselemente	24
	Schwefel	24
	Phosphor	25
	Silizium	25
	Mangan	26
	Stickstoff	26
	Wasserstoff	26
2.2.2.3	Kohlenstoffäquivalent	27
2.2.2.4	Kohlenstoffäquivalent, Härte und Vorwärmung	27
2.2.3	Schweiß-ZTU-Schaubilder	30
2.2.3.1	Bestimmung der Abkühlzeiten	30
2.2.3.2	Aufbau und Anwendung von Schweiß-ZTU-Schaubildern	34
2.2.4	Zur Deutung der Kaltrißbildung	35
2.2.5	Prüfung der Kaltrißbeständigkeit	37
2.2.5.1	Prüfverfahren mit sich selbstbeanspruchenden Proben	38
	CTS-Versuch	38
	Tekken-Versuch	39
2.2.5.2	Prüfverfahren mit fremdbeanspruchten Proben	40
	Implant-Versuch	40
	Weitere Prüfverfahren	41
2.3	Heißrißbildung	42

2.3.1	Begriffsbestimmung	42
2.3.2	Theorien der Heißrißbildung	42
2.3.2.1	Dehnungstheorie von Pellini	42
2.3.2.2	Heißrißtheorie von Borland	43
2.3.2.3	Heißrißtheorie nach Prokhorov	43
2.3.2.4	Weitere Heißrißtheorien	45
2.3.3	Prüfung der Heißrißbeständigkeit	45
2.3.3.1	Heißrißprüfverfahren mit sich selbstbeanspruchenden Proben	46
	Doppelkehlnahtprobe	46
	Fisco-Probe	47
	Hakenrißprobe	47
2.3.3.2	Heißrißprüfverfahren mit fremdbeanspruchten Proben	48
	Heißzugversuch (HZ-Versuch)	48
	Heiß-Deformationsrate-Versuch (HDR-Versuch)	48
	Modifizierter Varestraint-Transvarestraint-Versuch (MVT-Versuch)	49
	Programmierter Verformungs-Riß-Versuch (PVR-Versuch)	50
3	**Schweißeignung der hochfesten Feinkornbaustähle**	52
3.1	Werkstoffgrundlagen	52
3.2	Entwicklung und Einteilung der hochfesten Feinkornbaustähle	54
3.3	Schweißeignung der hochfesten Feinkornbaustähle	55
3.4	Fehlererscheinungen	56
3.4.1	Relaxationsversprödung	56
3.4.2	Lamellenrisse (Terrassenbrüche)	57
4	**Schweißeignung der hochlegierten Stähle**	60
4.1	Werkstoffgrundlagen	60
4.1.1	Wirkung der Legierungselemente	60
4.1.1.1	Umwandlungstemperaturen und Umwandlungsverhalten	60
4.1.1.2	Karbide und intermetallische Verbindungen	61
4.1.2	Einteilung der hochlegierten Stähle	63
4.1.2.1	Warmfeste Stähle	64
4.1.2.2	Kaltzähe Stähle	64
4.1.2.3	Korrosionsbeständige Stähle	65
	Ferritische Chromstähle	66
	Martensitische Chromstähle	66
4.1.2.4	Hitze- und zunderbeständige Stähle	66
4.2	Schweißeignung der hochlegierten Stähle	67
4.2.1	Austenitische Stähle	67
4.2.1.1	Schaeffler-Diagramm	67
4.2.1.2	Heißrißbildung	68
4.2.1.3	Interkristalline Korrosion	72
	Prüfverfahren	76
4.2.1.4	Spannungsrißkorrosion	76
4.2.2	Ferritische Stähle	77
4.2.2.1	Versprödungen	77
4.2.2.2	Interkristalline Korrosion	78
4.2.3	Ferritisch-martensitische Stähle	78
4.2.4	Ferritisch-austenitische Stähle	79
4.2.5	Schweißen unterschiedlicher Stähle	80
4.2.5.1	Schweißgutgefüge	80

5	**Schweißeignung gegossener Eisenwerkstoffe**	83
5.1	Werkstoffgrundlagen	83
5.1.1	Einteilung und Kennzeichnung	83
5.1.2	Sättigungsgrad, Gußeisen-Diagramm und Graphitausbildung	84
5.2	Schweißeignung verschiedener Gußeisen- und Temperguẞsorten	86
5.2.1	Gußeisen mit Lamellengraphit	86
5.2.2	Gußeisen mit Kugelgraphit	88
5.2.3	Austenitisches Gußeisen	88
5.2.4	Temperguß	89
5.3	Schlußbemerkung zur Schweißeignung von Gußeisen-Werkstoffen	90
6	**Schweißeignung von Aluminium und Aluminiumlegierungen**	92
6.1	Werkstoffgrundlagen	92
6.1.1	Einteilung und Kennzeichnung der Aluminiumwerkstoffe	92
6.1.2	Aushärten	94
6.1.3	Kaltverfestigung und Rekristallisation	95
6.2	Schweißeignung	97
6.2.1	Wärmeeinflußzone beim Schmelzschweißen	97
6.2.2	Vorwärmen	99
6.2.3	Heißrißbildung	101
6.2.3.1	Heißrißbildung und chemische Zusammensetzung	101
6.2.3.2	Heißrißproben	103
6.3	Schweißeignung wichtiger Aluminiumlegierungen	106
6.3.1	Kaltverfestigte Aluminiumlegierungen	106
6.3.2	Aushärtbare Aluminiumlegierungen	107
6.3.3	Festigkeit von Schweißverbindungen an Aluminiumlegierungen	109
6.3.4	Ursachen und Auswirkungen der Porosität	111
7	**Schweißeignung von Kupfer und Kupferlegierungen**	113
7.1	Werkstoffgrundlagen	113
7.1.1	Wärmephysikalische und mechanische Eigenschaften von Kupfer	114
7.1.2	Sauerstoff im Kupfer	116
7.2	Schweißeignung wichtiger Kupferwerkstoffe	117
7.2.1	Kupfer-Zink-Legierungen	117
7.2.2	Kupfer-Zinn-Legierungen	117
7.2.3	Kupfer-Nickel-Legierungen	118
7.2.4	Kupfer-Aluminium-Legierungen	118
7.2.5	Kupfer-Mangan-Legierungen	119
8	**Schweißeignung von Nickel und Nickellegierungen**	121
8.1	Werkstoffgrundlagen	121
8.1.1	Reinnickel	121
8.1.2	Nickellegierungen	122
8.1.3	Wärmebehandlung von Nickellegierungen	123
8.2	Schweißeignung von Nickel und wichtigen Nickellegierungen	125
8.2.1	Reinnickel	125
8.2.2	Nickellegierungen	125
9	**Schweißeignung von Titan und Titanlegierungen**	127
9.1	Werkstoffgrundlagen	127
9.1.1	Einteilung der Titanwerkstoffe	127

9.1.2 Umwandlungsverhalten und Aushärtung von Titanlegierungen 128
9.1.3 Einfluß von Sauerstoff, Stickstoff und Wasserstoff 129
9.1.4 Wärmebehandlung von Titan und Titanlegierungen 130
9.2 Schweißeignung von Titan und wichtigen Titanlegierungen 130
9.2.1 Titan 131
9.2.2 Titanlegierungen 133
9.2.2.1 α-Legierungen 133
9.2.2.2 $\alpha+\beta$-Legierungen 134
9.2.2.3 β-Legierungen 135
9.3 Festigkeitseigenschaften geschweißter Titanlegierungen 135

10 Sicherheit von Schweißkonstruktionen 137
10.1 Grundlagen zum Bruchversagen 137
10.1.1 Brucherscheinungen 137
Zähbruch (Verformungsbruch) 138
Sprödbruch 138
10.1.2 Bruchanalyse-Schaubild (FAD) 139
10.2 Zähigkeitsprüfungen 140
10.2.1 Statische Zugversuche mit gekerbten Proben 141
10.2.1.1 Tipper-Probe 141
10.2.1.2 Kahn-Probe 142
10.2.2 Statische Biegeversuche mit gekerbten Proben 142
10.2.2.1 Van-der-Veen-Probe 142
10.2.2.2 Aufschweißbiegeprobe 142
10.2.3 Dynamische Prüfverfahren 144
10.2.3.1 Kerbschlagbiegeversuch 144
10.2.3.2 Fallgewichtsversuch (Drop-Weight-Test) 146
10.2.3.3 Rißauffangversuch 148
10.2.3.4 Rißaufweitungsversuch 149
10.2.4 Konventionelle Zähigkeitsprüfung und das Bauteilverhalten 150
10.3 Bruchmechanik 151
10.3.1 Linear-elastische Bruchmechanik 151
10.3.2 Fließbruchmechanik 154
10.3.3 Ermittlung bruchmechanischer Kennwerte 155
10.3.4 Anwendungshinweise 156

Literatur 158

1 Einführung

1.1 Schweißbarkeit – Schweißeignung, Schweißsicherheit und Schweißmöglichkeit

Viele metallische und nichtmetallische Werkstoffe werden heute geschweißt. Die moderne Schweißtechnik bietet leistungsfähige, auf die Werkstoffeigenschaften und die konstruktiven Belange abgestimmte Schweißtechnologien.

Die Schweißbarkeit ist ein Komplex von werkstofflichen, konstruktiven und fertigungstechnischen Komponenten. Sie ist gegeben, wenn durch einen Schweißprozeß eine Konstruktion aus einem metallischen Werkstoff so hergestellt werden kann, daß sie alle betrieblichen Anforderungen ohne Schädigungen erfüllt, siehe DIN 8528-1. Die Schweißbarkeit hängt also von den Eigenschaften des Werkstoffs, von den Bedingungen der schweißtechnischen Fertigung, von der Lage und der konstruktiven Gestaltung der Schweißverbindungen in der Konstruktion ab. Zweckmäßig ist deshalb die Unterteilung in die drei komplexen Einflußgrößen Schweißeignung, Schweißsicherheit und Schweißmöglichkeit, Bild 1-1.

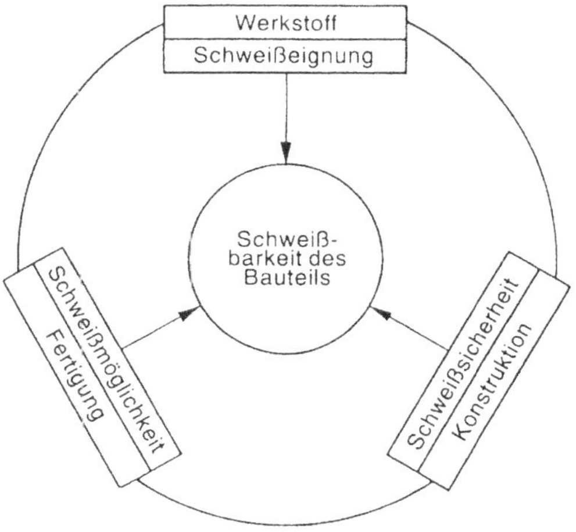

Bild 1-1. Schweißbarkeit und ihre Einflußkomplexe Schweißeignung, Schweißsicherheit und Schweißmöglichkeit.

Die Schweißeignung ist die werkstoffliche Voraussetzung, um durch einen Schweißprozeß stoffschlüssige Verbindungen herzustellen, die geforderten Eigenschaften und Festigkeitswerten genügen. Die Schweißeignung eines Werkstoffs ist um so besser, je weniger zusätzliche fertigungstechnische und konstruktive Maßnahmen notwendig sind, um eine einwandfreie Schweißverbindung zu erhalten. Keine Schweißeignung liegt vor, wenn es bei einem (wirtschaftlich) vertretbaren fertigungstechnischen Aufwand nicht gelingt, eine von groben Fehlern freie Schweißverbindung mit bestimmten mechanischen Mindestwerten herzustellen. Die Schweißeignung eines metallischen Werkstoffs wird durch seine chemische Zusammensetzung (reines Metall oder Legierung, Begleitelemente), seine metallurgische Erzeugung (Seigerungen, Verunreinigungen, Einschlüsse) und durch seinen strukturellen Aufbau (Gitterstruktur, Gefüge) bestimmt.

Allgemein wird zwischen Kaltpreß-, Warmpreß- und Schmelzschweißprozessen unterschieden. Die jeweils erforderlichen werkstofflichen Voraussetzungen, um ein befriedigendes Schweißergebnis zu erreichen, sind unterschiedlich. Deshalb ist die Angabe, daß ein bestimmter metallischer Werkstoff schweißgeeignet sei, unvollständig, wenn die Verfahrensgruppe oder der Schweißprozeß nicht mit genannt werden, für deren Anwendung dies zutrifft. Bei Angaben zur Schweißeignung von Stählen ist in aller Regel die Eignung für das Schmelzschweißen gemeint.

Die Schweißsicherheit eines Bauteils oder eines Bauwerks wird von der Lage und Gestaltung der Schweißverbindungen in der Konstruktion bestimmt. Sie ist gegeben, wenn alle betriebsbedingten Beanspruchungen ohne funktionsstörende Schädigungen ertragen werden. Die Schweißsicherheit wird im Kontext der schweißgerechten Gestaltung einer Konstruktion mit der Art und dem Umfang der betrieblichen Beanspruchungen bestimmt. Die Schweißeignung und die Schweißmöglichkeit beeinflussen die Schweißsicherheit. Deshalb ist es möglich, durch geeignete Werkstoffauswahl und fertigungstechnische Maßnahmen die Schweißsicherheit zu erhöhen.

Anmerkung: Das in der Vergangenheit gehäufte Auftreten von Sprödbrüchen an großen geschweißten Konstruktionen, wie Brücken, Schiffen und anderen Stahlbauten, veranlaßte umfangreiche Untersuchungen. Mit dem zunehmenden Einsatz von höherfesten Stählen wurden der Sprödbruch, seine Ursachen und die Möglichkeiten, ihn zu verhindern, weltweit zum zentralen Forschungsthema. Die große Bedeutung des Sprödbruchs führte dazu, daß man unter Schweißsicherheit vorrangig das Verhalten geschweißter Stahlkonstruktionen gegen spröde Brüche verstand. Schweißsicherheit umfaßte im weiteren Sinn die Sicherheit einer Schweißkonstruktion, unter vorgegebenen Betriebsbedingungen für die Betriebsdauer funktionsfähig zu bleiben.

Die dritte komplexe Eigenschaftsgröße, die zur Schweißbarkeit zählt, ist die Schweißmöglichkeit. Sie beschreibt den Einfluß der Fertigung vor, während und nach dem Schweißen. Sie ist vorhanden, wenn ein werkstoff- und konstruktionsmäßig vorgegebenes technisches Gebilde beanspruchungs- und funktionsgerecht geschweißt werden kann. Zur Schweißmöglichkeit zählen alle technischen Parameter und technologischen Bedingungen des schweißtechnischen Fertigungsprozesses.

1.2 Prüfung der Schweißbarkeit

Die Schweißbarkeit ist eine komplexe Größe, die sich nicht messen und zahlenmäßig erfassen läßt. Deshalb kann es auch kein universelles Prüfverfahren zur Feststellung der Schweißbarkeit geben. Bei den in der Literatur angegebenen Schweißbarkeitsprüfungen handelt es sich in der Regel um Schweißeignungsprüfungen.

1.2.1 Prüfung der Schweißeignung

Um Aussagen über die Schweißeignung eines metallischen Werkstoffs zu erhalten, muß der Einfluß des Schweißens auf die Eigenschaften untersucht und erfaßt werden. Die Anwendung eines einzigen Prüfverfahrens erlaubt in der Regel noch keine ausreichende Beurteilung der Schweißeignung eines Werkstoffs. Dafür sind die Ergebnisse mehrerer sich ergänzender Prüfungen heranzuziehen. Für den Nachweis einer ausreichenden Schweißeignung sind für das jeweils angewandte Prüfverfahren bestimmte Kriterien oder Zahlenwerte festgelegt. Die Schweißeignung wird von den Forderungen, die an die Schweißsicherheit gestellt werden, und von den Möglichkeiten der schweißtechnischen Fertigung (Schweißmöglichkeit) beeinflußt. Die Beziehungen zwischen Schweißmöglichkeit und Schweißeignung ermöglichen es, die Bedingungen des Schweißprozesses so zu gestalten, daß auch bei schlechteren werkstofflichen Voraussetzungen ein befriedigendes Schweißergebnis erreicht werden kann. Allgemein gilt, daß eine technologisch und ökonomisch optimale Gestaltung schweißtechnischer Fertigungsprozesse die Ergebnisse von Schweißeignungsprüfungen erfordert.

1.2.2 Prüfung der Schweißsicherheit

Prüfungen der Schweißsicherheit sollen Aussagen über das voraussichtliche Verhalten geschweißter Gebilde im Betrieb ergeben. Man will feststellen, ob die Anordnung und Gestaltung der Schweißnähte in einer Konstruktion eine hinreichende Sicherheit gegen die betrieblichen Beanspruchungen für die Dauer des Einsatzes gewährleisten. Ähnlich wie bei der Schweißeignung reicht auch für die Untersuchung der Schweißsicherheit ein einzelnes Prüfverfahren in der Regel nicht aus. Am aussagefähigsten sind aufwendige Bauteilprüfungen.

2 Schweißeignung der unlegierten und anderen legierten Stähle

2.1 Werkstoffgrundlagen

2.1.1 Einteilung der Stähle

Die am häufigsten verwendeten metallischen Konstruktionswerkstoffe sind die Stähle. Zu ihnen gehören alle Eisenwerkstoffe mit Kohlenstoffgehalten bis maximal 2 %. Die Eigenschaften der Stähle lassen sich durch die chemische Zusammensetzung und durch Wärmebehandlungen in weiten Grenzen verändern. Diese Feststellung gilt auch für die Schweißeignung.

In der Stahlmetallurgie vollzogen sich in den letzten Jahrzehnten bedeutende Veränderungen. Während in den sechziger Jahren das Siemens-Martin-Verfahren in der Stahlerzeugung dominierte und auch das Thomas-Verfahren noch eine gewisse Rolle spielte, wird heute nahezu aller Stahl im Elektroofen und nach dem Sauerstoff-Blas-Verfahren erzeugt. Beim heutigen Stand der Stahlmetallurgie besteht kein gravierender Einfluß des Erschmelzungsverfahrens auf die Schweißeignung. Abgesehen von einigen wenigen Ausnahmen bleibt daher die Wahl des Erschmelzungsverfahrens dem Stahlhersteller überlassen.

Man unterscheidet nach der Vergießungsart zwischen unberuhigten, halbberuhigten und vollberuhigten Stählen. Als Beruhigen oder Desoxidieren bezeichnet man das Entfernen des in der Stahlschmelze gelösten Sauerstoffs durch die Zugabe von Elementen, die eine stärkere chemische Affinität zum Sauerstoff haben als Eisen. Die hauptsächlichen Desoxidationselemente in der Stahlmetallurgie sind Mangan, Silizium und Aluminium. Wird eine Stahlschmelze ohne die Zugabe von Desoxidationsmitteln in einer Kokille vergossen, dann reagiert der beim Erstarren ausscheidende Sauerstoff mit dem im Schmelzbad befindlichen Kohlenstoff zu Kohlenmonoxid. Die Reaktionen und das Aufsteigen der mit Kohlenmonoxid gefüllten Gasblasen verlaufen unter heftigem Aufwallen der Schmelze. Drei Merkmale sind kennzeichnend für einen unberuhigt vergossenen Stahlblock:

- seine von Verunreinigungen weitgehend freie Außenschicht, die Speckschicht,
- eine starke Blockseigerung mit höheren Phosphor- und Schwefelgehalten,
- ein einfacher oder doppelter Blasenkranz aus den im Stahl verbliebenen Gasblasen, Bild 2-1a.

Beim nachträglichen Warmverformen des Blocks verschweißen die von den Gasblasen gebildeten Hohlräume. Ein beruhigt vergossener Stahlblock weist dagegen keinen Blasenkranz und keine Seigerungen auf, aber einen Kopflunker, der vor der weiteren Verarbeitung durch Abschöpfen entfernt werden muß, Bild 2-1b.

Die Einteilung der Stähle kann nach verschiedenen Gesichtspunkten vorgenommen werden. Neben Einteilungen nach Erzeugungsverfahren und der Vergießungsart lassen sich die Stähle nach dem Verwendungszweck zum Beispiel in Baustähle und Werkzeugstähle unterscheiden. Andere Einteilungskriterien beziehen sich auf die mögliche Weiterbehandlung oder -verarbeitung, beispielsweise Einsatz- und Vergütungsstähle oder Nitrierstähle, ferner auf die Ausführungsform wie Breitflach-, Band- und Rohrstahl oder auf kennzeichnende Legierungselemente, zum Beispiel Chrom-Nickel-Stähle und Wolfram-Stähle.

Für Aussagen zur Schweißeignung haben Angaben der chemischen Zusammensetzung, des Güte- und Behandlungszustandes vorrangige Bedeutung.

Die DIN EN 10020 unterscheidet heute bei der Definition 3 Klassen von Stählen: unlegierte Stähle, nichtrostende Stähle und andere legierte Stähle.

Zur Einteilung nach der chemischen Zusammensetzung heißt es, daß von den in der Norm oder in den Lieferbedingungen vorgeschriebenen Mindestgehalten auszugehen ist. Ein Stahl gilt als unlegiert,

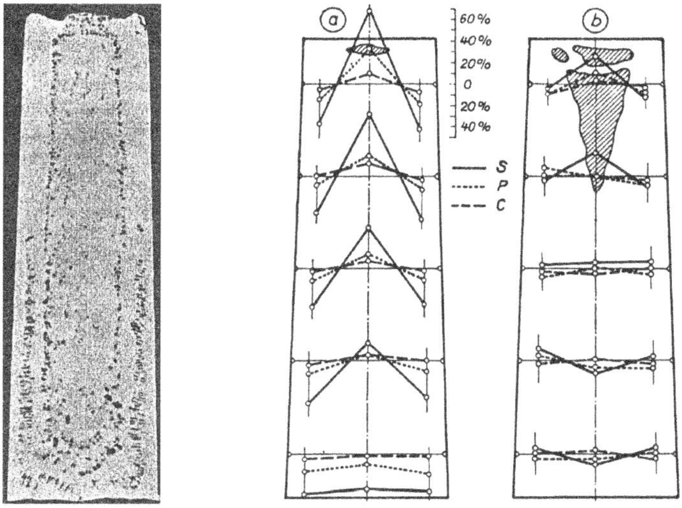

Bild 2-1. Gasblasenanordnung in einem unberuhigt vergossenen Stahlblock. Die Seigerung von C, S und P in unberuhigt (a) und beruhigt (b) vergossenen Stahlblöcken, ausgedrückt im prozentualen Verhältnis des jeweils festgestellten Analysenwertes zur Schmelzenanalyse nach *Erdmann-Jesnitzer*.

wenn die in Tabelle 2-1 angegebenen Gehalte der einzelnen Elemente nicht überschritten werden. Ein Stahl gilt als legiert, wenn der angegebene Grenzgehalt eines Legierungselementes erreicht oder überschritten wird. Die unlegierten und anderen legierten Stähle werden nach Hauptgüteklassen eingeteilt.

Tabelle 2-1. Grenzen zwischen unlegierten und legierten Stählen (Schmelzenanalyse).

Festgelegtes Element		Grenzwert Massenanteil in %	Festgelegtes Element		Grenzwert Massenanteil in %
Al	Aluminium	0,30	Se	Selen	0,10
B	Bor	0,0008	Si	Silicium	0,60
Bi	Bismuth	0,10	Te	Tellur	0,10
Co	Kobalt	0,30	Ti	Titan	0,05
Cr	Chrom	0,30	V	Vanadin	0,10
Cu	Kupfer	0,40	W	Wolfram	0,30
La	Lanthanide (einzeln gewertet)	0,10	Zr	Zirkon	0,05
Mn	Mangan	1,65[1]	Sonstige (mit Ausnahme von Kohlenstoff, Phosphor, Schwefel, Stickstoff) (jeweils)		0,10
Mo	Molybdän	0,08			
Nb	Niob	0,06			
Ni	Nickel	0,30			
Pb	Blei	0,40			

[1]) Falls für Mangan nur ein Höchstwert festgelegt ist, ist der Grenzwert 1,80 % und die 70 %-Regel gilt nicht.

Hauptgüteklassen der unlegierten Stähle:

- Unlegierte Qualitätsstähle:
  Hierzu zählen Stahlsorten, für die im allgemeinen Anforderungen bezüglich beispielsweise der Bruchzähigkeit, Korngröße und/oder Umformbarkeit bestehen, ohne daß über die Tabelle 2-1 hinaus Forderungen bezüglich des Reinheitsgrades festgelegt werden.
- Unlegierte Edelstähle:
  Hierzu zählen Stahlsorten, die, verglichen mit den Qualitätsstählen, einen höheren Reinheitsgrad hinsichtlich nichtmetallischer Einschlüsse haben. Der Höchstgehalt an Phosphor (P) plus Schwefel (S) bleibt hier auf maximal 0,020 % in der Schmelzenanalyse beschränkt. Sie sind meist für eine Vergütung oder Oberflächenhärtung bestimmt, auf die sie gleichmäßig ansprechen. Durch genaue

Einstellung der chemischen Zusammensetzung und durch besondere Herstellungs- und Prüfbedingungen werden sehr unterschiedliche Verarbeitungs- und Gebrauchseigenschaften erreicht, zum Beispiel eng begrenzte Festigkeit oder Härtbarkeit, gute Verformbarkeit und Schweißeignung.

Hauptgüteklassen der anderen legierten Stähle:

- Legierte Qualitätsstähle:
  Die hier erfaßten Stähle sind für ähnliche Verwendungen wie die unlegierten Qualitätsstähle vorgesehen. Durch ihren Gehalt an Legierungselementen genügen sie besonderen Anwendungsbedingungen. Sie sind aber im allgemeinen nicht für eine Vergütung oder Oberflächenhärtung bestimmt. Zu den legierten Qualitätsstählen zählen für den Stahlbau einschließlich des Druckbehälter- und Rohrleitungsbaus bestimmte schweißgeeignete Feinkornbaustähle mit Mindestwerten der Streckgrenze von 380 N/mm^2 (bis Dicken von 16 mm) und einer Kerbschlagarbeit von ISO-V-Längsproben bei –50 °C von 27 J. Weiterhin gehören hierzu nur silizium- oder silizium- und aluminiumlegierte Stähle mit bestimmten magnetischen Eigenschaften, legierte Stähle für Schienen, für warm- oder kaltgewalzte Flacherzeugnisse, die für schwierigere Kaltumformarbeiten bestimmt sind und die kornfeinenden Elemente wie Bor, Niob, Titan, Vanadin und/oder Zirkonium enthalten, sowie die Dualphasenstähle, die in kleinen vereinzelten Flächen 10-35 % Martensit in dem hauptsächlich ferritischen Mikrogefüge haben, sowie Stähle, die nur kupferlegiert sind.
- Legierte Edelstähle:
  Hier werden die Stähle erfaßt, die durch eine genaue Einstellung der chemischen Zusammensetzung und durch Herstellungs- und Prüfbedingungen die unterschiedlichsten Verarbeitungs- und Gebrauchseigenschaften erhalten haben. Es werden drei Untergruppen unterschieden:
  - nichtrostende Stähle auf Chrom- und Nickelbasis,
  - Schnellarbeitsstähle mit Molybdän, Wolfram und/oder Vanadin mit einem Gesamtgehalt von 7 %,
  - sonstige legierte Edelstähle.

2.1.2 Bezeichnung der Stähle

2.1.2.1 Europäisches Bezeichnungssystem mit Kurznamen

Die Bezeichnung der Stähle durch Kurznamen erfolgt in den europäischen Normen einheitlich durch ein Hauptsymbol nach DIN EN 10027-1 und ein Zusatzsymbol (Anmerkung: DIN V 17006-100 liegt als Vornorm vor). Es gibt zwei Arten von Kurznamen, die mit Hinweisen auf die Verwendung und die nach der chemischen Zusammensetzung.

Die Kurznamen mit Hinweisen auf die Verwendung und die mechanischen oder physikalischen Eigenschaften beginnen mit einem Hauptsymbol des hauptsächlichen Einsatzgebietes.

S = Stähle für den allgemeinen Stahlbau
P = Stähle für den Druckbehälterbau
L = Stähle für den Rohrleitungsbau
E = Maschinenbaustähle
B = Betonstähle
Y = Spannstähle[1)]
R = Stähle für oder in Form von Schienen[1)]
H = kaltgewalzte Flacherzeugnisse in höherfesten Ziehgüten[2)]
D = Flacherzeugnisse aus weichen Stählen zum Kaltumformen[2)]
T = Feinst- und Weichblech und -band sowie spezialverchromtes Blech und Band[2)]
M = Elektroblech[2)]

Eine dem Hauptsymbol nachfolgende Zahl entspricht in der Regel dem Mindestwert der Streckgrenze R_e in N/mm^2 für die kleinste Erzeugnisdicke. Bei den mit [1)] gekennzeichneten Bezeichnungen gibt die Zahl nach dem Hauptsymbol die Zugfestigkeit an oder weist mit einem weiteren Kennbuchstaben bei [2)] auf besondere Behandlungsarten hin. Die dem Mindestwert der Streckgrenze folgenden Zusatzsymbole unterteilen sich in zwei Gruppen. Die zur ersten Gruppe gehörenden Symbole betreffen den Behandlungszustand nach DIN V 17006-100:

M = thermomechanisch gewalzt
N = normalgeglüht oder normalisierend gewalzt
Q = vergütet,
G = andere Güten, wenn erforderlich mit 1 oder 2 Ziffern
B = Gasflaschen
S = einfache Druckbehälter
T = Rohre

Die zweite Gruppe von Zusatzsymbolen gibt entweder entsprechend der nachstehenden Aufstellung eine bestimmte Kerbschlagarbeit an:

Kerbschlagarbeit			Prüftemperatur
27 J	40 J	60 J	°C
JR	KR	LR	+20
J0	K0	L0	0
J2	K2	L2	–20
J3	K3	L3	–30
J4	K4	L4	–40
J5	K5	L5	–50
J6	K6	L6	–60

oder kennzeichnet bestimmte andere Eigenschaften (Auswahl):

H = Hochtemperatur
L = Tieftemperatur
R = Raumtemperatur
X = Hoch- und Tieftemperatur

Nachstehend folgen einige Beispiele zur Benennung:

S355NL ist die Bezeichnung für einen Baustahl mit einer Streckgrenze von 355 N/mm^2 im normalgeglühten Zustand, der sich für einen Einsatz im Stahlbau bei tiefen Temperaturen eignet.

S355JR ist die Bezeichnung für einen Baustahl, dessen Streckgrenze 355 N/mm^2 beträgt und der bei 20 °C eine Mindestkerbschlagarbeit von 27 J hat.

E295 ist die Bezeichnung für einen Maschinenbaustahl mit einer Mindeststreckgrenze von 295 N/mm^2.

P355NH ist die Bezeichnung für einen normalgeglühten Druckbehälterstahl mit einer Streckgrenze von 355 N/mm^2, der für den Hochtemperatureinsatz geeignet ist.

Bei den Kurznamen nach der chemischen Zusammensetzung werden vier Gruppen unterschieden:

- unlegierte Stähle mit einem mittleren Mangangehalt < 1 % (ausgenommen Automatenstähle);
- unlegierte Stähle mit einem mittleren Mangangehalt > 1 %, unlegierte Automatenstähle und legierte Stähle (außer Schnellarbeitsstählen) mit Gehalten der einzelnen Legierungselemente unter 5 Gewichtsprozent;

- legierte Stähle (außer Schnellarbeitsstählen), wenn mindestens der Gehalt eines Legierungselementes > 5 % ist;
- Schnellarbeitsstähle.

Bei unlegierten Stählen besteht der Kurzname aus dem Grundsymbol C für Kohlenstoff und einer Zahl, die, durch 100 dividiert, dem Kohlenstoffgehalt in Prozent entspricht.

Bei legierten Stählen mit Gehalten der einzelnen Legierungselemente bis 5 % bildet eine Zahl den Anfang des Kurznamens, die, durch 100 dividiert, dem Kohlenstoffgehalt entspricht, gefolgt von den chemischen Zeichen der Legierungselemente und Zahlen, die sich durch Multiplikation mit 4, 10, 100 oder 1000 aus den jeweiligen Legierungsgehalten ergeben. Die Multiplikatoren sind:

4	für Cr, Co, Mn, Ni, Si, W;
10	für Al, Be, Cu, Mo, Nb, Pb, Ta, Ti, V, Zr;
100	für Ce, N, P, S;
1000	für B.

Legierte Stähle, bei denen mindestens der Gehalt eines Legierungselements über 5 % liegt, erhalten ein vorangestelltes Symbol X, gefolgt von einer Zahl, die dem 100fachen Gehalt an Kohlenstoff entspricht, und den chemischen Symbolen der Legierungselemente und Zahlen der Legierungsgehalte.

Schnellarbeitsstähle werden mit HS und den Gehalten an W, Mo, V und Co in der gegebenen Reihenfolge bezeichnet.

Beispiele für die Kurznamen nach der chemischen Zusammensetzung sind:

C45E ist die Bezeichnung für einen unlegierten Stahl mit 0,45 % Kohlenstoff und einem vorgeschriebenen maximalen S-Gehalt. Auch andere Zusatzsymbole können nachgestellt sein.

10CrMo9-10 ist die Bezeichnung für einen legierten Stahl mit 0,10 % Kohlenstoff, 2,2 % Chrom und 1 % Molybdän.

19Mn5 ist die Bezeichnung für einen legierten Stahl mit 0,19 % Kohlenstoff und 1,25 % Mangan.

X5CrNi18-8 ist die Bezeichnung für einen hochlegierten Stahl mit 0,05 % Kohlenstoff, 18 % Chrom und 8 % Nickel.

HS6-5-2-5 ist die Bezeichnung für einen Schnellarbeitsstahl mit 6 % Wolfram, 5 % Molybdän, 2 % Vanadin und 5 % Kobalt.

2.1.2.2 Nummernsystem

Die Bezeichnung der Stähle mit Werkstoffnummern ist in DIN EN 10027-2 festgelegt. Diese bestehen aus der Werkstoffhauptgruppennummer, einer zweistelligen Stahlgruppennummer und einer ebenfalls zweistelligen Zählnummer, die sich auf die Stahlqualität bezieht. Es können Anhängeziffern folgen, die auf die Erschmelzungsart und den Behandlungszustand hinweisen.

Die Werkstoffhauptgruppennummern sind:

0	=	Roheisen,
1	=	Stahl,
2	=	Schwermetalle,
3	=	Leichtmetalle,
4 bis 8	=	nichtmetallische Werkstoffe.

Die Stahlgruppennummern sind:

00 und 90 =	unlegierte Grundstähle,
01 bis 07 und 91 bis 97 =	unlegierte Qualitätsstähle,
10 bis 19 =	unlegierte Edelstähle,
08 bis 09 und 98 bis 99 =	legierte Qualitätsstähle,
20 bis 89 =	legierte Edelstähle.

2.1.2.3 Historische Kurznamen der deutschen Stähle

Im DIN-Normenheft 3 waren Kurznamen der Stähle angegeben, die vor Inkrafttreten der DIN EN 10027-1 und -2 verwendet wurden. Man unterschied auch hier Kurznamen zur Beschreibung der chemischen Zusammensetzung und Kurznamen zur Beschreibung mechanischer Eigenschaften. Die Kurznamen zur Beschreibung der chemischen Zusammensetzung entsprachen bis auf geringe Unterschiede denjenigen, die im vorangegangenen Abschnitt nach DIN EN 10027 behandelt wurden, und werden deshalb hier nicht weiter aufgeführt.

Der vollständige Kurzname der Baustähle nach DIN 17100 bestand aus dem Kennbuchstaben St, der Kennzahl für die Zugfestigkeit und der Kennziffer für die Gütegruppe. Man unterschied drei Gütegruppen:

Gütegruppe 1 = keine Prüfung,
Gütegruppe 2 = garantierte Kerbschlagarbeit A_v von 28 J bei 0 °C,
Gütegruppe 3 = garantierte Kerbschlagarbeit A_v von 28 J bei 0 °C.

Dem Symbol St wurde bei unberuhigtem Stahl ein U, bei beruhigtem ein R und bei sonderberuhigtem ein RR vorweggestellt.

Beispiele für die Kurznamen nach den mechanischen Eigenschaften waren:

St 44-2 war der Kurzname eines Stahls mit einer Mindestzugfestigkeit von 430 N/mm^2 der Gütegruppe 2.

RSt 37-3 war der Kurzname eines beruhigten Stahls mit einer Zugfestigkeit von 360 N/mm^2 der Gütegruppe 3.

Bei den Feinkornbaustählen nach DIN 17102 wurde dem Symbol St der Kennbuchstabe E zugefügt und die Angabe der Streckgrenze in N/mm^2.

StE 285 war die Bezeichnung eines Feinkornbaustahls mit einer Streckgrenze von 285 N/mm^2.

2.1.3 Eisen-Kohlenstoff-Diagramm

2.1.3.1 Reineisen

Eisen ist das Grundmetall für die wichtigsten technischen Legierungen, die Stähle. Reines Eisen ist weich, die Zugfestigkeit beträgt etwa 200 N/mm^2 und die Bruchdehnung etwa 60 %. In der Abkühlkurve von reinem Eisen treten mehrere Haltepunkte auf, Bild 2-2. Ein ausgeprägter Haltepunkt erscheint bei 1536 °C, dem Schmelzpunkt des Eisens. (Abhängig vom Reinheitsgrad des Eisens wird der Schmelzpunkt mit 1528 bis 1541 °C angegeben.) Hier wird die Kristallisationswärme von etwa 270 J/g Fe frei. Erst nach dem Erstarren der gesamten Eisenschmelze sinkt die Temperatur weiter. Bei 1392 °C tritt ein zweiter Haltepunkt auf. Hier wird das kubischraumzentrierte Kristallgitter des Deltaferrits (δ-Fe) unter Wärmeabgabe von etwa 10,5 J/g Fe in das kubischflächenzentrierte Kristallgitter des Austenits oder Gammaeisens (γ-Fe) umgewandelt. Bei weiterem Abkühlen findet man bei 900 °C erneut einen Haltepunkt. Bei dieser Temperatur wandelt sich der Austenit in Alphaeisen (α-Fe) um, das wiederum ein kubischraumzentriertes Kristallgitter aufweist. Bei einer Temperatur von 769 °C tritt eine geringe Unstetigkeit im Abkühlverlauf auf. Unterhalb dieser Temperatur, die

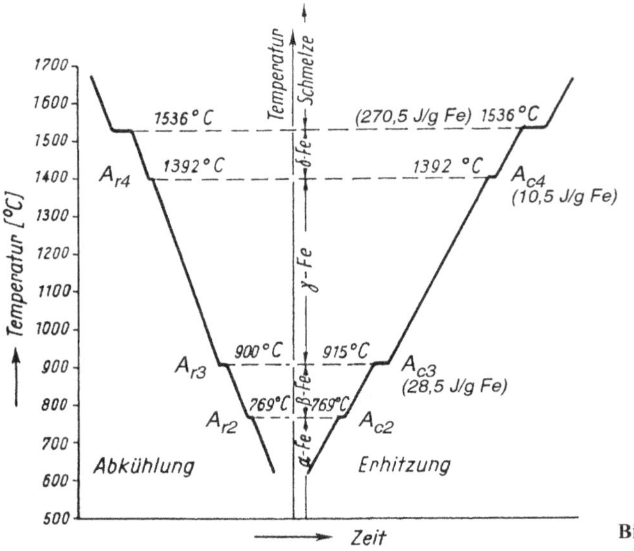

Bild 2-2. Abkühlungs- und Erhitzungskurven von reinem Eisen.

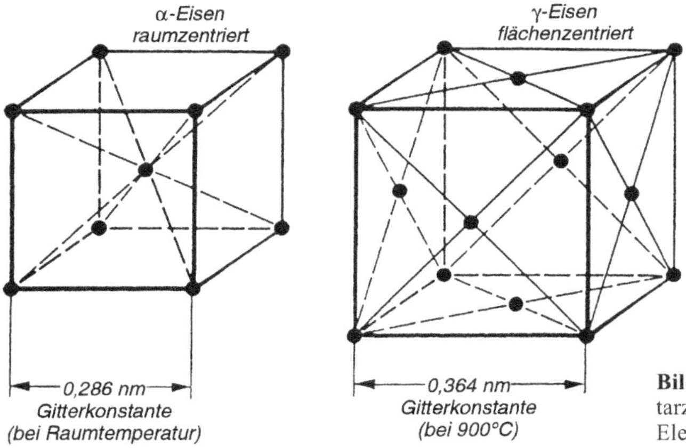

Bild 2-3. Kubischraumzentrierte (krz) Elementarzelle von α-Fe, kubischflächenzentrierte (kfz) Elementarzelle von γ-Fe.

Curiepunkt heißt, wird das bis dahin unmagnetische Eisen magnetisch, Bild 2-3. Die Erhitzungskurve von reinem Eisen weist im wesentlichen die gleichen Umwandlungstemperaturen auf, nur der Haltepunkt bei 900 °C ist auf 915 °C angehoben.

Die Haltepunkte werden mit aufsteigender Temperatur mit A_2, A_3 und A_4 bezeichnet; A ist die Abkürzung des französischen Wortes arrèt = Haltepunkt. Die Haltepunkte auf der Abkühlungskurve erhalten zusätzlich den Index r, der sich von refroidissement = Abkühlung ableitet. Diejenigen der Erhitzungskurve erhalten den Index c, abgeleitet von chauffage = Erwärmung. Die Unterscheidung zwischen der Lage der Haltepunkte beim Erhitzen und Abkühlen ist erforderlich, weil die einzelnen Umwandlungstemperaturen, vor allem bei legierten Stählen, von der Erhitzungs- beziehungsweise der Abkühlgeschwindigkeit abhängen. Der Unterschied zwischen der A_c- und der A_r-Temperatur wird Hysterese genannt. Diese beträgt zwischen A_{c3} und A_{r3} 15 °C.

2.1.3.2 Eisen und Kohlenstoff

Eine wesentliche Gemeinsamkeit aller unlegierten und niedriglegierten Stähle ist, daß sie außer Begleit- und Legierungselementen Kohlenstoff enthalten. Der Kohlenstoff bestimmt maßgeblich die Eigenschaften eines Stahls. Technisch interessant sind Eisenlegierungen, die bis etwa 5 % Kohlenstoff enthalten. In Eisenschmelzen ist der Kohlenstoff gelöst. Das Erstarrungs- und Umwandlungsverhalten kohlenstoffhaltigen Eisens unterscheidet sich von dem des reinen Eisens. Die Temperaturen der Haltepunkte sinken und erweitern sich zu Temperaturbereichen. Die Verhältnisse werden durch das stabile System Eisen – Graphit, bei dem der Kohlenstoff elementar als Graphit auftritt, und das metastabile System, bei dem der Kohlenstoff in Form von Zementit Fe_3C vorliegt, beschrieben. Graphit und Zementit können auch nebeneinander auftreten. Die Umwandlungen laufen teils nach dem metastabilen und teils nach dem stabilen System ab. Es gibt drei wesentliche Einflußgrößen, die bestimmen, ob der Kohlenstoff bevorzugt als Graphit oder als Zementit vorliegt. Es sind dies:

- Abkühl- bzw. Erstarrungsgeschwindigkeit einer Eisenschmelze mit gelöstem Kohlenstoff. Langsame Abkühlung begünstigt die Graphitausscheidung, schnelle die Zementitbildung.
- Kohlenstoffgehalt: Hoher Kohlenstoffgehalt (Gußeisen) fördert die Graphitbildung, niedriger (Stahl) die Zementitbildung.
- Silizium- und Mangangehalt: Bei höheren Kohlenstoffgehalten (Gußeisen) begünstigt Silizium die Graphitbildung, Mangan die Zementitbildung.

Es ist üblich, beide Systeme in einem Doppeldiagramm, dem Eisen-Kohlenstoff-Diagramm (EKD), zusammenzufassen. Im EKD nach Bild 2-4 entsprechen die durchgezogenen Linien dem System Eisen – Zementit und die unterbrochenen dem System Eisen – Graphit. Für Stähle gilt das erstgenannte System. Die üblichen Gußeisenarten enthalten einen großen Anteil des Kohlenstoffs als Graphit.

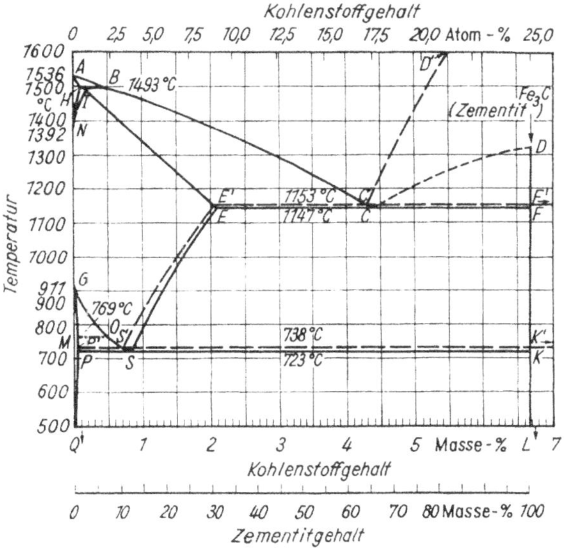

Bild 2-4. Eisen-Kohlenstoff-Diagramm (EKD):
– – – – – = stabiles System Eisen – Graphit,
______ = metastabiles System Eisen – Zementit.

Das EKD informiert in Abhängigkeit vom Kohlenstoffgehalt und von der Temperatur über jeweilige Gefügezustände, wenn entsprechend erwärmt und abgekühlt wurde. Es gilt nur unter den Bedingungen, die einen metastabilen (oder einen stabilen) Gleichgewichtszustand gewährleisten. Wird eine Eisen-Kohlenstoff-Legierung von hohen Temperaturen zu schnell abgekühlt, dann stellen sich, je nach Abkühlgeschwindigkeit, vom Gleichgewicht abweichende Zustände ein, für die dem EKD keine gültigen Angaben entnommen werden können. Bei Beachtung dieser Einschränkung ist das EKD eine wichtige technologische Grundlage für die Verarbeitung der unlegierten Stähle und für die Eisengußwerkstoffe. Es ermöglicht beispielsweise für verschiedene Wärmebehandlungen die Bestimmung der Temperaturen.

Das EKD wird in den Lehrbüchern der Werkstoffkunde ausführlich beschrieben. Hier sollen nur die wichtigsten Gefügearten vorgestellt werden. In allen Eisen-Kohlenstoff-Legierungen, die sich dem Eisen-Zementit-System entsprechend verhalten, treten als Phasen in wechselnder vom Kohlenstoffgehalt abhängiger Anordnung Ferrit und Zementit auf. Als Ferrit werden die Eisenkristallite oder -körner bezeichnet. Zementit ist die chemische Verbindung (auch intermetallische Phase) von Eisen und Kohlenstoff (Fe_3C). Ein spezieller Gefügebestandteil, bei dem Ferrit und Zementit nebeneinander als Lamellen vorliegen, heißt Perlit. Es handelt sich dabei um das Eutektoid der Eisen-Kohlenstoff-Legierungen. Die Mengenverteilung der Gefügebestandteile in Abhängigkeit vom Kohlenstoffgehalt ist dem Bild 2-5 zu entnehmen. Die Bilder 2-6 bis 2-8 zeigen Schliffbilder verschiedener Gefügearten.

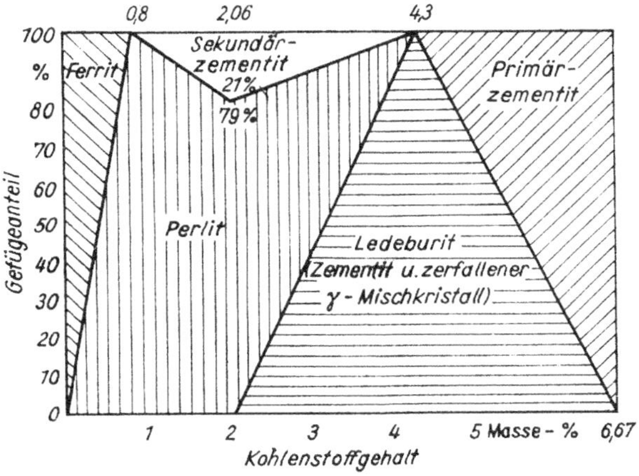

Bild 2-5. Mengenverteilung der Gefügebestandteile von Eisen-Kohlenstoff-Legierungen.

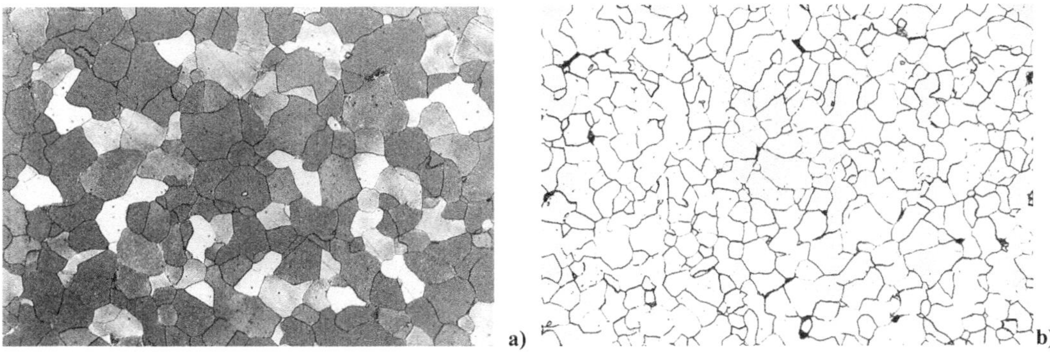

Bild 2-6. Schliffbilder vom Ferrit (300 : 1, Wiedergabe etwa 0,55fach – Otto-von-Guericke-Universität Magdeburg, IWW);
a) Kornflächenätzung,
b) Korngrenzenätzung.

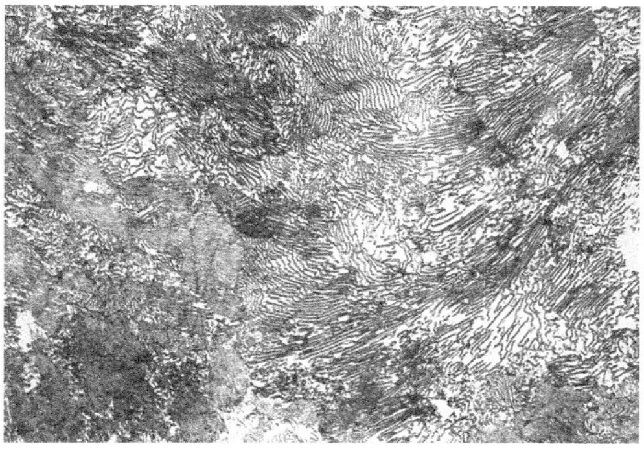

Bild 2-7. Schliffbild vom Perlit (300 : 1, Wiedergabe etwa 0,55fach – Otto-von-Guericke-Universität Magdeburg, IWW).

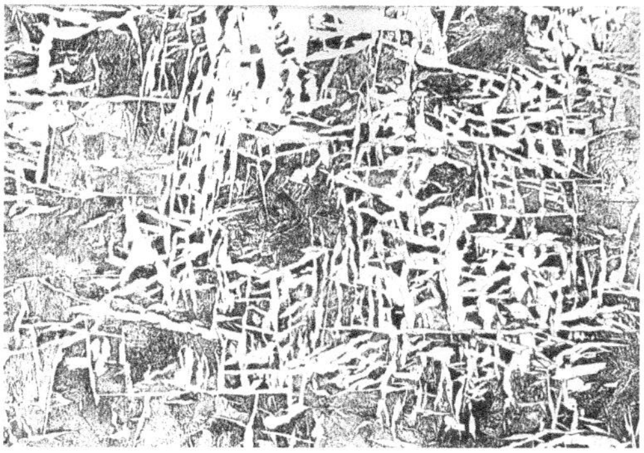

Bild 2-8. Schliffbild vom Widmannstättenschen Gefüge (300 : 1, Wiedergabe etwa 0,55fach – Otto-von-Guericke-Universität Magdeburg, IWW).

2.1.3.3 Gefügeaufbau der Wärmeeinflußzone

Es ist möglich, die Gefügeausbildung in der Wärmeeinflußzone (WEZ) von Schmelzschweißverbindungen an Stahl mit Hilfe des EKD zu beschreiben. Allerdings erhält man nur orientierende Aussagen. In Bild 2-9 ist schematisch der Gefügeaufbau der WEZ dargestellt. Vom Schweißgut bis zum gefügemäßig von der Schweißwärme unbeeinflußt gebliebenen Grundwerkstoff ist eine Folge unterschiedlicher, stetig ineinander übergehender Gefügezustände festzustellen, Bild 2-10. Direkt an der Schmelzlinie zum Schweißgut tritt grobkörniges Widmannstättensches Gefüge auf. Mit zunehmender Entfernung von der Schmelzlinie wird das Gefüge feinkörniger. Ferrit- und Perlitkörner sind zunächst gleichmäßig verteilt, die ursprünglich zeilige Anordnung dieser Gefügebestandteile ist nicht mehr vorhanden. Diese wird erst in einem größeren Abstand wieder deutlich. Es läßt sich auch eine Veränderung des Perlits feststellen. Die Lamellen des Zementits sind stellenweise koaguliert. Mit zunehmender Entfernung verliert sich auch dieser Effekt.

Das Erscheinungsbild des Gefügeaufbaus veranlaßt Vergleiche mit den nach gezielten Wärmebehandlungen auftretenden Gefügezuständen. Die WEZ wird in diskrete Einzelzonen unterteilt, Bild 2-10. Abhängig von den beim Schweißprozeß jeweils wirksamen Temperaturbereichen sind diese Zonen für einen unlegierten Stahl mit 0,20 % Kohlenstoff schematisch dargestellt:

- Zone des unvollständigen Schmelzens: Die höchsten Temperaturen des thermischen Zyklus liegen zwischen der Liquidustemperatur (Linie A-B in Bild 2-10) und der Solidustemperatur (Linie A-E in Bild 2-10). Diese schmale Zone schließt direkt an das Schweißgut an.
- Überhitzungszone: Die höchsten Temperaturen liegen zwischen der Temperatur der Soliduslinie (Linie A-E in Bild 2-10) und etwa 1000 °C. Es bildet sich in dieser Zone ein grobkörniges Gefüge. Die entsprechende Wärmebehandlung ist das Grobkornglühen, bei dem durch Erwärmen auf entsprechende Temperaturen und nachfolgendes Abkühlen grobkörniges Gefüge entsteht. (Ein so wärmebehandelter Stahl eignet sich in manchen Fällen besser für die spangebende Bearbeitung.)
- Normalisierungszone: Die Temperaturen liegen bis 50 °C oberhalb A_{c3} (Linie G-O-S in Bild 2-10). Ferrit und Perlit sind feinkörnig und gleichmäßig angeordnet. Das Gefüge ist im Erscheinungsbild ähnlich demjenigen, das nach dem Normalglühen auftritt.
- Zone des teilweisen oder unvollständigen Umkristallisierens: Es werden Temperaturen zwischen A_{c1} und A_{c3} erreicht (Linien P-S und G-O-S in Bild 2-10). Es erfolgt nur eine teilweise Umwandlung des Ferrit-Perlit-Gefüges.
- Zone der Rekristallisation/Perliteinformung: Die Temperaturen erreichen Werte um A_{c1} (Linie P-S in Bild 2-10). Die Zementitlamellen des Perlits beginnen zu koagulieren, es entsteht kugeliger

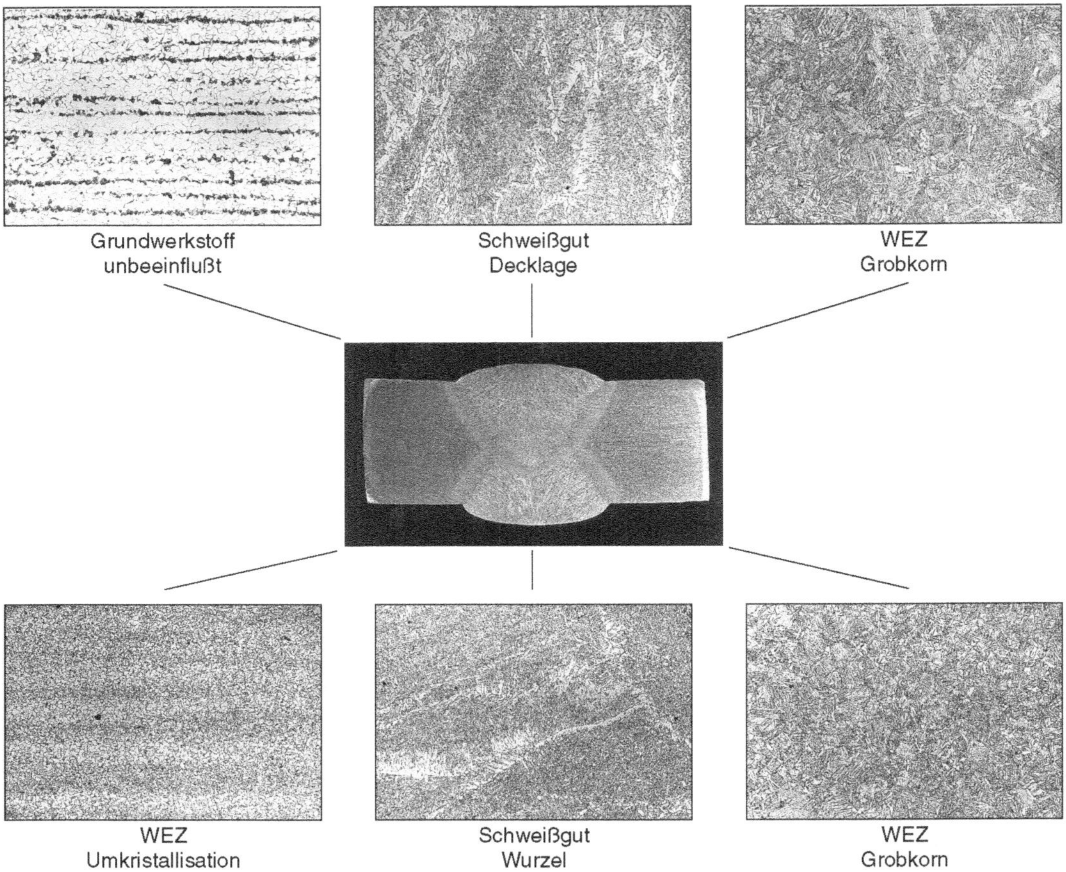

Bild 2-9. Gefügeaufbau der Wärmeeinflußzone (WEZ) einer Schweißverbindung an unlegiertem Stahl (Schliffbilder: 200 : 1, Wiedergabe etwa 0,38fach – Otto-von-Guericke-Universität Magdeburg, IWW).

Zementit (fälschlich auch kugeliger Perlit genannt). Bei der entsprechenden Wärmebehandlung erreicht man das Einformen der Zementitlamellen durch kurzzeitiges Glühen oberhalb A_{c1} oder durch eine Pendelglühung um A_{c1}.

Im anschließenden Bereich der Wärmeeinflußzone betragen die Temperaturen weniger als 700 °C. Es lassen sich lichtmikroskopisch keine Gefügeveränderungen gegenüber dem nicht wärmebeeinflußten Grundwerkstoff nachweisen. Werkstoffstrukturelle Einflüsse sind trotzdem vorhanden. Es kann sich dabei um heterogene, aber auch um homogene Ausscheidungen handeln, das heißt, es können Aushärtungs- und Alterungsvorgänge stattfinden oder bei kaltverformtem Stahl Kristallerholungsprozesse. Rekristallisation, das heißt Kornneubildungen beziehungsweise Kornwachstum, sind unter den Bedingungen des Schweißens kaum zu erwarten.

Mit Hilfe des EKD lassen sich die Gefügeausbildungen in der WEZ von Schmelzschweißungen an Stahl im Vergleich recht anschaulich erklären. Der Vergleich mit den nach bestimmten Wärmebehandlungen auftretenden Gefügen erscheint plausibel, aber er ist nur bedingt zulässig. Der zeitliche Verlauf der Temperatur, das heißt der thermische Zyklus in der Wärmeeinflußzone einer Schweißung, entspricht grundsätzlich nicht demjenigen, der für das Einstellen entsprechender Gefügezu-

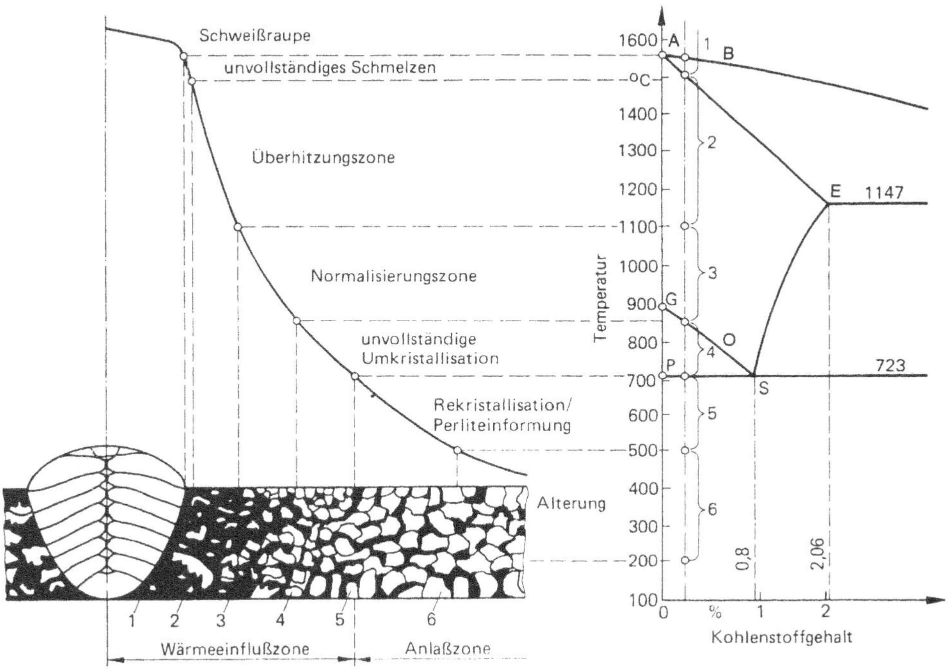

Bild 2-10. Einzelne Gefügebereiche in der Wärmeeinflußzone einer Einlagenschweißung an einem unlegierten Stahl.

stände nach dem EKD erforderlich ist, aber auch die bei den zum Vergleich herangezogenen Wärmebehandlungen vorgeschriebenen Temperatur-Zeitverläufe werden in keinem Fall eingehalten, Bild 2-11. Beim Schweißen erfolgt ein sehr schneller Temperaturanstieg und nach dem Erreichen der Maximaltemperatur das Abkühlen mit einer von der angewendeten Schweißtechnologie abhängigen, im allgemeinen großen Abkühlgeschwindigkeit, so daß in der Wärmeeinflußzone Ungleichgewichtszustände die Regel sind. Hinzu kommt, daß beim Schweißen infolge der besonderen Bedingungen plastische Deformationen bei höheren Temperaturen in der WEZ nicht ausgeschlossen werden können. So sind Effekte vorstellbar, wie sie bei thermomechanischen Behandlungen gezielt genutzt werden. Für die Zone des Normalglühens wurde seit längerem nachgewiesen, daß die mechanischen Werte nicht mit denjenigen übereinstimmen, die der betreffende Stahl im normalgeglühten Zustand besitzt. Es wird deshalb empfohlen, den Begriff Schweißnormalglühen oder Schweißnormalisieren zu verwenden, Bild 2-11.

Werden die angeführten Einschränkungen berücksichtigt, ist gegen die Anwendung des EKD, um sich einen Überblick über die Gefügeausbildung in der WEZ zu verschaffen, nichts einzuwenden.

2.1.4 Zeit-Temperatur-Umwandlungs-Schaubilder (ZTU-Schaubilder)

Während das EKD das Umwandlungsgeschehen im festen Zustand nur für den Fall des Gleichgewichtszustands genau erfaßt, werden mit den Zeit-Temperatur-Umwandlungs-Schaubildern Umwandlungen entweder bei einem Abkühlvorgang oder bei gleichbleibender Temperatur, für die der γ-Mischkristall nicht beständig ist, beschrieben. Demzufolge unterscheidet man Zeit-Temperatur-Umwandlungsschaubilder für kontinuierliche Abkühlung, kurz kontinuierliche ZTU-Schaubilder genannt, und Zeit-Temperatur-Umwandlungsschaubilder für isotherme Umwandlung, kurz als isothermische ZTU-Schaubilder bezeichnet. Um die Bedingungen des Temperaturverlaufs beim

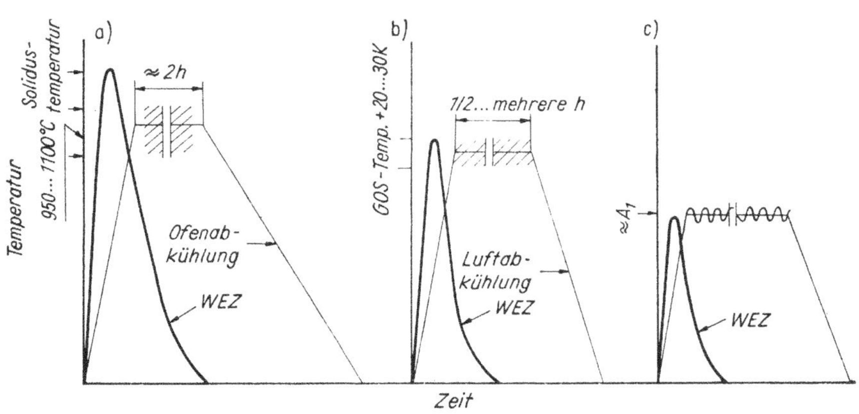

Bild 2-11. Vergleich von Temperatur-Zeitverläufen bei Wärmebehandlungen und beim Schweißen.

Schmelzschweißen zu beurteilen und werkstoffverträglicher zu gestalten, werden beide Formen der ZTU-Schaubilder angewendet. Die größere Bedeutung für diesen Zweck haben die kontinuierlichen ZTU-Schaubilder.

Die Umwandlung des Austenits erfolgt für die unterperlitischen Stähle über größere Bereiche der Abkühlgeschwindigkeit in Ferrit und Perlit. Mit zunehmender Abkühlgeschwindigkeit oder, was das gleiche bewirkt, mit zunehmender Unterkühlung verändern sich Form, Anordnung, Art und Menge der Gefügebestandteile. In Bild 2-12 sind die bei der Austenitumwandlung möglichen Gefügearten zusammengestellt.

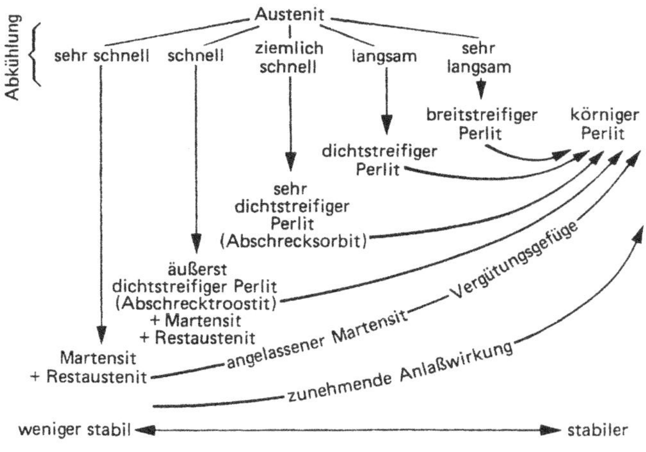

Bild 2-12. Abhängigkeit der beim Abkühlen aus der Austenitstufe entstehenden Gefüge von der Abkühlgeschwindigkeit.

Bei den Umwandlungen im festen Zustand finden zeitabhängige Diffusions- und Platzwechselvorgänge statt. Während bei langsamer Abkühlung genügend Zeit für die Kohlenstoffdiffusion zur Verfügung steht und der Umwandlungsvorgang zu gleichgewichtsnahen Einstellungen entsprechend dem EKD führt, werden mit zunehmender Abkühlgeschwindigkeit Beginn und Ende der Umwandlung zu tieferen Temperaturen verschoben. Die Gefüge bilden sich unterschiedlich aus. Während bei langsamer Abkühlung die Umwandlung in der Perlitstufe erfolgt und das Endgefüge, abhängig vom Kohlenstoffgehalt, vom Legierungsgehalt und von der Abkühlgeschwindigkeit, aus Ferrit und Perlit besteht, bildet sich bei sehr schneller Abkühlung (Abschreckung) ein Zwangsgefüge, der Martensit.

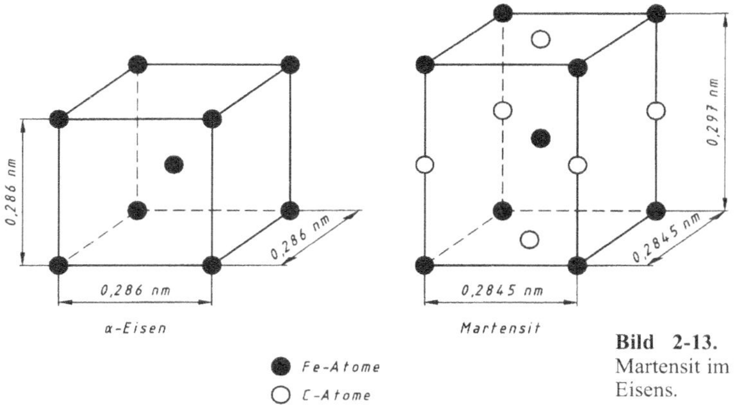

Bild 2-13. Elementarzelle von tetragonalem Martensit im Vergleich zur Elementarzelle des α-Eisens.

Seine Entstehung kann man sich wie folgt erklären. Der Austenit enthält in seinem kubischflächenzentrierten Kristallgitter gelösten Kohlenstoff. Bei schneller Abkühlung findet zwar die Umwandlung in ein kubischraumzentriertes Kristallgitter statt, aber für den Kohlenstoff reicht die Zeit nicht aus, um dieses Gitter mit seinem geringeren Lösungsvermögen zu verlassen. Er bleibt zwangsgelöst. Da bei der kubischraumzentrierten Elementarzelle des α-Eisens alle drei Kanten gleich lang sind, ist beim (tetragonalen) Martensit eine Achse länger als die beiden anderen, Bild 2-13. Der im Martensit enthaltene Kohlenstoff behindert die plastische Verformung in starkem Maß. Martensit ist im Vergleich zum Ferrit wesentlich härter, aber auch spröder, Bild 2-14.

Unter bestimmten Abkühlbedingungen kommt es zur Bildung einer weiteren Gefügeart, dem Zwischenstufengefüge, auch Bainit genannt. Im wesentlichen besteht diese Gefügeart aus Zwischenstufenferrit und Karbiden (Zementit). Das Erscheinungsbild des Zwischenstufengefüges ist sehr vielfältig. Um die Form und Anordnung der Karbide beurteilen zu können, ist man auf elektronenmikroskopische Untersuchungen angewiesen, Bild 2-15.

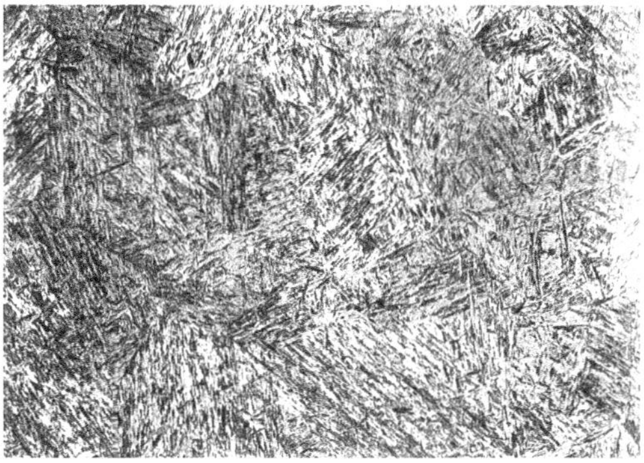

Bild 2-14. Schliffbild vom Martensit (500 : 1, Wiedergabe etwa 0,55fach – Otto-von-Guericke-Universität Magdeburg, IWW).

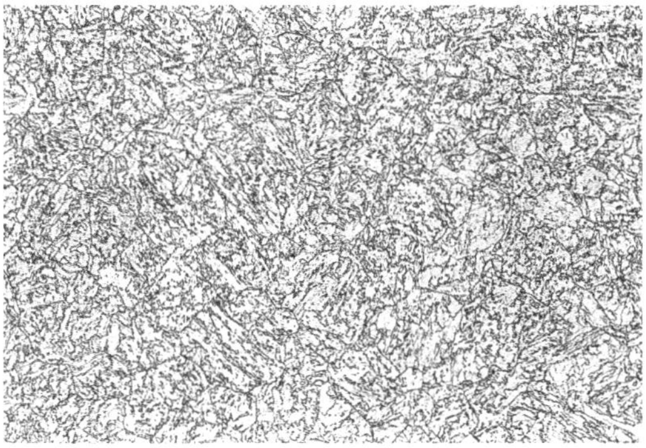

Bild 2-15. Schliffbild vom Zwischenstufengefüge/Bainitgefüge (500 : 1, Wiedergabe etwa 0,55fach – Otto-von-Guericke-Universität Magdeburg, IWW).

Allgemein werden drei Umwandlungsbereiche unterschieden, die Perlit-, die Zwischen- und die Martensitstufe. Bei den unlegierten Stählen wird die Umwandlung in der Zwischenstufe von den beiden anderen Umwandlungsbereichen dominiert, so daß bei ihnen Zwischenstufengefüge allein nicht beobachtet wird und im allgemeinen neben den anderen Gefügebestandteilen nur selten

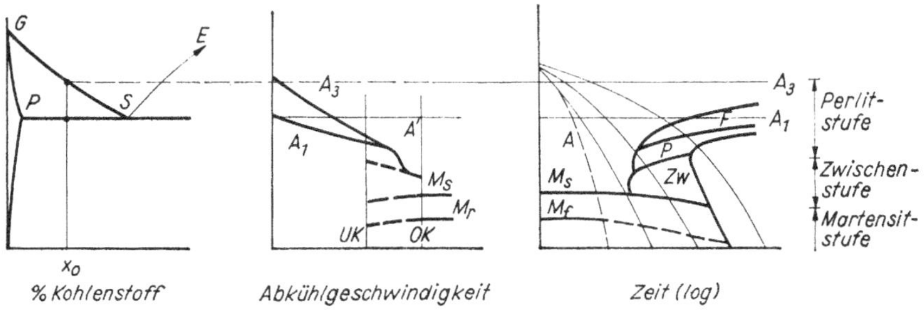

Bild 2-16. Schema für die Herleitung eines kontinuierlichen ZTU-Schaubildes; linkes Teilbild: Ausschnitt aus dem EKD, mittleres Teilbild: Abkühlgeschwindigkeit und Verlagerung der Umwandlung, rechtes Teilbild: kontinuierliches ZTU-Schaubild.

Zwischenstufe festzustellen ist. Mit zunehmendem Legierungsgehalt tritt, abhängig vom Abkühlungsverlauf, Zwischenstufengefüge häufig auf. In Bild 2-16 ist schematisch die Ableitung eines kontinuierlichen ZTU-Diagramms dargestellt. Das linke Teilbild zeigt einen Ausschnitt aus dem EKD. Dem mittleren Teilbild ist der Einfluß der Abkühlgeschwindigkeit auf die Umwandlung zu entnehmen. Mit zunehmender Abkühlgeschwindigkeit sinken die A_3- und die A_1-Temperatur, um schließlich bei der unteren kritischen Abkühlgeschwindigkeit (UK) einen gemeinsamen Wert anzunehmen. Die untere kritische Abkühlgeschwindigkeit (UK) ist die Abkühlgeschwindigkeit, bei der erstmals Martensit gebildet wird. Bei noch weiter gesteigerter Abkühlgeschwindigkeit wird die obere kritische Abkühlgeschwindigkeit (OK) erreicht, und das Gefüge besteht aus 100 % Martensit. Das rechte Teilbild ist ein kontinuierliches ZTU-Diagramm, horizontal sind die Zeit im logarithmischen Maßstab und senkrecht die Temperatur aufgetragen. Die von links oben nach rechts unten verlaufenden Linien entsprechen bestimmten Abkühlverläufen. Die am weitesten rechts befindliche Abkühlkurve durchläuft nur die Perlitstufe; das Endgefüge besteht aus Ferrit, der sich im mit F bezeichneten Umwandlungsgebiet aus dem Austenit ausscheidet, und aus Perlit, der im mit P gekennzeichneten Bereich entsteht. Die links daneben befindliche Abkühlkurve durchläuft die Umwandlungsgebiete der Perlit-, der Zwischen- und der Martensitstufe. Die zwei noch weiter links liegenden Abkühlkurven entsprechen Abkühlverläufen, bei denen sich der Austenit ausschließlich in Martensit umwandelt.

Das kontinuierliche ZTU-Schaubild eines unlegierten Stahls mit 0,13 % Kohlenstoff, Bild 2-17, enthält die prozentuale Zusammensetzung des Gefüges für jede eingezeichnete Abkühlkurve. Die Zahlenangaben befinden sich im Gebiet der betreffenden Umwandlungsstufe rechts neben der betrachteten Abkühlkurve. Den Anteil des gegebenenfalls auftretenden Martensits erhält man nach Abzug der anderen Gefügebestandteile von 100 %.

Die kontinuierlichen ZTU-Schaubilder bieten dem Praktiker wertvolle Informationen über das Umwandlungsverhalten von Stählen, die vor allem für eine Wärmebehandlung wichtige Schlußfolgerungen ermöglichen. Bei der Anwendung sind allerdings einige Bedingungen zu beachten. Dazu gehören vor allem:

- Die kontinuierlichen ZTU-Schaubilder sind für ganz bestimmte Austenitisierungsbedingungen aufgestellt. Die Aufheizgeschwindigkeit, die Austenitisierungstemperatur und die Haltedauer beeinflussen das Umwandlungsgeschehen. Besonders stark ist der Einfluß der Austenitisierungstemperatur. Die konventionellen ZTU-Schaubilder sind für Austenitisierungstemperatur von 800 °C aufgestellt. Die Haltezeiten bei der Austenitisierungstemperatur sind sehr kurz, so daß feines Austenitkorn vorliegt. Bei der Wärmebehandlung von technischen Werkstücken ist eine längere Austenitisierungsdauer, allein um eine gleichmäßige Durchwärmung zu erzielen, erforderlich. Es wird deshalb häufig mit einem gröberen Austenitkorn zu rechnen sein. Austenit-

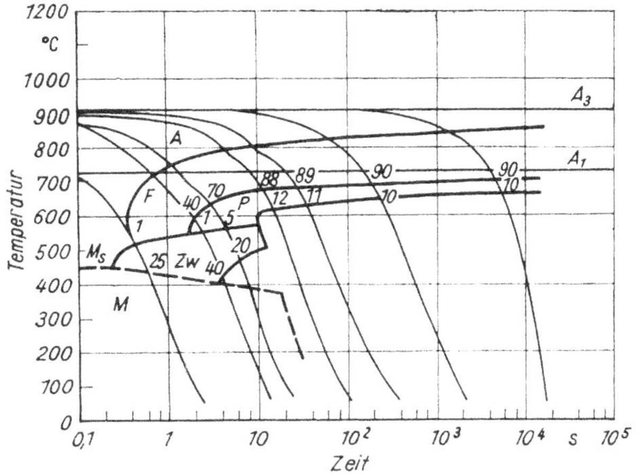

Bild 2-17. ZTU-Schaubild eines unlegierten Stahles mit 0,13 % Kohlenstoff nach *Wever, Rose* und *Peter.*

korngröße und Austenithomogenität beeinflussen den Umwandlungsablauf beim Abkühlvorgang. Für Wärmebehandlungstechnologien sind diese Einflüsse entsprechend zu berücksichtigen.

- Die kontinuierlichen ZTU-Schaubilder sind in der Regel entlang den eingezeichneten Abkühlkurven zu lesen. Interpolationen zwischen den Abkühlkurven sind möglich.
- Die Schwankungen in der Stahlzusammensetzung, wie sie durch die Analysentoleranzen und durch die Erschmelzungs- und Vergießungsart bedingt sind, beeinflussen das Umwandlungsverhalten. Die Stahlerzeuger sind deshalb dazu übergegangen, chargenabhängige kontinuierliche ZTU-Schaubilder dem Stahlverbraucher zur Verfügung zu stellen. Es besteht auch die Möglichkeit, sich über Richtung und Ausmaß von Abweichungen zu informieren.

Die angeführten Hinweise zur Anwendbarkeit und Aussagefähigkeit machen deutlich, daß die konventionellen kontinuierlichen ZTU-Schaubilder der Stähle für die Beurteilung des Werkstoffverhaltens in der Wärmeeinflußzone von Schmelzschweißungen an Stahl nicht geeignet sind. Aus den konventionellen ZTU-Schaubildern für kontinuierliche Abkühlung sind deshalb spezielle Schweiß-ZTU-Schaubilder entwickelt worden, denen bestimmte thermische Zyklen beim Schweißen zugrunde gelegt sind (siehe 2.2.3.2).

Eine andere Gruppe bilden die isothermischen ZTU-Schaubilder. Diese erlauben Aussagen über den Umwandlungsablauf, wenn von der Austenitisierungstemperatur auf eine tiefereTemperatur abgeschreckt wird. Während bei Temperaturen wenig unterhalb der A_3- beziehungsweise der A_1-Temperaturen die Ferrit- oder die Perlitbildung langsam stattfinden, erfolgen sie um so schneller, je mehr unterkühlt wird, Bild 2-18. Das gilt aber nur bis zu einer bestimmten, von der Stahlzusammensetzung abhängigen Temperatur. Wird diese unterschritten, dann verringert sich die Umwandlungsgeschwindigkeit, und das Umwandlungsgeschehen verläuft in einer anderen Umwandlungsstufe. Bei unlegierten Stählen sind die Perlit- und die Zwischenstufe durch keinen umwandlungsträgen Temperaturbereich getrennt, dagegen treten bei legierten Stählen zwischen den Umwandlungsstufen Bereiche auf, in denen der Austenit über längere Zeiten beständig bleibt, Bild 2-19.

Die isothermischen ZTU-Schaubilder werden entlang einer Temperaturhorizontalen (Isotherme) gelesen. Ein Stahl wird zunächst auf eine Temperatur erwärmt, bei der er vollständig austenitisiert ist. Danach wird er auf eine Temperatur abgeschreckt, bei der der Austenit nicht stabil ist. Will man beispielsweise Zwischenstufenvergüten, also die Umwandlung in der Zwischenstufe ablaufen lassen, dann kann die geeignete Temperatur dem isothermischen ZTU-Schaubild entnommen werden. Die Temperatur des Stahls wird in einem Warmbad so lange konstant gehalten, bis das Umwandlungs-

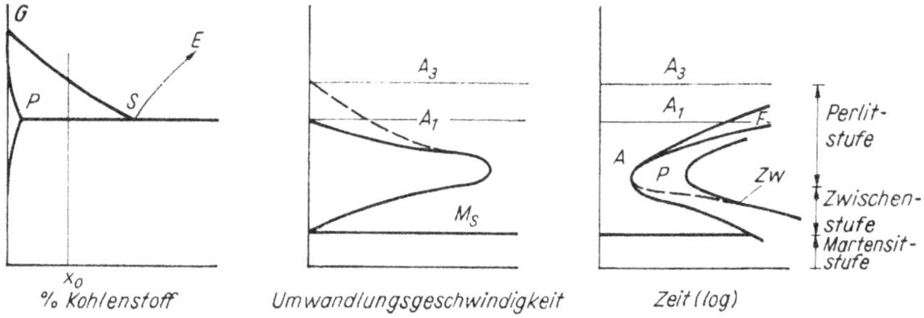

Bild 2-18. Schema für die Herleitung eines isothermischen ZTU-Schaubildes;
linkes Teilbild: Ausschnitt aus dem EKD,
mittleres Teilbild: Umwandlungsgeschwindigkeit und Umwandlungstemperatur,
rechtes Teilbild: isothermisches ZTU-Schaubild.

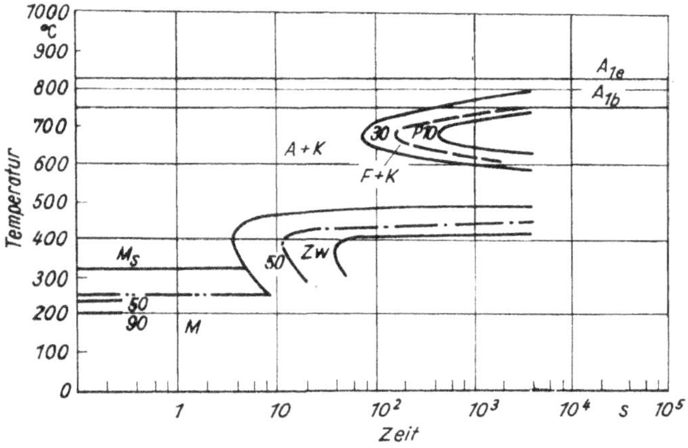

Bild 2-19. Isothermisches ZTU-Schaubild mit einem umwandlungsträgen Temperaturbereich zwischen der Perlit- und Zwischen-/Bainitstufe.

ende erreicht ist. Die Zeiten des Beginns und des Endes der Umwandlung sind dem isothermischen ZTU-Schaubild zu entnehmen.

Für das Schweißen von Stählen, die durch ihren Kohlenstoff- und Legierungsgehalt zur Aufhärtung im Schweißübergang neigen, wird das isothermische Schweißen empfohlen. Diese Technologie verhindert unzulässige Aufhärtungen und schränkt die Gefahr einer Rißbildung ein. In Bild 2-20 sind drei verschiedene Abkühlungsverläufe einem isothermischen ZTU-Schaubild eingezeichnet. Die Kurve 1 entspricht dem Schweißen ohne Vorwärmen. Das Gefüge im Schweißübergang wird martensitisch, und Härterisse sind nicht zu vermeiden. Wird durch Vorwärmen dafür gesorgt, daß oberhalb der Martensitbildungstemperatur die Abkühlung verzögert verläuft, dann ergibt sich ein Temperatur-Zeitverlauf entsprechend der Kurve 2. Durch die langsamere Abkühlung verringert sich der Martensitanteil im Gefüge des Schweißübergangs. Wird so vorgewärmt, daß die Vorwärmtemperatur entsprechend der Kurve 3 so lange oberhalb der Martensitbildungstemperatur bleibt, ist die Umwandlung vollständig in der Zwischenstufe abgeschlossen. Das dann gebildete zähe Zwischenstufengefüge bleibt rißfrei. Die erforderliche Vorwärmtemperatur und die Haltezeit sind den entsprechenden isothermischen ZTU-Schaubildern zu entnehmen. Abhängig von der Stahlsorte beträgt die Umwandlungszeit einige Minuten oder mehrere Stunden. In Bild 2-21 ist das isothermische ZTU-Schaubild des Stahls 20CrMoV5.11 mit dem eingezeichneten Temperaturverlauf, bei dem Martensitbildung vermieden wird, zu sehen. Eine weitere Möglichkeit, isothermische ZTU-Schaubilder in der Schweißtechnik zu nutzen, ist das Stufenschweißen. Diese Schweißtechnologie ermöglicht das rißfreie Schweißen von schwer schweißbaren Werkzeugstählen. Beim einfachen Stufenschweißen

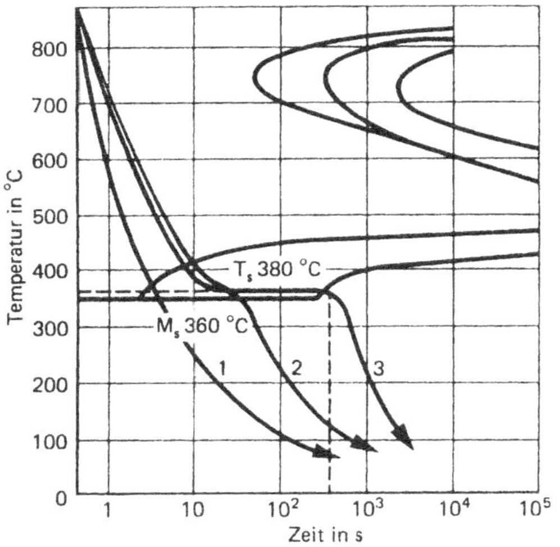

Bild 2-20. Isothermisches Schweißen eines Stahles mit 0,25 % Kohlenstoff und 5 % Chrom nach *Cabelka.*

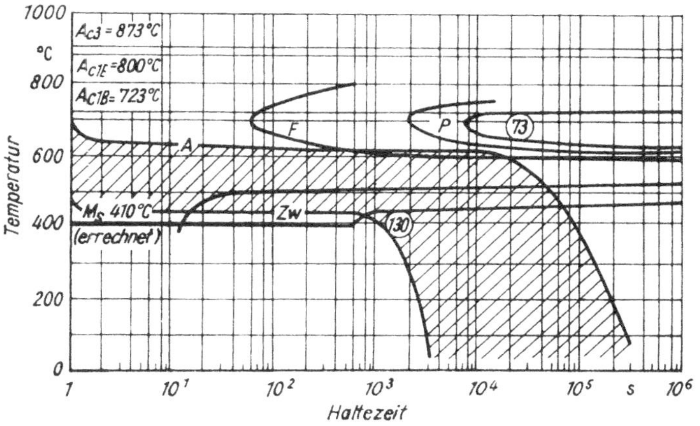

Bild 2-21. Isothermisches ZTU-Schaubild des Stahles 20CrMoV5.11 (beim Schweißen innerhalb des schraffierten Bereichs wird Martensitbildung vermieden).

wird bei einer Temperatur, die im umwandlungsfreien Bereich des isothermischen ZTU-Schaubildes liegt, geschweißt, Bild 2-22. Während des Schweißens befindet sich der Stahl im austenitischen Zustand und ist in der Lage, auftretende Spannungen durch plastisches Verformen abzubauen. Handelt es sich um einen Stahl, der keinen umwandlungsfreien Temperaturbereich aufweist, dann läßt sich das modifizierte Stufenhärtungsschweißen anwenden. Dabei wird der Stahl auf Härtetemperatur erwärmt, anschließend auf etwa 800 °C abgesenkt und bei dieser Temperatur geschweißt. Ob ein einfaches Stufenschweißen oder ein modifiziertes Stufenhärtungsschweißen ausführbar ist, um ein gewünschtes Schweißergebnis zu erreichen, läßt sich mit Hilfe des betreffenden isothermischen ZTU-Schaubildes entscheiden.

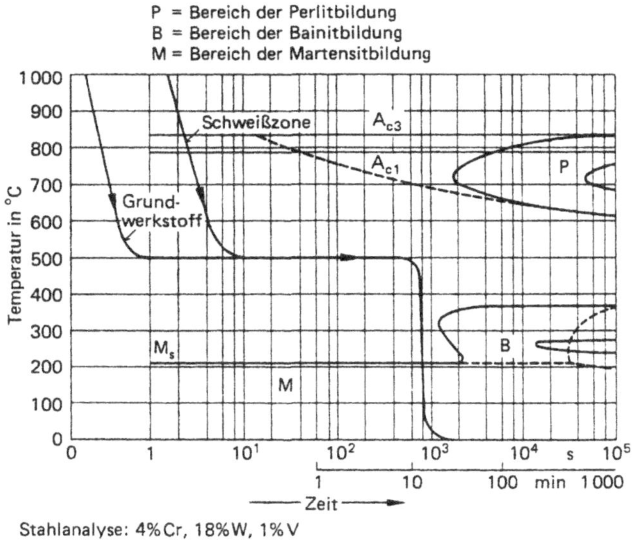

Bild 2-22. Schema des einfachen Stufenschweißens für einen Stahl mit 4 % Chrom, 18 % Wolfram und 1 % Vanadin (P Perlitstufe, B Bainit-/Zwischenstufe, M Martensitstufe).

2.2 Aufhärtung und Kaltrißbildung

2.2.1 Grundbegriffe

Kaltrisse sind Werkstofftrennungen in der Wärmeeinflußzone, die beim Abkühlen unterhalb der Martensitbildungstemperatur entstehen.

Als Folge der thermischen Zyklen in der Wärmeeinflußzone (WEZ) bilden sich Werkstoffbereiche mit unterschiedlichen mechanischen Eigenschaften aus. Ungünstige Gefügeausbildungen sind vor allem im unmittelbar an die Schweißnaht angrenzenden Bereich zu erwarten. Hier werden hohe Temperaturen erreicht, und die Abkühlgeschwindigkeiten im Umwandlungsbereich sind, verglichen mit den anderen Bereichen der WEZ, sehr groß. Damit kann es zu einer Aufhärtung durch Martensitbildung und zur Entstehung von Kaltrissen kommen. Die wichtigsten Einflußfaktoren sind:

- der Kohlenstoffgehalt,
- der Gehalt an Legierungselementen,
- der thermische Zyklus am Schweißübergang, besonders die Abkühlgeschwindigkeit im Temperaturbereich von 800 bis 500 °C, und
- der Wasserstoffgehalt.

Bei einem Stahl mit einer guten Schweißeignung wird auch bei einer relativ schnellen Abkühlung im Temperaturbereich von 800 bis 500 °C die Härte am Schweißübergang nicht unzulässig hoch werden, beziehungsweise der Verlust an plastischem Verformungsvermögen wird sich in Grenzen halten. Je mehr ein Stahl aufgrund seiner chemischen Zusammensetzung zur Aufhärtung neigt, um so stärker muß der Abkühlverlauf im Umwandlungsbereich verlangsamt werden, um unzulässig hohe Härtespitzen beziehungsweise Kaltrisse im Bereich des Schweißübergangs zu vermeiden. Man erreicht werkstoffverträgliche Abkühlverläufe durch einen über die Schweißparameter gesteuerten Wärmeeintrag und durch Vorwärmen. Das Vorwärmen bewirkt eine langsamere Abkühlung, das heißt, der maßgebende Temperaturbereich von 800 bis 500 °C wird mit einer Abkühlgeschwindigkeit durchlaufen, die zur Umwandlung vorwiegend in der Perlit- und in der Zwischen-/Bainitstufe führt, womit auch ein ausreichendes plastisches Verformungsvermögen vorliegt. Die wesentlichen Wirkungen des Vorwärmens sind:

- Der thermische Zyklus wird günstig beeinflußt, insbesondere erniedrigen sich mit steigenden Vorwärmtemperaturen die Abkühlgeschwindigkeiten.
- Die Aufhärtung wird verringert und die Bildung von Kaltrissen weniger wahrscheinlich.
- Der Wasserstoffgehalt wird erniedrigt.

Die für die Schweißeignung eines Stahls wichtigen Zusammenhänge zwischen chemischer Zusammensetzung und Temperatur-Zeitverlauf am Schweißübergang mit den mechanischen Eigenschaften, einschließlich der Neigung zur Kaltrißbildung in der WEZ, sind vielfach untersucht worden. Die Untersuchungsergebnisse boten verschiedene Möglichkeiten und Kriterien, um die Schweißeignung zu beurteilen. Dazu zählen experimentelle Methoden, wie die Aufnahme von Härteprofilen über den Schweißnahtquerschnitt, zum Beispiel nach Stahl-Eisen-Prüfblatt SEP 1203, und die Bestimmung der auftretenden Härtespitzen, aber auch Rechenverfahren, wie die Ermittelung des Kohlenstoffäquivalents, gegebenenfalls gekoppelt mit einer Berechnung der maximalen Härte. Zu den moderneren Methoden gehört die Anwendung spezieller Schweiß-ZTU-Schaubilder. Die am meisten angewendeten Verfahren und ihre Aussagemöglichkeiten werden nachfolgend besprochen.

2.2.2 Chemische Zusammensetzung und Kohlenstoffäquivalent

2.2.2.1 Kohlenstoff

Der Kohlenstoffgehalt hat den größten Einfluß auf die Schweißeignung eines Stahls. Mit steigendem Kohlenstoffgehalt treten am Schweißübergang immer ausgeprägtere Härtespitzen auf, Bild 2-23. Für die Berechnung der möglichen maximalen Vickers-Härte am Schweißübergang wird die nachstehende Gleichung 2.1 empfohlen.

$$maximale\ Härte = 939\,\%\,C + 284 \tag{2.1}$$

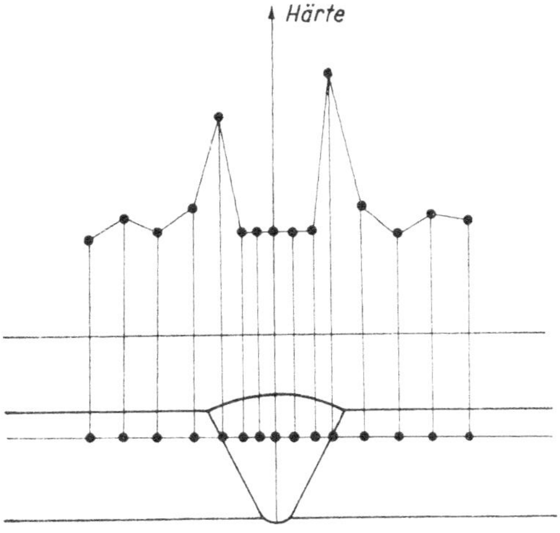

Bild 2-23. Schematische Darstellung des Härteverlaufs über den Schweißnahtquerschnitt.

Die Gleichung wurde aufgrund zahlreicher Messungen aufgestellt. Sie gilt für die Austenitisierungsbedingungen, die beim Schweißen in der WEZ unmittelbar am Schweißübergang wirksam sind. Die tatsächlichen höchsten Härtewerte liegen meistens niedriger als die nach der Gleichung 2.1 berechneten. Das liegt daran, daß die am Schweißübergang herrschenden Abkühlgeschwindigkeiten im allgemeinen unterhalb der oberen kritischen Abkühlgeschwindigkeit für die Martensitbildung liegen, so daß die Umwandlung nur zum Teil in der Martensitstufe abläuft. Man muß dabei berücksichtigen, daß bereits bei einem Martensitanteil von 60 % Kaltrisse wahrscheinlich sind.

Zu den einfachen Beurteilungskriterien für die Kaltrißneigung an Schweißübergängen gehören die von *Nehl* und *Rose* eingeführten K_{30}- und K_{50}-Werte. Der K_{30}-Wert ist die Abkühlzeit von A_3 auf 500 °C, bei der im Schweißübergang 30 % Martensit gebildet werden. Der K_{50}-Wert entspricht der Abkühlzeit, bei der 50 % Martensit im Schweißübergang entstehen. Ist kein nachträgliches Spannungsarmglühen vorgesehen, sollte der Martensitgehalt im kritischen Bereich des Schweißübergangs 30 % nicht überschreiten. Der Grenzwert erhöht sich auf 50 %, wenn spannungsarmgeglüht wird.

Um die K_{30}- und K_{50}-Werte zu bestimmen, müssen die entsprechenden Abkühlzeiten von A_3 auf 500 °C und metallographisch die Martensitanteile im Schweißübergang ermittelt werden. Häufig nimmt man einfach die Abkühlzeiten von 800 auf 500 °C. Der Vorteil ist, daß dann immer ein gleichbleibendes Temperaturintervall zugrundeliegt, während sich der Temperaturbereich von A_3 bis 500 °C mit der chemischen Zusammensetzung und den Abkühlbedingungen ändert. Problematisch ist die metallographische Bestimmung des Martensitanteils. In der Tabelle 2-2 sind die K_{30}-Werte einiger Stähle angegeben.

Tabelle 2-2. K_{30}-Werte einiger Stähle.

Stahl	K_{30}-Wert in s
S235JRG2	5,0
P355NL1	7,5
16Mo3	13,5
25CrMo4	90,0

Die Temperatur des Beginns der Martensitbildung beim Abkühlen bezeichnet man mit M_s (M = Martensit, s = start), das Ende mit M_f (f = finish). Sowohl M_s wie auch M_f werden mit zunehmendem Kohlenstoffgehalt erniedrigt. Bei geringen Kohlenstoffgehalten kommt es zu einem Anlaßeffekt. Der angelassene Martensit ist weniger hart und wirkt deshalb erst bei einem größeren Anteil im Gefüge kaltrißbildend. Es handelt sich in der Regel um massiven oder Schiebungsmartensit. Nadelförmiger Martensit tritt vorwiegend bei höheren Kohlenstoffgehalten auf.

Es wird angegeben, daß ein Stahl für das Schmelzschweißen im allgemeinen bis zu Kohlenstoffgehalten von 0,20 bis 0,23 % eine gute Schweißeignung aufweist, das heißt, man kann ohne Vorwärmen schweißen. Der Grenzwert von 0,23 % gilt allerdings nur für unlegierte Stähle; für niedriglegierte Stähle liegt er je nach Legierungsgehalt niedriger.

2.2.2.2 Begleit- und Legierungselemente

Schwefel

Schwefel gilt allgemein als schädliche Verunreinigung im Stahl. Eisen bildet mit Schwefel die Verbindung FeS, Eisensulfid. Zwischen Eisen und Eisensulfid besteht ein Eutektikum bei 30,5 % Schwefel mit einem Schmelzpunkt bei 985 °C. Nach dem Zustandsschaubild sollte als Gefügebestandteil schon bei sehr geringen Schwefelgehalten dieses niedrigschmelzende Eutektikum auftreten. Das ist aber nicht der Fall. Das Eutektikum entartet, das heißt, das in ihm enthaltene Eisen kristallisiert an die in großem Überschuß vorhandenen primären Eisenkristalle an, und das freigewordene Eisensulfid bildet an den Korngrenzen eine mehr oder weniger dicke Schale. Stahl, der niedrigschmelzende Phasen in den Korngrenzen aufweist, verhält sich bei Schmiedetemperaturen brüchig, da die Korngrenzensubstanz aufschmilzt und damit der feste Zusammenhalt zwischen den Eisenkristalliten aufgehoben wird. Man unterscheidet das zwischen 800 und 1000 °C liegende Rotbruchgebiet, in dem der Stahl infolge geringer Plastizität des in den Korngrenzen befindlichen FeS brüchig wird, vom eigentlichen Heißbruchgebiet bei Temperaturen oberhalb 1200 °C, wo die Korngrenzen aufzuschmelzen beginnen.

Schwefel neigt zur Seigerung. Darunter versteht man Entmischungsvorgänge, die beim Erstarren von Schmelzen auftreten und die zu inhomogenen Elementeverteilungen führen. Eine vor allem bei unberuhigten Stählen auftretende Entmischung ist die sogenannte Blockseigerung. Diese entsteht dadurch, daß die beim Erstarren zuerst in den Randzonen gebildeten relativ sauberen Eisenkristallite die restliche Schmelze mit den darin enthaltenen Verunreinigungen vor sich herschieben, so daß diese sich im Blockinnern mehr und mehr anreichern. Neben Schwefel seigern Phosphor und auch Kohlenstoff, Bild 2-1.

Beim Schmelzschweißen von Walzstahl aus unberuhigt vergossenem Stahl ist auf Seigerungszonen zu achten. Man legt die Schweißnähte so, daß keine Seigerungszone aufgeschmolzen wird, oder wählt einen höhermanganhaltigen Zusatzwerkstoff.

Mit dem Abdruckverfahren nach *Baumann* lassen sich Schwefelseigerungen leicht nachweisen. Auf eine vorgeschliffene und entfettete Probe wird ein nicht ausfixiertes mit 5%iger Schwefelsäure getränktes Photopapier etwa zwei Minuten lang gepreßt, anschließend abgespült, fixiert und getrocknet. Die Schwefelseigerungen erscheinen schwarzbraun.

Phosphor

Phosphor im Stahl beeinflußt dessen Festigkeits- und Verformungsverhalten. Die Zugfestigkeit und die Streckgrenze nehmen mit steigendem Phosphorgehalt zu, während das plastische Verformungsvermögen abnimmt. Deshalb erhöht sich bereits bei geringen Gehalten die Sprödbruchneigung. Nach *Houdremont* beruht der schädliche Einfluß des Phosphors auf zwei Eigenschaften. Beim Erstarren einer Stahlschmelze seigert Phosphor sehr stark und durch sein geringes Diffusionsvermögen gleichen sich die Seigerungen im festen Zustand sowohl im α-Fe als auch im γ-Fe nicht aus.

Metallographisch läßt sich die Phosphorverteilung im Stahl mit dem Ätzmittel nach *Oberhoffer* nachweisen. Die sorgfältig geschliffene und polierte Probenoberfläche wird mit einer Ätzlösung behandelt, die aus 500 ml destilliertem Wasser, ebensoviel Äthylalkohol, 50 ml Salzsäure, 30 g Eisenchlorid ($FeCl_3$), 1 g Kupferchlorid ($CuCl_2$) und 0,5 g Zinnchlorid ($SnCl_2$) besteht. Die phosphorärmeren Stellen werden von der Ätzlösung nicht angegriffen und erscheinen dunkel, die phosphorreichen dagegen hell. Es handelt sich bei der Ätzung nach *Oberhoffer* um eine Primärätzung, bei der sich die phosphorarmen Dendriten dunkel und die Restfelder hell abbilden, so daß das Primärgefüge des Stahls, wie es bei der Erstarrung gebildet wurde, zu erkennen ist. Etwas einfacher lassen sich Seigerungen mit dem Ätzmittel nach *Heyn* nachweisen. Die nur grobgeschliffene Probenoberfläche wird mit der *Heynschen* Ätzlösung behandelt, diese besteht aus 100 ml Wasser und 9 g Kupferammoniumchlorid ($CuCl_2 \cdot 2\,NH_4Cl \cdot H_2O$). Der beim Ätzvorgang auf der Probenoberfläche gebildete Kupferniederschlag wird unter fließendem Wasser abgewischt. Anders als bei der Ätzung nach *Oberhoffer* färben sich die Phosphorseigerungen dunkel, während die phosphorärmeren Dendriten hell erscheinen.

Silizium

Während in unberuhigt vergossenen Stählen nur wenig Silizium enthalten ist, maximal 0,02 %, liegen die Gehalte in beruhigt vergossenen Stählen höher und betragen im allgemeinen 0,2 bis 0,5 %. Die Lösungsfähigkeit des α-Eisens für Silizium ist groß und beträgt etwa 14 %, so daß sich bei den relativ niedrigen Siliziumgehalten in unlegierten Stählen keine besonderen siliziumhaltigen Gefügebestandteile bilden. Der Siliziumgehalt läßt sich deshalb, im Gegensatz zum Kohlenstoffgehalt, auch nicht aus dem Gefüge bestimmen. Die hohe Affinität von Silizium zu Sauerstoff führt bei der Desoxidation zur Entstehung von Kieselsäure (SiO_2), die mit anderen Oxiden silikatische Einschlüsse bildet, zum Beispiel mit Al_2O_3 Aluminiumsilikat oder mit MnO Mangansilikat. Bei der plastischen Verformung, beispielsweise beim Walzen oder Ziehen, bilden die harten silikatischen Einschlüsse im Gefüge Zeilen.

Mangan

In unlegierten Stählen können bis 1,65 % Mangan enthalten sein. Die Löslichkeit von Mangan in α-Eisen beträgt bei Raumtemperatur etwa 10 %, so daß bei den geringen Mangangehalten in unlegierten Stählen keine besondere Phase auftritt. Ein Teil des Mangans löst sich im Zementit und bildet Mischkarbide $(Fe, Mn)_3C$. Stähle mit höheren Mangangehalten neigen zur Längsfaserung, das heißt, die mechanischen Eigenschaften gewalzter Bleche in Längs- und Querrichtung unterscheiden sich erheblich. So kann sich die Längs- zur Querkerbschlagzähigkeit wie 5 : 1 verhalten.

Mangan bindet im Stahl den Schwefel zu hochschmelzendem Mangansulfid und verhindert dadurch die Heißrißbildung. Es wird angegeben, daß der zur Vermeidung von Heißrissen erforderliche Mangangehalt vom vorhandenen Schwefelgehalt bestimmt wird. Nach *Pigott* gilt:

$$\%\,Mangan \geq 0{,}3 + 1{,}72 \times \%\,Schwefel \qquad (2.2)$$

Bei seiner Erzeugung nimmt der Stahl Sauerstoff auf, der bei der Desoxidation nur unvollkommen wieder entfernt wird. Ähnlich wie das Eisensulfid FeS fördert ein höherer FeO-Gehalt im Stahl das Entstehen von Heißrissen. Besonders stark ist die Neigung zur Heißrißbildung bei einem Stahl, der wenig Mangan, aber höhere Sauerstoff- und Schwefelgehalte enthält. FeO bildet mit FeS ein bereits bei 930 °C schmelzendes Eutektikum. Durch ausreichenden Manganzusatz werden die beiden heißrißfördernden Elemente Sauerstoff und Schwefel als Manganoxid (MnO) und als Mangansulfid (MnS) abgebunden. Nur bei Sauerstoffgehalten bis höchstens 0,02 % besteht kein nachweisbarer Einfluß auf die Neigung zur Heißrißbildung.

Stickstoff

Die maximale Löslichkeit von Stickstoff im α-Eisen beträgt bei 585 °C nur 0,10 %. Sie nimmt mit sinkender Temperatur ab und ist bei Raumtemperatur praktisch gleich Null. Auf dieser mit der Temperatur abnehmenden Löslichkeit beruhen die wesentlichen Wirkungen des Stickstoffs im Stahl. Der Stickstoff wirkt ursächlich bei der Abschreck- und der Reckalterung. Die Abschreckalterung tritt auf, wenn alterungsanfälliger Stahl von Temperaturen höherer Stickstofflöslichkeit des α-Eisens schnell abgekühlt und ausgelagert wird. Während des Auslagerns verändern sich mechanische und andere Eigenschaften in unerwünschter Weise. Die Reckalterung ist zu beobachten, wenn ein alterungsanfälliger Stahl nach einer Kaltverformung auf Temperaturen zwischen 200 und 300 °C erwärmt wird. Beide Alterungsprozesse äußern sich in einem stark verringerten Verformungvermögen des betroffenen Stahls. Bei modernen Stählen haben Versprödungsvorgänge durch Alterung keine Bedeutung mehr. Ihre niedrigen Stickstoffgehalte und die Zugabe an stickstoffabbindenden Elementen wie Aluminium und Titan verhindern die Alterungsanfälligkeit.

Wasserstoff

Zu den Begleitelementen im Stahl gehört auch der Wasserstoff. Er gelangt bereits während der metallurgischen Prozesse, zum Beispiel durch wasserhaltige Zuschläge, in den Stahl. Beim Schweißen kann durch die Feuchtigkeit in Schweißzusatzwerkstoffen vom Schweißgut ebenfalls Wasserstoff aufgenommen werden. Die Löslichkeit von Wasserstoff im Stahl ist abhängig von der Legierung, der Temperatur und dem Wasserstoffdruck. Sie nimmt mit fallender Temperatur im schmelzflüssigen und festen Zustand ab. Bei Erstarrung einer Schmelze vermindert sich die Löslichkeit von Wasserstoff sprunghaft. Im festen Zustand ist sie im Austenit größer als im Ferrit. Im allgemeinen liegt der Wasserstoff im Eisen in atomarer Form vor und bildet mit dem Eisen Mischkristalle. Im Stahl erhöht Wasserstoff die Festigkeit, aber verringert erheblich die Zähigkeit, das heißt, der Stahl versprödet.

Die Diffusionsgeschwindigkeit von Wasserstoff im Eisen ist sehr groß. Der Wasserstoff kann schon bei Raumtemperatur oder bei wenig erhöhten Temperaturen das Eisengitter verlassen und austreten.

An Korngrenzen, Einschlüssen und Gitterfehlstellen assoziiert der atomare Wasserstoff zu Molekülen entsprechend der Gleichung:

$$2\,H = H_2$$

Der molekulare Wasserstoff kann nicht diffundieren und bleibt am Bildungsort eingeschlossen. Der sich hierbei ausbildende Wasserstoffdruck kann die Streckgrenze und sogar die Bruchgrenze erreichen, so daß der Stahl lokal plastisch verformt wird oder aufreißt. Das mit Wasserstoff beladene Eisen verhält sich wie ein Werkstoff, der unter einem mehrachsigen Spannungszustand steht.

2.2.2.3 Kohlenstoffäquivalent

Die Aufhärtung und die Neigung zur Kaltrißbildung im Schweißübergang werden durch die Begleit- und Legierungselemente im Stahl unterschiedlich beeinflußt. Im allgemeinen wird durch sie die kritische Abkühlgeschwindigkeit herabgesetzt, das heißt, die Gefahr der Aufhärtung und der Kaltrißbildung besteht auch bei langsamerer Abkühlung. Um den Einfluß der verschiedenen Elemente zu erfassen, führte man das Kohlenstoffäquivalent ein. Das erste Kohlenstoffäquivalent wurde bereits in den vierziger Jahren nach Untersuchungen von *Dearden* und *O'Neill* vorgeschlagen. Es lautete vereinfacht:

$$CEV = \%\,C + \frac{\%\,Mn}{6} \tag{2.3}$$

und bei Berücksichtigung weiterer Legierungselemente:

$$CEV = \%\,C + \frac{\%\,Mn}{6} + \frac{\%\,Cr + \%\,V}{5} + \frac{\%\,Mo}{4} + \frac{\%\,Cu}{13} + \frac{\%\,Ni}{15} + \frac{\%\,Co}{150} \tag{2.4}$$

Gute Schweißeignung soll gewährleistet sein, wenn das nach Gleichung 2.4 berechnete Kohlenstoffäquivalent CEV den Wert 0,45 nicht überschreitet. Für die vereinfachte Gleichung 2.3 gilt, daß eine rißsichere Schweißverbindung erreicht wird, wenn das Kohlenstoffäquivalent CEV höchstens 0,40 beträgt.

Bis heute wurden international über 40 verschiedene Kohlenstoffäquivalente, mit auf unterschiedliche Weise experimentell bestimmten Faktoren, vorgeschlagen. Manche dieser Kohlenstoffäquivalente benutzen andere Faktoren oder sie beziehen weitere Elemente mit ein. Vom Internationalen Institut für Schweißtechnik (IIW) wurde für die Berechnung des Kohlenstoffäquivalents die nachstehende Gleichung vorgeschlagen:

$$CEV = \%\,C + \frac{\%\,Mn}{6} + \frac{\%\,Cr + \%\,Mo + \%\,V}{5} + \frac{\%\,Ni + \%\,Cu}{15} \tag{2.5}$$

Diese Formel spezifiziert auch die zusätzlichen technischen Anforderungen an die chemische Zusammensetzung der unlegierten Stähle in DIN EN 10025.

Das CEV darf nur innerhalb der folgenden Grenzwerte der Zusammensetzung angewendet werden: $< 0{,}5\,\%\,C$; $< 1{,}0\,\%\,Mn$; $< 1{,}0\,\%\,Cr$; $< 3{,}5\,\%\,Ni$; $0{,}6\,\%\,Mo$.

2.2.2.4 Kohlenstoffäquivalent, Härte und Vorwärmung

Die Gefahr unzulässiger Aufhärtungen nimmt mit der Abkühlgeschwindigkeit zu. Da die Werkstückdicke die Abkühlverhältnisse, insbesondere die Abkühlgeschwindigkeit beeinflußt, wurde versucht, den Einfluß der Werkstückdicke bei der Anwendung der Formel des Kohlenstoffäquivalents zu berücksichtigen. Eine brauchbare Möglichkeit bietet ein Schaubild, aus dem können in Abhängigkeit von der Werkstückdicke und dem Kohlenstoffäquivalent Angaben zur Schweißeignung entnommen werden, Bild 2-24.

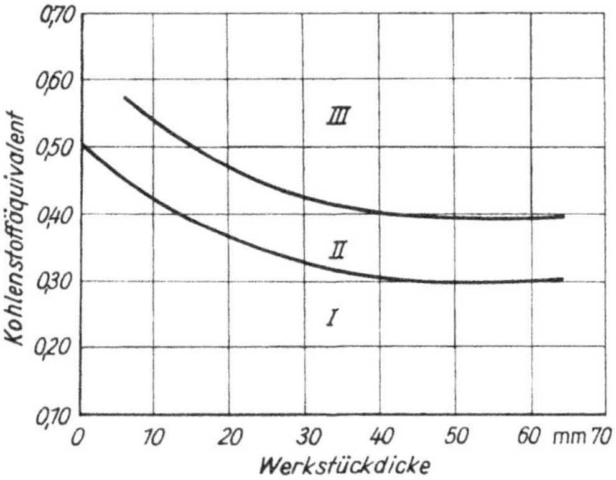

Bild 2-24. Abhängigkeit der Schweißeignung vom Kohlenstoffäquivalent und von der Werkstückdicke (I gute Schweißeignung, II bedingte Schweißeignung – Vorwärmung, III keine Schweißeignung).

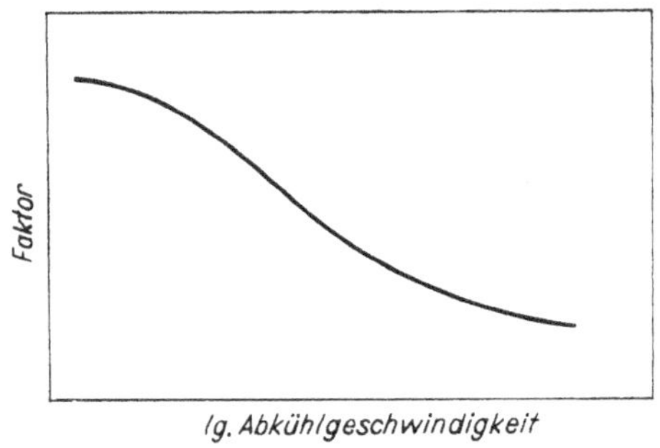

Bild 2-25. Schematische Darstellung der Abhängigkeit des Faktors eines Legierungselementes für das Kohlenstoffäquivalent von der Abkühlgeschwindigkeit.

Das Kohlenstoffäquivalent ist nur für erste orientierende Aussagen zu benutzen, Bild 2-25. Man kann mit ihm die Aufhärtungs- und Kaltrißneigung eines Stahls unter dem Einfluß des Abkühlvorgangs beim Schweißen einschätzen und eine Rangfolge der Stähle entsprechend ihrer Schweißeignung vornehmen. Um die mögliche Höchsthärte im Schweißübergang mit Hilfe des Kohlenstoffäquivalents abzuschätzen, wurde von *Reeve* die nachstehende Beziehung vorgeschlagen:

$$\text{Härte (HV)} = 1200\ CE - 200 \quad (2.6)$$

Um Kaltrisse zu vermeiden, werden maximal zulässige Höchstwerte der Härte im Schweißübergang angenommen. Beim Einhalten dieser Werte soll Sicherheit gegen Kaltrisse gewährleistet sein. Sehr häufig wird als maximal zulässiger Härtewert 350 HV angegeben, Bilder 2-26 und 2-27. Bei der Anwendung des Kohlenstoffäquivalents CE wird davon ausgegangen, daß die Elemente, die eine Aufhärtung fördern, auch im gleichen Maß die Kaltrißneigung begünstigen. Neuere Untersuchungen ergaben jedoch, daß diese Annahme nicht allgemein gilt.

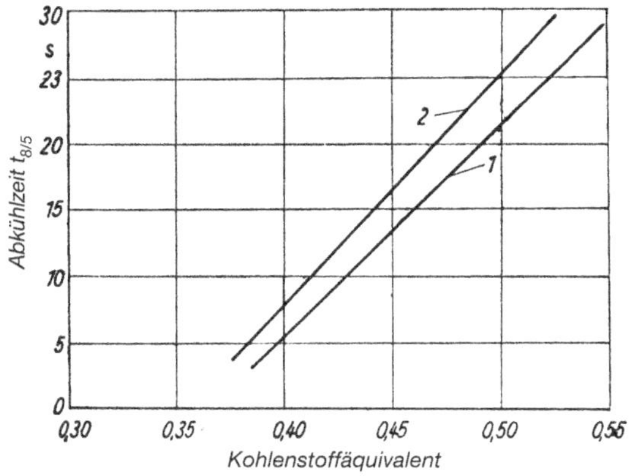

Bild 2-26. Einfluß des Kohlenstoffäquivalents und der Abkühlzeit von 800 bis 500°C auf die maximale Härte von 350 HV im Schweißübergang nach *Schäfer* (1 Kohlenstoffäquivalent nach Kihara, 2 Kohlenstoffäquivalent nach DIN 10025).

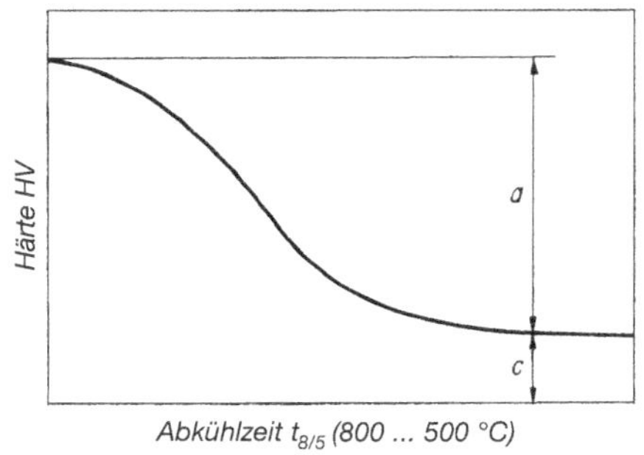

Bild 2-27. Schematische Darstellung der Abhängigkeit der Härte von der Abkühlzeit von 800 bis 500 °C.

Ein weiterentwickeltes Kohlenstoffäquivalent CET nach *Uwer und Höhne* wird als aussagekräftiger eingeschätzt. Es lautet:

$$CET = C + \frac{Mn + Mo}{10} + \frac{Cr + Cu}{20} + \frac{Ni}{40} \qquad (2.7)$$

Als Gültigkeitsbereich für die Gleichung 2.7 wird angegeben: CET = 0,2 bis 0,5 %, Erzeugnisdicke d = 10 bis 90 mm, Wasserstoffgehalt HD 1 bis HD 20 (DIN EN ISO 3690) und Streckenenergie Q = 0,5 bis 4,0 kJ/mm.

Die Auswertung von Kaltrißuntersuchungen ergab für die Beziehung des Kohlenstoffäquivalents CET und der zur sicheren Vermeidung von Kaltrissen notwendigen Mindestvorwärmtemperatur T_P einen linearen Zusammenhang:

$$T_P = 750 \times CET - 150 \qquad (2.8)$$

(bei Erzeugnisdicke d = 30 mm, HD 4 (nach DIN EN ISO 3690) und einer Wärmeeinbringung Q = 1 kJ/mm).

Unter Einbeziehung der Einflußgrößen Erzeugnisdicke d, Wasserstoffgehalt HD und Wärmeeinbringung Q wird eine zusammenfassende Gleichung für die Ermittlung der Mindestvorwärmtemperatur T_P oder der Zwischenlagen-Mindesttemperatur T_I angegeben. Sie lautet:

$$T_P \text{ oder } T_I = 700 \times CET + 160 \times \tanh\left(\frac{d}{35}\right) + 62 \times HD^{0,35} + (53 \times CET - 32) \times Q - 330 \qquad (2.9)$$

mit

d Erzeugnisdicke in mm,
HD Wasserstoffgehalt HD nach DIN EN ISO 3690 in cm^3/100 g Schweißgut,
Q Wärmeeinbringung in kJ/mm.

Die nach der Gleichung 2.9 errechneten Mindestvorwärmtemperaturen gelten für Fälle, in denen Eigenspannungen in Höhe der Streckgrenze des Grundwerkstoffes oder des Schweißgutes auftreten. Sie liegen nach den bisherigen Erfahrungen auf der sicheren Seite, wenn einige zusätzliche Bedingungen berücksichtigt werden. Unter anderem soll das Kohlenstoffäquivalent des Grundwerkstoffs dasjenige des Schweißguts um mindestens 0,03 % übersteigen, andernfalls ist die Mindestvorwärmtemperatur mit dem Kohlenstoffäquivalent des Schweißguts und einem Sicherheitszuschlag von 0,03 % zu errechnen. Einlagige Kehlnähte sowie die Einzellagen von Heft- und Wurzelschweißungen sollen mindestens 50 mm lang sein.

Der beim Schweißen vom Schweißgut aufgenommene Wasserstoff diffundiert auch in die unmittelbar angrenzenden Bereiche der WEZ, solange diese im austenitischen Zustand sind. Wasserstoff fördert die Rißbildung. Die Erscheinungsformen der wasserstoffbegünstigten Risse sind vielfältig. In der WEZ sind es vor allem die verzögerten Risse (delayed fracture). Der Wasserstoff ist sowohl an der Rißentstehung wie auch an der -fortpflanzung fördernd beteiligt, aber die Hauptursache der Rißbildung ist die Martensitumwandlung. Die Verzögerung erklärt sich aus der Zeitabhängigkeit der Wasserstoffdiffusion. Bei zunächst homogener Wasserstoffverteilung, aber inhomogener Spannungsverteilung – es handelt sich dabei vorwiegend um Spannungen 2. und 3. Art – diffundiert der Wasserstoff bevorzugt in Gebiete, die unter mehrachsiger Spannung stehen. Erst bei Erreichen einer kritischen Kombination von Spannungszustand und Wasserstoffverteilung wird der Riß ausgelöst und breitet sich mit großer Geschwindigkeit aus. Die Haupttypen der verzögerten Risse in der WEZ sind schematisch in Bild 2-28 dargestellt. Eine Beziehung, um die Wirkung der chemischen Zusammensetzung, des Abkühlvorgangs beim Schweißen, der Erzeugnisdicke und des Wasserstoffgehalts zu erfassen, wurde von *Ito* und *Bessyo* entwickelt. Der von ihnen eingeführte Rißbildungsfaktor P_c errechnet sich aus:

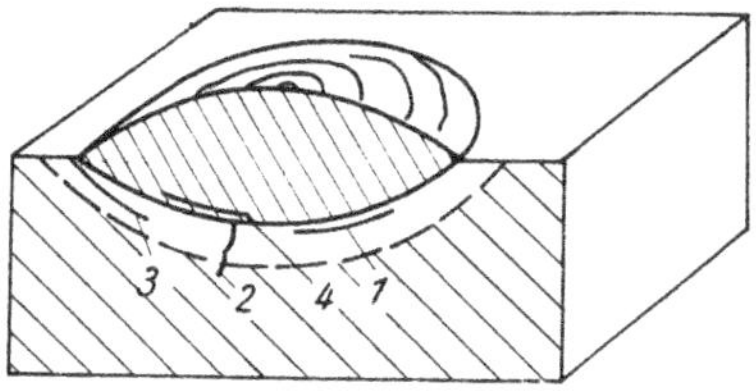

Bild 2-28. Schematische Darstellung von verzögerten Rissen (1 Unternahtriß in der WEZ, 2 von der Schmelzlinie durch die WEZ in den Grundwerkstoff, 3 von der Oberfläche in die WEZ, 4 von der Schmelzlinie in das Schweißgut).

$$P_c = CEP + \frac{H}{60} + \frac{s}{600} \tag{2.10}$$

mit

CEP Kohlenstoffäquivalent,
H Wasserstoffgehalt (nach der Glyzerinmethode),
s Erzeugnisdicke in mm.

$$CEP = C + \frac{Si}{30} + \frac{Mn + Cr + Cu}{20} \frac{Ni}{60} + \frac{Mo}{15} + \frac{V}{10} + 5\,B \tag{2.11}$$

Die Gleichung 2.11 gilt innerhalb der nachstehend angeführten Gehalte: 0,07 bis 0,12 % C, < 0,60 % Si, 0,40 bis 1,40 % Mn, < 0,50 % Cu, < 1,20 % Ni, < 1,20 % Cr, < 0,70 % Mo, < 0,12 % V, 0,4 % Nb, < 0,05 % Ti, < 0,005 % B.

Um Kaltrisse zu vermeiden, ist eine aus dem Rißbildungsfaktor P_c zu errechnende Mindestvorwärmtemperatur T_P einzuhalten. Die entsprechende Gleichung lautet:

$$T_P = 1440\,P_c - 392 \tag{2.12}$$

Ist die Gleichung 2.12 erfüllt, dann sollen keine Kaltrisse auftreten. Das Kriterium ist nur für Stähle mit Kohlenstoffgehalten bis 0,12 % anwendbar.

Für die Bestimmung der Mindestvorwärmtemperatur T_P nach *Ito* und *Bessyo* wurde der Rißbildungsfaktor P_c eingeführt. Da P_c gemäß Gleichung 2.11 linear vom Kohlenstoffäquivalent CEP, von der Wanddicke und dem Wasserstoffgehalt bestimmt wird, gilt für die Mindestvorwärmtemperatur T_P entsprechend der Gleichung 2.12 ebenfalls eine lineare Abhängigkeit von den genannten Einzelfaktoren.

2.2.3 Schweiß-ZTU-Schaubilder

2.2.3.1 Bestimmung der Abkühlzeiten

Die Anwendung der Schweiß-ZTU-Schaubilder setzt die Kenntnis des Temperatur-Zeitverlaufs in der WEZ beim Schweißen voraus, insbesondere muß der zeitliche Abkühlverlauf im Temperaturbereich von 800 bis 500 °C bekannt sein. Es werden rechnerische und experimentelle Methoden zur Bestimmung von Abkühlgeschwindigkeiten und Abkühlzeiten benutzt. Zunächst werden nachstehend verschiedene Berechnungsverfahren vorgestellt, ohne auf die Ableitung der Funktionen im einzelnen einzugehen.

Aufbauend auf der Fourierschen Wärmegleichung entwickelten *Rosenthal* und *Rykalin* Berechnungsformeln. Der komplizierte Aufbau dieser Formeln läßt sich etwas vereinfachen, wenn man berücksichtigt, daß alle über 900 °C erwärmten Bereiche einer Schweißnaht annähernd gleiche Abkühlzeiten von 800 bis 500 °C aufweisen, so daß eine Berechnung der Abkühlzeit in der

Schweißnahtmitte auch ausreichend genau für die WEZ zutrifft. Beim Schweißen von dicken Blechen ist eine dreidimensionale Wärmeableitung anzunehmen, und es gilt folgende Gleichung:

$$t_A = \frac{1}{2\pi\lambda} \left(\frac{q}{v}\right)^2 \left(\frac{1}{500 - T_0} - \frac{1}{800 - T_0}\right) \tag{2.13}$$

mit

t_A Abkühlzeit von 800 bis 500 °C in s,
q/v effektive Streckenenergie in J/cm,
λ Wärmeleitfähigkeit in W/cm · K,
T_0 Umgebungstemperatur in °C.

Beim Schweißen dünner Bleche ist eine zweidimensionale Wärmeableitung anzunehmen, es gilt folgende Gleichung:

$$t_A = \frac{1}{4\pi\lambda\rho c} \left(\frac{q/v}{s}\right)^2 \left[\left(\frac{1}{500 - T_0}\right) - \left(\frac{1}{800 - T_0}\right)\right]^2 \tag{2.14}$$

mit

t_A Abkühlzeit von 800 auf 500 °C,
q/v effektive Streckenenergie in J/cm,
s Blechdicke in cm,
ρ Dichte in g/cm^3,
λ Wärmeleitfähigkeit in W/cm · K,
c spezifische Wärme in J/g · K,
T_0 Umgebungstemperatur in °C.

Die Übergangsblechdicke, bei der die zweidimensionale Wärmeleitung in eine dreidimensionale übergeht, errechnet sich aus der tatsächlichen Blechdicke, den Schweißdaten, einigen physikalischen Eigenschaften und der Umgebungstemperatur nach der Gleichung

$$s^* = \sqrt{\frac{q/v}{2\rho c} \left(\frac{1}{500 - T_0} + \frac{1}{800 - T_0}\right)} \tag{2.15}$$

mit

s* Übergangsblechdicke in cm,
q/v effektive Streckenenergie in J/cm,
ρ Dichte in g/cm^3,
c spezifische Wärme in J/g · K,
T_0 Umgebungstemperatur in °C.

Für eine Erzeugnisdicke $s > s^*$ ist Gleichung 2.13 und für $s < s^*$ Gleichung 2.14 zu benutzen.

Grundlegende umfassende Untersuchungen zur mathematischen Beschreibung der Wärmevorgänge beim Schweißen wurden von *Rykalin* durchgeführt. Bei der Ableitung seiner Berechnungsgleichung ging er von bestimmten geometrischen Körpern und schematisierten Wärmequellen aus. Er unterschied dabei:

– Den einseitig begrenzten Körper im Raum mit einer punktförmig konzentrierten Wärmequelle auf der Oberfläche. Der Wärmestrom ist dreidimensional. Diesem Schema entspricht der Realfall der Auftragschweißung von einzelnen Raupen auf massive Werkstücke großer Abmessungen.

- Die ebene Schicht im Raum, das heißt, einen durch parallele Ebenen begrenzten Körper mit einer punktförmig konzentrierten Wärmequelle auf einer Ebene. Der Wärmestrom ist hier ebenfalls dreidimensional. Diesem Schema entspricht der Realfall der Auftragschweißung von einzelnen Raupen auf Werkstücke mittlerer Dicke und mit größeren Längen- und Breitenabmessungen.
- Die Platte, eine ebene Schicht geringerer Dicke mit unbegrenzter Länge und Breite und einer über die Dicke linienförmig konzentrierten Wärmequelle. Der Wärmestrom ist zweidimensional. Diesem Schema entspricht das Stumpfschweißen dünner Bleche.
- Einen Körper mit gerader Achse und kleinem Querschnitt und einer ebenen konzentrierten Wärmequelle. Der Wärmestrom ist eindimensional. Diesem Schema entspricht das Widerstandsstumpfschweißen von stangenförmigen Werkstücken.

Die Abkühlgeschwindigkeit w beim Auftragschweißen einer einzelnen Raupe auf ein massives Werkstück errechnet sich aus folgender Gleichung:

$$w = 2\,\pi\,\lambda\,\frac{(T - T_0)^2}{q/v} \tag{2.16}$$

mit

w Abkühlgeschwindigkeit in K/s,
q/v effektive Streckenenergie,
λ Wärmeleitfähigkeit in W/cm · K.

Die entsprechende Gleichung für eine einlagige Stumpfschweißung lautet:

$$w = 2\,\pi\,\lambda\,\rho\,c\,\frac{(T - T_0)^3}{\left(\frac{q}{v}\,s\right)^2} \tag{2.17}$$

mit

w Abkühlgeschwindigkeit in K/s,
q/v effektive Streckenenergie in J/cm,
λ Wärmeleitfähigkeit in W/cm · K,
c spezifische Wärme in J/g · K,
ρ Dichte in g/cm^3,
s Erzeugnisdicke in cm,
T_0 Umgebungstemperatur in °C,
T augenblickliche Temperatur in °C.

Für die Wärmeausbreitung beim Auftragschweißen von Einzelraupen auf Werkstücke beliebiger Dicke sowie beim Schweißen einzelner Lagen einer Mehrlagenschweißung wurden ebenfalls Berechnungsformeln aufgestellt. Von *Inagaki* u. a. stammen Berechnungsgleichungen, die nicht theoretisch abgeleitet, sondern durch Messungen gewonnen wurden. Damit entfallen die durch die Schematisierung und durch die Vernachlässigung der Temperaturabhängigkeit der wärmephysikalischen Eigenschaften bedingten Fehlerquellen. Um die Abkühlzeit von 800 auf 500 °C zu bestimmen, wird die aus Versuchsdaten entwickelte folgende Gleichung verwendet:

$$t_A = \frac{K\left(\frac{q}{v}\right)^n}{\beta\,(T - T_0)^2\left(1 + \frac{2}{\pi}\,arc\tan\frac{t - t_0}{\alpha}\right)} \tag{2.18}$$

mit

t_A Abkühlzeit von 800 auf 500 °C,
q/v effektive Streckenenergie in J/cm,
s Werkstückdicke in cm,
T_0 Umgebungstemperatur in °C,
$K, T, n, t_0, \alpha, \beta$ Konstanten.

K und n sind Konstanten, die durch den Schweißprozeß bestimmt werden. T ist eine Konstante, die vom Temperaturbereich abhängt, in dem die Abkühlzeit ermittelt werden soll. Die Werte für t_A und β hängen von der Werkstückdicke ab. Die Konstante α berücksichtigt die Art der Schweißverbindung und die Fugenform.

Aus der Gleichung 2.18 sind spezielle Nomogramme für die Bestimmung der Abkühlzeiten von 800 auf 500 °C entwickelt worden, Bilder 2-29, 2-30 und 2-31.

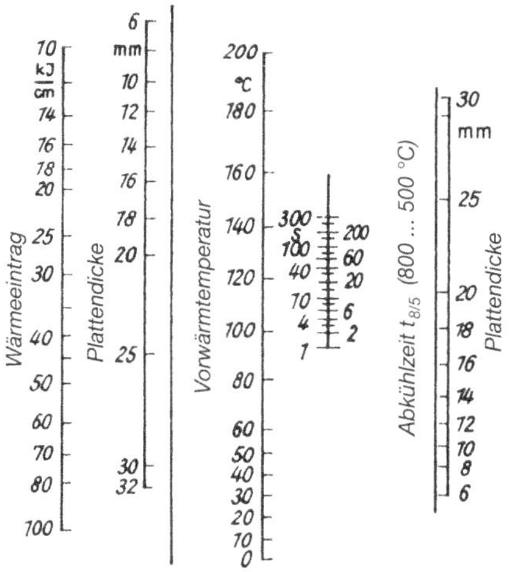

Bild 2-29. Nomogramm zur Berechnung der Abkühlzeit von 800 bis 500 °C in der Wärmeeinflußzone nach *Inagaki* (links: Auftragschweißen, rechts: Kehlnahtschweißen).

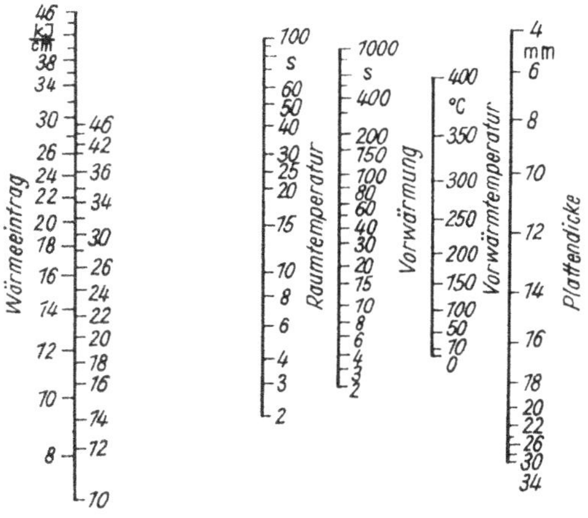

Bild 2-30. Nomogramm zur Bestimmung der Abkühlzeit von 800 bis 500 °C im Schweißübergang beim MAG-Schweißen nach *Inagaki.*

Die zuverlässigsten Werte liefern direkte Messungen. *Herold u. a.* führten entsprechende Untersuchungen durch. Die Abkühlzeit von 800 auf 500 °C wurde durch automatisches Einschießen von Thermoelementen in die schmelzflüssige Schweißnaht ermittelt. In Bild 2-32 ist als Beispiel die Abhängigkeit der Abkühlzeit von der Werkstückdicke und von der Streckenenergie beim MAG-Schweißen von Auftragraupen auf St 42 (S275) gezeigt. Der Einfluß der Nahtform wird durch den Vergleich der Abkühlzeiten von Auftrag- und Kehlnahtschweißungen deutlich, Bild 2-33. Besonders wichtig sind die exakten Nachweise der erhöhten Gefährdung am Nahtanfang und am Nahtende. Diese Bereiche einer Schweißnaht kühlen wesentlich schneller ab als die Nahtmitte. Für überschlagsmäßige Berechnungen kann angenommen werden, daß am Nahtanfang (Zündstelle) die Abkühlzeit nur 30 % und am Nahtende (Endkrater) nur 50 % derjenigen in der Nahtmitte beträgt.

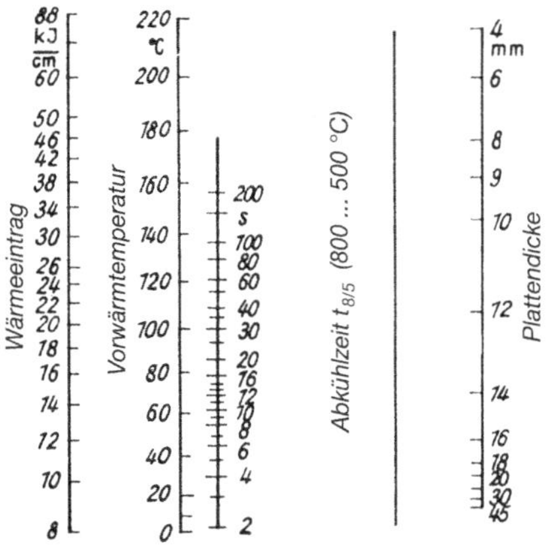

Bild 2-31. Nomogramm zur Bestimmung der Abkühlzeit im Schweißübergang beim Unterpulverschweißen nach *Inagaki*.

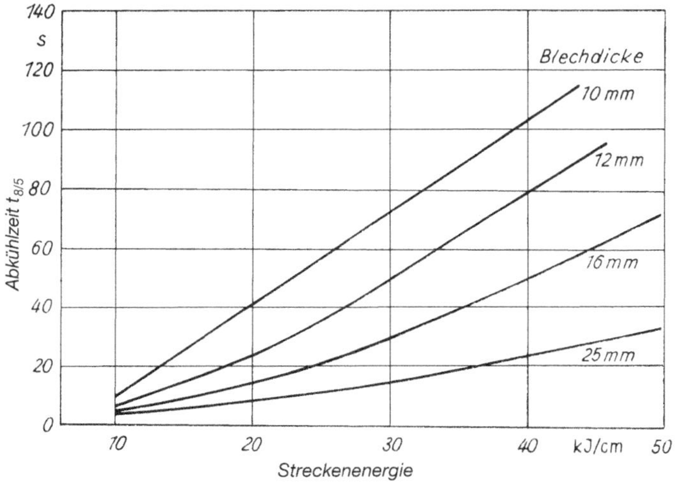

Bild 2-32. Abkühlzeit von 800 bis 500 °C in Abhängigkeit von der Werkstückdicke und der Streckenenergie beim MAG-Schweißen von Auftragraupen auf St 42 (S275) nach *Herold*.

Für die Anwendung der nachstehend beschriebenen Schweiß-ZTU-Schaubilder sind genaue Angaben über die Abkühlzeit im Umwandlungsbereich erforderlich.

2.2.3.2 Aufbau und Anwendung von Schweiß-ZTU-Schaubildern

Es liegt nahe, die bekannten ZTU-Schaubilder der Stähle auf die Abkühlvorgänge in der WEZ anzuwenden, um Gefügeausbildungen und mechanische Eigenschaften im Bereich einer Schweißverbindung abschätzen zu können. Für diesen Zweck sind aber die normalen ZTU-Schaubilder ungeeignet. Der thermische Zyklus in der WEZ unterscheidet sich ganz wesentlich von denjenigen, wie sie den ZTU-Schaubildern zugrunde liegen. Beim Schweißen herrschen in dem in Betracht kommenden Bereich wesentlich andere Austenitisierungsbedingungen, so ist die Aufheizgeschwindigkeit größer, die Austenitisierungstemperatur liegt höher, und die Haltezeit im Austenitisierungsbereich ist kürzer. Deshalb wurden spezielle Schweiß-ZTU-Schaubilder entwickelt, die dem thermischen Zyklus beim Schweißen besser entsprechen.

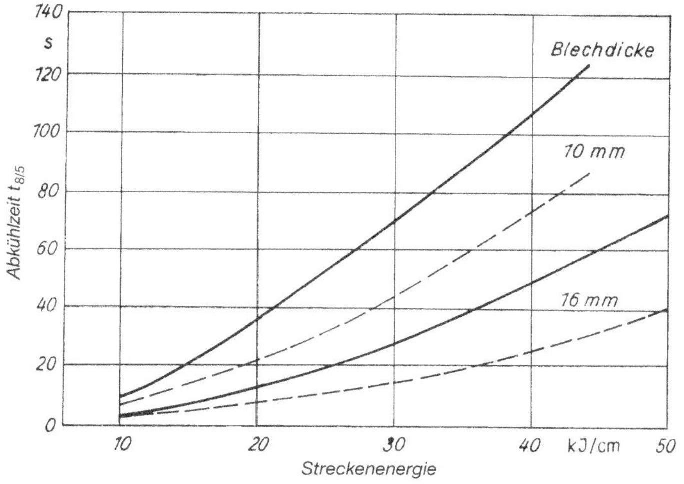

Bild 2-33. Vergleich der Abkühlzeiten von 800 bis 500 °C; —— Auftragschweißung, – – – – Kehlnahtschweißung nach *Herold*.

Von *Seyffarth* wurden Schweiß-ZTU-Schaubilder für verschiedene schweißgeeignete Baustähle angegeben. Er benutzte ein speziell entwickeltes Dilatometer und eine Aufheizvorrichtung, um 1 bis 5 mm dicke Proben einem imitierten Schweißtemperaturzyklus zu unterziehen. Die Proben wurden in 0,3 bis 3 s auf eine hohe Spitzentemperatur erhitzt und ohne Haltezeit kontinuierlich abgekühlt. Mit Hilfe der Dilatometeraufzeichnungen konnten die entsprechenden Schweiß-ZTU-Schaubilder aufgestellt werden. Ein Vergleich des Schweiß-ZTU-Schaubildes mit dem konventionellen ZTU-Schaubild eines Stahls belegt, daß im Schweißübergang die Umwandlungen zu tieferen Temperaturen und längeren Zeiten verschoben sind, Bild 2-34. Um die Aussagemöglichkeiten der Schweiß-ZTU-Schaubilder zu erweitern, wurden von *Seyffarth* für jede Abkühlkurve neben der Härte auch weitere mechanisch-technologische Werte ermittelt und in Zusatzdiagrammen aufgeführt, Bild 2-35.

Die Schweiß-ZTU-Schaubilder ermöglichen genauere Voraussagen über das Umwandlungsgeschehen in der WEZ als die meisten anderen Methoden. Ein gewisser Nachteil ist ihre Chargenabhängigkeit. Bereits verhältnismäßig geringe Unterschiede innerhalb der zulässigen Analysengrenzen eines Stahles oder Art, Größe und Verteilung der nichtmetallischen Einschlüsse beeinflussen das Umwandlungsgeschehen. Die Umwandlungsbereiche im ZTU-Schaubild sind für verschiedene Chargen des gleichen Stahles zu längeren oder kürzeren Zeiten und zu höheren oder tieferen Temperaturen verschoben. Genaue Untersuchungen sind erforderlich, um mögliche Fehlaussagen durch die Chargenabhängigkeit auszuschließen. Eine weitere häufige Fehlerquelle bei der Anwendung von Schweiß-ZTU-Schaubildern sind Ungenauigkeiten bei der Bestimmung der Abkühlzeiten. Trotz dieser einschränkenden Bemerkung gehören die Schweiß-ZTU-Schaubilder zu den wichtigsten Hilfsmitteln für die Feststellung des Werkstoffverhaltens von Stählen beim Schweißen, Bild 2-36.

2.2.4 Zur Deutung der Kaltrißbildung

Die Bildung von Kaltrissen wird besonders durch die nachstehend aufgeführten Einflußfaktoren gefördert:

- hohe Austenitisierungstemperatur und Kornwachstum in der WEZ,
- steigender Kohlenstoffgehalt im Martensit und zunehmender Wasserstoffgehalt im Stahl,
- Verschiebung des Beginns und des Endes der Martensitumwandlung zu tieferen Temperaturen,
- hohe Abkühlgeschwindigkeit im Temperaturbereich der Martensitumwandlung.

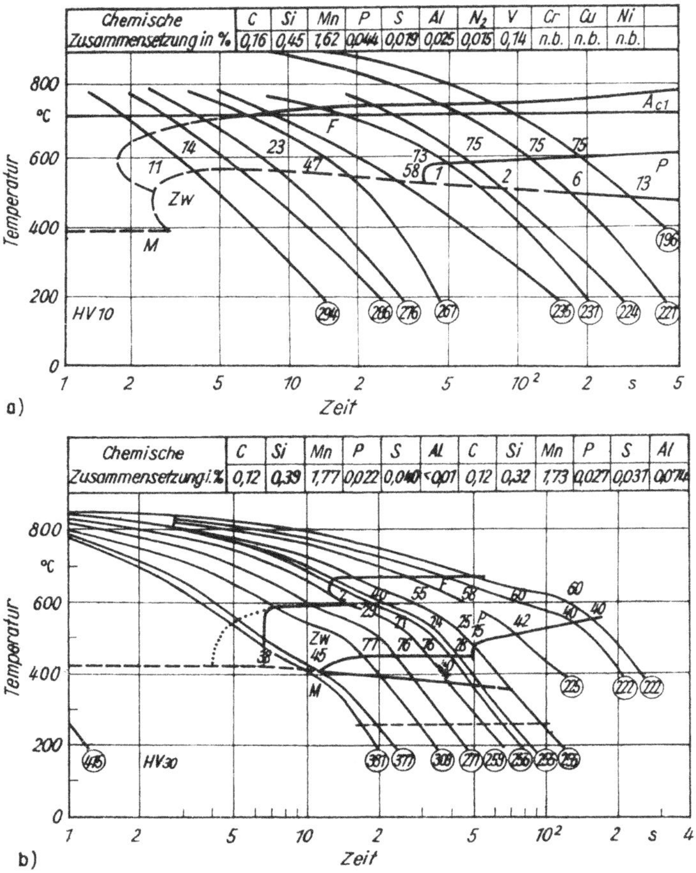

Bild 2-34. Vergleich von ZTU-Schaubild (a) und Schweiß-ZTU-Schaubild (b) für den Stahl H60 (S460) nach *Seyffarth*.

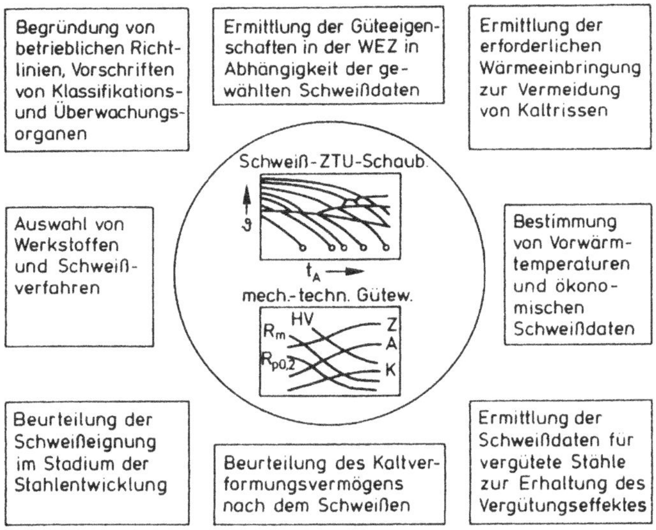

Bild 2-35. Anwendungsmöglichkeiten der Schweiß-ZTU-Schaubilder nach *Seyffarth*.

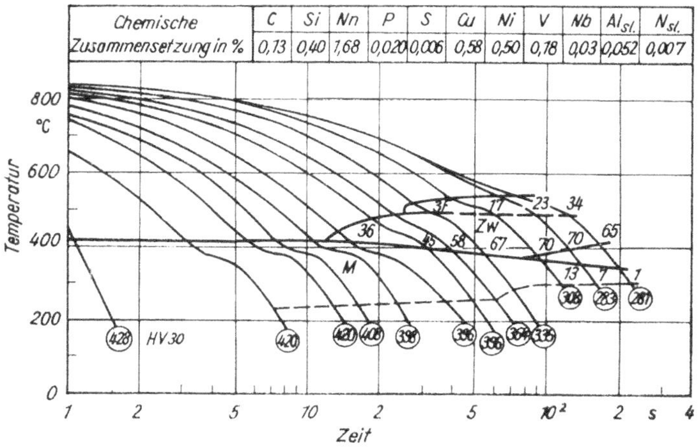

Bild 2-36. Schweiß-ZTU-Schaubild des Stahls 13MnCuNi6.6.2 nach *Seyffarth.*

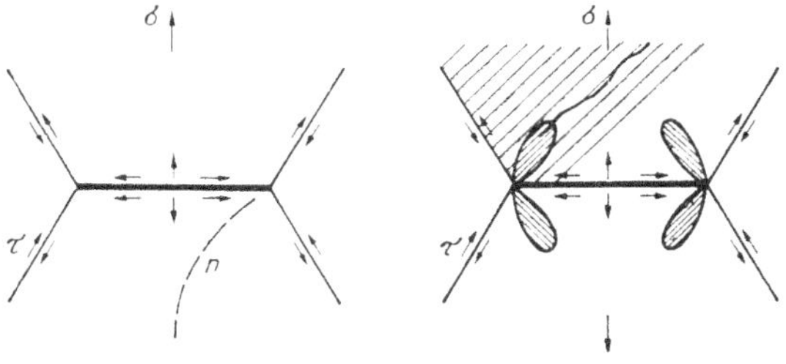

Bild 2-37. Zener-Schema zur Entstehung von Mikrorissen.

Als Keimstellen für Kaltrisse wirken Mikrorisse, Bild 2-37, für die im Schweißübergang günstige Bildungsbedingungen gegeben sind. Bei genügend schneller Abkühlung von hohen Austenitisierungstemperaturen bilden sich Leerstellenkonzentrationen in den Korngrenzenbereichen, und es entstehen Submikrohohlräume. Durch Vereinigen dieser Submikrohohlräume und durch eine zusätzliche Leerstellendiffusion aus dem Korninnern als Folge des bei der Martensitumwandlung sich ausbildenden Spannungszustandes und der gleichzeitig ablaufenden Relaxationsvorgänge wachsen diese zu Mikrohohlräumen und erreichen die für eine Kaltrißbildung unter bestimmten Bedingungen erforderliche kritische Größe.

Im Bild 2-38 ist in einem Schema der Einfluß der Zugspannungen auf die Kaltrißbildung und auf die Erholung eines aufhärtenden Stahls gezeigt. Mit steigender Zugspannung nimmt die Leerstellendiffusion zur Korngrenze hin zu, gleichzeitig verringert sich die für das Rißwachstum erforderliche kritische Größe der Mikrohohlräume. Die für eine Rißbildung erforderliche Mindestzugspannung ist durch den Schnittpunkt der beiden Abhängigkeiten im Schema gegeben. Im Bereich links vom Schnittpunkt sind die Spannungen kleiner als die nötige Mindestspannung. Es treten keine Kaltrisse auf, vielmehr werden Erholungsvorgänge und Neuordnungen der Korngrenzen stattfinden. Die Geschwindigkeit des Festigkeitsanstiegs erhöht sich mit zunehmender Spannung. Im Bereich rechts vom Schnittpunkt sind die Spannungen größer als die nötige Mindestspannung. Es werden Kaltrisse gebildet, um so schneller, je höher die Spannung ist.

2.2.5 Prüfung der Kaltrißbeständigkeit

Um die Beständigkeit des Schweißguts und der WEZ gegen das Auftreten von Kaltrissen, auch für den Fall der verzögerten Rißbildung, zu prüfen, wurden verschiedene Prüfverfahren mit sich selbstbeanspruchenden oder mit fremdbeanspruchten Proben entwickelt. In Richtlinie DVS 1006 sind die gebräuchlichsten Kaltrißprüfverfahren aufgeführt.

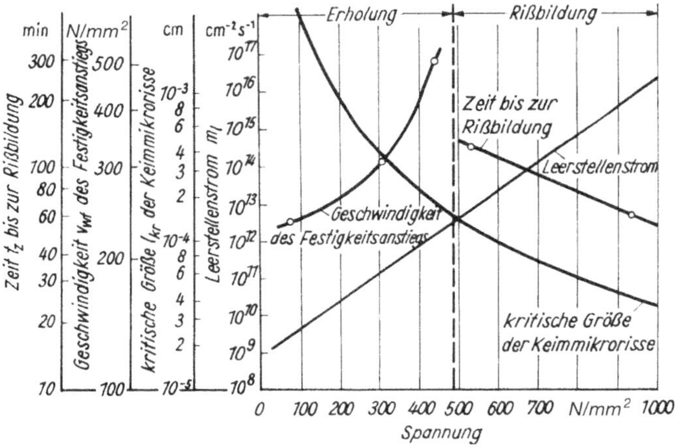

Bild 2-38. Einfluß der Eigenspannungen auf die Kaltrißneigung und auf die Erholung von aufhärtendem Stahl nach *Schorschorow.*

2.2.5.1 Prüfverfahren mit sich selbstbeanspruchenden Proben

Bei diesen Prüfverfahren erfolgt die mechanische Beanspruchung der Probe allein durch die Eigenspannungen, die sich durch behindernde Dehnung und Schrumpfung sowie durch Gefügeumwandlungen im Schweißnahtbereich ergeben.

CTS-Versuch

Beim CTS-Versuch (Controlled Thermal Severity Test) ist das Prüfkriterium die Rißbildung in den Kontrollnähten des geschweißten Prüfstücks, Bild 2-39. Ein Blech wird durch zwei Kehlnähte mit einem Grundblech verbunden, anschließend werden zwei Kontrollnähte geschweißt. Die Abkühlgeschwindigkeit von 800 auf 500 °C nach dem Schweißen wird gemessen. Frühestens 24 Stunden nach dem Schweißen werden diese Kontrollkehlnähte durch Augenscheinprüfung und durch zerstörungsfreie Prüfverfahren auf Risse geprüft. Weiterhin werden Mikroschliffe entnommen und metallographisch untersucht. Für die Auswertung sind die Anzahl und die Tiefe der Risse in den Mikroschliffen zu ermitteln. Bei unterschiedlichen Abkühlverläufen läßt sich eine Abkühlgeschwindigkeit bestimmen, bei der Risse auftreten. Diese kritische Abkühlgeschwindigkeit ist nicht identisch mit der oberen kritischen Abkühlgeschwindigkeit der Martensitbildung.

Cotrell definierte als kritische Abkühlgeschwindigkeit die bei 300 °C gemessene Abkühlgeschwindigkeit, bei der Rißbildung auftritt. Diese und eine die Wärmeableitung charakterisierende Kennziffer TSN (Thermal Severity Number) werden benutzt, um einen Schweißeignungsindex zu bestimmen. Die Kennziffer TSN erhält man durch Multiplizieren der gesamten wärmeableitenden Werkstückdicke in Zoll mit dem Faktor 4; also zum Beispiel für den Stumpfstoß zweier 25 mm (~ 1 Zoll) dicker Bleche ist TSN = 4 (1 + 1) = 8, oder für den Dreifachstoß (Kehlnaht an einem T-Träger) dreier 12 mm (0,5 Zoll) dicker Bleche ist TSN = 4 (0,5 + 0,5 + 0,5) = 6. Der Schweißeignungsindex kann bei Kenntnis der kritischen Abkühlgeschwindigkeit und der TSN tabellarischen Zusammenstellungen entnommen werden, in denen noch zusätzliche Abhängigkeiten berücksichtigt werden. Mit dem Schweißeignungsindex bestimmt *Cotrell* die Vorwärmtemperaturen, die einzuhalten sind, um Kaltrisse zu vermeiden.

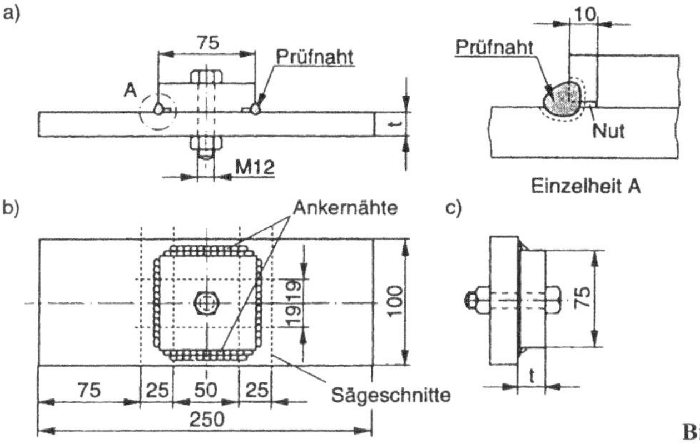

Bild 2-39. Darstellung der CTS-Probe.

Tekken-Versuch

Die Bezeichnung „Tekken" ist die Abkürzung für „Japanisches Eisenbahn-Forschungs-Institut". Wie beim CTS-Versuch arbeitet auch der Tekken-Versuch mit sich selbstbeanspruchenden Proben. Zwei Bleche werden, wie in Bild 2-40 gezeigt, vorbereitet und geschweißt. Die Schweißnaht wird nach frühestens 24 Stunden, einige Fachleute empfehlen 48 Stunden, auf Risse geprüft. Man bestimmt verschiedene Rißkoeffizienten, Bild 2-41.

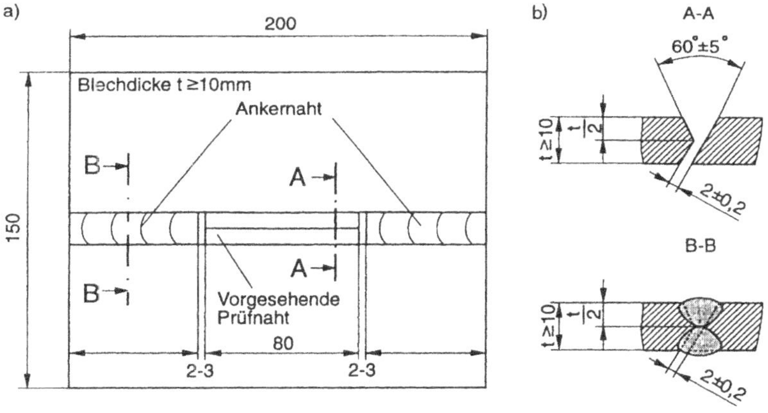

Bild 2-40. Darstellung der Tekken-Probe.

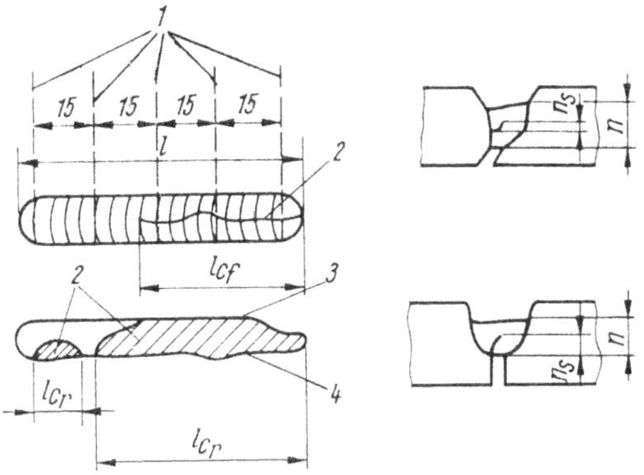

Bild 2-41. Auswertung der Tekken-Probe; Lage der Mikroschliffe und Kennzeichnung der Risse (1 Lage der Mikroschliffe, 2 Riß, 3 Nahtoberfläche, 4 Schweißgutmitte).

Für die Nahtwurzel gilt:

$$c_1 = 100\ \frac{\Sigma l_{cr}}{l} \tag{2.19}$$

Für die Nahtoberfläche:

$$c_2 = 100\ \frac{\Sigma l_{cf}}{l} \tag{2.20}$$

Für die Nahtmitte:

$$c_3 = 100\ \frac{\Sigma l_{ns}}{n} \tag{2.21}$$

Die Rißkoeffizienten werden für verschiedene Abkühlgeschwindigkeiten bestimmt, Bild 2-42. Als Kriterium für die Kaltrißbeständigkeit gilt die niedrigste Abkühlgeschwindigkeit, bei der die Rißanfälligkeit in der Nahtwurzel sprunghaft ansteigt. Läßt sich dieser Wert nicht genügend genau feststellen, dann kann auch die Abkühlgeschwindigkeit herangezogen werden, bei der in der Nahtwurzel der Rißkoeffizient c_1 50 % beträgt.

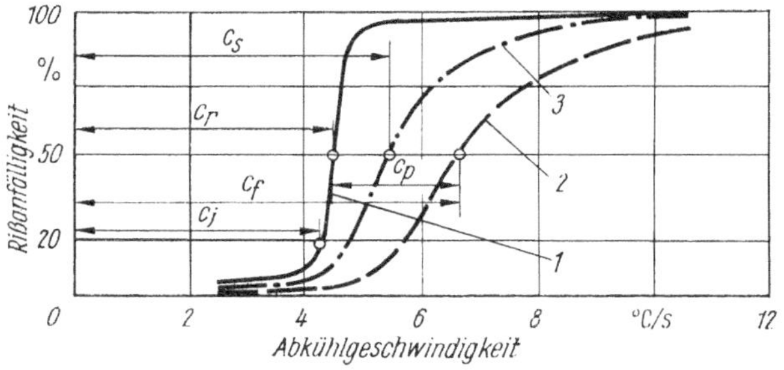

Bild 2-42. Beispiel für die Ermittlung der Kaltrißanfälligkeit in Abhängigkeit von der Abkühlgeschwindigkeit (1 Nahtwurzel, 2 Nahtoberfläche, 3 Schweißgutmitte).

2.2.5.2 Prüfverfahren mit fremdbeanspruchten Proben

Implant-Versuch

Von den Prüfverfahren mit fremdbeanspruchten Proben ist der Implant-Versuch am bekanntesten, Bild 2-43. Er wird seit längerem international angewendet. Beim Implant-Versuch wird als Implantat eine zylindrische Probe von 6 oder 8 mm Durchmesser mit einer umlaufenden Ringnut- oder Wendelkerbe, Bild 2-44, verwendet. Die Probe wird in die Bohrung einer Stahlplatte eingeschraubt und mit einer Auftragraupe überschweißt. Die Kerbe befindet sich bei dieser Anordnung im kritischen Bereich der WEZ. Unmittelbar nach dem Schweißen wird die Probe definiert belastet und die Zeit bis zum Reißen gemessen. Reißt die Probe nach längerer Belastungszeit nicht, dann wird der Versuch mit einer weiteren Probe bei einer höheren Belastung erneut durchgeführt. Auf diese Weise kann eine Abhängigkeit der Belastungszeit von der Belastungshöhe festgestellt werden. Die Angaben der Mindestbelastungszeit schwanken zwischen 16 und 72 Stunden. Da verzögerte Kaltrißbildungen noch nach 50 Stunden beobachtet werden konnten, ist eine längere Belastungsdauer zu empfehlen. Die Versuchsergebnisse faßt man zweckmäßig in Spannungs-Standzeit-Schaubildern zusammen, Bild 2-45. Aus den Spannungs-Standzeit-Kurven läßt sich jeweils ein kritischer Spannungswert entnehmen, bei dessen Überschreiten keine Sicherheit gegen verzögerte Kaltrißbildung besteht. Diese kritische Implantspannung ermöglicht in Verbindung mit metallographischen Schliffbildbefunden und rasterelektronenmikroskopischen Bruchflächenuntersuchungen eine Beurteilung der wasserstoffbegünstigten Kaltrißneigung des betreffenden Werkstoffs, aus dem das

Implantat besteht. Es können darüber hinaus die Zusammenhänge mit den Schweißbedingungen und andere Abhängigkeiten untersucht werden.

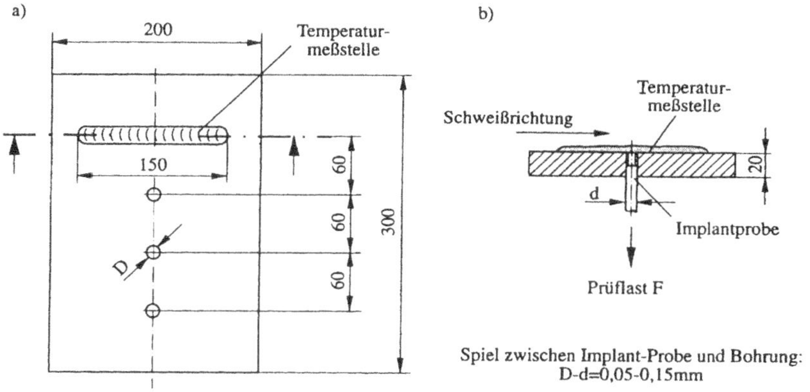

Bild 2-43. Probeblech mit eingesetzter Implant-Probe.

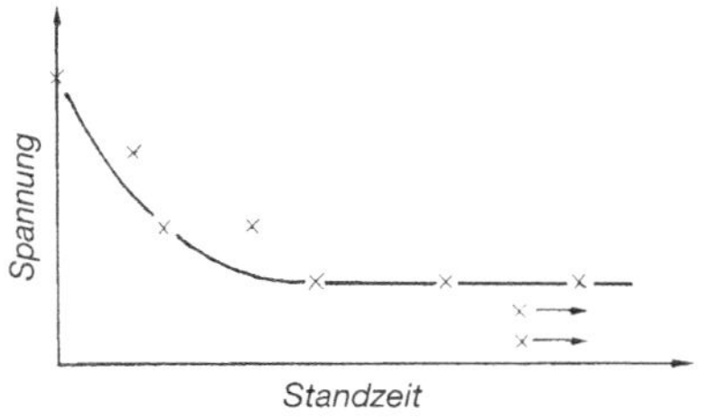

Bild 2-45. Belastungs-Standzeit zur Auswertung von Implant-Versuchen.

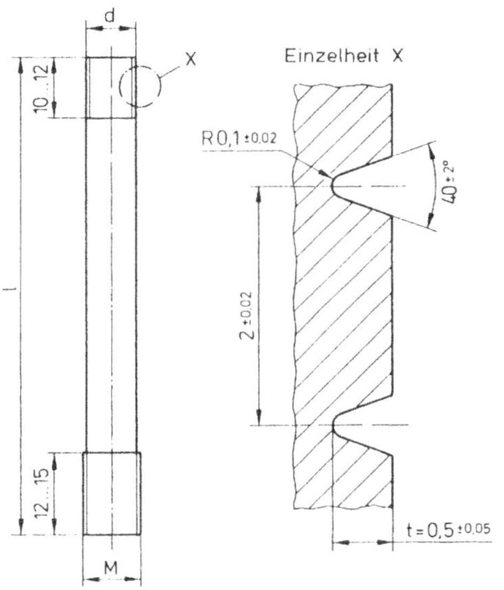

Bild 2-44. Form und Abmessungen einer Implant-Probe.

Der Implant-Versuch setzt voraus, daß die Prüfeinrichtung das Belasten der Probe ohne zeitliche Verzögerung unmittelbar nach dem Schweißen erlaubt und daß die Schweißparameter, der Temperatur- und der Belastungsverlauf hinreichend genau gemessen werden können. Sind diese Voraussetzungen gegeben, dann ist der Versuch leicht durchzuführen. Ein Vorzug des Implant-Versuchs ist der geringe Werkstoffbedarf.

Weitere Prüfverfahren

Weitere Prüfverfahren mit fremdbeanspruchten Proben sind der TRC-Test (Tensile Restraint Cracking Test) und der RRC-Test (Rigid Restraint Cracking Test). Die Ergebnisse sollen auf das Bauteilverhalten übertragbar sein. Bei beiden Prüfverfahren werden zwei Bleche durch eine Stumpfnaht verbunden, wobei ein Blech fest eingespannt ist und das andere frei beweglich bleibt. Sobald der

Schweißvorgang beendet ist, wird die Probe belastet, in der Regel durch eine Zugspannung quer zur Schweißnaht. Es müssen Versuche mit verschiedenen Spannungshöhen durchgeführt werden. Diejenige Zugspannung, bei der Kaltrisse auftreten, charakterisiert die Kaltrißneigung. Man bezeichnet sie als die kritische TRC-Spannung.

Der RRC-Test unterscheidet sich vom TRC-Test durch die aufgebrachte Zugspannung. Diese wird nämlich in ihrem zeitlichen Verlauf so geregelt, daß das Schrumpfen beim Abkühlen der geschweißten Probe durch die Dehnung infolge der aufgebrachten Zugspannung kompensiert wird. Die niedrigste Zugspannung, bei der Kaltrißbildung auftritt, ist das Prüfkriterium und wird die kritische RRC-Spannung genannt.

Die wichtige Frage nach der Übertragbarkeit der Prüfergebnisse auf das Verhalten von Bauteilen konnte durch Untersuchungen von *Satoh* u. a. beantwortet werden. Danach sollen die bauteilähnlichen Verhältnisse, wie sie im TRC-Test und auch im RRC-Test vorliegen, ein Übertragen der Ergebnisse auf das Bauteilverhalten zulassen. Das bedeutet beispielsweise, daß die gleichen Schweißbedingungen, die im TRC-Test keine Kaltrisse ergaben, auch im Bauteil keine Kaltrisse verursachen. Für den Implant-Versuch konnte gezeigt werden, daß die kritische TRC-Spannung und die kritische Implantspannung übereinstimmen, wobei durch eine Korrektur unterschiedliche Nahtformen des TRC-Tests zu berücksichtigen sind.

2.3 Heißrißbildung

2.3.1 Begriffsbestimmung

Heißrisse sind Werkstofftrennungen im Schweißgut und in der Wärmeeinflußzone, die während des Schweißens bei der Abkühlung am Übergang von dem flüssigen in den festen Zustand (etwa im Bereich zwischen Solidus- und Liquidustemperatur) entstehen. Heißrisse treten nicht nur in un- und niedriglegierten Stählen auf, sondern auch in hochlegierten Stählen und in vielen NE-Metallegierungen. Heißrisse können an verschiedenen Stellen einer Schweißverbindung senkrecht und parallel zur Schweißrichtung entstehen. Man unterscheidet nach der Entstehungsform und dem Entstehungsort. Die bei der Erstarrung im Schweißgut gebildeten Heißrisse sind Erstarrungs- bzw. Kristallisationsrisse, während es sich bei den Heißrissen in der WEZ um Wiederaufschmelzrisse handelt. Heißrisse, die in einiger Entfernung von der Schmelzlinie infolge Verformbarkeitsabfall des Werkstoffes auftreten, werden als DDC (Ductility Dip Cracks) bezeichnet. Wiederaufschmelzrisse und DDC werden zusammengefaßt auch als Mikrorisse bezeichnet. Heißrisse sind in der Regel klein und deshalb schwer auffindbar. Zur Erklärung der Heißrißentstehung wurden verschiedene Theorien erarbeitet.

2.3.2 Theorien der Heißrißbildung

Die verschiedenen Theorien der Heißrißbildung gehen vom Vorhandensein von Korngrenzenfilmen aus, die bei niedrigeren Temperaturen als der übrige Werkstoff schmelzen und länger schmelzflüssig bleiben als dieser. Bei einigen austenitischen Stählen und bei Nickellegierungen werden auch dann Heißrisse beobachtet, wenn keine niedrigschmelzenden Korngrenzenfilme, sondern Versprödungen infolge Korngrenzenbewegung u. a. nachweisbar waren.

2.3.2.1 Dehnungstheorie von Pellini

Die Dehnungstheorie von *Pellini* erklärt das Entstehen von Heißrissen im Schweißgut und in der WEZ als unmittelbare Folge des Zusammenwirkens von Spannungen und Korngrenzenfilmen. Zur Erklärung der Heißrißbildung in der WEZ wird davon ausgegangen, daß im Grundwerkstoff unmittelbar neben dem geschmolzenen Schweißgut die Korngrenzen aufschmelzen. Es entstehen schmelzflüssige Korngrenzenfilme. Zunächst verursacht der thermische Schweißzyklus beim Aufheizen Druckspannungen, die vor allem auf die senkrecht zur Schweißnaht orientierten Korngrenzen wirken, Bild 2-46. Beim nachfolgenden Abkühlen geht der Druckspannungszustand in einen Zugspannungszustand über. Die noch schmelzflüssigen Korngrenzenfilme können die Zugspannungen nicht durch plastisches Dehnen abbauen. Es entstehen Mikrorisse. Die auf diese Weise gebildeten Werkstofftrennungen können sich unter bestimmten Bedingungen in das Schweißgut fortsetzen.

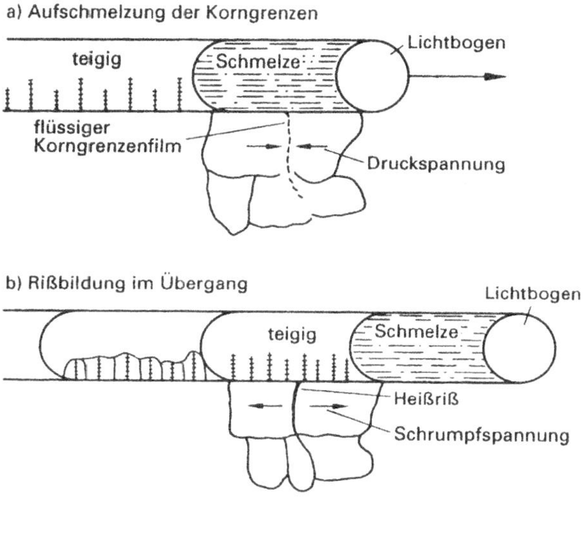

Bild 2-46. Schema der Wiederaufschmelzungsrißbildung nach *Appblett* und *Pellini.*

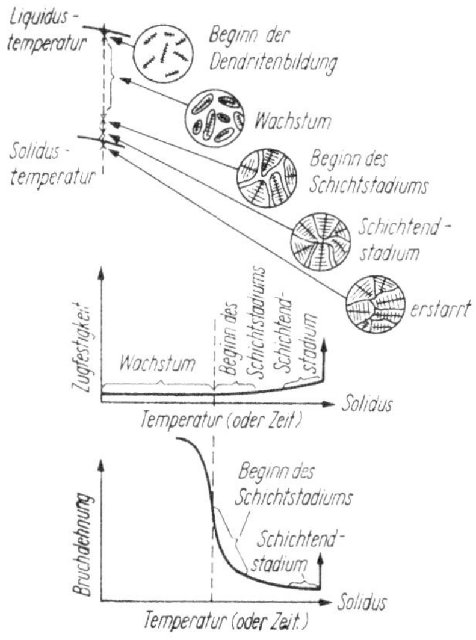

Bild 2-47. Schema der Bildung von Kristallisationsrissen nach *Pellini.*

Die Bildung von Heißrissen im Schweißgut läßt sich nach einem von *Pellini* aufgestellten Schema erklären, Bild 2-47. Ein aus dem Schmelzzustand erstarrendes Metall kann erst dann Kräfte aufnehmen, wenn die Solidustemperatur erreicht und unterschritten ist. Während in der Schmelze die Dendriten wachsen, können keine Kräfte aufgenommen werden, aber die Dehnungen sind beträchtlich. Sobald die Korngrenzenfilme gebildet werden, sinken die Dehnungswerte. Sie sind im Endstadium besonders niedrig. Zwingt man das Metall, sich in diesem Zustand zu verformen, dann wird die Dehnung in den Korngrenzenfilmen konzentriert. Da keine Restschmelze mehr nachfließt, tritt nach kurzer Totaldehnung die Rißbildung ein. Die Festigkeit und das Verformungsvermögen metallischer Werkstoffe sind im Stadium der Bildung von Korngrenzenfilmen gering. Die Neigung zur Heißrißbildung wird vom Dehnungsvermögen des Schweißgutes in diesem Stadium bestimmt.

2.3.2.2 Heißrißtheorie von Borland

In der Heißrißtheorie von *Borland* werden beim Übergang von der Schmelze zum festen Zustand vier Stadien unterschieden. Im Stadium 1 ist noch so viel Schmelze vorhanden, daß entstehende Werkstofftrennungen sofort wieder ausgefüllt werden. Im Stadium 3 reicht dazu die Restschmelze nicht mehr aus, um auftretende Werkstofftrennungen auszuheilen. Es treten Heißrisse auf. Im dazwischen liegenden Stadium 2 kann es bereits ebenfalls zu bleibenden Trennungen kommen. Im Stadium 4 ist alles fest, es können keine Heißrisse mehr gebildet werden.

2.3.2.3 Heißrißtheorie nach Prokhorov

Die Erklärung der Heißrißbildung von *Prokhorov* gehört zur Theorie der technologischen Festigkeit. Für den Schweißprozeß heißt technologische Festigkeit, daß weder während noch nach dem

Schweißen Risse als Folge auftreten dürfen. Die technologische Festigkeit ist nicht gewährleistet, wenn folgende Schäden auftreten:

- Erstarrungsrisse (Heißrisse),
- Wiederaufschmelzrisse (Heißrisse),

Grundsätzliche Bedeutung für die Heißrißneigung eines metallischen Werkstoffs kommt dem Verformungsverhalten bei höheren Temperaturen zu. Schematisch ist die Abhängigkeit des Verformungsvermögens P von der Temperatur in Bild 2-48 dargestellt. Beim Abkühlen aus der Schmelze erreicht das Metall im Bereich zwischen der Liquidus- und der Solidustemperatur einen Zustand, bei dem sich die wachsenden Dendriten berühren und miteinander verhaken. Die Restschmelze kann dann nicht mehr frei zirkulieren. In diesem Stadium ist das Verformungsvermögen P besonders gering, entstehende Werkstofftrennungen können nicht durch Nachfließen der Restschmelze ausheilen. Das Verformungsvermögen P nimmt erst nach dem vollständigen Erstarren wieder zu. Der Temperaturbereich des verminderten Verformungsvermögens wird als Temperaturintervall der Sprödigkeit TIS bezeichnet. Die obere Grenze des TIS ist die Temperatur T_o, bei der die Verhakung der Dendriten beginnt. Die untere Grenze T_u liegt unterhalb der Solidustemperatur und wird vom Erstarrungsverhalten der Korngrenzenbereiche bestimmt. Die in erster Näherung linear verlaufende Verformungskurve e(T) beginnt an der oberen Grenze des TIS bei T_o. Heißrisse entstehen, wenn die Verformungskurve $e_2(T)$ die Kurve des Verformungsvermögens P schneidet. Heißrisse werden vermieden, wenn die Verformungskurve $e_1(T)$ im gesamten TIS darunter bleibt. Über das Zusammenwirken des Verformungsvermögens P und der Verformungskurven e(T) kann das Auftreten von Heißrissen abgeschätzt werden. Aus der kritischen Verformungskurve $e_{kr}(T)$ läßt sich die Verformungsrate α_p aus

$$\alpha_p = \frac{P_{min}}{TIS} \qquad (2.22)$$

ermitteln. Damit ist $e_{kr}(T)$ eine Grenzkurve.

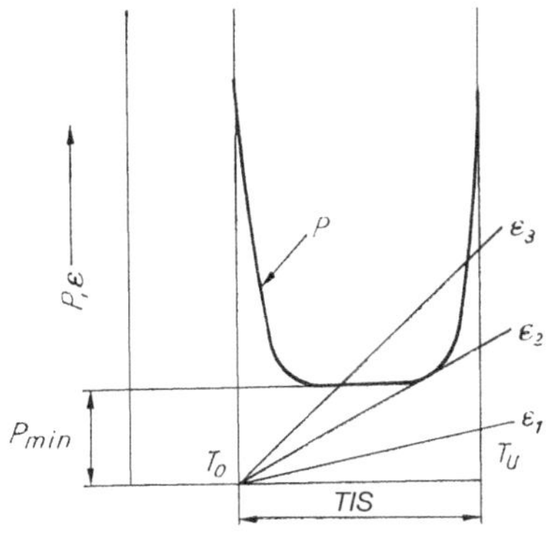

Bild 2-48. Temperaturintervall der Sprödigkeit (TIS) nach *Prokhorov.*

Die Haupteinflußfaktoren auf die Heißrißbeständigkeit sind nach *Prokhorov:*

- Die Breite des TIS: Diese wird von der chemischen Zusammensetzung, vom Einschlußgehalt, von Seigerungen, von der Beschaffenheit der Korngrenzen, von der Größe und Gestalt der Kristallite, von der Abkühl- und der Verformungsgeschwindigkeit bestimmt.
- Das Verformungsvermögen P des metallischen Werkstoffs im TIS.

- Die Verformungsrate α_p, mit der die elastisch-plastische Verformung bei hohen Temperaturen zunimmt. Sie hängt unter anderem vom Wärmeausdehnungskoeffizienten, von der Starrheit der Schweißverbindung und von der Wärmeausbreitung ab.

Vereinfacht werden die beiden letztgenannten Einflußfaktoren im DVS-Merkblatt 1004-1 als Minimalverformung und Minimalverformungsgeschwindigkeit bezeichnet.

2.3.2.4 Weitere Heißrißtheorien

Andere Auffassungen berücksichtigen die Diffusionsvorgänge. *Masubuchi* und *Martin* untersuchten die Ursachen der Heißrißbildung in der WEZ eines hochfesten Stahls. Sie stellten fest, daß Mikrorisse durch Korngrenzenaufschmelzungen in Verbindung mit Schrumpfspannungen auftreten. Die Korngrenzenaufschmelzungen werden vermutlich durch Diffusion von Schwefel in die Korngrenzenbereiche gefördert. Als weitere Ursache kann auch eine bei höheren Temperaturen durch Korngrenzengleitung hervorgerufene Spannungskonzentration in den Kornecken angenommen werden.

Vinckier unterzog verschiedene niedriglegierte Baustähle simulierten Schweiß-Temperaturzyklen mit Spitzentemperaturen bis zu 1460 °C. Bruchuntersuchungen zeigten, daß bei Temperaturen oberhalb 1380 °C vorwiegend interkristalline Bruchflächen mit einem farn- oder mosaikartigen Muster zu beobachten waren. An bestimmten Stellen des Musters konnten Partikel von α-Mangansulfid nachgewiesen werden. Es wird die Ansicht vertreten, daß diese auf den Austenitkorngrenzen befindlichen Sulfidteilchen aufschmelzen und sich als schmelzflüssiger Film entlang den Korngrenzen verteilen. Der Film ist an einigen Stellen, die unbenetzt geblieben sind, unterbrochen, auf die sich die während des Abkühlens auftretenden Schrumpfspannungen konzentrieren. Bereits geringe Zugspannungen führen zu Werkstofftrennungen. Zum Einfluß der Korngröße kann allgemein gesagt werden, daß feinkörniges Erstarrungsgefüge weniger zur Heißrissigkeit neigt als grobes Korn. Dieses Verhalten hängt mit der Vergrößerung der Korngrenzflächen mit zunehmender Feinkörnigkeit zusammen, die dadurch die durchgängige Bildung von niedrigschmelzenden Korngrenzenfilmen erschwert.

2.3.3 Prüfung der Heißrißbeständigkeit

Zur Prüfung der Heißrißbeständigkeit eines metallischen Werkstoffs beim Schweißen ist eine größere Anzahl von Verfahren vorgeschlagen und eingeführt worden. Die meisten Prüfverfahren ahmen die beim Schweißen ablaufenden Vorgänge nach. Man unterscheidet zwischen Heißrißprüfverfahren mit sich selbstbeanspruchenden Proben und solche mit fremdbeanspruchten Proben. Bei den sich selbstbeanspruchenden Proben kann noch in solche mit gleichbleibender und solche mit veränderlicher Starrheit unterteilt werden:

- Proben mit gleichbleibender Starrheit,
- Proben mit veränderlicher Starrheit,
- Proben mit zwangsweiser Verformung.

Das Prüfkriterium bei Proben mit gleichbleibender Starrheit für die Heißrißanfälligkeit ist die Rißlänge und das Auftreten oder Ausbleiben von Rissen. Mit Proben mit veränderlicher Starrheit soll der Einfluß der Probenstarrheit auf die Heißrißanfälligkeit erfaßt werden. Die größte Bedeutung haben die Proben mit zwangsweiser Verformung, vor allem, wenn kontrolliert oder gezielt verformt wird.

Einige der gebräuchlichsten Prüfverfahren werden nachfolgend beschrieben. Auf eine vollständige Anführung aller bekanntgewordenen Heißrißprüfverfahren wird verzichtet. Es sei darauf hingewiesen, daß die verschiedenen Prüfverfahren zu unterschiedlichen Aussagen über die Heißrißneigung eines metallischen Werkstoffs führen. Ein unmittelbarer Vergleich von Prüfergebnissen ist nur möglich, wenn gleiche oder ähnliche Prüfverfahren angewandt werden.

Bei vielen Prüfverfahren wird versucht, durch eine möglichst starre Einspannung besonders ungünstige Bedingungen zu schaffen. Treten dann keine Risse auf, so wird geschlußfolgert, daß auch das Bauteil frei von Heißrissen bleibt. Die entscheidende Frage ist aber immer die nach dem Grad der Verformung, den der Werkstoff im TIS-Bereich ertragen kann, ohne durch Heißrißbildung geschädigt zu werden. Ein Prüfverfahren zur Feststellung der Heißrißbeständigkeit beim Schweißen soll den nachstehenden Forderungen entsprechen:

- Das Prüfverfahren soll eine getrennte Beurteilung der verschiedenen metallurgischen und mechanischen Einflüsse auf die Heißrißbeständigkeit zulassen.
- Das Prüfverfahren soll reproduzierbare, von subjektiven Einflüssen freie Messungen ermöglichen.
- Das Prüfverfahren soll für alle Schmelzschweißverfahren brauchbare Aussagen ergeben.
- Die Ergebnisse sollen Aussagen über das Bauteilverhalten zulassen.

Die verschiedenen gebräuchlichen Prüfverfahren erfüllen die genannten Forderungen unterschiedlich und im allgemeinen nur unvollständig.

2.3.3.1 Heißrißprüfverfahren mit sich selbstbeanspruchenden Proben

Bei dieser Gruppe von Heißrißprüfverfahren werden die Proben durch die beim Schweißen erzeugten Schrumpfungen und Zwängungen in Verbindung mit der Form der Probe und der Art der Einspannung beansprucht; zusätzliche äußere Kräfte werden nicht aufgebracht. Abgesehen von einfachen Einspannvorrichtungen sind für diese Prüfverfahren keine speziellen Prüfapparaturen erforderlich. Man unterscheidet Prüfverfahren, bei denen die Probe die gesamte Schweißnaht ist, und solche, bei denen die Probe aus Schweißgut hergestellt wird.

Doppelkehlnahtprobe

Die Doppelkehlnahtprobe dient der Heißrißprüfung von Schweißzusatzwerkstoffen und ist in DIN 50129 genormt. Die Abmessungen der normalen Probe sind dem Bild 2-49 zu entnehmen. Bei der Versuchsdurchführung wird das rechtwinklig und gerade aufgelegte Stegblech an den Stirnseiten geheftet. Mit einer 4 mm dicken Stabelektrode wird die erste Kehlnaht geschweißt. Unmittelbar anschließend ist die eigentliche Prüfnaht in entgegengesetzter Richtung zur ersten Schweißnaht mit einem 20 % geringeren a-Maß zu schweißen (a > 4 mm). Beide Kehlnähte werden in Wannenlage

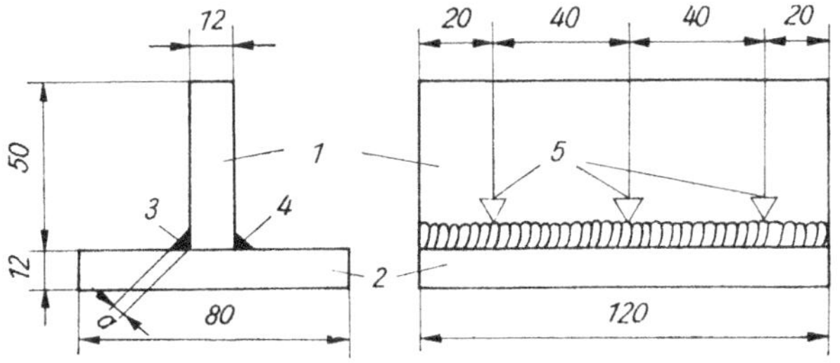

Bild 2-49. Doppelkehlnaht-Probe (1 Steg, 2 Grundplatte, 3 erste Schweißnaht, 4 zweite Schweißnaht, 5 Meßstellen).

ohne Pendelbewegung als Zugnähte geschweißt. Nachdem man sich vergewissert hat, daß die erste Kehlnaht keine Risse aufweist – andernfalls muß der Versuch wiederholt werden –, wird die Prüfnaht sorgfältig mit einer Lupe auf Risse untersucht. Risse sind nach Lage, Richtung, Anzahl und Länge festzustellen. Das Versuchsergebnis liefert lediglich eine Ja-/Nein-Aussage, das heißt, entweder es treten Risse auf oder nicht. Eine Übertragung auf das Bauteilverhalten ist nicht gegeben. Über die Beanspruchungshöhe gibt der Versuch keine Auskunft. Eine getrennte Erfassung der verschiedenen Einflußfaktoren auf die Heißrißneigung ist nicht möglich. Die auftretenden Verformungen sind verhältnismäßig gering, so daß die Prüfung nicht sehr empfindlich anspricht. Die angeführten Nachteile der Doppelkehlnahtprobe erlauben nur eine sehr eingeschränkte Anwendung. Die Prüfung kann verschärft durchgeführt werden, in dem man ein 40 mm dickes Gurtblech verwendet oder das 12 mm dicke Gurtblech durch angeschweißte Rippen verstärkt.

Fisco-Probe

Eine heute zu Unrecht nur noch wenig benutzte universell anwendbare Härterißprüfung ist die Fisco-Probe nach *Schnadt*. Die Bezeichnung ist vom französischen Namen „Fissure de Cordons“ abgeleitet. Die Fisco-Probe erlaubt die Variation der Schweißbedingungen und der Nahtformen. Sie wird unter definierten Bedingungen in eine spezielle Vorrichtung eingespannt, Bild 2-50. Die Einspannvorrichtung besteht aus einem massiven Einspannbügel und einer Aufnahmeplatte, deren Auflagefläche sägezahnförmig aufgerauht ist. Die Zahnreihen verlaufen parallel zur Öffnung und zur zu schweißenden Naht. Mit einer Distanzlehre wird der gewählte Fugenspalt eingestellt und fixiert. Die auf der Aufnahmeplatte aufgelegten Bleche sind durch senkrechte und horizontale Schrauben fest eingespannt. Die Versuchsparameter lassen sich in folgenden Grenzen variieren:

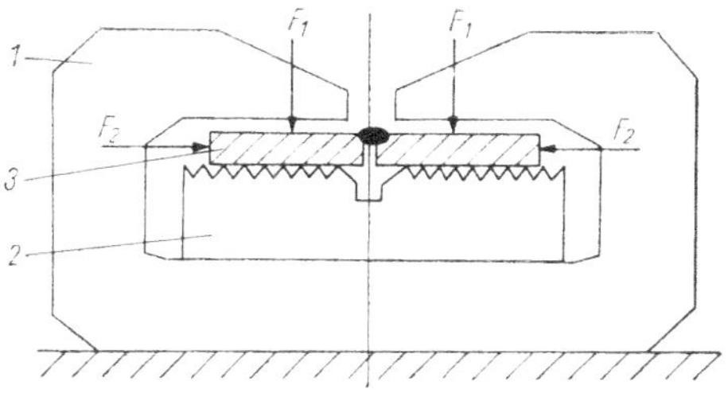

Bild 2-50. Fisco-Probe nach *Schnadt* (1 Einspannbügel, 2 Aufnahmeplatte, 3 Probe, F_1 und F_2 Einspannkräfte).

- Blechdicke t von 1 bis 40 mm,
- Fugenbreite a von 0 bis 6 mm,
- beliebige Fugenform.

Da Nahtanfang und Nahtende die heißrißanfälligsten Bereiche einer Schweißnaht sind, werden vier kurze, 5 mm auseinanderliegende, etwa 40 mm lange Schweißnähte geschweißt. Zur Prüfung auf Heißrißanfälligkeit wird die Probe nach dem Erkalten aus der Vorrichtung entnommen und in einem Schraubstock auseinandergebrochen. Die Rißlängen werden mit einer Meßlupe bestimmt. Als Rißkriterium gilt das Verhältnis der gesamten Rißlänge zur Gesamtlänge der vier Schweißnähte:

$$f_a = \frac{\Sigma \; Rißlängen}{Gesamtlänge \; der \; Schweißnaht} \; 100\,\% \qquad (2.23)$$

Der Index a gibt die gewählte Fugenbreite an. Mit wachsender Fugenbreite nimmt die Prüfschärfe zu, das bedeutet, daß die Prüfempfindlichkeit beliebig variierbar ist. Es wird angegeben, daß eine Schweißverbindung, die mit einem bestimmten Zusatzwerkstoff geschweißt wird, heißrißsicher ist, wenn im Fisco-Versuch mit den gleichen Grund- und Zusatzwerkstoffen bei einer Fugenbreite a, die dem Durchmesser der verwendeten Stabelektrode entspricht, das Rißkriterium $f_a < 25\,\%$ beträgt. Die Fisco-Probe ermöglicht eine Klassifizierung der Heißrißneigung von Zusatz- und Grundwerkstoffen nach Schweißbedingungen und der chemischen Zusammensetzung.

Hakenrißprobe

Für die Prüfung der Heißrißanfälligkeit von hochlegiertem Schweißgut hat sich die Hakenrißprobe bewährt. Es handelt sich um eine aus dem Schweißgut herausgearbeitete Rundzugprobe nach DIN EN 876. Diese Probe wird im Zugversuch geprüft. Vorhandene Heißrisse werden während der Gleichmaßdehnung auf der Probenoberfläche sichtbar. Die Risse sind im allgemeinen L-förmig, worauf die Bezeichnung Hakenrißprobe zurückzuführen ist. Die Anzahl der Risse ist ein Maß für die

Heißrißanfälligkeit. Der Bruch der Probe geht vom größten Anriß aus. Die Brucheinschnürung ist bei rißbehafteten Proben wesentlich geringer als bei rißfreien.

Bei größerer Erfahrung ist es möglich, aus den Prüfergebnissen Rückschlüsse auf das Bauteilverhalten zu ziehen. Es heißt, daß ein Schweißgut über eine ausreichende Heißrißbeständigkeit verfügt, wenn die Brucheinschnürung mindestens 40 % beträgt, auch wenn vereinzelte Risse nachzuweisen sind. Erfolgt die Entnahme der Probe aus einer Stumpfnaht in der Weise, daß auch der unmittelbare Bereich der WEZ mit erfaßt wird, sind auch Aussagen über die Heißrißbeständigkeit und -anfälligkeit möglich.

2.3.3.2 Heißrißprüfverfahren mit fremdbeanspruchten Proben

Heißrißprüfverfahren mit fremdbeanspruchten Proben ermöglichen quantitative, reproduzierbare und vergleichbare Feststellungen der Heißrißbeständigkeit. Sie sind leicht und verhältnismäßig schnell durchführbar, und der Werkstoffverbrauch für die Proben ist gering. Nachteilig gegenüber den Prüfverfahren mit sich selbstbeanspruchenden Proben ist der größere apparative und prüftechnische Aufwand.

Heißzugversuch (HZ-Versuch)

Für den Heißzugversuch wird eine spezielle Prüfapparatur verwendet. Diese erlaubt die Simulation von Schweißtemperaturzyklen an zylindrischen Zugproben. Die Probe kann zu jedem Zeitpunkt während des Schweißtemperaturzyklus belastet und zerrissen werden. Bei den während des Aufheizens vorgenommenen Zugversuchen nimmt mit zunehmender Temperatur auch die Brucheinschnürung etwas zu. Beim Erreichen eines bestimmten schmalen Temperaturbereichs verringert sich die Zugfestigkeit, und die Brucheinschnürung fällt plötzlich auf 0 %. Man bezeichnet die Temperatur, bei der keine Einschnürung mehr auftritt, als Nullzähigkeitstemperatur beim Erwärmen $T_{NZ\ E}$. Der Abfall der Zugfestigkeit und des Verformungsvermögens ist auf die Bildung schmelzflüssiger Korngrenzenfilme zurückzuführen. Bei Proben, die bei noch höheren Temperaturen belastet werden, sinkt die Zugfestigkeit auf Null. Diese Nullfestigkeitstemperatur T_{NF} wird als Spitzentemperatur des simulierten Schweißtemperaturverlaufs für die nachfolgenden Versuche genommen.

Nach Abkühlen von der Spitzentemperatur wird bei einer bestimmten Temperatur wieder eine Brucheinschnürung zu beobachten sein. Diese Temperatur, bei der die Erstarrung der Korngrenzenfilme einsetzt, wird als Nullzähigkeitstemperatur beim Abkühlen $T_{NZ\ A}$ bezeichnet. Bei weiterer Abkühlung nehmen die Brucheinschnürung und die Zugfestigkeit zu.

Die Heißrißneigung eines metallischen Werkstoffs wird durch die Größe des Temperaturintervalls zwischen der Nullfestigkeitstemperatur T_{NF} und der Nullzähigkeitstemperatur beim Abkühlen $T_{NZ\ A}$ beschrieben. Je größer dieser Temperaturbereich ist, um so größer ist die Heißrißneigung. Dem direkten Vergleich der Heißrißneigung verschiedener Werkstoffe dient der Rißbildungsfaktor R_f:

$$R_f = \frac{T_{NF} - T_{NZ\,A}}{T_{NF}}\ 100\,\% \tag{2.24}$$

Der HZ-Versuch erlaubt die quantitative Bewertung der Heißrißneigung eines Werkstoffs. Die Ergebnisse sind gut reproduzierbar. Nachteilig ist der große Versuchsaufwand.

Heiß-Deformationsrate-Versuch (HDR-Versuch)

Beim HDR-Versuch wird die Heißrißneigung einer Schweißverbindung während des Schweißens ermittelt. Die Schweißverbindung wird beim Schweißen durch eine Zugverformung quer zur Schweißnaht beansprucht. Zwei Bleche werden in horizontaler Stellung auf zwei Kupferplatten fest eingespannt, die ihrerseits auf zwei Grundplatten befestigt sind. Die beiden Grundplatten können über ein Hebelsystem um einen Drehpunkt bewegt werden, der sich unterhalb der Kupferblechoberkante befindet.

Bei jedem Versuch werden die beiden Grundwerkstoffbleche während des Schweißens über eine Kreisbahn mit einer vorgewählten konstanten Verformungsgeschwindigkeit beansprucht. Die Verformungsgeschwindigkeit wird in nachfolgenden Versuchen solange gesteigert, bis eine kritische Verformungsgeschwindigkeit erreicht ist, bei der zum ersten Mal ein Heißriß festzustellen ist. Es ist zu berücksichtigen, daß die Verformungsgeschwindigkeiten an jeder Stelle des Schweißnahtquerschnitts von der Entfernung vom Drehpunkt abhängen. Die größte Verformungsgeschwindigkeit tritt an der Nahtoberfläche auf. In der Regel genügen 5 bis 8 Versuche, um die kritische Dehngeschwindigkeit zu bestimmen.

Der HDR-Versuch eignet sich für alle gebräuchlichen Schmelzschweißprozesse. Es werden ausschließlich Einlagen-Verbindungsschweißungen ausgeführt. Das Prüfverfahren kann für die Auswahl geeigneter Schweißzusätze und für die Festlegung günstiger Nahtformen und Schweißparameter herangezogen werden.

Modifizierter Varestraint-Transvarestraint-Versuch (MVT-Versuch)

Im MVT-Versuch wird die Heißrißneigung beim Schweißen ermittelt. Man unterscheidet zwei Versuchsvarianten, nämlich den Varestraint-Versuch, bei dem die Schweißnaht in Längsrichtung beansprucht wird, und den Transvarestraintversuch, bei dem die Beanspruchung quer zur Schweißnahtrichtung erfolgt, Bild 2-51.

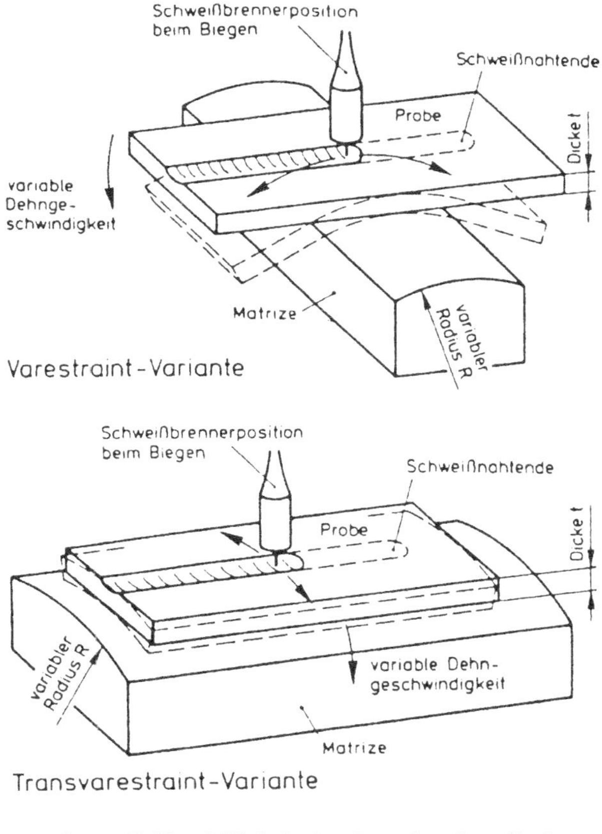

Bild 2-51. Schematische Darstellung der Versuchsanordnungen im MVT-Versuch.

Soll die Heißrißanfälligkeit des Grundwerkstoffs festgestellt werden, wird auf die Oberseite eines Probeblechs mit den Abmessungen 40 × 10 × 100 mm mit einem WIG-Lichtbogen eine Blindraupe geschweißt. Um die Heißrißanfälligkeit des Schweißgutes oder einer Kombination von Schweißgut und Grundwerkstoff zu prüfen, verwendet man unterschiedliche, dem jeweiligen Versuchszweck angepaßte Probebleche mit ausgearbeiteter Schweißnut. Sobald der Lichtbogen die Probenmitte erreicht hat, wird die Probe mit einem Stempel auf eine gekrümmte Matrize heruntergedrückt. Größe und Form des Druckstempels und der Matrize bestimmen das Ausmaß der Probenverformung. Die Biegedehnung auf der Probenoberseite dient als Maß der Verformung. Die einstellbare Biegegeschwindigkeit, mit der die Probe heruntergedrückt wird, liegt dabei weit oberhalb der kritischen Biegegeschwindigkeit.

Das Kriterium der Heißrißneigung ist die Gesamtlänge der mit einem Stereomikroskop festgestellten Heißrisse. Die Gesamtrißlänge wird auf die an der Probenoberfläche in Abhängigkeit vom Biegeradius aufgebrachten Probenbiegedehnung ε bezogen.

$$\varepsilon = \frac{100 \cdot Probendicke}{2 \cdot Radius\ der\ Matrize} \qquad (2.25)$$

Für eine Versuchsreihe genügen im allgemeinen 5 Proben. Der MVT-Versuch ist vielseitig anwendbar. Mit ihm kann eine gesamte Schweißverbindung, das heißt das Schweißgut und die WEZ, geprüft werden. Die Versuchswerte sind gut reproduzierbar. Ein weiterer Vorteil ist, daß nur wenige Proben und ein geringer Versuchsaufwand erforderlich sind.

Programmierter Verformungs-Riß-Versuch (PVR-Versuch)

Eine von *Prokhorov* entwickelte Prüfmethode nutzt die Erkenntnisse über den Mechanismus der Erstarrungsrißbildung, um die Heißrißneigung von Metallen beim Schweißen zu beurteilen. Bei dieser Prüfmethode wird während des Schweißens die Schweißverbindung mit konstanter Geschwindigkeit verformt, um eine dem Schrumpfvorgang ähnliche Beanspruchung aufzubringen. Die Verformungsgeschwindigkeit wird von Probe zu Probe so lange erhöht, bis sich in der Schweißverbindung erste Erstarrungsrisse bilden. Die Grenzgeschwindigkeit, bei deren Überschreiten unvermeidlich Risse auftreten, ist ein Kriterium der Heißrißneigung.

Eine Prüfvorrichtung, bei der sich die Verformungsgeschwindigkeit innerhalb eines Bereichs von 2 bis 50 mm/min verändern läßt, wurde von *Wittke und Zwickert* entwickelt. Mit ihr können die Schweißproben innerhalb einer vorgegebenen Zeit mit konstanter Geschwindigkeit verformt werden.

Beim von *Klug* vorgeschlagenen PVR-Versuch wird eine Flachzugprobe in eine horizontal arbeitende Zugprüfmaschine eingespannt und mittig in Längsrichtung eine Einzelraupe geschweißt. Während des Schweißens wird die Probe in Schweißrichtung mit veränderter programmierbarer Zuggeschwindigkeit gezogen und bis weit in den plastischen Bereich hinein verformt. Die Zuggeschwindigkeit wird während des Versuchs stufenlos von 0 bis 70 mm/min gesteigert.

Beim PVR-Versuch, Bild 2-52, entstehen quer zur Zug- beziehungsweise Schweißrichtung verlaufende Werkstofftrennungen, die im Schweißgut Erstarrungsrisse oder in der WEZ Aufschmelzungsrisse sind. Zur Auswertung wird die ausgespannte Probe auf Risse untersucht. Es wird empfohlen, zuerst die Probe bei belassener Nahtüberhöhung mit Hilfe eines Farbeindringverfahrens auf Risse zu prüfen. Anschließend ist die Nahtüberhöhung abzuarbeiten und die freigelegte Oberfläche mit einem Stereomikroskop auf Risse zu untersuchen. Aus der Lage der Risse läßt sich durch Vergleich mit dem Meßschrieb die zum Zeitpunkt der Rißbildung wirkende Zuggeschwindigkeit feststellen. Als kritische Zuggeschwindigkeiten gelten diejenigen, bei denen der erste Heißriß entsteht und eine Anhäufung von Heißrissen auftritt. Die kritischen Zuggeschwindigkeiten charakterisieren als quantitative Kenngrößen die Heißrißneigung eines Grund- bzw. Schweißzusatzwerkstoffs. Versuche zur unmittelbaren Übertragung auf Bauteilschweißungen verliefen für einfache Bauteile zufriedenstellend.

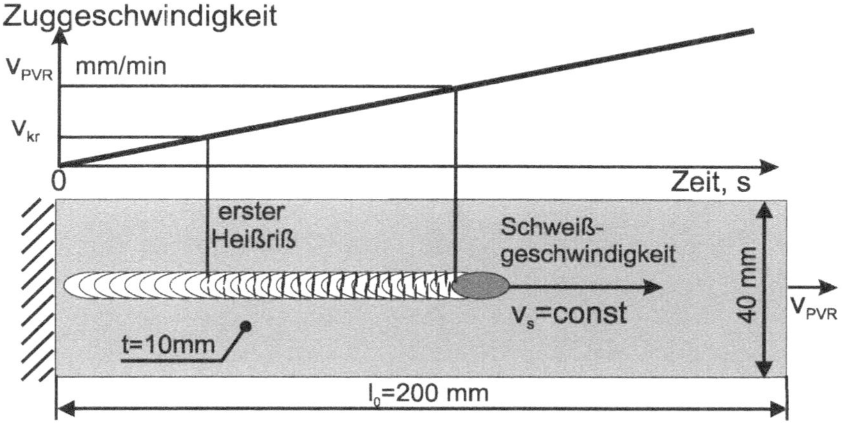

Bild 2-52. Schema des PVR-Versuches [2-47].

Eine Übertragung der Versuchsergebnisse auf Bauteilschweißungen an einfachen Bauteilen ist auf der Grundlage der Heißrißtheorie nach *Prokhorov* und mit Hilfe der Finite-Elemente-Methode möglich [2-47].

3 Schweißeignung der hochfesten Feinkornbaustähle

3.1 Werkstoffgrundlagen

Die grundsätzlichen Möglichkeiten, die Festigkeit von Baustählen zu erhöhen, sind in Bild 3-1 angeführt. Es sind dies:

- Erhöhung des Kohlenstoffgehalts,
- Mischkristallverfestigung durch Legierungselemente,
- Abschreckhärtung,
- Kaltverfestigung,
- Kornfeinung, Mikrolegierungselemente,
- Aushärtung.

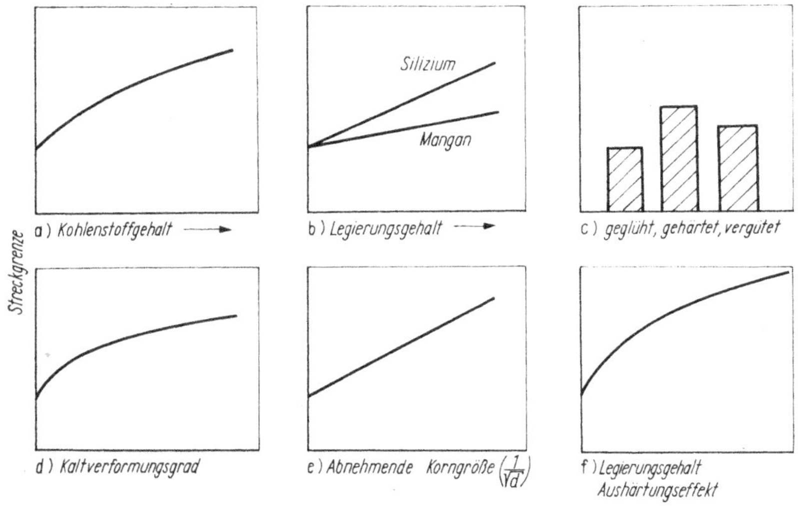

Bild 3-1. Schematische Darstellung der Möglichkeiten zur Festigkeitssteigerung von Stählen.

Die unlegierten Stähle erhalten die Festigkeit im wesentlichen durch ihren Kohlenstoffgehalt. Mit zunehmendem Kohlenstoffgehalt werden Zugfestigkeit und Streckgrenze erhöht. Der Anstieg der Zugfestigkeit beträgt im Bereich niedriger Kohlenstoffgehalte je 0,10 % C etwa 60 N/mm^2. Die Streckgrenze wird etwas weniger angehoben. Die Festigkeitssteigerung durch Erhöhung des Kohlenstoffgehaltes verursacht nur geringe Kosten und ist damit sehr wirtschaftlich, wirkt sich aber ungünstig auf die Schweißeignung aus. Während bei dem Stahl S235JR (St 37-2) der Kohlenstoffgehalt weit unterhalb 0,20 % liegt und damit eine unzulässige Aufhärtung im Schweißübergang nicht zu erwarten ist, beträgt dieser bei dem Stahl S275JR (St 44-2) bereits 0,22 %, so daß dieser Stahl in größeren Wanddicken beim Schweißen vorgewärmt werden muß.

Die Legierungselemente Silizium, Mangan und andere verursachen eine Mischkristallverfestigung des Ferrits. Sie wirken unterschiedlich stark, je 1 % Mangan oder Silizium erhöht die Streckgrenze um 60 beziehungsweise 70 N/mm^2. Um eine gute Schweißeignung zu gewährleisten, muß der Gehalt an beiden Elementen begrenzt bleiben.

Durch eine Wärmebehandlung können die Festigkeitswerte von Stählen stark beeinflußt werden. Das Abschreckhärten führt bei unlegierten und legierten Qualitäts- und Edelstählen zu erheblichen Festigkeitssteigerungen. Gehärtet und nachfolgend angelassen weisen diese Stähle eine gute Zähigkeit auf. Legierungsgehalt und Vergütung erfolgen aufeinander abgestimmt.

Die Festigkeitssteigerung durch Kaltverformung wird für die Herstellung hochfester Drähte genutzt, sie ist aber nicht für Bleche, Band- und Formstahl geeignet.

Die Kornfeinung eines Stahls ist eine Methode, die gleichzeitig die Streckgrenze erhöht und die Zähigkeit verbessert. Den Zusammenhang zwischen der Streckgrenze und der Ferritkorngröße erfaßt die *Petch*-Gleichung:

$$R_e = K \frac{1}{d} \qquad (3.1)$$

mit

R_e Streckgrenze in N/mm^2,
K Proportionalitätsfaktor,
d Ferritkorndurchmesser in mm.

Nach der Gleichung 3.1 ist die Streckgrenze dem Kehrwert der Wurzel aus dem mittleren Ferritkorndurchmesser proportional. Der Faktor K wurde für unlegierte Stähle mit 20 N/mm^2 ermittelt.

Die günstige Wirkung der Kornfeinung auf die Festigkeit und Zähigkeit eines Baustahls läßt sich durch den beim Verformen wirksamen Mechanismus der Versetzungswanderung und -abbremsung durch die Korngrenzen erklären. Je mehr Korngrenzen vorhanden sind, das heißt, je feinkörniger das Gefüge ist, um so kürzer werden die freien Weglängen für die Wanderung der Versetzungen. Das Hängenbleiben der Versetzungen an den Korngrenzen verursacht höhere Werte der Streckgrenze und der Zugfestigkeit. Weil aber bei Feinkörnigkeit des Gefüges immer eine größere Anzahl von Körnern gleitrichtungsgünstig orientiert ist, geht der Verformungsprozeß weiter, so daß neben einer erhöhten Festigkeit auch die Zähigkeit durch die Kornfeinung verbessert wird.

Neben einem maximalen Kohlenstoffgehalt von 0,20 %, meist weniger, enthalten die Feinkornstähle zum Beispiel als Mikrolegierungselemente Vanadin, Titan, Niob, Aluminium und Bor. Mit Kohlenstoff und Stickstoff bilden sie im Gefüge Ausscheidungen von Nitriden und Karbonitriden, die eine Kornfeinung bewirken. Zusätzlich wird diese durch kontrolliertes Walzen oder Abschrecken unterstützt.

Im engen Zusammenhang mit der Kornfeinung durch Mikrolegierungselemente besteht eine weitere Möglichkeit der Festigkeitssteigerung, die Ausscheidungshärtung. Durch das Zulegieren geringer Gehalte von Vanadin, Titan oder Niob läßt sich dieser Effekt erzielen. Die Ursachen der Festigkeitserhöhung durch Aushärten sind die Verteilung und Größe von ausgeschiedenen Teilchen, die die Bewegung der Versetzungen im Ferritkorn behindern und damit den Widerstand gegen ein Verformen vergrößern, das heißt, es ist eine zusätzliche Spannung erforderlich, um zu verformen. Gelingt es, die Verteilung und Größe der Teilchen gezielt zu beeinflussen, dann wird es möglich sein, die Streckgrenze, bezogen auf den absoluten Legierungsgehalt, optimal zu steigern. Es ist allerdings nur schwer möglich, die notwendigen qualitativen Angaben für die günstigste Anordnung der Teilchen zu ermitteln. Schließlich muß davon ausgegangen werden, daß die Ausscheidungshärtung nicht in erster Linie durch die inkohärent ausgeschiedenen, elektronenoptisch gut erkennbaren und chemisch nachweisbaren Teilchen verursacht wird, sondern daß einphasige Entmischungen, die kohärent mit der Matrix verbunden sind und „Clusters" bilden, eine entscheidende Bedeutung haben. Die Weiterentwicklungen in den Technologien der Stahlindustrie haben die mit der Ausscheidungshärtung verbundenen Möglichkeiten begrenzt ausgenutzt, da in Verbindung mit abgestimmten Walztechnologien, Wasservergütung und thermomechanischer Behandlung weitere Möglichkeiten der Festigkeitssteigerung bei hochfesten Baustählen erschlossen wurden.

Alle angeführten Möglichkeiten der Festigkeitssteigerung wirken sich auf die Schweißeignung aus. Der Einfluß auf die Übergangstemperatur der Kerbschlagzähigkeit ist in Bild 3-2 dargestellt. Während ein höherer Kohlenstoffgehalt und das Aushärten die Übergangstemperatur nach höheren Temperaturwerten verschieben, ist die Wirkung der Legierungselemente Mangan und Nickel sowie Silizium in geringen Gehalten ebenso wie die einer Kornfeinung entgegengesetzt. Durch einen kontrollierten Warmformungs- und Abkühlvorgang kann ein günstiger Ausscheidungszustand hergestellt werden. Die Kornfeinung erhöht die Streckgrenze und die Übergangstemperatur und ist deshalb eine besonders günstige Möglichkeit der Festigkeitssteigerung von Baustählen.

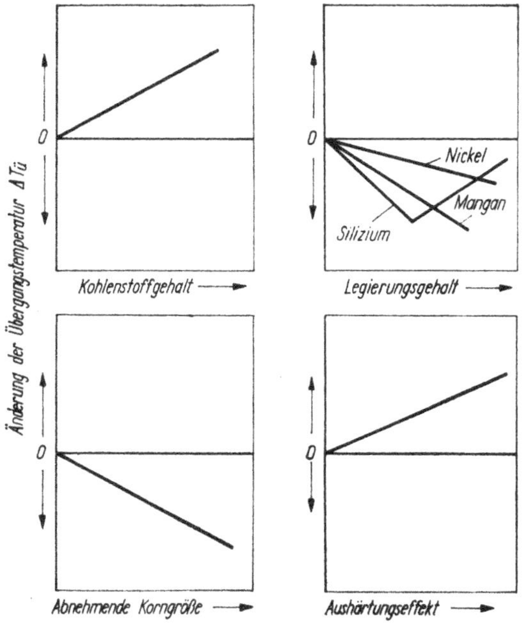

Bild 3-2. Schematische Darstellung des Einflusses verschiedener Faktoren auf die Übergangstemperatur.

3.2 Entwicklung und Einteilung der hochfesten Feinkornbaustähle

Der erste für den Stahlhochbau entwickelte Baustahl mit einer höheren Festigkeit als der S235 (St 37) mit einer Streckgrenze von 240 N/mm² war der Baustahl S355 (St 52) mit einer Streckgrenze von 360 N/mm². Die höhere Festigkeit erreichte man durch die Zulegierung verschiedener Elemente, vor allem spielten Silizium, Mangan, Chrom, Molybdän und schließlich auch Kupfer eine Rolle. Um einen nachteiligen Einfluß auf die Schweißeignung zu vermeiden, wurde der Legierungsgehalt begrenzt. Die erste verbindliche Analysenvorschrift legte den Kohlenstoffgehalt auf maximal 0,20 %, den Kupfergehalt auf maximal 0,25 %, den Schwefel- und Phosphorgehalt auf zusammen 0,10 % fest. Die übrigen Legierungselemente waren weder in der Art noch in der Menge dem Stahlhersteller vorgeschrieben. Erst die auftretenden Schäden an geschweißten Stahlhochbauten führten dazu, daß auch für die anderen Legierungselemente Grenzgehalte festgelegt wurden. Mit wachsender Erfahrung erfolgten mehrfach Korrekturen der Analysenvorschriften. Besonders wertvolle Aufschlüsse über das Sprödbruchverhalten ermöglichte die Aufschweißbiegeprobe, siehe

Abschnitt 10.2.2.2. Der Kohlenstoffgehalt des S355 (St 52) wurde bei maximal 0,20 % belassen, der Siliziumgehalt auf 0,55 % und der Mangangehalt auf 1,60 % begrenzt. Schließlich wurde vorgeschrieben, den S355J2G3 (St 52-3) während des Vergießens durch Aluminiumzugabe voll zu beruhigen. Der Aluminiumzusatz bewirkt im ferritisch-perlitischen Gefüge eine Kornfeinung und damit eine Verbesserung der Eigenschaften, Bild 3-3. Nachdem nachgewiesen war, daß feinstverteiltes Aluminiumnitrid die Ursache der Kornfeinung ist und nicht, wie man zunächst vermutete, das gelöste oder als Oxid gebundene Aluminium, wurde versucht, den durch die Kornfeinung erzielbaren Effekt der Streckgrenzenerhöhung bei gleichzeitiger Verbesserung des Sprödbruchverhaltens weiter zu steigern. Diese Bestrebungen führten zur Entwicklung der schweißgeeigneten Feinkornbaustähle. Man unterscheidet drei Gruppen:

1. Gruppe: normalgeglühte (mikrolegierte) Feinkornbaustähle mit Streckgrenzen von 255 bis 500 N/mm^2,
2. Gruppe: vergütete (wasservergütete) Feinkornbaustähle mit Streckgrenzen bis 950 N/mm^2,
3. Gruppe: thermomechanisch gewalzte Feinkornbaustähle mit Streckgrenzen bis 700 N/mm^2.

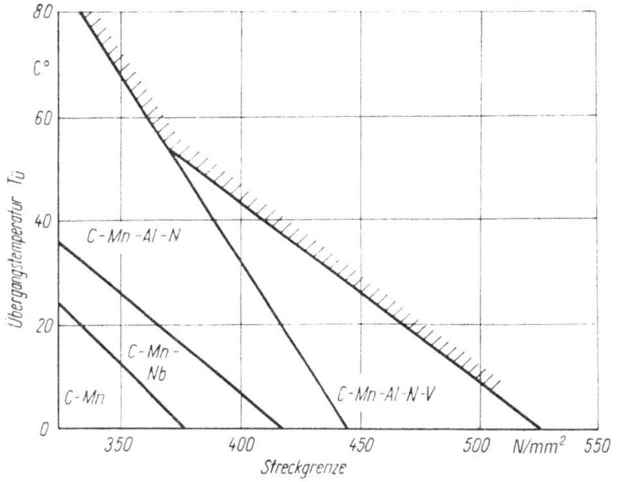

Bild 3-3. Streckgrenze und Übergangstemperatur bei ferritisch-perlitischen Feinkornbaustählen nach *Irvins* und *Pickering*.

3.3 Schweißeignung der hochfesten Feinkornbaustähle

Die normalgeglühten Feinkornbaustähle erhalten ihre Festigkeit durch ihren Gehalt an Mangan, Silizium, Chrom, Nickel, Molybdän und Kupfer sowie durch die Zugabe der Mikrolegierungselemente Aluminium, Vanadin, Niob, Titan und andere. Aufgrund ihres niedrigen Kohlenstoffgehaltes von maximal 0,20 % und ihres geringen Verunreinigungsgrades weisen sie eine gute Schweißeignung auf. Die niedrigen Gehalte an Schwefel und Phosphor sind Ursache der guten Kaltzähigkeit und der geringen Neigung zum Lamellenbruch.

Feinkornbaustähle mit Streckgrenzen über 500 N/mm^2 werden durch Vergüten erzeugt. Im allgemeinen wird die Wasservergütung gewählt. Die Halbzeuge werden im Walzwerk nach der Formgebung auf Härtetemperatur gebracht und mit Wasser abgeschreckt. Anschließend werden sie auf etwa 600 °C angelassen.

Die Martensitbildungstemperatur liegt infolge des geringen Kohlenstoffgehaltes bei höheren Temperaturen, und der gebildete Martensit wird bei der weiteren Abkühlung quasi angelassen. Die kritische Abkühlgeschwindigkeit wird bei den vergüteten Feinkornbaustählen durch die Legierungselemente Chrom, Mangan, Nickel und Molybdän herabgesetzt. Außerdem verbessern sie die Anlaßbeständigkeit. Der thermische Zyklus beim Schweißen, besonders die Abkühlung in der Wärmeeinflußzone (WEZ) im Temperaturbereich von 800 bis 500 °C, muß so ablaufen, daß die Umwandlung in der Martensit- und Zwischen-/Bainitstufe erfolgt. Es entsteht dann ein zähfestes Vergütungsgefüge mit sehr geringer Neigung zum Sprödbruch.

Hinweise für das Schweißen der normalgeglühten und wasservergüteten Feinkornbaustähle sind im Stahl-Eisen-Werkstoffblatt SEW 088-93 enthalten.

Die Festigkeitseigenschaften der thermomechanisch behandelten Feinkornbaustähle beruhen neben der Feinkörnigkeit auf einer Ausscheidungshärtung. Der Kohlenstoffgehalt ist auf sehr niedrige Werte abgesenkt und liegt zwischen 0,03 und 0,10 %. Man unterscheidet danach auch perlitreduzierte Stähle (PRS) mit einem Perlitanteil unter 25 % im Gefüge und perlitarme Stähle (PFS) mit einem Perlitanteil unter 5 %. Die thermomechanisch behandelten Feinkornbaustähle enthalten neben dem niedrigen Kohlenstoffgehalt als Legierungselemente vorrangig Mangan und Nickel und die Mikrolegierungselemente Niob, Vanadin und Titan. Die Größe, Form und Verteilung der Ausscheidungen von Kohlenstoff- und Stickstoffverbindungen der Mikrolegierungselemente sind für die Festigkeit und Zähigkeit des Stahls bestimmend. Durch genaue Einhaltung eines festgelegten Zeit-Temperatur-Verformungsverlaufs beim thermomechanischen Walzen wird ein optimaler Werkstoffzustand erreicht.

Die thermomechanisch behandelten Feinkornbaustähle besitzen aufgrund ihres geringen Kohlenstoffgehalts eine gute Schweißeignung. Es ist möglich, daß in der WEZ durch den thermischen Zyklus der Ausscheidungszustand ungünstig beeinflußt wird und unerwünschtes Kornwachstum auftritt. Eine Erweichung der WEZ im Überhitzungsbereich ist durch einen gesteuerten Wärmeeintrag in Grenzen zu halten. Tritt sie dennoch auf, ist in der Regel trotzdem noch eine ausreichende Zähigkeit der Schweißverbindung vorhanden. Ein Normalglühen verschlechtert die Festigkeitseigenschaften, denn der optimale thermomechanische Behandlungszustand, wie er durch das kontrollierte Walzen erzeugt wurde, geht verloren und kann nicht regeneriert werden.

3.4 Fehlererscheinungen

3.4.1 Relaxationsversprödung

In Feinkornbaustählen können nach dem Schweißen beim Spannungsarmglühen in der WEZ Versprödungen und unter ungünstigen Bedingungen Risse auftreten. Diese Fehlererscheinung wird Relaxations- oder Zeitstandversprödung genannt. Die auftretenden Relaxationsrisse sind auch als „reheat cracking“ oder „stress relief cracking“ bekannt.

Man nimmt an, daß durch den thermischen Schweißzyklus in der WEZ im Bereich der Grobkornbildung unmittelbar am Schweißübergang Ausscheidungen gelöst werden und sich infolge des raschen Abkühlens nicht wieder ausscheiden. Erst beim Wiedererwärmen zum Spannungsarmglühen bilden sich erneut Ausscheidungen, die aber durch Menge, Form und Anordnung die Zähigkeit in der WEZ bei den betreffenden Temperaturen verschlechtern. Während normalerweise der Stahl in der Lage ist, durch plastisches Nachgeben oder, wie es in diesem Fall auch genannt wird, durch Kriechen Spannungen abzubauen, ist diese Fähigkeit bei den zur Relaxationsversprödung neigenden Stählen nicht mehr gegeben. Die Relaxationsrisse verlaufen in der Regel interkristallin. Die wichtigsten Einflußgrößen sind:

- die chemische Zusammensetzung des Feinkornbaustahls,
- der thermische Schweißzyklus,
- der Eigenspannungszustand im Schweißnahtbereich und
- die Wärmebehandlung nach dem Schweißen.

Eine Möglichkeit abzuschätzen, ob ein Stahl in der WEZ zur Relaxationsversprödung neigt, soll eine empirisch ermittelte Gleichung bieten:

$$P_{sR} = \% Cr + \% Cu + 2 \times \% Mo + 10 \times \% V + 7 \times \% N + 5 \times \% Ti - 2 \quad (3.2)$$

Wenn die Versprödungskennzahl $P_{sR} \geq 0$ ergibt, bedeutet dies, daß der betreffende Stahl anfällig für eine Relaxationsversprödung ist.

Die Gefahr einer Relaxationsversprödung kann durch verschiedene Maßnahmen verringert werden. Über die Schweißparameter kann der thermische Schweißzyklus günstig beeinflußt werden. Beim Spannungsarmglühen ist eine genaue Temperaturführung einzuhalten. Um Relaxationsrisse zu verhindern, müssen hohe Eigenspannungen im Schweißnahtbereich vermieden werden. Eine eingetretene Relaxationsversprödung läßt sich durch Normalglühen beseitigen.

3.4.2 Lamellenrisse (Terrassenbrüche)

An Schweißverbindungen höherfester Baustähle können, besonders an Kehlnähten, Lamellenrisse auftreten. Es handelt sich dabei um unterhalb der Schweißnaht verlaufende, häufig terrassenförmig abgestufte Werkstofftrennungen. Beispiele sind in Bild 3-4 schematisch dargestellt. Die Ursache für die Lamellenrisse ist die Art und Anordnung nichtmetallischer Einschlüsse im Stahl in Verbindung mit senkrecht zur Blechoberfläche wirkenden Schrumpfspannungen unterhalb der Schweißnaht.

Die mechanisch-technologischen Eigenschaften eines Baustahls im Walzzustand sind richtungsabhängig. Bei Beanspruchung in Dickenrichtung ist in der Regel das Formänderungsvermögen gegenüber der Längs- und Querrichtung vermindert. Diese Anisotropie wird durch die zeilige Anordnung des Ferrit-Perlit-Gefüges und der nichtmetallischen Einschlüsse bewirkt. Auch im normalgeglühten Zustand bleiben die Eigenschaften längs, quer und senkrecht zur Walzrichtung unterschiedlich. Ausschlaggebende Bedeutung haben die Menge, Form und vor allem die Verteilung der nichtmetallischen Einschlüsse auf diese Verhältnisse. Die Richtungsabhängigkeit ist nicht für alle Kenngrößen der mechanisch-technologischen Eigenschaften gleich stark ausgeprägt. Besonders deutlich sprechen hier die Brucheinschnürung und die Kerbschlagzähigkeit an.

Während die Unterschiede längs und quer schon immer beachtet wurden, interessierten die Abweichungen der Festigkeits- und Zähigkeitseigenschaften in Dickenrichtung zunächst weniger. Erst das Auftreten der Lamellenrisse löste entsprechende Untersuchungen aus. Man stellte fest, daß die nichtmetallischen Einschlüsse im Stahl, vorwiegend Mangansulfide sowie Mangan- und Aluminiumsilikate, lange Zeilen bilden und daß in Dickenrichtung die Bruchdehnung und -einschnürung von Zugproben gegenüber denjenigen in Längs- und Querrichtung wesentlich geringere Werte ergaben. Für die Prüfung der mechanisch-technologischen Eigenschaften in Dickenrichtung wurden verschiedene Proben vorgeschlagen, Bild 3-5.

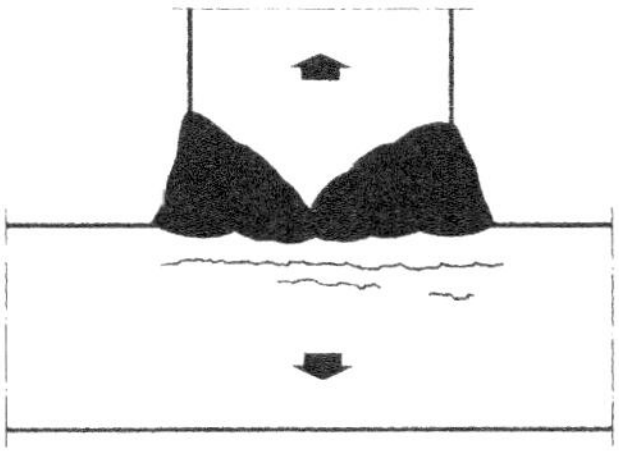

Bild 3-4. Schnitt durch einen Terrassenbruch (lamellar tearing) nach DASt-Richtlinie 014.

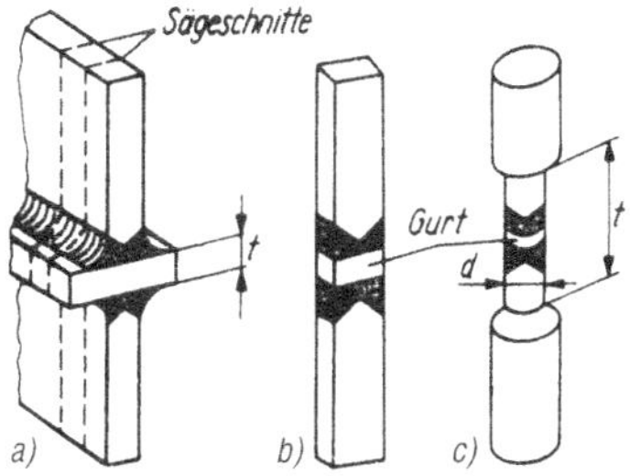

Bild 3-5. Zugproben in Dickenrichtung (d = 0,6 t; d. h. für t = 30 mm folgt d = 18 mm);
a) Probenentnahme,
b) Probe mit Rechteckquerschnitt,
c) Probe mit Kreisquerschnitt.

Die Brucheinschnürung Z, ermittelt im Zugversuch bei Raumtemperatur, ist ein Kennwert des Formänderungsvermögens. Sie kann in Dickenrichtung auf Werte unter Z_D = 10 % absinken. Es ist aufgrund der Ergebnisse umfangreicher Untersuchungen anzunehmen, daß sich die Brucheinschnürung von in Dickenrichtung beanspruchten Proben als Indikator für die Lamellenrißempfindlichkeit von Walzerzeugnissen eignet. In Bild 3-6 ist der experimentell ermittelte Zusammenhang zwischen den Mengenanteilen an nichtmetallischen Einschlüssen und der Brucheinschnürung von Zugproben in Dickenrichtung dargestellt. Mit zunehmendem Volumenanteil der Einschlüsse steigt die Lamellenrißanfälligkeit. Ausgelöst werden die Lamellenrisse durch die Schrumpfspannungen in Dickenrichtung, das heißt, die Rißbildung wird um so wahrscheinlicher, je weniger ein freies Schrumpfen (in Dickenrichtung) nach dem Schweißen möglich ist. Daraus läßt sich eine Mindestbrucheinschnürung ableiten, die eine gewisse Sicherheit gegen das Auftreten von Lamellenrissen für unterschiedliche Schweißverbindungen bieten soll. In Bild 3-7 ist für Flansch-Steg-Verbindungen der Mindestwert für die Brucheinschnürung von Zugstäben in Dickenrichtung 10 %. Wird dieser Wert unterschritten, dann ist auch bei einem niedrigen Einspannungsgrad mit dem Auftreten von Lamellenrissen zu rechnen.

Lamellenrisse lassen sich durch werkstoffbezogene, konstruktive und fertigungstechnische Maßnahmen vermeiden. Eine werkstoffbezogene Möglichkeit bietet der Einsatz von Stählen mit niedrigem Einschlußgehalt und gewährleisteten Werten der Brucheinschnürung in Dickenrichtung. Bei diesen Z-Güten werden drei Güteklassen unterschieden. Für die Güteklasse 1 müssen die Mittelwerte der Brucheinschnürung von drei Einzelversuchen mindestens 15 %, für die Güteklasse 2 mindestens 25 % und für die Güteklasse 3 mindestens 35 % betragen.

Damit die Bauteilspannungen klein bleiben, soll konstruktiv so gestaltet werden, daß ein weitgehend ungehindertes Schrumpfen möglich ist. Sind im Bauteil nach dem Schweißen Schrumpfspannungen in Dickenrichtung zu erwarten, die erfahrungsgemäß Lamellenrisse verursachen können, dann ist das Einschweißen von Formstücken, Bild 3-8, oder das Aufschweißen einer Pufferschicht aus zähem Schweißgut, Bild 3-9, zu empfehlen. Die zuletzt erwähnte Methode ist zwar ziemlich sicher, aber verhältnismäßig aufwendig.

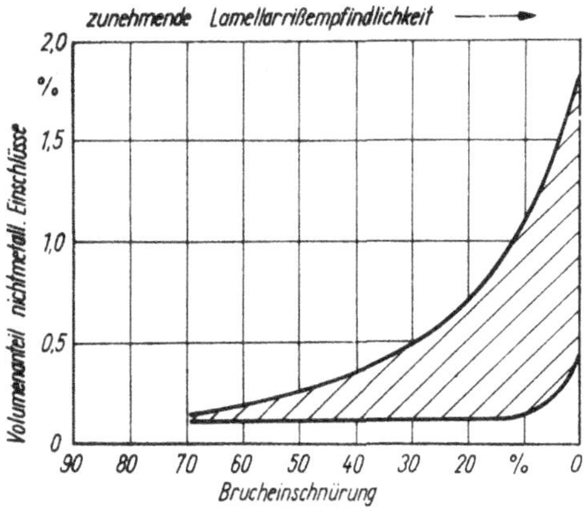

Bild 3-6. Zusammenhang zwischen den Mengenanteilen nichtmetallischer Einschlüsse und der Brucheinschnürung in Dickenrichtung nach *Wold* und *Kristoffersen.*

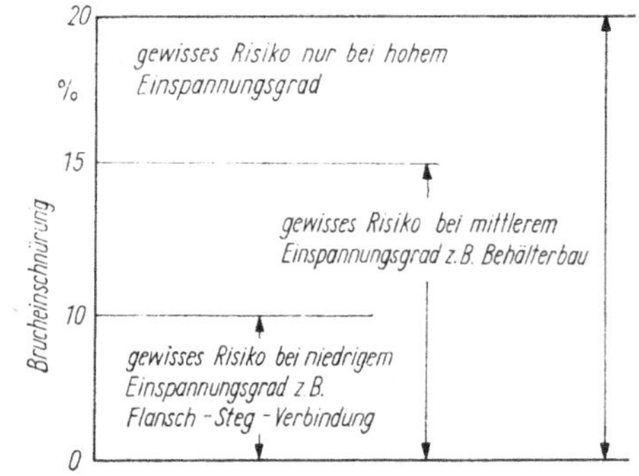

Bild 3-7. Zusammenhang zwischen Terrassenbruchrisiko und Brucheinschnürung nach *Wold* und *Kristoffersen.*

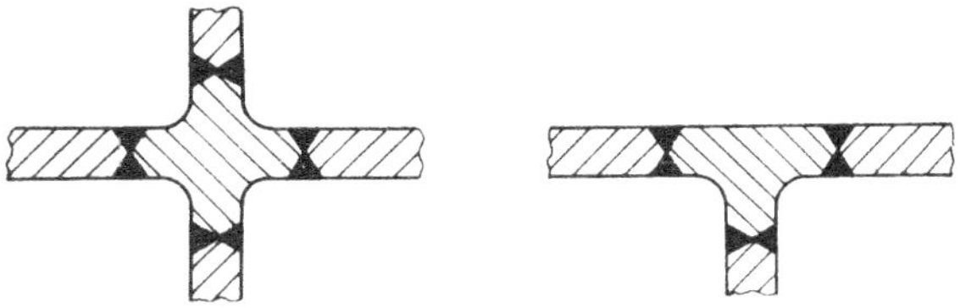

Bild 3-8. Einschweißen von Formstücken, um Terrassenbrüche zu vermeiden.

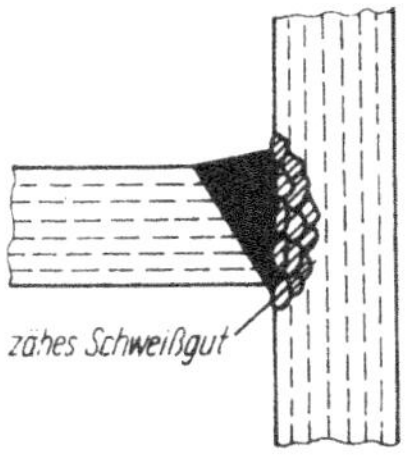

Bild 3-9. Auftragschweißen einer Pufferschicht, um Terrassenbrüche zu vermeiden.

4 Schweißeignung der hochlegierten Stähle

4.1 Werkstoffgrundlagen

Ein Stahl gilt als hochlegiert, wenn er 5 % oder mehr eines Legierungselementes enthält. Nach DIN EN 10027 handelt es sich um legierte Edelstähle. Der Kurzname setzt sich aus folgenden Kennbuchstaben und -zahlen zusammen: Nach dem Kennbuchstaben X steht eine Zahl, die dem 100fachen des mittleren Kohlenstoffgehalts entspricht, gefolgt von den chemischen Symbolen der Legierungselemente und Zahlen, die in der Reihenfolge der Legierungselemente deren mittleren Gehalt abgerundet angeben. Die für die einzelnen Elemente geltenden Zahlen sind durch Bindestriche voneinander zu trennen. Der Stahl mit der Kurzbezeichnung X10CrNi18-8 ist hochlegiert und enthält im Mittel 0,10 % Kohlenstoff, 18 % Chrom und 8 % Nickel. Die hochlegierten Stähle lassen sich nach verschiedenen Gesichtspunkten unterteilen. Übliche Einteilungen sind:

- nach dem Legierungsgehalt, zum Beispiel Chromstähle und Chrom-Nickel-Stähle,
- nach der Gefügeausbildung, zum Beispiel ferritische Stähle und austenitische Stähle,
- nach besonderen Gebrauchseigenschaften, zum Beispiel korrosionsbeständige Stähle sowie hitze- und zunderbeständige Stähle.

Für das Verhalten der hochlegierten Stähle beim Schweißen sind der Legierungsgehalt und der Gefügezustand wichtig.

4.1.1 Wirkung der Legierungselemente

Die hauptsächlichen Wirkungen der Legierungselemente auf die Eigenschaften und das Verhalten der Stähle lassen sich nach bestimmten Gesichtspunkten ordnen. Für die Schweißeignung sind drei Wirkungen von besonderer Bedeutung:

- der Einfluß der Legierungselemente auf das Umwandlungsverhalten,
- die chemische Affinität der Legierungselemente zum Kohlenstoff, das bedeutet der Einfluß auf die Karbidbildung,
- die Neigung der Legierungselemente im Stahl, intermetallische Verbindungen zu bilden.

4.1.1.1 Umwandlungstemperaturen und Umwandlungsverhalten

Nach ihrem Einfluß auf die A_3- und die A_4-Temperatur des Eisens können die Legierungselemente in zwei große Gruppen mit je zwei Untergruppen unterschieden werden, Tabelle 4-1.

Die erste Gruppe umfaßt diejenigen Legierungselemente, die das Austenit- oder γ-Gebiet des Eisens erweitern. Im Zustandsdiagramm wird die A_4-Temperatur erhöht und die A_3-Temperatur erniedrigt. Während für die Legierungselemente der Untergruppe 1a das Existenzgebiet des Austenits nach rechts offen ist, Bild 4-1a, wird es bei den Legierungselementen der Untergruppe 1b begrenzt, Bild 4-1b.

Zur zweiten Gruppe zählen alle die Legierungselemente, durch die das Austenit- oder γ-Gebiet verkleinert und eingeschnürt wird. Hier sind ebenfalls zwei Untergruppen zu unterscheiden. Zur Untergruppe 2a gehören die Legierungselemente, die zu einer vollständigen Abschnürung des Austenitgebiets führen, Bild 4-1c. Die Untergruppe 2b erfaßt alle Legierungselemente, bei denen das verengte Austenitgebiet durch heterogene Phasengebiete begrenzt ist, Bild 4-1d.

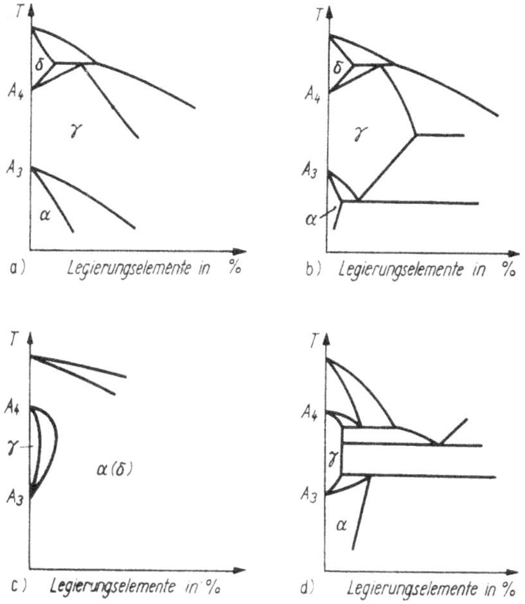

Bild 4-1. Wirkung der Legierungselemente auf das Zustandsgebiet des γ-Mischkristalls;
a) unbeschränkt offenes γ-Gebiet,
b) erweitertes, durch ein heterogenes Zustandsfeld begrenztes γ-Gebiet,
c) geschlossenes γ-Gebiet,
d) geschlossenes γ-Gebiet, durch heterogene Zustandsfelder begrenzt.

Tabelle 4-1. Wirkung der häufigsten Legierungselemente in hochlegierten Stählen auf die Umwandlungstemperaturen A_3 und A_4.

γ-Gebiet erweiternd Untergruppe 1a	Untergruppe 1b	γ-Gebiet verengend Untergruppe 2a	Untergruppe 2b
Nickel	Kohlenstoff	Aluminium	Niob
Mangan	Stickstoff	Silizium	Tantal
Kobalt	Kupfer	Phosphor	Zirkon
	Bor	Titan	Zer
		Vanadin	
		Chrom	
		Molybdän	
		Wolfram	

4.1.1.2 Karbide und intermetallische Verbindungen

Die karbidbildenden Legierungselemente gehören alle zur Gruppe 2, also zu denjenigen, die das γ-Gebiet abschnüren. Nach *Goldschmidt* ergeben sich entsprechend dem kristallographischen Aufbau drei Gruppen von Karbiden, Tabelle 4-2.

Tabelle 4-2. Kristallographischer Aufbau von Karbiden in Stählen.

Gruppe	Karbide
1. Kubische Anordnung	TiC, VC (V_4C_3), ZrC, NbC (Nb_4C_3), TaC, $Cr_{23}C_6$
2. Hexagonal dichteste Packung	Mo_3C, MoC, W_2C, WC, Ta_2C, Cr_7C_3
3. Orthorhombische Anordnung	Fe_3C, Mn_3C, Cr_3C_2

Die Karbide der 1. Gruppe sind sehr stabil und lösen sich im Austenit nur schwer. In diesen Karbiden können die auf Zwischengitterplätzen befindlichen Kohlenstoffatome auch durch andere Legierungselemente mit kleinem Atomradius ersetzt werden, zum Beispiel bilden sich mit Stickstoff Karbonitride. Ebenso ist es möglich, daß in einem bestimmten Umfang Metallatome substituiert werden können, beispielsweise läßt sich Titan im Titankarbid durch Tantal oder Wolfram ersetzen.

Die Karbide der 2. Gruppe sind ebenfalls stabil, ausgenommen Cr_7C_3, das wegen seiner geringeren Stabilität eigentlich zur 3. Gruppe zählt.

Die Karbide der 3. Gruppe lösen sich verhältnismäßig leicht im Austenit. Die Legierungselemente Nickel und Kobalt beteiligen sich praktisch nicht an der Karbidbildung in Stählen. Mangan und Chrom substituieren Eisen im Fe_3C und bilden Mischkarbide. Von den Mischkarbiden sind die Doppelkarbide wie Fe_3Mo_3C zu unterscheiden.

Die Schweißeignung der legierten Stähle wird wesentlich vom Ausscheidungs- und Auflösungsverhalten der Karbide mitbestimmt.

Zwei Metalle können eine Verbindung bilden. Diese intermetallischen Verbindungen werden Metalloide oder intermediäre Phasen genannt. Die Eigenschaften der Metalloide liegen zwischen denjenigen der Metalle und der Nichtmetalle, wobei die Übergänge fließend sind. In Eisenlegierungen, also auch in legierten Stählen, können verschiedene intermetallische Verbindungen auftreten. Am bekanntesten ist die Sigmaphase, die zuerst in chromlegierten Stählen festgestellt wurde. Die Sigmaphase entspricht etwa der Verbindung FeCr mit einem Atomgehalt von 47 % Chrom. Sie erstreckt sich aber über einen größeren Konzentrationsbereich, was bedeutet, daß sie einen Überschuß an Chrom oder Eisen zu lösen vermag, also keine feste stöchiometrische Zusammensetzung aufweist. Die Sigmaphase bildet sich bei Temperaturen zwischen 600 und 800 °C. Im Normalfall handelt es sich um eine sehr träge verlaufende Reaktion, die deshalb eine sehr lange Glühdauer benötigt. Durch eine vorangegangene Kaltverformung wird die Entstehung der Sigmaphase beschleunigt.

Aufgrund ihres Kristallgitteraufbaus ist die Sigmaphase ein versprödend wirkender Bestandteil im Chromstahl. Bereits ihr Entdecker *Griffith* bezeichnete sie als „brittle constituent". Wegen ihrer Härte und Sprödigkeit ist die Sigmaphase im allgemeinen in Chromstählen unerwünscht, nur in Sonderstählen kann die durch sie bewirkte Härtesteigerung und Verschleißfestigkeit von Nutzen sein.

Die Sigmaphase tritt nicht nur in Eisen-Chrom-Legierungen auf, sondern auch in anderen Legierungen. In Tabelle 4-3 sind nach *Houdremont* die binären Legierungssysteme aufgeführt, in denen Sigmaphasenbildung möglich ist.

Tabelle 4-3. Sigmaphase in binären Legierungen.

	V	Cr	Mn	Fe	Co	Ni
V	–	–	x	x	x	x
Cr	–	–	x	x	x	–
Mn	x	x	–	–	–	–
Fe	x	x	x	–	–	–
Co	x	x	–	–	–	–
Ni	x	–	–	–	–	–

Weiterhin konnte die Sigmaphase auch zwischen den in Tabelle 4-3 genannten Elementen und Molybdän sowie Wolfram festgestellt werden. Es sind ferner ternäre Systeme mit Sigmaphasenbildung bekannt. Bei Anwesenheit von Silizium, Mangan und Molybdän wird die Grenze der Sigmaphasenbildung zu niedrigeren Chromgehalten verschoben. Kohlenstoff und Nickel wirken entgegengesetzt.

4.1.2 Einteilung der hochlegierten Stähle

Die meisten hochlegierten Stähle sind mehrfach legiert. Für die Chrom-Nickel-Stähle stellte *Maurer* ein Gefügeschaubild auf, dem in Abhängigkeit vom Chrom- und Nickelgehalt die Gefügeausbildung entnommen werden kann, Bild 4-2.

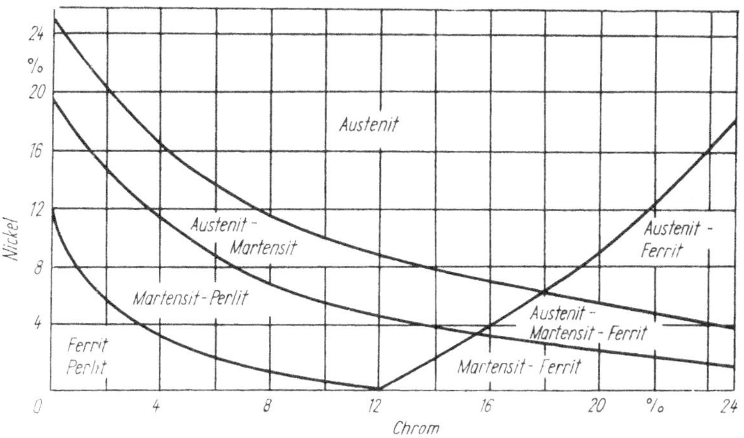

Bild 4-2. Gefügeschaubild der Chrom-Nickel-Stähle nach *Maurer*.

Betrachtet man allein die Wirkung der Legierungselemente auf die Einengung oder Erweiterung des γ-Gebiets, dann lassen sich Chrom- und Nickeläquivalente bilden. Das Chromäquivalent enthält alle Legierungselemente, die, ähnlich dem Chrom, das γ-Gebiet abschnüren. Im Nickeläquivalent sind alle Legierungselemente, durch die das γ-Gebiet erweitert wird, erfaßt. Damit ist es möglich, ein Gefügeschaubild zu entwickeln, bei dem außer Chrom und Nickel weitere Legierungselemente einbezogen sind. Erforderlich ist eine Umrechnung in Chrom- und Nickeläquivalente. Zu beachten ist, daß die Gefügeschaubilder immer nur für bestimmte Behandlungszustände gelten. Die Gefügeausbildung wird, außer von der chemischen Zusammensetzung, auch von der Vorbehandlung bestimmt. Dem Gefügeschaubild mit den eingezeichneten Bereichen für verschiedene legierte Stähle, Bild 4-3, liegen die Verhältnisse des *Schaeffler*-Diagramms zugrunde, siehe Abschnitt 4.2.1.1. Im Gefügeschaubild sind die Gebiete der warmfesten, der kaltzähen, der korrosionsbeständigen und der hitzebeständigen Stähle durch unterschiedliche Schraffuren gekennzeichnet.

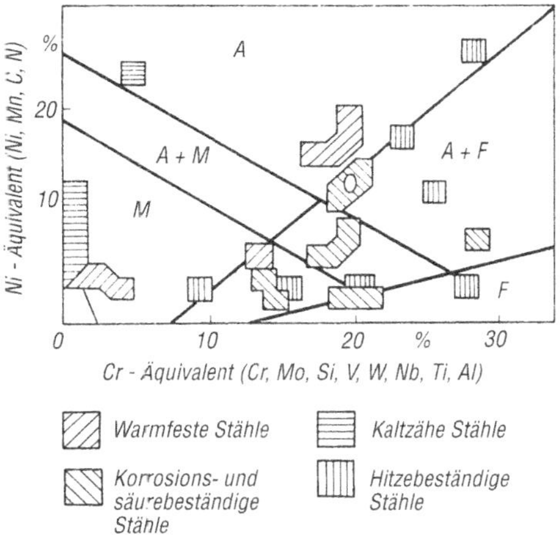

Bild 4-3. Gefügeschaubild für legierte Stähle nach *Leinhos*.

4.1.2.1 Warmfeste Stähle

Im Zugversuch bei Raumtemperatur werden die wichtigsten Kennwerte für die Beurteilung eines Baustahls ermittelt. Den Berechnungen für Konstruktionen liegt im allgemeinen die Streckgrenze zugrunde. Liegt die Betriebstemperatur oberhalb der Raumtemperatur, setzt man häufig die Warmstreckgrenze in die Berechnungen ein. Dabei bleibt unberücksichtigt, daß sich bei höheren Temperaturen ein unter Spannung stehender Stahl zeitabhängig plastisch verformt. Dieser Vorgang wird als Kriechen bezeichnet.

Belastet man einen Stahl bei einer höheren Temperatur, dann beobachtet man in Abhängigkeit von der Beanspruchungsdauer einen Dehnungsverlauf, wie er in Bild 4-4 schematisch dargestellt ist. Die Kriechkurve unterteilt sich in drei Bereiche. Im Bereich I fällt die zunächst hohe Kriechgeschwindigkeit auf einen Wert ab, der im Bereich II annähernd konstant bleibt. Im anschließenden Bereich III nimmt die Kriechgeschwindigkeit bis zum Bruch wieder zu. Die Größe der einzelnen Kriechbereiche hängt vom Werkstoff und von den Versuchsbedingungen ab. Man führt Langzeit-Dauerstandversuche durch und ermittelt ein Zeit-Dehnungs-Diagramm, aus dem für verschiedene Beanspruchungen die Zeiten entnommen werden können, bei denen eine bestimmte Gesamtdehnung erreicht wird oder der Bruch eintritt. Es werden Zeitdehngrenzen, Zeitbruchgrenzen und Zeitstandfestigkeiten festgestellt.

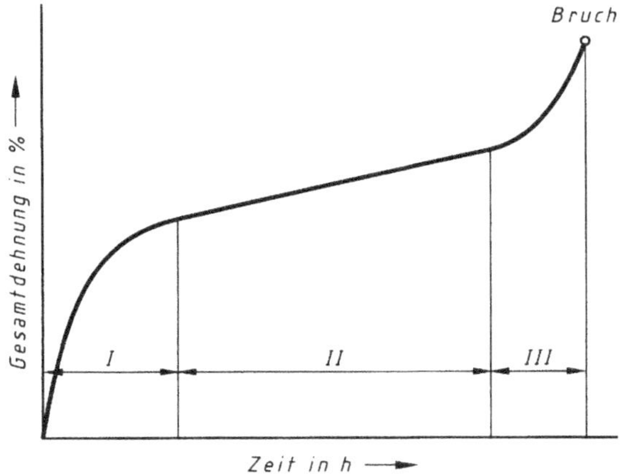

Bild 4-4. Zeit-Dehnungs-Schaubild (schematisch) nach DIN EN 10291.

Die Zeitdehngrenzen und die Zeitstandfestigkeiten nehmen mit der Temperatur unterschiedlich schnell ab. Bei einer Grenztemperatur schneiden sich die entsprechenden Kurven. In Bild 4-5 ist dieser Sachverhalt schematisch dargestellt. Hier sind die Zeitdehngrenze und die Zeitstandfestigkeit, zum Beispiel für 100 000 h, in Abhängigkeit von der Temperatur aufgetragen. Der Schnittpunkt der Kurven liegt bei den warmfesten Stählen zwischen 350 und 600 °C.

Bei den warmfesten Stählen sind drei Gruppen zu unterscheiden. Die erste Gruppe sei an dieser Stelle der Vollständigkeit halber erwähnt, sie umfaßt die niedriglegierten Stähle, zu ihnen gehört zum Beispiel der Stahl 16Mo3. Eine zweite Gruppe bilden die martensitischen Stähle, wie der Stahl X20CrMoV12-1. In der dritten Gruppe sind die austenitischen Stähle zusammengefaßt, zu denen beispielsweise der Stahl X8CrNiNb16-13 zählt.

4.1.2.2 Kaltzähe Stähle

Für den Apparate- und Anlagenbau, für Rohrleitungen, Transport- und Vorratsbehälter der Kältetechnik werden Baustähle eingesetzt, die bei tieferen Temperaturen noch über eine ausreichende

Zähigkeit verfügen. Für die Anwendung bei tiefen Temperaturen kommen unlegierte und legierte Stähle in Betracht.

Bis zu Temperaturen von –50 °C können kaltzähe mikrolegierte Feinkornbaustähle eingesetzt werden. Für tiefere Temperaturen eignen sich nickellegierte Stähle, zum Beispiel können der Stahl 15NiMn6 bis –80 °C und der Stahl 12Ni14G2 bis –100 °C verwendet werden. Für noch tiefere Temperaturen eignen sich 9- und 12 %ige Nickelstähle sowie der bereits bei den warmfesten Stählen genannte X8CrNiNb16-13, auch nickelfreie Stähle, beispielsweise der nickelfreie X40MnCr18, haben sich für einen Tieftemperatureinsatz bewährt.

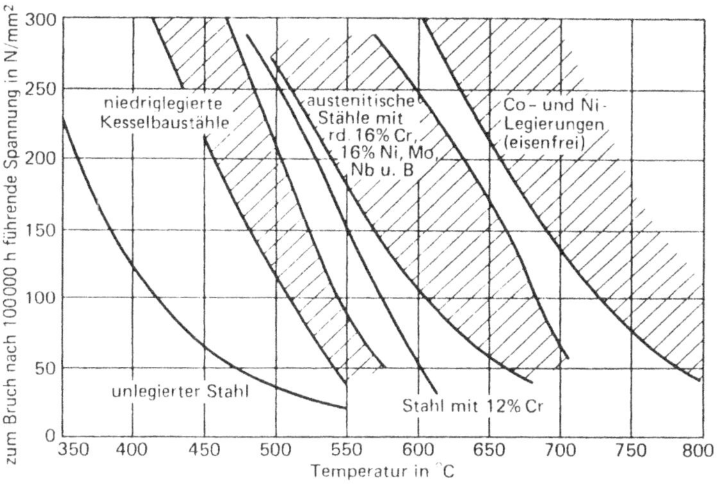

Bild 4-5. 100 000-h-Zeitstandfestigkeit von warmfesten Stählen und Schwermetall-Legierungen nach *Kallen*.

4.1.2.3 Korrosionsbeständige Stähle

Legierungstechnisch ist es möglich, Stähle herzustellen, die von korrodierend wirkenden Medien nicht oder nur sehr wenig angegriffen werden. Stähle, die eine wesentlich erhöhte Beständigkeit gegen atmosphärische Einflüsse, Wasser, Säuren, Basen, Salzschmelzen, Metallschmelzen und andere Medien aufweisen, bilden die Gruppe der korrosionsbeständigen Stähle. Nach den Hauptlegierungselementen und dem Gefügeaufbau unterscheidet man:

- ferritische Chromstähle,
- martensitische und ferritisch-martensitische Chromstähle,
- austenitische Chrom-Nickel-Stähle (stabile und metastabile),
- ferritisch-austenitische Chrom-Nickel-Stähle.

Das wichtigste Legierungselement in korrosions- und säurebeständigen Stählen ist Chrom. Ein Stahl mit 12 bis 15 % Chrom verhält sich gegenüber vielen Korrosionsmedien passiv. An der Oberfläche eines chromlegierten Stahls wird Chrom, das unedler als Eisen ist, oxidiert. Es entsteht eine dichte, festhaftende Oxidschicht, die das darunterliegende Metall vor einem weiteren Korrosionsangriff schützt. Die Oxidschicht ist außerordentlich dünn und beeinträchtigt nicht den metallischen Glanz. Damit die Passivierung voll wirksam wird, ist ein Mindestgehalt von 13 % Chrom erforderlich, und die Chromatome müssen gleichmäßig im Mischkristall verteilt sein. Volle Korrosionsbeständigkeit setzt weiterhin eine feingeschliffene oder polierte Oberfläche voraus, andernfalls muß der Chromgehalt höher sein.

Ferritische Chromstähle

Die ferritischen Chromstähle enthalten maximal 0,1 % Kohlenstoff und 13 bis 18 % Chrom. Häufig werden diesen Stählen zur Verbesserung der Korrosionsbeständigkeit Molybdän und Titan zulegiert. Beim Erhitzen von ferritischen Chromstählen werden drei charakteristische Versprödungsbereiche durchlaufen, durch die besonders die Zähigkeit bei Raumtemperatur herabgesetzt wird:

- die 475 °C-Versprödung,
- die σ-Phasen-Versprödung und
- die Versprödung durch Grobkornbildung oberhalb 900 °C.

Die 475 °C-Versprödung tritt bei längerem Erwärmen zwischen 450 und 500 °C auf. Sie äußert sich außer in einem Verlust an Zähigkeit auch in einer verringerten Korrosionsbeständigkeit. Als Ursache nimmt man die Bildung kohärenter chromreicher Komplexe im Eisen-Chrom-Mischkristall an. Durch Erwärmen auf 600 °C werden die Veränderungen rückgängig gemacht.

Die als σ-Phase bekannte intermetallische Verbindung zwischen Eisen und Chrom scheidet sich bei Langzeitbeanspruchung im Temperaturbereich zwischen 500 und 900 °C aus. Silizium begünstigt und Aluminium hemmt die Ausscheidung. Durch Glühen oberhalb 900 °C kann die σ-Phase wieder aufgelöst werden.

Bei Glühtemperaturen oberhalb der Rekristallisationstemperatur setzt ein rasches Kornwachstum ein, wobei höhere Chromgehalte beschleunigend wirken, während Titan und Molybdän das Wachstum verringern. In der Wärmeeinflußzone (WEZ) von Schweißverbindungen kann Grobkornbildung die Zähigkeit vermindern.

Martensitische Chromstähle

Die Chromstähle mit Kohlenstoffgehalten bis 0,3 % und Chromgehalten zwischen 12 und 18 % werden im vergüteten, diejenigen mit höheren Kohlenstoffgehalten im gehärteten Zustand eingesetzt. Neben dem Chromgehalt verbessert ein Zusatz an Molybdän die Korrosionsbeständigkeit. Die Festigkeitseigenschaften der martensitischen Chromstähle hängen vom Wärmebehandlungszustand ab. Ihre Beständigkeit im gehärteten Zustand gegenüber interkristalliner Korrosion geht verloren, wenn man sie anläßt.

4.1.2.4 Hitze- und zunderbeständige Stähle

Normale Stähle korrodieren in aggressiven gasförmigen Medien bei hohen Temperaturen sehr schnell. Durch Legieren gelingt es, die Zundervorgänge bei hohen Temperaturen zu bremsen. Die wichtigsten Legierungselemente für die hitze- und zunderbeständigen Stähle sind Chrom, Aluminium und Silizium. Dabei wirken Silizium etwa 5fach und Aluminium 2,5fach stärker als Chrom. Dieser Vorteil kann aber nur in beschränktem Umfang genutzt werden, denn beide Elemente führen bei größeren Gehalten im Stahl zur Versprödung. Deshalb sind in hitze- und zunderbeständigen Stählen Silizium und Aluminium im Höchstfall bis zu je 1,8 % enthalten.

Ein Stahl gilt als zunderbeständig bis zu einer angegebenen Temperatur, wenn er nach 120stündiger Beanspruchung in Luft mit vier Zwischenabkühlungen nicht mehr als 1 g/m^2h Metall verliert. Bei einer um 50 °C höheren Temperatur darf der Verlust nur 2 g/m^2h betragen.

Es sind drei Gruppen von hitze- und zunderbeständigen Stählen zu unterscheiden:

- ferritische Chromstähle mit 5,5 bis 30 % Chrom,
- ferritisch-austenitische Stähle,
- austenitische Stähle.

In Bild 4-3 sind die Gebiete im Gefüge-Diagramm eingetragen und durch senkrechte Schraffur gekennzeichnet.

4.2 Schweißeignung der hochlegierten Stähle

Um die Schweißeignung der hochlegierten Stähle und die möglichen Fehlererscheinungen an den entsprechenden Schweißverbindungen zu beschreiben, ist die Unterteilung nach der Gefügeausbildung zweckmäßig.

Die hochlegierten Stähle unterscheiden sich in vielen für die Schweißeignung wichtigen Eigenschaften von den unlegierten Stählen. Für das Schweißen sind die in Tabelle 4-4 aufgeführten wärmephysikalischen Eigenschaften besonders wichtig.

Tabelle 4-4. Wärmephysikalische Eigenschaften der Stähle.

	Wärmeausdehnungskoeffizient $10^{-6}\,K^{-1}$	Wärmeleitfähigkeit J/cm s K
unlegierte Stähle	10 ... 12	0,524
ferritische Stähle	9,5 ... 10,5	0,290
austenitische Stähle	16 ... 19	0,145 ... 0,170

Die hochlegierten Stähle leiten die Wärme schlechter, und ihre Wärmeausdehnung ist größer. Die Folge sind stärkere Verformungen beziehungsweise höhere Schrumpfspannungen. Diese Stähle werden deshalb nur in Ausnahmefällen vorgewärmt. Dies gilt vor allem für die austenitischen Stähle.

4.2.1 Austenitische Stähle

Hochlegierte Stähle mit überwiegend Austenit im Gefüge werden als warmfeste, als kaltzähe, als korrosions-, hitze- und zunderbeständige Stähle verwendet.

4.2.1.1 *Schaeffler*-Diagramm

Das bereits 1948 von *Schaeffler* veröffentlichte Gefügeschaubild ist ein erweitertes *Maurer*-Diagramm, Bild 4-2. Das *Schaeffler*-Diagramm in der heute gebräuchlichen Form ist in Bild 4-6 dargestellt. Es berücksichtigt nicht allein die Wirkung von Chrom und Nickel auf die Gefügeausbildung, sondern erfaßt die ferritstabilisierenden Elemente Chrom, Molybdän, Silizium und Niob in einem Chromäquivalent und die austenitstabilisierenden Elemente Nickel, Kohlenstoff und Mangan in einem Nickeläquivalent. Für das heute allgemein verwendete *Schaeffler*-Diagramm gilt:

Chromäquivalent = % Cr + % Mo + 1,5 × % Si + 0,5 × % Nb + 2 × % Ti
Nickeläquivalent = % Ni + 30 × % C + 0,5 × % Mn

Für die Anwendung des *Schaeffler*-Diagramms gelten die nachstehenden aufgeführten Grenzgehalte an Stahlbegleitern und Legierungselementen: < 0,2 % C, < 1,0 % Si, < 4 % Mn, < 3,0 % Mo und < 1,5 % Nb.

Nach *Bystram* kann das *Schaeffler*-Diagramm auch für die qualitative Einschätzung einiger Eigenschaften hochlegierten Schweißgutes herangezogen werden. Es weist auf vier Gebiete hin, in denen häufig bestimmte Fehlererscheinungen zu beobachten sind, Bild 4-7. Danach kann im ferritischen Gebiet 1 erhebliches Kornwachstum auftreten. Kaltrisse bilden sich bevorzugt im martensitischen Gebiet 2. Im Gebiet 3, das den austenitisch-ferritischen Bereich sowie ferritische und austenitische Grenzbereiche einschließt, scheidet sich bevorzugt die σ-Phase aus. Erhöhte Heißrißanfälligkeit tritt im vollaustenitischen Gebiet 4 auf.

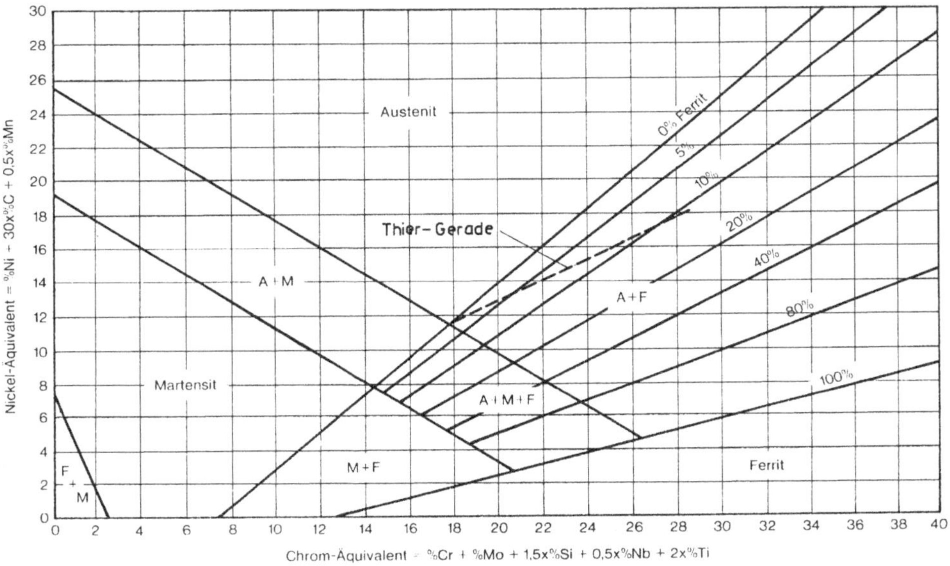

Bild 4-6. *Schaeffler*-Diagramm in der heute gebräuchlichen Form (– – – – = Grenzlinie zwischen austenitischer und ferritischer Primärerstarrung nach *Thier*).

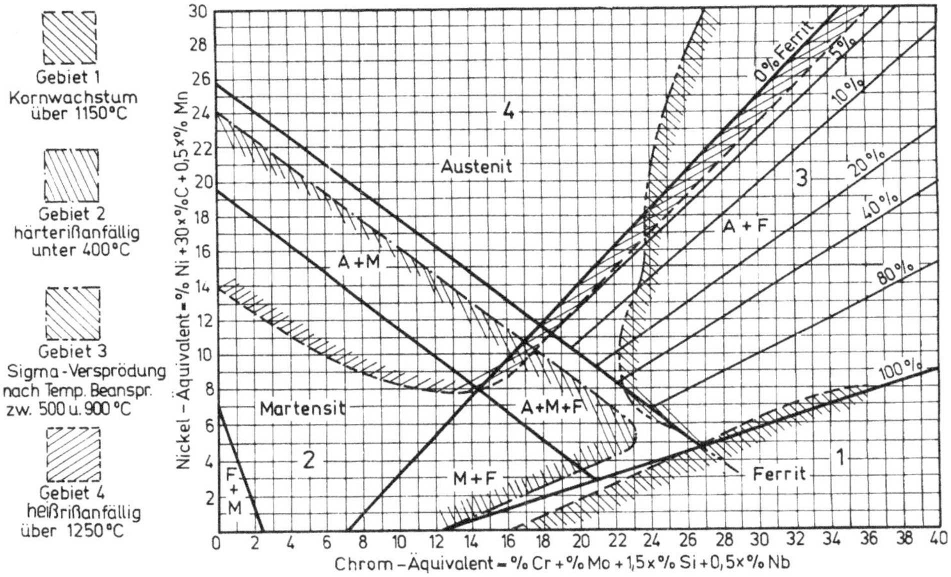

Bild 4-7. *Schaeffler*-Diagramm mit Angabe der Schweißgutgefüge, die verstärkt zur Heiß- oder Kaltrißbildung oder zur σ-Phasenbildung neigen.

4.2.1.2 Heißrißbildung

Stabile vollaustenitische Stähle neigen beim Schweißen zur Heißrißbildung. Die Heißrisse entstehen im Schweißgut oder in der WEZ, abhängig von den chemischen Zusammensetzungen des Grund- und Zusatzwerkstoffs und dem Mischungsverhältnis. Die Heißrißanfälligkeit wird von verschiede-

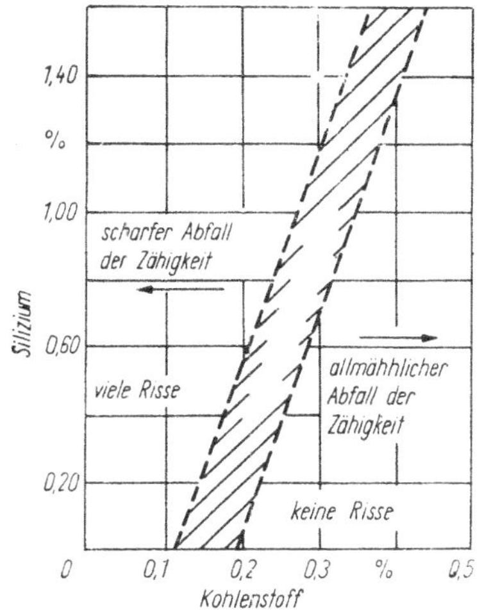

Bild 4-8. Einfluß des Kohlenstoff- und Siliziumgehalts auf die Heißrißanfälligkeit von vollaustenitischem Schweißgut nach *Ball.*

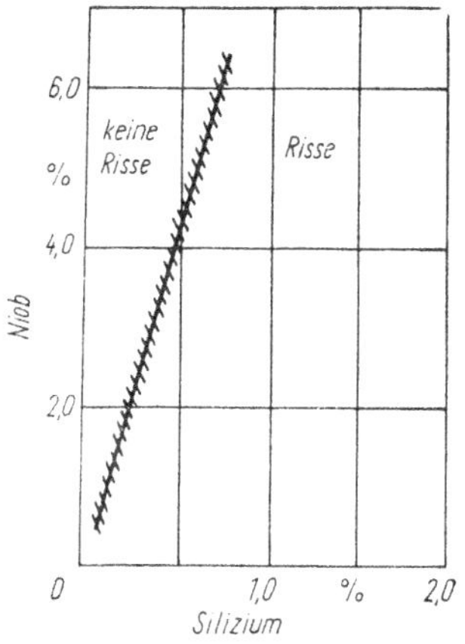

Bild 4-9. Einfluß des Niob- und Siliziumgehalts auf die Heißrißanfälligkeit von vollaustenitischem Schweißgut nach *Ball.*

nen Legierungselementen direkt beeinflußt. Vor allem fördern Phosphor und Schwefel die Heißrißentstehung durch die Bildung und Ansammlung von niedrigschmelzenden Eutektika auf den Korngrenzen. Kohlenstoff- und Siliziumgehalt im Schweißgut sollen in einem bestimmten Verhältnis stehen, Bild 4-8. Die erhöhte Heißrißneigung durch Silizium soll durch Niob zu kompensieren sein, Bild 4-9.

Durch einen δ-Ferritanteil im austenitischen Schweißgut, aber auch im Grundwerkstoff, wird die Heißrißneigung vermindert. Die günstige Wirkung eines δ-Ferritanteils wird im allgemeinen auf drei Ursachen zurückgeführt:

Erstens ist der δ-Ferrit in der Lage, eine bestimmte Menge der heißrißfördernden Elemente zu lösen. So werden Phosphor, Silizium und zum Teil auch Schwefel im Mischkristall aufgenommen und scheiden als Komponenten für niedrigschmelzende Eutektika und damit für eine Heißrißbildung aus. Bildhaft wird von einem Schwammeffekt des δ-Ferrits gesprochen.

Zweitens begünstigen die sich unmittelbar aus der Schmelze ausscheidenden Kristallite des δ-Ferrits als Keimbildner eine feinkörnige Kristallisation. Bei einem feinkörnigen Gefüge kommt es zu einer ungefährlicheren größeren Verteilung der niedrigschmelzenden Eutektika, womit sich die Gefahr einer Heißrißbildung verringert.

Drittens kann angenommen werden, daß im Temperaturintervall der Sprödigkeit TIS ein Ferritanteil durch sein elastisches Verhalten die Heißrißgefahr vermindert.

Als untere Grenze für den erforderlichen δ-Ferritanteil werden üblicherweise 3 bis 4 % angegeben, doch bereits Gehalte von 2 % setzen die Heißrißneigung erheblich herab. Ein zu hoher δ-Ferritanteil wirkt eigenschaftsverschlechternd, vor allem werden die Tieftemperaturzähigkeit vermindert und die σ-Phasenbildung gefördert. Der δ-Ferritanteil in Schweißverbindungen bringt Vorteile, aber auch Nachteile.

Vorteile: Verringerung der Heißrißneigung,
feinkörniges Schweißgutgefüge,

erhöhte Beständigkeit gegenüber Spannungsrißkorrosion,
bessere mechanische Gütewerte.

Nachteile: Beständigkeit gegen interkristalline Korrosion wird schlechter,
σ-Phasenbildung wird gefördert.

Um einen optimalen δ-Ferritanteil im austenitischen Schweißgut einzuhalten, sind verschiedene Bestimmungsverfahren üblich. Sie lassen sich im wesentlichen in drei Gruppen zusammenfassen:

- Anwendung eines Gefügeschaubildes,
- metallographische Gefügeanalyse,
- magnetische Methoden.

Für eine genaue Feststellung des δ-Ferritgehalts in den Grenzen von 0 bis 15 % ist das *Schaeffler*-Diagramm in seiner Originalfassung nicht geeignet. Eine größere Genauigkeit ermöglicht ein von *DeLong* vorgeschlagenes Bestimmungsverfahren, bei dem anstelle der prozentualen Angaben des Ferritgehalts mit Vergleichswerten von Ferrit-Standard-Eichproben gearbeitet wird. Die Grundlage des Verfahrens liefert der Umstand, daß die Abreißkraft eines definierten Dauermagneten, der auf eine Probe aus austenitischem Schweißgut aufgesetzt wird, um so größer ist, je mehr δ-Ferrit in der Probe enthalten ist. Die Abreißkraft ist ein indirektes Maß für den δ-Ferritgehalt. Die für den Vergleich verwendeten Eichproben bestehen aus unlegiertem Stahl mit verschieden dicken Kupferauflagen. Die Dicke der Kupferauflage bestimmt die Abreißkraft eines auf die Probe aufgesetzten Dauermagneten. Einer bestimmten Dicke der Kupferauflage entspricht eine bestimmte Abreißkraft, der eine Ferritnummer (FN) zugeordnet ist. Neben den Ferrit-Standard-Eichproben werden auch als sekundäre Eichproben bezeichnete Standardproben verwendet. Diese bestehen aus austenitischem Schweißgut mit bestimmten δ-Ferritgehalten. Zahlenmäßig stimmen die Ferritnummern mit den prozentualen Ferritgehalten nur bis etwa zur Ferritnummer 8 überein, darüber hinaus sind die Ferritnummern größer als die Prozentzahlen.

Tabelle 4-5. Ferritgehalt und Ferritnummern.

Ferritnummer	0	2	4	6	8	10	12	14	16
Ferritgehalt in %	0	2	4	6	7,6	9,2	10,7	12,3	13,8

Von *DeLong* wurde mit der Einführung der Ferritnummern auch ein neues Gefügediagramm vorgeschlagen. Bei diesem *DeLong*-Diagramm handelt es sich um einen Ausschnitt aus dem *Schaeffler*-Diagramm. Beim Vergleich sind einige wichtige Unterschiede festzustellen. Von *DeLong* wurde der Einfluß des Stickstoffs mit dem Faktor 30 berücksichtigt. Die Linien der Ferritnummern verlaufen parallel und in gleichmäßigen Abständen. Das heutige gebräuchliche *DeLong*-Diagramm ist in Bild 4-10 dargestellt.

Nach neueren Erkenntnissen besteht zwischen dem Erstarrungsmodus und der Neigung zur Heißrißbildung im hochlegierten Schweißgut ein unmittelbarer Zusammenhang. Von *Thier* wurde eine Grenzlinie ermittelt, die im *Schaeffler*-Diagramm die Bereiche der austenitischen und der ferritischen Primärerstarrung voneinander trennt. Der Verlauf dieser Grenzlinie entspricht etwa der eutektischen Rinne im Legierungssystem Eisen – Chrom – Nickel. Oberhalb der Grenzlinie ist mit dem Auftreten von Heißrissen zu rechnen. In Bild 4-6 ist im *Schaeffler*-Diagramm die Grenzlinie nach *Thier* eingetragen.

In einem Erstarrungsdiagramm für hochlegiertes Schweißgut nach *Suutala* und *Kujanpaä* wurde von *Suutala* eine Grenzlinie zwischen der austenitischen und ferritischen Primärerstarrung eingetragen, Bild 4-11.

Von *Siewert, McCowan* und *Olson* wurde ein Diagramm aufgestellt, das auch als WRC-1992-Diagramm bekannt ist (WRC = Welding Research Council). Es ist genauer als dasjenige von *DeLong*.

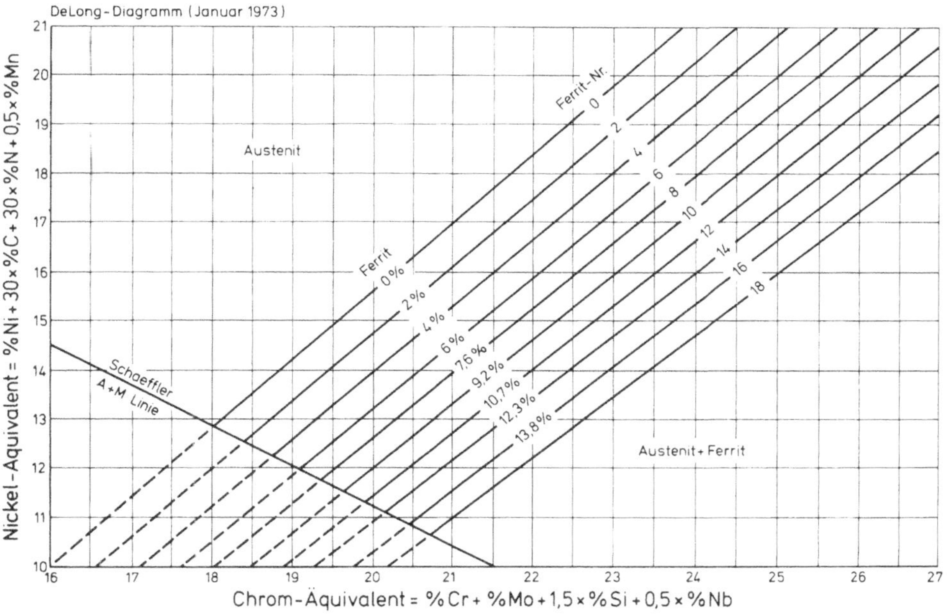

Bild 4-10. Gefügediagramm des hochlegierten Schweißguts nach *DeLong*.

Im Nickeläquivalent wird Kupfer berücksichtigt, Mangan entfällt. Die Faktoren für Kohlenstoff und Stickstoff wurden geändert. Auf der Grundlage einer umfangreichen Datensammlung und -auswertung wurde die Wirkung der Legierungselemente überprüft.

Chromäquivalent = % Cr + % Mo + 0,7 × % Nb

Nickeläquivalent = % Ni + 35 × % C + 20 × % N

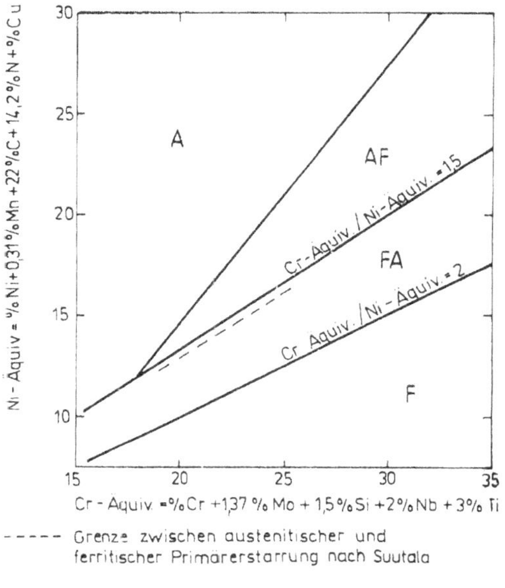

Bild 4-11. Erstarrungsdiagramm nach *Kujanpaä* (A austenitische Erstarrung, AF austenitisch-ferritische Erstarrung, FA ferritisch-austenitische Erstarrung, F ferritische Erstarrung).

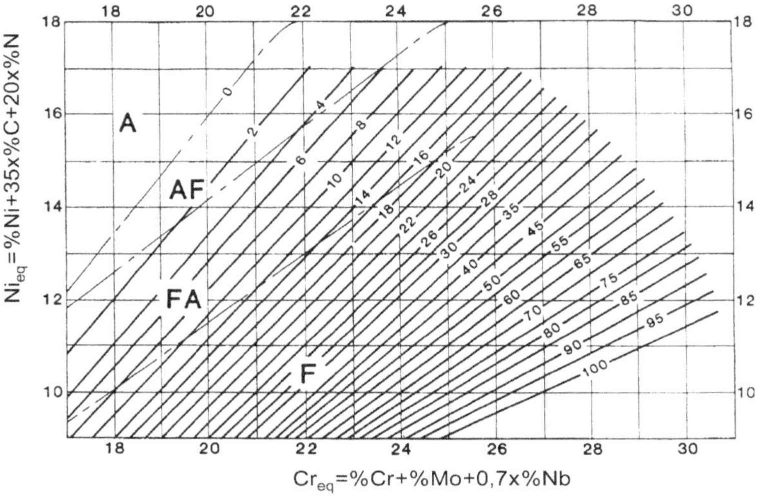

Bild 4-12. Neueres Diagramm für die Ferritnummern (FN) 0 bis 100 nach *Siewert, McCowan* und *Olson.*

In Bild 4-12 ist das WRC-1992-Diagramm dargestellt. Es umfaßt die Ferritnummern 0 bis 100 und ermöglicht damit eine umfassendere Auswertung. Es dient vor allem für Voraussagen der Ferritnummern im hochlegierten austenitischen, austenitisch-ferritischen und ferritisch-austenitischen Schweißgut, Bild 4-13. Im Diagramm sind auch die Bereiche für den jeweiligen Erstarrungsmodus angegeben. Verwendbar ist das Diagramm für Gehalte an Mangan bis 10 %, an Molybdän bis 3 %, an Stickstoff bis 0,2 % und an Silizium bis 1 %.

Für die Prüfung der Heißrißneigung des austenitischen Schweißguts beziehungsweise der entsprechenden Schweißverbindungen können die im Abschnitt 2.3.3 beschriebenen Prüfverfahren eingesetzt werden. Nach neueren Untersuchungen eignet sich der PVR-Test (Programmierter Verformungs-Riß-Test) besonders gut.

4.2.1.3 Interkristalline Korrosion

Sehr früh wurde bei der Entwicklung der korrosionsbeständigen austenitischen Stähle die interkristalline Korrosion (IK) beobachtet. Bei dieser Korrosionsform werden bevorzugt die Korngrenzen angegriffen. Es entsteht ein von der Oberfläche ausgehendes Netzwerk geschädigter Korngrenzen, die zum Kornzerfall führen. Die Ursachen dieser Korrosionsform sind im wesentlichen geklärt.

Die verminderte Korrosionsbeständigkeit von Schweißverbindungen an austenitischen Stählen steht im Zusammenhang mit dem Ausscheiden von Chromkarbiden. Es handelt sich dabei um das Chromkarbid $Cr_{23}C_6$, bei dem Chromatome zum Teil durch Eisenatome ersetzt sind, so daß Mischkarbide $(Cr, Fe)_{23}C_6$ vorliegen. Seltener tritt das leichter lösliche Chromkarbid Cr_7C_3 auf.

Wird ein austenitischer Stahl über 1000 °C geglüht, dann löst sich sein Kohlenstoff vollständig im Austenitgitter. Nach dem Abschrecken in Wasser bleibt der Kohlenstoff zwangsgelöst, Bild 4-14. In diesem stabilisierten Zustand ist der Stahl für die interkristalline Korrosion nicht anfällig. Wird der übersättigte Austenit erwärmt, dann erfolgt eine Ausscheidung von Chromkarbiden. Der Temperaturbereich, in dem bevorzugt die Ausscheidung stattfindet, reicht von 450 bis 850 °C. Zwischen 650 und 700 °C liegt das Maximum der Ausscheidungsgeschwindigkeit.

Warum die Chromkarbidausscheidung eine erhöhte Anfälligkeit des Stahls für die interkristalline Korrosion bewirkt, wird unterschiedlich erklärt. Am häufigsten führt man die Chromverarmungstheorie an. Diese geht davon aus, daß durch die Ausscheidung von Chromkarbiden in den korngrenzennahen Bereichen infolge der wesentlich geringeren Diffusionsgeschwindigkeit von

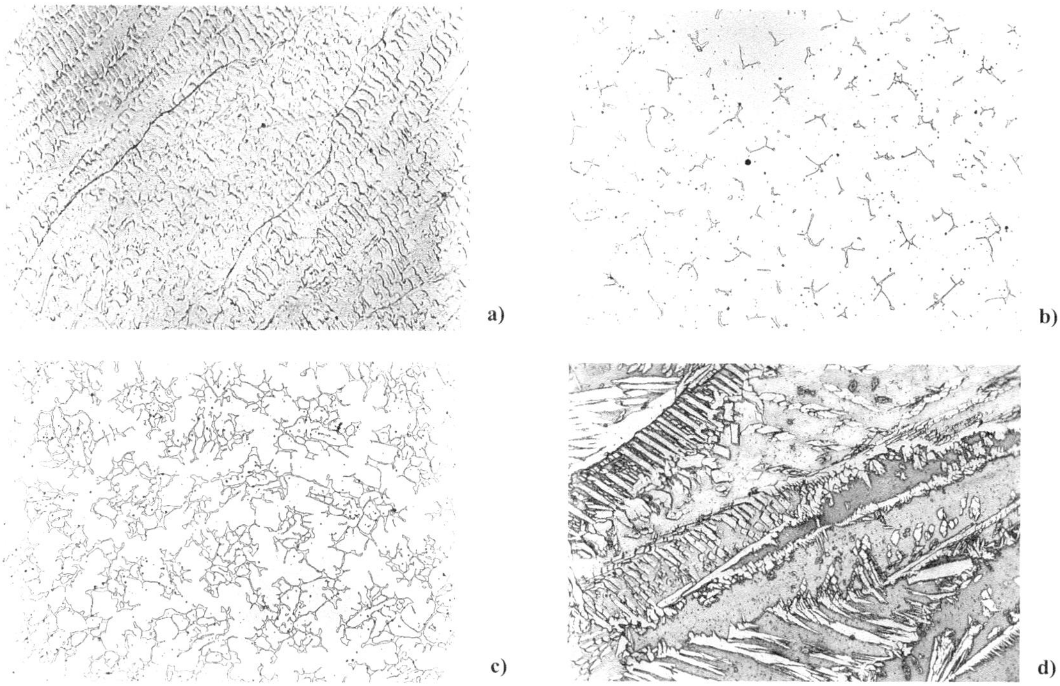

Bild 4-13. Gefüge von hochlegiertem Schweißgut (500 : 1, Wiedergabe 0,6fach);
a) reinaustenitisches Schweißgut mit der Ferritnummer (FN) = 0,
b) austenitisches Schweißgut mit Deltaferrit mit der Ferritnummer (FN) = 2,1,
c) austenitisches Schweißgut mit Deltaferrit mit der Ferritnummer (FN) = 14,
d) austenitisch-ferritisches Schweißgut mit mehr als 50 % Ferrit.

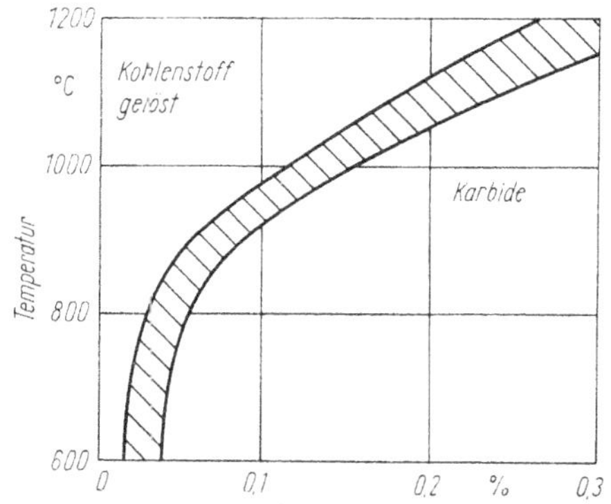

Bild 4-14. Löslichkeit von Kohlenstoff in austenitischen Stählen mit 18 % Chrom und 8 % Nickel.

Chrom gegenüber Kohlenstoff eine Chromverarmung an diesen Stellen eintritt. Während der Kohlenstoffgehalt durch Diffusion aus dem Korninnern schnell ausgeglichen wird, verarmt der Austenit in der unmittelbaren Nachbarschaft der auf den Korngrenzen ausgeschiedenen Karbide an Chrom. Der Chromgehalt sinkt hier unter den für die Passivierung notwendigen Mindestgehalt. In diesem Zustand greift ein korrosiv wirkendes Medium die chromverarmten Bereiche neben den Korngrenzen an, und es kommt zum Kornzerfall, Bild 4-15.

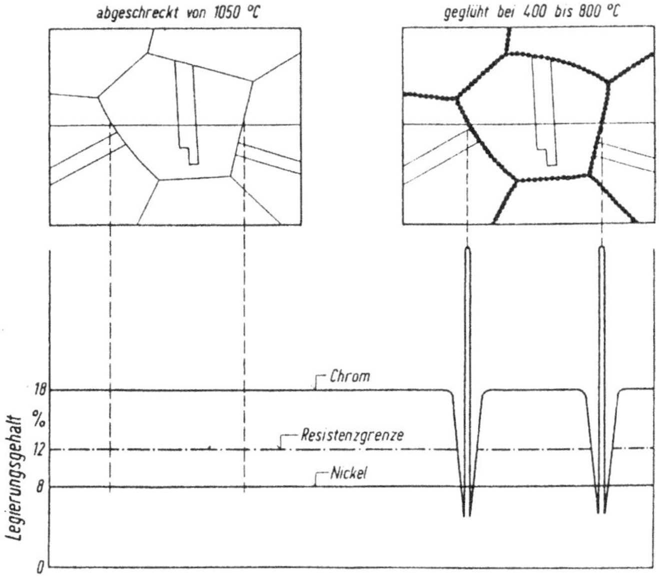

Bild 4-15. Chromverarmung durch Chromkarbidausscheidungen an den Korngrenzen austenitischer Stähle.

Außer einer möglichen Chromverarmung treten durch das Ausscheiden von Karbiden Gefügespannungen auf, die sich korrosionsbegünstigend auswirken. Schließlich ist zu beachten, daß Korngrenzen ohnehin Störzonen sind, die einem Korrosionsangriff weniger widerstehen als ungestörte Gefügebereiche. Die perlschnurartig aufgereihten Karbide bilden eine zusätzliche Schwächung.

Beim Schweißen kann es in der WEZ zum Ausscheiden von Chromkarbiden kommen. Die für die interkristalline Korrosion anfällige Zone ist zwar schmal, aber die auftretenden Korrosionsschäden können beträchtliche Auswirkungen haben, Bild 4-16. Es bestehen verschiedene Möglichkeiten, die Anfälligkeit gegenüber interkristalliner Korrosion zu beseitigen.

Beträgt der Kohlenstoffgehalt im Stahl mehr als 0,07 % und sind außer Chrom keine weiteren Karbidbildner enthalten, dann muß, um die Korrosionsbeständigkeit zu gewährleisten, eine Wärmebehandlung durchgeführt werden. Dazu muß auf Temperaturen zwischen 1000 bis 1150 °C erwärmt und anschließend in Wasser und bei dünnen Querschnitten an Luft abgekühlt werden. Eine derartige Wärmebehandlung hat erhebliche Nachteile. So kann sich das betreffende Bauteil verziehen und Oberflächenoxidation auftreten.

Durch Stabilisierungsglühen bei 800 bis 900 °C läßt sich Beständigkeit gegenüber interkristalliner Korrosion erreichen. Beim Glühen im genannten Temperaturbereich werden Chromkarbide in dem Ausmaß ausgeschieden, wie der Kohlenstoffgehalt die Löslichkeit überschreitet. Vorausgesetzt man glüht genügend lange, wird die durch die Chromkarbidausscheidung eingetretene Chromverarmung in den Korngrenzenbereichen durch Nachdiffundieren von Chrom aus dem Korninnern beseitigt. Die Kohlenstofflöslichkeit zwischen 800 und 900 °C beträgt höchstens 0,06 %. Oberhalb 900 °C nimmt die Kohlenstofflöslichkeit rasch zu, und die beim Stabilisierungsglühen ausgeschiedenen Chromkarbide werden wieder aufgelöst. Beim Schweißen wird im betreffenden Temperaturbereich der WEZ die Wirkung der Stabilisierungsglühung aufgehoben. In diesem Zustand verhält sich der Stahl noch korrosionsbeständig, denn Chrom ist im Korninnern und in den Korngrenzenbereichen gleichmäßig verteilt. Erst nach erneutem Schweißen geht in den schweißnahtnahen Bereichen infolge des bereits beschriebenen Mechanismus der Chromkarbidbildung in Korngrenzennähe ohne Diffusionsausgleich die Beständigkeit gegenüber interkristalliner Korrosion wieder verloren.

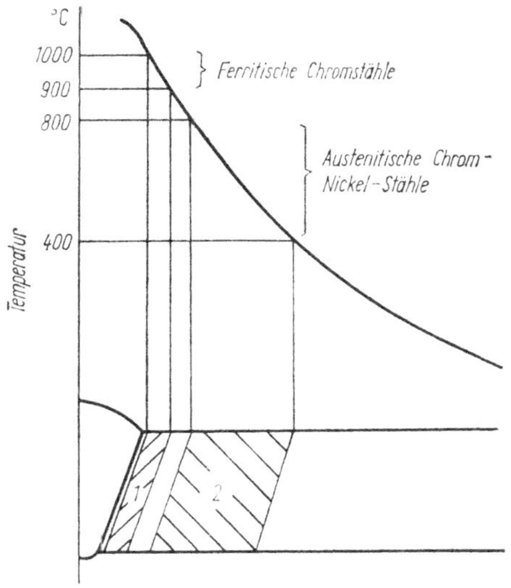

Bild 4-16. Bereiche erhöhter Korrosionsanfälligkeit in der Wärmeeinflußzone von Schweißnähten an nichtstabilisierten nichtrostenden Stählen (1 ferritische Chromstähle, 2 austenitische Chrom-Nickel-Stähle).

Die beschriebene Stabilisierungsglühung als Wärmebehandlung vor dem Schweißen wird nur selten angewendet, denn für einen ausreichenden Diffusionsausgleich sind Glühzeiten bis zu 24 Stunden bei der Stabilisierungstemperatur erforderlich. Für Mehrlagenschweißungen ist sie ohnehin nicht zu empfehlen.

Um die Schwierigkeiten, die mit einer Wärmebehandlung vor oder nach dem Schweißen verbunden sind, zu vermeiden, wurden austenitische Stähle entwickelt, die beim Erwärmen keine Chromkarbide ausscheiden. In diesen Stählen ist der nicht im Austenit gelöste Kohlenstoff an Elemente gebunden, die stärker karbidbildend sind als Chrom. Derartige Legierungselemente sind Titan, Niob und Tantal. Es muß ein bestimmtes Verhältnis der Gehalte an Karbidbildnern, bezogen auf den Kohlenstoffgehalt, eingehalten werden. Empfohlen werden:

% Ti : % C = 4
% Nb : % C = 8
% Ta : % C = 12

Der Kohlenstoff wird in den stabilisierten Stählen als Titan-, Niob- oder Tantalkarbid und nicht als Chromkarbid gebunden. Damit ist das Auftreten der interkristallinen Korrosion praktisch unterbunden.

In einigen Fällen kann auch bei stabilisierten Stählen die interkristalline Korrosion beobachtet werden. Sie tritt in einem sehr schmalen Bereich der WEZ unmittelbar neben der Schweißnaht auf. Wegen ihrer Erscheinungsform wird sie Messerlinienkorrosion genannt. Die Ursache sind temperaturabhängige Auflösungs- und Ausscheidungsvorgänge der Karbide der Stabilisierungselemente und des Chromkarbids. Am anfälligsten für die Messerlinienkorrosion sind die titanstabilisierten Stähle. Die manchmal als Gegenmittel vorgeschlagene Erhöhung des Niobgehalts auf das 10fache des Kohlenstoffgehalts hat den Nachteil, daß dann die Heißrißneigung verstärkt wird. Eine günstigere Möglichkeit bietet das Herabsetzen des Kohlenstoffgehalts.

Die Ausscheidung von Chromkarbiden beim Schweißen wirkt sich stets nachteilig aus, wenn die Schweißnähte stark korrodierend wirkenden Medien ausgesetzt sind. In schwach korrodierend wirkenden Medien führen auch stärkere Chromkarbidausscheidungen nicht in jedem Fall zu funktionsstörenden Schädigungen.

Prüfverfahren

Die Anfälligkeit gegen interkristalline Korrosion läßt sich durch verschiedene Prüfverfahren nachweisen. Die metallographische Untersuchung ist verhältnismäßig einfach vorzunehmen, ihre Auswertung erfordert allerdings Erfahrung. Für die mikroskopische Beurteilung der IK-Anfälligkeit einer Schweißnaht wird der Mikroschliff mit einem speziellen Ätzmittel für den Karbidnachweis geätzt. Als Ätzmittel haben sich alkoholische oder wäßrige Salzsäurelösungen mit Zusätzen an Eisenchlorid sowie 10%ige Oxalsäure bewährt. *Schafmeister* schlägt als Ätzmittel eine 10%ige wäßrige Ammoniumnitratlösung vor.

Die bekannteste Prüfung ist der *Strauß*-Test, bei dem die Probe, die entweder aus der Schweißnaht oder aus dem Grundwerkstoff nach einer halbstündigen Glühung bei 650 °C entnommen wurde, in einer Lösung von hydriertem Kupfersulfat (110 mg) und konzentrierter Schwefelsäure (100 cm^3) in Wasser (1000 cm^3) 72 Stunden gekocht wird. Anschließend kann die interkristalline Korrosion durch Augenscheinprüfung und Biegen der Probe festgestellt werden. Das ist die gebräuchlichste Methode für die Schweißnahtprüfung. Es wird auch empfohlen, den Unterschied des elektrischen Widerstands vor und nach der Korrosionsbehandlung zu messen und als Kriterium für die Korrosionsanfälligkeit zu nehmen.

In den USA ist der *Huey*-Test üblich. Nach einer ähnlichen Vorbehandlung wie beim *Strauß*-Test wird die Probe 5mal 48 Stunden in 65 %iger Salpetersäure gekocht und jeweils der Masseverlust in g/m^2h ermittelt. Die Masseverlust-Zeit-Kurven sind als alleiniges Kriterium für eine Bewertung der Anfälligkeit für interkristalline Korrosion im allgemeinen nicht ausreichend.

Bei beiden genannten Prüfverfahren werden die Proben durch ein sensibilisierendes Glühen bei 650 °C vorbehandelt. Von vielen Stellen wird diese Vorbehandlung als zu streng bewertet, wenn es um die Frage geht, ob durch das Schweißen eine Anfälligkeit für die interkristalline Korrosion ursächlich hervorgerufen wird oder nicht. Vom IIW wurde deshalb ein verändertes Prüfverfahren vorgeschlagen, bei dem die Sensibilisierung nicht durch eine Wärmebehandlung, sondern unmittelbar durch das Schweißen selbst erfolgt. Es wird die in Bild 4-17 gezeigte Probe empfohlen. Zwei Blechstreifen werden stumpf geschweißt und anschließend eine Auftragraupe senkrecht zur Stumpfnaht gelegt. Die so geschweißte Probe wird 72 Stunden in der *Strauß*-Lösung gekocht und anschließend über einen Dorn, dessen Durchmesser dem 3fachen der Blechdicke entspricht, gebogen. Bei einem Biegewinkel von 90° dürfen in der WEZ keine Risse auftreten.

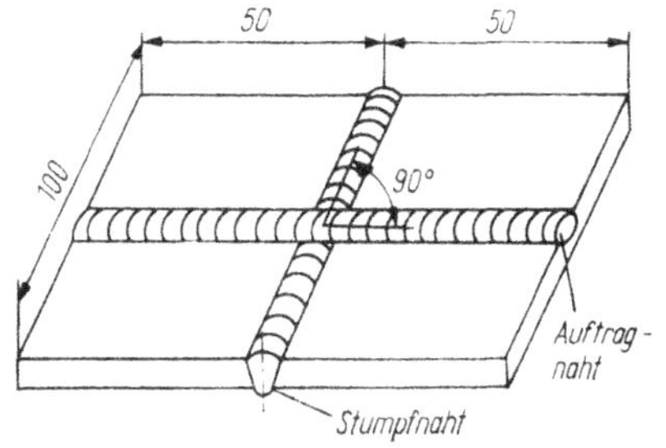

Bild 4-17. IIW-Probe zur Ermittlung der Anfälligkeit von Schweißnähten gegenüber interkristalliner Korrosion.

4.2.1.4 Spannungsrißkorrosion

Die Spannungsrißkorrosion tritt bei verschiedenen Legierungen auf. Besondere Bedeutung kommt ihr auch für die austenitischen Stähle zu. Ihr Auftreten ist an drei Bedingungen geknüpft:

- Der Werkstoff muß eine bestimmte Neigung zur Spannungsrißkorrosion haben.
- Es müssen Zugspannungen in einer gewissen Höhe vorhanden sein.
- Es muß ein für den betreffenden Werkstoff kritisches Medium einwirken.

Die erste genannte Voraussetzung trifft für die austenitischen Stähle zu. Diese gehören zu den Werkstoffen, die zur Spannungsrißkorrosion neigen. Die Anfälligkeit hängt von der Stabilität des Austenits ab. Je instabiler dieser ist, um so empfindlicher ist der betreffende Stahl. Besonders anfällig sind die austenitischen Stähle mit 18 % Chrom und 8 % Nickel, die im Grenzbereich des Austenitgebiets liegen. Mit zunehmendem Nickelgehalt stabilisiert sich der Austenit, und der Stahl wird weniger anfällig. Eine Kaltverformung beeinflußt die Neigung zur Spannungsrißkorrosion, wobei im allgemeinen bei stabil austenitischen Stählen mit zunehmendem Kaltverformungsgrad die Anfälligkeit ebenfalls zunimmt, während man bei instabilem Austenit in seltenen Fällen auch Verbesserungen beobachten konnte. In der Regel wirken sich alle örtlichen Kaltverformungen, da sie zu einem ungünstigen Eigenspannungszustand führen, ungünstig aus.

Die zweite Voraussetzung für die Spannungsrißkorrosion, nämlich das Auftreten von Zugspannungen, kann bei Schweißverbindungen sehr schnell gegeben sein. In den meisten Fällen führen die Dehnungen und Schrumpfungen im Schweißnahtbereich zu einem Eigenspannungszustand, bei dem die Höhe der Zugspannungen entweder bereits ausreicht oder durch zusätzliche geringe Lastspannungen die erforderliche Zugspannungshöhe ergibt, die zur Spannungsrißkorrosion führt. Ein Spannungsabbau ist für austenitische Stähle durch zweistündiges Stabilglühen bei Temperaturen oberhalb 900 °C und langsames Abkühlen möglich. Die Vorteile einer derartigen Wärmebehandlung sind:

- Etwa 90 % der Spannungen werden abgebaut, womit sich die Neigung zur Spannungsrißkorrosion entscheidend vermindert.
- Durch langsames Abkühlen tritt nur geringer Verzug auf.
- Die Beständigkeit gegen interkristalline Korrosion wird verbessert.
- Eine eventuell vorhandene Anfälligkeit zur Messerlinienkorrosion wird beseitigt.

Die Spannungsrißkorrosion kann in chemischen Angriffsmitteln auftreten, gegenüber denen der betroffene Stahl an sich beständig ist. Die bei der Spannungsrißkorrosion entstehenden Werkstofftrennungen verlaufen vorwiegend transkristallin. Seltener entstehen durch Spannungsrißkorrosion auch interkristallin verlaufende Risse.

Eine häufig angewandte Prüfung eines metallischen Werkstoffs auf seine Neigung zur Spannungsrißkorrosion benutzt als Korrosionsmedium eine 42 %ige Magnesiumchloridlösung, in die eine definiert belastete Probe eingetaucht wird.

4.2.2 Ferritische Stähle

Hochlegierte Stähle mit ferritischem Gefüge werden als korrosionsbeständige sowie als hitze- und zunderbeständige Stähle verwendet. Für Schweißverbindungen an diesen Stählen gilt grundsätzlich, daß diese in ihrem Verhalten weitgehend dem jeweiligen Grundwerkstoff entsprechen müssen. Für die gleichen Anforderungen setzt man neben den ferritischen auch halbferritische und ferritisch-austenitische Stähle ein.

4.2.2.1 Versprödungen

Beim Erwärmen auf Temperaturen oberhalb 950 °C neigen ferritische Chromstähle zum Kornwachstum. In der WEZ von Schweißnähten tritt deshalb immer grobes Korn auf. Die Grobkornbildung ist um so stärker, je länger erwärmt wird. Durch die Kornvergröberung versprödet der Stahl in den betroffenen Bereichen. Zusätzlich tritt eine erhöhte Kerbempfindlichkeit im Schweißübergang auf. Da die Grobkornbildung und damit die Verschlechterung der Zähigkeitseigenschaften durch eine Wärmebehandlung nicht wieder aufzuheben sind, sollten Schweißverbindungen an höher beanspruchten Teilen aus ferritischem Chromstahl auf das unumgänglich Notwendige beschränkt werden. Es sind Schweißverfahren mit sehr hoher Leistungsdichte, wie das Plasma-, Laser- oder Elektronenstrahlschweißen, zu bevorzugen. Bei diesen Verfahren ist die Streckenenergie infolge der möglichen hohen Schweißgeschwindigkeit niedrig. Das bedeutet eine schmale WEZ bei extrem kurzzeitiger Erwärmung auf den kritischen, das Kornwachstum fördernden Temperaturbereich.

Die Grobkornzone wirkt sich besonders nachteilig bei den korrosions- und säurebeständigen ferritischen Chromstählen aus, da neben den mechanisch-technologischen Eigenschaften auch das Korrosionsverhalten verschlechtert wird. Für die hitze- und zunderbeständigen Stähle liegen die Verhältnisse günstiger, da diese bei so hohen Temperaturen eingesetzt werden, daß sich die durch das Schweißen verursachten Schädigungen nicht oder nur wenig auswirken können.

Die Chromkarbidausscheidung bei Temperaturen oberhalb 900 °C führt bei Stählen mit Kohlenstoffgehalten bis 0,20 % nur zu geringen Versprödungen. Wesentlich erheblicher kann der Versprödungseffekt durch die Bildung der σ-Phase sein. Die maximale Bildungsgeschwindigkeit der σ-Phase im Legierungssystem Eisen–Chrom liegt bei etwa 800 °C, siehe Abschnitt 4.1.1.2.

Das Auftreten der σ-Phase in der WEZ von Schweißnähten unmittelbar nach dem Schweißen ist selten, aber bei den ferritischen und ferritisch-austenitischen Stählen manchmal zu beobachten, während sie in ferritfreien austenitischen Stählen nur nach einer Langzeitglühung im kritischen Temperaturbereich entsteht. Viel häufiger als beim Schweißen bildet sich die σ-Phase bei längerzeitigen Betriebsbeanspruchungen im Temperaturbereich von 600 bis 800 °C. Man sollte deshalb auch nicht bei diesen Temperaturen spannungsarm glühen.

Eine weitere Versprödung, die allerdings nicht als Folgeerscheinung nach dem Schweißen auftritt, wohl aber an Schweißverbindungen beobachtet werden kann, ist die 475 °C-Versprödung. Werden halbferritische oder ferritische Chromstähle längere Zeit zwischen 400 und 550 °C geglüht, dann verschlechtern sich die Zähigkeitseigenschaften, der Stahl versprödet. Es handelt sich um einen Aushärtungsvorgang. Eine vorangegangene Kaltverformung beschleunigt den Versprödungsprozeß. Die 475 °C-Versprödung läßt sich durch kurzzeitiges Glühen oberhalb 600 °C wieder beseitigen.

4.2.2.2 Interkristalline Korrosion

Ferritische Chromstähle werden, sofern sie nicht durch Zulegieren von Titan, Niob oder Tantal stabilisiert sind, durch das Ausscheiden von Chromkarbid auf den Korngrenzen anfällig für die interkristalline Korrosion. Die Chromkarbide scheiden sich im Temperaturbereich von 900 bis 1000 °C aus. In der WEZ von Schweißverbindungen an stabilisierten Chromstählen bleibt die Korrosionsbeständigkeit erhalten. Die Schweißeignung ist besser als diejenige der unstabilisierten Chromstähle.

Nichtstabilisierte ferritische Chromstähle müssen nach dem Schweißen wärmebehandelt werden, wenn sie gegen interkristalline Korrosion beständig sein sollen. Durch ein etwa einstündiges Glühen bei 700 bis 800 °C wird die infolge der Chromkarbidausscheidung verursachte Chromverarmung in den korngrenzennahen Bereichen durch Nachdiffusion aus dem Korninnern wieder ausgeglichen. Nach dieser Wärmebehandlung ist der Stahl so korrosionsbeständig wie im ungeschweißten Zustand. Ein zusätzlicher günstiger Effekt besteht darin, daß die auf den Korngrenzen gelagerten Chromkarbide während des Glühens koagulieren und dadurch die Zähigkeit des Stahls verbessern. In ungünstigen Fällen kann es zur Bildung von σ-Phase und damit zu einer weiteren Versprödung kommen. Deshalb müssen die Hinweise des Stahlerzeugers für die Wärmebehandlung sorgfältig beachtet werden.

Die ferritischen Chromstähle sind weniger anfällig für die Spannungsrißkorrosion als die austenitischen Stähle. Unter gewöhnlichen Bedingungen tritt diese Korrosionsart nicht auf.

4.2.3 Ferritisch-martensitische Stähle

Ferritisch-martensitische Stähle mit hohen Chromgehalten über 12 % und Kohlenstoffgehalten über 0,15 % werden als warmfeste und korrosionsbeständige Werkstoffe eingesetzt.

Beim Schweißen ist auf Temperaturen bis 400 °C vorzuwärmen. Nach dem Schweißen ist ein ferritisch-martensitischer Stahl zunächst auf 100 bis 150 °C abzukühlen und für ein bis zwei Stunden bei dieser Temperatur zu halten. Diese Stähle sind durch ihren Legierungsgehalt umwandlungsträge, so daß nach dem Schweißen längere Zeit unterkühlter Austenit vorliegt, der sich erst bei der Zwischenabkühlung in Martensit umwandelt. Beim nachfolgenden Anlassen auf 700 bis 750 °C bildet sich zähes Vergütungsgefüge. Wird unmittelbar aus der Schweißwärme heraus angelassen, besteht die Gefahr einer Versprödung.

4.2.4 Ferritisch-austenitische Stähle

Die ferritisch-austenitischen Stähle mit etwa gleichen Gefügeanteilen an Ferrit und Austenit werden auch Duplexstähle genannt. Ihr Nickelgehalt beträgt 4 bis 8 %, und ihr Chromgehalt liegt bei 22 bis 28 %. Außerdem enthalten sie bis zu 0,35 % Stickstoff. Der Stickstoff stabilisiert die Austenitphase und erhöht die Streckgrenze der Duplexstähle.

Das Primärgefüge eines Duplexstahls besteht aus δ-Ferrit. Erst beim Abkühlen unterhalb 1300 °C beginnt die teilweise Umwandlung des Ferrits in Austenit. Zur Einstellung eines ausgeglichenen austenitisch-ferritischen Gefüges bei der Herstellung der Duplexstähle ist deshalb ein Lösungsglühen mit anschließendem Wasserabschrecken notwendig.

Aufgrund ihres Gefüges weisen die Duplexstähle gegenüber den ferritischen und austenitischen Stählen einige Vorzüge auf. Ihre Streckgrenze ist gegenüber den austenitischen Stählen, die eine äquivalente Lochfraßbeständigkeit aufweisen, fast doppelt so hoch und erreicht beinahe die Werte ferritischer Chromstähle. Das Zähigkeitsverhalten ähnelt dem der ferritischen Stähle, d. h. es tritt ein ausgeprägter Übergang der Kerbschlagwerte von der Hoch- in die Tieflage auf. Jedoch liegt das Zähigkeitsniveau deutlich über dem der rein ferritischen Stähle. Außerdem besitzen sie im begrenzten Umfang eine gute Tieftemperaturzähigkeit.

Die von den ferritischen Stählen bekannte 475 °C-Versprödung kann auch beim Duplexstahl auftreten. Deshalb ist die höchst zulässige Betriebstemperatur für Bauteile aus Duplexstahl auf 250 °C begrenzt. Duplexstähle neigen beim Schweißen in der WEZ weniger zur Grobkornbildung als die ferritischen Stähle. Bei höheren Temperaturen (700 bis 1000 °C) können jedoch sowohl im ferritischen als auch im austenitischen Gefügebestandteil intermetallische Phasen ausgeschieden werden.

Die Duplexstähle sind durch eine gute Schweißeignung charakterisiert. Beim Schweißen mit Zusatzwerkstoff wird diese hauptsächlich durch die Eigenschaften des Hochtemperaturbereiches der Wärmeeinflußzone bestimmt. Die hohen Temperaturen in diesem Bereich führen zu einer fast vollständigen Ferritisierung des Gefüges in Verbindung mit einer entsprechenden Kornvergröberung. Nur bei langsamer Abkühlung erfolgt eine vollständige Rückwandlung dieses Gefügeanteils in Austenit. Bei schnellerer Abkühlung unterbleibt die Rückwandlung, und es entsteht ein ungünstiges Mengenverhältnis von Ferrit zu Austenit mit nachteiligen Folgen für die Zähigkeit und die Korrosionsbeständigkeit. Aus diesem Grund ist eine Schweißtechnologie, die eine verzögerte Abkühlung und somit die Gefügeumwandlung eines relativ großen Gefügeanteiles in Austenit ermöglicht, zu bevorzugen.

Der Ferritgehalt im Schweißgut sollte 60 % nicht überschreiten, da ansonsten aufgrund des geringen Verformungsvermögens die Gefahr von Rißbildung besteht. Der artgleiche Schweißzusatz weist daher gegenüber dem Grundwerkstoff einen ca. 3 bis 4 % höheren Ni-Gehalt und etwas höhere N-Gehalte auf.

In Abhängigkeit vom Schweißverfahren und von der Blechdicke werden beim Schweißen der Duplexstähle Streckenenergien zwischen 6 und 20 kJ/cm angestrebt. Eine Vorwärmung ist in der Regel nicht erforderlich. Erst bei Blechdicken über 15 mm kann auf 100 °C maximal vorgewärmt werden. Die Zwischenlagentemperatur ist auf 150 °C zu begrenzen.

4.2.5 Schweißen unterschiedlicher Stähle

4.2.5.1 Schweißgutgefüge

Um unterschiedlich legierte Stähle durch Schweißen miteinander zu verbinden, müssen die jeweiligen schweißmetallurgischen und technologischen Bedingungen sorgfältig beachtet werden. Es sind insbesondere die Mischungsverhältnisse zu berücksichtigen, die für die Zusammensetzung des Schweißgutes bestimmend sind.

Häufig wird darauf hingewiesen, daß beim Schweißen unterschiedlicher Stähle die Bildung austenitisch-martensitischen Schweißgutes beziehungsweise austenitischen Schweißgutes von hoher Instabilität vermieden werden soll. Das gilt besonders für Bauteile, die bei tiefen Temperaturen eingesetzt werden, und für solche, die noch kalt umzuformen sind, sowie für Bauteile, die im Betrieb schlagartigen Beanspruchungen ausgesetzt werden.

Das *Schaeffler*-Diagramm ermöglicht Aussagen über die Gefügeausbildung des Schweißgutes von Schweißverbindungen zwischen unterschiedlichen Stählen. An einem Beispiel nach *Leinhos* soll die Vorgehensweise erläutert werden. Auf ein Trägerblech aus einem unlegierten Baustahl S235JR (St 37-2) wird ein dünnes Blech aus dem korrosionsbeständigen Stahl X5CrNi18-10 mit dem WIG-Punktschweißen aufgepunktet, Bild 4-18. Der Schweißpunkt setzt sich aus beiden Werkstoffen zusammen. Ist das Vermischungsverhältnis bekannt, kann das Gefüge mit Hilfe des *Schaeffler*-Diagramms bestimmt werden. Man trägt die beiden Stähle entsprechend ihrer Zusammensetzung ein und verbindet die beiden erhaltenen Punkte miteinander, Bild 4-19. Die Zusammensetzung des Schweißguts liegt auf der Verbindungsgeraden. Angenommen, der Schweißpunkt besteht zu 80 % aus dem hochlegierten und zu 20 % aus dem unlegierten Stahl, dann liegt die Zusammensetzung des Schweißguts im Punkt S. Das Gefüge ist austenitisch-martensitisch, hat also nicht die Korrosionsbeständigkeit des ungeschweißten Blechs aus dem Stahl X5CrNi18-10. Der metallographische Befund bestätigt die aus dem Diagramm gewonnene Aussage. Wegen der nicht mehr gewährleisteten Korrosionsbeständigkeit im Schweißpunkt ist das WIG-Punktschweißen für den vorliegenden Fall nicht geeignet.

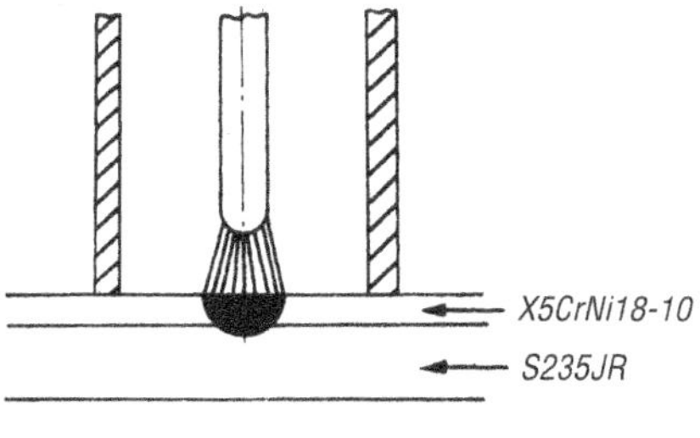

Bild 4-18. WIG-Punktschweißen zum Verbinden von legiertem mit unlegiertem Stahl.

Ein weiteres Beispiel ist das Auftragschweißen von korrosionsbeständigem Schweißgut auf einen unlegierten Stahl P265GH (H II), Bild 4-20. Die chemische Zusammensetzung des reinen abschmelzenden Zusatzwerkstoffs entspricht dem Stahl X10CrNi30-9. Die Zusammensetzung der Auftragschweißung liegt auf der Verbindungsgeraden zwischen den beiden Werkstoffen. In diesem Fall kann dem *Schaeffler*-Diagramm entnommen werden, daß bis zu einem Anteil von etwa 20 % des unlegierten Stahls an der Schweißgutbildung ein austenitisches Gefüge mit Ferrit und bis zu einem Anteil von etwa 30 % ein reinaustenitisches Gefüge gebildet werden. Es ist also möglich, eine einlagige Auftragschweißung auszuführen, die bei Einhaltung des entsprechenden Mischungsverhältnisses korrosionsbeständig ist.

Als ein Beispiel, wie durch technologische Maßnahmen ein günstigeres Schweißgutgefüge erreicht werden kann, beschreibt *Leinhos* eine UP-Auftragschweißung und vergleicht die Eindraht- und Zweidrahtschweißung miteinander, Bild 4-21. Während bei der Eindrahtschweißung mit einem

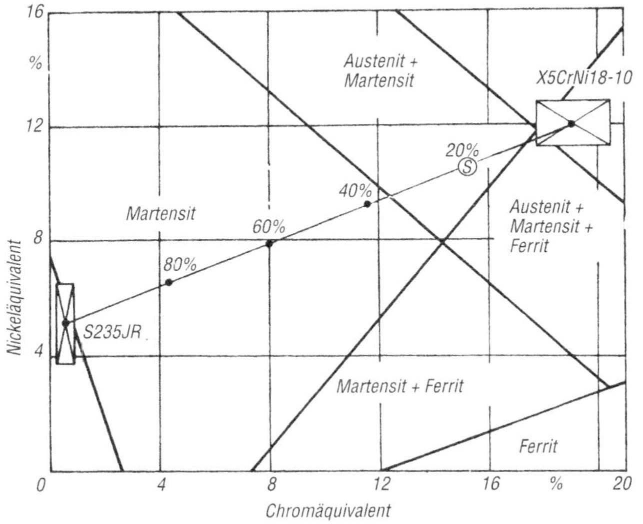

Bild 4-19. WIG-Punktschweißung zwischen einem legierten und einem unlegierten Stahl im *Schaeffler*-Diagramm.

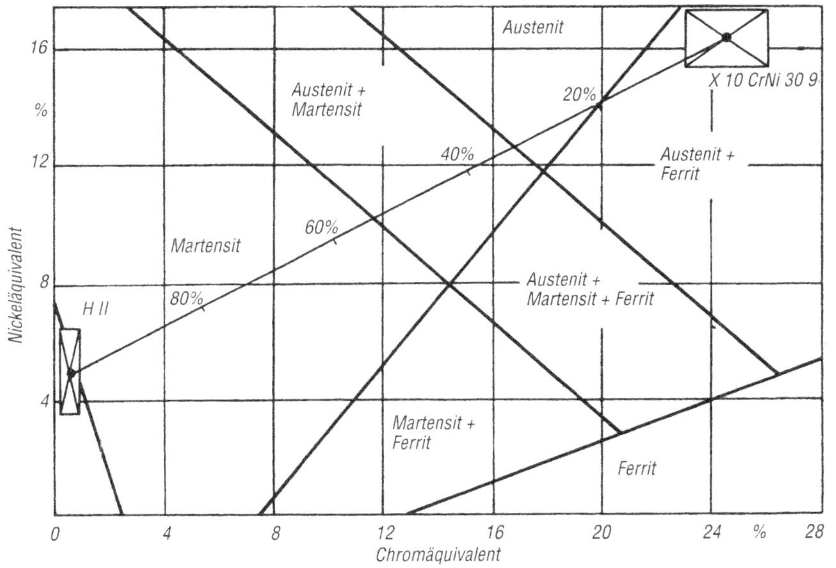

Bild 4-20. Auftragschweißung von legiertem Schweißgut auf unlegiertem Stahl im *Schaeffler*-Diagramm nach *Leinhos*.

Anteil von 40 bis 60 % des Grundwerkstoffs an der Schweißgutbildung gerechnet werden muß, kann dieser Wert bei der Zweidrahtschweißung unter 20 % gehalten werden. Für die Auftragschweißung mit einem Zusatzdraht der Qualität X8CrNiNb19-9 ist im vorliegenden Fall die Zweidrahttechnik zu empfehlen. Durch Versuchsschweißungen konnte diese Aussage bestätigt werden. Während bei der Eindrahtschweißung Härtewerte des Schweißguts von mehr als 450 HV und Biegewinkel von nur 10° gemessen wurden und außerdem Risse auftraten, konnten bei der Zweidrahtschweißung die Härtewerte unter 250 HV gehalten und Biegewinkel von 180° erreicht werden.

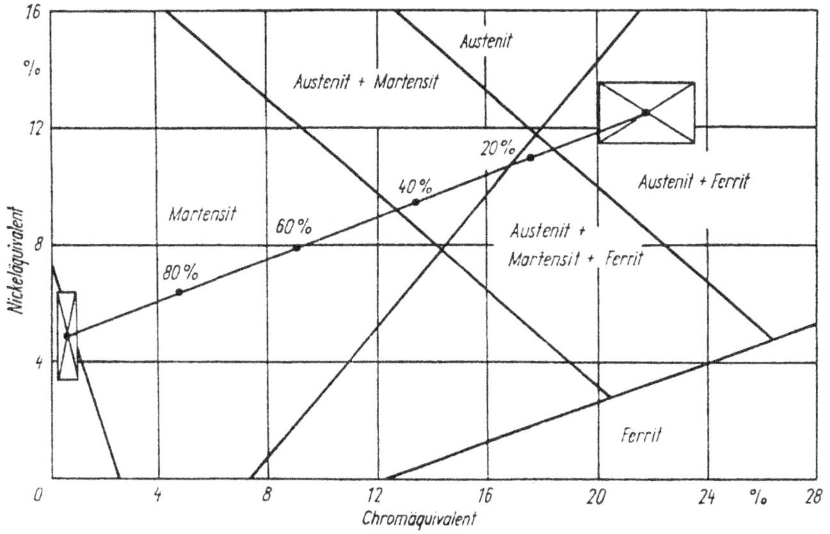

Bild 4-21. Vergleich der Schweißgutgefüge von Eindraht- und Zweidraht-Unterpulverschweißungen nach *Leinhos.*

5 Schweißeignung gegossener Eisenwerkstoffe

5.1 Werkstoffgrundlagen

5.1.1 Einteilung und Kennzeichnung

Bei den Eisengußwerkstoffen ist allgemein zwischen Stahlguß und Gußeisen zu unterscheiden, Bild 5-1.

Zum Stahlguß oder Stahlformguß zählen alle gegossenen Eisenlegierungen, die nicht Gußeisen sind. Der Stahlguß unterscheidet sich von den Knetlegierungen des Eisens durch die Formgebung. In der Zusammensetzung liegen, mit Rücksicht auf die bessere Vergießbarkeit, die Kohlenstoffgehalte von Stahlformguß etwas höher als bei den entsprechenden Walzstählen, das gilt vor allem für die höherlegierten Sorten. Stahlguß wird nicht im Gußzustand, sondern normalgeglüht verwendet. Das Widmannstättensche Gefüge im Gußzustand verschlechtert die mechanisch-technologischen Eigenschaften. Ein Normalglühen beseitigt diesen Nachteil.

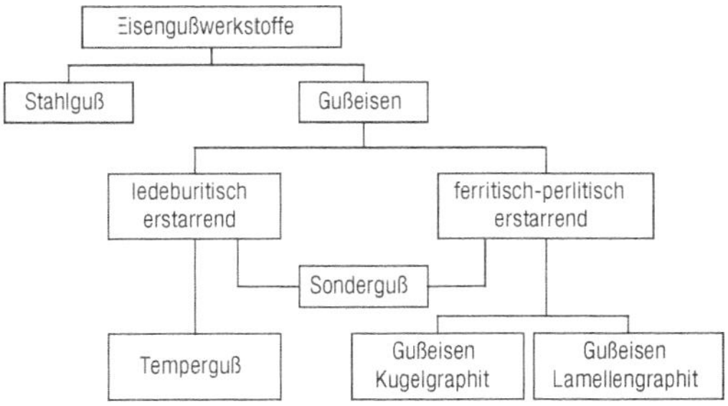

Bild 5-1. Übersicht der Eisengußwerkstoffe.

Zum Gußeisen gehören der Grauguß mit Lamellen- oder Kugelgraphit, der Temperguß und verschiedene Sondergußlegierungen. Alle diese Gußwerkstoffe enthalten den Kohlenstoff entweder als Graphit oder als ledeburitischen Zementit im Gefüge. Die Form, Anordnung und Menge sowie das gegenseitige Mengenverhältnis dieser Gefügebestandteile bestimmen die Eigenschaften des betreffenden Gußwerkstoffs. Alle gegossenen Eisenwerkstoffe sind einheitlich durch den Buchstaben G gekennzeichnet. Die Art des Werkstoffs wird durch weitere Buchstaben angegeben, Tabelle 5-1. Zusätzlich können in ähnlicher Weise wie bei den Stählen die Festigkeit, die Härte und die chemische Zusammensetzung in die Bezeichnung aufgenommen werden:

GJL-H155	Gußeisen mit Lamellengraphit, dessen Brinellhärte 155 HB (getrennt gegossener Probestab) beträgt.
GJS-400-18	Gußeisen mit Kugelgraphit, dessen Mindestzugfestigkeit 400 N/mm^2 und Bruchdehnung 18 % (getrennt gegossener Probestab) beträgt.
GGL-NiCr 20 2 *	Austenitisches Gußeisen mit Lamellengraphit, legiert mit 20 % Nickel und 2 % Chrom.
GGG-NiMn 23 4 *	Austenitisches Gußeisen mit Kugelgraphit, legiert mit 23 % Nickel und 4 % Mangan.

GP240R	Stahlguß für Druckbehälter mit einer Streckgrenze von 240 N/mm² und für die Anwendung bei Raumtemperatur und erhöhten Temperaturen.
GX5CrNiNb19-10	Hochlegierter austenitischer Stahlguß.

* Für austenitisches Gußeisen hat noch die Norm DIN 1694 Gültigkeit.

Tabelle 5-1. Grundsymbole zur Bezeichnung der Eisengußwerkstoffe.

Werkstoff	Grundsymbole
Stahlguß für Druckbehälter	GE
Gußeisen mit Lamellengraphit	GJL
Gußeisen mit Kugelgraphit	GJS
Weißer Temperguß	GJMW
Schwarzer Temperguß	GJMB

5.1.2 Sättigungsgrad, Gußeisen-Diagramm und Graphitausbildung

Die Gefügeausbildung von Gußeisen wird maßgeblich von den Erstarrungsbedingungen und vom Gehalt an Begleitelementen, vor allem von den Gehalten an Phosphor, Mangan und Silizium bestimmt. Die ausgezeichneten Punkte im Eisen-Kohlenstoff-Diagramm (EKD) werden durch Legierungselemente verschoben. Beim Gußeisen betrifft dies in erster Linie die Lage des Eutektikums. Man unterscheidet zwischen untereutektischem, eutektischem und übereutektischem Gußeisen. Bei gleichen Kohlenstoffgehalten kann, abhängig vom Gehalt an anderen Elementen, das Gefüge des Gußeisens untereutektisch, eutektisch oder übereutektisch sein. Im Sättigungsgrad wird die Wirkung einiger Legierungselemente erfaßt. Es gilt:

$$S_c = \frac{\%\,C}{4{,}23 - 0{,}31\,\%\,Si - 0{,}33\,\%\,P - 0{,}40\,\%\,S + 0{,}027\,\%\,Mn} \tag{5.1}$$

mit

$S_c = 1$	bedeutet eutektisches,
$S_c > 1$	übereutektisches und
$S_c < 1$	untereutektisches Gußeisen.

Für die Eigenschaften des Gußeisens ist die Erstarrungsart wesentlich. Bei einer schnellen Abkühlung der Gußeisenschmelze wird die weiße Erstarrung begünstigt, das heißt, der Kohlenstoff tritt bevorzugt gebunden als Zementit Fe_3C und weniger als Graphit auf. Erfolgt das Abkühlen langsam, dann scheidet sich der Kohlenstoff bevorzugt als Graphit aus. In diesem Fall spricht man von grauer Erstarrung. Von den Legierungselementen fördert Silizium die graue und Mangan die weiße Erstarrung.

Von *Maurer* wurde ein spezielles Gußeisen-Diagramm entwickelt, in dem in Abhängigkeit vom Kohlenstoff- und Siliziumgehalt für den Guß in getrockneter Form und für eine Wanddicke von 30 mm die Gefügeausbildungen erfaßt sind, Bild 5-2. Die Diagrammfläche ist in einzelne Felder aufgeteilt, die den jeweiligen Gefügezuständen entsprechen. Das Maurer-Diagramm ist die Grundlage für weitere Gußeisen-Diagramme, in denen der Einfluß der Wanddicke und die Wirkung zusätzlicher Legierungselemente berücksichtigt werden.

Die mechanisch-technologischen Eigenschaften des Gußeisens, Tabelle 5-2, werden nicht allein durch die Gefügeausbildung der Grundmatrix bestimmt, sondern bei grauer Erstarrung auch durch die Form, Größe und Verteilung des Graphits. Diese wird aber ebenso wie das Grundgefüge durch die Abkühlverhältnisse beeinflußt, Bild 5-3. Bei größeren Abkühlgeschwindigkeiten scheidet sich der Graphit feinblättrig aus. Kühlt die Gußeisenschmelze langsam ab, bilden sich gröbere Graphitlamellen.

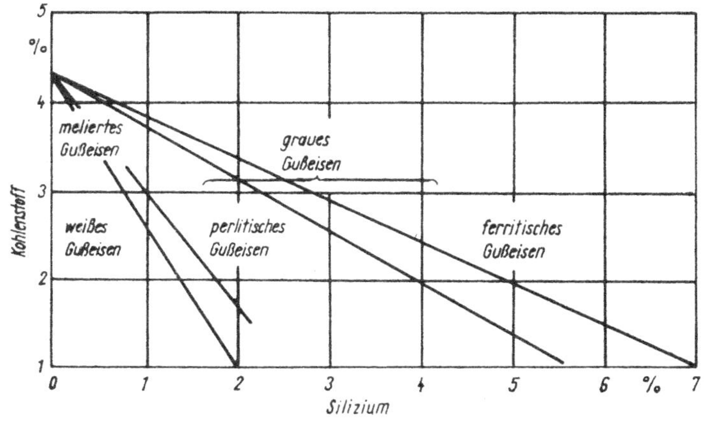

Bild 5-2. Gußeisen-Diagramm nach *Maurer.*

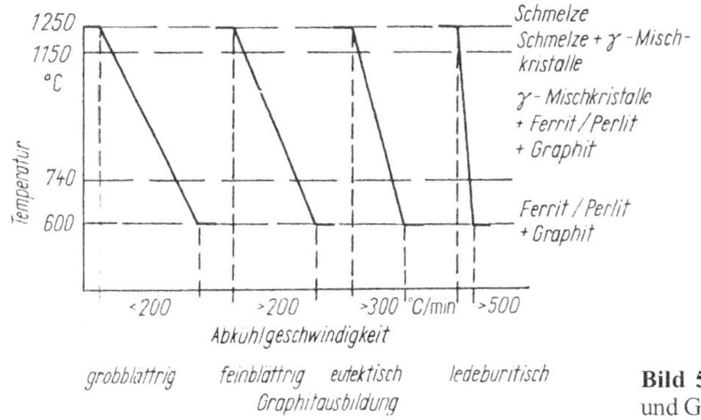

Bild 5-3. Beziehung zwischen Abkühlgeschwindigkeit und Graphitausbildung nach *Piwowarski.*

Eine besondere Form des Graphits tritt im Gußeisen mit Kugelgraphit auf. Man erreicht die kugelförmige Ausbildung des Graphits durch eine spezielle Behandlung der Gußeisenschmelze mit Magnesium. Da bei Gußeisen mit Kugelgraphit die mechanisch-technologischen Eigenschaften im wesentlichen durch das Gefüge der Grundmatrix bestimmt werden, liegt dessen Zusammensetzung in engeren Grenzen. Als eine weitere Sorte ist das Gußeisen mit Vermiculargraphit (vermicular = wurmartig) zu nennen. Um die wurmförmige Ausbildung des Graphits zu erreichen, enthält das Eisen geringe Zusätze an Cer-Mischmetall allein oder kombiniert mit Magnesium und Titan. Die Grundzusammensetzung dieser Gußeisensorte ist ähnlich der von Gußeisen mit Kugelgraphit.

Tabelle 5-2. Mechanisch-technologische Eigenschaften einiger Gußeisensorten.

Werkstoff	Grundmatrix	Zugfestigkeit R_m N/mm^2	Bruchdehnung A_5 %	Härte HB 30
GJL-300	vorwiegend ferritisch	300 ... 400	–	~ 280
GJS-400-18	vorwiegend ferritisch	400	18	~ 170
GJMB-350-10	Ferrit + Temperkohle	350	10	max. 150
GJMW-400-5	Perlit + Temperkohle	400	5	~220

Wegen der Abhängigkeit der mechanisch-technologischen Eigenschaften von den Abkühlverhältnissen werden für Gußeisensorten keine Richtanalysen mit engen Toleranzen vorgeschrieben, sondern die Zusammensetzung wird weitgehend vom Hersteller bestimmt. Mit Hilfe des Sättigungsgrades und der Wanddicke lassen sich die gewünschten Festigkeitswerte erreichen.

Wird Gußeisen mit höheren Gehalten an Nickel legiert, dann ist die Grundmatrix des Gefüges austenitisch. Der Graphit liegt als Lamellen-, Vermicular- oder Kugelgraphit vor. Das austenitische Gußeisen ist nach DIN 1694 genormt. Es zeichnet sich gegenüber den Gußeisensorten mit ferritisch-perlitischer Grundmatrix durch gute Korrosionsbeständigkeit, höhere Warmfestigkeit und Tieftemperaturzähigkeit aus.

Zum Temperguß zählen Eisengußwerkstoffe, die aus weiß erstarrtem Roheisen (Temperrohguß) durch eine spezielle Wärmebehandlung hergestellt werden. Die Kohlenstoffgehalte im Temperrohguß betragen 2,1 bis 3,5 %, die Mangan- und Siliziumgehalte sind so gewählt, daß bei normaler Abkühlung der Temperrohguß weiß erstarrt. Der Kohlenstoff liegt chemisch gebunden als Zementit Fe_3C vor. Wird der Temperrohguß längere Zeit bei Temperaturen zwischen 850 und 1050 °C wärmebehandelt, dann zerfällt der Zementit, und es bildet sich feinkörniger, schwarzer, als Temperkohle bezeichneter Graphit. Wird der Temperrohguß bei der Wärmebehandlung von sauerstoffabgebenden Mitteln, zum Beispiel Roteisenstein Fe_2O_3, umgeben, dann oxidiert die entstandene Temperkohle zu Kohlenoxid, so daß das Gußstück in der Randzone entkohlt.

Beim längeren Glühen schreitet die Entkohlung in das Innere des Gußstücks fort. Weil die Bruchfläche bis in eine gewisse Tiefe wegen des Fehlens von Graphit hell erscheint, spricht man von weißem Temperguß, wobei der nicht entkohlte Kern schwarz ist. Wird das Glühen des Temperrohgusses in neutraler Atmosphäre vorgenommen, dann erhält man den schwarzen Temperguß, dessen Gefüge aus einer ferritisch-perlitischen oder reinperlitischen Grundmatrix mit eingelagerten Temperkohleflocken besteht.

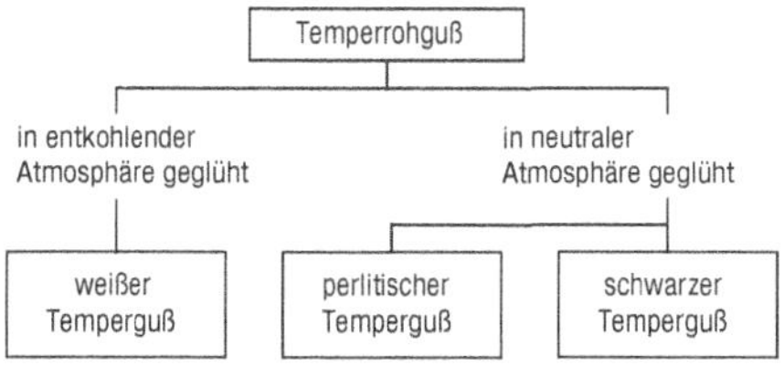

Bild 5-4. Übersicht der Tempergußwerkstoffe.

5.2 Schweißeignung verschiedener Gußeisen- und Tempergußsorten

5.2.1 Gußeisen mit Lamellengraphit

Beim Schweißen von Gußeisen unterscheidet man das Schweißen mit artfremdem Schweißzusatz (Kalt- und Halbwarmschweißen) und das Schweißen mit artgleichem Schweißzusatz (Warmschweißen). Kaltschweißen ist das Schweißen von Gußeisen mit artfremden Zusatzwerkstoffen ohne Vorwärmung. Bei geringer, örtlich begrenzter oder vollständiger Vorwärmung (T_V = 300 °C) des zu schweißenden Werkstücks spricht man von der Halbwarmschweißung. Warmschweißen ist das Schweißen von Gußeisen mit artgleichem Zusatzwerkstoff bei vollständiger Vorwärmung des zu schweißenden Werkstücks auf höhere Temperaturen (T_V = 550 °C).

Der gewählte Zusatzwerkstoff sowie die Höhe und das Ausmaß der Vorwärmung bestimmen das Schweißergebnis. Beim Kaltschweißen werden als artfremde Zusatzwerkstoffe Elektroden oder Drähte aus Stahl, Nickel, Nickel-Eisen- und Nickel-Kupfer-Legierungen verwendet. In einer Gußeisenkaltschweißung kommt es durch die Bildung von Ledeburit und Martensit in der Wärmeeinflußzone (WEZ) zu Aufhärtungen und nicht selten zu Härterissen.

Der große Einfluß des Zusatzwerkstoffs und der Vorwärmung auf die Aufhärtung in der WEZ ist Bild 5-5 zu entnehmen. Hier sind nach Untersuchungen von *Westerfors* u.a. die Maximalhärtewerte in der WEZ von Schweißnähten an Gußeisen mit Lamellengraphit angegeben. Die niedrigsten Härtewerte treten beim Lichtbogenhandschweißen mit Nickelelektroden und einer Vorwärmtemperatur von 550 °C auf. Ebenfalls niedrige Härtewerte ergeben sich auch beim Gasschweißen mit artgleichem Zusatzwerkstoff und einer Vorwärmtemperatur auf 300 oder 550 °C. Ähnlich gute Ergebnisse lassen sich beim Kurzlichtbogenschweißen erzielen.

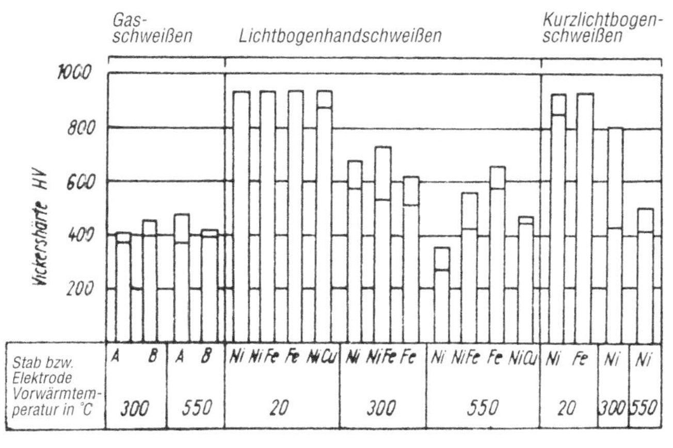

Bild 5-5. Maximalhärte in der Wärmeeinflußzone von Schweißnähten an lamellarem Gußeisen nach *Westerfors* u. a.: (A, B artgleiche Zusatzwerkstoffe).

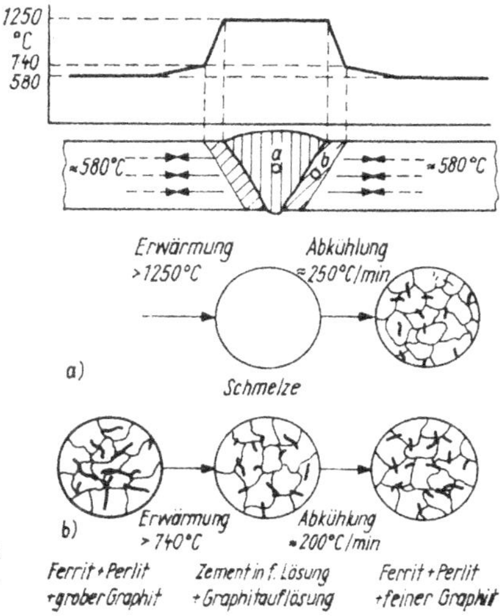

Bild 5-6. Beziehung zwischen Abkühlgeschwindigkeit und Gefügeausbildung nach *Jahre*.

Die Beziehungen zwischen der Abkühlgeschwindigkeit und der Gefügeausbildung in einer Verbindung, die mit artgleichem Zusatzwerkstoff bei einer Vorwärmtemperatur von 580 °C geschweißt wurde, ist in Bild 5-6 schematisch nach *Jahre* dargestellt. Während ein Gußstück nach dem Gießen verhältnismäßig langsam abkühlt, so daß breitstreifiger Perlit und groblamellarer Graphit entstehen, kühlt vergleichsweise schmelzflüssiges Schweißgut trotz hoher Vorwärmung schneller ab, so daß sich feinstreifiger Perlit und feinlamellarer Graphit bilden. Diese Gefügeausbildung verursacht eine etwas höhere Härte im Schweißgut. In Bild 5-6 ist dies mit ‚a' gekennzeichnet. In der WEZ, dargestellt mit ‚b', bildet sich ein ähnliches Gefüge aus.

Beträgt die Vorwärmtemperatur beim Schweißen 550 bis 600 °C, dann ist im Abkühlbereich von 1120 bis 770 °C mit einer durchschnittlichen Abkühlgeschwindigkeit von 250 °C/min zu rechnen. Der Graphit wird dann feinblättrig ausgeschieden, Bild 5-3. Erst bei einer erheblich unter 200 °C/min liegenden Abkühlgeschwindigkeit wird der Graphit gröber ausgebildet. Vorteile von einer über 600 °C liegenden Vorwärmtemperatur sind nicht zu erwarten. Es ist im Gegenteil mit nachteiligen Folgen zu rechnen, abgesehen von den erheblich erschwerten Arbeitsbedingungen beim Schweißen.

Wird beim Schweißen mit artgleichem Zusatzwerkstoff nur auf 200 bis 300 °C vorgewärmt, dann ist keine hohen Qualitätsansprüchen genügende Schweißverbindung zu erzielen. Ein erhöhtes Wärmeeinbringen kompensiert die zu geringe Vorwärmung nur unzureichend. Beim örtlichen Vorwärmen entstehen ebenfalls Schwierigkeiten. Hier können sich ungünstige Spannungszustände ausbilden.

Wird ohne Vorwärmen mit artfremden Zusatzwerkstoffen, zum Beispiel mit Nickel- oder Nickel-Kupfer-Elektroden geschweißt, dann treten in der WEZ unzulässig hohe Härten auf, Bild 5-5. Ein

Schweißen ohne Vorwärmen beschränkt sich auf Ausnahmen, man wird sich nur dann dazu entschließen, wenn ganz besondere Umstände vorliegen. Ziel des Schweißens muß es sein, durch einen minimalen Wärmeeintrag die WEZ so gering wie möglich zu halten.

5.2.2 Gußeisen mit Kugelgraphit

Für die Schweißeignung von Gußeisen mit Kugelgraphit gelten die gleichen Feststellungen wie für die von Gußeisen mit Lamellargraphit. Das Grundgefüge bei Gußeisen mit Kugelgraphit kann ferritisch, perlitisch oder bei legiertem Gußeisen austenitisch sowie bainitisch (Zwischenstufe) oder martensitisch sein.

Die Ergebnisse von Härtemessungen in der WEZ von Schweißverbindungen an Gußeisen mit Kugelgraphit belegen, daß beim Lichtbogenhandschweißen und beim Kurzlichtbogenschweißen mit Nickelzusatzwerkstoffen und ebenso beim Gasschweißen mit artgleichen Zusatzwerkstoffen nur geringe Aufhärtungen in der WEZ auftreten, Bild 5-7. Auch ein Vergleich von Härteverläufen über den Querschnitt einer Schweißverbindung zeigt, daß nur das Schweißgut und die WEZ etwas erhöhte Härte aufweisen, Bild 5-8.

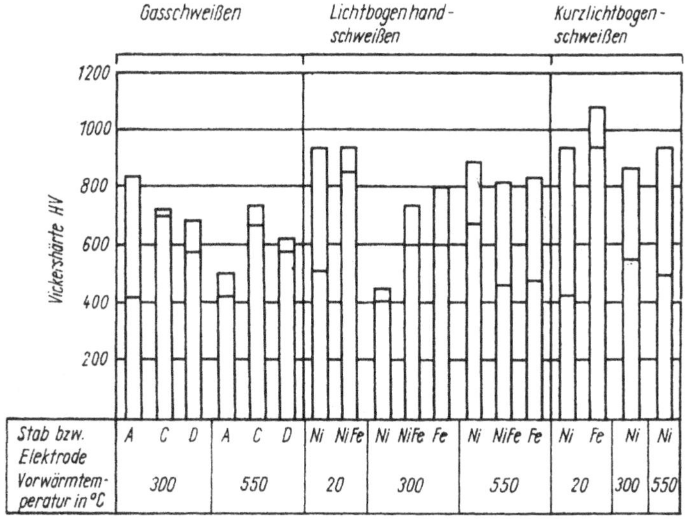

Bild 5-7. Maximalhärte in der Wärmeeinflußzone von Schweißnähten an Gußeisen mit Kugelgraphit nach *Westerfors* u. a.: (A, C, D artgleiche Zusatzwerkstoffe).

Unabhängig vom Schweißverfahren verhalten sich ferritisches und perlitisches Gußeisen mit Kugelgraphit ähnlich. Bei artgleichem Zusatzwerkstoff werden allgemein die mit Magnesium behandelten den mit Cer legierten Stäben wegen ihres besseren schweißmetallurgischen Verhaltens vorgezogen.

5.2.3 Austenitisches Gußeisen

Gußeisen kann man so legieren, daß ein austenitisches Grundgefüge entsteht, in dem der Graphit lamellar oder kugelförmig eingelagert ist. Das nach DIN 1694 genormte austenitische Gußeisen zeichnet sich durch Korrosionsbeständigkeit, Hitzebeständigkeit und Kaltzähigkeit aus.

Die Schweißeignung von austenitischem Gußeisen mit Lamellen- oder Kugelgraphit ist gut. Man muß beachten, daß unter ungünstigen Umständen in der WEZ und im Schweißgut Heißrisse auftreten können. Es werden artfremde Zusatzwerkstoffe verwendet. Es wird im allgemeinen ein Vorwärmen

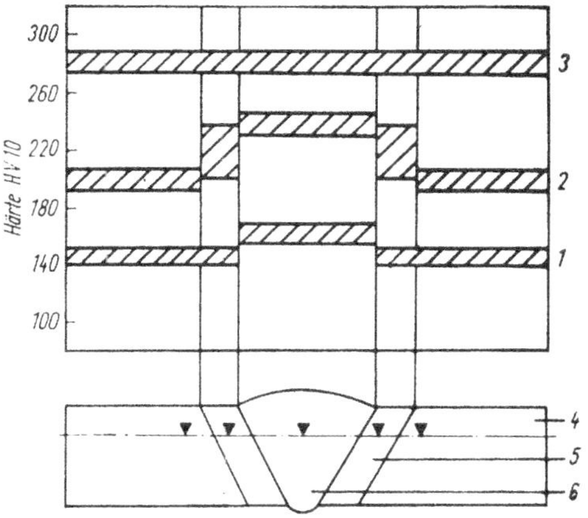

Bild 5-8. Härteverlauf über den Querschnitt von Schweißverbindungen an Gußeisen mit Kugelgraphit nach *Jahre* (1 GJS – perlitisch, 2 GJL, 3 GJS – ferritisch, 4 Grundwerkstoff, 5 Wärmeeinflußzone, 6 Schweißgut).

auf 300 °C empfohlen. Es lassen sich aber auch ohne Vorwärmung gute Ergebnisse erzielen. Nach Untersuchungen von *Sengupta* und *Jordan* hängt die Schweißeignung austenitischen Gußeisens auch vom Silizium- und Magnesiumgehalt ab. So ließen sich 25 mm dicke Platten aus austenitischem Gußeisen GGG-NiCr 20 2 ohne Vorwärmen rißfrei schweißen, wenn Silizium- und Magnesiumgehalt der Beziehung

$$\% Si + 76 \times \% Mg \leq 6{,}3 \qquad (5.2)$$

entsprechen. In Bild 5-9 ist die Abhängigkeit graphisch dargestellt. Für zwei andere austenitische Gußeisensorten GGG-Ni 22 und GGG-NiMn 23 4 war die Heißrißneigung bei niedrigen Magnesiumgehalten am geringsten. Es wird angenommen, daß ein Zerfall von Magnesiumnitrid die Rißbildung fördert. Zusätze von 0,05 bis 0,3 % Niob vermindern auch bei höheren Magnesiumgehalten die Heißrißbildung.

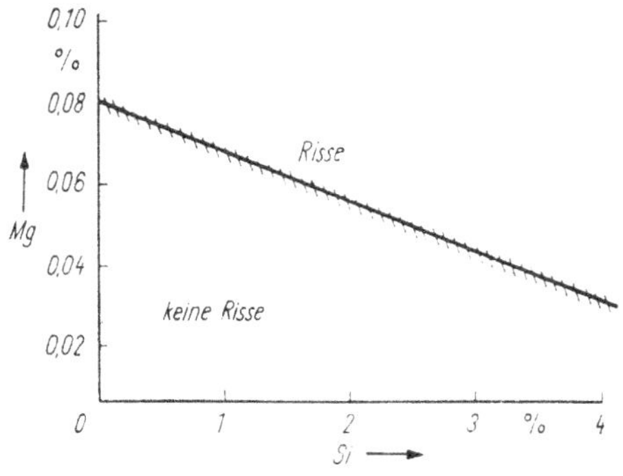

Bild 5-9. Einfluß des Magnesium- und Siliziumgehalts auf die Rißbildung in der Wärmeeinflußzone von GGG-NiCr 20 2 nach *Sengupta* und *Jordan*.

5.2.4 Temperguß

In der Schweißeignung von Temperguß bestehen große Unterschiede zwischen schwarzem und weißem Temperguß, wobei sich schwarzer Temperguß beim Schweißen sehr viel ungünstiger verhält als weißer Temperguß. Beim schwarzen Temperguß besteht die Gefahr, daß in der WEZ harte Bereiche auftreten. Im beim Erwärmen entstehenden Austenit löst sich ein Teil der Temperkohle. Beim Abkühlen wird der gelöste Kohlenstoff nicht als Graphit ausgeschieden, sondern es bildet sich

Zementit. Das Auftreten von Martensit ist nicht auszuschließen. Ein Vorwärmen auf 250 °C verringert den Härteanstieg in der WEZ nur wenig.

Die geringe Schweißeignung des schwarzen Tempergusses für das Lichtbogenhand- und das Schutzgasschweißen kann durch den Einsatz von Nickel oder Nickellegierungen als Zusatzwerkstoffe verbessert werden.

Der normale weiße Temperguß hat eine bessere Schweißeignung, aber es muß beachtet werden, daß die Entkohlung durch das Tempern nicht vollständig und gleichmäßig über den gesamten Querschnitt erfolgt. Abhängig von der Werkstückdicke geht die auf etwa 0,1 % Kohlenstoff entkohlte Randzone in einen Bereich mit 0,1 bis 1,5 % Kohlenstoff über. Dieser Kohlenstoff liegt als Temperkohle vor. Bei größeren Werkstückdicken sind im Kern mehr als 1,5 % Kohlenstoff enthalten, wobei ein Teil als Zementit im perlitischen Grundgefüge gebunden ist.

Die gute Schweißeignung des weißen Tempergusses erlaubt den Einsatz von Zusatzwerkstoffen, wie sie für das Schweißen von Stahlwerkstoffen gebräuchlich sind. Ein durch eine Langzeitglühung in oxidierender Atmosphäre sorgfältig entkohlter weißer Temperguß ist als schweißgeeigneter Temperguß eingeführt. Er läßt sich bis zu Werkstückdicken von 8 mm ohne Vorwärmen schweißen. In Bild 5-10 sind die Härteverläufe über den Schweißnahtquerschnitt von normalem weißem Temperguß und von schweißgeeignetem Temperguß nach *Büchen* u. a. dargestellt.

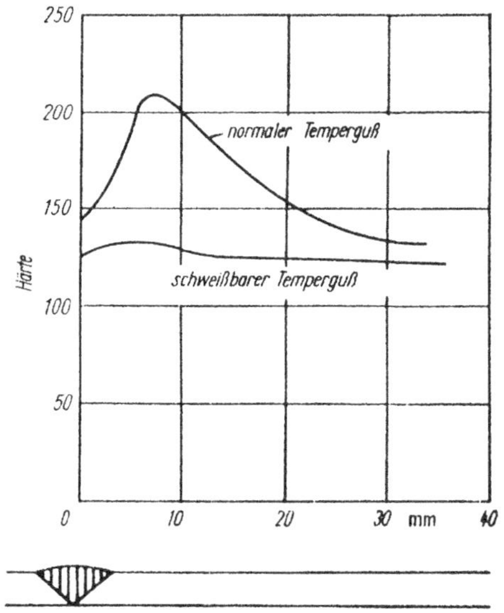

Bild 5-10. Vergleich der Maximalhärten in der Wärmeeinflußzone von normalem und schweißgeeignetem Temperguß nach *Büchen* u. a.

5.3 Schlußbemerkung zur Schweißeignung von Gußeisen-Werkstoffen

Eine mit artgleichen Zusatzwerkstoffen ordnungsgemäß durchgeführte Warmschweißung von Gußeisen mit Lamellen-, Vermicular- oder Kugelgraphit gewährleistet die gleichen mechanisch-technologischen Gütewerte wie im nichtgeschweißten Zustand. Kaltschweißungen mit Zusatzwerkstoffen aus Nickel oder Nickellegierungen genügen im allgemeinen ebenfalls gehobenen Qualitätsansprüchen, wogegen mit Stahlelektroden geschweißte Verbindungen geringe Gewähr für eine zuverlässige und gleichmäßige Qualität bieten. In Bild 5-11 sind nach Untersuchungen von *Westerfors* u. a. die

Biegefestigkeiten von Schweißverbindungen an Gußeisen mit Lamellen- und mit Kugelgraphit angeführt.

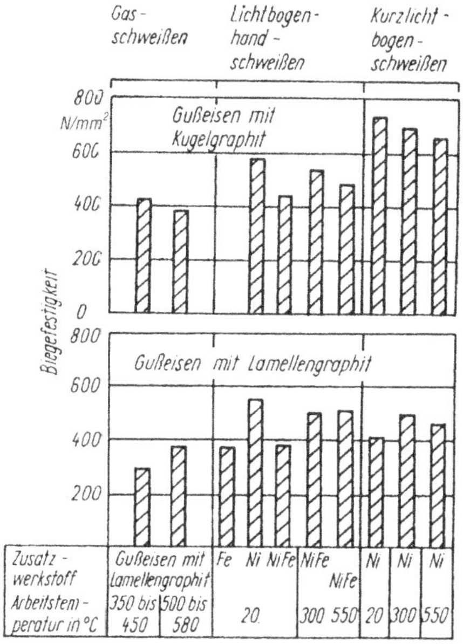

Bild 5-11. Biegefestigkeitswerte von Schweißverbindungen zwischen Gußeisen mit Lamellengraphit bzw. Kugelgraphit und Stahl nach *Westerfors* u. a.

6 Schweißeignung von Aluminium und Aluminiumlegierungen

Aluminium ist nach Eisen das wichtigste und am häufigsten verwendete Grundmetall, seine Legierungen werden vielfältig als Konstruktionswerkstoffe in vielen Bereichen der Technik eingesetzt. Für die Herstellung von Bauteilen und kompletten Konstruktionen kommt der Schweißeignung von Aluminium und seinen Legierungen besondere Bedeutung zu.

6.1 Werkstoffgrundlagen

6.1.1 Einteilung und Kennzeichnung der Aluminiumwerkstoffe

Beim Aluminium wird abhängig vom Reinheitsgrad zwischen Reinst- und Reinaluminium unterschieden. Reinstaluminium hat einen Reinheitsgrad von 99,9 bis 99,99 % und wird in einem aufwendigen Raffinationsprozeß aus Hüttenaluminium gewonnen. Reinaluminium weist einen Reinheitsgrad zwischen 99,0 und 99,9 % auf. Die physikalischen Eigenschaften von Aluminium sind in Tabelle 6-1 genannt.

Tabelle 6-1. Physikalische Eigenschaften von Aluminium.

Schmelztemperatur	660 °C
Siedetemperatur	2270 °C
Wärmeleitfähigkeit	2,30 W/cm · K
Wärmeausdehnungskoeffizient zwischen 20 und 100 °C	$24 \cdot 10^6$ 1/K
Wärmeausdehnungskoeffizient zwischen 20 und 600 °C	$28{,}5 \cdot 10^6$ 1/K
spezifische Wärme	0,88 J/g · K
Dichte	2,7 g/cm^3
Elastizitätsmodul	$70 \cdot 10^3$ N/mm^2

Obwohl es eine große Anzahl von Aluminiumlegierungen gibt, ist es verhältnismäßig einfach, einen allgemeinen Überblick zu gewinnen, da die meisten Legierungen nur Zweikomponenten- oder Dreikomponentenlegierungen des Aluminiums mit 5 Legierungselementen sind, Bild 6-1.

Aluminium wird hauptsächlich mit Kupfer (Cu), Silizium (Si), Magnesium (Mg), Zink (Zn) und Mangan (Mn) legiert. In niedrigen Zusätzen enthalten sie auch Eisen (Fe), Chrom (Cr) und Titan (Ti). Für Sonderlegierungen verwendet man Zusätze von Nickel (Ni), Kobalt (Co), Silber (Ag), Lithium (Li) Vanadium (V), Zirkon (Zr), Zinn (Sn), Blei (Pb), Kadmium (Cd) und Wismut (Bi) sowie als Spurenzusätze Beryllium (Be), Bor (B) und Natrium (Na).

Für die Bezeichnung von Aluminium und seinen Legierungen wird nach DIN EN 573-1 ein aus vier Ziffern gebildetes numerisches Bezeichnungssystem und alternativ dazu in DIN EN 573-2 ein aus chemischen Symbolen bestehendes Bezeichnungssystem verwendet. Das vierziffrige numerische System sollte bevorzugt benutzt werden.

Nach dem aus chemischen Symbolen bestehenden Bezeichnungssystem beginnt die Kennzeichnung mit dem chemischen Symbol für Aluminium, gefolgt von den Symbolen der wichtigsten Legierungselemente und daran anschließend die Zahlenangabe für den Gehalt des oder der Legierungselemente in Prozent. Ein vorweg gestelltes AW bedeutet, daß es sich um eine Aluminium-Knetlegierung handelt (wrought = geknetet):

EN AW-Al99,99 ist ein Reinstaluminium mit einem Reinheitsgrad von 99,99 %.

EN AW-AlMg3 ist eine Aluminiumlegierung mit etwa 3 % Magnesium.

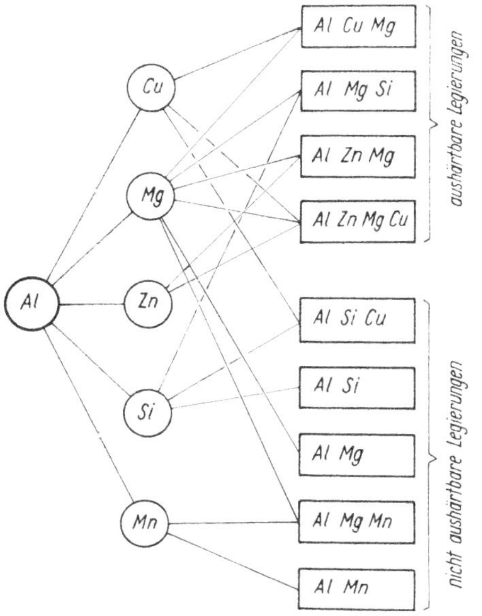

Bild 6-1. Übersicht der gebräuchlichsten Aluminiumlegierungen nach *Altenpohl.*

EN AW-AlCu4Mg1 ist eine Aluminiumlegierung mit etwa 4 % Kupfer und etwa 1,5 % Magnesium.

Nach der Art der Verarbeitung sind die Aluminiumlegierungen in Knet- und Gußlegierungen eingeteilt. Unter Knetlegierungen sind solche Legierungen zu verstehen, die durch Warm- oder Kaltverformen verarbeitet werden. Werkstücke aus Gußlegierungen erhalten ihre Gebrauchsform durch Sand-, Kokillen- oder Druckguß. Die Grenze zwischen Knet- und Gußlegierungen ist nicht genau zu ziehen. Manche Knetlegierungen lassen sich gut gießtechnisch verarbeiten.

Nach DIN EN 515 werden Aluminium und Aluminiumlegierungen zusätzlich als Halbzeug mit Werkstoffzuständen bezeichnet. Dabei bedeuten:

F Herstellungszustand,
O weichgeglüht (weitere Unterteilung in O1, O2 und O3),
H kaltverfestigt (weitere Unterteilung in H1xx, H2xx, H3xx und H4xx),
W lösungsgeglüht,
T wärmebehandelt auf andere Zustände als F, O oder H (weitere Unterteilung von T1 bis T9 mit jeweils weiteren zusätzlichen Zustandsunterteilungen).

Nachfolgend werden die bisherigen Werkstoffe nach DIN besprochen und in Klammern die vorhandenen Bezeichnungen nach EN genannt.

Die am häufigsten verwendeten Knetlegierungen lassen sich in fünf Gruppen einteilen, Tabelle 6-2. Dabei ist noch zwischen aushärtbaren und nicht aushärtbaren Legierungen zu unterscheiden. In der Praxis werden die nicht aushärtbaren Knetlegierungen in drei durch unterschiedliche Kaltverformungsgrade gekennzeichneten Festigkeitsstufen verwendet, nämlich weich (w), halbhart (hh) und hart (h).

Die Aluminium-Gußlegierungen nach DIN EN 1706 erhalten in ihrer Bezeichnung ein vorgesetztes AC (cast = gegossen; EN AC-AlSi6Cu ist eine Aluminium-Gußlegierung mit etwa 6 % Silizium und einem Legierungszusatz an Kupfer). Schweißzusatzwerkstoffe nach DIN 1732 erhalten zusätzlich ein vorangestelltes SG (SG-AlMg 5 bezeichnet einen Schweißzusatzwerkstoff mit etwa 5 % Magnesium).

Tabelle 6-2. Einteilung der Aluminium-Knetlegierungen.

Gruppe	Mg in %	Si in %	Cu in %	Zn in %	Mn in %	Ti in %	
AlMn	–	–	–	–	1,0	–	nicht aushärtbar
AlMg	1 ... 5	–	–	–	–	–	nicht aushärtbar
AlMgSi	0,5 ... 1,5	0,5 ... 1,5	–	–	–	–	aushärtbar
AlZnMg	2,5	–	–	3,5	–	0,2	aushärtbar
AlZnMg	2,5	–	1,5	6,0	–	–	aushärtbar
AlCuMg	0,3 ... 1,5	–	2 ... 5	–	0 ... 0,8	–	aushärtbar

6.1.2 Aushärten

Die Festigkeit bestimmter Aluminiumlegierungen kann durch eine spezielle Wärmebehandlung wesentlich erhöht werden. Diese als Aushärten bezeichnete Wärmebehandlung ist an einige Voraussetzungen geknüpft:

– Der Aluminium-Mischkristall weist für ein Legierungselement eine mit sinkender Temperatur abnehmende Löslichkeit auf. Als Beispiel ist in Bild 6-2 ein Ausschnitt aus dem Zustandsschaubild Aluminium – Kupfer dargestellt. Die Löslichkeit von Kupfer in Aluminium erfüllt die genannte Bedingung. Während bei 500 °C etwa 4,3 % Kupfer gelöst sind, beträgt die Löslichkeit bei Raumtemperatur weniger als 0,3 %.

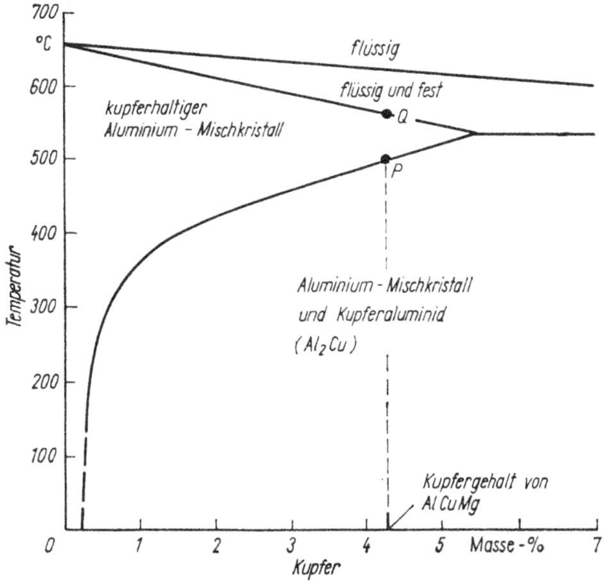

Bild 6-2. Aluminiumseite des Zustandsschaubildes Aluminium – Kupfer.

– Der bei höherer Temperatur homogene Mischkristall muß sich auf Raumtemperatur unterkühlen lassen, ohne daß während des Abkühlens Gleichgewichtsphasen entstehen.

– Der übersättigte Mischkristall muß während des Auslagerns bei Raumtemperatur oder bei mäßig erhöhter Temperatur entmischen. Die entstehenden Einphasenentmischungen oder Feinstausscheidungen bewirken eine erwünschte Festigkeitssteigerung.

Das Aushärten erfolgt in drei Arbeitsgängen:

- Lösungsglühen: Durch Glühen bei hohen Temperaturen wird das für die Aushärtung erforderliche Legierungselement im Aluminium-Mischkristall gelöst.
- Abschrecken: Von der Lösungsglühtemperatur wird unmittelbar abgeschreckt. Die erforderliche Abkühlgeschwindigkeit richtet sich nach dem Legierungstyp.
- Auslagern: Es wird entweder bei Raumtemperatur (Kaltaushärten) oder bei Temperaturen zwischen 120 und 180 °C (Warmaushärten) ausgelagert.

Beim Kaltaushärten entstehen kohärente Ausscheidungen, das heißt, der Zusammenhang des Mischkristallgitters bleibt ungestört, und es treten nur elastische Gitterverzerrungen auf. Nach ihren Entdeckern werden diese kohärenten Ausscheidungsbereiche *Guinier-Preston*-Zonen, kurz G.P.-Zonen genannt. Beim Warmaushärten treten metastabile Phasen auf, die im Gitteraufbau vom Mischkristall abweichen, aber hinsichtlich bestimmter Gitterebenen Kohärenz zeigen. Diese teilkohärenten Phasen werden auch G.P.-II-Phasen genannt.

Der Ablauf der Aushärtung für aushärtbare Aluminium-Kupfer-Legierungen ist schematisch in Bild 6-3 dargestellt. Die technologischen Bedingungen der Aushärtung beim Lösungsglühen, Abschrecken und Auslagern sind werkstoffabhängig. Der Aushärtungseffekt geht beim Erwärmen auf höhere Temperaturen verloren. Die für die erhöhte Festigkeit maßgebenden Zustände werden vom Ausscheiden inkohärenter Gleichgewichtsphasen abgelöst, zum Beispiel $CuAl_2$, Mg_2Si oder MgZn.

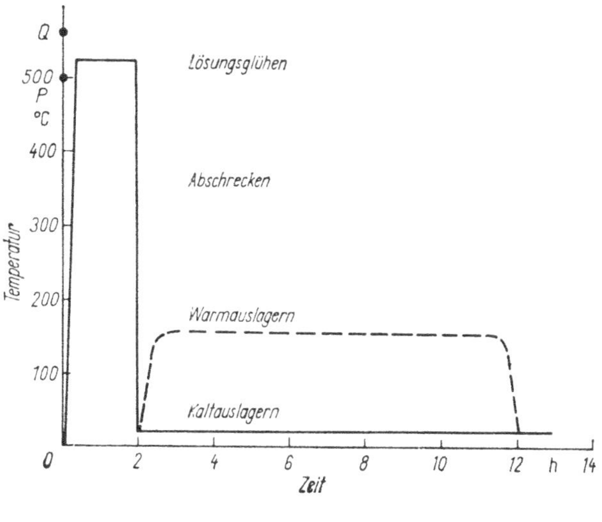

Bild 6-3. Temperatur-Zeit-Verlauf beim Aushärten (schematisch); ——— Kaltaushärten, – – – – Warmaushärten.

6.1.3 Kaltverfestigung und Rekristallisation

Durch Kaltumformen verfestigen Aluminiumwerkstoffe. Mit zunehmender Kaltumformung steigen Streckgrenze und Zugfestigkeit sowie die Härte, während Bruchdehnung und Brucheinschnürung abnehmen. Das Ausmaß der Kaltverfestigung hängt von verschiedenen Faktoren ab, die wichtigsten sind die chemische Zusammensetzung und der Umformgrad.

Die Träger der Verformung sind die Versetzungen im Metallgitter. Während der plastischen Verformung bilden sich ständig neue Versetzungen, die an den Korngrenzen oder anderen Hindernissen im Metallkörper hängenbleiben und sich aufstauen. Dadurch steigt der Widerstand gegen weitere Verformung, das heißt, der Werkstoff verfestigt sich.

Als Beispiel für die Festigkeitssteigerungen, wie sie durch Kaltumformen bei Aluminiumlegierungen erreichbar sind, sei die Aluminium-Magnesium-Legierung AlMg1 (EN AW-AlMg1(B)) angeführt. Im weichen Zustand beträgt die Streckgrenze 110 N/mm², im halbharten und harten Zustand steigt sie auf 180 beziehungsweise 240 N/mm². Gleichzeitig verringert sich die Bruchdehnung von 17 auf 9 beziehungsweise 4 %. Besonders häufig wird bei Halbzeugen der halbharte Zustand bevorzugt, da er gute Festigkeitswerte und noch eine weitere Kaltumformung erlaubt.

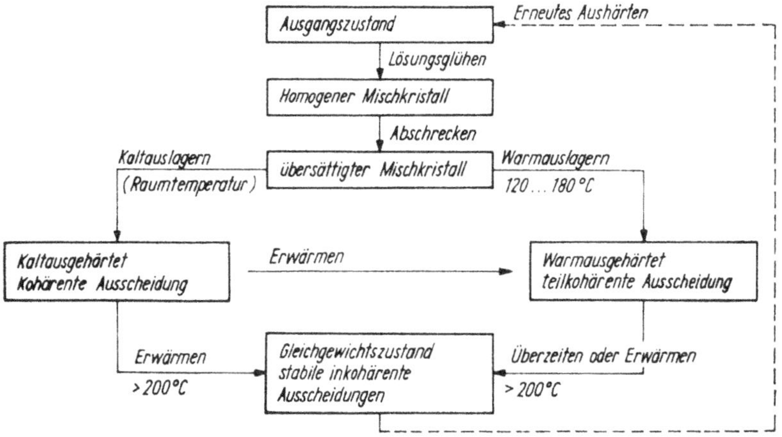

Bild 6-4. Schema der Aushärtung von Aluminiumlegierungen (nach Aluminium-Taschenbuch).

Durch Erwärmen werden kaltverfestigte Metalle wieder entfestigt, Bild 6-4. Die erste Phase der Entfestigung, bei der die im Metallgitter aufgestauten Verfestigungen gelöst und die hohe Versetzungsdichte abgebaut werden, wird als Erholung bezeichnet. Die Festigkeit nimmt ab und die Zähigkeit zu, ohne daß eine Umkristallisation des Gefüges stattfindet. Wird bei Temperaturen oberhalb der Rekristallisationstemperatur geglüht, erfolgt eine Umkristallisation und damit eine Kornneubildung. Diese gleicht in gewisser Weise der Kristallisation aus der Schmelze, sie regelt sich ebenfalls über Keimbildung und Kornwachstum. Die Temperatur des Rekristallisationsbeginns, das heißt, die Rekristallisationsschwelle eines Metalls oder einer Legierung hängt vom Reinheitsgrad, vom Legierungsgehalt, vom Kaltumformgrad, von der Glühdauer und von der Vorbehandlung ab. Zwischen Schmelztemperatur T_S und Rekristallisationstemperatur T_R gilt annähernd die folgende Beziehung:

$$T_R = 0{,}42\ T_S$$

T_R und T_S werden in K angegeben.

Für Aluminium mit einer Schmelztemperatur von 660 °C = 933 K ergibt sich danach eine angenäherte Rekristallisationstemperatur von

$$T_R = 0{,}42 \times 933 = 392\ \text{K} \sim 120\ °\text{C}$$

Die nach dem Überschreiten der Rekristallisationstemperatur einsetzende Kornneubildung ergibt das Rekristallisationsgefüge, dessen Korngröße vornehmlich vom Kaltumformgrad und von der Glühdauer abhängt. Allgemein gilt, daß bei niedrigem Kaltumformgrad und hoher Glühtemperatur grobes Korn entsteht. Damit kein Grobkorn gebildet wird, sind geringe Kaltumformgrade und hohe Glühtemperaturen zu vermeiden. In Rekristallisationsdiagrammen ist die Abhängigkeit der Korngröße des Rekristallisationsgefüges vom Kaltumformgrad und von der Glühtemperatur erfaßt. Da in diesen Diagrammen nicht alle Einflußfaktoren erfaßt werden, zum Beispiel fehlt die Glühdauer, sind für praktische Fälle nur eingeschränkte Aussagen möglich. Außer dieser auch primäre Rekristallisation genannten Kornneubildung kann ein zusätzliches Kornwachstum stattfinden. Im allgemeinen ist das bei der Rekristallisation gebildete Korn um so feiner, je mehr heterogen eingelagerte Fremdstoffe im Metall enthalten sind.

6.2 Schweißeignung

Aluminium und seine Legierungen können prinzipiell durch alle üblichen Schweißverfahren stoffschlüssig verbunden werden. Die Schweißeignung für die verschiedenen Verfahren hängt wesentlich vom Legierungsgehalt und vom Behandlungszustand ab. Sie wird durch das Ausmaß der jeweils auftretenden Werkstoffbeeinflussung und der Neigung zu Fehlerbildungen im Schweißnahtbereich bestimmt.

Von den Schmelzschweißverfahren sind das WIG- und das MIG-Schweißen die am häufigsten angewendeten Prozesse. Für bestimmte Schweißaufgaben eignen sich das Elektronenstrahl- und das Laserstrahlschweißen. Von den Preßschweißverfahren wird das Widerstandsschweißen am meisten eingesetzt. Relativ häufig sind auch das Kaltpreß-, Reib-, Ultraschall- und Diffusionsschweißen anzutreffen.

Die Schweißeignung des Aluminiums und seiner Legierungen für die einzelnen Verfahren wird vom Entwicklungsstand der Prozeß- und der Werkstofftechnik bestimmt. Auch auf diesem Gebiet ist vieles in der weiteren Entwicklung. Für das Schweißen haben einige physikalische Eigenschaften der Aluminiumwerkstoffe besondere Bedeutung. Es sind dies:

- Eine hohe Wärmeleitfähigkeit, sie beträgt beim Aluminium 2,30 W/cm · K, bei den verschiedenen Aluminiumlegierungen erreicht sie bis 1,60 W/cm · K. Obwohl die Schmelztemperatur mit 660 °C niedrig liegt, muß wegen der hohen Wärmeleitfähigkeit beim Schweißen viel Wärme zugeführt werden.
- Eine große Wärmeausdehnung, die doppelt so hoch ist wie die von Eisen. Der lineare Wärmeausdehnungskoeffizient von Reinaluminium beträgt $24 \cdot 10^{-6}$ 1/K. Das dadurch bedingte starke Schrumpfen erfordert spezielle technologische Maßnahmen beim Schweißen.
- Die auf der Oberfläche vorhandene hochschmelzende Oxidschicht aus Al_2O_3 muß beim Schweißen entfernt und ihre Neubildung unterbunden werden.

6.2.1 Wärmeeinflußzone beim Schmelzschweißen

Durch die Schweißwärme werden die Schweißnaht und die nahtnahen Bereiche des Grundwerkstoffs erwärmt. Die Breite der Wärmeeinflußzone (WEZ) hängt außer vom Schweißprozeß auch von den wärmephysikalischen Eigenschaften des Werkstoffs und von der Geometrie des Bauteils ab. An einer Schweißnaht lassen sich verschiedene Nahtbereiche unterscheiden, Bild 6-5. Es sind dies:

- a-Bereich – Gebiet des vollständigen Schmelzens:
  Es ist der Bereich der eigentlichen Schweißnaht. Er besteht aus dem Schweißgut, das aus aufgeschmolzenem Grundwerkstoff oder aus einer Mischung von diesem und abgeschmolzenem Zusatzwerkstoff besteht. Das Mischungsverhältnis wird von den schweißtechnischen Bedingungen bestimmt. Der Zusatzwerkstoff beeinflußt die Rißsicherheit des Schweißguts und muß deshalb sorgfältig auf den jeweiligen Grundwerkstoff abgestimmt und ausgewählt werden. Im Schweißgut bildet sich entsprechend dem Temperaturgradienten ein orientiertes Gußgefüge. Häufig treten Stengelkristalle auf, die entgegen der Wärmeabführung von den Nahtflanken zur Schweißnahtmitte wachsen. Als Folge dieser bevorzugten Wachstumsrichtung kann sich in der Nahtmitte eine Seigerungszone ausbilden, die eine verstärkte Neigung zur Heißrißbildung (Kristallisationsrisse) bewirkt. Die Kristallisationsvorgänge sind durch die Wärmeführung zu beeinflussen.

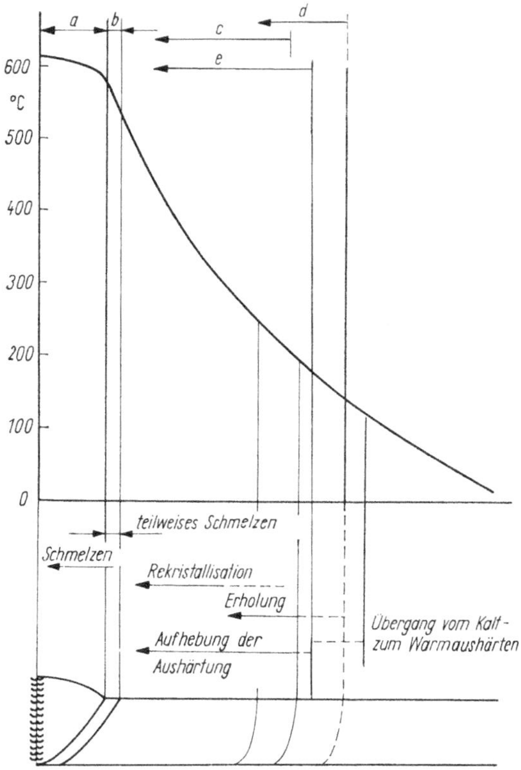

Bild 6-5. Wärmeeinflußzone beim Schmelzschweißen von Aluminiumlegierungen (schematisch).

- b-Bereich – Gebiet des teilweisen Schmelzens:
  Unmittelbar an den Bereich des vollständigen Schmelzens schließen sich auf beiden Seiten der Schweißnaht Zonen an, in denen der Werkstoff auf Temperaturen zwischen der Solidus- und Liquidustemperatur erwärmt wird. Diesen Bereichen ist besondere Aufmerksamkeit zu widmen, weil hier häufig Heißrisse entstehen können.
- c-Bereich – Gebiet oberhalb der Rekristallisationstemperatur:
  Jede Rekristallisation setzt eine Kaltverformung voraus. Ist diese Bedingung erfüllt, dann kann beim Schweißen eine Kornneubildung nur auftreten, wenn längere Zeit erwärmt wird. In einigen Fällen konnte bei Reinstaluminium beobachtet werden, daß nach 30 s Erwärmung eines um 20 % kaltumgeformten Blechs auf 375 °C ein kleiner Anteil des Gefüges, etwa 2 %, rekristallisiert war, nach 125 s etwa 25 % und erst nach 240 s 50 %. Es ist deshalb nicht sehr wahrscheinlich, daß bei den üblichen thermischen Schweißzyklen eine Rekristallisation stattfindet, die zu ungünstigen Gefügeausbildungen, wie Grobkorn, führt.
- d-Bereich – Gebiet der Kristallerholung:
  Eine Entfestigung von kaltverformten Aluminiumwerkstoffen tritt beim Schmelzschweißen in bestimmten Bereichen der WEZ auf. Sie ist das Ergebnis eines Vorgangs, der Kristallerholung genannt wird und der stetig in die Rekristallisation übergehen kann. Der kaltverformte Werkstoff erholt sich um so mehr, je höher die Temperatur ist und je länger erwärmt wird. Eine Kornneubildung wie bei der Rekristallisation findet nicht statt, so daß die Erholung nur durch die verringerte Härte oder Festigkeit nachzuweisen ist.

– e-Bereich – Gebiet des Weichglühens:
  Bei kaltverfestigten nicht aushärtbaren Aluminiumlegierungen sind die Entfestigungen in der WEZ durch die Kristallerholung und in Ausnahmefällen durch eine Rekristallisation bestimmt. Ausgehärtete Aluminiumlegierungen verlieren durch die Schweißwärme ihre durch Aushärten erzielte höhere Festigkeit in den über 200 °C erwärmten Bereichen in der WEZ.

6.2.2 Vorwärmen

Durch Vorwärmen läßt sich das Schweißverhalten von Aluminiumwerkstoffen verbessern. Während man beim Schweißen von Stahl vorwärmt, um die Aufhärtung und die Rißneigung zu verringern, wird bei den Aluminiumwerkstoffen vorgewärmt, um der höheren Wärmeleitfähigkeit zu begegnen, Bild 6-6. Weiterhin kann durch Vorwärmen die Neigung zur Heißrißbildung beeinflußt werden.

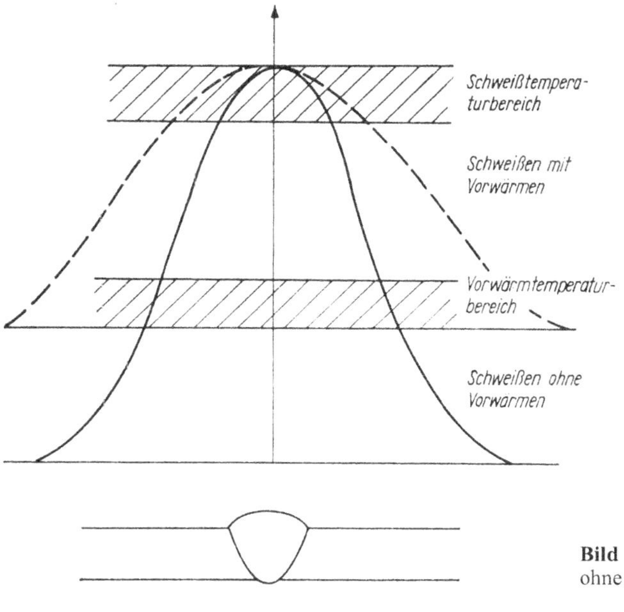

Bild 6-6. Verteilung der maximalen Temperaturen ohne und mit Vorwärmen (schematisch).

Vorwärmen beim Schweißen von Aluminium und seinen Legierungen ist erforderlich, wenn die Wärmeeinbringung beziehungsweise die Streckenenergie nicht ausreicht, um das erforderliche Aufschmelzen des Grundwerkstoffs im Nahtbereich zu gewährleisten und Bindefehler zu vermeiden. Für die Festlegung der Vorwärmtemperatur sind folgende Einflußfaktoren zu berücksichtigen:

– Wärmephysikalische Eigenschaften des Grundwerkstoffs:
  Dazu zählen die Grenztemperaturen des Schmelz- beziehungsweise Erstarrungsbereichs, die spezifische Wärme, die Schmelzwärme, die Wärmeleitfähigkeit und der Wärmeübergang.

– Schweißprozesse:
  Ausschlaggebende Bedeutung hat die Leistungsdichte der jeweiligen Schweißenergiequelle. Je größer die Leistungsdichte ist, um so weniger muß vorgewärmt werden. Bei Schweißprozessen mit geringer Leistungsdichte und gesonderter Zuführung des Zusatzwerkstoffs muß häufiger und höher vorgewärmt werden als bei Schweißprozessen mit hoher Leistungsdichte und einem gleichzeitigen unmittelbaren Abschmelzen des Zusatzwerkstoffs.

– Geometrie des Schweißteils:
  Bei Schweißteilen mit großen Querschnitten sind, abhängig von der Nahtart und Nahtgeometrie, höhere Vorwärmtemperaturen erforderlich.

In Tabelle 6-3 sind für verschiedene Aluminiumlegierungen Vorwärmtemperaturen und Vorwärmzeiten für das WIG- und das MIG-Schweißen angegeben. In vielen Fällen genügt ein Vorwärmen zu Schweißbeginn. Sobald der Schweißprozeß störungsfrei in Gang gekommen ist, kann das Vorwärmen beendet werden. Ist die Wärmeableitung so groß, daß die von der Schweißenergiequelle abgegebene Wärme während des Schweißens nicht ausreicht, um die Vorwärmtemperatur zu halten, muß mehrmals oder ständig vorgewärmt werden. Bei kleinen Schweißteilen wird das gesamte Werkstück vorgewärmt, bei großen reicht ein örtlich begrenztes Vorwärmen in der Regel aus. Die Breite des Vorwärmbereichs soll dabei beiderseits der Schweißnaht etwa das 10fache der Werkstückdicke, höchstens 250 mm, betragen.

Tabelle 6-3. Richtwerte für das Vorwärmen (nach Aluminium-Taschenbuch).

Werkstoff DIN EN 573-3	Werkstückdicke WIG mm	Werkstückdicke MIG mm	Vorwärmtemperatur °C	Vorwärmzeit min
EN AW-AlMgSi	5 ... 12		180	60
EN AW-AlSi1MgMn	> 12	20	200	30
			220	20
			250	10
EN AW-AlZn4,5Mg1	4 ... 12		140	30
EN AW-AlMg4,5Mn0,7	6 ... 12		160	20
EN AW-AlMg5	> 12		150 ... 200	10

Die Vorwärmtemperatur sollte eingehalten werden. Vorwärmtemperatur und -zeit beeinflussen Gefüge und Eigenschaften im Schweißbereich. Unter ungünstigen Bedingungen kann es zum Beispiel an Teilen, die kritisch kaltverformt sind, zu Grobkornbildung infolge Rekristallisation oder auch zu unerwünschten Ausscheidungen kommen.

Ein Vorschlag von *Zschötge* zur rechnerischen Bestimmung von Vorwärmtemperaturen geht von einem Vergleich der Wärmeableitungsverhältnisse beim unlegierten Stahl mit 0,20 % Kohlenstoff und bei den jeweils betrachteten Aluminiumlegierungen aus:

$$T_V = T_S - \frac{745}{\lambda_{Al\text{-}Legierung}} \tag{6.1}$$

mit

T_V Vorwärmtemperatur in °C,
T_S Temperatur des Schmelzbeginns (Solidustemperatur) in °C,
$\lambda_{Al\text{-}Legierung}$ Wärmeleitfähigkeit in J/cm · s · K.

In Bild 6-7 sind die errechneten Vorwärmtemperaturen angegeben, die erforderlich sind, um die Wärmeableitung soweit zu kompensieren, daß eine gute Schweißeignung gegeben ist. Ein Vergleich mit den Angaben in Tabelle 6-3 ergibt einige Unterschiede. Es ist zu berücksichtigen, daß die Verhältnisse beim WIG-Schweißen mit Zusatzwerkstoff auch bei Aluminiumwerkstoffen, die normalerweise nicht vorgewärmt werden, eine Vorwärmung empfehlen, Bild 6-8. Deshalb ist beim WIG-Schweißen von AlMg5 (EN AW-AlMg5) ab 12 mm Blechdicke in Tabelle 6-3 ein Vorwärmen auf 150 bis 200 °C als Richtwert angeben.

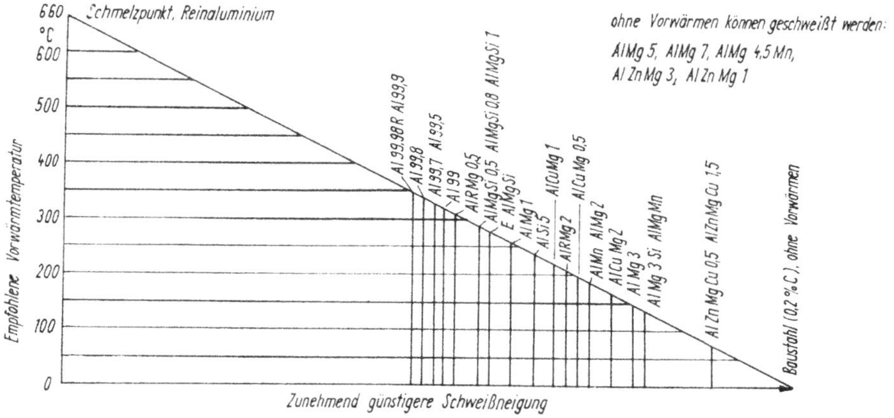

Bild 6-7. Vorwärmtemperaturen von Aluminiumlegierungen, bezogen auf ohne Vorwärmen geschweißten Baustahl nach *Zschötge* (Al99,98R (EN AW-Al99,98), Al99,8 (EN AW-Al99,8(A)), Al99,7 (EN AW-Al99,7), Al99 (EN AW-Al99,0), AlRMg0,5 (EN AW-Al99,98Mg0,5), AlMgSi0,5 (EN AW-AlMgSi), AlMg1 (EN AW-AlMg1(C)), AlCuMg1 (EN AW-AlCu4MgSi(A)), AlCuMg2 (EN AW-AlCu4Mg1), AlMg3 (EN AW-AlMg3), AlMgMn (EN AW-AlMg2Mn0,8), AlZnMgCu0,5 (EN AW-AlZn5Mg3Cu), AlMg5 (EN AW-AlMg5), AlMg4,5Mn (EN AW-AlMg4,5Mn0,7), AlZnMg1 (EN AW-AlZn4,5Mg1)).

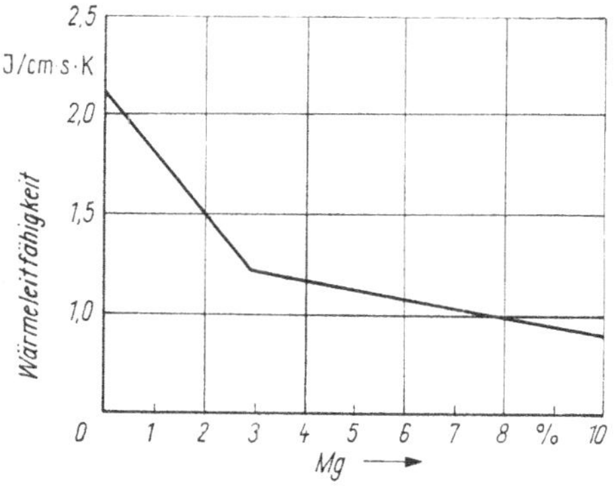

Bild 6-8. Wärmeleitfähigkeit der AlMg-Legierungen vom Magnesiumgehalt (nach Aluminium-Taschenbuch).

6.2.3 Heißrißbildung

Als Schweißrissigkeit bezeichnet man Werkstofftrennungen im Schweißgut und in der WEZ. Die Entstehung derartiger Risse kann durch eine günstige Gestaltung der Schweißverbindung und durch eine zweckmäßige Schweißtechnologie vermindert werden. Eine vollständige Vermeidung ist durch den Einsatz von speziellen Zusatzwerkstoffen zu erreichen.

Die Risse bilden sich beim Erstarren und Abkühlen des Schweißguts als Kristallisationsrisse und in der WEZ als Polygonisationsrisse aus. Das für die Heißrißbildung beim Schweißen von Stahl erläuterte Modell gilt sinngemäß auch für das Verhalten von Aluminiumlegierungen.

6.2.3.1 Heißrißbildung und chemische Zusammensetzung

Die Heißrißanfälligkeit von Aluminiumlegierungen ist sehr unterschiedlich. Es besteht zwischen der Heißrißneigung und dem Schmelzintervall einer Legierung ein unmittelbarer Zusammenhang. In Bild 6-9 ist diese Abhängigkeit dargestellt.

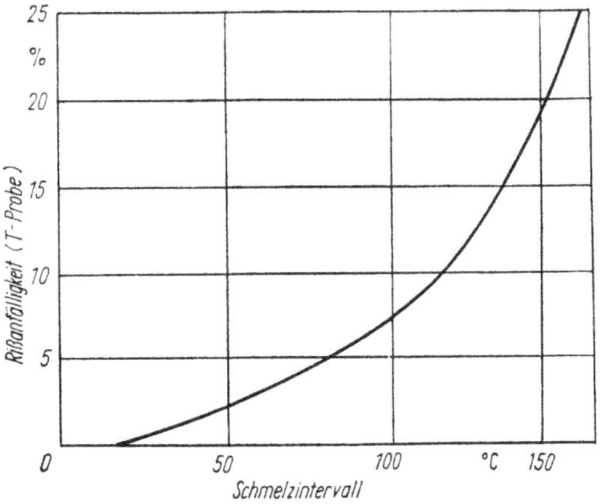

Bild 6-9. Zusammenhang zwischen der Rißanfälligkeit und dem Schmelzintervall der Aluminiumlegierungen nach *Dowd.*

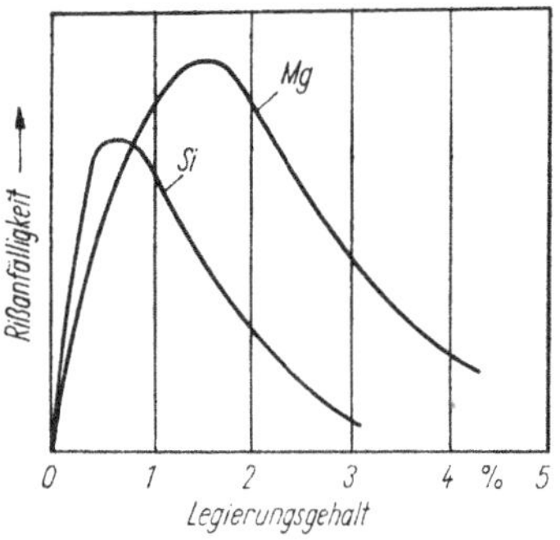

Bild 6-10. Einfluß der Legierungselemente Silizium und Magnesium auf die Rißanfälligkeit von Aluminiumlegierungen nach *Pumph-Rey* u. a.

Eine sehr geringe Heißrißneigung hat eine Aluminiumlegierung mit 1 % Mangan. Stärker anfällig sind die höherfesten Aluminium-Zink-Magnesium-Legierungen. Den Einfluß von Magnesium und Silizium auf die Heißrißanfälligkeit ergaben Untersuchungen von *Pumph-Rey* u. a., Bild 6-10. Bei beiden Legierungselementen tritt ein Maximum der Anfälligkeit bei einem bestimmten Gehalt auf. Im System Aluminium – Magnesium liegt dieses Maximum bei etwa 1,5 % Mg und im System Aluminium – Silizium bei etwa 0,5 % Si. Den Einfluß eines Siliziumzusatzes auf die Heißrißneigung einer Aluminiumlegierung mit einem konstanten Magnesiumgehalt von 3,5 % zeigt das Bild 6-11. Die geringste Empfindlichkeit tritt bei etwa 1 % und die höchste bei etwa 2,8 % Silizium auf. Allgemein wird das Auftreten des Empfindlichkeitsmaximums auf die Bildung eines ternären Eutektikums ($\alpha + Mg_2Si + Si$) erklärt. *Buray* untersuchte den Einfluß der Legierungselemente Magnesium und Silizium auf die Schweißrissigkeit von WIG- und gasgeschweißten Verbindungen und kam zu ähnlichen Ergebnissen, Bild 6-12. Die Steigerung des Siliziumgehaltes von 1,5 auf 2,5 % erhöht die Rißempfindlichkeit erheblich. Vorteilhaft erwies sich beim Schweißen von AlMgSi-Legierungen die Verwendung eines artgleichen Zusatzwerkstoffs mit einem Eisengehalt bis 1 %.

Die wichtigsten Einflußfaktoren auf die Heißrißneigung sind die chemische Zusammensetzung von Grund- und Zusatzwerkstoff, der thermische Schweißzyklus und die Größe der auftretenden Schrumpfspannungen. Daraus lassen sich Möglichkeiten zur Vermeidung der Schweißrissigkeit ableiten. Entsprechende Maßnahmen sind:

- Wahl eines Zusatzwerkstoffs, der mit dem aufgeschmolzenen Grundwerkstoff ein möglichst heißrißunempfindliches Schweißgut bildet.
- Der Zusatzwerkstoff soll einen Zusatz von den kornfeinenden Legierungselementen Ti, Zr und B enthalten.
- Wahl einer Schweißparameterkombination, die das Mischungsverhältnis von Grund- und Zusatzwerkstoff günstig gestaltet und Überhitzungen des Schmelzbades vermeidet.
- Vorwärmen, um Schrumpfspannungen zu verringern.

Aus entsprechenden Untersuchungen ergab sich, daß Legierungsgehalte, wie sie bei den aushärtbaren Aluminiumlegierungen vorkommen, die Heißrißneigung fördern. Deshalb wird für das Schweißen dieser Werkstoffe ein höherlegierter Zusatzwerkstoff empfohlen.

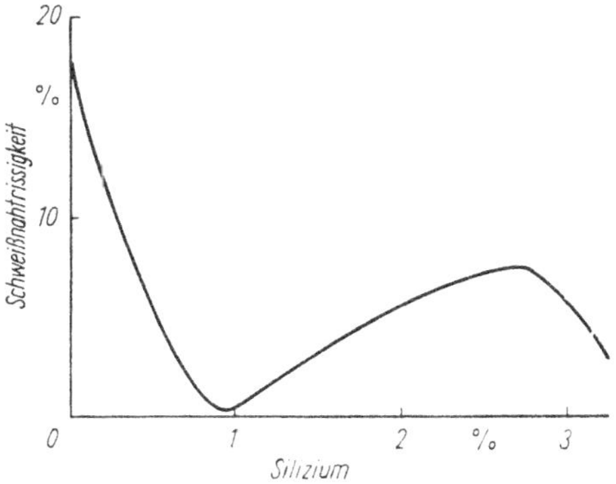

Bild 6-11. Heißrißanfälligkeit einer Aluminiumlegierung mit 3,5 % Magnesium in Abhängigkeit vom Siliziumgehalt nach *Mäder*.

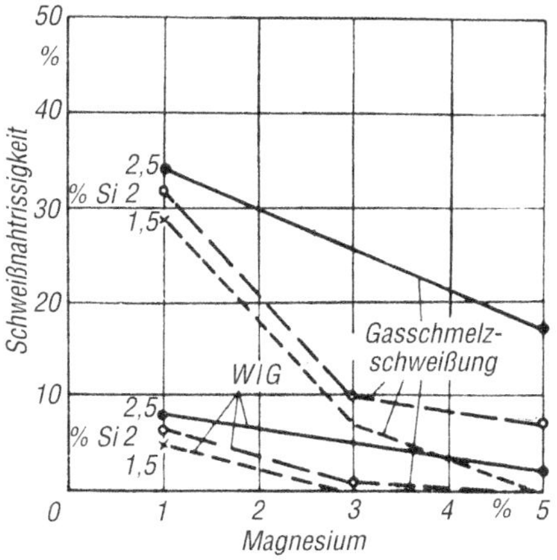

Bild 6-12. Schweißrißempfindlichkeit von AlMgSi-Legierungen; WIG- und gasgeschweißt mit Zusatzwerkstoff AlMgSiFe nach *Buray*.

Durch den Zusatzwerkstoff und durch Vorwärmen läßt sich die Heißrißneigung verringern. In Bild 6-13 ist der Einfluß des Zusatzwerkstoffs und der Vorwärmung auf die Heißrißneigung für die Aluminiumlegierung AlMg2,5 (EN AW-AlMg2,5) gezeigt. Man kann in vielen Fällen durch die Kombination verschiedener technologischer Maßnahmen die Schweißrissigkeit vermeiden.

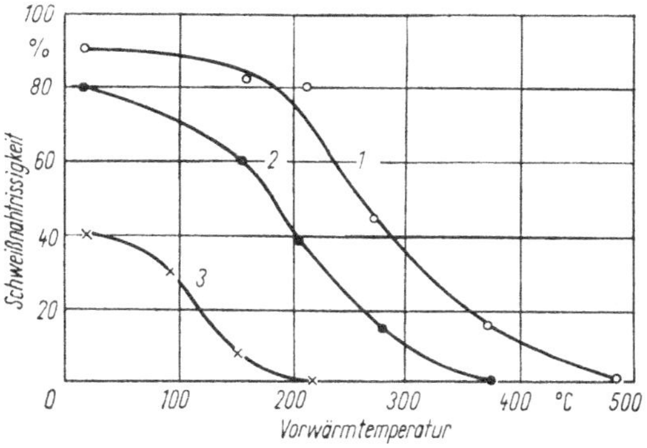

Bild 6-13. Einfluß der Vorwärmung auf die Heißrißanfälligkeit nach *Brenner;* T-Proben aus AlMg2,5 (EN AW-AlMg2,5), geschweißt mit den Zusatzwerkstoffen 1 = AlMgMn; 2 = AlMg2,5; 3 = AlMg3,5.

6.2.3.2 Heißrißproben

Um die Heißrißneigung von Aluminiumlegierungen zu prüfen, werden verschiedene Proben verwendet. Grundsätzlich können die gleichen Proben benutzt werden, wie sie für andere metallische Werkstoffe, zum Beispiel Stahl, üblich sind.

Für die Prüfung der Heißrißanfälligkeit von Gußlegierungen entwickelte man Ringgußproben. Bei der *Singer*-Probe, Bild 6-14a, handelt es sich um eine ringförmige Form, in der die geschmolzene Gußlegierung erstarrt. Heißrisse entstehen als Folge der in der Form behinderten Schrumpfung. Die Heißrißneigung einer Gußlegierung ist mit dieser Probe verhältnismäßig leicht zu bestimmen. Es liegt nahe, ähnliche Proben auch für die Prüfung der Heißrißneigung von Schweißzusatzwerkstoffen zu benutzen. Statt einer ringförmigen Gußform verwendet man aber eine mit einer Ringnut versehene Probe, Bild 6-14b. In die Ringnut wird geschmolzener Zusatzwerkstoff abgesetzt und nach dem

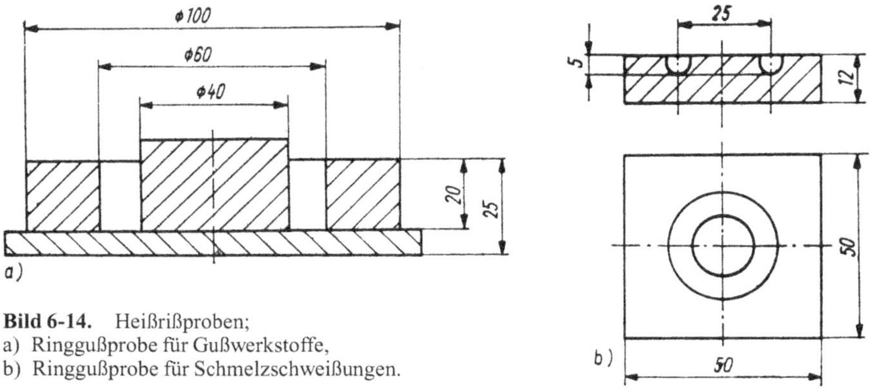

Bild 6-14. Heißrißproben;
a) Ringgußprobe für Gußwerkstoffe,
b) Ringgußprobe für Schmelzschweißungen.

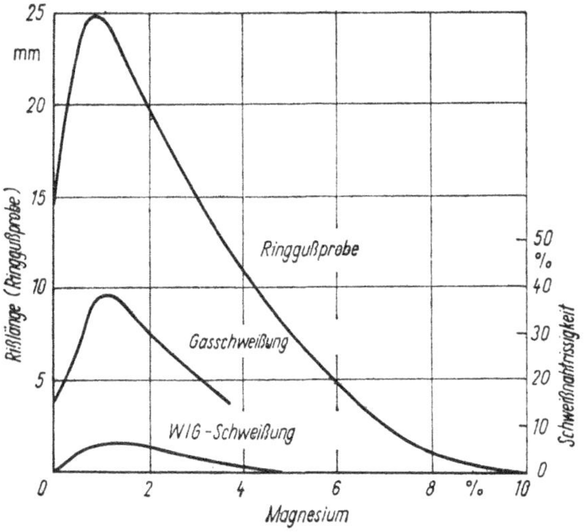

Bild 6-15. Vergleich der Ergebnisse von Ringgußproben mit realen Schweißungen an AlMgCu-Legierungen nach *Buray,* geschweißt mit Zusatzwerkstoff AlCuMg4.

Erstarren und Abkühlen auf Risse untersucht. Ein Vergleich der Ergebnisse von Ringgußproben mit realen Schweißungen ergab eine gute Übereinstimmung und belegte die Brauchbarkeit dieser Probe, Bild 6-15.

Das Mischungsverhältnis von Zusatz- und Grundwerkstoff bei der Schweißgutbildung im Fall der Ringnut-Einschweißprobe kann durch geänderte Fugenform und durch Variation der Schweißparameter beeinflußt werden, so daß die Prüfung auch verwendet werden kann, um die Abhängigkeiten von der Fugen- und Nahtform oder von den Schweißparametern zu bestimmen. Die Prüfergebnisse können auf Bauteile übertragen werden.

Der Einspannschweißversuch von *J. Müller* ist einfach vorzunehmen und erfordert außer einer Einspannvorrichtung keine aufwendigen Prüfanlagen, Bild 6-16a. Als Heißrißgrad gilt das Verhältnis der Gesamtrißlänge zur Probenbreite. Ein Nachteil ist die geringe Differenzierbarkeit der Heißrißanfälligkeit der verschiedenen Werkstoffe. Eine englische Einspannschweißprobe mit größeren Abmessungen soll eine bessere Differenzierbarkeit ermöglichen, Bild 6-16b.

Von den weiteren ähnlichen Proben sollen kurz die Auftragschweißprobe, die Kreuzschweißprobe und die Rondenschweißprobe vorgestellt werden, Bilder 6-16c, 6-16d und 6-16e. Alle diese Proben

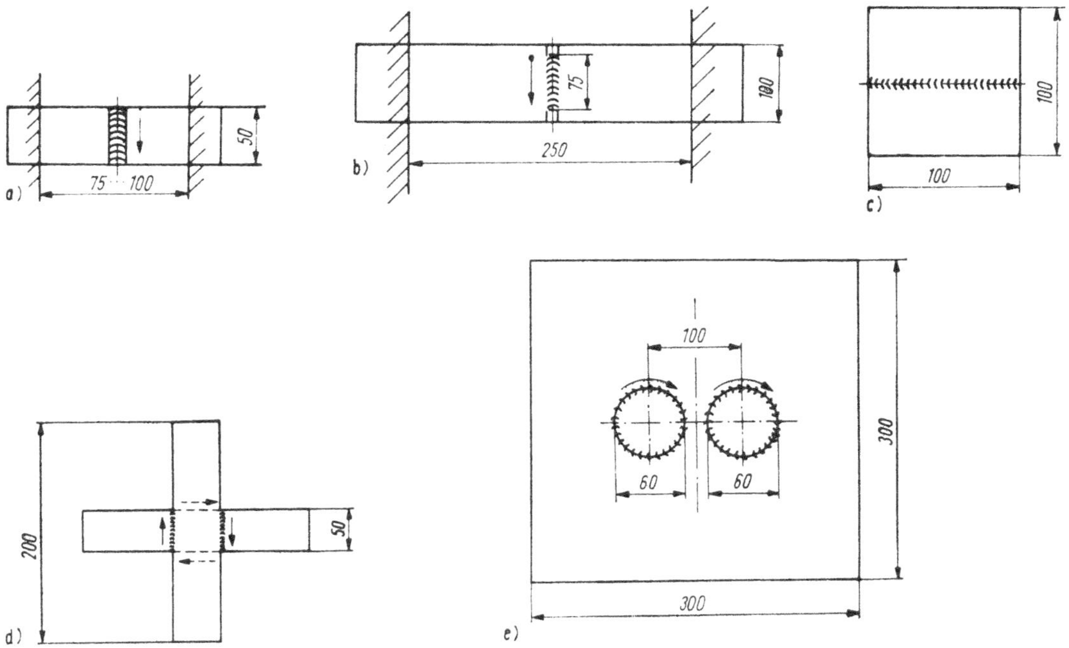

Bild 6-16. Proben für die Prüfung der Heißrißanfälligkeit von Aluminiumlegierungen beim Schweißen;
a) Einspannschweißprobe,
b) englische Einspannschweißprobe,
c) Auftragschweißprobe,
d) Kreuzschweißprobe,
e) Rondenschweißprobe.

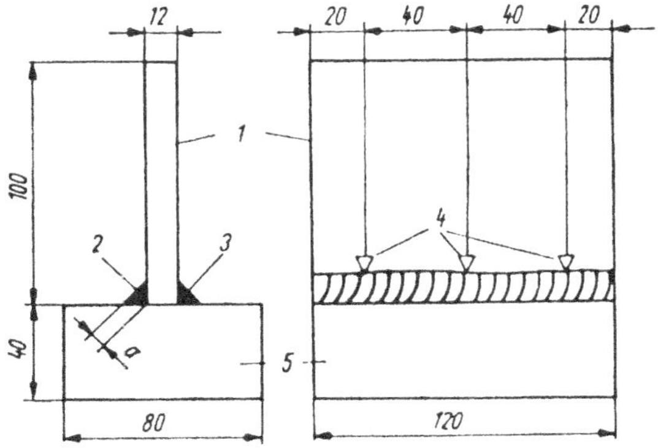

Bild 6-17. T-Probe für die Prüfung der Heißrißneigung beim Schmelzschweißen (1 Steg, 2 Naht 2, 3 Naht 1, 4 Meßstellen, 5 Grundplatte).

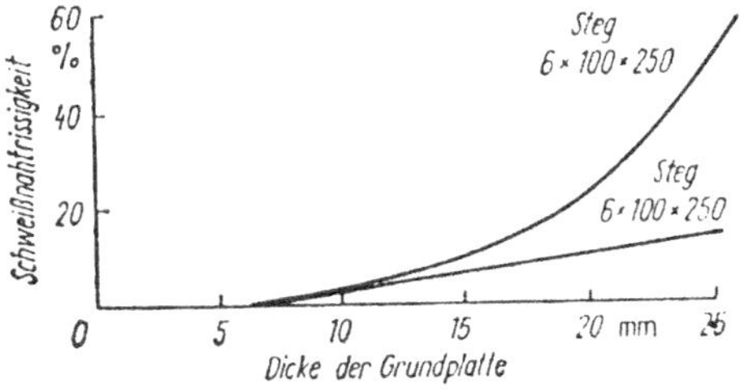

Bild 6-18. Einfluß der Dicke der Grundplatte (Gurtblech) auf die Heißrißneigung von WIG-geschweißten Kehlnähten aus AlMg2,5 (EN AW-AlMg2,5) nach *Brenner.*

sind einfach und schnell durchzuführen, aber die gewonnenen Aussagen zur Heißrißanfälligkeit sind unsicher, und die Ergebnisse haben einen großen Streubereich. Man kann mit diesen Proben für die verschiedenen Aluminiumlegierungen eine Reihenfolge ihrer Heißrißanfälligkeit beim Schmelzschweißen bestimmen.

Eine andere häufig angewandte Probe ist die T-Probe, Bild 6-17. Sie entspricht der bei der Heißrißprüfung von Stahlschweißungen angewandten Doppelkehlnahtprobe. Die Probenabmessungen beeinflussen das Ergebnis, Bild 6-18.

Die Ergebnisse von Prüfungen WIG-geschweißter T-Proben aus verschiedenen Aluminiumlegierungen sind in Tabelle 6-4 aufgeführt. Der Einfluß von unterschiedlichen Kombinationen von Grund- und Zusatzwerkstoffen ist deutlich erkennbar.

Tabelle 6-4. Heißrißbildung WIG-geschweißter T-Proben aus AlMg-Legierungen nach *Brenner*.

Zusatzwerkstoff	Schweißnahtrissigkeit in % Grundwerkstoff nach DIN EN 573-3			
	EN AW-AlMg2Mn0,8	EN AW-AlMg2,5	EN AW-AlMg3,5	EN AW-AlMg5
SG-Al99,5	70	83	88	25
AlMgMn	83	85	83	25
AlMg2,5	83	60	45	3
AlMg3,5	70	3	8	0
SG-AlMg5	28	5	5	0
AlMg10	0	0	0	0
SG-AlSi5	0	0	0	0
AlSi10Cu4 (Lot)	0	0	0	0

Wittke und *Zwickert* untersuchten die Heißrißanfälligkeit von drei verschiedenen Schweißzusatzwerkstoffen an fremdbeanspruchten Proben bei unterschiedlicher Verformungsgeschwindigkeit, Bild 6-19. Damit lassen sich Kennwerte der Heißrißanfälligkeit bestimmen, die weitgehend unabhängig von subjektiven Einflüssen sind.

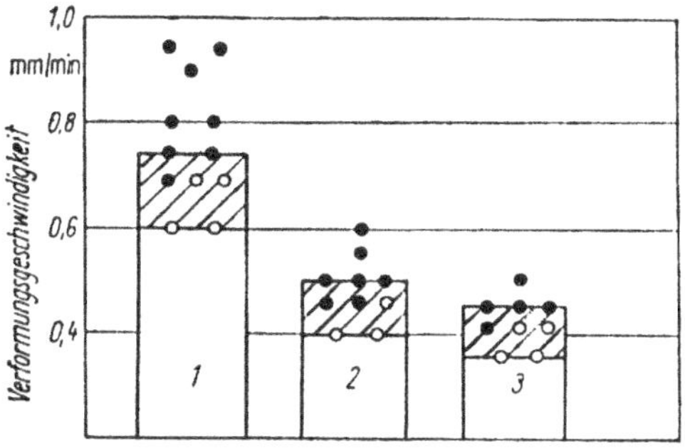

Bild 6-19. Heißrißanfälligkeit von Aluminiumlegierungen (Zusatzwerkstoffen) nach *Wittke* und *Zwickert* (1 Al3Mg2Si; 2 SG-Al99,5; 3 SG-AlMg3; ○ keine Risse; ● Risse).

6.3 Schweißeignung wichtiger Aluminiumlegierungen

6.3.1 Kaltverfestigte Aluminiumlegierungen

Reinaluminium und Aluminiumlegierungen des Typs AlMn haben eine sehr gute Schweißeignung, aber ihre Festigkeitswerte liegen niedrig, so daß sie für höher beanspruchte Schweißkonstruktionen nicht geeignet sind. Besser eignen sich von den naturharten Aluminiumlegierungen diejenigen vom Typ AlMg, in erster Linie AlMg5 (EN AW-AlMg5), aber auch solche mit höheren Magnesiumgehalten, wie AlMg7. Ihre Festigkeitswerte reichen an diejenigen der aushärtbaren Aluminiumlegierungen heran. Die Festigkeit nicht aushärtbarer Aluminiumwerkstoffe kann durch Kaltverfestigung gesteigert werden. Je stärker durch Kaltumformen verfestigt wird, um so mehr nimmt das plastische Verformungsvermögen des betreffenden Aluminiumwerkstoffs ab. Nach dem Kaltumformgrad unterscheidet man weiche, halbharte, dreiviertelharte und harte Zustände.

Beim Schweißen einer kaltverfestigten Aluminiumlegierung entfestigen Bereiche in der WEZ, in denen die Temperatur die Erholungs- oder Rekristallisationsgrenze überschreitet. Die Höhe und das Ausmaß der Entfestigung hängen vom Legierungstyp, vom Anlieferungszustand und von den Schweißbedingungen ab. Der Festigkeits- und Härteabfall ist am größten bei Aluminiumlegierungen, die im harten Zustand vorliegen. In der Regel können für Festigkeitsberechnungen von Schweißverbindungen an kaltverfestigten Aluminiumlegierungen nur die Festigkeitswerte des weichen Zustandes zugrunde gelegt werden.

6.3.2 Aushärtbare Aluminiumlegierungen

Die Schweißeignung aushärtbarer Aluminiumlegierungen wurde vielfach untersucht. Die häufig eingesetzte Legierung AlMgSi1 (EN AW-AlSi1MgMn) zeichnet sich durch guten Korrosionswiderstand und günstiges Verformungsverhalten aus. Beim Schweißen im warm- oder kaltausgehärteten Zustand sinken Zugfestigkeit R_m und Streckgrenze R_e in der WEZ, Bild 6-20. Wurde im kaltausgehärteten Zustand geschweißt, so läßt sich durch Warmauslagern nach dem Schweißen die Festigkeit wieder erhöhen. Das Warmauslagern erfolgt günstig in einem Luftumwälzofen bei Temperaturen zwischen 60 und 180 °C.

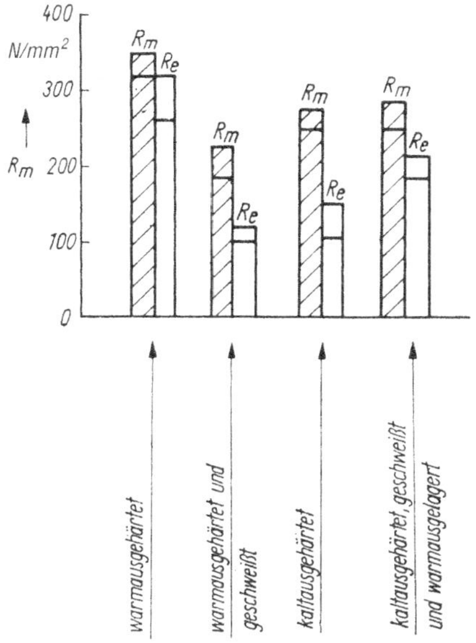

Bild 6-20. Festigkeitseigenschaften der aushärtbaren Aluminiumlegierung AlMgSi1 (EN AW-AlSi1MgMn) in verschiedenen Behandlungszuständen.

Für Schweißkonstruktionen eignet sich die Legierung AlZnMg1 (EN AW-AlZn4,5Mg1) besonders gut. Gegenüber anderen aushärtbaren Aluminiumlegierungen hat sie den großen Vorteil, daß sie nach dem Schweißen auch ohne nachträgliches Warmauslagern selbsttätig wieder aushärtet. Ausschlaggebend für dieses günstige Verhalten sind der große Lösungsglühbereich, der von 350 bis 500 °C reicht, und der Umstand, daß die Aushärtung auch bei langsamer Abkühlung an ruhender Luft eintritt. Kurzzeitige Erwärmung (Wärmestoß) auf Temperaturen zwischen 200 und 400 °C setzt die Festigkeit herab, Kurve a in Bild 6-21a. Bereits nach einstündiger Auslagerung bei Raumtemperatur ist ein erheblicher Festigkeitsanstieg zu beobachten, Kurve b in Bild 6-21a. Die volle Festigkeit wird erst nach einem Vierteljahr erreicht, allerdings bleibt in dem Bereich, der kurzzeitig auf 200 bis 300 °C erwärmt wurde, ein geringer Festigkeitsverlust zurück, Kurve c in Bild 6-21a. Die Bruchdehnung A_5 nimmt während des Auslagerns wieder zu, wobei im Erwärmungsbereich von 200 bis 300 °C ebenfalls ein Defizit festzustellen ist, Bild 6-21b.

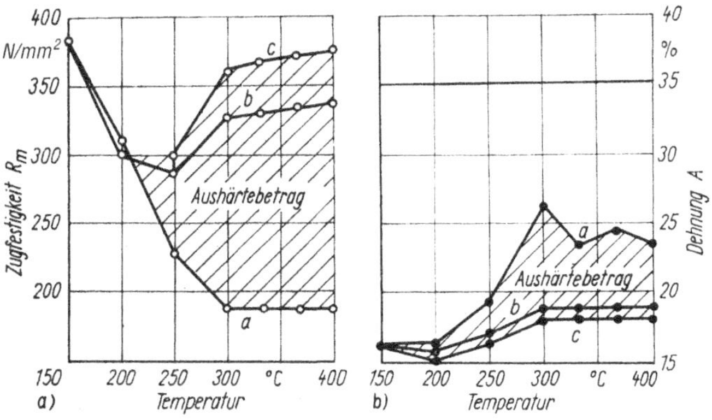

Bild 6-21. Wiederaushärten von AlZnMg1 (EN AW-AlZn4,5Mg1) nach einem Wärmestoß (a Werte nach 1 Stunde; b Werte nach 1 Monat; c Werte nach 3 Monaten).

Ein Vergleich der Festigkeiten von stumpfgeschweißten Blechen aus den Aluminiumlegierungen AlZnMg1 (EN AW-AlZn4,5Mg1), AlMgSi1 (EN AW-AlSi1MgMn) und AlMg5 (EN AW-AlMg5) belegt die bessere Eignung des zuerst genannten Werkstoffs für geschweißte Konstruktionen, Bild 6-22. Die Verhältnisse beim Wiederaushärten nach dem Schweißen sind in Bild 6-23 für eine WIG-geschweißte Stumpfnaht an 2 mm dickem Blech aus AlZnMg1 (EN AW-AlZn4,5Mg1) dargestellt. Als Zusatzwerkstoff wurde SG-AlMg5 verwendet. Unmittelbar nach dem Schweißen ist die Festigkeit in der WEZ stark abgefallen. Während des Auslagerns nimmt die Festigkeit langsam wieder zu. Nach 90 Tagen ist die Ausgangsfestigkeit fast erreicht. Ein Aushärteeffekt läßt sich auch für das Schweißgut feststellen.

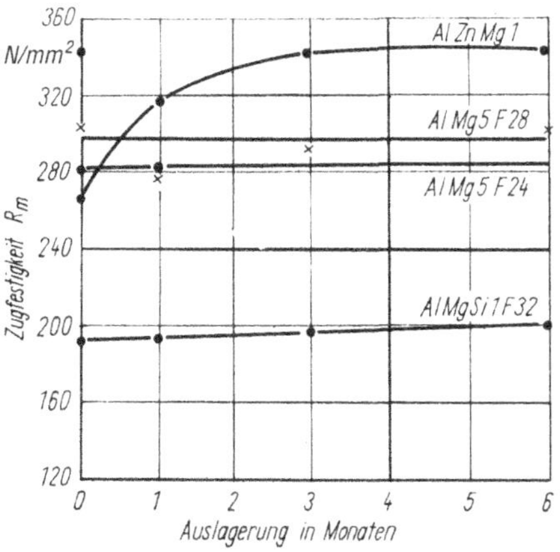

Bild 6-22. Zugfestigkeit geschweißter Proben aus 12 mm dickem Blech aus AlZnMg1(EN AW-AlZn4,5Mg1), AlMgSi1 (EN AW-AlSi1MgMn) und AlMg5 (EN AW-AlMg5) nach *Brenner.*

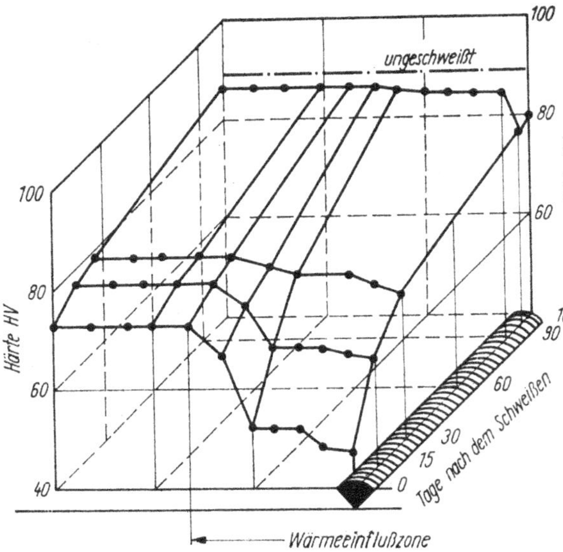

Bild 6-23. Wiederaushärten von AlZnMg1 (EN AW-AlZn4,5-Mg1) nach dem Schweißen nach *Brenner* (Blechdicke: 2 mm, WIG-geschweißt, Zusatzwerkstoff: SG-AlMg5).

Die Beständigkeit der Legierung AlZnMg1 (EN AW-AlZn4,5Mg1) im geschweißten Zustand gegenüber Schichtkorrosion ist besser als die vieler anderer Aluminiumlegierungen. Gegenüber der Spannungsrißkorrosion verhält sie sich ebenfalls ausreichend beständig, wenn bestimmte Bedingungen eingehalten werden. Dazu gehört in erster Linie die chemische Zusammensetzung. Mit steigenden Magnesium- und Zinkgehalten nimmt die Neigung zur Spannungsrißkorrosion zu. Deshalb wird der Gesamtgehalt an diesen Legierungselementen auf maximal 6,5 % begrenzt. Ein Chromgehalt von 0,1 bis 0,2 % verringert die Gefahr der Spannungsrißkorrosion. Ähnlich wirkt ein Manganzusatz. Die selbstaushärtende Legierung AlMgSi1 (EN AW-AlSi1MgMn) ist praktisch unempfindlich gegenüber Spannungsrißkorrosion.

Für höherbeanspruchte Schweißkonstruktionen werden auch AlZnMg-Legierungen mit höheren Magnesiumgehalten eingesetzt. Es handelt sich um AlZnMg2 und AlZnMg3. Ihre Festigkeit übertrifft im ungeschweißten und im geschweißten Zustand beträchtlich diejenige von AlZnMg1 (EN AW-AlZn4,5Mg1). Die erhöhte Neigung zur Spannungsrißkorrosion und zur Heißrißbildung verlangt, vor allem beim Schweißen von AlZnMg3 mit einem Magnesiumgehalt bis zu 3,5 %, eine zweckmäßig abgestimmte Schweißtechnologie. Man erreicht beispielsweise bei dieser Legierung in der Schweißverbindung bereits nach 14tägiger Auslagerung Zugfestigkeiten von 340 N/mm². Von *Brenner* wurden an MIG-geschweißten Längsnähten an Kastenträgern aus AlZnMg3 Zugfestigkeiten bis 500 N/mm² bei Bruchdehnungen (A10) von 12 % erreicht.

6.3.3 Festigkeit von Schweißverbindungen an Aluminiumlegierungen

Aluminiumwerkstoffe unterscheiden sich in ihrem Verformungsverhalten von den Baustählen. Der Elastizitätsmodul von Aluminiumlegierungen ist nur ein Drittel so groß wie der von Stahl. Die Hookesche Gerade verläuft wesentlich flacher, Bild 6-24. Daraus folgt, daß im elastischen Bereich eine Aluminiumlegierung dreimal mehr gedehnt wird als Stahl. Bei einer größeren vorgegebenen Dehnung wird diese von der Aluminiumlegierung noch elastisch aufgenommen, während sich Stahl bereits plastisch verformt.

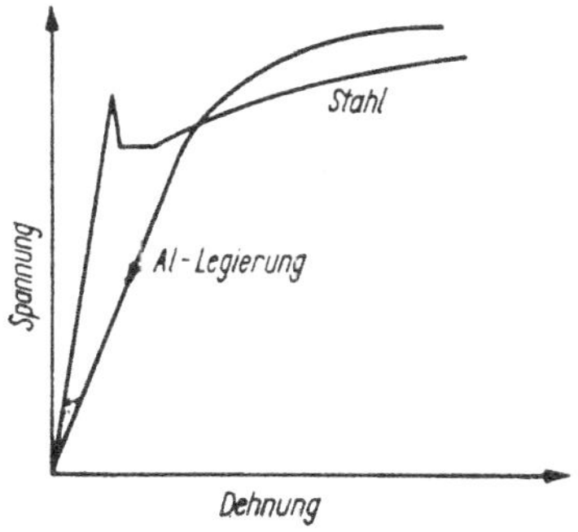

Bild 6-24. Vergleich der Spannung-Dehnung-Diagramme von Stahl mit einer hochfesten Aluminiumlegierung (schematisch).

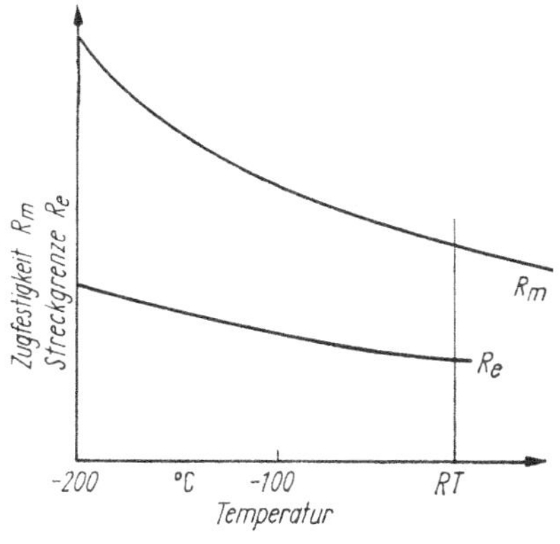

Bild 6-25. Einfluß tiefer Temperaturen auf die Zugfestigkeit und die Streckgrenze von Aluminiumlegierungen (schematisch).

Wie sich ein Metall bei tieferen Temperaturen festigkeitsmäßig verhält, hängt wesentlich vom Aufbau des Kristallgitters ab. Wie Kupfer, Nickel und die austenitischen Stähle hat auch Aluminium ein kubischflächenzentriertes Kristallgitter. Während die Metalle mit kubischraumzentriertem Kristallgitter bei tiefen Temperaturen verspröden, zeigen Aluminiumwerkstoffe zähes Verhalten. Zugfestigkeit und Streckgrenze nehmen mit sinkender Temperatur zu, Bild 6-25. Das für den ungeschweißten Werkstoff angeführte Verhalten gilt auch für Schweißverbindungen.

Der Kerbschlagbiegeversuch ist für Aluminiumlegierungen bei weitem weniger aussagekräftig als für Stähle. Auch die getrennte Aufnahme des zeitlichen Schlagkraft- und Durchbiegungsverlaufs verbessert die Aussagemöglichkeiten nicht wesentlich. Für AlMg3 (EN AW-AlMg3) und AlMg5 (EN AW-AlMg5) sind Kerbschlagzähigkeiten des ungeschweißten Grundwerkstoffs und der Schweißverbindungen, geschweißt mit zwei verschiedenen Zusatzwerkstoffen, einander gegenüber gestellt, Tabelle 6-5.

Tabelle 6-5. Kerbschlagzähigkeit von Schweißverbindungen an EN AW-AlMg3 und EN AW-AlMg5 nach *Schilka*.

Grundwerkstoff DIN EN 573-3	Zusatzwerkstoff	Kerbschlagzähigkeit (Mittelwert)	Schlagkraft F_{max} N	Verformung S_{max} mm
EN AW-AlMg3	ungeschweißt	72,6	4365	28,0
	SG-AlMg3	6,9	3500	3,6
EN AW-AlMg5	ungeschweißt	25,5	5200	9,3
	SG-AlMg5	15,7	4310	0,7

In der Temperaturabhängigkeit der Kerbschlagzähigkeit unterscheiden sich die verschiedenen Aluminiumlegierungen voneinander. Die Verhältnisse für gasgeschweißte Verbindungen wurden von *Matting* und *Müller-Busse* erforscht, Bild 6-26.

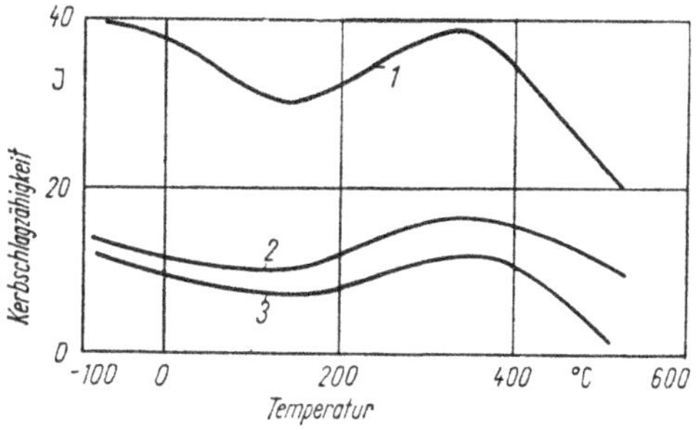

Bild 6-26. Kerbschlagzähigkeit von geschweißten Verbindungen aus verschiedenen Aluminiumwerkstoffen nach *Matting* und *Müller-Busse* (S3-Probe; 1 Al99,5 (EN AW-Al99,5); 2 AlMgMn (EN AW-AlMg2Mn0,8); 3 AlMg5 (EN AW-AlMg5)).

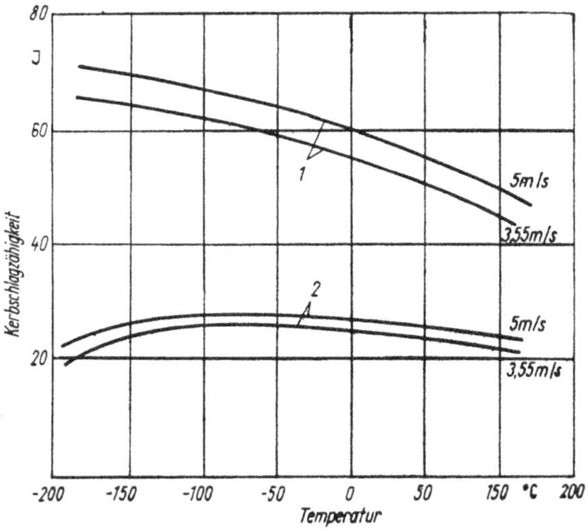

Bild 6-27. Einfluß von Temperatur und Schlaggeschwindigkeit auf die Kerbschlagzähigkeit von MIG-geschweißten Verbindungen nach *Puschner* (S3-Probe; 1 Al99,5 (EN AW-Al99,5); 2 AlMg5 (EN AW-AlMg5)).

Die Zunahme der Formänderungsarbeit von MIG-geschweißten Verbindungen an Aluminiumlegierungen in Abhängigkeit von der Temperatur und unterschiedlichen Schlaggeschwindigkeiten untersuchte *Puschner*, Bild 6- 27.

Die meisten für geschweißte Konstruktionen verwendeten Aluminiumlegierungen sind kerbzäh, das heißt, sie sind in der Lage, sich beim Auftreten von Spannungskonzentrationen, zum Beispiel an konstruktionsbedingten Kerben, Einschlüssen oder auch an Rißspitzen, örtlich plastisch zu verformen und damit Spannungen abzubauen.

Die Dauerfestigkeit von Schweißverbindungen ist geringer als die des ungeschweißten Grundwerkstoffs. Neben den Eigenspannungen im Schweißnahtbereich wirken die unterschiedlichen Gefügezustände im Schweißgut und in der WEZ als metallurgische Kerbe. Für den Grundwerkstoff AlMgSi1 (EN AW-AlSi1MgMn) und für verschiedene Stumpf- und Kehlnähte sind Wöhlerkurven als Beispiel für den Einfluß des Schweißens auf die Dauerfestigkeit von Aluminiumwerkstoffen angeführt, Bild 6-28.

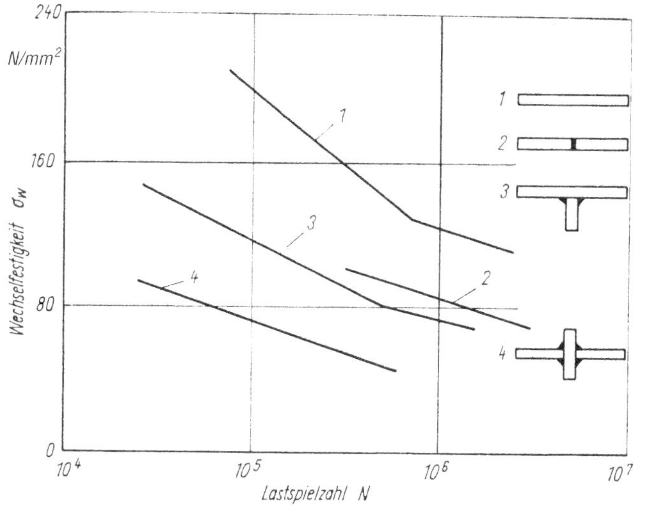

Bild 6-28. Wöhlerlinien von AlMgSi1 (EN AW-AlSi1MgMn) für Blechdicke = 8 mm von verschiedenen Schweißverbindungen nach *Cida* (Grundwerkstoff: R_m = 345 N/mm², $R_{p0,2}$ = 310 N/mm², A_5 = 15 %).

6.3.4 Ursachen und Auswirkungen der Porosität

Poren sind gasgefüllte Hohlräume, die infolge des plötzlichen Abfalls der Gaslöslichkeit beim Erstarren einer Schmelze entstehen. Die Hauptrolle bei der Porenbildung in Aluminiumlegierungen spielt der Wasserstoff. Die Wasserstofflöslichkeit einer Aluminiumschmelze beträgt ein Vielfaches derjenigen des erstarrten Metalls. Während des Übergangs vom schmelzflüssigen in den festen Zustand ändert sich die Wasserstofflöslichkeit sprungartig. Die Erstarrung erfolgt dabei so schnell, daß die gebildeten Wasserstoffblasen nicht vollständig entweichen können, sondern im Metall verbleiben und Poren bilden.

Die Entstehung von Poren kann durch verschiedene Maßnahmen beeinflußt werden. Die Wasserstoffaufnahme des Schweißgutes ist so gering wie möglich zu halten. Dazu gehören das Beseitigen aller Öl- und Fettspuren, das Fernhalten von Feuchtigkeit im Schweißnahtbereich, eine günstige Schweißtechnologie und gegebenenfalls ein Vorwärmen.

Eine Porenbildung in Schweißnähten beeinflußt die statische und die dynamische Festigkeit. Untersuchungen von *Shore* bestätigen den großen Einfluß der Porosität auf das Festigkeitsverhalten von Schweißverbindungen an AlZnMg3, Bild 6-29. Zugfestigkeit und Dauerfestigkeit nehmen etwa linear mit steigender Porosität zu. Ein Einfluß auf die Kerbschlagzähigkeit (Brucharbeit) ließ sich nicht feststellen. Berücksichtigt werden muß, daß nicht allein die absolute Porenfläche, sondern auch die Porengröße, Porenform und Porenlage eine Rolle spielen. Es wurde festgestellt, daß nahe der Oberfläche liegende Poren erheblich stärker die Dauerfestigkeit herabsetzen als Poren, die sich tiefer im Innern einer Schweißnaht befinden.

Von *Hufnagel* wird angegeben, daß der Einfluß der Schweißnahtporosität auf die statische und dynamische Festigkeit werkstoffabhängig ist. Bei Reinaluminium, AlMn (EN AW-AlMn1), AlMg3 (EN AW-AlMg3) und ausgehärtetem AlMgSi1 (EN AW-AlSi1MgMn) ist der Einfluß geringer als bei

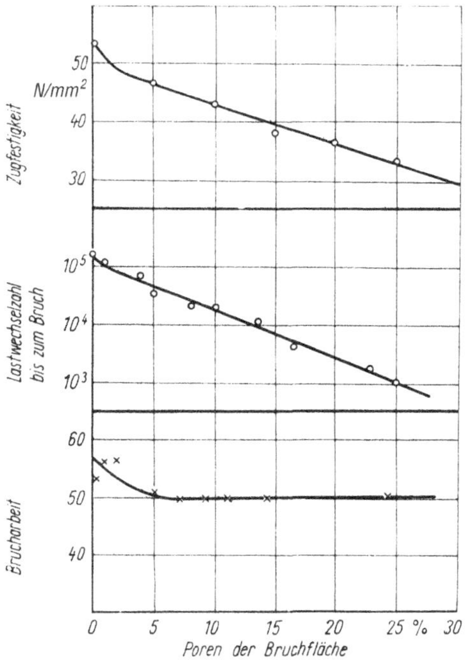

Bild 6-29. Einfluß der Poren auf die Festigkeit der MIG-geschweißten Aluminiumlegierung AlZnMg3 (Blechdicke = 12,5 mm; Zusatzwerkstoff: AlMg4) nach *Shore*.

anderen Aluminiumlegierungen. Wird die Naht abgearbeitet und liegen die Poren an der Oberfläche, dann wirken sie wie andere Oberflächenfehler und setzen die Dauerfestigkeit herab.

7 Schweißeignung von Kupfer und Kupferlegierungen

7.1 Werkstoffgrundlagen

Reinkupfer und Kupfersorten, die bis 1 % Zusatzelemente enthalten, fallen unter den Werkstoffbegriff Kupfer. In Tabelle 7-1 sind die hauptsächlichen technischen Kupfersorten aufgeführt.

Tabelle 7-1. Kupfersorten nach DIN EN 1976 und DIN EN 1978 (Auswahl).

Kurzzeichen	Werkstoff-Nr.	Zusammensetzung in %	ISO-Kurzzeichen
KE-Cu Kathodenkupfer	2.0050	Cu ≥ 99,90	Cu-CATH-2
E1-Cu58 Sauerstoffhaltiges Kupfer	2.0061	Cu > 99,90 Sauerstoff ≤ 0,040	Cu-ETP
F-Cu Sauerstoffhaltiges Kupfer	2.0080	Cu ≥ 99,90 Sauerstoff ≤ 0,040	Cu-FRHC
OF-Cu Sauerstofffreies Kupfer, nicht desoxidiert	2.0040	Cu > 99,95	Cu-OF
SE-Cu Sauerstofffreies Kupfer, mit Phosphor desoxidiert	2.0070	Cu ≥ 99,90 Phosphor 0,015 . . . 0,040	Cu-DHP

Man unterscheidet sauerstoffhaltiges und sauerstofffreies Kupfer. Als Desoxidationselement dient Phosphor.

Kupfer läßt sich mit anderen Metallen legieren. Die Kupferlegierungen weisen eine höhere Festigkeit und in den meisten Fällen eine bessere Verarbeitbarkeit als das Grundmetall auf. Die elektrische Leitfähigkeit und die Wärmeleitfähigkeit ist geringer als diejenige von reinem Kupfer. Für die seit langem bekannten Kupferlegierungen sind vielfach die alten Bezeichnungen noch im Sprachgebrauch, so heißen Kupfer-Zink-Legierungen allgemein Messinge, die Kupfer-Zinn-Legierungen Bronzen und Kupfer-Nickel-Zink-Legierungen wegen ihres silberähnlichen Aussehens Neusilber. Bei den Bronzen unterschied man früher noch nach dem Verwendungszweck Glocken- und Kanonenbronze.

Wie bei anderen NE-Metallen unterscheidet man auch bei den Kupferwerkstoffen nach der bevorzugten Formgebung zwischen Guß- und Knetlegierungen, wobei die chemische Zusammensetzung kein Zugehörigkeitskriterium darstellt. Eine Übersicht der gebräuchlichsten Kupferlegierungen vermittelt Bild 7-1. Die Kurzbezeichnung der Kupferlegierungen besteht aus den chemischen Symbolen des Kupfers und der Legierungselemente sowie Ziffern, die den durchschnittlichen Gehalt in Prozent angeben. Eine Legierung aus Messing mit 36 % Zink und 1,5 % Blei hat die Kurzbezeichnung CuZn36Pb1,5.

Kupferlegierungen mit Beryllium, gegebenenfalls mit Nickel- oder Kobaltzusätzen, sind aushärtbar, dazu gehört beispielsweise die Knetlegierung CuBe2 mit einer Zugfestigkeit R_m bis 1400 N/mm² bei einer Dehngrenze $R_{p0,2}$ von etwa 1200 bis 1300 N/mm². Für spezielle Anwendungen werden Kupfersorten mit geringen Zusätzen an Silber, Kadmium oder Tellur eingesetzt. Die Legierungsgehalte liegen meist unter 1 %.

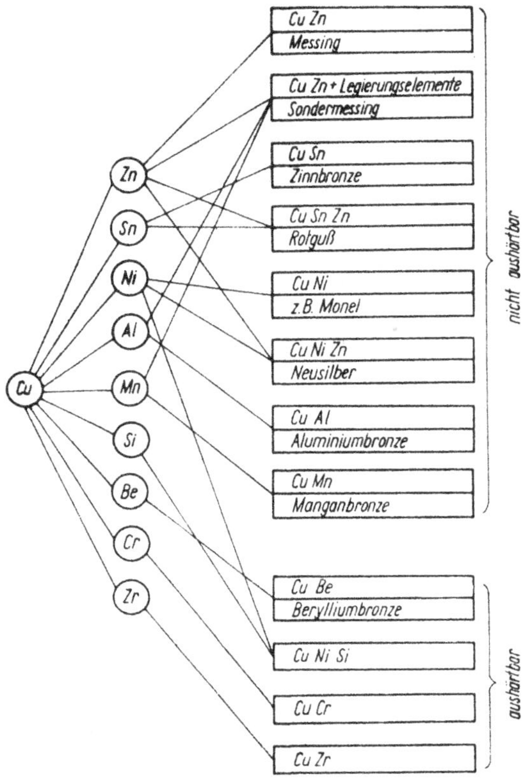

Bild 7-1. Übersicht der gebräuchlichsten Kupferlegierungen.

Als Schweißzusatzwerkstoffe benutzt man für das Schutzgas- und Gasschweißen von Kupferwerkstoffen Drahtelektroden, Schweißdrähte sowie Schweißstäbe und für das Lichtbogenhandschweißen umhüllte Stabelektroden nach DIN 1733-1. Die Kurzbezeichnung der Schweißzusatzwerkstoffe beginnt mit der Angabe der Form nach DIN 1733-1, gefolgt von dem Buchstabenpaar SG für Schutzgas- und Gasschweißen oder EL für Lichtbogenhandschweißen und der Angabe der Zusammensetzung des Zusatzwerkstoffs. Beispiele für Kurzbezeichnungen von Zusatzwerkstoffen sind:

Drahtelektrode DIN 1733-1 – SGCuAl8Ni2
Drahtelektrode aus einer Kupferlegierung mit durchschnittlich 8 % Aluminium und 2 % Nickel.
Stabelektrode DIN 1733-1 – EL-CuSn13
Umhüllte Stabelektrode, deren Abschmelzgut durchschnittlich 12 % Zinn enthält.

7.1.1 Wärmephysikalische und mechanische Eigenschaften von Kupfer

Ein Vergleich der physikalischen Eigenschaften von Kupfer mit denen von unlegiertem Baustahl ergibt erhebliche Unterschiede, Tabelle 7-2. Kupfer leitet bei Raumtemperatur etwa 6mal und bei hohen Temperaturen etwa 10mal besser die Wärme als der unlegierte Baustahl ab. Obwohl die Schmelztemperatur wesentlich tiefer liegt und die Schmelzwärme von Kupfer geringer als die von Stahl ist, muß wesentlich mehr Wärme beim Schweißen zugeführt werden.

Tabelle 7-2. Physikalische Eigenschaften von Kupfer und unlegiertem Baustahl.

Eigenschaft	unlegierter Baustahl (~ 0,20 % C)	Kupfer
Dichte in g/cm^3	7,85	8,93
Schmelztemperatur in °C	1520 . . . 1450	1080 . . . 1083
Spezifische Wärme bei 18 . . . 100 °C in J/K · g	0,46	0,38
Wärmebedarf zum Erhitzen auf Schmelztemperatur und zum Schmelzen in J/g	620	950
Wärmeleitfähigkeit in W/cm · K	~ 0,675	~ 3,943
Wärmeausdehnung eines 1000 mm langen Stabes von 0 auf 100 °C in mm	1,2	1,7
Wärmeausdehnung eines 1000 mm langen Stabes von 0 auf 1000 °C in mm	14,5	20,3
Erstarrungsschrumpfung in %	2,0	4,9

Die Erstarrungsschrumpfung von Kupfer ist mehr als doppelt so groß wie die von unlegiertem Baustahl. Die Wärmeausdehnung ist ebenfalls größer, so daß sich im Fall der behinderten Schrumpfung beim Abkühlen nach dem Schweißen erhebliche Spannungen ausbilden, die entweder durch plastische Verformung abgebaut werden oder die als Eigenspannungen im Schweißteil verbleiben.

Die Temperaturabhängigkeit des Festigkeits- und Umformverhaltens von Kupfer ist Bild 7-2 zu entnehmen. Die Zugfestigkeit und die Streckgrenze verringern sich bei allen Kupfersorten mit steigender Temperatur stetig. Im Umformverhalten treten Unterschiede auf. Während Bruchdehnung und Einschnürung des sauerstoff- und desoxidationsmittelfreien Kupfers mit der Temperatur stetig zunehmen, fallen beim phosphordesoxidierten Kupfer die Werte zwischen 250 und 500 °C stärker ab. Bei verschiedenen Kupfersorten reicht der Bereich verringerten Verformungsvermögens bis 700 °C. Als Ursache werden Verunreinigungen angenommen, die erst bei Temperaturen über 500 beziehungsweise 700 °C im Kupfer aufgelöst werden.

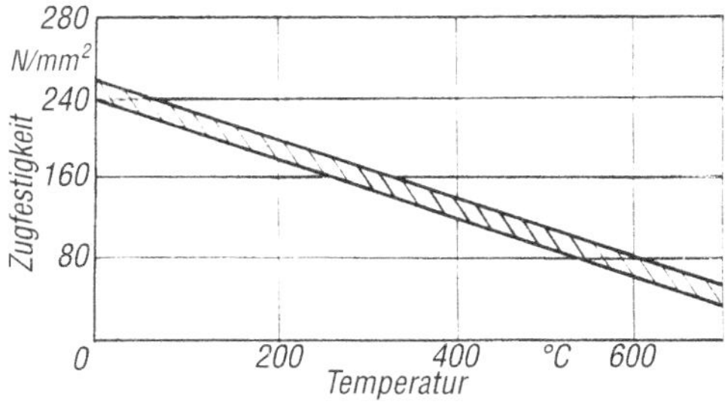

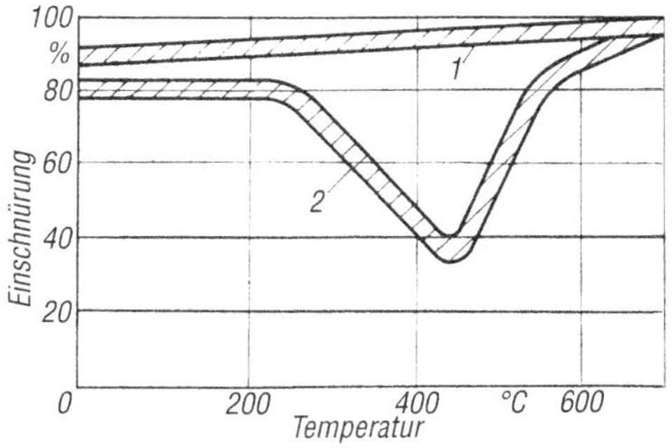

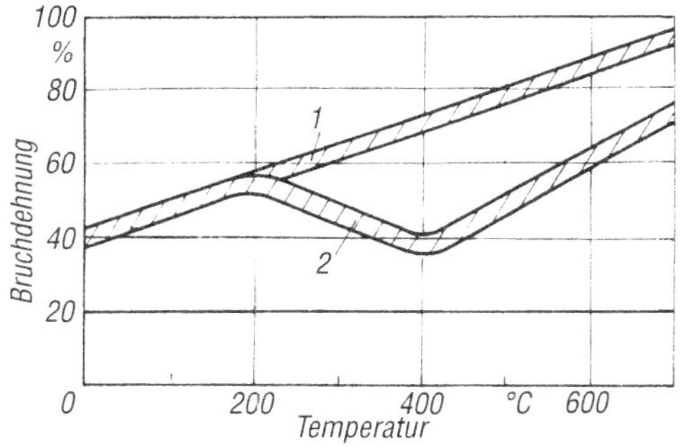

Bild 7-2. Festigkeitsverhalten verschiedener Kupfersorten im weichgeglühten Zustand (1 sauerstofffreies Kupfer SE-Cu, 2 sauerstoffhaltiges bzw. phosphordesoxidiertes Kupfer).

7.1.2 Sauerstoff im Kupfer

Im nichtdesoxidierten Kupfer ist stets Sauerstoff enthalten. Er bildet mit Kupfer zwei Oxide, nämlich das einwertige Cu_2O und das zweiwertige CuO. Erhitzt man metallisch blankes Kupfer an Luft, dann bilden sich oxidische Anlaufschichten, wobei mit steigender Temperatur der Anteil an Cu_2O zunimmt. Ab 1025 °C besteht die Oxidschicht ausschließlich aus Cu_2O. Gleichzeitig dringt verstärkt Sauerstoff entlang den Korngrenzen in das Kupfer ein, Bild 7-3.

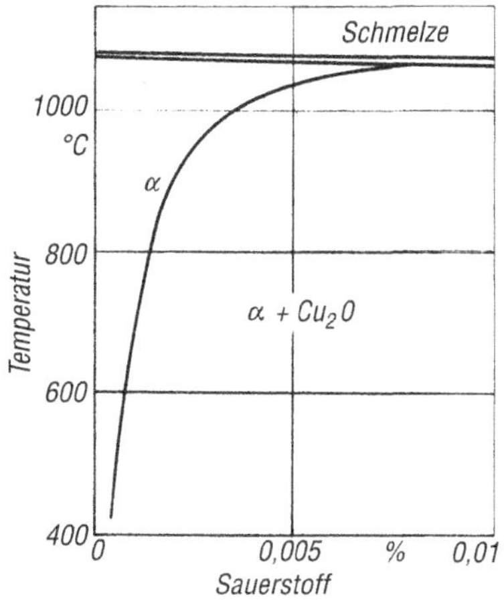

Bild 7-3. Kupferseite des Zustandsschaubildes Cu – Cu_2O.

Kupfer bildet mit Sauerstoff ein eutektisches Zweistoffsystem. Das Eutektikum enthält 0,386 % Sauerstoff oder 3,45 % Cu_2O und hat eine Schmelztemperatur von 1065 °C. Das Gefüge der eutektischen Legierung besteht aus einer Kupfermatrix mit gleichmäßig eingelagerten Cu_2O-Partikeln. Beim Erstarren einer sauerstoffhaltigen Kupferschmelze bildet das Eutektikum ein Netzwerk aus schmalen Säumen auf den Korngrenzen. Durch Warm- oder Kaltumformen wird das Netzwerk beseitigt. Erwärmt man den Werkstoff auf Temperaturen über 800 °C, dann koaguliert das Cu_2O und verteilt sich bei einem anschließenden Umformen gleichmäßig auf den Korngrenzen und im Korninnern. Abhängig vom Gehalt und von der Verteilungsform wirkt Cu_2O im Kupfer versprödend.

Wird Kupfer in einer wasserstoffhaltigen Atmosphäre erwärmt, dann kann Wasserstoff in das Kupfer diffundieren. Die Eindringtiefe ist um so größer, je höher die Temperatur und je länger die Einwirkungszeit ist. Der eingedrungene Wasserstoff reagiert mit Cu_2O nach folgender Gleichung

$$Cu_2O + 2\,H \rightarrow 2\,Cu + H_2O \qquad (7.1)$$

unter Bildung von metallischem Kupfer und Wasserdampf. Dieser ist im Kupfer unlöslich, und da er nicht entweichen kann, bleibt er an den Entstehungsorten unter hohem Druck eingeschlossen. Das führt zu einer Gefügeauflockerung und zur Brüchigkeit des Kupfers. Diese Fehlererscheinung wird Wasserstoffkrankheit genannt. Sie kann auch bei sauerstofffreiem Kupfer beobachtet werden, wenn dieses nacheinander erst in oxidierender und danach in reduzierender wasserstoffhaltiger Atmosphäre geglüht wird.

Ähnlich wie Wasserdampf kann auch CO_2 wirken, das entsteht, wenn eindiffundierendes CO mit Cu_2O reagiert:

$$Cu_2O + CO \rightarrow 2\,Cu + CO_2 \qquad (7.2)$$

Wegen der geringen Diffusionsgeschwindigkeit von CO tritt dieser Fall nur unter sehr ungünstigen Umständen ein.

7.2 Schweißeignung wichtiger Kupferwerkstoffe

Die Schweißeignung von Kupfer und den meisten seiner Legierungen ist gut. Einschränkungen bestehen bei den sauerstoffhaltigen Kupfersorten und bei Kupferlegierungen, die zur Bildung zähflüssiger Schlacken neigen. Bedingte Schweißeignung zeigen einige Kupferlegierungen für das Widerstandsschweißen. In der Tabelle 7-3 sind Angaben über die Schweißeignung für gängige Schweißverfahren enthalten.

Tabelle 7-3. Schweißeignung von Kupferwerkstoffen.

Werkstoff	Gasschweißen	WIG-Schweißen	MIG-Schweißen	Elektronenstrahl-schweißen	Ultraschall-schweißen	Widerstands-schweißen
Reinkupfer						
E-Cu	–	+	–	++	++	+
EF-Cu	++	++	++	++	++	+
SE-Cu	++	++	++	++	++	+
Kupferlegierungen						
CuAsP	++	++	++		++	
CuMn5	++	++	++		++	
CuSi3Mn	–	++	+		+	
CuZn40	+	+	+	++	++	+
CuZn39Pb	+	+	+	++		
CuZn20Al	–	+	–		+	
CuSn6	++	++	++	++	++	++
CuNi10Fe	++	++	++	++		++
CuNi40	++	++	++		++	
CuAl8	–	++	+		++	
CuAl10Ni	–	++	+		++	

++ gute Schweißeignung; + bedingte Schweißeignung; – ungeeignet

7.2.1 Kupfer-Zink-Legierungen

Die Kupfer-Zink-Legierungen nach DIN V 17900 (Messing und Sondermessing) enthalten mindestens 55 % Kupfer, gegebenenfalls Zusätze an Blei, Aluminium, Mangan, Nickel, Eisen und Zinn, der Rest ist Zink. Kupfer löst im festen Zustand beträchtliche Mengen an Zink als Mischkristall. Bei der peritektischen Temperatur von 902 °C lösen sich 32,5 % Zink. Die Löslichkeit nimmt mit sinkender Temperatur bis 400 °C auf 39 % zu. Zink hat eine Verdampfungstemperatur von 907 °C. Um beim Schweißen ein Ausdampfen von Zink in erträglichen Grenzen zu halten, ist jede unnötige Überhitzung zu vermeiden. Die meisten zusätzlichen Legierungselemente behindern das Entzinken durch die Bildung einer Schicht hochschmelzender Oxide auf der Schweißbadoberfläche. Nachteilig wirkt sich beim Gasschweißen die Bildung von zähen hochschmelzenden Aluminiumoxidhäuten aus, die nur schwer von Flußmitteln gelöst werden. Bereits in geringen Gehalten von 0,1 bis 0,3 % wirkt Silizium dem Ausdampfen des Zinks entgegen, ohne daß sich die Schweißeignung verschlechtert. Die Schweißzusatzwerkstoffe für die Kupfer-Zink-Legierungen enthalten deshalb häufig einen geringen Siliziumanteil.

7.2.2 Kupfer-Zinn-Legierungen

Die Schweißeignung der Kupfer-Zinn-Legierungen (Zinnbronzen) nach DIN V 17900 ist für die meisten Schmelzschweißverfahren gut bis bedingt. Der große Schmelzbereich und die damit zusammenhängende Seigerungsneigung fördern die Bildung von Heißrissen, die deshalb als mögliche Fehlerquelle beim Schweißen beachtet werden muß. Bereits bei einem durchschnittlichen Zinngehalt von 6 % kann die Seigerung an den Korngrenzen zu Gehalten von 14 % führen. Die Heißrißbildung beschränkt sich ausschließlich auf das Schweißgut. Alle Maßnahmen, die ein feinkörniges Schweißgutgefüge bewirken, schränken die Heißrißneigung ein.

7.2.3 Kupfer-Nickel-Legierungen

Die Kupfer-Nickel-Legierungen nach DIN V 17900 sind gut bis bedingt schmelzschweißgeeignet. Wegen der Überhitzungsempfindlichkeit dieser Werkstoffe muß mit möglichst niedriger Streckenenergie geschweißt werden. Das Schweißverhalten kann durch die Bildung zähflüssiger Nickeloxid-Schlacken beeinträchtigt werden. Es ist deshalb beim WIG- und MIG-Schweißen für ausreichenden Gasschutz zu sorgen. Bei anderen Schmelzschweißverfahren empfiehlt es sich, Flußmittel zu verwenden.

Schwefel führt in Kupfer-Nickel-Legierungen zur Versprödung und zu erhöhter Heißrißneigung. Die Gefahr einer Schwefelaufnahme ist beim Erwärmen über 500 °C in Gegenwart schwefelhaltiger Medien besonders groß. Der Schwefel dringt bevorzugt entlang den Korngrenzen ein, und es kommt zur Bildung eines niedrigschmelzenden spröden Nickel-Nickelsulfid-Eutektikums. Ähnliche Versprödungen sind auch beim Eindringen von Sauerstoff in den Korngrenzen möglich.

Ein Vorwärmen beim Schmelzschweißen entfällt bei den Kupfer-Nickel-Legierungen wegen ihrer relativ geringen Wärmeleitfähigkeit. Mit steigendem Nickelgehalt verringert sich die Wärmeleitfähigkeit.

Die Kupfer-Nickel-Zink-Legierungen (Neusilber) nach DIN V 17900 werden nur selten schweißtechnisch verarbeitet, obwohl ihre Schweißeignung bei Beachtung einiger werkstofflicher Eigenschaften als gut bis bedingt einzustufen ist.

7.2.4 Kupfer-Aluminium-Legierungen

Die Kupfer-Aluminium-Legierungen (Aluminiumbronzen) nach DIN V 17900 enthalten 4 bis 12,5 % Aluminium. Die Aluminiummehrstoffbronzen enthalten Zusätze von Eisen, Nickel, Mangan, Silizium und Zinn. Das Zustandsschaubild der kupferreichen Kupfer-Aluminium-Legierungen ist ähnlich dem der Kupfer-Zinn-Legierungen. Bei 1035 °C löst Kupfer 7,4 % Aluminium im Mischkristall. Die Löslichkeit nimmt mit sinkender Temperatur zu und erreicht bei 565 °C den Maximalwert von 9,4 % Aluminium und fällt bei tieferen Temperaturen wieder geringfügig ab. In der Praxis tritt, abhängig von Beimengungen, bereits ab etwa 7,5 % ein heterogenes Gefüge auf.

Die Kupfer-Aluminium-Legierungen neigen beim Erwärmen zur Grobkornbildung. Diese kann im Verein mit niedrigschmelzenden Korngrenzenfilmen zur erhöhten Heißrißneigung in der Wärmeeinflußzone (WEZ) führen. Die Entstehung von Heißrissen in der WEZ, aber auch im Schweißgut, wird erheblich vom Behandlungszustand des Grundwerkstoffs beeinflußt. Je mehr kalt umgeformt wurde, das heißt, je größer die Kaltverfestigung ist, um so größer ist die Wahrscheinlichkeit für Werkstofftrennungen. Als kritische Zusammensetzung, die rißbegünstigend beim Schweißen wirkt, wird ein Aluminiumgehalt von 6 bis 7,5 % genannt.

Auf ein Vorwärmen kann wegen der geringen Wärmeleitfähigkeit der Kupfer-Aluminium-Legierungen, die nur etwa 20 % derjenigen von Kupfer beträgt, im allgemeinen verzichtet werden. Nur in Ausnahmefällen soll bei größeren Werkstückdicken vorgewärmt werden.

Unter Berücksichtigung der angeführten werkstofflichen Besonderheiten ist die Schweißeignung der Kupfer-Aluminium-Legierungen gut. Besonders günstig sind das WIG- und das MIG-Schweißen anzuwenden. Beim nur noch selten benutzten Gasschweißen sind wegen der hochschmelzenden Aluminiumoxide Flußmittel auf Fluoridbasis zu verwenden.

7.2.5 Kupfer-Mangan-Legierungen

Niedriglegierte Kupfer-Mangan-Legierungen enthalten 2 bis 5 %, die höherlegierten 12 bis 14 % Mangan. Beide weisen eine gute Schweißeignung auf. Vorgewärmt wird nur bei Werkstückdicken über 20 mm. Die für diese Fälle empfohlene Vorwärmtemperatur beträgt 150 bis 200 °C.

Ausführlich untersuchten *Haseke* und *Köcher* die Schweißeignung der Kupfer-Mangan-Legierung CuMn2. Diese Legierung hat sich wegen ihres guten Korrosions- und Warmfestigkeitsverhaltens speziell im chemischen Apparatebau bewährt. In Tabelle 7-4 ist die Zugfestigkeit von WIG- und MIG-geschweißten Verbindungen aufgeführt. Nur in einem Fall erreichte die Zugfestigkeit der Schweißverbindung den Wert des geglühten Grundwerkstoffs. Der Bruch erfolgte bei fast allen Schweißverbindungen im Schweißgut, nur bei der MIG-geschweißten Verbindung trat der Bruch in der WEZ ein.

Tabelle 7-4. Zugfestigkeit von WIG- und MIG-geschweißten Verbindungen der Kupfer-Mangan-Legierung CuMn2 nach *Haseke* und *Köcher*.

Schweißverfahren	Werkstückdicke mm	Zugfestigkeit Grundwerkstoff Anlieferungszustand N/mm²	Zugfestigkeit Grundwerkstoff geglüht 480 °C/0,5 h N/mm²	Zugfestigkeit Schweißverbindung N/mm²
WIG	7,0			260
WIG	7,0			260
WIG	20,0	300	280	280
MIG	20,0			235

Die Warmfestigkeit des Grundwerkstoffs liegt ebenfalls höher als diejenige der Schweißverbindung, wobei der Unterschied mit zunehmender Temperatur kleiner wird, Bild 7-4.

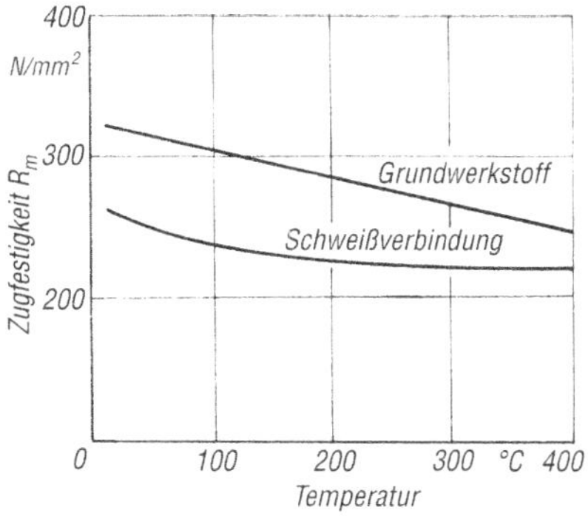

Bild 7-4. Festigkeitseigenschaften von CuMn2 im geschweißten und nichtgeschweißten Zustand (WIG-geschweißt, Blechdicke 7 mm) nach *Haseke* und *Köcher*.

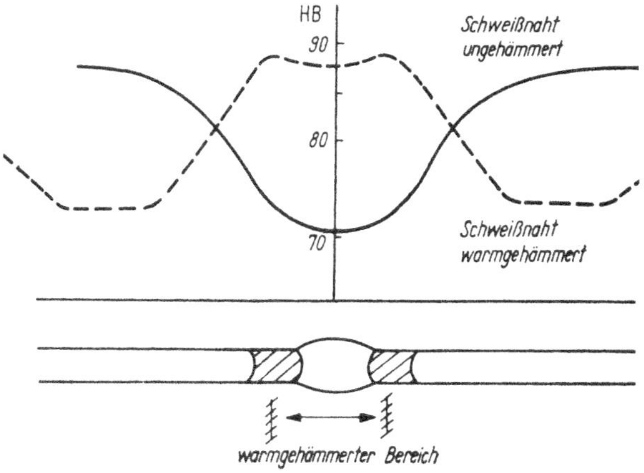

Bild 7-5. Härteverlauf über den Querschnitt einer WIG-geschweißten Verbindung an CuMn2.

Die Härte über den Schweißnahtquerschnitt zeigt einen charakteristischen Verlauf, Bild 7-5. Bei nicht nachträglich durch Warmhämmern verfestigten WIG-geschweißten Verbindungen sind Schweißgut und WEZ deutlich weicher. Durch Warmhämmern bei 600 °C wird eine Verfestigung erreicht. Allerdings treten dann neben dem gehämmerten Nahtbereich Erweichungszonen auf.

Die allgemein niedrige Zugfestigkeit der Schweißverbindungen von CuMn2 hängt vermutlich mit dem Auftreten von MnO_2-Einschlüssen zusammen. Diese Einschlüsse finden sich viel häufiger im Schweißgut als im Grundwerkstoff. Beim MIG-Schweißen bilden sich besonders viele Einschlüsse in der WEZ unmittelbar am Übergang vom Schweißgut zum Grundwerkstoff. Hinzu kommt, daß beim MIG-Schweißen verstärkt Poren gebildet werden, die ebenfalls festigkeitsmindernd wirken. Es wird der Einsatz höherlegierter Zusatzwerkstoffe empfohlen, mit Zusätzen, die eine Entgasung und Desoxidation des Schweißguts fördern.

8 Schweißeignung von Nickel und Nickellegierungen

8.1 Werkstoffgrundlagen

8.1.1 Reinnickel

Nickel dient vorwiegend als Legierungselement. Etwa die Hälfte des Nickelaufkommens wird in der Stahlmetallurgie und ein kleinerer Teil, etwa 4 bis 6 %, für Kupferlegierungen verbraucht. Für das Vernickeln metallischer und nichtmetallischer Werkstoffe werden weitere 10 bis 20 % der Nickelerzeugung verwendet. Nur etwa 15 % dienen der Herstellung von Halbzeugen und Gußteilen aus Nickel und Nickelbasislegierungen. Im Energie- und Chemieanlagenbau werden Nickelwerkstoffe wegen ihrer guten Korrosions- und Zunderbeständigkeit sowie wegen ihrer Warmfestigkeit eingesetzt.

In seinen Eigenschaften läßt sich Nickel mit Kupfer vergleichen. Beide Metalle haben ein kubisch-flächenzentriertes Kristallgitter. Beim Kaltumformen verfestigt Nickel stark. Es muß deshalb beim Kaltumformen häufig zwischengeglüht werden. Obwohl Reinnickel bereits zwischen 300 und 400 °C rekristallisiert, wird bei 600 °C weichgeglüht. Im weichgeglühten Zustand hat Reinnickel die Festigkeit eines normalen unlegierten Baustahls. In Tabelle 8-1 sind einige physikalische Eigenschaften von Nickelwerkstoffen aufgeführt.

Tabelle 8-1. Physikalische Eigenschaften von Reinnickel und Nickelbasislegierungen.

Werkstoff	Schmelz-temperatur °C	Spezifische Wärme 20 ... 100 °C J/K · g	Wärme-leitfähigkeit W/cm · K	Wärme-ausdehnung 10^{-6}/K	Zugfestigkeit N/mm²	Bruchdehnung %
Reinnickel	1445	0,46	0,606	13,1	390¹) ... 725²)	40¹) ... 5²)
NiCr-Leg.	1300 ... 1425	0,42 ... 0,46		11,5 ... 12,2	580¹) ... 930²)	45 ... 5
NiCr-Leg. + Al, Ti	1300 ... 1425	0,42 ... 0,46		11,5 ... 12,2	1100³) ... 1250³)	40 ... 25
NiMo-Leg.	1270 ... 1380	0,38 ... 0,46		10,0 ... 12,8	600 ... 800	50 ... 20
NiMo-Leg. + Al, Ti	1270 ... 1380	0,38 ... 0,46		10,0 ... 12,8	650¹) ... 1000³)	40¹) ... 7¹)
NiCu-Leg.	1300 ... 1350			14,0	510¹) ... 760²)	40 ... 20

¹) weichgeglüht, ²) kaltverfestigt, ³) ausgehärtet

Ungünstig beeinflussen Sauerstoff und Schwefel die Eigenschaften von Nickel. Im schmelzflüssigen Zustand nimmt Nickel Sauerstoff leicht auf. Die beim Erstarren sprungartig herabgesetzte Sauerstofflöslichkeit führt zur Porenbildung. Die Neigung zur Porosität durch Sauerstoff läßt sich durch Zulegieren desoxidierend wirkender Elemente einschränken. In Nickel im festen Zustand dringt Sauerstoff bei längerer Erwärmung auf Temperaturen über 900 °C in sauerstoffhaltiger Atmosphäre entlang den Korngrenzen in das Metall ein. Durch an den Korngrenzen abgelagertes Nickeloxid verhält sich der Werkstoff beim Kaltumformen spröde. Geringe Zusätze von Magnesium, Mangan, Cer-Mischkristall, Silizium oder Titan verhindern die Versprödung durch Sauerstoff.

Schwefelaufnahme verschlechtert die Eigenschaften von Nickelwerkstoffen. Im festen Zustand ist Schwefel in Nickel praktisch unlöslich. Beim Erwärmen von Nickel in schwefelhaltigen Medien auf Temperaturen über 550 °C erfolgt eine intensive Schwefelaufnahme. Der diffundierende Schwefel reagiert mit Nickel zu Nickelsulfid, und es bildet sich bei Schwefelgehalten über 0,005 % ein Nickel-

Nickelsulfid-Eutektikum mit einer Schmelztemperatur von 645 °C, Bild 8-1. Das Eutektikum ergibt niedrigschmelzende Korngrenzenfilme, die das Entstehen von Heißrissen begünstigen. Dieser Vorgang findet in jeder Umgebung statt, unabhängig, ob die betreffende Atmosphäre neutral, reduzierend oder oxidierend wirkt. Die gleichen Elemente, durch die sich die schädlichen Folgen einer Sauerstoffaufnahme vermeiden lassen, verringern auch die Schädigungen durch Schwefel. Nahezu völlige Immunität läßt sich durch Manganzusätze von mindestens 2,5 % erreichen.

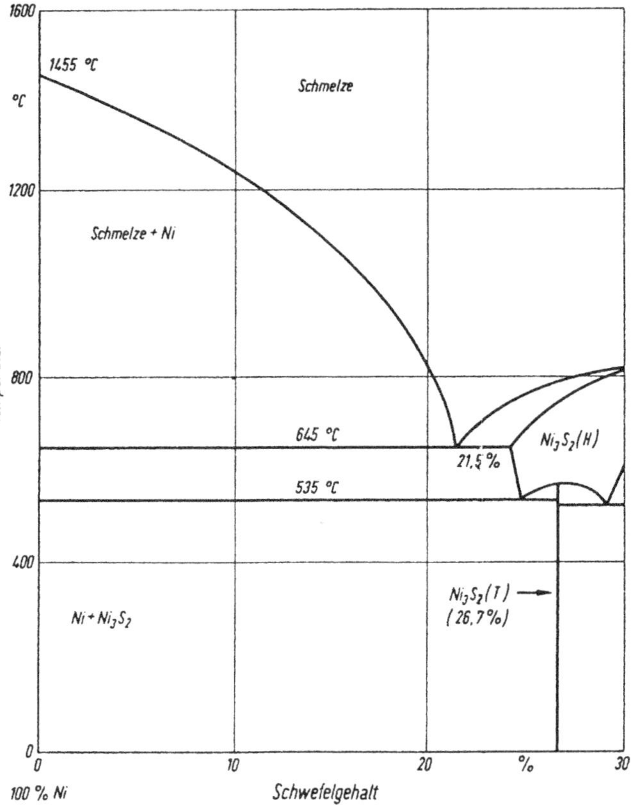

Bild 8-1. Zustandsschaubild Nickel – Schwefel.

8.1.2 Nickellegierungen

Einen Überblick über die wichtigsten Nickellegierungen vermittelt Bild 8-2. Die Hauptlegierungselemente sind Chrom, Molybdän, Kupfer und Eisen. Durch Legieren des Nickels mit den genannten Elementen werden hohe Warmfestigkeit, sehr gute Korrosions- und die Zunderbeständigkeit von Nickelwerkstoffen erreicht.

Die gute Korrosionsbeständigkeit von Reinnickel kann durch Legieren mit Chrom und Molybdän noch weiter verbessert werden. Durch den Zusatz von Chrom wird Nickel auch gegen oxidierenden Angriff weitgehend resistent. Die Ursachen sind die festhaftenden Schichten aus Cr_2O_3, die sich durch Zulegieren von Chrom auf der Oberfläche ausbilden und die vor weiterer Korrosion schützen. Gegenüber stark reduzierend wirkenden Säuren bewähren sich Nickellegierungen mit über 25 % Molybdän. Eine noch höhere Korrosionsbeständigkeit zeichnet die Nickel-Chrom-Molybdän-Legierungen aus.

Die Nickel-Kupfer-Legierungen verhalten sich gegenüber verschiedenen aggressiven Medien, zum Beispiel gegen schwefelsäurehaltige Lösungen, weitgehend resistent.

Einige Nickellegierungen auf der Basis Nickel-Chrom-Eisen eignen sich aufgrund ihrer Zunderbeständigkeit und ihrer Warmfestigkeit als Werkstoffe für extreme Beanspruchungen. Die Temperaturen für den Einsatz dieser Nickelwerkstoffe liegen bei 800 bis 1000 °C.

Durch ein Zulegieren von Titan und Aluminium erhält man warmaushärtbare Legierungen, zum Beispiel NiCr15FeTiAl oder NiCu30Al.

Nach der Übersicht, Bild 8-2, lassen sich drei Legierungsgruppen unterscheiden. Es sind dies die Nickel-Chrom-Eisen-Legierungen, die Nickel-Molybdän-Legierungen und die Nickel-Kupfer-Legierungen.

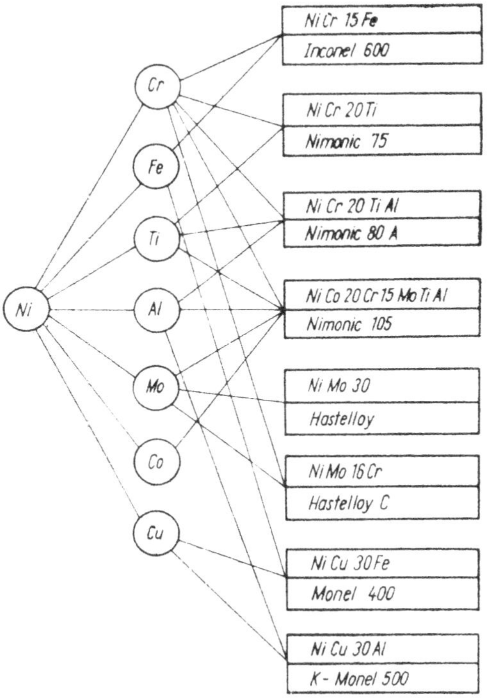

Bild 8-2. Überblick der wichtigsten Nickellegierungen.

8.1.3 Wärmebehandlung von Nickellegierungen

Die wichtigsten Wärmebehandlungen von Nickellegierungen sind das Spannungsarmglühen und das Lösungsglühen mit anschließendem Warmauslagern, Tabelle 8-2. Durch das Lösungsglühen werden bestimmte Legierungsphasen im Mischkristall aushärtbarer Nickellegierungen gelöst, gleichzeitig findet ein Konzentrationsausgleich statt. Die Löslichkeit der vom Mischkristall aufgenommenen Phasen nimmt mit sinkender Temperatur ab, so daß diese wieder ausgeschieden werden.

Durch eine schnelle Abkühlung von der Temperatur der maximalen Löslichkeit kann das Ausscheiden verhindert werden. Nach dem Abschrecken wird bei einer bestimmten Temperatur ausgelagert. Die Auslagerungstemperatur wird so gewählt, daß bestimmte Phasen in einer für die Eigenschaften der betreffenden Legierung günstigen Form und Verteilung vorliegen. Bei einigen Legierungen wird das Auslagern in zwei Stufen vorgenommen. Als Beispiel für den Einfluß der Wärmebehandlung sind in Bild 8-3 für die Nickellegierung NiCr19NbMo die Festigkeitswerte nach verschiedenen Wärmebehandlungen in einem Säulendiagramm dargestellt.

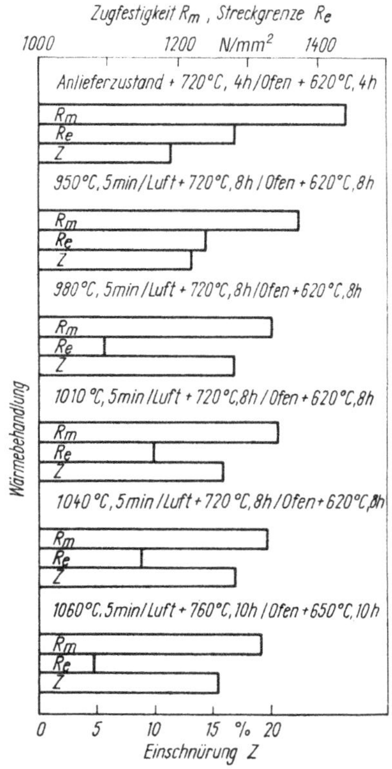

Bild 8-3. Einfluß verschiedener Wärmebehandlungen auf die Festigkeitseigenschaften der Nickellegierung NiCr19NbMo.

Tabelle 8-2. Wärmebehandlung von Nickellegierungen.

Werkstoff	Spannungsarmglühen	Aushärten/ Lösungsglühen	Auslagern
Nickel	400 ... 850 °C		
Nickel-Chrom-Legierungen			
NiCr15Fe	700 ... 950 °C		
NiCr20Ti	700 ... 950 °C		
NiCr20TiAl		1080 °C/8 h/L	700 °C/16 h/L
Nickel-Molybdän-Legierungen			
NiMo30	700 ... 950 °C		
NiMo16Cr	700 ... 950 °C		
Nickel-Kupfer-Legierungen			
NiCu30Fe	540 ... 600 °C		
NiCu30Al	720 ... 930 °C	760 ... 980 °C/8 h/L	600 °C/16 h/L
L= Abkühlung in ruhender Luft			

Bei den korrosionsbeständigen Nickel-Molybdän- und Nickel-Chrom-Molybdänlegierungen wird der für das Korrosionsverhalten günstigste Zustand durch Lösungsglühen bei 950 bis 1250 °C mit anschließendem Abschrecken erreicht. Eine nachträgliche Erwärmung auf 550 bis 1000 °C kann zu Ausscheidungen intermetallischer Phasen auf den Korngrenzen führen und damit die Anfälligkeit zur interkristallinen Korrosion fördern.

8.2 Schweißeignung von Nickel und wichtigen Nickellegierungen

Die Schweißeignung von Nickel und den meisten Nickellegierungen ist für alle üblichen Schmelz- und Preßschweißverfahren gut bis bedingt. Die Aufnahme von Gasen beim Schmelzschweißen muß durch geeignete Maßnahmen vermieden werden. Das Gasschweißen wird nur in Ausnahmefällen angewandt. Das Lichtbogenhandschweißen hat noch größere Bedeutung, wird aber mehr und mehr vom WIG- und für große Werkstückdicken vom MIG-Schweißen abgelöst. Die Verfahren des Elektronen- und des Laserstrahlschweißens haben sich in vielen Fällen als günstige Schweißprozesse für Nickelwerkstoffe bewährt, besonders für das Schweißen der aushärtbaren Nickellegierungen.

8.2.1 Reinnickel

Beim Schmelzschweißen ist auf eine einwandfreie Abschirmung des Schweißbades und der Wärmeeinflußzone (WEZ) vor dem Zutritt atmosphärischer Gase zu achten. Es wird bei Stumpfschweißungen ein zusätzlicher Gasschutz der Nahtwurzel empfohlen. Um eine Porenbildung im Schweißgut und eine Versprödung in der WEZ zu vermeiden, muß der Gasschutz bis zur Abkühlung unterhalb 400 °C wirksam sein.

Eine Schwefelaufnahme ist durch sorgfältiges Säubern der Nahtflanken und der Schweißzone zu vermeiden. Es wird empfohlen, mit heißem Wasser oder Wasserdampf, mit Aceton und Methylalkohol die Reste von Farben, Bohrflüssigkeiten, Ölen und Fetten zu entfernen.

Ein Vorwärmen beim Schweißen von Reinnickel entfällt auch bei großen Werkstückdicken. Versuche, durch beschleunigtes Abkühlen nach dem Schweißen die Eigenschaften von Schweißverbindungen zu verbessern, blieben erfolglos. In Tabelle 8-3 finden sich Angaben über den Einfluß verschiedener Elemente auf die Schweißeignung von Nickel und Nickellegierungen.

Tabelle 8-3. Einfluß einiger Elemente auf die Schweißeignung von Nickelwerkstoffen.

verbessernd	ohne Einfluß	unterschiedlich	verschlechternd
Niob	Mangan	Aluminium	Blei
Magnesium	Kupfer	Titan	Schwefel
	Chrom	Kohlenstoff	Phosphor
	Eisen	Molybdän	Zirkon
	Kobalt	Silizium	Bor

8.2.2 Nickellegierungen

Die Schweißeignung für das Schmelzschweißen der mischkristallbildenden und der ausscheidungshärtenden Nickellegierungen ist gut, wenn die jeweiligen werkstofflichen Eigenheiten berücksichtigt werden. Für das Schweißen der Nickellegierungen werden die gleichen Verfahren wie für Reinnickel angewendet. Neben dem Lichtbogenhand-, dem WIG- und dem MIG-Schweißen sind vorrangig das Elektronen- und das Laserstrahlschweißen zu nennen. Das Unterpulver- und das Elektroschlackeschweißen führten zu guten Schweißergebnissen.

Der Behandlungszustand vor dem Schweißen und nachträgliche Wärmebehandlungen beeinflussen neben der chemischen Zusammensetzung die mechanisch-technologischen Eigenschaften von Schweißverbindungen an Nickellegierungen.

Die aushärtenden Nickellegierungen lassen sich sowohl im lösungsgeglühten wie auch im ausgehärteten Zustand schweißen. Wird im lösungsgeglühten Zustand geschweißt, dann kann bei dünnen Blechen sofort nach dem Schweißen durch Warmauslagern ausgehärtet werden. Bei größeren Werkstückdicken empfiehlt sich vor dem Warmauslagern ein verkürztes Lösungsglühen. Als Beispiel sei die aushärtende Nickellegierung NiCr15Fe7AlTi angeführt. Wird im lösungsgeglühten Zustand geschweißt, dann hat die Schweißverbindung die gleiche Festigkeit wie der Grundwerkstoff. Dagegen weist die Schweißverbindung, die im ausgehärteten Zustand geschweißt wurde, eine geringere Zugfestigkeit auf als der Grundwerkstoff. Die Härte über den Schweißnahtquerschnitt erreicht im Schweißgut ein Minimum.

Beim Schmelzschweißen von Nickellegierungen können in ungünstigen Fällen im Schweißgut und in der WEZ Heißrisse auftreten. Die Heißrißbildung in Nickellegierungen hat ähnliche Ursachen wie in austenitischen Stählen. Begünstigt wird sie durch die für die meisten Nickellegierungen charakteristische Grobkörnigkeit des Schweißgutgefüges. Die ungenügende technologische Festigkeit bei Temperaturen nahe der Solidustemperatur wird bei Nickellegierungen vor allem durch die mögliche Bildung niedrigschmelzender Eutektika mit Schwefel bewirkt.

Trotzdem ist die Heißrißneigung der Nickellegierungen, insbesondere der aushärtenden Legierungen, die Aluminium und Titan enthalten, im allgemeinen geringer als bei den austenitischen Stählen. Die bei der Einführung der Nickel-Chrom-Eisen- und Nickel-Molybdän-Legierungen in Schweißverbindungen auftretende starke Heißrißneigung ist heute weitgehend überwunden. Die wichtigsten Fortschritte wurden durch die Entwicklung geeigneter Zusatzwerkstoffe und durch den Einsatz moderner Schweißverfahren erzielt.

Untersuchungsergebnisse zum Heißrißverhalten von drei verschiedenen Nickellegierungen, die einem simulierten Temperaturzyklus entsprechend dem Temperatur-Zeit-Verlauf in der WEZ von WIG-geschweißten Verbindungen unterworfen wurden, sind in Bild 8-4 erfaßt. Über die Wirkung von Aluminium und Titan auf die Heißrißneigung bestehen unterschiedliche Auffassungen. Es heißt, daß Aluminium- und Titanoxide die Erstarrungsrißbildung im Schweißgut fördern. Beim WIG- und beim MIG-Schweißen sowie beim Elektronenstrahlschweißen kann bei ordnungsgemäßer Durchführung keine Oxidbildung eintreten.

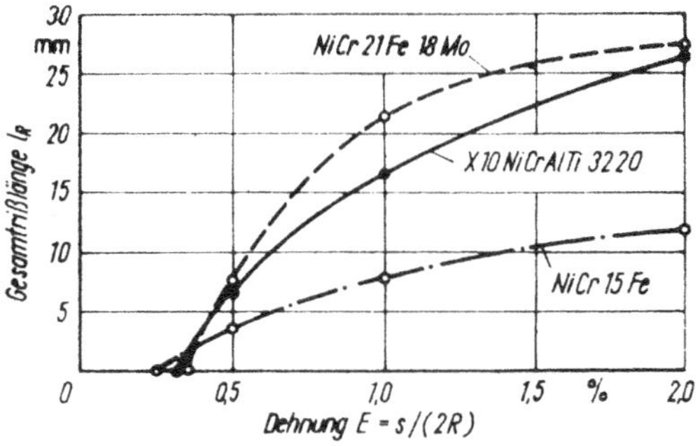

Bild 8-4. Heißrißempfindlichkeit verschiedener Nickellegierungen im *Varestraint*-Versuch (s Probendicke, R Durchbiegungsradius der Probe nach *Canonico*).

9 Schweißeignung von Titan und Titanlegierungen

9.1 Werkstoffgrundlagen

9.1.1 Einteilung der Titanwerkstoffe

Titan und seine Legierungen werden in verschiedenen Industriezweigen, vor allem in der Hoch- und Tieftemperaturtechnik, im Energie- und Chemieanlagenbau sowie in der Luft- und Raumfahrt, eingesetzt. Gegenüber den herkömmlichen Konstruktionswerkstoffen besitzen Titan und seine Legierungen einige Vorzüge. Im wesentlichen sind dies:

- die sehr gute Korrosionsbeständigkeit gegenüber vielen aggressiven Medien,
- die geringe Dichte,
- die sehr guten Festigkeits- und Zähigkeitswerte.

Tabelle 9-1. Physikalische Eigenschaften einiger Titanwerkstoffe.

Werkstoff	Dichte g/cm^3	Schmelztemperatur °C	Zugfestigkeit N/mm^2	0,2 %-Dehngrenze N/mm^2	Bruchdehnung %
Ti1[1])	4,5	1730	290 ... 410	180	24 ... 30
Ti4[1])			540 ... 740	390	16
Ti1Pd[2])			290 ... 410	180	24 ... 30
TiNi0,8Mo0,3[2])			min. 480	345	16 ... 18
TiAl6V6Sn2Cu1Fe1[2])			950 ... 1070	920 ... 1000	6 ... 8
TiAl4Mo4Sn2Si0,5[2])			min. 1050	1050	9

[1]) DIN 17850, [2]) DIN 17851

Ähnlich wie beim Eisen existieren auch beim Titan verschiedene Kristallgitter in Abhängigkeit von der Temperatur. Die bei Raumtemperatur bestehende hexagonale α-Phase wandelt sich bei 882,5 °C in die kubischraumzentrierte β-Phase um. Diese Eigenschaft des Titans besitzt für die Legierungstechnik besondere Bedeutung. Titan läßt sich mit vielen Elementen legieren. Nach ihrem Einfluß auf die Lage der Umwandlungstemperatur unterscheidet man α- und β-stabilisierende Legierungselemente. Die Titanlegierungen lassen sich nach den bei Raumtemperatur im weichgeglühten Zustand vorliegenden Kristallarten in α-Legierungen, $\alpha+\beta$-Legierungen und β-Legierungen einteilen.

Eine Übersicht der gebräuchlichen Titanlegierungen vermittelt Bild 9-1. Die homogenen α-Legierungen zeichnen sich durch eine sehr gute Warmfestigkeit und hohe thermische Gefügestabilität aus. Die heterogenen $\alpha+\beta$-Legierungen haben eine geringere Warmfestigkeit als die α-Legierungen, aber durch spezielle Wärmebehandlungen lassen sich ihre Festigkeiten bei Raumtemperatur erheblich steigern. Die β-Legierungen lassen sich gut kaltumformen, in ihrer Festigkeit bei Raumtemperatur entsprechen sie den α-Legierungen, aber ihre Warmfestigkeit ist geringer. Einige β-Legierungen lassen sich aushärten.

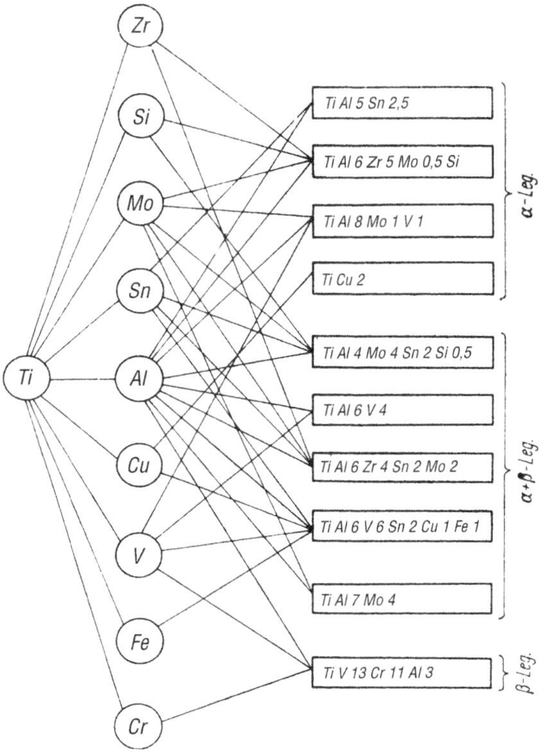

Bild 9-1. Übersicht der wichtigsten Titanlegierungen.

9.1.2 Umwandlungsverhalten und Aushärtung von Titanlegierungen

Die meisten Legierungssysteme des Titans verhalten sich beim Einstellen der thermodynamisch stabilen Zustände träge, so daß instabile Gefüge, die aber relativ beständig sind, häufig auftreten.

Bei α-Legierungen ist die oberhalb der Umwandlungstemperatur beständige β-Phase durch Abschrecken auf Raumtemperatur nicht zu unterkühlen, sondern es bildet sich die α'-Phase als nadliges Umwandlungsgefüge. Bei den α+β-Legierungen läßt sich die β-Phase durch Abschrecken bei Raumtemperatur instabil erhalten. Der Grad der Instabilität hängt vor allem von der Art und der Menge der Legierungselemente ab. Die Umwandlung des instabilen β-Mischkristalls verläuft über eine Übergangsphase ω, die eine Aushärtung bewirkt. Für eine gezielte Aushärtung empfiehlt sich eine Auslagerung der abgeschreckten Legierung im Temperaturbereich von 300 bis 600 °C.

Abhängig von der isothermen Umwandlungstemperatur führt der Zerfall der β-Phase zu unterschiedlichen Aushärtungseffekten. In Bild 9-2 ist schematisch das ZTU-Schaubild einer α+β-Legierung dargestellt. Bei drei verschiedenen Umwandlungstemperaturen T_1, T_2 und T_3 ergeben sich Härte-Zeit-Verläufe. Erfolgt die Umwandlung bei der höchsten der drei Umwandlungstemperaturen, bei T_3, dann tritt durch die isotherme Umwandlung der β-Phase in die α-Phase ein Abfall der Härte ein. Erst wenn die intermetallische Phase Ti_xM_y gebildet wird, steigt die Härte wieder an. Bei der Umwandlungstemperatur T_2 scheidet sich nach kurzer Anlaufzeit die ω-Phase aus und verursacht eine starke Härtezunahme. Die Härte nimmt bis zum Zerfall der ω-Phase zu, um dann erheblich abzufallen. Erst das Ausscheiden der intermetallischen Phase Ti_xM_y bremst den Härteabfall und führt zu einer erneuten, allerdings nur geringfügigen Härtesteigerung. Die Umwandlung bei der

Temperatur T_3 führt zur Bildung der α'-Phase und ergibt eine sofortige Härtezunahme. Die später einsetzende ω-Phasenbildung steigert die Härte weiter. Erst wenn die Umwandlung in den α-Mischkristall beginnt, nimmt die Härte ab.

Ähnlich wie durch die isotherme Umwandlung können auch durch Abschrecken und nachfolgendes Auslagern sowie durch unterschiedliche Abkühlgeschwindigkeiten von Temperaturen des $\alpha+\beta$- oder des β-Gebiets verschiedene Härtezustände und Phasenänderungen erzielt werden.

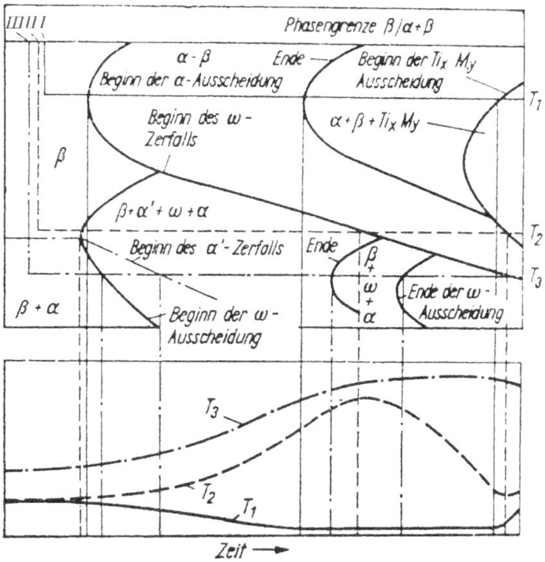

Bild 9-2. ZTU-Schaubild für die isotherme Umwandlung und Härtekurve einer $\alpha+\beta$-Titanlegierung (schematisch).

9.1.3 Einfluß von Sauerstoff, Stickstoff und Wasserstoff

Titan und seine Legierungen nehmen bereits bei verhältnismäßig niedrigen Temperaturen leicht die Gase Sauerstoff, Stickstoff und Wasserstoff auf. Titan nimmt bereits bei Temperaturen von 250 bis 300 °C merkbar Gase auf. Mit steigender Temperatur nimmt die Gasaufnahme zu. Aufgenommener Wasserstoff kann durch ein nachträgliches Glühen zwischen 700 und 750 °C vollständig entfernt werden. Dagegen lassen sich aufgenommener Sauerstoff und Stickstoff sowie Kohlenstoff nicht durch eine Wärmebehandlung entfernen. Jedes Erwärmen von Titanwerkstoffen in Gegenwart von atmosphärischen Gasen und Wasserstoff führt zur Gasaufnahme und damit zur Versprödung. Titanlegierungen verhalten sich ähnlich, allerdings hängen das Ausmaß und die Auswirkungen einer möglichen Gasaufnahme vom Legierungstyp und vom Legierungsgehalt ab.

Schon geringe Gasgehalte erhöhen die Festigkeit und verringern die Zähigkeit von Titan. Die Gase werden gelöst und können bei entsprechenden Gehalten spröde Verbindungen bilden. So soll die Wasserstoffversprödung von Titan durch ein Hydrid verursacht werden. Bereits Wasserstoffgehalte von 200 ppm führen unter ungünstigen Umständen zu einer Versprödung. Die Wirkungen von Gasgehalten sind bei den verschiedenen Titanwerkstoffen unterschiedlich.

Um eine ausreichende Zähigkeit zu gewährleisten, werden die Gasgehalte begrenzt. Empfohlene Grenzwerte sind für Sauerstoff 0,20 %, für Stickstoff 0,07 % und für Wasserstoff 0,125 %. Die Abhängigkeit der Zugfestigkeit und der Bruchdehnung von Titan vom Gehalt an Sauerstoff, Stickstoff und Wasserstoff ist Bild 9-3 zu entnehmen.

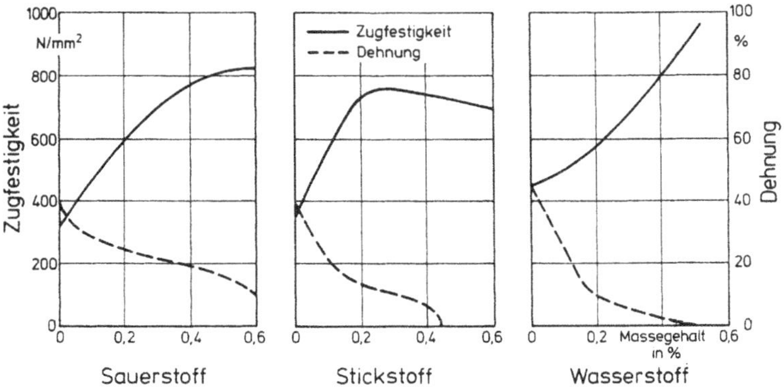

Bild 9-3. Einfluß von Sauerstoff, Stickstoff und Wasserstoff auf die Zugfestigkeit und die Bruchdehnung von Titan nach *Jaffee* u. a.

9.1.4 Wärmebehandlung von Titan und Titanlegierungen

Die wichtigsten Wärmebehandlungsverfahren für Titan sind das Spannungsarmglühen, das Rekristallisationsglühen und das Lösungsglühen mit nachfolgendem Warmauslagern. In Tabelle 9-2 finden sich Angaben zur Wärmebehandlung von Titanwerkstoffen.

Tabelle 9-2. Wärmebehandlung von Titan und Titanlegierungen.

Werkstoff	Spannungsarmglühen	Rekristallisations-glühen	Aushärten Lösungsglühen	Auslagern
Titan	450 ... 550 °C/L	700 °C/L		
TiAl3	500 ... 600 °C/L	700 ... 800 °C/L		
TiAl3Sn2,5	520 ... 650 °C/L	700 ... 840 °C/L	900 ... 1000 °C/L	600 °C/L
TiAl8Mo1V1	600 ... 700 °C/L	800 °C/L	900 ... 1000 °C/L	600 °C/L
TiAl6V4	480 ... 650 °C/L	700 ... 800 °C/L	820 ... 950 °C/L	480 ... 650 °C/L
TiAl7Mo4	480 ... 700 °C/L	700 ... 800 °C/L	820 ... 950 °C/L	480 ... 600 °C/L
TiV13Cr11Al3	540 °C/L	800 °C/L	800 °C/L	480 °C/L

L= Luftabkühlung

Durch Spannungsarmglühen lassen sich Eigenspannungen abbauen, die als Folge einer Kaltumformung, einer ungleichmäßigen Abkühlung oder durch Umkristallisationen entstehen. Das Spannungsarmglühen wird, abhängig vom Legierungsgehalt, zwischen 450 und 700 °C vorgenommen. Die Glühdauer beträgt mindestens 15 min, bei größeren Werkstückdicken ist sie länger. Nach dem Glühen wird an ruhender Luft abgekühlt.

Ein Rekristallisationsglühen wird angewandt, um die Folgen einer Kaltumformung zu beseitigen oder um gezielt die Korngröße zu beeinflussen. Die Temperaturen für das Rekristallisationsglühen liegen zwischen 700 und 800 °C.

Ein Aushärten durch Lösungsglühen und anschließendes Warmauslagern führt bei vielen Titanlegierungen zu günstigen Festigkeits- und Zähigkeitswerten.

9.2 Schweißeignung von Titan und wichtigen Titanlegierungen

Die Schweißeignung von Titan und seinen Legierungen ist für die meisten Schmelz- und Preßschweißverfahren gut bis bedingt. Das WIG-Schweißen und das Elektronenstrahlschweißen eignen sich für alle Titanwerkstoffe. Das MIG-, das Widerstandsschweißen und das Ultraschallschweißen werden ebenfalls häufig angewandt.

9.2.1 Titan

Beim Schweißen von Titan müssen das geschmolzene Schweißgut und der hocherhitzte Grundwerkstoff durch geeignete Maßnahmen vor dem Zutritt von Sauerstoff, Stickstoff und Wasserstoff geschützt werden.

Von den Schmelzschweißverfahren wird am häufigsten das WIG-Schweißen angewendet. Bei einem ausreichenden Gasschutz ist die Schweißeignung von Titan gut. In Bild 9-4 ist der Einfluß von Sauerstoff und Stickstoff im Schutzgas auf die Verformungsfähigkeit von Schweißverbindungen an Titan gezeigt. Bereits bei geringen Gehalten im Schutzgas kommt es zur Versprödung der Schweißverbindungen. Je größer der Sauerstoff- oder Stickstoffgehalt im Schutzgas ist, um so mehr versprödet die Schweißnaht. Die Wirkung läßt sich auch durch Härtemessungen nachweisen, Bild 9-5.

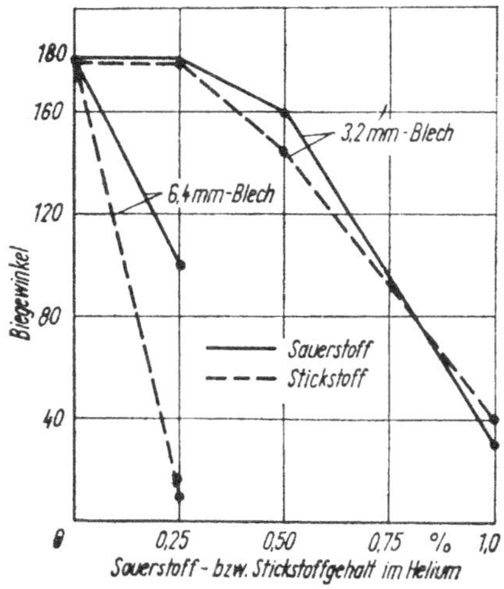

Bild 9-4. Einfluß von Sauerstoff und Stickstoff auf den Biegewinkel von Titan-Schweißverbindungen nach *Bahrett* und *Lane*.

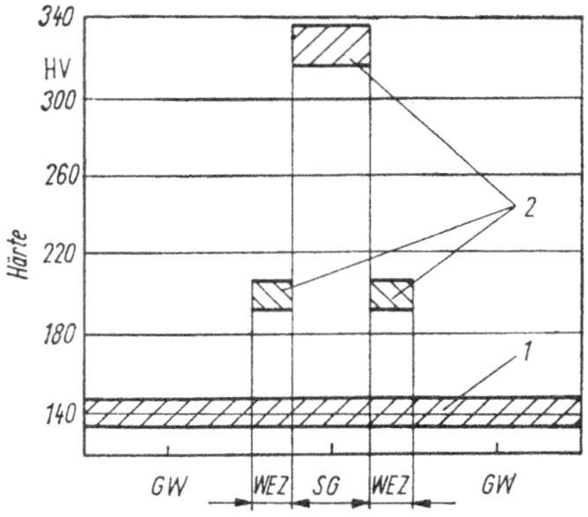

Bild 9-5. Härteverlauf über den Querschnitt einer Schweißnaht an Titan (GW Grundwerkstoff, WEZ Wärmeeinflußzone, 1 nicht versprödet, 2 versprödet).

Während Luftzutritt beim Schweißen zur Versprödung führt, beeinflussen Wasserdampfgehalte bis zu 10 % im Schutzgas die Zähigkeit der Schweißnaht nicht. Es sind deshalb keine Schädigungen zu erwarten, wenn nach dem Schweißen der Nahtbereich mit Wasser abgekühlt wird, Bild 9-6. Dadurch können die Wärmeeinflußzonen schmal gehalten werden. Man nutzt diese Methode für das Schweißen von Stumpf- und Kehlnähten. Die verdampfenden Wasserrückstände schädigen die Schweißnaht nicht, auch wenn sie teilweise in das Schutzgas gelangen.

Schweißverbindungen an 10 und 22 mm dicken Titanblechen weisen im Schweißgut und in der Wärmeeinflußzone (WEZ) örtlich eine etwas höhere Zugfestigkeit und Streckgrenze und eine geringere Bruchdehnung auf, Bild 9-7. Bei der Prüfung von quer zur Schweißnaht entnommenen Zugproben tritt der Bruch nicht im Schweißgut, sondern in der WEZ ein. Durch eine nachträgliche Wärmebehandlung wird eine bessere Anpassung der Festigkeitswerte der Schweißverbindung an diejenigen des ungeschweißten Grundwerkstoffs erreicht, Tabelle 9-3.

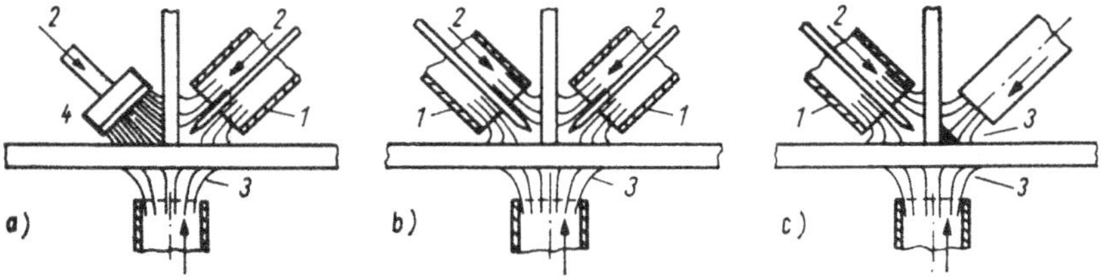

Bild 9-6. Schweißen von Kehlnähten an Titan mit Wasserkühlung (1 WIG-Brenner, 2 Schutzgas, 3 Wasserstrahl, 4 Gasbrause);
a) einseitiges Schweißen mit Kühlung der gegenüberliegenden Seite,
b) beidseitig gleichzeitiges Schweißen,
c) Schweißen der Kehlnaht mit Kühlung der gegenüberliegenden bereits geschweißten Naht.

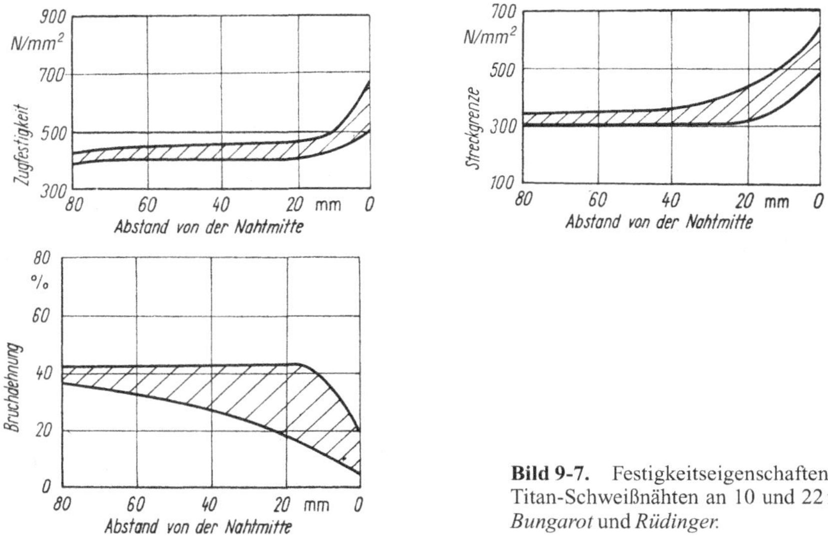

Bild 9-7. Festigkeitseigenschaften über den Querschnitt von Titan-Schweißnähten an 10 und 22 mm dicken Blechen nach *Bungarot* und *Rüdinger.*

Tabelle 9-3. Einfluß einer Wärmebehandlung auf die Festigkeit von Schweißverbindungen an Titan nach *Rüdinger.*

Behandlungs-zustand	Abstand von Nahtmitte mm	Zugfestigkeit N/mm^2	Streckgrenze N/mm^2	Bruchdehnung %	Einschnürung %
Ausgangszustand	–	394	394	39,5	68,6
Schweißnaht (ohne Nachbehandlung)	0	545	525	5,0	13,5
	20	439	397	27,1	64,0
	40	432	378	28,2	64,0
Schweißnaht (geglüht 700 °C/ 1 h/Luft)	0	535	470	16,0	36,0
	20	390	343	32,8	64,0
	40	393	343	35,2	64,0

Die Angaben der Tabelle 9-3 sind charakteristisch für das Schweißen dickerer Bleche. Bei Dünnblechschweißungen, die ohne Zusatzwerkstoff geschweißt werden, entsprechen die Festigkeitseigenschaften der Schweißverbindung denjenigen des ungeschweißten Grundwerkstoffs.

Die Schweißeignung von Titan für das Elektronenstrahlschweißen ist gut bis sehr gut. Das Hochvakuum bietet einen sehr wirksamen Schutz vor einer unerwünschten Gasaufnahme der Schweißverbindung.

9.2.2 Titanlegierungen

Die Schweißeignung der Titanlegierungen ist abhängig vom Legierungstyp. Die α-Legierungen verhalten sich beim Schweißen ähnlich wie Titan und haben eine gute Schweißeignung. Die Schweißeignung der $\alpha+\beta$-Legierungen ist gut bis bedingt. Beim WIG-Schweißen von β-Legierungen sind besondere Maßnahmen erforderlich, um größere Zähigkeitsverluste in der Schweißnaht auszuschließen.

9.2.2.1 α-Legierungen

Die mechanisch-technologischen Eigenschaften der WEZ von Schweißverbindungen an α-Legierungen werden vom Temperatur-Zeit-Verlauf beim Schweißen beeinflußt. Versuche mit simulierten Schweißzyklen an verschiedenen α-Legierungen ergaben, daß die Zugfestigkeit und die Bruchdehnung von der Maximaltemperatur und von der Abkühlgeschwindigkeit abhängen. Danach ist der Einfluß der Maximaltemperaturen zwischen 1000 und 1200 °C bei schneller Abkühlung (Wasserabschreckung) besonders groß. Bei langsamer Abkühlung (Luftabkühlung) bleibt die Zugfestigkeit unabhängig von der Maximaltemperatur auf einem niedrigen Wert, Bild 9-8. Die Bruchdehnung ist sowohl bei Wasserabschreckung wie bei Luftabkühlung um so geringer, je höher die Maximaltemperatur liegt, Bild 9-9.

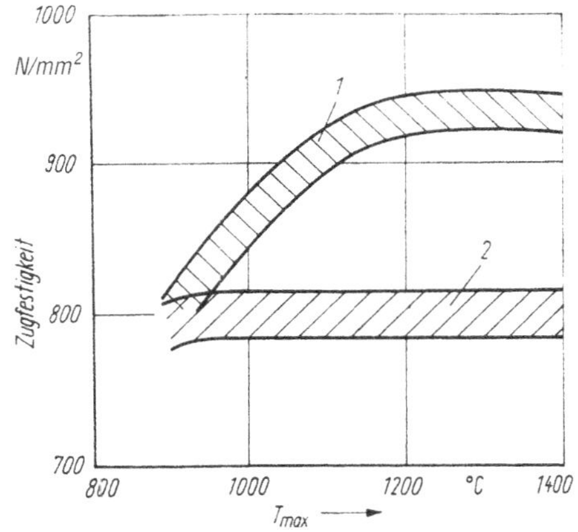

Bild 9-8. Einfluß der Maximaltemperatur, der Aufheiz- und der Abkühlgeschwindigkeit auf die Zugfestigkeit von TiAl3 nach *Horn* und *Stein* (1 Erwärmung in 3 s, Wasserabschreckung; 2 Erwärmung in 10 s, Luftabkühlung).

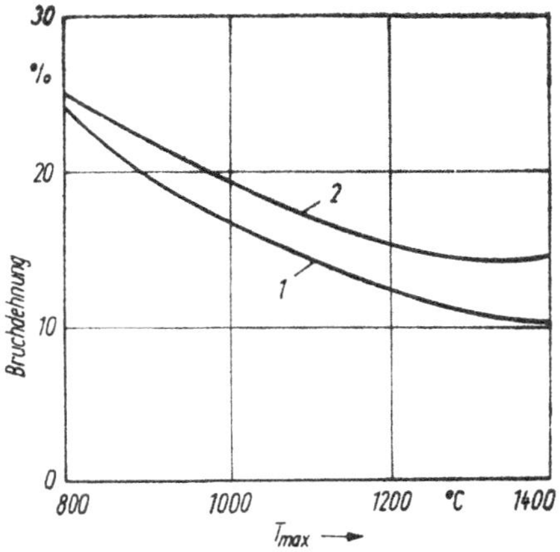

Bild 9-9. Einfluß der Maximaltemperatur, der Aufheiz- und der Abkühlgeschwindigkeit auf die Bruchdehnung von TiAl3 nach *Horn* und *Stein* (1 Erwärmung in 3 s, Wasserabschreckung; 2 Erwärmung in 10 s, Luftabkühlung).

Für die α-Legierung TiAl5Sn2,5 sind in Tabelle 9-4 die Festigkeiten von WIG-Schweißverbindungen denen des Grundwerkstoffs gegenübergestellt. Zusätzlich sind noch Angaben über die Wirkung einer Wärmebehandlung enthalten. Für α-Legierungen kommen nur das Spannungsarmglühen und das

Rekristallisationsglühen in Frage, Tabelle 9-2. Eine nachträgliche Wärmebehandlung von Schweißverbindungen an TiAl5Sn2,5 verbessert die Zähigkeit leicht. Ein gelegentlich empfohlenes Glühen bei höheren Temperaturen ist nicht angebracht.

Tabelle 9-4. Festigkeit WIG-geschweißter Verbindungen an 2,7 mm dicken Blechen aus TiAl5Sn2,5.

Behandlungszustand	Zugfestigkeit N/mm^2	Streckgrenze N/mm^2	Bruchdehnung %	Einschnürung %
Grundwerkstoff (800 °C/0,5 h/Luft)	922	892	20	36
Schweißverbindung				
(unbehandelt)	1000	922	4	–
750 °C/1 h/Luft	942	892	8	26
900 °C/1 h/Luft	952	902	2	10

Die Kerbschlagzähigkeit der α-Legierungen fällt mit sinkender Temperatur stetig ab. Ein Steilabfall der Kerbschlagzähigkeit, wie er bei unlegierten und niedriglegierten Baustählen auftritt, wird bei den α-Legierungen nicht beobachtet.

9.2.2.2 α+β-Legierungen

Die α+β-Legierungen zeigen eine gute bis bedingte Schweißeignung. Beim Abkühlen nach dem Schweißen kann sich die ω-Phase bilden, die das Verformungsvermögen beeinträchtigt. Durch eine nachträgliche Wärmebehandlung läßt sich die Zähigkeit der Schweißverbindung verbessern.

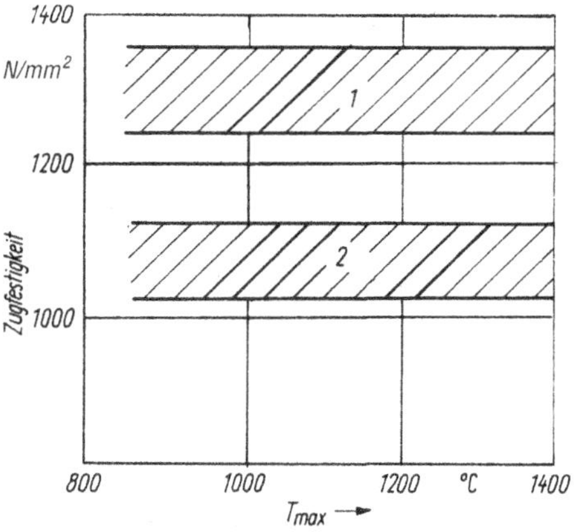

Bild 9-10. Einfluß der Maximaltemperatur, der Aufheiz- und der Abkühlgeschwindigkeit auf die Zugfestigkeit von TiAl6V4 nach *Horn* und *Stein* (1 Erwärmung in 3 s, Wasserabschreckung; 2 Erwärmung in 10 s, Luftabkühlung).

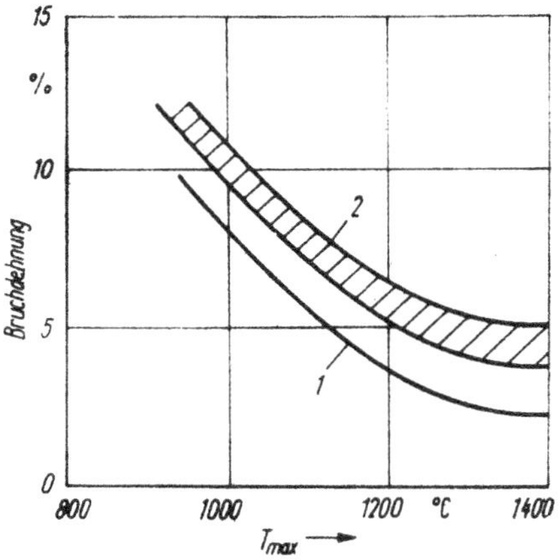

Bild 9-11. Einfluß der Maximaltemperatur, der Aufheiz- und der Abkühlgeschwindigkeit auf die Bruchdehnung von TiAl6V4 nach *Horn* und *Stein* (1 Erwärmung in 3 s, Wasserabschreckung; 2 Erwärmung in 10 s, Luftabkühlung).

Eine häufig verwendete Legierung dieses Typs ist TiAl6V4. In Bild 9-10 ist für einen thermischen Zyklus die Abhängigkeit der Zugfestigkeit von der Maximaltemperatur sowie von der Aufheizgeschwindigkeit und von den Abkühlungsbedingungen gezeigt. Danach hat die Maximaltemperatur keinen Einfluß, wohl aber die Art der Abkühlung beziehungsweise die Abkühlgeschwindigkeit. Im wasserabgeschreckten Zustand liegt die Zugfestigkeit zwischen 1240 und 1380 N/mm^2, dagegen bei

Luftabkühlung nur um 1100 N/mm^2. Die Bruchdehnung von TiAl6V4 wird durch die Maximaltemperatur beeinflußt, Bild 9-11. Nach Wasserabschreckung von 1400 °C beträgt die Bruchdehnung weniger als 2 %.

Um die nachteiligen Folgen einer raschen Abkühlung beim Schweißen einer α+β-Legierung zu vermeiden, empfiehlt es sich, durch geeignete Maßnahmen die Abkühlgeschwindigkeit zu verringern oder Schweißverfahren anzuwenden, bei denen verfahrensbedingt die Abkühlgeschwindigkeit kleiner ist, zum Beispiel das Unterpulverschweißen oder das Elektroschlackeschweißen. Ordnungsgemäß geschweißte Verbindungen an TiAl6V4 haben die gleiche Zugfestigkeit wie der ungeschweißte Grundwerkstoff, lediglich die Zähigkeit ist etwas geringer, Tabelle 9-5.

Tabelle 9-5. Festigkeit WIG-geschweißter Verbindungen an TiAl6V4.

Behandlungszustand	Zugfestigkeit N/mm^2	Streckgrenze N/mm^2	Bruchdehnung %	Einschnürung %
Grundwerkstoff (unbehandelt)	1060	981	13	22
Schweißverbindung (unbehandelt)	1010	981	4	5
950 °C/1 h/Luft	893	883	3	5

Die Kerbschlagzähigkeit von Schweißverbindungen an TiAl6V4 ändert sich in Abhängigkeit von der Temperatur stetig. Ein Steilabfall der Kerbschlagzähigkeits-Temperatur-Kurve tritt bei den α+β-Legierungen nicht auf.

9.2.2.3 β-Legierungen

Die Schweißeignung der β-Legierungen ist entgegen früheren Auffassungen gut. Besonders eignen sich das Elektronenstrahl- und das WIG-Schweißen für diese Titanlegierungen. Elektronenstrahlgeschweißte Verbindungen der β-Legierung TiV13Cr11Al3 entsprechen in ihren Festigkeitseigenschaften dem ungeschweißten Grundwerkstoff. WIG-geschweißte Verbindungen weisen ähnliche Zugfestigkeits- und Streckgrenzenwerte, aber eine geringe Bruchdehnung auf.

Die Kerbschlagzähigkeits-Temperatur-Kurve von β-Legierungen weist einen ausgeprägten Steilabfall auf. Kurz unterhalb der Raumtemperatur sinkt die Kerbschlagzähigkeit auf niedrige Werte. Diese Erscheinung hängt mit dem Kristallaufbau zusammen. Metallische Werkstoffe mit einem kubischraumzentrierten Kristallgitter zeigen diese temperaturabhängige sprungartige Veränderung der Kerbschlagzähigkeit. Die Schweißverbindungen verhalten sich wie der ungeschweißte Grundwerkstoff.

9.3 Festigkeitseigenschaften geschweißter Titanlegierungen

Die vielfältigen Einsatzmöglichkeiten der Titanwerkstoffe veranlaßten umfangreiche Untersuchungen des Festigkeitsverhaltens von Schweißverbindungen. Das Interesse galt und gilt besonders den WIG- und elektronenstrahlgeschweißten Verbindungen. Grundsätzlich ist festzustellen, daß bei den meisten gebräuchlichen Titanlegierungen die Festigkeit ordnungsgemäß ausgeführter Schweißungen derjenigen des Grundwerkstoffs entspricht. Zähigkeitsverluste durch das Schweißen lassen sich in zulässigen Grenzen halten, lediglich einige hochfeste Titanlegierungen, wie die α+β-Legierung TiAl6V6Sn2, zeigen Aufhärtungen, selten verzögerte Rißbildung, und sie sind empfindlich gegenüber Spannungsrißkorrosion.

Häufig werden Titanlegierungen auch bei höheren Betriebstemperaturen eingesetzt, so daß ihrer Warmfestigkeit besondere Bedeutung zukommt. Als Beispiele für die Warmfestigkeit von

Schweißverbindungen sind in den Bildern 9-12 und 9-13 die Abhängigkeiten der Zugfestigkeit und der Bruchdehnung von der Temperatur für die α-Legierung TiAl5Sn2,5 und für die $\alpha+\beta$-Legierung TiAl6V4 dargestellt. Ein Vergleich der Schweißverbindungen mit dem ungeschweißten Grundwerkstoff ergibt für die Warmzugfestigkeit volle Übereinstimmung, lediglich die Bruchdehnung liegt bei den Schweißverbindungen bis 150 °C Prüftemperatur niedriger. Bei höheren Temperaturen verschwinden die Unterschiede. Die Zeitstandfestigkeit von Schweißverbindungen der Legierung TiAl5Sn2,5 ist die gleiche wie die des ungeschweißten Grundwerkstoffs.

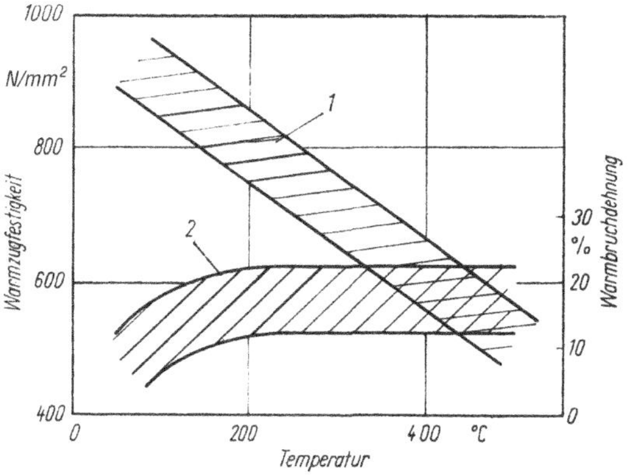

Bild 9-12. Warmzugfestigkeit und -bruchdehnung vom Grundwerkstoff und von Schweißverbindungen an TiAl5Sn2,5 (1 Zugfestigkeit, 2 Bruchdehnung).

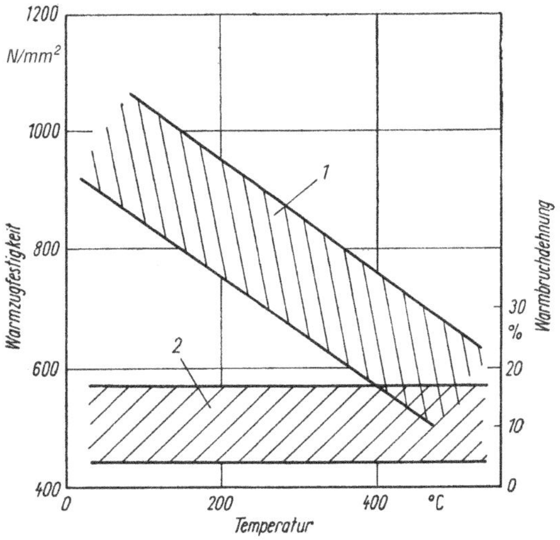

Bild 9-13. Warmzugfestigkeit und -bruchdehnung vom Grundwerkstoff und von Schweißverbindungen an TiAl6V4 (1 Zugfestigkeit, 2 Bruchdehnung).

10 Sicherheit von Schweißkonstruktionen

Die Schweißsicherheit ist gegeben, wenn eine Schweißverbindung in einer Konstruktion bei vorhandener Schweißeignung des verwendeten Werkstoffs und Schweißmöglichkeit alle betriebsbedingten Beanspruchungen für die Dauer ihres Einsatzes ohne funktionsstörende Schädigungen erträgt. Die Schweißsicherheit wird in erster Linie von der konstruktiven Gestaltung der Schweißverbindungen und vom Beanspruchungszustand bestimmt, aber sie setzt ausreichende Schweißeignung und eine auf Werkstoff und Konstruktion abgestimmte Schweißfertigung voraus.

Eine besondere Bedeutung für das Zusammenspiel von Schweißeignung und Schweißsicherheit in einem konstruktiven Gebilde kommt dem Zähigkeitsverhalten der Schweißverbindungen zu. Können sich in einer Schweißkonstruktion durch ungünstige Gestaltung und Lage der Schweißverbindungen mehrachsige Spannungszustände aufbauen, kommt es zum Zähigkeitsverlust und in ungünstigen Fällen zum Sprödbruch. Der Sprödbruch wurde nach den ersten katastrophalen Schäden an geschweißten Brücken und Schiffen in den 30er bis 60er Jahren zu einem zentralen Forschungsthema. Viele der heute vorliegenden Erkenntnisse über das Bruchgeschehen bei metallischen Werkstoffen sind der Sprödbruchforschung an Schweißkonstruktionen zu danken.

10.1 Grundlagen zum Bruchversagen

10.1.1 Brucherscheinungen

Ein Bruch ist ein Vorgang, bei dem Werkstoffbereiche getrennt werden und die Tragfähigkeit verloren geht. Im atomaren Bereich sind zwei grundsätzliche Werkstofftrennungen möglich, Bild 10-1:

- Bruch durch Spaltung,
- Bruch durch Scherung.

Die Spaltung tritt auf, wenn durch Normalspannungen die zwischenatomaren Bindungskräfte zweier Atomschichten (Gitterebenen) überwunden werden. Theoretisch sind im idealen Kristallgitter dazu Normalspannungen erforderlich, die sich aus

$$\sigma_{Ideal} \sim \frac{E}{10} \qquad (10.1)$$

mit E = Elastizitätsmodul errechnen.

Wenn die Scherspannung τ einen Wert von

$$\tau_{ideal} \sim \frac{G}{10} \qquad (10.2)$$

mit G = Gleitmodul erreicht, dann findet ein Abgleiten zweier Atomschichten (Gitterebenen) statt.

Die beiden angeführten Beziehungen 10.1 und 10.2 gelten nur für ideale Einkristalle. Für reale vielkristalline metallische Werkstoffe sind die Bruchspannungen erheblich kleiner.

Die Brüche können nach mikroskopischen und makroskopischen Merkmalen unterteilt werden. Die mikroskopischen Merkmale sind nach *Kochendörfer* die durch Gleitvorgänge verursachten streckenflächigen und die durch Trennung hervorgerufenen spaltflächigen Werkstofftrennungen. In vielkristallinen Werkstoffen verlaufen die Trennungen transkristallin, interkristallin oder gemischt. Makroskopisch lassen sich verschiedene Bruchformen unterscheiden, Bild 10-2.

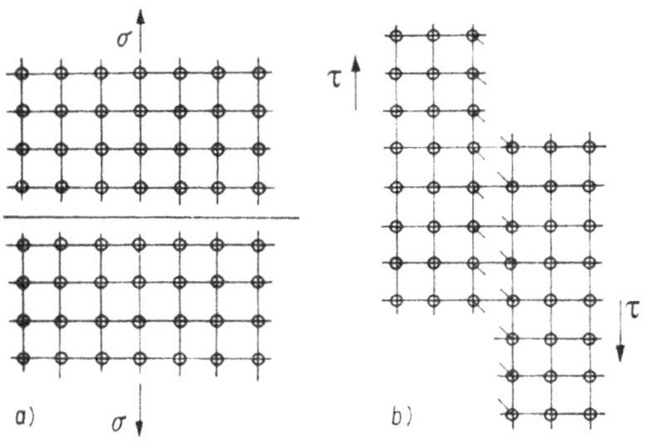

Bild 10-1. Brucharten im Kristallgitter;
a) Bruch durch Spaltung,
b) Bruch durch Scherung.

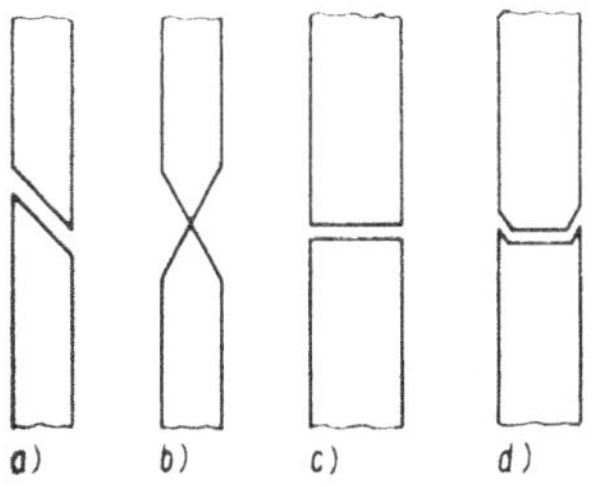

Bild 10-2. Schematische Darstellung der Bruchformen;
a) Scherbruch,
b) Doppelscher- oder Einschnürbruch,
c) Normalspannungsbruch,
d) Normalspannungsbruch mit Scherlippen.

Zähbruch (Verformungsbruch)

Beim Zäh- oder Verformungsbruch tritt immer eine makroskopisch sichtbare plastische Verformung in der Umgebung des Bruchs auf. Die Bruchfläche ist zerklüftet, faserig und matt. Der Bruch entsteht durch Abscheren, das heißt durch Abschieben örtlicher Gitterebenen unter der Wirkung von Schubspannungen. Mit dem Rasterelektronenmikroskop sind mikrofraktografische Analysen von Bruchflächen möglich geworden. Beim Zähbruch kann eine charakteristische Grübchen- oder Wabenstruktur beobachtet werden, Bild 10-3. Diese tritt auch beim verformungsarmen Zähbruch auf, zum Beispiel an Dickblechschweißungen höherfester Stähle.

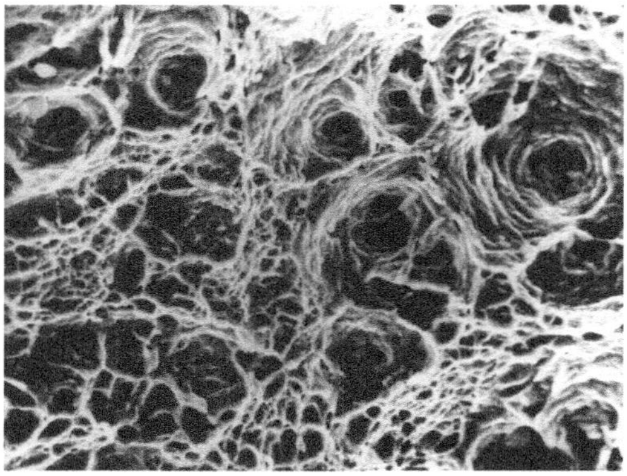

Bild 10-3. Rasterelektronenmikroskopische Aufnahme eines Grübchen- oder Walzenbruchs von schweißgeeignetem Baustahl nach *I. Wagner* (1000 : 1, Wiedergabe etwa 0,5fach – Otto-von-Guericke-Universität Magdeburg, IWW).

Sprödbruch

Der Sprödbruch ist ein makroskopisch verformungsloser Bruch, der bei Lastspannungen ausgelöst wird, die erheblich unterhalb der Streckgrenze des betreffenden Werkstoffs liegen. Die Werkstofftrennung breitet sich als Riß mit sehr großer Geschwindigkeit aus. Die Bruchflächen sind glänzend und kristallin. Mikrofraktografisch lassen sich transkristallin verlaufende Spaltflächen feststellen, Bild 10-5. Besteht im Korngrenzenbereich gegenüber dem Korninneren eine erhöhte Eigensprödigkeit, dann kann ein interkristalliner Spaltbruch entstehen, Bild 10-4.

Das Versagen geschweißter Großkonstruktionen bei Belastungen, die nach den konventionellen Festigkeitsnachweisen weit unterhalb der zulässigen Beanspruchungen lagen, ließ den Sprödbruch zu einer besonders gefürchteten Fehlererscheinung werden. Die wichtigsten Faktoren, die die Sprödbruchneigung beeinflussen, sind in Tabelle 10-1 zusammengefaßt.

Tabelle 10-1. Einflußfaktoren des Sprödbruchs.

1. Werkstoff	Gitterstruktur, Korngröße, Ausscheidungen, Seigerungen, Einschlüsse
2. Konstruktion	Erzeugnisdicken, plötzliche Querschnittsänderungen, Kerben
3. Fertigung	Schweißdaten, Schweißeigenspannungen, Schweißfehler (zum Beispiel Einbrandkerben, Wurzelfehler, Kaltrisse)
4. Betrieb	Belastungsart und -höhe, Belastungsgeschwindigkeit, Temperatur, Umgebungsmedium

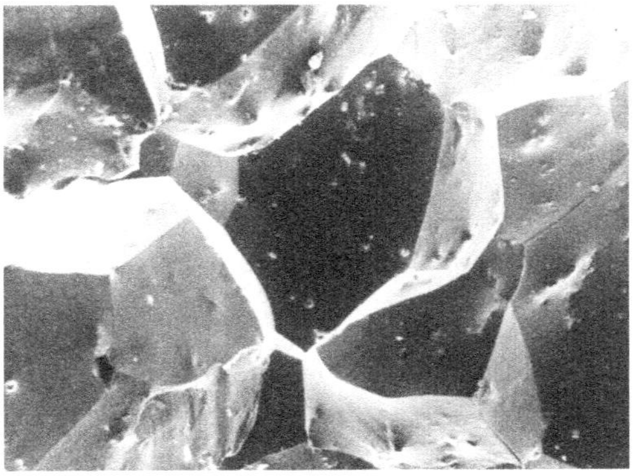

Bild 10-4. Rasterelektronische Aufnahme eines interkristallinen Spaltbruchs nach *I. Wagner* (2500 : 1, Wiedergabe etwa 0,5fach – Otto-von-Guericke-Universität Magdeburg, IWW).

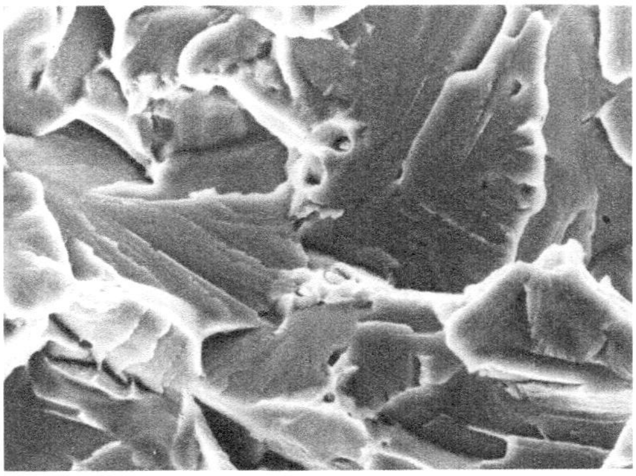

Bild 10-5. Rasterelektronische Aufnahme eines transkristallinen Spaltbruchs von schweißgeeignetem Baustahl nach *I. Wagner* (1000 : 1, Wiedergabe etwa 0,5fach – Otto-von-Guericke-Universität Magdeburg, IWW).

10.1.2 Bruchanalyse-Schaubild (FAD)

Die unlegierten und niedriglegierten Baustähle mit ihrem vorherrschend ferritischen Gefüge gehören zu den Werkstoffen mit einem kubischraumzentrierten Kristallgitter (krz). Für diese Werkstoffe ist ein erheblicher Einfluß der Temperatur auf das Bruchverhalten typisch. Bei tiefen Temperaturen tritt ein Übergang vom streckflächigen zum spaltflächigen Bruch ein, also ein Umschlagen vom Zähbruch zum Sprödbruch.

Für die Sprödbruchneigung sind die Temperatur, der Spannungszustand und die Belastungsgeschwindigkeit die wesentlichen Einflußgrößen. In einem von *Pellini* und *Puzak* entwickelten Bruchanalyse-Schaubild, Bild 10-6, ist bei gleichbleibender Belastungsgeschwindigkeit die Abhängigkeit der Festigkeit und des Bruchverhaltens ferritisch-perlitischer Baustähle von der Temperatur dargestellt. Bei einer gegebenen Belastungsgeschwindigkeit ist die Betriebstemperatur die wichtigste Veränderliche, die das Bruchverhalten eines Stahls bestimmt.

Für eine ungekerbte Zugprobe oder für ein anrißfreies Bauteil sind bei einer Temperatur T_D die Streckgrenze und die Bruchgrenze gleich groß, das heißt, bei dieser und bei allen tieferen Temperaturen bricht der Stahl vollkommen spröde. Für einen unlegierten Baustahl liegt die absolute Versprödungstemperatur bei etwa –160 °C. Oberhalb T_D geht dem Bruch eine plastische Verformung voraus.

Enthält die Probe einen Kerb oder das Bauteil einen Anriß, dann ändert sich die Temperaturabhängigkeit der Bruchgrenze entsprechend der Kurve ABCD, Bild 10-6. Im Bereich AB ist die Bruchgrenze R_m kleiner als die Streckgrenze R_e, und die Probe oder das Bauteil bricht spröde. Bei

Temperaturen oberhalb der NDT-Temperatur (Nilductility Transition Temperature) liegt die Streckgrenze tiefer als die Bruchgrenze, und vor dem Bruch tritt eine Verformung auf. Bei der NDT-Temperatur und darunter breitet sich ein vorhandener Riß instabil, das heißt mit sehr großer Geschwindigkeit, aus. Bei einem größeren Anriß ändern sich die Verhältnisse, zum Beispiel entsprechend der Kurve EFG. Die Grenzspannungskurve IKH gibt an, bei welchen Spannungs-Temperatur-Verhältnissen vorhandene Risse sich nicht weiter ausbreiten oder aufgefangen werden. Sie wird als Rißauffang-Temperatur-Kurve oder CAT-Kurve (Crack Arrest Temperature) bezeichnet. Ihr Schnittpunkt mit der Kurve für die Temperaturabhängigkeit der Streckgrenze ergibt die FTE-Temperatur (Fracture Transition Elastic Temperature). In H schneidet die CAT-Kurve diejenige der Temperaturabhängigkeit der Bruchgrenze, und der Stahl verhält sich so, als sei er anrißfrei. Diese Temperatur heißt FTP-Temperatur (Fracture Transition Plastic Temperature). Für unlegierte Baustähle beträgt die Temperaturdifferenz zwischen der NDT- und der FTP-Temperatur, das heißt zwischen der Temperatur, bei der bereits ein kleiner Anriß bei einer Beanspruchung in Höhe der Streckgrenze zum instabilen Rißwachstum führt, und der Temperatur, oberhalb der sich auch ein größerer Riß nicht weiter ausbreitet, etwa 70 K.

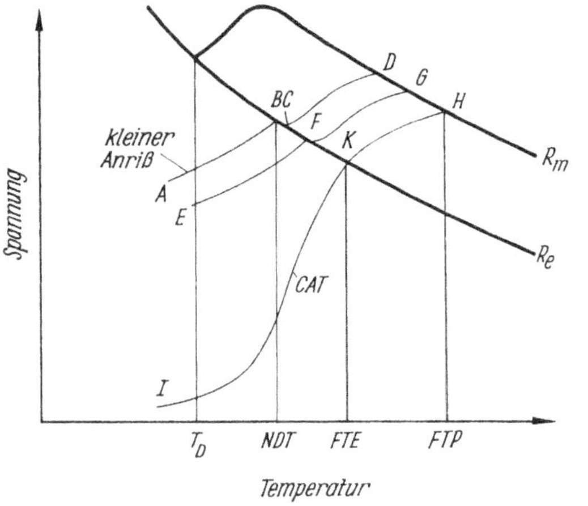

Bild 10-6. Bruchschaubild (vereinfacht) nach *Pellini* und *Puzak*.

10.2 Zähigkeitsprüfungen

Das Ziel dieser Prüfung ist die Gewinnung von Kenngrößen, die einen hohen Sicherheitsstandard geschweißter Konstruktionen vor allem gegenüber Sprödbrüchen gewährleisten. Es wurde eine große Anzahl von Prüfverfahren entwickelt. Einige erfordern einen großen prüftechnischen Aufwand und konnten sich schon aus diesem Grund nicht allgemein durchsetzen. Der große Nachteil aller konventionellen Prüfverfahren ist die Unsicherheit beim Übertragen der Prüfergebnisse auf das Bauteilverhalten. Trotz dieser Unzulänglichkeit erbrachte ihre Anwendung wichtige Erkenntnisse zum Betriebsverhalten geschweißter Konstruktionen und für die Entwicklung schweißgeeigneter Baustähle. Einige der seit langem bekannten und bewährten Prüfverfahren sind genormt und in Vorschriften enthalten. Ihre Anwendung ermöglicht eine zweckentsprechende Stahlauswahl für geschweißte Konstruktionen und gewährleistet eine hohe Sicherheit gegen das Auftreten von spröden Brüchen.

Die neueren werkstoffphysikalischen und prüftechnischen Erkenntnisse über das Bruchgeschehen ermöglichten eine Weiterentwicklung der Prüfverfahren. Es wurde eine neue Prüfkonzeption erarbeitet, die das Ziel hat, Kenngrößen zu liefern, die eine Beurteilung und Voraussage des Bauteilverhaltens ermöglichen. Die bisher entwickelten Bruchmechanikkonzepte zeigen den Weg und haben sich heute schon in vielen Fällen bewährt. Man kann aber davon ausgehen, daß die konventionellen Prüfverfahren auch weiterhin ihre Bedeutung behalten werden.

Um das Zähigkeitsverhalten durch Kenngrößen zu erfassen, nutzt man die verschiedenen Abhängigkeiten des Bruchverhaltens von der Beanspruchungsgeschwindigkeit, von der Temperatur und vom Vorhandensein von Kerben. Die Einteilung der Zähigkeitsprüfverfahren kann nach verschiedenen Gesichtspunkten erfolgen. Eine einfache Ordnung ergibt sich, wenn man nach den jeweils verwendeten Proben und nach der beim Prüfen angewandten Beanspruchungsgeschwindigkeit entsprechende Gruppen von Prüfverfahren bildet, Tabelle 10-2. Damit wird die Übersicht erleichtert.

Tabelle 10-2. Konventionelle Zähigkeits-Prüfverfahren.

	Prüfverfahren mit nicht geschweißten Proben	Prüfverfahren mit geschweißten Proben
geringe Beanspruchungsgeschwindigkeit	statischer Zugversuch mit gekerbten Proben statischer Biegeversuch mit gekerbten Proben	Aufschweißbiegeprobe
hohe Beanspruchungsgeschwindigkeit	Kerbschlagbiegeversuch Rißauffangversuch	Kerbschlagbiegeversuch

10.2.1 Statische Zugversuche mit gekerbten Proben

Im allgemeinen ist die Bedeutung der statischen Zugversuche mit gekerbten Proben für die klassischen Zähigkeitsprüfungen geringer als diejenige der statischen Biegeproben. Am bekanntesten sind die früher häufig angewandten Prüfverfahren von *Tipper* und *Kahn*.

10.2.1.1 Tipper-Probe

Bei diesem Prüfverfahren wird ein gekerbter Prüfstab, Bild 10-7, verwendet. Die Probe erfaßt die gesamte Blechdicke und berücksichtigt damit den Dickeneinfluß. Gegenüber kleineren Proben bietet die *Tipper*-Probe den Vorteil, daß die Prüftemperatur längere Zeit konstant gehalten werden kann. Zur Kontrolle der Temperatur ist in der Probe eine Bohrung für ein Thermoelement vorgesehen. Für die jeweilige Prüftemperatur werden die Zugfestigkeit, die Streckgrenze und die Bruchdehnung bestimmt. Die Übergangstemperatur vom zähen zum spröden Bruch ist für einen kristallinen Bruchanteil von 50 % definiert. Die Bestimmung des kristallinen Anteils in der Bruchfläche ist durch mehrere Proben abzusichern, vor allem im Bereich der Übergangstemperatur.

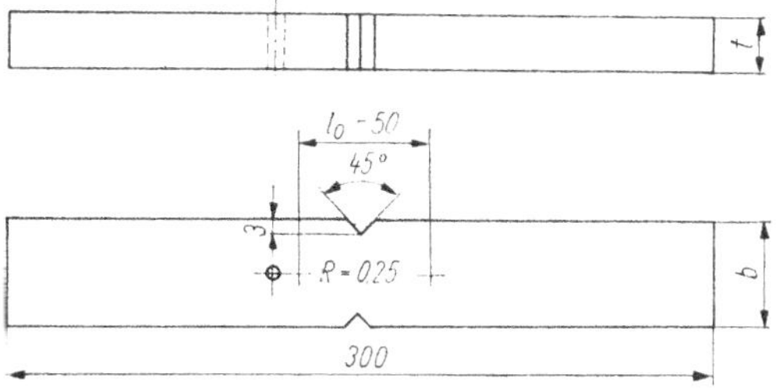

Bild 10-7. Gekerbter Prüfstab für den Zugversuch nach *Tipper* (l_0 Meßlänge, t Blechdicke; b = 2,5 · t).

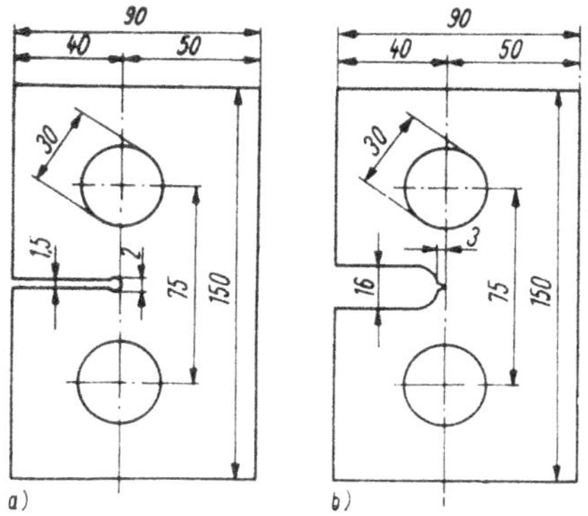

Bild 10-8. Gekerbter Prüfstab für den Zugversuch nach *Kahn;*
a) normale Zugprobe,
b) verschärfte Kerbform.

10.2.1.2 Kahn-Probe

Diese Probe dient der Klärung des Bruchverhaltens von Schiffbaustählen und ist auch als Navy-Tear-Test bekannt. Die einseitig gekerbten Zugproben, Bild 10-8, in den Blechdicken von 10 bis 30 mm werden bei verschiedenen Temperaturen mit einer Dehngeschwindigkeit von 8,5 mm/min beansprucht. Als Übergangstemperatur vom zähen zum spröden Bruch gilt die Temperatur, bei der, wie bei der *Tipper*-Probe, in der Bruchfläche 50 % kristalliner Anteil festgestellt werden. Durch die Aufnahme von Spannungs-Dehnungs-Kurven ist es möglich, die für eine Rißausbreitung erforderliche Energie zu bestimmen, Bild 10-9. Um die Prüfung zu verschärfen, kann ein Spitzkerb eingebracht werden.

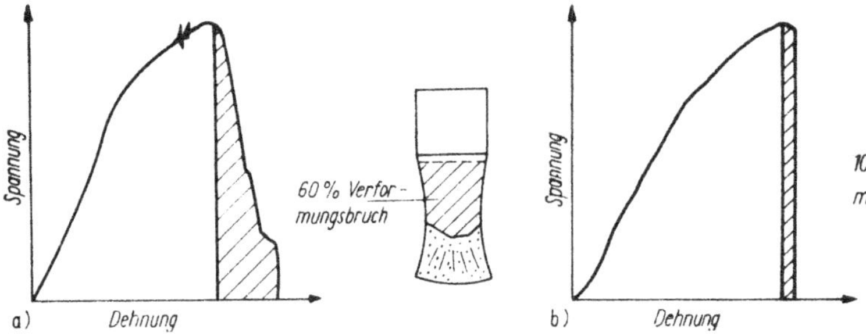

Bild 10-9. Ergebnisse von Zugversuchen mit gekerbten Proben (schematisch);
a) $T_p > T_ü$, b) $T_p < T_ü$.

10.2.2 Statische Biegeversuche mit gekerbten Proben

Am bekanntesten sind die *Van-der-Veen*-Biegeprobe und die Aufschweißbiegeprobe von *Kommerell.*

10.2.2.1 Van-der-Veen-Probe

Diese Probe ist ähnlich dem Battele-Drop-Weight-Tear-Test (BDWT-Test) eine Dreipunktbiegeprobe, Bild 10-10. Die Prüfkriterien sind die Übergangstemperatur und die maximal vor dem Bruch erreichte Durchbiegung. Die *Van-der-Veen*-Probe hat nur noch geringe Bedeutung.

10.2.2.2 Aufschweißbiegeprobe

Die Aufschweißbiegeprobe nach *Kommerell* ist eine der ältesten Sprödbruchprüfungen. Sie wurde in den 30er Jahren nach Sprödbrüchen an geschweißten Brücken entwickelt und ist bis heute in den entsprechenden Vorschriften der meisten Industrieländer enthalten, in Deutschland früher unter anderem in DIN 17100, nunmehr in den ergänzenden Ausführungsregeln zu DIN 18800-1 (Herstellungsrichtlinie Stahlbau – 2. Ausgabe, 06-96).

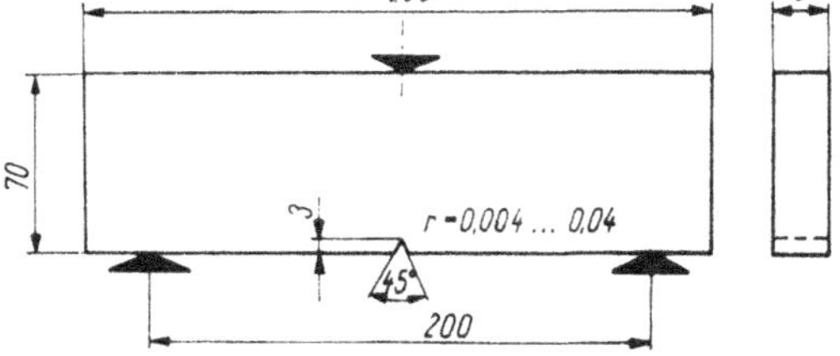

Bild 10-10. Biegeprobe nach *Van der Veen.*

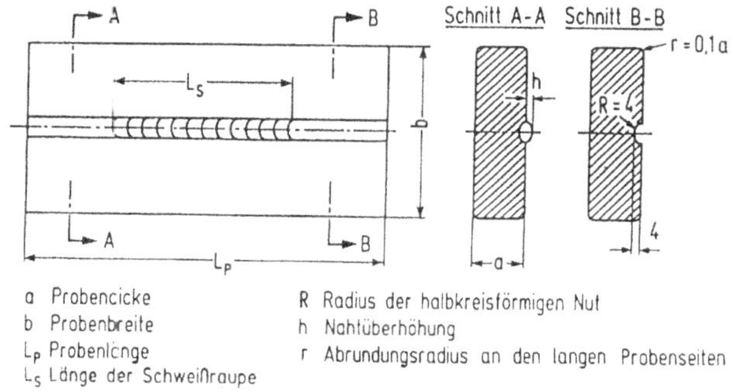

Bild 10-11. Aufschweißbiegeprobe nach SEP 1390.

Mit dem Aufschweißbiegeversuch wird das Zähigkeitsverhalten von Grobblechen und Profilen ab 30 mm Dicke aus Baustählen untersucht. Bei großen Dicken ist die Probe auf 50 mm einseitig abzuarbeiten, Bild 10-11 (In verschiedenen Vorschriften werden unterschiedliche Probenabmessungen empfohlen!). In der Probenmitte ist eine Längsnut mit halbkreisförmigem Querschnitt eingearbeitet, die mit einer Schweißraupe gefüllt wird. Da Schweißfehler das Prüfergebnis beeinflussen, sind diese auszuschließen. Im allgemeinen schweißt man ohne Vorwärmen. Für die Prüfung wird eine Biegevorrichtung, Bild 10-12, benutzt. Die Probe wird so belastet, daß sich die Seite mit der Schweißraupe im Zugbereich befindet. Es soll eine Vorschubgeschwindigkeit des Biegedorns von etwa 1 mm/s eingehalten werden. Der Versuch ist bis zum Bruch, mindestens aber bis zu einem für die betreffende Erzeugnisdicke vorgegebenen Biegewinkel zu führen. Die Abhängigkeit dieses Mindestbiegewinkels von der Probendicke ist Bild 10-13 zu entnehmen. Eine ausreichende Zähigkeit liegt vor, wenn die Probe zäh bricht und der geforderte Mindestbiegewinkel erreicht wird. Die beim Biegen von der Schweißnahtoberfläche ausgehenden Anrisse dürfen nur allmählich bis zum vollen Durchbruch der Probe fortschreiten. Bei einem Sprödbruch breitet sich der Bruch schlagartig über den gesamten Querschnitt aus. Siehe hierzu Stahl-Eisen-Prüfblatt SEP 1390 (2. Ausgabe, 07-96).

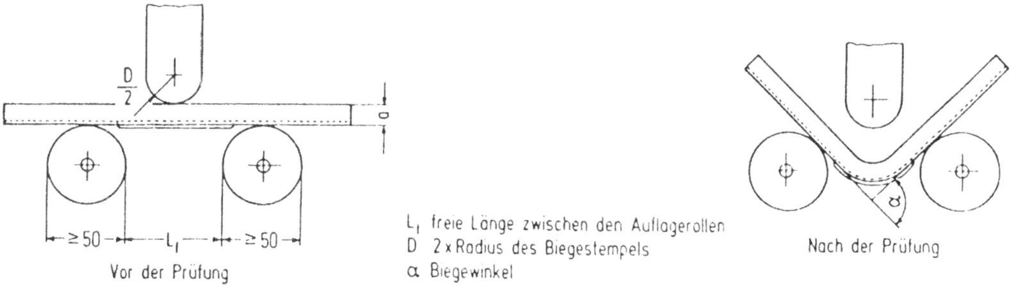

Bild 10-12. Biegevorrichtung mit Biegestempel und Auflagerrollen nach SEP 1390.

Die Durchführung und vor allem die richtige Bewertung der Aufschweißbiegeprobe setzen Erfahrung voraus. In der Regel ist die Probe so hoch beansprucht, daß sie bricht. Dem Bruch soll eine merkliche Verformung vorausgehen. Auf das Auftreten des ersten Anrisses auf der Schweißnahtoberfläche ist sorgfältig zu achten. Wird dieser erste Anriß vom Grundwerkstoff aufgefangen, dann biegt man weiter, bis die Probe reißt.

Die vor allem in den USA verwendete *Kinzel*-Probe ist eine verschärfte Aufschweißbiegeprobe. Sie ist zusätzlich in der Schweißnaht gekerbt. Der in der Probenmitte liegende durchgehende Kerb hat eine Tiefe von 1,2 mm, einen Kerbwinkel von 45° und im Kerbgrund einen Abrundungsradius von 0,25 mm. Es wird der Biegewinkel bestimmt, bei dem die Probe bricht. Außerdem mißt man die

Einschnürung (Querkontraktion) der Probe 0,8 mm unterhalb des Kerbs und beurteilt das Bruchaussehen. Als Übergangstemperatur ist die Temperatur definiert, bei der eine Einschnürung von 1 % auftritt.

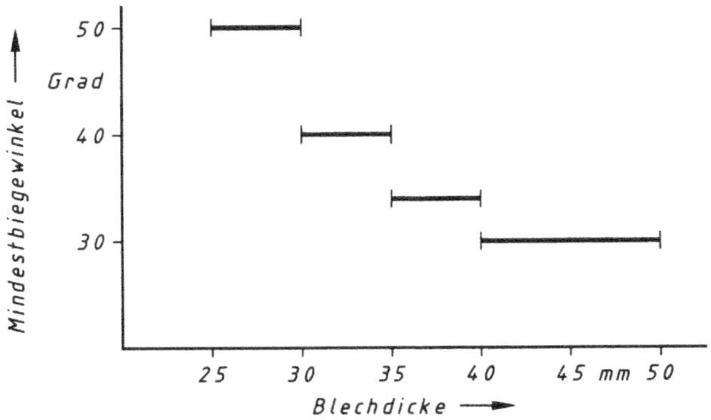

Bild 10-13. Mindestbiegewinkel bei der *Kommerell*-Probe in Abhängigkeit von der Blechdicke.

10.2.3 Dynamische Prüfverfahren

Zu diesen Prüfverfahren gehören der klassische Kerbschlagbiegeversuch mit seinen Varianten und verschiedene Fallgewichtsversuche.

10.2.3.1 Kerbschlagbiegeversuch

Beim Kerbschlagbiegeversuch wird ein gekerbter Prüfstab mit hoher Beanspruchungsgeschwindigkeit durchgeschlagen oder verformt und durch die Widerlager gezogen. Die Kerbschlagarbeit A_v ist die für das Durchschlagen der Probe verbrauchte Energie, sie wird in J angegeben. Der Kerbschlagbiegeversuch ist in DIN EN 875 genormt. International werden verschiedene Proben mit unterschiedlichen Kerben verwendet. Für die Untersuchungen des Bruchverhaltens wird die ISO-V-Probe mit Spitzkerb bevorzugt eingesetzt.

Der große Einfluß der Temperatur auf das Bruchverhalten zeigt sich in der Kerbschlagzähigkeit-Temperatur-Kurve. Charakteristisch ist für Metalle mit kubischraumzentriertem Kristallgitter eine Kurve mit drei Bereichen, die sich in der Kerbschlagzähigkeit und im Bruchaussehen unterscheiden, Bild 10-14:

Hochlage	– Zähbruch,
Steilabfall	– Mischbruch,
Tieflage	– Sprödbruch.

Um den Übergang vom Zähbruch zum Sprödbruch zu kennzeichnen, wird im Bereich des Steilabfalls eine Übergangstemperatur $T_{ü}$ definiert. Üblich sind für die Festlegung der Übergangstemperatur verschiedene Möglichkeiten:

- $T_{ü}$-Temperatur, bei der die Kerbschlagzähigkeit 50 % derjenigen in der Hochlage ist,
- $T_{ü}$-Temperatur, bei der der Anteil der kristallinen Bruchfläche (kristalliner Fleck) 50 % beträgt,
- $T_{ü}$-Temperatur, bei der die Kerbschlagzähigkeit 35 J/cm^2 beträgt, Bild 10-15.

Es gibt noch andere Definitionen der Übergangstemperatur vom zähen zum spröden Bruch. Weitere Möglichkeiten bietet der instrumentierte Kerbschlagbiegeversuch, bei dem eine elektronische Registrierung des zeitlichen Verlaufs der Schlagkraft und der Durchbiegung erfolgt. Der Vorteil gegenüber dem einfachen Kerbschlagbiegeversuch ist unter anderem die getrennte Erfassung der Rißeinleitung und der Rißausbreitung in den Schlagkraft-Durchbiegung-Kurven, Bild 10-16.

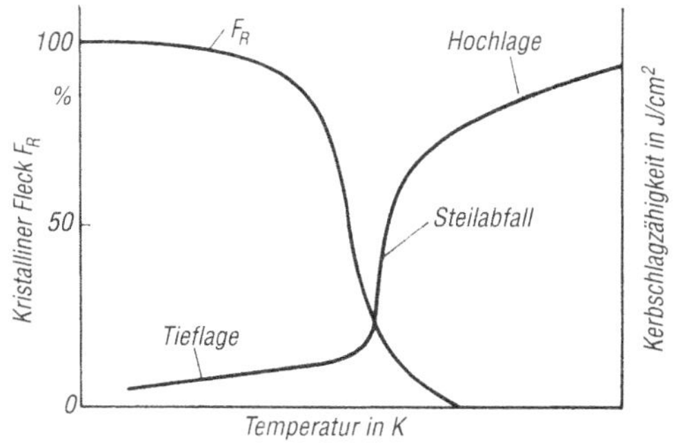

Bild 10-14. Kerbschlagzähigkeit-Temperatur-Kurve und Bruchaussehen (schematisch).

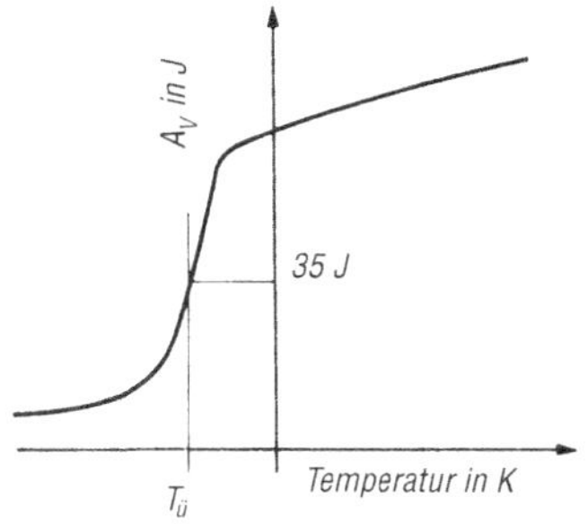

Bild 10-15. Bestimmung der Übergangstemperatur nach dem 35-J-Kriterium.

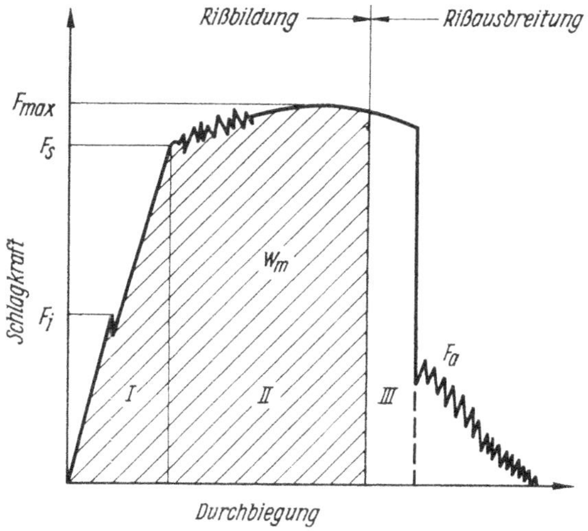

Bild 10-16. Schlagkraft-Durchbiegung-Diagramm (schematisch) nach *Blumenauer* (I elastischer Bereich, II plastischer Bereich, III Rißausbreitungsbereich, F_i Trägheitskraft, F_s Kraft beim Beginn des allgemeinen Fließens, F_{max} Maximalkraft, F_a Rißauffangkraft, W_m bis zur instabilen Rißausbreitung verbrauchte Arbeit).

Die Übergangstemperatur dient als Kenngröße der Sprödbruchneigung dem Vergleich verschiedener Baustähle; je höher die Übergangstemperatur $T_ü$ liegt, um so sprödbruchanfälliger ist der betreffende Baustahl. Die Übergangstemperatur $T_ü$ ist aber keine sprödbruchsichere Grenztemperatur für geschweißte Bauteile.

Trotz seiner offenkundigen Unzulänglichkeiten gehört der Kerbschlagbiegeversuch zu den am häufigsten genutzten Prüfverfahren, wenn es um Aussagen zum Zähigkeitsverhalten eines Baustahls und um den Einfluß des Schweißens geht. Für eine umfassendere Kerbschlagbiegeprüfung von Schweißverbindungen werden mehrere Proben so entnommen, daß der Kerb von Probe zu Probe an verschiedenen Stellen des Schweißgutes und der WEZ liegt. Von *Cabelka* wurde ein entsprechendes Prüfverfahren vorgeschlagen, bei dem der Verlauf der Kerbschlagzähigkeit über den Schweißnahtquerschnitt ermittelt wird. Ein Sprödbruch an einem geschweißten Bauteil soll nicht auftreten, wenn bei diesem Prüfverfahren der Wert der Kerbschlagzähigkeit an keiner Stelle weniger als die Hälfte des Wertes vom Grundwerkstoff beträgt und nicht kleiner als 30 J/cm² ist.

Im Bild 10-17 ist schematisch gezeigt, daß sich in einer Kerbschlagbiegeprobe bei der Prüfung ein mehrachsiger Spannungszustand einstellt. Beim Durchbiegen der Probe treten im Kerbgrund Zugspannungen σ_1 auf. Der Werkstoff wird im Kerbbereich örtlich gedehnt, was zu einer behinderten Einschnürung (Querkontraktion) und damit zur Ausbildung der Zugspannungskomponenten σ_2 und σ_3 führt. Je ausgeprägter der mehrachsige Spannungszustand auftritt, um so mehr wird die Probe zum spröden Brechen neigen. Sind die drei Spannungskomponenten gleich groß, dann liegt ein hydrostatischer Spannungszustand vor, und es können sich überhaupt keine Schubspannungen ausbilden, das heißt, der Werkstoff bricht ohne vorangegangene plastische Verformung vollkommen spröde. Mit zunehmender Probengröße und -breite nimmt die Neigung zum mehrachsigen Spannungszustand zu. Deshalb wird die Übergangstemperatur $T_{ü}$ bei größeren Proben zu höheren Temperaturen verschoben. Ähnlich wirkt eine erhöhte Kerbschärfe, während die Kerbtiefe die Kerbschlagarbeit, nicht aber die Lage der Übergangstemperatur beeinflußt.

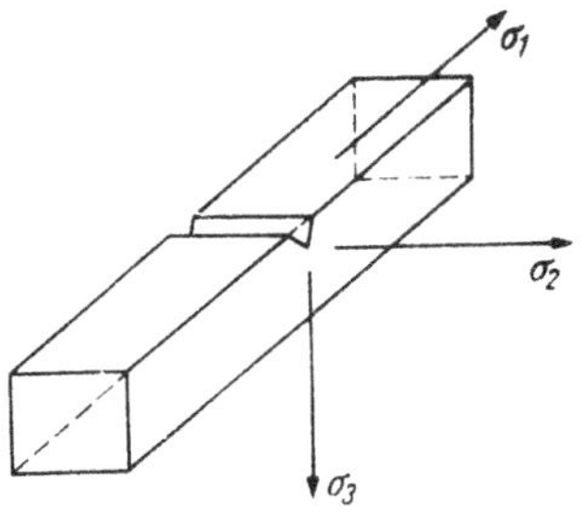

Bild 10-17. Mehrachsiger Spannungszustand in einer Kerbschlagbiegeprobe (schematisch).

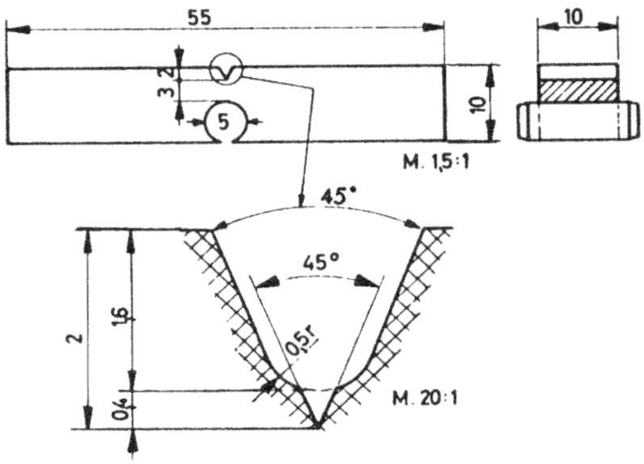

Bild 10-18. Kohärazie-Scharfkerbprobe A_0 nach *Schnadt* mit angepaßtem Hartmetallstift.

Von *Schnadt* wurde eine Probenform vorgeschlagen, Bild 10-18, bei der die Kerbschärfe durch einen veränderlichen Ausrundungsradius des Kerbs von r = 0,02 bis 1,00 mm variiert wird. Durch einen an der Aufschlagstelle des Pendelhammers in der Probe eingepaßten gehärteten Stahlstift wird eine Verformung auf dieser Probenseite und damit die Ausbildung eines mehrachsigen Spannungszustands verhindert. Es entsteht ein nur einachsiger Spannungszustand. *Schnadt* hat ein Schlagwerk empfohlen, das zwei verschiedene Schlaggeschwindigkeiten zuläßt. Mit den speziellen Kerbschlagbiegeproben wird die Reproduzierbarkeit der Spannungs- und Verformungsverhältnisse des Kerbschlagbiegeversuchs verbessert und die Streuung der Meßwerte verringert. Die Auffassungen, ob die Prüfung nach *Schnadt* gegenüber dem normalen Kerbschlagbiegeversuch entscheidende Vorteile bietet, sind geteilt. Heute wird sie wegen des erhöhten Aufwands bei der Probenherstellung nur sehr selten angewandt.

10.2.3.2 Fallgewichtsversuch (Drop-Weight-Test)

Von *Pellini* wurde als Zähigkeitsprüfung ein Fallgewichtsversuch, auch als Drop-Weight-Test (DWT-Test) bekannt, eingeführt. Als Kriterium wird die NDT-Temperatur ermittelt, Bild 10-6. Die Versuchsdurchführung ist dem Bild 10-19 zu entnehmen. Auf eine plattenförmige Probe wird eine Schweißraupe mit einer Länge von 65 mm und einer Breite von 15 mm geschweißt und eingekerbt. Der Kerb ist 1,5 mm breit und so tief, daß der Kerbgrund 1,8 bis 2,0 mm oberhalb der Blechoberfläche liegt. Das Fallgewicht von 25 bis 50 kg fällt aus einer Höhe von 1,8 bis 3,7 m und beansprucht die Probe schlagartig. Die Durchbiegung der Probe ist begrenzt, so daß sich die Probe nur elastisch verformt. Das bedeutet, daß sich ein Riß nur bei Beanspruchung in Höhe der Streckgrenze ausbreitet. Die NDT-Temperatur ist die Grenztemperatur, bei der ein von der Kerbe in der Schweißnaht ausgehender Riß vom Grundwerkstoff nicht mehr aufgefangen wird. Die Ermittlung der NDT-Temperatur in der beschriebenen Weise ist in einigen Ländern genormt, zum Beispiel in den USA im ASME-Code 208.

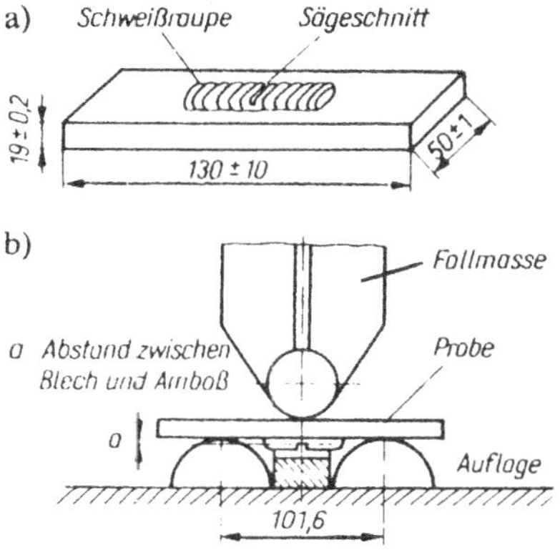

Bild 10-19. *Pellini*-Probe;
a) Probe mit Kerblage, schematisch,
b) Versuchsanordnung.

Pellini u. a. stellten auf der Grundlage des ursprünglichen Bruchschaubildes, Bild 10-6, ein Bruchsicherheits-Schaubild auf, das einen halbquantitativen Zusammenhang zwischen Nennspannung, Rißgröße und Temperatur wiedergibt, Bild 10-20. Es sind damit Voraussagen zum Bruchverhalten in Abhängigkeit von der niedrigsten Betriebstemperatur möglich. Es lassen sich fünf durch die NDT-Temperatur bestimmte Bereiche abgrenzen.

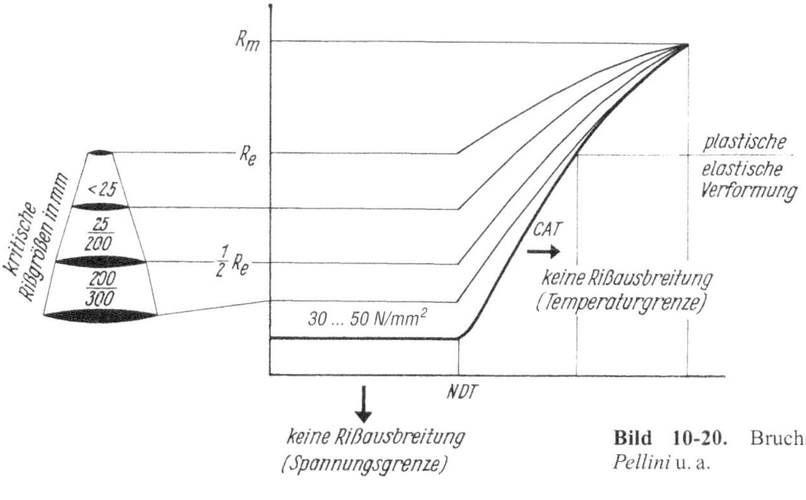

Bild 10-20. Bruchsicherheits-Schaubild nach *Pellini* u. a.

- Betriebstemperatur T_B < NDT-Temperatur:
  Das Bauteil ist sprödbruchgefährdet. Es genügen niedrige Beanspruchungen, um einen Sprödbruch zu verursachen. In geschweißten Bauteilen wirken sich bereits kleinere Schweißfehler und die im Schweißnahtbereich entstandenen Eigenspannungen sprödbruchfördernd aus. Eine Sicherheit gegen Sprödbrüche ist in diesem Temperaturbereich auch bei sorgfältiger Einhaltung aller Verarbeitungsvorschriften nicht gewährleistet.

- NDT < Betriebstemperatur T_B < NDT + 17 K:
  Die Gefährdung durch Sprödbrüche ist in diesem Temperaturbereich wesentlich geringer. Kleinere Fehler wirken sich nicht katastrophal aus, das heißt, sie führen nicht zum instabilen Rißwachstum. Bei größeren Fehlern ist allerdings Vorsicht geboten. Diese können durchaus noch Sprödbrüche auslösen. Dieser Temperaturbereich ist deshalb nur bedingt zugelassen. Unbedingte Voraussetzung sind eine sorgfältige Fertigung und Kontrolle. Die Beanspruchung darf nur niedrig sein.
- NDT + 17 K < Betriebstemperatur T_B < NDT + 35 K (FTE):
  Die Sprödbruchgefährdung ist gering. Kommt es zur Rißeinleitung, dann werden die Risse zunächst instabil wachsen und aufgefangen werden, sobald die Beanspruchung unter der CAT-Kurve liegt. Für dickwandige Bauteile (Wanddicke s oder t > 75 mm) gilt dieser Bereich, unter der Voraussetzung sorgfältiger Fertigung und Kontrolle, als bedingt zulässig.
- NDT + 35 K (FTE) < Betriebstemperatur T_B < NDT + 70 K (FTP):
  Ein Riß kann sich nur nach vorausgegangener größerer plastischer Verformung ausbreiten. Dieser Temperaturbereich ist auch für dickwandige Bauteile zulässig.
- NDT + 70 K (FTP) < Betriebstemperatur T_B:
  Ein Sprödbruch ist ausgeschlossen.

Obwohl der Fallgewichtsversuch nach *Pellini* und das darauf beruhende Sicherheitskonzept nach den bisherigen Erfahrungen das Bauteilverhalten im allgemeinen hinreichend erfassen und eine zweckmäßige Werkstoffauswahl für geschweißte Konstruktionen erlauben, muß doch darauf hingewiesen werden, daß der Einfluß der Erzeugnisdicke und die Lage der NDT-Temperatur nicht sicher erfaßt ist, wenn die an dünnwandigen Proben ermittelte NDT-Temperatur auf dickwandigere Bauteile übertragen wird. Welches Kriterium gewählt werden muß und welcher Temperaturbereich zulässig ist, hängt von verschiedenen Umständen ab. Es spielen die Höhe der Nennspannungen, die Wanddicken, der Sicherheitsgrad und ökonomische Belange eine Rolle. Wird beispielsweise ein Bauteil mit Nennspannungen beansprucht, die 50 % der Streckgrenze nicht überschreiten, dann ist eine Betriebstemperatur T_B zwischen NDT + 17 K und NDT + 35 K (FTE) zulässig.

Von *Pellini* stammt auch ein Sprengstoffversuch, bei dem 25 mm dicke Platten in den Abmessungen 350 mm × 350 mm in einem Gesenk durch eine Sprengladung schlagartig so beansprucht werden, daß die Risse von einer auf der Plattenmitte aufgebrachten Schweißnaht ausgehen. Der Versuch wird bei verschiedenen Temperaturen durchgeführt, so daß die NDT-, FTE- und FTP-Temperaturen ermittelt werden können. Derartige Sprengversuche sind ziemlich aufwendig und werden deshalb selten durchgeführt. Heute hat sich der Fallgewichtsversuch allgemein durchgesetzt.

Das NDT-Konzept lieferte wesentliche Erkenntnisse zum Bruchgeschehen. Mit der Einführung des Bruchsicherheits-Schaubildes von *Pellini* werden die herkömmlichen Vorstellungen über das Zähigkeitsverhalten von Baustählen durch einen neuen Ansatz wesentlich bereichert und moderneren Auffassungen der Weg bereitet. Von einigen Fachleuten wird eine Beziehung angegeben, die für schweißgeeignete Baustähle eine Abschätzung der NDT-Temperatur aus der im Kerbschlagbiegeversuch festgestellten Übergangstemperatur $T_ü$ (50 % kristalliner Fleck) ermöglicht:

$$T_{NDT} = T_{ü\,50\,\%} - C \qquad (10.3)$$

mit C = 20 + 8 K.

10.2.3.3 Rißauffangversuch

Mit diesem von *Robertson* Anfang der 50er Jahre in England eingeführten Versuch wird die Rißauffangtemperatur (Crack Arrest Temperature) ermittelt. Bei und oberhalb dieser Temperatur wird ein Riß durch plastische Verformung gestoppt, das heißt, der Stahl ist dann sprödbruchsicher.

Bei der normalen *Robertson*-Probe handelt es sich um eine Großprobe mit unterschiedlichen Abmessungen, Bild 10-21. An der Probe sind seitlich Hilfsbleche angeschweißt, so daß senkrecht zur Probenlängsachse eine Vorspannung aufgebracht werden kann. Das Probenende mit dem als Rißstarter wirkenden Kerb wird mit flüssigem Stickstoff abgekühlt und das andere Probenende durch einen Gasbrenner erwärmt. Auf diese Weise bildet sich in der Länge der Probe ein Temperaturgefälle von 4 bis 5 K/cm aus. Durch einen Schlag auf das abgekühlte Probenende wird ein Riß ausgelöst. Dieser läuft bis zu der Stelle, an der die Rißauffangtemperatur herrscht. Die Rißlänge ist ohne Bedeutung. Wesentlich ist nur die Temperatur der Auffangstelle, die zum Zeitpunkt des Rißauffangens möglichst genau bestimmt werden muß.

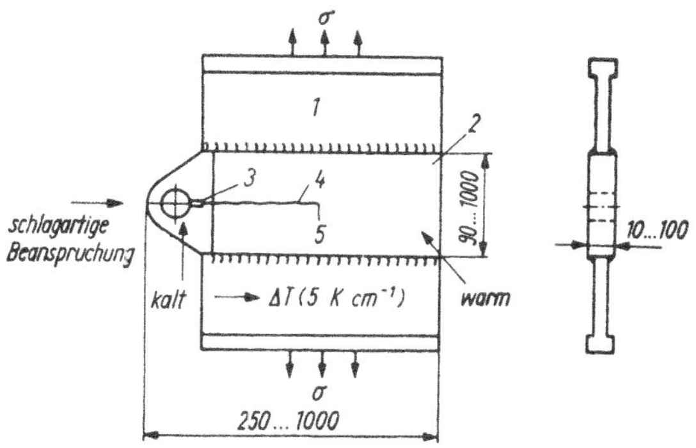

Bild 10-21. Probe für den Rißauffangversuch nach *Robertson* (Probendicke = Bauteildicke = t, 1 Einspannblech, 2 Probe, 3 Kerb, 4 Riß, 5 Rißauffangstelle).

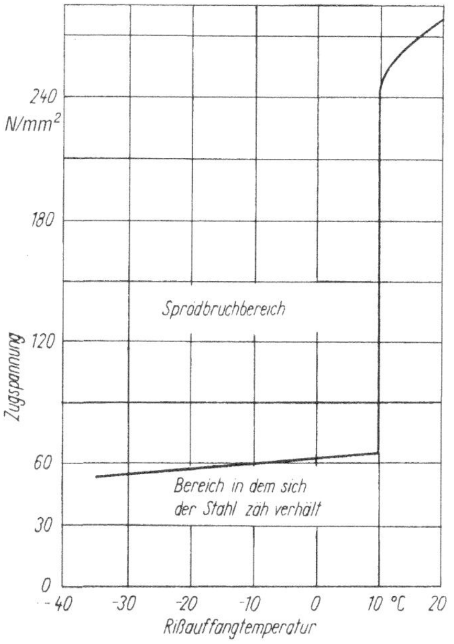

Bild 10-22. Rißauffangtemperatur in Abhängigkeit von der Zugvorspannung beim Robertson-Versuch am allgemeinen Baustahl.

Der *Robertson*-Versuch ergibt für einen Stahl bei einer bestimmten Werkstückdicke in Abhängigkeit von der Vorspannung eine charakteristische Kurve, die die Gebiete des Zäh- und des Sprödbruchs voneinander trennt, Bild 10-22. Der Versuch kann in vielen Varianten durchgeführt werden. Es können Proben geprüft werden, bei denen die Temperatur über die Probenlänge konstant ist. Bei diesen wird dann die Vorspannung ermittelt, bei der ein Riß gerade noch weiterläuft. Um den verhältnismäßig hohen Werkstoffverbrauch und Prüfaufwand zu verringern, wurde eine verkleinerte Probe vorgeschlagen.

10.2.3.4 Rißaufweitungsversuch

Der von *Nibbering* und *van den Blink* 1968 vorgeschlagene Versuch ist ein Schlagversuch, bei dem eine Dreipunktbiegeprobe verwendet wird, Bild 10-23. Die Probendicke entspricht jeweils der Dicke des zu untersuchenden Bauteils. In den Proben ist ein 0,2 mm breiter und 2 mm tiefer Scharfkerb eingearbeitet. Es wird ein Fallwerk oder Pendelschlagwerk benutzt, in dem die Probe mit stufenweise erhöhter Schlagenergie geprüft wird. Die Anfangsbeanspruchung wird so gewählt, daß die Probe nicht beim ersten Schlag bricht. Nach jedem Schlag wird die Rißaufweitung an der Kerbspitze gemessen. Die Schlagenergie wird solange gesteigert, bis die Probe bricht. Der dem Bruch unmittelbar vorangegangene Wert der bleibenden Rißaufweitung, der COD-Wert (Crack Opening Displacement), ist das Prüfkriterium. Es werden für jede Prüftemperatur drei Proben geprüft. Für Schweißverbindungen sind bei Lage des Kerbs im Schweißgut und in der WEZ wenigstens sechs Proben zu prüfen.

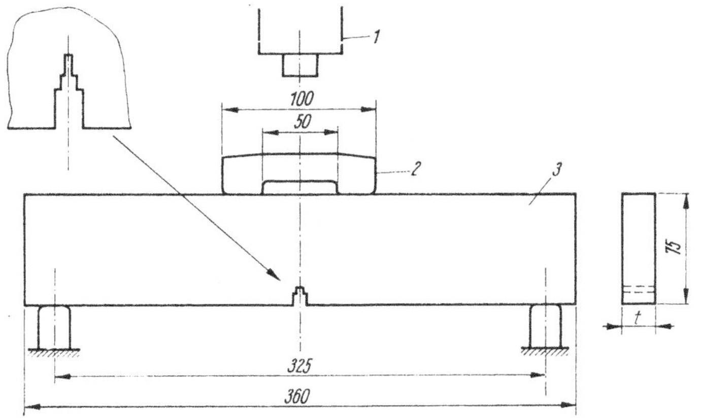

Bild 10-23. Schema des *Niblink*-Versuchs nach *Wilken* (1 Fallgewicht, 2 Druckstück, 3 Probe).

Der *Niblink*-Versuch ist ein praxisnahes Zähigkeitsprüfverfahren, das sich verhältnismäßig einfach durchführen läßt und keinen großen Prüfaufwand erfordert. Für die Bestimmung der Übergangstemperatur wird ein unterer COD-Wert festgelegt. Das dem *Niblink*-Versuch zugrunde liegende COD-Konzept schließt an die Konzepte der Fließbruchmechanik an.

10.2.4 Konventionelle Zähigkeitsprüfung und das Bauteilverhalten

Das Ziel von Zähigkeitsprüfungen ist es, Angaben zu gewinnen, die sichere Rückschlüsse auf das Verhalten von Bauteilen unter Betriebsbedingungen zulassen. Die Übertragbarkeit der an Proben erhaltenen Ergebnisse auf die Verhältnisse einer praktisch beanspruchten Konstruktion bestimmt wesentlich den Wert eines Prüfverfahrens. Die meisten konventionellen Zähigkeitsprüfungen nutzen die Temperaturabhängigkeit des Bruchverhaltens von unlegierten und legierten Baustählen als ein geeignetes Prüfkriterium. Obwohl die Nachweise auf der Grundlage eines Grenztemperaturkonzepts, wie des NDT-Konzepts nach *Pellini,* den betrieblichen Gegebenheiten in der Praxis besser entsprechen, wird in vielen Fällen die Übergangstemperatur als Kriterium bevorzugt. Schwierigkeiten bestehen beim Übertragen der an Proben ermittelten Übergangstemperaturen auf das Bauteilverhalten. In umfangreichen Untersuchungen konnten Beziehungen entwickelt werden, die einen Zusammenhang zwischen einer an Proben ermittelten Übergangstemperatur und dem Auftreten von Sprödbrüchen bei bestimmten Temperaturen an Bauteilen beschreiben, aber sie lassen sich nicht vorbehaltlos verallgemeinern.

Üblicherweise werden Prüfverfahren bevorzugt, bei denen sich der Werkstoff- und Prüfaufwand in Grenzen hält. Am häufigsten wird der Kerbschlagbiegeversuch angewendet. Erfahrungsgemäß ist er von den einfachen Proben am aussagefähigsten, wenn die Übergangstemperatur aus dem Anteil am kristallinen Bruchgefüge bestimmt wird. *Cotrell* u. a. geben an, daß kein Sprödbruch an einem Bauteil auftritt, wenn dieses oberhalb einer Übergangstemperatur beansprucht wird, die an Spitzkerbproben mit dem Kriterium 70 % kristalliner Fleck festgestellt wurde, vorausgesetzt, die Beanspruchung beträgt nicht mehr als 50 % der Streckgrenze. Damit liegt man auf der sicheren Seite. Eine bessere Werkstoffökonomie, das heißt die höhere Ausnutzung der Werkstoffeigenschaften, kann in einer Konstruktion bei ausreichender Zähigkeit und Sprödbruchsicherheit durch praxisnahe Bauteilversuche, auch Traglastversuche genannt, erreicht werden.

Der heutige Erkenntnisstand ermöglicht eine hohe Sicherheit von geschweißten Stahlkonstruktionen gegen Sprödbruch. Die Werkstoffauswahl kann immer besser den technischen Anforderungen unter Berücksichtigung wirtschaftlicher Gesichtspunkte entsprechen. Von weiteren Varianten oder Prüfverfahren, die von den klassischen Vorstellungen des Bruchgeschehens ausgehen, ist kein entscheidender Fortschritt mehr zu erwarten. Es ist erforderlich, die Erkenntnisse der modernen Bruchmechanik zu nutzen und auf dieser Grundlage Kenngrößen zu ermitteln, die das Bauteilverhalten besser beschreiben.

10.3 Bruchmechanik

Mit der modernen Bruchmechanik verändern sich die Vorstellungen vom Bruchgeschehen entscheidend. Man geht von der realen Annahme aus, daß die einheitliche Ursache aller Bruchvorgänge die Ausbreitung vorhandener Risse ist, die entweder bereits im Fertigungsprozeß entstanden sind oder im Betrieb entstehen. In die Definition des Festigkeitsbegriffs ist die Rißausbreitung als kennzeichnender Vorgang mit aufzunehmen. Danach ist Festigkeit der Widerstand eines Bauteils oder einer Probe gegen irreversible Formänderung und Rißfortpflanzung.

Das grundsätzliche Ziel der Bruchmechanik-Konzepte ist die Gewinnung von Bruchkriterien, die Aussagen zur Bruchsicherheit und zur Grenznutzungsdauer von Bauteilen und Bauwerken ergeben. Entsprechend dem Belastung-Verformung-Verhalten von rißbehafteten Bauteilen und Proben unterscheidet man die Konzepte der linear-elastischen Bruchmechanik (LEBM) und der Fließbruchmechanik (FBM). Die LEBM-Konzepte ermöglichen die quantitative Beschreibung des Bruchverhaltens bei linear-elastischer Verformung bis zum Bruch. Kleinere plastische Bereiche vor der Rißspitze (Kleinbereichsfließen) werden durch Einführung einer effektiven Rißlänge berücksichtigt. Die FBM-Konzepte erlauben die Anwendung bruchmechanischer Überlegungen auch dann, wenn vor dem Bruch in größeren Werkstoffbereichen plastisches Verformen stattfindet.

10.3.1 Linear-elastische Bruchmechanik

Die Gleichungen der LEBM für die quantitative Beschreibung des Bruchverhaltens eines idealelastischen Werkstoffs können durch eine Analyse der Spannungsverteilung an einer Rißspitze oder durch eine Energiebilanz der Rißausbreitung abgeleitet werden. Bei den folgenden Betrachtungen wird die Ausbreitung eines Risses als ein zweidimensionaler Vorgang beschrieben. Diese Reduzierung auf eine Ebene beziehungsweise auf zwei Richtungen führt zu einem kleinen Fehler, vereinfacht aber die Behandlung.

Die Spannungsverteilung an der Rißspitze wird durch einen Parameter, den Spannungsintensitätsfaktor K, beschrieben. Dieser ist abhängig von der äußeren Belastung und den Proben bzw. Bauteilabmessungen sowie von der Rißgröße und -form. Für einen Riß mit sehr scharfer Kerbe in einer sehr breiten Probe gilt, ohne Berücksichtigung der Rißgeometrie, für den Spannungsintensitätsfaktor

$$K = \sigma \sqrt{\pi < a} \qquad (10.4)$$

mit

σ aufgebrachte Spannung in der Schnittlinie des Risses in N/mm^2,
a halbe Rißlänge bei einem Innenriß beziehungsweise Rißlänge bei einem Oberflächenriß in mm, Bild 10-24.

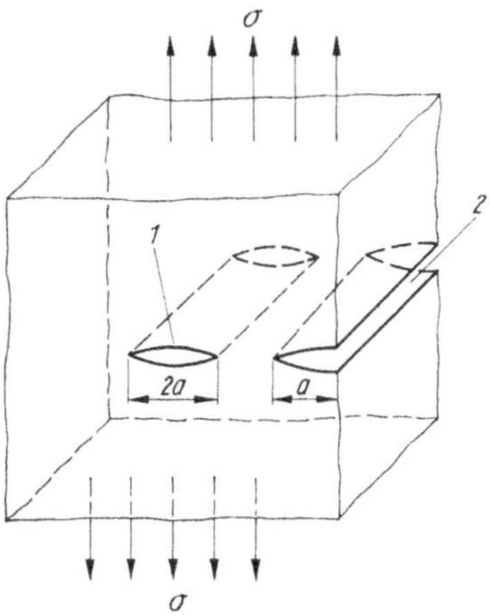

Bild 10-24. Schematische Darstellung durchgehender Risse (1 Innenriß, 2 Seiten- oder Oberflächenriß).

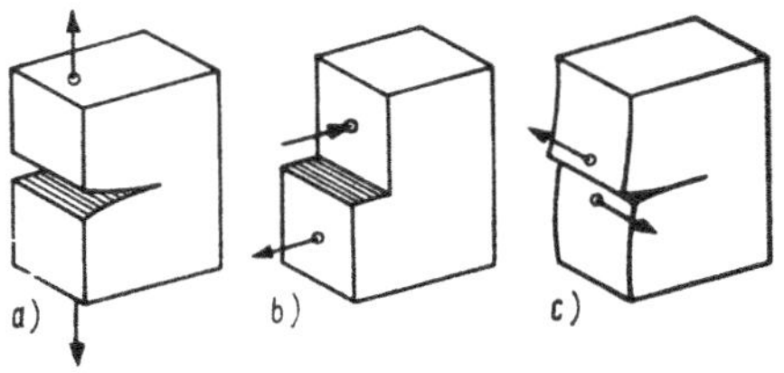

Bild 10-25. Arten (Modi) der Rißöffnung:
a) einfache Rißöffnung,
b) Längs-Scherriß,
c) Quer-Scherriß.

Es werden drei Rißöffnungsarten (oder Modi der Werkstofftrennung) unterschieden, Bild 10-25:

Rißöffnungsart I: Eine Zugspannung wirkt senkrecht zu den Rißflächen und hebt diese voneinander ab. Diese Rißöffnungsart hat die größte praktische Bedeutung. Sie wird als einfache Rißöffnung bezeichnet.

Rißöffnungsart II: Eine Schubspannung wirkt senkrecht zur führenden Rißkante und verursacht dadurch eine Rißausbreitung. Es handelt sich um einen Längs-Scherriß.

Rißöffnungsart III: Eine Schubspannung wirkt parallel zur führenden Rißkante und verursacht dadurch eine Rißausbreitung. Es handelt sich um einen Quer-Scherriß.

Entsprechend diesen drei Rißöffnungsarten unterscheidet man auch die drei Spannungsintensitätsfaktoren K_I, K_{II} und K_{III}. Der Spannungsintensitätsfaktor K nimmt mit Vergrößerung der Spannung σ oder der Rißlänge a zu. K kann auf diese Weise einen kritischen Wert erreichen, bei dem sich der Riß instabil ausbreitet. Dieser kritische Spannungsrißfaktor K_c ist abhängig von der Bauteildicke. Bei geringer Dicke herrscht ein ebener Spannungszustand, und der Scherbruchanteil in der Bruchfläche ist entsprechend groß. Mit größer werdender Dicke nimmt der Scherbruchanteil ab, und der durch die Normalspannung verursachte Bruchanteil nimmt zu. Bei einer bestimmten Bauteildicke ist ein ebener Dehnungszustand erreicht, und der dann wirksame kritische Spannungsintensitätsfaktor ist die Bruchzähigkeit K_{Ic}, Bild 10-26.

Es ist zu berücksichtigen, daß der Spannungsintensitätsfaktor K von den geometrischen Verhältnissen am Riß unmittelbar beeinflußt wird. Dieser Einfluß wird durch einen Geometriefaktor f berücksichtigt. Die Gleichung zur Bestimmung von K lautet dann:

$$K = \sigma \sqrt{\pi a} f \qquad (10.5)$$

Für durchgehende Innen- und Oberflächenrisse ist in Bild 10-27 die Abhängigkeit des Geometriefaktors f von dem Verhältnis der halben Rißlänge (Innenriß) beziehungsweise der gesamten Rißlänge (Oberflächen- oder Seitenriß) zur Bauteil- oder Probenbreite gezeigt. Bemerkenswert ist die starke Abhängigkeit des Geometriefaktors f bei einem durchgehenden Seiten- oder Oberflächenriß.

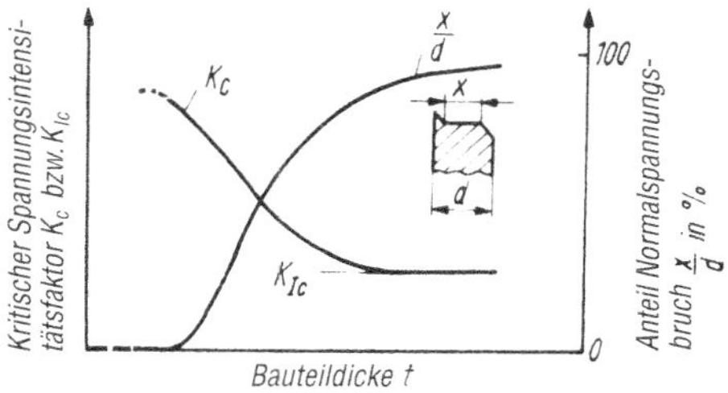

Bild 10-26. Abhängigkeit des kritischen Spannungsintensitätsfaktors K_c von der Proben- bzw. Bauteildicke.

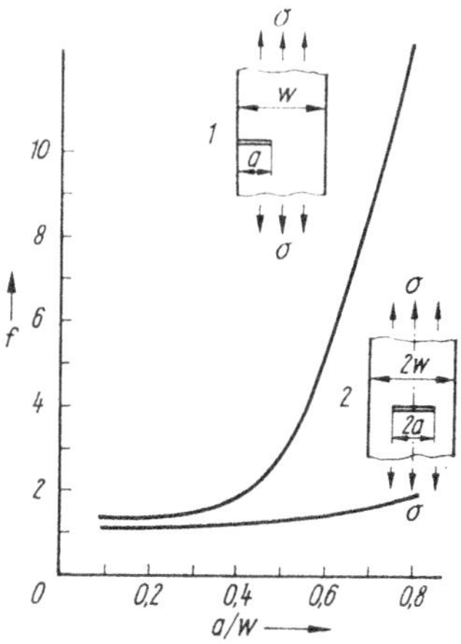

Bild 10-27. Abhängigkeit des Geometriefaktors f vom Verhältnis a/w für den durchgehenden Seitenriß 1 und für den Innenriß 2.

Durchgehende Risse sind wesentlich seltener als nichtdurchlaufende Oberflächen- und Innenrisse. Für reale Fehler wurden vereinfachte elliptische Formen vorgeschlagen. Besonders groß ist die praktische Bedeutung halbelliptischer Oberflächenfehler und elliptischer Innenfehler, auf sie können viele reale Fehler zurückgeführt werden. In Bild 10-28 sind die Abmessungsverhältnisse für diese Fehler gezeigt. Der Rißformfaktor Q läßt sich aus dem Rißgrößenverhältnis a/2c, Bild 10-29, errechnen. Nach *Irwin* gelten die Beziehungen:

$$K_I = \sigma \sqrt{\pi \frac{a}{Q}} \quad \text{vollelliptischer Innenriß,} \tag{10.6}$$

$$K_I = \sigma \sqrt{1{,}21\, \pi \frac{a}{Q}} \quad \text{halbelliptischer Oberflächenriß.} \tag{10.7}$$

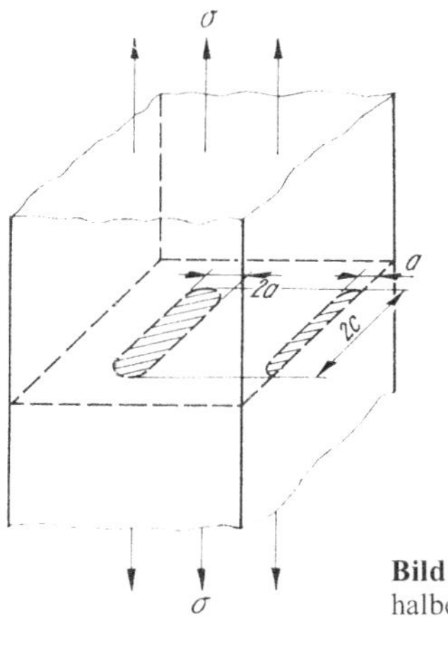

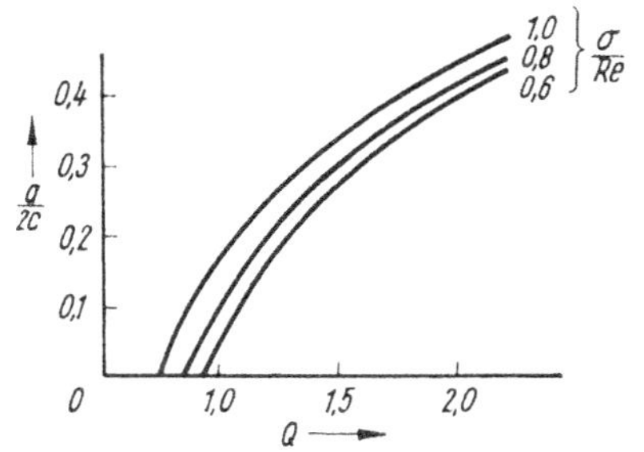

Bild 10-29. Rißgrößenparameter Q für vollelliptische Innenrisse und für halbelliptische Oberflächenrisse.

Bild 10-28. Rißausdehnungsverhältnis a/2c eines vollelliptischen Innenrisses und eines halbelliptischen Oberflächenrisses.

Um die auch bei makroskopisch sprödem Bruchverhalten auftretende plastische Verformung im Bereich der Rißspitze zu berücksichtigen, wird formal eine effektive Rißlänge angenommen, die den Radius r_{pl} der plastischen Zone einbezieht:

$$a_{eff.} = a + r_{pl} \tag{10.8}$$

Der Radius der plastischen Zone läßt sich nach folgenden Gleichungen näherungsweise bestimmen:

$$r_{pl} = \frac{1}{2\pi} \left(\frac{K_I}{R_e}\right)^2 \quad \text{ebener Spannungszustand} \tag{10.9}$$

$$r_{pl} = \frac{1}{2\pi} \left(\frac{K_I}{R_e}\right)^2 (1 - \upsilon)^2 \quad \text{ebener Dehnungszustand} \tag{10.10}$$

10.3.2 Fließbruchmechanik

Herrscht vor einer Rißspitze kein ebener Dehnungszustand, das heißt, treten ausgedehntere plastische Verformungen auf, gilt die LEBM nicht mehr. Um für Stähle mit Streckgrenzen von 500 N/mm^2 gültige K_{Ic}-Werte zu erhalten, sind sehr tiefe Temperaturen und Proben oder Bauteildicken von über 300 mm erforderlich. Bei Raumtemperatur würde die Masse einer entsprechenden Probe etwa 1300 kg betragen. Die erforderliche Prüfkraft erreicht dann eine Größenordung von $9 \cdot 10^5$ kN. Man entwickelte deshalb für derartige Fälle andere geeignete bruchmechanische Prüfverfahren und Kriterien. Die wichtigsten und am häufigsten verwendeten Konzepte der Fließbruchmechanik sind das COD-Konzept und das J-Integral-Konzept.

Beim COD-Konzept (COD = Crack Opening Displacement) wird davon ausgegangen, daß der vor der Rißspitze auftretende plastische Bereich unter der Wirkung einer Spannung steht, die praktisch der Streckgrenze R_e entspricht. Dieser Annahme liegt ein von *Dugdale* entwickeltes Rißmodell zugrunde, Bild 10-30. Man nimmt an, daß der Bruchvorgang nicht von einer kritischen Spannungsintensität, sondern von einer kritischen plastischen Verformung vor der Rißspitze bestimmt wird, deren Maß die Rißöffnungsverschiebung δ_e ist. Sie wird auch als CTOD (Crack Tip Opening Displacement) bezeichnet. Zwischen der kritischen Rißöffnungsverschiebung δ_e und dem kritischen Spannungsintensitätsfaktor K_c besteht die Beziehung:

$$K_c = (R_e\, \delta_e\, E)^{\frac{1}{2}} \tag{10.11}$$

mit E = Elastizitätsmodul in N/mm^2.

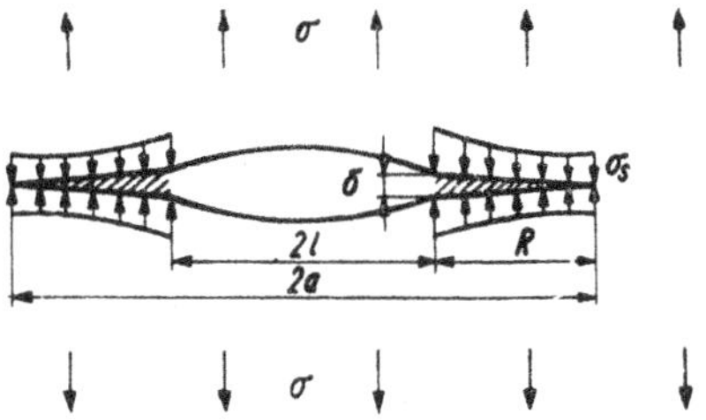

Bild 10-30. Innere Spannungsverteilung im Rißbereich nach dem *Dugdale*-Rißmodell.

Die kritische Rißöffnungsverschiebung δ_e ist eine Kenngröße, deren Anwendung nur dann möglich ist, wenn sich der Riß sofort instabil auszubreiten beginnt. Bei stabiler Rißausbreitung wird ein Wert δ_1 genommen, der sich mit Hilfe einer rasterelektronenmikroskopisch bestimmten Rißabstumpfungszone (Stretchzone) bestimmen läßt.

Das J-Integral-Konzept ist experimentell einfacher zu handhaben als das COD-Konzept und erweitert die Anwendungsmöglichkeiten der FBM beträchtlich. Aus den Kraft-Rißaufweitungs- beziehungsweise Kraft-Durchbiegungs-Kurven wird der kritische Wert des J-Integrals J_{Ic} ermittelt. Zwischen diesem und der kritischen Rißöffnungsverschiebung δ_e besteht ein einfacher Zusammenhang:

$$J_k = m\sigma_F \delta_c \tag{10.12}$$

Entsprechend der in Bild 10-31 dargestellten Belastungs-Verformungs-Kurve sind die Anwendungsbereiche der LEBM (Bereich 1), der LEBM mit Kleinbereichsfließen (Bereich 2) und der FBM (Bereich 3) voneinander getrennt. Im Bereich 4 besteht nur dann die Möglichkeit, das COD- oder das J-Integral-Konzept anzuwenden, wenn die Bruchursache auf Rißeinleitung und nicht auf plastische Instabilität zurückzuführen ist.

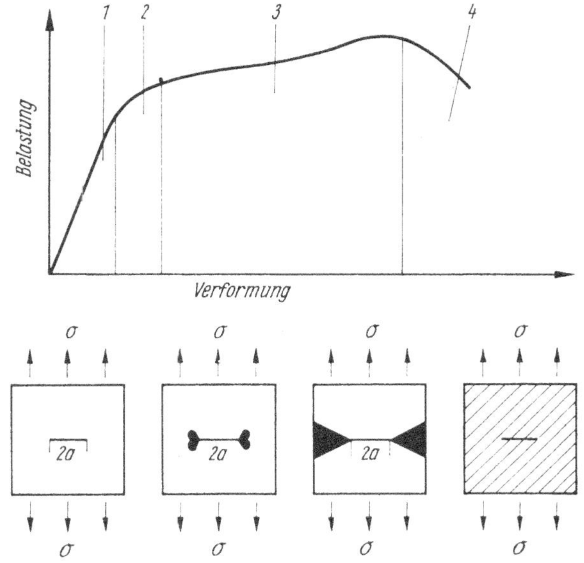

Bild 10-31. Stadien der Verformung eines Bauteils mit Riß nach *Blumenauer* und *Pusch* (1 linear-elastische Verformung, 2 Ausbildung einer begrenzten plastischen Zone – Kleinbereichsfließen, 3 elastisch-plastische Verformung, 4 allgemeines Fließen).

10.3.3 Ermittlung bruchmechanischer Kennwerte

Sowohl für die LEBM wie auch für die FBM wurde eine Anzahl unterschiedlicher Proben und Meßeinrichtungen entwickelt, zum Beispiel Dreipunktbiegeprobe (3-SENB nach ASTM E 813) und Kompaktprobe (CT-Probe nach ASTM E 399). Für die Ermittlung von K_{Ic} müssen bei der Prüfung folgende Bedingungen eingehalten werden:

- Die Probenabmessungen sind wesentlich größer zu halten als die Ausdehnung der plastischen Zone vor der Rißspitze.
- Der Zusammenhang zwischen Spannung und Rißlänge, das heißt die Bestimmungsgleichung für K_{Ic}, muß für die gewählte Proben- und Rißgeometrie bekannt sein.
- Bei der Prüfung muß im Moment der Rißeinleitung die kritische Rißlänge genügend genau erfaßt werden.

Für die Bestimmung der Rißlänge und der Belastung beim Beginn der instabilen Rißausbreitung stehen verschiedene Meßverfahren zur Verfügung.

Die Proben für die Ermittlung bruchmechanischer Kennwerte sind mit einem Anriß versehen, der durch schwingende Beanspruchung im Grund des mechanisch eingearbeiteten Kerbs erzeugt wird.

Es lassen sich drei prinzipielle Belastungs-Kerbaufweitungs-Kurven unterscheiden, Bild 10-32. Im Fall des ebenen Dehnungszustandes verhält sich die Probe linear-elastisch. Sobald der Spannungsintensitätsfaktor K_I den kritischen Wert K_{Ic}, das heißt, die Bruchzähigkeit erreicht hat, wächst der Riß instabil, Bild 10-32a. Liegt kein ebener Dehnungszustand vor, wie es bei etwas dünneren Querschnitten der Fall ist, dann kommt es in der Belastungs-Kerbaufweitungs-Kurve zu einer oder mehreren Unstetigkeiten, die als „pop in" bezeichnet werden, Bild 10-32b. Der Riß wächst bei jedem „pop in" instabil weiter, bis er durch benachbarte duktilere Bereiche abgestoppt wird. Bei einem hohen Anteil an plastischem Verformungsvermögen sind die Voraussetzungen für die LEBM nicht erfüllt, Bild 10-32c. Der Versuch kann aber nach dem COD-Konzept ausgewertet werden.

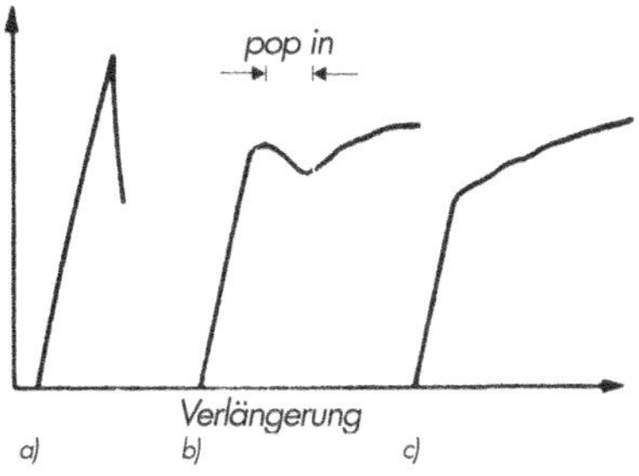

Bild 10-32. Belastungs-Kerbaufweitungs-Kurven;
a) instabiles Rißwachstum $K_c > K_{Ic}$, ebener Verformungszustand,
b) „pop in", $K_c > K_{Ic}$,
c) hoher Anteil an plastischer Verformung.

10.3.4 Anwendungshinweise

Es ist in der Regel nicht sinnvoll, bruchmechanische Kennwerte für allgemeine Baustähle und deren Schweißverbindungen zu bestimmen. Für diese Werkstoffgruppe genügen die konventionellen Prüfverfahren. Anders liegen die Verhältnisse beim Einsatz von höherfesten Feinkornbaustählen, legierten Stählen in größeren Erzeugnisdicken und in geschweißten Konstruktionen, die einen Sicherheitsstandard haben müssen, wie Druckbehälter, Hochdruckrohrleitungen, Bohrtürme und -inseln, Energieerzeugungsanlagen sowie andere Stahlhochbauten. Für die genannten und für ähnliche Bereiche konnte in vielen Fällen der Nutzen bruchmechanischer Konzepte für die Betriebspraxis nachgewiesen werden.

Der Zusammenhang zwischen der Bruchzähigkeit K_{Ic}, der Belastung und dem Fehlermaß ermöglicht einen grundsätzlichen Beitrag zur Lösung folgender Probleme:

- Sind die Bruchzähigkeit eines Werkstoffs und die auftretende Beanspruchung bekannt, dann ist es möglich, eine kritische Fehlergröße zu bestimmen, bei der sich ein Fehler instabil ausbreitet.
- Sind die Bruchzähigkeit und das Fehlermaß (Fehlerlage, -form und -abmessungen) bekannt, dann kann die Beanspruchung ermittelt werden, bei der instabiles Rißwachstum einsetzt.
- Für eine bestimmte Beanspruchung kann der Werkstoff nach dem Kriterium der kritischen Fehlergröße ausgewählt werden, entsprechend der Fehlererkennbarkeit zerstörungsfreier Prüfverfahren.
- Es lassen sich die Einflüsse verschiedener Faktoren auf die Zähigkeit eines Werkstoffs beschreiben, zum Beispiel des Behandlungszustands, der Fertigungsbedingungen oder des thermischen Zyklus beim Schweißen.

Außer den im Vordergrund stehenden Bruchmechanik-Konzepten für die statische Rißeinleitung wurden Konzepte für die dynamische Rißeinleitung, Rißausbreitung und Rißabbremsung sowie für das stabile Rißwachstum bei schwingender Beanspruchung und für thermische Langzeitbeanspruchung entwickelt.

In der praktischen Nutzung der Bruchmechanik, ihrer Erkenntnisse und Konzepte gewann man in den letzten Jahren wertvolle Erfahrungen. Erfolgreich wurde das Konzept der LEBM für die Untersuchung des Werkstoffverhaltens von hochlegierten Stählen für den Kernreaktorbau verwendet. Von den meisten geschweißten Konstruktionen werden die Bedingungen der LEBM nicht erfüllt. Hier konnten das COD-Verfahren und das J-Integral-Konzept eingesetzt werden. Über die bruchmechanische Bewertung von Fehlern in Schweißverbindungen informiert das Merkblatt DVS 2401.

Literatur

1 Einführung

[1-1] DIN 8528-1 (06.73): Schweißbarkeit metallischer Werkstoffe; Begriffe. Beuth Verlag, Berlin.

[1-2] Der Begriff Schweißbarkeit und Schweißbarkeitsversuche. Svetsaren, Göteborg (1972), 1, S. 12/17, und Svetsaren, Göteborg (1972), 2, S. 2/7.

[1-3] Degenkolbe, J., und D. Uwer: Betrachtungen zur Festlegung der Begriffe Schweißbarkeit und Schweißeignung. Schw. Schn. 24 (1972), H. 2, S. 300/02.

2 Schweißeignung der unlegierten und anderen legierten Stähle

[2-1] Erdmann-Jesnitzer, F.: Werkstoff und Schweißung – Handbuch für die werkstoffbedingte Verfahrenstechnik der Schweißung. Akademie-Verlag, Berlin 1951.

[2-2] Houdremont, E.: Handbuch der Sonderstahlkunde. Springer-Verlag, Berlin/Göttingen/Heidelberg 1956.

[2-3] Ruge, J.: Handbuch der Schweißtechnik, Band 3: Werkstoffe. Springer-Verlag, Berlin/Heidelberg/New York 1974.

[2-4] Boese, U.: Das Verhalten der Stähle beim Schweißen, Teil I: Grundlagen. 4. Auflage. Fachbuchreihe Schweißtechnik Band 44/I. DVS-Verlag, Düsseldorf 1995.

[2-5] Dilthey, U.: Schweißtechnische Fertigungsverfahren, Band 2: Verhalten der Werkstoffe beim Schweißen. VDI-Verlag, Düsseldorf 1995.

[2-6] Anik, S., und L. Dorn: Schweißeignung metallischer Werkstoffe. Fachbuchreihe Schweißtechnik Band 122. DVS-Verlag, Düsseldorf 1995.

[2-7] Granjon, H.: Werkstoffliche Grundlagen des Schweißens. DVS-Verlag, Düsseldorf 1993.

[2-8] DIN EN 10020 (09.89): Begriffsbestimmungen für die Einteilung der Stähle. Beuth Verlag, Berlin.

[2-9] DIN EN 10027-2 (09.92): Bezeichnungssysteme für Stähle; Teil 2: Nummernsystem. Beuth Verlag, Berlin.

[2-10] Eckstein, H.-J.: Werkstoffkunde Stahl und Eisen, Teil I und II. Deutscher Verlag für Grundstoffindustrie, Leipzig 1971 und 1972.

[2-11] Norén, T. M.: Die Schweißbarkeit des Werkstoffes „Stahl“. In Koch, H.: Handbuch der Schweißtechnologie – Lichtbogenschweißen. Fachbuchreihe Schweißtechnik Band 19, S. 476/90. DVS-Verlag, Düsseldorf 1961.

[2-12] Klemm, H.: Das Gefüge des Eisen-Kohlenstoff-Systems. Deutscher Verlag für Grundstoffindustrie, Leipzig 1969.

[2-13] Horstmann, D.: Das Zustandsschaubild Eisen-Kohlenstoff und die Grundlagen der Wärmebehandlung der Eisen-Kohlenstoff-Legierungen. 5. Auflage. Verlag Stahleisen, Düsseldorf 1985.

[2-14] Rose, A., und H. Hougardy: Atlas zur Wärmebehandlung der Stähle, Band 2. Verlag Stahleisen, Düsseldorf 1972.

[2-15] Rykalin, N. N.: Die Wärmegrundlagen des Schweißens. Verlag Technik, Berlin 1952.

[2-16] Rykalin, N. N.: Berechnung der Wärmevorgänge beim Schweißen. Verlag Technik, Berlin 1975.

[2-17] Seyffarth, P.: Schweiß-ZTU-Schaubilder. Verlag Technik, Berlin 1982.

[2-18] Beckert, M., und H. Herold: Möglichkeiten der rechnerischen Ermittlung von Abkühlzeiten für die Praxis. Schweißtechnik Berlin 31 (1981), H. 10, S. 444/47, und 32 (1982), H. 1, S. 6/9.

[2-19] Inagaki, M., u. a.: Untersuchungen der Abkühlprozesse beim Schweißen mit umhüllten Stabelektroden und beim UP-Schweißen. Journ. Japan. Weld. Soc., Tokyo 34 (1965), H. 10, S. 1064/75.

[2-20] Niederhoff, K.: Zeitlicher und örtlicher Temperaturverlauf beim Lichtbogenschweißen – Analyse der Einflußgrößen. Diss. TH Aachen, 1973.

[2-21] Uwer, D., und J. Degenkolbe: Temperaturzyklen beim Lichtbogenschweißen – Berechnung der Abkühlzeiten. Schw. Schn. 24 (1972), H. 12, S. 485/89.

[2-22] Herold, H.: Beitrag zur Ermittlung von Abkühlzeiten beim Schmelzschweißen. Diss. TH Magdeburg, 1976.

[2-23] Kußmaul, K., u. a.: Verfahren zur Simulation der Wärmeeinflußzonen von Schmelzschweißverbindungen. Schw. Schn. 28 (1976), H. 7, S. 250/58.

[2-24] Schulze, G.: Härte als Kennzeichen der Schweißeignung und das Verhalten von Schweißverbindungen. Schw. Schn. 26 (1974), H. 7, S. 270/71.

[2-25] Beckert, M., und R. Holz: Anwendung des Kohlenstoffäquivalents und Vorausbestimmung der Härte in der Wärmeeinflußzone von Schweißungen. Schweißtechnik 23 (1973), H. 8, S. 344/46.

[2-26] Seyffarth, P., und O. Kasatkin: Rechnerische Bestimmung der mechanischen Eigenschaften in der Wärmeeinflußzone von Schweißverbindungen niedriglegierter Stähle. Schweißtechnik Berlin 27 (1977), H. 2, S. 58/62.

[2-27] Rappe, A., und A. Rose: Der Einfluß des Umwandlungsverhaltens auf die Schweißeigenspannungen bei Stahl. Arch. Eisenhüttenw. 45 (1974), H. 10, S. 719/28.

[2-28] Schorschorow, M. Ch., u. a.: Zur Frage der Kaltrißbildung in härtbarem Stahl und in Titanlegierungen. Schw. Schn. 26 (1974), H. 11, S. 442/46.

[2-29] Degenkolbe, J., u. a.: Erfahrungen mit der Kaltrißprüfung von Betonstählen. DVS-Berichte Band 64, S. 69/79. DVS-Verlag, Düsseldorf 1980.

[2-30] Cabelka, J., u. a.: Eine neue Methode zur Prüfung der Rißanfälligkeit hochfester Stähle als Beitrag zur Ermittlung ihrer Schweißeignung. Schw. Schn. 25 (1973), H. 8, S. 292/95.

[2-31] Pohle, C.: Zerstörende Werkstoffprüfung in der Schweißtechnik. Fachbuchreihe Schweißtechnik Band 103. DVS-Verlag, Düsseldorf 1990.

[2-32] Neumann, V.: Erfahrungen mit dem Implantversuch zum Bewerten der Kaltrißneigung von Baustählen. Schw. Schn. 38 (1986), H. 12, S. 467/69.

[2-33] Neumann, V., und W. Florian: Beitrag zur Durchführung und Auswertung von Implantversuchen. Schw. Schn. 36 (1984), H. 9, S. 383/87.

[2-34] Storch, W., u. a.: Rißprüfung von Schweißverbindungen mit dem Implantversuch. Schweißtechnik Berlin 38 (1988), H. 7, S. 306/08.

[2-35] Richtlinie DVS 1001 (10.85): Prüfung der Kaltrissigkeit geschweißter Stähle – Implanttest. DVS-Verlag, Düsseldorf.

[2-36] Entwurf Richtlinie DVS 1006 (07.96): Kaltrißprüfverfahren – Übersicht. DVS-Verlag, Düsseldorf.

[2-37] Béres, L., u. a.: Neue Gleichung zur Berechnung der M_S-Temperatur. Schw. Schn. 46 (1994), H. 8, S. 372/74.

[2-38] Wilken, K.: Aussagefähigkeit von Warmrißprüfverfahren für die Warmrißsicherheit von geschweißten Bauteilen. Chemie-Ing. Techn. 44 (1972), H. 12, S. 777/83.

[2-39] Prokhorov, N. N., u. a.: Festigkeit von Stählen während der Phasenumwandlungen im festen Zustand beim Schweißen. Schweißtechnik Berlin 17 (1967), H. 10.

[2-40] Prokhorov, N. N., u. a.: Theorie und Verfahren zur Bestimmung der technologischen Festigkeit von Metallen während des Kristallisationsprozesses beim Schweißen. Schweißtechnik Berlin 18 (1968), H. 1, S. 8/11.

[2-41] Homberg, G., und G. Wellnitz: Über die Heißrissigkeit beim Schweißen von Stählen. Schw. Schn. 27 (1975), H. 3, S. 90/93.

[2-42] Gärtner, A., und E. Schmidtmann: Prüfung der Heißrißneigung von hochfesten Baustählen in der wärmebeeinflußten Zone beim Schweißen und ihre Ursachen. DVS-Berichte Band 15, S. 99/102. DVS-Verlag, Düsseldorf 1970.

[2-43] Merkblatt DVS 1004-1 (11/96): Heißrißprüfverfahren – Grundlagen. DVS-Verlag, Düsseldorf.

[2-44] Merkblatt DVS 1004-2 (11/96): Heißrißprüfverfahren mit fremdbeanspruchten Proben. DVS-Verlag, Düsseldorf.

[2-45] Merkblatt DVS 1004-3 (09.90): Heißrißprüfverfahren mit selbstbeanspruchenden Proben. DVS-Verlag, Düsseldorf.

[2-46] Rawlings, G.N., und K. Wilken: Vergleich der Aussagefähigkeit von neuen Heißrißprüfverfahren. Schw. Schn. 44 (1992), H. 4, S. 210/14.

[2-47] Herold, H., M. Streitenberger und A. Pchennikov: Heißrißtheorie nach Prokhorov und Modellierung des PVR-Versuches. IIW-Doc. IX-1969-00.

3 Schweißeignung der hochfesten Feinkornbaustähle

[3-1] Rose, A.: Schweißbarkeit der hochfesten Baustähle – Einfluß der Schweißbedingungen auf das Werkstoffverhalten. Stahl und Eisen 86 (1966), H. 5, S. 663/72.

[3-2] Degenkolbe, J., und D. Uwer: Stand und Entwicklungstendenzen des Schweißens hochfester Stähle. Schw. Schn. 27 (1975), H. 10, S. 346/53.

[3-3] Reumont, v. G. A.: Die Schweißeignung hochfester Feinkornbaustähle – ihre Ermittlung und Bedeutung. DVS-Berichte Band 22, S. 29/38. DVS-Verlag, Düsseldorf 1971.

[3-4] Schönherr, W.: Beurteilung der Schweißeignung von Stahl bei Beanspruchung in Dikkenrichtung. Schw. Schn. 27 (1975), H. 12, S. 491/95.

[3-5] DASt-Richtlinie 014 (01.81): Empfehlungen zum Vermeiden von Terrassenbrüchen in geschweißten Konstruktionen aus Baustahl. Stahlbau-Verlagsges. mbH, Köln.

[3-6] Rabe, W.: Stand der Kenntnisse auf dem Gebiet der Versprödung geschweißter niedriglegierter Feinkornbaustähle beim Spannungsarmglühen. Schw. Schn. 26 (1974), H. 10, S. 386/89.

[3-7] Düren, C., und W. Schönherr: Verhalten von Metallen beim Schweißen; Teil I: Leitfaden zur Metallurgie des Schweißens und zur Schweißeignung niedriggekohlter, mikrolegierter, warmgewalzter Stähle (IIW-Dokument IX-1305-83); Teil II: Empfehlungen für das Schweißen und die Schweißeignung von kaltzähen Stählen (IIW-Dokument IX 1310-84). DVS-Berichte Band 85. DVS-Verlag, Düsseldorf 1988.

[3-8] Stahl-Eisen-Werkstoffblatt SEW 88 (10.93): Schweißgeeignete Feinkornbaustähle – Richtlinie für die Verarbeitung, besonders für das Schmelzschweißen. 4. Ausgabe. Beiblatt 1: Kaltrißsicherheit beim Schweißen, Ermittlung angemessener Mindestvorwärmtemperaturen. Beiblatt 2: Ermittlung der Abkühlzeit $t_{8/5}$ zur Kennzeichnung von Schweißtemperaturzyklen.

[3-9] Lüdorff, H.: Schweißtechnische Probleme bei der Fertigung von überschweren Autokranen aus wasservergüteten Feinkornbaustählen. DVS-Berichte Band 25, S. 51/61. DVS-Verlag, Düsseldorf 1972.

[3-10] Blauel, J. G., u. a.: Bruchmechanische Charakterisierung der Zähigkeit von Schweißverbindungen an thermomechanisch gewalzten Stählen. DVS-Berichte Band 131, S. 136/41. DVS-Verlag, Düsseldorf 1990.

[3-11] Uwer, D., u. a.: Schweißen moderner hochfester Baustähle. Stahl und Eisen 112 (1992), H. 4, S. 29/35.

[3-12] Uwer, D., und U. Lotter: Möglichkeiten zur Erhöhung der Zähigkeit in der Wärmeeinflußzone von Schweißverbindungen durch metallurgische Maßnahmen bei der Stahlherstellung. Schw. Schn. 39 (1987), H. 11, S. 563/66.

[3-13] Draugelates, U., u. a.: Bedeutung der Austenitkorngröße für das Umwandlungsverhalten und die Zähigkeit im Grobkornbereich der Wärmeeinflußzone von Feinkornbaustählen. Schw. Schn. 49 (1997), H. 5, S. 280/87.

[3-14] Blum, M.: Schweißeignung einer neuen Generation von hochfesten Feinkornbaustählen (TM-QST-Stähle). DVS-Berichte Band 176, S. 175/79. DVS-Verlag, Düsseldorf 1996.

4 Schweißeignung der hochlegierten Stähle

[4-1] Houdremont, E.: Handbuch der Sonderstahlkunde. Springer-Verlag, Berlin 1956.

[4-2] Rapatz, F.: Die Edelstähle. Springer-Verlag, Berlin 1951.

[4-3] Boese, U., D. Werner und H. Wirtz: Das Verhalten der Stähle beim Schweißen, Teil II: Anwendung. 3. Auflage. DVS-Verlag, Düsseldorf 1984.

[4-4] Folkhard, E.: Metallurgie der Schweißung nichtrostender Stähle. Springer-Verlag, Berlin/Wien/New York 1984.

[4-5] Schaeffler, A. L.: Welding dissimilar metals with stainless electrods. Iron Age 162 (1948), Juli, S. 72/79.

[4-6] Schaeffler, A. L.: Constitution diagramms for stainless steel weld metal. Metal Progress 56 (1949), Nov., S. 680.

[4-7] Strauß, B., und E. Maurer: Die hochlegierten Chrom-Nickel-Stähle als nichtrostende Stähle. Kruppsche Monatshefte (920), S. 129/46.

[4-8] Bystram, M. C. T.: Some suspects of stainless alloy metallurgy and their application to welding problems. Brit. Weld. Journ. (1956), Febr., S. 41/46.

[4-9] DeLong, W. T.: Ferrite in austenic stainless steel weld metal. Weld. Journ. 53 (1974), Juli, S. 273/86.

[4-10] Thier, H.: Delta-Ferrit und Heißrisse beim Schweißen chemisch beständiger Stähle. DVS-Berichte Band 41, S. 100/04. DVS-Verlag, Düsseldorf 1976.

[4-11] Kujanpaä, V.: Studies on weld defects in austenitic stainless steels. Acta univ. Oul. C28 (1984), Metalurg. 5.

[4-12] Suutala, N.: Effect of manganese and nitrogen on the solidification mode in austenitic stainless steel welds. Met. Trans. A, Vol. A (1982), H. 9, S. 2121/30.

[4-13] Siewert, T. A., u. a.: Ferrite number predication to 100 FN in stainless steel weld metal. Weld. Journ. 67 (1988), S. 289/97.

[4-14] Kotecki, D. J.: WRC-1992 Constitution diagram for stainless steel weld metal; a modification of the WRC-1988 Diagram. Weld. Journ. 71 (1992), S. 171/78.

[4-15] Beckert, M.: Die Bedeutung des Schaeffler- und DeLong-Diagramms. Jahrbuch Schweißtechnik '92, S. 35/42. DVS-Verlag, Düsseldorf 1991.

[4-16] Leinhos, E.: Zum Ni-Cr-Schweißgutgefügediagramm und seiner Anwendung in der Praxis. Schweißtechnik Berlin 15 (1965), H. 8, S. 361/69, und H. 10, S. 439/45.

[4-17] Killing, R.: Das Schweißen stabilisierter austenitischer Stähle mit unstabilisierten, niedriggekohlten Schweißzusatzwerkstoffen. Nickel-Berichte 24 (1966), H. 6/7, S. 131/35.

[4-18] Bäumel, A.: Korrosionsarten und ihre Erscheinungsformen bei nichtrostenden Stählen. Schw. Schn. 27 (1975), H. 6, S. 227/30.

[4-19] Anik, S. , und L. Dorn: Metallphysikalische Vorgänge beim Schweißen hochlegierter, insbesondere rostbeständiger Stähle – Gefügeaufbau. Schw. Schn. 34 (1982), H. 10, S. 485/90.

[4-20] Bäumel, A.: Korrosionsverhalten der Schweißnähte an ferritischen Chromstählen. Fachbuchreihe Schweißtechnik Band 36, S. 95/105. DVS-Verlag, Düsseldorf 1964.

[4-21] Herbsleb, G.: Korrosionsprobleme an Schweißverbindungen von hochlegierten Stählen. Schw. Schn. 26 (1974), H. 1, S. 1/15, und H. 4, S. 126/27.

[4-22] Herold, H., u. a.: Werkstoffverhalten von neuen korrosionsbeständigen Stählen und Nickellegierungen beim Schweißen. DVS-Berichte Band 176, S. 153/58. DVS-Verlag, Düsseldorf 1996.

[4-23] Hennemann, K., und H. Schütte: Schmelzschweißverbindungen zwischen unlegierten und hochlegierten Stählen. Der Praktiker 26 (1974), H. 7, S. 156/59, und H. 8, S. 177/80.

[4-24] Merkblatt DVS 1005 (06.88): Verfahren zur Bestimmung des Delta-Ferritgehaltes im austenitischen Schweißgut. DVS-Verlag, Düsseldorf.

[4-25] Anik, S., und L. Dorn: Schweißeignung metallischer Werkstoffe. Fachbuchreihe Schweißtechnik Band 122. DVS-Verlag, Düsseldorf 1995.

[4-26] Boese, U.: Das Verhalten der Stähle beim Schweißen, Teil I: Grundlagen. 4. Auflage. Fachbuchreihe Schweißtechnik Band 44/I. DVS-Verlag, Düsseldorf 1995.

5 Schweißeignung gegossener Eisenwerkstoffe

[5-1] Grundmann, H.: Schweißen von Gußeisenwerkstoffen und Stahlguß. Die Schweißtechnische Praxis Band 8. DVS-Verlag, Düsseldorf 1971.

[5-2] Stieler, C.: Das Schweißen von Gußeisen, in Erdmann-Jesnitzer, F.: Werkstoff und Schweißung, Band 2, S. 1112/42.

[5-3] DIN-Taschenbuch Metallische Gußwerkstoffe. Beuth Verlag, Berlin 1986.

[5-4] Nechtelberger, E.: Gußeisenwerkstoffe – Eigenschaften unlegierter und niedriglegierter Gußeisen mit Lamellengraphit/Vermiculargraphit im Temperaturbereich bis 500° C. Verlag Schiele und Schön, Berlin 1986.

[5-5] Schweißen von Gußeisen. Fachbuchreihe Schweißtechnik Band 4. DVS-Verlag, Düsseldorf 1958.

[5-6] Köstermann, H., u. a.: Normen und Regeln für das Schweißen von Gußeisen und der Stand der europäischen Normung. DVS-Berichte Band 176, S. 232/34. DVS-Verlag, Düsseldorf 1996.

[5-7] Kranke; R.: Stand der Graugußschweißung. Schweißtechnik Berlin 12 (1962), H. 10, S. 469/73, sowie 13 (1963), H. 2, S. 81/84, und H. 3, S. 133/37.

[5-8] Jahre, H.: Schweißen von Kugelgraphitguß. Schweißtechnik Berlin 13 (1963), H. 2, S. 61/69.

[5-9] Adamka, J., u. a.: Schweißbarkeit von sphärolitischem Gußeisen. Schweißtechnik Berlin 32 (1982), H. 11, S. 508/09.

[5-10] Kopp, H., u. a.: Gefüge von geschweißtem Gußeisen mit Kugelgraphit. Prakt. Metallogr. 15 (1978), H. 2, S. 53/65.

[5-11] Tölke, P.: Schweißen von Eisen-Kohlenstoff-Gußwerkstoffen. Schweißtechnik Zürich (1975), H. 10, S. 275/90.

[5-12] Westerfors, C., u. a.: Beitrag zur Kenntnis des Schweißens von Gußeisen. Gießerei 59 (1972), H. 4, S. 93/104.

[5-13] Wirtz, H.: Stand der Technik des Schweißens von Gußeisen mit Lamellengraphit. Gießerei 54 (1967), H. 23, S. 609/18.

[5-14] Tölke, P.: Konstruktionsschweißungen von Gußstücken aus Eisengußwerkstoffen. Gießerei 69 (1982), H. 5, S. 119/25.

[5-15] Schram, A.: Schweißtechnische Verarbeitung von Gußeisen. Jahrbuch Schweißtechnik '94, S. 66/71. DVS-Verlag, Düsseldorf 1993.

[5-16] Rau, W.: Gußeisen mit Kugelgraphit im Bauwesen. VDI-Verlag, Düsseldorf 1985.

[5-17] Draugelates, U., und A. Schram: Einfluß des Schmelzschweißens auf die Güte von Schweißverbindungen aus Gußeisen. Schw. Schn. 48 (1996), H. 6, S. 442/47.

[5-18] Theis, E., und G. Gawlas: Das Schweißen von austenitischem Gußeisen mit Kugelgraphit. Gießerei 56 (1969), S. 140/45.

[5-19] Sengupta, P. K., und D. E. Jordan: Die Schweißbarkeit von austenitischem Gußeisen mit Kugelgraphit. Gießerei 58 (1971), S. 801/05.

[5-20] Maeder, H.: Schweißen von Temperguß. Forschungsbericht des Wirtschafts- und Verkehrsministeriums Nordrhein-Westfalen. Westdeutscher Verlag, Köln 1957 (Manuskriptdruck).

[5-21] Duktiles Gußeisen – Temperguß. Zentrale für Gußverwendung, Düsseldorf 1983.

[5-22] Klein, W.: Temperguß, ein Werkstoff für hochbeanspruchte Bauteile. VDG-Merkblatt N 5, 1969. Verein Deutscher Gießereifachleute, Düsseldorf.

[5-23] Schweißen von Temperguß. VDG-Merkblatt N 70, 2. Ausgabe, 1979. Verein Deutscher Gießereifachleute, Düsseldorf.

[5-24] Schram, A.: Qualitätsdatenbank für das Schweißen von Gußeisen. DVS-Berichte Band 176, S. 228/31. DVS-Verlag, Düsseldorf 1996.

[5-25] Pusch, G.: Das Bruchmechanik-Konzept und seine Anwendung auf Gußeisenwerkstoffe – Teil 3: Bruchmechanische Kennwerte. Konstruieren + Gießen 18 (1993), H. 1, S. 4/10.

[5-26] Herold, H., und W. Irmer: Einsatz eines Qualitätssicherungssystems „Schweißen von Gußwerkstoffen". DVS-Berichte Band 146, S. 238/42. DVS-Verlag, Düsseldorf 1992.

6 Schweißeignung von Aluminium und Aluminiumlegierungen

[6-1] Aluminium-Taschenbuch, 13. Auflage. Aluminium-Verlag, Düsseldorf 1974.

[6-2] Ippendorf, F.: Neue Bezeichnungen für Aluminiumwerkstoffe in der europäischen Normung. Jahrbuch Schweißtechnik '96, S. 67/71. DVS-Verlag, Düsseldorf 1995.

[6-3] Gilde, W.: Das Schweißen der Nichteisenmetalle. Verlag Technik, Berlin 1968.

[6-4] Klock, H., und H. Schoer: Schweißen und Löten von Aluminiumwerkstoffen. Fachbuchreihe Schweißtechnik Band 70. DVS-Verlag, Düsseldorf 1977.

[6-5] Stout, R. D.: Einige metallurgische Aspekte beim Schweißen von Aluminiumlegierungen. Schweißtechnik Zürich 61 (1971), H. 1, S. 1/20.

[6-6] Merkblatt DVS 1608 (05.83): Schmelzschweißen von Aluminium im Schienenfahrzeugbau. DVS-Verlag, Düsseldorf.

[6-7] Neumann, A.: Übersicht der Werkstoffe für geschweißte Aluminiumkonstruktionen, in Neumann, A., und A. Hobbacher: Schweißtechnisches Handbuch für Konstrukteure, Teil 4 – Geschweißte Aluminiumkonstruktionen. Fachbuchreihe Schweißtechnik Band 80/Teil 4. DVS-Verlag, Düsseldorf 1993.

[6-8] Kosteas. P., u. a.: Geschweißte Aluminiumkonstruktionen. Verlag Vieweg & Sohn, Braunschweig 1978.

[6-9] Kosteas, P.: Statisches und dynamisches Verhalten von Aluminiumverbindungen des konstruktiven Ingenieurbaus. Schw. Schn. 24 (1972), H. 1, S. 16/20.

[6-10] Brenner, P.: Entwicklung von Aluminiumlegierungen mit hoher Festigkeit im geschweißten Zustand. Aluminium 43 (1967), H. 4, S. 225/38.

[6-11] Gönner, P.: Einfluß der Schweißwärme auf die mechanischen Eigenschaften aushärtbarer Aluminiumlegierungen. Aluminium 46 (1970), H. 8, S. 575/77.

[6-12] Schwellinger, P.: Untersuchungen zur Schweißbarkeit von AlMgSi1-Walzblechen. Schw. Schn. 45 (1993), H. 10, S. 564/69.

[6-13] Zschötge, S.: Vorwärmtemperaturen beim Schmelzschweißen von Nichteisenmetallen. Schw. Schn. 20 (1968), H. 12, S. 634/43.

[6-14] Küber, B.: Fehler beim Schutzgasschweißen von Aluminium und Maßnahmen zu ihrer Vermeidung. Aluminium 48 (1972), H. 10, S. 685/89.

[6-15] Rogerson, J. H.: Zusammenhang zwischen den mechanischen Eigenschaften und dem Gefüge von Aluminium-Schweißverbindungen. Aluminium 48 (1972), H. 6, S. 424/39.

[6-16] Hufnagel, W.: Einfluß von Porosität auf die statische und dynamische Festigkeit von Aluminium-Schweißverbindungen. Aluminium 53 (1977), H. 10, S. 613/20.

[6-17] Pahl, E.: Schweißen von Aluminiumguß in der Neufertigung und Instandsetzung. DVS-Berichte Band 146, S. 233/37. DVS-Verlag, Düsseldorf 1992.

[6-18] Kelsey, R. A.: Dauerfestigkeit und Bruchverhalten von Schweißverbindungen der Typen AlMg und AlMgMn. Aluminium 53 (1977), H. 10, S. 600/05.

[6-19] Pirner, M., und H. Bichsel: Zum Korrosionsverhalten der AlZnMg1-Schweißverbindungen. Metall 29 (1975), H. 5, S. 275/80.

[6-20] Matthes, K.-J., u. a.: Metall-Inertgasschweißen von Aluminium und Aluminiumlegierungen mit thermosensorgeführten Robotern. Schw. Schn. 49 (1997), H. 3, S. 170/74.

[6-21] Ondra, R., und D. Kosteas: Untersuchungen zum Schwingfestigkeitsverhalten geschweißter Verbindungen an Großbauteilen aus Aluminium. Schw. Schn. 44 (1992), H. 10, S. 549/52.

7 Schweißeignung von Kupfer und Kupferlegierungen

[7-1] Gilde, W.: Das Schweißen der Nichteisenmetalle. Verlag Technik, Berlin 1966.

[7-2] Slyska, P.: Metallurgische Schweißbarkeit von Kupfer. Schweißtechnik Berlin 23 (1973), H. 5, S. 199/200.

[7-3] Schweißen und Brennschneiden von Kupfer und Kupferlegierungen. Deutsches Kupfer-Institut, Berlin 1963.

[7-4] Schweißen von Kupfer. Deutsches Kupfer-Institut, Berlin 1973.

[7-5] Matting, A., und G. Stieler: Das Schweißen von Kupfer und Kupferlegierungen, in Erdmann-Jesnitzer, F.: Werkstoff und Schweißung, Band 2, S. 1370/96.

[7-6] Schweißen von Kupferlegierungen. Deutsches Kupfer-Institut, Berlin 1973.

[7-7] Rotter, H.: Das Schweißen von Kupfer und seinen Legierungen. Z. f. Metallkunde 60 (1969), H. 7, S. 1102/10.

[7-8] Zschötge, S.: Schweißeignung von Halbzeug aus Kupfer und Kupferlegierungen. Metall 24 (1970), H. 11, S. 1223/26, und H. 12, S. 1337/40.

[7-9] Haseke, H., und R. Köcher: CuMn2 – Herstellung, Eigenschaften, schweißtechnische Verarbeitung und Anwendung. Metall 26 (1972), H. 4, S. 333/41.

[7-10] Küber, B.: Schutzgasschweißen von Kupfer und Kupferlegierungen. Metall 28 (1974), H. 4, S. 1156/59.

[7-11] Anik, S., und L. Dorn: Schweißeignung metallischer Werkstoffe. Fachbuchreihe Schweißtechnik Band 122. Deutscher Verlag für Schweißtechnik DVS-Verlag, Düsseldorf 1995.

8 Schweißeignung von Nickel und Nickellegierungen

[8-1] Gilde, W.: Das Schweißen der Nichteisenmetalle. Verlag Technik, Berlin 1968.

[8-2] Höhn, H., und A. Bottge: Das Schweißen von Reinnickel und nickelplattierten Blechen. Schweißtechnik Berlin 15 (1965), H. 11, S. 492/96.

[8-3] Strassburg, R. W.: Mechanisiertes Schweißen von Nickel und seinen Legierungen. Schw. Schn. 23 (1971), H. 6, S. 220/23.

[8-4] Fromm, K.: Betrachtungen zum Schweißen von Nickelwerkstoffen, insbesondere der Nickel-Chrom-Eisen-Legierungen X12NiCrSi36 16, X10NiCrA1Ti32 20 und XNiCr19NbMo. Schw. Schn. 28 (1976), H. 6, S. 216/19.

[8-5] Stöpferle, T., u. a.: Temperaturzyklen beim Schweißen einer Nickelbasis-Legierung. Schw. Schn. 28 (1976), H. 7, S. 262/65.

[8-6] Schneider, E.: Porenfreies Schweißen von Reinnickel-Rohrleitungen für Natriumhydroxyd. Schw. Schn. 16 (1964), H. 2, S. 41/44.

[8-7] Schweißen von Nickel und seinen Legierungen. International Nickel Deutschland, Düsseldorf 1967.

[8-8] Merkblatt DVS 0601 (12.98): Schweißen von Nickel und Nickellegierungen. DVS-Verlag, Düsseldorf.

[8-9] Anik, S., und L. Dorn: Schweißeignung metallischer Werkstoffe. Fachbuchreihe Schweißtechnik Band 122. DVS-Verlag, Düsseldorf 1995.

9 Schweißeignung von Titan und Titanlegierungen

[9-1] Zwicker, U.: Titan und Titanlegierungen. Springer-Verlag, Berlin 1974.

[9-2] Schultz, H.: Schweißen von Sondermetallen. Fachbuchreihe Schweißtechnik Band 59. DVS-Verlag, Düsseldorf 1971.

[9-3] Rüdinger, K.: Schweißen von Titan. Schw. Schn. 10 (1958), H. 3, S. 79/86.

[9-4] Weigand, H. H.: Titan und Titanlegierungen. Stahl und Eisen 80 (1960), H. 3, S. 134/82, und H. 5, S. 301/05.

[9-5] Weidemeier, H.: Schutzgasschweißen von Titanguß. Schw. Schn. 18 (1966), H. 9, S. 450/51.

[9-6] Rüdinger, K.: Stand und Entwicklungstendenzen des Schweißens von Titan und seinen Legierungen. Schw. Schn. 27 (1975), H. 9, S. 366/69.

[9-7] Rüdinger, K.: Beeinflussung des Korrosionsverhaltens von Titan durch konstruktive und fertigungstechnische, insbesondere schweißtechnische Maßnahmen. Schw. Schn. 27 (1975), H. 11, S. 436/39.

[9-8] Zwicker, U.: Wasserstoffversprödung von Titan und Titanlegierungen. Werkstofftechnik 5 (1974), H. 5, S. 233/41.

[9-9] Wehr, P., und J. Ruge: Einfluß des Wasserstoffgehalts auf die bruchmechanischen und korrosionschemischen Eigenschaften von Schweißverbindungen an TiAl6V4. Schw. Schn. 28 (1976), H. 12, S. 463/67.

[9-10] Wehr, P., und J. Ruge: Wasserstoffverteilung in Schweißverbindungen aus TiAl6V4. Schw. Schn. 28 (1976), H. 12, S. 411/14.

[9-11] Protogerakis, E., und K. Steiger: Titan – Moderner Werkstoff des Chemieapparatebaus – Ein Beitrag zur Schadenskunde. Werkstoffe und Korrosion 37 (1986), S. 111/18.

[9-12] Wendel, H.: Schweißen titanplattierter Bleche. Schweißtechnik Berlin 29 (1979), H. 1, S. 17/24.

[9-13] Wendel, H.: Erfahrungen beim Einsatz und Schweißen neuer Werkstoffe. Schweißtechnik Berlin 31 (1981), H. 8, S. 340/42.

[9-14] Wehr, P.: Über das Entstehen von Poren in elektronenstrahl- und schutzgasgeschweißten Nähten in Blechen aus Titan und seinen Legierungen – Schrifttumsübersicht. Schw. Schn. 28 (1976), H. 8, S. 304/07.

[9-15] Fischer, D., und K. Rüdinger: Untersuchungen an Schweißgut und Schweißzusatz aus Titanwerkstoffen im Hinblick auf die eignungsgeprüfte Verwendung im chemischen Apparatebau. DVS-Berichte Band 50, S. 33/43. DVS-Verlag, Düsseldorf 1978.

[9-16] Rüdinger, K.: Schweißen von Titanwerkstoffen. Jahrbuch Schweißtechnik ’91, S. 41/51. DVS-Verlag, Düsseldorf 1990.

[9-17] Merkblatt DVS 2713 (06.87): Schweißen von Titanwerkstoffen. DVS-Verlag, Düsseldorf.

[9-18] Lison, R.: Schweißen und Löten von Sondermetallen und ihren Legierungen. Fachbuchreihe Schweißtechnik Band 118. DVS-Verlag, Düsseldorf 1996.

10 Sicherheit von Schweißkonstruktionen

[10-1] Müller, E.: Zähes und sprödes Werkstoffverhalten. Schweißtechnik Berlin 27 (1977), H. 8, S. 378/82, und H. 9, S. 417/22.

[10-2] Radaj, D.: Bruchmechanische Bewertung von Rissen im Hinblick auf den Sprödbruch. Schw. Schn. 27 (1975), H. 5, S. 168/72.

[10-3] Soete, W.: Über die Anwendung der Bruchmechanik bei Schweißverbindungen. Schw. Schn. 28 (1976), H. 4, S. 125/28.

[10-4] Degenkolbe, J., und D. Uwer: Einfluß der Schweißbedingungen auf die Kerbschlagzähigkeit in der Wärmeeinflußzone von Schweißverbindungen hochfester Baustähle. Schw. Schn. 26 (1974), H. 11, S. 429/33.

[10-5] Lienhard, E. W.: Neue Prüfmethoden zur Bestimmung der Festigkeit und der Sprödbruchanfälligkeit metallischer Werkstoffe. Oerlikon Schweißmittl. Zürich 11 (1965), S. 4/11 und S. 13/30.

[10-6] Radatz, A., und K. Vetter: Überblick über die Verfahren zur Prüfung der Zähigkeit hochfester Stähle. Arch. Eisenhüttenw. 89 (1969), S. 285/95.

[10-7] Heller, W., und H. J. Kramer: Vergleich der Verfahren zur Prüfung der Sprödbruchneigung von Baustählen. Stahl und Eisen 89 (1969), H. 18, S. 1005/13.

[10-8] Wilken, K.: Beitrag zum Aussagewert praxisnaher Sprödbruchverfahren. Schw. Schn. 26 (1974), H. 8, S. 295/99.

[10-9] Degenkolbe, J., und B. Müsgen: Sprödbruchprüfung mit dem Drop-Weight-Test. Materialprüfung Stuttgart 9 (1967), H. 8, S. 306/12.

[10-10] Funk, W.: Ermittlung der Betriebsfestigkeit von Schweißkonstruktionen. Schw. Schn. 26 (1974), H. 10, S. 393/97.

[10-11] Blumenauer, H.: Werkstoffprüfung. 4. Auflage. Deutscher Verlag für Grundstoffindustrie, Leipzig 1987.

[10-12] Pohle, C.: Zerstörende Werkstoffprüfung in der Schweißtechnik. Fachbuchreihe Schweißtechnik Band 103. DVS-Verlag, Düsseldorf 1990.

[10-13] Neumann, A.: Schweißtechnisches Handbuch für Konstrukteure, Teil 1: Grundlagen, Tragfähigkeit, Gestaltung. 5. Auflage. DVS-Verlag, Düsseldorf 1984.

[10-14] Aurich, D.: Bruchvorgänge in metallischen Werkstoffen. Werkstofftechn. Verlagsges., Karlsruhe 1978.

[10-15] Schweißkonstruktionen und Betriebsfestigkeit in der Praxis. DVS-Berichte Band 88. DVS-Verlag, Düsseldorf 1984.

[10-16] Blumenauer, H., und G. Pusch: Technische Bruchmechanik. 2. Auflage. Deutscher Verlag für Grundstoffindustrie, Leipzig 1982.

[10-17] Bruchmechanische Bewertung von Fehlern in Schweißverbindungen – DVS-Merkblätter 2401. 2. Auflage. DVS-Fachbuchreihe Band 101. DVS-Verlag, Düsseldorf 1996.

[10-18] Tetelmann, A. S., und A. J. McEvily: Bruchverhalten technischer Werkstoffe. Verlag Stahleisen, Düsseldorf 1971.

[10-19] Dahl, W., u. a.: Bruchmechanische Sicherheitsanalyse von Schweißverbindungen an einer Rahmenkonstruktion aus Stahl. DVS-Berichte Band 131, S. 132/36. DVS-Verlag, Düsseldorf 1990.

[10-20] Hanel, J. J.: Zur Anwendung der Bruchmechanik bei statisch belasteten Schweißverbindungen vor dem Hintergrund der Festigkeits- und Zähigkeitsnachweise. Schw. Schn. 36 (1984), H. 4, S. 172/76, und H. 6, S. 270/74.

[10-21] Stahl-Eisen-Prüfblatt SEP 1390 (07-96): Aufschweißbiegeversuch. Verlag Stahleisen, Düsseldorf.

Neumann · Neuhoff

Kompendium der Schweißtechnik

Band 4: Berechnung und Gestaltung von Schweißkonstruktionen

Herausgeber: Behnisch

2., überarbeitete Auflage

Bibliografische Information Der Deutschen Bibliothek
Die Deutsche Bibliothek verzeichnet diese Publikation in der Deutschen Nationalbibliografie; detaillierte bibliografische Daten sind im Internet über http://dnb.ddb.de abrufbar.

Fachbuchreihe Schweißtechnik
Band 128/4

ISBN 3-87155-203-8

Herstellung: J. F. Ziegler KG, Remscheid
Titelgestaltung: M + V Werbeagentur, Willich

Geleitwort zur 2. Auflage

Als der Verlag sich vor genau vier Jahren zur Herausgabe eines Kompendiums der Schweißtechnik entschloß, tat er dies mit der Feststellung und guten Absicht, die seit vielen Jahren spürbare Literaturlücke mit einem aktuellen, aber auch preisgünstigen Gesamtwerk über Schweißverfahren, Schweißmetallurgie, Werkstoffe und konstruktive Grundlagen zu schließen. Die große Nachfrage nach dem vierbändigen Fundus an umfassendem Wissen und Betriebspraxis hat sich erfreulicherweise in verhältnismäßig kurzer Zeit bestätigt, so daß der Verlag und sein Autorenteam sich um eine Überarbeitung und Ergänzung der vergriffenen Auflage bemühten, die als Neufassung nunmehr in gewohnter Qualität vorgelegt werden kann.

Der Entwicklungsstand der Schweißprozesse, die überschaubare Palette schweißgeeigneter Werkstoffe sowie die gestalterischen Grundsätze zum Bau von Schweißkonstruktionen, wie sie in den fünfziger Jahren dem Studierenden und praktisch tätigen Ingenieur zu Studium und Berufsausübung zur Verfügung standen, rechtfertigten seinerzeit ein ein- bis zweibändiges Fachbuch; fünfzig Jahre später hat allein die immense Zunahme der Werkstoffgruppen und ihre technisch und wirtschaftlich befriedigende Verarbeitung mit einem vielfachen Angebot an Füge- und Trennprozessen die Erweiterung des Buchtextes erforderlich gemacht. Darüber hinaus haben jahrzehntelange Erfahrungen und Bewährungen von vollständig geschweißten Konstruktionen zu neuen Bauweisen und deren Ausführung bis hin zur automatisierten Fertigung geführt.

Auch die Internationalisierung des Regelwerks, der Berechnungsmethoden und der Ausführungsbestimmungen, beispielsweise im konstruktiven Ingenieurbau, Schienenfahrzeug- und Druckgerätebau, verursachten eine thematische Erweiterung und einen didaktischen Aufbau des vorliegenden Studier- und Nachschlagewerks.

Die jetzige Ausgabe wird sowohl dem technisch-wissenschaftlich orientierten als auch dem in der Anwendung tätigen Leserkreis gerecht. Schwerpunktmäßig wollen die logisch gegliederten vier Bände auf die vielfältigen Fragen nach dem „Wie“ eine rasche Antwort in den Wissensbereichen Schweißeignung der metallischen Werkstoffe – Schweißmetallurgie – thermische Füge- und Trennverfahren – schweißgerechte Konstruktion geben. Zur Vertiefung der Materie Schweißtechnik dienen die jedem der einzelnen Bände angeschlossenen Literaturstellen aus Wissenschaft, Betriebspraxis und aktuellem Regelwerk.

Die von der Erstausgabe her bekannten Autoren haben sich auch in dieser Auflage um eine sorgfältige Anpassung und Erweiterung des schweißtechnischen Wissens bemüht. An der Überarbeitung des Bandes 1 von R. Killing hat Dr.-Ing. U. Killing mitgewirkt. Der von der Autorengemeinschaft Probst/Herold in erster Auflage verfaßte Band 2 ist nunmehr allein von Herrn Prof. H. Herold überarbeitet worden; als Nachfolger von Herrn Prof. A. Neumann zeichnet Herr Dipl.-Ing. R. Neuhoff für die sorgfältige Betreuung von Band 4 verantwortlich.

Allen Autoren, die besonders aufgrund ihrer aktiven pädagogischen Tätigkeit um die stetigen Veränderungen und Neuerungen wissen, sei abschließend für ihre Literaturarbeit herzlich gedankt.

Düsseldorf, im Sommer 2002 — Verlag und Herausgeber

Vorwort zur 2. Auflage

Im Rahmen der Neuauflage des Kompendiums der Schweißtechnik wurde mir vom DVS-Verlag die Aufgabe angetragen, eine Überarbeitung des Bandes 4 „Berechnung und Gestaltung von Schweißkonstruktionen" von Prof. A. Neumann vorzunehmen. Dabei sollte es sich nicht um eine grundlegende Überarbeitung, sondern vor allem um eine Straffung des Inhalts und eine Anpassung an die aktuellen Regelwerke handeln. Der grundsätzliche Aufbau des Buches blieb somit erhalten, allerdings wurde verschiedenes an der Struktur und an Details des Buches verbessert und aktualisiert.

Der Inhalt von Band 4 des Kompendiums gliedert sich weiterhin in drei Hauptabschnitte:

In **Abschnitt 1** sind hauptsächlich allgemeingültige Ausführungen zum **Entwurf von Schweißkonstruktionen** zu finden. Beginnend mit Empfehlungen zum konstruktiven Entwicklungsprozeß wird im weiteren Verlauf auf die Qualitätssicherung in der Schweißtechnik auf der Grundlage europäischer Bestimmungen und Regelwerke eingegangen. Im Vordergrund stehen dabei die Qualitätsmerkmale für Schweißverbindungen und deren Objektivierung durch in Normen festgelegte Bewertungsgruppen. Darüber hinaus wird die symbolische Darstellung von Schweißverbindungen erörtert. Abschließend werden die in Schweißverbindungen auftretenden Beanspruchungen und die üblichen Konzepte für den Tragsicherheitsnachweis von Schweißverbindungen erläutert.

In **Abschnitt 2: Schweißkonstruktionen aus Stählen** und **Abschnitt 3: Schweißkonstruktionen aus Aluminiumwerkstoffen** werden im Unterabschnitt **Gestaltung von Schweißkonstruktionen aus Stählen** bzw. **Aluminiumwerkstoffen** zunächst Konstruktionsgrundsätze für geschweißte Baugruppen und Erzeugnisse unter Berücksichtigung der Qualität der Schweißverbindungen, der gewählten Werkstoffe und der angewandten Schweißprozesse erläutert.

Die Unterabschnitte **Berechnung von Schweißverbindungen aus Stählen** bzw. **Aluminiumwerkstoffen** beinhalten in erster Linie Angaben zu den Einwirkungs- und Widerstandsgrößen für den Tragsicherheitsnachweis von Schweißverbindungen sowie Hinweise auf gesetzliche Regelwerke. Darüber hinaus werden Empfehlungen für den Tragsicherheitsnachweis von Schweißverbindungen im nichtgeregelten Bereich (z. B. Maschinenbau, Straßenfahrzeugbau etc.) gegeben.

Inhalt der Unterabschnitte **Tragfähigkeit von Schweißverbindungen aus Stählen** bzw. **Aluminiumwerkstoffen** sind vor allem die Einflüsse auf das Festigkeitsverhalten der Werkstoffe und Schweißverbindungen bei statischer und dynamischer Beanspruchung sowie die werkstoffspezifischen Gefährdungen (z. B. Sprödbruchgefährdung, Stabilitätsgefährdung etc.).

Möge das **Kompendium der Schweißtechnik** auch mit diesem Band zukünftig sowohl in der Aus- und Weiterbildung als auch in der Tragwerksplanung und Konstruktionspraxis, wie vom Verfasser in seinem Vorwort zur ersten Auflage bereits angesprochen, weiterhin „zweckmäßige Dienste" leisten.

Der Überarbeiter dankt dem Herausgeber Herrn Dr.-Ing. H. Behnisch und der Fachbuchredaktion des DVS-Verlags für das entgegengebrachte Vertrauen und die Anregungen und Unterstützung bei der Überarbeitung dieses Bandes des Kompendiums der Schweißtechnik. Der Fachbuchredaktion, namentlich Frau B. Herud und Herrn L. Knittel, gilt darüber hinaus mein besonderer Dank für die fachliche Betreuung und das Lektorat dieses Bandes.

Neuss, im Juli 2002 R. Neuhoff

Inhaltsverzeichnis

Geleitwort zur 2. Auflage

Vorwort zur 2. Auflage

1	**Entwurf von Schweißkonstruktionen**	1
1.1	Übersicht über den konstruktiven Entwicklungsprozeß	1
1.1.1	Konstruktions-Methodik	1
1.1.2	Übersicht zu konstruktiver und technologischer Vorbereitung geschweißter Konstruktionen	4
1.2	Qualitätssicherung in der Schweißtechnik nach europäischen Bestimmungen und Regelwerken	8
1.2.1	Einführung	8
1.2.2	Allgemeingültige Bestimmungen zur Qualitätssicherung von Produkten	8
1.2.3	Europäische Regelwerke in der Schweißtechnik – Schweißtechnische Qualitätsanforderungen nach DIN EN 729	11
1.3	Bewertungsgruppen von Schweißverbindungen an Stählen und an Aluminiumwerkstoffen	13
1.3.1	Einführung	13
1.3.2	Bewertungsgruppen für Lichtbogenschweißverbindungen an Stahl nach DIN EN 25817	15
1.3.3	Bewertungsgruppen für Lichtbogenschweißverbindungen an Aluminiumwerkstoffen nach DIN EN 30042	15
1.3.4	Schlußbetrachtung	15
1.4	Darstellung von Schweißkonstruktionen in Zeichnungen	16
1.4.1	Einführung	16
1.4.2	Zusammenhang von europäischen Normen über Schweißzeichnung und Qualitätsanforderungen der Schweißtechnik	17
1.4.3	Angaben in Schweißzeichnungen – Übersicht	18
1.5	Beanspruchung von Schweißverbindungen	31
1.5.1	Übersicht	31
1.5.2	Statische Beanspruchung (statisches Festigkeitsverhalten)	33
1.5.3	Schwingende Beanspruchung (Ermüdungsverhalten)	35
1.6	Bemessungskonzepte für Schweißkonstruktionen	41
2	**Schweißkonstruktionen aus Stählen**	45
2.1	Gestaltung von Schweißkonstruktionen aus Stählen	45
2.1.1	Allgemeine Regeln für die Gestaltung von Schweißkonstruktionen	45
2.1.2	Fertigungsgerechte Gestaltung	46
2.1.3	Beanspruchungsgerechte Gestaltung	69
2.1.4	Gestaltung und Stahlart	72
2.1.5	Bauweisen der Schweißkonstruktionen im Stahlbau, Maschinenbau und Apparatebau	75
2.1.6	Gestaltungsbeispiele für Schweißkonstruktionen	87
2.1.6.1	Stahlbau	87
2.1.6.2	Druckgerätebau (Dampfkessel, Apparate, Rohrleitungen)	90
2.1.6.3	Maschinenbau und Gerätebau	97
2.2	Berechnung von Schweißverbindungen aus Stählen	105

2.2.1 Einleitung 105
2.2.2 Belastungsannahmen 105
2.2.3 Nennspannungen 106
2.2.4 Festigkeitsnachweise bzw. Sicherheitsnachweise (Übersicht europäischer und nationaler Regelwerke zur Durchführung von Festigkeits- bzw. Sicherheitsnachweisen für Schweißverbindungen) 113
2.2.5 Empfehlungen zur Berechnung von Schweißverbindungen im gesetzlich nicht geregelten Bereich (unter Berücksichtigung der Bewertungsgruppen nach DIN EN 25817) 114
2.3 Tragfähigkeit von Schweißverbindungen an Stählen 126
2.3.1 Festigkeits- und Ermüdungsverhalten von Schweißverbindungen an Stählen .. 126
2.3.1.1 Einflüsse auf Festigkeit und Ermüdung 126
2.3.1.2 Ermüdungsfestigkeits-Klassen (FAT) nach IIW für Schweißverbindungen 137
2.3.2 Sprödbruchverhalten von Schweißkonstruktionen aus Stahl 142
2.3.2.1 Werkstoffwahl und Schweißbarkeit von Bauteilen 142
2.3.2.2 Sprödbruchverhalten von Schweißkonstruktionen 144

3 Schweißkonstruktionen aus Aluminiumwerkstoffen 152
3.1 Gestaltung von Schweißkonstruktionen aus Aluminiumwerkstoffen 152
3.1.1 Gestaltungsgrundsätze für Aluminium-Schweißkonstruktionen 152
3.1.1.1 Bauweisen der Schweißkonstruktionen aus Aluminiumwerkstoffen 152
3.1.1.2 Allgemeine Regeln für die Gestaltung von Schweißkonstruktionen aus Aluminiumwerkstoffen (Übersicht über die Einflußfaktoren auf die Gestaltung) 152
3.1.1.3 Gestaltung und Art des Aluminiumwerkstoffes 153
3.1.1.4 Einfluß der Schweißverfahren und der Fertigungsweisen auf die Gestaltung von Schweißkonstruktionen aus Aluminiumwerkstoffen 154
3.1.1.5 Gestaltung und Beanspruchung – Gestaltungsgrundsätze bei statischer und dynamischer Beanspruchung 161
3.1.2 Anwendungsbeispiele von Schweißkonstruktionen aus Aluminiumwerkstoffen 172
3.2 Übersicht zur Berechnung von Schweißverbindungen an Aluminiumwerkstoffen 176
3.2.1 Einführung 176
3.2.2 Belastungsannahmen 176
3.2.3 Nennspannungen 176
3.2.4 Festigkeits- und Sicherheitsnachweise für Aluminium-Schweißkonstruktionen (Übersicht zu europäischen und nationalen Regelwerken für die Festigkeits- bzw. Sicherheitsnachweise von Schweißverbindungen an Aluminiumwerkstoffen) 176
3.2.5 Empfehlungen zur Berechnung von Schweißverbindungen an Aluminiumlegierungen im staatlich nicht geregelten Bereich (unter Berücksichtigung der Bewertungsgruppen nach DIN EN 30042 und Merkblatt DVS 0713) 177
3.2.5.1 Einführung 177
3.2.5.2 Empfehlungen zur Ermittlung der Bewertungsgruppen bei vorwiegend ruhender Beanspruchung (statisch) 178
3.2.5.3 Empfehlungen zur Ermittlung der Bewertungsgruppen bei nicht vorwiegend ruhender Beanspruchung (dynamisch) 183
3.3 Tragfähigkeitsverhalten von Schweißverbindungen aus Aluminiumwerkstoffen 193
3.3.1 Aluminium als Konstruktionswerkstoff 193

3.3.2 Festigkeits- und Ermüdungsverhalten von Schweißverbindungen aus Aluminiumwerkstoffen 202
3.3.2.1 Einflüsse auf das Festigkeits- und Ermüdungsverhalten der Aluminium-Grundwerkstoffe 202
3.3.2.2 Einflüsse auf das Festigkeits- und Ermüdungsverhalten der Schweißverbindungen aus Aluminiumwerkstoffen 207
3.3.2.3 Stabilitätsverhalten von Aluminium-Schweißkonstruktionen 220

Weiterführende Literatur 222

1 Entwurf von Schweißkonstruktionen

1.1 Übersicht über den konstruktiven Entwicklungsprozeß

1.1.1 Konstruktions-Methodik

Der Entwurf von Schweißkonstruktionen ist in den gesamten konstruktiven Entwicklungsprozeß eingebettet. Es haben sich in den letzten Jahren allgemeine, systemorientierte Konstruktionsmethoden entwickelt, in die auf sinnvolle Weise Lösungen für den Bau von geschweißten Elementen und Gruppen einbezogen wurden.

Die Tätigkeiten beim Konstruieren von der Aufgabenstellung bis zur Fertigungszeichnung (konstruktive Dokumentation) lassen sich in verschiedene Phasen unterteilen. Diese Phasen kennzeichnen nicht allein stets wiederkehrende charakteristische Arbeiten im Konstruktionsablauf, sondern beeinflussen auch das Ergebnis in spezifischer Weise. Von besonderer Bedeutung ist dabei die logische Folge der zu durchlaufenden Schritte sowie die Erkenntnis, daß nach jeder Phase ein Rücklauf zur vorhergehenden Phase nötig ist, wenn das Ergebnis nicht befriedigt. Wichtig ist auch, daß in jeder Phase, soweit sinnvoll und möglich, die Frage nach den Kosten gestellt wird, Bild 1-1.

Der Konstruktionsprozeß beginnt mit einer Erzeugnisplanung und darin einer Auswahl der Aufgaben und der Präzisierung der Aufgabenstellung (Feld 1 in Bild 1-1).

Beim Konzipieren, das heißt beim Erarbeiten eines geeigneten Konzepts zum Lösen der Aufgabe (Feld 2), werden in erster Linie die Phasen der Funktionsfindung und Prinziperarbeitung durchlaufen. Das eigentliche Konzipieren beginnt mit einer Analyse der Anforderungsliste. Dabei wird zunächst der eigentliche Kern der Aufgabe bzw. das Hauptproblem herausgearbeitet, wobei möglichst abstrahiert werden sollte. Danach wird nach Lösungsprinzipien für die Teilfunktionen gesucht. Im nächsten Arbeitsschritt müssen die gefundenen Prinzipien zum Lösen der Teilfunktionen entsprechend den festgelegten Funktionsstrukturen zu Lösungen der Gesamtfunktion kombiniert werden (Anfertigen von maßstäblichen Skizzen). Danach erfolgt die Konzeptauswahl. Um nun die einzelnen Lösungsvarianten beurteilen zu können, müssen zunächst ihre Eigenschaften und Qualitätsmerkmale durch eine Analyse ermittelt werden. In der Konzeptphase werden diese Angaben im wesentlichen nur qualitativ sein können; jedoch reichen diese meistens schon aus, um die geeignetste oder sogar die optimale Lösungsvariante auswählen zu können. Für die Entscheidung werden nun die einzelnen Varianten nach festgelegten Kriterien technisch-wirtschaftlich bewertet.

In der nächsten Phase (Feld 3), das heißt in der Phase des Entwerfens, werden für das festgelegte Lösungskonzept maßstäbliche Entwürfe angefertigt und durch eine technisch-wirtschaftliche Bewertung Schwachstellen beseitigt.

Nach dem Festlegen des Ausführungsentwurfs beginnt das Gestalten für die stoffliche Verwirklichung des technischen Gebildes (Feld 4). Hiermit erfolgt die endgültige Festlegung zur Anordnung, die Form und Oberflächenbeschaffenheit aller Einzelteile, weiterhin das Festlegen des Werkstoffs, die Bemessung nach den einschlägigen Vorschriften, die Überprüfung der Fertigungsmöglichkeiten sowie der Kosten und die verbindliche Darstellung der zeichnerischen und sonstigen Unterlagen.

Das generelle Vorgehen beim Entwickeln und Konstruieren ist in einer anderen Weise in der neugestalteten Richtlinie VDI 2221 in Bild 1-2 dargestellt. Dabei werden mehrere Schritte vorgeschlagen.

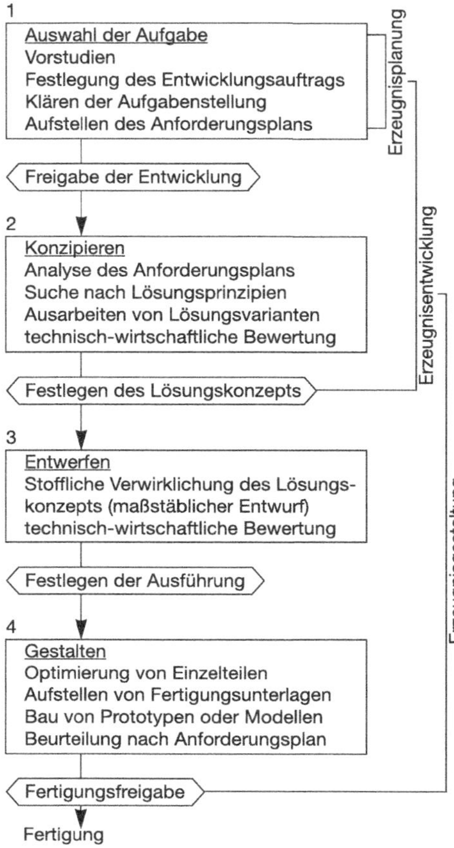

Bild 1-1. Flußbild des konstruktiven Entwicklungsprozesses.

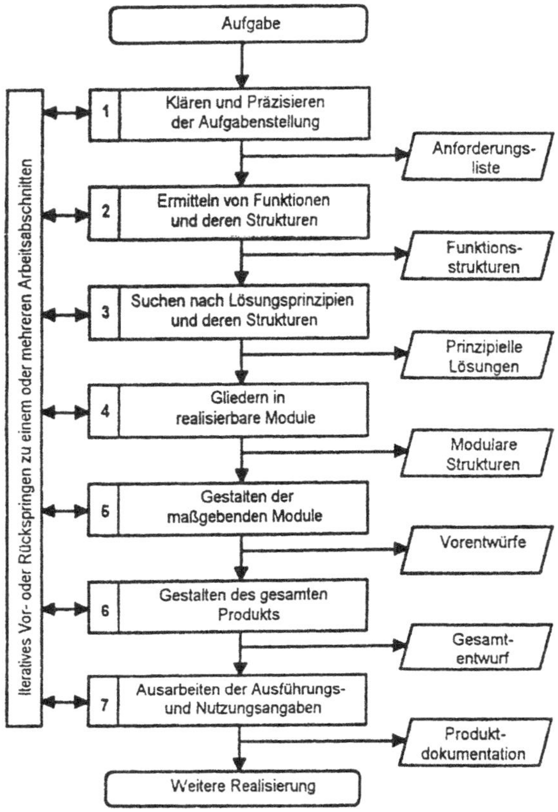

Bild 1-2. Generelles Vorgehen beim Entwickeln und Konstruieren nach Richtlinie VDI 2221.

Bei der Bearbeitung der einzelnen Phasen bzw. Schritte wird der Konstrukteur vor Entscheidungen gestellt, die ihm durch Bereitstellung von Hilfsmitteln, das heißt Entscheidungshilfen, erleichtert werden. Zu derartigen Entscheidungshilfen zählen

- Entscheidungstabellen
- Konstruktions-Kataloge
- Faktenbanken
- Rechnerprogramme
- Datenbanken
- CAD-Systeme u. a. m.

In der Fachliteratur der Konstruktions-Methodik werden immer neuere, erweiterte Vorschläge für ein effektives Gestalten des konstruktiven Entwicklungsprozesses vorgenommen [1-1 ... 1-5].

Das rechnergestützte Konstruieren (CAD: Computer Aided Design) ist eine Schlüsseltechnologie unserer Epoche als Voraussetzung für qualitative und quantitative Verbesserungen der Konstruktions- und Produktionsergebnisse. Kürzere Durchlaufzeiten in der Konstruktion und Optimierung von Konstruktionsobjekten auf der Grundlage dreidimensionaler Beschreibungsformen, rechnerinterner Modellbildungen und darauf aufbauende Berechnungen, Simulation und Integration nachgeschalteter Tätigkeiten der Fertigungsprojektierung (CAM: Computer Aided Manufacturing) sind damit die wesentlichen Vorteile der Einführung von CAD. Weitere Vorteile der CAD-Einführung bestehen in folgendem:

- Erzeugen rechnerinterner Modelle bzw. recheninterner Darstellungen von technischen Objekten
- Strukturoptimierung (aus dem Einsatz von CAD-Systemen resultierende organisations- und ablaufbezogene Maßnahmen zur Verknüpfung einzelner der Konstruktion vor- bzw. nachgeordneter Bereiche)
- Möglichkeit der Simulation von Abläufen in der Entwurfsphase, dadurch Einsparung von Musterbau- und Versuchsfeldkapazitäten
- bessere Materialökonomie durch Optimierung in der Entwurfsphase
- Verbesserung der Aktualität des Informationsbestandes durch zentrale Datenspeicherung und Änderungsdienst
- kurze Zugriffszeiten zu größeren gespeicherten Informationsmengen (z. B. Normteilkataloge, Konstruktionskataloge), dadurch Rationalisierung der Konstrukteursarbeit
- Vermeidung von Übertragungsfehlern durch zentrale Daten-Speicherung
- Variantenprogrammierung
- 3D-Konstruieren
- Bereitstellung von Schnittstellen zu CAP und CAM.

Eine hohe Wirtschaftlichkeit wird jedoch erst mit der durchgängigen Bearbeitung größerer Abschnitte des Ablaufs der konstruktiven Entwicklungsarbeit bis hin zur rechnerunterstützten Fertigungsvorbereitung mit Anschluß an die bedienarme Fertigung (CAM) erreicht.

Diese durchgängigen Lösungen werden als CAD-/CAM-Systeme bezeichnet.

In Bild 1-3 sind die Einsatzbereiche von CAD/CAP/CAM (CIM) für Produkte der metallverarbeitenden Industrie mit geschweißten Baugruppen schematisch dargestellt. Sie geben dem Anwender eine Kurzübersicht künftiger rechnergestützter Gestaltung. CIM ist die Abkürzung für Computer-Integrated Manufacturing, rechnerintegrierte Fertigung.

CIM umfaßt alle produktionsorientierten Hauptaufgaben eines Betriebes: rechnergestützte Entwicklung und Konstruktion der Erzeugnisse – CAD, rechnergestützte Produktionsplanung – CAP, rechnergestützte Produktionssteuerung und -durchführung – CAM.

Die weitere Entwicklung und der Einsatz von CAD- und CAM-Systemen bis hin zum CIM-Betrieb ist eng mit dem Fortschritt der Mikroelektronik, d. h. mit leistungsfähiger Rechentechnik, speicherprogrammierbaren Steuersystemen sowie Industrierobotertechnik einschließlich den dazugehörigen Sensoren verbunden.

Alle diese Schlüsseltechnologien, die von Menschen entwickelt werden und diese von geistigen Routinearbeiten befreien, führen zu einem völlig neuen Verhältnis des Menschen zur Technik. Steigerungen der Arbeitsproduktivität um das Mehrfache sind erreichbar. Es erweitern sich die Möglichkeiten für die schöpferische Tätigkeit des Menschen. Zugleich werden höhere Ansprüche an sein Wissen und Können gestellt.

In den folgenden Abschnitten finden Bearbeiter in der Konstruktion für geschweißte Erzeugnisse aus Stählen viele Anregungen, Hinweise und Richtlinien. Weitergehende Literatur ist in [1-6; 1-7] enthalten.

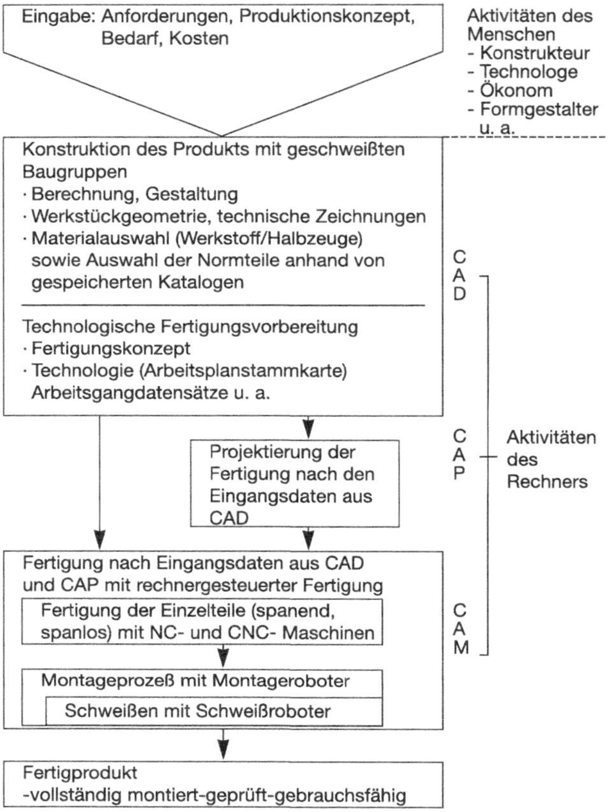

Bild 1-3. Einsatzbereiche von CAD/CAP/CAM (CIM) für Produkte der metallverarbeitenden Industrie (geschweißte Baugruppen).

1.1.2 Übersicht zu konstruktiver und technologischer Vorbereitung geschweißter Konstruktionen

Im folgenden werden die möglichen Entscheidungen, die in den Konstruktionsbüros und in den Abteilungen der Fertigungsplanung bei einer technischen Vorbereitung, das heißt bei der Gestaltung und Berechnung bzw. für die Fertigung eines geschweißten Erzeugnisses, getroffen werden, erörtert.

Diese Entscheidungen sind in der Form von vereinfachten Algorithmen wiedergegeben. Sie sollen zu einer systematischen Arbeitsweise und zur rationellen Ausnutzung der schöpferischen Arbeit der Konstrukteure und Schweißaufsichtspersonen anregen.

Die Beispiele der Berechnung und der Gestaltung sowie die technologischen Beispiele in den folgenden Abschnitten sind als Teilentscheidungen dieser technischen Vorbereitung zu werten und entsprechend in eine jeweils zu lösende Aufgabe einzugliedern. Rechnergestützte Lösungen werden in letzter Zeit immer häufiger in CAD-/CAM-Systemen durchgeführt.

- **Entwurf von Schweißkonstruktionen (Gestaltung und Berechnung)**

Bei geschweißten Erzeugnissen werden bereits in der Konstruktion etwa 70 bis 80 % der fertigungstechnischen Maßnahmen entschieden. Das sind vor allem die Auswahl der Schweißprozesse, Zusatzwerkstoffe und Qualitätsstufen, das heißt der Bewertungsgruppen mit allen Herstellungsbedingungen. Daraus ist die hohe Verantwortung des Konstrukteurs für den Produktionsprozeß abzuleiten, die einen systematischen Einsatz optimaler Verfahren voraussetzt.

Die wichtigsten Aufgaben, die der Konstrukteur im Entwicklungsprozeß zu lösen hat, werden als bekannt vorausgesetzt. Mit Bild 1-4 wird ein vereinfachter Auszug der maßgebenden Entscheidungen der konstruktiven Fertigungsvorbereitung dargestellt.

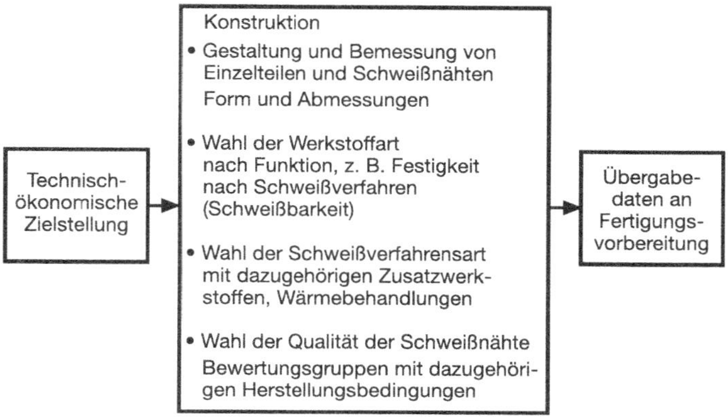

Bild 1-4. Maßgebende Entscheidungen in der Konstruktion bei geschweißten Erzeugnissen.

Ausgehend von der technisch-wirtschaftlichen Zielstellung sind in Abhängigkeit von der Funktion der Bauelemente die Werkstoffe auszuwählen. Danach ist für die entsprechenden Verbindungen in Abhängigkeit vom Werkstoff die Schweißprozeßwahl vorzunehmen. Die enge Kopplung zwischen Werkstoff- und Schweißprozeßwahl ist besonders hervorzuheben.

Bei der Gestaltung der Bauelemente wird von der zu realisierenden Funktion ausgegangen. Durch einfache Bewertungen werden dabei Varianten ermittelt.

Einmal werden im Zusammenhang mit der Bemessung die Varianten aus der Sicht der erreichbaren Festigkeitswerte, der erforderlichen Masse und notwendigen Fertigungskosten, zum anderen durch Bewertung der Fügestelle, das heißt Aufwand für die Herstellung der Verbindung in Abhängigkeit von der Anzahl der Fügestellen, Fügeverfahren und Bewertungsgruppen eingeschränkt, und zwar mit dem Ziel, die günstigste Variante bezüglich Aufwand, Kosten und Gebrauchswert zu bestimmen.

In ähnlicher Weise wird auch eine günstige Gestaltung der Fügestelle erreicht. Dabei werden für diese Variante Zusatzwerkstoff, Fugenform und eine eventuelle Wärmebehandlung mit ermittelt.

Neben der Gestaltung der Bauelemente und Fügestellen kommt deren Bemessung eine gleichwertige Bedeutung zu. Für geschweißte Konstruktionen sind Rechenprogramme für erforderliche Festigkeitsnachweise der Bauteile und Fügestellen erarbeitet worden; diese stehen den Konstruktionsbüros zur Verfügung.

Eine Möglichkeit, die durch verstärkten Einsatz von Computern realisiert werden kann, ist die Optimierung einzelner geschweißter Bauteile oder Baugruppen bzw. Fügestellen mit Hilfe mathematischer Optimierungsverfahren.

Als Optimierungskriterium wird die Wirtschaftlichkeit der Konstruktion und in der Regel auch der Herstellung gewählt. Variiert werden z. B. Abmessungen, Schweißverfahren, Qualitätsstufen, das heißt Bewertungsgruppen der Schweißnähte, Werkstoffarten u. ä.

In Arbeitsunterlagen für die Konstruktionsbüros ist eine Vielzahl derartiger praktisch erprobter Modelle für den Konstrukteur als Optimierungsprogramme zusammengestellt, die für die Lösung der häufigsten Optimierungsaufgaben zu empfehlen sind.

Damit sind gleichzeitig die Übergabeinformationen an die Arbeitsvorbereitung, das heißt die Konstruktionszeichnung mit den dazugehörigen Unterlagen nach DIN EN 22553 festgelegt, deren Verarbeitung zu Arbeitsunterlagen in Form von Schweißplan und Arbeitsunterweisung die Voraussetzung für einen effektiven Produktionsprozeß ist (Tabelle 1-1).

Tabelle 1-1. Übergabedaten der Konstruktion an die Fertigungsvorbereitung für ein geschweißtes Erzeugnis.

– Konstruktionszeichnung (Schweißteilzeichnung) mit den Angaben:		
	K	– Geometrie von Schweißteil und Schweißnaht
	K + F	– Werkstoffart und Wärmebehandlung vor dem Schweißen (gemäß gültiger Vorschriften für die Stahlgütewahl)
	F	– Schweißverfahrensart und Schweißzusatzwerkstoffe
	F	– Wärmebehandlung während und nach dem Schweißen (gemäß den Richtlinien)
	F	– Angabe von Schweißnähten für Außenmontage
	F	– Einzelheiten der Herstellung (z. B. Zuschnitt, Zusammenbaufolgen)
	K + F	– Bewertungsgruppen für Stumpf- und Kehlnähte
	F	– Qualität der Schweißfugenvorbereitung
– Stückliste		
– Vorrichtungen mit Lageangabe der Schweißnaht		
– Angabe von Prüfverfahren und -umfang		

Diese Übergabedaten zeigen nochmals die enge Verflechtung von Konstruktion und Fertigung bei geschweißten Erzeugnissen.

(Siehe hierzu Abschnitt 1.4)

- **Fertigungsvorbereitung (Fertigungsplanung)**

In Bild 1-5 ist ein Schema dargestellt, das vereinfacht die Aufgabenstellung der Fertigungsvorbereitung mit dem „Eingang", das heißt mit den Übergabedaten der Konstruktion an die Fertigungsvorbereitung, und mit dem „Ausgang", das heißt den Übergabedaten der Fertigungsvorbereitung an die Fertigungsabteilungen, zeigt.

Die einzelnen Aufgaben der Fertigungsvorbereitung in der Schweißtechnik lassen sich wie folgt ableiten:
– Festlegen der Arbeitsfolge auf der Basis des Montageschemas.

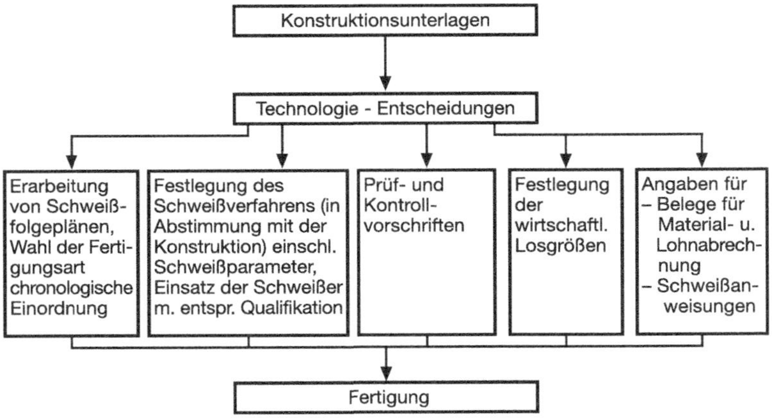

Bild 1-5. Entscheidungen und Aufgaben der technologischen Fertigungsvorbereitung in der Schweißtechnik.

- Zusammenfassen der Arbeitsunterrichtungen zu Arbeitsgängen unter Berücksichtigung des Fertigungsprinzips und der Fertigungsmittel.
- Bestimmen der Arbeitswerte, der Fertigungsmittel unter Berücksichtigung des Mechanisierungsgrades, der Fertigungszeiten und -kosten je Arbeitsgang bzw. Arbeitsverrichtung.
- Aufstellen des Fertigungsplanes einschließlich des Schweißplanes, mit Schweißfolgeplänen wie in DIN EN 729 gefordert.
- Ausarbeitung der Schweißanweisung in Anlehnung an DIN EN 288-2.

Zweckmäßig wird in der Fertigungsvorbereitung der Fertigungsablauf in Arbeitsgänge gegliedert. Bild 1-6 zeigt schematisch eine derartige Gliederung mit dem Arbeitsgang AG_i für das Schweißen mit einer vorgeschlagenen Reihenfolge der Präzisierung der Schritte:

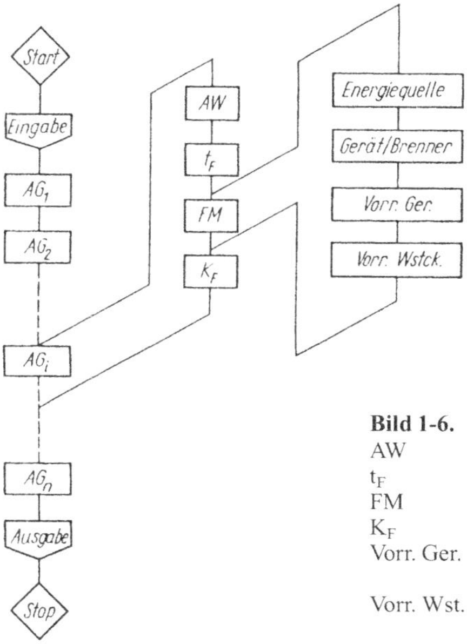

Bild 1-6. Arbeitsfolge zur Präzisierung eines Arbeitsgangs (AG) „Schweißen“:

AW	Arbeitswerte, Schweißparameter
t_F	Fertigungszeiten = Auftragzeit T je Stück
FM	Fertigungsmittel
K_F	Fertigungsselbstkosten
Vorr. Ger.	Vorrichtungen für das Schweißgerät von Geräteträger (Fahrbahn) bis Industrieroboter
Vorr. Wst.	Vorrichtungen für das Werkstück (Schweißteil) zum Aufnehmen, Spannen und Bewegen

- Wahl der Arbeitswerte, Schweißparameter,
- Festlegung der Fertigungszeiten,
- Wahl der Fertigungsmittel (Schweißgeräte und Vorrichtungen),
- Ermittlung der Fertigungskosten.

Für jeden Arbeitsgang von AG_1 bis AG_n sind die analogen Schritte zur Lösung zu gehen, wie sie stellvertretend für den Arbeitsgang AG_i demonstriert wurden.

Für Lösungen bei Arbeitsverrichtungen Schweißen, Löten, thermisches Trennen u. ä. sind Arbeitsgrößen aus manuellen Speichern (z. B. aus Tabellenbuch Schweiß- und Löttechnik) bzw. aus Rechnerprogrammen zu entnehmen. Weiterführende Literatur ist in [1-8] zu finden.

1.2 Qualitätssicherung in der Schweißtechnik nach europäischen Bestimmungen und Regelwerken

1.2.1 Einführung

Der Entwurf von geschweißten Produkten ist in bezug auf die Qualitätssicherung in der Schweißtechnik an eine Reihe von europäischen und nationalen Regelwerken gebunden.

Nachstehend wird für den Konstrukteur eine umfassende Übersicht über die maßgeblichen Bestimmungen zur Qualitätssicherung von Produkten für den europäischen Binnenmarkt und wichtigste Regelwerke über Qualitätsanforderungen im Bereich der Schweißtechnik nach EN-Normen gegeben. Der Entwurf von Schweißkonstruktionen ist in diesen Regelwerken mit berücksichtigt. Die nachstehenden Ausführungen sind in Anlehnung an Merkblatt DVS 0716 (Anforderungen an den Schweißbetrieb) zusammengestellt worden. Sie berücksichtigen Produkte des gesetzlich geregelten Bereichs (Stahlbau, Druckbehälterbau, Schienenfahrzeugbau usw.) sowie des nicht geregelten Bereichs (Maschinenbau, Landmaschinenbau, Straßenfahrzeugbau usw.), Bild 1-7.

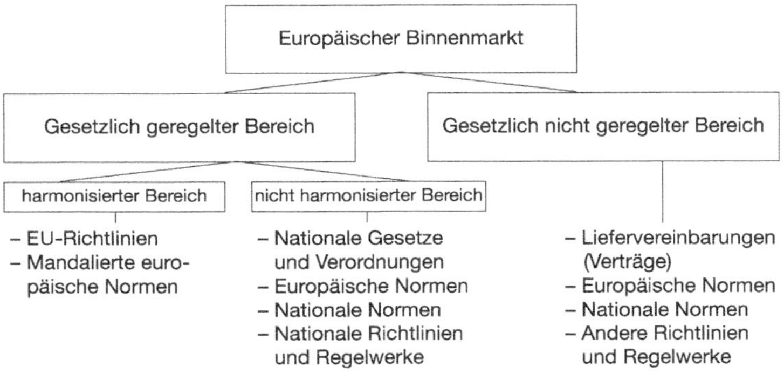

Bild 1-7. Europäischer Binnenmarkt.

1.2.2 Allgemeingültige Bestimmungen zur Qualitätssicherung von Produkten

Zusammenhang zwischen europäischen Richtlinien und europäischen Normen

Nach der neuen Konzeption aus dem Jahre 1985 (Neue Konzeption auf dem Gebiet der technischen Harmonisierung und der Normung) beschränkt sich die Harmonisierung der Rechtsvorschriften – das heißt der EU-Richtlinien mit technischem Inhalt – auf die Festlegung von grundlegenden Schutzzielanforderungen. Dagegen wird die notwendige Ausfüllung dieser Anforderungen vornehmlich auf harmonisierte europäische Normen übertragen. Nach der einheitlichen europäischen Akte aus dem Jahre 1986 sind EU-Richtlinien zur Rechtsangleichung nach Artikel 100a des EWG-Vertrages mit qualifizierter Mehrheit (77 %) zu beschließen. Die EU-Richtlinien sehen vor, daß Produkte nur dann in den Verkehr gebracht werden dürfen, wenn sie den grundlegenden Anforderungen (u. a. Standsicherheit, Brandschutz) genügen.

Diese Festlegung ist mit einer Reihe von Maßnahmen begründet, die in Abhängigkeit von der jeweiligen EU-Richtlinie vom Hersteller selbst oder den notifizierten Prüf-, Überwachungs- und/oder Zertifizierungsstellen durchgeführt sind, Bild 1-8. Sofern noch keine europäische Norm besteht, können der europäischen Kommission für eine Übergangszeit entsprechende nationale Normen zwecks Notifizierung benannt werden, die den grundlegenden technischen oder Schutzzielanforderungen der jeweiligen EU-Richtlinie genügen müssen.

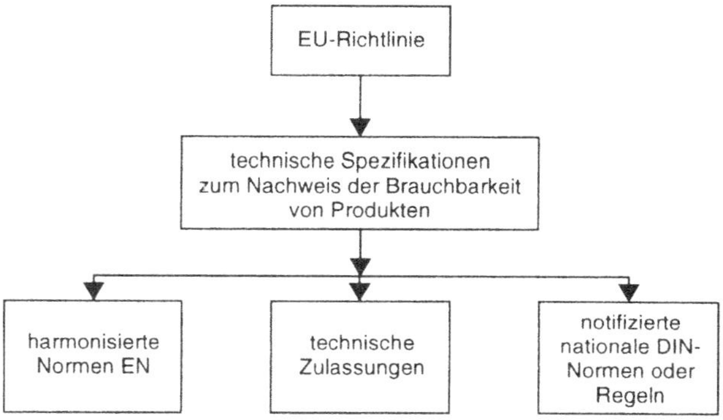

Bild 1-8. Wesentliche und spezielle Anforderungen im europäischen Recht.

Das Europäische Komitee für Normung (CEN) sowie das Europäische Komitee für Elektrotechnische Normung (CENELEC) sind Träger europäischer Normung, denen 20 europäische Mitgliedsstaaten angehören. Normungsergebnisse sind europäische Normen (EN). Darüber hinaus gibt es auch europäische Vornormen (ENV) zum Zweck der vorläufigen Anwendung auf technischen Gebieten mit hohem Informationsgrad. Es wird nach drei Normungsarten unterschieden:

- Typ A-Norm: Grundnorm (anwendungsgebietsübergreifende Norm, zum Beispiel DIN EN ISO 9000 ff.),
- Typ B-Norm: Fachgrundnorm (fachgebietsbezogene Norm, zum Beispiel EN 287),
- Typ C-Norm: Fachnorm (Produkt- bzw. Anwendungsnorm, zum Beispiel EN 286 für einfache Druckbehälter).

Da diese Normen in EU-Richtlinien zitiert und notifiziert werden, wird ihre Anwendung für den Hersteller verbindlich (harmonisierte Normen).

CE-Zeichen

Die Bestätigung der Konformität mit den relevanten Anforderungen einer EU-Richtlinie wird durch das Anbringen des CE-Zeichens auf dem Produkt, dem Typenschild, der Verpackung oder dem Begleitdokument für das Produkt zum Ausdruck gebracht.

Das CE-Zeichen ist ein Konformitätszeichen mit weitgehender Funktion als Zeichen oder „Warenpaß“ innerhalb des europäischen Binnenmarktes. Es soll besagen, daß die Schutzzielanforderungen der für das Produkt zutreffenden EU-Richtlinie eingehalten werden.

In Bild 1-9 ist das Prinzip der Konformitätsnachweise mit einer EU-Richtlinie dargestellt; auf weitere beeinflussende Richtlinien und Regeln ist hingewiesen.

Anforderungen an das Produkt

Anforderungen an Produkte haben bisher in Abhängigkeit vom Anwendungsbereich und dem entsprechenden Regelwerk, zum Beispiel im Druckbehälter-, Fahrzeug-, Stahl- und Rohrleitungsbau, bestanden.

In der Europäischen Union werden die Anforderungen nach den unterschiedlichen EU-Richtlinien geregelt. Um hier zu einer vereinheitlichten Handhabung in der Qualitätssicherung zu gelangen, hat

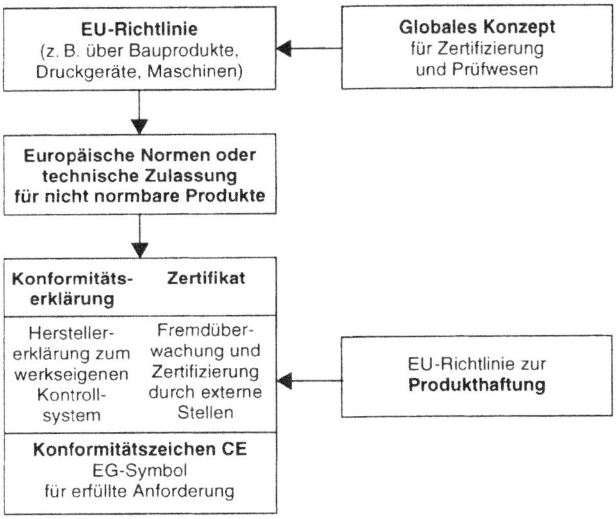

Bild 1-9. Europäisches System zur Sicherung der Produktqualität.

der EU-Ministerrat den Ratsbeschluß 93/465/EWG vom 22. Juli 1993, das Globale Konzept für Prüfwesen und Zertifizierung, beschlossen.

Globales Konzept für Prüfwesen und Zertifizierung

Im Interesse eines freien Waren- und Handelsverkehrs im europäischen Binnenmarkt sowie im Sinne einer Vereinheitlichung der Prüf- und Zertifizierungsverfahren wurde dieses Konzept als modulares System beschlossen, das bestimmte Arten der Prüfung, Qualitätssicherung und Zertifizierung der in den europäischen Richtlinien festgelegten Produkte regelt und das „europaweites Vertrauen schaffen soll in die Befähigung der benannten Stellen zur Prüfung, zum Überwachen und Zertifizieren, in die Qualitätsfähigkeit des Herstellers und in die Qualität von Produkten“.

Das aus 8 Modulen bestehende Konformitätsbewertungsverfahren ist eine Vorgabe des EU-Ministerrats zur Vereinheitlichung der Prüfung, Qualitätssicherung und Zertifizierung von Produkten in allen gewerblichen Bereichen, das heißt auch für Produkte bzw. Erzeugnisse der Schweißtechnik.

Das modulare Konzept basiert auf der Kontrolle des Produkts sowohl in der Entwicklungs- als auch in der Fertigungsstufe. Die Bewertung des Produkts wird entweder durch den Hersteller und/oder die benannte (externe) Stelle vorgenommen, die der europäischen Kommission von den jeweiligen zuständigen nationalen Stellen der Mitgliedsstaaten benannt wird. In jeder EU-Richtlinie soll das für ihren jeweiligen Geltungsbereich zutreffende Konformitätsbewertungsverfahren bzw. Modul festgelegt werden.

Europäische Richtlinie Produkthaftung (Produkthaftungsgesetz)

Als Voraussetzung für den einheitlichen europäischen Wirtschaftsraum hatte der Ministerrat der EU schon 1985 die „Richtlinie zur Angleichung der Rechts- und Verwaltungsvorschriften für die Haftung für fehlerhafte Produkte“ beschlossen, die von der Bundesrepublik Deutschland in nationales Recht als Produkthaftungsgesetz (ProdHaftG) umgesetzt wurde (Anmerkung: in den alten Bundesländern seit 01.01.1990 und in den neuen Bundesländern seit 03.10.1990 wirksam). Es handelt sich um ein Verbraucherschutzgesetz und gilt für Schäden an Sachen, die „für den privaten Ge- und Verbrauch bestimmt und hauptsächlich so benutzt wurden“. Schaden bei gewerblicher Nutzung und an nur gewerblich nutzbaren Gütern werden nicht erfaßt.

Die EU-Richtlinie Produkthaftung legt die verschuldensunabhängige Haftung fest und erwartet vom Hersteller, daß die anerkannten Regeln der Technik bzw. der Stand der Technik eingehalten werden. Weitergehende Informationen und Erläuterungen bietet Merkblatt DVS 3006.

Zusätzlich zu den Forderungen der EU-Richtlinie Produkthaftung sind die gültigen Gesetze und Verordnungen des Öffentlichen Rechts, des Zivilrechts und des Strafrechts zu beachten.

1.2.3 Europäische Regelwerke in der Schweißtechnik – Schweißtechnische Qualitätsanforderungen nach DIN EN 729

Die für die Schweißtechnik erforderlichen Fachgrundnormen werden im europäischen Komitee CEN TC 121 (Schweißen) erarbeitet. Unter Fachgrundnormen sind zu verstehen die Bereiche Verständigung (u. a. Arbeitsposition und zeichnerische Darstellung), Nahtvorbereitung, Schweißzusätze, Qualitätssicherung, Anforderungen an Betrieb und Personal, Verfahrensprüfungen, Schweißnahtbewertung sowie Prüfung einschließlich Prüfverfahren.

Diese Arten von Normen fassen bewährte und allgemeingültige Grundsätze zusammen. Sie enthalten weiterhin eine Skala von hohen und niedrigen Anforderungen, so daß für den jeweiligen Anwendungsfall bzw. von der jeweiligen Anwendungsnorm eine Auswahl durch Bezugnahme getroffen werden kann.

Die Wirksamkeit des normativen Instruments wird nur erreicht, wenn die schweißtechnischen Fachgrundnormen – Bild 1-10 nennt die wichtigsten Bereiche der Fachgrundnormen der Schweißtechnik – in die jeweiligen europäischen Fachnormen (Produkt- bzw. Anwendungsnormen) einbezogen werden. Das soll bedeuten, daß je Produkt bzw. Produktpalette die entsprechende Anforderungsstufe ausgewählt und in einer Fachnorm festgelegt wird. Hiermit wird eine sinnvolle Verflechtung von Fachgrund- und Fachnormen erreicht sowie vor allem die Doppelfestlegung von Bestimmungen vermieden.

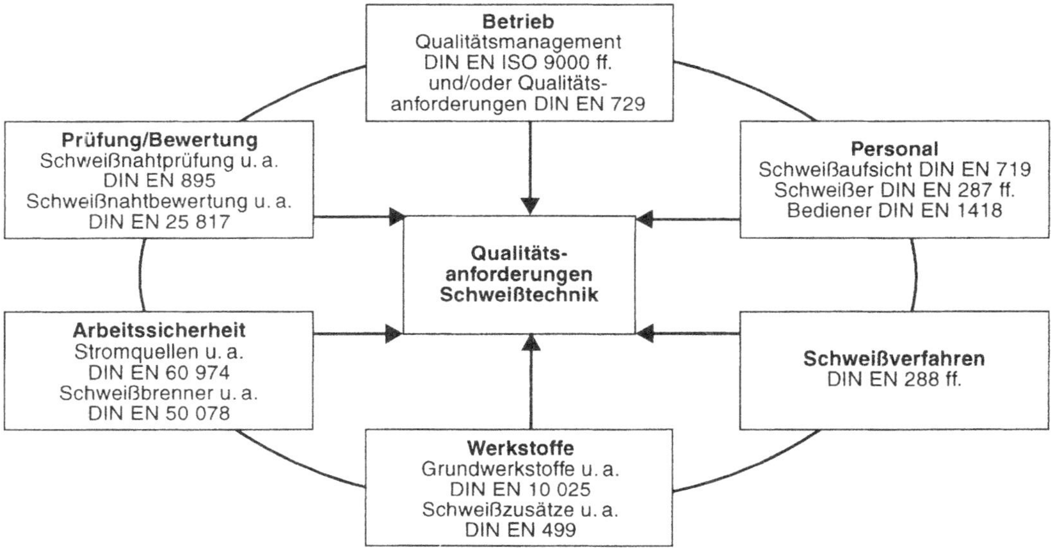

Bild 1-10. Fachgrundnormen über Qualitätsanforderungen in der Schweißtechnik.

Bild 1-11 zeigt in schematischer Weise diese Verflechtung der beiden Normtypen B und C.

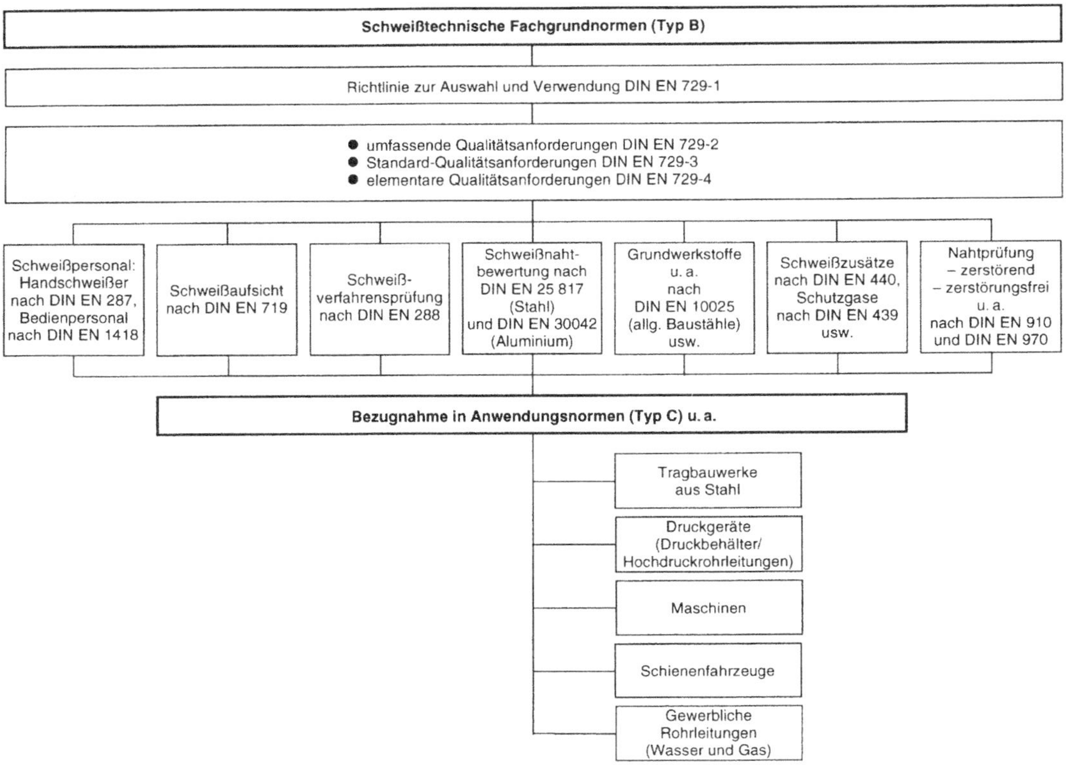

Bild 1-11. Verflechtung der schweißtechnischen Fachgrundnormen (Typ B) mit den Anwendungsnormen (Typ C).

DIN EN 729-1 bis -4 in Verbindung mit DIN EN 719 wurde auf der Grundlage von DIN 8563-1 und -2 aufgebaut und diese stellen für den deutschen Hersteller von Schweißkonstruktionen die nahezu gleichen Anforderungen. Gegenüber den bisherigen Regelungen werden in den Teilen 2 und 3 von DIN EN 729 folgende zusätzliche Forderungen gestellt:

- Vorhandensein eines Qualitätsmanagementsystems (nur bei Teil 2),
- Vertragsüberprüfung,
- Untervergabe,
- mangelnde Übereinstimmung und verbessernde Tätigkeiten.

Alle anderen in den verschiedenen Teilen von DIN EN 729 genannten Anforderungen waren schon in DIN 8563-1 und -2 enthalten, jedoch weniger ausführlich beschrieben. Eine Übersicht der Anforderungen zeigt Tabelle 1-2 (siehe auch Richtlinie DVS 0712).

Es hat sich erwiesen, daß in der Vergangenheit bei Herstellern von geschweißten Bauteilen eine fehlende Vertragsüberprüfung in schweißtechnischer Hinsicht, zum Beispiel Nichtfestlegung der Bewertungsgruppe nach DIN EN 25817, häufig zu erheblichen Schwierigkeiten bei der Übernahme des geschweißten Bauteils durch den Besteller/Betreiber geführt hat.

Mit DIN EN 719 wurde eine europäische Fachgrundnorm geschaffen, die die Anforderungen von DIN EN 729-2 bzw. -3 bezüglich der Schweißaufsicht erfüllt und für die drei Gruppen von Schweißaufsichtspersonen – Schweißingenieur (DVS®-EWF-Schweißfachingenieur), Schweißtechniker (DVS®-EWF–Schweißtechniker) und Schweißspezialist (DVS®-EWF-Schweißfachmann) – die Aufgaben und Zuständigkeitsbereiche festlegt (siehe auch hierzu die erläuternde Richtlinie DVS 0711).

Die Auswahl des entsprechenden Teils von DIN EN 729 wird aufgrund der Festlegungen von EU-Richtlinien, Anwendungsnormen und für die Übergangszeit durch sonstige Regelungen getroffen. Weitergehende Literatur ist in [1-10] zu finden.

Tabelle 1-2. Schweißtechnische Qualitätsanforderungen nach DIN EN 729-2 bis -4.

Element	Qualitätsanforderungen[1]) umfassend (DIN EN 729-2)	Standard (DIN EN 729-3)	elementar (DIN EN 729-4)
Vertragsüberprüfung	●	○	○
Konstruktionsüberprüfung	●	●	○
Unterlieferant	●	●	○
Schweißen und Bediener	●	●	●
Schweißaufsicht	●	●	–
Personal für Qualitätsprüfung und sonstige Prüfungen	●	●	○
Fertigungseinrichtungen	●	○	–
Instandhaltung	●	–	–
Fertigungsplan	●	○	–
Schweißanweisung	●	–[2])	–[2])
Schweißverfahren	●	●	–
Arbeitsanweisung	●	●	–[2])
Dokumentation	●	–	–
Schweißzusätze	●	●	○
Lagerung von Grundwerkstoffen	●	●	–
Wärme(nach)behandlung	●	●	–
Qualitätsprüfungen und sonstige Prüfungen	●	●	–
Personal für Prüfungen	●	●	○
verbessernde Tätigkeiten in der Fertigung	●	○	○
Kalibrierung von Einrichtungen zum Messen und Prüfen	●	–	–
Kennzeichnung und Rückverfolgbarkeit	●	○	–
Qualitätsberichte	●	●	–

[1]) ● vollständig zu erfüllen, ○ teilweise zu erfüllen, – nicht zu erfüllen, [2]) in Verantwortung des Herstellers

1.3 Bewertungsgruppen von Schweißverbindungen an Stählen und an Aluminiumwerkstoffen

1.3.1 Einführung

Die geforderte Qualität der Schweißverbindungen ist ausschlaggebend für die Wirtschaftlichkeit der Fertigung und Kontrolle sowie letztendlich für den Einsatz der gesamten geschweißten Konstruktionen. Die konkreten Anforderungen an die Qualität der Schweißverbindungen werden aufgrund von Regeln (Richt-, Grenz- oder Mindestwerte) festgelegt. Diese abgestuften Anforderungen führen zu Qualitätsstufen von Schweißverbindungen. In den europäischen Normen werden diese Qualitätsstufen als Bewertungsgruppen von Schweißverbindungen bezeichnet.

Die in EN-Normen festgelegten Bewertungsgruppen sind ein Angebot der Fertigung an die Konstruktion. Sie werden zur Sicherstellung der Anforderungen an Schweißverbindungen verwendet. Die jeweilige Bewertungsgruppe, die für den Einzelfall notwendig ist, wird entweder nach dem Anwendungsregelwerk oder im nicht geregelten Bereich durch den verantwortlichen Konstrukteur gemeinsam mit dem Hersteller und/oder Anwender festgelegt. Die Bewertungsgruppe jeder

Schweißverbindung soll vor Fertigungsbeginn, vorzugsweise im Angebots- und Bestellstadium, bestimmt werden und in der Schweißzeichnung sowie in der betrieblichen Schweißanweisung genannt sein.

Bei der Auswahl der Bewertungsgruppe der Schweißverbindung des jeweiligen Schweißverfahrens und Werkstoffes für eine bestimmte Anwendung sollten nachstehende Faktoren berücksichtigt werden:

- die Konstruktionsgegebenheiten,
- die nachfolgenden Fertigungsverfahren (z. B. Oberflächenbehandlung),
- die Betriebsbedingungen (z. B. Temperatur, Umgebung),
- die Beanspruchungsarten (z. B. ruhend, dynamisch)
- sowie weitere Einflußfaktoren.

Der Faktor Beanspruchungsarten ist besonders ausschlaggebend für die Wahl der Bewertungsgruppe. Die Qualität jeder einzelnen Schweißverbindung übt einen erheblichen Einfluß auf die statische Festigkeit, auf das Ermüdungsverhalten und auf das Sprödbruchverhalten aus. Die möglichen äußeren und inneren Unregelmäßigkeiten (Imperfektionen) einer Schweißnaht eines jeden Schweißverfahrens sind maßgebend für die Bemessungswerte.

Wirtschaftliche Faktoren sind ebenfalls wichtig und sollten nicht allein die Kosten für das Schweißen, sondern auch für das Beaufsichtigen, Prüfen und Ausbessern enthalten.

In Bild 1-12 sind die Zusammenhänge der Auswahl von Qualitätsstufen (Bewertungsgruppen) in bezug auf die Tragfähigkeit sowie Herstellung und Kontrolle stichwortartig zusammengestellt. Die Bewertungsgruppen der Schweißverbindungen bilden ein einheitliches System für die Konstruktion, Fertigung und Kontrolle.

Tragfähigkeit	**Herstellung und Kontrolle**	
Kriterien für das Festigkeits- und Ermüdungsverhalten	**Kriterien für die Herstellungsbedingungen**	**Kriterien für die Kontrolle**
- unterschiedliche Berechnungswerte, d.h. zulässige Spannungen • der statischen Festigkeit • der Ermüdung - Einfluß auf unterschiedlichen Werkstoffverbrauch für die Bauteile an den Schweißnähten	- unterschiedliche Maßnahmen in der Fertigung zur Sicherung bestimmter Qualitäts-Merkmale - Festlegungen zur Schweißer-Qualifizierung	- unterschiedlicher Umfang der Prüfungen - unterschiedliche Festlegungen für mögliche äußere und innere Unregelmäßigkeiten in Bezug auf Häufigkeit, Größe und Lage
	- Einfluß auf Kosten für Fertigung und dazugehöriger Kontrolle der Schweißverbindungen	

Bild 1-12. Qualitätsstufen (Bewertungsgruppen) von Schweißverbindungen – ein einheitliches System für die Konstruktion, Fertigung und Kontrolle.

In den entsprechenden Normen bzw. Richtlinien für die jeweiligen Schweißverfahren werden für die einzelnen Qualitätsstufen die entsprechenden Herstellungsbedingungen und die dazugehörigen Prüfbedingungen mit den zugelassenen Grenzwerten der möglichen Unregelmäßigkeiten (Imperfektionen) nach Form, Größe und Häufigkeit festgelegt. Dafür sichert die Fertigung eine bestimmte Mindestqualität, wobei für die Kontrolle klare Abgrenzungen vorliegen. Außerdem bestimmen diese Qualitätsstufen eindeutige Tragfähigkeitswerte und daraus Bemessungskennwerte. Die Bemessungskennwerte sind wiederum Bestandteil der Anwendungsregelwerke für die jeweiligen Produkte (Erzeugnisse) und bestimmen den unterschiedlichen Werkstoffverbrauch.

Für den gesetzlich geregelten Bereich, z. B. Stahl-, Kran-, Druckgeräte- und Schienenfahrzeugbau, sind für die Bewertungsgruppen die Festlegungen der geltenden Anwendungsregelwerke maßgebend. Dabei sind die neu eingeführten europäischen Anwendungsnormen, als Eurocodes bzw. EN-Normen, streng zu beachten. Es sind erhebliche Abweichungen, Zusätze oder Korrekturen in bezug auf Einzelangaben der Bewertungsgruppen selbst sowie in bezug auf die Auswahl für die entsprechenden Produkte maßgebend.

Im nachstehenden werden zwei Normen zur Bewertung von Schweißverbindungen als Beispiele auszugsweise kurz erörtert. Sie beziehen sich auf konventionelle Schmelzschweißverfahren sowie auf die Werkstoffe Stahl und Aluminiumlegierungen. Weitere europäische Normen für andere Schweißprozesse und Werkstoffarten sind in Vorbereitung.

1.3.2 Bewertungsgruppen für Lichtbogenschweißverbindungen an Stahl nach DIN EN 25817

Die europäische Norm DIN EN 25817 „Lichtbogenschweißen an Stahl; Richtlinie für die Bewertungsgruppen von Unregelmäßigkeiten" (gleichlautend mit ISO 5817) legt einheitliche Kriterien für die Bewertung von Unregelmäßigkeiten (Imperfektionen) mit Grenzwerten in Stufen für Stähle fest.

Die Grenzwerte der Unregelmäßigkeiten sind in DIN EN 25817 gemäß den Anforderungen in Bewertungsgruppen eingeteilt:

niedrig – Symbol der Gruppe D,
mittel – Symbol der Gruppe C,
hoch – Symbol der Gruppe B.

In DIN EN 25817 werden in bezug auf die Auswahl der Bewertungsgruppen unter anderem die Beanspruchungsarten, zum Beispiel vorwiegend ruhende Beanspruchung (statisch) oder nicht vorwiegend ruhende (schwellende, wechselnde) Beanspruchung (dynamisch), unterschieden.

Geschweißte Bauteile werden im betrieblichen Einsatz einzelnen oder auch mehreren Beanspruchungen gleichzeitig unterworfen, zum Beispiel Innendruck, hohe oder tiefe Temperaturen, durch Witterung oder Medienangriff hervorgerufene Korrosion, äußere Lasten.

Die in der Norm angegebenen Grenzwerte gelten für Stumpf- und Kehlnähte an Stählen im Dickenbereich von 3 bis 63 mm. Bei anderen Dicken sind diese Grenzwerte entsprechend anzupassen.

1.3.3 Bewertungsgruppen für Lichtbogenschweißverbindungen an Aluminiumwerkstoffen nach DIN EN 30042

Die europäische Norm DIN EN 30042 „Lichtbogenschweißverbindungen an Aluminium und seinen schweißgeeigneten Legierungen; Richtlinie für die Bewertungsgruppen von Unregelmäßigkeiten" (gleichlautend mit ISO 10042) legt einheitliche Kriterien für die Bewertung von Unregelmäßigkeiten (Imperfektionen) mit Grenzwerten in Stufen für Aluminiumwerkstoffe fest.

Auch hier werden, wie bei den Stählen, die Bewertungsgruppen je nach Anforderung in niedrig (D), mittel (C) und hoch (B) eingeteilt.

1.3.4 Schlußbetrachtung

Wie in der einführenden Übersicht ausgeführt wurde, gelten für die Auswahl von Bewertungsgruppen der Schweißverbindungen die Anwendungsregelwerke im gesetzlich geregelten Bereich. In Deutschland sind vorerst noch die nationalen Regelwerke gültig, weil die europäischen noch im Stadium der Erarbeitung sind.

Für den nicht geregelten Bereich sind vom DVS – Deutscher Verband für Schweißen und verwandte Verfahren e. V. Empfehlungen zur Auswahl von Bewertungsgruppen der Schweißverbindungen ausgearbeitet worden:

- für Stahl: Merkblatt DVS 0705 – Bewertung nach DIN EN 25817,
- für Aluminiumwerkstoffe: Merkblatt DVS 0713 – Bewertung nach DIN EN 30042.

In den Abschnitten 2 und 3 werden diese Empfehlungen im Zusammenhang mit den Erläuterungen zur Tragfähigkeit der Schweißverbindungen und zur beanspruchungsgerechten Gestaltung kurz behandelt. Diese Empfehlungen beinhalten u. a. auch Vorschläge für „ermüdungsfestigkeitssteigernde" Sonderbestimmungen der Grenzwerte für einige Unregelmäßigkeiten (Imperfektionen), um für die Bemessung günstigere Werkstoffkennwerte bzw. zulässige Spannungen bei schwingender Beanspruchung einsetzen zu können.

1.4 Darstellung von Schweißkonstruktionen in Zeichnungen

1.4.1 Einführung

Die Zeichnung ist die Sprache des Konstrukteurs für die Fertigung. Es muß in einer Zeichnung alles das enthalten sein, was für die Werkstatt unmißverständlich die geforderte Qualität der entworfenen Konstruktionen herstellungsmäßig gewährleistet.

Die Schweißzeichnung erfordert zusätzliche Angaben, die allgemein in den technischen Zeichnungen nicht enthalten sind. Der Konstrukteur legt bei einer Schweißkonstruktion nicht nur die Werkstoffart fest, sondern auch die Schweißverfahrensart mit Rücksicht auf die Gestaltung, damit den Zusatzwerkstoff, die Wärmebehandlung und außerdem noch die Bearbeitung der Nähte, die Prüfung der Nähte u. a. Die mannigfaltigen Arten von Schweißverbindungen erfordern viele Sinnbilder. Die Beherrschung dieser gehört zum Rüstzeug des Konstrukteurs.

Anhand vorhandener europäischer Regelwerke werden folgende Komplexe behandelt:

- Zusammenhang der europäischen Normen über Schweißzeichnung und Qualitätsanforderungen der Schweißtechnik,
- Angaben in Schweißzeichnungen,
- Fugenformen.

„Mit geringstem Aufwand die erforderlichen Angaben in der Zeichnung machen, so daß eine eindeutige Lesbarkeit gewährleistet ist" – das ist der Leitsatz für die Wahl von Sinnbildern und für alle weiteren Angaben in einer Schweißzeichnung.

Zu einer Konstruktionszeichnung gehören, wie bereits ausgeführt, Angaben der Gestaltung und der Herstellung. Der Fertigungsvorbereiter muß aber gerade bei einer komplizierten Schweißkonstruktion wissen, wie der Zusammenbau zu erfolgen hat, damit eine entsprechende wirtschaftliche Technologie mit den erforderlichen Schweißfolgeplänen aufgestellt werden kann. Zu einer Konstruktionszeichnung gehört daher auch eine Zusammenbaufolge, das heißt eine Skizze, in der die Gedanken des Konstrukteurs über den erforderlichen und möglichen Zusammenbau einer komplizierten Schweißkonstruktion niedergelegt sind. Es darf nicht so sein, daß die Schweißaufsicht das Rätsel der vom Konstrukteur gewählten Zusammenbaufolge erst mühsam anhand einer Konstruktionszeichnung lösen muß. Der Schweißfolgeplan und alle anderen Angaben über Einzelheiten der Herstellung gehören zu den fertigungsvorbereitenden Unterlagen und somit nicht zur Konstruktionszeichnung.

Die Kennzeichnung der Nahtformen und die im einzelnen gewählten Schweißnahtvorbereitungen sind durch Sinnbilder und Schweißzeichen nach den Normen zu wählen. Außer diesen Kennzeichen der Nahtformen durch Sinnbilder sind vom Konstrukteur schweißtechnische Angaben verschiedenster Art in einer Schweißzeichnung zu machen.

1.4.2 Zusammenhang von europäischen Normen über Schweißzeichnung und Qualitätsanforderungen der Schweißtechnik

Mit der Übernahme europäischer Normen in das deutsche Regelwerk ergeben sich für die Schweißbetriebe Konsequenzen für den Entwurf, die Fertigungsplanung, die Fertigung sowie die Qualitätssicherung und Prüfung von Schweißkonstruktionen. Im europäischen Binnenmarkt gelten vereinheitlichte EN-Normen in bezug auf die Qualitätssicherung in der Schweißtechnik. Beim Entwurf von Schweißkonstruktionen wird der europäischen Normung wie folgt zugeordnet:

- allgemeine konstruktive Gestaltung des Schweißteils,
- Anordnung der Schweißverbindung in der Konstruktion,
- Form der Schweißverbindung (Stoßart, Nahtform),
- Bemessung der Schweißverbindung,
- Schweißnahtbewertungsgruppe.

Dank dieser Maßnahmen sind die Arbeiten des Konstrukteurs in die Qualitätsanforderungen vollständig einbezogen. In das Globale Konzept für Prüfwesen und Zertifizierung sind bekanntlich die drei Qualitätssicherungssysteme nach DIN EN ISO 9000 ff. einbezogen.

Zur Gewährleistung der Rückverfolgbarkeit im Sinne von DIN EN ISO 9000 ff. spielt die Zeichnung für geschweißte Baugruppen aller diesbezüglichen Produkte eine herausragende Rolle. Neben allen konstruktiven Angaben hat die Schweißzeichnung wichtige fertigungstechnische Belange festzulegen. Diese Angaben sind Bestandteil des Liefervertrages und haben für die Qualitätssicherung große Bedeutung. Dies gilt für Produkte im gesetzlich geregelten und nicht geregelten Bereich. Diese Vorgehensweise steht auch im Einklang mit dem Produkthaftungsgesetz.

Bei der Herstellung jeder Schweißnaht eines Produktes muß dem Schweißer nach europäischen Bestimmungen unmittelbar in der Schweißwerkstatt eine Schweißanweisung nach DIN EN 288-2 bzw. ein Auszug daraus als Arbeitsanweisung vorliegen. Verantwortlich für die Anfertigung der Schweißanweisung ist die Schweißaufsichtsperson in enger Zusammenarbeit mit der Fertigungsplanung (bzw. Arbeitsvorbereitung). Neben den Festlegungen, die nur die fertigungstechnische Seite betreffen, sind in der Schweißanweisung aus den Projektierungsunterlagen, insbesondere aus der Schweißzeichnung, mehrere Angaben zu entnehmen. Dies sind z. B. Festlegungen über die Spezifikation des Grundwerkstoffs, die Vorwärmung oder Wärmebehandlung nach dem Schweißen, das eingesetzte Schweißverfahren, Einzelheiten über die Fugenvorbereitung, die Werkstückdicke, die Schweißposition, die Bewertungsgruppe der Schweißverbindung und nicht zuletzt über die Schweißfolge, das heißt auch über die Zusammenbaufolge der Bauteile.

Alle diese Festlegungen müssen also während der Projektierungsphase, d. h. bei der Anfertigung der Schweißzeichnung, vom Konstrukteur in enger Abstimmung mit der zuständigen Schweißaufsicht getroffen werden. Die Fertigungsplanung (bzw. Arbeitsvorbereitung) entnimmt alle diese Angaben den Konstruktionsunterlagen.

Da der Einsatz der Schweißer gemäß der ausgewiesenen Schweißerprüfung nach DIN EN 287 erfolgt, müssen auch die Kriterien der Geltungsbereiche der Schweißprüfungen berücksichtigt werden. Diese sind aus der Zeichnung zu entnehmen, wie Art des Grundwerkstoffes, die Werkstückdicke, der Schweißprozeß, die Schweißposition (nach der vorgegebenen Schweißfolge) usw.

Damit ist die Schweißzeichnung mit den weiteren Projektierungs-Unterlagen für den Fall der Rückverfolgbarkeit und auch für ein zusammenhängendes Dokumentationssystem nach DIN EN 729-2 Abschnitt 16 maßgebend.

1.4.3 Angaben in Schweißzeichnungen – Übersicht

Nachstehend wird zusammenfassend der Inhalt der Angaben in einer Konstruktionszeichnung für geschweißte Bauteile (genannt Schweißzeichnung) erörtert.

DIN EN 22553 (ISO 2553) „Schweiß- und Lötnähte – Symbolhafte Darstellung in Zeichnungen" führt diese einheitlichen Begriffe und Symbole für den europäischen Markt ein und enthält Hinweise über Angaben in Schweißzeichnungen. Die Reihenfolge der geometrischen und fertigungstechnischen Angaben wird in DIN EN 22553 wie folgt empfohlen:

Angaben zu Nahtart und Maßen

(1) Nahtmaß
(2) Symbol mit Zusatz- und Ergänzungssymbolen
(3) Nahtlänge, Anzahl der Einzellängen

Ergänzende fertigungstechnische Angaben in der Gabel des Bezugszeichens

(4) Schweißprozeß durch Kennzahlen nach DIN EN ISO 4063
(5) Bewertungsgruppe der Schweißverbindung, wie nach DIN EN 25817 (ISO 5817) oder DIN EN 30042 (ISO 10042)
(6) Arbeitsposition (Schweißposition) nach DIN EN ISO 6947,
(7) Zusatzwerkstoff, zum Beispiel nach DIN EN 499, DIN EN 760, DIN EN 440.

Die einzelnen Angaben sind durch Schrägstriche voneinander abzugrenzen. Zusätzlich ist es möglich, die Gabel durch ein Rechteck, das spezielle Anweisungen (zum Beispiel Fertigungsunterlagen: „A1") durch ein Bezugszeichen enthält, zu schließen. In Bild 1-13 ist ein allgemeingültiges Beispiel für vollständige Schweißnahtangaben nach europäischen Normen dargestellt.

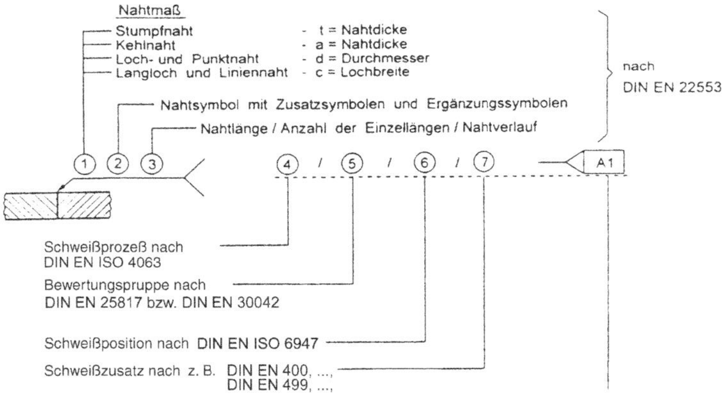

Bild 1-13. Allgemeingültiges Beispiel für Angaben an einer Schweißnaht nach europäischen Normen (DIN EN 22553).

- **Nahtart, Fugenform, Maße**
  Bemessung der Schweißteile und Schweißnähte; Symbole

Bei der zeichnerischen Darstellung einer Schweißverbindung wird, ausgehend von der vorliegenden Art des Schweißstoßes, die Schweißnaht (die Nahtart) detailliert in Form und Maß präzisiert. Die Art der Nahtvorbereitung bestimmt, in Abhängigkeit vom festgelegten Schweißprozeß, die Fugenform.

Es wird nach Fugenformen und Ausführungen für Nähte, die mit oder ohne Schweißzusatz hergestellt werden, unterschieden.

Die Wahl der Schweißnahtform ist abhängig von der Konstruktion, vom Schweißprozeß, der Dicke der Bauteile und der Schweißposition. Für die Herstellung sind in der Zeichnung diese Fugenformen anzugeben.

Die europäischen Bedingungen zur Schweißnahtvorbereitung für das Lichtbogenschweißen, Schutzgasschweißen und Gasschweißen sind in DIN EN 29692 (ISO 9692-1) festgelegt. Die Schweißnähte werden durch Sinnbilder (Symbole) auf Zeichnungen dargestellt. Einheitliche Begriffe und Bezeichnungen ermöglichen eine eindeutige Verständigung zwischen den Fachleuten.

DIN EN 22553 (ISO 2553) führt diese einheitlichen Begriffe und Symbole im europäischen Binnenmarkt ein.

Im Anhang zur Norm sind viele Beispiele für die konstruktive Praxis aufgeführt. Auf der Zeichnung erfolgt die Bemaßung der Schweißnähte. Sie muß klar, unmißverständlich und eindeutig sein.

Die Schweißzeichen (Symbole) geben Aufschluß über die Art, Vorbereitung und Ausführung der Naht. Sie kennzeichnen sowohl die Vorbereitung als auch den gewünschten Endzustand der Naht. Die Arten, die Querschnitte und gegebenenfalls die Längen der Schweißnähte sind das Ergebnis der Berechnung der Schweißverbindungen.

In den nachstehenden Bildern und Tabellen sind einige zusammengefaßte Angaben aus DIN EN 22553 wiedergegeben.

- Lage der Symbole in der Zeichnung
  - Darstellungsart (Bild 1-14)
  - T-Stoß mit einer Kehlnaht (Bild 1-15)
  - Doppel-T-Stoß mit zwei Kehlnähten (Bild 1-16)
  - Lage der Pfeillinie (Bild 1-17)

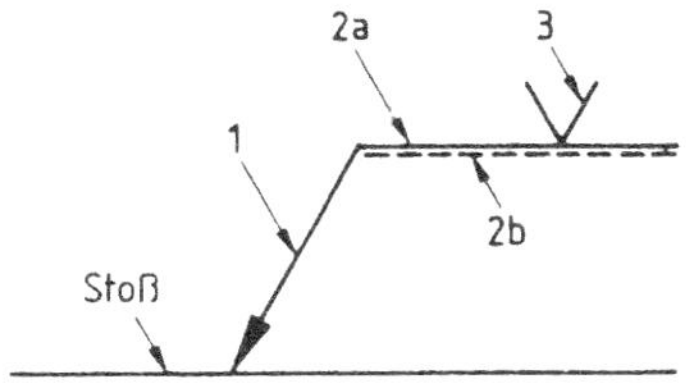

1 Pfeillinie
2 a Bezugslinie (Vollinie)
2 b Bezugslinie (Strichlinie)
3 Symbol

Bild 1-14. Lage der Symbole in der Zeichnung – Darstellungsart.

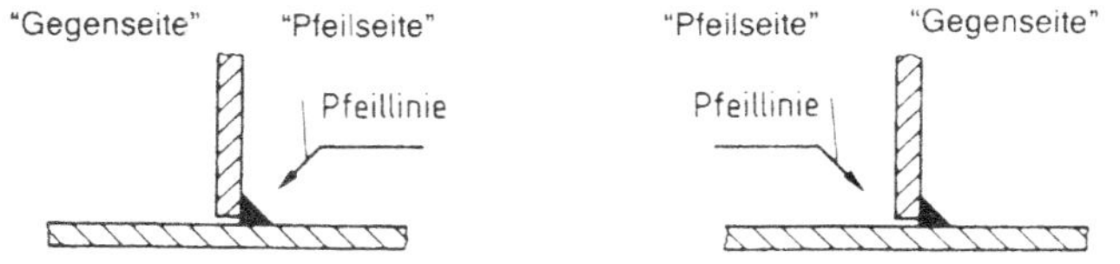

a) *Naht* auf der *Pfeilseite*   b) *Naht* auf der *Gegenseite*

Bild 1-15. Lage der Symbole in der Zeichnung – T-Stoß mit einer Kehlnaht.

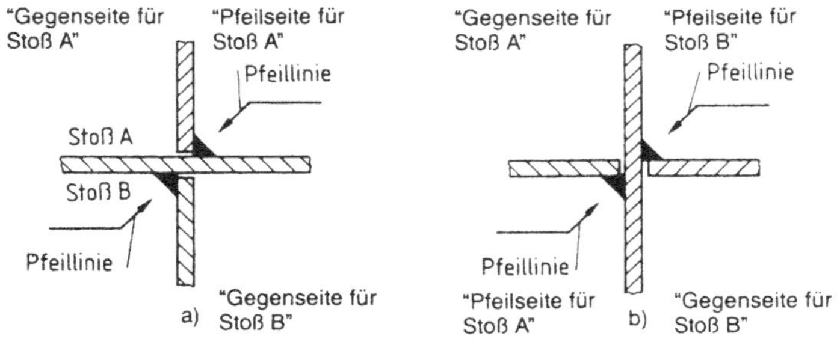

Bild 1-16. Lage der Symbole in der Zeichnung – Doppel-T-Stoß mit zwei Kehlnähten.

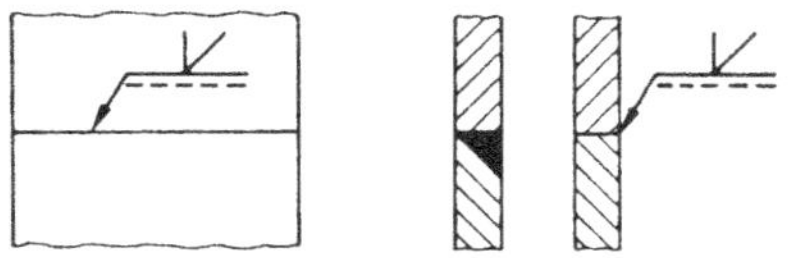

Bild 1-17. Lage der Symbole in der Zeichnung – Lage der Pfeillinie.

- Grundsymbole für Nahtarten (Tabelle 1-3)
- Zusammengesetzte Symbole für Nahtarten (Beispiele) (Tabelle 1-4)
- Anwendungsbeispiele für Zusatzsymbole (Tabelle 1-5)
- Beispiele für Darstellungen (Tabelle 1-6)

Den Schwierigkeitsgrad der Anwendung der neuen Norm für Schweißzeichnungen zeigt Bild 1-18, in dem die vier Möglichkeiten der Darstellung einer Stumpfnaht gegenübergestellt sind. Um den Schweißern in der Fertigung möglichst eindeutige Festlegungen zu übermitteln, empfiehlt es sich, auf einer Zeichnung jeweils nur eine der Möglichkeiten zu nutzen.

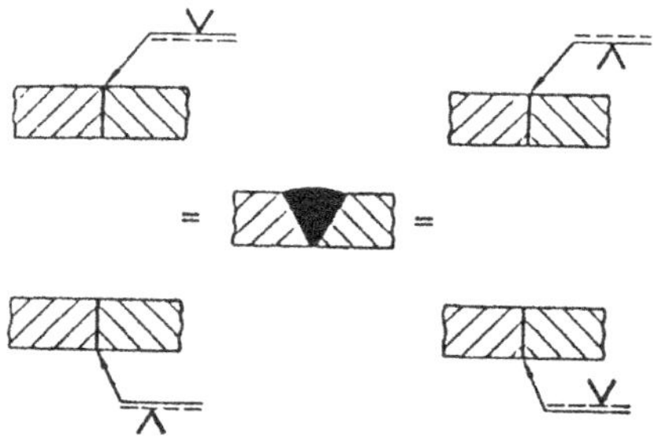

Bild 1-18. Vier Möglichkeiten der Darstellung einer Stumpfnaht.

Tabelle 1-3. Grundsymbole für Nahtarten (nach DIN EN 22553).

Nr	Benennung	Darstellung	Symbol
1	Bördelnaht[1]) (die Bördel werden ganz niedergeschmolzen)		
2	I-Naht		
3	V-Naht		
4	HV-Naht		
5	Y-Naht	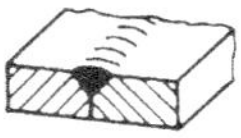	
6	HY-Naht		
7	U-Naht		
8	HU-Naht (J-Naht)		
9	Gegenlage	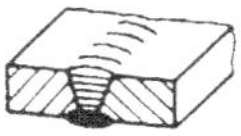	
10	Kehlnaht	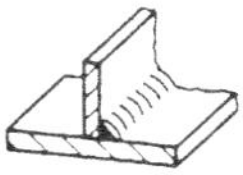	
11	Lochnaht		

Nr	Benennung	Darstellung	Symbol
12	Punktnaht	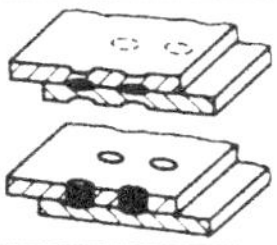	
13	Liniennaht	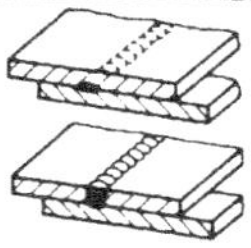	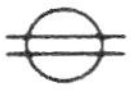
14	Steilflankennaht	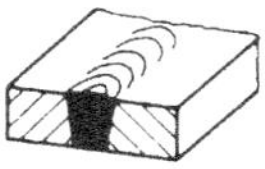	
15	Halb-Steilflankennaht	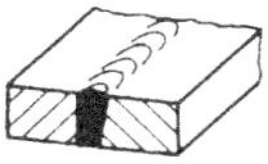	
16	Stirnflachnaht		
17	Auftragung	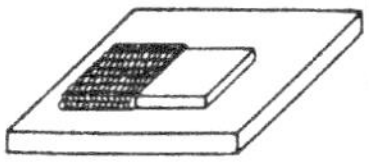	
18	Flächennaht	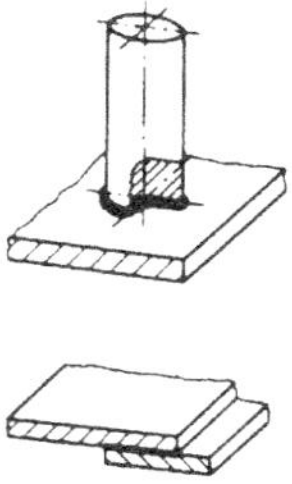	
19	Schrägnaht		
20	Falznaht		

Tabelle 1-4. Zusammengesetzte Symbole für Nahtarten (Beispiele) (nach DIN EN 22553).

Benennung	Darstellung	Symbol
D(oppel)-V-Naht (X-Naht)	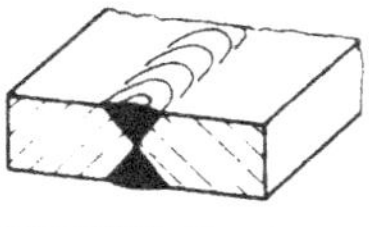	
D(oppel)-HV-Naht (K-Naht)	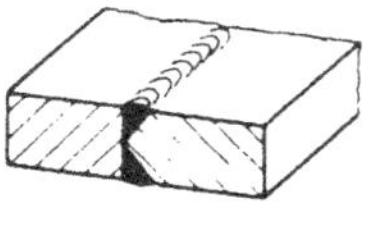	
D(oppel)-Y-Naht	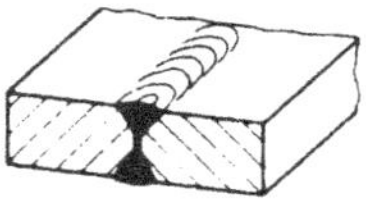	
D(oppel)-HY-Naht (K-Stegnaht)	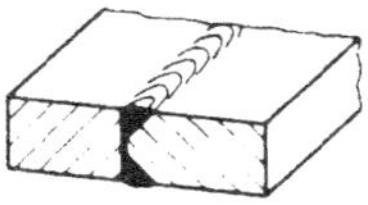	
D(oppel)-U-Naht	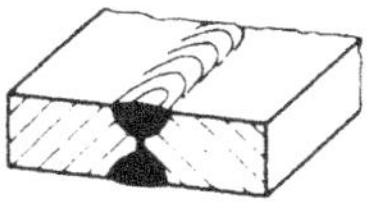	

Tabelle 1-5. Anwendungsbeispiele für Zusatzsymbole.

Benennung	Darstellung	Symbol
Flache V-Naht		
Gewölbte Doppel-V-Naht		
Hohle-Kehlnaht	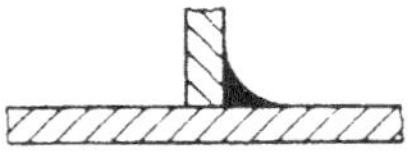	
Flache V-Naht mit flacher Gegenlage		
Y-Naht mit Gegenlage		
Eingeebnete V-Naht		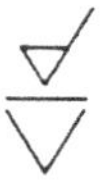 [1]
Kehlnaht mit kerbfreiem Nahtübergang	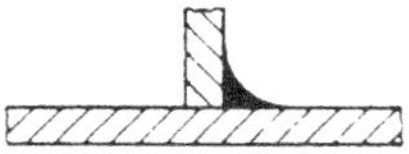	

[1]) Symbol nach ISO 1302; es kann auch das Hauptsymbol v— benutzt werden.

Tabelle 1-6. Beispiele für Darstellungen (nach DIN EN 22553).

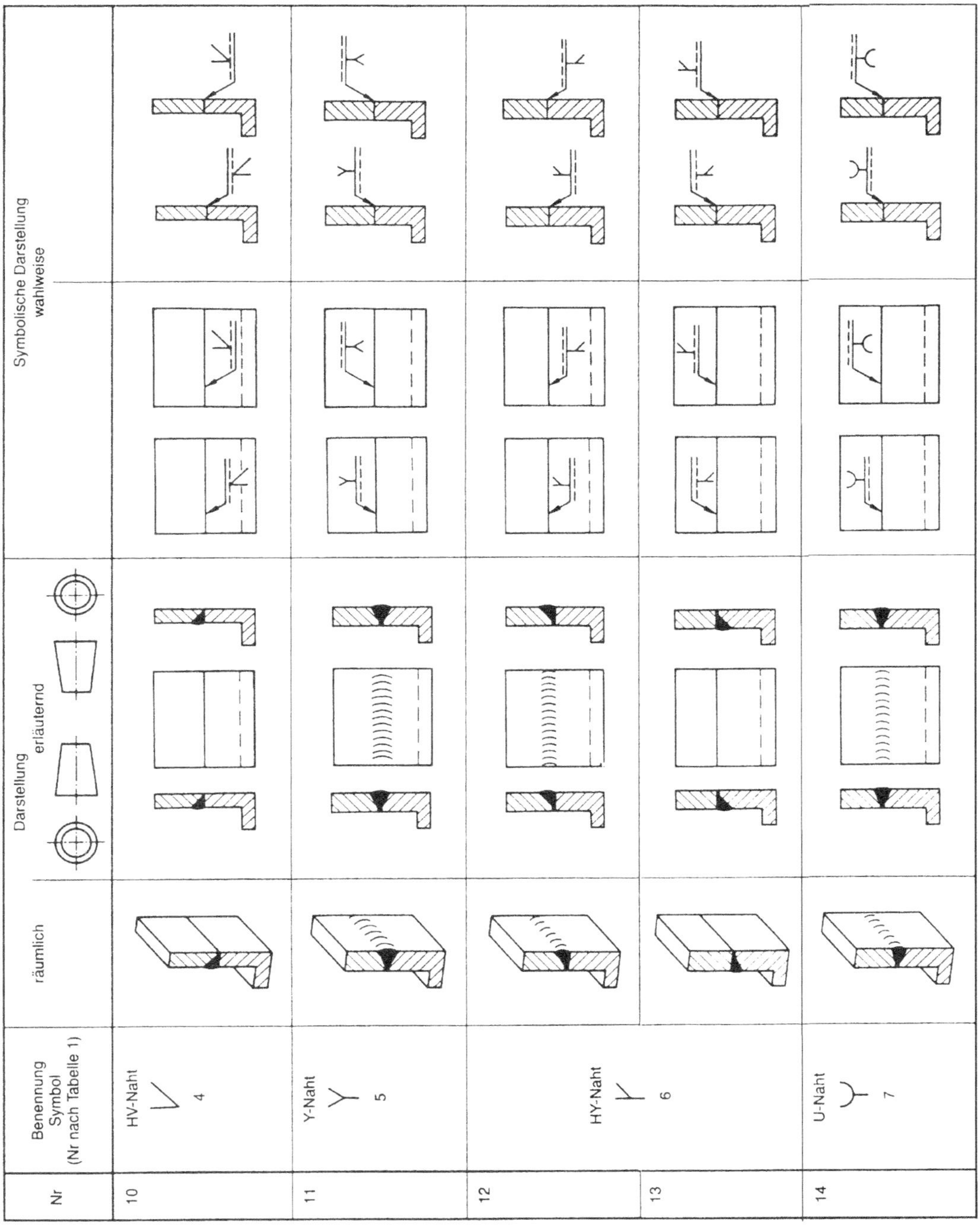

Tabelle 1-6. Fortsetzung.

Nr	Benennung Symbol (Nr nach Tabelle 1)	räumlich	Darstellung erläuternd 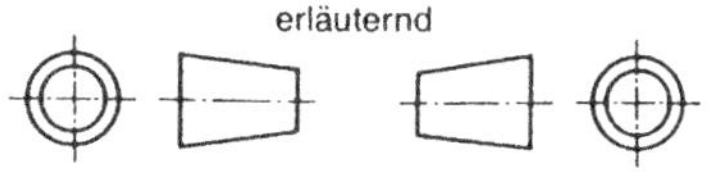	Symbolische Darstellung wahlweise
15	HU-Naht (Jot-Naht) Y 8	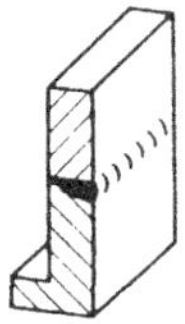	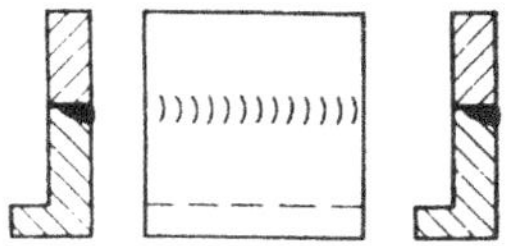	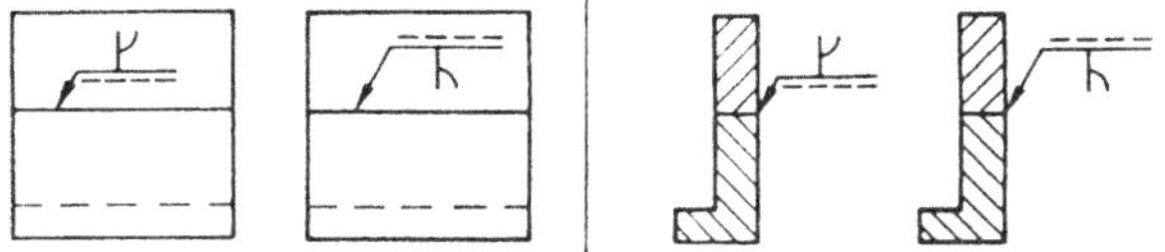
16		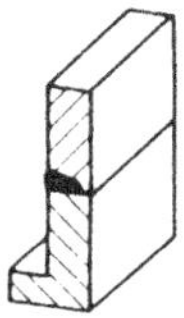	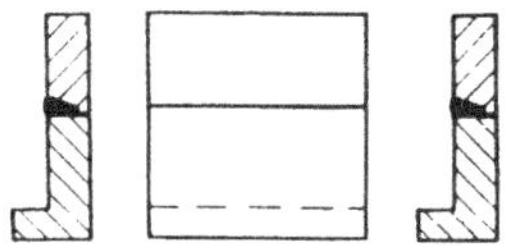	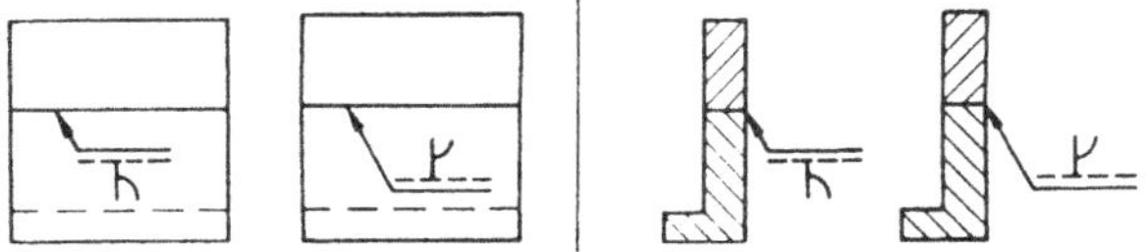
17	Kehlnaht $\triangle$ 10	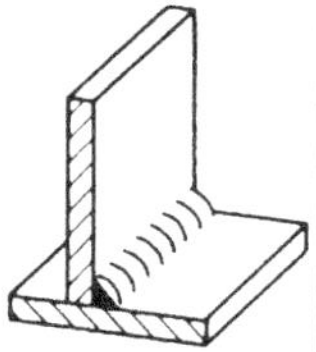	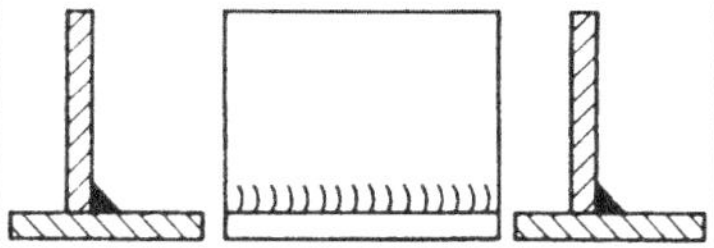	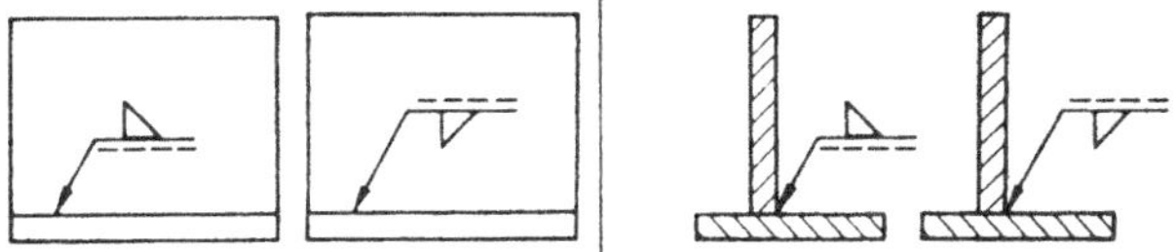
18		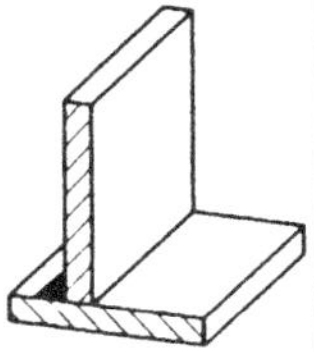	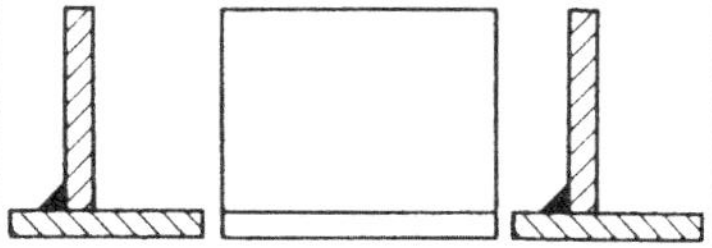	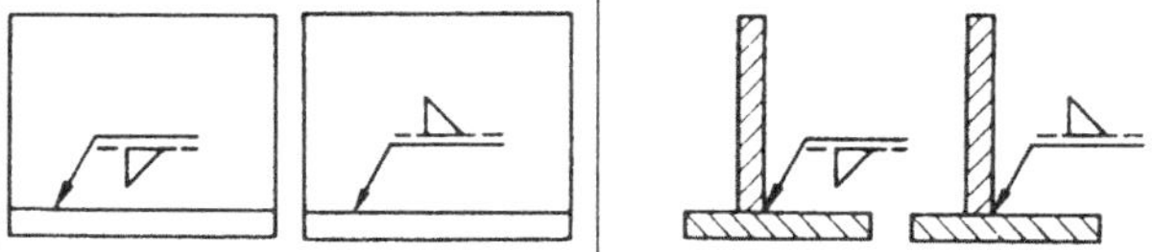

Tabelle 1-6. Fortsetzung.

Nr	Benennung Symbol (Nr nach Tabelle 1)	Darstellung räumlich	Darstellung erläuternd 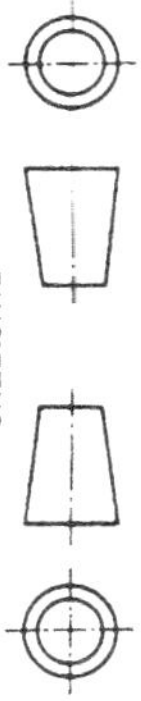	Symbolische Darstellung wahlweise
19		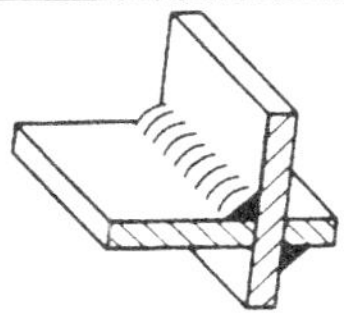	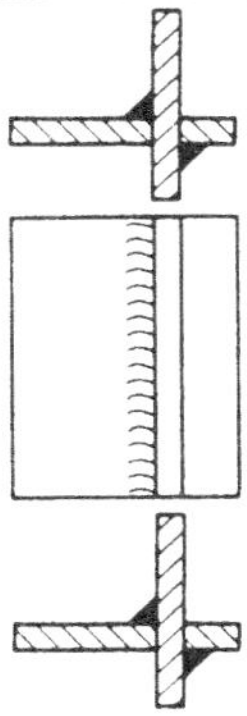	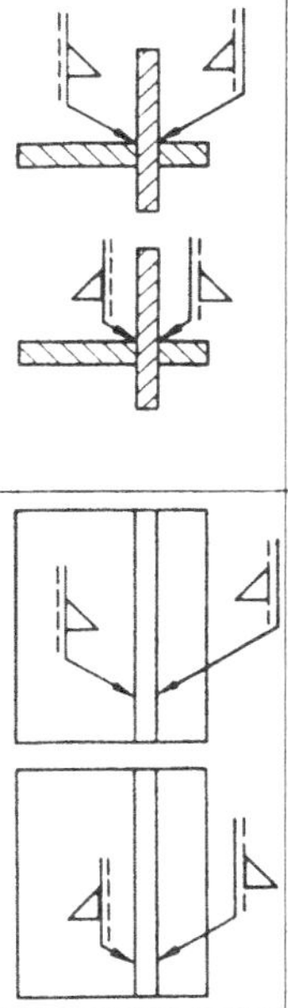
20	Kehlnaht △ 10	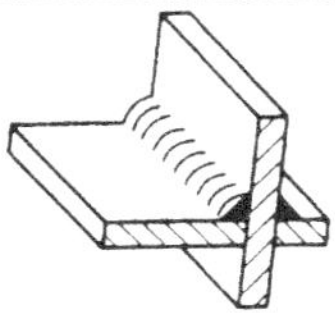	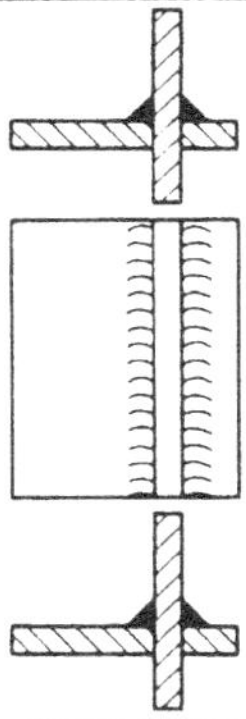	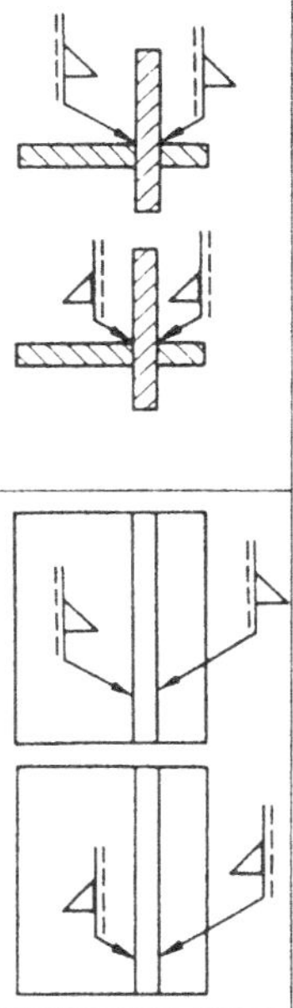
21		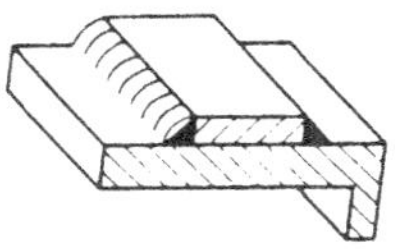	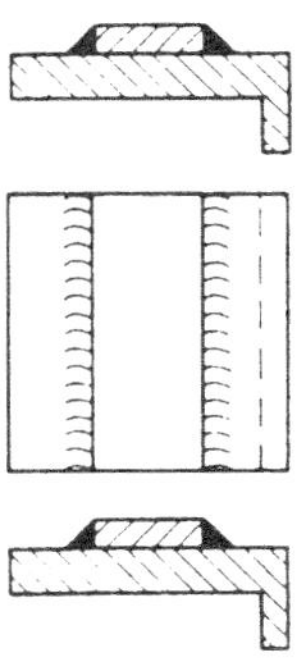	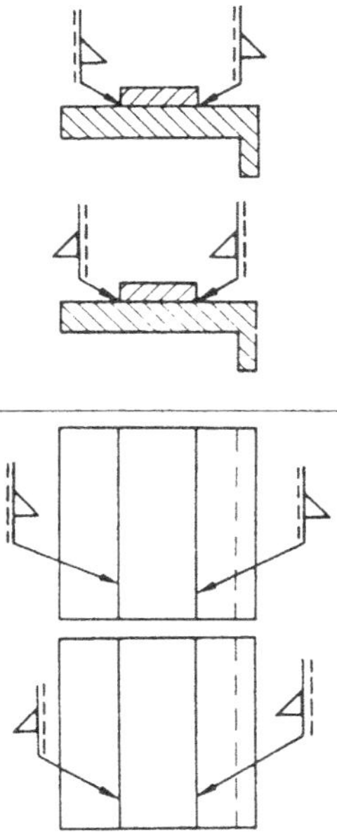

- **Ergänzende Angaben**
  Schweißverfahren (einschließlich dazugehöriger Fertigungsangaben und erforderlicher Wärmebehandlung während des Schweißens)

Für jede Schweißnaht muß eindeutig der Schweißprozeß in der Konstruktionszeichnung angegeben sein. Dies erfolgt durch einheitliche Kennzahlen (Ordnungsnummern) gemäß DIN EN ISO 4063 an der entsprechenden Schweißnaht, Tabelle 1-7.

Tabelle 1-7. Ordnungsnummern für Schweißprozesse (ausgewählte Beispiele) nach DIN EN ISO 4063.

Ordnungsnummer	Schweißprozeß
2	Widerstandsschweißen
21	Punktschweißen
12	Unterpulverschweißen
13	Metall-Schutzgasschweißen
131	Metall-Inertgasschweißen
135	Metall-Aktivgasschweißen
14	Wolfram-Schutzgasschweißen
141	Wolfram-Inertgasschweißen
15	Plasmaschweißen
51	Elektronenstrahlschweißen
52	Laserstrahlschweißen
101	Metall-Lichtbogenschweißen
111	Lichtbogenhandschweißen

Wird nur ein Schweißprozeß angewendet, genügt die einmalige Angabe neben dem Schriftfeld. Bei Schweißnähten, die mit Schweißzusatz hergestellt werden, sind in der Zeichnung die entsprechenden Schweißzusätze wie Schweißelektroden, UP-Pulver und Schweißdraht, Schutzgas usw. anzugeben. Hierfür ist eine Reihe von europäischen Normen maßgebend, z. B.:

- DIN EN 499: Einteilung von umhüllten Stabelektroden zum Lichtbogenschweißen von unlegierten und mikrolegierten Stählen;
- DIN EN 760: Einteilung von Pulver zum UP-Schweißen;
- DIN EN 440: Bezeichnung von Drahtelektroden und Schweißgut für das Metall-Schutzgasschweißen von Kohlenstoff-, Kohlenstoff-Mangan- und mikrolegierten Stählen;
- DIN EN 439: Gase zum Schutzgasschweißen und zum Schneiden.

Sollen die Schweißteile während des Schweißens nach einer festgelegten Temperatur vorgewärmt werden, so ist dies ebenfalls in der Schweißzeichnung eindeutig zu kennzeichnen. Diese Fertigungsangabe, also die Temperatur des Vorwärmens, ist von besonderer Bedeutung zur Gewährleistung der erforderlichen fertigungsbedingten Schweißsicherheit bei einem gewählten Werkstoff. Für den eingesetzten Schweißprozeß sollte eine Schweißanweisung nach DIN EN 288-2 und gegebenenfalls eine Schweißverfahrensprüfung nach DIN EN 288 je nach geltendem Regelwerk vorliegen.

Zu einer Konstruktionszeichnung gehört auch ein Zusammenbaufolge-Plan, d. h. eine Skizze, in der die Gedanken des Konstrukteurs über den erforderlichen und möglichen Zusammenbau einer komplizierten Schweißkonstruktion niedergelegt sind. Der Schweißfolgeplan gehört zu den fertigungstechnischen Unterlagen und somit in der Regel nicht zur Konstruktionszeichnung. Es ist erforderlich, zur Sicherung der festgelegten Qualität die Arbeitsposition beim Schweißen (die Schweißposition) in der Konstruktionszeichnung für die betreffende Schweißnaht anzugeben. Dies erfolgt nach festgelegten Kurzzeichen gemäß DIN EN ISO 6947 und ist Grundlage für die Schweißanweisung nach DIN EN 288-2 (Tabelle 1-8).

Schweißnähte, die erst bei der Montage auf der Baustelle (Baustellenmontage) geschweißt werden sollen, sind auf der Konstruktionszeichnung durch festgelegte Kurzzeichen zu kennzeichnen.

Bei der Gestaltung der Fugenformen, gemäß dem gewählten Schweißprozeß, sind auch Einzelheiten der Herstellung, z. B. der Zuschnitt, die Qualität der Fugenflanke usw., in der Konstruktionszeichnung festzuhalten. An den Fugenflächen sind die Oberflächengüten und zulässigen Formabweichungen nach den gültigen Regeln anzugeben (siehe Teil 1 des Kompendiums).

Tabelle 1-7. Ordnungsnummern für Schweißprozesse (ausgewählte Beispiele) nach DIN EN ISO 4063.

Kennzahl	Deutsches Kurzzeichen	Schweißprozeß
1		Lichtbogenschmelzschweißen
111	E	Lichtbogenhandschweißen
112	SK	Schwerkraftlichtbogenschweißen
114	MF	Metallichtbogenschweißen mit Fülldrahtelektrode
118	U	Unterschieneschweißen
12	UP	Unterpulverschweißen
13	SG	Schutzgasschweißen
	MSG	Metallschutzgasschweißen
131	MIG	Metallinertgasschweißen
135	MAG	Metallaktivgasschweißen
14	WSG	Wolframschutzgasschweißen
141	WIG	Wolframinertgasschweißen
149	WHG	Wolframwasserstoffschweißen
15	WP	Plasmaschweißen (Wolframplasmaschweißen)
181	KL	Kohlelichtbogenschweißen
2		Widerstandspreßschweißen
21	RP	Widerstandspunktschweißen
22	RR	Rollennahtschweißen
225	RF	Foliennahtschweißen
23	RB	Buckelschweißen
24	RA	Abbrennstumpfschweißen
25	RPS	Preßstumpfschweißen
3	G	Gasschmelzschweißen
4		Preßschweißen
41	US	Ultraschallschweißen
42	FR	Reibschweißen
43	FS	Feuerschweißen
441	S	Sprengschweißen
45	D	Diffusionsschweißen
47	GP	Gaspreßschweißen
48	KP	Kaltpreßschweißen
72	RES	Elektroschlackeschweißen
73	MSGG	Elektrogasschweißen
74	RI	Induktives Preßschweißen/ Induktionsschweißen
75	U	Lichtstrahlschweißen
751	LA	Laserstrahlschweißen
76	EB	Elektronenstrahlschweißen
77	FE	Funkenschweißen
781	B	Lichtbogenbolzenschweißen
782	RBO	Widerstandsbolzenschweißen
9		Löten

Tabelle 1-8. Schweißpositionen nach DIN EN ISO 6947 und im Vergleich zu DIN 1912-2.

Bezeichnung	PA	PB	PC	PD	PE	PF	PG	Zwischenposition H-L 045
				Stumpfnähte an Blech				
	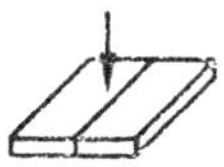				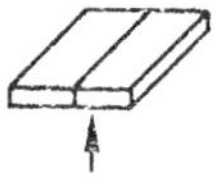	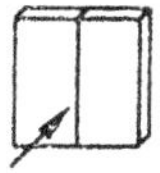		
Position	w		q		ü	s	f	
				Kehlnähte an Blech				
		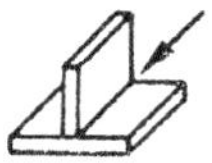		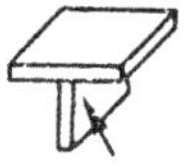		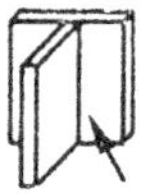	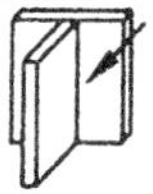	
Position	w	h		hü		s	f	
				Stumpfnähte am Rohr				

Rohr	rotierend		fest			fest	fest	fest
Achse	waagerecht		senkrecht			waagerecht	waagerecht	z. B. 45°
Position	w		q			steigend	fallend	steigend
				Kehlnähte am Rohr				
		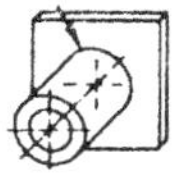 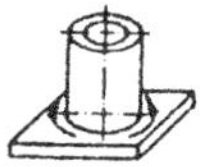		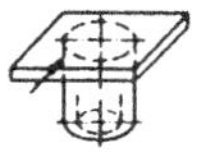				
Rohr		rotierend fest		fest		fest	fest	
Achse		waagerecht senkrecht		senkrecht		waagerecht	waagerecht	
Position		h h		hü		steigend	fallend	

Wärmebehandlung nach dem Schweißen

Sollen Schweißgruppen nach dem Schweißen, in Abhängigkeit von Werkstoffart, Schweißprozeß, Geometrie der Schweißteile usw., wärmenachbehandelt werden, so muß die Art der thermischen Behandlung für jede Schweißgruppe eindeutig angegeben werden.

Für jede Art der Wärmenachbehandlung, wie Normalglühen, Spannungsarmglühen, Vergüten usw., sind Temperatur, Glühdauer und Art der Abkühlung anzugeben. Die konkrete Durchführung der Wärmebehandlung wird auf Grund der oben genannten Angaben in den Konstruktionszeichnungen in der Fertigungsvorbereitung festgelegt. Auch Wärmenachbehandlungen dienen in der Regel dazu, die konstruktive und fertigungsbedingte Schweißsicherheit bei einem gewählten Werkstoff und gewählten Schweißprozeß zu gewährleisten (siehe Teil 1 und 3 des Kompendiums).

Auch dies wird auf Grund der Verfahrensprüfung und Anerkennung in der dazugehörigen Schweißanweisung (nach DIN EN 288) verankert.

Bewertung von Schweißnähten

An jeder Schweißnaht ist eindeutig die Aussage zur Nahtqualität zu machen. In DIN EN 25817 (ISO 5817) sind Festlegungen für die Bewertungsgruppen für Unregelmäßigkeiten (Imperfektionen) in Lichtbogenschweißverbindungen an Stahl zusammengestellt. Für Lichtbogenschweißverbindungen an Aluminium und seinen Legierungen sind zur Auswahl Richtlinien von Bewertungsgruppen in DIN EN 30042 (ISO 10042) enthalten (siehe auch Abschnitt 1.3).

In beiden DIN EN-Normen wird zur Auswahl von Bewertungsgruppen auch folgendes empfohlen: Bei Festlegung der Bewertungsgruppen für Schweißverbindungen an einem Bauteil können sich verschiedene Bewertungsgruppen ergeben. In einem solchen Fall wird empfohlen, die Bewertungsgruppen vorzugeben, die für die Sicherheit bzw. Weiterverarbeitung des geschweißten Bauteils von entscheidender Bedeutung sind. Innerhalb der einzelnen Schweißverbindungen wiederum können für die verschiedenen Unregelmäßigkeiten unterschiedliche Bewertungsgruppen festgelegt werden. Empfehlungen zur Auswahl der Bewertungsgruppen für Stumpf- und Kehlnähte sind für Stähle in Merkblatt DVS 0705 unter Berücksichtigung der genannten EN-Normen enthalten und für Aluminium in Merkblatt DVS 0713.

Besondere Anforderungen an Schweißnähte, die außerhalb der festgelegten Qualitätsstufen (Bewertungsgruppen) gewünscht werden, wie zusätzliche einseitige Bearbeitung, Öldichtheit, Gasdichtheit, Vakuumdichtheit, Korrosionsbeständigkeit und ähnliches, müssen zusätzlich in den Konstruktionszeichnungen angegeben werden. Bei Produkten im gesetzlich geregelten Bereich sind die Festlegungen zu Qualitätsstufen von Schweißverbindungen, die von den genannten EN-Normen abweichen können, unbedingt zu berücksichtigen und entsprechend in die Schweißzeichnung einzutragen. Im gesetzlich nicht geregelten Bereich sollten verwendete Sonderbestimmungen gemäß DVS 0705 und DVS 0713 auch in der Schweißzeichnung angegeben sein.

Prüfung von Schweißverbindungen

Im gesetzlich geregelten Bereich sind neben Festlegungen zur Qualitätsstufe von Schweißverbindungen auch Angaben zu deren Prüfungen zu machen. Diese sind in die Konstruktionsunterlagen zu übernehmen.

Für Erzeugnisse im nicht geregelten Bereich sind in bezug auf Prüfungen die Angaben von DIN EN 25817 und von DIN EN 30042 über Bewertungsgruppen zu ergänzen. Dies bezieht sich vor allem auf Prüfverfahren und ihren Umfang. Die maßgeblichen Grenzwerte der Unregelmäßigkeiten für entsprechende Bewertungsgruppen sind den EN-Normen zu entnehmen.

Sollten zusätzliche Prüfungen an Schweißverbindungen erforderlich sein, so können entsprechende Angaben neben dem Schriftfeld bzw. direkt an der Schweißnaht erfolgen. Derartige Prüfungen können sein:

- Durchstrahlungs- oder Ultraschallprüfung,
- Magnetpulverprüfung,
- Sichtprüfungen,
- Dichtheitsprüfungen mit bestimmtem Prüfdruck,
- Prüfung anhand von Arbeitsproben (zerstörende Prüfverfahren nach EN-Normen) und andere Prüfungen.

Die Angaben über diese Prüfungen müssen enthalten: Prüfverfahren, Umfang, Bewertung u. ä.

Regelwerke

Bei Schweißbaugruppen und Konstruktionen im gesetzlich geregelten Bereich sind die maßgeblichen Regelwerke oder EN-Normen einmalig im Schriftfeld der Konstruktionszeichnung anzugeben. Bei mehreren Regelwerken muß zu ersehen sein, welche Bestimmungen für welche Schweißbaugruppen gelten. Diese Regelwerke sind maßgebend für die Gestaltung der Schweißbauteile, für ihre Bemessung, Fertigung und Prüfung. Grundsätzlich sind die geltenden EU-Richtlinien mitzubeachten.

Werkstoffarten der Schweißteile

Für jedes Schweißteil einer Schweißgruppe muß eindeutig die Werkstoffart aus der Konstruktionszeichnung hervorgehen. Diese kann als Angaben im oder neben dem Schriftfeld oder am Schweißteil erfolgen. Unabhängig davon wird die Werkstoffart in der Stückliste angegeben.

Die Wahl der Werkstoffart erfolgt bekanntlich nach Kriterien: nach der Bauteilfunktion (Festigkeitseigenschaften) und nach der Schweißeignung in Abhängigkeit vom Schweißprozeß. Die Stahlgütewahl nach dem ersten Kriterium, das heißt des Festigkeitsverhaltens, erfolgt im Zusammenhang mit der Berechnung der Bauteile. Eindeutig muß die Schweißeignung des Werkstoffs mit der dazugehörigen Erschmelzungsart, der Vergießungsart und der Wärmebehandlung vor dem Schweißen im Lieferzustand festgelegt sein. Empfehlungen zur Sicherung der Schweißeignung der Stähle in Abhängigkeit vom Schweißprozeß und insbesondere die zugeführte Wärme, die erforderliche Abkühlzeit und damit erforderliche mechanische Eigenschaften der Zonen der Schweißverbindungen sind dabei zu beachten (siehe auch Teil 3 des Kompendiums).

Die Angaben zu den Stählen haben nach den neuesten DIN EN-Normen und nach Werkstoffnummern zu erfolgen.

- **Beispiel einer Schweißzeichnung mit vollständigen Schweißnahtangaben**

Alle o. g. Angaben für die Nahtart und die Maße sowie für die fertigungstechnischen Belange sind für jede Schweißnaht durch symbolische Darstellungen bzw. durch Kennzahlen oder Kennziffern in Zeichnungen nach DIN EN 22553 festzulegen. Bei gleichen fertigungstechnischen Belangen für alle Schweißnähte auf einer Zeichnung genügt oft eine Angabe im Schriftfeld.

Die einzelnen Angaben sind durch Schrägstriche voneinander abzugrenzen. Zusätzlich ist es möglich, die Gabel durch ein Rechteck, das spezielle Anweisungen (z. B. Fertigungsunterlagen: „A1“) durch ein Bezugszeichen enthält, zu schließen.

Angaben in der Vorderansicht und in der Draufsicht an einem konkreten Beispiel für eine Stumpfnaht nach DIN EN 22553 (Abschnitt 7.4, Bild 13), zeigt Bild 1-19. Dargestellt wird:

- eine Stumpfnaht (V-Naht mit Gegenlage); s = 12 mm, l = 300 mm;
- hergestellt durch Lichtbogenhandschweißen (Kennzahl 111 nach DIN EN ISO 4063);
- geforderte Bewertungsgruppe (B nach DIN EN 25817);

– Schweißposition (PA nach DIN EN ISO 6947);
– verwendete Stabelektroden (E 38 0 RR 12 nach EN 499).

Die zu schweißenden Teile sind aus Stahl:
S235JRG2 nach DIN EN 10025.

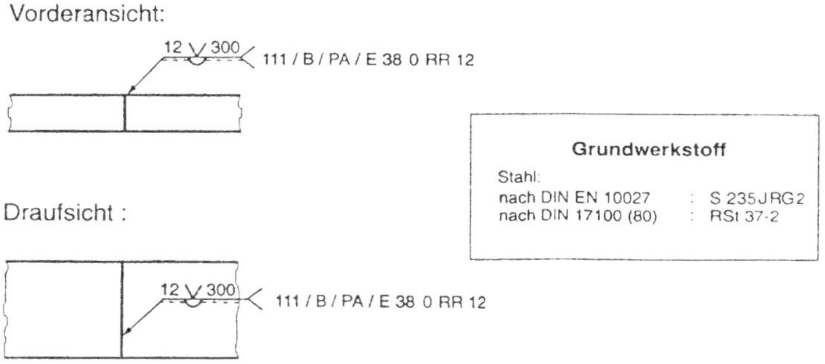

Bild 1-19. Beispiel einer Schweißzeichnung mit einer Stumpfnaht nach DIN EN 22553.

- **Schlußbetrachtung zur Schweißzeichnung**

Die Konstruktionsunterlagen sind im Sinne des Globalen Konzepts für Prüfwesen und Zertifizierung und von DIN EN 729 Bestandteil des Liefervertrages und voll und ganz in die Rückverfolgbarkeit schweißtechnischer Tätigkeiten mit einbezogen.

Die vollständigen Angaben in den Konstruktionszeichnungen nach europäischen Normen beweisen das enge Zusammenwirken von Konstrukteur, Schweißaufsicht und Fertigungsplanung (Arbeitsvorbereitung). Nur gemeinsam erarbeitete günstige Lösungen sichern Vorteile im Wettbewerb auf dem europäischen und internationalen Markt. Die anfänglich sicher auftretenden organisatorischen Schwierigkeiten im Betrieb oder zwischen arbeitsteilenden Betrieben müssen durch straffes Management überwunden werden.

1.5 Beanspruchung von Schweißverbindungen

1.5.1 Übersicht

Für Konstruktionen im umfassenden Bereich des Maschinenbaus, des Druckgerätebaus sowie des Bauwesens lassen sich nachstehende markante Funktionen ableiten:

- Kräfte übertragen als Tragwerk; dabei genügend Sicherheit gegen Versagen in bezug auf
  - Bruch,
  - Verformung (elastisch, plastisch),
  - Verschleiß,
  - Korrosion.
- Stoffe speichern, z. B. als Behälter.
- Stoffe transportieren, z. B. als Rohrleitung.

Die vorrangige Funktion einer Konstruktion ist das Übertragen von Kräften aller Art als Tragwerk.

Zur Einführung werden einige allgemeingültige Hinweise über die Beanspruchung im Tragwerk gegeben.

Der Entwerfende einer Konstruktion hat in bezug auf die Beanspruchung stets zwei entgegengesetzt wirkende Kriterien zu beachten:

1. die maximale Erfüllung der Funktion, in unserem Fall der Tragfähigkeit mit ausreichender Sicherheit, das heißt bei der Bemessung die Wahl von möglichst großen Querschnitten mit Werkstoffen möglichst hoher Festigkeit,
2. die Gewährleistung hoher Wirtschaftlichkeit, das heißt die Wahl möglichst kleiner Querschnitte, aber mit ausreichender Sicherheit, sowie der Einsatz möglichst wirtschaftlicher Werkstoffe.

Diese Grundkriterien beim Entwurf einer Konstruktion setzen voraus, daß der Entwerfende die eingesetzten Werkstoffe mit den für die Bemessung maßgeblichen Kennwerten (bzw. Kennwertfunktionen) und die einzelnen Einflüsse der Gestaltung, der Fertigung, der Schweißnahtqualität usw. auf diese Werkstoffkennwerte kennt. Es werden deshalb die Einflüsse auf die Tragfähigkeit behandelt. Dabei kommt es darauf an, dem Entwerfenden die Zusammenhänge zwischen Beanspruchung, Bemessung, Gestaltung und Ausführung zu verdeutlichen. Außerdem sollen sie ihn befähigen, die richtigen Entscheidungen in bezug auf ausreichende Tragfähigkeit bei gleichzeitiger Wirtschaftlichkeit zu treffen.

Das Festigkeitsverhalten einer Schweißverbindung ist maßgebend für den Entwurf und die Berechnung der Konstruktion. Die Vor- und Nachteile der einzelnen Möglichkeiten sind abzuwägen, und die sicherste, aber auch gleichzeitig die wirtschaftlichste Konstruktion ist zu wählen.

Der Festigkeitsnachweis dient als Bestätigung der Tragfähigkeit einer richtig entworfenen Konstruktion. Der Konstrukteur muß daher eine Vorstellung von der Tragfähigkeit in Abhängigkeit von der Beanspruchung (statisch und schwingend) der von ihm entworfenen Konstruktion haben.

Das Festigkeits- und Ermüdungsverhalten (die Tragfähigkeit) einer geschweißten Konstruktion weisen unterschiedliche Merkmale auf. Die Tragfähigkeit der Schweißverbindung bei statischer Beanspruchung gestattet Konstruktionen, bei deren Formgebung Steifigkeitssprünge und Kerben nicht generell vermieden werden müssen. Bei schwingender Beanspruchung ist mehr Sorgfalt auf die Gestaltung, z. B. Vermeidung von Ecken, Anordnung von Ausrundungen, Bearbeitungen usw., zu verwenden.

Ein kurzer Abriß der Festigkeit und Ermüdung mit Richtwerten von Schweißverbindungen soll den Konstrukteur bei der Wahl der Schweißverbindung und bei der Gestaltung der entsprechenden Schweißkonstruktion unterstützen.

Bei den angeführten Werten handelt es sich um Mindestfestigkeitswerte, die bei einer Industriefertigung in der Praxis zu erwarten sind.

Die Belastung eines Tragwerks ist der Ausgangspunkt eines Festigkeitsnachweises. Unterschieden werden die einzelnen Schnittgrößen am Tragwerk:

- Kräfte (N, V_z, V_y usw.),
- Momente (M_y, M_z, M_x usw.).

Spannungen ergeben sich, wenn man diese Schnittgrößen auf die maßgebenden Querschnitte des Tragwerks bezieht und die entsprechende Verteilung berücksichtigt. Man unterscheidet:

- Normalspannungen σ,
- Tangentialspannungen τ.

Die Beanspruchung der einzelnen Querschnitte der Bauteile von Tragwerken mit den oben genannten Spannungen kann in Abhängigkeit von Zeit und Größe unterschiedlich erfolgen, zum Beispiel:

- statisch (Kurzzeit, Langzeit u. ä.),
- dynamisch (schwingend, schlagartig u. ä.).

In Abhängigkeit von den Belastungsarten (bezogen auf Kräfte) bzw. den Beanspruchungsarten (bezogen auf Spannungen) kann man auch die zugehörigen Werkstoffkennwerte (bzw. Kennwertfunktionen) der Stähle zusammenfassend darstellen.

In Tabelle 1-9 sind die Werkstoffkennwerte, die für die Beurteilung von Bauteilen und Schweißverbindungen in bezug auf Tragfähigkeit maßgebend sind, in Abhängigkeit von den Belastungsarten zusammengestellt. Die Kennwerte bzw. Kennwertfunktionen sind außer von den Belastungsarten für die verschiedenartigen Stähle von einer Reihe weiterer Einflüsse abhängig. Besonderen Einfluß haben dabei:

- die Temperatur während der Belastung,
- das Medium, in dem die Funktion „Tragfähigkeit" erfüllt werden soll.

Maßgebend für diese Werkstoffkennwerte sind die verschiedenen Formen des Versagens der Tragwerke. Hier sind von großer Bedeutung die Probleme des Fließens und besonders die verschiedenen Arten von Brüchen der Werkstoffe in Abhängigkeit von den Belastungsarten.

Statische Belastung	Dynamische Belastung
Kurzzeitbelastung:	**schwingende Belastung:**
Elastizitätsmodul E	Zeitschwingfestigkeit
0,2%-Dehngrenze Streckgrenze R_e	Dauerschwing-festigkeit σ_D
Kurzzeitfestigkeit (Bruchfestigkeit R_m	Betriebsfestigkeit σ_{Be}
Langzeitbelastung:	**schlagartige Belastung:**
Zeitstandfestigkeit σ_{Zst}	(hohe Belastungsgeschwindigkeit)
Dauerstandfestigkeit σ_{Dst}	Schlagfestigkeit

Tabelle 1-9. Maßgebliche Werkstoffkennwerte am Beispiel für Stähle und deren Schweißverbindungen zur Bewertung des Festigkeits- und Ermüdungsverhaltens in Abhängigkeit von den Beanspruchungsarten.

1.5.2 Statische Beanspruchung (statisches Festigkeitsverhalten)

Der überwiegende Teil aller Konstruktionen wird vorwiegend ruhend (statisch) beansprucht. Die oft vorhandenen geringen Belastungsschwankungen bei derartigen Konstruktionen werden bei der Bemessung in der Regel nicht berücksichtigt. Der rechnerische Nachweis erfolgt mit dem maximalen Belastungswert. Für die Bemessung vorwiegend ruhend beanspruchter Konstruktionen wird allgemein die statische Festigkeit der Werkstoffe zugrunde gelegt.

Die Ermittlung der Werte der statischen Festigkeit erfolgt bei den Stählen bei Raumtemperatur durch standardisierte Versuche, sogenannte Kurzzeitversuche. Bei den geprüften Probestäben wird bekanntlich die Belastung stetig steigernd bis zum Höchstwert eingeleitet und der Bruch herbeigeführt. Bei der Beanspruchung eines Probestabes bis zum Bruch treten Verformungen auf. Diese sind bei einer Zugbeanspruchung besonders anschaulich. Die Gesetzmäßigkeit der Verformung in Abhängigkeit von der Belastung geht aus dem Spannungs-Dehnungs-Diagramm hervor. Trägt man die jeweilige Spannung und die dazugehörige Dehnung ε ($\varepsilon = \Delta l / l$ = Verlängerung/ursprüngliche Länge) in einem Koordinatensystem ein, so erhält man für einen duktilen Stahl das in Bild 1-20 dargestellte Diagramm. Für Aluminiumwerkstoffe siehe Abschnitt 3.

Die im Spannungs-Dehnungs-Diagramm bezeichneten Punkte haben folgende Bedeutung:

- Proportionalitätsgrenze:
  Grenzspannung, bis zu der nach dem Hookeschen Gesetz die Dehnung der Spannung proportional ist.
- Elastizitätsgrenze:
  Grenzspannungen, bis zu der keine bleibenden Formänderungen auftreten.

- Streckgrenze (Fließgrenze):
  Spannung, bei der im Kurvenverlauf des Spannungs-Dehnungs-Diagramms unter Auftreten einer größeren bleibenden Dehnung eine Unstetigkeit auftritt.
- Bruchgrenze (Zugfestigkeit):
  größte auftretende Spannung, bezogen auf die ursprüngliche Querschnittsfläche.
- Zerreißgrenze:
  Spannung bei Brucheintritt.
- Reißfestigkeit:
  größte auftretende Spannung, bezogen auf die durch die Einschnürung verminderte Querschnittsfläche (gestrichelte Kurve in Bild 1-20).

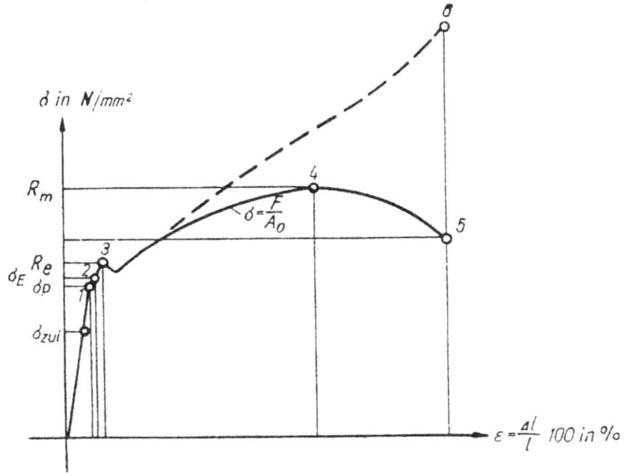

Bild 1-20. Spannungs-Dehnungs-Diagramm am Beispiel eines duktilen Stahls.

Nicht bei allen Stählen tritt eine ausgeprägte Streckgrenze auf. In diesem Fall wird auf den Wert $R_{p0,2}$ als Ersatzstreckgrenze zurückgegriffen. Es ist die Spannung, die eine bleibende Dehnung von 0,2 % der Meßlänge ergibt.

Alle obengenannten Festigkeitswerte aus Kurzzeitversuchen beziehen sich in der Regel auf Prüfungen bei Raumtemperatur. Ein Einfluß einer Langzeitbeanspruchung ist bei Stählen bei Raumtemperatur nicht feststellbar, so daß diese Werte für die Bemessung von statisch beanspruchten Konstruktionen ohne Temperatureinfluß zugrunde gelegt werden können.

Für die Bemessung von Bauteilen aus Stählen bei statischer Beanspruchung sind daher nachstehende Werkstoffkennwerte maßgebend: (R_e) gegen Verformung; (R_m) gegen Bruch.

Das Festigkeitsverhalten von Stählen ändert sich unter Einwirkung von höheren Temperaturen. In Kurzzeitversuchen ermittelt man bei bestimmten höheren Temperaturen Zugfestigkeitswerte und $R_{p0,2}$-Warmstreckgrenze. In standardisierten Langzeitversuchen kann das Kriechverhalten von Stählen, d. h. die Zeitabhängigkeit der Dehnungen, festgestellt werden. Die entsprechenden Festigkeitswerte werden als Zeitstandfestigkeit bzw. Dauerstandfestigkeit bezeichnet und bilden die Grundlage für die Bemessung von Konstruktionen mit vorwiegend statischer Beanspruchung bei höheren Temperaturen.

Für die Dimensionierung von Apparaten sind die von der Temperatur und Zeit abhängigen Werte zu berücksichtigen:

$R_{p0,2}/t$ Warmstreckgrenze,
σ_{DVM}/t Dauerstandfestigkeit (DVM nach 45 h, $\varepsilon_{bl} \leq 0,2$ %),

$R_{p1,0}$; t; 10^5 Zeitdehngrenze (1 % Dehnung nach 100 000 h),
R_m; t; 10^5 Zeitstandfestigkeit (Bruch nach 100 000 h).

Diese Werte werden allgemein in Diagrammen angegeben, Bild 1-21. Der Wert für die der Berechnung zugrunde zu legenden Temperatur ist zu berücksichtigen. Das ist der niedrigste Wert von K/S. Hierin sind K die allgemeine Schreibweise für den maßgebenden Festigkeitskennwert und S der vorgeschriebene Sicherheitsfaktor.

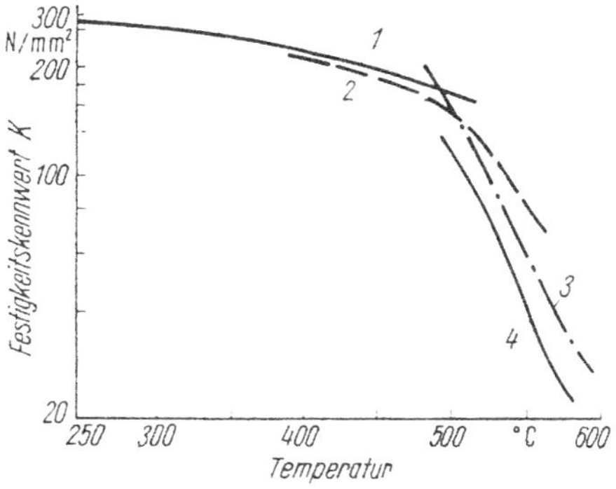

Bild 1-21. Maßgeblicher Festigkeitswert K, in Abhängigkeit von der Temperatur (Beispiele für Stähle);
1 = $R_{p0,2}$-Kurve,
2 = σ_{DVM}-Kurve,
3 = R_m 10^5-Kurve,
4 = $R_{p1,0}$ 10^5-Kurve.

In der Praxis werden bei besonderen Apparaten auch Werte der Zeitdehngrenze für weniger als 100 000 h verwendet. Bei unterschiedlichen Temperaturen über die Betriebszeit können die Schädigungen abhängig von den einzelnen Betriebszeiten und Temperaturen berücksichtigt werden. Für Aluminiumwerkstoffe siehe Abschnitt 3.

1.5.3 Schwingende Beanspruchung (Ermüdungsverhalten)

Eine große Anzahl von Konstruktionen wird nicht durch eine ruhende (statische), immer gleichbleibende Belastung beansprucht, sondern ist starken Belastungsschwankungen ausgesetzt. Diese Belastungsschwankungen können auftreten als

1. Schwingungen, das heißt als sich oft wiederholende Belastungen,
2. Schläge, das heißt Belastungen mit hohen Belastungsgeschwindigkeiten.

Beide Arten der dynamischen Belastung beeinträchtigen unterschiedlich das Tragfähigkeitsverhalten der Konstruktionen. Nachstehend wird der Einfluß der Schwingbelastung näher behandelt.

- **Wöhlerkurve**

Die Schwingbelastung bewirkt einen stärkeren Abfall der Festigkeitswerte des Werkstoffs. Mit steigender Anzahl der eingetretenen Wiederholungen der Belastung, der sogenannten Lastspielzahl, verringert sich die Festigkeit.

Durch einen einfachen Versuch nach August Wöhler kann man die Abhängigkeit der erreichten Bruchfestigkeit von den Lastspielzahlen feststellen. Man belastet einen Stabquerschnitt mit einer gewählten Spannung σ, entlastet und wiederholt diesen Belastungsvorgang genügend oft. Nach einer bestimmten Lastspielzahl N tritt ein Bruch auf. Die so ermittelten Lastspielzahlen für verschieden gewählte Spannungen ergeben in einem Koordinatensystem (σ-N) eine stetige Kurve, das heißt die Wöhlerkurve, Bild 1-22a.

Es ist auch üblich, die Wöhlerkurve im halblogarithmischen Maßstab (für σ normaler Maßstab, für N logarithmischer Maßstab), Bild 1-22b, oder im doppellogarithmischen Maßstab zu zeichnen. Für Aluminiumwerkstoffe siehe Abschnitt 3.

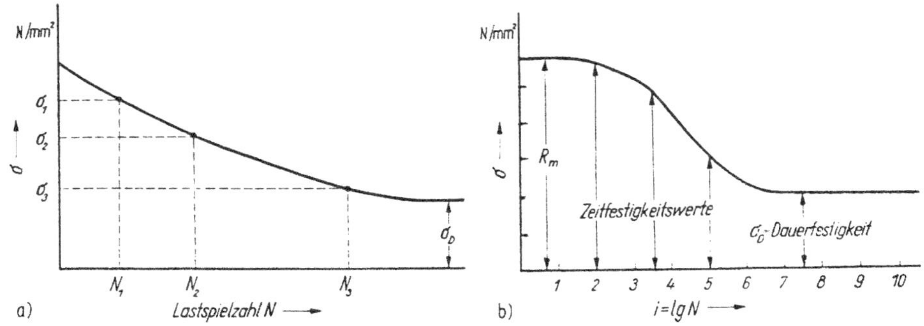

Bild 1-22. Wöhlerkurve aus Einzelversuchen (Beispiel für Stähle);
a) im konventionellen Maßstab, b) im halblogarithmischen Maßstab.

- **Dauerfestigkeit**

Bild 1-22 zeigt, daß von einer bestimmten Lastspielzahl an die Kurve parallel zur N-Achse verläuft, das heißt also, daß in diesem Bereich kein Einfluß der Lastspielzahlen auf die Festigkeit festzustellen ist. Dieser Spannungswert wird als Dauerfestigkeit bezeichnet. Dauerschwingfestigkeit bzw. abgekürzt Dauerfestigkeit nennt man die Spannung bzw. die Festigkeit, die der Werkstoff gerade noch ohne Bruch bei beliebig vielen Lastspielen, also dauernd, ertragen kann.

Der Wert der Dauerfestigkeit ist für die Bemessung der Bauteile, die durch sich oft wiederholende Belastung beansprucht werden, von großer Bedeutung. Er bildet für diese Bauteile die Grundlage für die Wahl von zulässigen Spannungen und ist somit ausschlaggebend für die Wirtschaftlichkeit und Sicherheit.

Für die Bemessung von Bauteilen aus Stählen bei dynamischer (schwingender) Belastung für unendlich viele Lastspielzahlen ist daher die Dauerfestigkeit σ_D der maßgebende Werkstoffkennwert gegen Ermüdungsversagen.

Außer dem Dauerfestigkeitswert kann der Konstrukteur aus der Wöhlerkurve auch die verschiedenen Zeitfestigkeitswerte bei den dazugehörigen Lastspielzahlen entnehmen. Diese werden bei einem großen Teil dynamisch beanspruchter Konstruktionen, in deren Lebensdauer geringere Lastspielzahlen als die entsprechende Lastspielzahl für die Dauerfestigkeit auftreten, bei der Bemessung eine große Rolle spielen können.

Die Abgrenzung der Bereiche der Dauerfestigkeit (D), der Zeitfestigkeit (Z) und der Kurzzeitfestigkeit (K) zeigt Bild 1-23. Bei der Durchführung von Dauerversuchen ist mit einer gewissen Streuung zu rechnen. Man wird daher bei der Auswertung von Dauerfestigkeitsuntersuchungen mit einem jeweiligen Streubereich rechnen müssen.

In bestimmten Grenzen ist es für die Werte der Dauerfestigkeit belanglos, wie schnell, das heißt mit welcher Frequenz die Beanspruchung wechselt. Maßgebend ist vor allem die Anzahl der Lastspiele.

- **Beanspruchungsarten**

Es werden folgende Beanspruchungsarten unterschieden:

statisch (ruhend) schwellend mit Vorspannung rein schwellend	Schwellbereich
wechselnd mit Vorspannung rein wechselnd	Wechselbereich

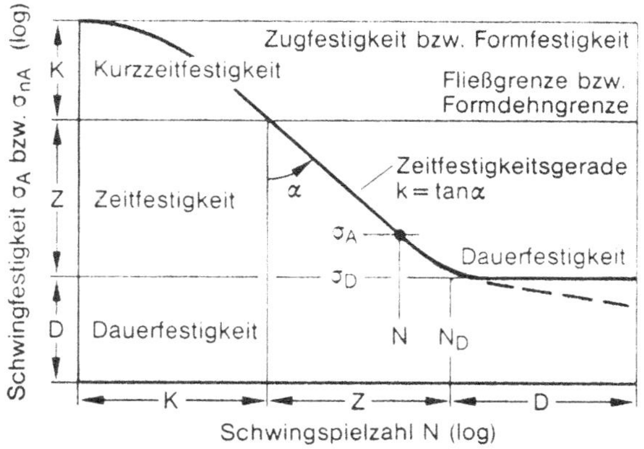

Bild 1-23. Kennwerte der Wöhlerkurven und Abgrenzung der Bereiche der Dauerfestigkeit (D), der Zeitfestigkeit (Z) und der Kurzzeitfestigkeit (K) (nach Haibach).

Die Charakteristiken dieser Beanspruchungs- und Spannungsarten in der Einstufenbelastung werden in Bild 1-24 gezeigt. Die Schwankungen der Beanspruchung sind im Spannungs-Zeit-Diagramm veranschaulicht. Es werden in der Praxis einige Konzepte der Berechnung und Erfassung der Beanspruchungsart angewendet:

Spannungs-Zeit-Diagramme (Spannung / Zeit)	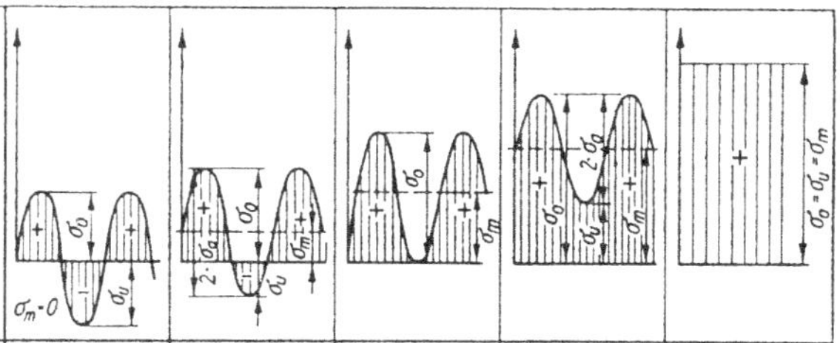				
Belastungs-Bereiche	rein wechselnd	wechselnd mit Vorspannung	rein schwellend	schwellend mit Vorspannung	statisch (ruhend)
Belastungs-Fälle nach Bach	III		II		I
Spannungs-Verhältnis $\frac{\sigma_m}{\sigma_o}$ =	0	Zwischenwerte	+0,5	Zwischenwerte	+1,0
Spannungs-Verhältnis $R = \frac{\sigma_u}{\sigma_o}$ =	-1,0	Zwischenwerte	0	Zwischenwerte	+1,0
Festigkeits- bzw. Dauerfestigkeits-Werte	σ_W Wechselfestigkeit	—	σ_{Sch} Schwellfestigkeit	—	R_e Streckgrenze R_m Zugfestigkeit

Bild 1-24. Beanspruchungsarten mit dazugehörigen Spannungs-Zeit-Diagrammen (Die Angabe des Index mit kleinen Buchstaben weist darauf hin, daß es sich bei den bezeichneten Spannungsgrößen um Nennspannungen handelt. Große Buchstaben als Indizes weisen auf Festigkeitswerte hin.):
σ_o – Oberspannung, zahlenmäßig größter Spannungswert als obere Spannungsgrenze (max σ)
σ_u – Unterspannung, zahlenmäßig kleinster Spannungswert als untere Spannungsgrenze (min σ)
$\sigma_m = (\sigma_o + \sigma_u)/2$ – Mittelspannung, Mittelwert zwischen Ober- und Unterspannung
$\sigma_a = (\sigma_o - \sigma_u)/2$ – Spannungsausschlag (Amplitude), Hälfte der Differenz von Ober- und Unterspannung
$\Delta\sigma = \sigma_o - \sigma_u = 2 \times \sigma_a$ – Schwingbreite
$R = \sigma_u/\sigma_o$ – Spannungsverhältnis.

- Einerseits ist es üblich, die Art der Beanspruchung durch den Spannungsausschlag und die Mittelspannung auszudrücken.
  $\sigma = \sigma_m \pm \sigma_a$
- Auch das Spannungsverhältnis σ_m/σ_o kennzeichnet im Maschinenbau die Beanspruchungsart.
- Andererseits, besonders im Stahlbau, aber auch im Maschinenbau ist zur Darstellung der Art der Beanspruchung das Spannungsverhältnis
  $R = \sigma_u/\sigma_o$ bzw. $R = \min \sigma/\max \sigma$
  maßgebend, Bild 1-24.

In den Berechnungsgrundlagen für Schweißverbindungen (siehe Abschnitte 2 und 3) sind die jeweils gültigen Bemessungskonzepte erörtert.

In letzter Zeit wird nach internationalen Empfehlungen des IIW (International Institute of Welding) das $\Delta\sigma$-Bemessungskonzept angewendet. Maßgebend ist die Differenz zwischen Maximal- und Minimalspannung, und zwar:

$\Delta\sigma = \max \sigma - \min \sigma$

Dieses $\Delta\sigma$-Konzept ist bereits in Regeln verschiedener Länder einbezogen worden.

Die Beanspruchungsart hat einen großen Einfluß auf die Werte der Dauerfestigkeit. Die Dauerfestigkeit bei rein wechselnder Beanspruchung (Wechselfestigkeit) ist wesentlich kleiner als die Dauerfestigkeit bei rein schwellender Beanspruchung (Schwellfestigkeit). Dies ist schematisch in Bild 1-25 im Verlauf der jeweiligen Wöhlerkurven gezeigt. Die Abhängigkeit der Festigkeit des Werkstoffs von den Beanspruchungsarten wird in Dauerfestigkeitsbildern dargestellt.

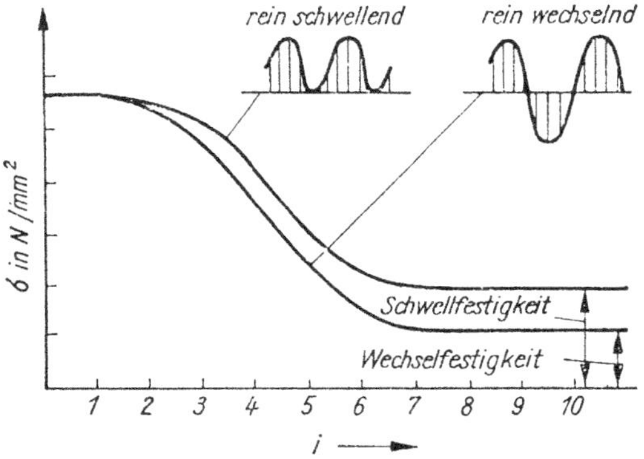

Bild 1-25. Wöhlerkurven für Schwell- und Wechselfestigkeit mit dazugehörigen Spannungs-Zeit-Diagrammen (Beispiele für Stähle).

- **Betriebsfestigkeit**

Im allgemeinen wird bei Dauerversuchen eine in gleichem Rhythmus, das heißt mit gleicher Amplitude und Frequenz, schwingende sinusförmige Belastung angenommen. In der Praxis tritt bei dynamisch beanspruchten Konstruktionen nur selten gleichförmige, sich oft wiederholende Belastung auf, sondern vielmehr ungleichförmige.

In Bild 1-26 sind Beispiele von Schwingbelastungen dargestellt. Bild 1-26a zeigt sinusförmige Belastung, wie sie für den oben beschriebenen Einstufen-Wöhler-Versuch eingesetzt wird. Ungleichförmige Belastungen zeigen die Beispiele in Bild 1-26b. Diese werden bei Mehrstufen-Betriebsfestigkeitsversuchen verwendet und entsprechen den Belastungen der Praxis. In den Betriebsfestigkeitsversuchen werden Lastkollektive (der gleichen Lasthöhen) zusammengestellt.

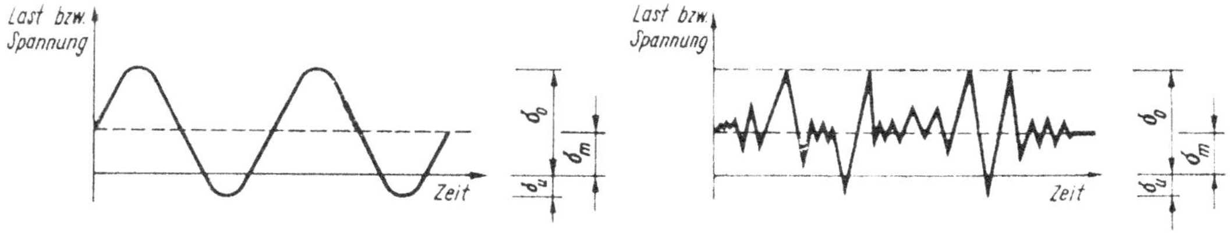

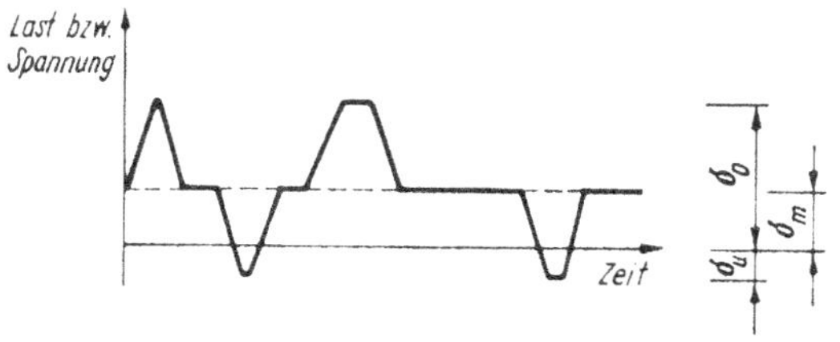

Bild 1-26. Beispiele von Schwingbelastungen;
a) sinusförmige Belastung (Einstufen-Wöhler-Versuch),
b) ungleichförmige Belastung (Mehrstufiger-Betriebsfestigkeits-Versuch).

Konkrete Beispiele von gemessenen Beanspruchungs-Zeit-Funktionen zeigt Bild 1-27.

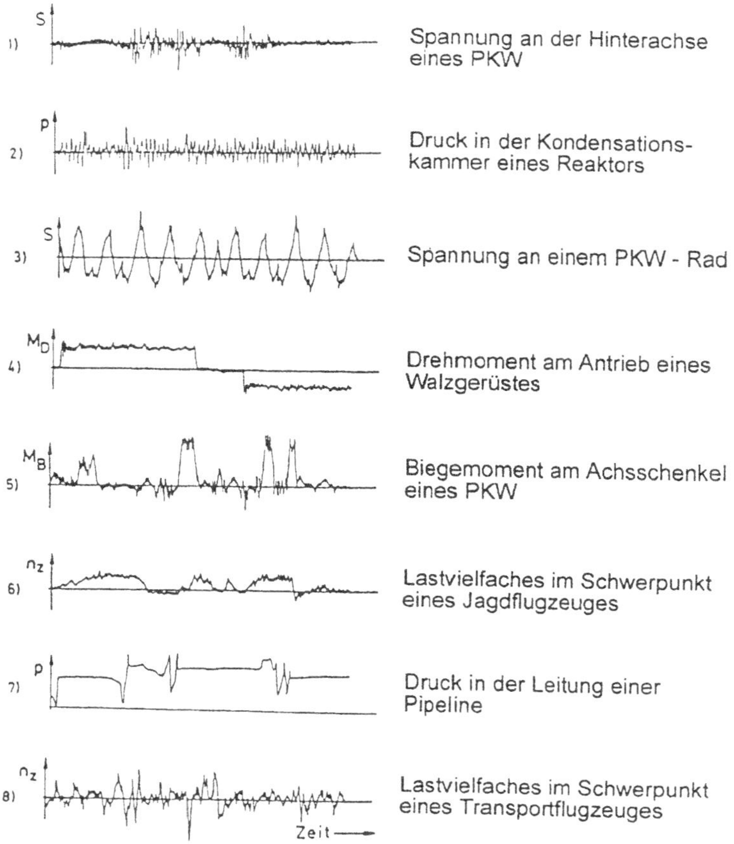

Bild 1-27. Beispiele für gemessene Beanspruchungs-Zeit-Funktionen (nach Buxbaum).

In Bild 1-28 ist das Betriebsfestigkeitsverhalten für Stähle am Beispiel von geschweißten Trägern mit Querrippe dargestellt. Für die normal verteilten Spannungskollektive nach Bild 1-28a sind in Bild

1-28b die Ergebnisse von Betriebsfestigkeitsprüfungen im Vergleich mit der Wöhlerkurve im Einstufenversuch gezeigt.

Man wird in der Regel mit den ausschließlich höchsten, sich oft wiederholenden Belastungsspitzen für die Beurteilung der Dauerfestigkeit in der Praxis zum Zweck der Bemessung rechnen müssen. In verschiedenen Anwendungsbereichen sind für ausgewählte Konstruktionen Belastungsprogramme entwickelt und Betriebsfestigkeitswerte ermittelt worden. Hier erfolgen die Bemessungen mit Betriebsfestigkeitsnachweisen.

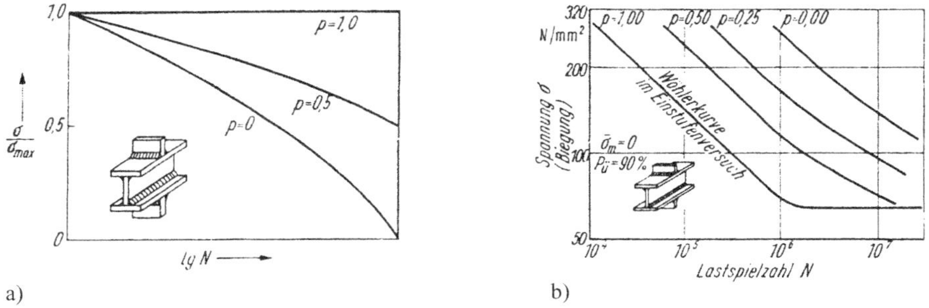

Bild 1-28. Betriebsfestigkeitsverhalten von geschweißten Trägern mit Querrippen bei verschiedenen Lastkollektiven;
a) normal verteilte Lastkollektive (p-Werte),
b) Ergebnisse der Betriebsfestigkeitsprüfungen im Vergleich mit der Wöhlerkurve im Einstufenversuch.

- **Dauerfestigkeits-Schaubilder**

Das Ermüdungsverhalten des Werkstoffs bei schwingender Beanspruchung wird in Dauerfestigkeits-Schaubildern dargestellt. Es gibt eine Reihe verschiedener Dauerfestigkeits-Schaubilder, die in den jeweiligen Anwendungsbereichen angewendet werden. In Bild 1-29 sind die beiden üblichen Arten der Dauerfestigkeits-Schaubilder, und zwar in Bild 1-29a nach Smith und in Bild 1-29b nach Moore-Kommers-Jaspers an einem Beispiel dargestellt.

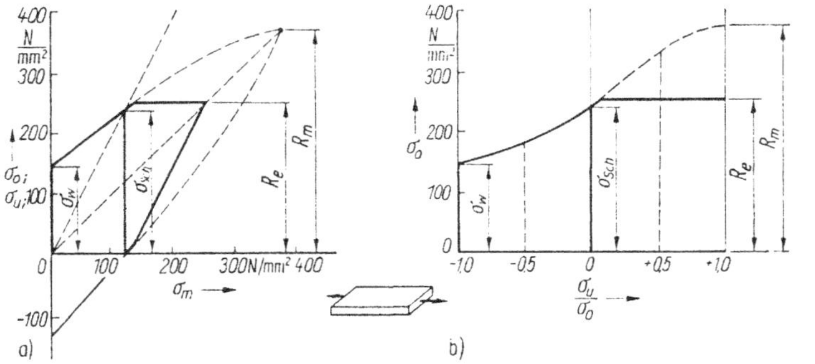

Bild 1-29. Dauerfestigkeits-Schaubilder am Beispiel von S235 (mit Walzhaut);
a) nach Smith,
b) nach Moore-Kommers-Jaspers.

Beim Dauerfestigkeits-Schaubild nach Smith ist z. B. der gesamte Dauerfestigkeitsbereich Zug – Druck leicht zu erfassen. Das Dauerfestigkeits-Schaubild wird im allgemeinen im Bereich des Streckgrenzenwerts geradlinig abgeschnitten. Auch der eventuell gekrümmte Verlauf der Einzellinien wird in den vereinfachten Dauerfestigkeits-Schaubildern geradlinig dargestellt.

Für Aluminiumwerkstoffe siehe Abschnitt 3.

Das im Stahlbau und im Schienenfahrzeugbau oft angewendete, sehr einfache Dauerfestigkeits-Schaubild nach Moore-Kommers-Jaspers zeigt in Bild 1-29b die Abhängigkeit der einzelnen Dauerfestigkeitswerte von der Belastungsart im Zugbereich. Der Abfall der Festigkeit mit zunehmendem Wechsel der Belastung ist hier deutlich erkennbar.

- **Raumdiagramm für Wöhlerkurven, Zeit- und Dauerfestigkeitswerte**

Die Ausführungen lassen erkennen, daß ein direkter Zusammenhang zwischen den einzelnen Wöhlerkurven bei verschiedenen Belastungsarten (schwellend, wechselnd) und den Zeit- und Dauerfestigkeitswerten besteht. In Bild 1-30 wird in einem Raumdiagramm dieser Zusammenhang gezeigt. Für die Darstellung der Zeit- und Dauerfestigkeitswerte ist hier das Dauerfestigkeits-Schaubild nach Smith gewählt worden.

Das Raumdiagramm veranschaulicht den Einfluß der Langzeitbeanspruchung und der Lastspielzahl auf das Festigkeitsverhalten. In der dargestellten Form gilt es für die Stähle bei Raumtemperatur, in der kein Abfall der statischen Festigkeit bei Langzeitbeanspruchung festzustellen ist. Bei hohen Temperaturen bzw. bei anderen Werkstoffen, z. B. Aluminiumlegierungen, würde der Wert σ_B (R_m) nicht konstant bleiben.

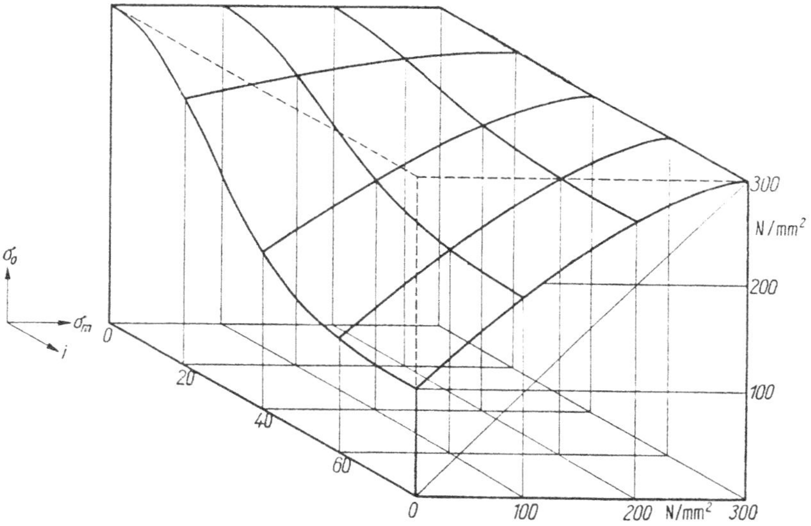

Bild 1-30. Raumdiagramm für Wöhlerkurven sowie Zeitfestigkeits- und Dauerfestigkeits-Schaubilder.

1.6 Bemessungskonzepte für Schweißkonstruktionen

Die Bemessung von Tragwerken aller Art in bezug auf das Übertragen von Kräften erfolgt in den meisten Fällen in Festigkeitsnachweisen. Für die Dimensionierung der Querschnitte von beanspruchten Konstruktionen sind mehrere Werkstoffkennwerte (Festigkeitskennwerte) maßgebend. Diese Werkstoffkennwerte sind von der Beanspruchungsart abhängig und weisen verschiedenartiges Verhalten auf.

Das Bemessen von stählernen Tragwerken mit den genannten Werkstoffkennwerten bestimmt deren wirtschaftlichen Einsatz. Die genaue Kenntnis über das Verhalten dieser Werkstoffkennwerte bestimmt auch die Art der Gestaltung der Konstruktion.

Allgemein gesagt können die Festigkeitsnachweise in 3 Elemente eingeteilt werden:

- Einwirkungen ⇒ Beanspruchungen,

- Widerstandsgrößen/Werkstoffkennwerte ⇒ Beanspruchbarkeiten: Widerstand des Werkstoffes bei elastischen und plastischen Grenzzuständen,
- Sicherheitselemente; rechnerische Sicherheit gegen Versagen; Sicherheitsfaktoren; Teilsicherheiten.

Für die Festigkeitsnachweise haben sich in den letzten Jahren mehrere Konzepte für die Bemessung unabhängig voneinander in der Praxis durchgesetzt:

- Nennspannungsnachweis,
- Strukturspannungsnachweis,
- Kerbspannungsnachweis,
- bruchmechanischer Sicherheitsnachweis.

In Bild 1-31 werden an einem Beispiel nach Radaj die Spannungsgrößen der jeweiligen Konzepte dargestellt:

- σ_n: Nennspannung,
- σ_s: Strukturspannung,
- σ_k: Kerbspannung.

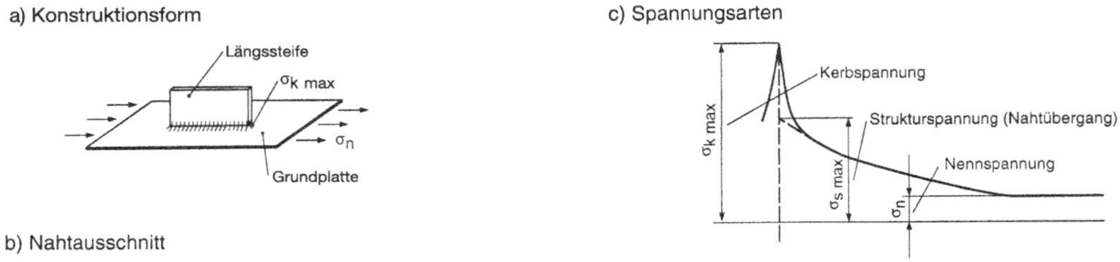

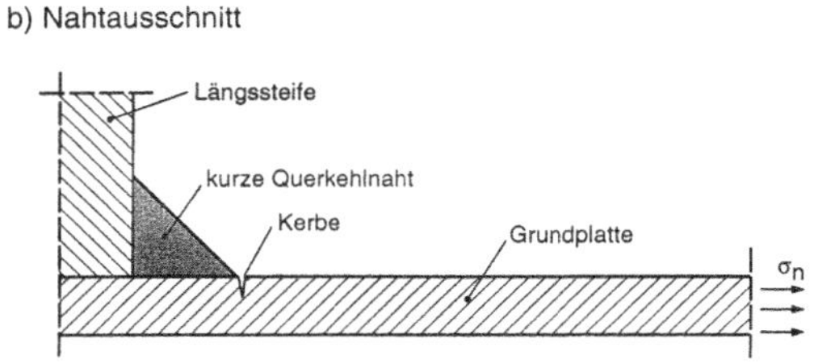

Bild 1-31. Spannungsgrößen nach den Konzepten Normalspannung, Strukturspannung, Kerbspannung an einem Beispiel nach Radaj.

Für den bruchmechanischen Sicherheitsnachweis gilt K, der Spannungsintensitätsfaktor.

Nachstehend werden diese Bemessungskonzepte kurz erörtert.

- Nennspannungen werden nach vereinbarten Regeln ermittelt. Örtliche Kerbwirkungen werden im allgemeinen rechnerisch nicht berücksichtigt. Dies erfolgt in den Abminderungen der Werkstoff-Kennwerte bzw. in den ermittelten zulässigen Spannungen.
- Strukturspannungen (hot-spot-stress) berücksichtigen großräumige Kerbwirkungen an anrißgefährdeten Stellen bei idealer Geometrie. Sie können ermittelt werden durch Berechnungen der Spannungsverteilung mit Finiten Elementen oder durch direktes Messen.
- Kerbspannungen sind ermittelte Spannungen im Kerbgrund. Es wird von einer effektiven Ersatzkerbe oder einem rechnerischen Kerbfaktor ausgegangen und eine relative Bewertung der geometrischen Größe vorgenommen. Zum Beispiel für den Nachweis von Schweißverbindungen wird in der Finite-Elemente-Rechnung eine Kerbe mit einem Radius von 1 mm angenommen.

Im Vordergrund aller Regelwerke und der meisten Anwendungen zur Bemessung von geschweißten Tragwerken in der Praxis steht das Nennspannungs-Konzept. Das Nennspannungs-Konzept wird deshalb in den nachstehenden Vorschlägen zur Berechnung der Tragwerke zugrunde gelegt.

Die Berechnung von ungeschweißten und geschweißten Bauteilen nach den jeweiligen Konzepten, besonders dem Kerbspannungskonzept, sowie dem bruchmechanischen Sicherheitsnachweis ist in der Literatur ausführlich erörtert. Besonders von Radaj wurden viele Beispiele behandelt. Für diese Konzepte spielt die exakte Berechnung der Spannungsverteilungen aus den Lastspannungen an allen maßgeblichen Konstruktionsteilen, einschließlich dazugehöriger Schweißverbindungen, mit der Finite-Elemente-Methode eine wesentliche Rolle.

Natürlich wird der Aufwand des gesamten Entwurfes von einzelnen Baugruppen erheblich größer. Diese exaktere Dimensionierung führt aber zu besser ausgelasteten Konstruktionen und zu wesentlichen Werkstoffeinsparungen. Für größere Serien wird dieser Weg sicher der günstigere sein.

Nachstehend wird der einfache Weg der Berechnung mit dem Nennspannungskonzept und mit vereinfachten Belastungsannahmen erläutert, um auch bei kleineren Stückzahlen sowie auch in Klein- und Mittelbetrieben sicher zu bemessen.

Zulässige Spannungen

Der Nachweis nach dem Nennspannungs-Konzept mit zulässigen Spannungen wird allgemein durchgeführt mit:

vorhandene Nennspannung ≤ zulässige Spannung

$$\text{vorh. } \sigma_n \leq \text{zul } \sigma$$

$$\text{zul } \sigma = \frac{\text{Werkstoffkennwert (maßgeblicher)}}{\text{Sicherheitsfaktor (S)}}$$

Der Sicherheitsfaktor (S) wird einheitlich nach den Sicherheitsanforderungen, den Unsicherheiten in der Ermittlung der Beanspruchungen und nach den Streuungen der Werkstoffkennwerte festgelegt. Beim Nennspannungsnachweis sind in den zulässigen Spannungen (zul σ) auch noch die Effekte konstruktiver Kerben und fertigungstechnische Imperfektionen (Unregelmäßigkeiten) durch Abminderung der Werkstoffkennwerte berücksichtigt.

Das Bemessen mit dem Nennspannungs-Konzept mit zulässigen Spannungen, das z. Zt. am weitesten verbreitete Berechnungsverfahren, hat natürlich mehrere Nachteile in bezug auf die Exaktheit der Bewertungsergebnisse. Es findet seine Grenzen beim Bewerten neuer Details und bei Bauteilen, in denen großräumige Kerbwirkung im Bereich der Schweißverbindung und Kerbwirkung der Schweißverbindung selbst nicht mehr getrennt werden können.

Teilsicherheiten

In der aktuellen Darstellung nach z. B. DIN 18800-1 werden die oben genannten Elemente eines Festigkeitsnachweises klar voneinander getrennt.

Es wird unterschieden zwischen:

Einwirkungen: Einwirkungen sind die Ursache von Kraft- und Verformungsgrößen im Tragwerk und werden über die Einwirkungsgrößen (Formelzeichen: F) beschrieben.

Widerstand: Unter Widerstand wird der Widerstand eines Tragwerks, seiner Bauteile und Verbindungen gegen Einwirkungen verstanden. Widerstände werden über die Widerstandsgrößen (Formelzeichen: M) beschrieben.

Bemessungswerte: Bemessungswerte sind diejenigen Werte der Einwirkungs- und Widerstandsgrößen, die für die Nachweise anzunehmen sind.

Charakteristische Werte: Charakteristische Werte der Einwirkungs- und Widerstandsgrößen sind die Bezugsgrößen für die Bemessungswerte der Einwirkungs- und Widerstandsgrößen.

Teilsicherheitsbeiwerte: Die Teilsicherheitsbeiwerte γ_F für die Einwirkungen und γ_M für die Widerstände sind die Sicherheitselemente, die die Streuung der Einwirkungs- und Widerstandsgrößen berücksichtigen.

Kombinationsbeiwerte: Die Kombinationsbeiwerte ψ sind die Sicherheitselemente, die die Wahrscheinlichkeit des gleichzeitigen Auftretens veränderlicher Einwirkungen berücksichtigen.

Beanspruchungen: Beanspruchungen (Formelzeichen: S_d) wie z. B. Schnittgrößen, Spannungen, Scherkräfte von Schrauben, Dehnungen und Durchbiegungen sind die von den Bemessungswerten der Einwirkungen F_d verursachten Zustandsgrößen im Tragwerk.

Grenzzustände: Grenzzustände sind Zustände des Tragwerks, die den Bereich der Beanspruchung, in dem das Tragwerk tragsicher bzw. gebrauchstauglich ist, begrenzen.

Beanspruchbarkeiten: Beanspruchbarkeiten (Formelzeichen: R_d) wie z. B. Grenzspannungen, Grenzschnittgrößen, Grenzabscherkräfte von Schrauben und Grenzdehnungen sind die zu Grenzzuständen gehörenden Zustandsgrößen des Tragwerks. Sie sind mit den Bemessungswerten der Widerstandsgrößen M_d zu berechnen.

Beim Nachweis der Bauteile werden die Lasten auf die übliche Weise ermittelt. Die so ermittelten „charakteristischen Werte der Einwirkungen“ F_k werden dann mit dem Teilsicherheitsbeiwert für die Einwirkungen γ_F und gegebenenfalls mit dem Kombinationsbeiwert ψ multipliziert. Hieraus ergibt sich der Bemessungswert der Einwirkungen F_d, der als Beanspruchungen S_d bezeichnete Zustandsgrößen im Bauteil hervorruft. Diese sind mit den Beanspruchbarkeiten R_d zu vergleichen, die mit den Bemessungswerten der Widerstandsgrößen M_d ermittelt werden. Die Bemessungswerte der Widerstandsgrößen ergeben sich aus der Division des „charakteristischen Werts der Widerstandsgrößen“ M_k durch den Teilsicherheitsbeiwert γ_M. Die für die Ermittlung des charakteristischen Werts der Widerstandsgrößen maßgeblichen Werkstoffkennwerte sind z. B. der obere Wert der Streckgrenze R_{eH} und die Zugfestigkeit R_m.

Beanspruchungen ≤ Beanspruchbarkeiten

$$S_d \leq R_d$$

Bemessungswert der Einwirkungsgrößen:

$$F_d = \gamma_F \, (\cdot \, \psi) \cdot F_k$$

Bemessungswert der Widerstandsgrößen:

$$M_d = \frac{M_k}{\gamma_M}$$

Diese beiden Sicherheits- und Bemessungskonzepte, das Konzept der zulässigen Spannungen und das Konzept mit Teilsicherheitsbeiwerten, sind in einzelnen Teilen innerhalb eines Regelwerkes manchmal nicht konsequent durchgehalten. Es empfiehlt sich daher, genau darauf zu achten, welches Konzept jeweils angewendet wird.

2 Schweißkonstruktionen aus Stählen

2.1 Gestaltung von Schweißkonstruktionen aus Stählen

2.1.1 Allgemeine Regeln für die Gestaltung von Schweißkonstruktionen

Die Gestaltung von Schweißkonstruktionen ist immer eine individuelle schöpferische Arbeit. Es ist deshalb nicht möglich, allgemeingültige Rezepte für das Gestalten und Konstruieren zu geben, die ein Konstrukteur nur mechanisch anwenden kann. Anhand der folgenden kurzgefaßten Regeln soll eine Zusammenstellung aller Faktoren gegeben werden, die bei der Entwurfsarbeit unbedingt beachtet werden müssen. Sie sind aber nur als Richtschnur aufzufassen und müssen stets sinnvoll angewendet werden.

Allgemein muß zur Gestaltung von Schweißkonstruktionen betont werden, daß das sinnvolle Konstruieren keine unabhängige und von einzelnen Fertigungsabschnitten unbeeinflußte Tätigkeit sein darf. Jeder Konstrukteur muß den gesamten Fertigungsablauf seiner Konstruktion verfolgen und mit seiner Gestaltungsarbeit gleichzeitig auch die für die schweißtechnische Fertigung wirtschaftlichste Form finden. Somit ist das Entwerfen und Konstruieren eine verantwortungsvolle Aufgabe, der sich jeder Konstrukteur bewußt sein soll.

Die folgenden Grundsätze sind deshalb stets im Zusammenhang mit der Fertigung umzusetzen, und dabei sind die im Teil 1 des Kompendiums, „Verfahren der Schweißtechnik", gegebenen Hinweise zu den Schweißverfahren zu beachten. In bezug auf die Werkstofffragen der Schweißtechnik sind Einzelheiten dem Teil 2 „Schweißmetallurgie" und dem Teil 3 „Schweißbarkeit der Metalle" dieses Kompendiums zu entnehmen.

Bei der Gestaltung von Schweißkonstruktionen sind die Eigenarten der Schweißtechnik sowie ihre Vor- und Nachteile zu beachten. Keinesfalls dürfen Konstruktionen für andere Fügeverfahren oder z. B. für Gußwerkstoffe einfach nachgeahmt werden.

Außer der Festigkeit der Verbindung sind auch immer die Steifigkeit und das Schwingungsverhalten des gesamten Bauteils zu berücksichtigen.

Einfluß von Nahtart und Nahtform

Bei der Auswahl von Nahtart und Nahtform sind ein möglichst ungestörter Kraftfluß und kurze Fertigungszeit anzustreben. Hinsichtlich des Kraftflusses sind Stumpfnähte günstiger als Kehlnähte, in bezug auf den Fertigungsaufwand ist der Zusammenhang umgekehrt. Der Konstrukteur muß hier das Optimum in Abhängigkeit von der Beanspruchungsart finden.

Die Anzahl sowie die Dicke und Länge der Schweißnähte sind auf ein Minimum zu beschränken. Abkantungen anstelle von Schweißnähten bringen Kosten- und Zeitersparnis. Kehlnähte sind so dünn wie möglich zu wählen, weil das Nahtvolumen und damit die Fertigungszeit mit dem Quadrat der Nahtdicke anwachsen und außerdem unnötige Wärmeeinwirkung möglichst vermieden werden muß. Unterbrochene Nähte, die im allgemeinen nur für untergeordnete Verbindungen in Frage kommen, sind zur Kraftübertragung nur dann zu verwenden, wenn hierfür die kleinste zulässige Nahtdicke, in der Regel a = 3 mm, noch ausreicht und nicht eine dynamische Belastung maßgebend ist.

Einfluß von Schweißnahtanhäufungen

Anhäufungen von Schweißnähten, besonders an Anschlüssen, Stößen oder Kreuzungen, verursachen eine erhöhte örtliche Wärmeeinwirkung mit ungleichmäßigen Dehnungen und damit zusätzlichen Schrumpfkräften. Diese führen zu größeren Verformungen oder bei sehr starren Konstruktionen zu erhöhten Eigenspannungen im Bauteil, was aufwendige Richtarbeit oder auch örtliche Schäden und Zerstörungen zur Folge haben kann.

Solche Schweißnahtanhäufungen sind daher nach Möglichkeit zu vermeiden. Bei eingeschweißten Aussteifungsrippen wird bei statischer Belastung im Bereich von Nahtkreuzungen eine Ausnehmung angeordnet. Bei dynamischer Beanspruchung ist jedoch häufig das Nahtende am Ausschnitt ungünstiger als der Spannungszustand im Bereich von Nahtkreuzungen, deshalb wird dort unter Umständen ein Überschweißen an der Kreuzungsstelle oder ein Umschweißen der Stirnkante der Ausnehmung empfohlen. Parallelverlaufende Stumpf- oder Kehlnähte sollten einen Mindestabstand von etwa 100 bis 200 mm haben.

Einfluß der äußeren Gestalt und Ästhetik einer Schweißkonstruktion

Die äußere Gestalt einer Schweißkonstruktion wird vielfach durch architektonische Gesichtspunkte beeinflußt. Sie sollten keine übertriebene Rolle spielen; jeder Konstrukteur muß aber dafür sorgen, daß seine Konstruktion auch ein ansprechendes Äußeres erhält, so daß die Schweißkonstruktion gegenüber anderen Formgebungs- oder Verbindungsverfahren bestehen kann und in ihrer Ästhetik befriedigt.

Die Gestaltungsmerkmale der Schweißkonstruktion mit ihren glatten Flächen und schlichten Formen passen sich der modernen Sachlichkeit im allgemeinen gut an, wobei nicht nur scharfkantige Formen, sondern auch Rundungen und gekrümmte Flächen angeordnet werden können.

Einfluß des Aufstellungsorts der Schweißkonstruktion

Es ist nicht gleichgültig, ob eine Schweißkonstruktion im Freien oder in geschlossenen Räumen, stationär oder ortsbeweglich, in mittleren Breitengraden oder in tropischen oder polaren Gegenden aufgestellt wird. Einwirkende Temperaturen und Feuchtigkeit bestimmen maßgebend nicht nur die Werkstoffwahl, sondern auch die Gestaltung selbst. Im Freien dürfen Konstruktionen keine Wassersäcke aufweisen und müssen gute aerodynamische Formen haben, damit sie dem Wind möglichst geringen Widerstand bieten. In tropischen Gegenden muß vielfach ein Schutz gegen Sandstürme und in nördlichen Gebieten gegen Kälte und Schneeverwehungen vorhanden sein.

In den nachstehenden Unterabschnitten werden die spezifischen Einflüsse auf die Gestaltung

- durch die Fertigung und die Schweißverfahren,
- durch die Beanspruchung und
- durch die Stahlart

anhand von Beispielen erläutert.

2.1.2 Fertigungsgerechte Gestaltung

In den Abschnitten 1.1 bis 1.4 sind allgemeingültige Ausführungen zur Wahl der Schweißprozesse gemacht. Die Wahl des einzusetzenden Schweißprozesses wird der Konstrukteur in Zusammenarbeit mit der Schweißaufsicht durchführen, um eine reibungslose schweißtechnische Fertigung sicherzustellen. Die Wahl des Schweißprozesses ist eingebettet in die Wahl des Fügeverfahrens.

Wahl des Fügeverfahrens

Die Verbindungen zwischen Einzelteilen und zwischen Baugruppen und Einzelteilen sind im konstruktiven Entwicklungsprozeß verschiedenen Einflüssen unterworfen. In Bild 2-1 sind, verallgemeinert für die gesamte Fügetechnik, vier Stufen herausgestellt, die bei der Wahl des Fügeverfahrens (d. h. auch bei der Wahl des Schweißprozesses) im konstruktiven Entwicklungsprozeß beachtet werden müssen. Diese Stufen veranschaulichen deutlich die jeweiligen Zusammenhänge bei den einzelnen Entscheidungen.

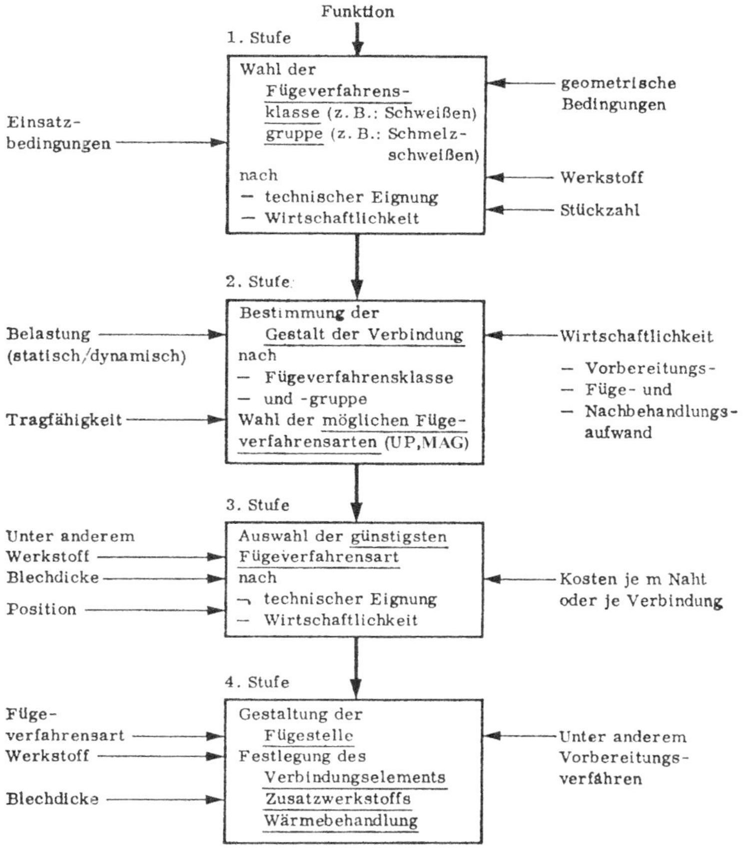

Bild 2-1. Wahl des Fügeverfahrens und Gestaltung der Verbindung.

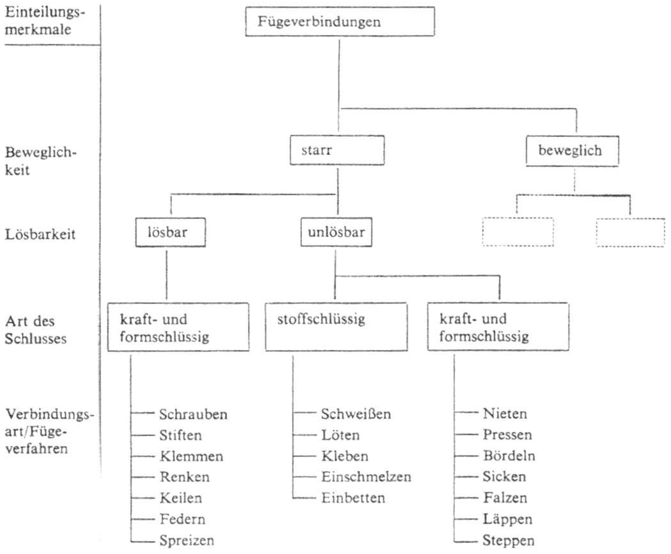

Bild 2-2. Einteilung der Verbindungen und Zuordnung der Fügeverfahren.

Die Funktion der Verbindung kann gemäß der Einteilung nach Bild 2-2 erfolgen und somit zu einer Wahl der entsprechenden Fügeverfahren führen. Die Bestimmung der Stoßarten der Teile (Tabelle 2-1) und die dazugehörende Wahl der Querschnittsformen nach Bild 2-3 sind weitere Schritte im Konstruktionsprozeß zur Wahl der jeweiligen Fügeverfahren. Im Zusammenhang damit steht die Wahl des jeweiligen Werkstoffes, wie dies auch aus Bild 2-4 hervorgeht.

Tabelle 2-1. Stoßarten.

Stoßart	Sinnbild	Erläuterung der Stoßart
Stumpfstoß	— —	die Teile liegen in einer Ebene
Überlappstoß	≡	die Teile überlappen sich
Parallelstoß	= =	die Teile liegen breitflächig
T-Stoß	⊥	zwei Teile, davon eins mit seinem Ende, stoßen rechtwinklig aufeinander
Kreuzstoß	+	zwei in einer Ebene liegende Teile stoßen je mit einem Ende gegen ein dazwischenliegendes drittes
Schrägstoß	∠	ein Teil stößt mit seinem Ende schräg gegen ein anderes
Eckstoß	˥ ∧ ∧	zwei Teile stoßen mit ihren Enden unter beliebigem Winkel gegeneinander
Mehrfachstoß	⊤ ⊼	drei oder mehr Teile stoßen mit ihren Enden unter beliebigem Winkel aneinander

Tabelle 2-2. Entscheidungsfolge für die Wahl des Fügeverfahrens.

lfd. Nr.	Entscheidung
1	Funktion der Verbindung bestimmen – Beweglichkeit – Lösbarkeit
2	Stoßart der Bauelemente an der Fügestelle bestimmen – Stumpfstoß – Überlappstoß – Winkelstoß (Eck-, T-, Kreuzstoß) – Parallelstoß
3	Querschnitt an der Fügestelle bestimmen – Form (Blech, Profil) – Abmessung
4	Werkstoffkombination und Fügeverfahren die Fügbarkeit (Schweißverfahren – Schweißbarkeit) bestimmen
5	Schweißposition und Zugänglichkeit der Fügegeräte zur Fügestelle bestimmen in Abhängigkeit von – Zusammenbaufolge – Mechanisierung und Automatisierung der Füge- und Handhabeoperationen
6	Qualität der Fügeverbindung bestimmen – Bewertungsgruppe in Abhängigkeit von Festigkeit und Beanspruchung – Verformung in Abhängigkeit von Wärmeeintrag – zulässige Maß- und Formabweichung
7	Produktivität (Fertigungszeiten), Effektivität (Fertigungskosten) und Zuverlässigkeit der geeigneten Fügeverfahren bewerten
8	optimales Fügeverfahren (Schweißverfahren) wählen

Kode		Darstellung Bild	Sinnbild	Bezeichnung der Kombination aus Stoßart	Querschnittsform
ST	1			Stumpf-Stoß	Blech-Blech
	2				Profil-Profil
	3				Profil-Blech
Ü	1			Überlappt-Stoß	Blech-Blech
	2				Profil-Profil
	3				Profil-Blech
PA	1			Parallel-Stoß	Blech-Blech
	2				Profil-Profil
	3				Profil-Blech
T	1			T-Stoß	Blech-Blech
	2				Profil-Profil
	3				Profil-Blech

Bild 2-3. Verbindungsgruppen bei ausgewählten Stoßarten und möglichen Querschnittsformen.

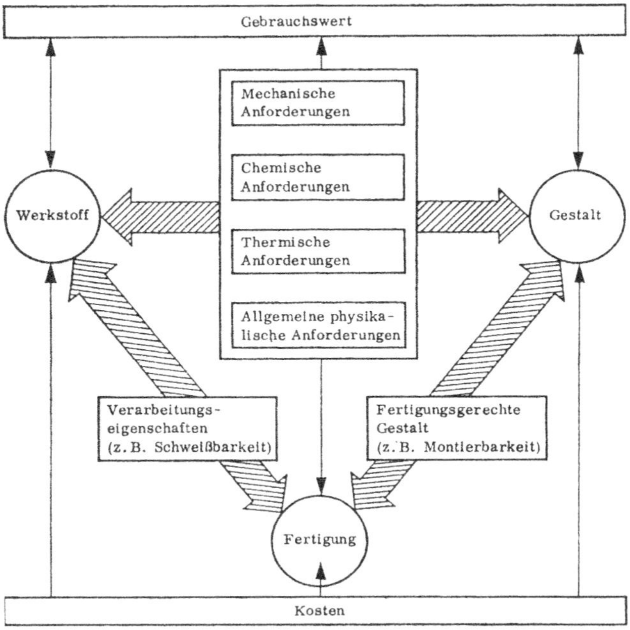

Bild 2-4. Komplexität der Werkstoffwahl unter Berücksichtigung des wechselseitigen Einflusses von Gestalt und Werkstoff.

Ein Beispiel für die Besonderheiten der Fügeverfahren in bezug auf ausgewählte Kriterien beim Entwurf ist in Bild 2-5 dargestellt. Dies zeigt anschaulich die Vielfalt der möglichen Einflußfaktoren. In Tabelle 2-2 ist die Entscheidungsfolge für die Wahl der Fügeverfahren zusammengestellt. Diese Folge kann leicht auf die Wahl des Schweißverfahrens übertragen werden.

	Schrauben und Mutter	Nieten	Punktschweißen	Schmelzschweißen
Prinzipskizze	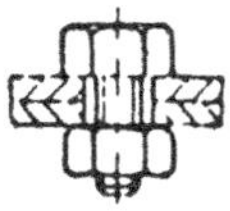	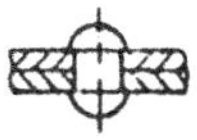	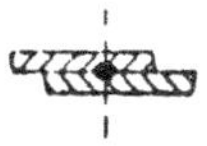	
Kraftfluß	Umlenkung			geradlinig
Kraftübertragung	Pressung und Reibung		Materialvereinigung	
Werkstoffbeeinflussung	Schwächen des Querschnittes		metallurgische Beeinflussung	
Verbindung unterschiedlicher Werkstoffe	unbeschränkt möglich		bei legierbaren Werkstoffen möglich	sonst Pufferschichten
Dichtheit	hängt ab vom Abstand der Verbindungspunkte und deren Wirkflächen			normal gegeben

Bild 2-5. Besonderheiten der Fügeverfahren (nach *Behnisch*).

Einflußgrößen auf die Wahl der Schweißprozesse

In Bild 2-6 sind schematisch die Einflußgrößen auf die Wahl der Schweißprozesse dargestellt.

Im gesamten Abschnitt 2.1 werden diese einzelnen Einflußgrößen in bezug auf die dazugehörige Gestaltung der Schweißkonstruktionen erörtert. Maßgebend für die Auswahl des Schweißprozesses sind vor allem:

- die Stahlart,
- die Erfüllung der Funktion der Verbindung,
- die physikalischen Eigenschaften der Verbindung (wie Tragfähigkeit, Dichtheit, elektrische Leitfähigkeit, Wärmeleitfähigkeit),
- die chemischen Eigenschaften (wie u. a. die Korrosionsbeständigkeit),
- die Wirtschaftlichkeit (günstige, wirtschaftliche Lösungen der technisch möglichen Schweißverfahren).

Ein großer Anteil von Baugruppen aus Stählen wird mit Schmelzschweißprozessen hergestellt. Die maßgeblichen konventionellen Schmelzschweißprozesse in der Fertigung des Maschinenbaus sind:

- Lichtbogenhandschweißen,
- Unterpulverschweißen,
- Metall-Aktivgasschweißen (unter Mischgas oder reinem CO_2),
- Metall-Inertgasschweißen,
- Wolfram-Inertgasschweißen,
- Elektroschlackeschweißen.

In letzter Zeit haben an Bedeutung gewonnen:

- Elektronenstrahlschweißen und
- Laserstrahlschweißen.

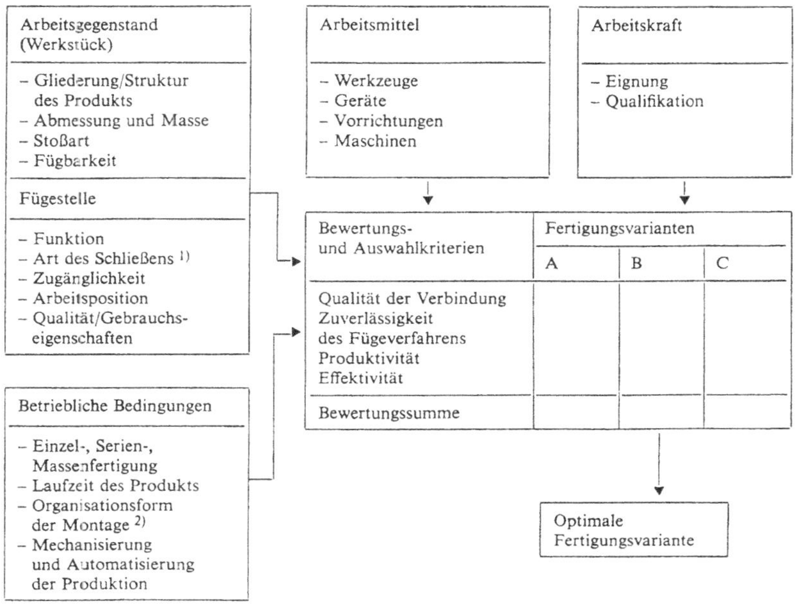

Bild 2-6. Einflußgrößen auf die Wahl der Schweißprozesse.

Die größte Stückzahl aller geschweißten Baugruppen wird mit Preßschweißprozessen hergestellt. Hier werden besonders angewendet:

- Widerstandspunktschweißen,
- Widerstandsbuckelschweißen,
- Widerstandsnahtschweißen,
- Widerstandsabbrennstumpfschweißen,
- Schweißverfahren mit magnetisch bewegtem Lichtbogen,
- Reibschweißen.

Siehe hierzu auch Teil 1 des Kompendiums „Verfahren der Schweißtechnik".

- **Einfluß des Schweißprozesses auf die Gestaltung**

In fast allen Abschnitten des vorliegenden Bandes werden bei den Erläuterungen Beispiele von Schweißkonstruktionen herangezogen. Wegen ihrer Bedeutung sind insbesondere Beispiele von Konstruktionen und von Schweißverbindungen, gefertigt mit konventionellen Schmelzschweißprozessen, gewählt worden. Um den Einfluß anderer Schweißprozesse auf die Gestaltung herauszustellen, werden in diesem Unterabschnitt einige zusammenfassende Darstellungen erörtert und auf die dazugehörige Spezialliteratur verwiesen.

Gestaltung von Schweißverbindungen für konventionelle Schweißprozesse

Die konventionellen Schmelzschweißprozesse werden für Baugruppen aus Blechen (besonders aus Mittel- und Grobblechen) und Walzprofilen einschließlich Rohren eingesetzt. Die Gestaltung von geschweißten Konstruktionen in Fachwerkbauweise und in Vollwandbauweise sowie in den Bauweisen des Apparate- und Rohrleitungsbaus geht ausführlich aus den Unterabschnitten der Abschnitte 2.1.5 und 2.1.6 hervor.

Auf eine kurze Übersicht der Gestaltung der Schweißverbindungen, besonders von Stumpfnähten und Kehlnähten mit konventionellen Schmelzschweißprozessen, wird deswegen hier verzichtet. Einige typische Konstruktionsformen sind aus Bild 2-7 zu ersehen.

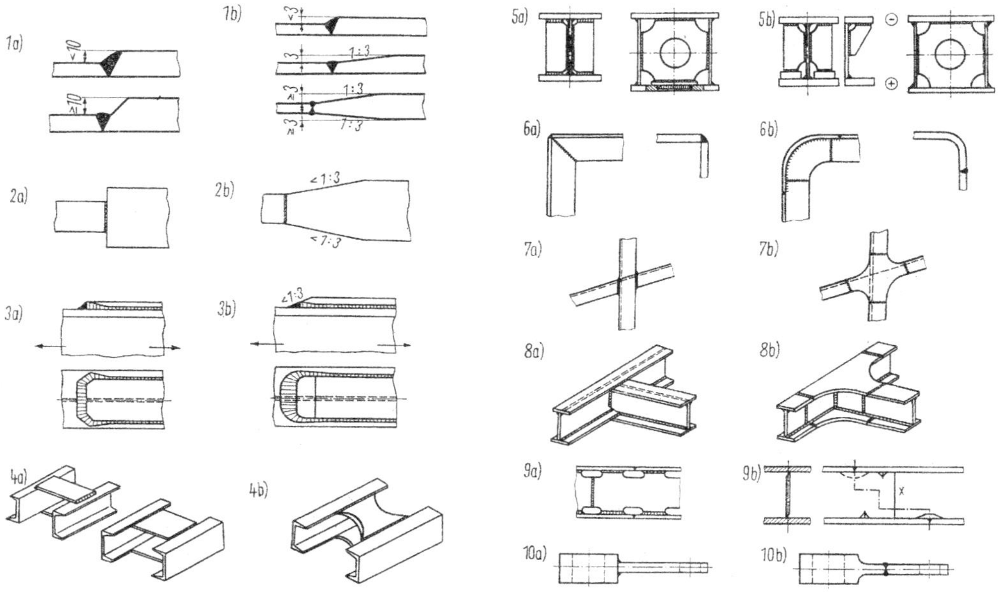

Bild 2-7. Günstige Konstruktionsformen für Schweißverbindungen:
a) vorwiegend ruhende Beanspruchung
b) dynamische Beanspruchung

Gestaltung von Schweißverbindungen für das Elektronenstrahlschweißen

In jüngster Zeit hat unter den Schmelzschweißprozessen das Elektronenstrahlschweißen an Bedeutung gewonnen. Die Baugruppen werden derart gestaltet, daß die jeweiligen Einzelteile, meistens Rundteile, auf Endmaß gefertigt werden. Nach dem Schweißen kann auf eine weitere Bearbeitung in der Regel verzichtet werden. Dies führt zu großen wirtschaftlichen Vorteilen.

Das Elektronenstrahlverfahren zeichnet sich durch seine Leistungsdichte aus. Dadurch entstehen schmale und tiefe Schweißnähte. Infolge der kleinen aufgeschmolzenen Zone sind die eingebrachte Wärmemenge und der Verzug gering. Das Ausführen des Schweißvorgangs im Vakuum gewährleistet, daß keine Gase oder Verunreinigungen in das Schmelzbad gelangen.

Die schmale Elektronenstrahlschweißnaht erfordert eine exakte Nahtvorbereitung. Die zu verbindenden Flächen und die Auftrefffläche für den Elektronenstrahl müssen eben, sauber und frei von Rückständen sein. Abweichungen von der Ebenheit der Nahtflanken dürfen 0,1 mm nicht überschreiten. Bei Längsnähten sind die Teile so einzuspannen, daß während des Schweißens kein Spalt größer als 0,1 mm auftreten kann.

Die Schweißstelle ist konstruktiv so zu gestalten, daß die wärmeableitenden Querschnitte auf beiden Seiten der Naht möglichst gleich sind. Es ist günstig, wenn der Strahl im Freien endet. Kann diese Bedingung nicht eingehalten werden, soll die Wurzel nach Möglichkeit in einen Bereich niedriger Spannungen gelegt werden, oder es ist eine Entlastungsnut vorzusehen. Endet der Elektronenstrahl in einem abgeschlossenen Hohlraum, müssen Entlüftungsbohrungen angebracht werden. Beispiele der konstruktiven Gestaltungsmöglichkeiten sind in Tabelle 2-3 dargestellt.

Tabelle 2-3. Gestaltung von Elektronenstrahl-Schweißverbindungen.

Querschnittsform	Konstruktive Gestaltungsmöglichkeiten vor dem Schweißen	nach dem Schweißen
Blech–Blech		
Blech–Blech	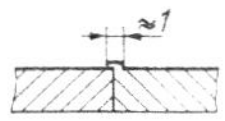	
Blech–Blech	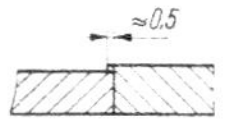	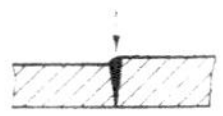
Blech–Blech	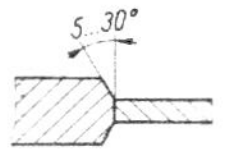	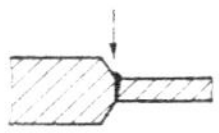
Blech–Blech	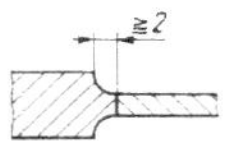	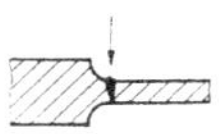
Profil–Profil	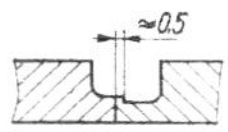	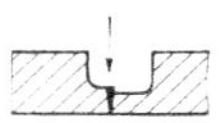
Profil–Profil	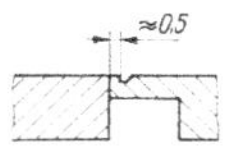	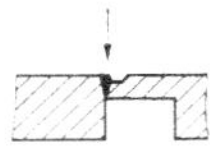
Profil–Profil	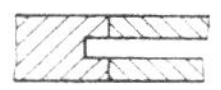	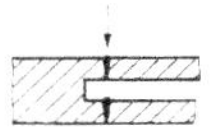
Stab–Stab	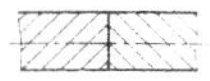	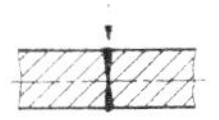
Rohr–Rohr	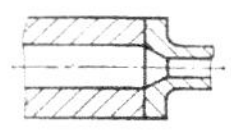	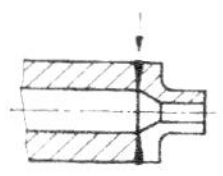
Stab–Stab	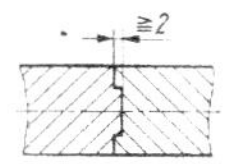	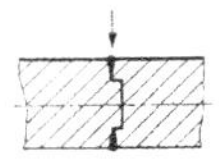
Stab–Stab	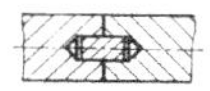	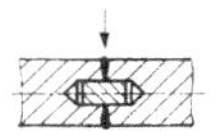
Stab–Stab	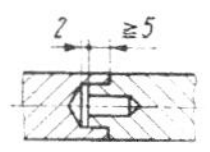	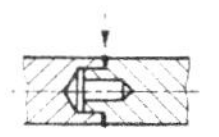
Ring–Stab	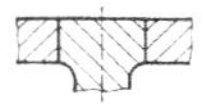	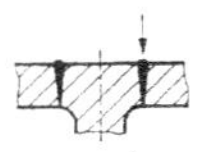
Ring–Profil	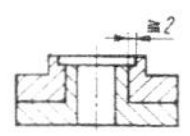	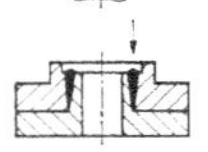
Scheibe–Profil	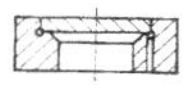	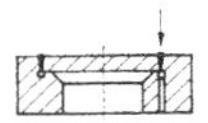

Der wirtschaftliche Einsatz des Elektronenstrahlschweißens steigt erheblich, wenn durch Spezialanlagen sowie Einsatz von Vorrichtungen und von Schweißrobotern in der Vakuumkammer mehrere Einzelteile in einem Durchgang automatisch mit Prozeßregelungen verschweißt werden können.

Gestaltung von Schweißverbindungen für das Laserstrahlschweißen

Ähnliche Gesichtspunkte gelten für das Gestalten von Laserstrahl-Schweißverbindungen. In Tabelle 2-4 sind ausgewählte Verbindungsarten zusammengestellt und deren Vor- und Nachteile erörtert.

Tabelle 2-4. Gestaltung von Laserstrahl-Schweißverbindungen.

Lfd. Nr.	Benennung	Stoß vorbereitet	Stoß geschweißt (schematisch)	Bemerkungen
1	I-Naht	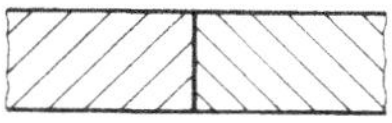		Vorteile: - geringer Bearbeitungsaufwand - günstiger Kraftfluß Nachteil: - kein Formschluß für das Positionieren der Stirnflächen.
2	I-Naht am Überlappstoß	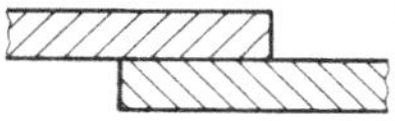	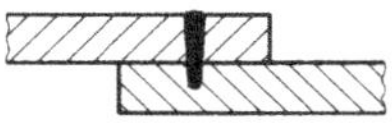	Vorteil: - geringer Bearbeitungsaufwand Nachteile: - geringe Festigkeit durch kleinen Fügequerschnitt (ggf. Nahtbreite durch Querpendeln vergrößern) - ungünstiger Kraftfluß - Kontrolle der erzielten Schmelzzonentiefe schwierig
3	I-Naht bei ungleichen Wanddicken	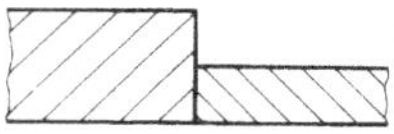	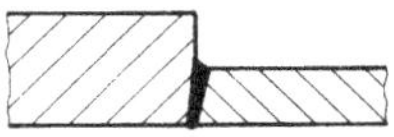	Vorteil: - geringer Bearbeitungsaufwand Nachteile: - Positionieraufwand hoch - Schrägstellung des Werkstückes - erhöhter Leistungsbedarf durch erhöhte Wärmeabfuhr in das dickere Bauteil - Nahtwurzel läuft aus dem Fugenbereich (Bindefehler) - ungünstiger Kraftfluß
4	I-Naht bei ungleichen Wanddicken	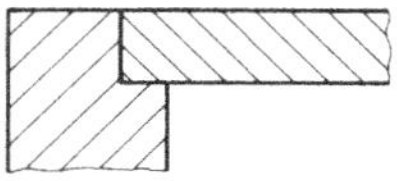	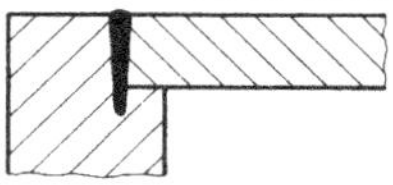	Vorteile: - Formschluß - Positionierhilfe - geringer Vorrichtungsaufwand - höhere Parametertoleranz im Vergleich zu lfd. Nr. 1 Nachteile: - Porenbildung an Nahtwurzel - Kontrolle der Schmelzzonentiefe schwierig - Gefahr von Spaltkorrosion
5	I-Naht bei ungleichen Wanddicken	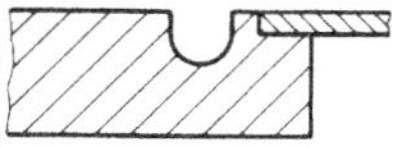	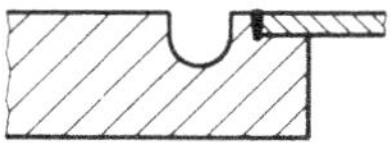	Vorteile: - angepaßter Wärmeflußquerschnitt - geringe Rißneigung Nachteile: - Porenbildung an der Nahtwurzel - Kontrolle der Schmelzzonentiefe schwierig - Gefahr von Spaltkorrosion - erhöhter Bearbeitungsaufwand
6	Folienschweißen mit Auflage	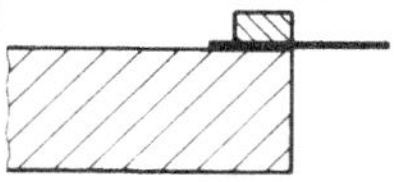	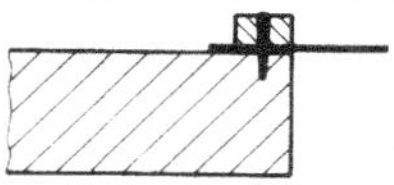	Vorteile: - hohe Parametertoleranz - extreme Wanddickenunterschiede möglich - geringer Bearbeitungsaufwand Nachteile: - Porenbildung an der Nahtwurzel - besonderer Aufwand zum Andrücken von Folie und Auflage - Gefahr von Spaltkorrosion
7	I-Naht bei ungleichen Wanddicken	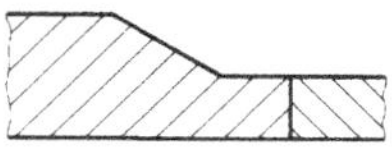	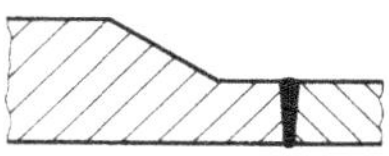	Vorteil: - günstigerer Kraftfluß als bei lfd. Nr. 3 Nachteile: - kein Formschluß für das Positionieren der Stirnflächen - erhöhter Bearbeitungsaufwand im Vergleich zu lfd. Nr. 3

Tabelle 2-4. Fortsetzung.

Lfd. Nr.	Benennung	Stoß vorbereitet	Stoß geschweißt (schematisch)	Bemerkungen
8	I-Naht mit Schweißzusatz in Form von Folie	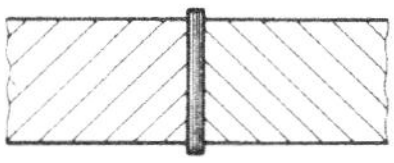	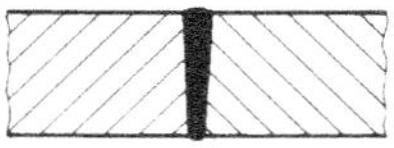	Vorteil: – Verbindung unterschiedlicher Werkstoffe (zum Beispiel unlegierter Baustahl mit nichtrostendem Stahl) Nachteile: – ggf. höhere Strahlleistung in Abhängigkeit von der Foliendicke – Positionierung schwieriger als bei lfd. Nr. 1 – erhöhter Einspannaufwand – Einhaltung und Ermittlung der Schweißparameter schwierig
9	I-Naht mit Beilage	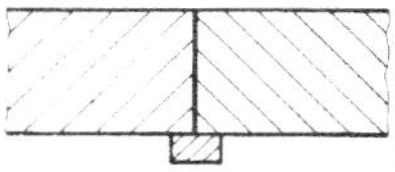	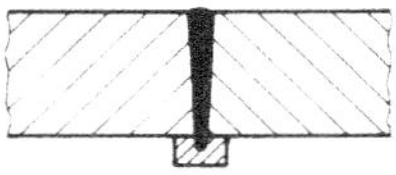	Vorteile: – geringerer Aufwand beim Ermitteln der Schweißparameter als bei lfd. Nr. 1 – geringe Gefahr von Schweißspritzern an der Nahtunterseite Nachteile: – höherer Bearbeitungsaufwand als bei lfd. Nr. 1 – erhöhter Einspannaufwand – Gefahr von Spaltkorrosion möglich, wenn die Wurzelsicherung nicht abgearbeitet wird – Nahtwurzel nicht sichtbar
10	I-Naht mit Zentrierlippe außen	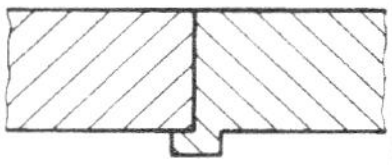	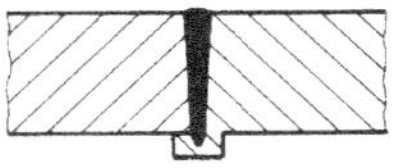	Vorteile: – geringerer Aufwand beim Ermitteln der Schweißparameter als bei lfd. Nr. 1 – Parametertoleranz größer – geringe Gefahr von Schweißspritzern an der Nahtunterseite Nachteile: – erhöhter Bearbeitungsaufwand im Vergleich zu lfd. Nr. 1 – Gefahr von Spaltkorrosion bei nicht abgearbeiteter Zentrierlippe – Nahtwurzel nicht sichtbar
11	I-Naht mit Zentrierlippe innen	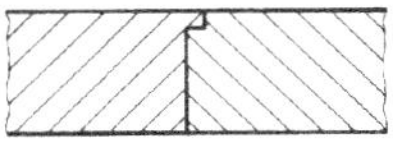	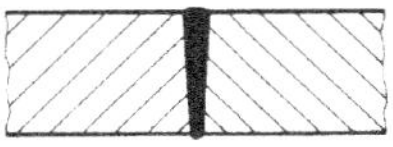	Vorteil: – formschlüssige Positionierung Nachteile: – Fugenmarkierung nötig – höhere Paßgenauigkeit im Vergleich zu lfd. Nr. 1 – erhöhter Bearbeitungsaufwand im Vergleich zu lfd. Nr. 1 – Einhalten und Ermitteln der Schweißparameter schwierig bei geforderter Nahtgeometrie
12	I-Naht am T-Stoß	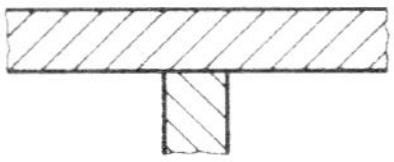	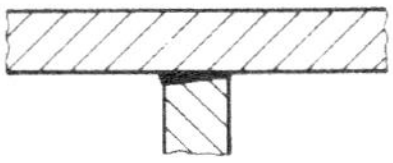	Vorteile: – geringe Winkelschrumpfung – geringer Schweißaufwand – großer Verbindungsquerschnitt Nachteile: – Gefahr von Spaltkorrosion bei nicht durchgeschweißtem bzw. erfaßtem Nahtquerschnitt – Schweißspritzer im Bereich der Nahtwurzel – Einhaltung und Ermittlung der Schweißparameter schwierig
13	I-Naht am T-Stoß	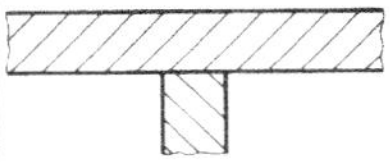	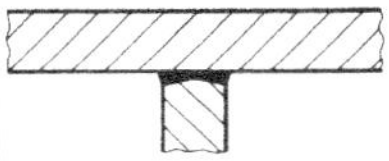	Vorteile: – keine Spritzerbildung an der Nahtunterseite – geringe Winkelschrumpfung – keine Gefahr von Spaltkorrosion – günstiger Kraftlinienfluß Nachteile: – erhöhter Schweißaufwand – Gefahr von Porenbildung in der Schweißnaht – Nahtwurzel nicht sichtbar – Zugänglichkeit von beiden Seiten erforderlich

Tabelle 2-4. Fortsetzung.

Lfd. Nr.	Benennung	Stoß vorbereitet	Stoß geschweißt (schematisch)	Bemerkungen
14	I-Naht am T-Stoß	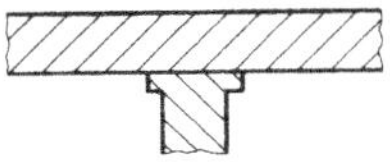	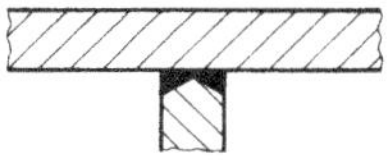	Vorteile: - geringere Gefahr von Heißrissen - günstiger Kraftfluß Nachteile: - hoher Bearbeitungsaufwand - teils undefiniertes Aufschmelzen der Kanten
15	I-Naht am T-Stoß	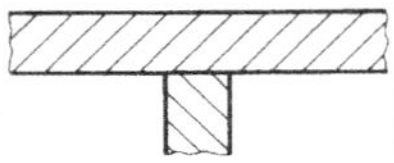	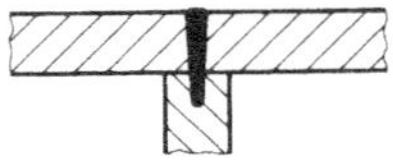	Vorteile: - geringer Bearbeitungsaufwand - größere Parametertoleranzen im Vergleich zu lfd. Nr. 14 Nachteile: - Spaltkorrosion - Porenbildung im Wurzelbereich - geringe Festigkeit durch kleinen Fügequerschnitt - ungünstiger Kraftlinienfluß
16	I-Naht am überlappten T-Stoß	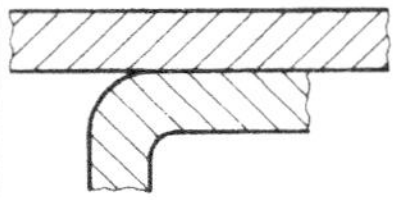	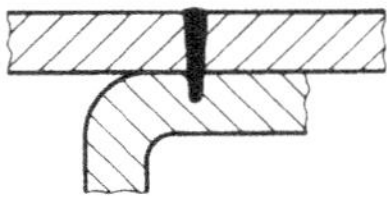	Vorteile: - geringer Bearbeitungsaufwand - größere Parametertoleranzen im Vergleich zu lfd. Nr. 14 Nachteile: - Spaltkorrosion - Porenbildung im Wurzelbereich - geringe Festigkeit durch kleinen Fügequerschnitt - ungünstiger Kraftlinienfluß
17	Stirnflächennaht			Vorteil: - geringer Bearbeitungsaufwand Nachteile: - unverschweißter Spalt kerbwirkend - keine Kontrolle der Einschweißtiefe möglich - Einhalten und Ermitteln der Schweißparameter schwierig bei geforderter Nahtgeometrie

Dazugehörige Literatur ist in [2-7] zu finden.

Gestaltung von Schweißverbindungen für das Widerstandspunktschweißen

Für die Realisierung des Überlappstoßes und des Parallelstoßes, insbesondere von Blech-Blech- und Blech-Profil-Verbindungen, ist besonders das Widerstandspunktschweißen geeignet. Es wird in sehr vielen Fällen für das Fügen von dünnen Blechdicken aller Art verwendet. Konstruktive Gestaltungsmöglichkeiten für Überlappstöße und für Parallelstöße zeigen Tabelle 2-5 und Tabelle 2-6. Hier sind auch einige Bemerkungen bezüglich der günstigen Anwendungen enthalten.

Gestaltung von Schweißverbindungen für das Widerstandsbuckelschweißen

Das Widerstandsbuckelschweißen ist ebenfalls sehr günstig zur Realisierung von Parallelstößen von Blech-Blech-, aber auch von Profil-Profil-Verbindungen geeignet. Einige Beispiele sind in Tabelle 2-7 (Teil I) enthalten. Sie zeigen in Ergänzung zu den Lösungen für das Widerstandspunktschweißen richtungsweisend typische Verbindungen für das Buckelschweißen, besonders wenn an die Fügestelle keine speziellen Forderungen bezüglich der Dichtheit bestehen.

Das Widerstandsbuckelschweißen wird aber schwerpunktmäßig für Stumpfstöße und für T-Stöße eingesetzt. Hier können die großen Vorteile der Serien- und Massenfertigung realisiert werden. Mehrere Lösungen für Verbindungsformen, aber auch speziell für die Anordnung und Gestaltung der Buckel sind in Tabelle 2-7 (Teil II und Teil III) dargestellt. Diese Beispiele zeigen die Vielfalt der Einsatzmöglichkeiten dieses Preßschweißprozesses mit seiner hohen Arbeitsproduktivität.

Tabelle 2-5. Gestaltung von Widerstandspunkt-Schweißverbindungen: Teil I: Überlappstoß.

Querschnittsform	Konstruktive Gestaltungsmöglichkeiten vor dem Schweißen	nach dem Schweißen	Bemerkung
Blech–Blech	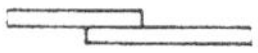		einreihige einschnittige Überlapptverbindung
Blech–Blech	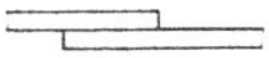		zweireihige einschnittige Überlapptverbindung gegen Kopfzugbeanspruchung
Blech–Blech	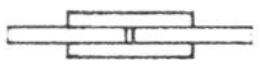		zweireihige zweischnittige Überlapptverbindung keine Kopfzugbeanspruchung
Blech–Blech	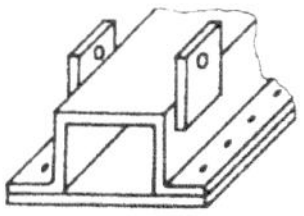	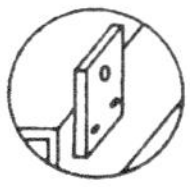	Punktschweißkonstruktion immer auf Scherbeanspruchung auslegen
Blech–Blech	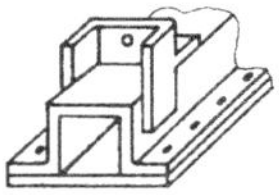	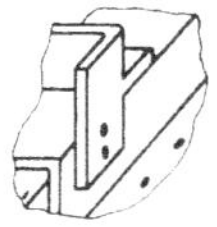	biegesteifer Anschluß mit reiner Scherbeanspruchung
Profil–Profil	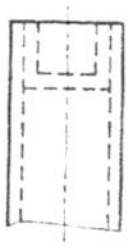	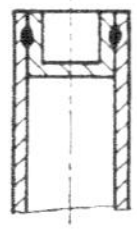	Rohrboden eingeschweißt: Mindestdurchmesser richtet sich nach der Maschine
Profil–Blech	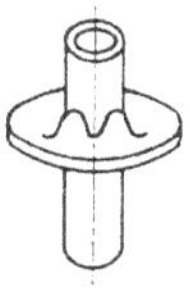	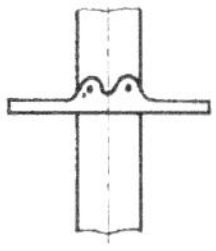	Verbindung Nabenscheibe–Welle

Tabelle 2-6. Gestaltung von Widerstandspunkt-Schweißverbindungen: Teil II: Parallelstoß.

Gestaltungs-form	Konstruktive Gestaltung vor dem Schweißen	nach dem Schweißen	Bemerkungen
Blech–Blech	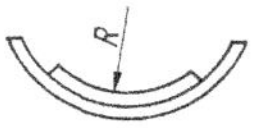		Verstärkung
Blech–Blech		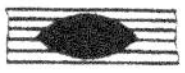	Kombination unterschiedlicher Blechdicken z. B.: 0,1; 0,1; 0,2; 0,15; 0,15
Blech–Blech			Kombination zweier Bleche unterschiedlicher Dicke $s_1 : s_2 \leqq 1:3$
Blech–Blech	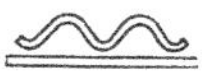		Verbindung Blech–Wellblech
Blech–Blech	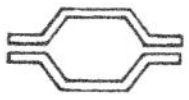		Leichtbauprofil
Blech–Blech	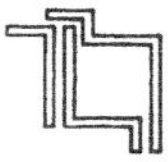	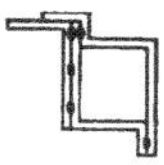	Leichtbauprofil
Blech–Blech	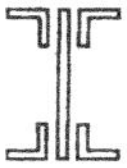	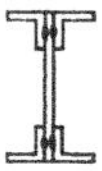	
Blech–Blech	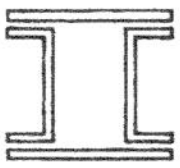	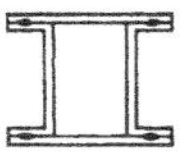	Leichtbauträger mit großem Widerstandsmoment und geringer Metermasse
Profil–Profil			
Profil–Blech	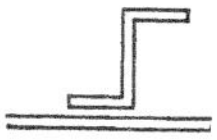	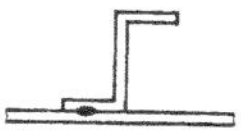	Z-Profil (normale Elektrode) besser als C-Profil
Profil–Blech	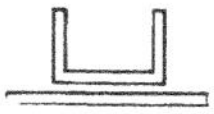	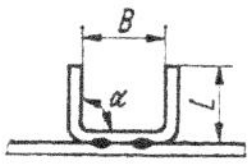	$\alpha = 90°$ $L = 50 \ldots 300$ $B = 20 \ldots 40$
Profil–Blech	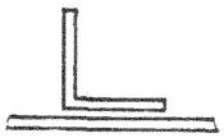	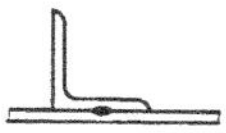	
Profil–Blech		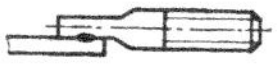	Verbindung Blech–Spannschraube bzw. Blech–Draht

Tabelle 2-7. **Gestaltung von Buckelschweißverbindungen.**

Querschnittsform	Konstruktive Gestaltungsmöglichkeiten		Bemerkung
	vor dem Schweißen	nach dem Schweißen	
Teil I Parallel-Stoß			
Blech–Blech			Verbindung Sattel–Rahmenblech s_1 s_2 Buckel im dickeren Blech einbringen
Profil–Profil	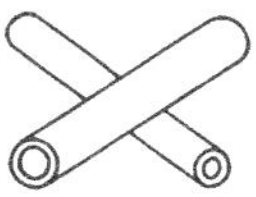	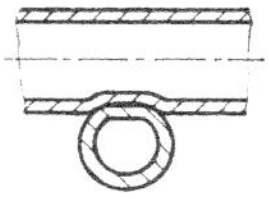	Rohrkreuzstoß mit leichter Eindrückung (10 bis 20% des Rohrdurchmessers), Rohre müssen gleiche Wanddicke haben, auch wenn Durchmesser unterschiedlich
Profil–Profil	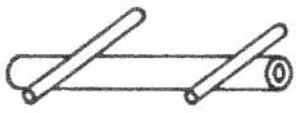	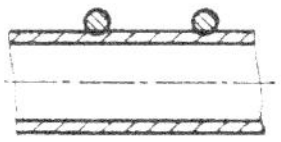	Verbindung Rundstäbe-Rohr
Profil–Profil	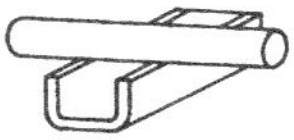	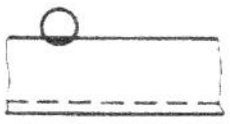	Verbindung gezogenes U-Profil–Druckbolzen
Teil II Stumpf-Stoß			
Profil–Profil		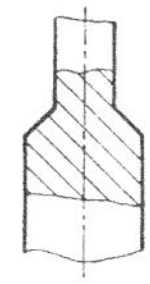	Verbindung Bolzen–Bolzen
Profil–Profil	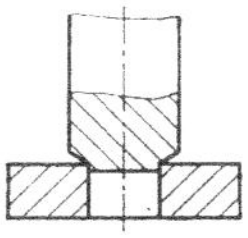	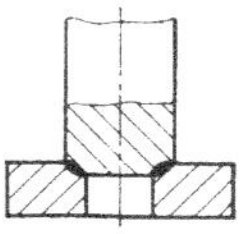	Austrittswelle bzw. Wellenflansch (angedrehter Bund an der Welle)
Profil–Profil	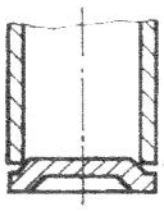	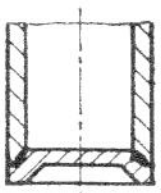	
Teil III T-Stoß			
Profil–Profil	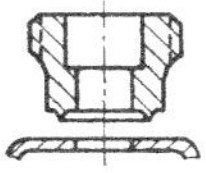	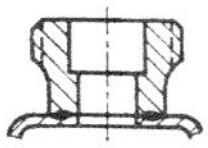	Nippel an Kühlrohr, Nippel mit Ringbuckel versehen
Profil–Profil	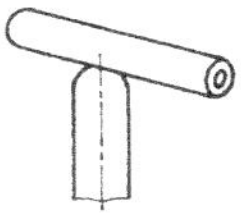	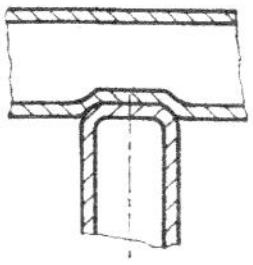	rechtwinklicher Rohr-T-Stoß; halbkugelförmiges Anstauchen des anlaufenden Rohrs in einer Matrize; D_{Rohr} und s dürfen etwas kleiner, aber nicht größer als bei dem anderen sein
Profil–Profil	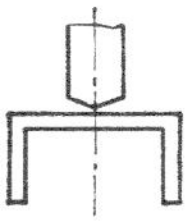	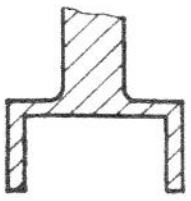	Verbindung Haltebolzen–Profil

Gestaltung von Schweißverbindungen für das Reibschweißen

Der Einsatz von Reibschweißverbindungen für hochbeanspruchte Maschinenelemente gewinnt in letzter Zeit an Bedeutung. Die Palette der zum Reibschweißen geeigneten Halbzeuge ist sehr groß. Entsprechend dem realisierten Wirkprinzip beim Reibschweißen ist jedoch zu beachten, daß der eigentliche Schweißquerschnitt (kleinste Querschnittsfläche an der Fügefläche) rotationssymmetrisch (Voll- oder Rohrquerschnitt) bzw. annähernd rotationssymmetrisch (z. B. Sechskant) ist und die Relativbewegung beim Schweißen um dessen Symmetrieachse erfolgt. Entsprechend dieser Grundbedingung können die in Bild 2-8 aufgeführten Teilegruppen reibgeschweißt werden.

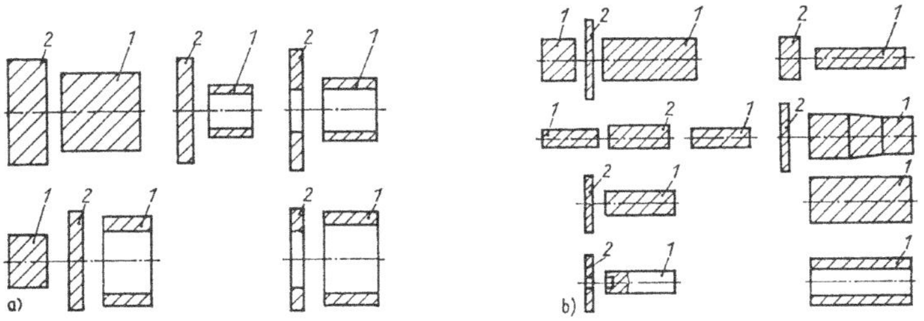

Bild 2-8. Baugruppen für das Reibschweißen;
a) flanschförmig vorbereitete Teile,
b) wellenförmige Teile.

Das Reibschweißen ist in bezug auf die Fügestellenvorbereitung im Vergleich zu anderen Fügeverfahren relativ einfach. Die Fügeflächen können durch Sägen, Drehen oder Fräsen vorbereitet werden. Die Bauelemente können auch mit geschmiedeten, gewalzten oder gescherten Flächen verschweißt werden. Die zulässigen Form- und Lageabweichungen der Planflächen sind ebenfalls festgelegt. Typisches Kennzeichen für Reibschweißverbindungen ist eine ausgeprägte Feinkornausbildung im Bereich der Verbindungszone. Vorzugsweise zur Anwendung empfohlene Fügestellenformen für das Reibschweißen sind in Tabelle 2-8 dargestellt (Literatur [2-9].)

Tabelle 2-8. Vorzugsweise zur Anwendung empfohlene Fügestellenformen für das Reibschweißen.

Querschnittsform an der Fügestelle	Fügestellenform	Reibschweißverbindung
Rundmaterial - Rundmaterial bzw. Rundmaterial - Profil	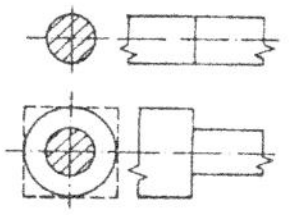	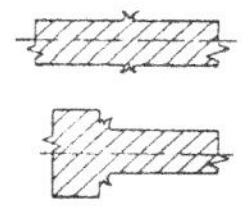
Rundmaterial - Blech	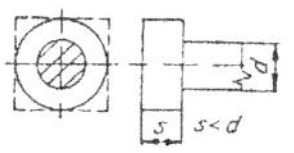	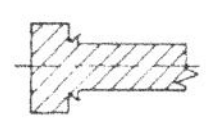
Rundmaterial - Rohr bzw. Profil - Rohr	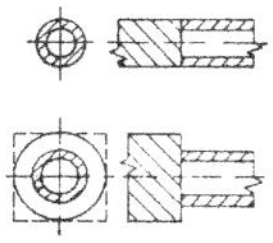	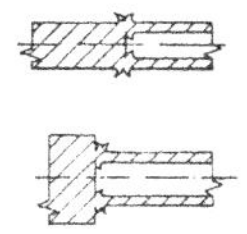
Rohr - Rohr	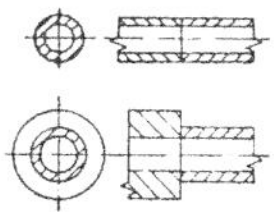	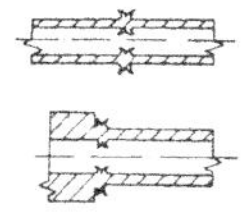
Rundmaterial - Rundmaterial als Winkelstoß	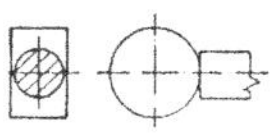	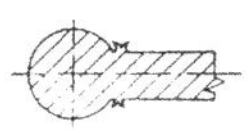

Fertigung und Gestaltung

Bei der Gestaltung und Bemessung der Konstruktionen ist in bezug auf die Größe und Masse der Baugruppe zu beachten, daß diese mit den betrieblichen Transport- und Fertigungsmitteln hergestellt werden müssen. Das Aufteilen der Konstruktionen in verschiedene Sektionen hat nach Möglichkeit so zu erfolgen, daß die zu fertigenden Teile als technologisch ähnlich in einzelne Gruppen eingeordnet werden können. Bei einer zu erwartenden großen Häufigkeit der Bauteile sind die Möglichkeiten für den Einsatz einer Reihen- oder Fließfertigung zu schaffen. Hierbei sind besonders die Voraussetzungen für den Einsatz von Hochleistungs-Schmelz- und Preßschweißprozessen herbeizuführen. Die vorhandenen Schweißanlagen und die Grenzen ihrer Anwendung müssen dem Konstrukteur bekannt sein.

Konstruktiv und technologisch ähnliche Teile sind zu Gruppen zusammenzufassen. Dabei sind vor allem die Größe des Schweißteils, die Nahtart und der Nahtverlauf zu berücksichtigen. Die Auswahl und Berücksichtigung der Baugruppen ist schon bei der Konstruktion zu beachten. Damit werden Möglichkeiten geschaffen, durch Gruppenbearbeitung wirtschaftliche Stückzahlen zu erreichen.

Zugänglichkeit zur Schweißstelle

Für jeden Schweißprozeß ist konstruktiv eine günstige Zugänglichkeit zur Schweißstelle zu schaffen. Die Gestaltung der Zugänglichkeit zur Fügestelle bei Handschweißverfahren wird an Beispielen in Tabelle 2-9 erläutert.

Für vollmechanisierte und automatisierte Schweißprozesse sind die Abmessungen der jeweiligen Schweißgeräte wie automatischer Schweißbrenner, Punktschweißzangen usw. bei der Gestaltung zu berücksichtigen.

Einsatz von Vorrichtungen

Die Auswahl und der Einsatz von Vorrichtungen in der Fertigung kann unter verschiedenen Gesichtspunkten erfolgen. Es können u. a. die Abmessungen oder die Masse des Bauteils, die Anzahl der zu fertigenden gleichen Werkstücke oder der anzuwendende Schweißprozeß die entsprechende Rolle spielen. Rückwirkend kann ebenso wie der eingesetzte Schweißprozeß auch der Einsatz von Vorrichtungen einen Einfluß auf die Gestaltung des Werkstücks nehmen.

Den Einsatz von Vorrichtungen zum Zweck der Mechanisierung kann man als Minimalforderung betrachten. Es werden Spann-, Kipp-, Wende- oder Drehvorrichtungen ausgewählt. Die auf diesen Vorrichtungen angewendeten Schweißprozesse sind vorwiegend Hand- und mechanisierte Schweißprozesse. In Bild 2-9 sind einige Beispiele von Schweißvorrichtungen dargestellt, die der Konstrukteur beachten sollte.

Aber auch vollmechanisierte Schweißprozesse sind einsetzbar. Bei der Gestaltung der Konstruktion ist auf eine gute Zugänglichkeit des Schweißkopfes bzw. der WP-Elektrode zur Verbindungsstelle zu achten. Mit Hilfe der Vorrichtungen werden Erleichterung beim Zusammenbau und Heften, Leistungssteigerung durch das Schaffen günstigerer Schweißbedingungen und Verringerung des Verwerfens bei fester Einspannung erreicht.

Die Vorteile der Hochleistungsschweißprozesse kommen erst durch den Einsatz besonders geeigneter Vorrichtungen (Bauteilträger und Geräteträger) voll zur Geltung. Um die Schweißanlagen in einer automatisierten Fertigung entsprechend auszulasten, wird vor allem eine genügende Anzahl von gleichen oder ähnlichen Teilen bereitzustellen sein. Die einzusetzenden Vorrichtungen gleichen im Prinzip denen der mechanisierten Fertigung. Die Werkstücke besitzen lange Schweißnähte, die bei entsprechender Zugänglichkeit der Schweißköpfe zu fertigen sind.

Tabelle 2-9. Gestaltung der Zugänglichkeit zur Fügestelle für das Handschweißen.

Gestaltungsmerkmal — Ausführung

Zugänglichkeit beim Schweißen von Rippen und Stegen

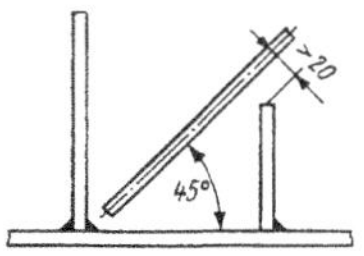

Gestaltung von Durchbrüchen

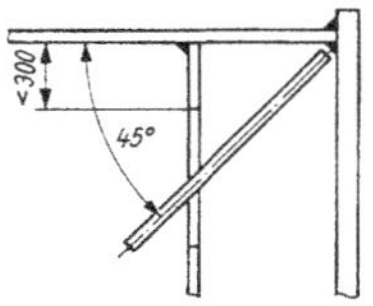

Zugänglichkeit bei Hohlkörpern, Festlegung der Abmaße

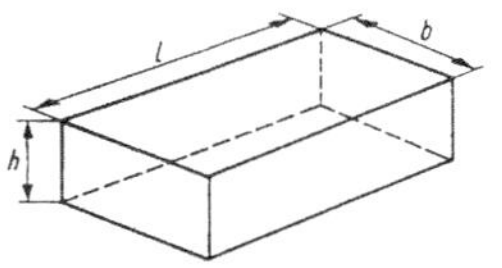

$h \times b$ mm	300× 400	400× 300	400× 600	600× 400	500×
l mm	500	800	900		1200

Ausklinkungen, Ausmaß abhängig von der Blechdicke

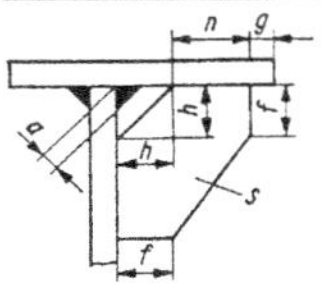

t mm	h mm	f mm	g mm	n mm
4 ... 8	> 20	10	> 5	> 40
8 ... 12	> 25	10	> 10	> 50
12 ... 16	> 30	15	> 10	> 55
16 ... 26	> 40	20	> 15	> 60
26 ... 40	> 50	25	> 20	> 80
40 ... 90	> 60	30	> 25	> 100

Abstände von kaltverformten Ecken

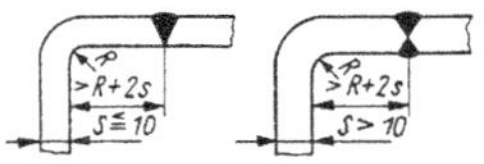

Ausklinkungen

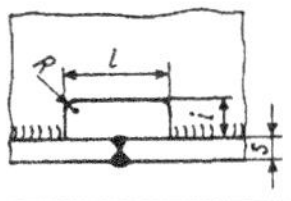

t mm	l mm	i mm	R mm
10	40	20	20
10. . .25	50	25	20
25	60	30	20

Überstände bei Kehlnähten

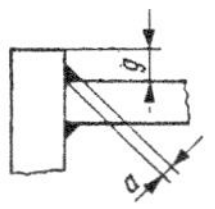

a mm	3	4	5	6	8	10	12	14	16	18	20
g mm	6	10	10	12	15	18	20	25	25	30	30

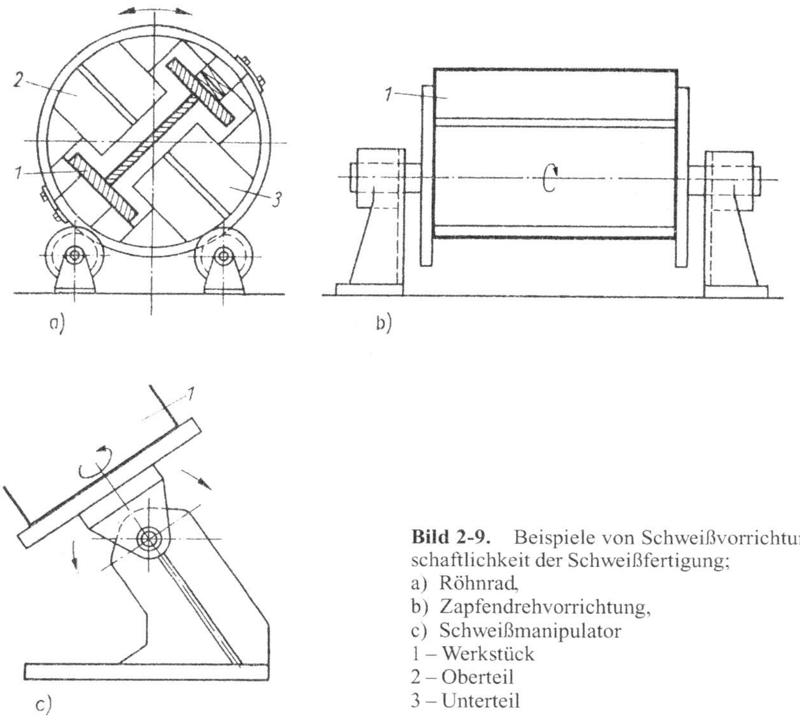

Bild 2-9. Beispiele von Schweißvorrichtungen zur Erhöhung der Wirtschaftlichkeit der Schweißfertigung;
a) Röhnrad,
b) Zapfendrehvorrichtung,
c) Schweißmanipulator
1 – Werkstück
2 – Oberteil
3 – Unterteil

Einfluß von Fertigungsart und von Fertigungsprinzip auf die Gestaltung

Unterschieden wird bei der Organisation des Fertigungsprozesses in Fertigungsart und Fertigungsprinzip.

Die Fertigungsart wird allein durch die Anzahl der zu fertigenden Erzeugnisse je Jahr bestimmt und unterteilt sich in

- Einzelfertigung,
- Serienfertigung (Klein- und Mittelserien),
- Massenfertigung.

Die Fertigungsprinzipien unterteilen sich in

- Werkstattprinzip und
- Erzeugnisprinzip.

Bild 2-10 gibt einen Überblick über die Gliederung der Fertigungsprinzipien.

Das Werkstattprinzip ist eine verfahrensspezialisierte Fertigung und erfolgt in Form der Werkstattfertigung (auch Nestfertigung).

Das Erzeugnisprinzip stellt eine erzeugnisspezialisierte Fertigung dar, deren höchste und anspruchvollste Organisationsform die Fließfertigung ist.

Vorteile der Fließfertigung sind:

- örtlich fortschreitende, zeitlich bestimmte, lückenlose Folge von Arbeitsgängen,
- höchste Organisationsform,

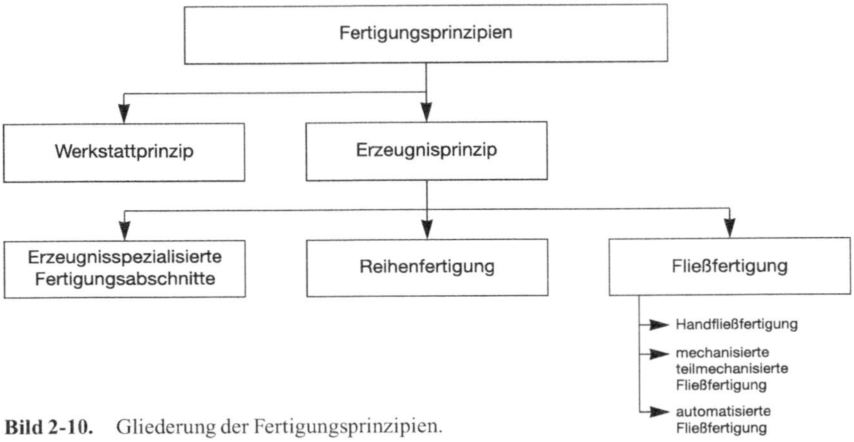

Bild 2-10. Gliederung der Fertigungsprinzipien.

– Senkung der Selbstkosten,
– Steigerung der Arbeitsproduktivität.

Es werden die Grundformen der Organisation des Fertigungsprozesses nach Prinzipien der zeitlichen und räumlichen Struktur kombiniert und die Form mit dem höchsten Nutzen ausgewählt. Bei der Auswahl der Grundform des Fertigungsprinzips sollte von der höchsten Form der Organisation, der Fließmontage, ausgegangen werden. Wird ihre Anwendung verneint, dann erfolgt die Überprüfung der nächst niedrigeren Organisationsform. Die Fertigungsart wird auch untergliedert in Werkstattfertigung, Nestfertigung und Reihenfertigung.

Die Schweißfertigung als ein Teil des technologischen Gesamtprozesses ist vorwiegend in der Endphase, das heißt in der Montage und Endmontage, als Fügeverfahren vertreten. Aber auch in der Vorphase (der Rohteilfertigung) sowie in der Hauptphase (mechanische Fertigung) wird die Schweißtechnik eingesetzt, beispielsweise als thermisches Trennen oder zur materialsparenden Herstellung von Rohlingen für nachfolgende Bearbeitung.

In Bild 2-11 ist schematisch die Eingliederung der Schweißfertigung, einschließlich des thermischen Trennens, in den Fertigungsprozeß dargestellt. Der aufgezeigte Einsatz der jeweiligen Schweißverfahren für die Herstellung einer geschweißten Konstruktion kennzeichnet die Schweißfertigung. Das Herstellen einer Schweißverbindung ist mit einer Reihe von Maßnahmen verbunden, die in Bild 2-12 schematisch aufgeführt sind.

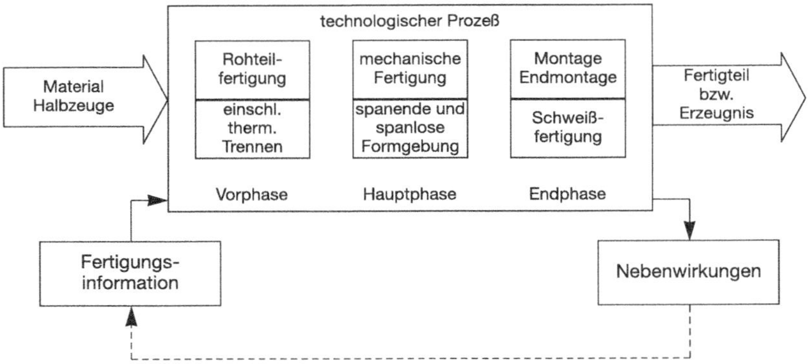

Bild 2-11. Schweißfertigung im Produktionsprozeß.

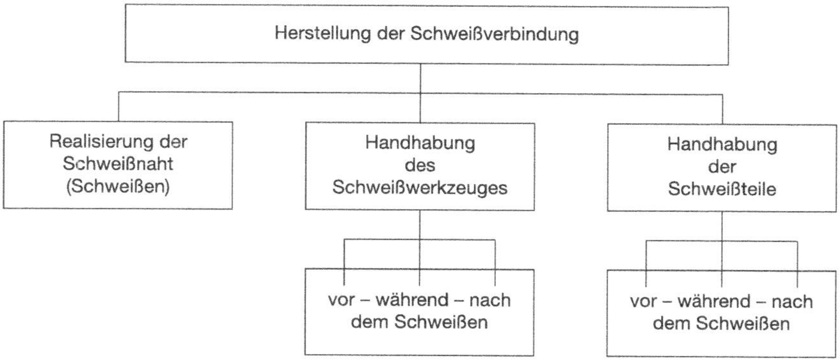

Bild 2-12. Maßnahmen zur Herstellung einer Schweißverbindung.

Diese Maßnahmen des Herstellens einer Schweißverbindung, d. h. der Handhabung der Teile und des Schweißens, mit einem ausgewählten Schweißverfahren sind Anteil der Fertigung einer Schweißkonstruktion. Die schweißtechnische Fertigung ist bekanntlich ein Teil und wird an die Gesamtfertigung angepaßt. Die Fertigungsart und die Fertigungsprinzipien bestimmen maßgeblich die Gestaltung der Schweißkonstruktion.

Die Einteilung der Lichtbogenverfahren nach der Art der Fertigung ist in Bild 2-13 dargestellt.

Der Konstrukteur muß die Einrichtungen für die Herstellung der Schweißverbindungen kennen, um diese bei der Gestaltung der geschweißten Baugruppen zu berücksichtigen.

Bei einem kontinuierlichen Produktionsablauf, d. h. bei einer Reihen- und einer Fließfertigung sind die herzustellenden Konstruktionen mit Verbindungsstellen zu versehen, die sich mit automatischen Schweißverfahren fortlaufend schweißen lassen.

Vielfach ist eine modifizierte Konstruktion der Bauteile vorteilhaft.

Beim Einsatz automatischer Schweißverfahren bzw. bei einer fließenden Fertigung sind engere Toleranzen für die Einzelteile erforderlich. Das Ausbilden von Paßstellen ist möglichst zu vermeiden. Das Schweißen in Paßflächen ist ebenfalls zu vermeiden, um zusätzlichen Fertigungsaufwand auszuschließen. An einem Beispiel wird diese Problematik kurz erläutert.

Der Zusammenbau und die Herstellung der relativ langen Halskehlnähte erfolgt jetzt im Stahlbau vorwiegend vollmechanisiert in Träger-Zusammenbau-Schweißanlagen.

In Abhängigkeit von den Abmessungen und der herzustellenden Stückzahl je Zeitabschnitt der in der Form ähnlichen Träger werden die Trägerschweißanlagen gestaltet. Die Halsnähte der Träger können in verschiedenen Positionen geschweißt werden, Bild 2-14.

Der Einsatz von Schweißrobotern in der flexiblen Automatisierung verschärft die oben genannten Regeln des Gestaltens der Bauteile.

Gestaltung von Schweißkonstruktionen für die vollmechanisierte Fertigung

Beim Schweißen mit dem Roboter besteht ein wesentlicher Zusammenhang zwischen Robotertyp, Schweißverfahren, Schweißbaugruppe und Peripherie. Im derzeitigen Robotereinsatz stehen für den Fertigungsplaner und für den Konstrukteur bei der Lösung seiner Aufgaben folgende Probleme im Vordergrund:

– Bei der Änderung der Konstruktion von bisher manuell bzw. teilmechanisiert gefertigten Baugruppen auf eine zukünftige Roboterfertigung wird man zunächst auf die alten Bauteilformen und

Fertigungsart		Bewegungsvorgänge		Korrektur und Kontrolle Schweißvorgang
Schweißprozeß	Beispiel	Schweißwerkzeug-bewegung	Zusatzwerkstoff-zuführung	
1) Handschweißen (manuelles Schweißen) (E) m	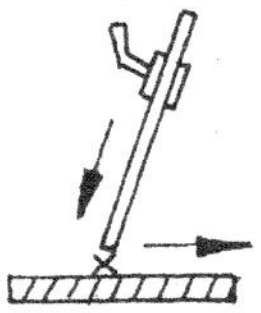	von Hand	von Hand	von Hand
2) Teil-mechanisches Schweißen (E, PL, MAG, MIG) t		von Hand	mechanisch	von Hand
3) Vollmechanisches Schweißen (PL, MAG, MIG, UP, EG) v	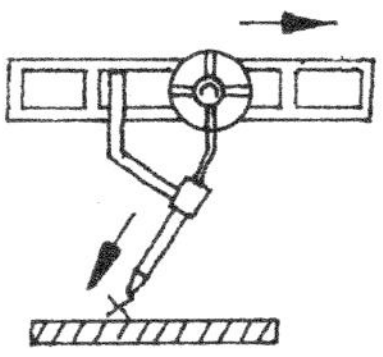	mechanisch	mechanisch	von Hand
4) Automatisches Schweißen (MIG, MAG, UP, MBL) a	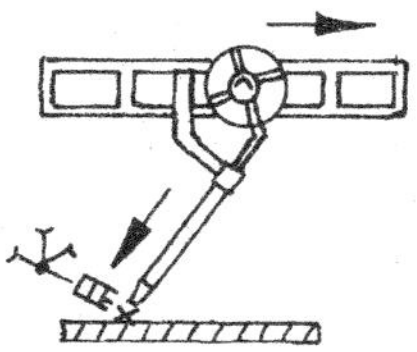	mechanisch	mechanisch	mechanisch

Bild 2-13. Beispiele für die Einteilung der Lichtbogenschweißverfahren nach Art der Fertigung.

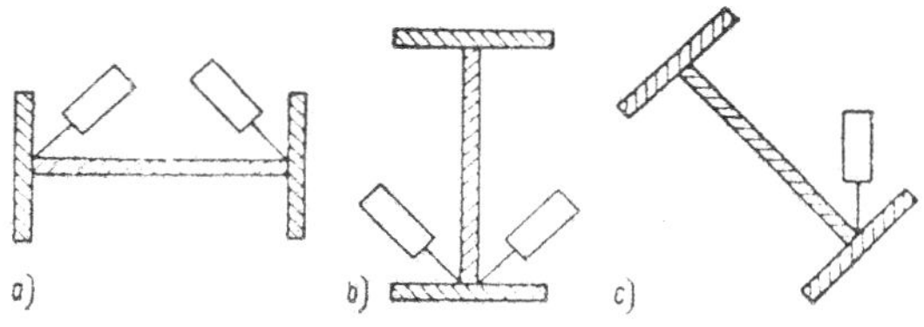

Bild 2-14. Mögliche Positionen beim Schweißen der Halsnähte von Trägern.

-größen Rücksicht nehmen müssen. Man wird schrittweise versuchen, bereits gefertigte Teile für diesen Robotereinsatz auszuwählen und dem meist vorhandenen Roboter anzupassen.
– Bei einer Neukonstruktion, das heißt bei einer Gestaltung von geschweißten Baugruppen für ein neues Erzeugnis, das durch Roboter gefertigt werden soll, evtl. sogar in einem integrierten, flexiblen automatischen Fertigungssystem, ist von vornherein die Wahl des günstigsten Roboters für die jeweilige Baugruppe ausschlaggebend. Diese sollte von der Konstruktion und Fertigung gemeinsam vorgenommen werden.

Die Wahl des Robotertyps ist auch abhängig von dem eingesetzten Schweißverfahren. In Tabelle 2-10 sind einige Lösungen für Arbeitsräume und Bewegungskoordinaten bei Industrierobotern dargestellt. Bekanntlich ist in seiner Grundgestalt der Roboter ein kinematisches Gestell mit einer Aneinanderreihung von Schub- und Drehgelenken („S" bzw. „D": Bezeichnungen nach Spur). Alle Bauformen der Roboter lassen sich auf nur wenige Grundtypen zurückführen.

Tabelle 2-10. Arbeitsräume und Bewegungskoordinaten von Industrie-Robotern (nach Spur).

Arbeitsraum	Koordinaten	Getriebe-struktur
quaderförmig 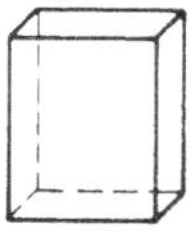	kartesische Koordinaten	SSS
zylindrisch 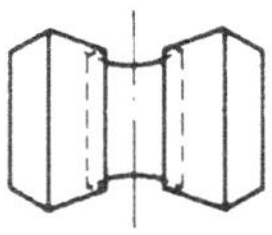	Zylinder-Koordinaten	DSS
sphärisch 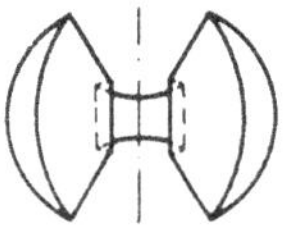	Kugel-Koordinaten	DDS
torusähnlich 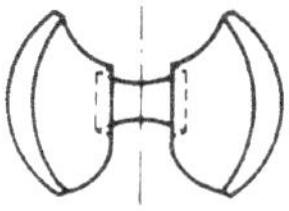	Gelenk-Koordinaten	DDD

Den Konstrukteur, aber auch den Fertigungsplaner, interessiert in erster Linie der mögliche Arbeitsraum, auch der Kollisionsraum. Dieser Arbeitsraum und die Ortsbeweglichkeit mit allen dazugehörigen konkreten Abmessungen sind von der Konstruktion und Fertigung in Einklang zu bringen mit den zu lösenden Aufgaben der Gestaltung der Schweißbaugruppe. Zwei Systeme sind in den letzten Jahren besonders weiterentwickelt worden:

- Roboter mit Gelenkkoordinaten, Bild 2-15,
- Roboter mit kartesischen Koordinaten, Bild 2-16.

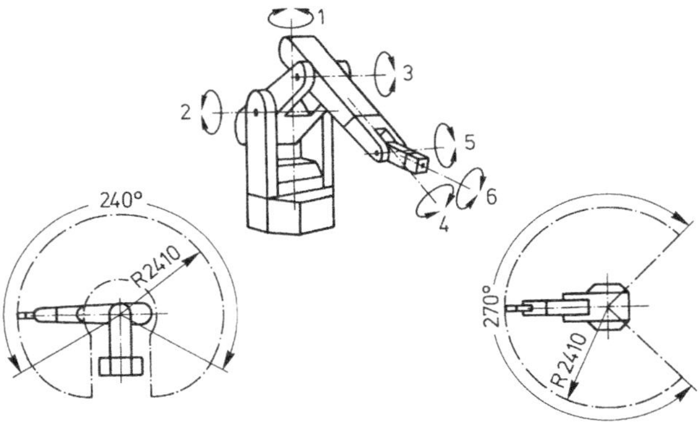

Bild 2-15. Arbeitsbereich eines Schweiß-Gelenk-Roboters.

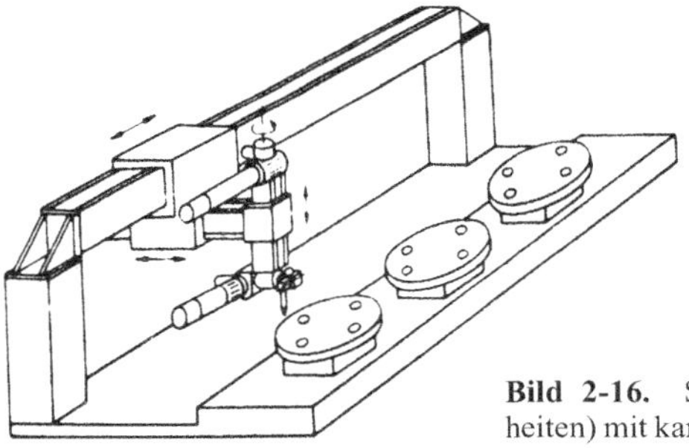

Bild 2-16. Schweißroboter mit Baueinheit (Translation- und Rotationseinheiten) mit kartesischen Koordinaten.

Es zeichnen sich Vor- und Nachteile beim MAG- und WP-Schweißen mit diesen beiden Systemen ab. Besonders in Abhängigkeit von fertigungstechnischen und wirtschaftlichen Faktoren ist die Wahl einer günstigen Peripherie für die Schweißroboter auch ein ausschlaggebender Faktor für das konstruktive Gestalten der Schweißbauteile. Zur Peripherie gehören in diesem Zusammenhang Einrichtungen, die die Bewegungen der Baugruppe (der zu schweißenden Teile), eventuell auch des Schweißroboters (Ortsbeweglichkeit) und das Schweißen selbst günstiger gestalten. Hierzu zählt eine Vielzahl von Vorrichtungen, und zwar Spann- und Fixiervorrichtungen, Dreh- und Wendevorrichtungen, Manipulatoren usw. Deren Bedienung kann von Hand durchgeführt werden, was große arbeitsergonomische Probleme aufwirft, oder – wie in letzter Zeit schon oft realisiert – in die Steuerung des Roboters selbst miteinbezogen werden.

Die Möglichkeiten der Nutzung der Peripherie für einen effektiven Robotereinsatz bei konkreten Schweißbauteilen müssen bereits in der Konstruktion durch Beratungen der Fertigungsplanung bei der Gestaltung des Bauteiles erfolgen. Es gibt eine Vielfalt der Peripherie, die wirtschaftlich genutzt werden muß.

2.1.3 Beanspruchungsgerechte Gestaltung

Einfluß des Tragfähigkeitsverhaltens auf die Gestaltung

In Abschnitt 1.5 sind die wichtigsten Beanspruchungsarten, die bei geschweißten Bauelementen vorkommen, zusammengestellt. Ein Teil der geschweißten Bauelemente wird vorwiegend statisch beansprucht, während man aber bei vielen Bauteilen auch mit dynamischer Beanspruchung im Schwell- und Wechselbereich sowie mit Schlagbeanspruchung rechnen muß. Ausschlaggebend für die Bemessung und Gestaltung geschweißter Bauteile ist in erster Linie die Beanspruchungsart.

Bei statischer Belastung werden Konstruktionen mit wirtschaftlich herzustellenden Schweißnahtanschlüssen ausgewählt. Für dynamisch beanspruchte Konstruktionen sind besondere Maßnahmen bei der Gestaltung und Fertigung zu beachten, damit die gewünschten Ermüdungsfestigkeitswerte erreicht werden.

Im nachstehenden werden, an Beispielen von Schmelzschweißverbindungen, diese Grundsätze der beanspruchungsgerechten Gestaltung zusammenfassend und gekürzt wiederholt. Sie wurden vereinfacht in Bild 2-7 gegenübergestellt (über die Tragfähigkeit von Schweißverbindungen siehe Abschnitt 2.3).

Gestaltungsgrundsätze für statische Beanspruchung

Für eine Schweißkonstruktion ist die zweckmäßige Auswahl von Nahtart und Nahtform Voraussetzung für eine wirtschaftliche Fertigung. Eine Stumpfnaht hat einen günstigeren Kraftlinienverlauf als eine Kehlnaht. Die Kehlnaht ohne besondere Nahtvorbereitung ist aber wirtschaftlicher herzustellen.

Bei statischer Beanspruchung ist die Kehlnaht bei entsprechender Ausführung der Stumpfnaht gleichwertig und aus wirtschaftlichen Erwägungen zu bevorzugen.

Flankenkehlnähte mit Schubbeanspruchung sind gleichschenklig auszuführen. Bei statischer Belastung ist es möglich, unterbrochene Kehlnähte herzustellen. Um den schädlichen Korrosionseinfluß auszuschalten, kann eine Ausschnittsschweißung gewählt werden (9a in Bild 2-7).

Der Einsatz von Stirnkehlnähten ist ohne Festigkeitsverlust möglich. Eine ungleichschenklige Ausführung bringt bei großer Beanspruchung den Vorteil eines besseren Kraftflusses in der Konstruktion (3a in Bild 2-7), z. B. bei Lamellen von Vollwandträgern.

Bei statisch belasteten Konstruktionen ist auf eine wirtschaftliche Fertigung besonderer Wert zu legen. Ecken aller Art, Querschnittsveränderungen und Überlappungen können ausgeführt werden (1a, 2a, 4a, 6a, 7a, 8a und 10a in Bild 2-7). Ausgesprochene Nahtanhäufungen und mehrachsige Spannungszustände sind aber auszuschließen. Bei geringer Beanspruchung ist bei Montagestößen ein gerader, durchgehender Stumpfstoß an Tragkonstruktionen möglich. Liegt hohe Beanspruchung vor, wird ein versetzter Stumpfstoß bei geschweißten vollwandigen Biegeträgern nicht zu umgehen sein. Durch anzubringende Aussparungen wird eine Nahtanhäufung ausgeschlossen, was besonders bei dickeren Querschnitten und bei Drähten mit geringerer Schweißeignung wegen der Sprödbruchgefahr als zweckmäßig erscheint (9a in Bild 2-7).

Um Nahtkreuzungen zu vermeiden, werden Aussteifungsbleche an Biegeträgern mit schrägen Ausklinkungen versehen. Die Hauptnaht kann ungestört durchlaufen (5a in Bild 2-7).

An Stumpfnahtkreuzungen sind die Quernähte versetzt anzuordnen. Die durchgehende Naht ist nach Möglichkeit in Beanspruchungsrichtung zu legen und zuletzt zu schweißen.

Das Anordnen von tragenden Nähten sollte stets so erfolgen, daß keine Seigerungszonen angeschnitten werden. Dadurch wird der Einsatz von unberuhigt vergossenen Stählen ermöglicht.

Eine kraftschlüssige Formgebung, wie sie bei dynamisch belasteten Konstruktionen gefordert wird, ist für die statische Belastung nicht von entscheidender Bedeutung.

Verbindung ungleicher Querschnitte, Unstetigkeitsstellen im Steifigkeitsverlauf und relativ scharfe Kraftlinienumlenkung können ausgebildet werden, wenn dabei Vorteile für die Fertigung in den Vordergrund rücken und genügende Tragsicherheit der Konstruktion gewährleistet ist.

Gestaltungsgrundsätze für dynamische Beanspruchung

Bei dynamischer Beanspruchung sind die Stumpfnähte wegen des günstigen Kraftflusses den Kehlnähten überlegen. Wegen der besseren Ermüdungsfestigkeitswerte wird der Einsatz von Stumpfnähten erforderlich sein.

Man wird selbstverständlich Kehlnähte, die in der Herstellung wesentlich wirtschaftlicher sind, überall dort anwenden, wo es die Tragfähigkeit zuläßt. Es ist eine der Hauptaufgaben des Konstrukteurs, darauf zu achten.

An dynamisch belasteten, geschweißten vollwandigen Biegeträgern ist die Anordnung von Kehlnähten als Halsnähte vertretbar, wenn vorwiegend Schubspannungen in den Kehlnähten wirken. Rufen aber Normalkräfte (beispielsweise rollende Lasten auf den Gurten) zusätzliche Normalspannungen in den Halsnähten hervor, so sind DHV-Nähte oder andere durchgeschweißte Nähte bei der Auswahl von Sonderprofilen einzusetzen.

Bei dynamischer Belastung müssen die Kehlnähte in sich geschlossen verlaufen. Unterbrochene Flankenkehlnähte verringern stark die vorhandenen Ermüdungsfestigkeitswerte und sind durch dünne, aber durchlaufende Kehlnähte zu ersetzen (9b in Bild 2-7).

Für die Ermüdungsfestigkeit von Biegeträgern ist nicht entscheidend, ob die Halsnähte als Einfach- oder Doppelkehlnähte ausgeführt werden; ausschlaggebend ist die einwandfreie Herstellung dieser Nähte.

Aufgeschweißte Laschen sind wegen der schädlichen Kerbwirkungen ihrer Anschlußnähte zu vermeiden. Werden Laschen angeordnet, z. B. als Lamellen bei geschweißten vollwandigen Biegeträgern und als Augenverstärkungen aller Art, so sind diese Laschen in Kraftrichtung abzuschrägen, die Stirnkehlnähte dem Kraftverlauf anzupassen und die Übergänge zu bearbeiten (3b in Bild 2-7). Kehlnähte sind nur so dick auszuführen, wie es die Berechnung erfordert.

Damit sich die Lastspannungen nicht mit den Schweißeigenspannungen überlagern, sind die Schweißnähte nicht in die Bereiche der höchsten Beanspruchung zu legen (6b in Bild 2-7).

Der Einbau von Stahlguß-, Profil- oder Schmiedestücken in die Schweißkonstruktion ist abzuwägen. Dadurch können Schweißnähte in engen Bereichen vermieden und kraftflüssigere Formen erreicht werden.

Um eine Schweißnahtanhäufung an einem Stumpfstoß mehrerer Bleche auszuschließen, sind die Nähte versetzt anzuordnen (9b in Bild 2-7).

Stumpfstöße verschieden dicker Bleche sind, abhängig vom Wanddickenunterschied und von der Belastung, mit allmählichen Übergängen anzubilden (1b in Bild 2-7).

Quernähte sind besonders kritisch und sollten im Zugspannungsbereich vermieden werden (5b in Bild 2-7). Kann auf das Schweißen im Zugbereich nicht verzichtet werden, so sind die Kehlnähte in sich geschlossen auszuführen. Dabei müssen die Ausklinkungen der Aussteifungsrippen nahezu senkrecht auf die gestützten Bleche auftreffen und einen Abstand von etwa 30 mm aufweisen, damit ein sicheres Umschweißen gewährleistet wird. Eine geringe Verbesserung der Ermüdungsfestigkeit ist bei einer evtl. nachträglichen Bearbeitung der Nahtübergänge zu erreichen.

Aussparungen bei Schweißnahtkreuzungen, wie sie bei statischer Belastung ausgeführt werden, sind für dynamisch belastete Konstruktionen unzweckmäßig (9b in Bild 2-7).

Um die Stumpfnaht des Gurtes eines geschweißten, vollwandigen Biegeträgers bei einem Montagestoß einwandfrei schweißen zu können, ist im Bereich des Gurtplattenstoßes für das Stegblech eine HV- oder DHV-Naht vorzubereiten, die nach dem Ausführen der Stumpfnähte zu schweißen ist (9b in Bild 2-7).

Um eine kerbenfreie Konstruktion und eine kraftschlüssige Formgebung zu erreichen, sind möglichst gleiche Querschnitte zu verbinden, allmähliche Übergänge zu schaffen, abgeschrägte Überleitungen zu gestalten und vorhandene Ecken auszurunden.

Die Konstruktion ist dem Kräfteverlauf annähernd anzugleichen (2b, 3b, 4b, 6b, 7b, 8b und 10b in Bild 2-7).

Bei dynamisch belasteten Konstruktionen, die größere Verformungen während des Betriebs gewährleisten müssen, ist auf allmählichen Übergang des Trägheitsmoments und auf eine gleichmäßige Steifigkeitsveränderung besonderer Wert zu legen. Unstetigkeitsstellen bewirken örtliche Spannungsspitzen und führen zu einer geringen Werkstoffausnutzung (7b, 8b und 10b in Bild 2-7).

Ausgehalste Verbindungen mit Stumpfnähten sind bei dynamischer Belastung gerechtfertigt, auch wenn sie eine teurere Fertigung verursachen.

An dynamisch belasteten Bauteilen sind An- und Auslaufbleche anzubringen, um die Ungleichmäßigkeiten und Fehlermöglichkeiten von Nahtansatz und Endkrater aus dem berechneten Querschnitt zu ziehen und Ansatzstellen für Ermüdungsbrüche zu vermeiden.

Diese für die dynamische Beanspruchung günstigen Konstruktionsformen erfordern eine aufwendige Herstellung. Sie führen zu höheren Herstellungskosten. Durch die höhere Tragfähigkeit, d. h. durch höhere Dauergestaltfestigkeitswerte (ertragbare Spannungen), führen diese Konstruktionsformen jedoch zu einem geringeren Werkstoffverbrauch und somit zu erheblichen Kosteneinsparungen.

Schlagbeanspruchung

Als dynamische Beanspruchung wird auch die Schlagbeanspruchung bezeichnet. Bei dieser Beanspruchungsart werden Belastungen mit sehr hoher Geschwindigkeit, d. h. Schläge, aufgebracht. Diese Schlagbeanspruchung ist ein wesentliches Kriterium der Sprödbruchanfälligkeit geschweißter Konstruktionen. Das wirkt sich besonders bei mehrachsigen Spannungszuständen aus, die aus äußerer Belastung und aus Eigenspannungszuständen resultieren können. Beim Einsatz von Stählen mit geringerer Schweißeignung und bei tiefen Temperaturen erhöht sich die Sprödbruchanfälligkeit wesentlich. Bei der Gestaltung geschweißter Konstruktionen wird man diese Gefahrenmomente beachten müssen. Es ist erforderlich, die Lage und Größe der Eigenspannungen einer Konstruktion zu ermitteln und unter Berücksichtigung der äußeren Belastung, d. h. der Lastspannungen, die Form festzulegen.

Einfluß des Steifigkeits-, Schwingungs- und Dämpfungsverhaltens auf die Gestaltung

Ein großer Teil von Konstruktionen wird nicht nach den Kriterien des Tragfähigkeitsverhaltens, sondern nach dem Steifigkeits-, Schwingungs- und Dämpfungsverhalten bemessen. Hierfür sind maßgebend die statische und dynamische Steifigkeit sowie die Eigenfrequenz der Konstruktionen.

Bei der konstruktiven Entwicklung dieser Konstruktionen, besonders der Werkzeug- und Verarbeitungsmaschinen, besteht der Trend einerseits der Leistungserhöhung und andererseits der Masseverminderung. Der „geschweißte Leichtbau“ gerade bei Gestellbaueinheiten aller Art führt zu spezifischen Schweißkonstruktionen, die bei der Gestaltung den Kriterien des Steifigkeits-, Schwingungs- und Dämpfungsverhaltens entsprechen.

In der Literatur sind die Gestaltungsmerkmale nach den oben genannten Merkmalen sehr ausführlich behandelt. Es werden dort umfassend die Einflüsse der Geometrie, der Abmessungen und der

Werkstoffe erörtert. Diese Ausführungen muß der Entwerfende kennen, wenn für die Formgebung und Dimensionierung die oben genannten Kriterien maßgebend sind [2-3]. In Abschnitt 2.1.6.3 werden speziell für Schweißkonstruktionen im Werkzeug- und Verarbeitungsmaschinenbau anhand von ausgewählten Beispielen richtungsweisende Empfehlungen herausgestellt.

2.1.4 Gestaltung und Stahlart

Wahl der Stahlsorte für Schweißkonstruktionen

Die Wahl der Stähle für geschweißte Konstruktionen erfolgt in der Regel nach zwei Kriterien:

- nach der Funktion, z. B. dem Festigkeitsverhalten, dem Verschleißverhalten, dem Korrosionsverhalten u. ä.,
- nach der Schweißeignung in bezug auf den eingesetzten Schweißprozeß, insbesondere nach der Schweißsicherheit.

Beide Kriterien, die Funktion und die Schweißbarkeit, werden eine ausreichende Sicherheit während der festgelegten Lebensdauer, aber auch die größte Wirtschaftlichkeit der Baugruppe bzw. der ganzen Konstruktion in bezug auf den gewählten Werkstoff gewährleisten.

Einige Gesichtspunkte für den sicheren und wirtschaftlichen Einsatz von Stählen für geschweißte Bauteile im Maschinen- und Stahlbau werden nachstehend kurz erörtert [2-3 ... 2-6].

Stahlauswahl nach Anforderungen des Festigkeitsverhaltens (Einsatz hochfester Stähle)

Der größte Teil von Bauelementen für geschweißte Konstruktionen wird z. Zt. aus unlegierten Massenbaustählen hergestellt. Der Einsatz von schweißgeeigneten hochfesten Stählen in geschweißten Konstruktionen bringt jedoch oft große wirtschaftliche Vorteile. Es können bei einer geeigneten Anwendung erhebliche Massen bei einer Konstruktion eingespart werden. Dies führt zu größeren Kostenersparnissen für die Gesamtkonstruktion. Die Anwendung der verschiedenen hochfesten Baustähle ist aber nur in gewissen Bereichen wirtschaftlich. Diese richtig zu erfassen ist eine wichtige Aufgabe der Konstrukteure. Aus der Vielzahl der vorhandenen Stähle werden nachstehend einige typische genannt:

- unlegierte und niedriglegierte Baustähle,
- Kohlenstoffstähle,
- Einsatzstähle,
- Vergütungsstähle.

Es sollen hier nur einige wichtige Gesichtspunkte der Auswahl von hochfesten Stählen anhand von Beispielen erörtert werden. Der Vergleich bezieht sich auf den S235, einen üblichen unlegierten Massenbaustahl.

Das Festigkeits- und Ermüdungsfestigkeitsverhalten von geschweißten und genieteten Konstruktionen aus S235 und S355, Bild 2-17, läßt erkennen, daß

- bei statischer Beanspruchung S355 einen 1,5fachen Anstieg der Tragfähigkeit bringt;
- bei dynamischer (schwingender) Beanspruchung, d. h. bei Berücksichtigung der Ermüdungsfestigkeit, bei Bauteilen der Vorteil von S355 durch die größere Kerbempfindlichkeit verloren geht. Im Bereich der Zeitfestigkeit, d. h. bei maßgebenden Schwingspielzahlen, die weit unter der Grenzschwingspielzahl liegen, sind jedoch bessere Tragfähigkeitswerte festzustellen, Bild 2-18.

Daraus kann man ableiten, daß der Einsatz hochfester Stähle bei statischer Beanspruchung, bei schwellender Beanspruchung mit hohen Vorspannungen und im Zeitfestigkeitsbereich zu Werkstoffeinsparungen führt. Bei Dauerwechselbeanspruchung sind für geschweißte und auch für genietete Konstruktionen aller Art hochfeste Stähle nicht werkstoffsparend.

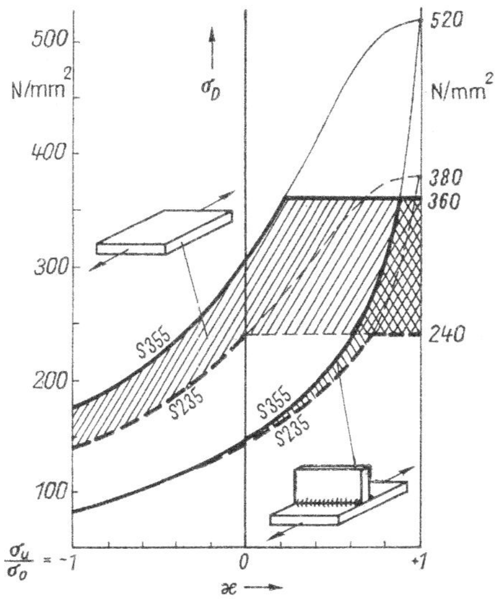

Bild 2-17. Festigkeits- und Ermüdungsfestigkeitsverhalten von Konstruktionen aus S235 und S355 (Richtwerte).

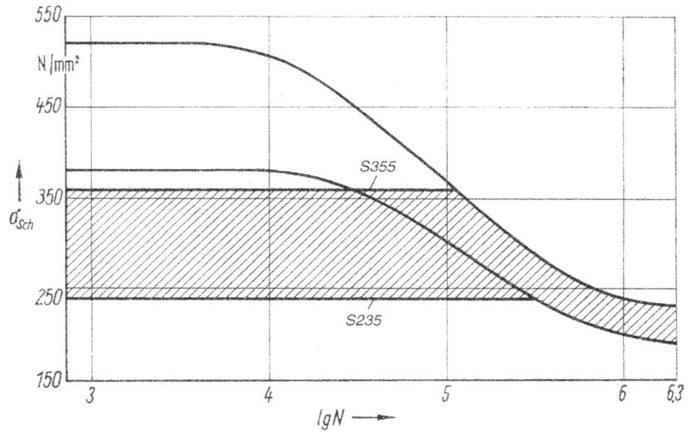

Bild 2-18. Zeitfestigkeitsverhalten eines geschweißten Biegeträgers aus S235 und S355 (Richtwerte).

Bei der Einführung von Betriebsfestigkeitswerten mit ausgewählten Belastungsprogrammen wird sich dieses Bild noch zugunsten der hochfesten Stähle verschieben.

Für den Einsatz solcher hochwertigen Stähle gilt aufgrund der Ergebnisse der bisherigen Gestaltfestigkeitsforschung aus wirtschaftlicher Sicht die nachfolgend zusammengefaßte Regel:

> Der Vorteil hochfester Stähle ist nur dort gegeben, wo größere ruhende Vorspannungen auftreten, z. B. bei Gestellen, Kästen und vor allem bei Druckbehältern und Druckgefäßen, auch teilweise bei Rahmentragwerken.

Maßgebend für die Bemessung solcher Konstruktionen ist die höhere Streckgrenze, die man rechnerisch ausnutzen kann.

Zu berücksichtigen ist dabei noch das Stabilitätsverhalten bei schlanken Baugliedern infolge des gleichen E-Moduls. Hier bringen hochfeste Stähle keinen Vorteil.

Bei Konstruktionen mit dynamischer, schwingender Beanspruchung, für die die Ermüdungsfestigkeitswerte maßgebend sind, bringen hochfeste Stähle keine ökonomischen Vorteile.

Der Konstrukteur wird jede geschweißte Konstruktion in bezug auf den Einsatz hochfester Stähle, ausgehend von der Konstruktionsart und der Beanspruchung unter den Gesichtspunkten der Werkstoffeinsparung und der Wirtschaftlichkeit, untersuchen müssen.

Stahlauswahl nach Anforderungen des Verschleißverhaltens

Für Verschleißteile besonders von Maschinenelementen, wie Zahnkränze, Lagerteile, Läuferteile, Laufschienen aller Art u. ä., werden Stähle mit hoher Verschleißfestigkeit eingesetzt. Das ist in der Regel mit hohen Härteeigenschaften gepaart. Besondere Anwendung hierfür finden die bereits genannten Kohlenstoffstähle, Einsatzstähle und Vergütungsstähle. Hier wird bei der Bemessung der gekerbten Konstruktionsteile die Ermüdungsfestigkeit nicht immer maßgebend sein. Das Ermüdungsfestigkeitsverhalten von Schweißverbindungen und anderen gekerbten Teilen aus diesen obengenannten Stählen ist ähnlich wie das Verhalten des als Beispiel erörterten S355.

Moderne Schweißverfahren, wie das Reibschweißen, Elektronenstrahlschweißen u. ä., ermöglichen gerade bei diesen Maschinenelementen die Zuordnung der hochfesten Stähle mit hohem Verschleißverhalten nur an die Bereiche der Baugruppe, die der Verschleißbeanspruchung unterworfen sind. Für die restlichen Bereiche der Baugruppe können einfachere und kostengünstigere Stähle eingesetzt werden.

Stahlauswahl nach den Kriterien der Schweißeignung

Durch die richtige Stahlgüteauswahl wird ein wirtschaftlicher Stahleinsatz bei genügender Sicherheit gegen Sprödbrüche erzielt. Nach dem heutigen Stand der Forschung sind bei einem gegebenen Stahl und bei einem gegebenen Schweißprozeß für das Auftreten von Sprödbrüchen

- mehrachsige Spannungszustände,
- tiefe Temperaturen und
- hohe Beanspruchungsgeschwindigkeiten

maßgebend (vergleiche Unterabschnitt 2.3.2).

Die einzelnen Stahlsorten mit ihren verschieden hohen Schweißeignungen werden für eine Schweißkonstruktion mit genügender Schweißsicherheit so ausgewählt, daß unter Berücksichtigung der obengenannten Kriterien Sprödbrüche vermieden werden.

Allgemeine Empfehlungen und Erörterungen im Komplex Schweißbarkeit, d. h. zur Schweißeignung sowie zur konstruktiven Schweißsicherheit und zur Schweißmöglichkeit, sind in Band 3 des Kompendiums enthalten.

Die Zusammenhänge von Schweißverfahren und mechanisch-technologischen Eigenschaften und Strukturen von Schweißverbindungen werden ebenfalls im Schrifttum behandelt. Dabei sind für die schweißgeeigneten Stähle die Einflüsse der Wärmezuführung und der Abkühlungszeiten auf die Struktur der Schweißverbindungen maßgebend. Aussagekräftig sind die Zeit-Temperatur-Umwandlungs-Schaubilder für Zonen der Schweißverbindungen.

Für den Anwender sind in der Literatur Angaben über den Anwendungsbereich der wichtigsten Stahlsorte und ihr fachgerechtes Schweißen gemacht, besonders mit den dazugehörigen Arbeitswerten, Wärmebehandlungen (Vorwärmen und Glühen) sowie auch mit erforderlichen Zusatzwerkstoffen (Band 1 des Kompendiums).

Die schweißgeeigneten Stähle sind in Werkstoffdatenbanken zusammengestellt, die umfangreiche Informationen für den konstruktiven Entwicklungsprozeß geben. Empfehlungen zur Prüfung der Kaltrißanfälligkeit geschweißter Konstruktionen besonders bei höherfesten Baustählen geben einen guten Überblick für die konstruktive Gestaltung.

Im Zusammenhang mit der Stahlgütewahl sind besonders für geschweißte Konstruktionen werkstoffbezogene Maßnahmen zur Vermeidung von Terrassenbrüchen zu erwähnen. Bekannt ist, daß bei Beanspruchung in Dickenrichtung oft das Formänderungsvermögen gegenüber dem in Längs- und Querrichtung vermindert wird. Ursache hierfür ist die beim Walzen entstehende schichtweise Anordnung von nichtmetallischen Einschlüssen parallel zur Oberfläche. Im Walzerzeugnis liegen diese Einschlüsse plättchenförmig oder zeilenförmig gestreckt vor und können eine Neigung zu Terrassenbrüchen herbeiführen. Bei der Wahl der Stahlgüte sind in bezug auf Terrassenbrüche gewisse Maßnahmen zu beachten.

Bei der Stahlgütewahl wird man die Wirtschaftlichkeit beachten müssen. Stähle mit geringerer Schweißeignung sind billiger. Man wird sie überall dort einsetzen, wo es die Stahlgütewahl zuläßt. Danach wird man unberuhigte Stähle vorwiegend für statisch beanspruchte Bauteile wählen, die nicht auf Schlag beansprucht werden, und für Konstruktionen, die nicht bei extrem tiefen Temperaturen eingesetzt werden.

Es empfiehlt sich, für jede geschweißte Konstruktion nach den obigen Kriterien einen „Sprödbruchsicherheitsnachweis“ zu führen und die Wirtschaftlichkeit des Einsatzes der Stahlsorte zu überprüfen [2-3; 2-6].

Für Schweißkonstruktionen des Stahlbaues sind maßgebend die Richtlinie DASt 009 und die DIN V ENV 1993-1-1 (Eurocode 3).

2.1.5 Bauweisen der Schweißkonstruktionen im Stahlbau, Maschinenbau und Apparatebau

Betrachtet man Grundsätze der Fertigung als ein Kriterium einer möglichen Systematisierung, so kann man einige Bauweisen für Schweißkonstruktionen ableiten. Diese Bauweisen umfassen ähnliche Formen der Baugruppen und sind damit auch für den Einsatz der verschiedenen Schweißverfahren maßgebend. Die Formen der Baugruppen sind abhängig von den Belastungen der Konstruktionsarten und damit von der Funktion.

Hinsichtlich der Konstruktionsform oder der Bauweise lassen sich im Stahlbau und Maschinenbau grundsätzlich Konstruktionen unterscheiden, bei denen vorwiegend Biegemomente, Torsionsmomente und Schubkräfte übertragen werden, und solche, die nur Längskräfte aufzunehmen haben. In ihrer Charakterisierung sind das erste Vollwandkonstruktionen, das letzte Fachwerkkonstruktionen.

Neben diesen beiden konventionellen Bauweisen ist in der modernen Technik immer mehr das Streben nach besonders leichten Konstruktionen zu erkennen. Aus diesem Grund ist auch der Leichtbauweise ein besonderer Unterabschnitt gewidmet.

Für den Druckgeräte-, Apparate- und Rohrleitungsbau ist die Einteilung in Vollwand- und Fachwerkbauweise nicht zutreffend, weshalb im folgenden eine Erweiterung der Systematisierung erfolgt.

- **Bauweise im Stahlbau**

Vollwandbauweise

Die Vollwandbauweise ist die in allen Fertigungsbereichen am häufigsten angewendete Bauweise. Die freizügige Gestaltungsweise ist dabei am besten zu verwirklichen. Wir finden sie als Rahmenkonstruktionen im Stahlhochbau, als Blechträger für Brücken, bei geschweißten Schiffen, bei Gehäusen und Ständern im Maschinenbau, bei Fahrzeugrahmen, bei Auslegern von Fördergeräten u.v.a. Charakteristisches Merkmal für die Vollwandbauweise ist die Beanspruchung der Konstruktionsteile durch Biegung und Schub.

Der geschweißte Vollwandträger wird in zahlreichen Formen und Abmessungen eingesetzt. Die Beanspruchung eines Vollwandträgers sind Biegemoment, Querkraft, Normalkraft und Torsion. In den einzelnen Querschnitten des Trägers, aber auch der Schweißverbindungen, treten Spannungen auf wie

- Zug (+) aus Normalkraft bzw. Biegemoment,
- Druck (–) aus Normalkraft bzw. Biegemoment,
- Schub aus Querkraft,
- Schub aus Torsion.

Die Vollwandbauweise ist dominierend. Die Möglichkeiten der schweißtechnischen Gestaltung erlauben eine großzügige Formgebung der einzelnen Tragwerke.

Eine exakte Einteilung von Systemarten in der Vollwandbauweise ist kaum möglich. Folgend der traditionsbeeinflußten Entwicklung der Konstruktionen wird nachstehend der Versuch unternommen, typische Tragwerksarten zu unterscheiden und diese in bezug auf die konstruktive Gestaltung zu erörtern. Als Standardkonstruktionen werden in der Vollwandbauweise eingesetzt:

- I-Träger,
- Kastenträger.

Bei der Gestaltung von großräumigen Trägern und Kästen aller Art verwendet man Platten und Schalen. Eine Übersicht von geschweißten Vollwandträgern, d. h. Trägern mit offenem Querschnitt (einstegig) und Kästen (zweistegig), ist mit einigen Beispielen in Bild 2-19 zusammengestellt.

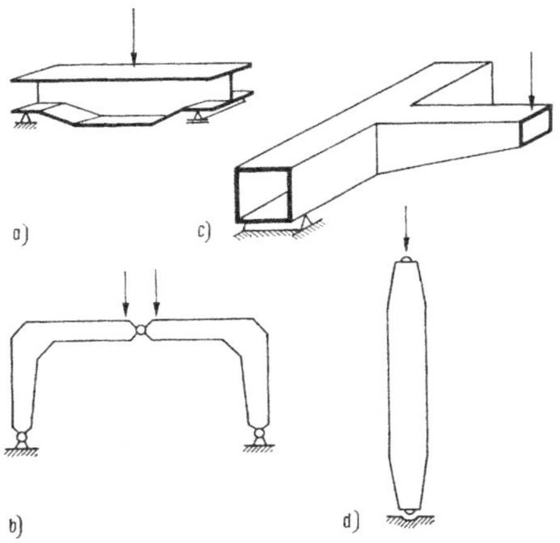

Bild 2-19. Beispiele geschweißter Vollwandträger.

Querschnittsformen von geschweißten Vollwandträgern und Kästen

Die Querschnittsform der Tragwerke in der Vollwandbauweise bestimmt die Erfüllung der Funktion, d. h. in erster Linie, wie aus den vorangegangenen Darlegungen zu ersehen ist, die Art der Belastung.

Bei Biegung wird man in der Querschnittsgestaltung vorwiegend große Widerstandsmomente erzielen wollen und somit viele Werkstoffflächen im Bereich hoher Spannungen, also außen, anordnen. Hier wird die günstige zunehmende Höhe des Tragwerks einerseits, aber auch das Stabilitätsverhalten der immer dünner werdenden Teile (wie das Beulen der Stege, das Kippen der Druckgurte u. ä.) andererseits in Variantenvergleichen zu einer günstigen Lösung zu optimieren sein.

Bei reiner Biegebelastung hat sich bei geschweißten Vollwandträgern das I-Profil sehr bewährt. Hohe Biegeträger mit dünnen ausgesteiften Stegen und mit kräftigen Gurten nutzen den Werkstoff gut aus, wie dies aus Bild 2-20 zu ersehen ist. Von Bedeutung sind dabei Optimierungsberechnungen, in den meisten Fällen mit Computer-Programmen, die günstigste Querschnitte bei vorgegebenen Randbedingungen bestimmen.

Bei Biegeträgern wird auch das Steifigkeitsverhalten zu beachten sein. Für alle Tragwerke sind maximale Durchbiegungswerte einzuhalten.

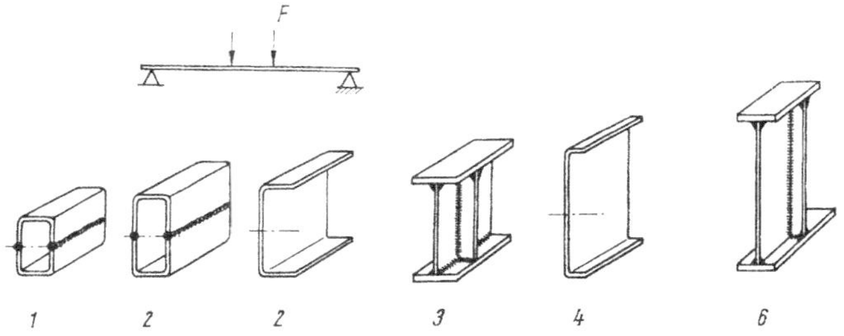

Bild 2-20. Vergleich der Biegetragfähigkeit ausgewählter Querschnittsformen mit konstanter Querschnittsfläche.

Ähnlich ist die Gestaltung von Tragwerken bei Druck durchzuführen. Man wird zur Erzielung eines wirtschaftlich günstigen Druckstabes Querschnitte wählen, die einen möglichst großen Trägheitsradius besitzen. Die Dünnwandigkeit der Einzelteile setzt auch hier gewisse Grenzen.

Für Tragwerke, die auf Torsion belastet werden bzw. bei denen neben Biegung und Normalkräften eine hohe Torsionsbelastung auftritt, sind geschlossene kastenförmige Querschnittsformen vorteilhaft. In Bild 2-21 wird anschaulich dargestellt, daß bekanntlich alle offenen Querschnittsformen im Vergleich zu geschlossenen in bezug auf Torsion vielfach kleinere Belastungen aufnehmen.

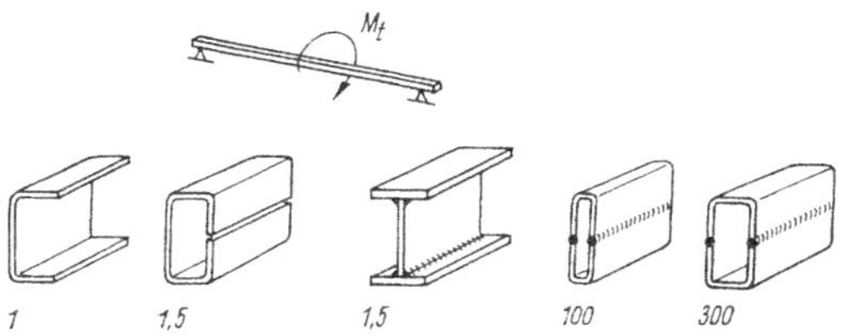

Bild 2-21. Vergleich der Torsionstragfähigkeit ausgewählter Querschnittsformen bei konstanter Querschnittsfläche.

Die Beanspruchung von Vollwandträgern kann statisch oder auch dynamisch sein, Bild 2-22.

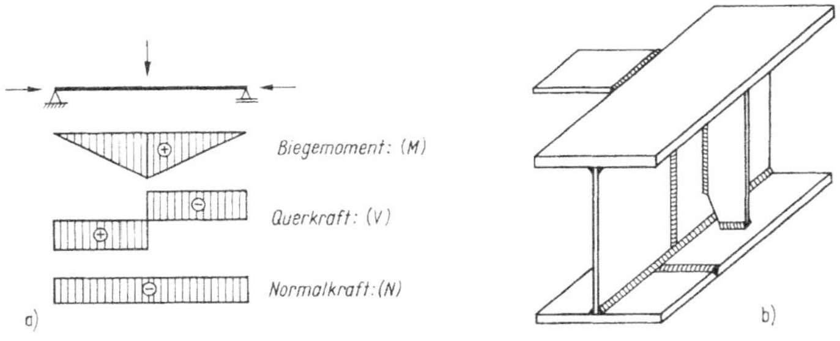

Bild 2-22. Geschweißter Vollwandträger;
a) Schema,
b) Beispiel (geschweißter Blechträger).

In der Regel sind die Querschnittsformen aus Walzblechen bzw. aus Walzprofilen. Als Schweißverbindungen werden am häufigsten Stumpf- und Kehlnähte angewendet. Bei Dünnblechen werden auch Schweißpunkte eingesetzt.

Walzträger-Konstruktionen

Die Verwendung von Walzprofilen (∟-, ⊏- und ⌶-Profilen) in Schweißkonstruktionen bringt erhebliche Einsparungen an Schweißnähten, z. B. bei Halsnähten in Biegeträgern. Dafür müssen jedoch folgende Nachteile in Kauf genommen werden:

a) Wenig Variationsmöglichkeiten wegen der festliegenden Querschnittsabmessungen der Profile. Das bedingt vielfach höheren Werkstoffaufwand. Variationen lassen sich in Einzelfällen herbeiführen, z. B. durch Längstrennen der I-Träger und Zwischensetzen von Bindeblechen oder Vergitterungen oder durch Schweißen der bekannten „Wabenträger“ nach einem zickzackförmigen Trennen. Auch die Höhe eines I-Trägers kann am Auflager durch Aufschlitzen und Heraustrennen eines trapezförmigen Stegteils verringert werden. Diese Maßnahmen sind aber alle sehr arbeitsaufwendig und teuer. Dafür eignet sich die Blechträgerkonstruktion besser.
b) Stöße von Walzträgern müssen als Universalstöße über den gesamten Querschnitt ausgeführt werden. Dabei ist der Übergang vom Steg zum Flansch nur schwer fehlerfrei zu schweißen und auch nicht zerstörungsfrei zu prüfen.
c) Die Walzträger bieten mit ihren geneigten inneren Flanschseiten und der Profilrundung am Flanschende oft ungünstige Schweißmöglichkeiten, die bei mangelhafter Ausführung zu Fehlschweißungen führen.
d) Aus dem Genannten ergibt sich eine besonders niedrige Ermüdungsfestigkeit im Schwell- und Wechselbereich für den Stoß des Walzträgers an ungünstigster Stelle.

Blechträger-Konstruktionen

Die Verwendung von Breitflachstählen und Blechen bietet viel größere Variationsmöglichkeiten und bessere Anpassung an den Kraft- oder Momentenverlauf eines Trägers. Bei solchen Blechträgern sind gegenüber den Walzträgern zusätzlich Verbindungsnähte zwischen Steg und Gurt, die Halsnähte, zu schweißen. Dabei ist die auftretende Winkelschrumpfung zu beachten! Für diese Halsnaht kommt eine Doppelkehlnaht, DHV-Naht oder HV-Naht in Frage, Bild 2-23. Sehr viel verwendet wird auch das Hohlgurtprofil, Bild 2-23d, das die Winkelschrumpfung vermeidet, eine größere Torsionssteifigkeit, höhere Beulsicherheit des Stegbleches und größere Knicksicherheit des Gurtes gewährleistet. Aussteifungsrippen von Blechträgern können als einfache Flachstahl-, Profil- oder Hohlrippen je nach der gewünschten Steifigkeit ausgeführt werden. Liegen zwei Rippen im gleichen Querschnitt unmittelbar einander gegenüber, so werden sich dort die Schweißspannungen beider Nähte addieren, was einen gefährlichen Schweißspannungszustand auslösen kann.

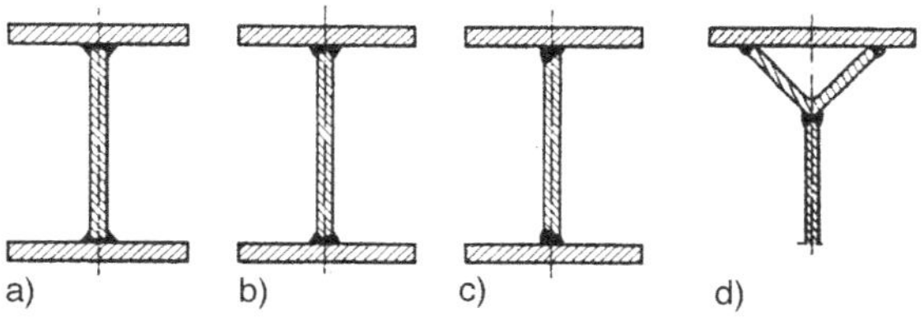

Bild 2-23. Blechträgerformen;
a) mit Doppelkehlnaht,
b) mit DHV-Naht,
c) mit HV-Naht,
d) mit Hohlgurt.

Kastenträger

Werden die Abmessungen von Kastenquerschnitten größer und wird besonders das Verhältnis der Wanddicken zu den Maßen der Höhe und Breite der Kästen kleiner, d. h. ungünstiger für das Stabilitätsverhalten der Wände, so kann man vom Einsatz der Platten und Schalen sprechen. Bezeichnungen wie orthotrope Platte, ausgesteifte Schale u. ä. sind oft für Bauelemente von kastenähnlichen Tragwerken üblich. In Bild 2-24 wird dies an einigen Beispielen veranschaulicht.

Platten, Scheiben und Schalen

Platten, Scheiben und Schalen mit geschweißten Aussteifungen zählen in den letzten Jahrzehnten zu den oft eingesetzten Baugruppen. Damit wird der Grundgedanke des Leichtbaus verwirklicht, die kräfteübertragende Konstruktion so dünnwandig wie nur möglich auszuführen und die Stabilität durch verschiedenartige Aussteifungen zu sichern. Dabei wird eine ganze Reihe von Bauelementen in dieser Bauweise hergestellt, wie die orthotropen Platten für Brückenbauwerke, Plattenteile in dünnwandigen Kastenquerschnitten von Krananlagen, fast sämtliche schalenförmige Tragwerke im

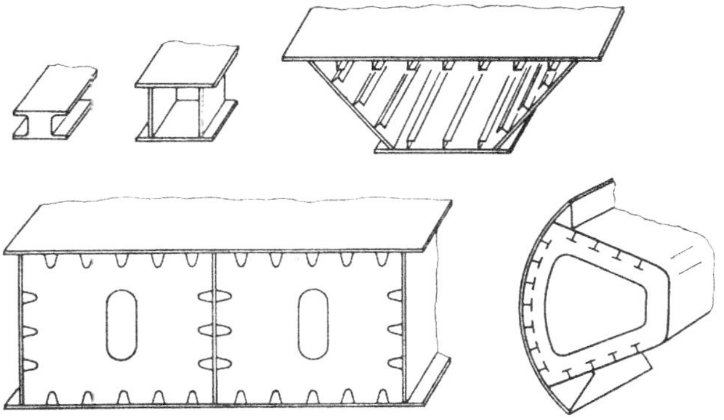

Bild 2-24. Beispiele geschweißter Kastenträger.

Stahlwasserbau und viele Konstruktionsteile im Stahlhochbau. Typische Belastungsbeispiele für Platten, Scheiben und Schalen werden in Bild 2-25 gezeigt.

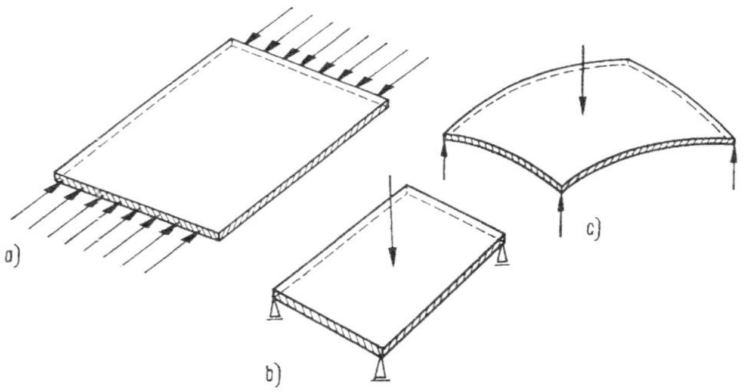

Bild 2-25. Typische Belastungsbeispiele für Platten, Scheiben und Schalen.

In Bild 2-26 und Bild 2-27 sind einige Beispiele von geschweißten Platten- und Schalenkonstruktionen zusammengestellt.

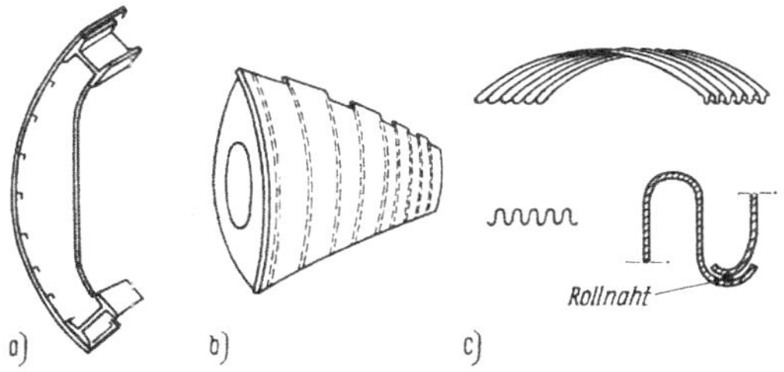

Bild 2-26. Beispiele geschweißter Schalenkonstruktionen.

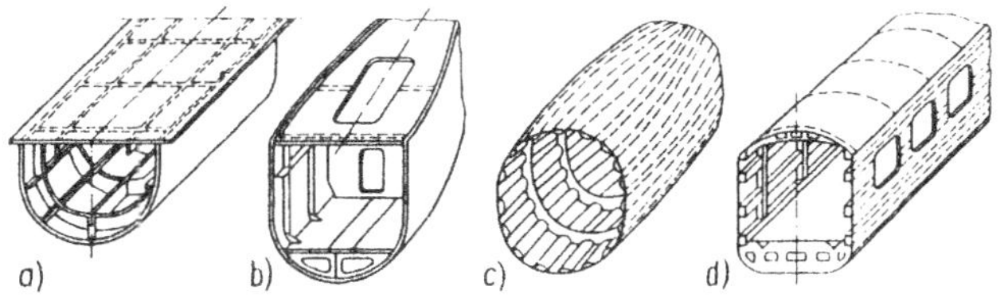

Bild 2-27. Formen von Schalenkonstruktionen in verschiedenen Fertigungsbereichen;
a) Brückenträger,
b) Schiffskörper,
c) Flugzeugrumpf,
d) Waggon.

Punktgeschweißte Dünnblechkonstruktionen

Für Leichtbaukonstruktionen aus dünnen Blechen bis etwa 3 mm Dicke ist das Punktschweißen ein ideales Verbindungsverfahren, weil die Schweißgeschwindigkeit größer als beim Lichtbogenschweißen ist und eine gute verzugsfreie Schweißverbindung sicherer erreicht werden kann. Besonders bei Serienfertigung ist das Punktschweißen das wirtschaftlichste Verfahren. Als Konstruktionselemente werden zweckmäßig abgekantete Blechprofile verwendet, von denen eine Auswahl in Bild 2-28 dargestellt ist. Damit lassen sich beliebige Variationen von Biegeträgern, Hohlprofilen und anderen Kombinationen verschiedener Größe herstellen, wie in Bild 2-29 gezeigt. Anwendungsgebiete für die punktgeschweißten Dünnblechkonstruktionen sind vor allem der Fahrzeugbau und der Landmaschinenbau.

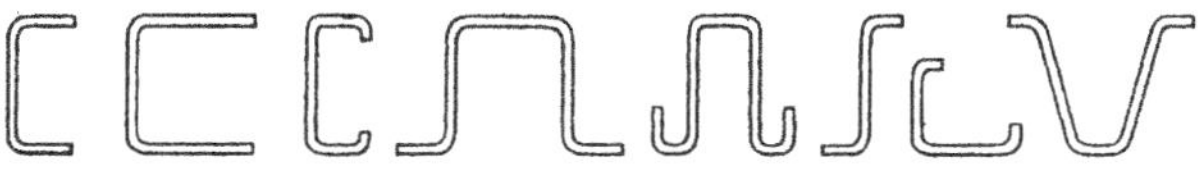

Bild 2-28. Abkantprofile für Punktschweißkonstruktionen.

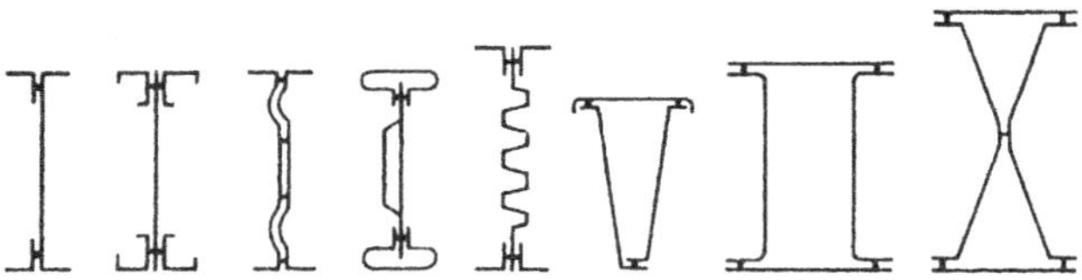

Bild 2-29. Zusammengesetzte punktgeschweißte Träger und Hohlprofile.

Vor- und Nachteile der Vollwandbauweise

Vorteile der Vollwandkonstruktionen gegenüber Fachwerken sind:

a) vielseitigere Gestaltungsmöglichkeiten und besseres Anpassen an die auftretenden Schnittgrößen,
b) vorwiegend Schubbeanspruchung in den Schweißnähten gegenüber Normalspannungen in Fachwerkkonstruktionen mit Ausnahme der Stoßverbindungen, die sich aber in weniger beanspruchte Querschnitte legen lassen,
c) geringere Gefahrenklasse, weil die Zerstörung einer Schweißnaht in Vollwandkonstruktionen in der Regel nur einen Teilschaden hervorruft, während bei der Fachwerkbauweise der Bruch einer Anschlußschweißnaht schwerwiegende Folgen, unter Umständen einen Totalschaden zur Folge haben kann,
d) geringere Unterhaltskosten wegen der glatten Außenflächen, was in Betrieben mit starkem Korrosionsangriff, wie in Chemiewerken, große Bedeutung hat,
e) ansprechendere glatte äußere Formen und in vielen Fällen bessere architektonische Wirkung.

Als Nachteile gegenüber dem Fachwerk gelten bei den Vollwandkonstruktionen

a) größere Windangriffsflächen und damit größere Beanspruchungen durch Windkräfte, was bei sehr hohen Konstruktionen ausschlaggebend sein kann,
b) größere Konstruktionsmasse durch die breite, flächenhafte Ausdehnung der Vollwandkonstruktionen, insbesondere bei sehr langen, weitgespannten Bauteilen,
c) größere Formänderungen (Durchbiegung, Verschiebung, Verdrehung) wegen geringerer Bauhöhe.

Die Wahl der Bauweise ist unter Betrachtung dieser Vergleichsfaktoren nach wirtschaftlichen Erwägungen zu treffen.

Fachwerkbauweise

Fachwerkkonstruktionen werden im Stahlbau, besonders im Stahlbrücken-, Kran- und Förderanlagenbau, aber auch im Fahrzeug- und Maschinenbau seit Jahren oft verwendet. Man beschränkte sich viele Jahre bei der Konstruktion von hochdynamisch beanspruchten Fachwerken auf genietete Anschlüsse der Stäbe in den Knotenpunkten. Heute sind bei diesen Stahltragwerken geschweißte Stabanschlüsse üblich.

Die zur Zeit ausgeführten vollgeschweißten Fachwerke für vorwiegend statische Beanspruchung (Dachbinder, Stützen, Fernleitungsmaste u. ä.) weisen in der Regel nur geringe Ermüdungsfestigkeitswerte auf. Bei der Betrachtung von geschweißten Fachwerksystemen ist vor allen Dingen die Tatsache nicht zu vergessen, daß Fachwerksysteme ideal gelenkige Anschlüsse der Stäbe untereinander voraussetzen, im Gegensatz zu Rahmensystemen, Bild 2-30. Es kommt bei Anschlüssen der Stäbe an die Gurte vor allem auf wenig starre Anschlüsse an. Dies ist bei der geschweißten Ausführung der Anschlüsse u. U. schwierig zu realisieren.

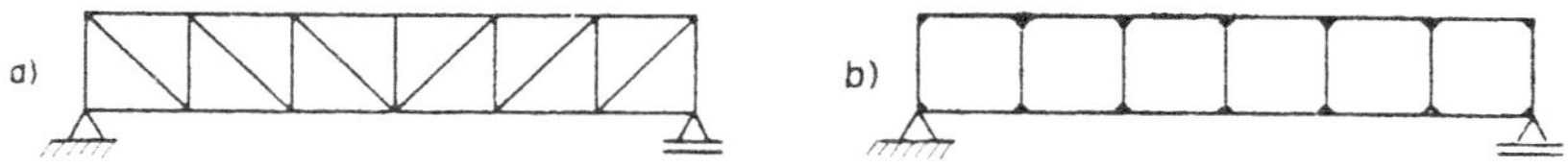

Bild 2-30. Fachwerk- und Rahmensysteme;
a) Fachwerksystem,
b) Rahmensystem (Vierendelträger).

Die Möglichkeit der dynamischen Beanspruchung von Fachwerksystemen ist vielfältig. In Bild 2-31 sind einige Beispiele der dynamischen Belastungsmöglichkeiten dargestellt. Je nach Art dieser Belastung ist natürlich ein verschiedenartiges Verhalten der Knotenpunkte, Stäbe und Anschlüsse bei dynamischer Beanspruchung vorhanden.

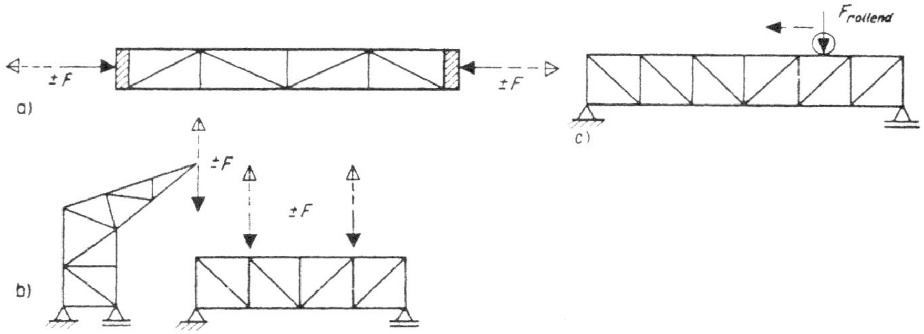

Bild 2-31. Möglichkeiten der dynamischen Beanspruchung von Fachwerksystemen.

Im Fall a) werden die Gurte in erster Linie der sich oft wiederholenden Beanspruchung ausgesetzt sein. Hier werden die Ansatzstellen der Knotenpunkte am Gurt vor allem durch eine Ermüdungsbruchgefahr infolge der Verminderung der Ermüdungsfestigkeit der Gurte gefährdet sein.

Im Fall b) wird das gesamte Fachwerksystem einer Biegebeanspruchung bei sich oft wiederholender Belastung ausgesetzt. Hier werden die Ermüdungsfestigkeit der Knotenpunkte selbst und vor allem die Anschlüsse der Stäbe in den Knotenpunkten für die Tragfähigkeit des Gesamtsystems maßgebend sein.

Im Fall c) findet eine rollende Beanspruchung auf einem der Gurte statt. Diese rollende Beanspruchung bedingt eine weitere Biegebeanspruchung der Einzelstäbe und eine Verdrehbeanspruchung für die Knotenpunkte. Hier dürfen ganz andere Werte der Ermüdungsfestigkeit der Knotenpunkte, als dies im Fall b) für die jeweiligen Anschlüsse vorausgesetzt werden könnte, maßgebend sein.

Die Überlegenheit des Fachwerks gegenüber der Vollwandbauweise zeigt sich besonders bei der Überbrückung großer Stützweiten, bei sehr hohen Masten oder Türmen und immer dann, wenn große Windkräfte vom Tragwerk aufzunehmen sind.

Profile für Fachwerkstäbe

Für die Profilwahl muß die Art des Stabanschlusses – geschweißt, genietet oder geschraubt – sowie die Beanspruchung – statisch oder dynamisch – berücksichtigt werden. Der Querschnitt ist so auszuwählen, daß einfache und wirtschaftliche Verbindungen möglich sind. Die Anordnung von Knotenblechen kann zweckmäßig eingespart werden.

Für Druckgurte sind die Formen nach Bild 2-32 anwendbar, wobei Hohlprofile als Knickstäbe besonders günstig sind. Für Zuggurte können außerdem Querschnitte nach Bild 2-33 gewählt werden. Einfache Flachstähle sind wegen leicht eintretender Transportschäden nicht zu empfehlen. Rundprofile sind gegenüber Rohrprofilen nur dann zu bevorzugen, wenn Windkräfte die ausschlaggebende Belastung des Trägers darstellen.

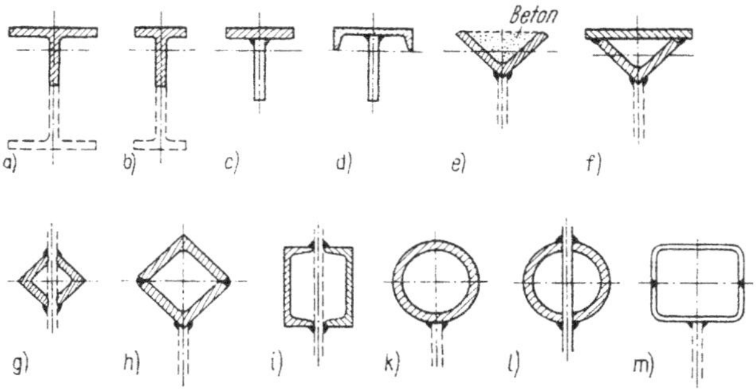

Bild 2-32. Querschnittsformen für druckbeanspruchte Fachwerkgurtstäbe.

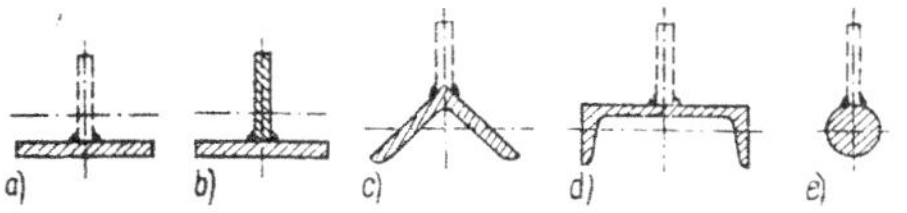

Bild 2-33. Querschnittsformen für zugbeanspruchte Fachwerkgurtstäbe.

Für Füllstäbe, Diagonalen und Vertikalstäbe werden außer den für Gurte angegebenen Querschnitten auch Winkelprofile nach Bild 2-34 angewendet. Doppelwinkelprofile, nebeneinanderliegend, sind nicht schweißgerecht und sollten auch wegen der schlechten Unterhaltung möglichst vermieden werden.

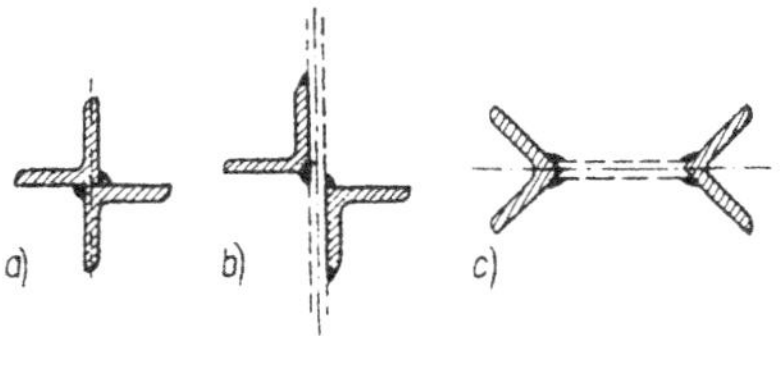

Bild 2-34. Winkelprofile als Fachwerkfüllstäbe.

Fachwerkknotenverbindungen

Zur Erzielung schweißgerechter Lösungen sind direkte Verbindungen der Stäbe untereinander zweckmäßig. In manchen Fällen – vorwiegend bei statischer Beanspruchung – sind jedoch auch Anschlüsse mit Knotenblechen einfach und wirtschaftlich herstellbar.

Bei statischer Beanspruchung gelten für die Stabanschlüsse und somit für die ganzen Fachwerkknoten die vollen Werte der statischen Festigkeit. Man wird deshalb oft auf die einfachsten Stabanschlüsse zurückgreifen können, z. B. auch auf den Stabanschluß mit Flankenkehlnähten, Bild 2-35.

Oft lassen sich auch die Profilstege der einzelnen Stäbe zu einem eingebundenen Knotenblech zusammenfassen, das durch Stumpfnähte angeschlossen wird, Bild 2-36. Dabei ist bei dynamischer Beanspruchung der angegebene Ausrundungsradius einzuhalten. Auch bei angesetzten Knotenblechen ist für dynamische Beanspruchung das angegebene Bearbeiten des Übergangs zu beachten.

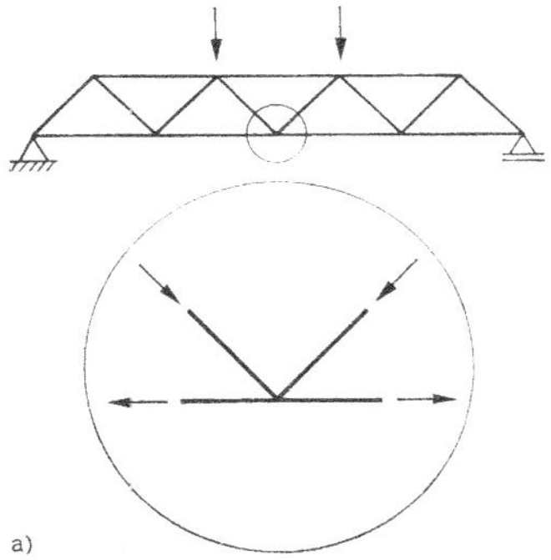

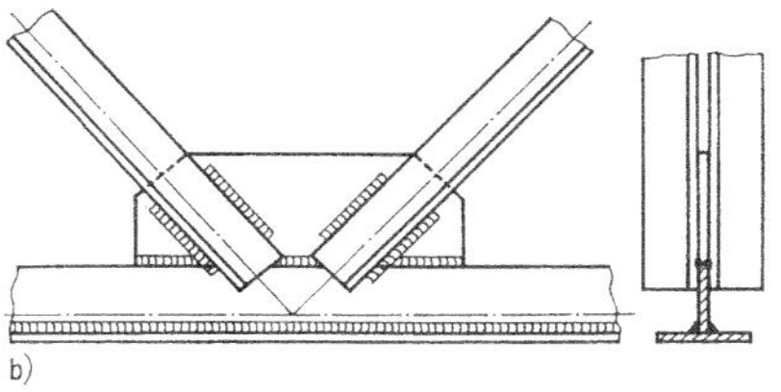

Bild 2-35. Knotenpunkt eines geschweißten Fachwerkträgers;
a) Schema,
b) Beispiel (vorwiegend ruhende Beanspruchung).

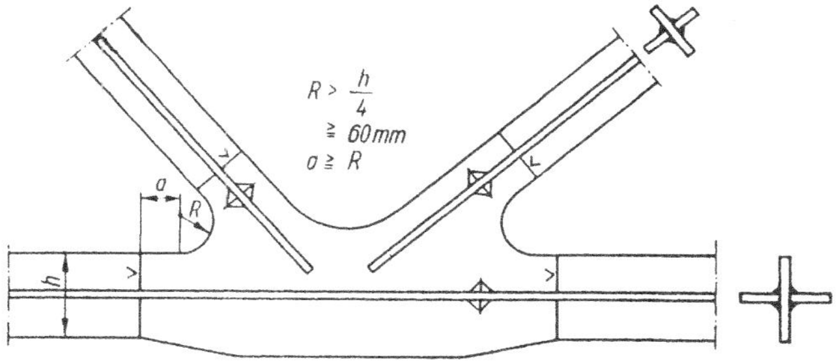

Bild 2-36. Knotenblechanschluß mit Kreuzprofilen; Beispiel (dynamische Beanspruchung).

Rohrkonstruktionen

Das Rohr ist ein ideales Konstruktionselement für viele Fertigungsbereiche, dessen verbreitete Anwendung erst durch die Schweißtechnik ermöglicht wurde. Rohrkonstruktionen haben gegenüber den ebenflächigen Konstruktionen bedeutende Vorteile, deren wichtigste sind:

a) kleinste Oberfläche gegenüber allen anderen Profilen, daher auch kleinste Anstrichfläche (einfache Unterhaltung),
b) günstigster Trägheitsradius von allen Profilen gleicher Querschnittsfläche bei Anwendung als Knickstab,
c) günstigste aerodynamische Form, daher kleinster Windbeiwert, der nur etwa halb so groß ist wie bei Fachwerk- und Vollwandkonstruktionen,
d) Rohre ermöglichen direkte Verbindungen untereinander auch als räumliche Fachwerke beliebiger Richtungen, daher ist die Einsparung von Knotenblechen und Bindeblechen möglich,
e) keine Schmutzecken, Wassersäcke und schwer zugängliche Stellen,
f) meist befriedigende ästhetische Wirkung; daher keine Verkleidungen nötig.

Als Nachteile müssen demgegenüber in Kauf genommen werden:

a) höherer Preis als andere Profile, besonders bei Verwendung nahtloser Rohre. Das kann jedoch eingeschränkt werden durch längs- oder spiralgeschweißte Rohre, die billiger sind, gleichmäßigere Wanddicke haben und aus Baustahl jeder Qualität in beliebiger Länge herstellbar sind,
b) teurere Werkstattbearbeitung als bei anderen Profilen. Das kann etwas reduziert werden durch moderne Rohrschneidgeräte und zweckvolle Vorrichtungen,
c) geringe Ermüdungsfestigkeit der Rohrkonstruktionen, weil bei Anschlüssen oft keine einheitliche Schweißnahtform möglich ist, diese außerdem große Herstellungsempfindlichkeit besitzt und zerstörungsfrei schwierig prüfbar ist.

Stoßverbindungen von Rohren können je nach der Beanspruchungsart mit Querplatte und Kehlnähten, Bild 2-37a, bei statischer Belastung bis zu Stumpfnähten mit Einlagering, Bild 2-37b, bei höchster dynamischer Belastung ausgeführt werden. Die Kehlnahtdicke darf bei Rohrkonstruktionen maximal bis zu 1,0 s ausgeführt werden. Bei Bedarf können auch lösbare Schraubverbindungen gelenkig oder biegesteif hergestellt werden, Bild 2-37c und d.

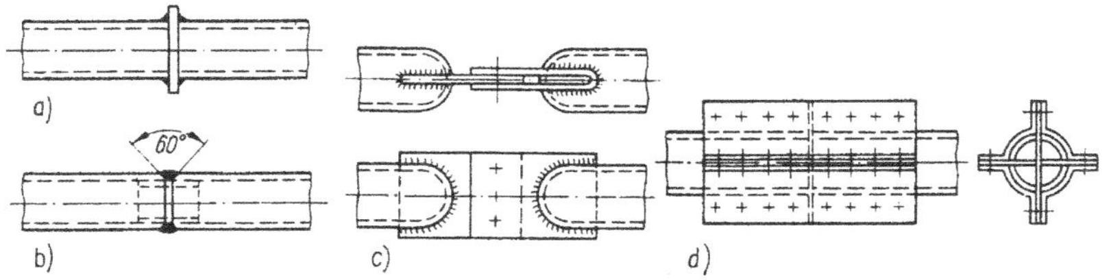

Bild 2-37. Mögliche Stoßverbindungen bei Rohren.

Bei Stabanschlüssen können Rohre mit beliebiger Lage im Raum am vorteilhaftesten direkt miteinander verschweißt werden. Dabei ist die Schnittlinie eine räumliche Kurve, die mit besonderen mechanisierten Brennschneidgeräten einfach herstellbar ist. Um auf Konstruktionszeichnungen die Darstellung der Raumkurven zu vermeiden, sind die Diagonalrohre zweckmäßig halb aufgeschnitten zu zeichnen. Als Schweißnaht wird je nach dem Winkel, unter dem sich die zusammenzufügenden Rohre schneiden, eine Kehlnaht oder HV-Naht oder eine Kombination von beiden verwendet, Bild 2-38a. Zwischen den Anschlußnähten muß mindestens 5 mm Abstand verbleiben.

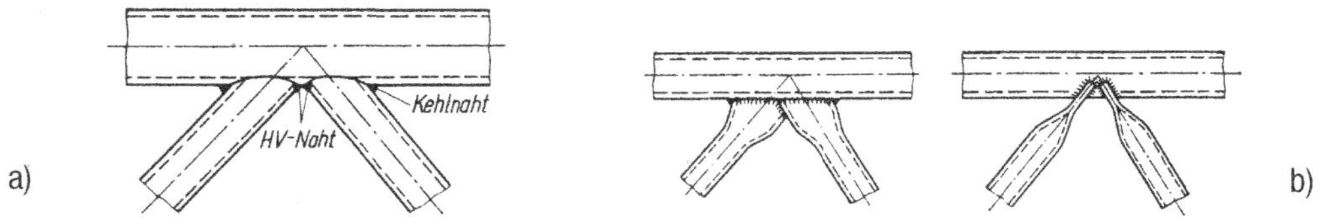

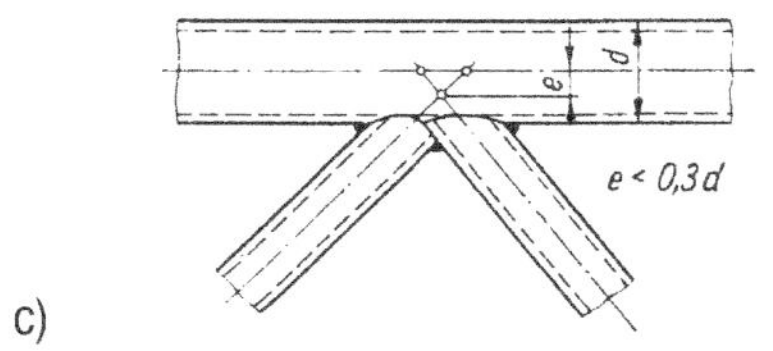

Bild 2-38. Rohrknotenverbindungen;
a) mit direktem Anschluß,
b) mit breitgedrücktem Rücken,
c) mit negativem Fehlhebel.

Rohre können auch am Anschluß breitgedrückt und die dabei breitgedrückte Fläche senkrecht oder parallel zur Achse des Anschlußrohrs gestellt werden; bei solchen Konstruktionen entfällt der Zuschnitt als räumliche Kurve, Bild 2-38b.

Überschneidungen beim Anschluß mehrerer Diagonalrohre an ein Gurtrohr ergeben einen höheren Gütegrad der Verbindung. Sie können bei ungünstigem Durchmesserverhältnis der Rohre auch durch einen negativen Fehlhebel erzeugt werden. Dieser darf bis zu 0,3 des Gurtdurchmessers sein, ohne daß das zusätzliche Biegemoment zu berücksichtigen ist, Bild 2-38c. Bei Rohrknotenverbindungen mit Knotenblechen kann der volle Kraftanschluß besser gewährleistet werden.

Für rechteckige Hohlprofile gelten ähnliche Grundsätze.

- **Bauweise im Apparatebau**

Viele Konstruktionen werden auf Innendruck beansprucht. Dazu zählen alle Behälter, Apparate, Dampfkessel und Rohrleitungen, Bild 2-39.

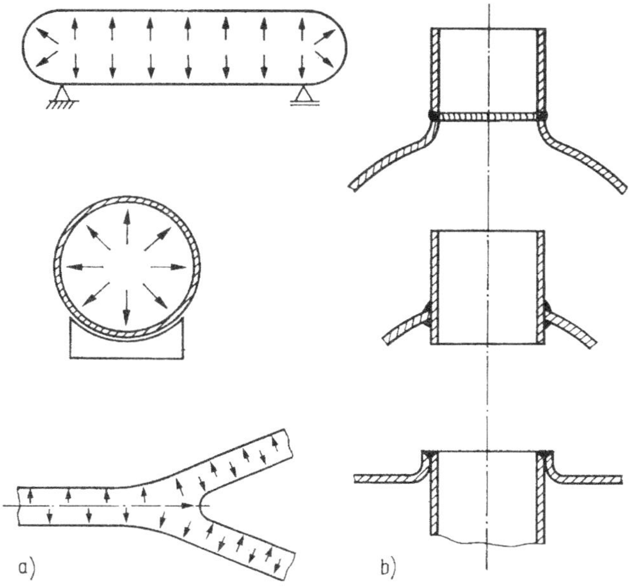

Bild 2-39. Schema von Konstruktionen, die auf Innendruck belastet werden;
a) Übersichten,
b) Konstruktionsdetails.

Da das Haupttragwerk eine Hauptbelastung auf Innendruck besitzt, sind in den Wandquerschnitten meist Zugspannungen vorhanden. Bei speziellen Formen können auch örtliche Biegespannungen in den Wandquerschnitten auftreten. Die Haupttragwerke sind im allgemeinen aus Einzelblechen aufgebaut, die durch Stumpfnähte verbunden werden. Neben dem Haupttragwerk sind Konstruktionsteile, wie angeschweißte Flansche, Stutzen, Deckel, Abstützungen und ähnliche, angeordnet.

Die Konstruktionen des Apparatebaus sind überwiegend zur Aufnahme von flüssigen oder gasförmigen Medien bestimmt. Dabei erfolgt die Belastung meist durch Innendruck bzw. durch die Masse des Mediums. Dieser ruhenden Beanspruchung sind lediglich an bestimmten Elementen veränderliche Beanspruchungen, z. B. durch Schwingungen von Antriebsaggregaten, überlagert. Besondere Bedeutung kommt den für die Funktion erforderlichen Temperaturen (z. B. 200 bis 620 °C bzw. –50 bis +250 °C) sowie den durch den Betrieb mit aggressiven Medien oder hohen Temperaturen bedingten Korrosionsproblemen zu. Daher werden im Apparatebau in großem Maß legierte Stähle und NE-Metalle und andere korrosionsbeständige Werkstoffe eingesetzt.

Druckgeräte, Behälter und Rohrleitungen

Unter der Bezeichnung Apparatebau werden im folgenden Druckgeräte, Behälter und Rohrleitungen zusammengefaßt. Verschiedene typische Bauformen von Druckgefäßen sind in Bild 2-40 dargestellt. Für höchste Betriebsdrücke werden Mehrlagenzylinderwände nach Bild 2-40a ausgeführt. Durch warm aufgebrachte Wickelbandagen werden in dem innersten, dichten Kernrohr Druckvorspannungen erzielt. Somit wird die im Betriebszustand am Innenrand der Wandung auftretende Beanspruchung herabgesetzt. Dadurch kann das Druckgefäß mit einem geringeren Werkstoffaufwand ausgeführt werden. Das innere Kernrohr wird dabei oft aus legierten Werkstoffen bestehen, während Wickelbandagen (bzw. äußere Schalen) aus hochfestem, niedriglegiertem Werkstoff verwendet werden.

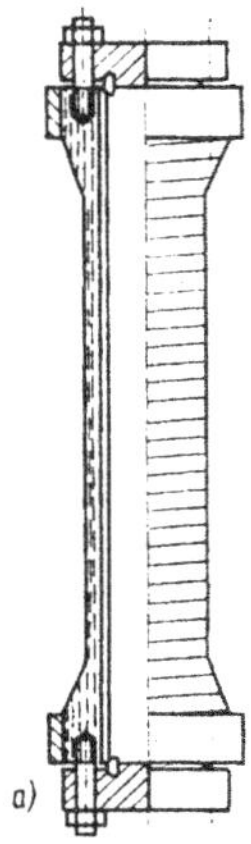

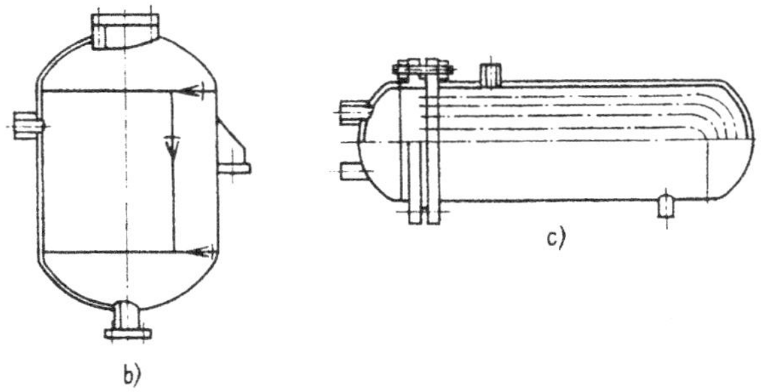

Bild 2-40. Bauformen von Druckgeräten;
a) Mehrlagenhochdruckgefäß,
b) Druckgefäß,
c) Apparat (Wärmetauscher).

Die meisten Druckgefäße in zylindrischer Form in stehender oder liegender Anordnung mit gewölbten Böden werden ähnlich Bild 2-40b ausgeführt. Die zylindrische Schale und die Böden können dabei aus korrosionsbeständigem Werkstoff bestehen oder werden mit einer entsprechenden Auskleidung bzw. Plattierung versehen. Diese Druckgeräte werden als Trommeln für Dampferzeuger, Druckgefäße oder Behälter zur Speicherung bzw. für den Ablauf von chemischen oder physikalischen Vorgängen eingesetzt.

Die häufig angewendeten Wärmetauscher, Bild 2-40c, bestehen aus dem äußeren Druckgefäß und einem eingebauten Rohrbündel, das z. B. über Rohrboden und Flansch mit dem Druckgefäß verbunden ist. Diese Kombination von Druckgefäß und Elementen zur Wärmeübertragung o. ä. wird im engeren Sinn als Apparat bezeichnet.

Die Bauformen der Behälter nach Bild 2-41 dienen zur Speicherung von Medien bei Über- oder Unterdruck bzw. zur drucklosen Lagerung. Liegende Behälter zur Lagerung von Flüssigkeiten wurden bis zu 6000 mm Durchmesser und 30 m Länge ausgeführt. Stehende Behälter bis etwa 25 m Durchmesser mit abgestufter Wanddicke sind vorwiegend als Lagerbehälter in der Erdölindustrie eingesetzt. Kugelförmige Behälter eignen sich besonders zur Lagerung von Gasen unter Druck, da die Kugelschale den geringsten Werkstoffaufwand ergibt.

Rohrleitungen werden als Bauelement von Apparaten oder als Verbindungselement zwischen Apparaten für den Transport von Medien angewendet. Rohrleitungen der verschiedenen Durchmesser (NW 8 bis 3000) und Längen werden nach dem Innendruck bemessen. Zusätzlich erfolgt der statische Nachweis für die auftretenden Beanspruchungen infolge Wärmedehnung bzw. Auflagerreaktionen.

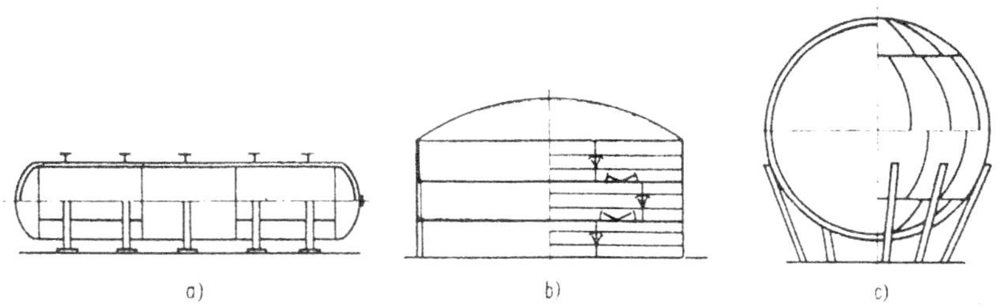

Bild 2-41. Bauformen von Behältern;
a) liegend,
b) stehend,
c) Kugel.

- **Bauweise von Maschinenelementen mit Kompaktquerschnitten**

Maschinenelemente sind häufig aus kompakten Querschnitten zusammengesetzt. Vom Gesichtspunkt der Fertigung aus kann man sie in eine Bauweisengruppe einordnen. Neue Schmelz- und Preßschweißverfahren erweitern ständig den Einsatz dieser geschweißten Bauelemente. Sie werden beansprucht durch Biegemomente, Querkräfte und Normalkräfte sowie besonders durch Torsionsmomente. Häufig ist auch dynamische Beanspruchung für die Dimensionierung maßgebend, Bild 2-42.

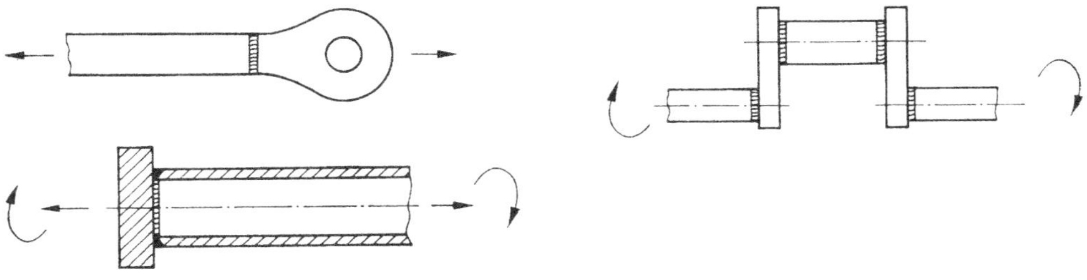

Bild 2-42. Beispiele von geschweißten Maschinenelementen mit Kompaktquerschnitten.

2.1.6 Gestaltungsbeispiele für Schweißkonstruktionen

Im nachstehenden Unterabschnitt werden ausgewählte Anwendungsbeispiele von Schweißkonstruktionen näher erläutert. Es werden typische Bauelemente hervorgehoben. Einige Gestaltungsbeispiele ganzer Erzeugnisse bzw. Produkte sowie ausgewählte größere Baugruppen zeigen dem Konstrukteur günstige Lösungen.

2.1.6.1 Stahlbau

Für Schweißkonstruktionen im Stahlbau werden vorwiegend Vollwandbauweise und Fachwerkbauweise herangezogen. In Abschnitt 2.1.5 wurden bereits viele typische Bauelemente erläutert. In Bild 2-7 sind bereits einige wesentliche günstige Konstruktionsformen von typischen Bauelementen (schmelzgeschweißt) dargestellt. Neben den dort gezeigten Trägerkonstruktionen werden häufig Platten und Schalen-Bauelemente eingesetzt. Ergänzend zu diesen bereits ausführlich behandelten Lösungen für den Stahlbau werden nachstehend einige Konstruktionsdetails erörtert.

Rahmenecken

Die Gestaltung von Rahmenecken richtet sich nach der Größe und Art der Beanspruchung. Bei geringer Beanspruchung genügt bei Querschnitten aus Walzprofilen je nach der Richtung der Hauptbelastung ein einfaches Auf- und Ansetzen des Riegels an den Stiel. Durch zusätzliche Eckbleche mit oder ohne

Gurtversteifung kann bei ruhender Last die Tragfähigkeit zusätzlich verbessert werden, Bild 2-43a. Größere Querschnitte werden als Blechträger jedoch vorwiegend aus ebenen Blechen hergestellt.

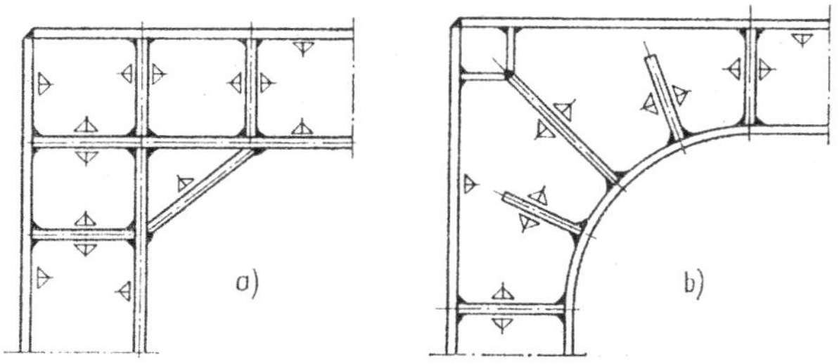

Bild 2-43. Rahmeneckverbindungen;
a) für statische Belastung,
b) für dynamische Belastung.

Bei veränderlicher Belastung dagegen muß ein möglichst kerbfreier kontinuierlicher Kraftübergang durch gebogene Gurtungen erreicht werden, Bild 2-43b. Dabei treten in den Gurten und auch in den Halsnähten zwischen Gurt und Steg zusätzliche Querbiegespannungen auf, die bei einem Verhältnis des inneren Krümmungsradius zur Trägerhöhe $R_i : h < 2{,}5$ nach der Theorie des gekrümmten Trägers berücksichtigt werden müssen. Die am Innengurt angeschweißten Rippen verbessern einerseits die Tragfähigkeit, indem sie das Abbiegen der Gurte verhindern, andererseits setzen sie durch die Kerbwirkung an den Gurten die Ermüdungsfestigkeit herab. Zur Vermeidung dieser Kerbwirkung können die Rippen ganz entfallen und dafür die Halsnähte dicker, zweckmäßig als HV- oder DHV-(K)-Nähte, ausgeführt werden.

Diese letztere Bauweise wird bei gedrungenen Konstruktionen in Kastenbauweise häufig angewendet. Dort liegt oft aus baulichen Gründen ein kleiner Biegeradius vor, und manche Flächen sind zusätzlich mechanisch zu bearbeiten.

In Tabelle 2-11 sind drei Beispiele solcher Ausführungsformen dargestellt. Wird der Innenradius $R_i < 3$ s gewählt, so ist eine Anordnung von Rippen oder Diagonalschotten nicht möglich. Hier muß die Halsnaht am Innengurt besonders dick und sorgfältig ausgeführt werden.

Tabelle 2-11. Rahmenecken.

Nr.	Aufgabe	Ausführung	Charakteristik
1	Geringe Belastung $R_i < 3s$	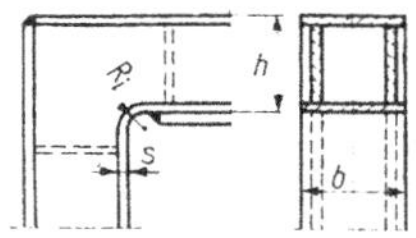	Aussteifung nicht erforderlich
2	Mittlere Belastung $R_i < h$	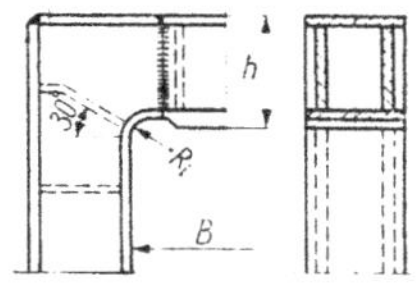	Riegelbreite $B < 4h$, Stoß durchgehend Schrägschott unter 30°
3	Hohe Belastung $R_i > h$	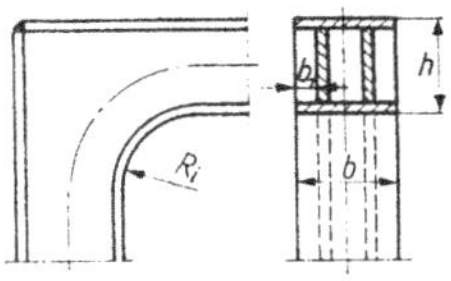	Stege um $b_1 \approx 1/3\,b$ verteilt, keine Schrägrippe erforderlich

Trägeranschlüsse

Trägeranschlüsse sind im Stahlhoch- und Brückenbau sowie bei Spanten, Stringern und Unterzügen des Schiffbaus u. a. häufig vorkommende Bauelemente. Bei der Gestaltung solcher Anschlüsse kommt es auf die Beanspruchungsart, auf die Form der eingesetzten Profile und auf gleiche oder unterschiedliche Höhe dieser Profile an.

Im allgemeinen wirkt die Beanspruchung senkrecht zur Trägerebene als Biegung mit Querkraft. Bei normalen, wenig steifen Anschlüssen ist von den Anschlußnähten nur eine Schubkraft zu übertragen. Ist der Anschluß besonders steif, muß der anzuschließende Träger als eingespannt betrachtet werden, wobei die Schweißnaht zusätzlich ein Biegemoment übertragen muß.

Träger mit offenem Profil und gleicher Höhe werden nach Tabelle 2-39 gestoßen. Der anzuschließende Steg wird ausgeklinkt. Bei ruhender Beanspruchung in der Trägerebene können Eckversteifungen angeordnet werden. Schwingende Beanspruchung bedingt ausgerundete und eingebundene Eckversteifungen nach Tabelle 2-12; 2.

Tabelle 2-12. Trägeranschlüsse.

Nr.	Aufgabe	Ausführung	Charakteristik
1	Verbindung gleich hoher Profile, F_z und F_Q klein, F groß	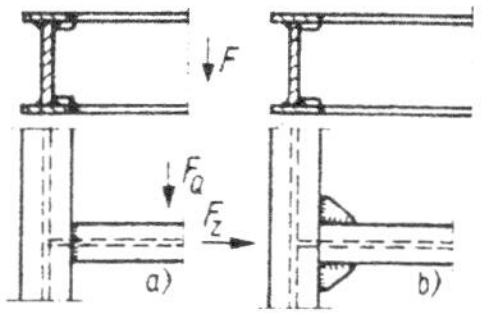	Ausklinkung für einfachen Zusammenbau a) ohne Eckblech b) mit Eckblech zur Verstärkung (für ruhenden Zug) und Versteifung (für horizontale Biegung)
2	Hochbelastete Trägerverbindung F und F_Q groß, schwellende bzw. wechselnde Beanspruchung	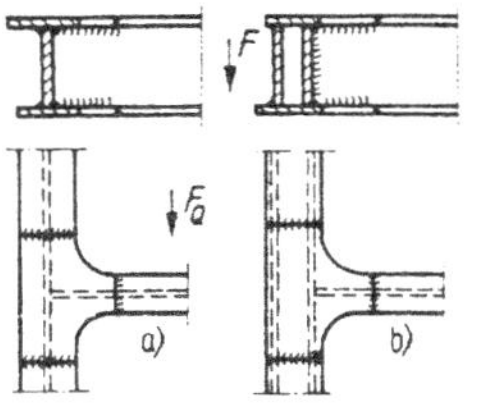	zwischengesetztes Eckblech durch Stumpfnaht angeschlossen a) am I-Träger b) am Kastenträger
3	Verbindung ungleich hoher Profile, ruhende Beanspruchung	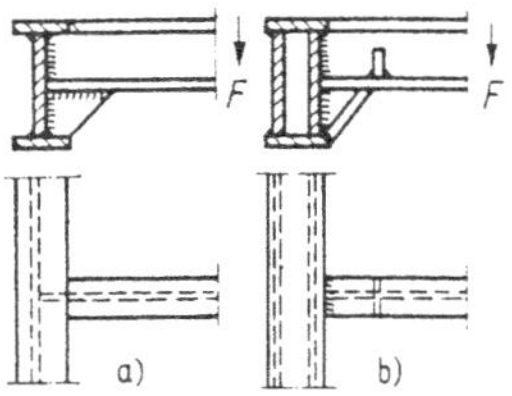	a) angesetzte Rippe für Übertragung großer Querkräfte[1]) b) Rippe mit Gurtblech zur Aufnahme größerer Eckmomente
4	Verbindung ungleich hoher Profile, schwellende oder wechselnde Beanspruchung	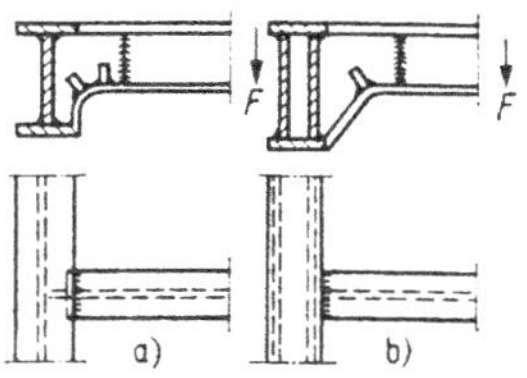	a) gebogener Übergang bei geringem Höhenunterschied, steifer Anschluß b) abgeknickter Gurt bei größerem Höhenunterschied

[1]) bei kleinen Querkräften ohne Rippe

Träger mit ungleicher Höhe benötigen bei geringer Schubübertragung nur eine Stegschweißverbindung; bei größeren Querkräften kann eine zusätzliche Rippe, bei steifen Querschnitten mit einer Gurtverstärkung zwischen die Untergurte der beiden Träger geschweißt werden, Tabelle 2-12; 3. Bei veränderlicher Beanspruchung ist ein allmählicher Querschnittsübergang durch einen gebogenen Gurt und ein entsprechend eingepaßtes Stegstück zu schaffen, Tabelle 2-12; 4.

Gestaltungsbeispiele

Trapez-Kastenquerschnitt einer Eisenbahnbrücke

Das Schema eines geschweißten Hauptträgers einer zweigleisigen Eisenbahnbrücke mit Trapez-Kastenquerschnitt ist in Bild 2-44 dargestellt. Die schweißtechnische und konstruktive Gestaltung des Querschnitts führt zu zweckmäßig angeordneten Quer- und Längsnähten und der effektiven Wahl der Schotten. Eine direkte Schienenauflagerung ist hier ebenfalls zweckmäßig gewählt worden.

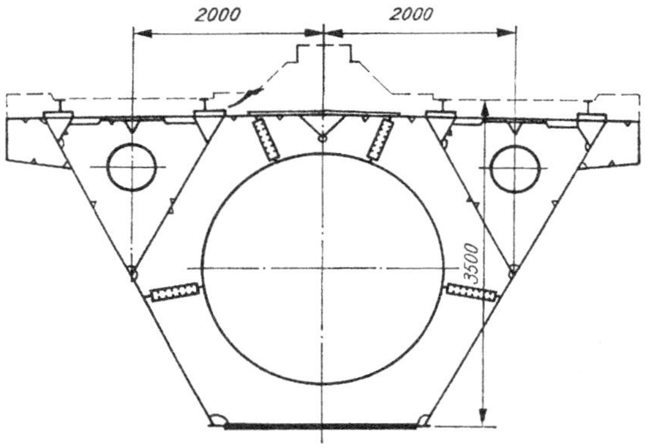

Bild 2-44. Schema eines geschweißten Hauptträgers einer zweigleisigen Eisenbahnbrücke mit Trapez-Kastenquerschnitt.

2.1.6.2 Druckgerätebau (Dampfkessel, Apparate, Rohrleitungen)

Für die Ausführung der Elemente von Druckgeräten liegen die vielfältigsten Bedingungen aus den Anforderungen durch Betriebsmedium, Druck, Temperatur, Abmessungen und Herstellungsverfahren vor.

Zylindrische Wand

Die Wandung eines Druckgerätes muß zunächst die beiden Bedingungen

- Tragwirkung gegenüber Innendruck und
- Korrosionsbeständigkeit gegenüber dem Betriebsmedium

erfüllen. Hierzu wurden nachstehende Ausführungen angewendet:

a) Vollmaterialausführung } Tragwirkung
b) Mehrlagenausführung }
c) Plattierung (walzplattiert, auftraggeschweißt oder gespritzt) } Korrosionsbeständigkeit
d) Auskleidung (metallisch oder nichtmetallisch) }

Die Entscheidung über die zu wählende Ausführung ist abhängig von der Art, Größe und dem Verwendungszweck des Apparates und wird unter Berücksichtigung betrieblicher Erfahrungen und Einrichtungen sowie ökonomischer und volkswirtschaftlicher Erwägungen getroffen.

Boden- und Eckanschlüsse

Die Gestaltung des Anschlusses am Übergang zum zylindrischen Mantel ist die Grundaufgabe im Druckgerätebau, die für jeden Apparat, abhängig von den Bauteilabmessungen, den Beanspruchungen und dem Werkstoff, zu lösen ist. Beispiele sind Tabelle 2-13 zu entnehmen.

Tabelle 2-13. Boden- und Eckanschlüsse.

Nr.	Aufgabe	Ausführung	Charakteristik
1	Bodenanschluß für drucklosen Behälter bzw. $D_a \leqq 2\,000$	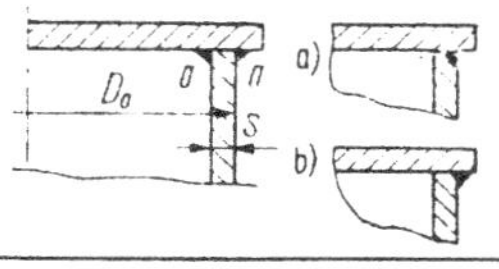	wirtschaftlicher Kehlnahtanschluß, da einfache Montage a) wenn von innen nicht zugänglich
2	Boden für dünnwandigen, drucklosen Behälter	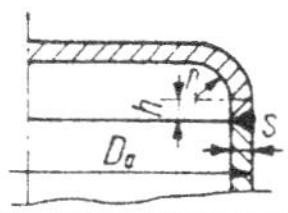	günstiger als 1, wenn Behälter geringen Durchmessers in Serienfertigung
3	Boden für (Druckbehälter) Apparat $D_a \geqq 500$	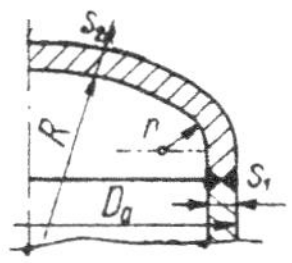	übliche Ausführung des Apparatebaus für verschiedene Drücke und Abmessungen
4	Boden für kleinen Durchmesser	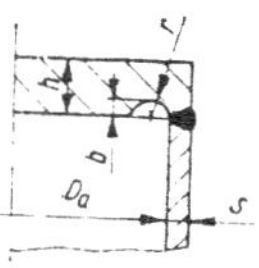	für Sammlerböden $D \leqq 500$
5	Rohrboden – Anschluß bei geringem Betriebsdruck	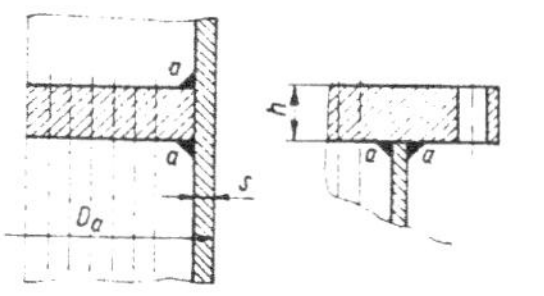	$a \leqq 0{,}7\,s_1$, $a \leqq 12$, $D \geqq 600$, bei großem p bzw. $D \leqq 600$ Anschluß nach a) mit HV-Naht

Abhängig vom Innendurchmesser und vom Druck sind Bodenformen 1, 2 und 3 nach Tabelle 2-13 anzuwenden. Der tiefgewölbte Boden 3 nach Tabelle 2-13 wird überwiegend für Apparate mit Innen- oder Außendruck eingesetzt. Die ebenen Böden 4 und 5 nach Tabelle 2-13 werden für den Anschluß von Sammlern kleinen Durchmessers bzw. für die Aufnahme von Rohrbündeln verwendet. Bei der Gestaltung ist auf hinreichende Zugänglichkeit der Nähte an dem Anschluß zu achten, dafür geben die Werte der Tabelle Hinweise.

Stutzen und Ausschnitte

Am Rand von Ausschnitten für Stutzen oder Deckel, die in die zylindrische Wand eingebaut werden, treten gegenüber dem ungestörten Membranspannungszustand erhöhte Spannungen auf. Diese Spannungsspitzen ergeben sich aus der geometrischen Unstetigkeit und den zusätzlichen Biegemomenten am Rand infolge der am Stutzen bzw. Deckel wirkenden Kräfte. Abhängig von dem Verhältnis des Stutzendurchmessers zum Durchmesser der zylindrischen Wand und der Wanddicken von Mantel und Stutzen werden Ausführungen nach Tabelle 2-14 mit oder ohne Verstärkungen vorgenommen. Die übliche Ausführung mit durchgestecktem Rohr 1 nach Tabelle 2-14 ist an bestimmte

Grenzen der Ausführung gebunden. Bei größerer Wanddicke und Beanspruchung wird die Gestaltung 5 nach Tabelle 2-14 vorgenommen. Die Ausführung 4 nach Tabelle 2-14 wird nur noch bei Behältern geringer Wanddicke bei großem Stutzendurchmesser angewendet.

Tabelle 2-14. Stutzen und Ausschnitte.

Nr.	Aufgabe	Ausführung Querschnitt Längsschnitt	Charakteristik
1	Ausschnitt bzw. Stutzen kleinen Durchmessers an Behältern mit geringer Wanddicke	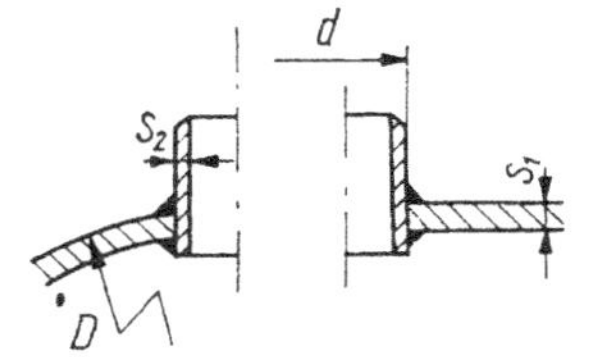	$d \leqq 150$, $d \leqq 4\,s_1$ $s_1 = 10$ $p = 0{,}10 \cdots 0{,}25$ MPa eingesetztes, unverstärktes Rohrstück, bei $s_1 \geqq 10$ Anschluß durch HV-Naht
2	Ausschnittsrand durch Aushalsen herstellen	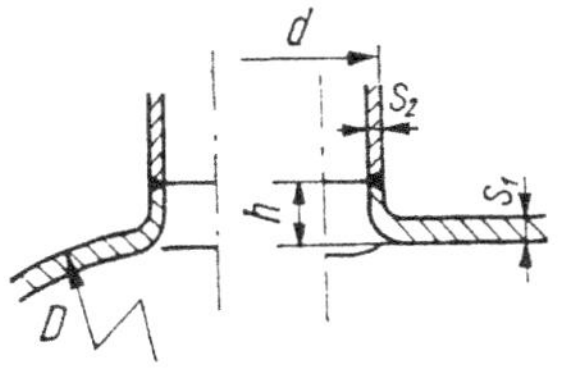	$d = 50 \cdots 600$, abhängig von s und vorhandenen Einrichtungen
3	Anschluß bei behinderter Zugänglichkeit von innen	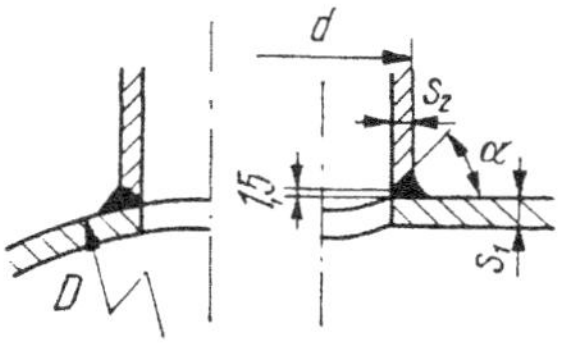	aufgesetztes Rohrstück, durch HV-Naht angeschlossen. $\beta = 50°$
4	Randverstärkung durch Lasche	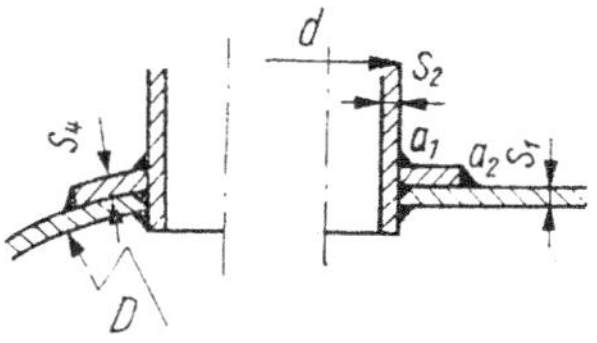	$d \leqq D/2$ $s \leqq 16$ $p = 0{,}10 \cdots 0{,}25$ MPa
5	Randverstärkung bei großer Wanddicke und Beanspruchung	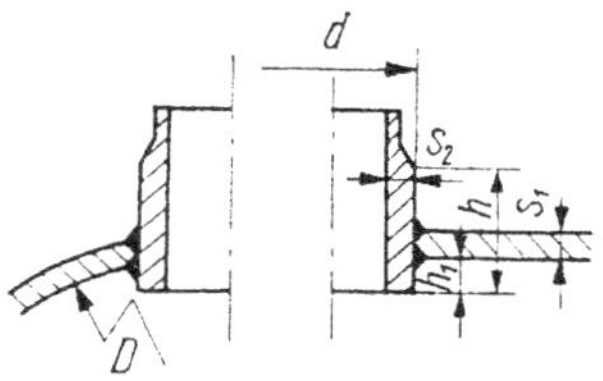	verstärktes Rohrstück, durch Stumpfnähte, angeschlossen

Geschweißte Flansche

Für die zweckmäßigste Gestaltung von geschweißten Flanschen muß von den Forderungen der Dichtigkeit unter Betriebsbedingungen ausgegangen werden. Festigkeit und Steifigkeit sind zu beachten. Die allgemeingültigen Forderungen an die Gestaltung geschweißter Flansche sind:

a) verdrehsteifer Flanschteller großer Dicke und günstige Wahl der Dichtung; möglichst große Schraubenzahl bei kleinem Schraubendurchmesser (hochfeste Schrauben), um die Beanspruchung im Flansch gering zu halten,
b) Schweißverbindung so anordnen, daß möglichst geringe Wanddicke anzuschließen ist. Aufgeschweißte Rippen zur Erhöhung der Steifigkeit sind meist ungeeignet.

Tabelle 2-15. Geschweißte und plattierte Flansche.

Nr.	Aufgabe	Ausführung	Charakteristik
1	Anschluß für geringen Innendruck	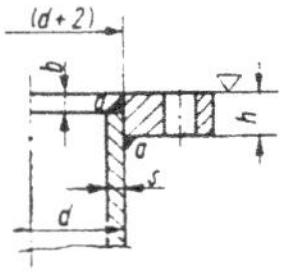	$p = 0{,}1 \cdots 1{,}0$ MPa, $pd \leqq 700$
2	Für mäßigen und hohen Innendruck	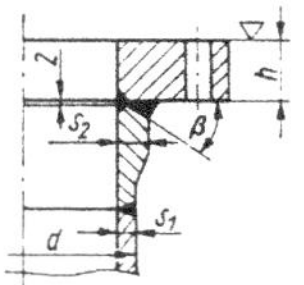	$pd \geqq 700$ bei $d \geqq 400$ mm, von innen Kapplage schweißen
3	Für höchste Anforderungen an die Dichtigkeit	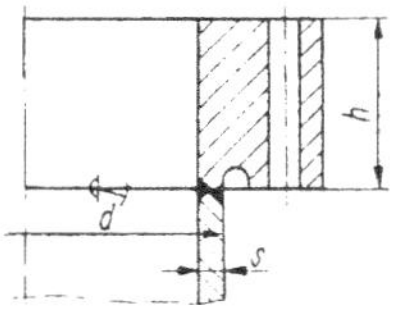	hoher, steifer Flansch, möglichst hochfeste Schrauben anwenden
4	Für legierten Werkstoff und Flansch aus C-Stahl	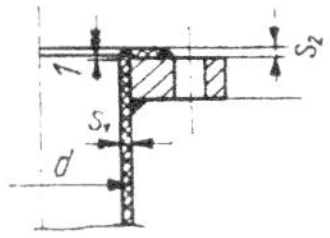	$p = 0{,}1 \cdots 0{,}3$ MPa, $d \leqq 600$ mm
5	Für plattiertes Rohr (Mantel) und Flansch aus C-Stahl	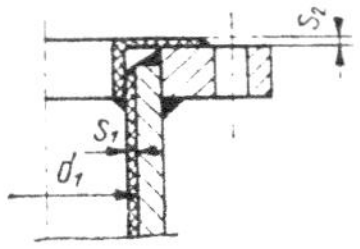	$p = 0{,}6 \cdots 1{,}6$ MPa, $d \geqq 250$ mm und bei Weichdichtung
6	Für legiertes, eingesetztes Rohr und bearbeitete Dichtungsauflage	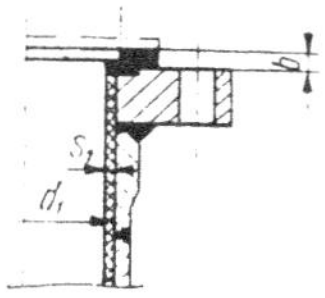	auftraggeschweißter Dichtungsring

Die üblichen Ausführungen geschweißter und auch plattierter Flansche sind in Tabelle 2-14 zusammengestellt. Bei geringer Beanspruchung genügt die Ausführung 1 nach Tabelle 2-14. Für höheren Innendruck wird nach den einschlägigen Regeln eine Ausführung mit verstärktem konischem Übergangsstück (geschmiedet oder geschweißt) angewendet.

Flansche an Apparaten aus legierten Werkstoffen bzw. in plattierter Ausführung zeigen die Ausführungen 4, 5 und 6 in Tabelle 2-14. Für die Gestaltung geschweißter Flansche ist vorauszusetzen:

a) Das kegelige Übergangsstück bei geschweißten Flanschen stellt z. T. eine Nachahmung der durch die Fertigungsverfahren Gießen bzw. Gesenkschmieden entwickelte Form dar. Dabei ist festzustellen, daß über 50 % des eingesetzten Werkstoffs spanend abgearbeitet werden.
b) Der geschweißte Flansch erreicht einen geringeren Werkstoffeinsatz und geringere Fertigungskosten, wenn statt des zu verstärkenden kegeligen Übergangsstücks ein entsprechend dimensionierter hoher Flanschteller eingesetzt wird.
c) Für die üblichen, unlegierten Werkstoffe wird die Schweißung am Übergang bei mehreren Lagen gegebenenfalls mit Entlastungsnut beherrscht. Bei besonderen Verhältnissen sind entsprechende technologische Versuche durchzuführen.

Rohrböden und Rohrverbindungen

Rohrboden und Rohrbündel

Zur Aufnahme der Rohre für Wärmeaustauscher wurden die verschiedensten Bauformen entwickelt. In Bild 2-45 wurden die Grundformen mit plattenförmigen Rohrböden zusammengestellt. Die Dicke der freitragenden Platte nach Bild 2-45a verringert sich bei den Ausführungen nach Bild 2-45b mit schwimmendem Kopf und nach Bild 2-45c mit festen, gestützten Böden. Bei den Ausführungen mit gestützten Platten sind für die Rohrverbindung die Rohrkräfte infolge Dehnungsbehinderung zu berücksichtigen.

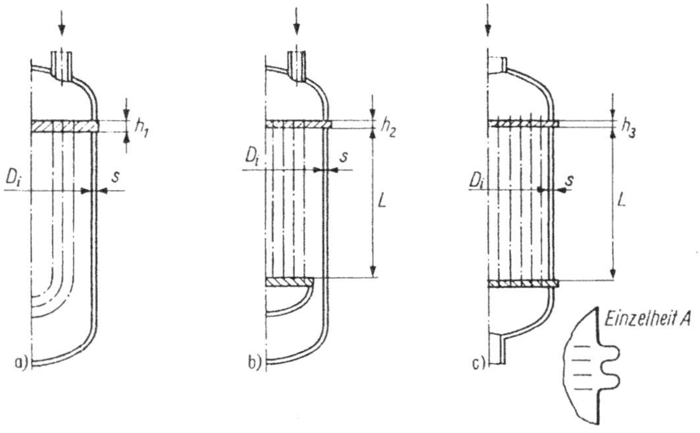

Bild 2-45. Rohrboden und Rohrbündel;
a) freitragende Platte mit U-Rahmen,
b) gestützter Boden und schwimmender Kopf,
c) gestützte Böden ohne oder mit Dehnungsausgleich im Mantel.

Rohrverbindungen

Die Rohrverbindung ist für die Betriebssicherheit von Wärmetauschern das bestimmende Element. Die Auswahl der Verbindungsformen und das anzuwendende Schweißverfahren sind abhängig vom verwendeten Werkstoff, den Rohrabmessungen, den Betriebsparametern und dem Verwendungszweck (Einlagen- oder Mehrlagenschweißung). Für die Ausführung der Schweißverbindung sind bereits bei der Konstruktion die Voraussetzungen zu berücksichtigen. Die überwiegend angewendeten Verbindungen werden in Tabelle 2-16 zusammengestellt. Sofern der Überstand des Rohres nicht stört, ist die Verbindung 1 nach Tabelle 2-16 zu bevorzugen. Bei enger Teilung ist die Ausführung 2 nach Tabelle 2-16 anzuwenden. Die Abschrägung 3 nach Tabelle 2-16 ermöglicht eine sichere Schweißverbindung am Rohr, wenn $s > 3$ mm. Für die Verbindung an dünnen Rohrböden empfiehlt sich die Ausführung 4 nach Tabelle 2-16.

Tabelle 2-16. Rohrverbindungen am Boden.

Nr.	Aufgabe	Ausführung	Charakteristik
1	Einfache Verbindung bei großer Teilung	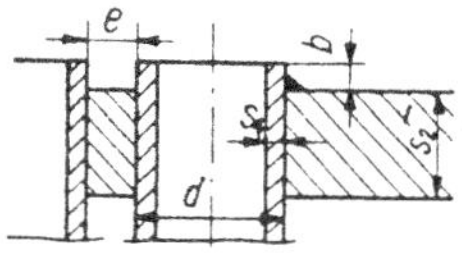	$s \geqq 3$ mm $b \geqq 2s$ $d \geqq 9$ mm, übliche Schweißverfahren E, MAG, MIG
2	Verbindung bei kleiner Teilung	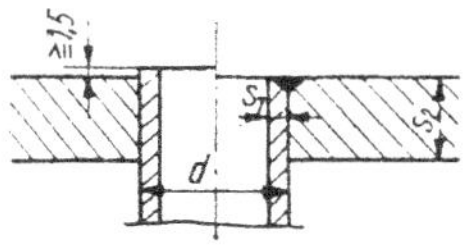	$s \geqq 2$ mm, bevorzugt WIG und MAG
3	Verbindung ohne Überstand am Rohrboden	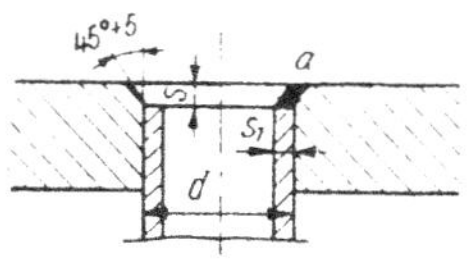	$d \geqq 30$ mm $s \geqq 3$ mm $\beta = 30°$
4	Rohrboden mit geringer Wanddicke	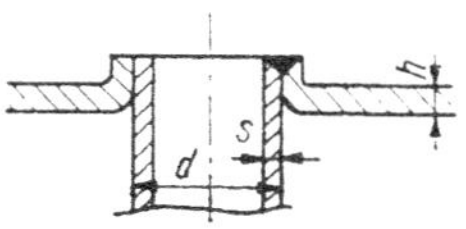	Rohranschluß, ausgehalst

Wandverstärkungen und Tragpratzen

Zur Befestigung von Teilen an der Wand von Druckgeräten sind die Ausführungen nach Tabelle 2-17 üblich. Bei kleinen Teilen ist oft eine Auftragschweißung 1 nach Tabelle 2-17 ausreichend. Sofern größere Teile ohne Durchgang zum Apparateinnenraum zu befestigen sind, ist eine Ausführung 2 nach Tabelle 2-17 günstig, insbesondere dann, wenn die mechanische Bearbeitung vor dem Anschweißen erfolgen kann. Toleranzen und Verzug beim Schweißen beachten! Bei Durchgang in der Wand wird Ausführung 4 nach Tabelle 2-17 bevorzugt. Bei großer Wanddicke bzw. zusätzlicher Beanspruchung durch Schwingungen, z. B. durch Antriebsaggregate, wird der Blockflansch durch DHV-Nähte an die zylindrische Wand angeschlossen. Für die Aufstellung von Apparaten werden Tragpratzen oder an den zylindrischen Mantel angeschweißte Standringe verwendet. Zur Aussteifung des Bodens gegen Einbeulen werden bei Standfüßen nach Bild 2-46 üblicherweise Verstärkungsplatten angeschweißt.

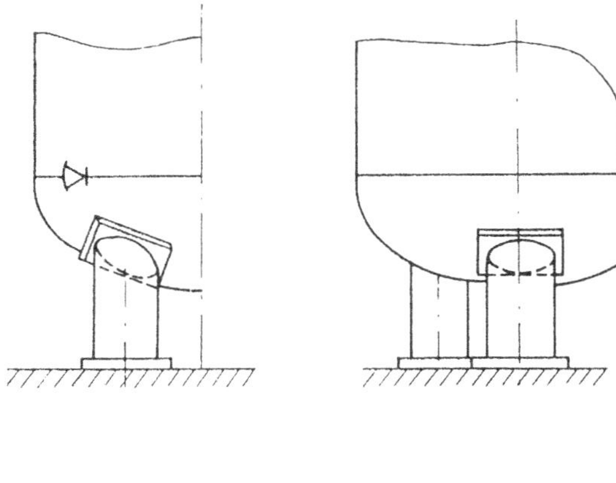

Bild 2-46. Behälterfuß mit Verstärkungsplatte.

Tabelle 2-17. Wandverstärkungen.

Nr.	Aufgabe	Ausführung	Charakteristik
1	Befestigung kleiner Teile	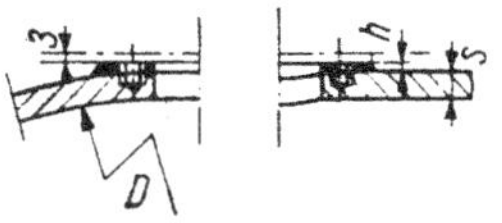	Auftragschweißung, $h \leqq 10$ mm, $h \leqq 0{,}5\,s$
2	Befestigungsplatte ohne Durchgang	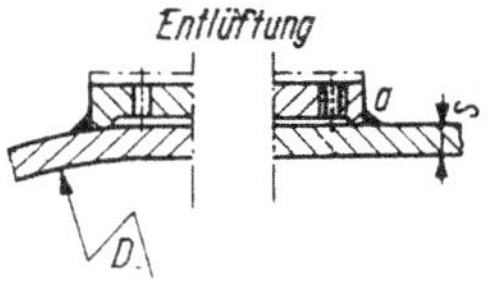	mechanisch vorgedrehte Platte, Kehlnahtanschluß, günstige Anpassung an Kugelkalotte
3	Verstärkungsplatte an zylindrischer Wand	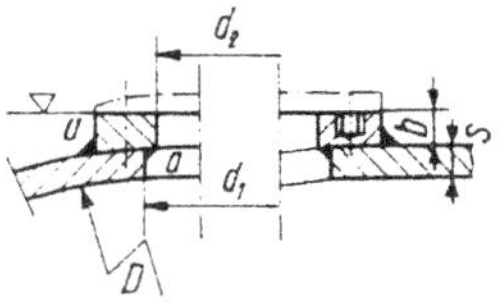	Blech durch Runden angepaßt, $d = 50 \cdots 150$ mm, $s \geqq 10$ mm
4	Blockflansch	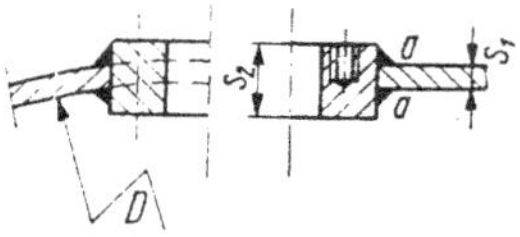	eingesetzter Blockflansch, bei großer Wanddicke evtl. mit HV-Nähten anschließen

Gestaltungsbeispiele

Aus der Fülle der Anwendungen werden nachstehend einige wenige Gestaltungsbeispiele von Schweißkonstruktionen im Druckgerätebau aufgezeigt.

Rohranschlüsse

Der Sattelstutzen, Bild 2-47, ist vorzugsweise für dünnwandige Rohre gedacht, die relativ elastisch sind. Durch die ringförmige Naht entstehen hohe Schrumpf- und Eigenspannungen (ähnlich wie beim Flickenschweißen).

Läßt sich die Variante 1 (Bild 2-47) aus räumlichen oder ähnlichen Gründen nicht anwenden, gibt es noch weitere Möglichkeiten, die Forderungen – Stumpfnaht, voll durchgeschweißt – zu erfüllen.

Variante 2 – Warmumformen: Der Gehrungseinschnitt in das Rohr wird etwas größer als 45° ausgeführt. An den kritischen Scheitelstellen wird die Rohrwandung an der Wurzel warm vorgezogen, so daß die im Bild gezeigte Form entsteht.

Variante 3 – Beschleifen: Die Stellen, die bei der bisherigen Ausführung von der Wurzelschweißung nicht erfaßt wurden, werden vorher weggeschliffen. Die Nahtdicke muß dann mindestens gleich der Wanddicke sein. Dabei ist auf eine gute Ausrundung der Oberfläche und kerbenfreie Übergänge zu achten.

Variante 4 – Stumpf- und Kehlnaht in einer Verbindung: ist die Sicherheit ausreichend, kann die bisherige Konstruktionsform, d. h. Übergang von Stumpf- zur Kehlnaht (mit nicht durchgeschweißter Wandung), gewählt werden.

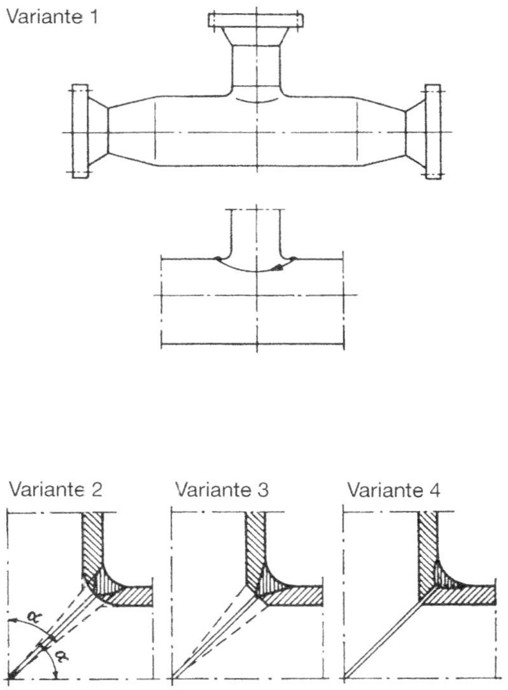

Bild 2-47. Rohranschlüsse;
Variante 1: für höchste Beanspruchungen; oben: Rohrenden eingezogen, Anschluß ausgehalst; unten: Rohr aufgedornt, sogenannter Sattelstutzen. In beiden Fällen nach dem Warmumformen auf Mindestwanddicke kontrollieren!
Variante 2: Warmumformen,
Variante 3: Beschleifen,
Variante 4: Stumpf- und Kehlnaht in einer Verbindung (Formnaht).

2.1.6.3 Maschinenbau und Gerätebau

Ein großer Teil der geschweißten Bauelemente im Maschinen- und Gerätebau entspricht der Vollwandbauweise. Blechträgerkonstruktionen aller Art, besonders als Kastenträger bzw. als Schalenkonstruktionen, sind sehr ähnlich, wie Stahlbau-Elemente gestaltet, wie zuvor erörtert.

Gehäusekonstruktionen

Bei Gehäusekonstruktionen sind die Aussteifung der Wände und das Einschweißen der Lager und Flansche schweißtechnisch bedeutsam. Die Gehäusewand muß genügende Stabilität und ausreichende dynamische Steifigkeit besitzen. Das wird entweder durch entsprechend große Wanddicke oder bei Leichtbaukonstruktionen durch geringe Wanddicke mit einer größeren Anzahl Aussteifungen, besonders an Krafteinleitungsstellen, erreicht. Dabei sind für die Wahl der Gestaltung Wirtschaftlichkeitsvergleiche unter Beachtung der Schweiß- und Richtkosten entscheidend.

Bei ruhender Belastung ist der Nachweis der Stabilität maßgebend.

Das Beulfeld kann durch einfache Flachstahlrippen in Quer-, Längs- oder in beiden Richtungen gleichzeitig an den Stellen der größten Ausbiegung des unversteiften Feldes unterteilt werden, Ausführung 1 in Tabelle 2-18. Durch Schwingungen beanspruchte Wände, wie meist bei Gehäusen, erfordern Aussteifungen mit größerem Trägheitsmoment. Das führt zu T-förmigen oder Hohlprofilen, Ausführung 2 und 3 in Tabelle 2-18. Die torsionssteifen Hohlrippen ergeben für Maschinengehäuse die günstigste Form, während die T-förmigen Rippen für biegebeanspruchte Platten, z. B. bei Behältern, zu empfehlen sind.

Sind in Wandungen Ausschnitte notwendig, bei denen der Ausfall an Fläche oder Trägheitsmoment ersetzt werden muß, so können als einfachste Lösung Verstärkungsplatten einseitig oder beidseitig flach aufgesetzt werden, Ausführung 1 und 2a in Tabelle 2-19. Es kann jedoch auch ein verstärktes

Tabelle 2-18. Aussteifungen ebener Wände.

Nr.	Aufgabe	Ausführung	Charakteristik
1	Aussteifung gegen Beulen (Aufteilung des Beulfeldes), billige Herstellung	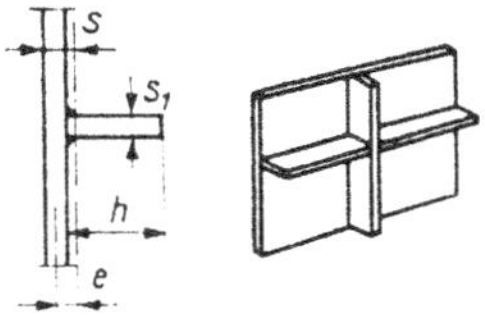	Flachstahlrippe, wenn J_{Rip} klein; Anwendung für I-Träger, Rippen an Gehäusen, ungeeignet bei dynamischer Beanspruchung
2	Versteifung gegen Plattenbiegung (Bodenplatten, Behälter)	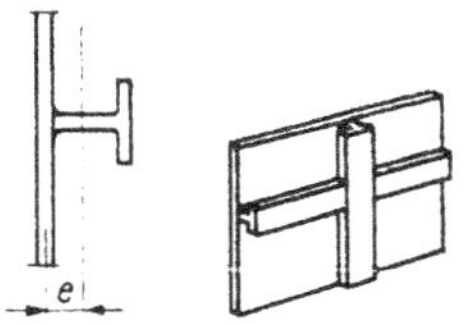	Profilstahl, vergrößert wirksames J; Anwendung im Schiffbau, bei Bunkerwänden, bei Fahrbahnen von Straßenbrücken
3	Steifigkeitserhöhung gegen Beulen und Schwingungen	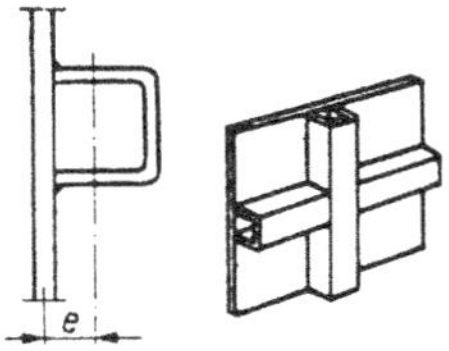	Hohlrippen ergeben hohe Steifigkeit bei geringer Masse, Blechrand durch Torsionswiderstand eingespannt, weitgehende Verringerung der Blechdicke, Anwendung für Gehäuse und Ständer

Blech rund um den Ausschnitt mit Stumpfnaht eingeschweißt werden, Ausführung 2b in Tabelle 2-19, was höhere Ermüdungsfestigkeit ergibt. Bei größeren Ausschnitten ist es zweckmäßig, einen Gurtring zu verwenden, dessen Breite sich nach der Höhe der Beanspruchung richtet, Ausführung 3 in Tabelle 2-19. Bei dünnwandigen Blechkonstruktionen kann auch eine Umbördelung oder Aushalsung des freien Randes erfolgen.

Tabelle 2-19. Verstärkungen von Ausschnitten.

Nr.	Aufgabe	Ausführung	Charakteristik
1	Verstärkungsplatte einseitig, Durchmesser *d* klein, geringe Beanspruchung	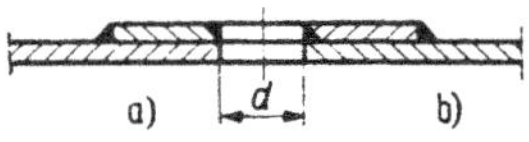	a) Anschluß durch Kehlnähte b) innen versenkte Naht
2	Verstärkung beiderseits, Durchmesser *d* klein, hohe Beanspruchung	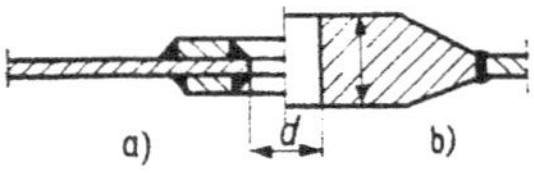	a) Anschluß durch Kehlnähte, einfache Fertigung, ruhende Beanspruchung b) durch Stumpfnaht eingeschweißte Verstärkung
3	Verstärkungsring, Durchmesser *d* groß	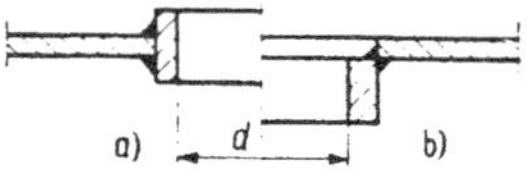	a) beiderseits überstehende Leiste b) einseitig eben

Das Einschweißen der Lager und Flansche in die Gehäusewände richtet sich nach der Größe des Lagerteils. Bei geringem Durchmesser wird zweckmäßig ein vierkantiger Klotz eingesetzt, Tabelle 2-20. Für größere Durchmesser werden Ringe ausgeschnitten und angeschweißt, Ausführung 2 in Tabelle 2-20. Ist die zu übertragende Schraubenkraft gering, genügt ein direkter Anschluß der Flanschleiste. Bei hohen Schraubenkräften wird ein Formteil geschnitten, das gleichzeitig zur Aufnahme der Schrauben dient, Ausführung 3 in Tabelle 2-20. Für schwere Lager oder Flanschleisten mit vielen Lagerstellen ist eine Stahlgußausführung zu bevorzugen. In Ausführung 4 in Tabelle 2-20 ist zu sehen, wie ein Lager mit großem Durchmesser in ein einwandiges Gehäuse eingeschweißt wird, während Ausführung 5 in Tabelle 2-20 ein Lager im doppelwandigen Gehäuse darstellt. Beim Einschweißen ist zu beachten, daß an mechanisch nicht bearbeiteten Stellen am Stahlguß etwa 1 mm abzuarbeiten ist, um die Gußhaut zu entfernen.

Tabelle 2-20. Lagerstellen für Getriebegehäuse.

Nr.	Aufgabe	Ausführung	Charakteristik
1	Durchmesser $d < 50$ mm	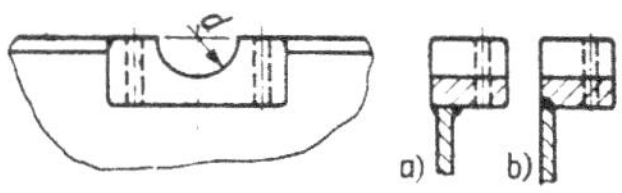	Rechteckklotz eingesetzt, Schrauben durch Klotz a) mit Kehlnaht angeschlossen b) Innenwand bündig (J-Naht)
2	Durchmesser d größer, geringe Belastung	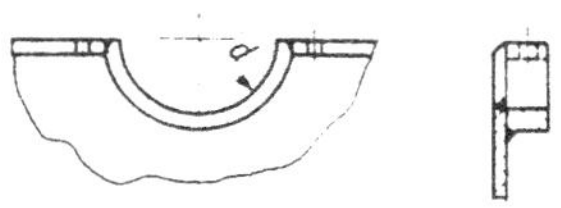	brenngeschnittener oder gebogener Ring
3	Durchmesser $d \approx 50 \cdots 120$ mm	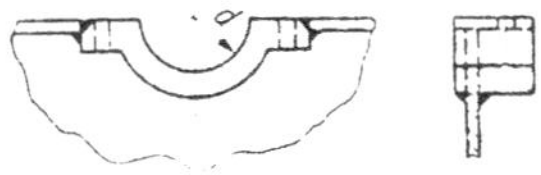	brenngeschnittener Ring oder Formstück, wenn Flanschdicke gering
4	Durchmesser $d \geqq 120$ mm, Anschluß an Einzelwand	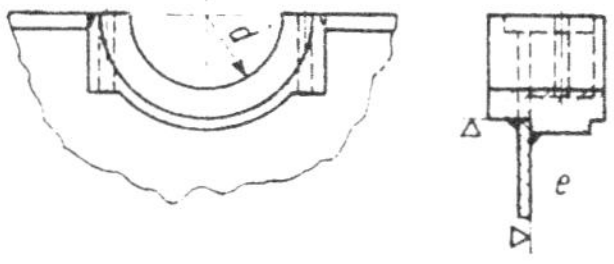	Stahlgußstück, angedrehter Absatz, Anschlußstelle e überschliffen, Lagerschrauben außen
5	Durchmesser $d \geqq 120$ mm, Doppelwand	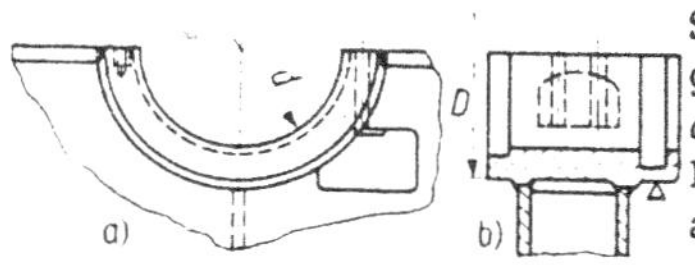	Stahlgußkörper mit vorgedrehtem Durchmesser d in Wand eingesetzt – Kehlnaht a) Gewindeloch-Kopfschrauben b) Durchgangsloch – Handlöcher in Wand

Nach den gleichen Prinzipien sind auch andere früher gegossene Bauteile wie Grundplatten und Lagerböcke zu gestalten, wenn sich aufgrund der herzustellenden Stückzahlen die Schweißkonstruktion als wirtschaftlicher erweist. In Bild 2-48 und in Bild 2-49 sind dafür zwei Beispiele gezeigt. Hierbei handelt es sich um biegefeste Anschlüsse mit verhältnismäßig kleinem Biegemoment, aber großer Querkraft. Es ist deshalb wichtig, ausreichende Schweißnähte parallel zur Kraftrichtung vorzusehen.

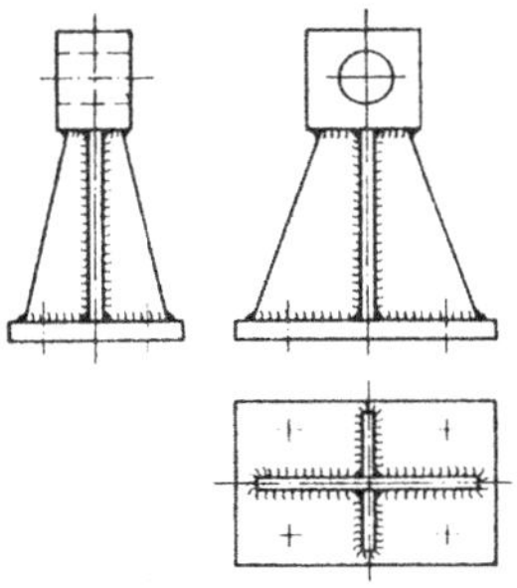

Bild 2-48. Geschweißter Lagerbock.

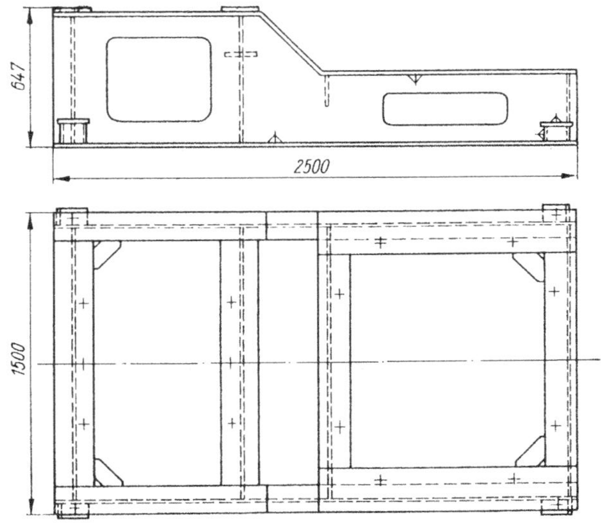

Bild 2-49. Grundplatte mit unterschiedlicher Höhenlage der Lagerstellen.

Pratzen und Schraubenaufnahmen

Pratzen sollten besser zweistegig als einstegig ausgeführt werden. Bei geringer Tragkraft sind abgekantete Bleche zweckmäßig, Ausführung 1 in Tabelle 2-21. Schwere Lasten werden mit Pratzen nach Ausführung 2 in Tabelle 2-21 abgesetzt. Zur Aufnahme von Schraubenkräften bei Verankerungen kann entweder bei geringen Kräften die Platte oder Flanschleiste entsprechend dick ausgeführt werden, so daß sie die auftretende Biegebeanspruchung aufnehmen kann, Ausführung 3 in Tabelle 2-21, oder es müssen Rippen als Verstärkung besonders bei Dichtungsflächen angeordnet werden. Rippen können bei kleinen Schraubenkräften als Flachstahlrippen, z. B. bei den Pratzen, angeordnet werden oder besser als abgekantete Hohlrippen, Ausführung 4 in Tabelle 2-21. Bei großen Schrauben- und Verankerungskräften kommt eine Lösung nach Ausführung 5 oder 6 in Tabelle 2-21 in Frage.

Naben in Gehäusen

Da Räder, insbesondere kleineren Durchmessers, bei großen Stückzahlen vielfach günstig als Gußteile hergestellt werden, muß bei der geschweißten Ausführung der Wirtschaftlichkeit besondere Beachtung geschenkt werden. Daher sind bevorzugt Kehlnähte auszuführen, die billiger und für Übertragung von Schubbeanspruchungen am besten geeignet sind. Kleinere Naben oder auch Verstärkungsteile in Wänden werden bei geringen Kräften einseitig oder zweiseitig nach Ausführung 1 in Tabelle 2-22 ausgeführt. Treten Kräfte senkrecht zur Wand auf oder wird auch eine größere Lagerfläche erforderlich, so können zusätzliche Rippen am Umfang angeordnet werden, Ausführung 2 in Tabelle 2-22.

Größere Naben werden nicht mehr aufgesetzt, sondern eingesetzt. Dabei sind auch Torsionsmomente von der Schweißnaht zu übertragen. Um eine höhere Genauigkeit im Sitz der Scheibe auf der Nabe zu erhalten, sind Zentrieranschläge nach Ausführung 3b in Tabelle 2-22 oft zu empfehlen. Bei größeren Stückzahlen ist jedoch eine entsprechende Heftvorrichtung zum Ausrichten vorteilhafter. Um größere Radialkräfte und Torsionsmomente anzuschließen, ist eine doppelwandige Ausführung anzuwenden, Ausführung 4 in Tabelle 2-22.

Tabelle 2-21. Pratzen und Schraubenaufnahmen.

Nr.	Aufgabe	Ausführung	Charakteristik
1	Geringe Verankerungskraft F_s, Auflagerlast F_A klein, $d = 8 \cdots 16$ mm	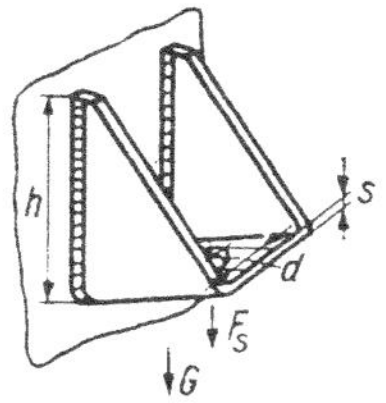	Tragpratzen und Schraubenaufnahmen $s = 6 \cdots 12$ mm $h = 60 \cdots 150$ mm ohne Bearbeitung der Auflage, Durchmesser d im Einzelteil gebohrt
2	Geringe Verankerungskraft F_s, Auflagerlast F_A groß, $d = 16 \cdots 24$ mm	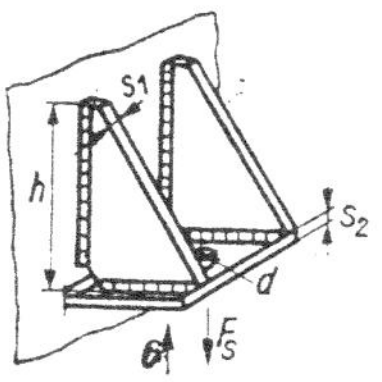	Tragpratzen $s_1 = 12 \cdots 20$ mm $s_2 = 15 \cdots 25$ mm $h = 100 \cdots 200$ mm, Auflage meist nicht bearbeitet
3	Geringe bis mittlere Verankerungskraft F_S	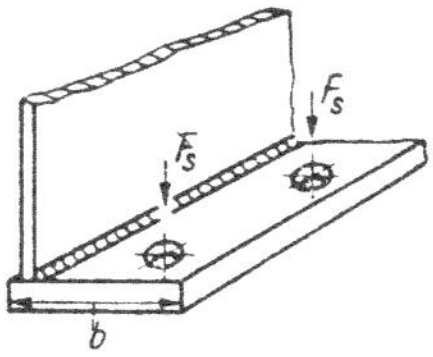	dicke Flanschleiste ohne Versteifung, Breite b gering, *dicker Flansch*
4	Geringe bis mittlere Verankerungskraft F_s	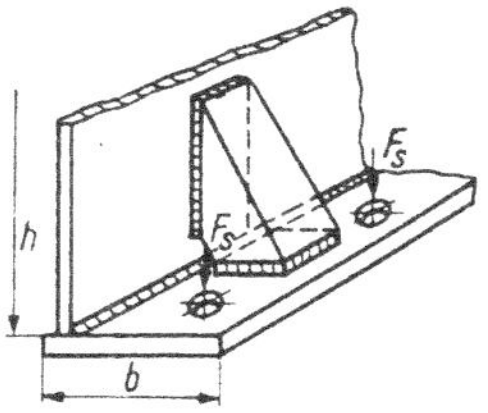	dünne Flanschleiste, Breite b groß, *abgekantete Hohlrippe*
5	Große Verankerungskraft F_s, $d = 16 \cdots 24$ mm	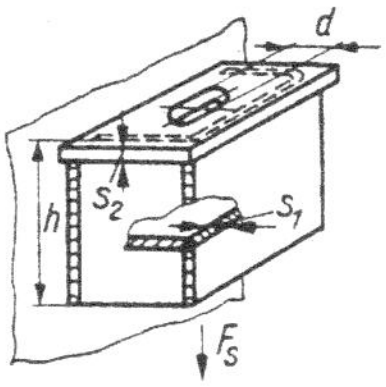	$s_1 = 15 \cdots 34$ mm $s_2 = 20 \cdots 50$ mm $h = 100 \cdots 250$ mm, Auflage kann bearbeitet werden
6	Große Verankerungskraft F_s	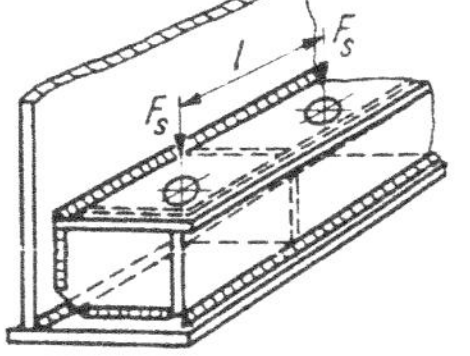	durchgehende Schraubenaufnahme, dünner Flansch, viele Schrauben, Entfernung l ist klein, *dünner Flansch*

Tabelle 2-22. **Naben in Gehäusewänden.**

Nr.	Aufgabe	Ausführung	Charakteristik
1	Kleinere Druckkraft in der Wandebene	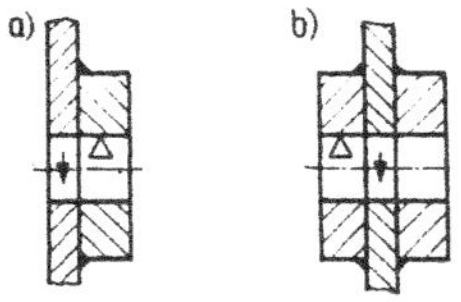	a) einseitig aufgesetzte Platte b) zweiseitig aufgesetzte Platte
2	Kleinere Kraft senkrecht zur Wand	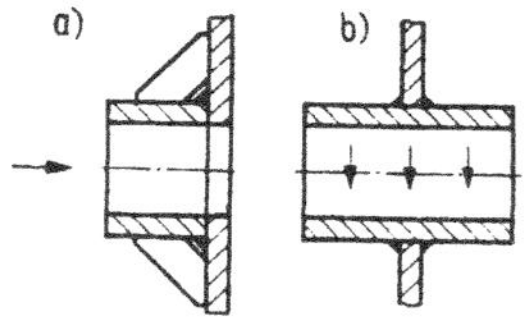	a) aufgesetztes Rohr für Kraft senkrecht zur Wand b) durchgestecktes Rohr bei geringerem Flächendruck
3	Größere Querkraft und Torsionsmoment, starre Lagerung	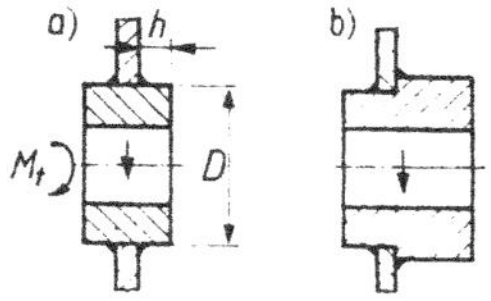	a) Nabenstück eingesetzt für größere Stückzahl (Heftvorrichtung) b) Nabenstück mit Zentrieransatz für einzelne Naben
4	Größeres Torsionsmoment	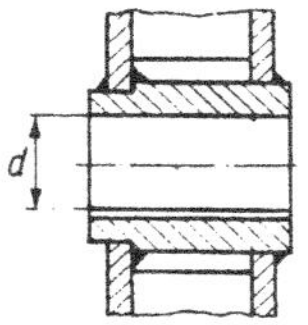	doppelwandige Scheibe durch Kehlnaht an Nabe (Rundstahl) angeschlossen innen kann auch gegengeschweißt werden

Stangen und Hebel

Der Schweißnahtanschluß für Stangen und Hebel richtet sich nach den auftretenden Kräften und Beanspruchungsarten. Bei schlanken Druckstangen, in der Regel aus Rohren, wird der Stangenquerschnitt je nach dem Schlankheitsgrad durch die Knickspannung in Stangenmitte bestimmt. Dort genügt ein Kehlnahtanschluß nach Ausführung 1 in Tabelle 2-23.

Zugstangen, häufig aus Flachstahlprofil, erfordern beste Stumpfnahtanschlüsse, wenn die Querschnittsfläche voll angeschlossen werden soll. Hier kann eine HV-Naht oder, wenn eine geschmiedete oder Stahlgußgabel verwendet wird, eine DV- oder V-Naht geschweißt werden, Ausführung 2 in Tabelle 2-23. Der Zusammenbau kann dabei durch Montagebolzen verbessert werden.

Ist die Dicke des Augenstabes zur Übertragung der Kräfte an den Bolzen nicht ausreichend, kann eine Verstärkung nach Ausführung 3 in Tabelle 2-23 aufgeschweißt werden. Bei großer Breite wird statt dessen das Einsetzen eines Rundprofils empfohlen. Bei Anschluß eines Auges an Hebel mit Biegebeanspruchung ist auch für eine geeignete Übertragung der Schubkräfte zu sorgen. Hier ist ein I-Profil vorteilhaft, bei dem die Gurtanschlüsse mit HV-Nähten vorwiegend die Biegung und die Kehlnahtanschlüsse des Steges den Schub übertragen können, Ausführung 4 in Tabelle 2-23.

Tabelle 2-23. Anschlüsse von Augen an Stangen und Hebeln.

Nr.	Ausführung a) ruhende Belastung	b) veränderliche Belastung	Charakteristik
1	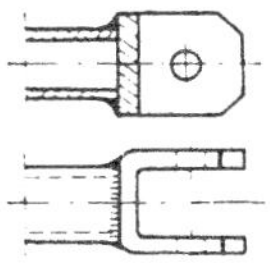	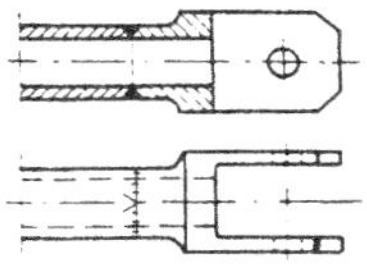	a) Tragfähigkeit für Zug durch $a \leqq 0{,}7\ s$ begrenzt b) Stumpfnahtanschluß, guter Kraftfluß
2	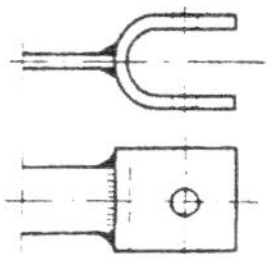	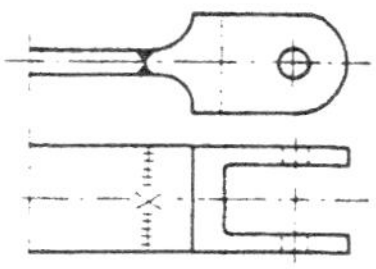	a) gebogene Gabel – Kehlnaht b) geschmiedete oder gegossene Gabel – Stumpfnaht
3	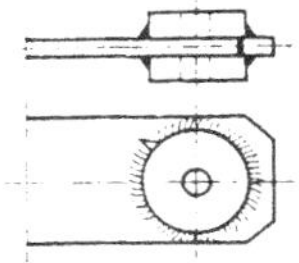	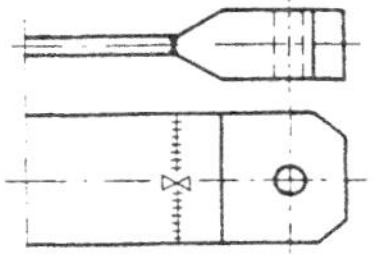	a) aufgesetzte Augen, evtl. aus Rundprofil b) aufgesetztes Augenteil – Stumpfnaht AK IA oder IB
4	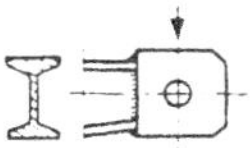	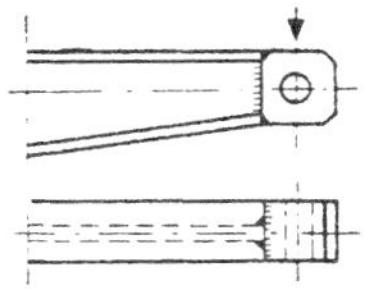	a) Vierkantstück – Kehlnaht b) Gurt – HV-Naht

Wellen

In Tabelle 2-24 sind einige Varianten von geschweißten Wellen dargestellt. Je nach Gestaltung und Funktion der Wellen sind in den jeweiligen Varianten unterschiedliche Schweißverfahren eingesetzt. In Variante 1 wurde das Abbrennstumpfschweißen gewählt, bei dem jedoch Materialverlust durch Abbrennen in Kauf genommen werden muß. Die Varianten 2, 4 und 5 sind durch das Reibschweißverfahren hergestellt. Eine hohe dynamische Beanspruchung ist möglich.

Für Rohre bis 500 mm wurde in Variante 3 das Schweißverfahren mit umlaufendem (magnetisch bewegtem) Lichtbogen gewählt, das für derartige Bauelemente große Vorteile aufweist.

Gestaltungsbeispiele

C-Gestell einer Presse

In Bild 2-50 ist ein geschweißtes C-Gestell einer Presse dargestellt. Es ist eine belastungsgünstige Ausführung mit zusätzlich angeordneten Zugankern gegen Torsionsbelastung gewählt worden.

Tabelle 2-24. Gestaltung von Schweißverbindungen an Wellen.

Bauliche Durchbildung	Funktion und Einsatz Anwendung; allgemeiner Aufbau	Bewertung der Funktion
1. 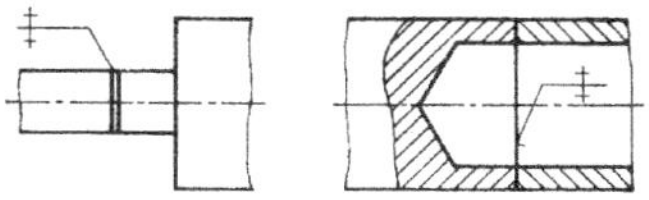	für große Wellen-Dmr. bis $A_S = 40\,000$ mm²	für große Wellen-Dmr. bis 225 mm geeignet – Materialverlust durch Abbrennen – Schweißflächen, hohe Rauhigkeit ist zulässig
2. 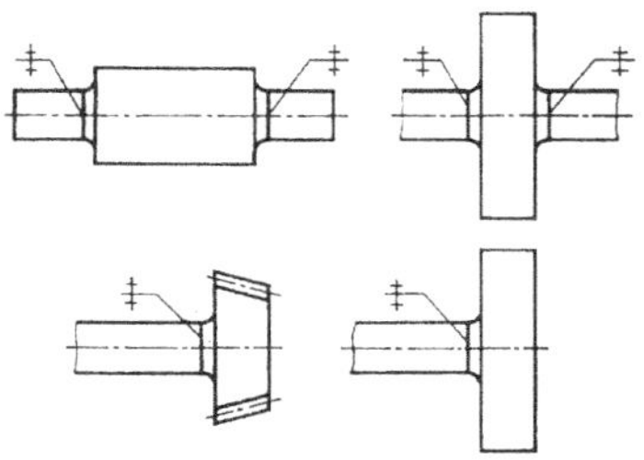	für kleine und mittlere Wellen-Dmr. von 5 bis 120 mm Vollquerschnitt, bis 400 mm Rohr-Dmr. ≙ $A_S = 7800$ mm² für Serienfertigung mittlerer und großer Stückzahlen geeignet	– Kombination unterschiedlicher Werkstoffe möglich – geringe Schweißzeiten für dynamische Belastung geeignet – ökonomischer Materialeinsatz
3. 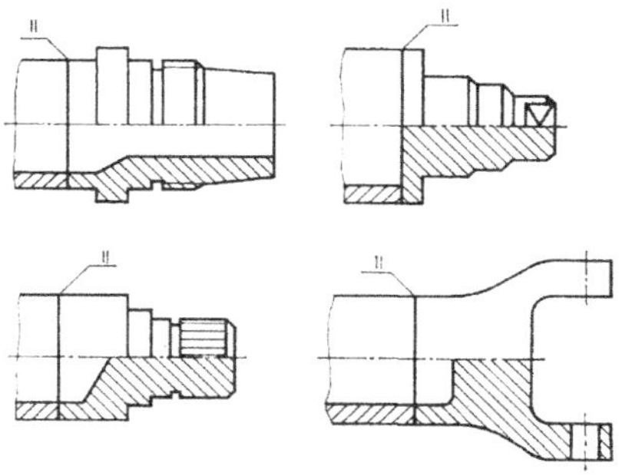	für Rohr-Dmr. von 8...90 mm bei $s = 1{,}5...5$ mm und $A_S \approx 500$ mm² für Serienfertigung mittlerer und größerer Stückzahlen	– geringe Schweißzeiten – für statische und dynamische Belastung geeignet – ökonomischer Materialeinsatz
4. 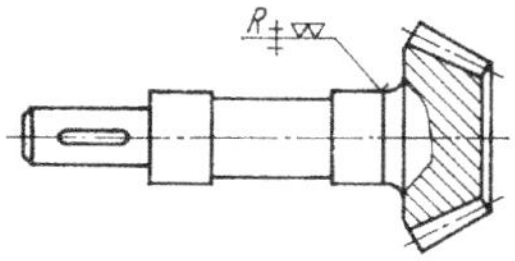	Kegelradwelle für Getriebe im Maschinenbau oder in der Fördertechnik	– für hohe dynamische Belastung – geringe Schweißzeiten – ökonomischer Materialeinsatz
5. 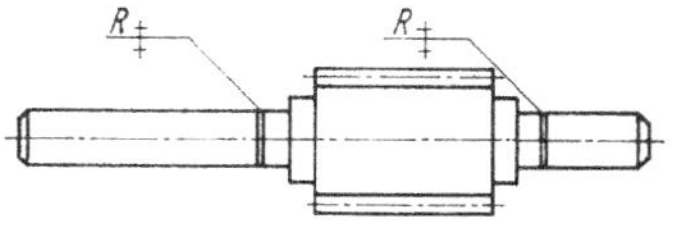	Ritzelwelle für Getriebe im Maschinenbau und in der Fördertechnik	– hohe dynamische Belastung möglich, wenn Schweißnaht anschließend bearbeitet wird – geringe Schweißzeit – ökonomischer Materialeinsatz

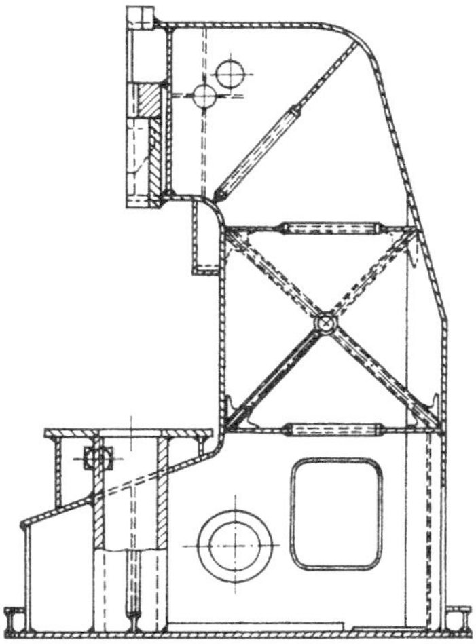

Bild 2-50. C-Gestell einer Presse.

2.2 Berechnung von Schweißverbindungen aus Stählen

2.2.1 Einleitung

Wie einleitend in Abschnitt 1.6 erörtert wurde, gliedert man die Festigkeitsnachweise in 3 Elemente:

- Einwirkungen ⇒ Beanspruchungen
- Widerstandsgrößen/Werkstoffkennwerte ⇒ Beanspruchbarkeiten
  Widerstand des Werkstoffes bei elastischen und plastischen Grenzzuständen
- Sicherheitselemente; Rechnerische Sicherheit gegen Versagen; Sicherheitsfaktoren; Teilsicherheiten

Die Berechnungsgrundlagen für Konstruktionen werden in den verschiedenen Fertigungsbereichen allgemein in Belastungsannahmen und Festigkeitsnachweise gegliedert. Während die Belastungsannahmen die besondere Eigenart des jeweiligen Fertigungszweiges berücksichtigen müssen, kann für mehrere Fertigungszweige eine Vereinheitlichung der Festigkeitsnachweise leicht erzielt werden.

Die Produktnormen für die einzelnen Erzeugnisse enthalten in der Regel auch Festlegungen über maßgebliche Festigkeitsnachweise für Schweißkonstruktionen. Als Grundlage für diese Berechnungen von statisch bzw. dynamisch beanspruchten Konstruktionen werden Festigkeitswerte, d. h. Werkstoffkennwerte, wie sie im Abschnitt 2.3 behandelt werden, benutzt.

Für die nachstehend aufgeführten Bemessungsvorschriften gilt im allgemeinen das im Abschnitt 1.6 genannte Nennspannungs-Konzept [2-3].

2.2.2 Belastungsannahmen

Für die Ermittlung der Kraftwirkung einschließlich der Stoßbelastung sowie für die Aufstellung des Belastungsbildes und des Berechnungsansatzes sind grundsätzliche Angaben gleich. Sie werden nachstehend kurz wiedergegeben. Die Berechnung der Schnittkräfte erfolgt bei Schweißkonstruktionen wie bei jeder anderen Konstruktion nach den allgemeingültigen Regeln der Statik.

Einwirkungen

Die Ermittlung der Kräfte, die auf die Konstruktionsteile wirken, geschieht je nach Eigenart der Gesamtkonstruktion nach den allgemeinen Gesetzen. Im hier besprochenen Berechnungsgang werden die Größen der Schnittkräfte (N, V, M usw.) als bekannt vorausgesetzt.

Man unterscheidet

1. ruhende Einwirkungen (Eigengewicht der Konstruktionsteile, vorhandene Vorspannung usw.)
   Bezeichnung, z. B.: $+N_r$ (Zug); $-N_r$ (Druck),
   $+M_r$; $-M_r$.
   Sie werden meist mit einer üblichen Genauigkeit durch eine Vorrechnung ermittelt bzw. geschätzt;
2. dynamische Einwirkungen (auftretende Betriebsbelastung je nach der Art der Maschine usw.)
   Bezeichnung, z. B.: Schwellbelastung $+N; -N; +M; -M$,
   Wechselbelastung $\pm F$; $\pm M$.

Stöße

Bei schwingender Belastung treten in der Regel Stöße auf, die durch eine rechnerische Erhöhung der Angriffskräfte berücksichtigt werden. Die schwingenden (schwellenden oder wechselnden) Angriffskräfte werden in der Regel mit der Stoßzahl φ vervielfacht.

Werden die Kräfte infolge Massenträgheit bereits vorher erfaßt, so kann mit verminderten Stoßzahlen gerechnet bzw. auf Stoßzahlen verzichtet werden.

Besonders muß beachtet werden, daß entsprechend dem elastischen Verhalten des Bauteils Stoßwirkungen mit zunehmender Entfernung von der Krafteinleitungsstelle abgebaut werden. Daher sind für die einzelnen Elemente und Verbindungen eines Bauteils nicht die gleichen, sondern entsprechend verminderte Stoßzahlen einzusetzen.

Belastungsbild

Das in der Regel vorhandene Belastungsbild in einem Belastungsfall ist

$$N' = N_r \pm \varphi\, N \text{ oder } N' = -N_r \pm \varphi\, N$$

bzw.

$$M' = M_r \pm \varphi\, M \text{ oder } M' = M_r \pm \varphi\, N.$$

Für die Berechnung der Ober-, Unter- und Mittelspannung (σ_o, σ_u, σ_m) sowie des Spannungsausschlages σ_a (vergleiche Abschnitt 1.5) ist die minimale und maximale Belastung im jeweiligen Querschnitt erforderlich. Zum Beispiel:

$$\min N' = -N_r + \varphi\, N$$
$$\max N' = -N_r - \varphi\, N.$$

2.2.3 Nennspannungen

Konzepte der Berechnung

In den Anwendungsregelwerken werden unterschiedliche Nachweiskonzepte beschrieben:

1. über das Spannungsverhältnis σ_m/σ_o

   Die Belastungsart (schwellend, wechselnd usw.) kennzeichnet das Spannungsverhältnis σ_m/σ_o. Mit diesem Spannungsverhältnis werden jeweils die dazugehörigen Nennspannungen und Dauergestaltfestigkeitswerte ermittelt. Der Sicherheitsnachweis wird mit den Oberspannungen durchgeführt.

2. über das Spannungsverhältnis $R = \sigma_u/\sigma_o$ bzw. $R = \min \sigma/\max \sigma$

   Die Belastungsart kennzeichnet das Spannungsverhältnis $R = \sigma_u/\sigma_o$. Der Sicherheitsnachweis wird mit der Oberspannung geführt.

3. über σ_m und σ_a

   Die dynamische (schwingende) Belastung wird durch $\sigma = \sigma_m \pm \sigma_a$ charakterisiert. Der Sicherheitsnachweis wird mit den dazugehörigen Spannungsamplituden (σ_A, σ_a) durchgeführt.

4. über das $\Delta\sigma$-Konzept

   Maßgebend für die Wahl der ertragbaren Spannungen (schwellend, wechselnd) ist $\Delta\sigma = \max \sigma - \min \sigma$.
   (Siehe hierzu Abschnitt 1.6)

Nachzuweisende Querschnitte bei Schweißverbindungen

Der Festigkeits- bzw. Ermüdungsfestigkeitsnachweis ist für Schweißverbindungen in der Regel für nachstehende Querschnitte zu führen:

G Konstruktionsquerschnitt – durch Schweißen nicht beeinflußt (Grundwerkstoff, A_{GW}),
Ü Konstruktionsquerschnitt – durch Schweißen beeinflußt (Übertragungsquerschnitt, $A_{GWÜ}$),
N Schweißnahtquerschnitt (A_w).

In Bild 2-51 sind einige markante Beispiele für die Wahl der maßgebenden, nachzuweisenden Querschnitte aufgezeigt.

Für die Ermittlung der Nennspannungen sind nachstehende Angaben maßgebend.

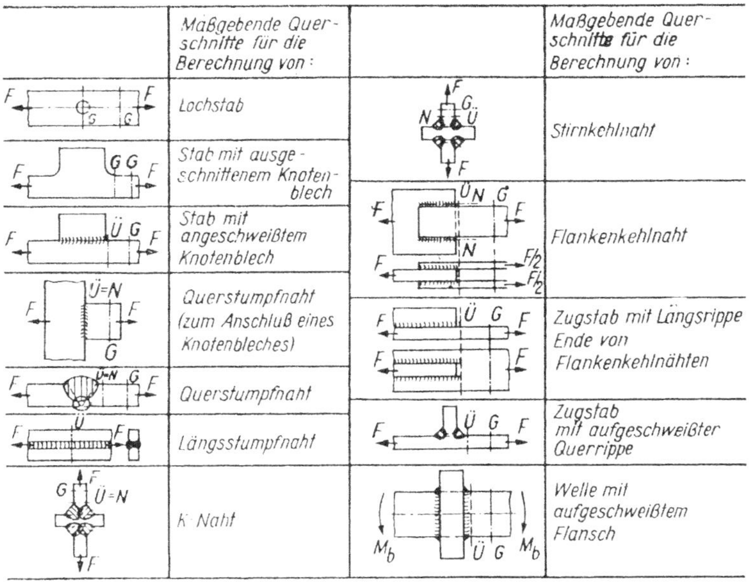

Bild 2-51. Maßgebende Querschnitte für die Berechnung von Schweißverbindungen.

Rechnerische Schweißnahtflächen

Die rechnerischen Schweißnahtflächen sind in den jeweiligen Regelwerken oft unterschiedlich festgelegt. Nachstehend werden Empfehlungen für Produkte des gesetzlich nicht geregelten Bereichs zusammengestellt.

- **Rechnerische Schweißnahtdicken**

Bei Stumpfnähten ist die Nahtdicke s gleich der Dicke der zu verbindenden Teile, Tabelle 2-25. Für unterschiedliche Blechdicken ist die jeweils kleinere Blechdicke in die Rechnung einzusetzen.

Tabelle 2-25. Querschnittswerte von Stumpf- und DHV-Nähten.

Nahtdicke s	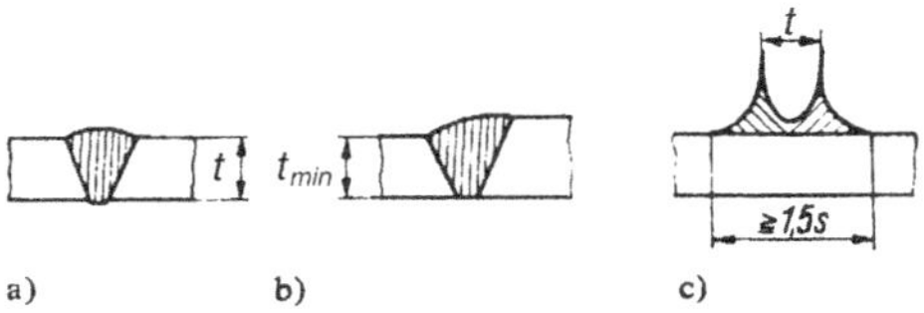	a) $s = t$; b) $s = t_{min}$; c) $s = t$
Nahtlänge l_1	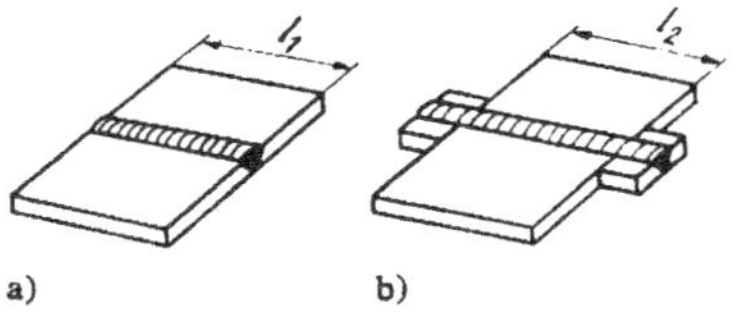	a) im statischen Nachweis $l_1 = l_2$ im Ermüdungs- nachweis $l_1 = l_2 - 2s$ b) in allen Nachweisen $l_1 = l_2$, da An- und Auslaufbleche
Nahtfläche A_w		$A_w = \sum s l_1$

Tabelle 2-26. Querschnittswerte von Kehlnähten.

Nahtdicke a, a_{tief}	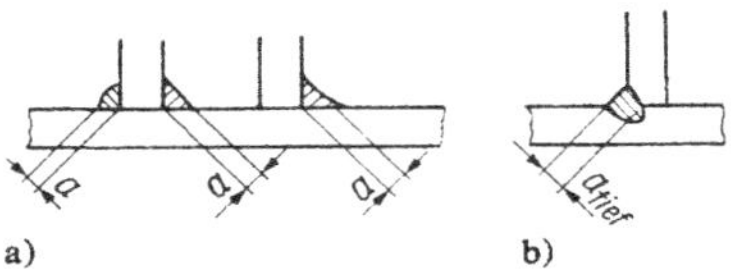	a) 1,5 mm $\leqq a \leqq t_{min}$ b) $a_{tief} < a$ ist durch eine Verfahrensprüfung nachzuweisen und gilt nur für die erste Lage
Nahtlänge	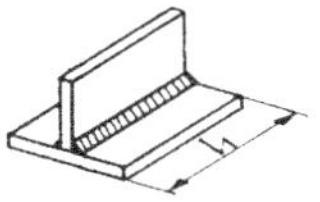	im statischen Nachweis $l_1 = l_2$ im Ermüdungsnachweis $l_1 = l_2 - 2a$ Abzug der Endkrater entfällt, wenn ringsherum oder mit Endkraterblechen geschweißt wird
Flankenkehl-naht l_1		$15a \leqq l_1 \leqq 60a$ für Ermüdungsnachweis $10a \leqq l_1 \leqq 100a$ für statischen Nachweis
Nahtfläche A_w		$A_w = \sum a l_1$
Flächenmomente	Bei Ermittlung der Trägheits- und Widerstandsmomente von Kehlnähten ist die Kehlnahtdicke a oder a_{tief} in die Anschlußebene umzuklappen	

Bei Kehlnähten ist die Nahtdicke a gleich der Höhe des einzuschreibenden gleichschenkligen Dreiecks, Tabelle 2-26. Bei der Anwendung von Schweißverfahren mit Tiefeinbrand, z. B. der vollmechanisierten und automatischen Einlagen-Unterpulverschweißung, MAG-Schweißung sowie beim Schweißen mit Tiefeinbrandelektroden, kann bei Kehlnähten anstelle von a

tief $a = 1{,}3a$

in der Berechnung berücksichtigt werden. Höhere Werte sind möglich, aber in jedem Fall nachzuweisen, und bedürfen einer Sonderzulassung.

Rechnerische Schweißnahtdicken, die für Schweißverbindungen im Stahlbau nach DIN 18800-1 maßgeblich sind, zeigt Tabelle 2-27.

Tabelle 2-27. Rechnerische Schweißnahtdicken nach DIN 18800-1.

	1			2	3	
	Nahtart			Bild	Rechn. Nahtdicke a	
1	Durch- oder gegengeschweißte Nähte	Stumpfnaht		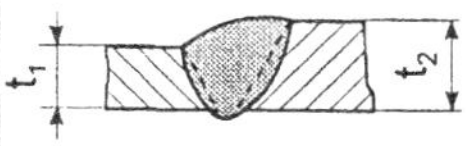	$a^{*)} = t_1$ wenn $t_1 \leq t_2$	
2		Doppel-HV-Naht (K-Naht)		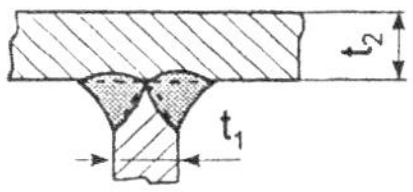	$a = t_1$	
3		HV-Naht	Kapplage gegengeschweißt	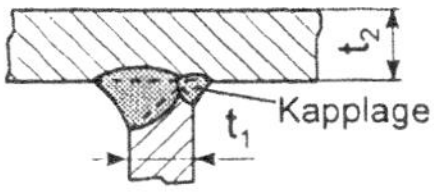		
4			Wurzel durchgeschweißt	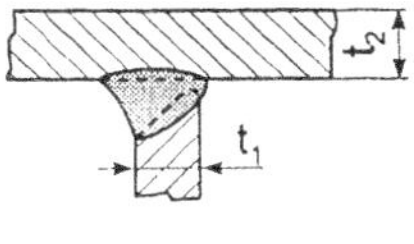		
5	Steg nähte	Doppel-HY-Naht (K-Steg-Naht)		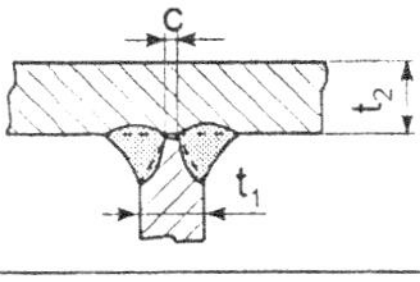	$a = t_1$ $c \begin{cases} < \frac{1}{5} t_1 \\ < 3\,\text{mm} \end{cases}$	Wenn Bedingung für c nicht eingehalten wird, ist Nahtdicke a nach Zeile 7 bis 10 zu bestimmen
6		HY-Naht		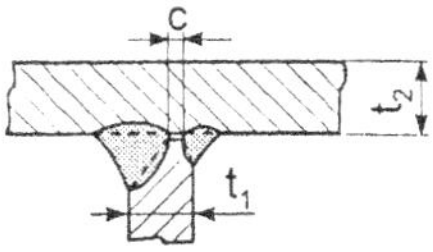		

*) In der DIN 18800-1 wird die Nahtdicke von Stumpfnähten abweichend von anderen Normen mit a bezeichnet.

Tabelle 2-27. Fortsetzung.

	1			2	3	
	Nahtart			Bild	Rechn. Nahtdicke a	
7	Kehlnähte	Kehlnaht		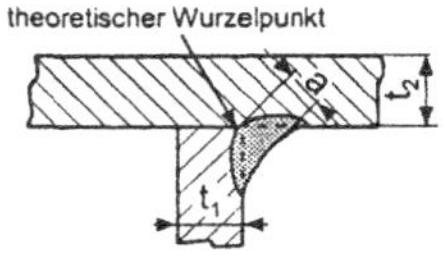	Nahtdicke a ist gleich der bis zum theoretischen Wurzelpunkt gemessenen Höhe des einschreibbaren, gleichschenkligen Dreiecks	Empfohlene Grenzwerte für a siehe Abschnitt 7.3.1.1
8	Kehlnähte	Doppelkehlnaht		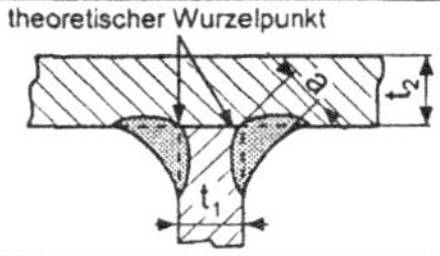		
9	Kehlnähte	Kehlnaht	mit tiefem Einbrand	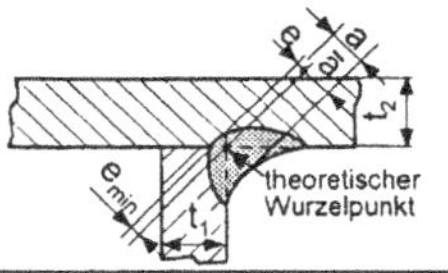	$a = \bar{a} + \frac{\min e}{2}$ $\bar{a}$: entspricht Nahtdicke a nach Zeile 7 und 8. min e: aus Verfahrensprüfung (siehe DIN1000, Ausgabe Dezember 1973, Abschnitt 4.4.3.2 a)	
10	Kehlnähte	Doppelkehlnaht	mit tiefem Einbrand	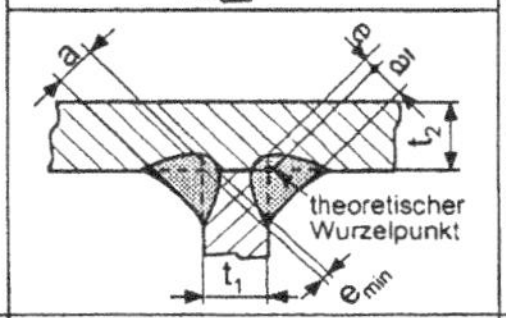		
11	Kehlnähte	Kehlnaht	versenkt	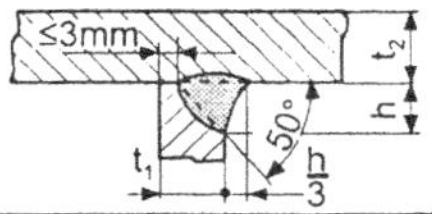	$t_1 \geq$ 10 mm $a = t_1$	
12	Kehlnähte	Doppelkehlnaht	versenkt	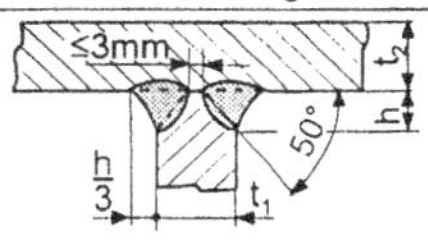	$t_1 \geq 20$ mm $\Sigma a = t_1$	
13	Dreiblechnaht			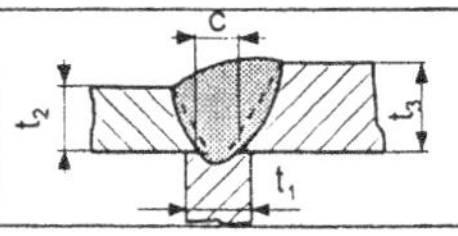	Kraftübertragung von t_2 nach t_3	$a = t_2$ für $t_2 < t_3$
14	Dreiblechnaht				Kraftübertragung von t_1 nach t_2 und t_3	$a = c$

- **Schweißnahtlänge**

Sind Nahtkrater (Anfangs- und Endkrater) vorhanden, so beträgt die rechnerische Nahtlänge, Tabellen 2-25 und 2-26:

$$l_W = l_1 - 2a;$$

l_1 ausgeführte Schweißnahtlänge.

Sind keine Nahtkrater vorhanden (Herumschweißen von Kehlnähten oder Anordnung von Beiblechen für Stumpfnähte entsprechend der jeweiligen Ausführungsklasse), so beträgt die rechnerische Schweißnahtlänge

$$l_W = l_1;$$

l_1 ausgeführte Schweißnahtlänge.

- **Schweißnahtflächen**

Die Schweißnahtfläche ist die Summe der Produkte aus Nahtdicke und rechnerischer Nahtlänge:

$$A_w = \sum_{i=1}^{n} l_{w,i} \cdot a_i$$

Bei Schubbeanspruchung umfaßt nach DIN 18800-1 der Ausdruck $A_w = \sum l_w a$ nur diejenigen Anschlußnähte, die aufgrund ihrer Lage vorzugsweise im Stande sind, Schubkräfte zu übertragen.

Befinden sich Stumpf- und Kehlnähte in einem Anschluß einer Schweißverbindung, so sind die auf Schub beanspruchten Flankenkehlnähte nur mit einem anteiligen Querschnittswert einzusetzen, Tabelle 2-28 und Tabelle 2-29.

Tabelle 2-28. Zusammenwirken von Stumpf- und Kehlnaht.

Schweißnahtfläche	$A_w = A_s + 0{,}6\, A_K$	Festigkeit der Stumpfnaht maßgebend
	oder für $A_K/A_S > 1{,}5$ $A_w = A_K$	Festigkeit der Kehlnaht maßgebend
Trägheitsmoment	$I_w = I_S + 0{,}6\, I_K$	Festigkeit der Stumpfnaht maßgebend
	oder für $I_K/I_S > 5$ $I_w = I_K$	Festigkeit der Kehlnaht maßgebend

A_S Stumpfnahtquerschnitt; A_K Kehlnahtquerschnitt

Tabelle 2-29. Zusammenwirken von Stirn- und Flankenkehlnaht.

Schweißnahtfläche	$A_w = A_{St} + 0{,}6\, A_{Fl}$	Festigkeit σ der Stirnkehlnaht maßgebend
	oder $A_w = A_{Fl}$ der größere Wert ist maßgebend	Festigkeit τ der Flankenkehlnaht maßgebend

A_{St} Stirnkehlnahtquerschnitt; A_{Fl} Flankenkehlnahtquerschnitt

- **Statisches Moment, Flächenmoment 2. Grades und Widerstandsmoment**

Das statische Moment *S* ist erforderlich für die Berechnung der Schubspannung in Längsnähten von Stäben, die durch Biegung und Querkraft (Biegeträger) beansprucht sind. Es ist definiert als Summe der Produkte aus anzuschließender Fläche *A* und Abstand *e* des Flächenschwerpunkts von der neutralen (biegespannungsfreien) Achse des Stabes.

$$S = \sum_{i=1}^{n} A_i \cdot z_i$$

Die Trägheits- und Widerstandsmomente sind nach den Gesetzen der Festigkeitslehre für Schweißnahtflächen zu berechnen. Dabei stellt man sich die Nahtdicke *a* von Kehlnähten in die Anschlußebene umgeklappt vor.

- **Ermittlung der Nennspannungen bei Schweißverbindungen**

Die Nennspannungen sind jene rechnerischen Spannungen, die aufgrund angenommener Belastung der gegebenen Querschnittswerte mit den in der Festigkeitslehre üblichen Annahmen und Regeln im

Bauteil wirken. Für die gebräuchlichsten Schweißverbindungen sind die Einzelspannungen bei verschiedenen Belastungszuständen in Tabelle 2-30 und Tabelle 2-31 zusammengestellt. Bei Beanspruchung im linearen und ebenen Spannungszustand wird aus den Einzelspannungen (Nennspannungen) in der Regel ein Vergleichswert der Schweißnahtspannungen ermittelt bzw. ein entsprechender rechnerischer Nachweis geführt. Dazugehörige Literatur ist in [2-3; 2-6] zu finden.

Tabelle 2-30. Ermittlung der Nennspannungen für Schweißnähte bei Beanspruchung auf Zug, Druck, Biegung, Schub oder Torsion.

Lfd. Nr.	Belastetes geschweißtes Bauteil	Nennspannung	Lfd. Nr.	Belastetes geschweißtes Bauteil	Nennspannung
1	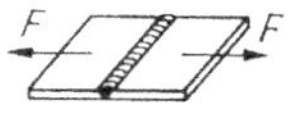	$\sigma_\perp = \frac{F}{A_w}$	4	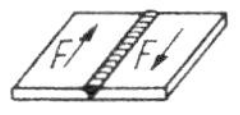	$\tau_\parallel = \frac{F}{A_w}$
2	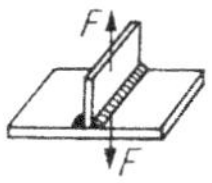	$\sigma_\perp = \frac{F}{A_w}$	5	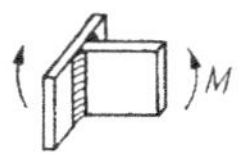	$\sigma_\perp = \frac{M}{W_w}$
3	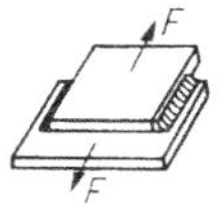	$\tau_\parallel = \frac{F}{A_w}$	6	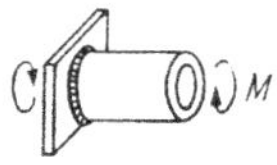	$\tau_\parallel = \frac{M}{W_{w,T}}$

Tabelle 2-31. Ermittlung der Einzelnennspannungen für Schweißnähte bei Beanspruchung im linearen und ebenen Spannungszustand.

Lfd. Nr.	Bauelement und Belastung	Einzelspannungen
7	*Stegblechstoß* 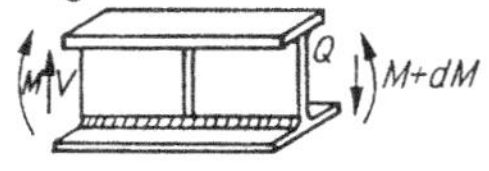	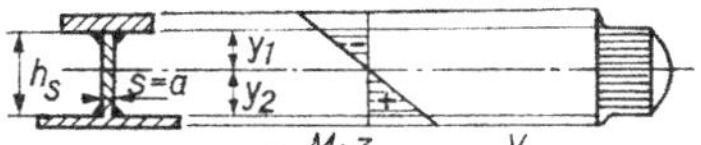 $\sigma_\perp = \pm \frac{M \cdot z}{J_y}$; $\tau_\parallel = \frac{V}{a \cdot h_s}$
8	*Halsnaht* 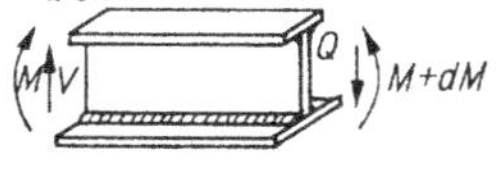	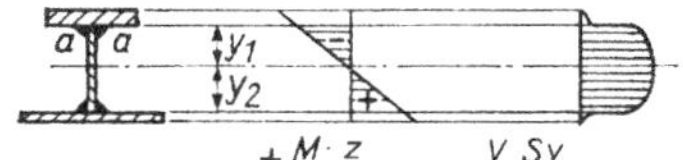 $\sigma_\perp = \pm \frac{M \cdot z}{J_y}$; $\tau_\parallel = \frac{V\, S_y}{J_y\, 2a}$
9	*Kehlnahtanschluß* 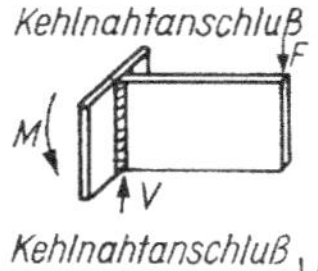	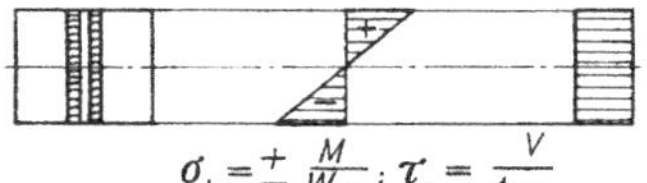 $\sigma_\perp = \pm \frac{M}{W_W}$; $\tau_\parallel = \frac{V}{A_W}$
10	*Kehlnahtanschluß* 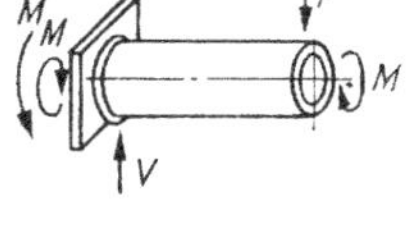	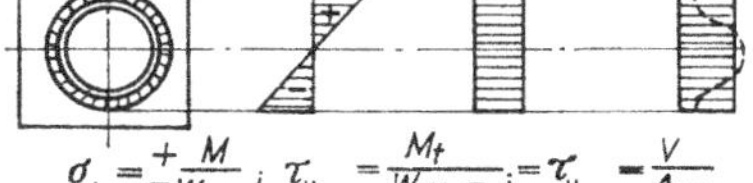 $\sigma_\perp = \pm \frac{M}{W_W}$; $\tau_{\parallel,1} = \frac{M_t}{W_{W,T}}$; $\tau_{\parallel,2} = \frac{V}{A_W}$

2.2.4 Festigkeitsnachweise bzw. Sicherheitsnachweise (Übersicht europäischer und nationaler Regelwerke zur Durchführung von Festigkeits- bzw. Sicherheitsnachweisen für Schweißverbindungen)

Für Produkte mit geschweißten Bauelementen bzw. Baugruppen gelten für die Festigkeits- bzw. Sicherheitsnachweise sehr unterschiedliche Regelwerke. Die Konstrukteure und Tragwerksplaner werden deshalb auf die jeweils gültigen neuesten Festlegungen, besonders bei Produkten im gesetzlich geregelten Bereich, hingewiesen. Für die Berechnung von Produkten mit Schweißverbindungen, für die bisher keine gesetzliche Regelung existiert, wird in Abschnitt 2.2.5 ein Vorschlag nach Merkblatt DVS 0705, März 94, gemacht.

Nachstehend sind in einer Zusammenstellung geltende bzw. in Vorbereitung befindliche EN-Normen und dazugehörige noch geltende nationale Anwendungsregelwerke einschließlich DVS-Merkblättern und DVS-Richtlinien genannt, die Bezug nehmen auf Grundsätze der Bemessung, Berechnung und Gestaltung:

Stahlbau (Schweißkonstruktionen im bauaufsichtlichen Bereich)

DIN 18800-1 (Ausgabe 11/1990) Stahlbauten; Bemessung und Konstruktion
DIN 18800-2 Stahlbauten; Stabilitätsfälle; Knicken von Stäben und Stabwerken
DIN 18800-3 Stahlbauten; Stabilitätsfälle; Plattenbeulen
DIN 18800-4 Stahlbauten; Stabilitätsfälle; Schalenbeulen

Anpassungs-/Herstellungsrichtlinie Stahlbau des DIBt
DIN 15018-1 (Ausgabe 11/1984) Krane; Grundsätze für Stahltragwerke, Berechnung
Vornorm DIN V ENV 1993- 1-1 (Eurocode 3): Bemessung und Konstruktion von Stahlbauten; Teil 1-1: Allgemeine Bemessungsregeln; Bemessungsregeln für den Hochbau
Vornorm DIN EN 1090-1; Ausführung von Tragwerken aus Stahl
Teil 1: Allgemeine Regeln und Regeln für Hochbauten

Schienenfahrzeugbau

DS 952 01 Schweißen metallischer Werkstoffe an Schienenfahrzeugen und maschinentechnischen Anlagen der Deutschen Bahn AG;

DIN 6700 (1997) Schweißen von Schienenfahrzeugen und -fahrzeugteilen;
Teil 1: Grundbegriffe, Grundregeln
Teil 3: Konstruktionsvorgaben
Teil 4: Ausführungsregeln
Teil 5: Güteanforderungen an die Schweißverbindungen
Teil 6: Werkstoffe, Schweißzusätze, Schweißverfahren, Planungsunterlagen

Merkblatt DVS 1612 Gestaltung und Bewertung von Stumpf- und Kehlnähten im Schienenfahrzeugbau – Bauformenkatalog

Eisenbahnbrückenbau

DS 804 Vorschrift für Eisenbahnbrücken und sonstige Ingenieurbauwerke der Deutschen Bahn AG

Schiffbau, Schiffsmaschinenbau und Bau meerestechnischer Anlagen

Schiffbau: Germanischer Lloyd (GL)
Klassifikations- und Bauvorschriften des GL:
I – Schiffstechnik
II – Werkstoff- und Schweißtechnik
III – Meerestechnik

Marineschiffbau:

Bundesamt für Wehrtechnik und Beschaffung (BWB)

BV 1050 Bauvorschrift für Schiffe der Bundeswehr, Marine – 1050 – Schweißverbindung (Schweißvorschrift)
BV 1050-1 Überwasserschiffe
BV 1050-2 Unterwasserschiffe

Wehrmaterial im Bereich Marine und Heer

VG 95077 Schweißen, Hartlöten und thermisches Spritzen an Wehrmaterial aus metallischen Werkstoffen

Teil 2 „Wehrmaterial mit allgemeinen Forderungen"
Teil 3 „Wehrmaterial mit besonderen Forderungen"
Teil 4 „Teile aus Panzerungswerkstoffen"
Teil 5 „Luftfahrzeuge und Luftfahrtgerät"

Überwachungsbedürftige Anlagen

- Druckbehälterbau
  Technische Regeln zur Druckbehälterverordnung TRB
  AD-Merkblätter der Arbeitsgemeinschaft Druckbehälter
- Dampfkesselbau:
  Technische Regeln für Dampfkessel TRD
- Druckgasbehälterbau:
  Technische Regeln Druckgase TRG
- Druckrohrleitungen:
  Technische Regeln zur Druckbehälterverordnung TRR

Rohrleitungs- und Anlagenbau im Gas- und Wasserfach

Technische Regeln des DVGW

Maschinenbau

- DIN EN 292-1: Sicherheit von Maschinen; Grundbegriffe; allgemeine Gestaltungsleitsätze; Teil 1: Grundsätzliche Terminologie; Methodik;
- DIN EN 292-2: Sicherheit von Maschinen; Grundbegriffe; allgemeine Gestaltungsleitsätze; Teil 2: Technische Leitsätze und Spezifikationen
- DIN EN 25817 (identisch mit ISO 5817): Lichtbogenschweißverbindungen an Stahl; Richtlinie für die Bewertungsgruppen von Unregelmäßigkeiten
- Merkblatt DVS 0705: Empfehlungen zur Auswahl von Bewertungsgruppen nach DIN EN 25817 und ISO 5817 – Stumpfnähte und Kehlnähte an Stahl

2.2.5 Empfehlung zur Berechnung von Schweißverbindungen im gesetzlich nicht geregelten Bereich (unter Berücksichtigung der Bewertungsgruppen nach DIN EN 25817)

DIN EN 25817 (identisch mit ISO 5817) legt zulässige Grenzwerte von Unregelmäßigkeiten (Imperfektionen) an Lichtbogenschweißverbindungen für die Bewertungsgruppen B, C und D fest. Für die Gestaltung und Bemessung von Schweißkonstruktionen ist diese Grundnorm, als Referenznorm für die verschiedensten Anwendungsbereiche, von großer Bedeutung (siehe Abschnitt 1.3.2). Sie sollte dem Konstrukteur von geschweißten Tragwerken aller Art eine Richtschnur sein. Sie dient der Fertigung als „Meßlatte" für eventuelle Unregelmäßigkeiten in der Schweißverbindung.

Für jede einzelne Schweißnaht eines Bauteils ist im Hinblick auf ihre Qualität die erforderliche Bewertungsgruppe festzulegen. In einem Bauteil können entsprechend der Höhe der Anforderungen unterschiedliche Bewertungsgruppen bestimmt werden. Die Festlegung der Bewertungsgruppen erfolgt durch den verantwortlichen Konstrukteur, jedoch mit Unterstützung der Fertigungsabteilung und der Qualitätsüberwachungsstellen. Die Auswahl von Qualitätsstufen für Stumpf- und Kehlnähte, das heißt der Bewertungsgruppen nach DIN EN 25817 bzw. nach anderen Regelwerken, steht mit dem Festigkeits- und Ermüdungsverhalten und mit dem Bemessen im engen Zusammenhang.

Bei allen Schweißkonstruktionen im geregelten Bereich, zum Beispiel Schienenfahrzeugbau, Brückenbau, Metallbau (bauaufsichtlicher Bereich), Schiffbau, Schiffmaschinenbau, Druckbehälterbau, Rohrleitungsbau, Luft- und Raumfahrzeugbau, sind unbedingt die Festlegungen der Regelwerke zu erfüllen.

Für einen großen Teil von Schweißkonstruktionen im nicht geregelten Bereich sind bisher keine verbindlichen europäischen und deutschen Regelwerke in den Anwendungsgebieten bzw. Erzeugnisgruppen vorhanden, beispielsweise für Straßenfahrzeuge, allgemeine Maschinenkonstruktionen, Landmaschinen, Geräte aller Art einschließlich Haushaltsgeräte.

In den kommenden Jahren ist jedoch zu erwarten, daß auch für den bisher nicht geregelten Bereich europäische Regelwerke maßgeblich sein werden, die auf künftigen EU-Richtlinien fußen. Für diese Anwendungsgebiete werden nachstehend Vorschläge zur Auswahl von Qualitätsstufen, das heißt Bewertungsgruppen nach DIN EN 25817, für Stumpf- und Kehlnähte und deren Berechnung unterbreitet. Berücksichtigt werden dabei:

- einerseits eine hohe Sicherheit in bezug auf das Tragverhalten bei statischer und dynamischer Beanspruchung und
- andererseits eine erhöhte Wirtschaftlichkeit in bezug auf Kosten des Werkstoffverbrauchs, der Fertigung und der Prüfung.

Zusammenhang zwischen Auswahl der Bewertungsgruppen und Berechnung der Schweißverbindung

• Beanspruchungen der Schweißverbindungen und Empfehlungen zur Ermittlung der Bewertungsgruppen

Das Merkblatt DVS 0705 enthält Empfehlungen zur Auswahl von Merkmalen (Unregelmäßigkeiten) und Bewertungsgruppen für Stumpf- und Kehlnähte nach DIN EN 25817. Der Schweißaufsicht und den Konstruktionsbüros werden besonders für den nicht geregelten Bereich Empfehlungen zur Bewertungsgruppenauswahl und zur Berechnung gegeben, um „europagerecht" Schweißkonstruktionen zu entwerfen und herzustellen. Deshalb werden Inhalte des Merkblattes hier berücksichtigt. Sie werden ergänzt durch Vorschläge des Verfassers.

Die Bewertungsgruppen für Unregelmäßigkeiten nach DIN EN 25817 berücksichtigen die Beanspruchungen der Konstruktionen. Geschweißte Bauteile werden im betrieblichen Einsatz einzelnen oder auch mehreren Beanspruchungen gleichzeitig unterworfen, zum Beispiel Innendruck, hohen oder tiefen Temperaturen, durch Witterung bzw. Medienangriff hervorgerufener Korrosion, äußeren Lasten. Die Grenzwerte der Unregelmäßigkeiten sind in DIN EN 25817 gemäß den Anforderungen in Bewertungsgruppen eingeteilt, und zwar: Gruppe/Symbol D – niedrig, Gruppe/Symbol C – mittel, Gruppe/Symbol B – hoch.

In der Norm werden in bezug auf die Auswahl der Bewertungsgruppen unter anderem die Beanspruchungsarten „statisch" – d. h. vorwiegend ruhende Beanspruchung bzw. „dynamisch" nicht vorwiegend ruhende (schwellende, wechselnde) Beanspruchung – unterschieden. Diese beiden

Beanspruchungsarten werden in den nachstehenden Empfehlungen zur Ermittlung der Bewertungsgruppen berücksichtigt.

Wegen des sehr unterschiedlichen Ermüdungsverhaltens von Stumpfnähten im Vergleich zu Kehlnähten – in Abhängigkeit von auftretenden Unregelmäßigkeiten und Beanspruchungsrichtungen – werden die Auswahlvorschläge für Bewertungsgruppen nachfolgend für diese beiden Nahtarten an Beispielen getrennt durchgeführt. Bei Festlegung der Bewertungsgruppe für die Schweißverbindung eines Bauteils können sich Unregelmäßigkeiten aus verschiedenen Bewertungsgruppen nach DIN EN 25817 ergeben. Es wird empfohlen, in einem solchen Fall die Bewertungsgruppe vorzugeben, die für die Sicherheit bzw. Weiterverarbeitung des geschweißten Bauteils von entscheidender Bedeutung ist. Die Unregelmäßigkeiten bei Stumpf- und Kehlnähten nach DIN EN 25817 bezüglich Ursachen und Abhilfemaßnahmen werden in der Neufassung des Merkblattes DVS 0703 enthalten sein.

- **Bemessung der Schweißverbindungen**

Das Bemessen von Tragwerken aller Art bezüglich der Kraftübertragung erfolgt in den meisten Fällen in sogenannten Festigkeitsnachweisen. Für die Bestimmung der erforderlichen Querschnitte beanspruchter Konstruktionen sind mehrere Werkstoffkennwerte (Festigkeitskennwerte) maßgebend. Diese Werkstoffkennwerte sind von der Beanspruchungsart abhängig und bestimmen den wirtschaftlichen Einsatz der Konstruktionen. Die genaue Kenntnis über die Größenordnungen der Werkstoffkennwerte gibt auch die Art der Gestaltung der Konstruktion vor. Im Vordergrund aller Regelwerke, Normen und der meisten Anwendungen bei der Bemessung geschweißter Tragwerke in der Praxis steht das Nennspannungskonzept. Dieses wird deshalb in den nachstehenden Vorschlägen zur Berechnung, unter Beachtung der Unregelmäßigkeiten der Bewertungsgruppen nach DIN EN 25817 im nicht geregelten Bereich, zugrunde gelegt.

Vorschlag zur Berechnung und zur Wahl der Bewertungsgruppen für statische (vorwiegend ruhende) Beanspruchung

Sofern in den bestehenden Regelwerken nichts anderes festgelegt ist, werden in Merkblatt DVS 0705 Empfehlungen für die Auswahl von Bewertungsgruppen für jede der 26 Unregelmäßigkeiten und deren Grenzwerte für Stumpf- und Kehlnähte nach DIN EN 25817 bei statischer (vorwiegend ruhender) Beanspruchung gegeben. Die Wiedergabe dieser Empfehlungen des Merkblattes für jede Unregelmäßigkeit würde den Umfang dieser Veröffentlichung sprengen. In Tabelle 2-32 sind Vorschläge zusammengestellt, die von einheitlichen Bewertungsgruppen für alle Unregelmäßigkeiten ausgehen. Dabei sind zwei Varianten angegeben:

– ohne Sonderbestimmungen, das heißt bei exakter Beibehaltung aller Grenzwerte nach DIN EN 25817;
– mit einer Sonderbestimmung für die Änderung des Grenzwertes bei einer Unregelmäßigkeit (Einbrandkerbe) zur Steigerung des Tragverhaltens der Schweißverbindung.

Die Berechnung der Schweißverbindungen kann abhängig von der Ausnutzung der für die Bewertungsgruppen vorgeschlagenen zulässigen Spannungen erfolgen. Die Beanspruchungen können eingestuft werden in die Ausnutzung der zulässigen Spannungen: bis etwa 50 % (vorh $\sigma \leq 0{,}5$ zul σ), bis etwa 75 % (0,5 zul $\sigma <$ vorh $\sigma \leq 0{,}75$ zul σ), bis 100 % (0,75 zul $\sigma <$ vorh $\sigma \leq$ zul σ). Die Richtwerte für die zulässigen Spannungen für die Schweißverbindungen (zul σ) sind

– für Stumpfnähte: die zulässige Spannung des Grundwerkstoffs (Stahl) und
– für Kehlnähte (quer- und längsbeanspruchte Kehlnähte): zul σ ist das 0,65fache der zulässigen Spannung des Grundwerkstoffs (Stahl).

Als zulässige Spannungen der Grundwerkstoffe (Stähle) sind die für die Bemessung der Bauelemente gewählten Werte maßgebend. In Tabelle 2-33 sind für zwei ausgewählte Stähle diese zulässigen Spannungen für die statische Beanspruchung als Vorschläge genannt.

Tabelle 2-32. Vorschlag für die Auswahl und Berechnung einer einheitlichen Bewertungsgruppe für alle Unregelmäßigkeiten bei statischer Beanspruchung von Stumpf- und Kehlnähten.

Variante	Bewertungsgruppe für Unregelmäßigkeiten bei Ausnutzung der zulässigen Spannungen bis etwa 50%	etwa 75%	100%
1	C	C	B
2	D[1)]	C	B

[1)] Sonderbestimmung für Stumpfnähte: Für Unregelmäßigkeit Nr. 11 „Einbrandkerbe" nach DIN EN 25817 bei Ausnutzung der zulässigen Spannung bis etwa 50% gelten die Grenzwerte nach Bewertungsgruppe C.

Tabelle 2-33. Vorschlag für zulässige Spannungen von Stählen für Bauteile mit vorwiegend ruhender Beanspruchung.

Stahl Kurzname nach DIN EN 10025	zulässige Spannung zul σ (Richtwerte für Zug und Biegezug, Druck und Biegedruck) N/mm²
S235JR	160
S355J0	240

Empfehlungen für den Einsatz von Bewertungsgruppen für statisch beanspruchte Stumpf- und Kehlnähte im nicht geregelten Bereich sind stichwortartig in Tabelle 2-34 zusammengestellt.

Tabelle 2-34. Empfehlungen für den Einsatz von Bewertungsgruppen für Stumpf- und Kehlnähte bei vorwiegend ruhender Beanspruchung.

Bewertungsgruppe nach DIN EN 25817	Empfehlung für den Einsatz im ungeregelten Bereich
B (hohe Anforderungen)	■ Statisch hochbeanspruchte Baugruppen in Leichtbauweise ■ möglichst volle Ausnutzung des statischen Festigkeitsverhaltens ■ Einsatz zum Beispiel für Biegeträger und Fachwerke; Behälter, Rohrleitungen
C (mittlere Anforderungen)	■ Statisch mittelbeanspruchte Baugruppen ■ Einsatz zum Beispiel für Biegeträger, Fachwerke, Ösen, Gestelle, Gehäuse, Kästen, Regale, Ständer, Landmaschinenrahmen, Stützen, Behälter
D (niedrige Anforderungen)	■ Statisch geringbeanspruchte Baugruppen ■ Einsatz zum Beispiel für Gehäuse, Gestelle, Kästen, Ständer, Abdeckungen, Geländer, Geräteteile, Werkzeughalter

Vorschlag zur Berechnung und zur Wahl der Bewertungsgruppen für dynamische Beanspruchung

- **Bewertungsgruppen für Schweißverbindungen und Einteilung in Ermüdungsfestigkeitsklassen**

Einen ausschlaggebenden Einfluß auf die Auswahl der Bewertungsgruppen nach DIN EN 25817 für dynamische – nicht vorwiegend ruhende (schwellende, wechselnde) – Beanspruchung bildet das Ermüdungsfestigkeitsverhalten (Ermüdungsverhalten) der Schweißverbindung. Das „International Institute of Welding“ (IIW) hat konkrete, internationale Empfehlungen zur Berechnung der Schwingfestigkeit geschweißter Bauteile ausgearbeitet. Dabei wird ein festes Netz von Wöhlerlinien für Stähle empfohlen, in das die verschiedenen Kerbfälle der jeweiligen Schweißverbindungen und der geschweißten Bauteile eingeordnet werden können. Als Kennzeichnung dieser Kerbfälle werden Ermüdungsfestigkeitsklassen (FAT) für alle schweißgeeigneten Stahlsorten festgelegt, wobei der Wert der Schwingspielzahlen von 2 Mio. für die Schwingbreiten der Spannungen (2 zul σ_A [N/mm^2] bei Teilsicherheit für Werkstoffkennwert σ_A von $\gamma_M = 1{,}0$) beibehalten wurde. In Abschnitt 2.3 sind diese Empfehlungen des IIW zusammenfassend dargestellt.

Für die verschieden beanspruchten Stumpfnähte und Kehlnähte wurden im Merkblatt DVS 0705 für die jeweils maßgeblichen Grenzwerte der 26 Unregelmäßigkeiten bei den Bewertungsgruppen nach DIN EN 25817 die empfohlenen Ermüdungsfestigkeitsklassen nach IIW-Empfehlung angegeben. Diese Angaben sind Richtwerte für die Einflüsse der Grenzwerte der Unregelmäßigkeiten bei den Bewertungsgruppen auf das Ermüdungsverhalten der Schweißverbindungen. Sie werden für die Auswahl aller Unregelmäßigkeiten mit den dazugehörigen Grenzwerten bei den Bewertungsgruppen in Abhängigkeit der Höhe der dynamischen (schwellenden, wechselnden) Beanspruchung – sofern in den bestehenden Regelwerken nichts anderes festgelegt ist – eine Grundlage bilden.

Für weitere Schweißverbindungen und geschweißte Bauteile können ähnliche Zuordnungen sinngemäß erfolgen, wobei die Angaben für die Ermüdungsfestigkeitsklassen in Tabelle 2-42 (nach IIW) in der Regel mit den Unregelmäßigkeiten der Bewertungsgruppen B anzunehmen sind. Zur Festlegung einheitlicher Bewertungsgruppen für alle Unregelmäßigkeiten in einer Schweißverbindung eines Bauteils werden Vorschläge für die Zuordnung zu Ermüdungsfestigkeitsklassen nach IIW in Tabelle 2-35 bis Tabelle 2-39 für ausgewählte Stumpf- und Kehlnähte unterbreitet. Dabei sind Vorschläge für Sonderbestimmungen von Grenzwerten für die Unregelmäßigkeiten eingearbeitet, um Einstufungen in höhere Ermüdungsfestigkeitsklassen zu ermöglichen. Diese „ermüdungsfestigkeitssteigernden“ Sonderbestimmungen für Grenzwerte können bei einem großen Teil der schwingend hochbeanspruchten Schweißkonstruktionen zu erheblichen Kostenvorteilen führen. Sie ermöglichen die Wahl höherer Ermüdungsfestigkeitsklassen und damit wesentlich höhere zulässige Spannungen, Tabelle 2-35.

In Bild 2-52 bis Bild 2-57 sind die Empfehlungen der Tabelle 2-35 bis Tabelle 2-39 mit eingezeichneten Wöhlerkurven und dazugehörigen Ermüdungsfestigkeitsklassen dargestellt. Sie können leicht zu grafischen Ermittlungen der entsprechenden zul $\Delta\sigma$-Werte bei gegebener Schwingspielzahl, gewählter Schweißverbindungsart und dazugehöriger Ermüdungsfestigkeitsklasse (FAT) der festgelegten Bewertungsgruppe nach Merkblatt DVS 0705 genutzt werden.

Natürlich müssen bei der Wahl von Sonderbestimmungen in den Konstruktionszeichnungen und allen weiteren schweißtechnischen Planungsunterlagen, besonders auch in Schweißanweisungen Grenzwerte für die Unregelmäßigkeiten vorgegeben werden. Die in Tabelle 2-35 mit „A“, B*, C*, D*, B**, C** und D** bezeichneten Bewertungsgruppen stellen lediglich eine sehr vereinfachte Kennzeichnung der gemeinsamen, von der Norm abweichenden Grenzwerte bei Einführung der vorgeschlagenen Sonderbestimmungen dar. Sie sind auf keinen Fall genormt und sollen in diesem Beitrag dem Anwender eine schnelle Unterscheidung und bessere Eindeutigkeit ermöglichen.

Tabelle 2-35. Vorschlag für die Zuordnung einheitlicher Bewertungsgruppen für alle Unregelmäßigkeiten zu den Schwingfestigkeits-Klassen nach IIW.

Nahtart und Beanspruchungsrichtung	Schwingfestigkeitsklasse nach IIW bezogen auf 2 Mio. Schwingspiele	Bewertungsgruppe[1)]	Ausführungsvarianten
Stumpfnaht querbeansprucht 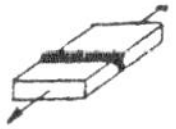	125 100 80 71 63 40	„A" B* C* D* B C D	„A" Sonderstumpfnaht nach Tabelle 2-18 B*, C*, D* Sonderbestimmungen nach Tabelle 2-17 B, C, D Stumpfnähte ohne Sonderbestimmungen
Doppel-HV-Naht querbeansprucht 	71 63 56 40	B* C* B D* C D	B*, C*, D* Sonderbestimmungen nach Tabelle 2-17 B, C, D ohne Sonderbestimmungen
Stumpf- und Doppel-HV-Naht längsbeansprucht 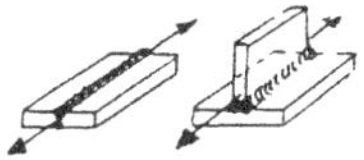	125 112 100 90 80 63 40	B** C** D** B* C* D* B C D	B**, C**, D** automatisch geschweißt, mit Sonderbestimmungen nach Tabelle 2-19 B*, C*, D* handgeschweißt, mit Sonderbestimmungen nach Tabelle 2-19 B, C, D automatisch und handgeschweißt, ohne Sonderbestimmungen
Kehlnaht querbeansprucht 	45 40	B C, D	B, C, D ohne Sonderbestimmungen
Kehlnaht längsbeansprucht 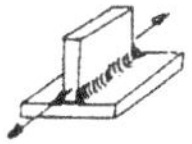	112 100 90 80 63 40	B** C** B* D** C* D* B C D	B**, C**, D** automatisch geschweißt, mit Sonderbestimmungen nach Tabelle 2-19 B*, C*, D* handgeschweißt, mit Sonderbestimmungen nach Tabelle 2-19 B, C, D automatisch geschweißt, ohne Sonderbestimmungen
Grundwerkstoff mit Kehlnaht querbeansprucht 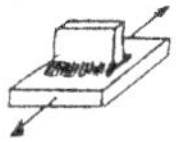	100 80 71 63 56	B* C* D* B C D	B*, C*, D* Sonderbestimmungen nach Tabelle 2-20 B, C, D ohne Sonderbestimmungen

1) B, C und D ungeändert nach DIN EN 25817. „A", B*, C*, D*, B**, C** und D** nach Tabellen 2-36 bis 2-39

Tabelle 2-36. Sonderbestimmungen für querbeanspruchte Stumpfnähte; Vorschlag für Grenzwerte der Unregelmäßigkeiten bei Bewertungsgruppen, um die Einstufung in höhere Schwingfestigkeitsklassen zu ermöglichen (Tabelle 2-35).

Nr. nach DIN EN 25817 Tabelle 1	Benennung der Unregelmäßigkeit nach DIN EN 25817	Korrektur der Grenzwerte für die Unregelmäßigkeit bei Bewertungsgruppe D*	C*	B*
2	Endkraterriß	nicht zulässig		
3	Poren	zusätzlich: Nr. 26		
4	Porennest	zusätzlich: Nr. 26		
5	Gaskanal, Schlauchporen	zusätzlich: Nr. 26		
6	feste Einschlüsse			
	- lange Unregelmäßigkeit	nicht zulässig		
	- kurze Unregelmäßigkeit	$h \leq 0{,}3\ s$	$h \leq 0{,}3\ s$	nicht zulässig
8	Bindefehler	nicht zulässig		
9	ungenügende Durchschweißung	nicht zulässig	nicht zulässig	
11	Einbrandkerbe	nur kurze Unregelmäßigkeit zulässig $h \leq 0{,}1\ t \leq 0{,}5$ mm	$h \leq 0{,}1\ t \leq 0{,}5$ mm	nicht zulässig (Nahtübergang schleifen)
16	zu große Wurzelüberhöhung	nur mit weichem Übergang; beschleifen oder gegenschweißen oder $h \leq 1$ mm $+ 0{,}25\ b$, max. 10 mm	$h \leq 1$ mm $+ 0{,}15\ b$, max. 7 mm	$h \leq 1$ mm $+ 0{,}1\ b$, max. 5 mm
18	Kantenversatz			
	- Bleche und Langschweißnähte			$h \leq 0{,}15\ t$, max. 2 mm
	- Umfangschweißnähte			$h \leq 0{,}2\ t$, max. 3 mm
21	Wurzelrückfall Wurzelkerbe			lange: nicht zulässig kurze: $h \leq 0{,}1\ t$
24	Zündstellen			nicht zulässig
25	Schweißspritzer			nicht zulässig
26	Mehrfachunregelmäßigkeiten im Querschnitt	- Die Unregelmäßigkeiten der einzelnen Merkmale dürfen soweit summiert werden, daß innerhalb der Bezugskante von 100 mm die verbleibende Nettofläche (von Unregelmäßigkeiten freie Fläche) eines beliebigen Längsschnittes mindestens $0{,}95 \cdot 100 \cdot s$ oder $0{,}95 \cdot 100 \cdot t$ oder $0{,}95 \cdot 100 \cdot a$ beträgt. - Dabei darf zum Beispiel bei Übermaßen auf die geforderten s-, t- und a-Werte Bezug genommen werden. - Die aufsummierten Flächen von 3, 4, 5, und 6 dürfen zusammen 2 % der Abbildungsfläche des Durchstrahlungsbildes oder der Bruchfläche nicht überschreiten.		

Tabelle 2-37. Sonderbestimmungen für dynamisch sehr hoch beanspruchte Stumpfnähte (Sonderstumpfnähte) – Vorschlag für Grenzwerte der Unregelmäßigkeiten bei Bewertungsgruppen, um die Einstufung in höhere Schwingfestigkeitsklassen zu ermöglichen (Tabelle 2-35).

Nr. nach DIN EN 25817	Benennung der Unregelmäßigkeit nach DIN EN 25817	Korrektur der Grenzwerte für Bewertungsgruppe „A“
Außer den Sonderbestimmungen nach Tabelle 2-17 für Nr. 2, 3, 4, 5, 6, 8, 9, 11, 16, 18, 21, 24, 25 und 26 ist zu berücksichtigen		
11	Einbrandkerbe	nicht zulässig, Nahtübergang schleifen
12	zu große Nahtüberhöhung	Nahtüberhöhung nicht zulässig, blecheben bearbeiten
16	zu große Wurzelüberhöhung	Wurzelüberhöhung nicht zulässig, blecheben bearbeiten

Tabelle 2-38. Sonderbestimmungen für längsbeanspruchte Stumpf- und Doppel-HV-Nähte – Vorschlag für Grenzwerte der Unregelmäßigkeiten bei Bewertungsgruppen, um die Einstufung in höhere Schwingfestigkeitsklassen zu ermöglichen (Tabelle 2-35).

Nr.	Benennung der Unregelmäßigkeit nach DIN EN 25817	Korrektur der Grenzwerte für die Unregelmäßigkeit bei Bewertungsgruppe D*, D**	C*, C**	B*, B**
2	Endkraterriß	nicht zulässig		
3	Poren	zusätzlich: Nr. 26		
4	Porennest	zusätzlich: Nr. 26		
5	Gaskanal, Schlauchporen	zusätzlich: Nr. 26		
6	feste Einschlüsse			
	- lange Unregelmäßigkeit	nicht zulässig		
	- kurze Unregelmäßigkeit	$h \leq 0{,}3\ s$	$h \leq 0{,}3\ s$	nicht zulässig

Tabelle 2-38. Fortsetzung.

Nr.	Benennung der Unregelmäßigkeit nach DIN EN 25817	Korrektur der Grenzwerte für die Unregelmäßigkeit bei Bewertungsgruppe D*, D**	C*, C**	B*, B**
8	Bindefehler	nicht zulässig		
9	ungenügende Durchschweißung - kurze Unregelmäßigkeit	nicht zulässig	nicht zulässig	
24	Zündstellen			nicht zulässig
25	Schweißspritzer			nicht zulässig
26	Mehrfachunregelmäßigkeiten im Querschnitt	- Die Unregelmäßigkeiten der einzelnen Merkmale dürfen soweit summiert werden, daß innerhalb der Bezugskante von 100 mm die verbleibende Nettofläche (von Unregelmäßigkeiten freie Fläche) eines beliebigen Längsschnittes mindestens 0,95 · 100 · s oder 0,95 · 100 · t oder 0,95 · 100 · a beträgt. - Dabei darf zum Beispiel bei Übermaßen auf die geforderten s-, t- und a- Werte Bezug genommen werden. - Die aufsummierten Flächen von 3, 4, 5 und 6 dürfen zusammen 2 % der Abbildungsfläche des Durchstrahlungsbildes oder der Bruchfläche nicht überschreiten.		

Tabelle 2-39. Sonderbestimmungen für Grundwerkstoff mit Kehlnähten, querbelastet (z. B. Quersteife) – Vorschlag für Grenzwerte der Unregelmäßigkeiten bei Bewertungsgruppen, um die Einstufung in höhere Schwingfestigkeitsklassen zu ermöglichen (Tabelle 2-35).

Nr.	Benennung der Unregelmäßigkeit nach DIN EN 25817	Korrektur der Grenzwerte für die Unregelmäßigkeit bei Bewertungsgruppe D*	C*	B*
2	Endkraterriß	nicht zulässig		
9	ungenügende Durchschweißung	nicht zulässig	nicht zulässig	
11	Einbrandkerben	nur kurze Unregelmäßigkeit zulässig $h \leq 0{,}1\ t \leq 0{,}5$ mm	$h \leq 0{,}1\ t \leq 0{,}5$ mm	nicht zulässig (Nahtüberhöhung abschleifen)

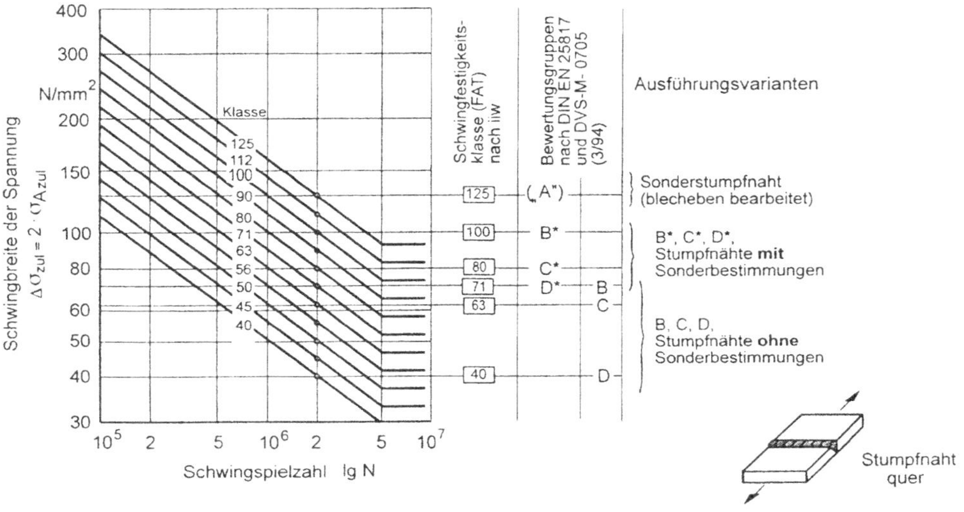

Bild 2-52. Wöhlerlinien und Schwingfestigkeits-Klassen (FAT) der Bewertungsgruppen für Stumpfnähte quer.

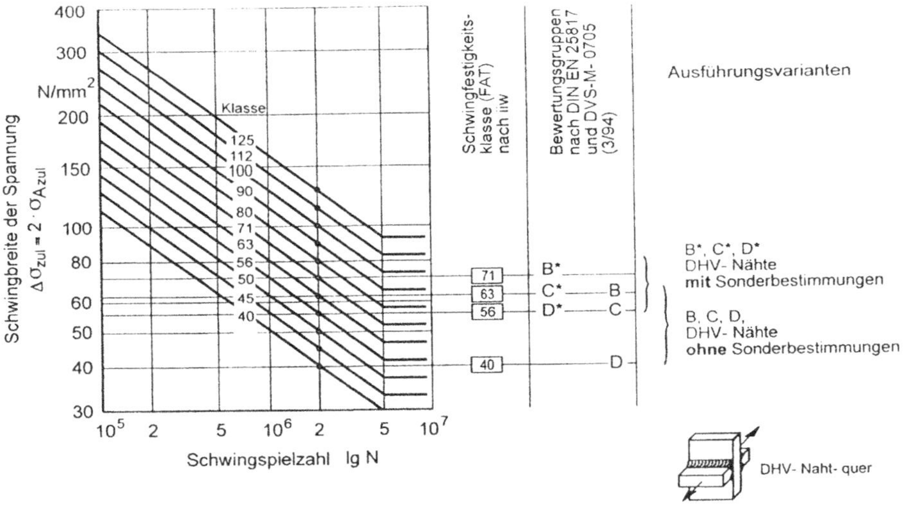

Bild 2-53. Wöhlerlinien und Schwingfestigkeits-Klassen (FAT) der Bewertungsgruppen für DHV-Nähte quer.

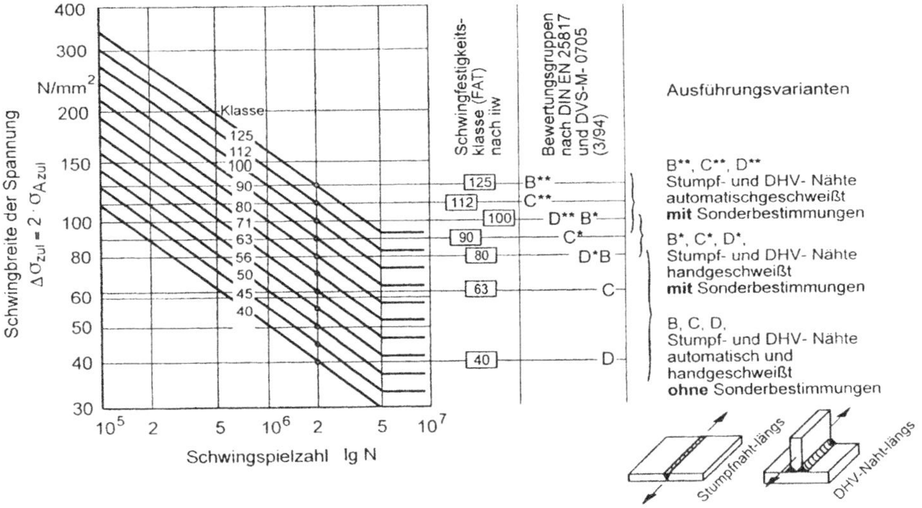

Bild 2-54. Wöhlerlinien und Schwingfestigkeits-Klassen (FAT) der Bewertungsgruppen für Stumpfnähte und DHV-Nähte längs.

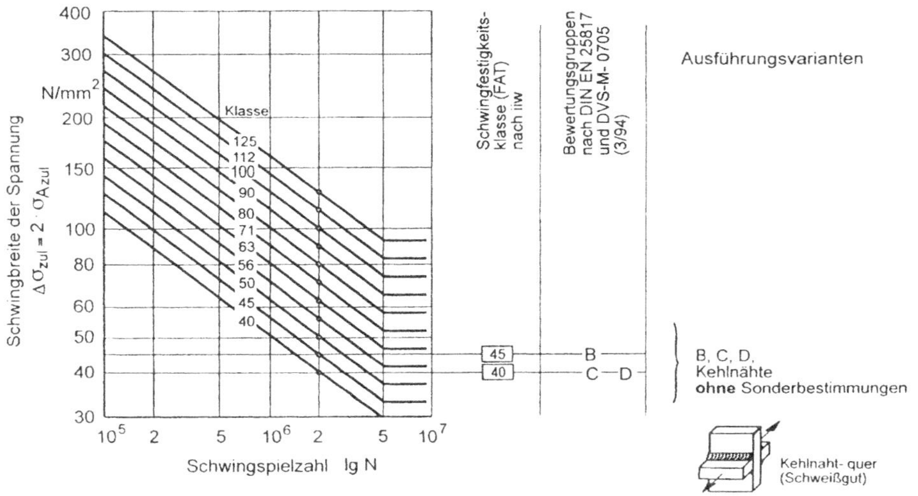

Bild 2-55. Wöhlerlinien und Schwingfestigkeits-Klassen (FAT) der Bewertungsgruppen für Kehlnähte quer (Schweißgut).

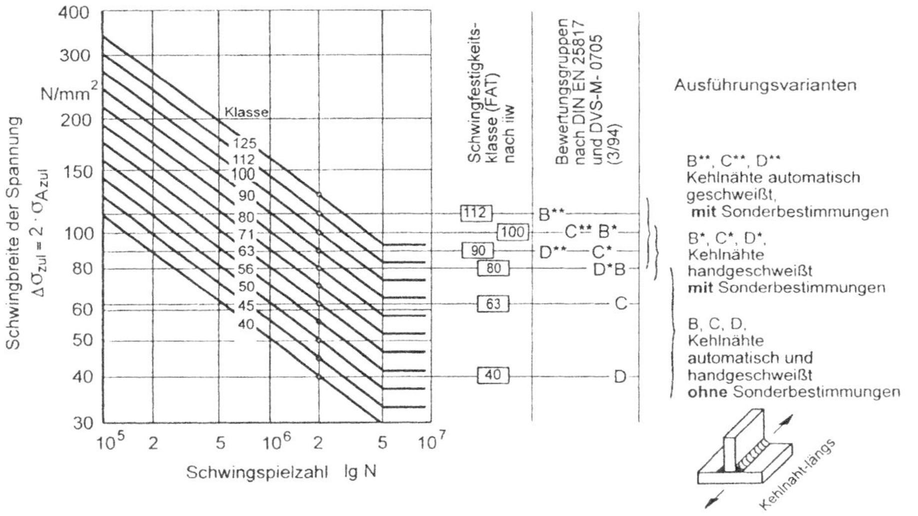

Bild 2-56. Wöhlerlinien und Schwingfestigkeits-Klassen (FAT) der Bewertungsgruppen für Kehlnähte längs.

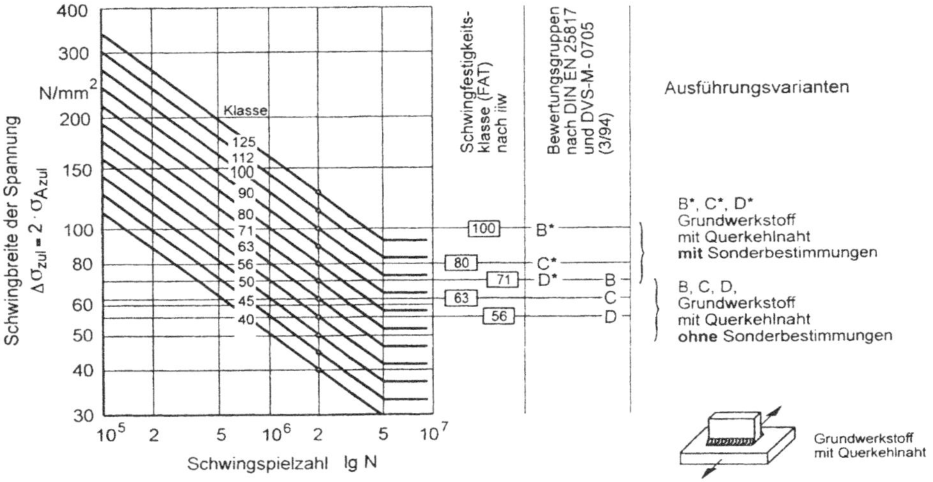

Bild 2-57. Wöhlerlinien und Schwingfestigkeits-Klassen (FAT) der Bewertungsgruppen für Grundwerkstoff mit Quernaht.

In Tabelle 2-40 und Tabelle 2-41 sind Empfehlungen für den Einsatz von Bewertungsgruppen für Schweißverbindungen bei dynamischer Beanspruchung zusammengestellt.

Tabelle 2-40. Empfehlung für den Einsatz von Bewertungsgruppen für Schweißverbindungen bei dynamischer Beanspruchung (Teil I: Stumpfnähte).

Bewertungsgruppe nach DIN EN 25817	Empfehlung für den Einsatz im ungeregelten Bereich
Sonder-Bewertungsgruppe („A“)	Bei schwingend höchstbeanspruchten Baugruppen wird eine blechebene Bearbeitung der Stumpfnähte und eine weitere Einschränkung anderer Unregelmäßigkeiten erforderlich sein (Sondermaßnahmen nach Tabellen 2-17 und 2-18). Dies würde nach DIN EN 25817 eine dort nicht erfaßte Sonder-Bewertungsgruppe („A“) sein können; besondere Zeichnungsangaben für die Grenzwerte der Unregelmäßigkeiten wären erforderlich. Einsatz zum Beispiel für Läufe, Kolbenstangen, Hohlwellen, Zahnkränze und ähnliches
B (hohe Anforderungen)	- schwingend hochbeanspruchte Baugruppen - möglichst volle Ausnutzung der Dauerfestigkeitswerte - Konstruktionen, die zu Aggregaten in Leichtbauweise gehören - Einsatz für zum Beispiel hochbeanspruchte Bewegungseinrichtungen wie Wellen, Hebel, Achsen, Rahmen, Schwingen (Sondermaßnahmen für höhere Schwingfestigkeits-Klassen für B**, B* nach Tabellen 2-17, 2-18 und 2-19 beachten)
C (mittlere Anforderungen)	- schwingend mittelbeanspruchte Baugruppen - Einsatz zum Beispiel für Gehäuse, Kästen, Ständer, Rahmen, Teile des Elektromaschinenbaus
D (niedrige Anforderungen)	schwingend ganz niedrig beanspruchte Teile - Einsatz zum Beispiel für Bauteile, die ohnehin aus Gründen der Stabilität und ähnlichem überdimensioniert sind, Gestelle, Ständer, Kästen, Teile des Elektromaschinenbaus, Regale usw.

Tabelle 2-41. Empfehlung für den Einsatz von Bewertungsgruppen für Schweißverbindungen bei dynamischer Beanspruchung (Teil II: tragende Stirnkehlnähte).

Bewertungsgruppe nach DIN EN 25817	Empfehlung für den Einsatz im ungeregelten Bereich
B (hohe Anforderungen)	- schwingend hochbeanspruchte tragende Kehlnähte (Stirnkehlnähte) an Baugruppen - möglichst volle Ausnutzung der ohnehin schon niedrigen Werte der Dauerfestigkeit - Konstruktionen, die zu Aggregaten der Leichtbauweise gehören - Einsatz zum Beispiel für hochbeanspruchte Bewegungseinrichtungen (möglichst Stirnhöhlnähte vermeiden); Rahmen, Schwingen Bemerkung: Bei schwingend höchstbeanspruchten Baugruppen sind tragende Stirnkehlnähte nicht vorteilhaft. Eine Sonderausführung mit beschliffenen Nahtübergängen bringt nur unwesentliche Erhöhungen der Dauerfestigkeitswerte, wegen der verbleibenden nicht durchgeschweißten Spalte. Eine Sonder-Bewertungsgruppe „A" wird hier nicht empfohlen.
C (mittlere Anforderungen)	- schwingend mittelbeanspruchte Baugruppen - Einsatz für Stirn- und Flankenkehlnähte zum Beispiel bei Gehäusen, Kästen, Ständern, Rahmen, Teilen des Elektromaschinenbaus
D (niedrige Anforderungen)	- schwingend ganz niedrig beanspruchte Teile - Einsatz für Stirn- und Flankenkehlnähte zum Beispiel bei Gestellen, Ständern, Regalen

- **Bemessung von schwingend beanspruchten Schweißverbindungen bei vorliegenden Werten der Ermüdungsfestigkeitsklassen**

Zur Nutzung der Werte der Ermüdungsfestigkeitsklassen nach IIW (das heißt 2 zul σ_A bei $2 \cdot 10^6$ Schwingspielen, bei $\gamma_M = 1{,}0$) für die Bemessung von schwingend beanspruchten Schweißverbindungen bei Schweißkonstruktionen in der Praxis wird das R-freie Verhalten zugrunde gelegt ($R = \min \sigma / \max \sigma$). Das R-freie Verhalten wurde als Ergebnis der Forschung in den letzten Jahren für dickwandige, nicht spannungsarm geglühte, geschweißte Bauteile ermittelt. Der IIW-Vorschlag des festen Netzes der Wöhlerlinien und der Ermüdungsfestigkeitsklassen beruht auf diesen Erkenntnissen. Die Bemessung der Schweißverbindungen gemäß diesem Vorschlag erfolgt analog zu den Ausführungen im Abschnitt 2.3.1.2 nach dem $\Delta\sigma$-Konzept.

- **Schlußbemerkungen zu Berechnungsempfehlungen**

Es ist die Aufgabe des Konstrukteurs, für jeden konkreten Anwendungsfall das konstruktive Detail so zu gestalten und zu bemessen, daß ein hoher Gebrauchswert mit einer hohen Sicherheit gegen Versagen und ausreichender Qualität des Gesamtprodukts entsteht. Dabei muß er beachten, daß die Kosten für die Herstellung und Prüfung, aber auch für die spätere Nutzung niedrig gehalten werden. Die günstige Wahl der Qualitätsstufen (Bewertungsgruppen) für Schweißverbindungen und deren Berechnung ist zudem für die Wirtschaftlichkeit der gesamten Schweißkonstruktion maßgebend. Sicher sind hierfür Variantenvergleiche erforderlich. Der Einsatz von Beispielsammlungen für Konstruktionslösungen, von Vergleichsberechnungen, nicht zuletzt von CAD-Programmen, wird dabei oft unumgänglich sein.

2.3 Tragfähigkeit von Schweißverbindungen an Stählen

2.3.1 Festigkeits- und Ermüdungsverhalten von Schweißverbindungen an Stählen

2.3.1.1 Einflüsse auf Festigkeit und Ermüdung

Einfluß von Kerben

Von größter Bedeutung für die Werte der Ermüdungsfestigkeit ist der Kraftfluß im Konstruktionsteil. Jede Ablenkung der gedachten Kraftlinien verursacht Spannungsspitzen, die gleichzeitig eine Verminderung der Ermüdungsfestigkeit bedingen. Eine Ab- oder Umlenkung der Kraftlinien ist einer Kerbwirkung gleichzusetzen.

An einem einfachen Beispiel sei der Einfluß der Kerbwirkung veranschaulicht. In Bild 2-58 wird der Kraftverlauf an zwei zugbeanspruchten Stäben mit den dazugehörigen Spannungsverteilungen in einem Querschnitt gezeigt. Der Stab (a) hat einen gleichmäßigen Querschnitt und daher eine gleichmäßige Spannungsverteilung ($\sigma = F/A$). Der Lochstab (b) hat den gleichen Nennquerschnitt wie der Stab (a). An den einspringenden Ecken am Loch drängen sich die Kraftlinien ungleichmäßig zusammen. Die Zusammendrängung und Umlenkung dieser Kraftlinien bewirken Spannungsspitzen am Lochrand und Abminderungen der Spannungen an der Stabkante. Die mittlere durchschnittliche Spannung bleibt gleich groß. Die Spannungsspitzen werden bei schärferen Kraftumlenkungen, z. B. bei einem Spalt anstatt bei einem Loch, noch größer. Der Wert α_k veranschaulicht die Größe der Kerbwirkung in einem Querschnitt.

$$\alpha_k = \frac{\text{maximaler Spannungswert}}{\text{Nennspannungswert}}$$

Bei einer „zügigen“ (langsam ansteigenden) statischen Beanspruchung bis zum Bruch wird die Fließgrenze des Werkstoffs zuerst im Bereich der Spannungsspitzen erreicht. Der zähe Werkstoff fließt an diesen Stellen, wobei die Spannungen vorerst nicht die Fließgrenze übersteigen. Bei Zunahme der Belastung steigt auch die Spannung im Mittelbereich des Querschnitts, so daß der Unterschied in den Spannungen, die Spannungsspitze, verschwindet. Es wird angenommen, daß kurz vor dem Bruch der ganze Querschnitt gleichmäßig belastet wird. Die statische (zügige) Festigkeit eines ungekerbten und eines gekerbten Stabes ist annähernd gleich.

Bei einer schwingenden Beanspruchung dagegen tritt ein sich beliebig wiederholender oder auch oft sehr rascher Kraftangriff auf. Es kann festgestellt werden, daß der Werkstoff nicht in der Lage ist, die Spannungsspitzen bei wechselnder Belastung so auszugleichen wie bei zügiger. Die bestehen bleibenden Spannungsspitzen bewirken bei Erreichung der Bruchgrenze Anrisse. Diese Risse bilden wiederum Kerben und erhöhen die Kerbwirkung, außerdem schwächen sie den Querschnitt. Nach sich weiter wiederholenden Lastspielen vergrößern sich die Risse an den Spannungsspitzen, so daß der Querschnitt (verbleibender Restquerschnitt) plötzlich bricht. Man kann an der Bruch-

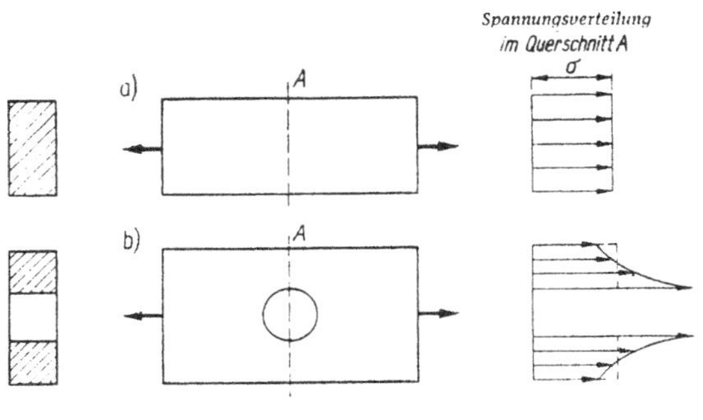

Bild 2-58. Spannungsverteilung an einem glatten Stab und einem Lochstab.

fläche deutlich den Herd des Ermüdungsbruchs, die Spannungsspitze, erkennen. Der Herd ist oft muschelartig ausgebildet, im Unterschied zur unebenen, streifigen Gewaltbruchfläche des Restquerschnitts.

Die Ermüdungsfestigkeit des Werkstoffs ist bei dynamischer Beanspruchung bei einem gekerbten Stab wesentlich geringer als bei einem ungekerbten.

Um das Festigkeits- und Ermüdungsfestigkeitsverhalten zahlenmäßig zu erfassen, wird das Beispiel mit Zug-Druck-Stäben weitergeführt.

Bild 2-59 enthält die Werte für (R_m) und (R_e) sowie die Ermüdungsfestigkeitswerte von einem glatten Stab aus Blech in S235 mit Walzhaut und einem entsprechenden Lochstab. Es sind Vergleichswerte angegeben, die in erster Linie die Tendenz des Tragfähigkeitsverhaltens darstellen sollen. Aus dem Bild ist zu entnehmen, daß bei statischer Belastung annähernd unveränderte Werte auftreten. Bei schwingender Beanspruchung ist bei einem Lochstab ein starker Abfall der Ermüdungsfestigkeit festzustellen.

Die nachstehend angegebenen Werte gelten für kleine Prüfstücke. Bei Bauteilen sind geringere Werte maßgebend.

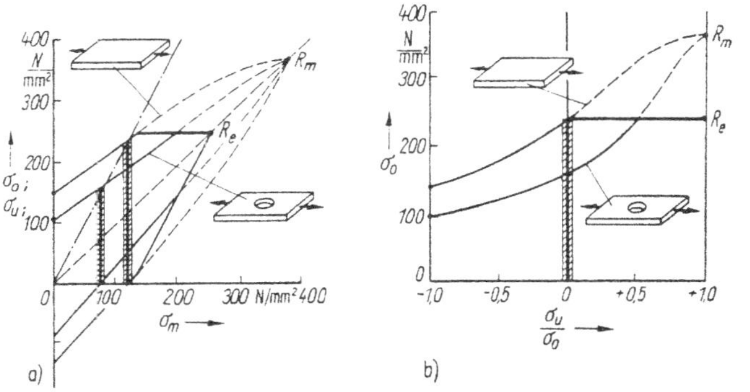

Bild 2-59. Dauerfestigkeits-Schaubild für einen glatten Stab und einen Lochstab aus S235 (Richtwert $p_ü = 50\,\%$).

In Bild 2-59 sind Dauerfestigkeitsschaubilder nach Smith gewählt worden. Um bei künftigen Vergleichen nicht immer alle Werte des gesamten Belastungsbereichs, also Dauerfestigkeitsschaubilder, anzugeben, wird nachstehend oft nur ein Vergleich der statischen Zugfestigkeit mit der Schwell- und Wechselfestigkeit ($p_ü = 50\,\%$) vorgenommen.

Zusammenfassend kann gesagt werden, daß jede Konstruktion, geschweißt oder ungeschweißt, die erhebliche Kraftumlenkung aufweist, zu einem großen Abfall der Ermüdungsfestigkeit neigt. Das wird auch bei der Gestaltung der Schweißkonstruktionen, die schwingend beansprucht werden, maßgebend sein.

Einfluß der Schweißnähte

Für Schweißkonstruktionen ist es sehr wichtig, ob Schweißnähte einen Einfluß auf das Festigkeits- bzw. Ermüdungsfestigkeitsverhalten der tragenden Konstruktionsteile ausüben. In Bild 2-60 und Bild 2-61 sind als Beispiele einige Werkstoffkennwerte σ_W, σ_{Sch} und R_e für Zug-Druck-Stäbe (Kleinteile) mit verschiedenen nicht kraftübertragenden Schweißnähten angegeben. Aufgeschweißte Raupen, Quer- oder Längsrippen haben bei statischer Beanspruchung keinen Einfluß auf die Tragfähigkeit (hier R_e). Bei schwingender Beanspruchung ist dagegen der Einfluß sehr groß.

Schweißt man auf ein Blech eine Querraupe (Fall b), so ist ein erheblicher Abfall der Ermüdungsfestigkeit im Vergleich zum vollen Blech mit Walzhaut (Fall a) festzustellen. Das erscheint auf den ersten Blick verwunderlich, weil sich der Kraftfluß im Blech mit Querraupe gegenüber dem vollen

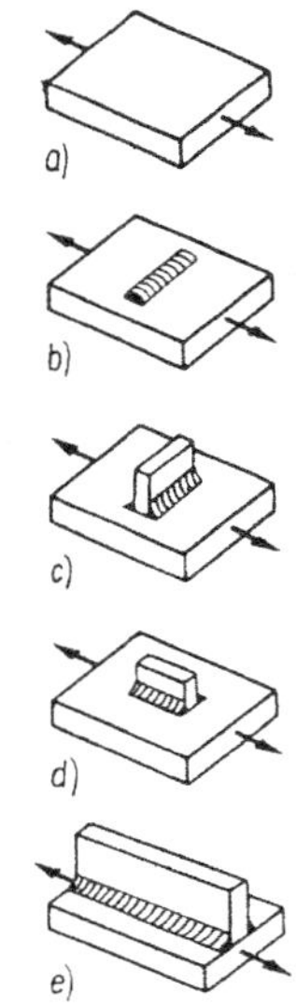

	σ_W (N/mm²)	σ_{Sch}	R_e
a)	140	240	240
b)	95	160	240
c)	75	130	240
d)	45	80	240
e)	115	195	240

Bild 2-60. Werkstoffkennwerte (R_e, σ_{Sch}, σ_W) von Zug-Druck-Stäben aus S235 mit unbearbeiteten Schweißnähten (Richtwerte);
a) Grundwerkstoff (Blech) mit Walzhaut (zum Vergleich);
b) Blech mit Querraupe (unbearbeitet);
c) Blech mit Querrippe (unbearbeitet);
d) Blech mit Ende einer Längsrippe (unbearbeitet);
e) Blech mit durchgehender Längsrippe (unbearbeitet).

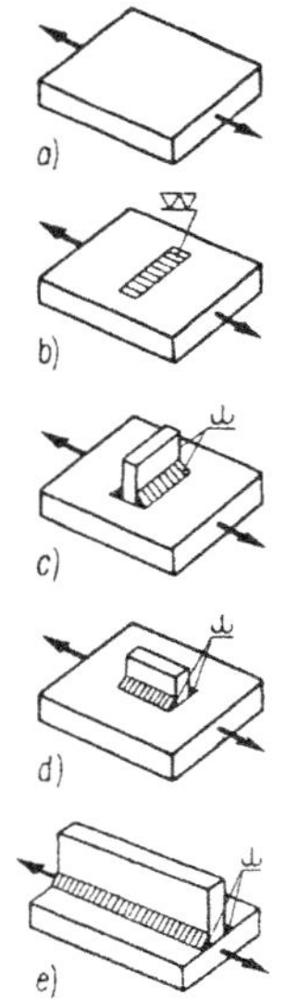

	σ_W (N/mm²)	σ_{Sch}	R_e
a)	140	240	240
b)	140	240	240
c)	95	160	240
d)	45	85	240
e)	115	195	240

Bild 2-61. Werkstoffkennwerte (R_e, σ_{Sch}, σ_W) von Zug-Druck-Stäben aus S235 mit bearbeiteten Schweißnähten (Richtwerte);
a) Grundwerkstoff (Blech) mit Walzhaut (zum Vergleich);
b) Blech mit Querraupe (blecheben bearbeitet);
c) Blech mit Querrippe (Stirnkehlnahtübergang bearbeitet);
d) Blech mit Ende einer Längsrippe (Flankenkehlnahtübergang bearbeitet);
e) Längskehlnaht (bearbeitet).

Blech sehr wenig geändert hat. Bei Schweißkonstruktionen ist daher von vornherein mit einer Verminderung der Ermüdungsfestigkeitswerte zu rechnen.

Die mit bloßem Auge nicht sichtbaren äußeren Kerben am Übergang der Schweißraupe zum Grundwerkstoff (kleine Einbrandkerben, geringere Ungleichmäßigkeiten an der Oberfläche der Schweißraupe, Bindefehler usw.) sind keine Schweißfehler.

Bei einer aufgeschweißten Raupe sieht man mit bloßem Auge bei einer guten Ausführung einen glatten, gleichmäßigen Übergang zwischen Schweißraupe und Grundwerkstoff. Eine Vergrößerung zeigt, daß am Übergang unvermeidliche Poren, Schlackeneinschlüsse und kleine Bindefehler Kerben bilden. Diese Kerben entstehen während des Schweißvorgangs, indem am Übergang eine dünne Schicht Schweißgut über den Grundwerkstoff fließt, sehr rasch erkaltet und nicht genügend Wärme hat, um den Grundwerkstoff aufzuschmelzen. Dadurch entsteht eine schlechte Bindung zwischen Schweißnaht und Grundwerkstoff; die dünne Schicht erstarrt schnell, und die in der Schweißnaht befindlichen Gasblasen und Schlackenteilchen frieren ein. Diese äußerlich unsichtbaren Einbrandkerben bewirken eine wesentliche Verminderung der Ermüdungsfestigkeit.

Bearbeitet man das Blech mit der Schweißraupe (z. B. einige Millimeter abhobeln oder abschleifen) und entfernt diese Randkerben, so erhöht man wesentlich die Ermüdungsfestigkeitswerte. Es können Werte des vollen Bleches mit Walzhaut leicht erreicht werden, Bild 2-61b. Eine mit Kehlnähten aufgeschweißte Querrippe (Bild 2-61c) weist infolge der konzentrierten Kerben an der Wurzel sowie am Übergang der Kehlnaht und infolge eines Steifigkeitssprungs schlechtere Werte auf als eine auftraggeschweißte Querraupe.

Ein ähnliches Verhalten zeigt das auf ein Blech geschweißte Ende einer Längskehlnaht. An der Endstelle der Kehlnaht bilden sich ebenfalls Kerben. Die in der Kraftrichtung liegende verstärkte Kerbstelle des Endkraters bringt teilweise kleinere Ermüdungsfestigkeitswerte, als dies bei einer Querraupe zu verzeichnen war.

Eine durchgehende Längsraupe bzw. eine durchgehende Längsnaht (Bild 2-61e) weist wesentlich bessere Ermüdungsfestigkeitswerte auf. Das ist auf das Fehlen des auf einer Stelle konzentrierten Kerbherdes zurückzuführen.

Bei Kehlnähten aller Art bringt das Bearbeiten der Nahtübergänge nur eine gewisse Verbesserung der Ermüdungsfestigkeitswerte. Das ist darauf zurückzuführen, daß ein Bearbeiten der Wurzel nicht möglich ist.

Diese Beispiele weisen auf eine außerordentlich wichtige Tatsache hin:

Jede Quernaht, jede Endstelle einer Längsnaht, auch wenn diese Nähte einem anscheinend kraftlosen Anschluß dienen, führt zu einer starken Abminderung der Ermüdungsfestigkeit, während keine Verminderung der statischen Festigkeit festzustellen ist.

Bei schwingend beanspruchten Konstruktionen ist daher zu untersuchen, inwieweit das Anschweißen von Rippen, Ösen, Vorrichtungen usw. einen Einfluß auf die Ermüdungsfestigkeit des tragenden Querschnitts ausübt. Längs durchlaufende Nähte bringen zwar auch eine Verminderung der Ermüdungsfestigkeit, die jedoch wesentlich höhere Werte aufweist.

Einfluß der Gestalt der Schweißverbindung

Den größten Einfluß auf die Minderung der Ermüdungsfestigkeit hat die Gestalt der jeweiligen Konstruktion. Das Vorhandensein der Schweißnaht bzw. Schweißraupe wirkt verschärfend.

Der Kraftfluß und die Spannungsverteilung nach Bild 2-62 weisen in den üblichen Schweißverbindungen außerordentlich große Unterschiede auf. Während Stumpf- und DHV-Nähte eine verhältnismäßig gleichförmige Spannungsverteilung aufweisen, sind bei den Kehlnähten (Kreuzstoß, Laschenstoß usw.) außerordentlich hohe Spannungsspitzen und ungleichmäßige Spannungsverteilungen festzustellen. Aus den Darstellungen in Bild 2-62 ist die Wertigkeit der Schweißverbindungen in bezug auf deren Tragfähigkeit bei Schwingbeanspruchung ersichtlich.

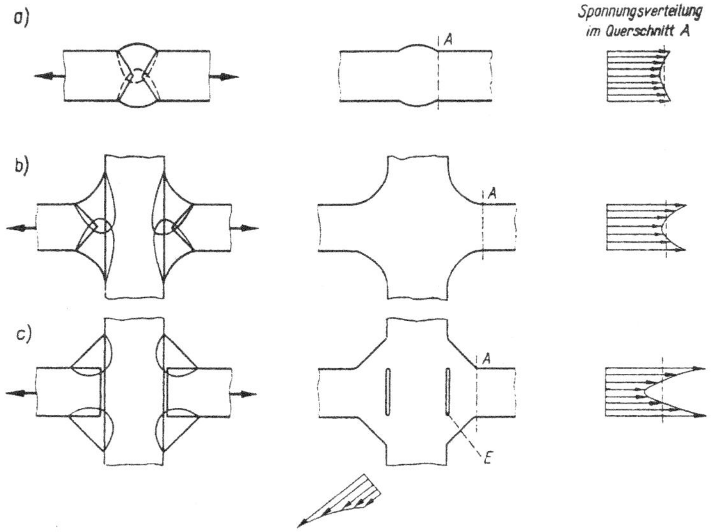

Bild 2-62. Spannungsverteilung in Schweißverbindungen bei Zug-Druck-Belastung;
a) Stumpfnaht $\alpha_k = 1{,}2 \ldots 1{,}5$;
b) DHV-Naht $\alpha_k = 1{,}3 \ldots 1{,}7$;
c) Kehlnaht $\alpha_k > 2{,}0$.

Nachstehend werden wiederum an Zug-Druck-Stäben (Kleinteile) aus S235 die Festigkeits- und Ermüdungsfestigkeitswerte miteinander verglichen. Um für den Vergleich einheitliche Voraussetzungen zu haben, wird als Schweißverfahren die Lichtbogenhandschweißung gewählt.

In Bild 2-63 und Bild 2-64 sind Anhaltswerte für die statische Zug- bzw. Schubfestigkeit und die entsprechenden Schwell- und Wechselfestigkeiten angegeben. Es sind die in Bild 2-62 dargestellten wichtigsten Schweißverbindungen berücksichtigt worden. Da die Bearbeitung einen großen Einfluß auf die Ermüdungsfestigkeit ausübt, werden unbearbeitete und bearbeitete Schweißverbindungen gesondert erörtert.

Der Ausgangswert für alle Betrachtungen über Schweißverbindungen ist die Stumpfnaht nach Bild 2-63a (eine in Wannenlage (PA) geschweißte, unbearbeitete, mit Gegenlage geschweißte, 100 %ig durchstrahlte, fehlerfreie Stumpfnaht an S235). Diese Stumpfnaht ist die wichtigste Schweißverbindung und kann in dieser Ausführung ohne Schwierigkeit einwandfrei hergestellt werden.

Die statische Festigkeit (und auch die Streckgrenze) einer solchen Stumpfnaht entspricht bei Stahl und bei Raumtemperatur den Werten des ungeschweißten Grundwerkstoffs. Diese Stumpfnaht könnte ohne rechnerische Minderung in Konstruktionen bei statischer Beanspruchung eingesetzt werden.

Die Schwellfestigkeit einer solchen gefertigten Stumpfnaht beträgt 160 bis 180 N/mm^2. Der Wert 160 N/mm^2 ist der Mindestdauerfestigkeitswert dieser Stumpfnaht. Selbstverständlich können bei besonders guter Ausführung die Schwellfestigkeitswerte gesteigert und der Wert 180 N/mm^2 erreicht und überschritten werden. Trotz des guten Kraftflusses in einer Stumpfnaht ist also aufgrund der vorhandenen Kerbherde am Übergang ein Abfall der Ermüdungsfestigkeit zu verzeichnen.

Bearbeitet man diese Stumpfnaht blecheben und entfernt die Kerbherde am Übergang, so ist eine erhebliche Steigerung der Dauerfestigkeit festzustellen ($\sigma_{Sch} \approx 230\ N/mm^2$). Bei sorgfältiger Ausführung kann der Wert des vollen Blechs mit Walzhaut erreicht werden, Bild 2-64a.

Trotz der guten Werte wird die blecheben bearbeitete Stumpfnaht relativ wenig angewendet werden. Es wird aus Wirtschaftlichkeitsgründen nicht möglich sein, bei allen hochschwingend beanspruchten Kran-, Brücken- und Maschinenkonstruktionen alle geschweißten Stumpfnähte blecheben bearbeiten zu lassen. Somit wird die unbearbeitete Stumpfnaht die wichtigste und am meisten angewandte

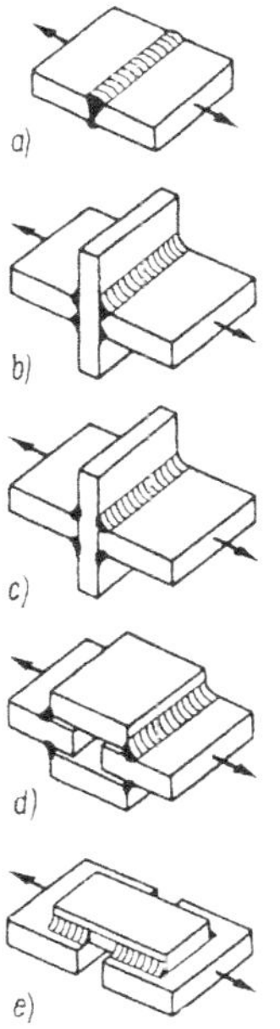

	σ_W (N/mm²)	σ_{Sch} (N/mm²)	R_e (N/mm²)
a)	95	160	240
b)	80	130	240
c) bezogen auf Stabquerschnitt (σ)	45	85	240
d) Schweißnahtquerschnitt (τ)	35	65	> 140
e)	35	65	> 140

Bild 2-63. Werkstoffkennwerte (R_e, σ_{Sch}, σ_w) von Stumpf- und Kehlnähten aus S235 unbearbeitet (Richtwerte);
a) Stumpfnaht; b) DHV-Naht; c) Stirnkehlnaht – Kreuzstoß; d) Stirnkehlnaht – Laschenstoß; e) Flankenkehlnaht – Laschenstoß.

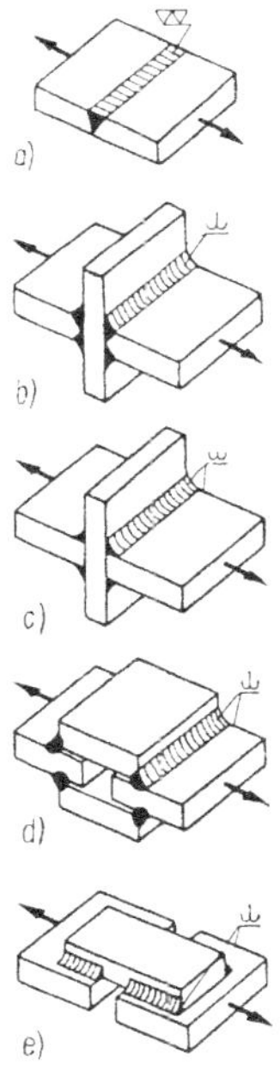

	σ_W (N/mm²)	σ_{Sch} (N/mm²)	R_e (N/mm²)
a)	130	230	240
b)	115	190	240
c) bezogen auf Stabquerschnitt (σ)	60	105	240
d) Schweißnahtquerschnitt (τ)	35	65	> 140
e)	35	65	> 140

Bild 2-64. Werkstoffkennwerte (R_e, σ_{Sch}, σ_w) von Stumpf- und Kehlnähten aus S235 bearbeitet (Richtwerte);
a) Stumpfnaht; b) DHV-Naht; c) Stirnkehlnaht – Kreuzstoß; d) Stirnkehlnaht – Laschenstoß; e) Flankenkehlnaht – Laschenstoß.

Schweißverbindung bei schwingend beanspruchten Bauteilen sein und als Maßstab für die Beurteilung anderer Schweißverbindungen und Konstruktionen in bezug auf deren Verhalten auf Ermüdungsfestigkeit gelten.

Ein Vergleich der Stumpfnaht mit einem Nietlaschenstoß zeigt, daß der Nietstoß lediglich eine Schwellfestigkeit von 120 bis 140 N/mm^2 aufweist. Der Vorteil der Anwendung der Stumpfnähte ist hier sehr deutlich ersichtlich. Allerdings wird der starke Einfluß von kleinsten Fehlern auf das Tragvermögen bei schwingender Beanspruchung des Stumpfstoßes noch gesondert zu besprechen sein. Bei der Nietverbindung ist eine derartige Anfälligkeit von Ausführungsmängeln nicht zu verzeichnen.

Vergleicht man die Stumpfnaht mit anderen Schweißverbindungen, in denen der Kraftfluß nicht so gut ist, so ist dort ein weiterer Abfall der Ermüdungsfestigkeit festzustellen.

Ein DHV-Nahtanschluß (Kreuzstoß), unbearbeitet nach Bild 2-63b, weist eine Schwellfestigkeit von 130 bis 160 N/mm^2 auf. Der Kraftfluß einer DHV-Naht wird durch keinen inneren Spalt durchbrochen, siehe Bild 2-62. Es ist nur ein geringer Abfall gegenüber der Stumpfnaht vorhanden.

Die Werte der statischen Festigkeit entsprechen bei einer DHV-Naht den Werten des Grundwerkstoffs, wie wir es von der Stumpfnaht her kennen.

Das Bearbeiten einer DHV-Naht bringt eine wesentliche Steigerung der Dauerfestigkeitswerte, vergleiche Bild 2-64b.

Das Festigkeits- und Ermüdungsfestigkeitsverhalten von Kehlnahtverbindungen zeigen eine wesentliche Verschiebung der entsprechenden Werte gegenüber den Stumpf- und DHV-Nähten. Grundsätzlich muß man bei Kehlnahtverbindungen (bei Stirnkehlnähten und Flankenkehlnähten) die Beanspruchung im Stabquerschnitt (Konstruktionsquerschnitt) unmittelbar am Nahtübergang und die Beanspruchung in der Naht selbst voneinander unterscheiden. Bei einer Zug-Druck-Belastung der Gesamtverbindung (vergleiche Bild 2-63 und Bild 2-64c bis e) wird der Stabquerschnitt vorwiegend durch Normalspannungen (σ), der Nahtquerschnitt vorwiegend durch Tangentialspannungen (τ) beansprucht.

Bei statischer Beanspruchung sind bei Kehlnahtverbindungen die jeweils entsprechenden Werte des Grundwerkstoffs festzustellen. Die Schubfestigkeit der Kehlnähte ist in der Regel größer als der für den Grundwerkstoff angesetzte Wert von $\tau = \frac{1}{\sqrt{3}} \cdot \sigma = 0{,}58 \cdot \sigma$.

Das Festigkeitsverhalten wird erheblich durch die Festigkeit des verwendeten Zusatzwerkstoffs und durch die Nahtdicke beeinflußt.

Die Schwell- und Wechselfestigkeit einer Stirnkehlnaht nach Bild 2-63c und d dagegen weisen sehr niedrige Werte auf. Hier findet eine Überlagerung des schlechten Kraftflusses und der Einwirkung der Schweißung statt. In Bild 2-62 sind das Vorhandensein des Kerbherdes an der Übergangsstelle sowie der starken Wurzelkerben am Spalt, das heißt an der Stelle der größten Spannungsspitzen, dargestellt. Diese Überlagerung bringt einen Abfall der Schwellfestigkeit auf 85 bis 100 N/mm^2, bezogen auf den Stabquerschnitt, oder 60 bis 70 N/mm^2, bezogen auf den Nahtquerschnitt.

Ähnliche Schwellfestigkeitswerte werden bei Anschlüssen mit Flankenkehlnähten erreicht, Bild 2-63. Nicht nur, daß eine geringe Schwellfestigkeit des Nahtquerschnitts festzustellen ist, es tritt auch an der Endstelle der Flankenkehlnaht infolge der auftretenden starken Kerbwirkungen eine eingreifende Herabsetzung der Tragfähigkeit des Stabquerschnitts selbst ein. Diese Tatsache ist beim Entwurf von Stabanschlüssen mit Kehlnähten bei dynamisch beanspruchten Konstruktionen zu beachten.

Das Bearbeiten der Kehlnahtoberfläche bringt zwar eine geringfügige Steigerung der Ermüdungsfestigkeitswerte, ist aber mit Rücksicht auf die verbleibenden Kerbherde an der Nahtwurzel im allgemeinen unbedeutend, Bild 2-64c bis e.

Der aufgezeigte große Unterschied zwischen Anschlüssen mit DHV-Nähten und Stirnkehlnähten tritt besonders bei den dargestellten Zug-Druck-Stäben auf. Bei reiner Schubübertragung sind die Unterschiede der DHV-Naht zur Flankenkehlnaht gering, so daß der große Vorteil infolge des guten Kraftverlaufs der DHV-Naht hier verloren geht, Bild 2-65. Das wird bei den späteren Betrachtungen noch gesondert an Beispielen hervorgehoben.

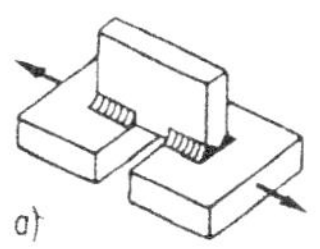

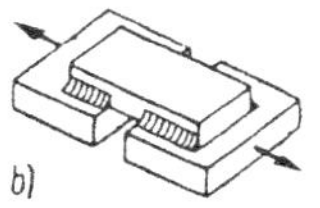

	N/mm² σ_W	σ_{Sch}	R_e
bezogen auf			
a) Stabquerschnitt (σ)	45	85	240
b) Schweißnahtquerschnitt (τ)	35	65	> 140 ··· 240

Bild 2-65. Werkstoffkennwerte (R_e, σ_{Sch}, σ_W) für DHV-Nähte und Flankenkehlnähte aus S235 bei Schub in der Naht (Richtwerte); a) DHV-Naht; b) Flankenkehlnaht.

Zusammenfassend kann zu dem Einfluß der Gestalt der Schweißverbindung auf die Ermüdungsfestigkeit gesagt werden: Brauchbare Ermüdungsfestigkeitswerte liefert eine Stumpfnaht. Sie wird somit zum wichtigsten Schweißanschluß bei schwingend beanspruchten Konstruktionen. Deren Werte können durch blechebenes Bearbeiten gesteigert werden, was jedoch in der Regel auf Sonderfälle beschränkt bleiben wird. Eine DHV-Naht bietet bei Zug-Druck-Anschlüssen ebenfalls solche Vorteile. Eine Kehlnaht (Stirn- oder Flankenkehlnaht) bringt, bezogen auf den Nahtquerschnitt, außerordentlich geringe Ermüdungsfestigkeitswerte. Außerdem bewirken bei Stirnkehlnähten der Nahtübergang, bei Flankenkehlnähten der Endkrater eine außerordentliche Minderung der Tragfähigkeit des Stabquerschnitts selbst.

Einfluß der Stahlsorte

Der erhebliche Einfluß der verschiedenen Stahlsorten auf das Festigkeits- und Ermüdungsfestigkeitsverhalten an Konstruktionen wird als bekannt vorausgesetzt. Höherfeste Stähle haben höhere Streckgrenzen- und Zugfestigkeitswerte und werden auch in der Regel entsprechend höher beansprucht. Vergleicht man das Festigkeits- und Ermüdungsfestigkeitsverhalten von Schweißverbindungen von höherfesten Stählen (z. B. S355) mit einem unlegierten Stahl (z. B. S235), so ist folgendes festzustellen:

Bei statischer Beanspruchung steigt die Tragfähigkeit einer Schweißverbindung mit der höher werdenden Streckgrenze (bzw. Bruchfestigkeit) des höherfesten Stahls. Die in den vorherigen Abschnitten angeführten Gesetze des Festigkeitsverhaltens der einzelnen Arten von Schweißverbindungen sind direkt übertragbar und auf die neuen höheren Festigkeitswerte linear umrechenbar, Bild 2-66.

Bei dynamischer Beanspruchung ist allgemein festzustellen, daß die Ermüdungsfestigkeitswerte nicht mit der höher werdenden Streckgrenze bzw. Zugfestigkeit der höherfesten Stähle linear ansteigen.

Höherfeste Stähle sind im allgemeinen kerbempfindlicher. Bei Grundwerkstoff mit Walzhaut bzw. bei blecheben bearbeiteten Stumpfnähten sind bei S355 gegenüber dem S235 noch bessere Schwell- und Wechselfestigkeitswerte festzustellen, Bild 2-66a und b. Bei kerbschärferen Schweißverbin-

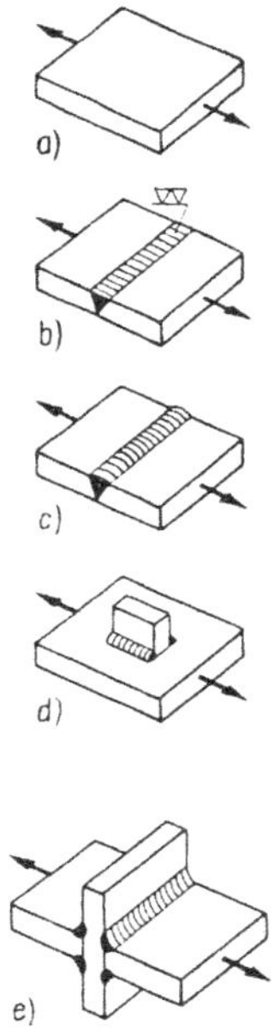

N/mm²	σ_W	σ_{Sch}	R_e
a) S 235	140	240	240
a) S 355	160	290	360
b) S 235	130	230	240
b) S 355	140	250	360
c) S 235	95	160	240
c) S 355	95	160	360
d) S 235	45	85	240
d) S 355	45	85	360
e)	bezogen auf Stabquerschnitt: (σ)		
S 235	45	85	240
	Schweißnahtquerschnitt: (τ)		
	35	65	> 140 ··· 240
	Stabquerschnitt: (σ)		
S 355	45	85	360
	Schweißnahtquerschnitt: (τ)		
	35	65	360

Bild 2-66. Werkstoffkennwerte (R_e, σ_{Sch}, σ_w) für Schweißverbindungen aus S235 und S355;
a) Grundwerkstoff (Blech),
b) Stumpfnaht; (blecheben bearbeitet),
c) Stumpfnaht; unbearbeitet,
d) Blech am Ende einer Längsrippe (unbearbeitet);
e) Stirnkehlnaht – Kreuzstoß.

dungen, wie bei unbearbeiteten Stumpfnähten oder besonders bei Kehlnähten aller Art, ist fast kein oder überhaupt kein Unterschied der Ermüdungsfestigkeitswerte zwischen beiden Werkstoffen vorhanden.

Der Vergleich der Schwellfestigkeit von S235 und S355 nach Bild 2-67 läßt sich auf die anderen höherfesten Stähle für geschweißte Kleinteile entsprechend erweitern. So können entsprechende Schlußfolgerungen auch für Stähle mit noch höheren Festigkeiten abgeleitet werden.

Aus Bild 2-66 und Bild 2-67 geht hervor, daß bei Schweißverbindungen der Vorteil des hochwertigen Werkstoffs bei Ermüdungsbeanspruchung ganz verloren geht. Der Vorteil hochwertiger Stahlsorten ist nur überall dort gegeben, wo größere ruhende Vorspannungen auftreten, z. B. bei Brücken und Kranen mit sehr hoher Eigenlast, Brücken mit großen Stützweiten usw. Hier ist wegen der hohen Streckgrenze der hochwertige Stahl, z. B. S355, dem S235 weit überlegen. Dagegen ist bei Kraftfahrzeugrahmen, bei Maschinenteilen usw. bei geschweißten Konstruktionen ein hochwertiger Stahl unwirtschaftlich, da die gleiche Tragfähigkeit im Schwell- und Wechselbereich mit S235 zu erreichen ist. Die Werkstoffeigenschaften werden bei schwingend stark beanspruchten Konstruktionen von der Kerbwirkung der Schweißverbindung überdeckt.

In den neuesten Vorschlägen für die Bemessung von schwingend beanspruchten Schweißkonstruktionen des IIW [2-1; 2-2] werden auch für alle Stahlsorten einheitlich, das heißt für unlegierte Stähle wie auch für höherfeste Stähle, die gleichen Werte der Schwingfestigkeit eingesetzt. Der Einfluß von

$$R = \frac{\min \sigma}{\max \sigma}$$

wird von den vorhandenen Eigenspannungen der Schweißverbindung im Schwell- und Wechselbereich abhängig gemacht (siehe Abschnitt 2.2).

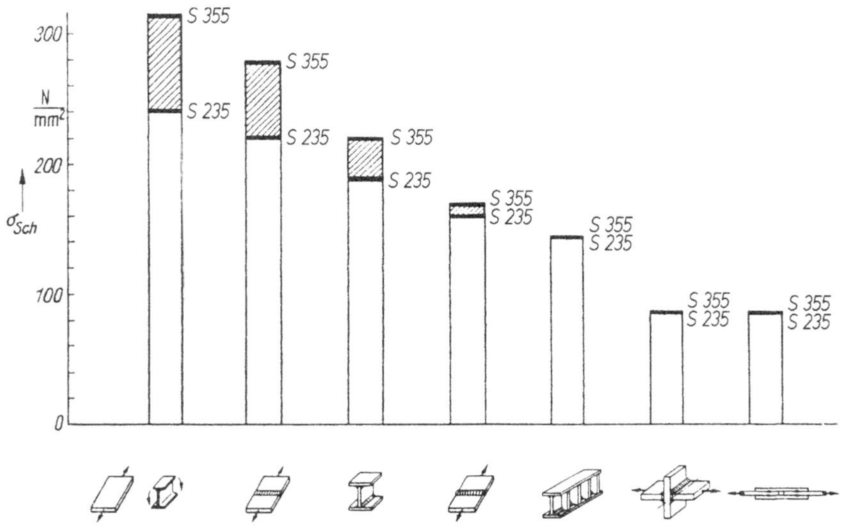

Bild 2-67. Vergleich der Schwellfestigkeits-Richtwerte für Schweißverbindungen aus S235 und S355.

Einfluß der Schweißnahtfehler (Unregelmäßigkeiten)

Einer der wichtigsten negativen Einflüsse auf die Tragfähigkeit von Schweißverbindungen sind Schweißnahtfehler. Ein Fehler in der Schweißverbindung, mag er in seiner Bedeutung vorerst gar nicht so hervortreten, kann leicht einen Ermüdungsbruch der Schweißverbindung herbeiführen, so daß die ganze Konstruktion ihre Tragfähigkeit verliert. Nachstehend werden die einzelnen möglichen Schweißfehler kurz auf ihre Bedeutung in bezug auf die Minderung der Festigkeit und der Ermüdungsfestigkeit hin untersucht.

Im europäischen Regelwerk für Qualitätsanforderungen an Produkte, d. h. auch an Schweißverbindungen, bezeichnet man als Fehler (Nichtkonformität) die Nichterfüllung festgelegter Forderungen. Das heißt für Schweißverbindungen, daß Fehler außerhalb der Grenzwerte für vorgegebene Qualitätsstufen (Bewertungsgruppen) liegen und in keinem geschweißten Produkt sein dürfen.

Unregelmäßigkeiten (Imperfektionen) für Schweißverbindungen sind mit dazugehörigen Grenzwerten in EN-Normen für angegebene Bewertungsgruppen festgelegt und schaffen für den Anwender, d. h. für den Konstrukteur, sowie für die Herstellung und Kontrolle (Schweißaufsicht) Möglichkeiten, geschweißte Bauteile und Konstruktionen in Qualitätsstufen zu entwerfen und zu fertigen.

Eine Übersicht der Bewertungsgruppen nach europäischem Regelwerk bietet Abschnitt 1.3. Die Bewertungsgruppen der Schweißverbindungen geben Aufschluß über die wichtigsten Herstellungsbedingungen der Schweißnähte. Hierbei sind auch die auftretenden Unregelmäßigkeiten (innere Unregelmäßigkeiten, äußere Unregelmäßigkeiten) berücksichtigt. Somit kann eine Beurteilung der Schweißnaht (Stumpfnaht, DHV-Naht bzw. Kehlnaht) in einer entsprechenden Bewertungsgruppe über die dort auftretenden möglichen Unregelmäßigkeiten erfolgen.

Am Anfang dieses Abschnittes sind bereits die ersten Vergleiche des Einflusses der Schweißnaht auf die Tragfähigkeit der Verbindung vorgenommen worden. Die dort aufgezeigten Bewertungsgruppen sollen eigentlich „fehlerfreie" Schweißverbindungen zugrunde legen. Die Beispiele mit der Bearbeitung der Schweißnahtübergänge auch von sehr gut geschweißten Nähten und deren bessere Ermüdungsfestigkeitswerte zeigen bereits die Tendenz der folgenden Ausführungen.

- **Innere Unregelmäßigkeiten**

Innere Unregelmäßigkeiten, d. h. innere Kerben, treten bei Schweißverbindungen meist durch Poren, mangelhafte Auskreuzung, Wurzelfehler, Schlackenzeilen u. ä. auf.

Bei statisch beanspruchten Konstruktionen bringen auch größere innere Unregelmäßigkeiten keinen großen Abfall der Festigkeit bzw. der Streckgrenze. Man wird bei der Abnahme derartiger Schweißverbindungen mit Rücksicht auf die Beanspruchungsart ebenfalls nicht so harte Bedingungen zu verlangen brauchen.

Bei dynamischer Beanspruchung können schon kleine Schlackenzeilen die Ermüdungsfestigkeit einer Stumpfnaht auf einen ganz geringen Wert herabsetzen. Rißähnliche kleine Fehler, Bindefehler und kleine Lunker wirken sich besonders ungünstig aus. Runde kugelige Poren besitzen dagegen eine kleinere Kerbwirkung. Deshalb ist verständlich, daß vor allem bei schwingend hochbeanspruchten Konstruktionen, wie im Brücken-, Kran-, Maschinen-, aber auch im Schiffbau, größter Wert auf genaue Durchstrahlungsuntersuchungen gelegt wird, um dadurch Fehlerquellen ausmerzen zu können.

Innere Unregelmäßigkeiten bei Kehlnähten bringen ebenfalls einen Abfall der Ermüdungsfestigkeit mit sich. Dieser Einfluß ist jedoch mit Rücksicht auf die große Kerbwirkung der Kehlnähte von untergeordneter Bedeutung.

- **Äußere Unregelmäßigkeiten**

Für Konstruktionen mit vorwiegend statischer Beanspruchung haben Einbrandkerben am Nahtübergang einen relativ kleinen Einfluß. Die geringere Querschnittsminderung macht sich bei Untersuchungen solcher Schweißverbindungen nicht oder kaum bemerkbar. Man wird deshalb bei der Abnahme von Schweißverbindungen für statisch beanspruchte Konstruktionen hier relativ großzügig sein können. Für entsprechende Bewertungsgruppen sind deshalb auch Einbrandkerben mit festgelegten Abmessungen zugelassen. Tiefere Einbrandkerben zählen natürlich schon zu einer fehlerhaften Schweißung, so daß man auch bei statisch beanspruchten Schweißverbindungen diese auskreuzen und nachschweißen muß.

Dagegen bringen schon geringere Einbrandkerben für schwingend beanspruchte Konstruktionen einen außerordentlich starken Abfall der Ermüdungsfestigkeit mit sich. Kerben, wie sie bei Schweißverbindungen mit statischer Beanspruchung noch zugelassen sind, mindern die Schwellfestigkeit von Stumpfnähten auf den halben Wert ($\sigma_{Sch} = 90$ bis $100\,N/mm^2$).

Schleift man die fehlerhaften Nahtübergänge (Einbrandkerben) aus, so kann man den Schwellfestigkeitswert für eine Stumpfnaht ($\sigma_{Sch} = 160$ bis $180\,N/mm^2$) leicht erreichen. Die geringe zugelassene Querschnittsminderung von 3 bis 5 % durch Ausschleifen dürfte einen nur sehr unbedeutenden Einfluß auf die Minderung des Tragvermögens haben. Dieses eine Beispiel zeigt den Gefahreneinfluß dieser Einbrandkerben auf das Tragvermögen geschweißter Stumpfstöße. Der Abfall der Ermüdungsfestigkeit auf den halben Wert bedeutet, daß die Konstruktion keine Sicherheit gegen Ermüdungsbruch bietet und eine unmittelbare Bruchgefahr besteht.

Bei Kehlnähten haben Einbrandkerben am Nahtübergang auch einen ermüdungsfestigkeitsmindernden Einfluß. Da jedoch bei einer Kehlnahtverbindung ohnehin die Kerbwirkung sehr geringe Ermüdungsfestigkeitswerte bedingt, ist der Abfall verhältnismäßig geringer.

Auch Schweißspritzer und ähnliche Unregelmäßigkeiten der Ausführung bedeuten einen entsprechenden Ansatz zum Ermüdungsbruch und somit eine Verminderung der Ermüdungsfestigkeit.

Einen gewissen Einfluß auf die Ermüdungsfestigkeit hat auch eine fehlerhafte zu große Nahtüberhöhung einer Stumpfnaht. Auch hier sind für schwingend beanspruchte Konstruktionen Grenzwerte maßgebend, die die entsprechenden Ermüdungsfestigkeitswerte gewährleisten.

- **Schlußfolgerungen**

Innere und äußere Unregelmäßigkeiten haben, wie an Beispielen veranschaulicht wurde, einen großen Einfluß auf die Festigkeits- und besonders auf die Ermüdungsfestigkeitswerte. Die Angaben zeigen, welche Verantwortung der Konstrukteur bei der Wahl der Bewertungsgruppen trägt. Neben der Wirtschaftlichkeit ist die Beanspruchung nach Art und Größe in der Schweißverbindung maßgebend für die festzulegenden Herstellungsbedingungen. In den Abschnitten 2.1 und 2.2 wird für Schweißkonstruktionen aus Stählen in bezug auf die Bemessung und Gestaltung näher eingegangen.

2.3.1.2 Ermüdungsfestigkeits-Klassen (FAT) nach IIW für Schweißverbindungen

Netz der Wöhlerlinien

Das Internationale Institut für Schweißtechnik (IIW) hat konkrete, weltweite Empfehlungen zur Berechnung der Schwingfestigkeit geschweißter Bauteile ausgearbeitet [2-1; 2-2]. Dabei wird ein Netz von Wöhlerlinien für Stähle empfohlen, in das die verschiedenen Kerbfälle der jeweiligen Schweißverbindungen und geschweißten Bauteile eingeordnet werden können. Als Kennzeichnung dieser Kerbfälle werden Ermüdungsfestigkeits-Klassen (FAT) für alle schweißgeeigneten Stahlsorten festgelegt, wobei der Wert der Schwingspielzahlen von 2 Millionen für die Schwingbreiten der Spannungen (2 × zul σ_A; in N/mm^2) beibehalten worden ist. Die Spannungswerte sind Vorschläge für zulässige Spannungen, bei einer Teilsicherheit für den Werkstoffkennwert $\Delta\sigma_A$ von $\gamma_M = 1{,}0$.

In Bild 2-68 sind Empfehlungen des IIW für das Netz von Wöhlerlinien im doppellogarithmischen Maßstab dargestellt.

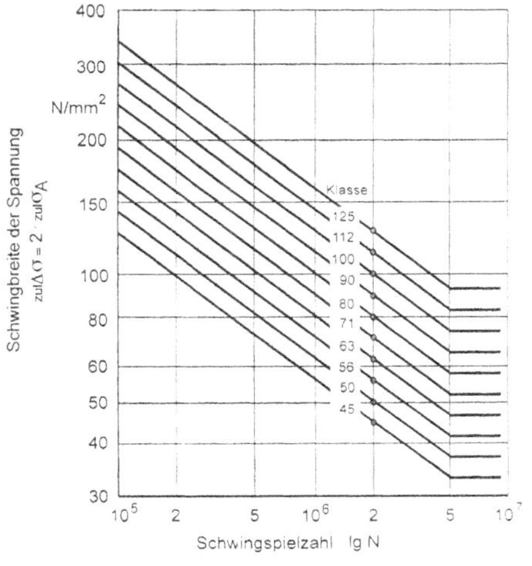

Bemerkung:
für die Angabe der Schwingfestigkeitsklasse (FAT)
gilt die Schwingspielzahl von 2 Millionen

Bild 2-68. Festes Netz der Wöhlerlinien und Schwingfestigkeits-Klassen (FAT) für Schweißverbindungen nach IIW-Empfehlungen im doppellogarithmischen Maßstab.

Einzelheiten zur Ableitung dieser Wöhlerlinien mit den maßgeblichen Neigungen (m) bzw. (k) im Zeitfestigkeitsbereich und dem Verlauf der Wöhlerlinien im Ermüdungsfestigkeitsbereich sind der Literatur zu entnehmen. Für die nachstehenden Erörterungen werden diese Wöhlerlinien und die Ermüdungsfestigkeits-Klassen (FAT) als Grundlage vorausgesetzt.

Berechnungsansatz

Für die Bemessung der Schweißverbindungen wird nach IIW das $\Delta\sigma$-Konzept im Nennspannungsnachweis vorgeschlagen. Darin ist für die Ermittlung des Ermüdungsnachweises maßgebend die Schwingbreite (zweifacher Spannungsausschlag):

$$\Delta\sigma = \max \sigma - \min \sigma$$

Für den Ermüdungsnachweis gilt darin:

$$\Delta\sigma_{Nenn} \leq \text{zul } \Delta\sigma$$

Dieser Ansatz führt zu einem R-freien Bemessungskonzept.

Einfluß des Spannungsverhältnisses (R)

Den Einfluß des Spannungsverhältnisses (R) auf die $\Delta\sigma$-Werte zeigt das Bild 2-69 an einem Beispiel. Festgestellt wurde bei Stahl-Werkstoffen in vielen IIW-Untersuchungen ein Einfluß des Spannungsverhältnisses R. Für die Praxis wurden drei unterschiedliche Fälle der Erhöhungsfaktoren f(R) abgeleitet:

- Fall I: Grundwerkstoff unter Annahme vernachlässigbarer Schweißeigenspannungen;
$f(R) = 1{,}6$ für $R\ -1$
$f(R) = -0{,}4\ R + 1{,}2$ für $-1 < R < +0{,}5$
$f(R) = 1$ für $R > +0{,}5$
- Fall II: Verbindungen (geschweißte oder mechanische) in einfachen Konstruktionsteilen;
$f(R) = 1{,}3$ für $R\ -1$
$f(R) = -0{,}4\ R + 0{,}9$ für $-1 < R < -0{,}25$
$f(R) = 1$ für $R > -0{,}25$
- Fall III: Komplexe zwei- und dreidimensionale Konstruktionen mit globalen Schweißeigenspannungen;
$f(R) = 1$

In Bild 2-70 sind diese Erhöhungsfaktoren f(R) für die drei Fälle dargestellt.

Bei abweichenden Spannungsverhältnissen von $R = +0{,}5$ sind die maßgeblichen zul $\Delta\sigma$-Werte mit diesen Erhöhungsfaktoren f(R) zu multiplizieren.

So können R-freie Bemessungen nach dem $\Delta\sigma$-Konzept erfolgen.

In Bild 2-71 sind Dauerfestigkeitsschaubilder nach Smith für den Fall III für ausgewählte Ermüdungsfestigkeitsklassen nach IIW bei 2×10^6 Schwingspielzahlen zusammengestellt.

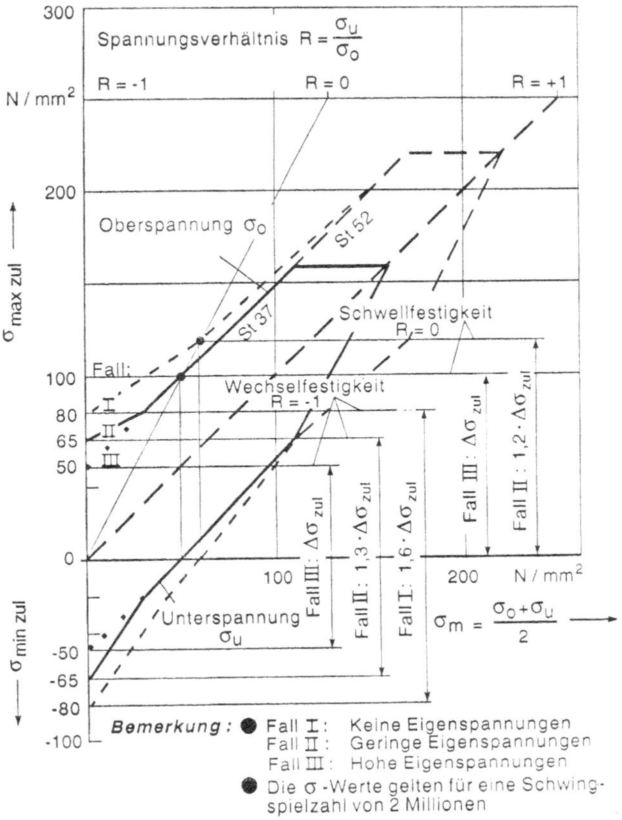

Bild 2-69. Einfluß des Spannungsverhältnisses (R) auf die $\Delta\sigma$-Werte; am Beispiel der Dauerfestigkeitsschaubilder für Schweißverbindungen der Schwingfestigkeits-Klasse (FAT) 100.

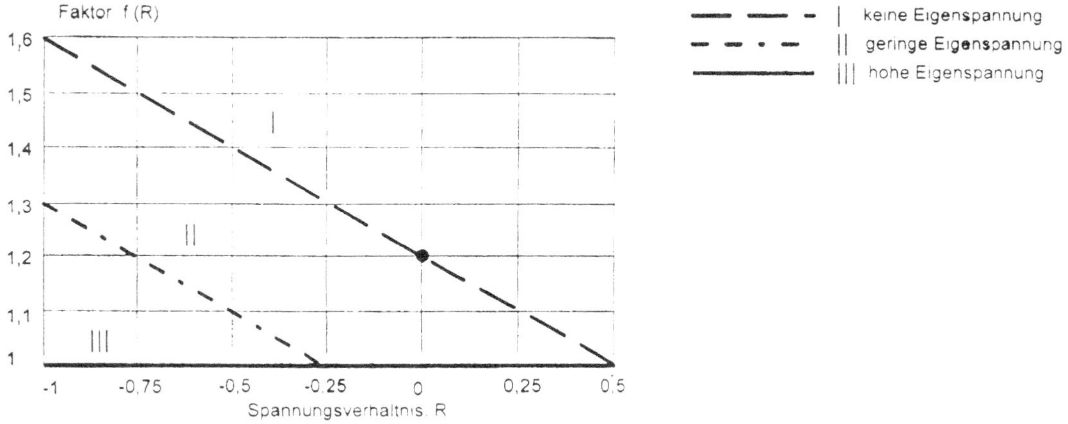

Bild 2-70. Erhöhungsfaktor f(R) für 3 Fälle des Einflusses der Eigenspannungen (nach IIW) für 2 Mio. Lastspiele.

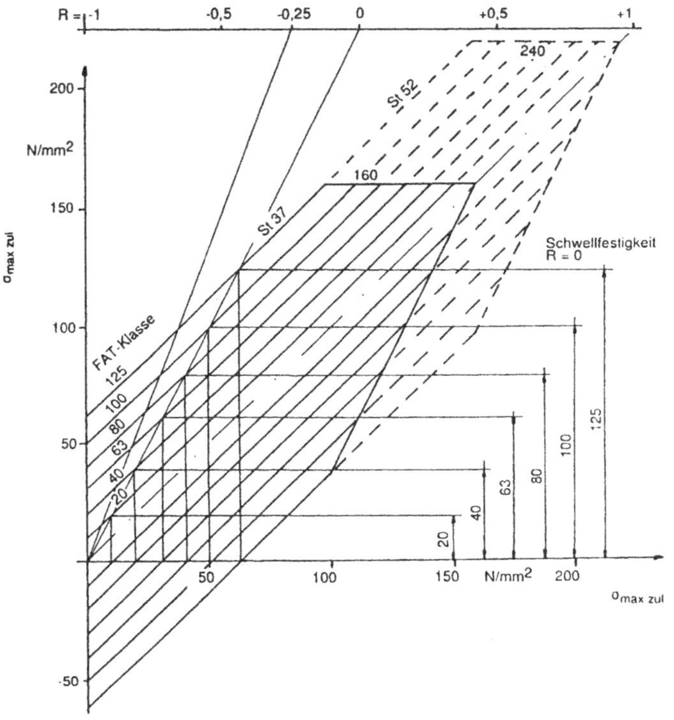

Bild 2-71. Dauerfestigkeitsschaubilder nach Smith für Fall III für ausgewählte Schwingfestigkeits-Klassen bei 2×10^6 Lastspielen.

Zuordnung der Schweißverbindungen zu den Ermüdungsfestigkeits-Klassen (FAT) nach Empfehlung des IIW

In den IIW-Vorschlägen sind Angaben zur Einordnung der Schweißkerbfälle für Stähle zu den Ermüdungsfestigkeits-Klassen (FAT) enthalten. In Tabelle 2-42 sind diese Einordnungen dargestellt. Sie berücksichtigen nicht die Bewertungsgruppen der Schweißverbindungen nach DIN EN 25817. In Abschnitt 2.2 werden Empfehlungen nach Merkblatt DVS 0705 unterbreitet für die Berechnung von Schweißverbindungen im nicht geregelten Bereich, wobei dort eine Zuordnung der Bewertungsgruppen der Schweißverbindungen (Bewertungsgruppen B, C und D) zu den Ermüdungsfestigkeits-Klassen (FAT) sowie Vorschläge zu „ermüdungssteigernden" Sondermaßnahmen für die Grenzwerte der Unregelmäßigkeiten erfolgen. Diese Ermüdungsfestigkeits-Klassen (FAT) nach IIW werden auch in Abschnitt 2.3 als Maßstab für das Ermüdungsfestigkeits-Verhalten der Schweißverbindungen und damit für Regeln der Gestaltung von Schweißkonstruktionen verwendet.

Tabelle 2-42. Schwingfestigkeits-Klassen (FAT) der Schweißkerbfälle (nach IIW – Hobbacher).

Typ	zu erwartender Schwingbruch und Beanspruchungsrichtung	Beschreibung	Klasse
1		Stumpfnaht, blecheben bearbeitet, 100% zerstörungsfrei geprüft	125
2		Stumpfnaht, Normalgüte, Herstellung in der Werkstatt, Wannenlage, nicht unterpulver, zerstörungsfrei geprüft	100
3		Stumpfnaht, nicht wie unter Position 2 geschweißt, zerstörungsfrei geprüft	80
4		Stumpfnaht mit einseitig angeschweißter Badsicherung	71
5	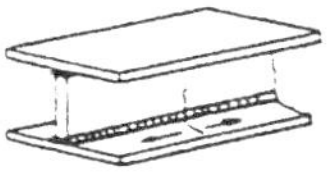	Stumpfnaht, mechanisch geprüft, ohne Nahtansätze, Beanspruchung im Gurt neben der Schweißnaht	125
6	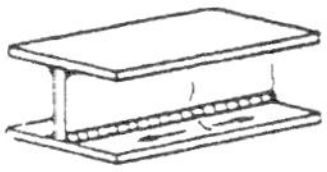	Kehlnaht, mechanisch geschweißt, ohne Nahtansätze, Beanspruchung im Gurt neben der Schweißnaht	112
7	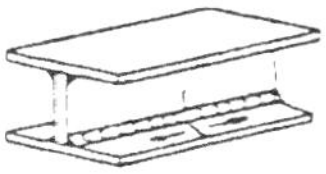	handgeschweißte Kehl- oder Stumpfnaht, Beanspruchung im Gurt neben der Schweißnaht	100
8	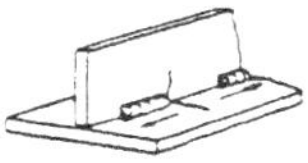	unterbrochene Kehlnaht, Beanspruchung im Gurt neben der Schweißnaht	80
9	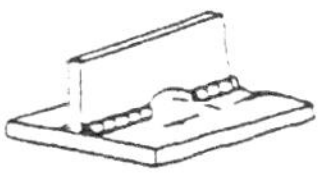	Stumpfnaht, Kehlnaht oder unterbrochene Kehlnaht mit Aussparung, Beanspruchung im Gurt neben der Schweißnaht	71
10	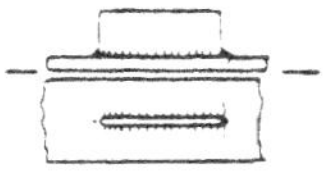	Längssteife mit Kehlnaht – kürzer als 150 mm – länger als 150 mm – am Rand	 71 63 50
11	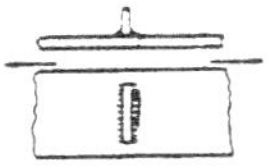	Quersteife mit Kehlnaht	80
12	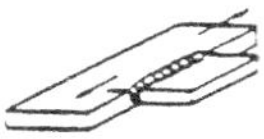	seitliches Anschweißteil	50
13		nicht belasteter Schub-Bolzen	80
14	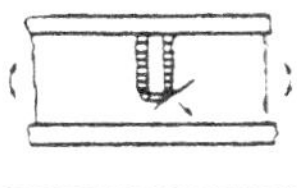	Aussteifung am Stegblech. Hauptspannung im Stegblech am Ende der Aussteifung	80
15	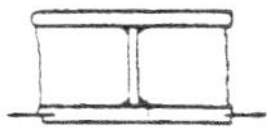	Aussteifung am Trägergurt, Beanspruchung im Gurt am Nahtübergang	80
16	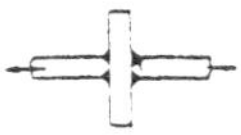	Doppel-T-Stoß, DHV-Naht mit Doppelkehlnaht, Kantenversatz weniger als 15% der Plattendicke	71
17	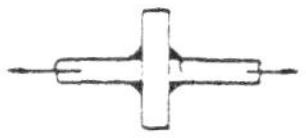	Kreuzstoß, Doppelkehlnaht, Riß vom Nahtübergang, Kantenversatz weniger als 15% der Plattendicke. Wurzelfehler siehe Position 28	63
18	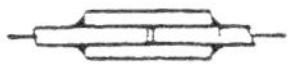	Überlappstoß, Kehlnaht, Riß vom Nahtübergang, belastete Platten, gleiche Breite wie Deckplatten	71
19	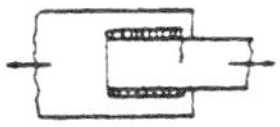	Überlappstoß mit Flankenkehlnähten, Riß im Grundwerkstoff	50
20	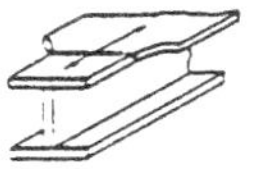	Gurtplattenstoß blecheben bearbeitet, Übergang gerade oder ausgerundet, zerstörungsfrei geprüft	112
21	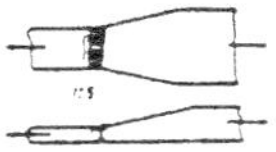	Stumpfnaht unterschiedlicher Plattendicken oder -breiten, weicher Übergang, – Ausführung wie Position 2 – Ausführung wie Position 3 zerstörungsfrei geprüft	 100 80
22	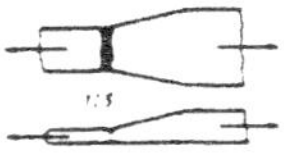	wie Position 21, jedoch blecheben bearbeitet	112
23		verstärkte Gurtplatte, Flankenkehlnähte mit Stirnkehlnaht, Beanspruchung im Gurt am Nahtübergang	50
24	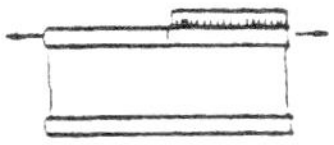	verstärkte Gurtplatte, Flankenkehlnähte, ohne Stirnkehlnaht, Beanspruchung am Nahtende	50
25	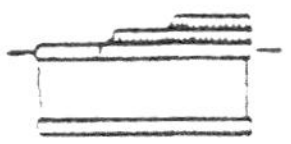	mehrfache Gurtverstärkung, Flankenkehlnähte mit Stirnkehlnähten, Beanspruchung im Gurt am Nahtübergang	50
26	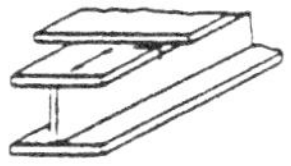	überbreite Gurtverstärkung ohne Stirnkehlnaht, Beanspruchung im Gurt an den Nahtenden	50
27		maschinenbrenngeschnittenes Blech, keine Risse, Kanten gebrochen, zerstörungsfrei geprüft	125
28	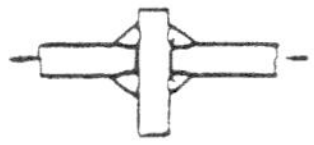	Schweißgut in tragenden Kehlnähten, Wurzelfehler, Beanspruchung im Schweißnahtquerschnitt	45

2.3.2 Sprödbruchverhalten von Schweißkonstruktionen aus Stahl

2.3.2.1 Werkstoffwahl und Schweißbarkeit von Bauteilen

Schweißeignung

Bei der Erörterung der Wahl der Werkstoffe sind für gefügte Erzeugnisse zwei Gesichtspunkte herausgestellt worden, die ganz besonders bei stoffschlüssigen Verbindungen zu beachten sind. Neben der Erfüllung der Funktion ist die Eignung der Werkstoffe mit dem gewählten Fügeverfahren zu berücksichtigen.

Bekannt ist der große Zusammenhang zwischen Fertigung, das heißt hier der Anwendung der einzelnen Fügeverfahren, mit den unterschiedlichsten Technologien und dem eingesetzten Werkstoff. Jede Fügestelle hat eine ausreichende Sicherheit gegen Versagen zu erfüllen. Über mögliche Wege der rechnerischen Erfassung solcher Sicherheiten gegen Versagen wird nachstehend am Beispiel geschweißter Konstruktionen aus Stählen und deren Sprödbruchverhalten berichtet. Der Teil 3 des Kompendiums „Schweißbarkeit metallischer Bauteile" behandelt ausführlich diese Probleme.

Nachstehend werden kurz und zusammenfassend die Fragen der Schweißbarkeit aus der Sicht des Konstrukteurs, besonders für die Wahl des Werkstoffes in Abhängigkeit vom gewählten Schweißverfahren, erörtert. Das Sprödbruchverhalten von Stählen hat dabei eine große Bedeutung.

Schweißbarkeit (Schweißeignung – Schweißsicherheit – Schweißmöglichkeit)

Es ist zweckmäßig, vor der Erörterung des Sprödbruchverhaltens von Stählen und Schweißverbindungen die Schweißbarkeit von Bauteilen zu behandeln.

Schweißbarkeit

Die Erörterung über die Voraussetzungen zum Sprödbruch führen bei Schweißkonstruktionen zu den Auslegungen des Begriffes „Schweißbarkeit" als Summe von einerseits werkstofflichen und andererseits konstruktiven sowie fertigungstechnischen Kriterien. Der klassische Begriff der Schweißbarkeit lautet wie folgt: „Die Schweißbarkeit eines Bauteils ist vorhanden, wenn der Stoffschluß durch Schweißen mit einem gegebenen Schweißverfahren bei Beachtung eines geeigneten Fertigungsablaufes erreicht werden kann. Dabei müssen die Schweißungen hinsichtlich ihrer örtlichen Eigenschaften und ihres Einflusses auf die Konstruktion, deren Teil sie sind, die gestellten Anforderungen erfüllen. Die Schweißbarkeit hängt von den drei Einflußgrößen Werkstoff, Konstruktion und Fertigung ab, die im wesentlichen gleiche Bedeutung für die Schweißbarkeit haben."

Aus dieser Definition ist klar zu ersehen, daß die Schweißeignung eines Stahls direkt mit einem Schweißverfahren bzw. mit einer Schweißverfahrensgruppe verknüpft ist. So besteht eine unterschiedliche Schweißeignung bei Schmelz- und bei Preßschweißverfahren. Maßgeblich ist die jeweilige Wärmekonzentration und die gesamte Wärmeverteilung bei einem Schweißverfahren. Die jeweilige Schweißtechnologie, das heißt die gewählte Fertigung mit allen dazugehörigen Einzelheiten, wie Arbeitswerte des Schweißverfahrens, Schweißfolge, Schweißpositionen usw., hat auf die Schweißbarkeit einen maßgeblichen Einfluß. In Anlehnung an bisherige Begriffe nach DIN 8528-1 wird die Schweißbarkeit in Schweißeignung, Schweißsicherheit und Schweißmöglichkeit gegliedert.

- **Schweißeignung**

Die Schweißeignung ist die werkstoffliche Voraussetzung der Schweißbarkeit, allein von seiten des Grundwerkstoffs. Die Einflußfaktoren sind in Tabelle 2-43 schematisch zusammengestellt. Eindeutige Herstellungs- und Lieferbedingungen sowie eindeutige Prüfverfahren sorgen bei einem bestimmten Stahl für eine gleichbleibende Schweißeignung. Der Stahlhersteller gewährleistet diese Schweißeignung durch die Erfüllung von Prüfbedingungen. Dem Stahlverbraucher wird vom Stahlhersteller eine Reihe von Stählen mit verschiedener Wertigkeit in der Schweißeignung zur Verfügung gestellt.

Tabelle 2-43. Schweißbarkeit (in bezug auf eine Schweißverfahrensgruppe).

Schweißeignung	Schweißsicherheit	Schweißmöglichkeit
Voraussetzung zum Schweißen (mit einem Schweißverfahren; temperaturabhängig) allein vom Grundwerkstoff verantwortlich: Stahl-Entwickler - Hersteller	(konstruktive Schweißsicherheit) verantwortlich: Stahlverbraucher, Schweißkonstrukteur	(fertigungsgerechte Schweißsicherheit) (Anwender) Schweißaufsicht
<u>*Einflußfaktoren:*</u> • *Stahlherstellungstechnologie* — Erschmelzungsart — Desoxidationsgrad — Walzvorgang (Kaltverformung) • *chemische Zusammensetzung* — Einfluß von Legierungen — Einfluß von Verunreinigungen (Seigerungen) • innere und äußere Werkstoffehler • Anlieferungszustand	<u>*Einflußfaktoren:*</u> Kriterien für Sprödbruch • *mehrachsiger Spannungszustand* — äußere Beanspruchung — Spannungsspitzen — Eigenspannungen (Wärme, Schweißfolge) • *Geschwindigkeit der Beanspruchung* — Schlag • *Einsatztemperatur* — Kälte (Übergangstemperatur: zäh und spröd) *Grundwerkstoff – Zusatzwerkstoff* • *Wärme* — Zeit-Temperatur-Umwandlungsverhalten für Schweißverbindungen (Schweißparameter) — Korngröße, Einschlüsse — Grundwerkstoff-Zusatzwerkstoff - chemische Abstimmung • *vorhandene Fehler (z.B. Risse)*	
<u>*Prüfung von Grundwerkstoff*</u> (Verantwortlicher: Werkstoffprüfer) Beispiele: — mechanische Gütewerte — chemische Analyse — Korngröße — Einschlüsse — Desoxidation — Härteneigung	<u>*Prüfung von Schweißnaht und Wärmeeinflußzone*</u> Beispiele: *zerstörende Prüfung:* — Kerbschlagzähigkeit-Temperatur (Alterung) — Heißriß-Kaltriß-Neigung-Prüfung — Großschlagversuche — Bruchzähigkeit *zerstörungsfreie Prüfung* (Röntgen – Ultraschall) — Einfluß von Fehlern auf Sprödbruch (auch Ermüdung und Festigkeit)	

• Schweißsicherheit

Die Sicherheit einer Konstruktion kann nur im Einklang mit der Schweißeignung des Stahles betrachtet werden. Die reine Schweißeignung einer Stahlsorte bietet keine vollkommene Sicherheit der Konstruktion; sie ist jedoch Vorbedingung für ihre Schweißsicherheit. Der gleiche Stahl mit einer bestimmten Schweißeignung kann für die Verwendung in einer Schweißkonstruktion in Abhängigkeit von der Konstruktionsart, vom Einsatzbereich, von der Betriebstemperatur und anderem geeignet oder bei einer anderen nicht geeignet sein. Die volle Schweißsicherheit einer Konstruktion wird deshalb außer von der Schweißeignung des Werkstoffs auch von Faktoren gewährleistet, deren Einfluß allein durch den Konstrukteur und die Schweißaufsichtsperson bestimmt wird. Konstruktion und Ausführung haben einen entscheidenden Anteil daran, ob eine Stahlkonstruktion „schweißsicher" und (übertragen auf den Stahl) ob der Stahl für diese Konstruktion „schweißgeeignet" ist.

Konstrukteur und Schweißaufsichtsperson bestimmen im Entwurf und unter Berücksichtigung der Fertigung und des betriebsmäßigen Einsatzes den erforderlichen Stahl.

- **Schweißmöglichkeit**

Die Schweißmöglichkeit ist in der Fertigung vorhanden, wenn die an einer Konstruktion geplanten Schweißarbeiten unter den optimal gewählten Fertigungsbedingungen fachgerecht und auch wirtschaftlich hergestellt werden können. Die Schweißmöglichkeit ist um so besser, je weniger die von der Fertigung bestimmenden Einflußgrößen beim Entwurf der Konstruktion für einen bestimmten Stahl oder anderen metallischen Werkstoff berücksichtigt werden müssen; Einflußgrößen sind u. a. nicht nur der Schweißprozeß, sondern auch die Nahtvorbereitung, Stoßarten, Wärmeführung, Schweißfolge, Fertigungsart.

Diese kurze Auslegung des Begriffs „Schweißbarkeit" zeigt, daß es notwendig ist, dem Konstrukteur in der Frage der Werkstoffauswahl für Schweißkonstruktionen bei den vorhandenen Stählen möglichst einheitliche und besonders in bezug auf die konstruktive Schweißsicherheit zuverlässige Richtlinien und Berechnungsmethoden zu geben. Diese obigen Ausführungen zeigen auch, daß das Sprödbruchverhalten eines Stahls in einer Schweißkonstruktion sehr eng mit der Schweißbarkeit verknüpft ist. Die Einflußfaktoren auf die Schweißbarkeit sind bei gleichen konkreten Fällen auf das Sprödbruchverhalten übertragbar.

2.3.2.2 Sprödbruchverhalten von Schweißkonstruktionen

Begriffe des Sprödbruches

Die wichtigsten Verarbeitungs- und Gebrauchseigenschaften von Stahl sind, wie bereits erörtert, Festigkeit, Zähigkeit und Schweißeignung, für die aus der Sicht der Stahlanwender vordringlich optimale Werte erwünscht sind. Nachteilig für ferritisch-perlitische Stähle ist ihre Sprödbruchanfälligkeit, deren Nichtbeachtung zu Schadensfällen führen kann.

Die Festigkeitswerte perlitisch-ferritischer Stähle sind stark temperaturabhängig. Da etwa Dreiviertel der Stahlproduktion unlegierte und niedriglegierte Baustähle umfaßt, gewinnt die Sicherheitsbeurteilung von tragenden Konstruktionen gerade unter den Aspekten des Leichbaus und der rationellen Fertigung besondere Bedeutung. Prinzipiell geht es dabei um eine Erfassung und Bewertung der infolge der Beanspruchung auftretenden Dehnungen und deren Vergleich mit den Verformungsfähigkeiten des vorgesehenen Stahls. Praktisch werden dazu Methoden eingesetzt, wie die Bewertung nach dem Streckgrenzenverhältnis, der Kerbschlagzähigkeit oder nach Grenztemperaturen des Stahleinsatzes.

Mangelnde Kenntnis der in der Konstruktion vorhandenen Spannungen, herstellungsbedingte Schwankungen der Festigkeits- und Zähigkeitseigenschaften der Stähle sowie ungenügende Erfassung von technologisch bedingten Inhomogenitäten (Fehler, Einschlüsse, Risse) führen auch heute noch zu Schadensfällen, z. T. mit erheblicher Auswirkung. Charakteristisch für solche Schäden, z. B. an Brücken, Schiffen, Rohrleitungen, Behältern und Stahlbauten, ist folgende Schadensherausbildung:

- Konstruktion wies geringe Nennspannungen auf (weit unterhalb R_e),
- Einsatz bei tiefen Temperaturen,
- Schweißfehler an höchstbelasteter Stelle war Ursprung des Rißwachstums und
- Rißeintritt nach mehrjährigem Betrieb mit zumeist totaler Zerstörung der Konstruktion.

Nachfolgend werden deshalb Kenntnisse zur Vermeidung eines Sprödbrucheintritts vermittelt.

Sprödbruch ist ein Bruch, der im wesentlichen im elastischen Bereich des Werkstoffs auftritt, wobei der Bruch ohne merkliche plastische Verformung erfolgt.

Äußere Kennzeichen sind

- nahezu gleichbleibende Querschnittsformen (d. h. z. B. keine Einschnürung),
- glatte, körnigglänzende Bruchflächen (bei kristallinen Werkstoffen).

Sprödbrüche werden vorrangig verursacht durch:

- hohe Spannungsspitzen (geometrische Diskontinuitäten wie Vorsprünge, übermäßige Schweißnahtüberhöhungen, Steifigkeitssprünge, Kerben),
- Werkstoffungänzen (Fehler und Fehlererscheinungen wie Seigerungen, Aufhärtungen, nichtmetallische Einschlüsse),
- unsachgemäße Auslegung der Konstruktion infolge Unkenntnis des Werkstoffverhaltens unter Temperatur- und Belastungsgeschwindigkeitseinfluß,
- Änderung der Eigensprödigkeit des Werkstoffs (Alterung, Vorbeanspruchung durch dynamische Vorbelastung, Strahlenbeanspruchung, umgebendes Medium),
- Eigenspannungen, die nicht beseitigt wurden (z. B. nach dem Schweißen und der Formgebung),
- zu geringe Grundzähigkeit des verwendeten Werkstoffs (geringe Bruchdehnung mit Kerbschlagzähigkeit, Verhältnis Zugfestigkeit zu Streckgrenze ungünstig).

In vielen Fällen handelt es sich um nebensächliche Konstruktionsteile, die an einem Hauptteil durch ein Fügeverfahren befestigt worden sind und die infolge fehlerhafter Fertigung zum Ausgangspunkt eines Sprödbruchs werden. Besondere Sorgfalt erfordern dynamisch beanspruchte Konstruktionen, die bei tiefen Temperaturen betrieben werden, da Ermüdungsanrisse die Rißeinleitung von Sprödbrüchen begünstigen.

Für die Beurteilung der Sprödbruchneigung eines Werkstoffs sind im wesentlichen die in Bild 2-72, Bild 2-73 und Bild 2-74 angeführten Kenngrößen aus den Diagrammen heranzuziehen.

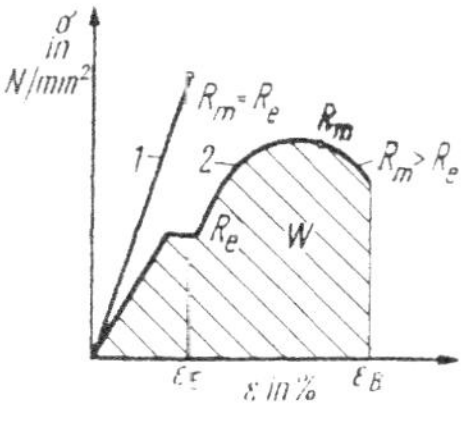

Bild 2-72. Kenngrößen: R_m – Bruchfestigkeit, R_e – Streckgrenze, ε_E – elastische Dehnung, ε_B – Bruchdehnung
W – Arbeit, die vom Werkstoff bis zum Bruch aufgenommen wurde,
1 – spröder Werkstoff,
2 – zäher Werkstoff.

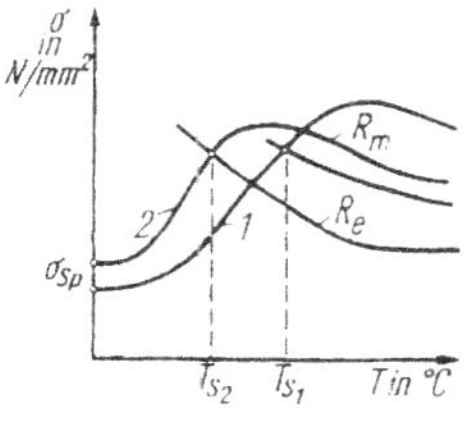

Bild 2-73. Kenngrößen: σ_{Sp} – Sprödbruchfestigkeit;
1 – spröder Werkstoff,
2 – zäher Werkstoff.

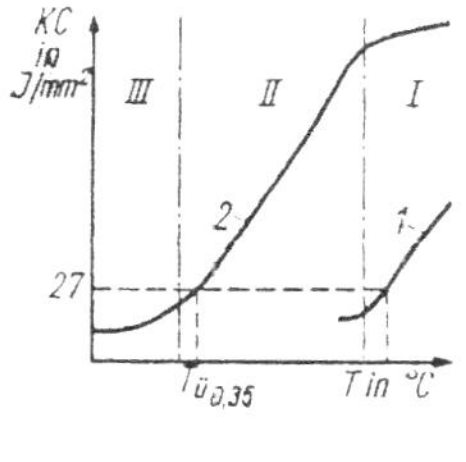

Bild 2-74. Kenngrößen K_c – Kerbschlagzähigkeit;
I – Hochlage;
II – Steilabfall;
III – Tieflage;
1 – spröder Werkstoff, 2 – zäher Werkstoff.

Zusammenhang von Schweißfertigung und rechnerischen Sicherheitsnachweisen

Die Schweißfertigung ist verbunden mit einer Einbringung von örtlicher Wärme in die einzelnen Bauteile, gleichgültig, ob diese Herstellung in der Werkstatt oder auf Außenmontage erfolgt. Diesem Aspekt der Fertigung wird noch zu wenig Aufmerksamkeit geschenkt. Die örtliche Wärme des Vorganges beim Schweißen führt bekanntlich zu bleibenden Verformungen und zu Eigenspannungen.

Eigenspannungen entstehen auch aus anderen Fertigungseinflüssen, z. B. aus dem Walzvorgang. Immer mehr verbreitet sich der Begriff „technologische Eigenspannungen". Über den Einfluß von derartigen Eigenspannungen auf das Festigkeitsverhalten, besonders auf das Ermüdungsverhalten, aber auch auf die Stabilität, existieren viele Erkenntnisse. Sie werden aber nur teilweise in den entsprechenden Festigkeitsnachweisen, wie sie in Abschnitt 2.2 beschrieben sind, berücksichtigt.

Die nachstehenden Ausführungen sollen einen Beitrag über den Einfluß dieser obengenannten Schweißeigenspannungen auf das Sprödbruchverhalten von geschweißten Stahlkonstruktionen leisten. Es wird die Frage aufgeworfen, ob es ausreicht, einen wenn auch umfassenden Festigkeits-(Sicherheits-)Nachweis zu führen und gegen zu große plastische Verformungen, Versagen der Stabilität, statischen Gewaltbruch oder gegen den Ermüdungsbruch mit allen dazugehörigen Einflüssen der Fertigung und ihrer Fehler abzusichern. In Anbetracht des großen Einflusses einer Stahlgüte auf die Schweißeignung und Schweißsicherheit und verknüpft damit auf das Sprödbruchverhalten bei einer gegebenen Schweißkonstruktion wird ein weiterer möglichst rechnerischer Teil-Sicherheits-Nachweis gegen Sprödbruch vorgeschlagen.

Hier könnten die technologischen Einflüsse der Schweißfertigung exakter als bisher erfaßt und berücksichtigt werden. Vielleicht wäre auch eine bessere Möglichkeit einer statistisch gesicherten Ermittlung der Zuverlässigkeit der geschweißten Konstruktion in Zukunft damit gegeben.

In Tabelle 2-44 ist schematisch und sehr vereinfacht der Vorschlag des rechnerischen Sprödbruch-(Sicherheits-)Nachweises dargestellt. Leicht ist zu erkennen, daß werkstoffliche und schweißtechnologische Einflußgrößen maßgebend sind. Hierbei sind besonders die Fragen der Schweißbarkeit und dazugehörig die Abstimmung von Grundwerkstoff (Stahl) mit den Schweißzusatzwerkstoffen

Tabelle 2-44. Schema des Sprödbruch-(Sicherheits-)Nachweises.

Lehre der Schweißbarkeit Prüfung *Werkstoffkennwerte* *Schweißeignung:* - chemische Analyse - Desoxidation - Korngröße *Schweißsicherheit* - Kerbschlagzähigkeit - Groß-Proben-Prüfungen (für jeweilige Schweißverfahrens-gruppen) *zerstörungsfreie Prüfung* besonders Risse	*Stahlgütewahl* in bezug auf Sprödbruchverhalten Bestimmung von: - Eigenspannungen mehrachsigem Spannungszustand - Geschwindigkeit der Beanspruchung - Einsatztemperatur - GW + ZW + Wärme beanspruchungs- und fertigungsgerechte Gestaltung	rechnerische *Teilsicherheit* gegen Sprödbruch *Sprödbruch-(Sicherheits-) Nachweis*

sowie der Wärmeverteilung aus dem Schweißverfahren zu beachten. Außerdem haben die Größe und Verteilung der Schweißeigenspannungen einen ausschlaggebenden Einfluß auf das Sprödbruchverhalten. Von großer Bedeutung sind auch alle Schweißfehler, besonders Risse, deren Fortpflanzung zum spröden Bruch im vorgesehenen Nutzungszeitraum führen kann, wie dies mit Hilfe der Bruchmechanik auch sinnvoll berechnet werden kann.

Erst die exakte Bestimmung beider Teilsicherheiten nach Tabelle 2-45 würde die Möglichkeit geben, eine rechnerische Gesamtsicherheit gegen Versagen einer geschweißten Konstruktion aus Stählen zu ermitteln, die die maßgeblichen Einflüsse der Konstruktion und Technologie beinhaltet.

Tabelle 2-45. Rechnerische Gesamtsicherheit gegen Versagen einer geschweißten Konstruktion aus Stählen.

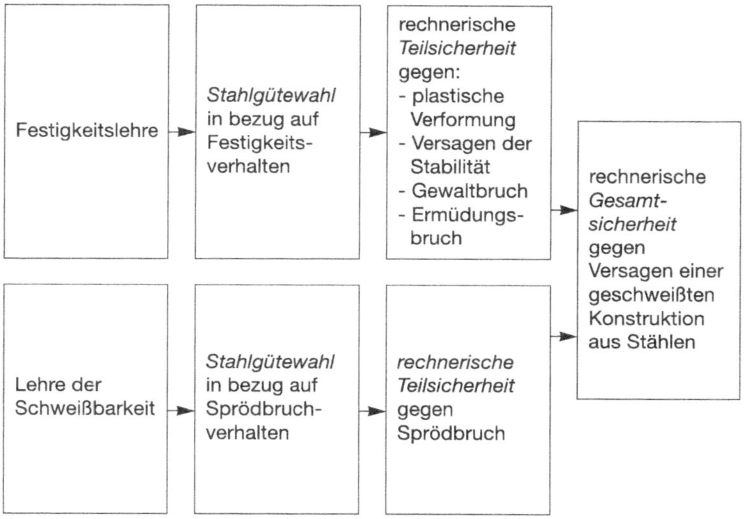

Einfluß der Schweißeigenspannungen auf das Versagen durch Sprödbruch

Die bekannten Kriterien für einen Sprödbruch, d. h. ein Versagen einer Stahlkonstruktion durch einen verformungslosen Trennbruch, sind in Tabelle 2-44 zusammengestellt. Der mehrachsige Spannungszustand hat dabei eine ausschlaggebende Rolle. Hier wirken gemeinsam die Spannungen aus äußerer Belastung mit ihren im Bauteil gegebenen Verteilungen, z. B. Spannungsspitzen an Kerben, sowie die „Technologischen Eigenspannungen" (Makrospannungen), z. B. aus dem Walzvorgang bzw. ganz besonders die Schweißeigenspannungen.

Die Mehrachsigkeit kann für jeden Punkt einer Stahlkonstruktion einschließlich der Schweißnähte nach Bild 2-75 eine Mehrachsigkeitszahl (z. B. π nach Schnadt) dargestellt werden.

Bekannt ist, daß bei einer gegebenen Konstruktion (mit gegebener Belastungsgröße, Betriebstemperatur, Stahlsorte, Schweißnaht usw.) die Verformungsreserve bei zunehmender Mehrachsigkeit abnimmt. Es können kritische Mehrachsigkeitszahlen bei Versagen durch Sprödbruch ermittelt werden, wie Bild 2-76 zeigt.

Über die Verteilung und Größe von Schweißeigenspannungen sowie über die Möglichkeit der mathematischen Erfassung in Abhängigkeit von der Gestalt der Konstruktion, des Schweißverfahrens und der technologischen Arbeitswerte ist ausführlich berichtet worden. In Bild 2-77 ist schematisch an einem Beispiel, und zwar am Punkt einer DHV-(K-)Naht, diese Verteilung der Schweißeigenspannungen dargestellt.

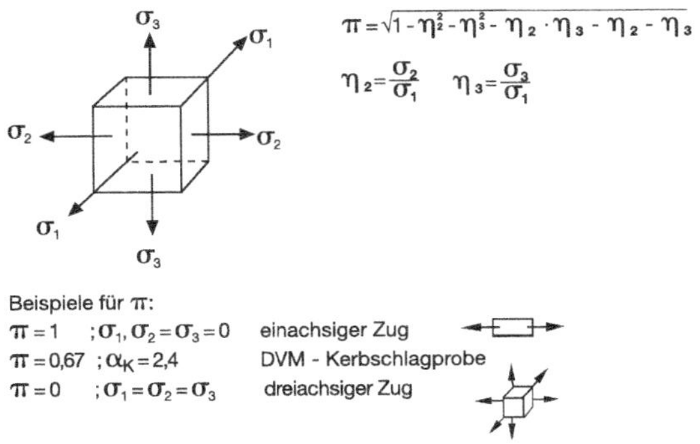

Bild 2-75. Mehrachsigkeitszahl π.

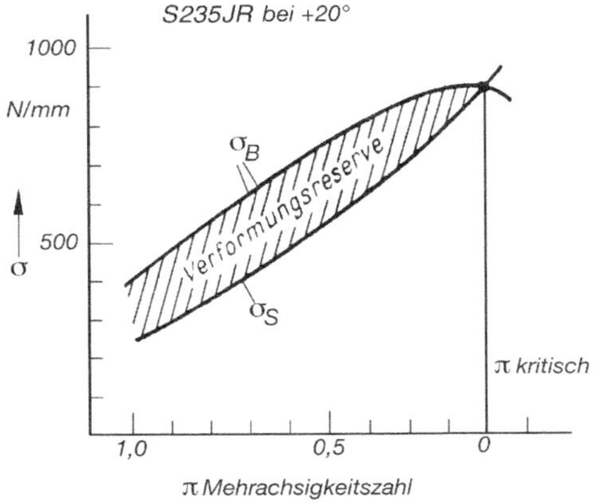

Bild 2-76. Einfluß der Mehrachsigkeit des Spannungszustands auf die Bruchfestigkeit und die Streckgrenze am Beispiel des Stahls S235 bei +20 °C.

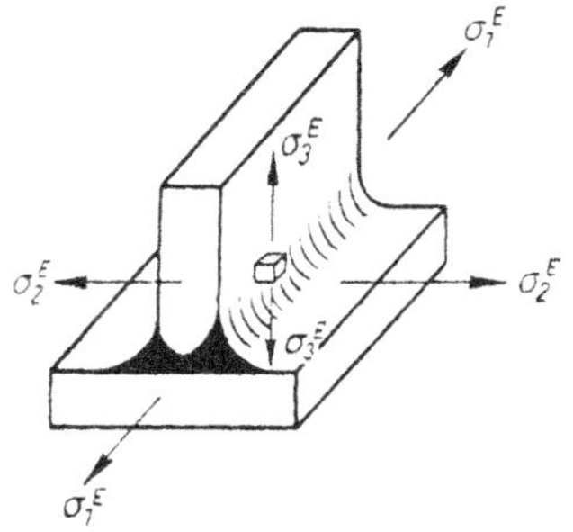

Bild 2-77. Beispiel für Schweißeigenspannungen an einer DHV-Naht.

Richtwerte für maximale Schweißeigenspannungen beim Lichtbogenhandschweißen, bei günstiger Schweißtechnologie, sind in Tabelle 2-46 zusammengestellt. Andere Schweißprozesse und Technologien führen zu gänzlich abweichenden Werten.

Tabelle 2-46. Richtwerte für maximale Schweißeigenspannungen (Zug) für das Lichtbogenhandschweißen.

Nahtarten	Schweißeigenspannungen σ_1^E	σ_2^E	σ_3^E
Stumpf- und DHV-Nähte (*t* Blechdicke)			
t: 10 ... 30 mm	(0,5...1,0)σ_S	0,5 · σ_S	≈ 0
t: 30 ... 60 mm	>σ_S	0,8 · σ_S	0,3 · σ_S
t: 60 ... 200 mm	>σ_S	σ_S	0,5 · σ_S
Kehlnähte (*a Nahtdicke*)			
a: 3 ... 10 mm	(0,5...1,0)σ_S	(0,3...0,5)σ_S	≈ 0
a: 10 ... 30 mm	σ_S	0,5 · σ_S	≈ 0
a: 30 ... 60 mm	σ_S	0,7 · σ_S	0,2 · σ_S

Betrachtet man nunmehr den gesamten mehrachsigen Spannungszustand einer geschweißten Konstruktion aus Lastspannungen (σ^L) und Schweißeigenspannungen (σ^E), so ergeben sich oft ungünstige Mehrachsigkeitszahlen, die eine genauere Untersuchung dieses Einflusses erfordern.

In Bild 2-78 ist an einem sehr einfachen Beispiel eines geschweißten Trägers dieses Zusammenwirken der Spannungen veranschaulicht.

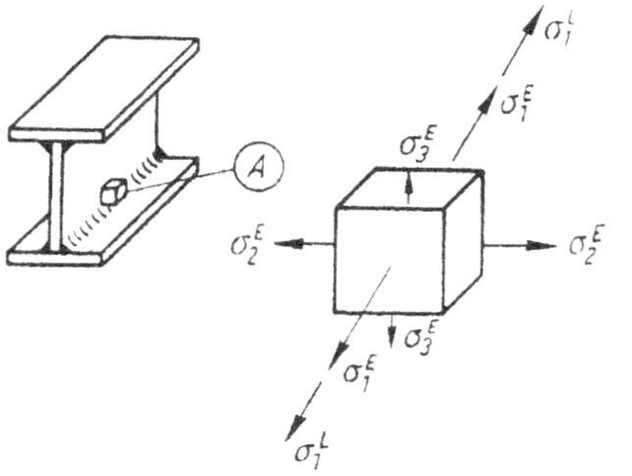

Bild 2-78. Beispiel für mehrachsigen Spannungszustand an einem Punkt einer Schweißkonstruktion aus Lastspannungen und Eigenspannungen.

Es gilt in einem „Sprödbruch-Sicherheits-Nachweis" festzustellen, ob eine ausreichende Teilsicherheit gegen Sprödbruch bei den gegebenen konstruktiven und technologischen Bedingungen und besonders bei möglichen tieferen Temperaturen unter Berücksichtigung der Last- und Eigenspannungen gegeben ist.

Die z. Zt. geltenden Vorschriften für die Stahlgütewahl bei Schweißkonstruktionen aller Art, z. B. Richtlinie DASt 009, kann als ein erster Schritt in diese Richtung eingeschätzt werden. Als eine Methode mit einer groben Näherung an das obengenannte Anliegen hat sie für viele Fälle in der Praxis sichere Entscheidungen gebracht. Sie hat sich bewährt. Neue, genauere und sichere Lösungen werden noch konzipiert [2-3 ... 2-6].

- **Vorschläge zum rechnerischen Nachweis des Sprödbruchverhaltens**

Zur rechnerischen Bestimmung der Teilsicherheit einer geschweißten Konstruktion sind Vorschläge unterbreitet worden, die die obengenannten Einflußfaktoren berücksichtigen.

Einfluß der Betriebstemperatur (tiefe Temperaturen)

Die jeweilige niedrigste Betriebstemperatur der Konstruktion ist von großer Bedeutung für die Ermittlung der ausreichenden Teilsicherheit. In Bild 2-79 ist der Einfluß der Temperatur auf die Bruchfestigkeit (σ_B bzw. R_m) und die Streckgrenze (σ_S bzw. R_e) eines Stahls S235 und des dazugehörigen Schmelzschweißgutes dargestellt.

Sicher vor einem Sprödbruch ist eine Schweißkonstruktion, wenn nachstehende Bedingungen erfüllt sind:

Der Stahl weist eine Betriebs-(Tief-)Temperatur-Eignung auf und erfüllt das Kriterium $t_ü < t_B$.

(t_B = Betriebstemperatur, $t_ü$ = Übergangstemperatur/Versprödungstemperatur).

Im Stahlhoch- und Stahlbrückenbau wird man in Zukunft Temperaturen von –40 °C bis –50 °C, vielleicht sogar ein wenig tiefer, in Betracht ziehen müssen.

Einfluß der Mehrachsigkeit

Der Einfluß der Mehrachsigkeit des Spannungszustandes, einschließlich der Schweißeigenspannungen, auf die Übergangstemperatur, wie er in Bild 2-80 zu ersehen ist, wird dabei ausschlaggebend

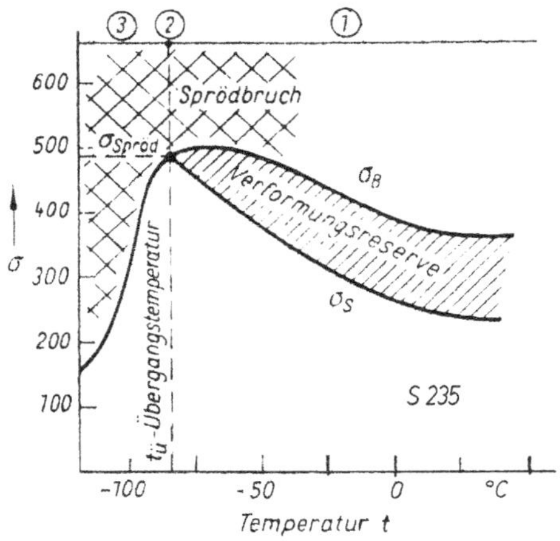

Bild 2-79. Einfluß der Temperatur auf die Bruchfestigkeit und Streckgrenze des Stahls S235.

sein. Spannungsspitzen, Kerben aller Art erhöhen den Kerbfaktor (α_K) und führen damit zu ungünstigeren Mehrachsigkeitszahlen (π). Somit erhöhen, das heißt verschlechtern Schweißverbindungen die Übergangstemperatur (Versprödungstemperatur). Natürlich ist dieser Einfluß des Spannungszustandes auf die Übergangstemperatur abhängig von der Sprödbruchanfälligkeit, d. h. auch der Schweißeignung eines Stahls.

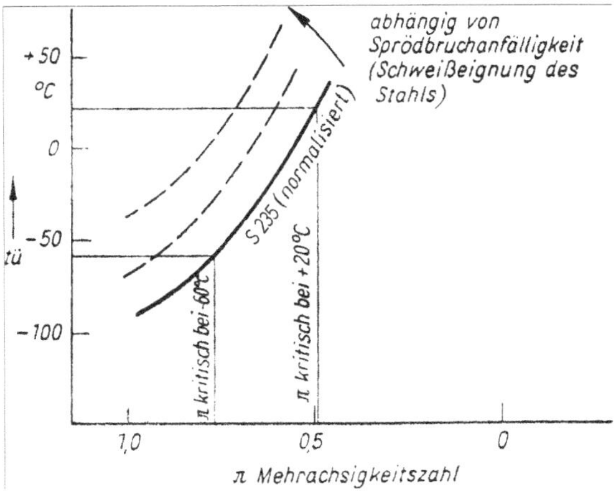

Bild 2-80. Einfluß der Mehrachsigkeit des Spannungszustands auf die Übergangstemperatur von Stählen.

Die Teilsicherheit für die Betriebs-(Tief-)Temperatur-Eignung in Abhängigkeit des mehrachsigen Spannungszustandes einschließlich der Schweißeigenspannungen kann somit nachgewiesen werden (Bild 2-81) durch

$$\text{vorh } S_\pi = \frac{\text{vorh } \pi}{\text{zul } \pi} > \text{erf } S_\pi$$

* Der Stahl weist eine Betriebs-Temperatur-Sicherheit auf, und es wird die diesbezügliche Teilsicherheit nachgewiesen:

$$\text{vorh } S_\sigma = \frac{\sigma_{\text{spröd}}}{\max \sigma} > \text{erf } S_\sigma$$

$\sigma_{\text{spröd}}$ Sprödbruchfestigkeit

max σ maximale vorhandene Spannung (σ)

Dieser Nachweis kann als Teil-Sicherheits-Nachweis für die Betriebs-(Tief-)Temperatur-Sicherheit gelten.

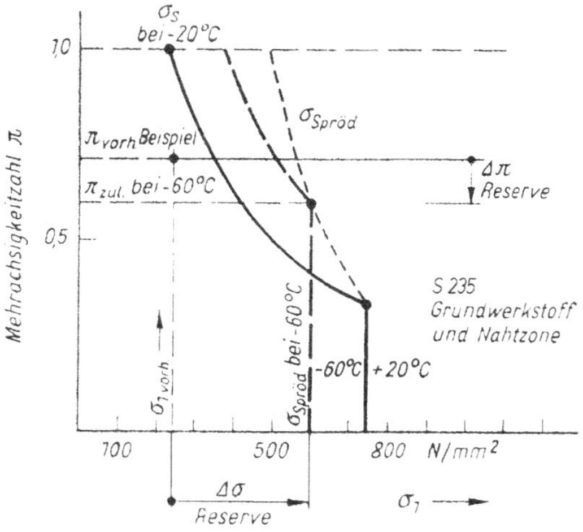

Bild 2-81. Beispiel eines Sprödbruchdiagramms für Stahl S235; Grundwerkstoff und Schweißnahtzone.

Bereiche des (Tief-)Temperatur-Einflusses

Aus den obengenannten Fällen zeigen sich somit in Bild 2-79 drei Bereiche des (Tief-)Temperatur-Einflusses:

Bereich 1: Plastische Verformung möglich; keine Sprödbruchgefahr; Anwendung der bisherigen „Festigkeits-(Sicherheits-)Nachweise“:
(vorh $S_\pi > 1$);

Bereich 2: (Punkt); Sprödbruchgrenze der garantierten Betriebs-Temperatur-Eignung erreicht;
(vorh $S_\pi = 1$);

Bereich 3: Totalversprödung; Betriebs-Temperatur-Eignung nicht mehr vorhanden;
(vorh $S_\pi < 1$);
hohe Betriebssicherheit erforderlich.

Dabei ist ein Auftreten eines Sprödbruches nach Bild 2-79 in zwei Fällen möglich:

- bei Erreichen des Bereiches (Punktes) 2 der Sprödbruchgrenze durch max σ (σ_1)
- bei Unterschreiten der dem Punkt 2 zugeordneten Temperatur ($t_ü$).

In Bild 2-81 ist für einen Stahl und dazugehörige Nahtzone ein Sprödbruchdiagramm dargestellt, aus dem die grafischen Lösungen der Teil-Sicherheits-Nachweise zu ersehen sind. Ein günstiges Beispiel ist in dieses Sprödbruchdiagramm eingezeichnet und zeigt an einem konkreten Beispiel mögliche Verhältnisse.

3 Schweißkonstruktionen aus Aluminiumwerkstoffen

3.1 Gestaltung von Schweißkonstruktionen aus Aluminiumwerkstoffen

3.1.1 Gestaltungsgrundsätze für Aluminium-Schweißkonstruktionen

3.1.1.1 Bauweisen der Schweißkonstruktionen aus Aluminiumwerkstoffen

Die in Abschnitt 2.1.5 erörterten Bauweisen für Schweißkonstruktionen aus Stählen im Stahlbau, Maschinenbau und Apparatebau sind vom Grundsatz her auf geschweißte Aluminiumkonstruktionen voll übertragbar. Bei der Realisierung der Konstruktionsdetails im Rahmen der einzelnen Bauweisen ist der Einsatz von Strangpreßprofilen von ausschlaggebender Bedeutung. Dies wird in den nachstehenden Unterabschnitten besonders an Beispielen hervorgehoben (siehe hierzu auch Abschnitt 3.3.1).

3.1.1.2 Allgemeine Regeln für die Gestaltung von Schweißkonstruktionen aus Aluminiumwerkstoffen (Übersicht über die Einflußfaktoren auf die Gestaltung)

Für die Herstellung von Konstruktionen aus Aluminiumwerkstoffen bestehen hinsichtlich der Berechnung, Gestaltung und Fertigung viele dem Stahlbau ähnliche Gesichtspunkte. Der Konstrukteur kann sich also auf einige Erfahrungen aus dem Stahlbau stützen. Andererseits bestehen auch grundsätzliche Unterschiede der Eigenschaften beider Werkstoffe, die unbedingt beachtet werden müssen, wenn technisch ausgereifte und wirtschaftliche Konstruktionen entstehen sollen. Die wichtigsten dieser Unterschiede sollen in den folgenden Abschnitten herausgearbeitet und teilweise im Vergleich zu den Stahlmerkmalen dargestellt werden.

Kennzeichnende Eigenschaften von Aluminiumwerkstoffen sind in Abschnitt 3.3.1 behandelt. Die Masseverhältnisse werden nicht für den Wirtschaftlichkeitsnachweis Aluminium gegen Stahl ausreichen, da die Preise dieser Werkstoffe sehr unterschiedlich sind. Bei diesem Nachweis spielt aber eine Reihe weiterer Faktoren eine Rolle, die den Vergleich zu Gunsten des Aluminiums verschieben. So können unter Beachtung der günstigen Masseverhältnisse bei der Projektierung auch Einsparungen (Kostensenkungen) durch geänderte Transportverhältnisse, günstigere Montagebedingungen, kleinere Bodenbelastungen bzw. niedrigere Fundamentkosten sowie bei bewegten Konstruktionen die geringeren Betriebskosten den Vergleich sehr zu Gunsten der Aluminiumkonstruktion verschieben. Außerdem liegen bei Ausdehnung des Wirtschaftlichkeitsvergleichs auf die Lebenszeit des Bauwerks – und dieser Vergleich sollte in jedem Fall geführt werden – die Unterhaltskosten bei Konstruktionen aus Aluminiumwerkstoffen auf Grund der geringeren Korrosionsanfälligkeit wesentlich niedriger.

Der Elastizitätsmodul der Aluminiumwerkstoffe liegt je nach Legierung zwischen 65000 und 75000 N/mm^2, wobei im allgemeinen $E = 70000\,N/mm^2$ in die Berechnungen eingesetzt wird (vergleiche Abschnitt 3.3.1). Dieser gegenüber Stahl dreimal kleinere Elastizitätsmodul wirkt sich auf die Steifigkeit des Tragwerks der Konstruktion aus. Das bedeutet andere Verhältnisse hinsichtlich Dehnung, Durchbiegung und Stabilität.

Die Schweißkonstruktion hat gerade für den Einsatz von Aluminiumwerkstoffen als Tragwerke des gesamten Bauwesens, des Behälter- und Anlagenbaus, des Maschinenbaus und der Verkehrstechnik eine vorrangige Bedeutung. Sie ermöglicht eigenwillige Formen der Gesamtkonstruktion. Gerade eine Verbundkonstruktion aus Strangpreßprofilen und ebenen Blechen führt zu neuen Wegen des Leichtbaus, zu einer Integralbauweise, wie sie bisher bei Stahlkonstruktionen kaum gekannt wurden. Auch andere Verbindungsmittel, beispielsweise Nietverbindungen, sind möglich und zuverlässig. Der Nachteil sind der Lochabzug in zugbeanspruchten Teilen und die hohe Kerbwirkung der Nietverbindungen. Die Klebverbindungen können die Schweißverbindungen in vielen Anwendungsbereichen ergänzen. Die in den letzten Jahren eingesetzten Klemmverbindungen können sogar zu günstigeren neuen Konstruktionslösungen führen.

Die Vorteile der Schweißverbindung sind zusammengefaßt folgende:

- einfache Ausbildung von Stößen und Anschlüssen,
- hohe Festigkeit der Schweißverbindung,
- Vermeidung von Querschnittsschwächungen und Kerbwirkung durch Nietlöcher,
- Dichtheit,
- gute Möglichkeit der Mechanisierung und Automatisierung der Fertigung.

Demgegenüber können als Nachteile aufgeführt werden:

- Schrumpfungen der Schweißverbindungen und somit erforderliche Nacharbeit,
- Festigkeitsminderung durch Erwärmung bei einigen Aluminiumlegierungen,
- besondere Fertigungsbedingungen, wie von der Stahlverarbeitung gesonderte Fertigungsstätte, hoher Oberflächenvorbereitungsaufwand im Nahtbereich.

Alle diese Erwägungen werden nachstehend kurz behandelt. Die wichtigsten dieser Merkmale werden im folgenden herausgearbeitet. Behandelt werden Gestaltungsmerkmale für geschweißte Aluminiumkonstruktionen in bezug auf

- Werkstoffverhalten,
- schweißtechnische Fertigung,
- Beanspruchung,
- Prüfung,
- Qualitätssicherung,
- Wirtschaftlichkeit.

3.1.1.3 Gestaltung und Art des Aluminiumwerkstoffes

Wie in Abschnitt 2.1 für die Wahl der Stähle bereits erörtert wurde, erfolgt auch der Einsatz der Aluminiumwerkstoffe für Schweißkonstruktionen nach zwei Kriterien:

- nach der Funktion, z. B. dem Festigkeitsverhalten, dem Korrosionsverhalten usw.,
- nach der Schweißeignung des Werkstoffes und in bezug auf das eingesetzte Schweißverfahren.

Einfluß der Legierungssysteme auf die Gestaltung

Die Eigenschaften von Aluminium hängen von einer ganzen Reihe von Faktoren ab. Aluminiumwerkstoffe enthalten meist neben dem Basis-Metall mehrere Legierungselemente. Diese beeinflussen erheblich die mechanischen Kennwerte und damit ihren Einsatz als Konstruktionswerkstoff für geschweißte Tragwerke. Dies bezieht sich insbesondere auf das Festigkeitsverhalten der Schweißverbindungen.

In Abschnitt 3.3.2.2 ist ausführlich über das Festigkeits- und Ermüdungsverhalten der Arten der Aluminiumlegierungen berichtet worden. Daraus ist leicht abzuleiten, welche Arten von Aluminium für statisch beanspruchte Konstruktionen wegen ihrer hohen Festigkeit Vorteile bieten. Für dynamisch beanspruchte Konstruktionen sind andere Kriterien für die Legierungsauswahl maßgebend. Das Ermüdungsverhalten der Schweißverbindung wird durch die große Kerbwirkung von der Aluminiumlegierungsart nicht beeinflußt. Die Ermüdungsfestigkeits-Klassen (FAT) sind für alle Aluminiumarten bei Schweißverbindungen konstant.

Die Arten der Aluminiumlegierungen beeinflussen jedoch erheblich die Gestaltung der Bauteile und der Schweißverbindungen. In den nachstehenden Beispielen für geschweißte Aluminiumkonstruktionen wird dies im einzelnen berücksichtigt mit entsprechenden Hinweisen. Dies bezieht sich hauptsächlich auf die Anordnung der Schweißverbindungen quer und längs zur Kraftrichtung bei selbstaushärtenden und nicht selbstaushärtenden (weichen bzw. harten) Aluminiumlegierungen. Insbesondere werden auch Aluminiumlegierungen berücksichtigt, die sich vorteilhaft für die Herstellung von großen und komplizierten Strangpreßprofilen eignen.

Auswahl der Aluminiumlegierung nach den Kriterien der Schweißeignung

Teil 3 des Kompendiums „Schweißeignung metallischer Bauteile" behandelt ausführlich die Probleme der Schweißeignung von Aluminiumwerkstoffen. In diesem Teil werden auch in Abhängigkeit vom Schweißverfahren die Schweißeignung, Schweißsicherheit und Schweißmöglichkeit erläutert. Diese Grundeigenschaften haben Einfluß auf die Auswahl der Aluminiumlegierungen zur Erzielung optimaler Schweißbarkeit einer Konstruktion.

3.1.1.4 Einfluß der Schweißverfahren und der Fertigungsweisen auf die Gestaltung von Schweißkonstruktionen aus Aluminiumwerkstoffen

Wahl des Schweißverfahrens für Aluminium-Schweißkonstruktionen

Die Grundsätze der Wahl des Schweißverfahrens für Schweißkonstruktionen aus Stählen sind in Abschnitt 2.1 erörtert worden. Diese Grundsätze sind auf Aluminium-Schweißkonstruktionen übertragbar. Die Schweißverfahren für Aluminiumlegierungen sind ausführlich in Band 1 des Kompendiums „Verfahren der Schweißtechnik" behandelt. Hauptsächlich werden als Schmelzschweißverfahren in der Praxis das MIG- und das WIG-Schweißen eingesetzt. Für dünnwandige Aluminium-Blech-Konstruktionen wird das Widerstandspunktschweißen angewendet. Das Elektronenstrahl- sowie das Laserstrahlschweißen gewinnen an Bedeutung.

Gestaltung von MIG- und WIG-Schweißverbindungen

Im Hinblick auf die höhere Schweißgeschwindigkeit und Abschmelzleistung beim MIG-Schweißen ist dieses Verfahren vorwiegend für lange, gut zugängliche und auch dickere Nähte anzuwenden. Bei Kehlnähten gibt das MIG-Verfahren einen größeren Einbrand und erlaubt somit die Berücksichtigung einer höheren Kehlnahtdicke a in der Berechnung. Für das Schweißen kürzerer Nähte und an schwer zugänglichen Stellen ist das WIG-Verfahren günstiger, da das leichtere Schlauchpaket stärker gebogen werden kann und allgemein leichter zu handhaben ist.

Das Schweißen auf Unterlagen (zum Beispiel Kupferschiene mit Nut) erleichtert die Schweißarbeiten wesentlich und erfordert außerdem geringe Genauigkeit bei der Schweißnahtvorbereitung. Bei der Gestaltung der Konstruktionen für das MIG- und WIG-Schweißen sollen die vorhandenen Produktionsmittel und damit also auch die anzuwendenden Schweißverfahren berücksichtigt werden. Da das Schweißen einen hohen Anteil an den Fertigungskosten hat, sind schon vom Konstrukteur mit entsprechender Gestaltung die Möglichkeiten für die Anwendung mechanisierter oder automatisierter Schweißverfahren zu schaffen. Es sind in Normallage schweißbare Nähte vorzusehen und störende Aussteifungen entweder nicht bis in den Nahtbereich zu führen oder erst nach der automatisch durchgeführten Schweißung zu montieren. Eine entsprechende Schweißnahtvorbereitung ist bei der Gestaltung zu berücksichtigen.

Einige Beispiele für die Gestaltung von MIG- und WIG-Schweißverbindungen sind in Bild 3-1 zusammengestellt. Genutzt werden dabei alle Vorteile der Gestaltung der Strangpreßprofile. Die Zugänglichkeit zur Schweißstelle bei Schmelzschweißverfahren ist abhängig von den Maßen der Schweißbrenner bzw. Elektroden und dem Bewegungsbedarf der Schweißbrenner. Für manuelle und automatisierte Schweißverfahren sind erhebliche Unterschiede der Zugänglichkeit zu verzeichnen.

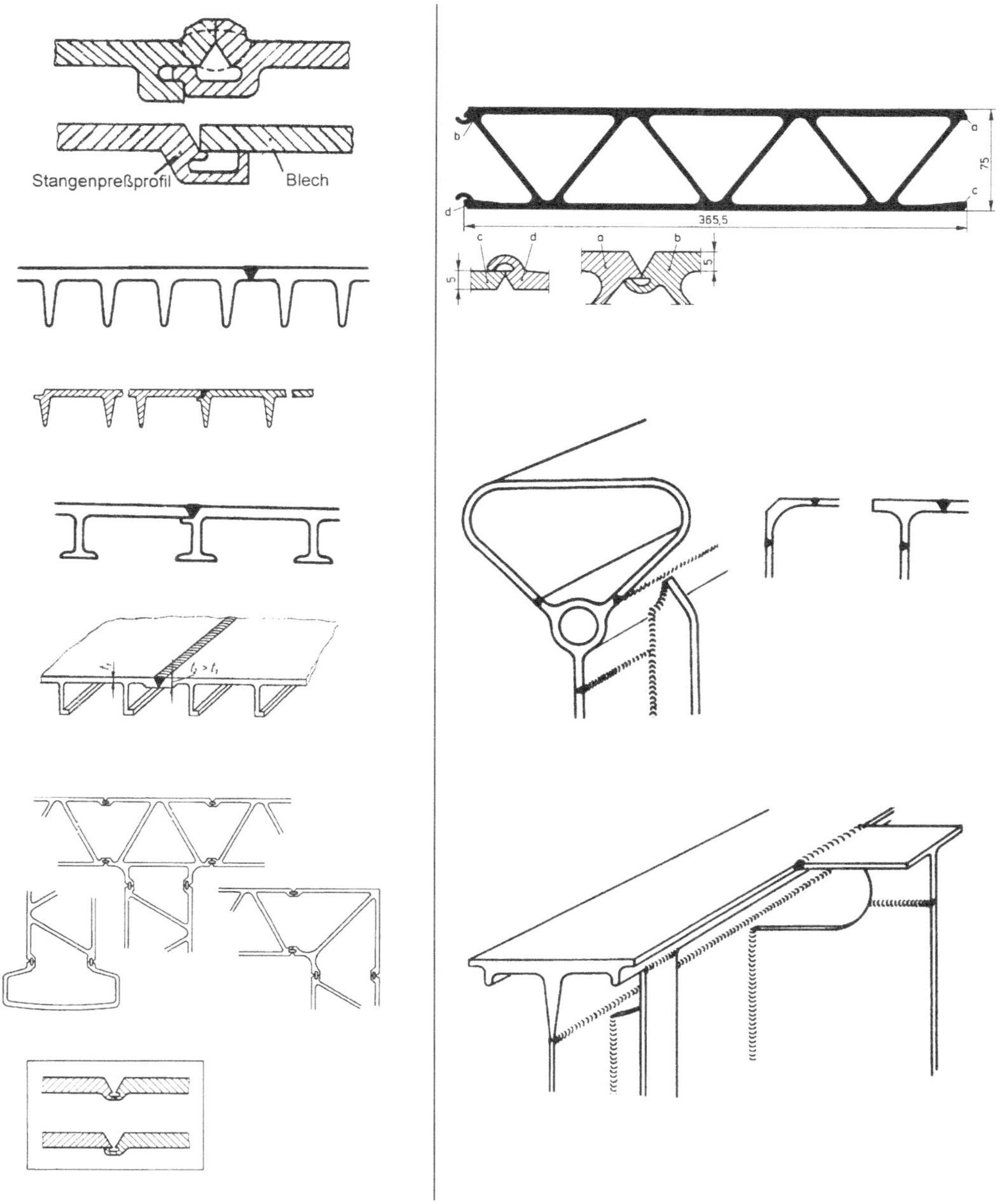

Bild 3-1. Beispiele der Gestaltung von MIG- und WIG-Schweißverbindungen an Aluminiumwerkstoffen.

Für das manuelle Schweißen bei Baugruppen der Luft- und Raumfahrt sind Festlegungen getroffen, die in Tabelle 3-1 dargestellt sind. Maßliche Empfehlungen mit Mindestabständen sind in Tabelle 3-2 zusammengestellt. Diese Richtlinien können mit großem Vorteil auch für andere Anwendungsbeispiele übernommen werden.

Tabelle 3-1. Zugänglichkeit beim manuellen WIG- und MIG-Schweißen von Aluminiumwerkstoffen.

Lfd. Nr	Schweißprozeß Kenn-zahl	Schweißprozeß Kurz-zeichen	Richtwerte der Schweißnahtlagen		
1	141	WIG	$\alpha \geq 55$		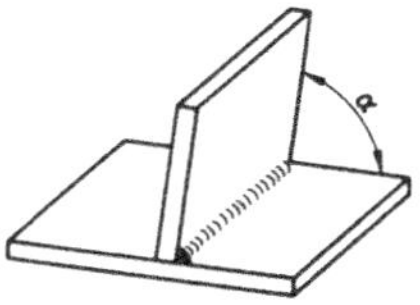
	311	G			
2	141	WIG	$\beta \geq 40$		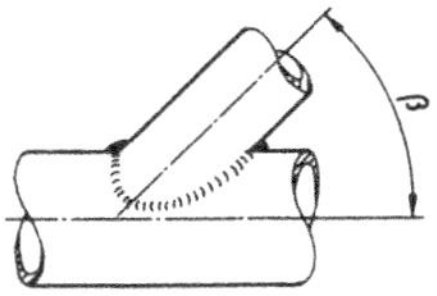
	311	G	$\beta \geq 25$		
3	141	WIG	t	e	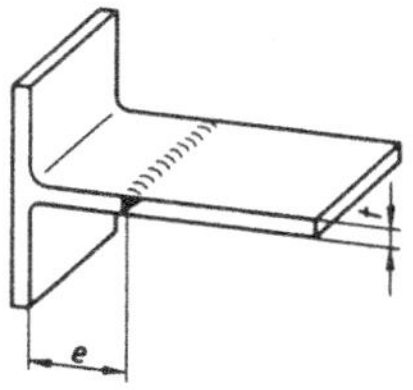
			< 1,5	≥ 15	
			≥ 1,5	≥ 17	
	311	G	≤ 6	≥ 7	
4	141	WIG	1 > (b − 15 mm) h < 0,45 (b − 12 mm)		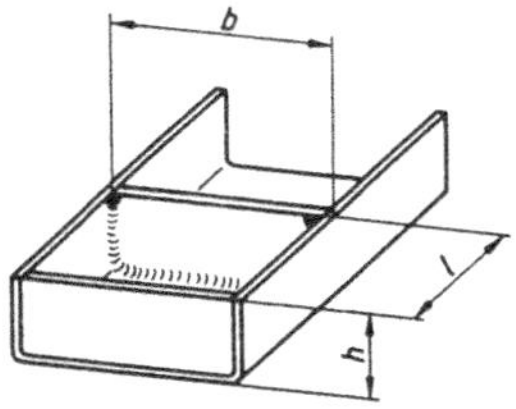

Die gleichen Überlegungen sind anzustellen, wenn man eine rationelle Fertigung durch Anwendung von Vorrichtungen erzielen will. Die Voraussetzungen dafür sind zu schaffen durch Projektierung entsprechender Schweißgruppen, die die Schweißung möglichst vieler Nähte in günstiger Lage gestatten, und durch entsprechende Gestaltung zur Gewährleistung einfacher Aufspannmöglichkeiten. Die früher schon erwähnte Kerbempfindlichkeit der Aluminiumwerkstoffe kann hier gegebenenfalls durch kleine Hilfspratzen oder ähnliche zum Spannen oder Befestigen geeignete Einrichtungen berücksichtigt werden.

Als weiterer Punkt ist bei der Gestaltung der Einfluß der Schweißnahtprüfung zu berücksichtigen. Gerade bei Aluminiumkonstruktionen wird wegen des Werkstoffpreises der Anteil der Schweißnähte höherer Qualität größer sein. Da für diese Nähte mehr oder weniger umfangreiche zerstörungsfreie Prüfungen verlangt werden, ist vom Konstrukteur darauf zu achten, daß die Möglichkeit der Prüfung nach dem Zusammenbau noch besteht.

Tabelle 3-2. Schweißnaht-Mindestabstände beim manuellen WIG- und MIG-Schweißen von Aluminiumwerkstoffen.

Lfd. Nr	Schweißprozeß Kennzahl	Schweißprozeß Kurzzeichen	Mindestabstand	Schweißverbindung
			e ⩾ (1,5 t + 2) > 6	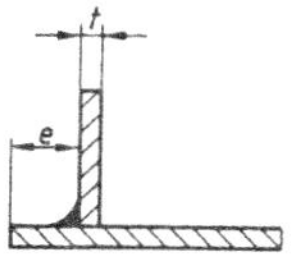
			e ⩾ 6 t	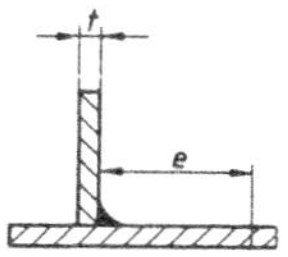
	141	WIG	e ⩾ (4 t + 8)	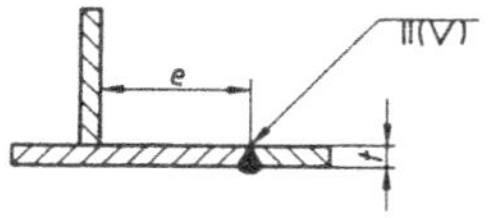
			Stahl: e ⩾ (r + 3 t) Aluminium: e ⩾ (r + 5 t)	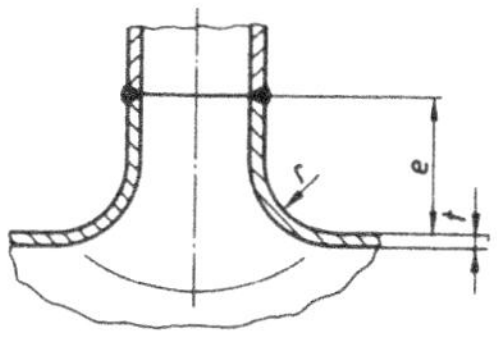
			e ⩽ (1,5 t + 1) ⩾ 4	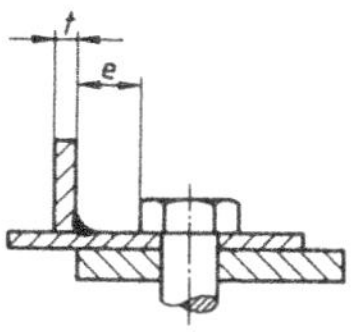

Außer der günstigen Lösung von Festigkeitsproblemen bieten die Strangpreßprofile auch erhebliche Vorteile für die wirtschaftliche Schweißfertigung. Geht man von dem Grundsatz aus, daß die beste Schweißkonstruktion diejenige mit dem geringsten Schweißgutanteil ist, so muß man feststellen, daß diese Aufgabe gerade mit den Möglichkeiten der Strangpreßtechnik gelöst werden kann.

Die werkstoffgerechte Gestaltung durch Ausnutzung der Möglichkeiten der Strangpreßtechnik ist der wichtigste vom Konstrukteur zu beachtende Punkt, weil nur durch funktionsgerechte und damit werkstoffsparende sowie fertigungsgerechte, d. h. zeit- und lohnsparende, Formgebung wettbewerbsfähige geschweißte Aluminiumkonstruktionen entstehen können. Es ist die Aufgabe des Konstrukteurs, diese Möglichkeiten des Konstruierens mit den Strangpreßprofilen kennenzulernen und in Abstimmung mit den Spezialisten der Aluminiumindustrie für seine Konstruktionen kostengünstig einzusetzen.

Gestaltung von Widerstandspunktschweißverbindungen

Das Widerstandspunktschweißen gehört seit Jahrzehnten zu den gebräuchlichsten Schweißprozessen für Aluminiumkonstruktionen zum Verbinden von Blechen im Überlappstoß. Punkt- oder Rollennahtschweißverbindungen ergeben geringen Verzug der Bauteile, einen geringen Arbeitsaufwand, eine Verbindung ohne Querschnittsverlust und eine glatte Oberfläche. Bei einer schweißgerechten Punktschweißkonstruktion muß die Zugänglichkeit abhängig von den Maschinen- und Elektrodenabmessungen gesichert sein. Der Konstrukteur entscheidet über die Klassifizierung nach Art der Beanspruchung: Verbindungen mit sehr hohen statischen und dynamischen Beanspruchungen, welche die volle Ausnutzung jedes Schweißpunktes erfordern, oder solche für leichtere Beanspruchungen. Am sichersten ausgeführt werden kann die einschnittige Verbindung an Bauteilen mit geringen Wanddicken. Die Schweißeignung von Aluminium und Aluminiumlegierungen von 0,35 bis 3,5 mm Einzeldicke für das Widerstands- und Rollennahtschweißen wird nach Merkblatt DVS 2932-1 bestimmt.

Das Gestalten der Punktschweißverbindungen muß mehrere Merkmale der Fertigung, die Besonderheiten des Schweißprozesses und die Gebrauchseigenschaften der punktgeschweißten Baugruppen (z. B. Festigkeitsverhalten, Korrosion usw.) berücksichtigen. Punktgeschweißte Konstruktionen können aus Profilen, flächigen Blechelementen oder aus Kombinationen zwischen beiden zusammengesetzt sein. Die Punktschweißungen können für die Krafteinleitung, die Kraftübertragung, die dauernde oder vorübergehende Positionierung von Teilen sowie für die Herstellung von flüssigkeits- bzw. gasdichten Nähten an Behältern benutzt werden. Beispiele des fertigungsgerechten Gestaltens von Punktschweißverbindungen sind in Tabelle 3-3 zusammengestellt.

Gestaltung von Strahlschweißverbindungen

- **Elektronenstrahlschweißen**

Auch die hohe Leistungsdichte des Elektronenstrahlschweißens wird für das Fügen von Aluminiumlegierungen im Vakuum genutzt. Mit Erfolg wurden bisher aushärtbare Aluminiumlegierungen, wie AlCuMg und AlZnMgCu, die mit Lichtbogenschmelzschweißverfahren nicht rißsicher hergestellt werden können, auch ohne Zusatz sicher geschweißt. Die Grundsätze für das Konstruieren von elektronenstrahlgeschweißten Bauteilen sind in Tabelle 3-4 zusammengefaßt. Ein verstärkter Einsatz des Elektronenstrahlschweißens von Aluminiumkonstruktionen hat eine gute Zukunft.

- **Laserstrahlschweißen**

Die hohe Leistungsdichte des Laserstrahlschweißens bringt auch für das Fügen von Aluminiumbauteilen Vorteile. Neueste Forschungsergebnisse, Laborversuche und erste praktische Anwendungen zeigen, daß das Laserstrahlschweißen von Aluminium künftig größere Bedeutung haben wird. Die Gestaltung der Fügestelle bei Aluminium wird sinngemäß den bisher bekannten Regeln und Hinweisen für Stähle entsprechen. In Bild 3-2 sind einige für das Laserstrahlschweißen günstig gestaltete Konstruktionsbeispiele von Axial- und von Radial-Rundnähten gezeigt.

Tabelle 3-3. Fertigungsgerechte Gestaltung von Punktschweißverbindungen.

	schlecht	gut
I Vermeidung von Hohlräumen (Schweißfolge)	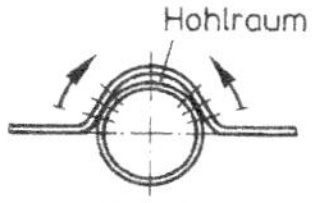	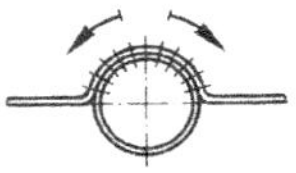
II Zugänglichkeit der Schweißstelle	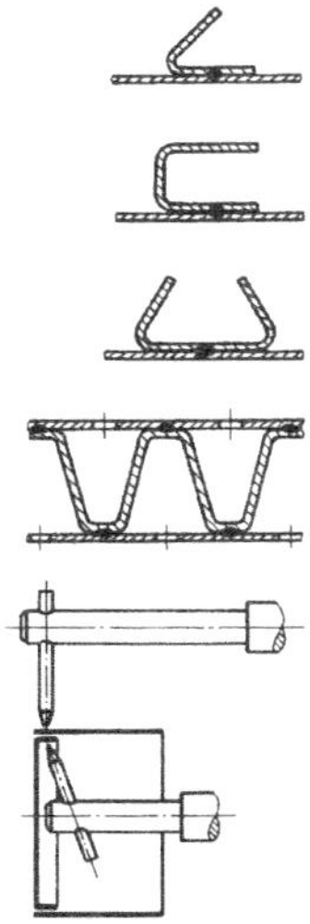 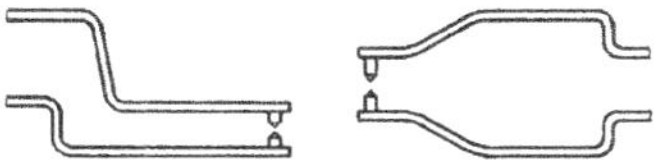 Beispiele für zu vermeidende Elektrodenarme 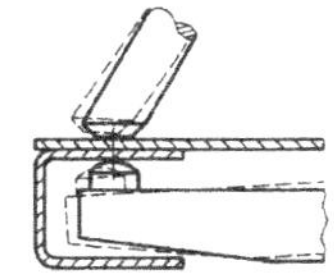 Auffedernde Elektroden verursachen mangelnde Schweißgute	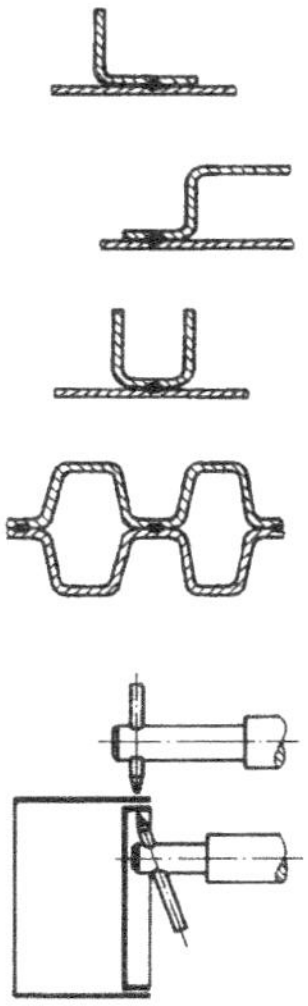
III Auflagefläche für die Elektroden	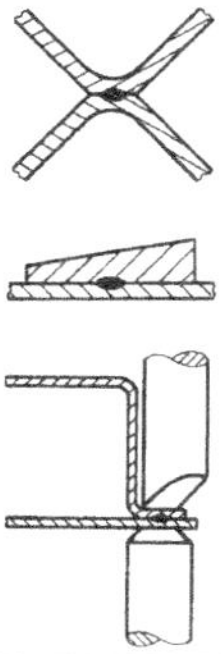	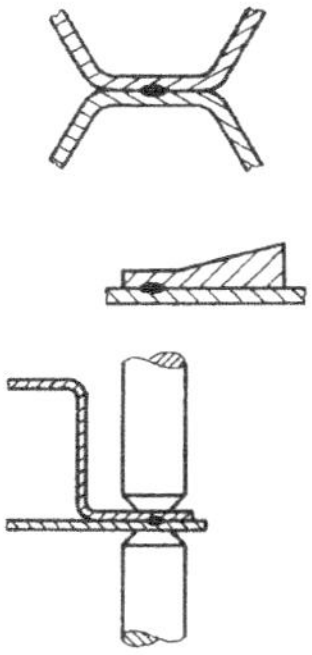

Tabelle 3-3. **Fortsetzung.**

	schlecht	gut
IV Vermeiden von Nebenschluß 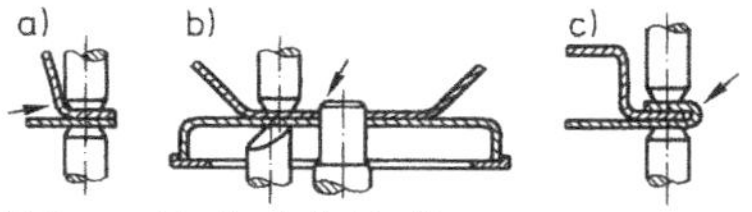 Nebenschlußmöglichkeiten: a) Nebenschluß am Blech b) Nebenschluß am Zentrierstift c) Nebenschluß durch Falzblech		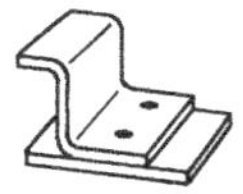
V Vermeiden von Torsionsbeanspruchung im Schweißpunkt	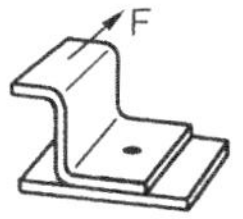	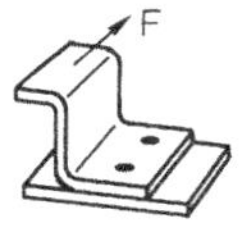

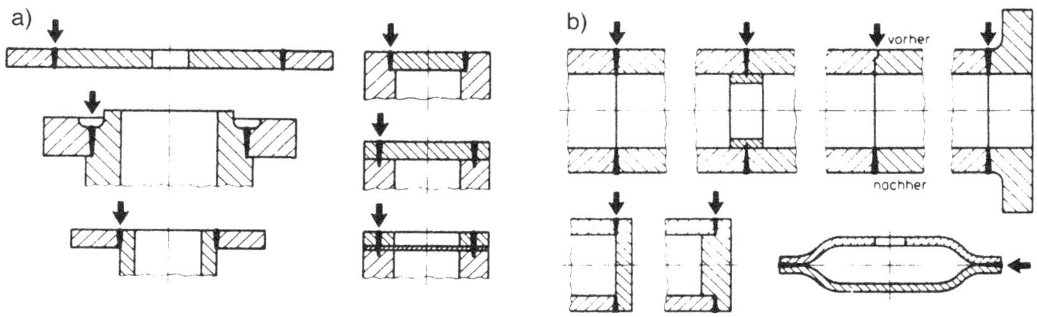

Bild 3-2. Konstruktionsbeispiele für das Laserstrahlschweißen (Auszug aus Merkblatt DVS 3203-4);
a) von Radial-Rundnähten,
b) von Axialnähten.

Tabelle 3-4. Nahtvorbereitung an elektronenstrahlgeschweißten Bauteilen (Auszug aus DIN 65118-2).

Lfd. Nr	Schweißnaht- Benennung	Fugenform	Darstellung	Maße der Nahtvorbereitung
1	Liniennaht (I-Naht am Überlappstoß)	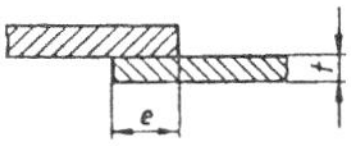		e > 2 t ⩾ 4
2	I-Naht (am Stumpfstoß)	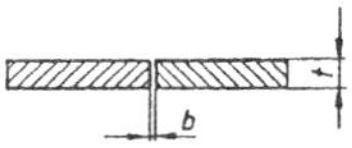		-
3	I-Naht (mit Zentrierlippe)	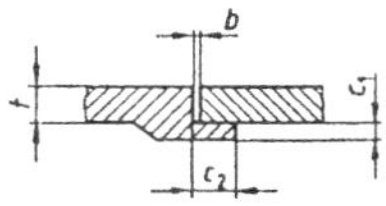		c_1 < 0,1 t > 2 c_2 = 4 bis 5
4	I-Naht (mit Bearbeitungszugabe)	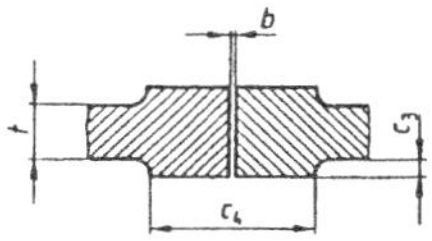		c_3 > 3 c_4 > 5
5	I-Naht (mit unterschiedlichen Blechdicken)	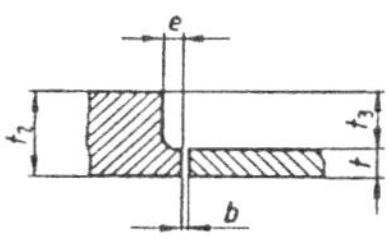		e = 2 bis 4 abhängig von t_3
6	I-Naht (mit Dehnungsfuge)	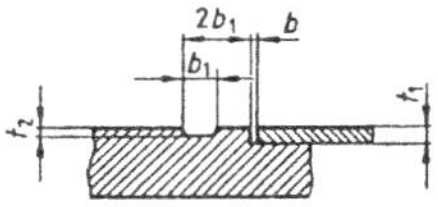		t_2 = 0,8 bis 1 t b_1 = 1 bis 1,5 t bei t < 3
7	I-Naht (am T-Stoß)	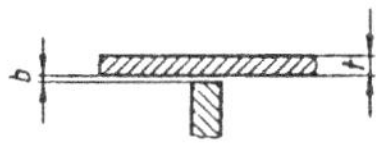		-
8	Flächennaht	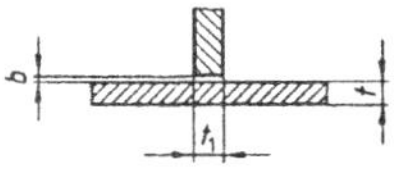	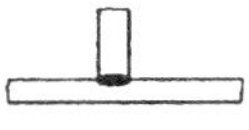	-
9	Stirnflächennaht			-

t	b_{max} µm
0,5	35
1,0	35
1,5	35
2,5	40
5,0	70
8,0	90
10,0	110
15,0	150
20	160
30	200
40	230
50	260
60	270
70	280

3.1.1.5 Gestaltung und Beanspruchung – Gestaltungsgrundsätze bei statischer und dynamischer Beanspruchung

- **Übersicht**

Einer der wichtigsten Einflüsse für die beanspruchungsgerechte Gestaltung ist die Beanspruchungsart, also statisch oder dynamisch. Die unterschiedlichen Gestaltungsregeln sollen hier angedeutet werden, da die Werkstoffeigenschaften der Aluminiumlegierungen, insbesondere die Kerbempfindlichkeit, eine strengere Beachtung dieser Regeln erfordern.

Bei statisch (das heißt vorwiegend ruhend) beanspruchten Verbindungen steht die Frage der Wirtschaftlichkeit und der statischen Festigkeit im Vordergrund. Die Gestaltung der Konstruktion kann unter Abwägung der Fertigungskosten gegen die Materialkosten (Auslastung der Querschnitte) so einfach wie möglich erfolgen. Für das Gestalten der einzelnen Konstruktionsdetails und der Schweißnahtformen genügt das Einhalten der allgemeinen Regeln für hochbeanspruchte Schweißverbindungen.

Es können schon einige Ecken in der Konstruktion angeordnet werden. Es muß nicht alles ausgerundet oder auch noch zusätzlich beschliffen sein. Natürlich muß ein möglichst ungestörter Kraftfluß erreicht werden. Aber der Einfluß von nicht allzu scharfen Kerben auf die Streckgrenze und auf die statische Festigkeit ist nicht sehr groß. Auch die Wahl von Bewertungsgruppen für die Schweißverbindungen (gemäß Abschnitt 1.3) steht nicht allein im Vordergrund.

Bei geschweißten Konstruktionen, die auf Innendruck beansprucht werden, gelten Sonderregelungen, die zu beachten sind.

Bei dynamischer Beanspruchung bilden die Gesichtspunkte der beanspruchungsgerechten Gestaltung den Schwerpunkt der Arbeit des Konstrukteurs. Nur bei konsequenter Berücksichtigung des Kraftflusses durch Anordnung von Übergängen und Ausrundungen, also durch Vermeidung der äußeren und inneren Kerben, kann ein betriebssicheres wirtschaftliches Erzeugnis entstehen.

Wie in Abschnitt 3.3 ausführlich erörtert wird, ist der Einfluß auch der kleinsten, aber scharfen Kerbe auf das Ermüdungsverhalten sehr groß. Bei der Gestaltung müssen alle diese konstruktionsbedingten Kerben auf ein Mindestmaß reduziert werden. Dadurch entstehende Verteuerungen der Fertigung müssen bei dynamisch beanspruchten Tragwerken in Kauf genommen werden.

Bei der Wahl der Bewertungsgruppen für die Schweißverbindungen nach den Abschnitten 1.3 und 3.2 wird man bei dynamisch – hoch – beanspruchten Konstruktionen eine hohe Bewertungsgruppe (beispielsweise „B“) wählen, um damit bessere Ermüdungswerte zu erreichen und bei der Bemessung wirtschaftliche Vorteile zu erzielen.

Die unterschiedlichen Konstruktionsmerkmale beider Beanspruchungsformen sollen durch Gegenüberstellung an einigen Bauelementen dargestellt werden:

– Querschnittsänderungen und Dickenänderungen (Bild 3-3)

Für wirtschaftliche Konstruktionen ist eine größtmögliche Annäherung des tragenden Querschnitts an die vorhandene Beanspruchung anzustreben. Dieses Bestreben wird bei Leichtkonstruktionen aus Aluminiumwerkstoffen wegen der Materialpreise stärker vorhanden sein als bei Stahl. Diese Anpassung kann zum Beispiel erfolgen

- durch Blechdicken- und -breitenwechsel,
- durch aufgeschweißte Gurtlamellen oder
- durch Variation der Trägerhöhe.

Die dabei entstehenden Übergänge sind je nach Beanspruchungsart unterschiedlich zu gestalten.

– Aussteifungen (Bild 3-4)

Die Anschlußnähte der Aussteifungen bringen den Nachteil der Entfestigung des Grundwerkstoffs an der Anschlußstelle (zum Beispiel im Gurtblech). Diese Entfestigung ist bei statischer Beanspruchung ein erheblicher Festigkeitsverlust. Man kann auch hier unter Ausnutzung der Strangpreßtechnik günstigere Verhältnisse schaffen. Bei dynamischer Beanspruchung überwiegt der Kerbeinfluß der Querkehlnaht, der zwecks Werkstoffeinsparung vermieden werden sollte. Eine Möglichkeit stellt die Variante b nach Bild 3-4 dar, da dort auch der Einfluß des Längsnahtendes vermieden wird, der bei der Variante a zwar in einer schon geringer beanspruchten Zone liegt, aber doch noch zu berücksichtigen ist.

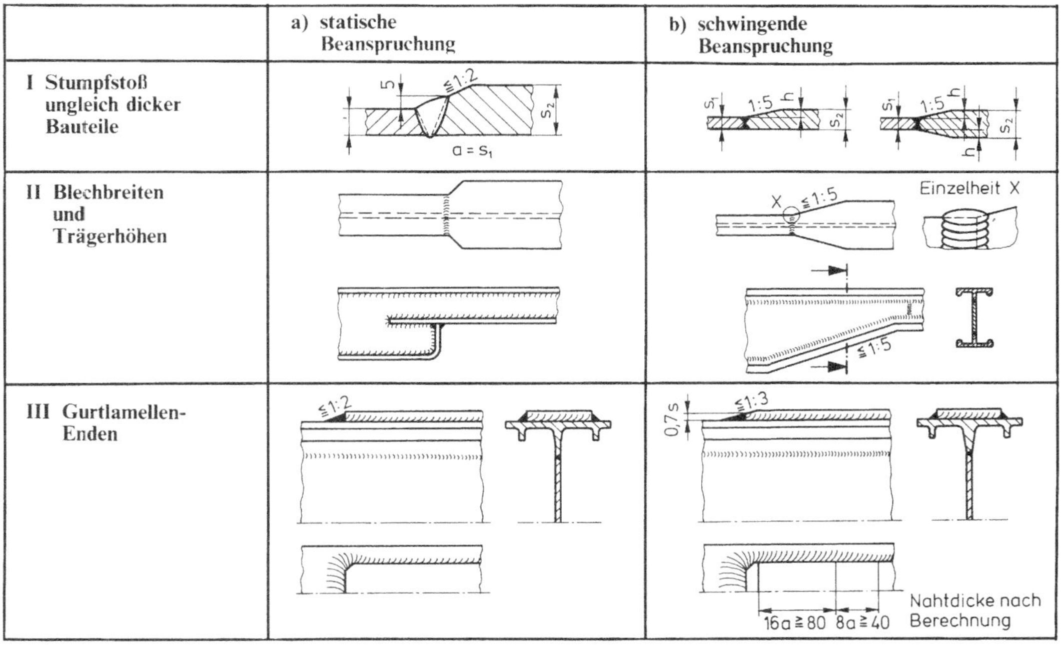

Bild 3-3. Gestaltung bei Querschnittsänderungen und Dickenänderungen.

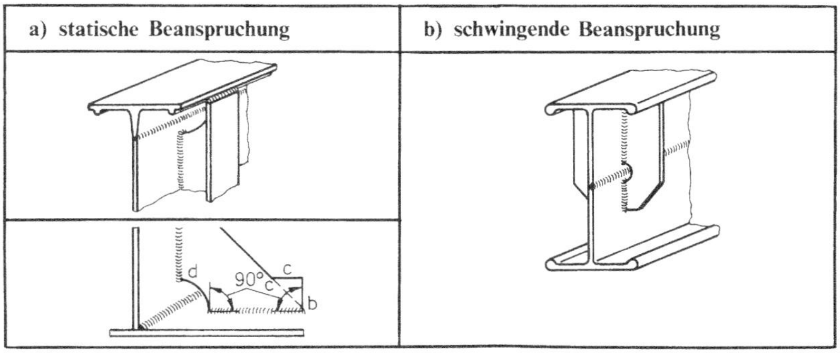

Bild 3-4. Gestaltung von Aussteifungen.

– Knotenbleche, Eckbleche und Bindebleche (Bild 3-5)

Eine ähnliche Beeinflussung des Grundwerkstoffs tritt durch angeschweißte Knotenbleche und Eckbleche auf. Im Falle statischer Beanspruchung ist dieser Anschluß nicht so problematisch, da die thermische Beeinflussung nur einen bestimmten Bereich, nicht den gesamten hochbeanspruchten Querschnitt erfaßt.

Bei dynamischer Beanspruchung treten aber Festigkeitsminderungen auf, die durch Ausführung eines allmählichen Übergangs entsprechend Bild 3-5b möglichst niedrig zu halten sind. Auch Bindebleche aller Art werden bei dynamischer Beanspruchung durch Ausrundungen gestaltet und die Kerbwirkung des schroffen Übergangs damit gemildert.

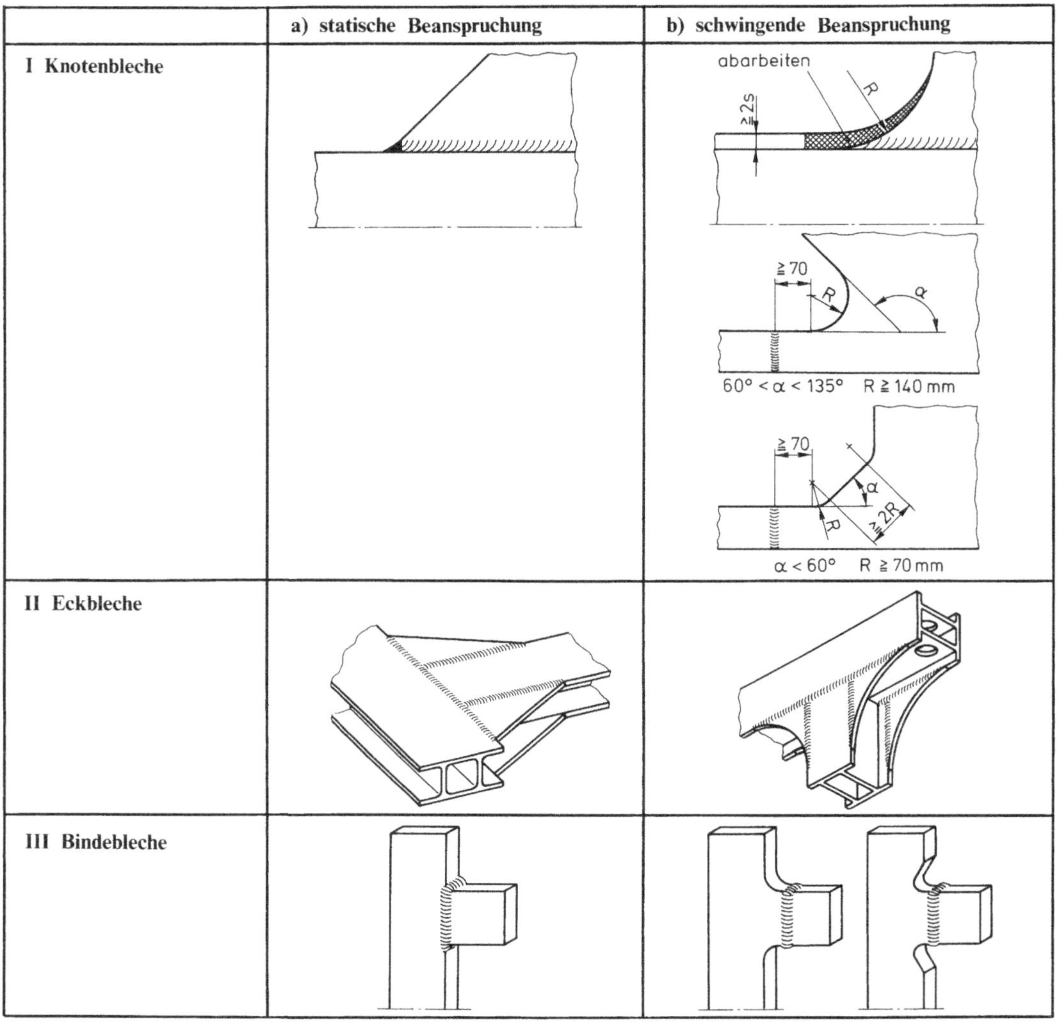

Bild 3-5. Gestaltung von Knotenblechen, Eckblechen und Bindeblechen.

Derartige Knotenbleche, Eckbleche und Bindebleche treten in Tragwerken aller Art sehr häufig auf. Die Gestaltung derartiger Anschlüsse bestimmen, je nach Beanspruchungsart, wesentlich die Wirtschaftlichkeit, aber auch die Sicherheit der gesamten geschweißten Konstruktion.

– Behälter (Bild 3-6)

Dynamische Belastungen sind auch bei Schweißkonstruktionen im Behälterbau durch entsprechende Gestaltung zu berücksichtigen. Senkrecht eingeschweißte Trennwände (der Form A) sind ungünstiger als die Formen B und C nach Bild 3-6/II. Mit der Anwendung des eingeschweißten Strangpreßprofils und dem damit verbundenen höheren Fertigungsaufwand lassen sich etwas höhere Dauergestaltfestigkeitswerte der Behälterwand erreichen. Ähnliche Verhältnisse können beim Anschweißen von Behälterböden auftreten. Auch dort können hinsichtlich des Kraftflusses ungünstige Anschlüsse durch geringe Änderungen günstiger gestaltet werden, Bild 3-6/I.

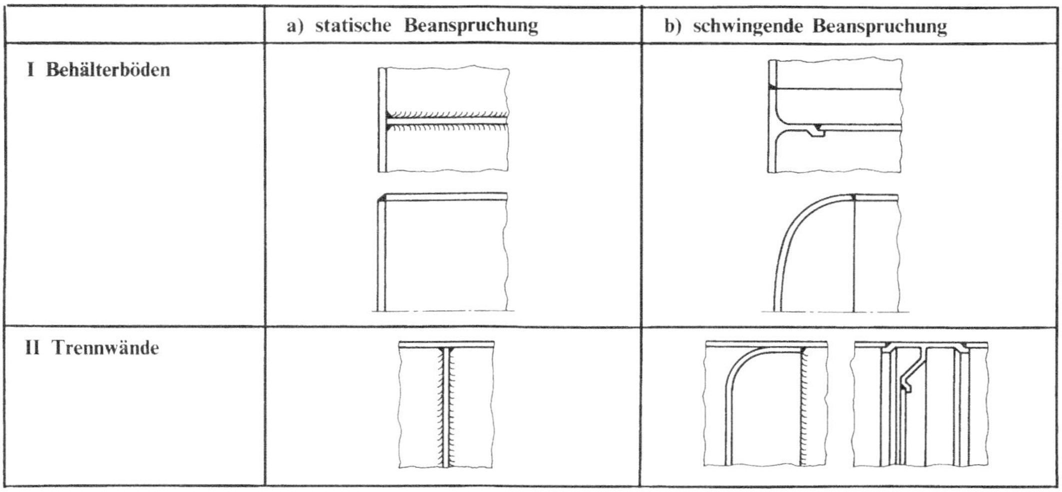

Bild 3-6. Gestaltung von Behälterböden mit Behälter-Trennwänden.

– Schlußbetrachtung

Die oben genannten wenigen Beispiele mögen das Grundanliegen und den Unterschied der Gestaltung von statisch und dynamisch beanspruchten Konstruktionen veranschaulichen. In den Regelwerken für dynamisch beanspruchte Tragwerke sind oft weitere Festlegungen über die Gestaltung von Details getroffen. Diese stehen im engen Zusammenhang mit der Bemessung der Schweißverbindungen auf Ermüdung und sind unbedingt einzuhalten.

Vorschläge für ausgewählte geschweißte Aluminium-Konstruktionsdetails mit Einschätzungen des Ermüdungsverhaltens

• Einführung

Bei dynamisch beanspruchten Aluminium-Schweißkonstruktionen beeinflussen, wie bekannt ist, die festgelegten Bewertungsgruppen der Schweißverbindungen den wirtschaftlichen Einsatz. In Ergänzung der Empfehlung zur Berechnung von Schweißverbindungen im staatlich nicht geregelten Bereich in Abschnitt 3.2.5 werden nachstehend Vorschläge für ausgewählte Aluminium-Konstruktionsdetails mit Einschätzungen des Ermüdungsverhaltens unterbreitet. In Tabelle 3-5 bis Tabelle 3-12 werden für eine Reihe von dynamisch beanspruchten Schweißkonstruktionen, wie Biegeträger, Fachwerke, Rahmen, Trägeranschlüsse usw., Konstruktionsdetails dargestellt, die das Ermüdungsverhalten, mit der maßgeblichen Ermüdungsfestigkeits-Klasse (FAT), einschätzen. Wie eingangs erwähnt, kann aus dieser Ermüdungsfestigkeits-Klasse (FAT) in Abhängigkeit der für diese gewählte Konstruktion maßgebenden Wöhlerlinie für zul $\Delta\sigma$ mit der maßgebenden Schwingspielzahl N und dem dazugehörigen Zeit- bzw. Dauerfestigkeitswert (zul $\Delta\sigma$) gewählt werden. Damit kann die Bemessung erfolgen. Für eine Betriebsfestigkeits-Bemessung mit mehrstufiger Belastung bilden diese Angaben eine gute Grundlage für die weiteren Ableitungen erhöhter zulässiger Spannungen.

• Geschweißte Vollwandträger (Tabelle 3-5)

Bei geschweißten Vollwandträgern, die als Biegeträger eingesetzt werden, ist der große Einfluß der Gestaltung auf das Ermüdungsverhalten besonders anschaulich zu erkennen.

Tabelle 3-5. Geschweißte Vollwandträger;
a) geschweißter Biegeträger mit Knotenblech am Zuggurt,
b) Biegeträger mit angeschweißten Queraussteifungen,
c) Gurtplatten-Breitenwechsel,
d) Trägerhöhenwechsel und Gurtplattenenden,
e) geschweißter Träger aus Strangpreßprofilen und Blechen (günstig),
f) geschweißter Träger aus Strangpreßprofilen und Blechen (ungünstig).

Konstruktionsdetail	Empfohlene Bewertungsgruppen der Schweißverbindungen	Maßgebliche Schwingfestigkeitsklassen (FAT)
a): Geschweißter Biegeträger mit Knotenblech am Zuggurt		
	Kehlnähte B Halsnähte B*	30 40
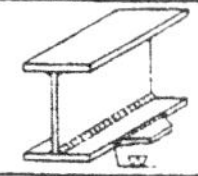	Kehlnähte: C* (Halsnähte) Stumpfnaht: B* (längs)	35
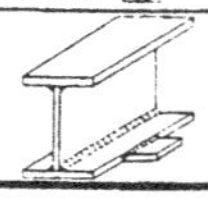	Kehlnähte: C (längs) Stumpfnaht: C (längs)	20
b): Biegeträger mit angeschweißten Queraussteifungen		
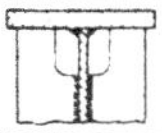	——	für Zuggurt 40
	Kehlnaht: B*	35
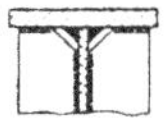	Kehlnaht: B	25
	——	85
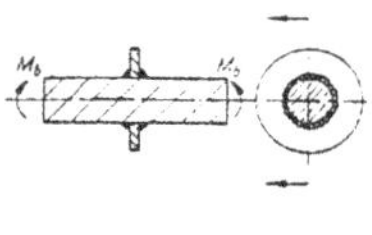	Kehlnaht: B*	35
	Kehlnaht: B	25
c): Gurtplatten - Breitenwechsel		
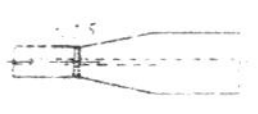	Stumpfnaht B / B* (quer) Kehlnaht C* (Halsnaht)*	25 35
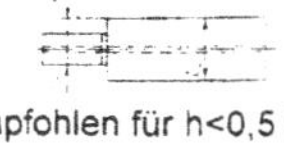 empfohlen für $h<0{,}5\ b_1$ 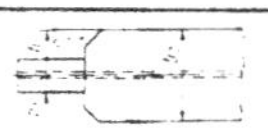 empfohlen für $h\geq 0{,}5\ b_1$	Stumpfnaht: B (quer) Kehlnaht: C (Halsnaht)	20

Konstruktionsdetail	Empfohlene Bewertungsgruppen der Schweißverbindungen	Maßgebliche Schwingfestigkeitsklassen (FAT)
d): Trägerhöhen-Wechsel und Gurtlamellen-Enden		
Trägerhöhen-Wechsel 	Stumpfnähte: B B* (längs)	35 40
	Kehlnähte: C	20
Gurtlamellen-Enden 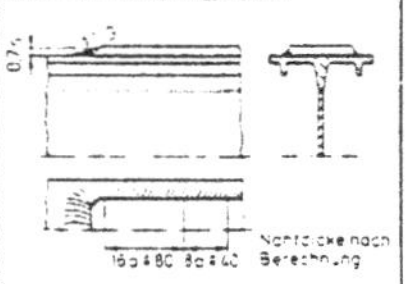	Stumpfnähte: B (längs) Kehlnähte: C*	35
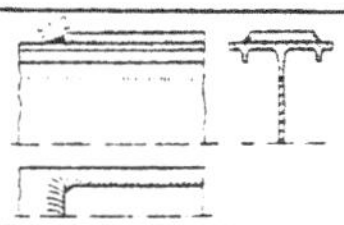	Kehlnähte: C	20
e) Geschweißter Träger aus Strangpreßprofilen und Blechen (günstig)		
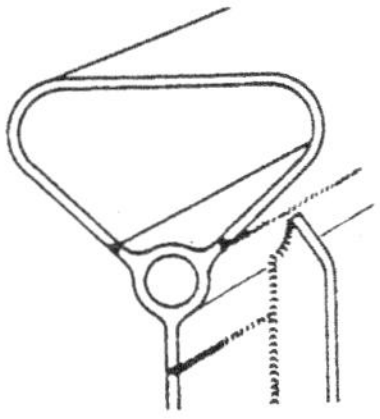	Zuggurt ungeschweißt	85
	Stumpfnaht B / B* (längs)	35 40
	Zuggurt mit Quersteife Kehlnähte: B* (quer)	35
	Zuggurt mit Stumpfnaht B / B* (längs)	35 40
f): Geschweißte Träger aus Strangpreßprofilen und Blechen (ungünstig)		
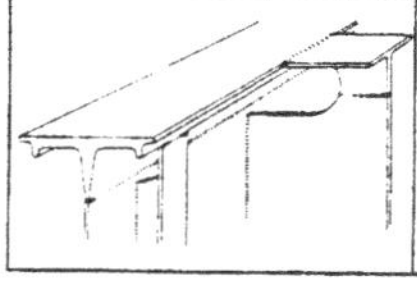	Zuggurt mit Seitenblech Stumpfnaht: C (längs)	20

Ein geschweißter Biegeträger (Tabelle 3-5a) (mit Kehlnähten – längs) für dynamische Belastung in der Bewertungsgruppe B (nach DIN EN 30042) erreicht lediglich eine FAT-Klasse 30. Bei der Bewertungsgruppe B* (mit Sonderbestimmungen nach Merkblatt DVS 0713) kann ein höheres Ermüdungsverhalten mit FAT-Klasse 40 erreicht werden. Ausgerundete, mit Stumpfnähten Bewertungsgruppe B* angeschweißte Knotenbleche haben FAT-Klasse 35. Dagegen bringt ein eckig angeschweißtes Knotenblech ein ungünstiges Ermüdungsverhalten (FAT-Klasse 20) und benötigt dann auch nur eine niedrige Bewertungsgruppe der Schweißverbindung (Bewertungsgruppe C).

Querkehlnähte am Zuggurt eines Biegeträgers (Tabelle 3-5b) weisen ein relativ günstiges Ermüdungsverhalten auf, wenn diese mit Bewertungsgruppe B* (mit ausgeschliffenen Nahtübergängen) hergestellt werden.

Wechseln aus konstruktiven Gründen die Gurte eines geschweißten Biegeträgers ihre Breite (Tabelle 3-5c), so sind sie anzuschrägen und die Stumpfnähte in Bewertungsgruppe B* einzustufen. Ein eckiger Gurtanschluß hat ein niedriges Ermüdungsverhalten und erfordert daher nur eine niedrige Bewertungsgruppe für Stumpfnähte und Kehlnähte.

Ähnlich ist das Ermüdungsverhalten bei einem Trägerhöhenwechsel (Tabelle 3-5d). Abgeschrägte Träger aus Strangpreßprofilen mit Längsstumpfnähten Bewertungsgruppe B* weisen ein gutes Ermüdungsverhalten auf (FAT 35). Eine eckige Gestaltung vermindert auf FAT 20. Bei Gurtlamellen-Enden (Tabelle 3-5d) ist ein entsprechendes Ermüdungsverhalten festzustellen.

Die Beispiele in Tabelle 3-5e und Tabelle 3-5f ergänzen deutlich die obigen Ausführungen für typische Aluminiumträger aus Strangpreßprofilen und Blechen. Die Konstruktion in Tabelle 3-5f erfordert daher nur die Bewertungsgruppe C für die Schweißnähte, weist aber dafür auch nur eine Ermüdungsfestigkeits-Klasse (FAT) von 20 auf.

- **Geschweißte Trägeranschlüsse (Tabelle 3-6)**

Der geschweißte Trägeranschluß ist ein sehr oft zu realisierendes Konstruktionsdetail bei Schweißkonstruktionen aller Art. Ein günstiges Ermüdungsverhalten (FAT-Klasse 35) erreicht man durch ausgerundete Bauelemente (mit großem Radius) und Schweißnähten hoher Bewertungsgruppen (Bewertungsgruppe B* für die Stumpfnähte und Kehlnähte), Tabelle 3-6a. Eine Vielzahl von günstigen Lösungen ist dabei in der Literatur für den Fahrzeugbau, Maschinenbau, aber auch für den Aluminiumbau gegeben.

In Tabelle 3-6b sind zum Vergleich geschweißte Trägeranschlüsse mit nicht ausgerundeten Ecken dargestellt. Natürlich sind diese für die Fertigung billiger und einfacher; aber niedrige Bewertungsgruppen für die Schweißverbindungen sind angebracht. Der große Nachteil ist aber das ungünstige Ermüdungsverhalten (FAT-Klasse 20). Es ist schon eine wirtschaftliche Entscheidung beim Entwurf vom Konstrukteur und von der Schweißaufsicht, wie man es gestaltet und welche Schweißnahtqualität man wählt.

- **Längsstumpfnähte in Konstruktionen (Tabelle 3-7 und Tabelle 3-8)**

Geschweißte orthotrope Platten, bei Aluminiumwerkstoffen in der Regel aus Strangpreßprofilen (Tabelle 3-7), werden mit Stumpfnähten hergestellt. Bei einer hohen Bewertungsgruppe B bzw. B* weisen sie ein günstiges Ermüdungsverhalten auf. Ähnlich sind die Lösungen mit der Wahl der Bewertungsgruppen für die Stumpfnähte bei einem Förderwagen aus Strangpreßprofilen und Blechen getroffen worden, Tabelle 3-8.

- **Geschweißte Rahmenecken (Tabelle 3-9)**

In Tabelle 3-9 werden geschweißte Rahmenecken verglichen. Auch hier haben ausgerundete Rahmenecken ein günstiges bzw. sehr günstiges Ermüdungsverhalten (FAT-Klasse 30 bis 40). Ein eckiger Rahmen hat ein ungünstiges Ermüdungsverhalten (FAT-Klasse 18).

Tabelle 3-6. Geschweißte Trägeranschlüsse;
a) mit ausgerundeten Ecken (günstig),
b) mit nicht ausgerundeten Ecken (ungünstig).

Konstruktionsdetail	Empfohlene Bewertungs-gruppen der Schweiß-verbindungen	Maßgeb-liche Schwing-festigkeits-klassen (FAT)
a): mit ausgerundeten Ecken (günstig)		
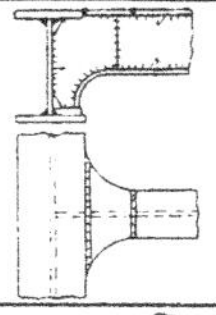		
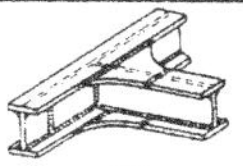	Stumpfnähte: B (quer) Kehlnähte: C (Halsnähte)	25
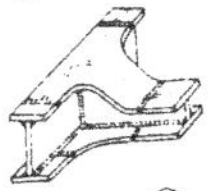	Stumpfnähte: B* (quer) Kehlnähte: C* (Halsnähte)	35
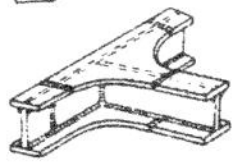		
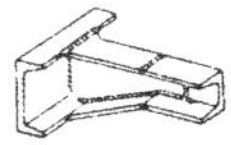		
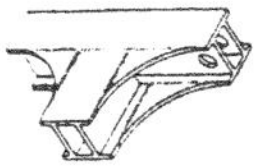		
b): mit nicht abgerundeten Ecken (ungünstig)		
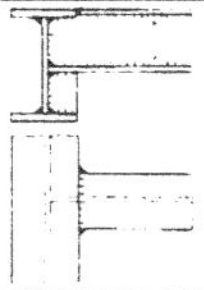		
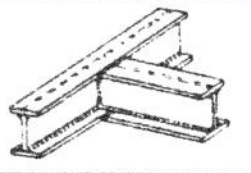	Stumpfnähte: B (quer)	
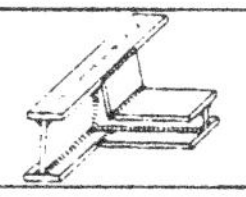	Kehlnähte: C (Hals- und An-schlußnähte)	20
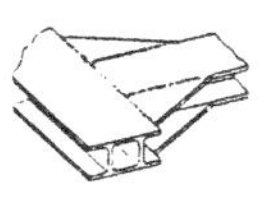		

Tabelle 3-7. Geschweißte orthotrope Platten aus Strangpreßprofilen.

Konstruktionsdetail	Empfohle-ne Bewer-tungsgrup-pen der Schweiß-verbindun-gen	Maßgeb-liche Schwing-festig-keits-klassen (FAT)
I 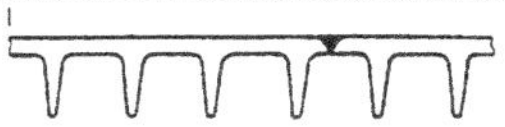 II 	Zuggurte mit Stumpf nähten: B / B* (längs)	35 / 40
III 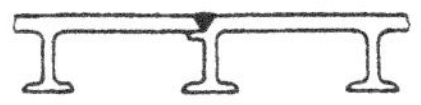 IV 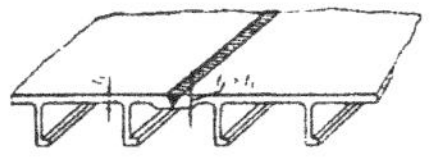	Zuggurte unge-schweißt	85

Tabelle 3-8. Förderwagen aus Strangpreßprofilen und Blechen.

Konstruktionsdetail	Empfohlene Bewertungsgruppen der Schweißverbindungen	Maßgebliche Schwingfestigkeitsklassen (FAT)
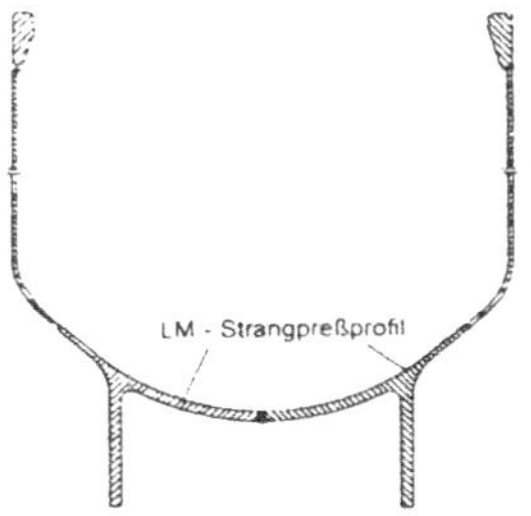	Zuggurte ungeschweißt	85
	Zuggurte mit Stumpfnaht: (längs) B B*	35 40

Tabelle 3-9. Geschweißte Rahmenecken.

Konstruktionsdetail	Empfohlene Bewertungsgruppen der Schweißverbindungen	Maßgebliche Schwingfestigkeitsklassen (FAT)
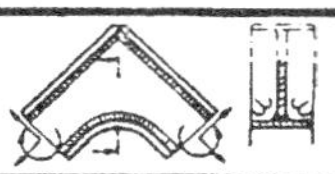	DHV-Nähte: B* (längs)	40
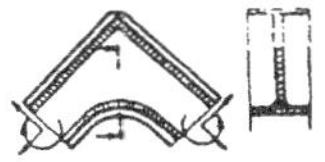	DHV-Nähte: B (längs)	35
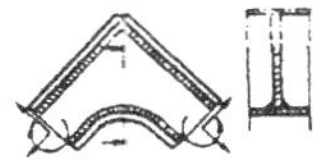	Kehlnähte: B (längs)	30
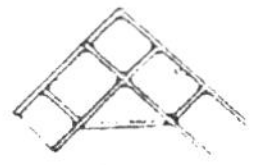	Kehlnähte: C (längs und quer)	18

- **Geschweißte Fachwerke (Tabelle 3-10)**

Den Vergleich der Gestaltung von geschweißten Fachwerken zeigt Tabelle 3-10. Geschweißte Fachwerke werden in einer großen Anzahl in dynamisch beanspruchten Konstruktionen eingesetzt. Natürlich sind die ausgerundeten Baugruppen teurer in der Herstellung. Man kann aber damit leicht ein günstiges Ermüdungsverhalten (FAT-Klasse 35) erreichen, wenn man höhere Bewertungsgruppen B* für die Stumpfnähte – quer und Kehlnähte – längs wählt, Tabelle 3-10a. Ein geschweißtes Fachwerk mit eckigen Knotenblechen und Flanken-Kehlnahtanschlüssen hat ein ungünstiges Ermüdungsverhalten (FAT-Klasse 18 bzw. 25). Sicher werden sich derartige Ausführungen für hoch dynamisch beanspruchte Konstruktionen nicht lohnen und einfach wegen zu hohen Materialeinsatzes ausscheiden und andere konstruktive Lösungen erfordern. In Tabelle 3-10b sind weitere Konstruktionsdetails von Fachwerken mit Schweißnähten und Gestaltungslösungen auf ihr Ermüdungsverhalten eingeschätzt. Hohe Bewertungsgruppen lohnen sich auch hier nur bei ausgerundeten Konstruktionen.

Tabelle 3-10. Geschweißte Fachwerke;
a) Grundtypen,
b) Knotenbleche und Bindebleche.

Konstruktionsdetail	Empfohlene Bewertungsgruppen der Schweißverbindungen	Maßgebliche Schwingfestigkeitsklassen (FAT)
a): Grundtypen		
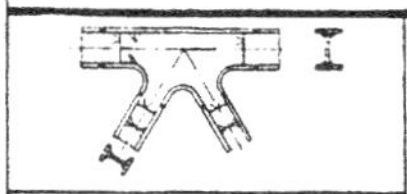		bezogen auf Stabquerschnitt
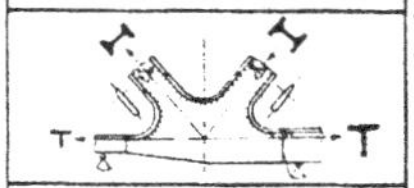	Stumpfnähte: B* (quer) Kehlnähte: C* (längs)	35
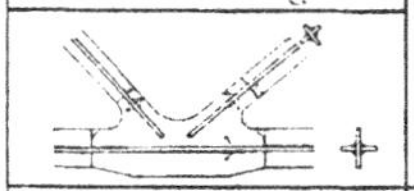		
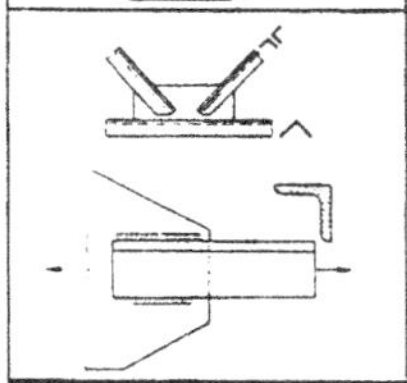	Kehlnähte: C* (längs)	bezogen auf Stabquerschnitt 25 bezogen auf Kehlnahtquerschnitt 18
b): Knotenbleche und Bindebleche		
Knotenbleche 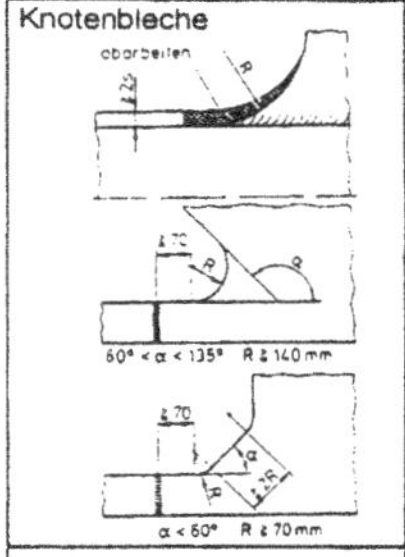	Stumpfnähte:B* (längs und quer)	bezogen auf Stabquerschnitt 35
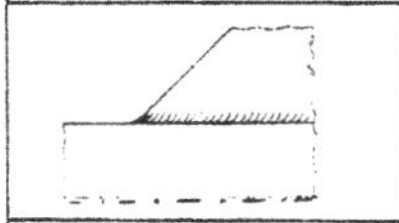	Kehlnähte: C und Stumpfnähte: C (längs)	20
Bindebleche 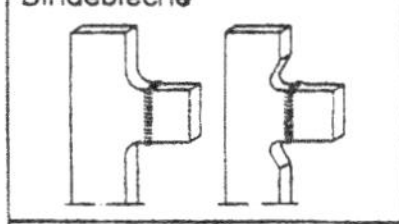	Stumpfnähte:B* (längs)	35
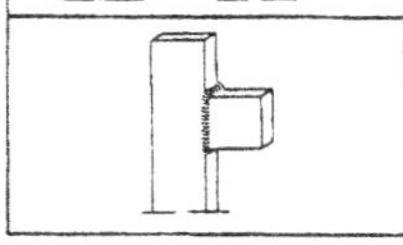	Stumpfnähte:C (längs)	20

Tabelle 3-11. Stumpfstöße ungleich dicker Bauteile.

Konstruktionsdetail	Empfohlene Bewertungsgruppen der Schweißverbindungen	Maßgebliche Schwingfestigkeitsklassen (FAT)
Stumpfstöße ungleich dicker Bauteile 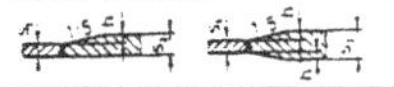	Stumpfnaht: B* (quer)	35
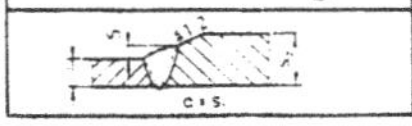	Stumpfnaht: B (quer)	25

Tabelle 3-12. Grundwerkstoff mit Anschweißungen;
a) Quersteife,
b) Bolzen,
c) Längssteife.

Konstruktionsdetail	Empfohlene Bewertungsgruppen der Schweißverbindungen	Maßgebliche Schwingfestigkeitsklassen (FAT)
a) 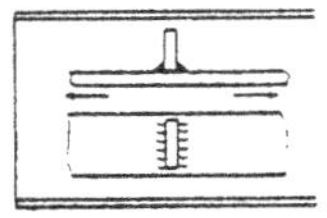	Kehlnähte: B* (quer)	35
b) 	Kehlnähte: B (quer)	25
c) 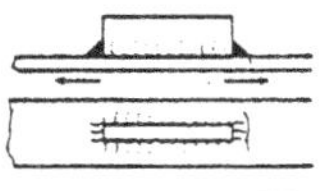	Kehlnähte: B	25

- **Weitere Konstruktionsdetails (Tabelle 3-11 und 3-12)**

In Tabelle 3-11 sind Lösungen für die Gestaltung von Stumpfnähten ungleicher dicker Bauteile angegeben und ihr Ermüdungsverhalten eingeschätzt. Tabelle 3-12 zeigt unterschiedliche Lösungen von Anschweißungen an den Grundwerkstoff, an das dynamisch hochbeanspruchte Bauteil selbst. In ähnlicher Weise könnten viele weitere Konstruktionsdetails auf ihr Ermüdungsverhalten eingestuft werden.

- **Schlußbetrachtung zur Gestaltung bei dynamischer Belastung**

Die obigen Beispiele zeigen deutlich den Weg der Entscheidung bei der konstruktiven Gestaltung von Details und der Wahl der Bewertungsgruppen der Schweißverbindungen bei Aluminium-Schweißkonstruktionen. Beim Entwurf eines Produktes mit geschweißten Baugruppen werden bereits der Aufwand der Herstellung und damit auch die Kosten des Produktes und dessen Gebrauchswert bestimmt. Für geschweißte Baugruppen mit den dazugehörigen Konstruktionsdetails ist dies die Aufgabe des Konstrukteurs mit maßgeblicher Mitwirkung der Schweißaufsicht.

In der Schweißzeichnung muß bereits die Bewertungsgruppe der Schweißverbindung bestimmt werden. Diese Qualitätsstufe bestimmt den Aufwand bei der schweißtechnischen Fertigung und ist in Einklang mit der gewählten Gestaltung der Baugruppe einzusetzen. Für hoch dynamisch beanspruchte Konstruktionen aller Art lohnt es sich, möglichst kerbarm zu gestalten und Schweißnähte mit hohen Bewertungsgruppen zu wählen, um ein günstiges Ermüdungsverhalten der Gesamt-Konstruktion zu erreichen.

Einfluß des Elastizitätsmoduls auf die Gestaltung

Der Elastizitätsmodul der Aluminiumwerkstoffe liegt bekanntlich je nach Legierung zwischen 65000 und 75000 N/mm^2, wobei im allgemeinen E = 70000 N/mm^2 in die Berechnungen eingesetzt wird. Dieser gegenüber Stahl dreimal kleinere Elastizitätsmodul wirkt sich auf die Steifigkeit des Tragwerks der Konstruktion aus. Das bedeutet andere Verhältnisse hinsichtlich Dehnung, Durchbiegung und Stabilität (siehe Abschnitt 3.3.2.3).

Es ist bei der Gestaltung zu beachten, daß sich ein zugbeanspruchter Stab gegenüber einem querschnittsgleichen Stahlstab unter gleicher Last dreimal mehr dehnt. Dasselbe gilt bei biegebeanspruchten Trägern, weil die Durchbiegung dem Elastizitätsmodul umgekehrt proportional ist. Da die Durchbiegung durch vorgeschriebene zulässige Werte oft begrenzt wird, ist durch zweckmäßige Gestaltung und bessere Werkstoffausnutzung dieser Nachteil des niedrigen E-Moduls auszugleichen. Um gleiche Durchbiegungen bei Aluminium- und Stahlträgern einzuhalten, ist bei gleichem statischem System für den Aluminiumträger ein im Verhältnis Stahl E_{St} zu Aluminium E_{Al} größeres Trägheitsmoment zu wählen

$$I_{Al} = \frac{E_{St}}{E_{Al}} \times I_{St}$$

$$I_{Al} = 3 \times I_{St}$$

Der Einfluß des niedrigen E-Moduls besteht auch bei Stabilitätsproblemen. Da bei einem Druckstab im elastischen Bereich Proportionalität zwischen kritischer Last und Elastizitätsmodul besteht, ist für die Aluminiumausführung das dreifache Trägheitsmoment gegenüber der Stahlausführung notwendig. Diese Aufgabe kann durch geschickte Gestaltung mit Querschnitten gleicher Knicksteifigkeit, eventuell unter Verwendung von Strangpreßprofilen, gelöst werden, wobei außerdem Masseeinsparungen bis zu 50 % erreicht werden.

Es sind aber durch zweckmäßige Formgebung der Konstruktionen und Stabquerschnitte nach Möglichkeit kleine Schlankheitsgrade anzustreben, da dann Knickspannungen zulässig sind, die denen gleicher Stahlquerschnitte (gleiche Streckgrenze) entsprechen.

Mit Rücksicht darauf, daß die aus Aluminiumlegierungen hergestellten Konstruktionen, insbesondere Strangpreßprofile (siehe Abschnitt 3.3.1) großen Durchbiegungen, Knickungen und Beulungen ausgesetzt sind, müssen dünne Ausläufer in den Randzonen und Kanten von Bauteilquerschnitten vermieden werden. Zweckmäßig sind an deren Enden Verdickungen, Profilversteifungen und Ausrundungen anzuordnen. Einige Beispiele zeigt Bild 3-7. Versteifte Rohre, Hohlprofile aller Art haben als Strangpreßprofile in bezug auf das Stabilitätsverhalten große Vorteile. In besonderem Maße ist der horizontalen und senkrechten Stabilität der Aluminiumkonstruktion Aufmerksamkeit zu schenken.

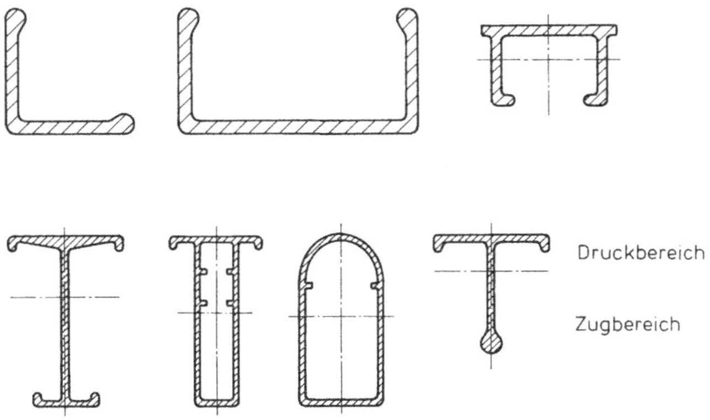

Bild 3-7. Verbesserung des Stabilitätsverhaltens bei Querschnitten durch Verdickungen, Versteifungen u. ä.

3.1.2 Anwendungsbeispiele von Schweißkonstruktionen aus Aluminiumwerkstoffen

Im nachstehenden Unterabschnitt werden einige wenige ausgewählte Anwendungsbeispiele von Schweißkonstruktionen aus Aluminiumwerkstoffen kurz erläutert. Sie mögen bei ganzen Erzeugnissen bzw. Produkten günstige Lösungen aufzeigen.

- Im Schienenfahrzeugbau hat sich die Schalenbauweise aus Strangpreßprofilen durchgesetzt. In Bild 3-8 und Bild 3-9 sind zwei hervorzuhebende Beispiele, und zwar die Metro-Wagen Medelin und der ICE-I-Querschnitt, dargestellt. Im Behälter- und Apparatebau hat der Einsatz von Aluminiumwerkstoffen wegen ihrer Eigenschaften eine große Bedeutung. In Bild 3-10a ist eine 22 m hohe Purifier-Kolonne aus AlMg4,5Mn dargestellt. Die schweißtechnischen Einzelheiten der dickwandigen Schweißnähte und die Nahtvorbereitung des Teils des Wärmetauschers zeigt Bild 3-10b.
- Im Luft- und Raumfahrzeugbau werden Schweißkonstruktionen aus Aluminiumwerkstoffen sehr oft eingesetzt. Die Tankstruktur der ARIANE 3, zweite Stufe, mit Hinweisen zu Schweißnähten und maßgeblichen Details zeigt Bild 3-11. In Bild 3-12 ist abschließend die widerstandspunktgeschweißte Bug-Fahrwerk-Klappe des Airbusses aus einer Aluminiumlegierung sowie die beanspruchungsbedingte Anordnung der einzelnen Schweißpunkte dargestellt.

Siehe auch weiterführende Literatur [3-1 ... 3-3].

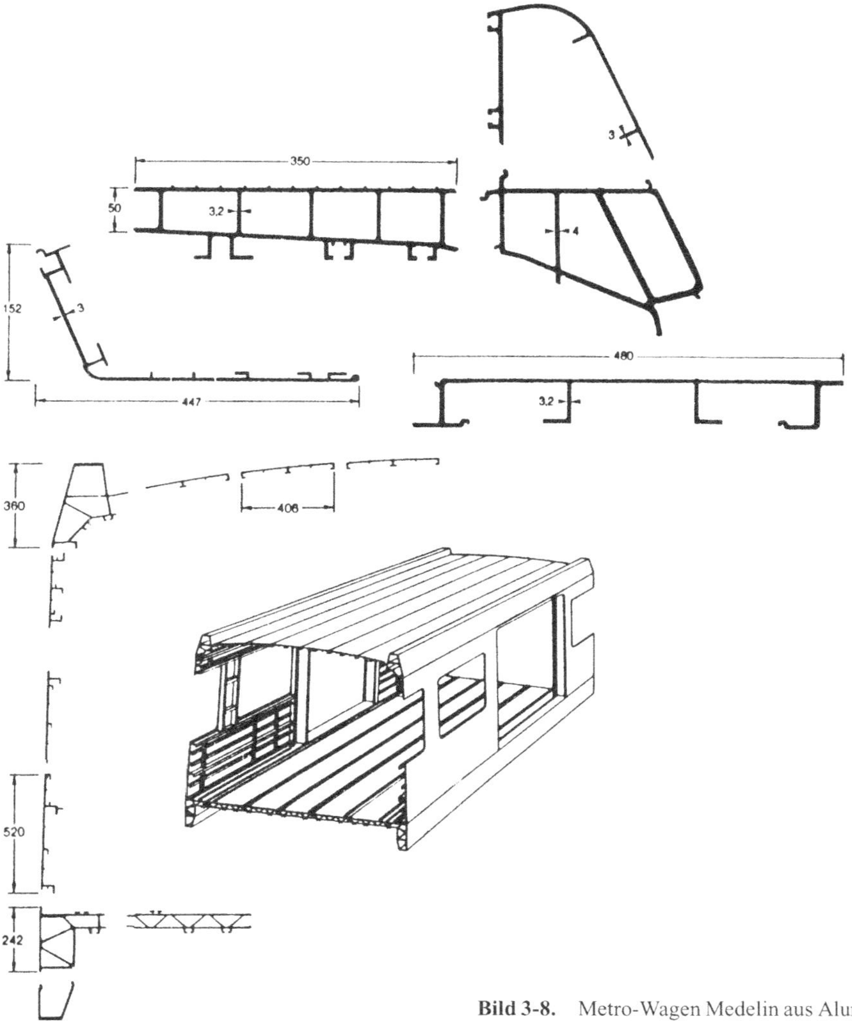

Bild 3-8. Metro-Wagen Medelin aus Aluminiumlegierungen.

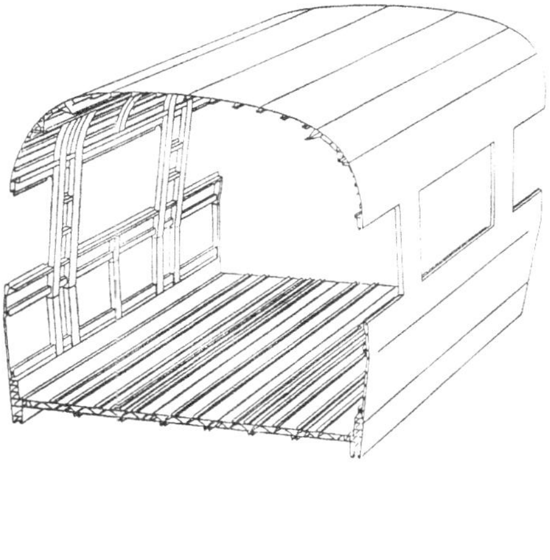

Bild 3-9. ICE-I-Mittelwagen aus Aluminiumlegierungen.

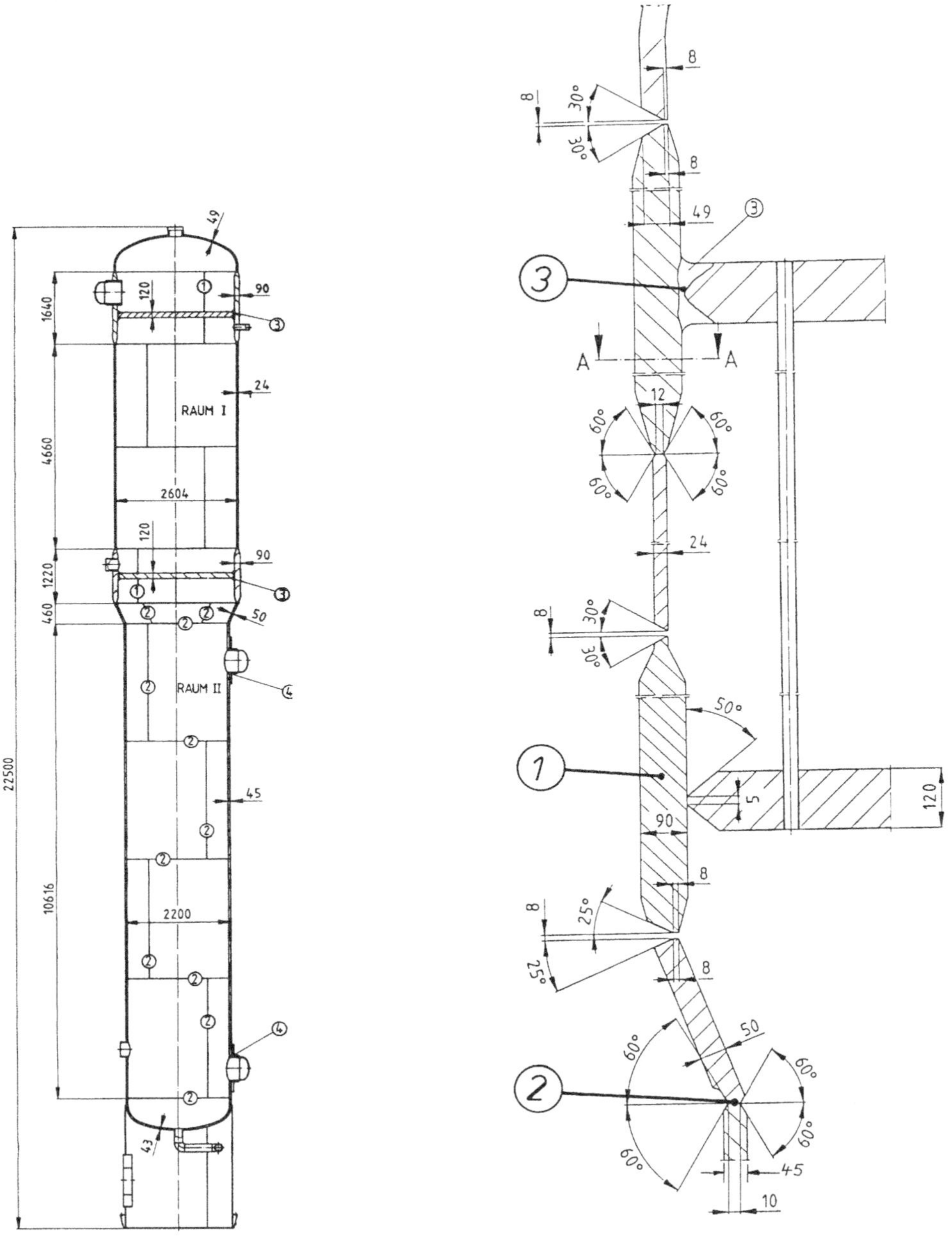

a) Kolonne b) Teil eines Wärmetauschers

Bild 3-10. Kolonne und Teil eines Wärmetauschers aus Aluminiumlegierungen.

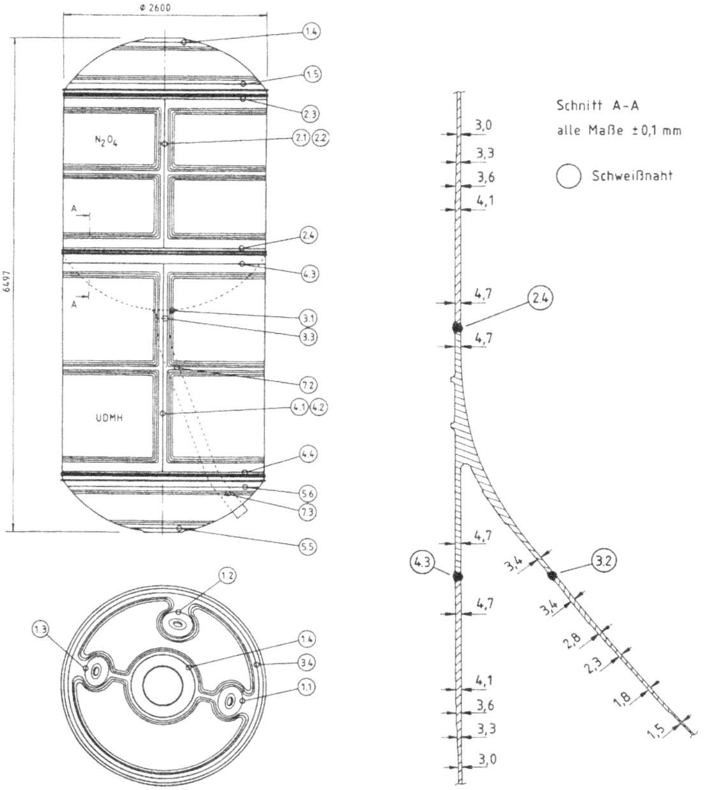

Bild 3-11. Tankstruktur der ARIANE 3; 2. Stufe aus Aluminiumlegierung.

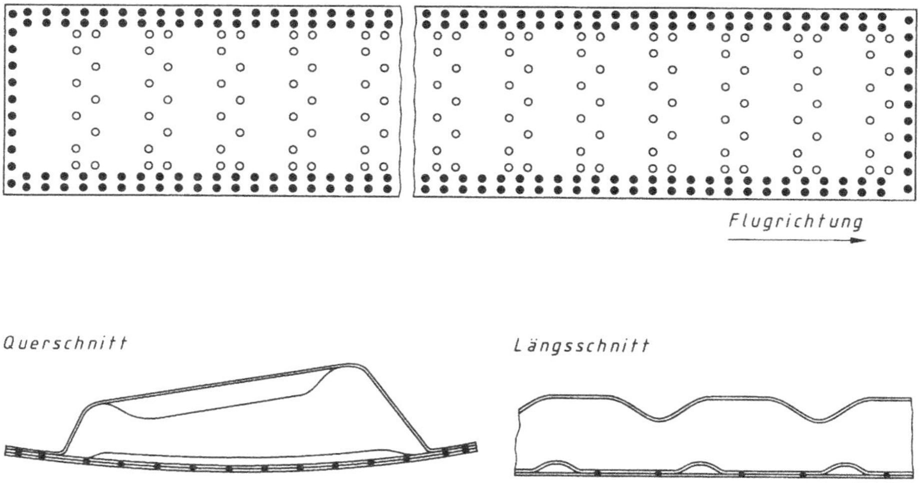

Bild 3-12. Bug-Fahrwerksklappe des AIRBUS; aus Aluminiumlegierungen widerstandspunktgeschweißt.

3.2 Übersicht zur Berechnung von Schweißverbindungen an Aluminiumwerkstoffen

3.2.1 Einführung

In Abschnitt 2.2.1 sind die drei Elemente für Festigkeitsnachweise von Stahlkonstruktionen behandelt worden. Es sind dies:

- Einwirkungen ⇒ Beanspruchungen,
- Widerstandsgrößen ⇒ Beanspruchbarkeiten,
- Sicherheitselemente.

Für geschweißte Aluminiumkonstruktionen gelten die gleichen drei Elemente.

Die in Abschnitt 3.3 behandelten Werkstoffkennwerte für Aluminiumwerkstoffe und deren Schweißverbindungen gehen direkt in diese Festigkeitsnachweise ein.

3.2.2 Belastungsannahmen

Die Belastungsannahmen für geschweißte Aluminiumkonstruktionen entsprechen den allgemeingültigen Ausführungen in Abschnitt 2.2.2.

3.2.3 Nennspannungen

Die Konzepte der Berechnung, die nachzuweisenden Querschnitte bei Schweißverbindungen, die rechnerischen Schweißnahtflächen (Schweißnahtdicken und -längen) sowie die Ermittlung der Nennspannungen bei Schweißverbindungen sind für Stahl- und Aluminiumkonstruktionen gleich. Sie werden in Abschnitt 2.2.3 ausführlich behandelt. In Abschnitt 3.2.5 werden einige für Aluminium-Schweißverbindungen typische Merkmale, als Empfehlung für die Berechnung, zusammengestellt.

3.2.4 Festigkeits- und Sicherheitsnachweise für Aluminium-Schweißkonstruktionen (Übersicht zu europäischen und nationalen Regelwerken für die Festigkeits- bzw. Sicherheitsnachweise von Schweißverbindungen an Aluminiumwerkstoffen)

Einführung

Nachstehend sind in einer Zusammenstellung geltende bzw. in Vorbereitung befindliche EN-Normen und dazugehörige noch geltende DIN-Normen sowie weiteres nationales Regelwerk und DVS-Merkblätter für den gesetzlich geregelten Bereich und den nichtgeregelten Bereich genannt.

- **Metallbau (Aluminiumkonstruktionen im bauaufsichtlichen Bereich)**

- DIN 4113-1: Aluminiumkonstruktionen unter vorwiegend ruhender Belastung; Berechnung und bauliche Durchbildung
- Entwurf DIN 4113-2: Aluminiumkonstruktionen unter vorwiegend ruhender Belastung; Berechnung, bauliche Durchbildung und Herstellung geschweißter Aluminiumkonstruktionen
- DIBt-Richtlinie: Richtlinie zum Schweißen von tragenden Bauteilen aus Aluminium
- EUROCODE 9: Design of Aluminium Structures
  pr ENV 1999/Part 1.1: General Rules
  pr ENV 1999/Part 1.2 : Structures Fire Design
  pr ENV 1999/Part 2 : Structures susceptible to Fatigue

- **Schienenfahrzeugbau**

- DIN 6700-1 bis -6: Schweißen von Schienenfahrzeugen und -fahrzeugteilen

- DS 952 01; Schweißen metallischer Werkstoffe an Schienenfahrzeugen und maschinentechnischen Anlagen der Deutschen Bahn AG (Hinweise auf DIN EN 30042)
- Merkblatt DVS 1608; Schmelzschweißen von Aluminium im Schienenfahrzeugbau (Neufassung in Vorbereitung)

- **Schiffbau**

Germanischer Lloyd (GL):
- Klassifikations- und Bauvorschriften des GL:
  I – Schiffstechnik
  II – Werkstoff- und Schweißtechnik

Marineschiffbau: Bundesamt für Wehrtechnik und Beschaffung (BWB):
- BV 1050 Bauvorschrift für Schiffe der Bundeswehr, Marine – 1050 – Schweißverbindung (Schweißvorschrift)
- BV 1050-1 Überwasserschiffe
- BV 1050-2 Unterwasserschiffe

- **Überwachungsbedürftige Anlagen**

Druckbehälterbau:
- Europäische Druckgeräterichtlinie 97/23/EG
- AD 2000 der Arbeitsgemeinschaft Druckbehälterbau; wie HP 5/1 und HP 5/3 (Angaben zu DIN EN 30042)

Druckrohrleitungen:
- Europäische Druckgeräterichtlinie 97/23/EG
- AD 2000 der Arbeitsgemeinschaft Druckbehälterbau; wie HP 100 R

- **Maschinenbau**

- DIN EN 292: Sicherheit von Maschinen; Grundbegriffe; allgemeine Gestaltungsgrundleitsätze
  Teil 1: Grundsätzliche Terminologie; Methodik
  Teil 2: Technische Leitsätze und Spezifikationen
- DIN EN 30042 (ISO 10042): Lichtbogenschweißverbindungen an Aluminium und seinen schweißgeeigneten Legierungen – Richtlinie für Bewertungsgruppen von Unregelmäßigkeiten
- Merkblatt DVS 0713: Empfehlungen zur Auswahl von Bewertungsgruppen nach DIN EN 30042 und ISO 10042; Stumpfnähte und Kehlnähte an Aluminiumwerkstoffen

3.2.5 Empfehlungen zur Berechnung von Schweißverbindungen an Aluminiumlegierungen im staatlich nicht geregelten Bereich (unter Berücksichtigung der Bewertungsgruppen nach DIN EN 30042 und Merkblatt DVS 0713)

3.2.5.1 Einführung

Die nachstehenden Empfehlungen zur Berechnung von Schweißverbindungen an Aluminiumlegierungen im staatlich nicht geregelten Bereich, zum Beispiel im Maschinenbau, Landmaschinenbau, Gerätebau oder Haushaltsgerätebau, sind in enger Anlehnung an das Merkblatt DVS 0713 zusammengestellt worden. Für den staatlich geregelten Bereich sind die jeweils gültigen europäischen bzw. nationalen Regelwerke voll und ganz für die Berechnung der Aluminium-Schweißverbindungen einzusetzen.

Unregelmäßigkeiten für die Bewertung von Schmelzschweißverbindungen aus Aluminiumwerkstoffen (Stumpf- und Kehlnähte) sind in DIN EN 30042 und ISO 10042 in unterschiedlichen Bewertungsgruppen aufgeführt. Sofern vorerst die Regelwerke in den verschiedenen Anwendungsbereichen nicht in einer Neufassung erscheinen, sind bezüglich der Bewertung nach DIN EN 30042 und ISO 10042 die Übergangsregelungen und -fristen zu beachten.

Soweit weiterhin in den bestehenden Regelwerken keine Festlegungen getroffen wurden oder keine Regelwerke vorliegen, jedoch Schweißverbindungen mit Qualitätsanforderungen verlangt werden, sind die nachstehenden Empfehlungen für die Auswahl von Bewertungsgruppen in Abhängigkeit von der Beanspruchungsart und -höhe (vorwiegend ruhend bzw. nicht vorwiegend ruhend) gegeben.

In DIN EN 30042 und ISO 10042 sind Bewertungskriterien für verschiedene Schweißnahtarten festgelegt. Die Bewertungsgruppen müssen bereits im Stadium der Planung von geschweißten Bauteilen bzw. Konstruktionen berücksichtigt werden. Die Auswahl der verschiedenen Bewertungsgruppen richtet sich nach der Beanspruchungsart und -höhe des geschweißten Bauteils bzw. der Konstruktion, wozu in den folgenden Abschnitten praktische Hinweise und Entscheidungshilfen gegeben werden.

Zum Schutz von Personen, von Anlagen sowie der Umwelt sind Anforderungen an die Sicherheit der Schweißverbindung zu erfüllen. Dabei sind sowohl die Herstellung, der Transport, die Montage als auch die Verfügbarkeit von geschweißten Bauteilen oder Schweißkonstruktionen zu beachten. Geschweißte Bauteile werden im betrieblichen Einsatz einzelnen oder auch mehreren Beanspruchungen gleichzeitig unterworfen, zum Beispiel Innendruck, hohe oder tiefe Temperaturen, durch Witterung oder Medienangriff hervorgerufene Korrosion und äußere Lasten.

Die Grenzwerte der Unregelmäßigkeiten sind in DIN EN 30042 und ISO 10042 gemäß den Anforderungen in Bewertungsgruppen eingeteilt, und zwar in:

- niedrig – Symbol der Gruppe D
- mittel – Symbol der Gruppe C
- hoch – Symbol der Gruppe B (siehe Abschnitt 1.3.3)

In DIN EN 30042 bzw. ISO 10042 werden in bezug auf die Auswahl der Bewertungsgruppen unter anderem die Beanspruchungsarten, z. B. vorwiegend ruhende Beanspruchung (statisch) bzw. nicht vorwiegend ruhende (schwellende, wechselnde) Beanspruchung (dynamisch), unterschieden. Diese beiden Beanspruchungsarten werden in den nachstehenden Empfehlungen zur Ermittlung der Bewertungsgruppen berücksichtigt.

Wegen des unterschiedlichen Ermüdungsverhaltens von Stumpfnähten gegenüber Kehlnähten in Abhängigkeit von auftretenden Unregelmäßigkeiten und Beanspruchungsrichtungen werden die Auswahlvorschläge für Bewertungsgruppen nachfolgend für diese beiden Nahtarten an Beispielen getrennt durchgeführt. Bei Festlegung der Bewertungsgruppen für die Schweißverbindungen eines Bauteiles können sich verschiedene Bewertungsgruppen nach DIN EN 30042 und ISO 10042 ergeben. Es wird empfohlen, in einem solchen Fall die Bewertungsgruppe vorzugeben, die für die Sicherheit bzw. Weiterverarbeitung des geschweißten Bauteiles von entscheidender Bedeutung ist. Innerhalb der einzelnen Schweißverbindungen können für die verschiedenen Unregelmäßigkeiten unterschiedliche Bewertungsgruppen festgelegt werden. Ursachen und Abhilfemaßnahmen für die Entstehung und Beseitigung der Stumpf- und Kehlnähte sind in Merkblatt DVS 0706 enthalten.

3.2.5.2 Empfehlungen zur Ermittlung der Bewertungsgruppen bei vorwiegend ruhender Beanspruchung (statisch)

Das in der Bundesrepublik Deutschland meistverwendete Regelwerk für Entwurf und Berechnung von geschweißten Konstruktionen aus Aluminiumwerkstoffen ist DIN 4113 „Aluminiumkonstruktionen unter vorwiegend ruhender Belastung“:

- Teil 1: Berechnung und bauliche Durchbildung (dieser Teil der DIN-Norm ist verabschiedet).
- Teil 2 (Entwurf): Berechnung; bauliche Durchbildung und Herstellung geschweißter Aluminiumkonstruktionen (dieser Teil bleibt vorerst Entwurf).

Dieser Entwurf berücksichtigt in bezug auf Qualitätsstufen von Schweißverbindungen noch nicht die Bewertungsgruppen nach DIN EN 30042 und ISO 10042 (auch nicht modifizierte), sondern die bisherigen Nahtgüten. Deswegen wird im vorliegenden DVS-Merkblatt der Entwurf DIN 4113-2 nur bezüglich der Festlegungen der Werte der zulässigen Spannungen für die Wärmeeinflußzonen und für die Schweißnähte genutzt, sieheTabelle 3-13 und Tabelle 3-14.

Tabelle 3-13. Zulässige Spannungen in N/mm^2 für Wärmeeinflußzone (WEZ) nach Entwurf DIN 4113-2.

	1		2		3		4		5a		5b		6a		6b	
1	Legierungen nach DIN 1725 Teil 1[1)]		AlZn4,5Mg1		AlMgSi1		AlMgSi0,5		AlMg4,5Mn				AlMg2Mn0,8; AlMg3			
			G 35, F 34		F 32, F 31 F 30, F 28		F 22		G 31		W 28, F 27		F/G 24, F 25		F 20, F/W 19, F 18	
2	Lastfall		H	HZ	H	HZ	H	HZ	H	HZ	H	HZ	H	HZ	H	HZ
3	Zug und Biegezug Druck und Biegedruck	s	120	135	80	90	48	54	105	120	entfällt (Nachweis für Grundwerkstoff ist ausreichend)		75	85	entfällt (Nachweis für Grundwerkstoff ist ausreichend)	
4	Schub	t	70	78	46	52	28	32	60	70			44	48		
5	Vergleichsspannung	σ_v	165	185	100	115	52	58	110	125	109	115	80	90	64	72

1) wird durch DIN EN 573 ersetzt.

Bild 3-29 zeigt Beispiele für Wärmeeinflußzonen nach den Vorschlägen des Entwurfes DIN 4113-2. Andere Lösungen zur Ermittlung der Wärmeeinflußzonen haben sich in der industriellen Anwendung bewährt. Bis zur Herausgabe einer verabschiedeten DIN-Norm oder einer EN-Norm kann im nicht geregelten Bereich für den Entwurf von Aluminium-Schweißkonstruktionen bei vorwiegend ruhender Beanspruchung der Entwurf von DIN 4113-2 zugrunde gelegt werden. Je nach Ausnutzung der zulässigen Spannungen können die Beanspruchungen eingestuft werden in:

etwa 50 % (vorh $\sigma \leq 0{,}5$ zul σ)
etwa 75 % (0,5 zul $\sigma <$ vorh $\sigma \leq 0{,}75$ zul σ)
bis zu 100 % (0,75 zul $\sigma <$ vorh $\sigma \leq$ zul σ)

Die Richtwerte für die zulässigen Spannungen von Schweißverbindungen (zul σ) sind bei:

- Stumpfnähten zul σ gleich 100 % der zulässigen Spannung des wärmebeeinflußten Grundwerkstoffes (Aluminiumlegierung),
- Kehlnähten (Quer- und Längskehlnähten) zul σ gleich 65 % der zulässigen Spannung des wärmebeeinflußten Grundwerkstoffes (Aluminiumlegierung).

Als zulässige Spannungen der Grundwerkstoffe (Aluminiumlegierung) sind die für die Bemessung der Bauteile gewählten Werte maßgebend. Es wird empfohlen, als zulässige Spannungen der Grundwerkstoffe die für die Bemessung der Bauelemente gewählten Werte der Wärmeeinflußzone nach Entwurf DIN 4113-2, siehe Tabelle 3-13, zu wählen.

Für die zulässigen Spannungen der Schweißverbindungen im nicht geregelten Bereich wird bei Berücksichtigung der Bewertungsgruppen nach DIN EN 30042 und ISO 10042 folgendes vorgeschlagen:

Stumpfnähte:

Bewertungsgruppe B: zulässige Spannungen nach Tabelle 3-14 (Entwurf DIN 4133-2) für Nahtgüte nachgewiesen
Bewertungsgruppe C: zulässige Spannungen nach Tabelle 3-14 (Entwurf DIN 4113-2) für Nahtgüte nicht nachgewiesen

Bewertungsgruppe D: 50 % der zulässigen Spannungen der Bewertungsgruppe B

Die Werte gelten bis zu einer Werkstückdicke von 15 mm (MIG), bei WIG bis zu 6 mm Dicke. Bei größeren Dicken erfolgt die Festlegung der zulässigen Spannungen nach erreichter Festigkeit.

Tabelle 3-14. Zulässige Spannungen in N/mm^2 für Schweißnähte an Aluminiumwerkstoffen nach Entwurf DIN 4113-2.

	1				2		3a		3b		4		5a		5b		6a		6b		6c	
1	Legierungen nach DIN 1725 Teil 1				AlZn4,5Mg1 F 35, F 34		AlMgSi1 F 32, F 31 F 30, F 28				AlMgSi0,5 F 22		AlMg4,5Mn G 31		W 28, F 27		AlMg2Mn0,8; AlMg3 F/G 24, F 25				F 20, F/W 19, F 18	
2	Schweißzusätze nach DIN 1732 Teil 1				SG-AlMg4,5MnZr SG-AlMg5		SG-AlMg4,5MnZr SG-AlMg5		SG-AlSi5		SG-AlSi5 SG-AlMg4,5MnZr SG-AlMg5		SG-AlMg4,5MnZr SG-AlMg5		SG-AlMg4,5MnZr SG-AlMg5		SG-AlMg5 SG-AlMg4,5MnZr		SG-AlMg3		SG-AlMg3 SG-AlMg5 SG-AlMg4,5MnZr	
3	Nahtart nach Tabelle 4	Nahtgüte	Lastfall		H	HZ	H	HZ	H	HZ	H	HZ	H	HZ	H	HZ	H	HZ	H	HZ	H	HZ
4	2 bis 5	alle nachgewiesen[1)]	Druck Biegedruck Zug Biegezug	quer zur Nahtrichtung	110	125	80	90	72	82	48	54	100	115	entfällt (Nachweis für Grundwerkstoff ist ausreichend)		75	85	72	82	entfällt (Nachweis für Grundwerkstoff ist ausreichend)	
5		nicht nachgewiesen	Zug Biegezug		82	92	72	82	54	60			75	85			65	75	54	60		
6		alle	Schub		60	68	46	52	42	46	28	32	58	65			44	48	42	46		
7	6 bis 10 bzw. 2 bis 5 bei vereinfachtem Nachweis nach Abschnitt 6.3.3.3	alle	$\sigma_{w\perp}$ und Schubspannungen $\tau_{w\parallel}$; $\tau_{w\perp}$		60	68	50	56	42	46	30	34	58	65	Werte siehe Spalte 5a		50	56	42	46	Werte siehe Spalte 6a bzw. 6b	
8			Vergleichswert σ_{vw}				58	65			35	40					58	65				

1) Die Nahtgüte gilt als nachgewiesen, wenn bei der Durchstrahlungsprüfung bzw. bei der Ultraschallprüfung von mindestens 10% der Schweißnähte Freiheit von Rissen, Binde- und Wurzelfehlern festgestellt worden ist.

Tabelle 3-15. Schweißnahtform und rechnerische Schweißnahtdicken nach Entwurf DIN 4113-2.

	1		2	3		4
	Nahtart		**Bild**	**Rechnerische Nahtdicke a**		**Bemerkung zur Ausführung**
1	Stumpfnaht Stirnkehlnaht Flankenkehlnaht		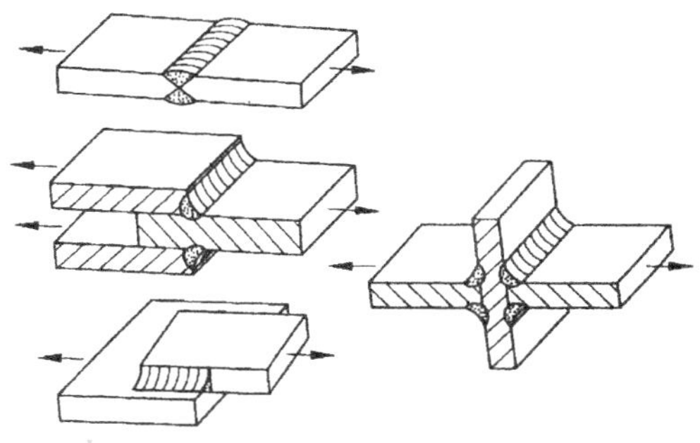			führt zu σ führt zu $\sigma_\perp$ bzw. $\sigma_{w\perp}$ bzw. zu $\tau_{w\perp}$ führt zu $\tau_{w\parallel}$
2	Stumpfnaht		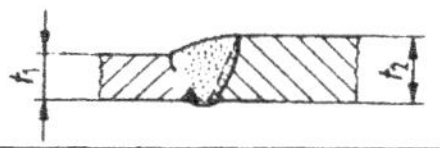	$a = t_1$ wenn $t_1 \leq t_2$		
3	D(oppel)-HV-Naht (K-Naht)		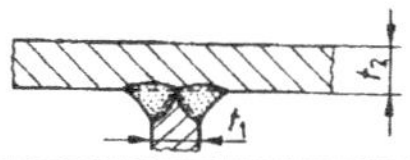			
4		Kapplage gegengeschweißt	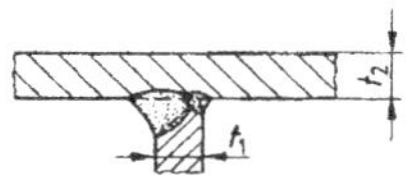	$a = t_1$		Wurzel durchgeschweißt
5	HV-Naht (halbe V-Naht)	Wurzel durchgeschweißt	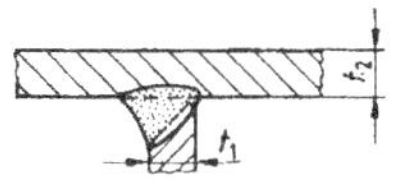			
6	D(oppel)-HV-Naht mit Doppelkehlnaht		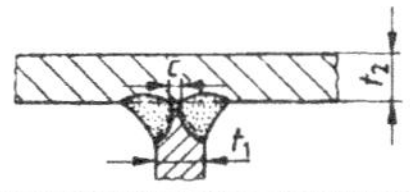			
7	HV-Naht mit Kehlnaht[1)]		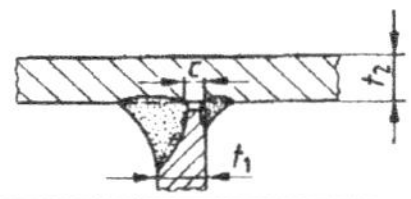	$a = t_1 - c$; wenn $c \begin{cases} \leq 1/5\, t_1 \\ \leq 3\text{ mm} \end{cases}$ dann $a = t_1$		
8	HV-Naht		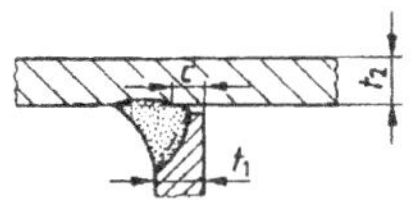			Wurzel nicht durchgeschweißt
9	Kehlnaht		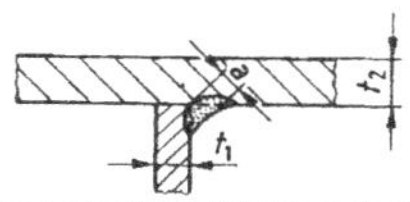	a $0{,}7 \leq t_1$	Nahtdicke a ist die Höhe des einschreibbaren gleichschenkligen Dreiecks	

Kehlnähte:

Bewertungsgruppe B: zulässige Spannungen nach Tabelle 3-14 (Entwurf DIN 4113-2) für alle Nahtgüten
Bewertungsgruppe C: 75 % der zulässigen Spannungen der Bewertungsgruppe B
Bewertungsgruppe D: 50 % der zulässigen Spannungen der Bewertungsgruppe B

Die in Tabelle 3-15 festgelegten Nahtarten mit dazugehörigen Schweißnahtformen und rechnerischen Schweißnahtdicken gehen aus Tabelle 3-14 (nach Entwurf DIN 4113-2) hervor. In Tabelle 3-16 sind Empfehlungen für die Auswahl von Bewertungsgruppen für Stumpf- und Kehlnähte nach DIN EN 30042 bei vorwiegend ruhender (statischer) Beanspruchung gegeben.

Tabelle 3-16. Empfehlung für die Auswahl von Bewertungsgruppen nach DIN EN 30042 und ISO 10042; für vorwiegend ruhende (statische) Beanspruchung – für Stumpf- und Kehlnähte (Schweißverbindungen an Aluminiumwerkstoffen).

Nr.	Unregelmäßigkeit Benennung		Ordn.-Nr. nach EN 26 520	Bewertung bei Ausnutzung der zul. Spannung		
				etwa 50%	etwa 75%	etwa 100%
1	Risse		100	nicht zulässig	nicht zulässig	nicht zulässig
2	Endkraterriß		104	D	nicht zulässig	nicht zulässig
3	Gaseinschluß		201	D	C	B
4	Pore		2011	D	C	B
5	Porosität		2012	D	C	B
6	Porennest		2013	D	C	B
7	Oberflächenpore		2017	D	C	B
8	Feste Einschlüsse (außer Kupfer und Wolfram)	lange	300	nicht zulässig	nicht zulässig	nicht zulässig
		kurze	300	D	C	B
9	Wolfram-Einschlüsse		3041	D	C	B
10	Kupfer-Einschlüsse		3042	nicht zulässig	nicht zulässig	nicht zulässig
11	Bindefehler	lange	401	nicht zulässig	nicht zulässig	nicht zulässig
		kurze	401	D	C	nicht zulässig
12	Ungenügende Durchschweißung		402	D	C	nicht zulässig
12.1	Ungenügende Durchschweißung Kehlnaht (Ungenügende Wurzelerfassung)	lange	–	nicht zulässig	nicht zulässig	nicht zulässig
		kurze	–	D	C	nicht zulässig
13	Schlechte Passung (Kehlnähte)			D	C	B
14	Einbrandkerben	lange	(5011) (5012)	D	C	B
		kurze	(5011) (5012)	C	C	B
15	Zu große Nahtüberhöhung (Stumpfnähte)		502	D	C	B
16	Zu große Nahtüberhöhung (Kehlnaht)		503	D	C	B
17	Nahtdickenüberschreitung (Kehlnaht)		–	D	C	B
18	Nahtdickenunterschreitung (Kehlnaht)		–	D	C	B
19	Zu große Wurzelüberhöhung		504	D	C	B
20	Kantenversatz		–	D	C	B
21	Decklagenunterwölbung	lange	511	nicht zulässig	nicht zulässig	nicht zulässig
		kurze	511	D	C	B
22	Übermäßige Ungleichschenkligkeit (Kehlnaht)			D	C	B
23	Wurzelrückfall, Wurzelkerbe	lange	(515) (5013)	nicht zulässig	nicht zulässig	nicht zulässig
		kurze	(515) (5013)	D	C	B
24	Mehrfachunregelmäßigkeit im Querschnitt			D	C	B
Vorschlag für die Auswahl einer einheitlichen Bewertungsgruppe für alle Unregelmäßigkeiten		**ohne Sonderbestimmungen**	Gesamtbewertung	C	C	B
		mit Sonderbestimmungen		D*	C	B

Sonderbestimmung für D*: bei Unregelmäßigkeit Nr. 11 (Einbrandkerbe) ist bei Ausnutzung von etwa 50% die Bewertungsgruppe C zu wählen.

3.2.5.3 Empfehlungen zur Ermittlung der Bewertungsgruppen bei nicht vorwiegend ruhender Beanspruchung (dynamisch)

Einen ausschlaggebenden Einfluß auf die Auswahl der Bewertungsgruppen nach DIN EN 30042 und ISO 10042 für nicht vorwiegend ruhende (schwellende, wechselnde) Beanspruchung (dynamisch) bildet das Ermüdungsverhalten der Schweißverbindung. Das Internationale Institut für Schweißtechnik (IIW) hat konkrete, internationale Empfehlungen zur Berechnung der Schwingfestigkeit geschweißter Bauteile ausgearbeitet. Dabei wird ein festes Netz von Wöhlerlinien für Stähle empfohlen, in das die verschiedenen Kerbfälle der jeweiligen Schweißverbindungen und geschweißten Bauteile eingeordnet werden können. Als Kennzeichnung dieser Kerbfälle werden Ermüdungsfestigkeits-Klassen (FAT) festgelegt, wobei der Wert der Schwingspielzahlen von 2 Millionen für die Schwingbreiten der Spannungen (zul $\Delta\sigma \leq 2$ zul σ_a in N/mm^2 für $\gamma_M = 1{,}0$) beibehalten worden ist, siehe Abschnitt 3.3.2.2.

Für Schweißverbindungen an Aluminiumwerkstoffen hat (ERAAS) „European Recommendations for Aluminium Alloy Structures“ diese Ermüdungsfestigkeits-Klassen (FAT) übernommen. In Bild 3-37 sind diese ERAAS-Ermüdungsfestigkeits-Klassen (FAT) dargestellt.

Für wesentliche Stumpfnähte und Kehlnähte sind in Tabelle 3-17 bis Tabelle 3-24 für die Unregelmäßigkeiten und die Bewertungsgruppen nach DIN EN 30042 und ISO 10042 die empfohlenen Ermüdungsfestigkeits-Klassen (FAT) nach ERAAS und IIW-Empfehlung angegeben. Diese Angaben sind Richtwerte für die Einflüsse der Grenzwerte der Unregelmäßigkeiten bei den Bewertungsgruppen auf das Ermüdungsverhalten der Schweißverbindungen. Sie können für die Auswahl der Bewertungsgruppen in Abhängigkeit von der Höhe der nicht vorwiegend ruhenden Beanspruchung zugrunde gelegt werden. Diese Vorschläge berücksichtigen die neuesten Forschungsergebnisse, die von Kosteas und anderen Autoren vorgestellt wurden.

Für weitere Schweißverbindungen und geschweißte Bauteile können ähnliche Zuordnungen sinngemäß erfolgen, wobei im allgemeinen die Angaben für die Ermüdungsfestigkeits-Klassen (FAT) in Tabelle 3-31 (nach Hobbacher und IIW) mit den Unregelmäßigkeiten der Bewertungsgruppe B anzunehmen sind. In den Fällen, in denen der Bruch außerhalb der Schweißnaht (Schweißgut) zu erwarten ist, können niedrigere Anforderungen für den inneren Befund, zum Beispiel Bewertungsgruppe C, gewählt werden.

Für Festlegungen einer einheitlichen Bewertungsgruppe für alle Unregelmäßigkeiten bei der Schweißverbindung eines Bauteiles werden Vorschläge der Zuordnung zu Ermüdungsfestigkeits-Klassen nach IIW am jeweiligen Schluß der Tabellen 3-17 bis 3-24 unterbreitet, wobei Vorschläge für Sonderbestimmungen als „ermüdungsfestigkeitssteigernde“ Grenzwerte der Unregelmäßigkeiten eingearbeitet sind (siehe Abschnitt 3.2.1). Diese Sonderbestimmungen müssen in den schweißtechnischen Planungsunterlagen, beispielsweise Zeichnungen, angegeben werden.

In den Bildern 3-14 bis 3-16 sind die Empfehlungen von Tabelle 3-17 bis Tabelle 3-24 mit eingezeichneten Wöhlerkurven und dazugehörigen Ermüdungsfestigkeits-Klassen (FAT) an ausgewählten Beispielen dargestellt. Sie sollen die wirtschaftliche Wahl und Bemessung der Schweißverbindungen mit Bewertungsgruppen veranschaulichen und erleichtern.

Die obigen Empfehlungen können als Berechnungsgrundlagen für dynamisch beanspruchte Aluminiumkonstruktionen im nicht geregelten Bereich angewendet werden. Die in den Bewertungsgruppen von DIN EN 30042 und ISO 10042 festgelegten Anforderungen können infolge besonderer Ansprüche an das geschweißte Bauteil bzw. die Schweißkonstruktion in Einzelfällen nicht ausreichend sein. Zum Beispiel kann wegen nachfolgender zerstörungsfreier Prüfung von Schweißverbindungen eine andere Festlegung für den äußeren Befund erforderlich werden, die über die notwendige Bewertungsgruppe hinausgeht. Dies gilt beispielsweise auch für eine anschließende Oberflächenbehandlung sowie bei der Forderung nach hoher Dichtheit einer Schweißverbindung.

Tabelle 3-17. Empfehlungen für die Zuordnung der Ermüdungsfestigkeits-Klassen nach ERAAS zu den Unregelmäßigkeiten nach DIN EN 30042 und ISO 10042 für Schweißverbindungen an Aluminiumwerkstoffen: Stumpfnaht – quer.

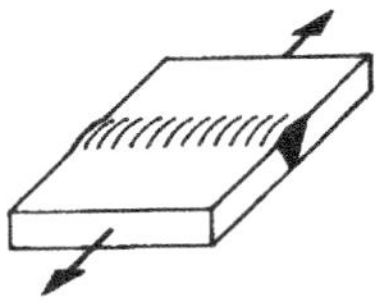

Nr.	Unregelmäßigkeit Benennung		Ordn.-N. nach EN 26 520	Schwingfestigkeitsklassen (FAT) für Bewertungsgruppen		
				D	C	B
1	Risse		100	nicht zulässig	nicht zulässig	nicht zulässig
2	Endkraterriß		104	12	nicht zulässig	nicht zulässig
3	Gaseinschluß		201	25	30	35
4	Pore		2011	25	30	35
5	Porosität		2012	25	30	35
6	Porennest		2013	25	30	35
7	Oberflächenpore		2017	25	30	35
8	Feste Einschlüsse (außer Kupfer und Wolfram)	lange	300	nicht zulässig	nicht zulässig	nicht zulässig
		kurze	300	15	20	nicht zulässig
9	Wolfram-Einschlüsse		3041	25	30	35
10	Kupfer-Einschlüsse		3042	nicht zulässig	nicht zulässig	nicht zulässig
11	Bindefehler	lange	401	nicht zulässig	nicht zulässig	nicht zulässig
		kurze	401	15	20	nicht zulässig
12	Ungenügende Durchschweißung		402	15	20	nicht zulässig
12.1	Ungenügende Durchschweißung – Kehlnähte	lange	—	nicht zulässig	nicht zulässig	nicht zulässig
		kurze	—	*	*	*
13	Schlechte Passung (Kehlnähte)		—	*	*	*
14	Einbrandkerben	lange	(5011) (5012)	20	25	30
		kurze	(5011) (5012)	12	15	25
15	Zu große Nahtüberhöhung (Stumpfnaht)		502	25	30	35
16	Zu große Nahtüberhöhung (Kehlnaht)		503	*	*	*
17	Nahtdickenüberschreitung (Kehlnaht)		—	*	*	*
18	Nahtdickenunterschreitung (Kehlnaht)		—	*	*	*
19	Zu große Wurzelüberhöhung		504	15	20	25
20	Kantenversatz		—	15	20	25
21	Decklagenunterwölbung	lange	511	nicht zulässig	nicht zulässig	nicht zulässig
		kurze	511	25	30	35
22	Übermäßige Ungleichschenkligkeit (Kehlnaht)		—	*	*	*
23	Wurzelrückfall, Wurzelkerbe	lange	(515) (5013)	nicht zulässig	nicht zulässig	nicht zulässig
		kurze	(515) (5013)	25	30	35
24	Mehrfachunregelmäßigkeit im Querschnitt			20	25	30

			D	C	B
Vorschläge für die Auswahl einer einheitlichen Bewertungsgruppe für alle Unregelmäßigkeiten	**ohne Sonderbestimmungen**	Gesamtbewertung	12	15	25
	mit Sonderbestimmungen		25	30	35

*) Nicht für Stumpfnähte

Tabelle 3-18. Sonderbestimmungen zu Tabelle 3-17 (Stumpfnaht – quer).

Nr.	Unregelmäßigkeit	Anforderung
2	Endkraterriß	bei D nicht zulässig
8	Feste Einschlüsse (außer Kupfer und Wolfram)	bei C und D auch kurze nicht zulässig
11	Bindefehler	bei C und D auch kurze nicht zulässig
12	Ungenügende Durchschweißung	bei C und D nicht zulässig
14	Einbrandkerben	bei B nicht zulässig; Nahtübergang beschleifen bei C und D nur kurze Ungleichmäßigkeiten zulässig $h \leq 0{,}1\,t$; $h \leq 0{,}5$ mm
19	Zu große Wurzelüberhöhung	nur bei weichem Übergang; Grenzwerte wie Unregelmäßigkeit Nr. 15 „Zu große Nahtüberhöhung" oder beschleifen oder Gegenlage schweißen
20	Kantenversatz	bei B zulässig: Blech, Längsschweißnähte: $h \leq 0{,}1\,t$ $h \leq 2$ mm Umfangschweißnähte: $h \leq 0{,}2\,t$ $h \leq 2$ mm
24	Mehrfachunregelmäßigkeit im Querschnitt	Die einzelnen Unregelmäßigkeiten dürfen soweit summiert werden, daß innerhalb der Bezugslänge von 100 mm die verbleibende Nettofläche (von Unregelmäßigkeiten freie Fläche) eines beliebigen Längsschnittes mindestens: $0{,}95 \times 100\,s$; s = Stumpfnahtdicke oder $0{,}95 \times 100\,t$; t = Rohrwand- oder Blechdicke oder $0{,}95 \times 100\,a$; a = Kehlnahtdicke beträgt. Dabei darf bei Übermaßen auf die geforderten s-, t-, a-Werte bezogen werden. Die summierten Flächen der Unregelmäßigkeiten Nr. 3, 4, 5, 6 und 7 dürfen zusammen: bei B 2%; bei C 3%; bei D 5% der Ausbildungsfläche des Durchstrahlungsbildes oder des Nahtquerschnitts nicht überschreiten.

Sonderbestimmungen zu Tabelle 3-17 für Sonderstumpfnaht A

Bei sehr hoher schwingender Beanspruchung, zugeordnet zur Schwingfestigkeitsklasse (FAT) 50, gilt zusätzlich zu den vorstehend festgelegten Sonderbestimmungen zu den Unregelmäßigkeiten Nr. 2, 8, 11, 12, 14, 19, 20 und 24 folgendes:

Nr.	Unregelmäßigkeit	Anforderung
15	Zu große Nahtüberhöhung	blecheben bearbeiten
19	Zu große Wurzelüberhöhung	blecheben bearbeiten
24	Mehrfachunregelmäßigkeiten im Querschnitt	Die summierten Flächen der Unregelmäßigkeiten Nr. 3, 4, 5, 6 und 7 dürfen zusammen: bei A 1% der Abbildungsfläche des Durchstrahlungsbildes oder des Nahtquerschnitts nicht überschreiten.

Tabelle 3-19. Empfehlungen für die Zuordnung der Ermüdungsfestigkeits-Klassen nach ERAAS zu den Unregelmäßigkeiten nach DIN EN 30042 und ISO 10042 für Schweißverbindungen an Aluminiumwerkstoffen: DHV-Naht (K-Naht) – quer (Bruch im Schweißgut oder Blech).

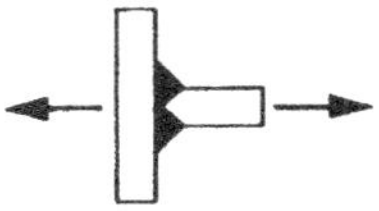

Nr.	Unregelmäßigkeit Benennung		Ordn.-N. nach EN 26 520	Schwingfestigkeitsklassen (FAT) für Bewertungsgruppen		
				D	C	B
1	Risse		100	nicht zulässig	nicht zulässig	nicht zulässig
2	Endkraterriß		104	12	nicht zulässig	nicht zulässig
3	Gaseinschluß		201	20	25	30
4	Pore		2011	20	25	30
5	Porosität		2012	20	25	30
6	Porennest		2013	20	25	30
7	Oberflächenpore		2017	20	25	30
8	Feste Einschlüsse (außer Kupfer und Wolfram)	lange	300	nicht zulässig	nicht zulässig	nicht zulässig
		kurze	300	15	20	nicht zulässig
9	Wolfram-Einschlüsse		3041	20	25	30
10	Kupfer-Einschlüsse		3042	nicht zulässig	nicht zulässig	nicht zulässig

Tabelle 3-19. Fortsetzung.

Nr.	Unregelmäßigkeit Benennung		Ordn.-N. nach EN 26 520	Schwingfestigkeitsklassen (FAT) für Bewertungsgruppen D	C	B
11	Bindefehler	lange	401	nicht zulässig	nicht zulässig	nicht zulässig
		kurze	401	15	20	nicht zulässig
12	Ungenügende Durchschweißung		402	15	20	nicht zulässig
12.1	Ungenügende Durchschweißung – Kehlnähte	lange	—	nicht zulässig	nicht zulässig	nicht zulässig
		kurze	—	*	*	*
13	Schlechte Passung (Kehlnähte)		—	*	*	*
14	Einbrandkerben	lange	(5011) (5012)	15	20	25
		kurze	(5011) (5012)	12	15	20
15	Zu große Nahtüberhöhung (Stumpfnaht)		502	*	*	*
16	Zu große Nahtüberhöhung (Kehlnaht)		503	15	20	25
17	Nahtdickenüberschreitung (Kehlnaht)		—	15	20	25
18	Nahtdickenunterschreitung (Kehlnaht)		—	15	20	25
19	Zu große Wurzelüberhöhung		504	*	*	*
20	Kantenversatz		—	15	20	25
21	Decklagenunterwölbung	lange	511	nicht zulässig	nicht zulässig	nicht zulässig
		kurze	511	*	*	*
22	Übermäßige Ungleichschenkligkeit (Kehlnaht)		—	15	20	25
23	Wurzelrückfall, Wurzelkerbe	lange	(515) (5013)	nicht zulässig	nicht zulässig	nicht zulässig
		kurze	(515) (5013)	*	*	*
24	Mehrfachunregelmäßigkeit im Querschnitt			18	20	25

Vorschläge für die Auswahl einer einheitlichen Bewertungsgruppe für alle Unregelmäßigkeiten		Gesamtbewertung	D	C	B
	ohne Sonderbestimmungen		12	15	20
	mit Sonderbestimmungen		20	25	30

*) nicht für DHV-Nähte

Tabelle 3-20. **Empfehlungen für die Zuordnung der Ermüdungsfestigkeits-Klassen nach ERAAS zu den Unregelmäßigkeiten nach DIN EN 30042 und ISO 10042 für Schweißverbindungen an Aluminiumwerkstoffen: Stumpfnaht und DHV-Naht – längs.**

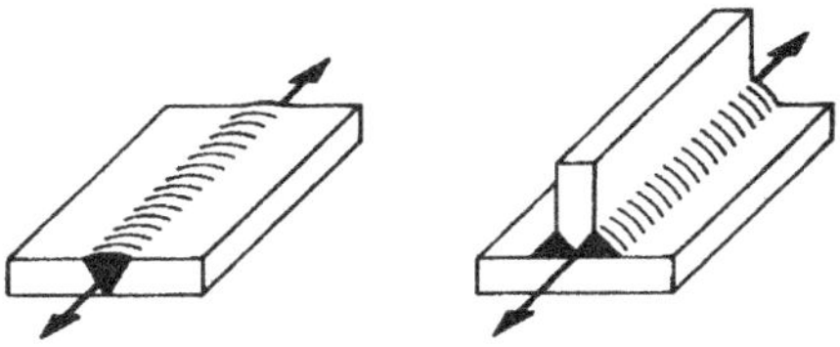

Nr.	Unregelmäßigkeit Benennung	Ordn.-N. nach EN 26 520	Schwingfestigkeitsklassen (FAT) für Bewertungsgruppen D	C	B
1	Risse	100	nicht zulässig	nicht zulässig	nicht zulässig
2	Endkraterriß	104	12	nicht zulässig	nicht zulässig
3	Gaseinschluß	201	25	30	35
4	Pore	2011	25	30	35
5	Porosität	2012	25	30	35

Tabelle 3-20. Fortsetzung.

Nr.	Unregelmäßigkeit Benennung		Ordn.-N. nach EN 26 520	Schwingfestigkeitsklassen (FAT) für Bewertungsgruppen		
				D	C	B
6	Porennest		2013	25	30	35
7	Oberflächenpore		2017	25	30	35
8	Feste Einschlüsse (außer Kupfer und Wolfram)	lange	300	nicht zulässig	nicht zulässig	nicht zulässig
		kurze	300	15	20	nicht zulässig
9	Wolfram-Einschlüsse		3041	25	30	35
10	Kupfer-Einschlüsse		3042	nicht zulässig	nicht zulässig	nicht zulässig
11	Bindefehler	lange	401	nicht zulässig	nicht zulässig	nicht zulässig
		kurze	401	15	20	nicht zulässig
12	Ungenügende Durchschweißung		402	15	20	nicht zulässig
12.1	Ungenügende Durchschweißung – Kehlnähte	lange	—	nicht zulässig	nicht zulässig	nicht zulässig
		kurze	—	*	*	*
13	Schlechte Passung (Kehlnähte)		—	*	*	*
14	Einbrandkerben	lange	(5011) (5012)	30	35	40
		kurze	(5011) (5012)	30	35	40
15	Zu große Nahtüberhöhung (Stumpfnaht)		502	30	35	40
16	Zu große Nahtüberhöhung (Kehlnaht)		503	*30	*35	*40
17	Nahtdickenüberschreitung (Kehlnaht)		—	*30	*35	*40
18	Nahtdickenunterschreitung (Kehlnaht)		—	*30	*35	*40
19	Zu große Wurzelüberhöhung		504	30	35	40
20	Kantenversatz		—	30	35	40
21	Decklagenunterwölbung	lange	511	nicht zulässig	nicht zulässig	nicht zulässig
		kurze	511	30	35	40
22	Übermäßige Ungleichschenkligkeit (Kehlnaht)		—	*30	*35	*40
23	Wurzelrückfall, Wurzelkerbe	lange	(515) (5013)	nicht zulässig	nicht zulässig	nicht zulässig
		kurze	(515) (5013)	30	35	40
24	Mehrfachunregelmäßigkeit im Querschnitt			25	30	35

Vorschläge für die Auswahl einer einheitlichen Bewertungsgruppe für alle Unregelmäßigkeiten	**ohne Sonderbestimmungen**	Gesamtbewertung	12	20	35
	mit Sonderbestimmungen		30	35	40

*) nicht für Stumpfnähte

Tabelle 3-21. Empfehlungen für die Zuordnung der Ermüdungsfestigkeits-Klassen nach ERAAS zu den Unregelmäßigkeiten nach DIN EN 30042 und ISO 10042 für Schweißverbindungen an Aluminiumwerkstoffen: Kehlnaht – quer (Schweißgut).

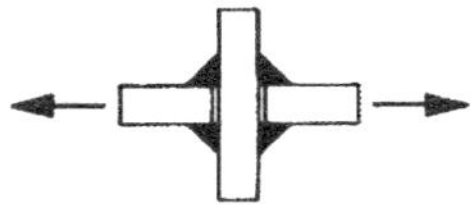

Nr.	Unregelmäßigkeit Benennung	Ordn.-N. nach EN 26 520	Schwingfestigkeitsklassen (FAT) für Bewertungsgruppen		
			D	C	B
1	Risse	100	nicht zulässig	nicht zulässig	nicht zulässig
2	Endkraterriß	104	15	nicht zulässig	nicht zulässig
3	Gaseinschluß	201	15	18	20
4	Pore	2011	15	18	20
5	Porosität	2012	15	18	20
6	Porennest	2013	15	18	20

Tabelle 3-21. Fortsetzung.

Nr.	Unregelmäßigkeit Benennung		Ordn.-N. nach EN 26 520	Schwingfestigkeitsklassen (FAT) für Bewertungsgruppen		
				D	C	B
7	Oberflächenpore		2017	15	18	20
8	Feste Einschlüsse (außer Kupfer und Wolfram)	lange	300	nicht zulässig	nicht zulässig	nicht zulässig
		kurze	300	15	18	nicht zulässig
9	Wolfram-Einschlüsse		3041	15	18	20
10	Kupfer-Einschlüsse		3042	nicht zulässig	nicht zulässig	nicht zulässig
11	Bindefehler	lange	401	nicht zulässig	nicht zulässig	nicht zulässig
		kurze	401	15	18	nicht zulässig
12	Ungenügende Durchschweißung		402	15	18	nicht zulässig
12.1	Ungenügende Durchschweißung – Kehlnähte	lange	—	nicht zulässig	nicht zulässig	nicht zulässig
		kurze	—	15	18	20
13	Schlechte Passung (Kehlnähte)		—	15	18	20
14	Einbrandkerben	lange	(5011) (5012)	15	18	20
		kurze	(5011) (5012)	15	18	20
15	Zu große Nahtüberhöhung (Stumpfnaht)		502	*	*	*
16	Zu große Nahtüberhöhung (Kehlnaht)		503	15	18	20
17	Nahtdickenüberschreitung (Kehlnaht)		—	15	18	20
18	Nahtdickenunterschreitung (Kehlnaht)		—	15	18	20
19	Zu große Wurzelüberhöhung		504	*	*	*
20	Kantenversatz		—	*	*	*
21	Decklagenunterwölbung	lange	511	nicht zulässig	nicht zulässig	nicht zulässig
		kurze	511	*	*	*
22	Übermäßige Ungleichschenkligkeit (Kehlnaht)		—	15	18	20
23	Wurzelrückfall, Wurzelkerbe	lange	(515) (5013)	nicht zulässig	nicht zulässig	nicht zulässig
		kurze	(515) (5013)	*	*	*
24	Mehrfachunregelmäßigkeit im Querschnitt			15	18	20

Vorschläge für die Auswahl einer einheitlichen Bewertungsgruppe für alle Unregelmäßigkeiten	**ohne Sonderbestimmungen**	Gesamtbewertung	15	18	20

*) nicht für Kehlnähte – quer

Tabelle 3-22. Empfehlungen für die Zuordnung der Ermüdungsfestigkeits-Klassen nach ERAAS zu den Unregelmäßigkeiten nach DIN EN 30042 und ISO 10042 für Schweißverbindungen an Aluminiumwerkstoffen: Kehlnaht – längs.

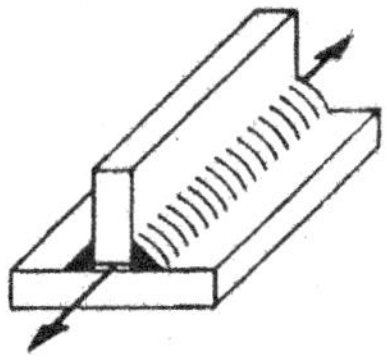

Nr	Unregelmäßigkeit Benennung	Ordn.-N. nach EN 26 520	Schwingfestigkeitsklassen (FAT) für Bewertungsgruppen		
			D	C	B
1	Risse	100	nicht zulässig	nicht zulässig	nicht zulässig
2	Endkraterriß	104	15	nicht zulässig	nicht zulässig
3	Gaseinschluß	201	25	30	35
4	Pore	2011	25	30	35
5	Porosität	2012	25	30	35
6	Porennest	2013	25	30	35
7	Oberflächenpore	2017	25	30	35

Tabelle 3-22. Fortsetzung.

Nr.	Unregelmäßigkeit Benennung		Ordn.-N. nach EN 26 520	Schwingfestigkeitsklassen (FAT) für Bewertungsgruppen		
				D	C	B
8	Feste Einschlüsse (außer Kupfer und Wolfram)	lange	300	nicht zulässig	nicht zulässig	nicht zulässig
		kurze	300	15	20	nicht zulässig
9	Wolfram-Einschlüsse		3041	25	30	35
10	Kupfer-Einschlüsse		3042	nicht zulässig	nicht zulässig	nicht zulässig
11	Bindefehler	lange	401	nicht zulässig	nicht zulässig	nicht zulässig
		kurze	401	15	20	nicht zulässig
12	Ungenügende Durchschweißung		402	*	*	nicht zulässig
12.1	Ungenügende Durchschweißung – Kehlnähte	lange	—	nicht zulässig	nicht zulässig	nicht zulässig
		kurze	—	20	25	30
13	Schlechte Passung (Kehlnähte)		—	20	25	30
14	Einbrandkerben	lange	(5011) (5012)	30	35	40
		kurze	(5011) (5012)	30	35	40
15	Zu große Nahtüberhöhung (Stumpfnaht)		502	*	*	*
16	Zu große Nahtüberhöhung (Kehlnaht)		503	30	35	40
17	Nahtdickenüberschreitung (Kehlnaht)		—	30	35	40
18	Nahtdickenunterschreitung (Kehlnaht)		—	30	35	40
19	Zu große Wurzelüberhöhung		504	*	*	*
20	Kantenversatz		—	*	*	*
21	Decklagenunterwölbung	lange	511	nicht zulässig	nicht zulässig	nicht zulässig
		kurze	511	*	*	*
22	Übermäßige Ungleichschenkligkeit (Kehlnaht)		—	30	35	40
23	Wurzelrückfall, Wurzelkerbe	lange	(515) (5013)	nicht zulässig^	nicht zulässig	nicht zulässig
		kurze	(515) (5013)	*	*	*
24	Mehrfachunregelmäßigkeit im Querschnitt			25	30	35

Vorschläge für die Auswahl einer einheitlichen Bewertungsgruppe für alle Unregelmäßigkelten		Gesamtbewertung	D	C	B
	ohne Sonderbestimmungen		15	20	30
	mit Sonderbestimmungen		30	35	40

*) nicht für Kehlnähte – längs

Tabelle 3-23. Sonderbestimmungen zu Tabelle 3-20: Stumpfnaht und DHV-Naht längs und Tabelle 3-22: Kehlnaht – längs.

Sonderbestimmungen zu
Tabelle 3-20: Stumpfnaht und DHV-Naht – längs
Tabelle 3-22: Kehlnaht – längs.

Diese Sonderbestimmungen sind Grundlage für den Vorschlag einer einheitlichen Bewertungsgruppe für jeweils höhere Schwingfestigkeitsklassen (FAT); sie legen veränderte Grenzwerte für die Bewertungsgruppen B, C und D fest.

Nr.	Unregelmäßigkeit	Anforderung
2	Endkraterriß	bei D nicht zulässig
3 bis 7	Porosität	zusätzlich Nr. 24
8	Feste Einschlüsse	kurze Unregelmäßigkeit bei C und D nicht zulässig
9	Wolfram-Einschlüsse	zusätzlich Nr. 24
11	Bindefehler	kurze Unregelmäßigkeit bei C und D nicht zulässig
12	Ungenügende Durchschweißung; Stumpfnaht und DHV-Naht	bei C und D nicht zulässig
12.1	Ungenügende Durchschweißung; Kehlnähte	keine Unregelmäßigkeit bei B, C und D
13	Schlechte Passung; Kehlnähte	bei B, C und D nicht zulässig

Tabelle 3-23. Fortsetzung.

Nr.	Unregelmäßigkeit	Anforderung
24	Mehrfachunregelmäßigkeit im Querschnitt	Die einzelnen Unregelmäßigkeiten dürfen soweit summiert werden, daß innerhalb der Bezugslänge von 100 mm die verbleibende Nettofläche (von Unregelmäßigkeiten freie Fläche) eines beliebigen Längsschnittes mindestens: 0,95 × 100 s; s = Stumpfnahtdicke oder 0,95 × 100 t; t = Rohrwanddicke oder Blechdicke oder 0,95 × 100 a; a = Kehlnahtdicke beträgt. Dabei darf bei Übermaßen auf die geforderten s-, t-, a-Werte bezogen werden. Die summierten Flächen der Unregelmäßigkeiten Nr. 3, 4, 5, 6 und 7 dürfen zusammen: bei B 2%; bei C 3%; bei D 5% der Ausbildungsfläche des Durchstrahlungsbildes oder des Nahtquerschnitts nicht überschreiten.

Tabelle 3-24. Empfehlungen für die Zuordnung der Ermüdungsfestigkeits-Klassen nach ERAAS zu den Unregelmäßigkeiten nach DIN EN 30042 und ISO 10042 für Schweißverbindungen an Aluminiumwerkstoffen: Grundwerkstoff mit Querkehlnaht, mit dazugehörigen Sonderbestimmungen.

Nr.	Unregelmäßigkeit Benennung		Ordn.-N. nach EN 26 520	Schwingfestigkeitsklassen (FAT) für Bewertungsgruppen		
				D	C	B
1	Risse		100	nicht zulässig	nicht zulässig	nicht zulässig
2	Endkraterriß		104	15	nicht zulässig	nicht zulässig
3	Gaseinschluß		201	*	*	*
4	Pore		2011	*	*	*
5	Porosität		2012	*	*	*
6	Porennest		2013	*	*	*
7	Oberflächenpore		2017	*	*	*
8	Feste Einschlüsse (außer Kupfer und Wolfram)	lange	300	nicht zulässig	nicht zulässig	nicht zulässig
		kurze	300	*	*	nicht zulässig
9	Wolfram-Einschlüsse		3041	*	*	*
10	Kupfer-Einschlüsse		3042	nicht zulässig	nicht zulässig	nicht zulässig
11	Bindefehler	lange	401	nicht zulässig	nicht zulässig	nicht zulässig
		kurze	401	*	*	nicht zulässig
12	Ungenügende Durchschweißung		402	*	*	nicht zulässig
12.1	Ungenügende Durchschweißung – Kehlnähte	lange	—	nicht zulässig	nicht zulässig	nicht zulässig
		kurze	—	20	25	35
13	Schlechte Passung (Kehlnähte)		—	25	30	35
14	Einbrandkerben	lange	(5011) (5012)	20	25	30
		kurze	(5011) (5012)	12	15	25
15	Zu große Nahtüberhöhung (Stumpfnaht)		502	*	*	*
16	Zu große Nahtüberhöhung (Kehlnaht)		503	25	30	35
17	Nahtdickenüberschreitung (Kehlnaht)		—	25	30	35
18	Nahtdickenunterschreitung (Kehlnaht)		—	25	30	35
19	Zu große Wurzelüberhöhung		504	*	*	*
20	Kantenversatz		—	*	*	*
21	Decklagenunterwölbung	lange	511	nicht zulässig	nicht zulässig	nicht zulässig
		kurze	511	*	*	*
22	Übermäßige Ungleichschenkligkeit (Kehlnaht)		—	25	30	35
23	Wurzelrückfall, Wurzelkerbe	lange	(515) (5013)	nicht zulässig	nicht zulässig	nicht zulässig
		kurze	(515) (5013)	*	*	*
24	Mehrfachunregelmäßigkeit im Querschnitt			*	*	*

			D	C	B
Vorschläge für die Auswahl einer einheitlichen Bewertungsgruppe für alle Unregelmäßigkeiten	**ohne Sonderbestimmungen**	Gesamtbewertung	12	15	25
	mit Sonderbestimmungen		25	30	35

*) nicht für Grundwerkstoffe mit Querkehlnaht.

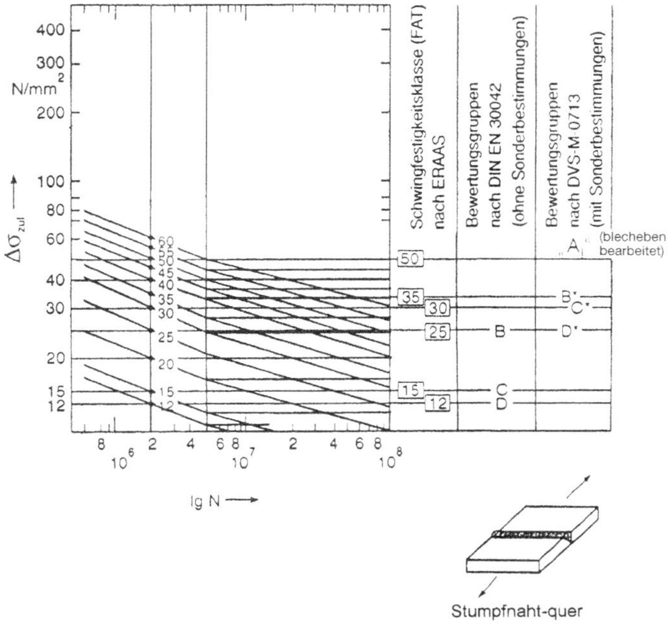

Bild 3-14. Wöhlerkurven und Ermüdungsfestigkeits-Klassen (FAT) von Schweißverbindungen aus Aluminiumwerkstoffen – Stumpfnaht; quer.

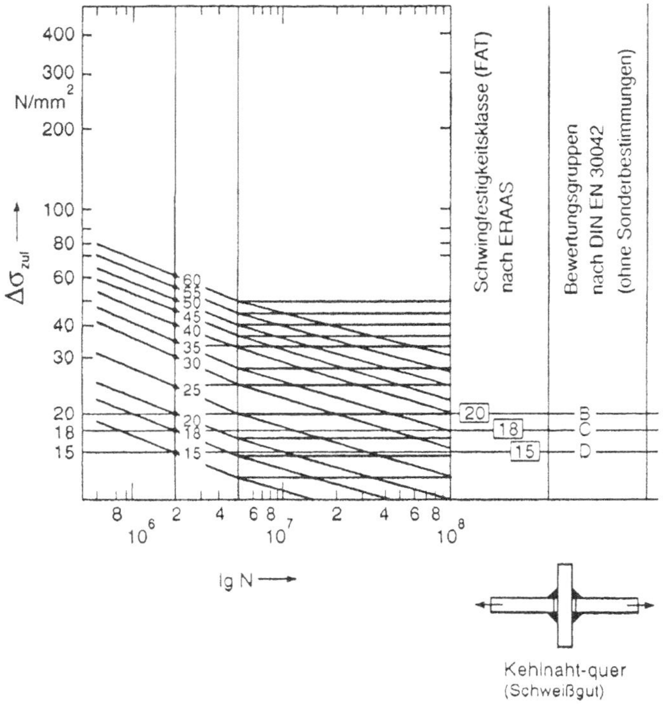

Bild 3-15. Wöhlerkurven und Ermüdungsfestigkeits-Klassen (FAT) von Schweißverbindungen aus Aluminiumwerkstoffen – Kehlnaht; quer.

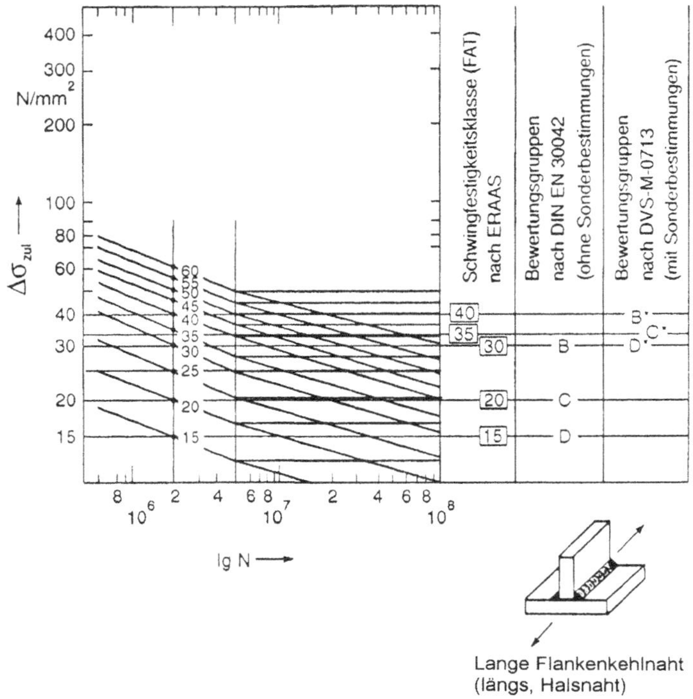

Bild 3-16. Wöhlerkurven und Ermüdungsfestigkeits-Klassen (FAT) von Schweißverbindungen aus Aluminiumwerkstoffen – lange Flankenkehlnaht; längs (Halsnaht).

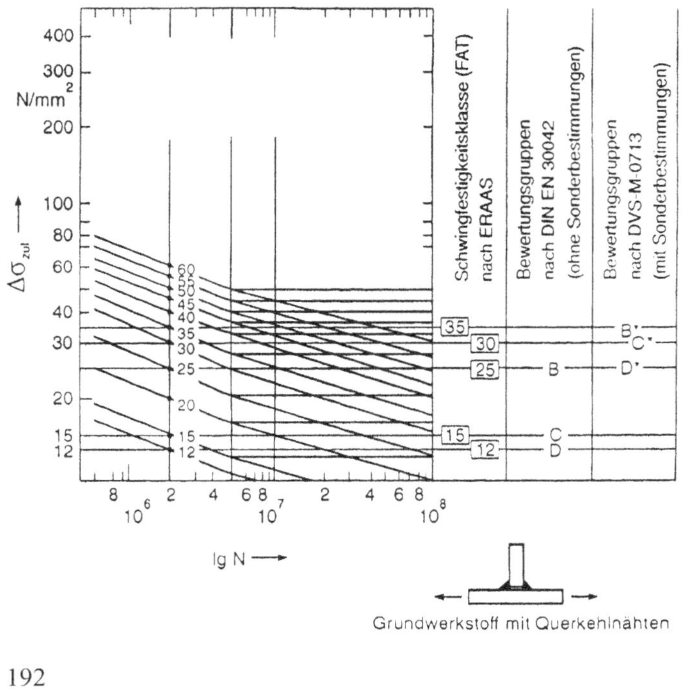

Bild 3-17. Wöhlerkurven und Ermüdungsfestigkeits-Klassen (FAT) von Schweißverbindungen aus Aluminiumwerkstoffen – Grundwerkstoff mit Querkehlnaht.

Tabelle 3-24. Fortsetzung.

Sonderbestimmungen zu Tabelle 3-24: (Grundwerkstoff mit Querkehlnaht – beeinflußter Grundwerkstoff, z. B. Quersteife) Diese Sonderbestimmungen sind Grundlage für den Vorschlag einer einheitlichen Bewertungsgruppe für jeweils höhere Schwingfestigkeitsklassen (FAT); sie legen veränderte Grenzwerte für die Bewertungsgruppen B, C und D fest.		
Nr.	**Unregelmäßigkeit**	**Anforderung**
2	Endkraterriß	bei D nicht zulässig
12	Ungenügende Durchschweißung; Kehlnähte	keine Unregelmäßigkeiten bei C und D
14	Einbrandkerben	bei B nicht zulässig; Nahtübergang beschleifen bei C und D nur kurze Unregelmäßigkeiten zulässig; $h \leq 0{,}1\,t$ $h \leq 0{,}5$ mm

3.3 Tragfähigkeitsverhalten von Schweißverbindungen aus Aluminiumwerkstoffen

3.3.1 Aluminium als Konstruktionswerkstoff

• Kennzeichnende Eigenschaften von Aluminiumwerkstoffen

Einführung

Aluminium ist ein Metall unseres industriell geprägten Jahrhunderts und ein Werkstoff der Zukunft. Die Anwendung von Aluminium erstreckt sich heute auf fast alle Gebiete der Technik. Ausgehend von Gegenständen des täglichen Gebrauchs bis in den Bereich hochbeanspruchter Konstruktionen hat es Eingang in Industrie und Bauwesen gefunden.

Ein Weg des Leichtbaus wird durch den Einsatz von Leichtmetallen, insbesondere von Aluminiumwerkstoffen, bestimmt. Die fortschreitende Entwicklung der Schweißtechnik für Konstruktionen und Tragwerke aus Aluminiumwerkstoffen stellt besondere Anforderungen an den Entwerfenden. Gerade beim Entwurf von Schweißkonstruktionen müssen einerseits die Belange des Festigkeitsverhaltens und der erforderlichen Sicherheit, andererseits die Belange des Werkstoffes und der Herstellung, das heißt der Schweißtechnik, berücksichtigt werden. Für die Herstellung von Konstruktionen aus Aluminiumwerkstoffen sind hinsichtlich der Berechnung, Gestaltung und Fertigung viele den Stahlkonstruktionen ähnliche Gesichtspunkte vorhanden. Andererseits bestehen grundsätzliche Unterschiede der Eigenschaften beider Werkstoffe, die unbedingt beachtet werden müssen, wenn technisch ausgereifte und wirtschaftliche Konstruktionen entstehen sollen.

Da die Aluminiumwerkstoffe teurer sind als Stahl und Eisenwerkstoffe, ist eine Anwendung nur dort sinnvoll, wo einige spezifische Eigenschaften des Aluminiums so günstig ausgenutzt werden können, daß andere Werkstoffe dabei übertroffen werden und damit der höhere Kostenaufwand für den Werkstoff wettgemacht werden kann. Diese allgemeinen Eigenschaften sind:

- gute elektrische Wärmeleitfähigkeit,
- gute Gießbarkeit,
- gute Schweiß- und Löteignung,
- gute Formbarkeit,
- befriedigende Korrosionsbeständigkeit,
- gute Dekorationseffekte,
- relativ günstiges Verhältnis von Festigkeit zu Masse bei einigen mittel- und hochfesten Legierungen.

Durch die Vielfalt seiner Eigenschaften und die Möglichkeit, diese gezielt zu kombinieren, ist Aluminium ein unendlich vielseitiger Werkstoff. Überall, wo Gewichtsersparnis, Schutzfunktion, Stabilität, Korrosionsbeständigkeit und Langlebigkeit gefordert werden, wird Aluminium eingesetzt. Nach Gebrauch läßt sich Aluminium sehr gut wiederverwerten. Blankes Aluminium ist aufgrund seiner natürlichen dünnen – aber sehr dichten – Oxidschicht unempfindlich gegen Korrosion. Aluminium ist sehr gut kalt und warm verformbar, läßt sich schweißen und schmieden und hat eine hohe Leitfähigkeit für Strom und Wärme. Trotz seines niedrigen spezifischen Gewichts besitzt es eine hohe Festigkeit. Aluminium ist ungiftig und folglich physiologisch unbedenklich. Als Verpackung schützt es alle Füllgüter und ist eine perfekte Barriere gegenüber äußeren Einflüssen.

Aluminiumwerkstoffe finden vorteilhaft Anwendung in der Elektroindustrie, für Maschinen, Apparate und Transportmittel, für Konstruktionen des Bauwesens und im Fahrzeugbau sowie für Erzeugnisse des Haushaltbedarfs und der Verpackung. Auch im chemischen Apparate-, Rohrleitungs- und Behälterbau nimmt die Anwendung von Aluminiumwerkstoffen laufend zu. Die Gründe dafür sind unter anderem die gute Bearbeitbarkeit und die Korrosionsbeständigkeit gegenüber einer Vielzahl von anorganischen und organischen Stoffen sowie die gute Wärmeleitfähigkeit, die beim Betrieb von Wärmetauschern genutzt wird. Ein weiterer, mitunter entscheidender Vorteil ist die Farblosigkeit der Verbindungen des Aluminiums, so daß ein Verfärben anderer Medien ausgeschlossen werden kann. Da eine Reihe von Aluminiumlegierungen gute Gießeigenschaften aufweisen, die es gestatten, auch äußerst kompliziert gestaltete Teile zu gießen, hat der Formguß an der Gesamterzeugung einen beachtlich großen Anteil. Um die wichtigsten Kennwerte anschaulich darzustellen, sollen diese zwischen Stahl und Aluminium am Beispiel je einer Werkstoffart verglichen werden, Tabelle 3-25.

Tabelle 3-25. Vergleich einiger Kennwerte zwischen einer Aluminiumlegierung und einer Stahlart.

	EN AW-AlMg4,5Mn0,7	S235	EN AW-AlMg4,5Mn0,7/S235
Zugfestigkeit R_m	275 N/mm^2	370 N/mm^2	0,74
Dichte ϱ	2,7 g/cm^3	7,8 g/cm^3	0,36
Reißlänge R_m/ϱ	10400 m	4750 m	2,19
E-Modul	70000 N/mm^2	210000 N/mm^2	0,33

Dichte allein als Vergleichswert heranzuziehen, ist wenig sinnvoll, da nur in Verbindung mit den Festigkeitswerten eine Aussage möglich ist. Deshalb ist die Reißlänge in m angegeben worden. Sie ist ein Vergleichsmaß für den Werkstoffverbrauch bei reiner Zugbeanspruchung und stellt die Länge eines Zugstabes in m dar, der infolge Eigengewicht, bei der gegebenen Dichte des jeweiligen Werkstoffes, die Zugfestigkeit (R_m) erreicht und bricht. Je größer die Reißlänge, desto günstiger ist der Werkstoffverbrauch bei einer Zugbeanspruchung. Diese Größe stellt auch eine Aussage über die theoretisch notwendigen Konstruktionsmassen dar. Aus diesem Wert geht zum einen hervor, daß Masseeinsparungen von 50 % im Vergleich zu Stahlkonstruktionen ohne weiteres möglich sind. Es ist ferner daraus abzuleiten, daß Tragkonstruktionen mit zunehmender Spannweite in Aluminiumausführung wirtschaftlicher sind, da der Anteil der Eigenmasse der Konstruktion langsamer zunimmt, als das bei Stahlkonstruktionen der Fall ist.

Eigenschaften von Aluminium als Konstruktionswerkstoff

Eigenschaften, die Aluminium vielseitig verwendbar machen, sind insbesondere geringe Dichte, hohe Leitfähigkeit für Strom und Wärme, Korrosionsbeständigkeit sowie leichte Bearbeitbarkeit. Die meisten Eigenschaften lassen sich gezielt verändern. Die vielfältigen Aluminiumanwendungen sind im allgemeinen in mehreren günstigen Eigenschaften des Aluminiums begründet, so in dem geringen spezifischen Gewicht in Verbindung mit hoher Festigkeit. Die wichtigsten dieser Eigenschaften als Konstruktionswerkstoff sind:

- Dichte („spezifisches Gewicht"): Mit 2,7 g/cm^3 ist Aluminium ein Leichtmetall (Eisen beispielsweise ist mit einer Dichte von 7,85 g/cm^3 beinahe dreimal so schwer), genutzt zum energiesparenden Leichtbau bzw. Konstruieren insbesondere im Flugzeug- und Raumfahrzeugbau, Ingenieurbau, Schienenfahrzeug-, Schiff- und Straßenfahrzeugbau.

- Festigkeit: Im Verhältnis zur Dichte hoch, darum gute Eignung des Metalls für den Leichtbau.
- Aluminiumverarbeitung: mit allen gebräuchlichen Verfahren der Metallverarbeitung möglich. Insbesondere das Umformen ist an Aluminiumwerkstoffen dank ihrer Weichheit leichter auszuführen als an den meisten Gebrauchsmetallen, z. B. Eisenwerkstoffen. Gute Schweißeignung bei vielen Al-Werkstoffen.
- Aluminium bildet mit allen Gebrauchsmetallen und fast allen anderen Metallen eine gute Basis für Legierungen.
- Korrosionsbeständigkeit: dank einer schützenden Oxidhaut gegenüber Wasser und vielen Chemikalien hoch, daher Verwendung z. B. in Elektrotechnik, Maschinenbau, Schienen- und Straßenfahrzeugbau oder im Hochbau.
- Elektrische Leitfähigkeit: Aluminium ist mit etwa 60 % der (hohen) Leitfähigkeit von Kupfer ein guter Leiter und findet daher mannigfache Verwendung in Elektrotechnik und Elektronik.
- Wärmeleitfähigkeit von Reinstaluminium viermal so hoch wie von Eisen (und halb so hoch wie von Silber), genutzt vor allem im Maschinenbau (z. B. für Kolben in Verbrennungsmotoren von Straßenfahrzeugen) und in der Klimatechnik (z. B. für Heizkörper).
- Chemische Affinität (vom Lateinischen „affinitas", Verwandtschaft): Aluminium hat eine starke Neigung, vor allem mit Nichtmetallen wie Sauerstoff Aluminiumverbindungen einzugehen.
- Magnetisierbarkeit: Aluminium ist unmagnetisch, von Bedeutung in Elektrotechnik, Elektronik und Maschinenbau.
- Reflexionsvermögen für Licht und Wärmestrahlen sehr hoch, genutzt für Aluminiumfarben und Glänzwerkstoffe.
- Schmelzpunkt: Mit 660,24 °C niedrig im Vergleich zu Eisenwerkstoffen (um 1500 °C), wirkt sich energiesparend beim Schmelzen und Umschmelzen (zum Recycling) aus.
- Undurchlässigkeit für Gase und Flüssigkeiten auch in dünnen Folien, daher gute Eignung für Aluminiumverpackungen.
- Gesundheitliche Verträglichkeit: Aluminium ist unbedenklich für die menschliche Gesundheit.
- Die meisten Eigenschaften lassen sich gezielt beeinflussen, z. B. durch Legieren oder Wärmebehandlung. Dabei muß (wie bei anderen Metallen) in Kauf genommen werden, daß sich durch Verbesserung einer bestimmten Eigenschaft eine oder mehrere andere verschlechtern (beispielsweise bringt eine Erhöhung der Festigkeit eine verminderte Kaltumformbarkeit mit sich).

Umfassende Angaben über die Eigenschaften von Aluminiumlegierungen sind aus dem Aluminium-Taschenbuch des Aluminium-Verlages, Düsseldorf, zu entnehmen.

Legierungen und Legierungselemente

Aluminiumwerkstoffe sind meist Legierungen von Reinaluminium mit einem oder mehreren Elementen. Nach deren Art und Menge sowie nach der Verarbeitung unterscheidet man Guß- und Knetlegierungen. Unter einer Legierung versteht man die Mischung eines Grundmetalls mit einem oder mehreren Legierungselementen, die metallisch oder auch nichtmetallisch sein können. Zweck ist eine Verbesserung von Eigenschaften des Grundmetalls, vor allem der Festigkeit (die meisten reinen Metalle sind weich) und der Korrosionsbeständigkeit. Daher wird, wie fast alle Gebrauchsmetalle, auch Aluminium überwiegend in Form von Legierungen verwendet, außer Rein- und Reinstaluminium. Man benennt die Legierungen nach dem Legierungselement mit dem höchsten Anteil, zum Beispiel (Aluminium)-Magnesium-Legierung. Im Kurzzeichen folgen auf „Al" für Aluminium die Legierungselemente nach fallendem Prozentanteil, beispielsweise AlMg4,5Mn (4,5 % Magnesium sowie Spuren von Mangan).

Anwendungsgebiete von Aluminiumwerkstoffen

In Tabelle 3-26 sind kennzeichnende Eigenschaften und Hauptanwendungsgebiete der wichtigsten Aluminium-Knetwerkstoffe zusammengestellt. Diese Angaben erheben keinen Anspruch auf Vollständigkeit.

Tabelle 3-26. Kennzeichnende Eigenschaften und Hauptanwendungsgebiete der Aluminium-Knetwerkstoffe.

Werkstoffart	Kurzzeichen	Kennzeichnende Eigenschaften[1)]	Hauptverwendungsgebiete
Reinstaluminium	EN AW-Al99,98 EN AW-Al99,90	sehr gute Umformbarkeit, gute chemische Beständigkeit, dekorativ oxidierbar, hochglänzende Oberfläche	Sonderfälle in der chemischen Industrie, Spezialfolien, Kabelmantel, Beleuchtungskörper, Reflektoren, Fahrzeugbeschlagteile, Zierleisten, Tafelgeschirr, Modeschmuck, kunstgewerbliche Gegenstände
Reinst-aluminium-legierungen	EN AW-Al99,9Mg0,5 EN AW-Al99,9Mg1		
Reinaluminium	EN AW-Al99,8(A) EN AW-Al99,7 EN AW-Al99,5 EN AW-Al99,0	vorzügliche Umformbarkeit, chemische und Witterungsbeständigkeit nimmt mit dem Reinheitsgrad zu, die Festigkeit ab, hohe Leitfähigkeit für Strom und Wärme, anodisch oxidierbar	Geschirr und Geräte für Küche und Haushalt, Apparate, Behälter, Lager- und Transportgefäße für die chemische, pharmazeutische und Nahrungsmittelindustrie, Bedachungen, Verkleidungen, Kunstgewerbe, Verpackungen, Elektrotechnik, Aluminiumfarben, Pyrotechnik
	EN AW-EAl99,5		Elektrotechnik
Naturharte (nicht aushärtbare) Legierungen	EN AW-AlMg1(C)	sehr gute Umformbarkeit, ausgezeichnet korrosionsbeständig auch gegen Seewasser, sehr gut schweißgeeignet, dekorativ anodisch oxidierbar	Molkereigeräte, Architektur, Bedachung, Metallwaren, Nahrungsmittelindustrie, Verpackung
	EN AW-AlMg3	gute Umformbarkeit, hohe Korrosions-, insbesondere Seewasserbeständigkeit, dekorativ anodisch oxidierbar, gut schweißgeeignet, für Gesenk- und Freiformschneidearbeiten geeignet	Bauwesen, chemische Industrie, Nahrungsmittelindustrie, Fahrzeugbau, Ingenieurbau, Möbelindustrie, Schiffbau
	EN AW-AlMg5	ähnlich AlMg3, jedoch höhere Festigkeit bei etwas erschwerter Verformbarkeit und Schweißeignung	Fahrzeugbau, Schiffbau, Waggonbau, Ingenieurbau, Möbelindustrie, optische Industrie, Bergbau, chemische Industrie
	EN AW-AlMg3Mn	ähnlich AlMg3, jedoch schwerer umformbar und weniger gut dekorativ anodisch oxidierbar, gut schweißgeeignet	Apparate- und Behälterbau, Schweißkonstruktionen, Verkleidungen, Bedachung
	EN AW-AlMn1	Umformungsvermögen, Schweißeignung und Korrosionsbeständigkeit gut, anodisch oxidierbar	Apparatebau, Bedachung, Metallwaren, Nahrungsmittelindustrie, Verpackung
Aushärtbare Legierungen	EN AW-AlMgSi	gutes Umformvermögen, korrosionsbeständig, gut schweißgeeignet, dekorativ anodisch oxidierbar; höhere Festigkeitswerte durch Warmaushärten	Fahrzeugbau, Bauwesen, Elektrotechnik, Feinmechanik, Optik
	EN AW-AlSi1MgMn	warmaushärtende Legierung, hohe Festigkeit, gute Korrosionsbeständigkeit, geeignet für Gesenk- und Freiformschmiedestücke, dekorativ	für mechanisch hochbeanspruchte Konstruktionsteile, Schiffbau, Fahrzeugbau, Hoch- und Behälterbau
	EN AW-AlCu4MgSi(A)	bei Raumtemperatur aushärtende Legierung hoher Festigkeit, gut zerspanbar, geeignet für Preß- und Schmiedeteile, technisch anodisch oxidierbar, ungeschützt nicht korrosionsbeständig	für mechanisch hochbeanspruchte Konstruktionsteile im Flugzeugbau, Fahrzeug- und Maschinenbau

Tabelle 3-26. Fortsetzung.

Werkstoffart	Kurzzeichen	Kennzeichnende Eigenschaften[1]	Hauptverwendungsgebiete
	EN AW-AlCu4Mg1	hochfeste, bei Raumtemperatur auslagernde Konstruktionslegierung, weiteres ähnlich AlCuMg1	für Konstruktionen erhöhter mechanischer Beanspruchung, Flugzeug-, Fahrzeug- und Maschinenbau, Prothesen, Schutzhelme
	EN AW-AlCu2,5Mg	Eigenschaften und Festigkeitswerte ähnlich AlCuMg1, jedoch besser schmiedbar	Fahrzeugbau, optische Industrie, Maschinenbau, Elektroindustrie
	EN AW-AlZn5Mg3Cu EN AW-AlZn5,5-MgCu	warmaushärtende Legierung mit höchsten Festigkeitseigenschaften; besonders geeignet für Preß- und Schmiedeteile	Bergbau, Flugzeugbau, Maschinenbau
	EN AW-AlZn4,5Mg1	bei Raumtemperatur aushärtende Legierung hoher Festigkeit; Warmaushärten möglich; besonders für Schweißarbeiten geeignet; Festigkeitsabfall in der Schweißzone infolge Selbstaushärtung nach dem Schweißen nur gering	Schweißkonstruktionen im Fahrzeug- und Behälterbau, Ingenieurkonstruktionen

[1]) Bei geringer Umformung können bei allen Aluminiumwerkstoffen nach anodischer Oxidation Streifen, Netzmuster oder Eisblumenbildung auftreten.

Neuentwicklungen von Aluminiumlegierungen erweitern ständig diese Anwendungsgebiete.

- **Werkstoffbedingte Besonderheiten**

Warmumformung

Die Warmumformung wird bei den Aluminiumwerkstoffen u. a. beim Strangpressen, beim Schmieden und beim Warmwalzen angewendet. Davon ist das Strangpressen ein Warmumformungsverfahren, für das sich ganz besonders ideal einige Aluminiumwerkstoffe eignen. Es lassen sich die kompliziertesten Querschnitte von Profilen herstellen, und damit sind stranggepreßte Halbzeuge aus Aluminiumwerkstoffen den gewalzten Stahlhalbzeugen immer dort im Wettbewerb weit überlegen, wo eine dünnwandige und vielfältig verzweigte Querschnittsgestaltung gefordert wird.

Kaltumformung

Unter Kaltumformung versteht man allgemein plastische Formänderungen, die unterhalb der Rekristallisationstemperatur vorgenommen werden. In der aluminiumverarbeitenden Industrie werden Kaltumformungen von Aluminiumwerkstoffen meistens bei Raumtemperatur durchgeführt, und nur in Sonderfällen, zum Beispiel bei hochfesten Legierungen, wird eine Vorwärmung vorgenommen, wobei jedoch die Vorschriften über zulässige Höchsttemperaturen und Vorwärmzeiten sehr exakt eingehalten werden müssen.

Wärmeeinfluß beim Schweißen

Sowohl die kaltverfestigten als auch die meisten ausgehärteten Aluminiumwerkstoffe weisen nach dem Schweißen infolge des Wärmeeinflusses Festigkeitswerte auf, die kaum höher liegen als bei geschweißten weichgeglühten Aluminiumwerkstoffen. Der Wärmeeinfluß in ausgehärteten Werkstoffen bewirkt neben der Schweißnaht Strukturänderungen, die durch folgende Mechanismen erklärt werden:

Die Schweißnaht selbst zeigt ein sogenanntes „Gußgefüge“, dessen Korngrößen im Querschnitt oft recht unterschiedlich sind, was u. a. auch durch die Wärmeableitungsverhältnisse bestimmt wird. Das Abkühlen der Schweißnaht erfolgt im allgemeinen sehr rasch, so daß das Gebiet maximaler Löslichkeit der Legierungskomponenten, ähnlich wie bei Kokillenguß, so schnell durchlaufen wird, daß nach dem Erkalten bei geeigneten Legierungssystemen ein weitgehend instabiler aushärtungsfähiger Zustand vorliegt. Dicht neben der Schweißnaht befindet sich eine schmale überhitzte Zone, in der teilweise ein Schmelzen – bevorzugt an den Korngrenzen – stattfindet. Mit zunehmendem Abstand treten diese Anschmelzungen in geringerer Anzahl auf, bis schließlich in einem fein rekristallisierten Gefüge nur noch ganz vereinzelt einige Anschmelzungen von Mehrstoff-Bestandteilen zu finden sind.

Neigung zur Schweißrissigkeit

Während des Erstarrungsvorgangs im Temperaturintervall zwischen Liquidus und Solidus können in Schweißnähten und Gußstücken Schwindungsrisse entstehen. Diese Heißrisse sind kennzeichnend für Legierungssysteme mit großem Erstarrungsintervall, insbesondere dann, wenn sich die Hauptmenge des Kristallits im oberen Teil des Intervalls abscheidet und nur kleine Mengen Restschmelze in einem weiten Temperaturbereich vorhanden sind. Als Entstehungsorte der Heißrisse werden mit Restschmelze unversorgte Klüfte in der Erstarrungsfront angesehen. Diese Risse treten besonders dann auf, wenn zur ungenügenden Zufuhr von Restschmelze auch Schwindbehinderungen als Folge ungleichmäßiger Abkühlung hinzukommen. Ferner ist bei einer Grobkornkristallisation die Heißrißneigung allgemein wesentlich stärker als bei feinkörniger Ausbildung des Korns. Aufgrund der vorstehend genannten Einflußfaktoren kann die Neigung zur Schweißrissigkeit durch folgende Maßnahmen vermindert werden:

- durch Veränderung des Erstarrungsintervalls,
- durch Veränderung der Art und Menge eutektischer Restschmelze,
- durch Erzielung eines Feinkorngefüges.

Strangpreßprofile

Das Angebot an Strangpreßprofilen

Die Aluminiumwerkstoffe haben, wie schon erwähnt, zwei Nachteile, den niedrigeren Elastizitätsmodul und den hohen Werkstoffpreis, die vom Konstrukteur durch geschickte Gestaltung und durch volle Ausnutzung des Werkstoffes auszugleichen sind. Dieser Forderung kommt die leichte Formbarkeit der Aluminiumwerkstoffe sehr entgegen.

Neben dem Walzen und Abkanten besteht die Möglichkeit des Strangpressens, das die Herstellung verschiedenster Querschnittsformen gestattet. Diese freie Wahl der Querschnittsformen erlaubt dem Konstrukteur, funktionsgerechte Formen mit genauer Anpassung an die vorhandene Beanspruchung festzulegen. So kann der eingangs erwähnte niedrige E-Modul durch entsprechende Profile mit hohen Stegen und größeren Querschnittsflächen in den Randzonen ausgeglichen werden. Dabei können gleichzeitig Stabilitätsprobleme gelöst werden, etwa durch Randaussteifungen an den Gurträndern. In Bild 3-17 sind Formgruppen von Strangpreßprofilen aus Aluminiumlegierungen nach zunehmendem Schwierigkeitsgrad der Herstellung dargestellt.

Voraussetzung für den wirtschaftlichen Entwurf von geschweißten Aluminiumkonstruktionen ist, daß das vielfältige Angebot der Hersteller mit den dazugehörigen lieferbaren Abmessungen von Strangpreßerzeugnissen bekannt ist. Die derzeitigen Fertigungsmöglichkeiten der Halbzeugindustrie ermöglichen kleinste Querschnitte von mindestens 10 mm^2 und größte Querschnitte bis 25 000 mm^2, und zwar innerhalb eines größten umschriebenen Kreises mit rund 500 mm Durchmesser.

Richtwerte für den Konstrukteur, der diese Profile bei seiner Gestaltung der geschweißten Baugruppen einsetzt, sind in der zwischenzeitlich ersatzlos zurückgezogenen DIN 1748-3 für ausgewählte Aluminium-Legierungen zusammengestellt, siehe Bild 3-18.

Formgruppe	Formbezeichnung	Beispiele
A	Stangen	
B	Formstangen	
C	Standardprofile	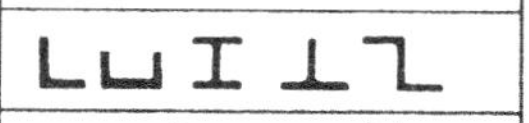
D	einfache Vollprofile	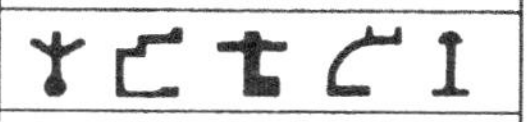
E	Halboffene Profile	
F	Profile m. schroffem Querschnittübergang u. dünnen Wänd. Breite Profile	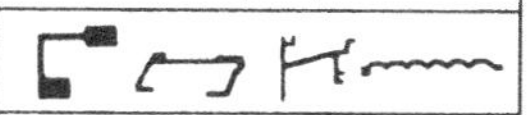
G	Profile m. ungünstigen Zungen u. sehr schmalen Einschnitten	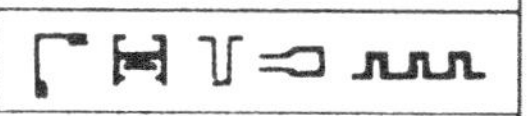
H	Einfache Formrohre	
J	Einfache Hohlprofile	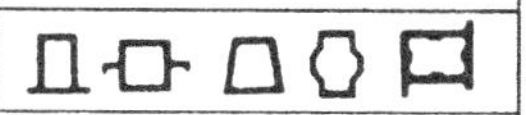
K	Schwierige Hohlprofile sowie Hohlprofile mit zwei u. mehr Hohlräum.	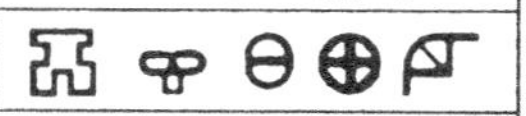
L	Formrohre mit Außenprofilierung	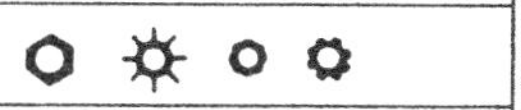
M	Formrohre mit Innenprofilierg. oder K+L	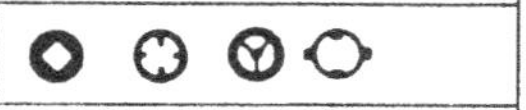
N	Große Hohlprofile Breithohlprofile	

Bild 3-17. Formgruppen der Strangpreßprofile aus Aluminiumlegierungen nach zunehmendem Schwierigkeitsgrad (nach Laue).

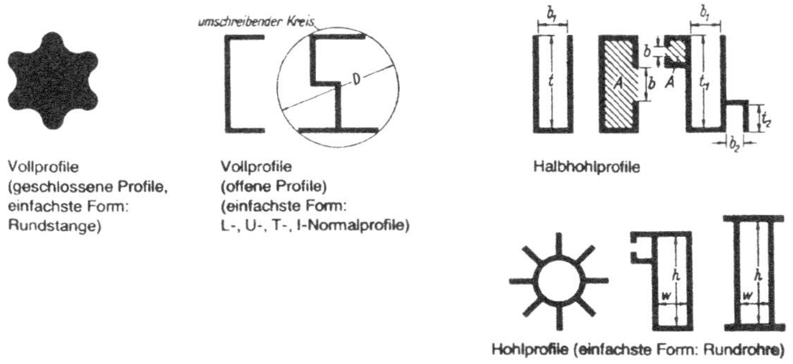

Bild 3-18. Formgruppen der Strangpreßprofile aus Aluminiumlegierungen;
Grundformen nach DIN 1748-3 (ersatzlos zurückgezogen);
b, b1, b2 Öffnungsbreite für Halbhohlprofile; t, t1, t2 größte lichte Tiefe für Halbhohlprofile; A umschlossene Fläche bei Halbhohlprofilen; h Höhe des Hohlraums bei Hohlprofilen; w Weite des Hohlraums bei Hohlprofilen; D Durchmesser des umschreibenden Kreises.

Profilquerschnitte sind in vielseitigen Varianten herstellbar. Die Abmessungen der Querschnitte richten sich nach dem Durchmesser des umschriebenen Kreises bei Rund-Rezipienten bzw. den Längs- und Höhe-Maßen bei „Rechteck"-Rezipienten. Maximale Profilabmessungen von Großprofilen zeigt Bild 3-19. Maximales Metergewicht und maximale Lieferlänge sind voneinander abhängig und werden vom jeweiligen Barreneinsatzgewicht bestimmt (derzeit max. 1 600 kg). Als grobe Richtwerte können für maximale Lieferlängen etwa 30 m und für das maximale Gewicht je Meter andererseits etwa 100 kg/m genannt werden.

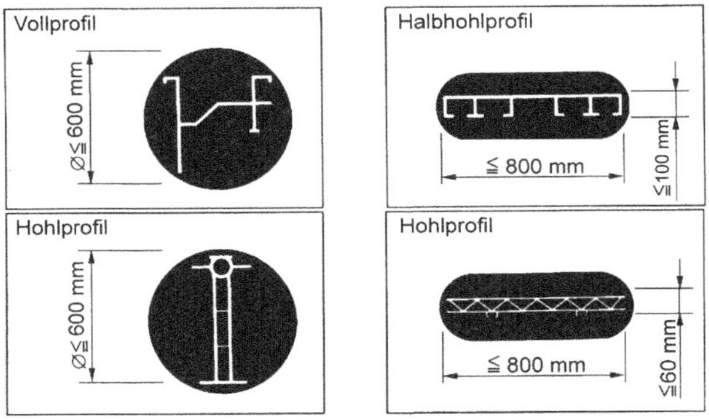

Bild 3-19. Formgruppen der Strangpreßprofile nach maximalen Profilabmessungen bei Rund- und Rechteck-Rezipienten (nach Herz und Gitter).

Die Funktionalität von Strangpreßprofilen wird sehr anschaulich von Gitter erörtert, Bild 3-20. Diese Darstellung gibt dem Konstrukteur einen ausgezeichneten Überblick über den Einsatz und die Wahl in bezug auf die Funktionalität der Strangpreßprofile. Sie wird nachstehend zitiert:

„... Eine hohe Funktionalität liegt bei einem Profil dann vor, wenn dieses bereits im Fabrikationsprozeß mit zusätzlichen Formelementen ausgestattet worden ist, die sonst aufwendig und nachträglich durch einen weiteren Arbeitsprozeß angeformt werden müßten. Diese integralen Formelemente haben nicht nur den Vorteil der Arbeits- und Kosteneinsparung. In vielen Fällen tragen sie statisch mit und sind nicht nur Ballast."

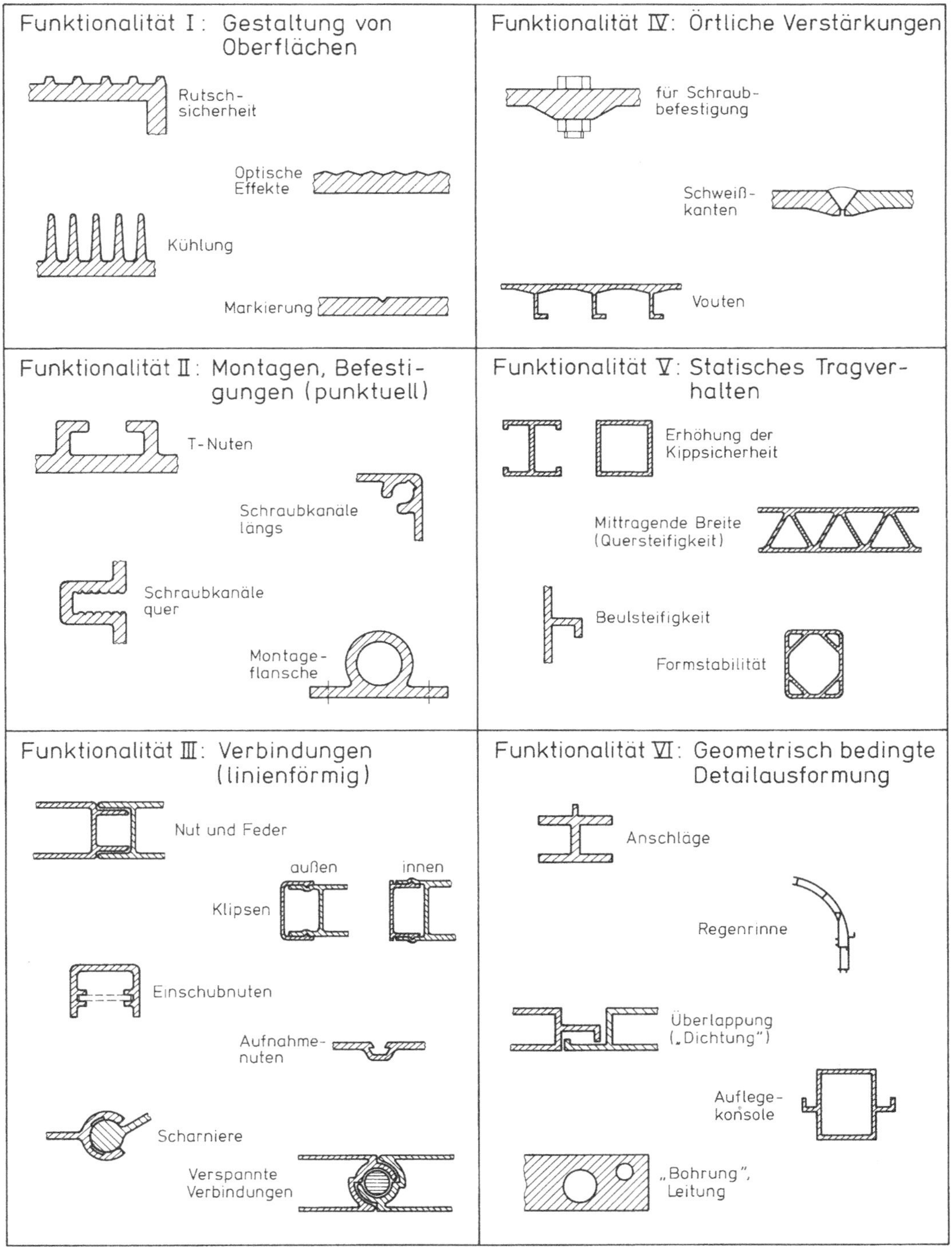

Bild 3-20. Funktionalität der Strangpreßprofile (nach Gitter).

3.3.2 Festigkeits- und Ermüdungsverhalten von Schweißverbindungen aus Aluminiumwerkstoffen

3.3.2.1 Einflüsse auf das Festigkeits- und Ermüdungsverhalten der Aluminium-Grundwerkstoffe

- **Statische Festigkeit**

Statische Beanspruchung (statische Festigkeit bei Kurzzeit- und Langzeitbeanspruchung)

Der überwiegende Teil aller Konstruktionen wird vorwiegend ruhend (statisch) beansprucht. Die oft vorhandenen geringen Belastungsschwankungen bei derartigen Konstruktionen werden bei der Bemessung in der Regel nicht berücksichtigt. Der rechnerische Nachweis erfolgt mit dem maximalen Belastungswert. Für die Bemessung vorwiegend statisch beanspruchter Konstruktionen wird allgemein die statische Festigkeit der Werkstoffe zugrunde gelegt.

Kurzzeitbeanspruchung

Die Ermittlung der Werte der statischen Festigkeit erfolgt auch bei Aluminiumlegierungen durch standardisierte Versuche, die Kurzzeitversuche genannt werden. Bei diesen wird bekanntlich die Belastung stetig steigernd bis zum Höchstwert eingeleitet und der Bruch herbeigeführt. Bild 3-21 zeigt ein Spannungs-Dehnungs-Diagramm eines Probestabes einer Aluminiumlegierung.

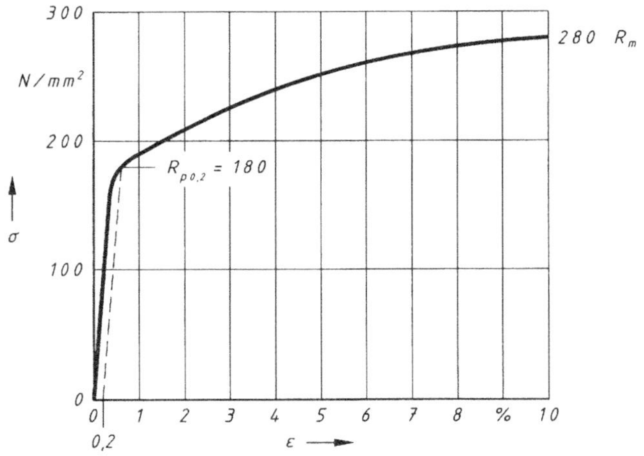

Bild 3-21. Spannungs-Dehnungs-Diagramm einer AlMg-Legierung mit maßgebenden Werkstoffkennwerten für Bemessung.

Maßgebend für die Bemessung für zeitweilig auftretende statische Belastung ist die Zugfestigkeit R_m und die Streckgrenze $R_{p0,2}$ (0,2-Dehngrenze). Diese beiden Werte sind als Werkstoffkennwerte für die Bemessung von Konstruktionen aus Aluminiumlegierungen für kurzzeitige statische Belastung bei Raumtemperatur anzusehen. Aluminiumlegierungen weisen bekanntlich keine ausgeprägte Streckgrenze auf, siehe Bild 3-21. Man wählt daher als Kennwert den Spannungswert bei 0,2 % bleibender Verformungen. Bei Konstruktionen aus Aluminiumlegierungen ist es auch oft zweckmäßig, zwei Nachweise bei statischer Belastung zu führen:

- Nachweis gegen bleibende Verformung – $R_{p0,2}$,
- Nachweis gegen Bruch – R_m.

Die jeweiligen dazugehörigen Sicherheitswerte sind natürlich unterschiedlich.

Aus den vorhandenen Werkstoffwerten ist zu ersehen, daß sich bei verschiedenen Aluminiumlegierungsarten das Verhältnis der Zugfestigkeit zur 0,2-Dehngrenze wesentlich verschiebt. In Bild 3-22 ist ein Vergleich des Spannungs-Dehnungs-Verhaltens von Stahl S235 und der Aluminiumlegierung EN AW-Al Mg5 (kaltverfestigt) zu ersehen.

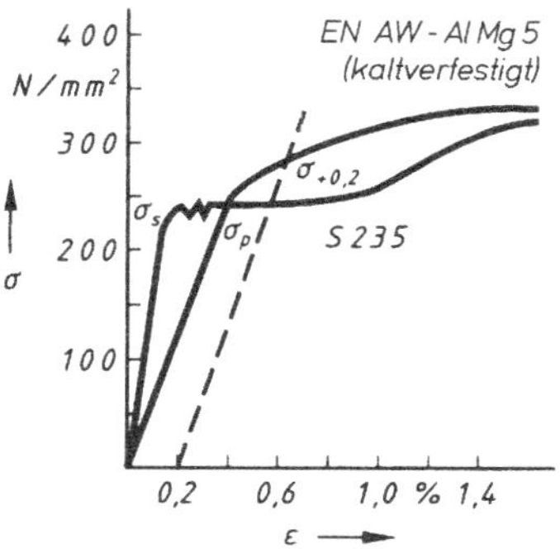

Bild 3-22. Vergleich des Spannungs-Dehnungs-Verhaltens von Stahl S235 und der Aluminiumlegierung EN AW-AlMg5 (kaltverfestigt).

Langzeitbeanspruchung

- **Übersicht** (Zeitstandfestigkeit)

Bei Langzeitbeanspruchung, bei dauernder statischer Belastung, tritt bei Aluminiumlegierungen eine Abnahme der statischen Festigkeit ein, siehe Bild 3-23. Dieses festigkeitsmindernde Verhalten wird bei Raumtemperatur für Stähle vom Konstrukteur in der Praxis nicht berücksichtigt. Erst bei höheren Temperaturen wird mit einer Abnahme der Festigkeit bei Langzeitbeanspruchung mit dem Wert der Zeitstandfestigkeit bei Stählen gerechnet.

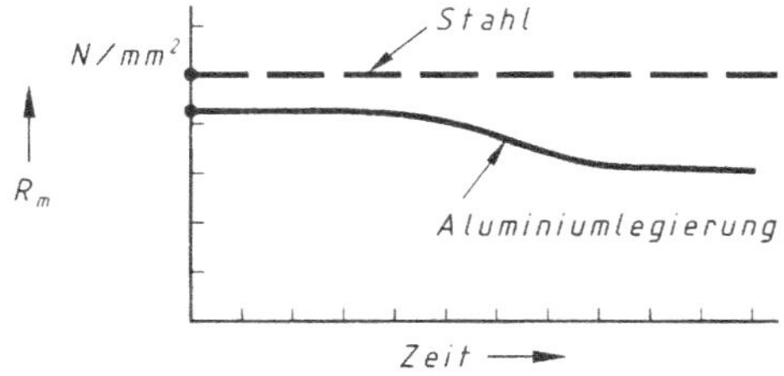

Bild 3-23. Schematischer Vergleich des Einflusses der Langzeitbeanspruchung bei Raumtemperatur auf R_m bei Stahl und Aluminiumlegierung.

Bei Aluminiumlegierungen tritt bei höheren Temperaturen ein verstärkter Abfall der statischen Werkstoffkennwerte ein. Dieses Verhalten muß beim Entwerfen berücksichtigt werden. Es erfolgt eine Absicherung gegen Zeitstandfestigkeitswerte der Aluminiumlegierungen für R_m und $R_{p0,2}$.

- **Zeitstandfestigkeit-Kriechfaktoren**

Nach dem Stand der derzeitigen Forschungsarbeiten können einige Faktoren für die Berechnung der 0,2/1000-h-Zeitdehngrenzen und für die 10000-h-Zeitstandfestigkeit zur Anwendung empfohlen werden. Mit diesen Quotienten läßt sich näherungsweise auch die Tendenz der Kriechneigung beschreiben. Das Ausmaß des Kriechens ist von Werkstoffart und -zustand, von der Versuchstemperatur und der Beanspruchungshöhe abhängig. Bei einem bestimmten Werkstoff und einer gegebenen Beanspruchung ist die Kriechgeschwindigkeit, die Längenänderung je Zeiteinheit, um so größer, je höher die Prüftemperatur ist.

Bezüglich der Zeitstandfestigkeit-Kriechfaktoren zeigen sich jedoch Formungsverfestigungen nicht immer und dann nur bei 20° C sowie mäßig erhöhten Temperaturen durch einen etwas größeren Quotienten als bei weniger verfestigten Werkstoffen. Ein Vergleich der zur Berechnung von $\sigma_{B/10000}$ für 20° C angeführten Faktoren zeigt, daß für warmausgehärtetes EN AW-AlMgSi1 der Faktor 0,8 und für kaltausgehärtete AlZnMg-Werkstoffe der Faktor 0,9 empfohlen werden. Dieser Unterschied tritt ganz allgemein zwischen warm- und kaltausgehärteten Werkstoffen auf. So zeigt es sich zum Beispiel, daß die Faktoren zur Berechnung von $\sigma_{0,2/1.000/20\,°C}$ für kaltausgehärtete Aluminiumwerkstoffe 0,95 und für warmausgehärtete Aluminiumwerkstoffe 0,85 betragen. Einen Vergleich mehrerer Aluminiumwerkstoffe bei Raumtemperaturverhältnissen zeigt Bild 3-24. Daraus ist unter anderem zu entnehmen, daß die AlZnMg-Werkstoffe im kaltausgehärteten Zustand eine flacher verlaufende Zeitstandcharakteristik als die warmausgehärteten AlMgSi-Werkstoffe aufweisen. In diesem Zusammenhang ist darauf hinzuweisen, daß während des Zeitstandversuchs bei 20 °C über so große Zeiträume die Aushärtung bei den AlZnMg-Werkstoffen noch weiterläuft.

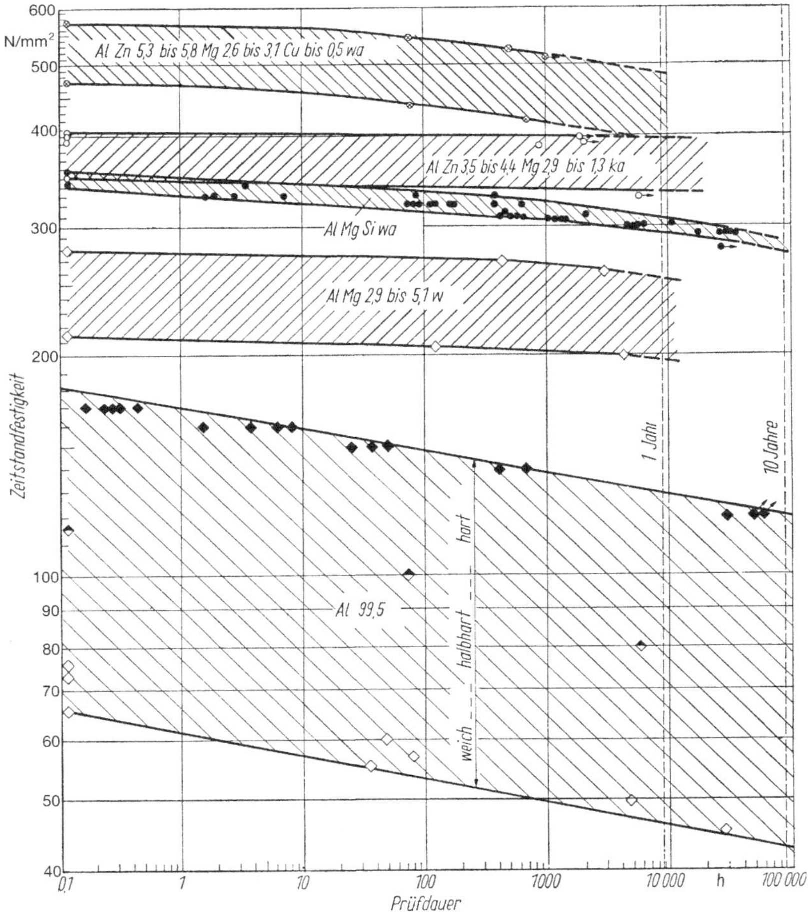

Bild 3-24. Vergleich der Zeitstandfestigkeit bei 20° C von Al-, AlMg-, AlMgSi-, AlZnMg- und AlZnMgCu-Werkstoffen nach Angaben verschiedener Quellen (wa = warmausgehärtet, ka = kaltausgehärtet, w = weichgeglüht).

Bild 3-25 bringt einen Vergleich der Zeitstandfestigkeit verschiedener Aluminiumwerkstoffe bei 100 °C. Daraus ist zu entnehmen, daß – je nach dem Legierungssystem – dem Einsatz ausgehärteter Werkstoffe bei erhöhten Temperaturen eine Grenze gesetzt ist, da die ausgehärteten Werkstoffe in einem relativ instabilen Zustand vorliegen und bei erhöhten Temperaturen die Entmischungsvorgänge weiterlaufen und zur Überalterung führen. Derartige Überalterungen können durch statische langandauernde Zugbeanspruchungen beschleunigt werden.

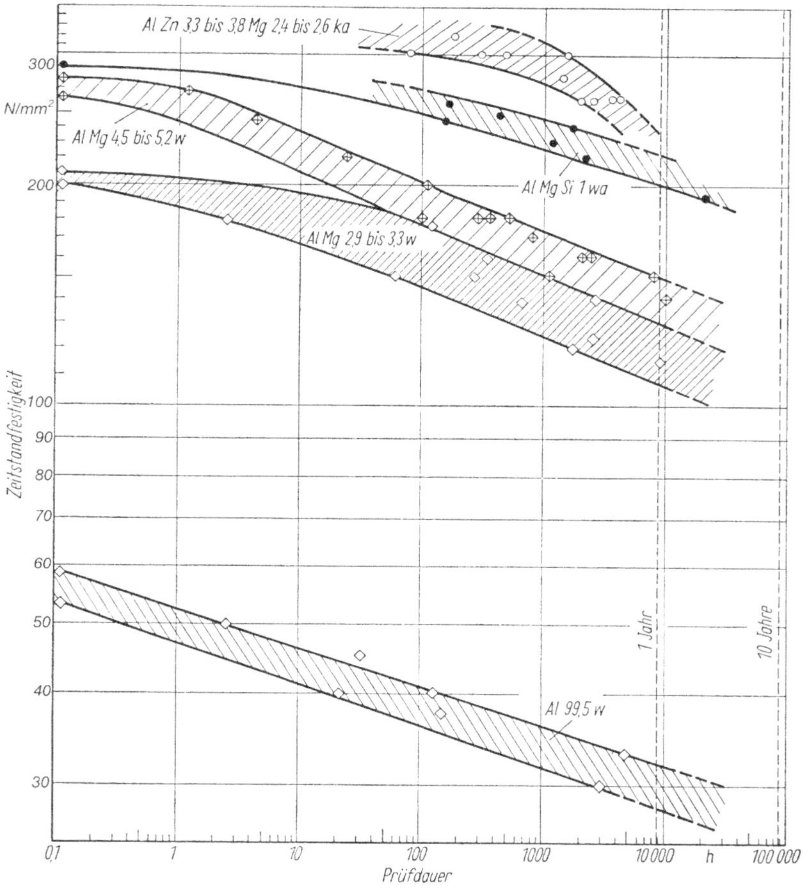

Bild 3-25. Vergleich der Zeitstandfestigkeit bei 100° C von Al-, AlMg-, AlMgSi- und AlZnMg-Werkstoffen nach Angaben verschiedener Quellen (wa = warmausgehärtet, ka = kaltausgehärtet, w = weichgeglüht).

- **Ermüdung** (Zeitfestigkeit, Dauerfestigkeit, Betriebsfestigkeit)

Zeitfestigkeit, Dauerfestigkeit

Eine große Anzahl von Konstruktionen wird nicht durch eine ruhende (statische), immer gleichbleibende Belastung beansprucht, sondern ist starken Belastungsschwankungen ausgesetzt. Diese Belastungsschwankungen können auftreten als

- Schwingungen – sich oft wiederholende Belastungen,
- Schläge – Belastungen mit hohen Beanspruchungsgeschwindigkeiten.

Beide Arten der dynamischen Belastung beeinträchtigen unterschiedlich das Tragfähigkeitsverhalten der Konstruktionen.

Die dynamische Belastung bewirkt einen stärkeren Abfall der Festigkeitswerte des Werkstoffs. Mit steigender Anzahl der eingetretenen Wiederholungen der Belastung, der sog. Lastspiele, verringert sich die Festigkeit. Dieses Verhalten wird mit der Wöhlerkurve, Bild 3-26, erfaßt. Für die Bemessung von dynamisch beanspruchten Konstruktionen wird als Werkstoffkennwert die Zeitfestigkeit oder Dauerfestigkeit benutzt. Diese Werte bilden die Grundlage für die Wahl von zulässigen Spannungen.

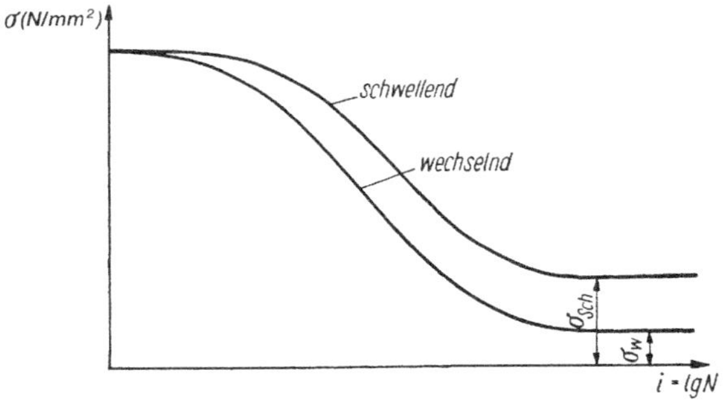

Bild 3-26. Wöhlerkurven für Schwell- und Wechselfestigkeit im halblogarithmischen Maßstab mit maßgebenden Werkstoffkennwerten für Bemessungen.

Es ist bekannt, daß bei Stahl ein wesentlicher Abfall der Festigkeit bei dynamischer Beanspruchung über 2×10^6 Lastspiele nicht mehr eintritt. Es ist weiter bekannt, daß bei Aluminiumlegierungen noch bei 10^7 und 5×10^7 Lastspielen mit einem Abfall zu rechnen ist. Man soll aber dieses Verhalten der Aluminiumlegierungen in bezug auf die Dauerfestigkeit nicht überbewerten. Der Abfall der Dauerfestigkeit über 10^7 Lastspielen ist gering. Man wird in der Praxis für dynamisch beanspruchte Konstruktionen den Wert 10^7 und in ganz wenigen Ausnahmen 5×10^7 einsetzen können (vergleiche auch Abschnitt 2.3). Die Grenzlastspielzahl ist für Aluminium mit 10^8 festgelegt. Geprüft wird meist mit einer Lastspielzahl von 5×10^7.

Die Ergebnisse von Dauerschwingversuchen weisen immer eine Streuung auf, die sich durch Verfeinerung der Meßmethode nicht unter ein gewisses Maß verringern läßt. Sie rührt unter anderem von den Zufälligkeiten her, die bei der Entstehung des ersten Anrisses und in den Anfangsstadien der Rißausbreitung im Spiel sind. Bei höheren Ansprüchen an die Genauigkeit muß die Streuung experimentell erfaßt werden. Hierfür sind größere Versuchsreihen erforderlich. Je nach erwarteter Streuung wird jeder Versuch mindestens zehnmal wiederholt. Bild 3-27 zeigt ein Beispiel einer solchen Versuchsreihe und ihrer statistischen Auswertung.

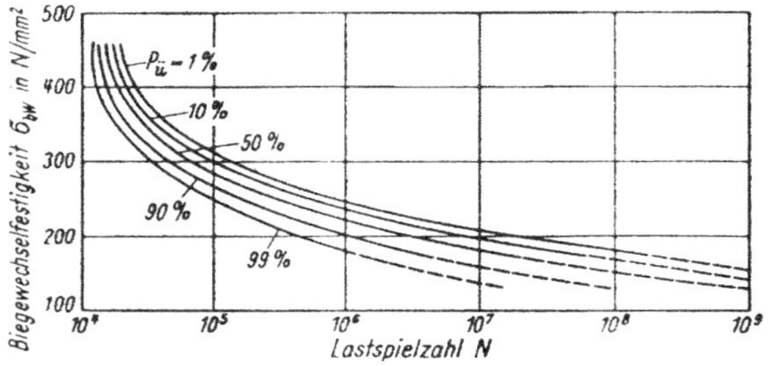

Bild 3-27. Ermittelte Wöhlerkurven für verschiedene Werte der Überlebenswahrscheinlichkeit $P_ü$.

Die charakteristischen Wöhlerlinien für die einzelnen konstruktiven Details wurden aus den Versuchswerten entsprechend Bild 3-28 gewonnen. Die Schwingfestigkeiten der Details werden danach einem festen Netz von Wöhlerlinien zugeordnet. Bei geringer Kerbwirkung verlaufen die Wöhlerlinien flacher als bei starker Kerbwirkung. Der Neigungsexponent m reicht von 3,0 bis 4,5. Des weiteren werden die Wöhlerlinien durch ihre Schwingfestigkeitsklasse bestimmt. Die Schwingfestigkeitsklasse ist die Schwingbreite der Spannung bei 2×10^6 Schwingspielen. Der Abknickpunkt zur Dauerschwingfestigkeit liegt bei 10^7 für eine Beanspruchung mit konstanter Schwingbreite.

Betriebsfestigkeit

In der Praxis tritt bei dynamisch beanspruchten Konstruktionen nur selten gleichförmige, sich oft wiederholende Belastung auf, sondern unregelmäßige. Der Einfluß dieser unregelmäßigen Be-

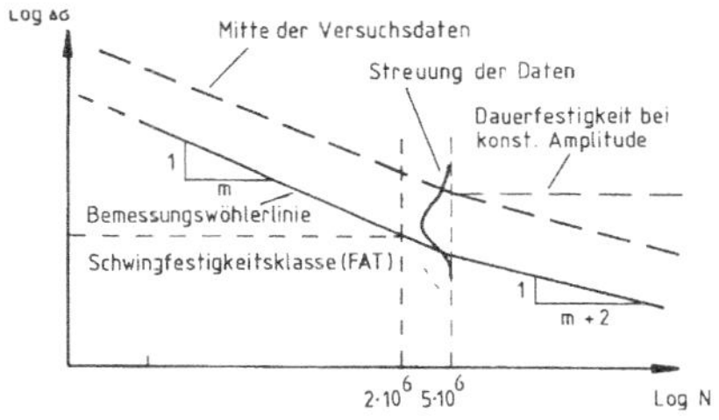

Bild 3-28. Versuchsdaten und charakteristische Wöhlerlinien (nach Haibach).

lastung bringt eine Verschiebung des Wöhlerkurvenverlaufs. Für die Bemessung von Konstruktionen mit vorgegebener Betriebsbelastung sind Betriebsfestigkeitswerte maßgebend. Diese Werte werden prüftechnisch durch Dauerversuche mit vorgegebenen Lastkollektiven ermittelt. Zum Gesamtproblem des Ermüdungsverhaltens siehe auch die Abschnitte 1.5 und 2.3. In den nachstehenden Unterabschnitten wird ausführlich das Ermüdungsverhalten von Schweißverbindungen an Aluminiumwerkstoffen erläutert.

3.3.2.2 Einflüsse auf das Festigkeits- und Ermüdungsverhalten der Schweißverbindungen aus Aluminiumwerkstoffen

Übersicht

Die wichtigsten Einflüsse auf das Verhalten der Aluminiumlegierungen beim Schweißen gegenüber Stahl sind

- die etwa dreimal so große Wärmeleitfähigkeit,
- die etwa zweimal so große Schmelzwärme,
- die etwa dreimal so große Wärmeausdehnung,

und damit verbunden

- die größere Schrumpfung und Rißgefahr,
- der hohe Schmelzpunkt der Aluminiumoxide.

Infolge der besseren Wärmeleitung und der größeren Schmelzwärme trotz des verhältnismäßig niedrigen Schmelzpunktes ist für Aluminiumschweißungen ungefähr die gleiche Wärmemenge wie für Stahlschweißungen erforderlich. Außerdem muß man unter Umständen schon ab 8 mm Blechdicke teilweise vorwärmen.

Diese kurzen Angaben genügen aber als Hinweis für den Verbraucher, besonders für den Konstrukteur, nicht. Da der Konstrukteur auf der Zeichnung mit der erforderlichen Schweißnahtqualität auch das Schweißverfahren angeben soll, ist es zweckmäßig, einige Hinweise auf die Einsatzmöglichkeiten der Schweißtechnik zu geben. Nachstehend werden die Einflüsse auf das Festigkeits- und Ermüdungsverhalten der Schweißverbindungen an Aluminiumwerkstoffen erörtert.

Es wird aufgezeigt, welche Werkstoffkennwerte für die Bemessung der geschweißten Konstruktionen in der Praxis maßgebend sind. Kurze Vergleiche zwischen dem Festigkeits- und Ermüdungsverhalten von Konstruktionen aus Stahl und Aluminiumlegierungen sollen dem Konstrukteur, der unter Umständen bisher Stahlkonstruktionen entworfen hat, die Problematik veranschaulichen und die Arbeit erleichtern. Konstruktive und fertigungstechnische Einflüsse auf die Werkstoffkennwerte werden erläutert. Einige wichtige Einflüsse muß der Konstrukteur von der Größenordnung her kennen, damit er zweckmäßig gestalten und wirtschaftlich bemessen kann.

Einfluß des Schweißens

Der Schweißvorgang beeinflußt erheblich die statische Festigkeit des Aluminium-Grundwerkstoffes. Schweißt man auf einen Zugstab aus einer kaltverfestigten Aluminiumlegierung (zum Beispiel EN

AW-AlMg5 O, d. h. halbhart) eine Querraupe, so tritt bekanntlich eine entfestigte Zone mit Festigkeitswerten des weichen Grundwerkstoffs auf, Tabelle 3-27. Ein ähnliches Verhalten bewirken Kehlnähte von Querrippen oder Laschen. Es treten auch entsprechende Abminderungen der 0,2 %-Dehngrenze auf.

Konstruktionsdetail EN AW - AlMg3 H18	Werkstoffkennwerte N/mm^2	
	statisches Fertigkeitsverhalten R_m R= +1,0	Ermüdungsverhalten R = 0
a) 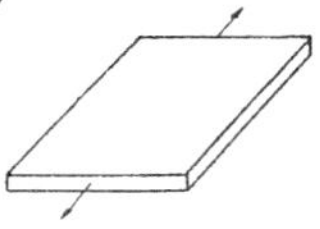	290	90...95
b) 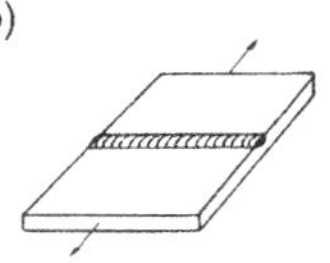	190	40...50
c) 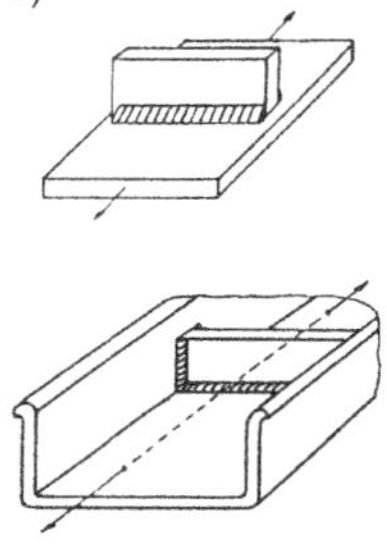	190 (180)	38...43

Tabelle 3-27.
Werkstoffkennwerte (Richtwerte) für Aluminiumwerkstoffe; Einfluß der Schweißung – quer;
a) Grundwerkstoff (Blech) mit Walzhaut,
b) Grundwerkstoff (Blech) mit aufgeschweißter Querraupe,
c) Grundwerkstoff (Blech) mit aufgeschweißter Querrippe; Strangpreßprofil aus EN AW-AlMg3 O mit aufgeschweißter Querrippe.

Längsnähte bewirken ebenfalls entfestigte Zonen – Wärmeeinflußzonen (WEZ). Bei Beanspruchung in Längsrichtung wirken sie sich jedoch nur anteilig auf das Gesamtfestigkeitsverhalten eines Stabes aus, Tabelle 3-28.

In Bild 3-29 ist die vereinfachte Darstellung der anzunehmenden Abmessungen dieser Wärmeeinflußzonen (WEZ), wie sie in deutschen Regelwerken (Entwurf DIN 4113-2) für die Bemessung festgelegt ist, gezeigt. Die exakten Werte der Wärmeeinflußzonen sind abhängig von Schweißverfahren und von den Werkstoffdicken. In anderen Regelwerken, zum Beispiel im Eurocode 9, für Aluminium-Schweißkonstruktionen sind unterschiedliche Angaben zu den Abmessungen der Wärmeeinflußzonen festgelegt.

Für statische Beanspruchung von anteiligem Einfluß auf die Abminderung der Werkstoffwerte bei Längsnähten sind ebenfalls in deutschen Regelwerken Festlegungen getroffen. Das Dauerfestigkeitsverhalten von Grundwerkstoff, der von Nähten beeinflußt ist, zeigen am Beispiel der Schwellfestigkeitswerte die Tabellen 3-27 und 3-28.

Konstruktions-detail EN AW - AlMg3 H18	Werkstoffkennwerte N/mm²	
	statisches Festigkeitsverhalten $R = +1{,}0$ R_m	Ermüdungs-verhalten $R = 0$ $\sigma_{Schwell}$
a) 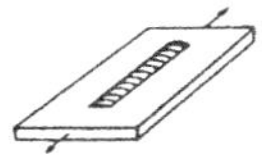	270	35...40
b) 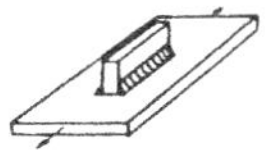	270	30...35
c) 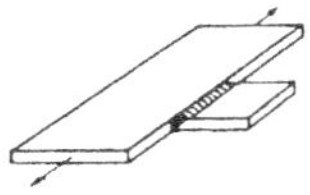	270	24...26
d) 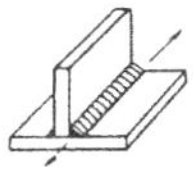	270	55...60

Tabelle 3-28.
Werkstoffkennwerte (Richtwerte) für Aluminiumwerkstoffe; Einfluß der Schweißung – längs;
a) Grundwerkstoff (Blech) mit aufgeschweißter Längsraupe (Ende),
b) Grundwerkstoff (Blech) mit aufgeschweißter Längsrippe (Ende),
c) Grundwerkstoff (Blech) mit angeschweißtem eckigem Knotenblech mit Längsnaht,
d) Grundwerkstoff (Blech) mit aufgeschweißter durchgehender Längsnaht (Längsrippe).

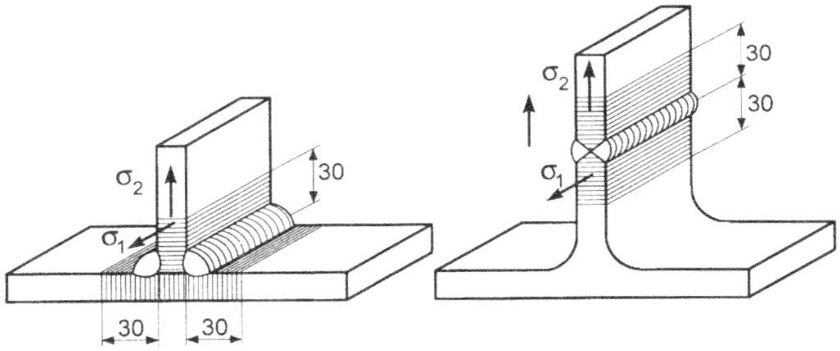

Bild 3-29. Bereich der erweichten Zone, der Wärmeeinflußzone (WEZ), nach dem Schweißen (nach Entwurf DIN 4113-2).

Diese Tabellen zeigen, daß maßgebend für das Dauerfestigkeitsverhalten Kerben aller Art sind. Bei Quernähten (Querraupen oder Kehlnähten bei Querrippen) wirkt sich die Übergangszone der Naht dauerfestigkeitsmindernd aus. Auch Anfangs- und Endkrater bei Längsnähten bringen eine erhebliche Abminderung der Dauerfestigkeitswerte mit sich. Es zeigt sich, daß kein Einfluß der entfestigten Zonen auf das Dauerfestigkeitsverhalten von Quer- und Längsnähten festzustellen ist. Durchgehende Längsnähte weisen ein wenig bessere Dauerfestigkeitswerte auf. Im Unterschied zu Schweißverbindungen aus Stahl sind jedoch diese Werte relativ gering.

Einfluß der Gestalt der Schweißverbindung

Einen erheblichen Einfluß auf das Festigkeitsverhalten der Schweißverbindung hat die Gestaltung. Bei Stumpfnähten ergeben sich aus der Gestaltung nur geringe Spannungsspitzen aus der Nahtüberhöhung. Auch DHV-Nähte weisen einen relativ guten Spannungsverlauf auf. Bei Kehlnähten dagegen sind erhebliche Spannungsspitzen im Stabquerschnitt und im Nahtquerschnitt festzustellen.

Auf die statische Festigkeit wirken sich diese Spannungsspitzen nur bedingt negativ aus. In Tabelle 3-29 ist an Beispielen das Festigkeitsverhalten von fehlerfreien Nähten gezeigt. Daraus ist zu ersehen,

Tabelle 3-29.
Werkstoffkennwerte (Richtwerte) für Aluminiumwerkstoffe; Einfluß der Gestalt der Schweißverbindungen;
a) Stumpfnaht – blecheben bearbeitet,
b) Stumpfnaht – unbearbeitet,
c) DHV-Naht – unbearbeitet,
d) Stirnkehlnaht – Kreuzstoß,
e) Stirnkehlnaht – Laschenstoß,
f) Flankenkehlnaht – Laschenstoß.
(Bemerkung: Qualität aller Schweißnähte mindestens Bewertungsgruppe B.)

Konstruktions-detail EN AW-AlMg3 H 18	Werkstoffkennwerte N/mm²	
	statisches Festigkeitsverhalten R = +1,0 R_m	Ermüdungs-verhalten R = 0 $\sigma_{Schwell}$
a) 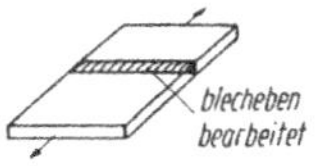	190	60...70
b) 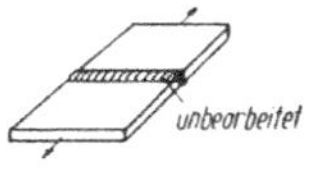	190	50...55
c) 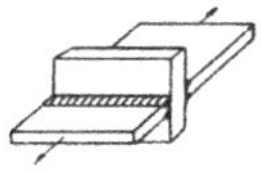	190	40...45
d) 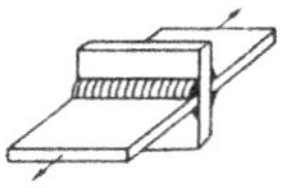	1) bezogen auf den Stabquerschnitt 190	30...35
e) 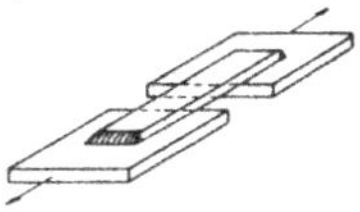		
f) 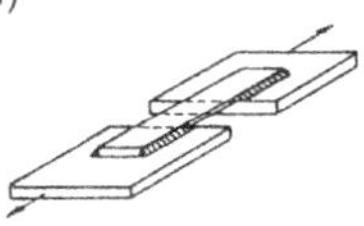	2) bezogen auf den Nahtquerschnitt 110	20...25

daß – bezogen auf den Stabquerschnitt – die Festigkeit des weichen Grundwerkstoffs bei allen Verbindungen erreicht wird. Es besteht auch kein Unterschied bei fehlerfreien Schweißverbindungen zwischen den blecheben bearbeiteten und unbearbeiteten Stumpfnähten. Auch eine DHV-Naht mit durchgeschweißter Wurzel ohne Fehler weist ein volles Tragfähigkeitsvermögen in bezug auf den Stabquerschnitt des weichen Grundwerkstoffs auf. Bei Kehlnähten ist festzustellen, daß der Nahtquerschnitt eine gute Festigkeit besitzt. Aus dieser Betrachtung kann man schlußfolgern, daß bei statischer Beanspruchung Kehlnähte entsprechend dimensioniert den Stumpfnähten in bezug auf die Tragfähigkeit gleichgestellt werden können.

Der Einfluß der Gestaltung der Schweißverbindung auf die Dauerfestigkeit ist dagegen außerordentlich hoch. In Tabelle 3-29 sind Schwellfestigkeitswerte von fehlerfreien Nähten dargestellt. Vergleicht man hier bearbeitete und unbearbeitete Stumpfnähte, so ist ein geringfügiger Anstieg der Dauerfestigkeit bei bearbeiteten Nähten zu verzeichnen. In diesem Zusammenhang muß jedoch betont werden, daß nur eine riefenfreie blechebene Bearbeitung solche Werte liefert. Kleine Riefen, Zündstellen usw. bringen bereits erhebliche Abfälle. DHV-Nähte mit durchgeschweißter Wurzel und fehlerfreier Ausführung bringen nur wenig niedrigere Werte als entsprechende Stumpfnähte. Kehlnähte weisen in bezug auf den Stabquerschnitt einen außerordentlichen Abfall der Dauerfestigkeit auf. Diese niedrigen Werte bringen bei der Dimensionierung von dynamisch beanspruchten Konstruktionen für Kehlnähte eine große Unwirtschaftlichkeit und einen erheblichen Mehrverbrauch an Werkstoff mit sich. Bezogen auf den Nahtquerschnitt sind ebenfalls niedrige Dauerfestigkeitswerte zu verzeichnen.

Einfluß der Art der Aluminiumlegierung

Bei statischer Beanspruchung ist der Einfluß der Art der Aluminiumlegierung auf die Werkstoffkennwerte der Zugfestigkeit (R_m) und der Streckgrenze ($R_{p0,2}$) sehr groß.

Aus den Tabellen der Liefer-Regelwerke ist diese Vielfalt der mechanischen Eigenschaften der einzelnen Legierungen zu entnehmen. Diese Werkstoffkennwerte sind auch für die Bemessung der Aluminiumkonstruktionen jeweils maßgebend. Wie bereits betont, hat die Art der Aluminiumlegierung auf das Ermüdungsverhalten von gekerbten Aluminiumproben und insbesondere auf Schweißverbindungen kaum Einfluß. An einigen ausgewählten Beispielen wird dies nachstehend veranschaulicht. Es gibt zwei Möglichkeiten bei den AlMg-Legierungen, die Festigkeit zu erhöhen: erstens den Mg-Gehalt zu erhöhen, Bild 3-30, zweitens durch Kaltverfestigung. In Bild 3-31 sind die entsprechenden Werte für die Zugfestigkeit und die Streckgrenze angegeben.

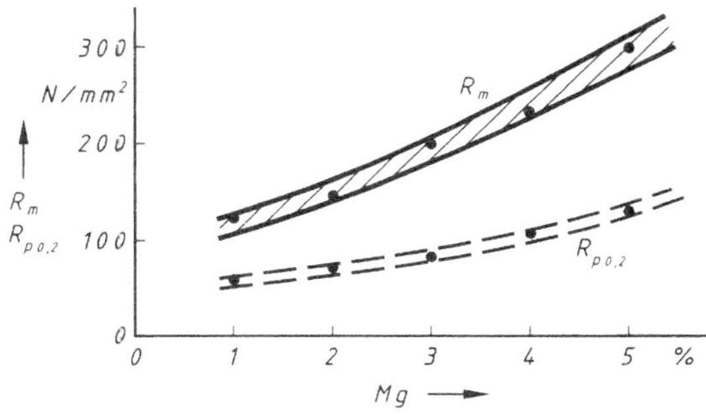

Bild 3-30. Einfluß des Mg-Gehalts bei AlMg-Legierungen auf R_m und $R_{p0,2}$.

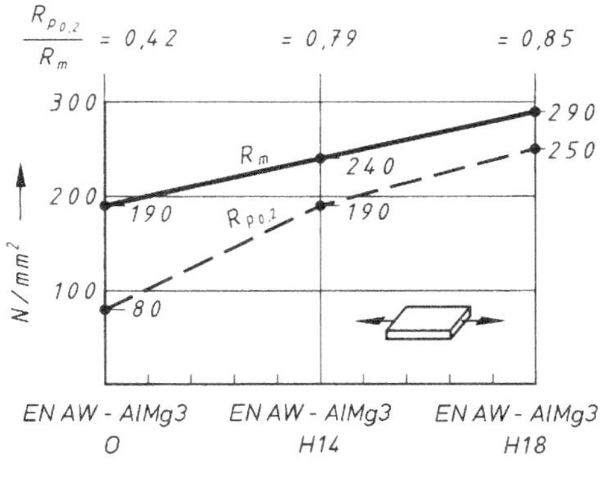

Bild 3-31. R_m und $R_{p0,2}$ bei einigen Arten von AlMg3-Legierungen.

Diese Werte zeigen, daß durch Kaltverfestigung bei einer Aluminiumlegierung Zugfestigkeiten erreicht werden, die mit unlegierten Baustählen vergleichbar sind. Bei den verschiedenen Arten der Aluminiumlegierungen (weich, halbhart, hart) verschiebt sich das Verhältnis der Zugfestigkeit zur 0,2-Dehngrenze. Dies wird bei der Bemessung der Bauteile besonders zu berücksichtigen sein.

Das Schweißen bringt bei kaltverfestigten Aluminiumlegierungen entfestigte Zonen. Die Zugfestigkeit (R_m) und die 0,2-Dehngrenze ($R_{p0,2}$) von Stumpfnähten bei der Legierung AlMg3 zeigt Bild 3-32.

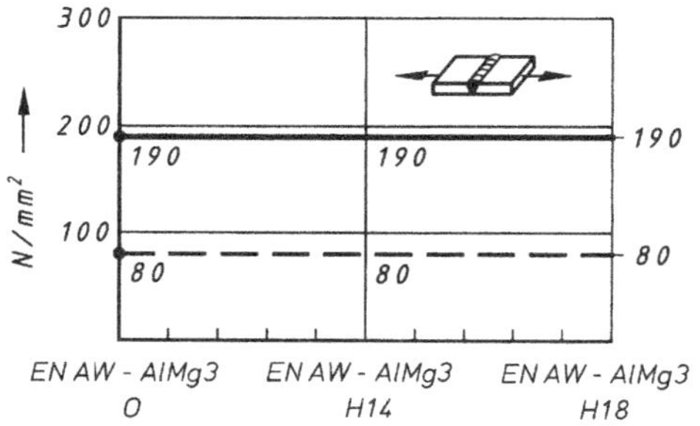

Bild 3-32. R_m und $R_{p0,2}$ für Stumpfnähte bei einigen Arten von AlMg3-Legierungen.

Im allgemeinen gilt, daß die statische Festigkeit der Stumpfnähte an halbharten und harten Legierungen der Festigkeit des weichen Grundwerkstoffs entspricht. Für den Konstrukteur bedeutet dies, daß Schweißnähte bei den sonst so hochfesten harten Aluminiumlegierungen Zonen geringer Festigkeit und Tragfähigkeit verursachen. Dieser Festigkeitsabfall führt zu einem erhöhten Werkstoffverbrauch. Dadurch wird in großen Bereichen der Konstruktion auch der ungeschweißte Grundwerkstoff zum Teil nicht ausgelastet.

Die Werte der 0,2-Dehngrenze ($R_{p0,2}$) bei Stumpfnähten sind ebenfalls unabhängig von dem Verfestigungsgrad des Grundwerkstoffs und weisen den Mindestwert des weichen Grundwerkstoffs auf. Bei Langzeitbeanspruchung wirken Stumpfnähte in Konstruktionen aus kaltverfestigtem Grundwerkstoff nicht immer auf die Gesamtverformung der Konstruktion. Voruntersuchungen zeigten, daß Schweißnähte, die untereinander einen Abstand >1,0 – 1,5 m aufweisen, keinen Einfluß auf die erhöhte Verformung des statisch wirksamen Systems haben. Diese Wirkung kann bei der Bemessung berücksichtigt werden.

Große Vorteile beim Einsatz in statisch beanspruchten Konstruktionen bringen aushärtbare Aluminiumlegierungen. Am Beispiel der Aluminiumlegierung EN AW-AlZn4,5Mg1 wird dieser Einfluß der Legierungsart veranschaulicht. Die Zugfestigkeit eines Stumpfstoßes bei EN AW-AlZn4,5Mg1 und auch die anderen mechanischen Kennwerte erreichen einige Monate nach dem Schweißen durch Selbstaushärtung die Werte des Grundwerkstoffs. Für den Konstrukteur ist der Einsatz einer solchen AlZnMg-Legierung für Schweißverbindungen von großem Vorteil. Er kann mit voller Festigkeit des harten Grundwerkstoffs nach Auslagerungszeit rechnen. Das gilt sowohl für sämtliche Stumpfverbindungen als auch für sämtliche Kehlnahtverbindungen.

Bild 3-33, Bild 3-34 und Bild 3-35 veranschaulichen diesen Vorgang an den mechanischen Werten der Zugfestigkeit (R_m) und der Härteverteilung bei einer Stumpfnaht und bei einem geschweißten Kastenträger mit Kehlnähten in Abhängigkeit der Zeit (Tage nach der Schweißung).

Einen Vergleich der Werkstoffkennwerte Zugfestigkeit (R_m) und Schwellfestigkeit (σ_{Sch}) von Grundwerkstoff und Schweißverbindungen der Aluminiumlegierungen EN AW-AlMg3 H18 und EN AW-AlZn4,5Mg1 T651 zeigt Tabelle 3-30. Daraus ist der große Vorteil der AlZn4,5Mg1-Legierung bei statischer Beanspruchung zu erkennen. Das Ermüdungsverhalten der unbearbeiteten Schweißverbindungen ist nicht höher. Bei dem kerbfreien Grundwerkstoff kann man mit ein wenig höheren Schwellfestigkeitswerten rechnen.

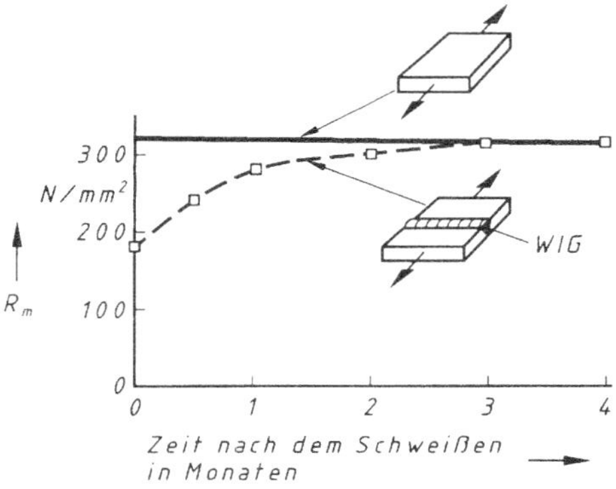

Bild 3-33. Zugfestigkeit von Grundwerkstoff und Stumpfnaht aus der Legierung EN AW-AlZn4,5Mg1 T651 in der Zeit nach dem Schweißen (in Monaten).

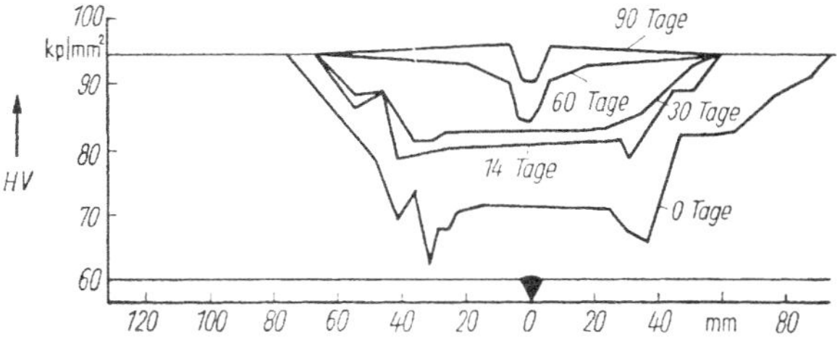

Bild 3-34. Härteverteilung (HV) bei einer Stumpfnaht aus der Legierung EN AW-AlZn4,5Mg1 T651 in der Zeit nach dem Schweißen (in Tagen).

Tabelle 3-30.
Werkstoffkennwerte (Richtwerte) für Aluminiumwerkstoffe; Einfluß der Art der Aluminiumlegierung;
a) Grundwerkstoff (Blech) mit Walzhaut,
b) Stumpfnaht – unbearbeitet,
c) Stirnkehlnaht – Kreuzstoß (bezogen auf Stabquerschnitt).

Konstruktionsdetail	Werkstoffkennwerte N/mm²	
	statisches Festigkeitsverhalten $R = +1{,}0$ R_m	Ermüdungsverhalten $R = 0$ $\sigma_{Schwell}$
a) 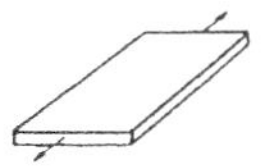	1) EN AW - AlMg3 H18	
	290	90...95
	2) EN AW - AlZn4,5Mg1 T651	
	340	110...120
b) 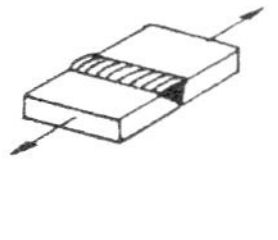	1) EN AW - AlMg3 H18	
	190	50...55
	2) EN AW - AlZn4,5Mg1 T651	
	340	50...55
c) 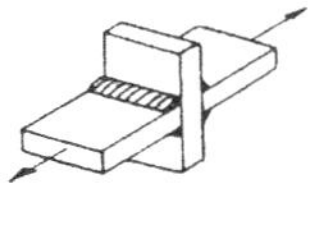	1) EN AW - AlMg3 H18	
	190	30...35
	2) EN AW - AlZn4,5Mg1 T651	
	340	30...35

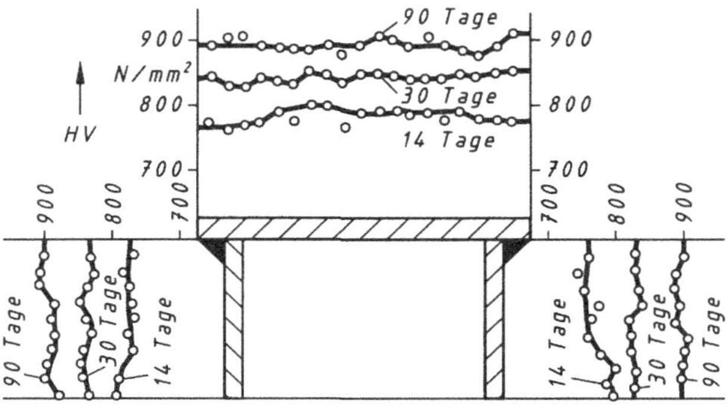

Bild 3-35. Härteverteilung (HV) bei einem geschweißten Kastenträger mit Kehlnähten aus der Legierung EN AW-AlZn4,5Mg1 T651 nach dem Schweißen (in Tagen).

In Bild 3-36 wird dies im Vergleich von AlMg- und AlZnMg-Legierungen an Anhaltswerten der Schwellfestigkeit veranschaulicht. Selbstaushärtende Legierungen bieten jedoch auch einen großen Vorteil bei Konstruktionen, in denen nur Längsnähte vorhanden sind. Hier sind auch bei kaltverfestigten AlMg-Legierungen fast alle Festigkeiten des Grundwerkstoffs (halbhart und hart) für Bemessungen nutzbar zu machen.

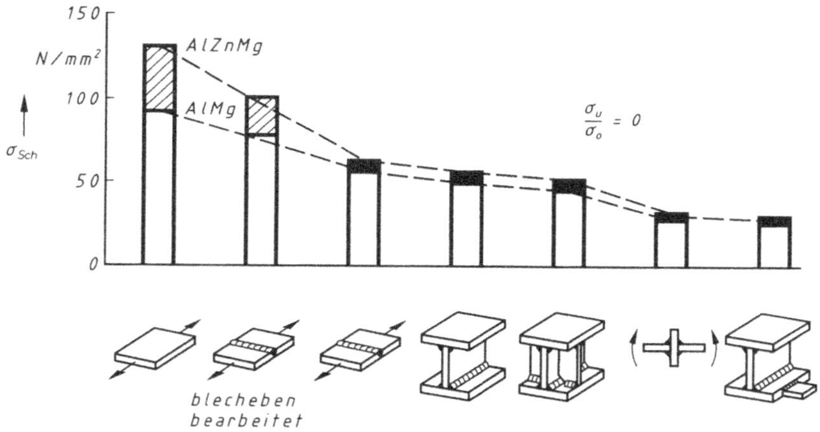

Bild 3-36. Vergleich der Richtwerte der Schwellfestigkeit von Grundwerkstoff und Schweißverbindungen der Legierungen AlMg und AlZnMg.

Einfluß von Schweißfehlern (Imperfektionen, Unregelmäßigkeiten)

Schweißfehler oder Fertigungsimperfektionen sind unbeabsichtigte und zu einem großen Teil unvermeidbare Abweichungen von den idealen geometrischen und metallurgischen Eigenschaften der Schweißverbindungen und des Bauteils. Ähnlich wie bei Schweißverbindungen an Stählen ist der Einfluß dieser Fertigungsimperfektionen (auch Unregelmäßigkeiten) bei Aluminium-Schweißverbindungen erheblich (siehe hierzu auch Abschnitt 2.3.1.1).

Auf die statische Festigkeit haben Poren und andere innere Fehler keinen so großen Einfluß, wie dies auf den ersten Blick zu erwarten wäre. Eine Abminderung der nominalen Tragfähigkeit bei statischer Belastung bewirken Querschnittsschwächungen. Derartige Schwächungen sind auch nicht durchgeschweißte Wurzeln oder Einbrandkerben.

Der Einfluß von Fertigungsimperfektionen auf das Ermüdungsverhalten ist sehr groß. Einen maßgeblichen ermüdungsfestigkeitsmindernden Einfluß haben Fertigungsimperfektionen mit scharfen Kerben. Hierzu zählen kleine Risse, Schlackeneinschlüsse, Einbrandkerben, Bindefehler, Naht- und Wurzelüberhöhungen, Kantenversatz und Winkelverzug. Poren haben als Kerbe durch ihren oft größeren Radius selten einen maßgeblichen Einfluß auf das Ermüdungsverhalten.

Um für die Bemessung der Schweißverbindungen einen konkreten Zusammenhang zwischen noch zugelassenen Fertigungsimperfektionen und dazugehörigen maßgeblichen Werkstoffkennwerten für statische und dynamische Beanspruchung herzustellen, sind Qualitätsstufen von Schweißverbindungen eingeführt worden. In der europäischen Normung sind diese Qualitätsstufen als Bewertungsgruppen für Aluminium-Schweißverbindungen (B, C und D) in der DIN EN 30042 (ISO 10042) mit dazugehörigen Grenzwerten der Unregelmäßigkeiten (Fertigungsimperfektionen) festgelegt. Diese sind in Abschnitt 1.3.3 zusammengestellt und erläutert.

Ermüdungsfestigkeits-Klassen (FAT) für Schweißverbindungen aus Aluminiumwerkstoffen

In Abschnitt 2.3.1.2 sind die Vorschläge des Internationalen Instituts für Schweißtechnik (IIW) für Ermüdungsfestigkeits-Klassen (FAT) für Schweißverbindungen an Stählen erörtert worden. Auch für Aluminium-Schweißverbindungen sind vom IIW derartige Vorschläge unterbreitet worden. Ein festes Netz von Wöhlerlinien für Aluminium-Schweißverbindungen wird empfohlen. Als Kennzeichnung der jeweiligen Kerbfälle werden Ermüdungsfestigkeits-Klassen (FAT) festgelegt. Die Ermüdungsfestigkeits-Klasse (FAT) ist der Wert von zul $\Delta\sigma = 2 \times$ zul σ_A in N/mm^2 für eine Schwingspielzahl (Lastspielzahl) von $N = 2 \times 10^6$, bei einer Teilsicherheit für die Werkstoffkennwerte σ_A von $\gamma_M = 1{,}0$. Der empfohlene Berechnungsansatz ist dabei:

$\Delta\sigma = \max \sigma - \min \sigma$

Der Ermüdungsnachweis ist dann:

$\Delta\sigma_{Nenn} \leq \text{zul } \Delta\sigma$

Damit kann eine R-freie Bemessung durchgeführt werden ($R = \min \sigma / \max \sigma$).

Über den Einfluß von Eigenspannungen bei unterschiedlichen R-Werten, besonders im Wechselbereich, wird in Abschnitt 2.3.1.2 ausführlich berichtet. Dieser Einfluß gilt auch für Aluminium-Schweißkonstruktionen (siehe hierzu Abschnitt 1.5.3).

Es existieren mehrere Vorschläge für die Darstellung des oben erwähnten festen Netzes der Wöhlerlinien. Einheitlich wird dabei die Kennzeichnung, also die Ermüdungsfestigkeits-Klasse (FAT), beibehalten. Unterschiedliche Neigungen der Wöhlerlinien im Zeitfestigkeitsbereich („m" bzw. „k") und unterschiedliche Verläufe in Bereichen hoher Schwingspielzahlen (N über 5×10^6) für Aluminium-Schweißverbindungen werden vorgeschlagen. An zwei Beispielen wird dies veranschaulicht.

In Bild 3-37 ist das Netz der Wöhlerlinien für Aluminium-Schweißverbindungen nach den Empfehlungen von ERAAS (European Recommendation for Aluminium Alloy Structures) im Rahmen ECCS (European Convention of Constructional Steelwork) dargestellt.

In Bild 3-38 ist am Beispiel der Ermüdungsfestigkeits-Klasse (FAT) 35 ein Dauerfestigkeitsschaubild nach Smith für zwei Aluminiumwerkstoffe für die Schwingspielzahl $N = 2 \times 10^6$ für zul σ dargestellt. Der Fall III (hohe Eigenspannungen) und Fall II (geringe Eigenspannungen) im Wechselbereich für den Einfluß des Spannungsverhältnisses $R = \min \sigma / \max \sigma$ ist in diesem Dauerfestigkeitsschaubild berücksichtigt (siehe Abschnitt 2.3.1.2). Vorschläge für die Bemessung von dynamisch beanspruchten Aluminium-Schweißkonstruktionen im nichtgeregelten Bereich, unter Berücksichtigung der Bewertungsgruppen, sind in Abschnitt 3.2.5 unterbreitet worden.

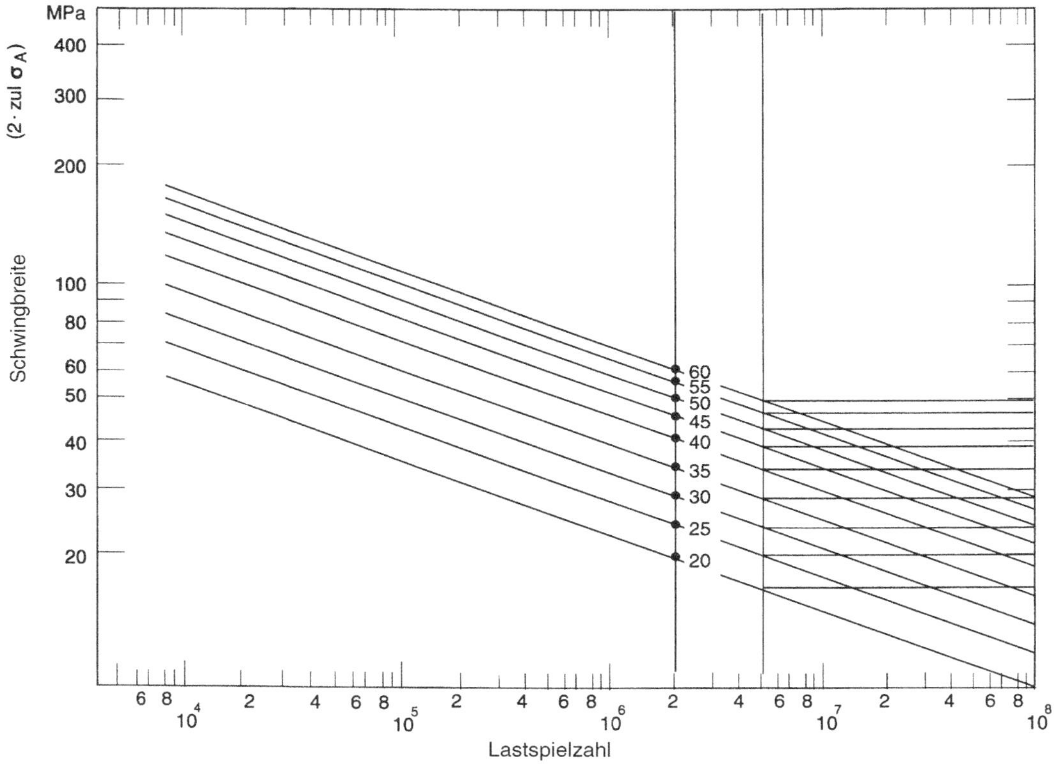

Bild 3-37. Netz der Wöhlerlinien für Aluminium-Schweißverbindungen nach ERAAS mit dazugehörigen Ermüdungsfestigkeits-Klassen (FAT).

Zuordnung der Schweißverbindungen zu Ermüdungsfestigkeits-Klassen (FAT) nach Empfehlungen des IIW

In Tabelle 3-31 sind Empfehlungen des IIW über die Zuordnung der Aluminium-Schweißverbindungen zu den Ermüdungsfestigkeits-Klassen (FAT) gebracht. Es werden dabei die Schweißkerbfälle und der zu erwartende Ermüdungsbruch und die Beanspruchungsrichtung berücksichtigt. Diese Empfehlungen sind richtungsweisend. Nicht einbezogen sind in diese Tabelle die Festlegungen der Bewertungsgruppen nach der europäischen Norm DIN EN 30042 (ISO 10042). Dies erfolgt im Vorschlag Abschnitt 3.2.5.

Festigkeits- und Dauerfestigkeitsverhalten von Punktschweißverbindungen an Aluminiumwerkstoffen

Es ist ratsam, die Widerstands-Punktschweißverbindungen besonders zu behandeln. Weitere Einzelheiten sind aus Teil 1 des Kompendiums zu entnehmen. Zur Tragfähigkeit läßt sich folgendes sagen:

Die Tragfähigkeit bei statischer Beanspruchung wird am besten durch die Bruch-Scherkraft je Punkt gekennzeichnet. Diese Bruch-Scherkraft ist abhängig vom Linsenquerschnitt und damit von der Blechdicke (Linsendurchmesser kann in der Regel mit $d = 5\sqrt{s}$ angenommen werden). Weiterhin ist die Bruch-Scherkraft abhängig von der Werkstoffestigkeit, vor allem bei dickeren Blechen. Das zeigt eindeutig Bild 3-39. Hierbei ist jedoch zu bemerken, daß die Scherfestigkeit τ in N/mm^2 unabhängig

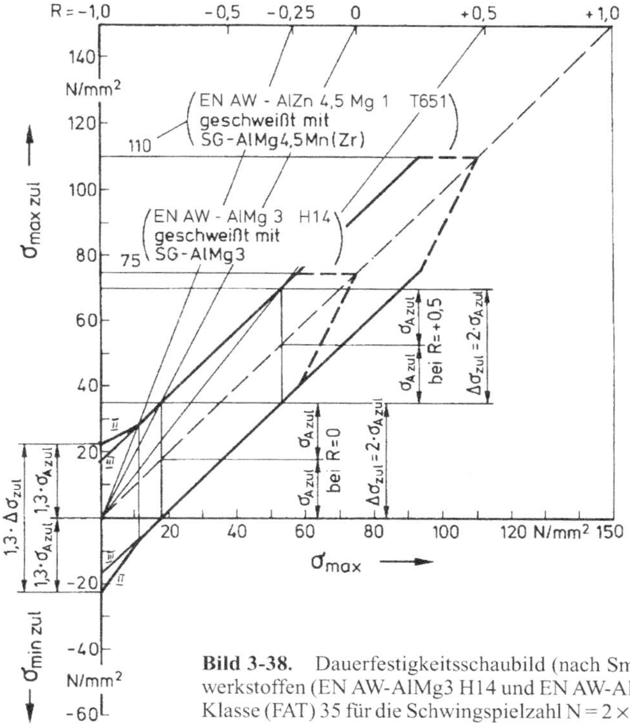

Bild 3-38. Dauerfestigkeitsschaubild (nach Smith) für Schweißverbindungen aus Aluminiumwerkstoffen (EN AW-AlMg3 H14 und EN AW-AlZn4,5Mg1 T651) für die Ermüdungsfestigkeits-Klasse (FAT) 35 für die Schwingspielzahl $N = 2 \times 10^6$; (zul σ) (statisch nach Entwurf DIN 4113-2).

Tabelle 3-31. Schwingfestigkeit der Schweißkerbfälle (nach IIW – Hobbacher).

Nr.	Code	Detail und Stelle des Rißausganges	Beschreibung	FAT-Klasse
1	1 –	Grundwerkstoff, ungeschweißt		
2	100	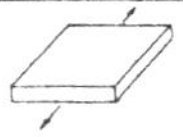	Grundwerkstoff 7020, m = 7	85
3	105	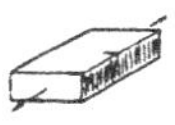	Grundwerkstoff 5000/6000, m = 7	70
4	2–	Stumpfnähte		
5	201		Stumpfnaht, quer belastet, blecheben bearbeitet	50
6	203		Stumpfnaht, quer belastet, Nahtübergangswinkel > 150 °	40
7	204		Stumpfnaht, quer belastet, Nahtübergangswinkel > 130 °	32
8	205	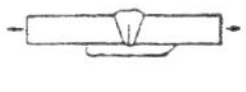	Stumpfnaht, quer belastet mit verbleibender Badsicherung	25

Tabelle 3-31. Fortsetzung.

Nr.	Code	Detail und Stelle des Rißausganges	Beschreibung	FAT-Klasse
9	206	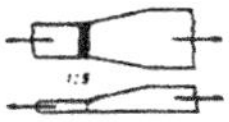	Stumpfnaht, quer belastet, Übergänge 1:5 abgeschrägt, blecheben bearbeitet	45
10	207	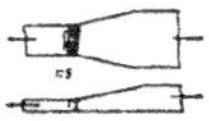	Stumpfnaht, quer belastet, Übergänge 1:5 abgeschrägt, Nahtübergangswinkel >150 °	36
11	208	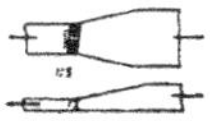	Stumpfnaht, quer belastet, Übergänge 1:5 abgeschrägt, Nahtübergangswinkel >130 °	28
12	215		Stangen, Profile und Strangpreßprofile, einseitig geschweißt ohne Badsicherung	20
13	231	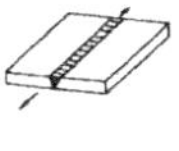	Stumpfnaht, längs belastet, blecheben bearbeitet	50
14	232	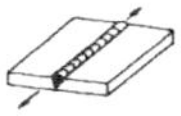	Stumpfnaht, längs belastet	40
15	3 –	tragende Kehlnähte		
16	300		Schweißnaht, quer belastet, Nahtbruch	18
17	301	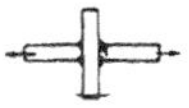	Kreuzstoß K-Naht, Kantenversatz < 15%, Blechbruch	28
18	302	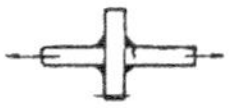	Kreuzstoß Kehlnaht, Kantenversatz < 15%, Blechbruch	25
19	304		Überlappstoß, quer belastet, oder Längskehlnähte, Blechriß	28
20	321		K-Naht zum Verbinden von Gurt und Steg, keine Nahtansätze	50
21	322		Kehlnaht zum Verbinden von Gurt und Steg, keine Nahtansätze	45
22	323	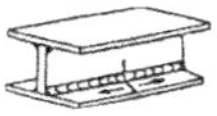	Schweißnaht zum Verbinden von Gurt und Steg mit Nahtansätzen	40
23	324		Unterbrochene Kehlnaht zum Verbinden von Gurt und Steg	32
24	325		Gurtplattenende, Kehlnaht	20
25	326	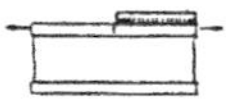	Gurtplattenende, ungeschweißt	20

Tabelle 3-31. Fortsetzung.

Nr.	Code	Detail und Stelle des Rißausganges	Beschreibung	FAT-Klasse
26	330	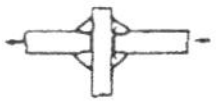	Kreuzstoß am Träger, Schweißgut, Nahtriß	18
27	331	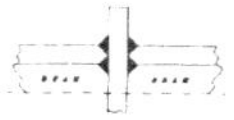	Kreuzstoß K-Naht am Träger, Kantenversatz < 15%, Blechriß	28
28	332	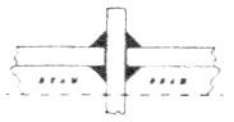	Kreuzstoß Kehlnaht am Träger, Kantenversatz < 15%, Blechriß	25
29	4 –	unbelastete Anschweißteile		
30	401	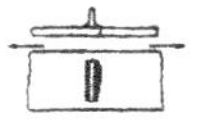	Quersteife	32
31	403	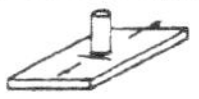	Bolzen und Schubdübel	32
32	404	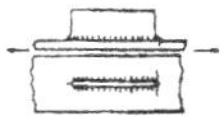	Längssteife, Ende	25
33	405		Unterbrochene Kehlnaht an einer Längssteife	32
34	406		Längssteife mit Freischnitten	28
35	408		Seitliches Anschweißteil mit scharfem Übergang	20

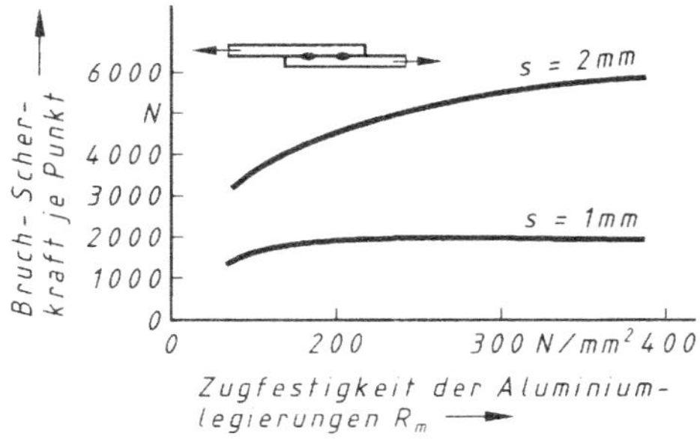

Bild 3-39. Richtwerte von Bruch-Scherkräften je Punkt in N von Punktschweißverbindungen in Abhängigkeit von R_m.

vom Querschnitt des Punktes ist und gleich bleibt, zum Beispiel in Bild 3-40 bei EN AW-AlMg5 mit $\tau_B \approx 110$ bis 120 N/mm^2.

In bezug auf die Dauerfestigkeit sind außerordentlich wenig Versuchsergebnisse vorhanden. Man kann jedoch schon sagen, daß es zwei Bruchkriterien gibt:

1. das Abscheren des Punkts,
2. der Bruch des Blechs, ausgehend vom Punkt.

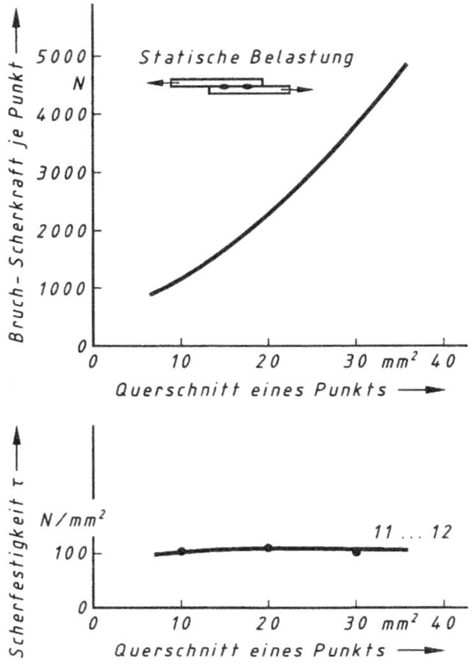

Bild 3-40. Richtwerte von Bruch-Scherkräften je Punkt in N und Scherfestigkeitswerte je Punkt in N/mm² in Abhängigkeit des Querschnitts eines Punktes bei einer AlMg5-Legierung.

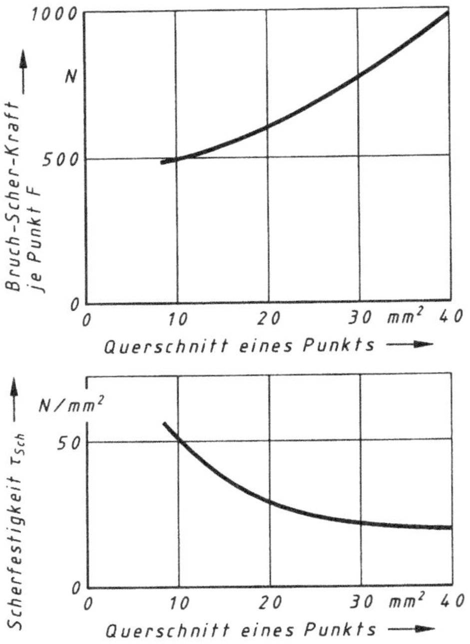

Bild 3-41. Richtwerte des Schwellfestigkeitsverhaltens von Punktschweißverbindungen einer AlMg5-Legierung in Abhängigkeit des Querschnitts eines Punktes;

a) Bruch-Scherkraft bei Schwellbelastung (R = 0) je Punkt in N,
b) Scherfestigkeit bei Schwellbelastung (R = 0) je Punkt.

In Bild 3-41 ist die Abhängigkeit der Dauerfestigkeit von der Größe des Punktquerschnitts dargestellt. Es ist zu bemerken, daß es kein annähernd konstanter Wert ist, wie bei der statischen Beanspruchung, sondern es ist ein starker Abfall bei zunehmendem Querschnitt zu verzeichnen.

3.3.2.3 Stabilitätsverhalten von Aluminium-Schweißkonstruktionen

Einführung

Ein Nachteil der Aluminiumlegierungen ist, wie bereits im Abschnitt 3.3.1 erörtert, der geringe E-Modul (68000 bis 70000 N/mm²), der nur rund 1/3 des E-Moduls von Stahl beträgt. Dies führt bei Aluminiumkonstruktionen zu erheblich größeren Durchbiegungen und zu einem ungünstigeren Verhalten bei Stabilitätsgefährdung wie Knicken, Beulen oder Biegedrillknicken. Einen Vergleich der Anhaltswerte von Knickspannungen in Abhängigkeit des Schlankheitsgrades ($\lambda = s_K/i$) von EN AW-AlMg5 und S235 zeigt Bild 3-42.

Das Stabilitätsversagen besteht in einem Ausweichen der Bauteile oder der Teile von Bauelementen aus der planmäßigen Belastungslinie oder Belastungsebene. Ab einer bestimmten Verzweigungslast wird das Bauteil instabil, das heißt, es kann eine neue Form annehmen. Das damit veränderte statische System des Bauteils erhöht die Schnittgrößen, die diesen Vorgang bis zum endgültigen Versagen weiter vorantreiben. Da diese Versagensart plötzlich eintritt und zum meist völligen

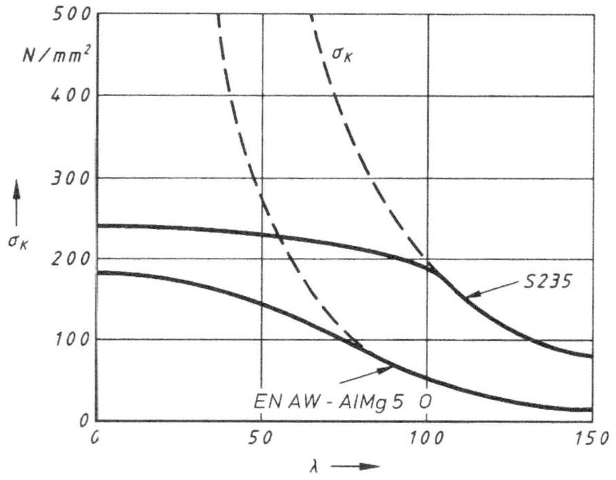

Bild 3-42. Vergleich der Anhaltswerte von Knickspannungen (σ_k) in Abhängigkeit des Schlankheitsgrades (λ) von EN AW-AlMg5 und S235.

Versagen des Bauteils führt, muß sie mit besonderer Sorgfalt betrachtet werden. Ein großer Teil der Schadensfälle, gleich nach den Ermüdungsschäden, ist auf das Stabilitätsversagen zurückzuführen. Meist wurden ungünstige Lastkombinationen übersehen und somit auch nicht nachgewiesen. Die wesentlichen Parameter dieser Versagensart auf der Seite der Widerstandsgrößen sind

- die Gestalt und die Abmessungen des Bauteils,
- der Elastizitätsmodul des Werkstoffes und
- die Proportionalitätsgrenze des Werkstoffes.

Beim Absichern eines Bauwerks gegen Stabilitätsversagen müssen die einzelnen Quellen des Versagens für sich untersucht werden. So können versagen:

Tragwerke: Es können zum Beispiel Bogen von Bogenbrücken insgesamt seitlich ausweichen. Rahmen oder Stockwerksrahmen können insgesamt durch Knicken instabil werden.

Bauteile: Stäbe, die Teil eines Tragwerkes sind, können knicken, kippen oder biegedrillknicken. Platten oder Schalen können beulen.

Einzelteile: Einzelteile eines Bauteils, zum Beispiel eines Stabes, können instabil werden. So können bei dünnwandigen Druckstäben die Stegbleche beulen oder die Außenteile der Flansche ausweichen.

Entwicklung der Rechengänge

Die grundlegenden Rechengänge wurden zuerst an idealen Werkstoffen, die uneingeschränkt dem Hookeschen Gesetz folgen, und an idealgeometrischen Bauteilen mit ideal mittigem Kraftangriff entwickelt. Hierzu gehören die klassischen Arbeiten von Euler. Danach folgte eine Anpassung des Verfahrens an Stahlkonstruktionen. Das Ergebnis war das heute veraltete ω-Verfahren nach DIN 4114.

Das Verfahren berücksichtigt das elastisch-plastische Werkstoffverhalten sowie die unvermeidlichen Außermittigkeiten. Diese Rechengänge wurden über die Theorie II. Ordnung zu den heute modernen Traglastverfahren weiterentwickelt. Es sind im einzelnen Rechengänge entwickelt worden für die Nachweise gegen:

- Knicken (auch Biegeknicken),
- Biegedrillknicken (vormals Kippen),
- Beulen von Blechfeldern,
- Schalenbeulen.

Dieses Stabilitätsverhalten führt zu einem spezifisch für Aluminiumkonstruktionen ausgeprägten Gestalten der Bauteile und berücksichtigt diesen kleineren E-Modul. Dabei werden auch die abmindernden Einflüsse der Eigenspannungen der geschweißten Bauteile auf das Stabilitätsverhalten berücksichtigt. Dies ist im Abschnitt 3.1.1.5 ausführlich an Beispielen dargestellt. Ergänzende Literatur ist in [3-1] zu finden.

Weiterführende Literatur

zu Abschnitt 1 und Abschnitt 1.1:

[1-1] VDI-Richtlinie 2221: Methodik zum Entwickeln und Konstruieren technischer Systeme und Produkte. VDI-Verlag, Düsseldorf 1986.

[1-2] VDI-Richtlinie 2222 Blatt 1: Konstruktionsmethodik, Konzipieren technischer Produkte. VDI-Verlag, Düsseldorf 1977.

[1-3] Roth, K.: Konstruieren mit Konstruktionskatalogen. Springer-Verlag, Berlin, Heidelberg, New York 1993.

[1-4] Pohl, G., und W. Beitz: Konstruktionslehre. Springer-Verlag, Berlin, Heidelberg, New York 1986.

[1-5] Koller, R.: Konstruktionslehre für Maschinen-, Geräte- und Apparatebau. Springer-Verlag, Berlin, Heidelberg, New York 1976.

[1-6] Encarnao, I.: CAD-Handbuch – Auswahl und Einführung von CAD-Systemen. Springer Verlag, Berlin, Heidelberg, New York 1984.

[1-7] Milner, D., und V. Vasiliou: CAD/CAM – Computerunterstützte Fertigung. VCH-Verlag, Basel 1989.

[1-8] Neumann, A., und D. Kluge: Fertigungsplanung in der Schweißtechnik. Fachbuchreihe Schweißtechnik Band 106. DVS-Verlag, Düsseldorf 1992.

[1-9] Neumann, A., und E. Richter: Tabellenbuch Schweiß- und Löttechnik. Fachbuchreihe Schweißtechnik Band 91. DVS-Verlag, Düsseldorf 1989.

zu Abschnitt 1.2:

[1-10] Merkblatt DVS 0716: Anforderungen an den Schweißbetrieb nach europäischen Richtlinien und Normen – Anforderungen an das Produkt. DVS-Verlag, Düsseldorf.

zu Abschnitt 1.5 und Abschnitt 1.6:

[1-11] Radaj, D.: Ermüdungsfestigkeit, Grundlagen für Leichtbau, Maschinen- und Stahlbau. Springer-Verlag, Berlin, Heidelberg, New York 1995.

[1-12] Radaj, D.: Design and analysis of fatigue resistant welded structures. Verlag Abington Publishing, Cambridge 1990.

zu Abschnitt 2:

[2-1] Hobbacher, A.: Recommendations on fatigue design of welded joints and components. IIW-Doc. XIII/1539-96; XV-845/96.

[2-2] Hobbacher, A.: Internationale Empfehlungen zur Schwingfestigkeit geschweißter Bauteile. Schw. Schn. 44 (1992), H. 2, S. 82/87.

[2-3] Neumann, A.: Schweißtechnisches Handbuch für Konstrukteure; Teil 1: Grundlagen, Tragfähigkeit, Gestaltung (7. Auflage); Teil 2: Stahl-, Kessel- und Rohrleitungsbau (5. Auflage), Teil 3: Maschinen- und Fahrzeugbau (5. Auflage). Fachbuchreihe Schweißtechnik Band 80. DVS-Verlag, Düsseldorf 1996, 1988 und 1998.

[2-4] Boese, U.: Das Verhalten der Stähle beim Schweißen, Teil I: Grundlagen (4. Auflage). Boese, U., und F. Ippendorf: Das Verhalten der Stähle beim Schweißen, Teil II: Anwendung (4. Auflage). Fachbuchreihe Schweißtechnik Band 44. DVS-Verlag, Düsseldorf 1995 und 2001.

[2-5] Anik, S. , und L. Dorn: Schweißeignung metallischer Werkstoffe. Fachbuchreihe Schweißtechnik Band 122. DVS-Verlag, Düsseldorf 1995.

[2-6] Ruge, J.: Handbuch der Schweißtechnik; Band 1: Werkstoffe (1991), Band 2: Verfahren und Fertigung (1993), Band 3: Konstruktive Gestaltung der Bauteile (1985), Band 4: Berechnung der Verbindungen (1988). Springer-Verlag, Berlin, Heidelberg, New York.

[2-7] Radaj, D., u. a.: Laserschweißgerechtes Konstruieren. Fachbuchreihe Schweißtechnik, Band 116. DVS-Verlag, Düsseldorf 1994.

[2-8] Krause, M.: Widerstandspreßschweißen. Die Schweißtechnische Praxis Band 25. DVS-Verlag, Düsseldorf 1993.

[2-9] Neumann, A., und D. Schober: Reibschweißen von Metallen. Fachbuchreihe Schweißtechnik Band 107. DVS-Verlag, Düsseldorf 1991.

zu Abschnitt 3:

[3-1] Neumann, A., und A. Hobbacher: Schweißtechnisches Handbuch für Konstrukteure, Teil 4: Geschweißte Aluminiumkonstruktionen. Fachbuchreihe Schweißtechnik Band 80/4. DVS-Verlag, Düsseldorf 1993.

[3-2] Kosteas, Steidl, Strippelmann: Geschweißte Aluminium-Konstruktionen. Vieweg-Verlag, Braunschweig 1978.

[3-3] Aluminium-Taschenbuch, Band 1: Grundlagen und Werkstoffe (1998), Band 2: Umformen, Gießen, Oberflächenbehandlung, Recycling und Ökologie (1996), Band 3: Weiterverarbeitung und Anwendung. Aluminium-Verlag, Düsseldorf.